Springer

Geometric Mechanics and Its Applications

几何力学及其工程应用

胡伟鹏 (Hu Weipeng)
肖　川 (Xiao Chuan)　著
邓子辰 (Deng Zichen)

宋　浦
周　强　译
张　帆

清华大学出版社
北京

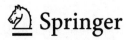

内 容 简 介

本书包括理论与应用两方面内容。理论方面，本书基于力学系统的对称破缺理论和多辛积分理论，讨论了无限维哈密顿动力学系统的多辛分析方法和非保守无限维哈密顿动力学系统的广义多辛分析方法。一方面，如何在保结构分析过程中发现并保持无限维哈密顿动力学系统的局部动力学行为，是无限维哈密顿动力学系统的多辛分析方法研究需要解决的核心问题。另一方面，耗散是实际无限维哈密顿动力学系统的本质属性，如何构造无数值耗散的保结构算法，在保持局部守恒型几何性质的同时，精确再现系统局部耗散效应，这是非保守无限维哈密顿动力学系统的广义多辛分析方法需要解决的核心问题。

应用方面，主要阐述原著作者在近20年研究中，将几何力学相关理论及思想应用于冲击动力学问题（主要包含脉冲爆震过程、梁/板等基本力学构件冲击问题等）、微纳米力学系统（主要包含碳纳米管动力学系统）和航天动力学系统（主要包含航天结构的在轨展开及在轨运行过程中涉及的耦合动力学系统）等重要的前沿动力学系统的研究进展。

本书可作为高等院校理工科高年级本科生或研究生教材，同时可供力学、机械、数学等相关领域科研人员参考。

图书在版编目(CIP)数据

几何力学及其工程应用/胡伟鹏，肖川，邓子辰著；宋浦，周强，张帆译. —北京：清华大学出版社，2024.6
书名原文：Geometric Mechanics and Its Applications
ISBN 978-7-302-66361-4

Ⅰ. ①几… Ⅱ. ①胡… ②肖… ③邓… ④宋… ⑤周… ⑥张… Ⅲ. ①工程力学 Ⅳ. ①TB12

中国国家版本馆 CIP 数据核字(2024)第 107915 号

责任编辑：鲁永芳
封面设计：常雪影
责任校对：欧　洋
责任印制：沈　露

出版发行：清华大学出版社
网　　址：https://www.tup.com.cn，https://www.wqxuetang.com
地　　址：北京清华大学学研大厦 A 座　　**邮　　编**：100084
社 总 机：010-83470000　　**邮　　购**：010-62786544
投稿与读者服务：010-62776969，c-service@tup.tsinghua.edu.cn
质量反馈：010-62772015，zhiliang@tup.tsinghua.edu.cn
印 装 者：三河市龙大印装有限公司
经　　销：全国新华书店
开　　本：185mm×260mm　　**印　　张**：25.5　　**字　　数**：616 千字
版　　次：2024 年 8 月第 1 版　　**印　　次**：2024 年 8 月第1次印刷
定　　价：149.00 元

产品编号：103807-01

译者序

几何力学是20世纪60年代后期发展起来的新兴交叉学科。它将古典分析动力学与现代微分几何理论相结合，是较为完整的用来处理连续对称性变换作用下非完整系统的理论体系。“力求在数值分析过程中尽可能多地保持原连续系统的固有几何性质”这一保结构的核心几何力学思想源于已故数学大师冯康院士。冯院士从20世纪80年代初开始，系统研究了有限维哈密顿系统，创立了基于辛几何理论的辛几何算法。这一原创性工作极大地推动了计算数学和计算力学的发展，荣获了1997年国家自然科学奖一等奖。经过30余年的发展，保结构方法已经从有限维哈密顿系统的辛几何算法、无限维哈密顿系统的多辛算法发展到非保守系统的广义多辛方法，形成了保结构算法的理论体系。将保辛思想引入力学领域，是著名力学家钟万勰院士的重要贡献之一，基于计算结构力学和控制论在数学结构上的一致性，钟院士建立了有限维哈密顿动力学系统的辛数学方法和精细积分方法，并因此荣获2010年国家自然科学奖二等奖。中国在几何力学领域的研究走在了世界前列，中国学者为此领域的创新和发展做出了卓越的贡献。

胡伟鹏、肖川和邓子辰的 *Geometric Mechanics and Its Applications* 是国内最新的介绍几何力学体系及其在动力学各分支领域应用的系统性著作，全书共7章。第1章介绍几何力学的起源与发展；第2章介绍有限维哈密顿系统的辛算法及其在动力学分析中的应用；第3章介绍无限维哈密顿系统的多辛算法及其在动力学分析中的应用；第4章介绍实际动力学系统中的对称破缺因素，以及非保守动力学系统的广义多辛方法；第5～7章分别介绍保结构方法在冲击动力学系统分析、微纳米动力学系统分析和航天结构动力学系统分析领域的应用研究进展。原著不仅包含了几何力学的主要数学基础和理论框架，还总结了原著作者近年来将保结构方法应用于动力学系统分析的研究进展，是计算数学、计算力学以及动力学控制等领域难得的佳作。征得原著作者的同意，译者特将其著作翻译成中文，为广大科技工作者提供便利和参考。

衷心感谢西安近代化学研究所科技委及笔者的研究生段超伟和张代鑫对译著工作的帮助，感谢西安理工大学计算力学与毁伤评估研究中心的研究生杨睿科、宋一帆、赵海涛、王光东、王志勇、杨兆康、高梁、周路遥、张挺、宋雨轩、杨茂、李淑婷等给予的帮助。为了尊重原著，书中所有图表和公示符号均与原著保持一致。限于译者自身水平，在译著过程中对原著的理解不当和差错之处均由译者负责，敬请读者谅解。

本书彩图请扫二维码观看。

宋　浦　周　强　张　帆

2023年10月

原著前言

几何力学作为基于动力学系统的对称性(或对称性破缺)与保守(或非保守)性质之间映射关系的新兴学科,主要任务是发展尽可能多地保持动力学系统的固有(保守或非保守)性质的数值方法。

1687年,随着《自然哲学的数学原理》(*Philosophiae Naturalis Principia Mathematica*)一书的出版,牛顿力学宣告诞生,其最重要的贡献之一是建立了力与运动之间微分形式的解析关系。之后,拉格朗日力学和哈密顿力学两个基本框架相继为动力学问题的描述提供了新的描述范式。在拉格朗日力学框架下,动力学系统优美的数学对称性被忽略了,因此,以拉格朗日力学为基础发展的数值方法不具备保结构特性。在动力学系统中引入对偶变量,可将动力学系统在哈密顿规范形式下进行重新表述。从根本上说,牛顿力学在拉格朗日框架和哈密顿框架中的数学表达是完全等价的。但正如冯康先生所理解的,对于同一个动力学问题,由等价的数学表述形式得到的分析结果并不一定完全等价。

长期以来,经典的数值方法,无论是著名数学家欧拉(Leonhard Euler)提出的欧拉差分格式,还是计算数学中广泛使用的龙格-库塔(Runge-Kutta)法,共同的目标都是提高数值方法的精度。然而在这个过程中,数学模型所描述的力学系统的几何特性却被忽略了。从根本上讲,描述动力学系统的微分方程是连续的,而其数值方法对应的系统是离散的。基于此观点,数值模拟理应在力学系统的同一几何框架下进行,并尽可能地保持原力学系统的定性性质,以提高数值解的长期数值稳定性。

在忽略所有耗散效应的情况下,一切物理过程都可以表述为能量守恒的哈密顿形式。这一结论的提出,一方面哈密顿力学的重要地位得到了提升;另一方面也对哈密顿系统的数值分析提出了更高的要求,即对哈密顿系统的数值分析结果应能够再现其几何性质,包括第一积分、辛结构以及能量守恒定律。20世纪80年代,冯康提出了有限维哈密顿系统的辛方法,开创了计算几何力学(又称为保结构方法)。在过去的半个世纪里,辛方法的保结构特性已经被许多研究者所报道。为了研究连续力学系统的局部动力学行为,Thomas J. Bridges和Jerrold E. Marsden将有限维哈密顿系统的辛方法推广至无限维哈密顿系统的多辛方法。其重要贡献在于,对无限维哈密顿系统构造了时空联合辛结构,称为多辛结构;并证明了在保持多辛结构的情况下,数值分析可以很好地再现无限维哈密顿系统的局部动力学行为。

回顾哈密顿系统的定义不难发现,哈密顿力学的局限性在于忽视了力学系统的耗散效应,这意味着基于哈密顿系统的分析方法不能用于解决实际工程中存在各种耗散效应的力学问题。基于此,本书作者提出了广义多辛框架来解决这一问题,这正是本书的主要理论贡献。广义多辛理论框架在几何力学和工程问题之间架起了一座桥梁,基于这一纽带,本书介绍了大量广义多辛分析方法在实际工程问题中的应用实例。

本书章节结构如下。第1章简要介绍了几何力学的起源和发展。第2章介绍了辛方法的数学基础和几个辛方法的例子。第3章中回顾了多辛理论,并介绍了多辛方法在无限维哈密顿系统中的若干应用。第4章将保守系统保结构思想推广到非保守系统,介绍了广义多辛积分方法及其在波传播问题中的应用。第5～7章介绍了保结构方法,包括辛方法、多辛方法、广义多辛方法和复合保结构方法在冲击动力学问题、微/纳米动力学系统和航天动力学系统中的应用。当然,限于篇幅,本书并未包含几何力学的全部理论和应用。

本书的主要内容是基于作者团队近20年的研究成果整理而成。为使本书的内容更加系统,本书对其他著作和论文阐述的几何力学相关基础知识也进行了综述。需要说明的是,虽然在与本书相关的论文中,中国兵器科学研究院肖川研究员未被列为合著者,但为了感谢他在将保结构方法应用于冲击动力学问题方面的重要贡献,将他列为本书的合著者。

感谢大连理工大学钟万勰院士、浙江大学朱位秋院士、德国锡根大学张传增院士、中国科学院崔俊芝院士、利物浦大学欧阳华江教授、加拿大英属哥伦比亚大学 James J. Feng 教授、英国萨里大学 Thomas J. Bridges 教授、美国圣泽维尔大学 Abdul-Majid Wazwaz 教授、清华大学冯西桥教授、香港城市大学林志华教授、美国得克萨斯大学里约热内卢格兰德谷分校乔志军教授、大连理工大学彭海军教授、河北经贸大学王岗伟博士、日本庆应大学彭林玉博士和美国中佛罗里达大学 Brian Moore 博士在本书的编写工作中给予的无私帮助。

本书的出版受到西安理工大学西北旱区生态水利国家重点实验室资助。同时感谢国家自然科学基金(12172281、11972284、11672241、11432010、11872303、11372253、11002115)、陕西省杰出青年科学基金(2019JC-29)、军科委基础加强计划173基金(2021-JCJQ-JJ-0565)、陕西省科技创新团队(2022TD-61)和陕西高校青年教师创新团队的资助。

特别感谢陕西省科技创新团队(先进设备关键动力学与控制)和陕西高校青年教师创新团队(空间太阳能电站动力学与控制)成员在本书的出版中做出的贡献。谨向师俊平教授、曹小杉教授、胡义锋副教授、张帆副教授、王震博士、徐萌波博士、淮雨露博士、惠小健博士、章培军博士和团队所有同学表示衷心的感谢,谢谢大家无私的帮助和鼓励。

限于作者的知识,书中的错漏之处难以避免,其错漏之处将在以后的工作中得以订正。

西安理工大学　胡伟鹏
中国兵器科学研究院　肖川
西北工业大学　邓子辰
中国　西安
2022年1月

目录

第 1 章　绪论 …… 1
1.1　几何力学的生命力 …… 1
1.1.1　从线性谐振子的欧拉法开始 …… 1
1.1.2　数学摆模型 Störmer-Verlet 格式的探讨与改进 …… 6
1.2　从拉格朗日力学到哈密顿力学 …… 10
1.2.1　拉格朗日力学 …… 11
1.2.2　哈密顿力学 …… 12
1.3　几何力学的灵魂——几何积分 …… 13
参考文献 …… 16
第 2 章　有限维系统的辛算法 …… 20
2.1　辛方法的数学基础 …… 20
2.2　典型的辛离散化方法 …… 23
2.2.1　辛龙格-库塔法 …… 24
2.2.2　分裂离散方法 …… 26
2.3　辛方法在力学问题中的应用 …… 28
2.3.1　起落架折叠和展开过程辛精细积分方法研究 …… 28
2.3.2　航天动力学问题的辛龙格-库塔法 …… 37
参考文献 …… 59
第 3 章　无限维哈密顿系统的多辛方法 …… 66
3.1　波动方程的多辛描述 …… 66
3.2　多辛理论的数学基础 …… 68
3.2.1　辛和逆辛的对合与可逆性 …… 68
3.2.2　动量与能量守恒性 …… 70
3.2.3　多辛结构与多辛守恒律 …… 72
3.2.4　哈密顿泛函 …… 74
3.2.5　多辛理论的一个更普遍的描述 …… 75
3.3　典型的多辛离散方法 …… 78
3.3.1　显式中点格式 …… 78
3.3.2　欧拉 Box 格式 …… 80
3.4　多辛方法在波传播问题中的应用 …… 81
3.4.1　膜自由振动方程的多辛分析方法 …… 81

3.4.2 广义五阶 KdV 方程的多辛方法 …… 88
3.4.3 广义(2+1)维 KdV-mKdV 方程的多辛方法 …… 94
3.4.4 朗道-金兹堡-希格斯方程的多辛龙格-库塔法 …… 101
3.4.5 广义波希尼斯克方程的多辛方法 …… 109
3.4.6 (2+1)维波希尼斯克方程孤立波共振的多辛模拟方法 …… 113
3.4.7 准 Degasperis-Procesi 方程 peakon-antipeakon 碰撞的多辛模拟方法 …… 127
3.4.8 对数 KdV 方程高斯孤立波解的多辛分析 …… 139
参考文献 …… 144
第 4 章 非保守系统的动力学对称破缺和广义多辛方法 …… 152
4.1 动力学对称破缺简介 …… 152
4.2 从多辛积分到广义多辛积分 …… 153
4.3 无限维动力学系统的对称破缺 …… 158
4.4 广义多辛分析方法在波传播中的保结构性质初探 …… 162
4.4.1 关注伯格斯方程局部守恒性质的隐式差分格式 …… 162
4.4.2 KdV-伯格斯方程中的几何色散与黏性耗散的竞争关系 …… 170
4.4.3 复合 KdV-伯格斯方程的广义多辛离散化 …… 176
4.4.4 周期扰动下具有弱线性阻尼的非线性薛定谔方程近似保结构分析 …… 185
参考文献 …… 199
第 5 章 冲击动力学系统的保结构分析方法 …… 206
5.1 冲击动力学研究进展介绍 …… 206
5.1.1 受轴向冲击的柱和壳 …… 206
5.1.2 横向冲击载荷作用下的梁和板 …… 208
5.1.3 冲击或爆炸载荷作用下的夹层结构 …… 209
5.1.4 冲击载荷下的多孔材料 …… 211
5.2 脉冲爆震发动机中燃料黏度引起的能量损失 …… 213
5.3 冲击作用下非均匀中心对称阻尼板内的波传播问题 …… 219
5.4 冲击作用下非均匀非对称圆板内的波传播问题 …… 231
参考文献 …… 241
第 6 章 微纳米动力学系统的保结构分析 …… 248
6.1 嵌入式单壁碳纳米管中的混沌现象 …… 248
6.2 阻尼悬臂单壁碳纳米管振荡器的能量耗散 …… 256
6.3 嵌入式载流单壁碳纳米管的混沌特性 …… 263
6.4 弹性约束的单壁碳纳米管的混沌特性 …… 269
6.5 嵌入式单壁碳纳米管轴向动力学屈曲的复合保结构分析方法 …… 279
参考文献 …… 290
第 7 章 航天动力学系统的保结构分析 …… 298
7.1 空间柔性阻尼梁的耦合动力学行为研究 …… 298

7.2 非球摄动下空间柔性阻尼梁动力学行为 …………………………………… 310
7.3 空间柔性梁所需的最小振动控制能量问题 ………………………………… 314
7.4 空间在轨绳系系统的能量耗散/转移与稳定姿态………………………………… 320
7.5 空间绳系系统中柔性梁的内共振现象 ………………………………………… 334
7.6 中心刚体-主动伸长柔性梁系统的耦合动力学行为 ……………………………… 354
7.7 由四根弹簧单边约束的空间柔性阻尼板内的弹性波传播特性研究 ………… 367
参考文献……………………………………………………………………………… 386

第1章

绪 论

力学的重要任务之一就是分析质点、刚体、连续介质(流体、等离子体和弹性材料等)的动力学问题,以及电磁场和引力场等场论问题。因此,动力学理论的创始人,包括牛顿(Newton)、欧拉(Euler)、拉格朗日(Lagrange)、拉普拉斯(Laplace)、泊松(Poisson)、雅可比(Jacobi)、哈密顿(Hamilton)、开尔文(Kelvin)、劳斯(Routh)、黎曼(Riemann)、诺特(Noether)、庞加莱(Poincaré)、爱因斯坦(Einstein)、薛定谔(Schrödinger)、嘉当(Cartan)、狄拉克(Dirac)等,都致力于阐明动力学问题背后的机理,并发展求解这些问题的数学工具[1]。特别是,微分流形[2-3]和李(Lie)代数[4-5]的发展为研究者研究动力学系统的对称性提供了便利。

由常微分方程和偏微分方程描述的动力学问题的研究通常需要依赖于计算机求解。因此,在过去的70年里,人们在微分方程数值方法的研究方面投入了大量的精力,并已经发展了许多巧妙的算法和相关的代码来求解微分方程。大多数算法是直接离散微分方程,为保持算法稳定性和确保算法迭代过程中误差不累积,对这些算法的定性研究尤为重要。当数值方法与有效的先验和后验误差估计理论相结合,以及采用较小的时间步长时,这些数值方法通常可以得出原函数光滑并且导数有界的微分方程的较为精确的数值解。

在上述背景下,数学物理学家创立了几何力学理论框架以讨论动力学系统的几何对称性,并发展与之相应的具有良好保结构特性的数值方法[1,6]来求解动力学问题。几何力学理论框架的建立加深了人们对力学中基本问题(如连续介质力学、流体力学和等离子体物理学中的变分和哈密顿结构)的了解,并提供了针对特定模型的分析工具,如使用 energy-Casimir 和 energy-momentum 方法的稳定性判据和分叉判据、基于几何积分的数值代码,以及控制理论和机器人学中的重定向技术等。对称性理论已经被这些几何力学创立者广泛地应用于力学问题的分析中,并且近年来在诸如针对给定系统对称群的约化、寻找可积系统显式精确解等不同领域得到了快速发展。本书将较为系统地介绍几何力学领域的发展。本章,我们将回顾几何力学的起源和发展历史。

1.1 几何力学的生命力

1.1.1 从线性谐振子的欧拉法开始

几何力学的研究始于对最简单动力学问题的最简单数值方法的研究。谐振子是固体力学领域中一种理想的简单数学模型。忽略阻尼效应,则谐振子系统的振动过程是一个经典的保守系统,即振动过程中谐振子的能量是一个守恒量,这一守恒量在相应的数值方法中应该得到保持[7-9]。然而,当使用经典的数值方法求解谐振子振动问题时,会发生什么呢?

考虑下面的谐振子数学模型:

$$\begin{cases}\dot{p}=-2q\\ \dot{q}=p\end{cases} \tag{1.1.1}$$

其中,q 和 p 分别是与时间相关的标量函数。

系统式(1.1.1)的哈密顿函数(总能量)是

$$H(p,q)=\frac{1}{2}p^2+q^2 \tag{1.1.2}$$

上式描述的是 q,p 相图是一个封闭的椭圆曲线。

谐振子式(1.1.1)的前向欧拉格式[10]为

$$\begin{cases}p_{n+1}=p_n-2hq_n\\ q_{n+1}=q_n+hp_n\end{cases} \tag{1.1.3}$$

因此,前向欧拉格式的离散迭代矩阵$\boldsymbol{\psi}_h$ 可由下式给出:

$$\boldsymbol{\psi}_h\begin{pmatrix}p\\ q\end{pmatrix}=\begin{bmatrix}1 & -2h\\ h & 1\end{bmatrix}\begin{pmatrix}p\\ q\end{pmatrix},\quad 其中\ \det|\boldsymbol{\psi}_h|=1+2h^2 \tag{1.1.4}$$

从这个数值格式中,我们可以很容易得到与哈密顿函数相关的递推关系:

$$\begin{aligned}\frac{1}{2}p_{n+1}^2+q_{n+1}^2&=(1+2h^2)\left(\frac{1}{2}p_n^2+q_n^2\right)\\ &=\det|\boldsymbol{\psi}_h|\left(\frac{1}{2}p_n^2+q_n^2\right)\end{aligned} \tag{1.1.5}$$

这意味着当采用前向欧拉格式求解谐振子模型时,哈密顿函数随时间而线性增加。在数值分析中,对于保守动力系统,为什么一定要保持哈密顿守恒量?我们将用前向欧拉方法(1.1.3)得到的数值解与谐振子(1.1.1)的解析解进行比较。前述已经提及,哈密顿函数(1.1.2)是椭圆曲线,这意味着谐振子的解析解(1.1.1)是周期的和有界的。然而,当哈密顿函数线性增长时(式(1.1.5)),其周期性和有界特性都将不复存在。

对于两个世纪前由欧拉提出的经典差分离散方法——显式欧拉方法来说,这结果不尽如人意。如何提高欧拉方法的保结构性能呢?这里将讨论两种方法。

一种是辛欧拉格式[11-12],其细节将在第2章介绍。振子(1.1.1)的辛欧拉格式为

$$\begin{cases}p_{n+1}=p_n-2hq_n\\ q_{n+1}=q_n+hp_{n+1}\end{cases} \tag{1.1.6}$$

离散迭代矩阵$\boldsymbol{\psi}_h$ 可由下式给出:

$$\boldsymbol{\psi}_h\begin{pmatrix}p\\ q\end{pmatrix}=\begin{bmatrix}1 & -2h\\ h & 1-2h^2\end{bmatrix}\begin{pmatrix}p\\ q\end{pmatrix} \tag{1.1.7}$$

由此,可以获得与哈密顿函数相关的递推关系:

$$\frac{1}{2}p_{n+1}^2+q_{n+1}^2=\frac{1}{2}p_n^2+q_n^2+h^2\left[(h^2-1)q_n^2+\frac{1}{2}p_n^2-2hp_nq_n\right] \tag{1.1.8}$$

从中，我们可以得到

$$\widetilde{H}=(1-8h^2+16h^4)p^2-16h^3pq+(1+4h^2)q^2 \tag{1.1.9}$$

显然，这个修正后的哈密顿函数也是一条椭圆曲线，如果 $h\to 0$，它收敛于方程(1.1.2)给出的椭圆曲线，这就是辛欧拉格式(1.1.6)具有保结构性能的原因。随着步长 h 的增加，修正的哈密顿函数 $\widetilde{H}$ 和哈密顿函数 H 之间的误差会增加。虽然辛几何理论的引入改善了欧拉格式的保结构性能，但辛欧拉格式亦不能精确地保持保守系统的哈密顿量。为了改进辛欧拉格式的保结构性能，下文将着重介绍 Störmer-Verlet 格式。

Störmer-Verlet 格式是由 Störmer[13] 和 Verlet[14] 共同提出的用于分子动力学模拟的经典数值方法，已被证明，对于一些常微分方程组，例如数学摆模型的控制方程，Störmer-Verlet 格式是辛格式。受 Störmer-Verlet 算法的启发，Terze 和他的同事提出了一种新的用于刚体转动动力学积分的二阶保守李群几何积分方法，该方法被证明是一种显式格式，可以精确地保持旋转体的空间角动量守恒。最近，Hairer 和 Lubich 发展了 Störmer-Verlet-leapfrog 方法应用于具有慢变量的高振荡哈密顿系统时的长时间行为的积分[15]。虽然 Störmer-Verlet 方法优良的保结构特性已经得到验证，但是，最近针对辛方法提出的在频域内的保结构特性的质疑[16]，激励我们进一步研究 Störmer-Verlet 格式的频域保结构特性。

谐振子系统(1.1.1)的 Störmer-Verlet 格式为

$$\begin{cases}p_{n+1/2}=p_n-hq_n\\ q_{n+1}=q_n+hp_{n+1/2}\\ p_{n+1}=p_{n+1/2}-hq_{n+1}\end{cases} \tag{1.1.10}$$

离散迭代矩阵 $\boldsymbol{\psi}_h$ 可由下式给出：

$$\boldsymbol{\psi}_h\begin{pmatrix}p\\q\end{pmatrix}=\begin{bmatrix}1-h^2 & -h(2-h^2)\\ h & 1-h^2\end{bmatrix}\begin{pmatrix}p\\q\end{pmatrix} \tag{1.1.11}$$

由此，可以获得递推关系：

$$\begin{aligned}\frac{1}{2}p_{n+1}^2+q_{n+1}^2&=\frac{1}{2}[(1-h^2)p_n-h(2-h^2)q_n]^2+[hp_n+(1-h^2)q_n]^2\\ &=\frac{1}{2}p_n^2+q_n^2\end{aligned} \tag{1.1.12}$$

这意味着 $H(p,q)=\frac{1}{2}p^2+q^2\equiv C^2$，因此，Störmer-Verlet 方法可以精确地保持振子系统(1.1.1)的总能量。

为了说明谐振子系统的前述三种差分格式的保结构特性，在相同的初始条件 $(p,q)^{\mathrm{T}}|_{t=0}=(0,1)^{\mathrm{T}}$ 下完成了几个数值算例。设 $h=0.05\mathrm{s}$，通过经典显式欧拉方法(1.1.3)得到的谐振子(1.1.1)的相图如图 1-1 所示。

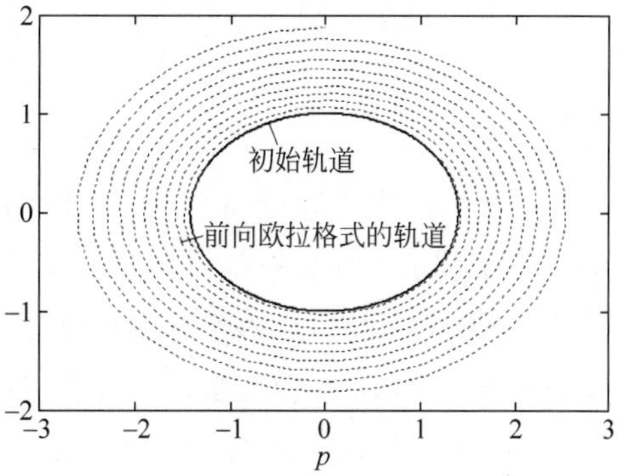

图 1-1 前向欧拉格式得到的相图

从图 1-1 中可以发现，经典显式欧拉方法(1.1.3)得到的振子的轨道不是闭合的，即轨道是非周期性的，这意味着经典显式欧拉方法(1.1.3)不能保持解析解的周期性和有界性。这个结果正好与式(1.1.5)表述的内容相吻合。

经典显式欧拉方法(1.1.3)得到的轨道不封闭的内在原因是式(1.1.3)根本不能保持振子系统的(修正的)哈密顿量。谐振子系统哈密顿函数的相对误差如图1-2所示。从图中可以看出，使用经典的显示欧拉方法，哈密顿函数的相对误差随时间近似线性增长；当$t=960$s时，哈密顿函数的最大相对误差约为25%。这一结果与递推关系式(1.1.5)反映的规律高度一致，并解释了由经典显式欧拉方法得到的轨道不是闭环的，其轨道曲率半径是线性增加的原因。

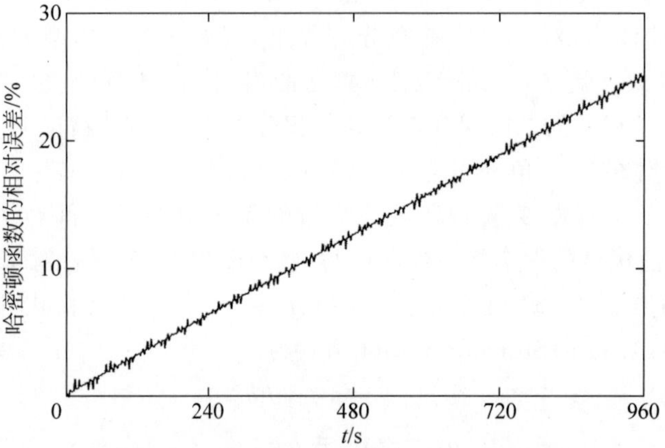

图1-2 前向欧拉格式哈密顿函数的相对误差

为了说明辛欧拉格式(1.1.6)的保结构性质并研究辛欧拉格式的保结构性质与步长之间的关系，分别设$h=0.05$s，$h=0.1$s，$h=0.5$s。用辛欧拉格式(1.1.6)得到的不同步长下的振子系统的相图如图1-3所示。

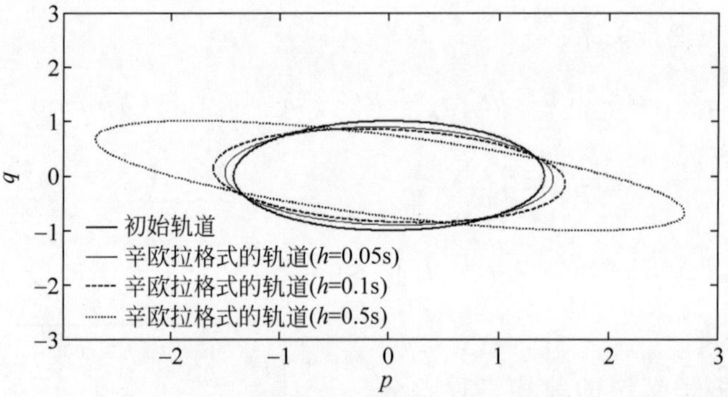

图1-3 辛欧拉格式得到的相图

图1-3中，辛欧拉格式(1.1.6)得到的轨道是闭合且周期的，这意味着辛欧拉格式(1.1.6)可以在一定程度上保持系统解析解的周期性。但是辛欧拉格式(1.1.6)得到的轨道与解析解的周期轨道不一致，并且随着步长的增加，与解析解的周期轨道的偏离会越来越大。上述现象是由修正的哈密顿函数$\widetilde{H}$和哈密顿函数H之间的误差引起的，这一结论可以从图1-4(a)～(c)中不同步长的哈密顿函数的相对误差中进一步得到。

从图1-4(a)～(c)可以发现，辛欧拉格式的哈密顿函数的相对误差随着步长的增加而增加：当 $h=0.05\mathrm{s}$ 时，哈密顿函数的最大相对误差约为 0.000019%；当 $h=0.5\mathrm{s}$ 时，最大相对误差约为 0.0098%；当 $h=0.5\mathrm{s}$ 时，最大相对误差约为 0.32%。

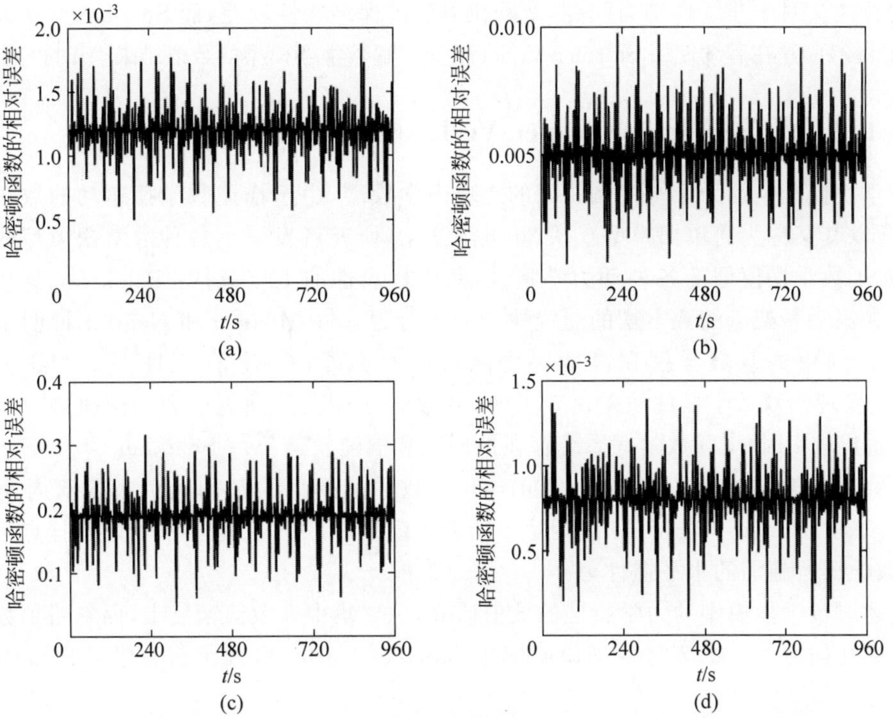

图 1-4　辛欧拉格式(a)～(c)和 Störmer-Verlet 格式(d)的哈密顿函数的相对误差

(a) $h=0.05\mathrm{s}$；(b) $h=0.1\mathrm{s}$；(c)，(d) $h=0.5\mathrm{s}$

对于 Störmer-Verlet 格式，$h=0.5\mathrm{s}$ 条件下谐振子系统的相图如图 1-5 所示。从中可以发现，由 Störmer-Verlet 格式得到的轨道与原来的周期轨道高度吻合。$h=0.5\mathrm{s}$ 时的哈密顿函数的相对误差如图 1-4(d)所示，其中，最大相对误差约为 0.000015%。

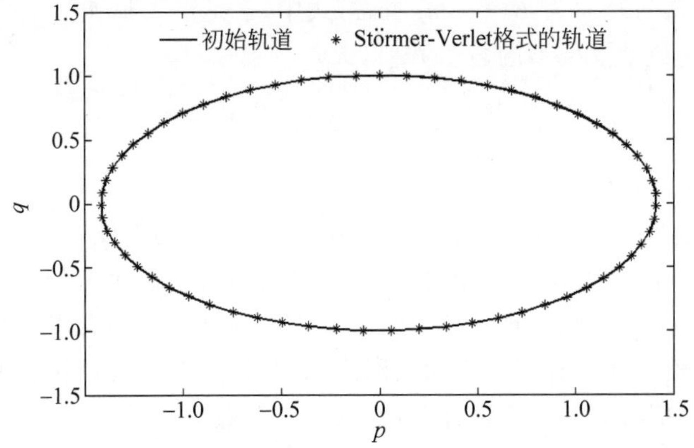

图 1-5　由 Störmer-Verlet 格式得到的谐振子相图

比较经典显式欧拉格式、辛欧拉格式和 Störmer-Verlet 格式的计算结果，可以得出：经典显式欧拉格式不能保持谐振子系统的任何几何结构，即使步长很小，哈密顿函数的相对误差也很大；辛欧拉格式可以保持谐振子系统的周期性和有界性，但不能完全保持哈密顿量；

Störmer-Verlet 格式能很好地保持谐振子系统的周期性、有界性和哈密顿量。

从以上结果可以发现,即使对于最简单的线性动力学问题,经典欧拉格式也不具有任何保结构特性。对于非线性动力问题,辛欧拉方法的保结构性较差,而 Störmer-Verlet 格式的保结构性较好,这在后续使用 Störmer-Verlet 格式求解数学摆模型的数值结果[17]时得到了体现。

1.1.2 数学摆模型 Störmer-Verlet 格式的探讨与改进

数学摆模型是动力学与控制领域的经典力学模型,由于描述数学摆运动的数学模型很简单,所以其又称为简单摆模型。从 20 世纪开始,研究者发展了各种数学摆模型的数值方法,揭示了数学摆模型的各种动力学特性,其中代表性的工作包括:Balakirev 及其合作者研究了在振动悬架上的数学摆的非线性动力学行为[18];Moauro 和 Negrini 证明了具有一定质量比约束的双数学摆在高能区混沌轨迹的不可积性和存在性[19];Martynyuk 和 Nikitina 发现当双数学摆的质量比较大时,双数学摆存在条件周期和混沌轨迹[20],并得到了当质量比较大时,串联数学摆系统存在拟周期和混沌轨迹[21];Shaikhet[22] 和 Hatvani[23] 分别研究了数学摆模型的稳定性;Dittrich 在数学摆模型的基础上引入了双周期椭圆函数[24];最近,Jerman 和 Hribar 利用适当的数学模型,得到了在数学摆上的悬挂点运动情况下,对数学摆所施加的水平惯性力[25]。

上述对数学摆模型动力学特性的数值研究,主要集中在数值精度上,而忽略了数学摆模型固有的几何特性。本节将详细说明使用 Störmer-Verlet 格式求解数学摆模型的保结构特性[17]。

考虑一个摆长为 l 的数学摆,其末端悬挂一个质量为 m 的质点,如图 1-6 所示。与经典的单摆不同的是,在我们的模型中,振幅不需要假设足够小以保证 $\sin q \approx q$ 这一同阶无穷小。在图 1-6 中,摆球角速度为 $\dot{q}=\mathrm{d}q/\mathrm{d}t$。根据几何关系,其沿圆弧的速度为 $v=l\dot{q}$。运动和外力之间的关系可以用牛顿第二定律来描述:$\dot{p}=m\dot{v}=ml\ddot{q}=F$,其中沿圆弧的外力为 $F=-mg\sin q$,式中,g 是重力加速度。然后,便可得到数学摆模型的数学方程:

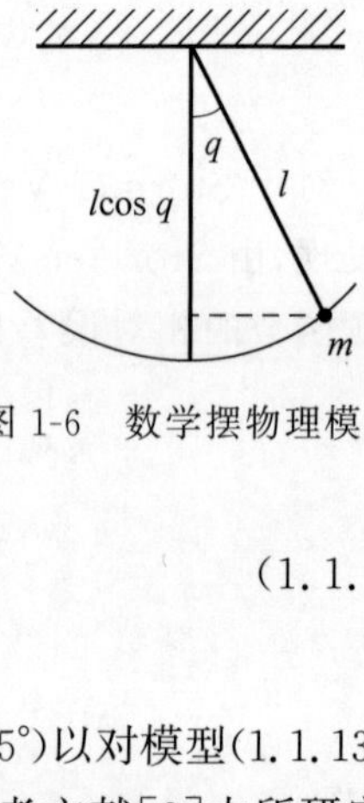

图 1-6 数学摆物理模型

$$\ddot{q}+\frac{g}{l}\sin q=0 \tag{1.1.13}$$

事实上,此模型在 300 年前就建立了。

为了简化分析过程,通常采用小角度假设以满足 $\sin q \approx q$(通常设 $q<5°$)以对模型(1.1.13)进行线性化处理,然后在 $l=1$ 和 $g=1$ 条件下将模型(1.1.13)退化为参考文献[9]中所研究的线性形式。不幸的是,线性化处理过程丢失了数学摆模型中许多有趣的非线性现象。此外,小角度假设限制了模型在工程中的应用。因此,本节将不进行线性化处理。

众所周知,数学摆模型是一个保守系统,这意味着数学摆的总能量(包括动能和势能)是一个最基本的物理守恒量。

为了简化下文中的数学公式,假定长度 $l=1$,摆的质量 $m=1$,重力加速度 $g=1$。

数学摆系统的动能为

$$K=\frac{1}{2}v^2=\frac{1}{2}\dot{q}^2 \tag{1.1.14}$$

而数学摆系统的势能是

$$U=1-\cos q \tag{1.1.15}$$

那么,数学摆系统的总能量为

$$E=U+K=\frac{1}{2}\dot{q}^2+1-\cos q \tag{1.1.16}$$

前述已经提到,数学摆系统的总能量是一个守恒量,即

$$E=\frac{1}{2}\dot{q}^2+1-\cos q=C,\quad E-1=\frac{1}{2}\dot{q}^2-\cos q=C-1 \tag{1.1.17}$$

根据牛顿第二定律 $\dot{p}=\ddot{q}$,即 $p=\dot{q}$(令积分常数为零),总能量守恒定律可改写为

$$E-1=\frac{1}{2}p^2-\cos q=C-1 \tag{1.1.18}$$

其中,$\frac{1}{2}p^2-\cos q$ 就是数学摆系统的哈密顿函数,即

$$H=\frac{1}{2}p^2-\cos q \tag{1.1.19}$$

使用哈密顿函数,数学摆模型(1.1.13)可以写成哈密顿规范形式:

$$\begin{cases}\dot{p}=-\sin q\\ \dot{q}=p\end{cases} \tag{1.1.20}$$

从中可以很容易地发现,数学摆模型的解析解存在周期性,$T=2\pi$,则

$$\dot{p}[q(t)]=-\sin q(t)=-\sin[2n\pi+q(t)]=\dot{p}[2n\pi+q(t)],\quad n\in Q \tag{1.1.21}$$

为了研究哈密顿正则形式(1.1.20)数值格式的保结构性质,有必要将状态变量重新定义为 $\boldsymbol{u}=(p,q)^{\mathrm{T}}\in\mathbf{R}^2$。然后式(1.1.20)可以重写为更紧凑的矩阵形式[25]:

$$\dot{\boldsymbol{u}}=\boldsymbol{f}(\boldsymbol{u}) \tag{1.1.22}$$

其中,

$$\boldsymbol{f}(\boldsymbol{u})=\boldsymbol{J}^{-1}\nabla H \tag{1.1.23}$$

其中,$\boldsymbol{J}=\begin{bmatrix}0 & 1\\ -1 & 0\end{bmatrix}$是反对称的辛矩阵。

对于$\frac{g}{l}=1$条件下的二阶微分方程(1.1.13),最简单的离散格式是

$$q_{n+1}-2q_n+q_{n-1}=-h^2\sin(q_n) \tag{1.1.24}$$

其中,h 是时间步长。式(1.1.24)是用中心二阶微商替换式(1.1.13)中的二阶导数得到的。

已经证明中心差分(1.1.24)不是保结构的。因此,Störmer 在对极光的研究中使用了带高阶项的数值方法[13]。Verlet 随后将这种方法应用于分子动力学的模拟工作[14]。至此,这种方法命名为 Störmer-Verlet 法。从式(1.1.20)得到哈密顿标准形式的 Störmer-Verlet 格式是

$$\begin{cases}p_{n+1/2}=p_n-\dfrac{h}{2}\sin(q_n)\\ q_{n+1}=q_n+hp_{n+1/2}\\ p_{n+1}=p_{n+1/2}-\dfrac{h}{2}\sin(q_n+hp_{n+1/2})\end{cases} \tag{1.1.25}$$

由上式得

$$f(\boldsymbol{u},h)=\begin{bmatrix}1-\dfrac{h^2}{2} & h\left(1-\dfrac{h^2}{4}\right)\\ h & \arcsin\left(1-\dfrac{h^2}{2}\right)\end{bmatrix}\begin{pmatrix}p\\ \sin q\end{pmatrix} \tag{1.1.26}$$

由此，根据参考文献，得到了 Störmer-Verlet 格式的下列递推关系[9,26]：

$$\frac{1}{2}p_{n+1}^2-\cos q_{n+1}=\frac{1}{2}p_n^2-\cos q_n \tag{1.1.27}$$

这意味着 $H(p,q)=\frac{1}{2}p^2-\cos q$ 在 Störmer-Verlet 格式(1.1.25)中是一个保守量。

为了测试数学摆系统 Störmer-Verlet 格式(1.1.25)的保结构特性，本节使用相同的初始值 $(p,q)^{\mathrm{T}}|_{t=0}=(1,0)^{\mathrm{T}}$ 进行数值模拟，这意味着初始哈密顿函数的值为 $H_0=H(p,q)|_{t=0}=-\frac{1}{2}$。

假设时间步长分别为 $h=0.5$、0.1、0.05、0.01，数学摆的运动过程采用 Störmer-Verlet 格式(1.1.25)模拟，哈密顿函数在每一步的绝对误差 $\Delta H_n=|H_0-H_n|$，图 1-7 所示。

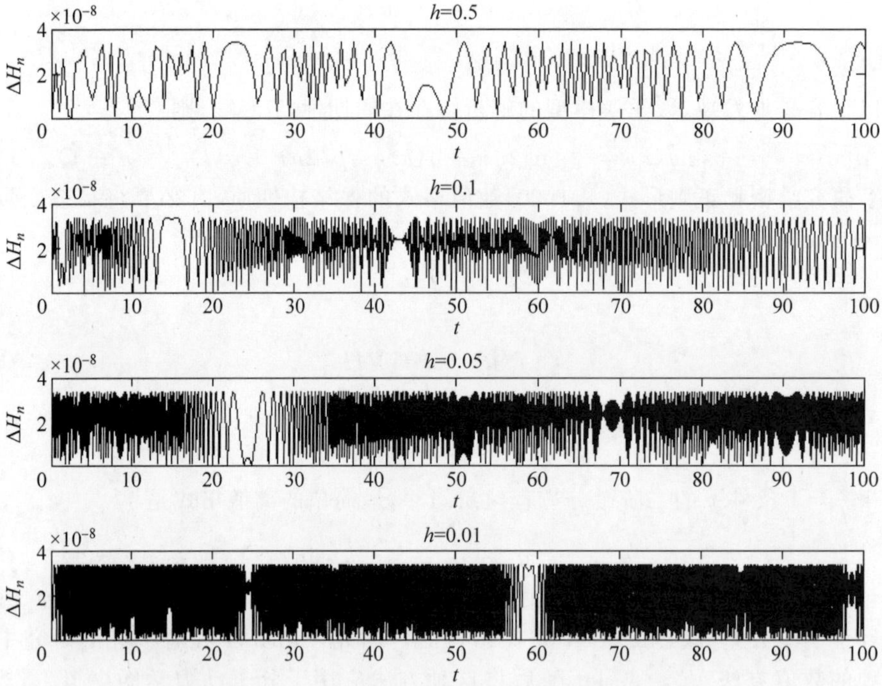

图 1-7　不同时间步长下哈密顿函数的绝对误差

从图 1-7 可以看出，不同时间步长下哈密顿函数的误差均小于 4×10^{-8}。此外，哈密顿函数误差的幅度几乎与时间步长无关，这意味着 Störmer-Verlet 格式(1.1.25)可以很好地保持总能量守恒。

作为数学摆模型(1.1.13)的一个重要几何特征，关于解的周期性反映的守恒定律(1.1.21)也应该考虑在内。因此，在模拟过程中，记录了每个时间步中 $\dot{p}$ 和 q 之间的关系。然后，

不同时间步长下的 $\dot{p}$ 的周期和周期相对误差被定义为 $\Delta T(\Delta t)=\frac{|T(\Delta t)-2\pi|}{2\pi}\times 100\%$，见表 1-1。

表 1-1　周期和不同时间步长下的周期相对误差

Δt	0.5	0.1	0.05	0.01
$T(\Delta t)$	7.466218	6.872205	6.539208	6.392903
$\Delta T(\Delta t)$	18.830%	9.376%	4.076%	1.747%

从表 1-1 可以看出，即使当 $h=0.01$ 时，也不能很好地保持周期守恒定律(1.1.21)。随着时间步长的减小，周期相对误差减小，数值结果中 $\dot{p}$ 的周期更接近于 2π，这意味着 Störmer-Verlet 格式(1.1.25)对周期守恒定律(1.1.21)的保持性能依赖于时间步长的值。但是，众所周知，作为有限差分格式，时间步长的减小会降低 Störmer-Verlet 格式的计算效率。因此，为了改善 Störmer-Verlet 格式(1.1.25)的这一弱点，Störmer-Verlet 格式的相位漂移将在下文进行部分修正。

前述结果表明，Störmer-Verlet 格式(1.1.25)可以很好地保持系统的总能量，但周期守恒律(1.1.21)的保持性能依赖于时间步长的选取。本质上，周期守恒律的误差是由 Störmer-Verlet 格式(1.1.25)中的相位漂移引起的。基于辛积分方法的后向误差分析，Cortz 首先发现了辛方法相位误差的存在，基于此，邢誉峰教授最近针对辛方法的相位误差问题提出了相位校正方法[16]。

下文将根据邢誉峰教授给出的相位矫正方法对 Störmer-Verlet 格式(1.1.25)的相位误差进行部分修正。

根据参考文献[16]中的校正方法，Störmer-Verlet 格式(1.1.25)的单步相位误差可以近似估计为

$$\Delta\theta=\omega h-\arccos\Gamma_{11} \tag{1.1.28}$$

其中，$\omega=1$，可以从 $\dot{p}=-\sin q$ 和 $\Gamma_{11}=1-\frac{h^2}{2}$ 的关系式中得到。因此，当时间步长为 h 时，Störmer-Verlet 格式(1.1.25)的单步相位误差为

$$\Delta\theta=h-\arccos\left(1-\frac{h^2}{2}\right) \tag{1.1.29}$$

为了部分消除 Störmer-Verlet 格式(1.1.25)的单步相位误差，应该执行以下单步时间坐标校正：

$$h_{\mathrm{m}}=h-\Delta\theta=\arccos\left(1-\frac{h^2}{2}\right) \tag{1.1.30}$$

利用上述单步校正方法，分别采用 $h=0.5$、0.1、0.05、0.01，次模拟数学摆模型的运动过程。哈密顿函数的绝对误差如图 1-8 所示，不同时间步长的周期相对误差见表 1-2。

比较相位校正前(图 1-7)和相位校正后(图 1-8)哈密顿函数的绝对误差，可以发现，相位校正后哈密顿函数误差的上界几乎不变，这意味着 Störmer-Verlet 格式(1.1.25)的总能量守恒定律的保持与格式(1.1.25)的相位漂移无关。

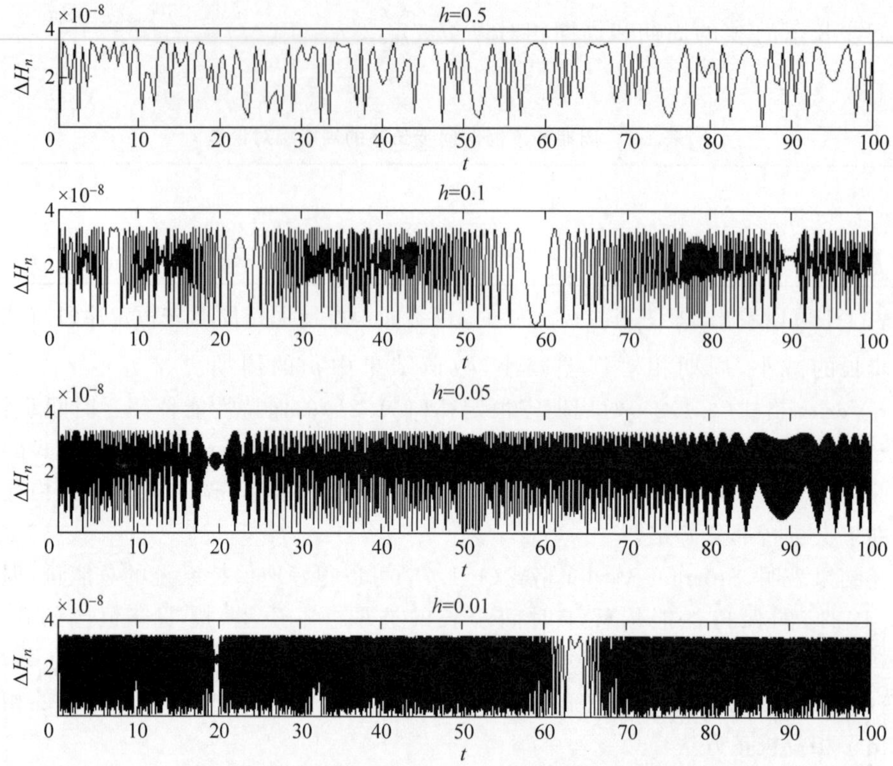

图 1-8　相位校正后，不同时间步长下哈密顿函数的绝对误差

表 1-2　$\dot{p}$ 的周期性和相位校正后不同时间步长的周期相对误差

Δt	0.5	0.1	0.05	0.01
$T(\Delta t)$	6.349210	6.296119	6.283282	6.283129
$\Delta T(\Delta t)$	1.050%	0.207%	0.002%	0

从表 1-2 所示的相位校正后不同时间步长的周期相对误差可以看出，进行相位校正后，相位漂移现象得到了明显的改善。在相位校正之后，即使 $h=0.5$，$\dot{p}$ 的周期也接近于 $2\pi\approx6.283126$。说明本书提出的相位校正方法虽然不能完全消除相位漂移现象，但可以减弱相位漂移现象。但需要指出的是，相位漂移现象仍然存在，相位漂移水平仍然取决于对 Störmer-Verlet 格式(1.1.25)进行相位校正后的时间步长。

从谐振子系统的经典欧拉格式，到数学摆模型 Störmer-Verlet 格式的相位校正，数值格式的保结构性能在数值分析中展现出了极高的魅力，这也是我们写这本专著的灵感所在。

1.2　从拉格朗日力学到哈密顿力学

作为几何力学的基础，动力学问题的数学描述方法具有十分重要的意义。目前两种主要的描述动力学系统的数学方法，一种是拉格朗日力学，另一种是哈密顿力学[1]。在对动力学问题的解释上，这两种描述方式是等价的，但出发点却不同。拉格朗日力学是以变分原理为基础的，可以直接推广到广义相对论框架中。而哈密顿力学是建立在能量守恒基础上的，与量子力学密切相关。本节将参照参考文献[1]，详细比较上述两种动力学问题的数学描述。

在这里，我们首先强调哈密顿力学的重要性。到目前为止，几乎无可辩驳的是，所有耗散效应可以忽略不计的真实物理过程——无论它是经典的、量子的还是相对论的，无论它是有限或无限自由度的——总是可以用合适的哈密顿形式来描述。

有限自由度，如天体力学、刚体和多刚体——包括机器人运动、几何光学、等离子体约束、加速器设计、最优控制等。

无限自由度，如理想流体动力学、弹性力学、电动力学、非线性波、孤子、量子力学和量子场论、相对论等。

从上面我们可以看到，哈密顿系统是无处不在的，它可以用统一的数学形式表达不同的物理问题。因此，系统地研究和发展哈密顿系统的数值方法是很有必要的。

有限维或无限维的哈密顿系统是常微分方程或偏微分方程的特殊形式。从 18 世纪至今，大量的文献积累了丰富的关于微分方程的数值方法的研究成果。然而，令我们惊讶的是，许多针对哈密顿微分方程发展的数值分析方法，并没有关注哈密顿系统的定性性质。这促使我们花费了大量精力来研究哈密顿系统的数值算法。

1.2.1 拉格朗日力学

拉格朗日力学基于以下发现，即牛顿第二定律背后的变分原理，表示为 $F=ma$。选择一个构型空间 Q 并用其中的广义坐标 $q^i(i=1,2,\cdots)$描述系统的特征，则对于所考虑的动力学系统，拉格朗日函数可以记为 $L(q^1,q^2,\cdots,q^n,\dot{q}^1,\dot{q}^2,\cdots,\dot{q}^n,t)$（也可以简单地记为 $L(q^i,\dot{q}^i,t)$）。通常，拉格朗日函数是系统动能与系统势能之差。将系统的广义速度定义为 $\dot{q}^i=\mathrm{d}q^i/\mathrm{d}t$，哈密顿变分原理可以表示为

$$\delta\int_a^b L(q^i,\dot{q}^i,t)\mathrm{d}t=0 \tag{1.2.1}$$

在哈密顿变分原理中，如果我们在固定的时间间隔$[a,b]$中选择一条连接构型空间 Q 上两个不动点的曲线 $q^i(t)$，则积分结果可以被认为是关于曲线的函数。式(1.2.1)给出的积分变分为零，则意味着函数在曲线空间中有一个驻点。如果我们将 δq^i 定义为变量，即曲线族对参数的导数，则式(1.2.1)等价于基于链式法则的如下形式：

$$\sum_{i=1}^n\int_a^b\left(\frac{\partial L}{\partial q^i}\delta q^i+\frac{\partial L}{\partial \dot{q}^i}\delta\dot{q}^i\right)\mathrm{d}t=0 \tag{1.2.2}$$

其中，

$$\delta\dot{q}^i=\frac{\mathrm{d}}{\mathrm{d}t}\delta q^i \tag{1.2.3}$$

因此，对式(1.2.2)中的第二项进行分部积分，将边界条件 $\delta q^i=0$ 替换为 $t=a$ 和 $t=b$，可以得到

$$\sum_{i=1}^n\int_a^b\left[\frac{\partial L}{\partial q^i}-\frac{\mathrm{d}}{\mathrm{d}t}\left(\frac{\partial L}{\partial \dot{q}^i}\right)\right]\delta q^i\mathrm{d}t=0 \tag{1.2.4}$$

鉴于 δq^i 的随机性，除端点外，式(1.2.4)等价于欧拉-拉格朗日方程(1.2.5)，即

$$\frac{\mathrm{d}}{\mathrm{d}t}\left(\frac{\partial L}{\partial \dot{q}^i}\right)-\frac{\partial L}{\partial q^i}=0,\quad i=1,2,\cdots,n \tag{1.2.5}$$

正如哈密顿[27-28]所理解的，如果我们不引入固定边界条件，可以得到更有价值的结果。

以包含 N 个在三维欧几里得空间中运动的质点系统为例，采用拉格朗日力学框架进行描述。选择构型空间 $Q=R^{3N}=R^3\times R^3\times\cdots\times R^3$，并定义拉格朗日函数为

$$L(q_i,\dot{q}_i,t)=\frac{1}{2}\sum_{i=1}^{N}m_i\|\dot{q}_i\|^2-V(q_i) \tag{1.2.6}$$

Q 中的点记为 $q_1,q_2,\cdots,q_N$，其中 $q_i\in R^3$，那么欧拉-拉格朗日方程可以写成牛顿第二定律形式：

$$\frac{\mathrm{d}}{\mathrm{d}t}(m_i\dot{q}_i)=-\frac{\partial V}{\partial q_i},\quad i=1,2,\cdots,N \tag{1.2.7}$$

这是具有势能 V 的粒子的运动规律。

通常，推导动力学系统的拉格朗日力学表述的另一种途径如下所述。当构型空间 Q 由坐标 $(q^1,q^2,\cdots,q^n)$ 确定时，可以构造速度相空间 TQ，TQ 上的坐标可以记为 $(q^1,q^2,\cdots,q^n,\dot{q}^1,\dot{q}^2,\cdots,\dot{q}^n)$。拉格朗日函数可以定义为 $L:TQ\to R$，这是几何力学的起源。

将 q^i 替换为场 $\varphi^1,\varphi^2,\cdots,\varphi^m$，有限维系统的拉格朗日形式便可自然地推广到无限维系统。

1.2.2 哈密顿力学

哈密顿力学由哈密顿于 1833 年提出，是由拉格朗日力学派生出来的经典力学的新框架，并可以在辛空间描述。为了从拉格朗日力学中推导出哈密顿力学，引入对偶变量如下：

$$p_i=\frac{\partial L}{\partial \dot{q}^i},\quad i=1,2,\cdots,n \tag{1.2.8}$$

对变量进行变换 $(q^i,\dot{q}^i)\mapsto(q^i,p_i)$，哈密顿函数可以定义为

$$H(q^i,p_i,t)=\sum_{j=1}^{n}p_j\dot{q}^j-L(q^i,\dot{q}^i,t) \tag{1.2.9}$$

根据链式法则，我们可以得到

$$\frac{\partial H}{\partial p_i}=\dot{q}^i+\sum_{j=1}^{n}\left(p_j\frac{\partial \dot{q}^j}{\partial p_i}-\frac{\partial L}{\partial \dot{q}^j}\frac{\partial \dot{q}^j}{\partial p_i}\right)=\dot{q}^i \tag{1.2.10}$$

$$\frac{\partial H}{\partial q^i}=\sum_{j=1}^{n}p_j\frac{\partial \dot{q}^j}{\partial q^i}-\frac{\partial L}{\partial q^i}-\sum_{j=1}^{n}\left(-\frac{\partial L}{\partial \dot{q}^j}\frac{\partial \dot{q}^j}{\partial q^i}\right)=-\frac{\partial L}{\partial q^i} \tag{1.2.11}$$

当对偶变量由方程(1.2.8)给出，欧拉-拉格朗日方程由式(1.2.6)给出后，式(1.2.11)等价于

$$\frac{\partial H}{\partial q^i}=-\frac{\mathrm{d}p_i}{\mathrm{d}t} \tag{1.2.12}$$

那么，由式(1.2.6)给出的欧拉-拉格朗日方程等价于下面的哈密顿方程：

$$\begin{cases}\dfrac{\mathrm{d}q^i}{\mathrm{d}t}=\dfrac{\partial H}{\partial p_i}\\[2ex]\dfrac{\mathrm{d}p_i}{\mathrm{d}t}=-\dfrac{\partial H}{\partial q^i}\end{cases} \tag{1.2.13}$$

其中，$i=1,2,\cdots,n$。类似于无限维系统的拉格朗日力学，依赖于时间的场 $\varphi^1,\varphi^2,\cdots,\varphi^m$ 和对偶变量 $\pi_1,\pi_2,\cdots,\pi_m$ 的无限维系统的哈密顿偏微分方程为

$$\begin{cases}\dfrac{\partial\varphi^\alpha}{\partial t}=\dfrac{\delta H}{\delta\pi_\alpha}\\[2ex]\dfrac{\partial\pi_\alpha}{\partial t}=-\dfrac{\delta H}{\delta\varphi^\alpha}\end{cases}\tag{1.2.14}$$

其中，$\alpha=1,2,\cdots,m$；H 是域 φ^α 和 π_α 的泛函，泛函的导数由下式定义：

$$\int_{R^n}\frac{\delta H}{\delta\varphi^1}\delta\varphi^1\mathrm{d}^n x=\lim_{\varepsilon\to0}\frac{1}{\varepsilon}[H(\varphi^1+\varepsilon\delta\varphi^1,\varphi^2,\cdots\varphi^m,\pi_1,\cdots,\pi_m)-H(\varphi^1,\cdots\varphi^m,\pi_1,\cdots,\pi_m)]\tag{1.2.15}$$

类似地，我们可以定义$\dfrac{\delta H}{\delta\varphi^2},\cdots,\dfrac{\delta H}{\delta\varphi^m}$。

上述有限维哈密顿方程和无限维哈密顿方程均可以表述成泊松括号表示的另一种方程形式：

$$\dot{F}=\{F,H\}\tag{1.2.16}$$

其具体形式是

$$\{F,G\}=\sum_{i=1}^{n}\left(\frac{\partial F}{\partial\dot{q}^i}\frac{\partial G}{\partial p_i}-\frac{\partial F}{\partial p_i}\frac{\partial G}{\partial q^i}\right)\tag{1.2.17}$$

$$\{F,G\}=\sum_{\alpha=1}^{m}\int_{R^n}\left(\frac{\delta F}{\delta\varphi^\alpha}\frac{\delta G}{\delta\pi_\alpha}-\frac{\delta F}{\delta\pi_\alpha}\frac{\delta G}{\delta\varphi^\alpha}\right)\mathrm{d}^n x\tag{1.2.18}$$

1.3 几何力学的灵魂——几何积分

在拉格朗日框架和哈密顿框架内对动力学系统进行数学描述后，就可以在理论分析和数值分析中研究动力学系统的几何对称性了。无论动力学系统是被描述成拉格朗日力学还是哈密顿力学形式，动力学系统总是被表述为常微分方程(ODE)或偏微分方程(PDE)。因此，几何力学主要关注 ODE 和 PDE 的定性性质和数值方法[2-4,29-30]。

在由常微分方程或偏微分方程描述的系统中可能存在许多定性性质。虽然我们无法将其完整给出，但在下面我们列出了部分定性性质，并阐述了不同的定性属性之间的相互关联，主要参考文献[9]。

1. 几何结构

当动力学系统在相空间中被重新描述后，我们对其解的整体属性的研究成为可能。其中最重要的结论往往是从哈密顿形式中得到的。

2. 守恒定律

许多系统蕴含有各式各样的守恒定律。包括整体物理量守恒(通常需要在系统变化的时域上积分)，例如质量、能量和动量，或者是沿质点运动轨迹和流动派生出来的守恒量，例

如流体密度或位势涡度。在一个描述行星运动的动力学系统中，数值自发的能量损失将不可避免地导致模拟的天体以渐近轨道撞向太阳，这在定性上显然是不正确的。类似地，已经被广泛接受的是，在海洋和大气的大尺度模拟中需要保持位势涡度，这对保持系统的定性特征是至关重要的。以上是与解所在的流形及该流形的直接相关的守恒定律，然而，对于哈密顿问题，我们还可以得到具有在相空间中的余切丛上变化的辛结构守恒和在保守系统中的体积守恒量，它们是与构造解的相空间相关的守恒定律。正如许多这样的属性一样，它们之间有着深层次的联系。例如，解的哈密顿量在自治哈密顿系统中是守恒的，并且一大类卡西米尔(Casimir)函数沿着轨迹曲线也是守恒的。

3. 对称性

很多系统在对称性作用下存在各式各样的不变量，比如李群[4-5]。这些对称性有可能被数值算法保持，也可能不被保持，但这些对称性一定被包含在解析解(自相似解)中。动力学系统涉及的对称性大致包括以下几种。

(1) 伽利略对称，如平移、反射和旋转。计算机视觉中的一个关键问题是识别一个可能是已知，但经过平移或旋转的对象。实现此目标的方法之一是将在伽利略对称性作用下的不变量(例如曲率)与目标相关联[5]。这一创新性研究工作被 Olver[31] 在几何积分方法框架下得以实现。对三维空间中的刚体(如卫星或机器人手臂)运动或圆柱壳屈曲的研究主要是因为这类系统在伽利略对称框架下是不变的[1]。

(2) 反对称性。太阳系是在时间反演下具有不变量的系统，更一般地讲，当对称量 ρ 满足等式 $\rho^2 = Id$ 时，许多物理系统是不变的。我们也可以考察一个时间步长为 h 的数值方法是否具有对称性，这样反演时间步长只需要用 h 代替 $-h$(与梯形法则相反，前向欧拉法没有这种特性)。

(3) 缩放对称性。许多物理问题具有在时间或空间上重新缩放时不变的特性。这反映了一个事实，即物理定律不应依赖于测量它们的单位，或者不应依赖于长度尺度。比例定律的一个例子是牛顿万有引力定律，它在时间和空间的重新缩放下是不变的。这种不变性直接使开普勒第三定律将椭圆周期轨道上的行星周期与椭圆长轴的长度联系起来——确定该定律并不涉及求解微分方程。拥有类似比例定律下不变特性的数值方法将在(离散)周期和缩放比例之间表现出对应关系。

(4) 李群对称性。李群对称性是比上述对称性更深层次的对称性，通常涉及系统在(非线性)李群变换的不变性[4]。一个重要的例子是对旋转群 SO(3)作用下的系统不变性。在参考文献[5]中给出了对这种对称性的创新性研究成果。Iserles 等[4]给出了求解具有这种对称性的常微分方程的数值方法。

4. 渐近行为

微分方程数值方法的最初发展均致力于提高数值解的精度，即提高数值解逼近解析解的程度。然而，当采用数值方法研究系统长时间的动力学行为时，我们通常需要对某一数值方法应用不同时间步长直至得到满意结果。请注意，在时间尺度变化很大的问题中(例如分子动力学，我们试图模拟化学物质在几秒内的行为，而分子相互作用在微秒内发生)的长期行为研究(以最小的时间尺度)是不可避免的。对于此类问题的研究，我们更需要关注数值方法保持解结构稳定性的能力，例如不变集、不变曲线和轨道统计规律等。参考文献[32]中全面回顾了这类问题以及数值方法的研究进展，Beyn[33]对曲线不变性的保持做出了重要贡献（参见 Stoffer 和 Nipp 的工作[34]）。Sussman 和 Wisdom[35]采用数值方法对太阳系是否存在混沌性的长期预测也是一个典型的成果。由于许多传统方法的误差会随时间呈指数级积累，即使这些方法是高阶的且具有非常小的局部误差，也不可能使用这些方法在长时间内精确描述系统的定性性质。因此，发展长期数值误差较小的方法是非常有必要的，即使其局部误差与其他方法相比可能会偏大。需要注意的是，被研究的微分系统的动力学行为可能会随时间演化。这些特点促使我们需要发展能够适应动力学行为随时间演化的数值分析方法，以跟踪和预测这类系统的长时间动力学行为。

5. 解的阶次

微分方程可能具有某种形式的最大值原理，它促使我们在发展数值方法过程中需要保持解的阶次不变。例如，给定一个偏微分方程的初值 $u_0(x)$ 和 $v_0(x)$，当 $u_0(x)<v_0(x)$ 时，得到的数值解对于所有 x 和 t 都存在 $u(x,t)<v(x,t)$。线性热传导方程 $\partial_t u=\partial_{xx}u$ 和许多其他抛物型方程都具有这种性质。最大值原理可以帮助我们理解解的空间对称性方面的性质[36]。另一个概念是解的凸性。事实上，在天气预报等领域，使得压力函数的数值解在锋面上保持凸性是一个重要的特征[37]。

6. 对称破缺

动力学系统的对称性与守恒定律之间的一一映射关系是诺特[38]在 1918 年提出的。此后，对称性便成为研究热点，很多研究人员对动力学系统的各种对称性进行了探索[39-40]。李政道和杨振宁关于宇称不守恒定律的发现为物理力学系统对称性的研究开辟了全新研究领域。随后，戈德斯通（Goldstone）等基于戈德斯通猜想提出了破缺对称性的概念[41-42]。Kibble[43]讨论了非阿贝尔（non-Abelian）规范对称性的破缺问题，并揭示了辐射范式和洛伦兹规范（Lorentz-gauge）范式之间的关系。温伯格（Weinberg）[44]发展了一个可重整化模型，其中电磁和弱相互作用之间的对称性自然地被破坏。伯恩斯坦（Bernstein）[45]回顾了自发的对称破缺、规范理论、希格斯（Higgs）机制以及它们之间的关系。温伯格[46]分析了动力学对称破缺中的中间矢量玻色子质量增加的物理意义（动力学对称破缺被定义为在时间演化过程中动力学系统中发生的一种特殊类型的对称破缺）。Kondepudi 和 Nelson[47]研究了分子合成中手性对称性的破缺问题。基于 FeAs 超导体，Lee 等[48]提出了一个可能的时间反演对称破缺顺序参数，Machida 等[49]给出了时间反转对称性破缺的一些值得关注的应用。Guo 等[50]通过实验证明了光学领域中的被动宇称时间对称性破缺。Feng 等[51]展示了具有共振模式的宇称-时间对称性破缺激光器的可控性，这个成果对宇称-时间对称性破缺随后的几个应用具有重要的启发作用[52-53]。如今，动力学对称性破缺已经在许多系统中被揭示，并且对其动力学行为的影响也被广泛讨论[54-62]。

值得注意的是，这些全局属性之间可能彼此紧密联系。例如，如果微分方程源自与拉格朗日函数相关的变分原理，那么通过诺特定理[38]，拉格朗日函数的每个连续对称性都可以直接推导出基本方程的守恒定律。这一发现在数值分析中有很好的应用。如果某一数值方法是基于拉格朗日量的，并且这个拉格朗日量具有对称性，那么这个数值方法自然具有一个与这个对称性相关的离散守恒定律[63]。我们将在后续章节中探讨这种关系。

对称性与解的阶次相结合时,经常也会得到一些对方程渐近行为的理解。特别是,自相似解可以用于数值算法中对数值解施加约束,使得数值解的行为与自相似解的行为吻合。因为边界和初始条件的影响相对较小,所以方程中的奇点通常比方程的一般解具有更多的局部对称性。相反,解可能具有隐藏的对称性[64],隐藏对称性在实际方程中并不多见。

在发展能够保持部分或全部上述性质的数值算法中,一些需要进一步讨论的问题如下所述。

在发展数值方法时保持这些定性性质有什么好处(如果有的话)? 对于具有多个重要定性性质的系统,我们期望在数值算法中保留多少这种属性? 从数值计算的角度来看,哪些定性属性更重要或更有益?

数值分析中保持原连续系统的定性性质主要基于以下几个重要原因。首先,上述许多特性可以在很多实际系统中找到。例如,大规模分子或恒星动力学都可以用具有多种守恒定律的哈密顿系统来描述。机械系统在旋转约束下的演化,流体力学的许多问题也是如此。流体和气体动力学、燃烧、非线性扩散和数学生物学中出现的具有尺度对称性和自相似性的偏微分方程。具有哈密顿结构的偏微分方程在孤子研究中具有重要地位(如 KdV 方程[65]和非线性薛定谔方程[66]等)。

在保结构数值分析方法构造过程中,我们希望所构造的数值算法在保持原系统几何性质方面有所优势。首先,我们将构造一个离散动力学系统,它应该具有与连续动力学系统相同的性质,两个系统的稳定性、轨道演化和长期动力学行为尽可能相似,因此可以认为这个离散模型在某种意义上能够逼近于所研究的问题。系统几何结构的数值误差通常(使用后向误差分析和利用离散化的几何结构)可以更容易地估计出来。值得注意的是,为了重现特定定性性质构造的几何积分方法,也可能能够保持一些额外的其他属性。例如,哈密顿问题的辛方法具有出色的能量守恒特性,但同时也可以保持角动量守恒或其他不变量(甚至可能是一些事先不知道的守恒量)。

总之,几何积分方法(包括李群方法、辛方法、分裂方法、某些自适应方法等)通常可以得到其他数值方法无法得到的结果。它们在奇点的精确计算、太阳系的长时间数值积分、高振荡系统的数值分析(例如量子物理学)方面已经取得了大量研究成果。其应用领域正在不断扩展,例如,Leimkuhler 在参考文献[67]中描述了许多应用领域。

众所周知,任何数学理论的进步,都是为了更有效地解决工程问题。因此,本书不会深入讨论几何力学的数学基础,而是将重点放在几何力学在动力学系统中的应用方面。

参考文献

[1] MARSDEN J E,RATIU T S. Introduction to Mechanics and Symmetry. Springer-Verlag,1999.

[2] BUDD C J, ISERLES A. Geometric integration: numerical solution of differential equations on manifolds. Philosophical Transactions of the Royal Society a-Mathematical Physical and Engineering Sciences,1999,357: 945-956.

[3] HAIRER E. Geometric integration of ordinary differential equations on manifolds. BIT Numerical Mathematics,2001,41: 996-1007.

[4] ISERLES A,MUNTHE-KAAS H Z,NØRSETT S P,et al. Lie-group methods. Acta Numerica,2000,

9：215-365.

[5] OLVER P J. Applications of Lie Groups to Differential Equations, 2ed. Springer-Verlag New York,1986.

[6] BRIDGES T J. Multi-symplectic structures and wave propagation. Mathematical Proceedings of the Cambridge Philosophical Society,1997,121：147-190.

[7] SANZ-SERNA J M,CALVO M P. Numerical Hamiltonian problem. Mathematics of Computation, 1994,64.

[8] QIN Y Y,DENG Z C, HU W P. Structure-preserving properties of three differential schemes for oscillator system. Applied Mathematics and Mechanics-English Edition,2014,35：783-790.

[9] BUDD C J, PIGGOTT M D. Geometric integration and its applications; Handbook of Numerical Analysis. Amsterdam North-Holland：2003,35-139.

[10] EULER L. Principes généraux du mouvement des fluides, Mémoires de l'académie des sciences de Berlin, Berlin, 1755.

[11] MCLACHLAN R. Symplectic integration of hamiltonian wave equations. Numerische Mathematik, 1993,66：465-492.

[12] FENG K. On difference schemes and symplectic geometry; Proceeding of the 1984 Beijing Symposium on Differential Geometry and Differential Equations,Beijing Science Press,1984,42-58.

[13] STÖRMER C. Sur les trajectories des corpuscules électrisés dans l'espace sous l'action du magnétisme terrestre avec application aux autores boréales. Archives des Sciences Physiques et Naturelles,1907,24：317-364.

[14] VERLET L. Computer "experiments" on classical fluids. I. Thermodynamical properties of Lennard-Jones molecules. Physical Review,1967,159：98-103.

[15] HAIRER E,LUBICH C. Long-term analysis of the Stormer-Verlet method for Hamiltonian systems with a solution-dependent high frequency. Numerische Mathematik,2016,134：119-138.

[16] XING Y F,YANG R. Phase errors and their correction in symplectic implicit single-step algorithm. Acta Mechanica Sinica (in Chinese),2007,39：668-671.

[17] Hu W,Song M,Deng Z. Structure-preserving properties of störmer-verlet scheme for mathematical pendulum. Applied Mathematics and Mechanics-English Edition,2017,38：1225-1232.

[18] BALAKIREV V A,BUTS V A,TOLSTOLUZHSKY A P,TURKIN Y A. Nonlinear dynamics of mathematical pendulum with a vibrating hanger. Ukrainskii Fizicheskii Zhurnal,1987 32：1270-1274.

[19] MOAURO V,NEGRINI P. Chaotic trajectories of a double mathematical pendulum. PMM Journal of Applied Mathematics and Mechanics,1998,62：827-830.

[20] MARTYNYUK A A,NIKITINA N V. The theory of motion of a double mathematical pendulum. International Applied Mechanics,2000,36：1252-1258.

[21] MARTYNYUK A A, NIKITINA N V. Regular and chaotic motions of mathematical pendulums. International Applied Mechanics,2001,37：407-413.

[22] SHAIKHET L. Stability of difference analogue of linear mathematical inverted pendulum. Discrete Dynamics in Nature and Society,2005：215-226.

[23] HATVANI L. Stability problems for the mathematical pendulum. Periodica Mathematica Hungarica, 2008,56：71-82.

[24] DITTRICH W. The mathematical pendulum from Gauss via Jacobi to Riemann. Annalen Der Physik, 2009,18：381-390.

[25] JERMAN B,HRIBAR A. Dynamics of the mathematical pendulum suspended from a moving mass. Tehnicki Vjesnik-Technical Gazette,2013,20：59-64.

[26] HAIRER E, LUBICH C, WANNER G. Geometric Numerical Integration：Structure Preserving

Algorithms for Ordinary Differential Equations. Berlin Springer-Verlag：2002.
[27] HAMILTON W R. On a general method in dynamics. Philosophical Transactions of the Royal Society of London，1834，124：247-308.
[28] HAMILTON W R. Second essay on a general method in dynamics. Philosophical Transactions of the Royal Society of London，1835，125：95-144.
[29] LEWIS D，OLVER P J. Geometric integration algorithms on homogeneous manifolds. Foundations of Computational Mathematics，2002，2：363-392.
[30] BUDD C J，PIGGOTT M D. The geometric integration of scale-invariant ordinary and partial differential equations. Journal of Computational and Applied Mathematics，2001：399-422.
[31] OLVER P J. Moving frames-in geometry，algebra，computer vision，and numerical analysis；3rd Foundations of Computational Mathematics (FoCM) Conference，Oxford，England，1999，267-297.
[32] STUART A M，HUMPHRIES A R. Dynamical Systems and Numerical Analysis. Cambridge University Press，1996.
[33] BEYN W J. On invariant closed curves for one-step methods. Numerische Mathematik，1987，51：103-122.
[34] STOFFER D，NIPP K. Invariant curves for variable step size integrators. BIT Numerical Mathematics，1991，31：169-180.
[35] SUSSMAN G J，WISDOM J. Chaotic evolution of the solar system. Science，1992，257：56-62.
[36] DEFRUTOS J，SANZSERNA J M. Accuracy and conservation properties in numerical integration：The case of the Korteweg de Vries equation. Numerische Mathematik，1997，75：421-445.
[37] CULLEN M J P，NORBURY J，PURSER R J. Generalised Lagrangian solutions for atmospheric and oceanic flows. SIAM Journal on Applied Mathematics，1991，51：20-31.
[38] NOETHER E. Invariante Variations probleme，Nachrichten der Königlichen Gesellschaft der Wissenschaften zu Göttingen，KI，1918，235-257.
[39] WANG G. Symmetry analysis and rogue wave solutions for the (2＋1)-dimensional nonlinear Schrödinger equation with variable coefficients. Applied Mathematics Letters，2016，56：56-64.
[40] WANG G，KARA A H，FAKHAR K. Nonlocal symmetry analysis and conservation laws to an third-order Burgers equation. Nonlinear Dynamics，2016，83：2281-2292.
[41] GOLDSTONE J，SALAM A，WEINBERG S. Broken symmetries. Physical Review，1962，127：965-970.
[42] HIGGS P W. Broken symmetries and the masses of gauge bosons. Physical Review Letters，1964，13：508-509.
[43] Kibble T W B. Symmetry breaking in non-Abelian Gauge theories. Physical Review，1967，155：1554-1561.
[44] VIJAYAJAYANTHI M，KANNA T，LAKSHMANAN M. Multisoliton solutions and energy sharing collisions in coupled nonlinear Schrödinger equations with focusing，defocusing and mixed type nonlinearities. European Physical Journal-Special Topics，2009，173：57-80.
[45] BERNSTEIN J. Spontaneous symmetry breaking，Gauge theories，Higgs mechanism and all that. Reviews of Modern Physics，1974，46：7-48.
[46] WEINBERG S. Implications of dynamical symmetry breaking. Physical Review D，1976，13：974-996.
[47] ILATI M，DEHGHAN M. DMLPG method for numerical simulation of soliton collisions in multi-dimensional coupled damped nonlinear Schrödinger system which arises from Bose-Einstein condensates. Applied Mathematics and Computation，2019，346：244-253.
[48] SEMAGIN D A，DMITRIEV S V，SHIGENARI T，KIVSHAR Y S，SUKHORUKOV A A. Effect of

weak discreteness on two-soliton collisions in nonlinear Schrödinger equation. Physica B-Condensed Matter,2002,316: 136-138.

[49] MACHIDA Y, NAKATSUJI S, ONODA S, TAYAMA T, SAKAKIBARA T. Time-reversal symmetry breaking and spontaneous Hall effect without magnetic dipole order. Nature,2010,463: 210-213.

[50] GUO A,SALAMO G J,DUCHESNE D,MORANDOTTI R,VOLATIER-RAVAT M,AIMEZ V, SIVILOGLOU G A,CHRISTODOULIDES D N. Observation of PT-symmetry breaking in complex optical potentials. Physical Review Letters,2009,103.

[51] FENG L,WONG Z J,MA R M,WANG Y,ZHANG X. Single-mode laser by parity-time symmetry breaking. Science,2014,346: 972-975.

[52] LU X Y,JING H,MA J Y,WU Y. PT-symmetry-breaking chaos in optomechanics,Physical Review Letters,2015,114.

[53] WU Y,LIU W,GENG J,SONG X,YE X,DUAN C K,RONG X,DU J. Observation of parity-time symmetry breaking in a single-spin system. Science,2019,364: 878-880.

[54] HOSOTANI Y. Dynamics of non-integrable phases and Gauge-symmetry breaking. Annals of Physics,1989,190: 233-253.

[55] CRAWFORD J D, KNOBLOCH E. Symmetry and symmetry-breaking bifurcations in fluid-dynamics. Annual Review of Fluid Mechanics,1991,23: 341-387.

[56] ROSENSTEIN B, WARR B J, PARK S H. Dynamic symmetry-breaking in 4-Fermion interaction models. Physics Reports Review Section of Physics Letters,1991,205: 59-108.

[57] Alkofer R,Smekal L Von. The infrared behaviour of QCD Green's functions-Confinement,dynamical symmetry breaking, and hadrons as relativistic bound states. Physics Reports Review Section of Physics Letters,2001,353: 281-465.

[58] FRAUENDORF S. Spontaneous symmetry breaking in rotating nuclei. Reviews of Modern Physics, 2001,73: 463-514.

[59] SADLER L E, HIGBIE J M, LESLIE S R, VENGALATTORE M, STAMPER-KURN D M, Spontaneous symmetry breaking in a quenched ferromagnetic spinor Bose-Einstein condensate. Nature,2006,443: 312-315.

[60] SERRA D,MAYR U,BONI A,LUKONIN I,REMPFLER M,MEYLAN L C,STADLEM B R, STRNAD P,PAPASAIKAS P,VISCHI D,WALDT A,ROMA G,LIBERALI P. Self-organization and symmetry breaking in intestinal organoid development. Nature,2019,569: 66-72.

[61] SMITH D J,MONTENEGRO-JOHNSON T D,LOPES S S. Symmetry-breaking cilia-driven flow in embryogenesis,in: S. H. Davis,P. Moin (Eds.) Annual Review of Fluid Mechanics,2019,105-128.

[62] HU W,WANG Z,ZHAO Y,DENG Z. Symmetry breaking of infinite-dimensional dynamic system. Applied Mathematics Letters,2020,103: 106207.

[63] DORODNITSYN V. Noether-type theorems for difference equations. Applied Numerical Mathematics,2001,39: 307-321.

[64] GOLUBITSKY M, STEWART I, SCHAEFFER D G. Singularities and Groups in Bifurcation Theory. Springer-Verlag,1984.

[65] KORTEWEG D J,G D V. On the change of form of form of long waves advancing in a rectangular canal and on a new type of long stationary waves. Philosophical Magazine Series,1895,39: 422-443.

[66] SCHRÖDINGER E, An undulatory theory of the mechanics of atoms and molecules. Physical Review,1926,28: 1049-1070.

[67] LEIMKUHLER B. Reversible adaptive regularization: perturbed Kepler motion and classical atomic trajectories. Philosophical Transactions of the Royal Society a-Mathematical Physical and Engineering Sciences,1999,357: 1101-1133.

第2章

有限维系统的辛算法

众所周知，在有限维动力系统的哈密顿形式的背后，存在几个非常重要的定性性质，如第一积分、总能量守恒定律、辛结构[1-3]。其中有限维哈密顿系统的辛结构是其他定性性质的源头。冯康先生发现，在有限维哈密顿系统的数值分析中，如果辛结构得到了精确保持，则其他大部分定性性质都能自然得到保持，这就是辛方法的基本思想[4]。针对有限维哈密顿系统（通常包含约束）发展辛方法，是开展有限维哈密顿系统分析的合理选择，辛方法在力学、天体和分子动力学以及光学方面有非常重要的应用。自从关于哈密顿系统的阐述发表以来，其分析大多集中在方程的几何结构的讨论上。

继冯康先生创立有限维哈密顿系统的辛方法[4-7]之后，许多有限维哈密顿系统的辛离散化方法被相继提出，如辛龙格-库塔法[8-9]，分裂算法[10-11]和基于离散拉格朗日函数[12]的方法。在这一章中，我们将介绍辛方法的数学基础，几种典型的离散方法构造的辛格式，以及辛方法在动力学问题中的几个简单应用。需要说明的是，辛方法的数学基础和几个典型的由离散方法导出的辛格式已在参考文献[13]中给出。

2.1 辛方法的数学基础

考虑一个用哈密顿形式表示的有限维动力学问题：

$$\dot{\boldsymbol{p}}=-\frac{\partial H}{\partial \boldsymbol{q}},\quad \dot{\boldsymbol{q}}=\frac{\partial H}{\partial \boldsymbol{p}} \tag{2.1.1}$$

其中，哈密顿函数 $H(\boldsymbol{p},\boldsymbol{q})=\boldsymbol{p}^{\mathrm{T}}\dot{\boldsymbol{q}}-L(\boldsymbol{q},\dot{\boldsymbol{q}})$。注意，对于我们考虑的力学系统 $H\equiv T+V$，哈密顿量代表当前系统的总能量。

更一般地，如果一个常微分系统可以被定义为 $\boldsymbol{u}\in\mathbb{R}^{2d}$ 形式，其中 $\boldsymbol{u}=(\boldsymbol{p},\boldsymbol{q})^{\mathrm{T}}$，$\boldsymbol{p},\boldsymbol{q}\in\mathbb{R}^{d}$，如

$$\dot{\boldsymbol{u}}=\boldsymbol{f}(\boldsymbol{u}) \tag{2.1.2}$$

那么这个系统就是标准哈密顿系统：

$$\boldsymbol{f}(\boldsymbol{u})=\boldsymbol{J}^{-1}\nabla H \tag{2.1.3}$$

其中，$H=H(\boldsymbol{p},\boldsymbol{q})$是哈密顿函数；$\nabla$是算子：

$$\left(\frac{\partial}{\partial p_1},\frac{\partial}{\partial p_2},\cdots,\frac{\partial}{\partial p_d},\frac{\partial}{\partial q_1},\cdots,\frac{\partial}{\partial q_d}\right)$$

$\boldsymbol{J}$ 是反对称矩阵：

$$\boldsymbol{J}=\begin{pmatrix}0 & I_d\\ -I_d & 0\end{pmatrix} \tag{2.1.4}$$

式中，I_d 是 d 维单位矩阵。

在这种情况下，$\boldsymbol{f}$ 称为哈密顿向量场。容易看出，如果 $\boldsymbol{f}_1$ 和 $\boldsymbol{f}_2$ 是哈密顿向量场，那么向量场 $\boldsymbol{f}_1+\boldsymbol{f}_2$ 也一定是哈密顿向量场。后续的分裂算法中也将用到这个简单的性质。

除了哈密顿量这一守恒量之外，哈密顿系统的一个关键特征是其流形的辛性。系统式(2.1.2)的解在相空间$\mathbb{R}^{2d}$ 上引入了变换矩阵$\boldsymbol{\psi}$，其相关的雅可比矩阵为$\boldsymbol{\psi}'$。满足以下条件时，此映射满足辛条件：

$$\boldsymbol{\psi}'^{\mathrm{T}}\boldsymbol{J}\boldsymbol{\psi}'=\boldsymbol{J} \tag{2.1.5}$$

其中，$\boldsymbol{J}$ 的定义如上文所述。

辛映射具有非常实用的性质，将其结合起来可以得到其他辛映射，详述见下文。

如果$\boldsymbol{\psi}'$是常微分方程(2.1.3)对应的流形的雅可比矩阵，那么它亦可以从哈密顿系统的定义中得出：

$$\frac{\mathrm{d}\,\boldsymbol{\psi}'}{\mathrm{d}t}=\boldsymbol{J}^{-1}\boldsymbol{H}''\boldsymbol{\psi}',\quad 其中\ \boldsymbol{H}''=\begin{pmatrix}\boldsymbol{H}_{pp} & \boldsymbol{H}_{pq}\\ \boldsymbol{H}_{pq} & \boldsymbol{H}_{qq}\end{pmatrix}$$

因此，

$$\frac{\mathrm{d}}{\mathrm{d}t}(\boldsymbol{\psi}'^{\mathrm{T}}\boldsymbol{J}\boldsymbol{\psi}')=\boldsymbol{\psi}'^{\mathrm{T}}\boldsymbol{H}''\boldsymbol{J}^{-\mathrm{T}}\boldsymbol{J}\boldsymbol{\psi}'+\boldsymbol{\psi}'^{\mathrm{T}}\boldsymbol{H}''\boldsymbol{\psi}'=\boldsymbol{0}$$

当 $t=0$ 时，$\boldsymbol{\psi}'=\boldsymbol{I}$，因此$(\boldsymbol{\psi}'^{\mathrm{T}}\boldsymbol{J}\boldsymbol{\psi}')=\boldsymbol{J}$。所以由哈密顿函数 H 通过微分方程(2.1.3)导出的流形$\boldsymbol{\psi}(t)$是严格保辛的。进一步证明[14]，如果一个流形是哈密顿流形，那么其一定是保辛的。

保持辛性比简单保持二维体积要重要得多，虽然哈密顿系统能保持相空间体积(刘维尔(Liouville)定理)，但也有可能找到其他非哈密顿的体积保持系统。从动力学的角度来看，辛几何起着核心作用。特别地，保辛意味着哈密顿系统的行为是周期的，即从$\mathbb{R}^{2d}$ 中的任意一点出发的解都会逼近起点。此外，与耗散系统不同，哈密顿系统的动力学行为不会演化为低维吸引子。著名的 KAM(Kolmogorov-Arnold-Moser)定理[15]描述的典型哈密顿动力学，该定理描述了可积和近可积哈密顿系统(其解一般具有周期性，或被限制于一个环面中)如何被扰动(在周期性哈密顿扰动下)到被混沌行为区域包围的环面中。正如参考文献[16]所讲的那样，“只有在特殊情况下，一般系统才具有许多在哈密顿系统中才能普遍存在的性质。”针对这一结论，参考文献[3]、[15]、[17]也进行了详细论述。

考虑恒定步长为 h 的单步数值方法，并在向量 $\boldsymbol{U}_n\in\mathbb{R}^{2d}$ 上近似计算系统式(2.1.2)在 $t=nh$ 时刻的解 $\boldsymbol{u}(t)$。我们暂且假设步长 h 是常数，这个数值格式将在$\mathbb{R}^{2d}$ 上导出一个离散流形映射$\boldsymbol{\Psi}_h$，它将是连续流形映射$\boldsymbol{\psi}(h)$的近似值。如果映射$\boldsymbol{\Psi}_h$ 满足恒等式(2.1.5)，则定义是保辛的。我们要求$\boldsymbol{\Psi}_h$ 的一个必然满足的几何性质是：如果$\boldsymbol{\psi}$ 是保辛的，那么$\boldsymbol{\Psi}_h$ 也应该是保辛的。现在我们将探索构造具有这种性质的数值方法。我们称任何可以推导出辛映射的数值格式为辛数值方法。正如我们将看到的，这样的方法保持了连续系统的许多其他特征(特别是遍历性质)。

时间步长 h 不是常数时的辛数值方法的定义非常重要，例如在自适应方法中 h 不是常数，那么许多辛格式的优势都将消失[18]，除非在每个时间步中都定义了 h 的方程，才能保持其几何结构。

辛算法的发展历史很有趣。数学界早期关于辛算法的工作中，Ruth[19] 和冯康先生[4] 以及其他一些数学家专门为常微分方程构造了一系列辛算法。这些早期的构造方法相当复杂，随后出现了相对简单的辛算法构造方式，这些构造方式集中体现在 Sanz-Serna 和 Calvo[18] 的工作中。然而，辛积分方法的使用历史比辛算法的提出要长得多。许多公认的数值方法之所以有效，正是因为它们本就是保辛的，尽管最初被构造时并没有被认识到这一点。最典型的三个例子是高斯-勒让德(Gauss-Legendre)方法、关联配置法和分子动力学模拟中使用的 Störmer-Verlet(Leapfrog 算法)方法。在上述工作中，辛格式通常是由以下四种不同的方法之一构造的：①生成函数法；②龙格-库塔法；③分裂法；④变分法。在这四种方法中，生成函数法容易导致烦琐的计算过程而难以得到应用，详见参考文献[20]。

以上方法并不是构造辛算法唯一的途径。上述方法虽然保留了辛几何性质，从而保持了哈密顿问题的许多定性特征，但除非使用自适应步长 h[22]，不然它们(通常)不能保持哈密顿量本身(见 Zhong 和 Marsden[21])。(它们可以在指数长的时间内保持指数级(以 h 为单位[22])逼近 H。)并且它们的误差增长特性通常更显著。McLachlan 和 Atela [23]、Candy 和 Rozmus [24] 证实了不变集和统计轨道具有收敛性，即使是没有关注轨道上每一点的跟踪精度。需要重点关注的是，哈密顿系统在偏微分方程中也能够自然导出(例如非线性薛定谔方程)，其相关的微分方程(例如通过半离散化得到的)通常也是刚性的。传统刚性方程的求解方法，如 BDF 方法，可能引入人为耗散到高阶模态中，从而得到错误的定性行为。为了讨论能量转移到更高阶的模态中并保持这些模态的真实动力学行为，辛算法是必不可少的。

值得注意的是，在计算中小的舍入误差会给哈密顿问题引入了非辛扰动，这是长时间数值积分的难点之一。Earn 和 Tremaine[25] 建议使用整数运算和晶格映射来消除这类计算中由舍入误差带来的影响。

为了引出本节的剩余内容，我们考虑一个简单的辛方法算例，这就是二阶隐式(对称)中点龙格-库塔法，对于系统式(2.1.2)描述的问题，它的形式为

$$\boldsymbol{U}_{n+1}=\boldsymbol{U}_n+h\boldsymbol{f}[(\boldsymbol{U}_n+\boldsymbol{U}_{n+1})/2]=\boldsymbol{U}_n+h\boldsymbol{J}^{-1}\,\nabla H[(\boldsymbol{U}_n+\boldsymbol{U}_{n+1})/2] \tag{2.1.6}$$

证明这种方法确实是保辛的，对这一研究工作是有启发意义的。

证明 对于足够小的时间步长 h，隐式中点格式定义了一个微分同胚 $\boldsymbol{U}_{n+1}=\boldsymbol{\Psi}_h(\boldsymbol{U}_n)$。对式(2.1.6)求微分，可得

$$\boldsymbol{\Psi}'_h=\frac{\partial \boldsymbol{U}_{n+1}}{\partial \boldsymbol{U}_n}=\boldsymbol{I}+\frac{h}{2}\boldsymbol{J}^{-1}\boldsymbol{H}''[(\boldsymbol{U}_n+\boldsymbol{U}_{n+1})/2]\left(\boldsymbol{I}+\frac{\partial \boldsymbol{U}_{n+1}}{\partial \boldsymbol{U}_n}\right)$$

因此，$\boldsymbol{U}_n\to\boldsymbol{U}_{n+1}$ 变换中的雅可比矩阵由下式给出：

$$\boldsymbol{\Psi}'_h(\boldsymbol{U}_n)=\left\{\boldsymbol{I}-\frac{h}{2}\boldsymbol{J}^{-1}\boldsymbol{H}''[(\boldsymbol{U}_n+\boldsymbol{U}_{n+1})/2]\right\}^{-1}\left\{\boldsymbol{I}+\frac{h}{2}\boldsymbol{J}^{-1}\boldsymbol{H}''[(\boldsymbol{U}_n+\boldsymbol{U}_{n+1})/2]\right\} \tag{2.1.7}$$

注：这是一个凯莱(Cayley)变换。

我们已经提到，验证映射是否保辛的条件是式(2.1.5)，在将式(2.1.7)代入式(2.1.5)之后，我们需要检查：

$$\left\{\boldsymbol{I}+\frac{h}{2}\boldsymbol{J}^{-1}\boldsymbol{H}''[(\boldsymbol{U}_n+\boldsymbol{U}_{n+1})/2]\right\}\boldsymbol{J}\left\{\boldsymbol{I}+\frac{h}{2}\boldsymbol{J}^{-1}\boldsymbol{H}''[(\boldsymbol{U}_n+\boldsymbol{U}_{n+1})/2]\right\}^{\mathrm{T}}$$

$$=\left\{\boldsymbol{I}-\frac{h}{2}\boldsymbol{J}^{-1}\boldsymbol{H}''[(\boldsymbol{U}_n+\boldsymbol{U}_{n+1})/2]\right\}\boldsymbol{J}\left\{\boldsymbol{I}-\frac{h}{2}\boldsymbol{J}^{-1}\boldsymbol{H}''[(\boldsymbol{U}_n+\boldsymbol{U}_{n+1})/2]\right\}^{\mathrm{T}}$$

二阶隐式中点龙格-库塔法的保辛性能可根据黑塞(Hessian)矩阵的对称性方便地得到：

$$\boldsymbol{J}^{\mathrm{T}}=-\boldsymbol{J}$$

注：上述证明与算子 $\boldsymbol{J}$ 的具体形式无关，只要求 $\boldsymbol{J}$ 是反对称的。与上述结论类似的方法也可以用来证明，中点离散方法对于具有定常泊松结构的系统依旧保持了其泊松结构。这在偏微分方程的研究中非常有用。如果 $\boldsymbol{J}$ 依赖于 $\boldsymbol{U}$，则可以证明其保持近似泊松结构，即保持二阶泊松结构，见参考文献[26]。在伪辛算法[27]中，上述情况也有不同程度的体现。

分析这些算法性能的常规渠道是构造修正方程。特别是如果 $\boldsymbol{u}(t)$ 是方程的解，$\boldsymbol{U}_n$ 是离散解，那么修正方程分析的目的是找到一个接近原方程的微分方程，使它的解 $\hat{\boldsymbol{u}}(t)$ 比真解 $\boldsymbol{u}$ 更接近 $\boldsymbol{U}_n$。一般来说，我们构造的 $\hat{\boldsymbol{u}}$ 如下：当 $N>r$ 时，$\boldsymbol{U}_n-\hat{\boldsymbol{u}}(t_n)=\mathcal{O}(h^{N+1})$，其中 r 为数值方法的阶数。假设修正后的方程是

$$\frac{\mathrm{d}\hat{\boldsymbol{u}}}{\mathrm{d}t}=\hat{\boldsymbol{f}}(\hat{\boldsymbol{u}})$$

Hairer[14](见 Murua 和 Sanz-Serna[28])给出了 B 序列的一个 $\hat{\boldsymbol{f}}$ 构造方法，从而截断了以下形式的高次系列：

$$\boldsymbol{f}_0(\hat{\boldsymbol{u}})+h\boldsymbol{f}_1(\hat{\boldsymbol{u}})+h^2\boldsymbol{f}_2(\hat{\boldsymbol{u}})+\cdots \tag{2.1.8}$$

随后给出修正方程构建的详细过程。理想情况下，修正流形应该具有与基础方程和离散方程相同的定性特征。在这种情况下，数值映射可以理解为一个光滑流形，从而可以方便地应用动力学系统理论的方法进行分析。这在参考文献[29]中进行了详细讨论，这也是研究数值中动力学行为与动力学背后的数值行为之间的矛盾和冲突的潜在动机。

现在我们将用这个方法来分析某些辛算法的性能。我们发现，当且仅当通过截断方程得到的每一个修正方程都可对应一个哈密顿系统时，则该数值方法是保辛的。特别是修正后的方程将具有修正后的哈密顿量 $H^0+hH^1+\cdots$。如果暂时忽略修正后的流形和离散解之间的(指数级的)差别，我们就可以发现一个重要结果：哈密顿问题的辛离散就是原哈密顿问题的哈密顿扰动。

上述结果极其重要。它意味着我们可以使用扰动哈密顿系统理论(特别是 KAM 理论)来分析由此得到的离散化方程，并且它对这个离散系统的可能表现出的动力学行为施加了非常强的约束。Sanz-Serna 观察到，对于变步长方法，该方法的修正方程分析失效了，因此该方法不适用于变步长方法。即使如此，我们也可以通过仔细调整 h 的数值来克服上述困难，以保持哈密顿结构，这样便产生了一些新的修正方法[30-32]。然而，这种方法也有局限性。修改后的方程通常会导致渐近级数的出现，在大步长情况下可能会崩溃，导致不变曲线的断裂。

2.2　典型的辛离散化方法

本节将回顾两种典型的辛离散化方法，包括龙格-库塔法和分裂法。

2.2.1 辛龙格-库塔法

幸运的是，一类重要的（精确且 A 稳定的）龙格-库塔法，即高斯-勒让德方法（也称为 Kuntzmann 和 Butcher 方法），也被证明是辛方法。前面考虑的隐式中点离散方法就是此类中的一种。虽然这一结论给出了一类非常有用的辛方法构造途径，适用于一般哈密顿问题，但得到的离散格式往往是高度隐式的，对于特定的问题，可能显式的离散格式是更可取的。为了理解这些龙格-库塔法，在这里我们回顾一下文献[18]中的结果。考虑一个标准的 s 阶龙格-库塔法及它的 Butcher 表：

$$\begin{array}{c|c} c & A \\ \hline & b^{\mathrm{T}} \end{array}$$

其中，$c, b \in \mathbb{R}^s$ 和 $A \equiv (a_{i,j}) \in \mathbb{R}^{s\times s}$。下面的定理（Lasagni[33] 和 Sanz-Serna[34]，以及 Sanz-Serna 和 Calvo[18]），给出了辛龙格-库塔法的完整描述。

定理 龙格-库塔法是辛的充要条件为：对于所有的 $1 \leqslant i, j \leqslant s$，

$$b_i a_{ij} + b_j a_{ji} - b_i b_j = 0 \tag{2.2.1}$$

注意，条件式(2.2.1)的必要性要求该方法没有冗余阶段、即该方法是不可约化的，见参考文献[18]。我们可以发现，如果矩阵 $\boldsymbol{A}$ 是下三角的，那么式(2.2.1)即表示对于 $\forall i, b_i = 0$，这显然与一致性条件 $\sum b_i = 1$ 相矛盾，因此我们可以得出结论，辛龙格-库塔法必须是隐式的。但是这并不是我们需要的结果；随后我们可以发现，在一些非常特殊的情况下，我们可以找到既保辛又是显式的龙格-库塔法。

这一结果的证明源于这样一个结果：满足条件式(2.2.1)的任何龙格-库塔法方法都会自动保持它所应用的方程解的任何二次不变量。换句话说，对于一个适当的矩阵 $\boldsymbol{A}$，任何形式为

$$\boldsymbol{u}^{\mathrm{T}} \boldsymbol{A} \boldsymbol{u}$$

的不变量。辛条件是与哈密顿方程相关的变分方程

$$\boldsymbol{\psi}' = \boldsymbol{J}^{-1} \boldsymbol{H}''(\boldsymbol{u})\, \boldsymbol{\psi}$$

的二次不变量。因此，将龙格-库塔法应用于上述方程可以得到我们预期的结果，见参考文献[35]。

可以证明，所有的高斯-勒让德方法都具有这种性质（隐式中点离散方法只是高斯-勒让德方法的最低阶形式）。例如，二阶（隐式中点）和四阶高斯-勒让德方法的形式为

$$\begin{array}{c|c} \frac{1}{2} & \frac{1}{2} \\ \hline & 1 \end{array}$$

$$\begin{array}{c|cc} \frac{3-\sqrt{3}}{6} & \frac{1}{4} & \frac{3-2\sqrt{3}}{12} \\ \frac{3+\sqrt{3}}{6} & \frac{3+2\sqrt{3}}{12} & \frac{1}{4} \\ \hline & \frac{1}{2} & \frac{1}{2} \end{array}$$

且两种方法都满足条件式(2.2.1)。所有高斯-勒让德方程都是保辛的,这意味着我们可以推导出任意高阶的辛方法。

如果哈密顿系统式(2.1.1)是可分的,我们就可以对系统的不同部分使用不同的数值离散方法。对于可分的哈密顿系统,我们引入一个分段的龙格-库塔法,并将式(2.1.1)中的分量 p 与下面第一个 Butcher 表给出的龙格-库塔法进行积分,将式(2.1.1)的分量 q 与下面第二个表进行积分。

$$\begin{array}{c|c} c & A \\ \hline & b^{\mathrm{T}} \end{array}$$

$$\begin{array}{c|c} \tilde{c} & \tilde{A} \\ \hline & \tilde{b}^{\mathrm{T}} \end{array}$$

和辛龙格-库塔法一样,我们对辛分段龙格-库塔法进行分类讨论,结果如下所述。

定理 分段龙格-库塔法是保辛的充要条件为:对于所有的 $1 \leqslant i, j \leqslant s$,

$$b_i = \tilde{b}_i, \quad b_i \tilde{a}_{ij} + \tilde{b}_j a_{ji} - b_i \tilde{b}_j = 0 \tag{2.2.2}$$

上述方法不可约性的必要性在这里同样适用,详情参见文献[36]。对于哈密顿量可分离形式 $H(\boldsymbol{p}, \boldsymbol{q}) = T(\boldsymbol{p}) + V(\boldsymbol{q})$ 表示的特殊情况,只要求式(2.2.2)的第二部分保辛。

这种方法的一个典型例子是 Ruth 提出的三阶方法[19],这是文献中出现的第一个辛方法之一,它的表为

$$\begin{array}{c|ccc} & 7/24 & 0 & 0 \\ c & 7/24 & 3/4 & 0 \\ 7/24 & 3/4 & -1/24 & \\ \hline & 7/24 & 3/4 & -1/24 \end{array}$$

$$\begin{array}{c|ccc} & 0 & 0 & 0 \\ \tilde{c} & 2/3 & 0 & 0 \\ 2/3 & -2/3 & 0 & \\ \hline & 2/3 & -2/3 & 1 \end{array}$$

对于可分哈密顿量(例如在天体力学中),函数 T 通常采取特殊形式 $T(\boldsymbol{p}) = \boldsymbol{p}^{\mathrm{T}} \boldsymbol{M}^{-1} \boldsymbol{p}/2$,其中 $\boldsymbol{M}$ 是一个恒定的对称可逆矩阵。在这种情况下,哈密顿方程具有如下的二阶形式:

$$\ddot{\boldsymbol{q}} = -\boldsymbol{M}^{-1} \boldsymbol{V}_q$$

事实上,T 的这种特殊形式在实际问题中经常出现,并可以看作是牛顿第二定律的另一种表述。如果哈密顿方程采用上述形式表述,则可以使用 Runge-Kutta-Nyström 方法进行离散。其 Butcher 表的形式为

$$\begin{array}{c|c} c & A \\ \hline & b^{\mathrm{T}} \\ \hline & B^{\mathrm{T}} \end{array}$$

这对应于以下 Runge-Kutta-Nyström 离散方法：

$$Q_i = q_n + c_i h M^{-1} p_n - h^2 \sum_{j=1}^{s} a_{ij} M^{-1} V_q(Q_j)$$

$$p_{n+1} = p_n - h \sum_{i=1}^{s} B_i V_q(Q_i)$$

$$q_{n+1} = q_n + h M^{-1} p_n - h^2 \sum_{i=1}^{s} b_i M^{-1} V_q(Q_i)$$

已有文献证明，给出的 Runge-Kutta-Nyström 方法是满足辛条件的，见文献[37]。

定理 上表给出的 s 级 Runge-Kutta-Nyström 方法是辛的充分必要条件为：对于所有的 $1 \leqslant i, j \leqslant s$，

$$b_i = B_i(1 - c_i), \quad B_i(b_j - a_{ij}) = B_j(b_i - a_{ji}) \tag{2.2.3}$$

2.2.2 分裂离散方法

这类方法利用了所处理问题的自然可分属性，特别是哈密顿量的自然分解，并已经在太阳系和分子动力学的研究中展示出了良好的应用前景[32,38]。这个领域许多最新的研究都要归功于 Yoshida 和 McLachlan。分裂方法的主要思想是将离散的流形 $\boldsymbol{\Psi}_h$ 分解为一系列更简单的流形：

$$\boldsymbol{\Psi}_h = \boldsymbol{\Psi}_{1,h} \circ \boldsymbol{\Psi}_{2,h} \circ \boldsymbol{\Psi}_{3,h} \cdots$$

其中，每个子流形的选择都代表了原始流形的更简单的集合(甚至可能是显式的)。从几何学的角度来看，这种方法是为了找到在组合中的每个单独操作下可以保持的几何特性。辛性质就是其中一个例子，但我们也经常需要保持系统的可逆性和其他结构。

假设一个微分方程的形式是

$$\frac{\mathrm{d}\boldsymbol{u}}{\mathrm{d}t} = \boldsymbol{f} = \boldsymbol{f}_1 + \boldsymbol{f}_2$$

在这里，函数 $\boldsymbol{f}_1$ 和 $\boldsymbol{f}_2$ 很可能代表不同的物理过程，在这种情况下，问题存在一个自然分解(例如，函数 $\boldsymbol{f}_1$ 和 $\boldsymbol{f}_2$ 分别表述动能和势能)。

将此方程分解为两个问题：

$$\frac{\mathrm{d}\boldsymbol{u}_1}{\mathrm{d}t} = \boldsymbol{f}_1 \quad 和 \quad \frac{\mathrm{d}\boldsymbol{u}_2}{\mathrm{d}t} = \boldsymbol{f}_2$$

经过上述变换后使得这两个问题可以进行精确积分，从而得到显式可积的流 $\boldsymbol{\Psi}_1(t)$ 和 $\boldsymbol{\Psi}_2(t)$。我们用 $\boldsymbol{\Psi}_{i,h}$ 表示应用相应连续流 $\boldsymbol{\Psi}_i(t)$ 随时间 h 的变化情况。如 Lie-Trotter 公式所示的简单(一阶)分离如下：

$$\boldsymbol{\Psi}_h = \boldsymbol{\Psi}_{1,h} \circ \boldsymbol{\Psi}_{2,h} \tag{2.2.4}$$

假设原问题的哈密顿量为 $H = H_1 + H_2$，那么正如上文所述，这是分别具有哈密顿量 H_1 和 H_2 的两个问题的线性组合。每个哈密顿量描述的微分方程都对应了一个映射 $\boldsymbol{\psi}_i(t)$，其形式如上所述。根据定义，由于 $\boldsymbol{\psi}_i$ 是一个哈密顿系统的精确解，则每个算子 $\boldsymbol{\Psi}_{i,h}$ 必定是一个辛映射。因此，组合映射也必定是保辛的。因此，算子分裂会自动生成辛映射。

在偏微分方程的背景下，这一过程有一个有趣的例子，即用于计算平流和反应化学流的

所谓平衡模型。其形式为

$$u_t + au_x = -g(u,v), \quad v_t = g(u,v)$$

为了将分裂法应用于该系统，通过使用总浓度 $c=u+v$ 的特征方法精确地确定无反应的平流步骤。随后便是无平流的反应步骤。这些模型在化学工业中被广泛应用，文献[39]中给出了对流问题分裂法的数值分析。事实上，此分析步骤被广泛应用于存在两个明显相互作用的组分的反应过程中，并且每个组分都被单独处理，例如文献[40]。

Lie-Trotter 分解法(2.2.4)在每一步都会引入与 h^2 成正比的局部误差，而更精确的分解方法是 Strang 分解，其分解表述为

$$\boldsymbol{\Psi}_h = \boldsymbol{\Psi}_{1,h/2} \circ \boldsymbol{\Psi}_{2,h} \circ \boldsymbol{\Psi}_{1,h/2} \tag{2.2.5}$$

这种分解方法的局部误差与 h^3 成正比。

下面将给出通过贝克-坎贝尔-豪斯多夫(Baker-Cambell-Hausdorff)公式得到的误差估计的证明。

例 1　假设一个哈密顿系统有一个哈密顿量，它可以表示如下所示的动能和势能项的组合：

$$H(\boldsymbol{u}) = H_1(\boldsymbol{u}) + H_2(\boldsymbol{u}) \equiv T(\boldsymbol{p}) + V(\boldsymbol{q})$$

所以，

$$\frac{\mathrm{d}\boldsymbol{p}}{\mathrm{d}t} = -H_{2,q}(\boldsymbol{q}), \quad \frac{\mathrm{d}\boldsymbol{q}}{\mathrm{d}t} = H_{1,p}(\boldsymbol{p})$$

H 的这种分离通常称为可分离或 P-Q 分离。我们可以得出

$$\boldsymbol{\Psi}_{1,h} = \boldsymbol{I} - h\boldsymbol{H}_{2,q} \quad \text{和} \quad \boldsymbol{\Psi}_{2,h} = \boldsymbol{I} + h\boldsymbol{H}_{1,p}$$

其中，$\boldsymbol{I}$ 表示恒等映射。

将 Lie-Trotter 公式直接应用于这一分离，可以得到对称的欧拉方法：

$$\begin{cases} \boldsymbol{p}_{n+1} = \boldsymbol{p}_n - hH_{2,q}(\boldsymbol{q}_n) \\ \boldsymbol{q}_{n+1} = \boldsymbol{q}_n + hH_{1,p}(\boldsymbol{p}_{n+1}) \end{cases} \tag{2.2.6}$$

在 Strang 分解的基础上，这个问题的更复杂的分解方法是

$$\boldsymbol{p}_{n+1/2} = \boldsymbol{p}_n - \frac{h}{2}H_{2,q}(\boldsymbol{q}_n), \quad \boldsymbol{q}_{n+1} = \boldsymbol{q}_n + hH_{1,p}(\boldsymbol{p}_{n+1/2}), \quad \boldsymbol{p}_{n+1} = \boldsymbol{p}_{n+1/2} - \frac{h}{2}H_{2,q}(\boldsymbol{q}_{n+1})$$

对于具有这种可分哈密顿的系统，结合后续 Strang 分解(如上所述)即可得到著名的 Störmer-Verlet 方法[41,42]：

$$\boldsymbol{q}^{n+1/2} = \boldsymbol{q}^{n-1/2} + hT_p(\boldsymbol{p}^n)$$
$$\boldsymbol{p}^{n+1} = \boldsymbol{p}^n - hV_q(\boldsymbol{q}^{n+1/2})$$

对可分离的情况，应用两级洛巴托(Lobatto)IIIA-B 龙格-库塔法(见文献[14])，可以得到相同的方法。

这种方法的一个典型应用出现在分子动力学文献[42]中，很多年之后，才有人意识到它在该领域的突出贡献是因为它实际上是一种非常有效的辛方法。

例 2　Yoshida 分解

Strang 分解拥有的一个极具吸引力的定性性质便是对称性，即 $\boldsymbol{\Psi}_h^{-1} = \boldsymbol{\Psi}_{-h}$。Yoshida[43] 结合 Strang 分解方法，推导出了一系列高阶方法。例如 Yoshida 在文献[43]中给出的，由

Strang 分解(2.2.5)给定的对称二阶方法$\boldsymbol{\Psi}_h^{(2)}$。Yoshida 构建的格式如下：

$$\boldsymbol{\Psi}_h^{(4)}=\boldsymbol{\Psi}_{x_1h}^{(2)}\circ\boldsymbol{\Psi}_{x_0h}^{(2)}\circ\boldsymbol{\Psi}_{x_1h}^{(2)}$$

并且证明了，如果上式中权重选择为

$$x_0=-\frac{2^{1/3}}{2-2^{1/3}},\quad x_1=\frac{1}{2-2^{1/3}}$$

那么，$\boldsymbol{\Psi}_h^{(4)}$ 是一个对称四阶分解方法。

如果所考虑的问题是哈密顿问题，并且二阶方法是保辛的，那么我们新构建的四阶方法也将是保辛的。给定一个 $2n$ 阶的对称积分器$\boldsymbol{\Psi}_h^{(2n)}$，若 $n=1$，我们便重复上述构造过程，当 $n=2$ 时，我们可以采用上面构造的方法。组合得到的方法为

$$\boldsymbol{\Psi}_h^{(2n+2)}=\boldsymbol{\Psi}_{x_1h}^{(2n)}\circ\boldsymbol{\Psi}_{x_0h}^{(2n)}\circ\boldsymbol{\Psi}_{x_1h}^{(2n)}$$

其中，权重选择为

$$x_0=-\frac{2^{1/(2n+1)}}{2-2^{1/(2n+1)}},\quad x_1=\frac{1}{2-2^{1/(2n+1)}}$$

则，上述分解是一个 $2n+2$ 阶的对称方法。

注：在考虑偏微分方程时，McLachlan[44]使用了哈密顿方程的另一种分解，即线性和非线性部分。

当然，对于有限维动力学系统，还有许多其他的离散化方法可以得到辛格式。例如，当我们把精细积分法的高精度优点[45]与辛方法的保结构特性相结合时[4]，就可以发展出辛精细积分[46]。

2.3 辛方法在力学问题中的应用

本节将介绍辛龙格-库塔法和辛精细积分法在力学领域的几个应用例子。

2.3.1 起落架折叠和展开过程辛精细积分方法研究

起落架是飞机起飞和着陆过程中起关键作用的重要结构部件。起落架的可靠性和动力特性可能影响飞机的安全性能。因此，在过去的几十年中，已经报道了许多关于其动力学分析的工作，其中包括：将起落架视为多刚体系统，Veaux[47]研究了起落架不同部分之间的动力学问题；Yadav 和 Ramamoorthy[48]使用油气减震器分析了具有伸缩主起落架和铰接前起落架的升沉俯仰模型的飞机起落架动力学问题；Kruger 及其合作者[49]使用三种软件来模拟起落架的动态响应，并讨论了受控起落架的可能应用；Lyle、Jackson 和 Fasanella[50]使用非线性动态有限元模拟了起落架中齿轮吸收的能量；Plakhtienko 和 Shifrin[51]提出了一个描述起落架相对于机身振动的非线性模型，旨在分析无旋转主齿轮的动态稳定性；Thota 及其合作者[52]开发并研究了一个弹性轮胎的扭转和横向弯曲耦合模式的数学模型；最近，Han 等[53]提出了一种高精度的数值方法来分析某些轻型飞机在着陆过程中主起落架上的动态应力，其结果与实验结果非常吻合。

上述参考文献中，对起落架的动力学分析主要是基于分析方法的精度，而忽略了起落架不同部分之间的几何约束。实际上，起落架不同部件之间的几何约束是影响起落架运动学

和动力学响应的非常重要的因素。因此，几何约束应作为一系列纯代数方程而包含在起落架的动力学控制方程中。起落架综合动力学控制方程是一个典型的微分代数方程(DAE)，它是多体动力学系统数值分析中的一个瓶颈问题。

对于DAE，几个在数值方法方面应被提及的代表性贡献包括：Gear[54]讨论了处理大型网络瞬态分析或连续系统仿真中常见类型的混合微分方程和代数方程的统一方法，由此开启了DAE的数值研究；Hairer和Wanner[55]提出了微分代数问题的几种数值方法，包括index-2系统的多步骤法、龙格-库塔法和半显式法，在应用于约束力学系统，特别是多体系统时，发现了刚性问题；Nedialkov和Pryce[56]提出了DAETS代码，通过使用泰勒级数展开来解决DAE初值问题，这为解决DAE提供了一种新的途径。

这些经典的DAE数值方法的所有思想都应用于多体系统商业软件的已有算法中，其中最流行的是机械系统的ADAMS(automatic dynamic analysis of mechanical systems)。ADAMS中处理几何约束的核心思想是通过对位移约束应用二阶微分来获得加速度约束方程，并对包含动力学控制方程和加速度约束方程的组合常微分方程应用数值离散方法。这种思想会导致两个算法问题：一个是算法的复杂性，因为位移约束的二阶微分过程和加速度约束方程的数值离散过程增加了算法的工作量；另一个是数值结果中的约束违约问题。这两个问题的起因是位移约束的二阶微分和加速度约束方程的数值离散是非必要过程。因此，钟万勰院士[45]提出了处理约束动力系统的分析结构力学方法。其中，将积分点处的独立位移作为待解的主要变量，并且在积分点处严格满足约束条件。

我们参考分析结构力学积分方法[45]的思想，引入辛精细积分法[46]用于分析起落架折叠和展开过程中的动力学特性[57]。在数值实验中，得到了约束条件和随时间变化的广义位移。此外，考虑到更短的折叠时间和对机身的较小影响，确定了合适的主动力施加方案。

忽略起落架的结构细节，典型的伸缩式主起落架结构和动态模型如图2-1所示。

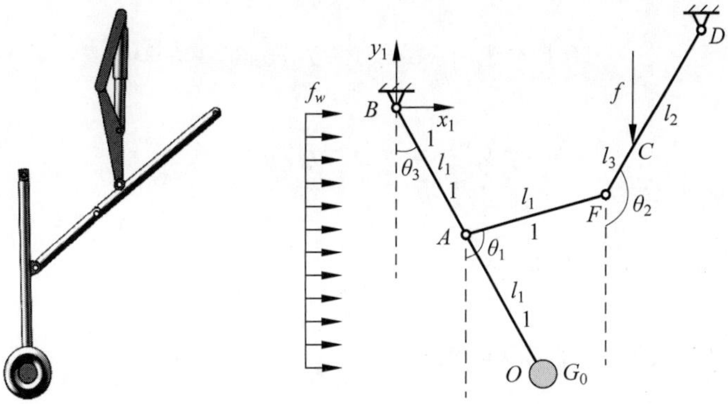

图2-1　伸缩式主起落架的结构和动态模型

折叠和展开过程中起落架的计算简图如图2-1所示，其中$|BD|=l_0$，$|OA|=|AB|=|AF|=l_1$，$|FD|=l_2$；通常，起落架在折叠和展开过程中承受三种类型的载荷。第一种类型载荷是重力载荷，包括：作用于车轮中心(点O)的车轮重力G_0，沿每个杆的轴线均匀分布的均质杆OAB、AF和FCD的重力。在本例中，假设这些杆件的线密度相同，线密度为G_ρ(G_ρ在图2-1中未标记)。第二种类型载荷是气动载荷。在折叠和展开过程中，如果忽略机身外部流场的影响，气动载荷可以被视为沿Y方向分布的均匀载荷。在本例中，气动载

荷的线性密度为 f_w。最后一种载荷是来自作动器作用在 C 点的主动力 $f(t)$(控制力)。在展开过程中,起落架的振动必须在可接受的范围内,所以该主动力可以被视为一个不变载荷。折叠过程中的两个主要要求:一个是起落架的折叠过程必须足够快,以便使得起落架对机身外部流场的影响较小;另一个是折叠过程结束时起落架对机身的冲击必须是可接受的。考虑到以上要求和主动力应用便利性,我们假设主动力为图 2-2 所示的线性变化的单个力,其中,b_1 和 b_2 分别是可调参数,t_0 是所需折叠时间。

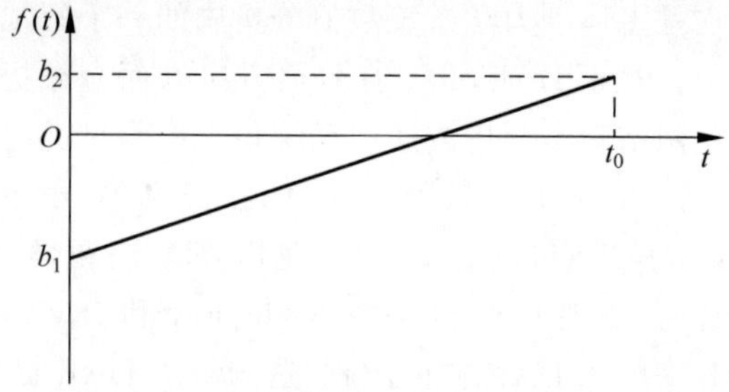

图 2-2 折叠过程中主动力 $f(t)$的时程

几何约束是多体动力学系统的核心问题和主要特征。在折叠和展开过程中,点 B 和点 D 之间的相对位置保持不变,即在展开和折叠过程中,

$$\begin{cases} x_D - x_B = a \\ y_D - y_B = b \end{cases} \tag{2.3.1}$$

其中,x_D 和 x_B 分别是点 D 和点 B 的横坐标值;y_D 和 y_B 分别是点 D 与点 B 的纵坐标值;a 和 b 是常数。

式(2.3.1)是展开和折叠过程中起落架系统的几何约束。基于保结构思想,该几何约束可以被视为起落架系统的固有几何特性,在数值模拟中应予以保持。

如图 2-1 所示,系统的广义位移定义为 $\boldsymbol{q}=[\theta_1,\theta_2,\theta_3]^{\mathrm{T}}$,其中 θ_1 是 BA 与垂直轴之间的夹角,θ_2 是 AF 与垂直轴之间的夹角,θ_3 是 BO 与垂直轴之间的夹角。然后式(2.3.1)可以重写为

$$\begin{cases} l_1(\sin\theta_3 + \sin\theta_1) + l_2\sin\theta_2 - a = 0 \\ l_1(\cos\theta_3 + \cos\theta_1) + l_2\cos\theta_2 + b = 0 \end{cases} \tag{2.3.2}$$

其可以表示为

$$\boldsymbol{\varphi}(\theta_1,\theta_2,\theta_3) = \boldsymbol{\varphi}(\boldsymbol{q}) = 0 \tag{2.3.3}$$

系统的总动能为

$$\begin{aligned} T = & \frac{2G_0}{g} l_1^2 \dot{\theta}_3^2 \quad (\text{轮的动能}) \\ & + \frac{4G_p}{3g} l_1^3 \dot{\theta}_3^2 \quad (\text{杆 } BO \text{ 的动能}) \\ & + \frac{G_p}{2g} l_1^3 \left[\dot{\theta}_3^2 + \frac{1}{4}\dot{\theta}_1^2 + \dot{\theta}_1\dot{\theta}_3\cos(\theta_1 - \theta_3)\right] + \frac{G_p}{6g} l_1^3 \dot{\theta}_1^2 \quad (\text{杆 } AF \text{ 的动能}) \\ & + \frac{G_p}{6g} l_2^3 \dot{\theta}_2^2 \quad (\text{杆 } FD \text{ 的动能}) \end{aligned} \tag{2.3.4}$$

以点 B 为零势能点的系统的总势能为

$$\begin{aligned} V = & -\frac{2G_0}{g} l_1 \cos\theta_3 \quad (\text{轮的势能}) \\ & - 2G_p l_1^2 \cos\theta_3 \quad (\text{杆 } BO \text{ 的势能}) \end{aligned}$$

$$
\begin{aligned}
&-G_p l_1^2(\cos\theta_3+\cos\theta_1) \quad (\text{杆 } AF \text{ 的势能}) \\
&-G_p l_2\left[l_1(\cos\theta_3+\cos\theta_1)+\frac{1}{2}l_2\cos\theta_2\right] \quad (\text{杆 } FD \text{ 的势能})
\end{aligned} \tag{2.3.5}
$$

考虑到主动力 $f(t)$ 和气动载荷 f_w，广义位移 $\boldsymbol{q}$ 作用下的广义力为

$$
\boldsymbol{Q}=\begin{Bmatrix}
\frac{1}{2}f_w l_1(l_1+2l_2)\cos\theta_1-f(t)l_1\sin\theta_1 \\
\frac{1}{2}f_w l_2^2\cos\theta_2-f(t)l_3\sin\theta_2 \\
f_w l_1(3l_1+l_2)\cos\theta_3-f(t)l_1\sin\theta_3
\end{Bmatrix} \tag{2.3.6}
$$

系统拉格朗日几何约束项定义为

$$
\sum \boldsymbol{\lambda}\frac{\partial \boldsymbol{\Phi}}{\partial \boldsymbol{q}}=\begin{Bmatrix}
\lambda_1 l_1\cos\theta_1-\lambda_2 l_1\cos\theta_1 \\
\lambda_1 l_2\cos\theta_2-\lambda_2 l_2\cos\theta_2 \\
\lambda_1 l_1\cos\theta_3-\lambda_2 l_1\cos\theta_3
\end{Bmatrix}\triangleq\boldsymbol{\lambda}\boldsymbol{\Phi}_q(\boldsymbol{q}) \tag{2.3.7}
$$

其中，$\boldsymbol{\Phi}(\boldsymbol{q})=\dfrac{\partial\boldsymbol{\varphi}(\boldsymbol{q})}{\partial\boldsymbol{q}}$；$\lambda$ 是拉格朗日乘数。

那么系统的拉格朗日控制方程可以表示为

$$
\frac{\mathrm{d}}{\mathrm{d}t}\frac{\partial L}{\partial\dot{\boldsymbol{q}}}-\frac{\partial L}{\partial\boldsymbol{q}}=\boldsymbol{Q}+\boldsymbol{\lambda}\boldsymbol{\Phi}_q(\boldsymbol{q}) \tag{2.3.8}
$$

拉格朗日函数 $L=T-V-\boldsymbol{\lambda}\boldsymbol{\Phi}_q(\boldsymbol{q})$。

式(2.3.8)的展开形式为

$$
\begin{cases}
\frac{7G_p}{12g}l_1^3\ddot{\theta}_1+\frac{G_p}{2g}l_1^3\cos(\theta_1-\theta_3)\ddot{\theta}_3+\frac{G_p}{2g}l_1^3\sin(\theta_1-\theta_3)\dot{\theta}_3^2+G_p l_1(l_1+l_2)\sin\theta_1 \\
=\frac{1}{2}f_w l_1(l_1+2l_2)\cos\theta_1-f(t)l_1\sin\theta_1+\lambda_1 l_1\cos\theta_1-\lambda_2 l_1\cos\theta_1 \\
\frac{G_p}{3g}l_2^3\ddot{\theta}_2+\frac{1}{2}G_p l_2^2\sin\theta_2=\frac{1}{2}f_w l_2^2\cos\theta_2-f(t)l_3\sin\theta_2+\lambda_1 l_2\cos\theta_2-\lambda_2 l_2\cos\theta_2 \\
\left(\frac{4G_0}{g}+\frac{11G_p l_1}{3g}\right)l_1^2\ddot{\theta}_3+\frac{G_p l_1^3}{2g}[\cos(\theta_1-\theta_3)\ddot{\theta}_1+\sin(\theta_1-\theta_3)\dot{\theta}_1^2]+[2G_0+G_p(3l_1+l_2)]l_1\sin\theta_3 \\
=f_w l_1(3l_1+l_2)\cos\theta_3-f(t)l_1\sin\theta_3+\lambda_1 l_1\cos\theta_3-\lambda_2 l_1\cos\theta_3
\end{cases} \tag{2.3.9}
$$

引入对偶变量 $\boldsymbol{p}=[p_1,p_2,p_3]^{\mathrm{T}}$，定义为

$$
\begin{cases}
p_1=\frac{\partial L}{\partial\dot{\theta}_1}=\frac{G_p}{2g}l_1^3\left[\frac{1}{2}\dot{\theta}_1+\dot{\theta}_3\cos(\theta_1-\theta_3)\right]+\frac{G_p}{3g}l_1^3\dot{\theta}_1 \\
p_2=\frac{\partial L}{\partial\dot{\theta}_2}=\frac{G_p}{3g}l_2^3\dot{\theta}_2 \\
p_3=\frac{\partial L}{\partial\dot{\theta}_3}=\frac{4G_0}{g}l_1^2\dot{\theta}_3+\frac{8G_p}{3g}l_1^3\dot{\theta}_3+\frac{G_p}{2g}l_1^3[2\dot{\theta}_3+\dot{\theta}_1\cos(\theta_1-\theta_3)]
\end{cases} \tag{2.3.10}
$$

利用广义位移和对偶变量可以得到修正的哈密顿函数：

$$
\begin{aligned}
H &= \boldsymbol{p}^{\mathrm{T}}\dot{\boldsymbol{q}} - L \\
&= p_1\dot{\theta}_1 + p_2\dot{\theta}_2 + p_3\dot{\theta}_3 - L \\
&= \frac{G_p}{2g}l_1^3\left[\frac{1}{2}\dot{\theta}_1^2 + \dot{\theta}_3\dot{\theta}_1\cos(\theta_1-\theta_3)\right] + \frac{G_p}{3g}l_1^3\dot{\theta}_1^2 + \frac{G_p}{3g}l_2^3\dot{\theta}_2^2 + \\
&\quad \frac{4G_0}{g}l_1^2\dot{\theta}_3^2 + \frac{8G_p}{3g}l_1^3\dot{\theta}_3^2 + \frac{G_p}{2g}l_1^3[2\dot{\theta}_3^2 + \dot{\theta}_1\dot{\theta}_3\cos(\theta_1-\theta_3)] - \\
&\quad \frac{2G_0}{g}l_1^2\dot{\theta}_3^2 - \frac{4G_p}{3g}l_1^3\dot{\theta}_3^2 - \frac{G_p}{2g}l_1^3\left[\dot{\theta}_3^2 + \frac{1}{4}\dot{\theta}_1^2 + \dot{\theta}_1\dot{\theta}_3\cos(\theta_1-\theta_3)\right] - \\
&\quad \frac{G_p}{6g}(l_1^3\dot{\theta}_1^2 - l_2^3\dot{\theta}_2^2) - \frac{2G_0}{g}l_1\cos\theta_3 - 2G_pl_1^2\cos\theta_3 - G_pl_1^2(\cos\theta_3+\cos\theta_1) - \\
&\quad G_pl_2\left[l_1(\cos\theta_3+\cos\theta_1) + \frac{1}{2}l_2\cos\theta_2\right] - \lambda_1l_1\cos\theta_1 + \lambda_2l_1\cos\theta_1 - \\
&\quad \lambda_1l_2\cos\theta_2 + \lambda_2l_2\cos\theta_2 - \lambda_1l_1\cos\theta_3 + \lambda_2l_1\cos\theta_3
\end{aligned}
\tag{2.3.11}
$$

基于哈密顿变分原理，拉格朗日控制方程(2.3.9)可以改写为以下正则形式：

$$
\begin{cases}
\dot{\boldsymbol{q}} = H_p^{\mathrm{T}}(\boldsymbol{q},\boldsymbol{p}) \\
\dot{\boldsymbol{p}} = -H_q^{\mathrm{T}}(\boldsymbol{q},\boldsymbol{p}) - \boldsymbol{\lambda}\boldsymbol{\Phi}_q(\boldsymbol{q}) \\
\boldsymbol{\varphi}(\boldsymbol{q}) = 0
\end{cases}
\tag{2.3.12}
$$

在式(2.3.12)中，拉格朗日乘数$\boldsymbol{\lambda}$可以直接从由$\boldsymbol{\varphi}(\boldsymbol{q})=0$导出的二阶微分方程中获得。具体步骤如下所述。

由$\boldsymbol{\varphi}(\boldsymbol{q})=0$导出的一阶微分方程为

$$
\begin{aligned}
\boldsymbol{f} &= \dot{\boldsymbol{\varphi}}(\boldsymbol{q}) \\
&= \boldsymbol{\Phi}(\boldsymbol{q})\dot{\boldsymbol{q}} \\
&= \boldsymbol{\Phi}(\boldsymbol{q})(H_p(\boldsymbol{q},\boldsymbol{p}))_t \\
&= \{\boldsymbol{\varphi}, H\} \\
&= \boldsymbol{0}
\end{aligned}
\tag{2.3.13}
$$

其中，$\{\cdot,\cdot\}$是流形上的泊松括号。

通过式(2.3.13)的微分运算，可以得到

$$
\begin{aligned}
\dot{\boldsymbol{f}} &= \boldsymbol{f}_q\dot{\boldsymbol{q}} + \boldsymbol{f}_p\dot{\boldsymbol{p}} + \boldsymbol{f}_t \\
&= \boldsymbol{f}_qH_p + \boldsymbol{f}_p[-H_q - \boldsymbol{\Phi}^{\mathrm{T}}(\boldsymbol{q})\boldsymbol{\lambda}] \\
&= \{\boldsymbol{f}, H\} + \{\boldsymbol{f}, \boldsymbol{\varphi}\}\boldsymbol{\lambda} \\
&= 0
\end{aligned}
\tag{2.3.14}
$$

因此，

$$
\boldsymbol{\lambda} = -\{\boldsymbol{f},\boldsymbol{\varphi}\}^{-1}\{\boldsymbol{f}, H\}
\tag{2.3.15}
$$

考虑式(2.3.12)中的前两个方程：

$$
\begin{cases}
\dot{\boldsymbol{q}} = H_p^{\mathrm{T}}(\boldsymbol{q},\boldsymbol{p}) \\
\dot{\boldsymbol{p}} = -H_q^{\mathrm{T}}(\boldsymbol{q},\boldsymbol{p}) - \boldsymbol{\lambda}\boldsymbol{\Phi}_q(\boldsymbol{q})
\end{cases}
\tag{2.3.16}
$$

展开式(2.3.16)，得到耦合非线性矩阵方程：

$$\dot{z} = \boldsymbol{\Psi} z + \boldsymbol{\Psi}_1(z) \tag{2.3.17}$$

其中，$z=(q,p)^{\mathrm{T}}$；$\boldsymbol{\Psi}$ 是可线性化的非稳态项[46]。因此仅考虑以下齐次方程：

$$\dot{z} = \boldsymbol{\Psi} z \tag{2.3.18}$$

对于齐次系统(2.3.18)，钟万勰院士和 Williams[45] 提出了精细积分法。精细积分法最突出的数值特性是放弃了传统的差分法，通过一系列的乘法变换获得了较高的积分精度。但精细积分法仍然是一种耗散的非保结构算法，其精度高于龙格-库塔算法。精细积分法的主要思想如下所述[45]。

式(2.3.18)在区间$[t_k,t_{k+1}]$上的积分为

$$\boldsymbol{Z}_{k+1} = \exp(\boldsymbol{\Psi}\Delta t)\boldsymbol{Z}_k \tag{2.3.19}$$

其中，$\Delta t = t_{k+1} - t_k$。

接下来是对指数矩阵 $\exp(\boldsymbol{\Psi}\Delta t)$ 的计算。根据指数函数性质，我们可以得到

$$\boldsymbol{T} = \exp(\boldsymbol{\Psi}\Delta t) = [\exp(\boldsymbol{\Psi}\Delta t/m)]^m = [\exp(\boldsymbol{\Psi}\tau)]^m \tag{2.3.20}$$

其中，m 是一个任意的整数。建议选择 $m=2^N$，如 $N=20$，$m=1048576$。

对于极小的时间区段 $\tau=\Delta t/m$，以保证下面的泰勒展开式的高精度：

$$\begin{aligned}\exp(\boldsymbol{\Psi}\tau) &\approx \boldsymbol{I}_n + \boldsymbol{\Psi}\tau + (\boldsymbol{\Psi}\tau)^2/2! + (\boldsymbol{\Psi}\tau)^3/3! + (\boldsymbol{\Psi}\tau)^4/4! \\ &= \boldsymbol{I}_n + \boldsymbol{T}_a\end{aligned} \tag{2.3.21}$$

其中，$\boldsymbol{T}_a = \boldsymbol{\Psi}\tau + (\boldsymbol{\Psi}\tau)^2/2! + (\boldsymbol{\Psi}\tau)^3/3! + (\boldsymbol{\Psi}\tau)^4/4!$ 是一个小量的矩阵。

为了避免小矩阵被四舍五入，引入了以下分解：

$$\boldsymbol{T} = (\boldsymbol{I} + \boldsymbol{T}_a)^{2^N} = (\boldsymbol{I} + \boldsymbol{T}_a)^{2^{N-1}} \times (\boldsymbol{I} + \boldsymbol{T}_a)^{2^{N-1}} \tag{2.3.22}$$

注意到

$$(\boldsymbol{I} + \boldsymbol{T}_a) \times (\boldsymbol{I} + \boldsymbol{T}_a) = \boldsymbol{I} + 2\boldsymbol{T}_a + \boldsymbol{T}_a \times \boldsymbol{T}_a \tag{2.3.23}$$

因此，式(2.3.22)中的 N 次乘法相当于以下语句：

$$\text{for(iter} = 0;\ \text{iter} < N;\ \text{iter}++)\ \boldsymbol{T}_a = 2\boldsymbol{T}_a + \boldsymbol{T}_a \times \boldsymbol{T}_a \tag{2.3.24}$$

然后，指数矩阵 $\exp(\boldsymbol{\Psi}\Delta t)$ 的高精度结果可以写为

$$\boldsymbol{T} = \boldsymbol{I} + \boldsymbol{T}_a \tag{2.3.25}$$

前文已经证明两个辛矩阵的乘积结果是保辛的，而两个辛矩阵的加法结果不是保辛的[45]，这便是辛精确积分法的理论基础。

在辛精细积分法中，我们仍关注指数矩阵 $\exp(\boldsymbol{\Psi}\tau)$。这个小指数矩阵的有理帕德(Padé)近似是

$$\exp(\boldsymbol{\Psi}\tau) \approx \frac{\boldsymbol{n}_{ln}(\boldsymbol{\Psi}_0\tau)}{\boldsymbol{d}_{ln}(\boldsymbol{\Psi}_0\tau)} = \boldsymbol{\Omega}_{ln}(\boldsymbol{\Psi}_0\tau) \tag{2.3.26}$$

其中，$\boldsymbol{n}_{ln}(\boldsymbol{\Psi}_0\tau) = \sum\limits_{k=0}^{n} \dfrac{(l+n-k)!n!}{(l+n)!k!(n-k)!}(\boldsymbol{\Psi}_0\tau)^k$，$\boldsymbol{d}_{ln}(\boldsymbol{\Psi}_0\tau) = \sum\limits_{k=0}^{n} \dfrac{(l+n-k)!n!}{(l+n)!k!(n-k)!}(-\boldsymbol{\Psi}_0\tau)^k$。

根据近似保辛定理[45]，当且仅当 $l=n$ 时，有理帕德近似(2.3.26)是近似保辛的。

以 $l=m=2$ 为例，指数矩阵 $\exp(\boldsymbol{\Psi}\Delta t)$ 的近似值为[46]

$$\begin{aligned}\exp(\boldsymbol{\Psi}\Delta t) &= [\exp(\boldsymbol{\Psi}\tau)]^m \\ &\approx \left[\frac{\boldsymbol{I}+\frac{\boldsymbol{\Psi}\tau}{2}+\frac{(\boldsymbol{\Psi}\tau)^2}{12}}{\boldsymbol{I}-\frac{\boldsymbol{\Psi}\tau}{2}+\frac{(\boldsymbol{\Psi}\tau)^2}{12}}\right]^{2^N} \\ &= \frac{(\boldsymbol{I}+\boldsymbol{T}_a)^{2^{(N-1)}}(\boldsymbol{I}+\boldsymbol{T}_a)^{2^{(N-1)}}}{(\boldsymbol{I}+\boldsymbol{T}_b)^{2^{(N-1)}}(\boldsymbol{I}+\boldsymbol{T}_b)^{2^{(N-1)}}}\end{aligned} \tag{2.3.27}$$

其中，$\boldsymbol{T}_a=\frac{\boldsymbol{\Psi}\tau}{2}+\frac{(\boldsymbol{\Psi}\tau)^2}{12}$，$\boldsymbol{T}_b=-\frac{\boldsymbol{\Psi}\tau}{2}+\frac{(\boldsymbol{\Psi}\tau)^2}{12}$。

注意到，对于小矩阵 $\boldsymbol{T}_c$，$\boldsymbol{T}_d$，存在以下相同的方程式：

$$(\boldsymbol{I}+\boldsymbol{T}_c)\times(\boldsymbol{I}+\boldsymbol{T}_d)=\boldsymbol{I}+\boldsymbol{T}_c+\boldsymbol{T}_d+\boldsymbol{T}_c\times\boldsymbol{T}_d \tag{2.3.28}$$

因此，式(2.3.27)中的 N 次乘法相当于以下语句：

$$\begin{aligned}&\text{for(iter}=0;\ \text{iter}<N;\ \text{iter}++)\boldsymbol{T}_a=2\boldsymbol{T}_a+\boldsymbol{T}_a\times\boldsymbol{T}_a, \\ &\boldsymbol{T}_b=2\boldsymbol{T}_b+\boldsymbol{T}_b\times\boldsymbol{T}_b\end{aligned} \tag{2.3.29}$$

然后，指数矩阵 $\exp(\boldsymbol{\Psi}\Delta t)$ 的高精确度值可以写为

$$\boldsymbol{T}=\frac{\boldsymbol{I}+\boldsymbol{T}_a}{\boldsymbol{I}+\boldsymbol{T}_b} \tag{2.3.30}$$

上文采用辛精确积分法，对起落架系统展开和折叠过程中的运动学过程进行了数值研究。与现有的对起落架系统运动学过程的研究结果不同，我们还对约束违约问题进行了详细的研究。

在展开过程中(飞机滑行过程之前)，假设飞机的俯冲角是不变的，那么，起落架系统的结构几何参数可以假设为以下无量纲数：$l_0=25$，$l_1=15$，$l_2=15$，$x_D-x_B=24$，$y_D-y_B=7$。在展开过程开始时，杆件 FD 的轴线和杆件 BD 的轴线是重合的，这意味着广义位移的初始值可以给定为：$\boldsymbol{q}_0=\left[\frac{3}{2}\pi-\arccos\frac{1}{3}+\arctan\frac{7}{24}-\arccos\frac{7}{9},\pi-\arctan\frac{24}{7},\frac{1}{2}\pi-\left(\arccos\frac{1}{3}-\arctan\frac{7}{24}\right)\right]^{\mathrm{T}}$。对于起落架的锁定状态，杆 BO 在 Y 方向，这意味着广义位移的结束值为 $\boldsymbol{q}_{t_0}=\left[\pi-\arccos\frac{5}{9},\pi-\arccos\frac{5}{9},0\right]^{\mathrm{T}}$。

假设轮的重力为 $G_0=100$，杆件的线性密度为 $G_p=25$，气动载荷的线性密度为 $f_w=20$，主动力为 $f(t)=300$，采用时间步长为 $\Delta t=0.05$ 四阶辛精细积分法(2.3.27)模拟展开过程。广义位移的时间历程如图 2-3 所示。

为了研究这个过程中的约束违约情况，每个时间节点 $i\Delta t$ 上的约束记为两个方向：

$$\begin{cases}\varphi_x(\boldsymbol{q})=|15[\sin\theta_3(\mathrm{i}\Delta t)+\sin\theta_1(\mathrm{i}\Delta t)]+15\sin\theta_2(\mathrm{i}\Delta t)-24| \\ \varphi_y(\boldsymbol{q})=|15[\cos\theta_3(\mathrm{i}\Delta t)+\cos\theta_1(\mathrm{i}\Delta t)]+15\cos\theta_2(\mathrm{i}\Delta t)+7|\end{cases} \tag{2.3.31}$$

约束违约的数值结果如图 2-4 所示。从约束违约结果可以发现，每个时间节点上的约束违约在 x 方向上小于 2×10^{-9}，在 y 方向上小于 3×10^{-9}。

在折叠过程中，同样，假设在这个过程中平面的仰角是不变的，那么，起落架系统的结构

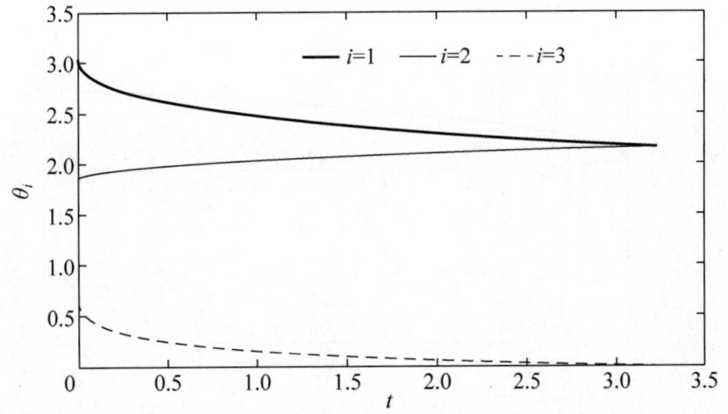

图 2-3　展开过程中广义位移的时程图

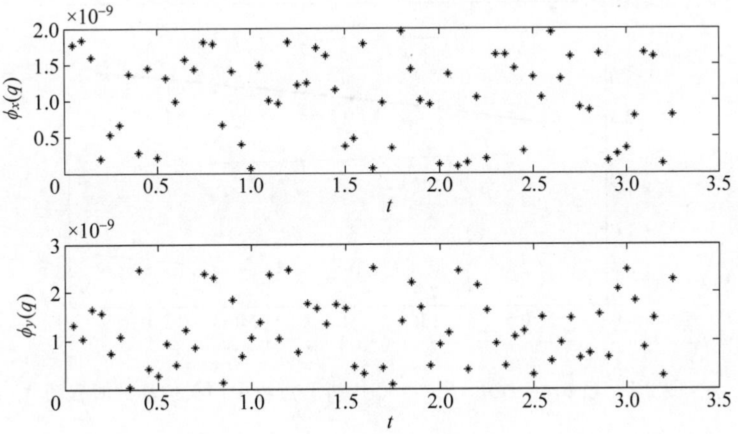

图 2-4　约束违约的数值结果

几何参数可以假设为以下无量纲数：$l_0=25, l_1=15, l_2=15, x_D-x_B=24, y_D-y_B=-7$。折叠过程的运动学过程是展开过程的逆运动学过程。因此，广义位移的初始值和结束值是

$$\boldsymbol{q}_0=\left[\pi-\arccos\frac{5}{9},\pi-\arccos\frac{5}{9},0\right]^{\mathrm{T}}$$

$$\boldsymbol{q}_{t_0}=\left[\frac{3}{2}\pi-\arccos\frac{1}{3}+\arctan\frac{7}{24}-\arccos\frac{7}{9},\pi-\arctan\frac{24}{7},\frac{1}{2}\pi-\left(\arccos\frac{1}{3}-\arctan\frac{7}{24}\right)\right]^{\mathrm{T}}$$

轮子的重力、杆件的线性密度和气动载荷的线性密度与上述数值模拟中的假设相同。假设主动力是线性变化的(图 2-2)。时间步长 $\Delta t=0.05$。首先，采用四阶辛精细积分法(式(2.3.27))模拟了折叠过程。当 $b_1=-50, b_2=250$ 时，广义位移的时间历程如图 2-5 所示。

在图 2-5 中，折叠过程所需的时间接近 39，大约是展开过程所需时间的 12 倍。因此，在进一步的实验中，我们减小了 b_1 和 b_2 的值以缩短折叠过程所需的时间。我们发现，当 $b_1=-260, b_2=40$ 时，$t=t_0=2.87$，也就是折叠过程所需的时间约为 2.87，角速度为 $\dot{\boldsymbol{q}}=[4.1716,2.8035,10.2270]^{\mathrm{T}}$，这在折叠过程中是可以接受的。广义位移的时程如图 2-6 所示。

为了研究这个过程中的约束违约情况，对每个时间节点 $i\Delta t$ 上两个方向的约束违约都

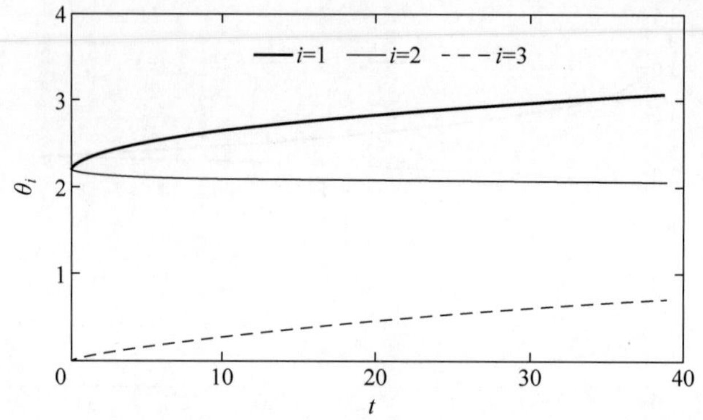

图 2-5 当 $b_1=-50, b_2=250$ 时，折叠过程中广义位移的时程图

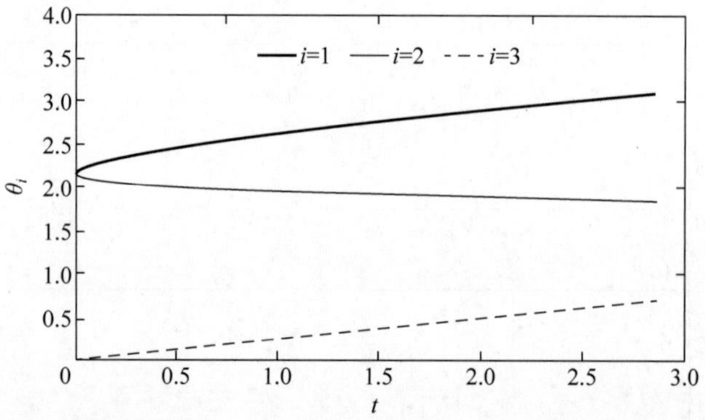

图 2-6 当 $b_1=-260, b_2=40$ 时，折叠过程中广义位移的时程图

进行了记录：

$$\begin{cases}\varphi_x(\boldsymbol{q})=\mid 15[\sin\theta_3(\mathrm{i}\Delta t)+\sin\theta_1(\mathrm{i}\Delta t)]+15\sin\theta_2(\mathrm{i}\Delta t)-24\mid \\ \varphi_y(\boldsymbol{q})=\mid 15[\cos\theta_3(\mathrm{i}\Delta t)+\cos\theta_1(\mathrm{i}\Delta t)]+15\cos\theta_2(\mathrm{i}\Delta t)-7\mid\end{cases} \tag{2.3.32}$$

约束违约的数值结果如图 2-7 所示。从约束违约结果可以发现，每个时间节点上的约束违约值在 x 方向上小于 8×10^{-8}，在 y 方向上小于 3×10^{-8}。

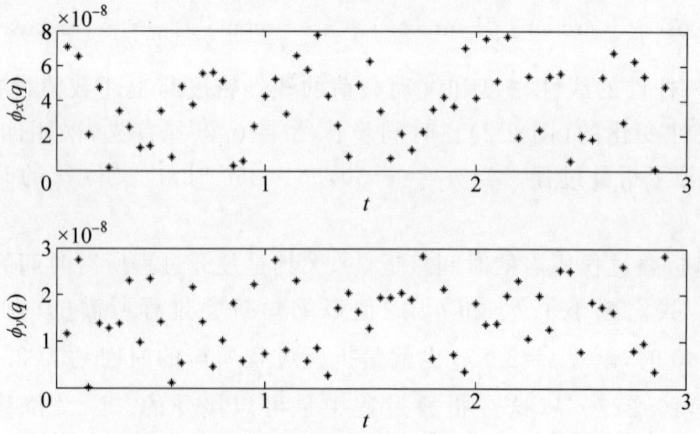

图 2-7 约束违约的数值结果

从以上的数值结果可以得出结论，起落架系统在展开和折叠过程中的运动学过程可以用辛精细积分法来模拟，并具有较小的约束违约。

2.3.2 航天动力学问题的辛龙格-库塔法

前面已经提到，当忽略有限维系统中的耗散效应时，可以将有限维系统表示为有限维哈密顿形式，并且可以使用辛方法进行分析。在航空航天动力学问题中，由空间载荷环境引起的耗散足够弱，因此，许多航空航天动力学问题的研究中可以引入辛方法。在本节中，我们使用辛龙格-库塔法分析了三个简单的航天动力学问题。

1. 空间刚性杆的轨道-姿态耦合动力学问题

随着航天飞行任务复杂性的增加，我们对空间结构的结构动力分析的要求越来越高。作为空间结构的基本构件，空间大刚度细长构件可以抽象为空间杆模型。

作为对空间细长部件进行轨道姿态控制的前提条件，其耦合动力学分析引起了极大的关注[58-60]。Ishimura 和 Higuchi[61]针对绳系空间太阳能卫星(SSPS)系统中的一些部件提出了弹性杆模型，并通过对微分方程采用线性化手段，对轨道运动、俯仰姿态运动和轴向振动之间的耦合动力学行为进行了数值研究。Jung 等[62-63]提出了绳系卫星系统的哑铃模型，并对正在部署和回收过程中的三体绳系卫星进行了非线性动力学分析。Zhang 等[64]提出的空间柔性梁建模过程为本例中考虑的动力学系统建模提供了一些参考。Moran[65]研究了哑铃型卫星模型的轨道-姿态耦合问题。基于欧拉-希尔方程，Lange[66]讨论了轨道和姿态运动之间的线性耦合行为，并通过频域方法推导了空间卫星姿态控制的稳定性条件。Liu 等[67]建立了太阳帆的柔性梁模型，并通过 Kelvin-Voigt 方法研究了其在重力梯度扭矩和控制扭矩条件下的动态响应。Wie 和 Roithmayr[68]通过牛顿力学方法建立了地球静止轨道上 Abacus SSPS 的轨道、姿态耦合动力学方程，并提出了轨道和姿态运动之间耦合动力学问题的积分方法。McNally 等[69]比较了同步拉普拉斯平面轨道和地球静止轨道上 Abacus SSPS 的轨道-姿态耦合动力学行为。

地球的形状是不规则的，地球的质量分布也是不均匀的。因此，对于在地球引力场中工作的空间结构，应考虑地球的非球摄动对动力学行为的影响。以 SSPS 为例，与大气阻力、太阳压力和三体重力相比，地球的非球摄动是影响 SSPS 在轨动态行为的主要因素之一[69]。因此，本节主要研究非球摄动对空间结构耦合动力学行为的影响。在这一领域，Casanova 等[70]研究了考虑地球非球摄动的不同面积质量比空间碎片的短期和长期动力学行为。Malla 等[71]分析了地球非球引力摄动对大型空间结构轨道离心率的影响。Ross[72]提出了一组新的线性化航天器运动动力学方程，该方程与带谐项摄动系数相关。Hamel 和 de Lafontaine[73]推导出了一组完全线性化的解析方程，描述了航天器在带谐项摄动椭圆轨道上的相对运动。McNally 等[74]推导了 Abacus SSPS 的精确轨道动力学模型，并全面分析了地球非球摄动、太阳辐射扰动和微波反应的影响。最近，胡伟鹏等[75]研究了受地球的非球摄动下的空间柔性阻尼梁的新的稳定姿态。

随着前述保结构思想的发展，理论上，大多数空间构件，无论是刚性还是柔性，其动力学问题都可以通过保结构方法进行分析。然而，现有保结构方法的仿真速度有时不能满足工程要求。以对细长空间柔性阻尼梁[75-77]提出的保结构方法为例,其算法的结构保持特性很好,但仿真速度不能满足后续实时最优控制的要求,这极大地限制了保结构方法的应用。为了解决上述冲突,一种方法是提高所采用的数值方法的模拟效率,但除非提出新的数值算法理论,否则这是很困难的;另一种方法是简化动力学模型,并在此过程中保留主要的动力学行为。在本节中,我们应用后者方法来分析空间大刚度细长构件的轨道-姿态耦合行为。

在我们的工作[78]中,关注点在于空间结构中广泛使用的大刚度细长构件的耦合动力学问题,将提出考虑轨道和姿态运动之间耦合效应的空间刚性杆动力学模型,并且将采用综合了辛方法和经典龙格-库塔法优点的保结构方法来研究其动力学行为。

考虑到图 2-8 中所示的大刚度细长空间组件的轨道-姿态耦合效应,将通过本例中的保结构方法[79-81]研究从空间柔性阻尼梁[75,77]简化的空间刚性杆模型。提出的简化模型在空间梁的刚度足够大时,依旧可以忽略柔性振动,以此提高空间梁数值分析的模拟速度。

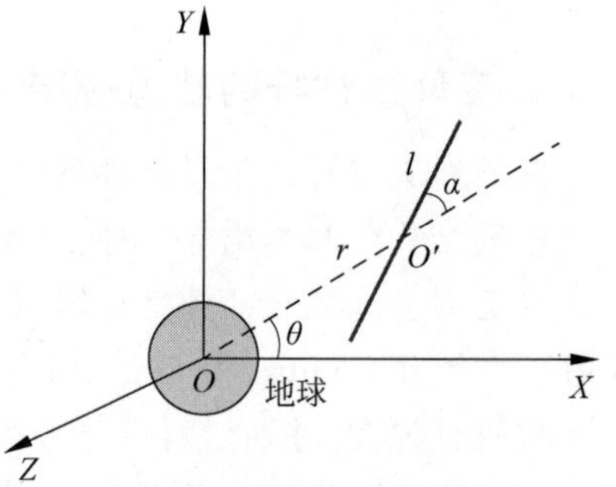

图 2-8 空间刚性杆模型

假设刚性杆在引力场中的平面轨道上运动。为了刻画引力场的影响,忽略了大气阻力和太阳辐射压力的影响。建立了以中心 O(地心)为坐标原点的惯性坐标系 $O\text{-}XYZ$,轴 OX 与赤道长半轴重合,并指向春分点,轴 OZ 垂直于赤道平面,轴 OY 方向由右手螺旋定则确定。刚性杆质心设为 O',质心 O' 的轨道半径设为 r,真近角设为 θ,姿态角设为 α。广义坐标定义为 $\boldsymbol{q}=[r,\theta,\alpha]^{\mathrm{T}}$。

设 l 和 ρ 分别为刚性杆的长度和线密度。刚性杆的平动动能和转动动能可分别表示为

$$T_{\mathrm{p}}=\frac{1}{2}\rho l[\dot{r}^2+(r\dot{\theta})^2],\quad T_{\mathrm{v}}=\frac{1}{2}I(\dot{\theta}+\dot{\alpha})^2 \tag{2.3.33}$$

其中,$I=\dfrac{\rho l^3}{12}$。则刚性杆的总动能可表示为

$$\begin{aligned}T&=T_{\mathrm{p}}+T_{\mathrm{v}}\\&=\frac{1}{2}\rho l[\dot{r}^2+(r\dot{\theta})^2]+\frac{1}{2}I(\dot{\theta}+\dot{\alpha})^2\end{aligned} \tag{2.3.34}$$

众所周知,地球是一个质量分布不均匀的近似扁平的球体,因此在考虑空间结构的重力势能时,应考虑地球的非球摄动影响。对于地球静止轨道上半长轴赤道面的空间刚性杆,根据文献[71],应考虑带谐摄动与田谐摄动的影响。因此,模型的万有引力势能可表示为

$$U=U_0+U_1+U_2 \tag{2.3.35}$$

其中,U_0、U_1 和 U_2 为

$$U_0=-\frac{\mu\rho l}{r}+\frac{\mu\rho l^3}{24r^3}(1-3\cos^2\alpha)$$

$$U_1=-\frac{\mu J_2R_{\mathrm{e}}^2\rho l}{2r^3}$$

$$U_2=-\frac{3\mu J_{22}R_{\mathrm{e}}^2\rho l}{r^3}$$

其中，μ，J_2，J_{22} 和 R_e 分别为地球的引力常数、带谐项摄动系数、田谐项摄动系数和地球的平均赤道半径。

可以得到系统的拉格朗日函数：

$$L = T - U$$
$$= \frac{1}{2}\rho l[\dot{r}^2 + (r\dot{\theta})^2] + \frac{1}{2}I(\dot{\theta}+\dot{\alpha})^2 + \frac{\mu\rho l}{r} - \frac{\mu\rho l^3}{24r^3}(1-3\cos^2\alpha) + \frac{\mu J_2 R_e^2 \rho l}{2r^3} + \frac{3\mu J_{22} R_e^2 \rho l}{r^3} \tag{2.3.36}$$

对于守恒系统，著名的拉格朗日方程是

$$\frac{\mathrm{d}}{\mathrm{d}t}\frac{\partial L}{\partial \dot{\boldsymbol{q}}} - \frac{\partial L}{\partial \boldsymbol{q}} = \boldsymbol{0} \tag{2.3.37}$$

这就得到了以下描述杆的轨道-姿态耦合运动的方程：

$$\begin{cases} \rho l\ddot{r} - \rho l r\dot{\theta}^2 + \dfrac{\mu\rho l}{r^2} - \dfrac{\mu\rho l^3}{8r^4}(1-3\cos^2\alpha) + \dfrac{3\mu J_2 R_e^2\rho l}{2r^4} + \dfrac{9\mu J_{22} R_e^2 \rho l}{r^4} = 0 \\ 2\rho l r\dot{r}\dot{\theta} + \rho l r^2\ddot{\theta} + \dfrac{\rho l^3}{12}\ddot{\theta} + \dfrac{\rho l^3}{12}\ddot{\alpha} = 0 \\ \dfrac{\rho l^3}{12}\ddot{\theta} + \dfrac{\rho l^3}{12}\ddot{\alpha} + \dfrac{\mu\rho l^3}{4r^3}\sin\alpha\cos\alpha = 0 \end{cases} \tag{2.3.38}$$

与我们前期工作建立的无限维动力模型[77]相比，我们忽略了杆的横向振动，模型(2.3.38)为有限维，这为后续的数值分析提供了很大的方便。但是，后续的数值结果能否真实描述轨道-姿态耦合动力学行为，还值得探讨。因此，在接下来的工作中，我们将引入前文模型(2.3.38)采用的辛方法，并详细讨论数值结果的有效性。

如前所述，模型(2.3.38)是一个弱非线性强耦合系统，目前的解析方法无法求解。因此，空间刚性杆的轨道-姿态耦合行为的动力学分析只能依赖于数值方法。同时，空间结构的突出要求是在轨服务时间长，因此所采用的数值方法必须具有长期数值稳定性的特点。下面将简要介绍满足这一要求的保结构方法。

引入广义动量如下：

$$\boldsymbol{p} = [p_r, p_\theta, p_\alpha]^{\mathrm{T}} \tag{2.3.39}$$

根据拉格朗日函数，广义动量的详细表达式可以通过 $\boldsymbol{p} = \partial L/\partial \dot{\boldsymbol{q}}$ 得到，即

$$\begin{cases} p_r = \rho l\dot{r} \\ p_\theta = \rho l r^2\dot{\theta} + \dfrac{\rho l^3}{12}(\dot{\theta}+\dot{\alpha}) \\ p_\alpha = \dfrac{\rho l^3}{12}(\dot{\theta}+\dot{\alpha}) \end{cases} \tag{2.3.40}$$

对系统进行勒让德变换并引入哈密顿函数

$$H(\boldsymbol{p},\boldsymbol{q}) = \boldsymbol{p}^{\mathrm{T}}\dot{\boldsymbol{q}} - L(\boldsymbol{q},\dot{\boldsymbol{q}}) \tag{2.3.41}$$

可以通过哈密顿变分原理在$[0,t]$内导出系统的标准哈密顿形式：

$$\begin{cases} \dot{\boldsymbol{p}} = -\dfrac{\partial H}{\partial \boldsymbol{q}} \\ \dot{\boldsymbol{q}} = \dfrac{\partial H}{\partial \boldsymbol{p}} \end{cases} \tag{2.3.42}$$

得到考虑轨道和姿态运动之间的耦合效应的空间刚性梁的展开方程(2.3.42)和哈密顿正则方程：

$$
\begin{cases}
\dot{q}_r = \dfrac{p_r}{\rho l} \\
\dot{q}_\theta = \dfrac{p_\theta - p_\alpha}{\rho l r^2} \\
\dot{q}_\alpha = -\dfrac{1}{\rho l r^2} p_\theta + \left(\dfrac{12}{\rho l^3} + \dfrac{1}{\rho l r^2}\right) p_\alpha \\
\dot{p}_r = \dfrac{(p_\theta - p_\alpha)^2}{\rho l r^3} - \dfrac{\mu \rho l}{r^2} + \dfrac{\mu \rho l^3}{8 r^4}(1 - 3\cos^2\alpha) - \dfrac{3\mu J_2 R_e^2 \rho l}{2r^4} - \dfrac{9\mu J_{22} R_e^2 \rho l}{r^4} \\
\dot{p}_\theta = 0 \\
\dot{p}_\alpha = -\dfrac{\mu \rho l^3}{4 r^3} \sin\alpha \cos\alpha
\end{cases}
\tag{2.3.43}
$$

对于受保守力作用的空间刚性杆系统，角动量应保持不变，即角动量为常数。由式(2.3.43)可以看出，系统角动量的导数为零，说明式(2.3.43)中体现了角动量守恒定律。

对于无约束系统，经典龙格-库塔法可以直接求解描述系统动力学行为的常微分方程。经典龙格-库塔法由于具有高度的模块化和良好的数值稳定性，在工程中得到了广泛的应用。然而，由于引入了人为数值耗散，经典龙格-库塔法并不是一种完美的数值方法。从保结构的角度来看，人工数值耗散表现为对保守动力系统辛形式的破坏，这将导致数值模拟过程中的能量耗散。因此，冯康院士[4]提出了辛龙格-库塔法的数值法，该方法可以减少人为耗散，提高经典龙格-库塔法的保结构性能。为了上下文的完整性，将在经典龙格-库塔法的基础上简要介绍辛龙格-库塔法。经典龙格-库塔法的一般形式为[5,82]：

$$
\begin{cases}
u_{n+1} = u_n + h \sum\limits_{i=1}^{s} b_i k_i \\
k_i = f\left(t_n + c_i h, u_n + h \sum\limits_{j=1}^{s} a_{ij} k_j\right)
\end{cases}
\tag{2.3.44}
$$

其中，$i,j = 1,2,\cdots,s$，$c_i \geqslant 0$，$\sum\limits_{i=1}^{s} c_i = 1$，$\sum\limits_{j=1}^{s} a_{ij} = c_i$，$\sum\limits_{i=1}^{s} b_i = 1$。

Sanz-Serna[83]证明，式(2.3.44)为辛的条件是其系数满足

$$
b_i b_j - a_{ij} b_i - a_{ji} b_j = 0 \quad (i,j = 1,2,\cdots,s) \tag{2.3.45}
$$

这就是辛龙格-库塔法的阶条件。

近年来，辛龙格-库塔法在工程实践的动力学系统分析中广泛应用[84-86]。当系数 a_{ij} 和 b_i 根据阶条件(2.3.45)设为不同值时，可得到不同的辛龙格-库塔法。工程实践中广泛应用的辛龙格-库塔法之一是二级四阶辛龙格-库塔法，其表述如下：

$$
\begin{cases}
\boldsymbol{u}_{n+1} = \boldsymbol{u}_n + \dfrac{\Delta t}{2}(\boldsymbol{K}_1 + \boldsymbol{K}_2) \\
\boldsymbol{K}_1 = f\left[t_n + \left(\dfrac{1}{2} - \dfrac{\sqrt{3}}{6}\right)\Delta t, \boldsymbol{u}_n + \dfrac{\Delta t}{4}\boldsymbol{K}_1 + \left(\dfrac{1}{4} - \dfrac{\sqrt{3}}{6}\right)\Delta t \boldsymbol{K}_2\right] \\
\boldsymbol{K}_2 = f\left[t_n + \left(\dfrac{1}{2} + \dfrac{\sqrt{3}}{6}\right)\Delta t, \boldsymbol{u}_n + \dfrac{\Delta t}{4}\boldsymbol{K}_2 + \left(\dfrac{1}{4} + \dfrac{\sqrt{3}}{6}\right)\Delta t \boldsymbol{K}_1\right]
\end{cases}
\tag{2.3.46}
$$

利用二级四阶辛龙格-库塔法对方程(2.3.43)进行离散，得到考虑轨道运动和姿态运动耦合效应的空间刚性杆(2.3.46)的辛龙格-库塔法。

以下数值实验引入二级四阶辛龙格-库塔法，刚性杆的参数如下：刚性杆长度 $l=100\text{m}$，线密度 $\rho=21.333\text{kg}\cdot\text{m}^{-1}$。假设地球赤道半径为 $R_e=6.37814\times10^6\text{m}$，重力常数为 $\mu=3.98603\times10^{14}\text{m}\cdot\text{s}^{-2}$，带谐项摄动系数为 $J_2=1.08263\times10^{-3}$，田谐项摄动系数为 $J_{22}=1.81222\times10^{-6}$[75]。假设系统在地球同步轨道上运行，初始值设为：$r_0=4.227433\times10^7\text{m}$，$\theta_0=0$，$\alpha_0=0$，$\dot{r}_0=0$，$\dot{\theta}_0=7.2636318\times10^{-5}\text{rad}\cdot\text{s}^{-1}$，$\dot{\alpha}_0=0$。

数值结果主要集中在两个方面：一是空间刚性杆的辛龙格-库塔法的保结构性质，以说明数值结果的可靠性；二是非球摄动对轨道半径、真近角和姿态角演化的影响，进一步说明简化杆模型的有效性。

在经典龙格-库塔法(2.3.45)中引入阶条件以保证系统的辛结构，这是辛龙格-库塔法的新颖之处，并以此验证辛龙格-库塔法的保结构性质。

图 2-9 为辛龙格-库塔法得到的质心 O'在以下四种情况下的相图：情形 1，既不考虑地球带谐项摄动也不考虑地球田谐项摄动（$J_2=J_{22}=0$）；情形 2，只考虑地球带谐项摄动（$J_2=1.08263\times10^{-3}$，$J_{22}=0$）；情形 3，只考虑地球田谐项摄动（$J_2=0$，$J_{22}=1.81222\times10^{-6}$）；情形 4，同时考虑地球带谐项摄动和地球田谐项摄动（$J_2=1.08263\times10^{-3}$，$J_{22}=1.81222\times10^{-6}$）。

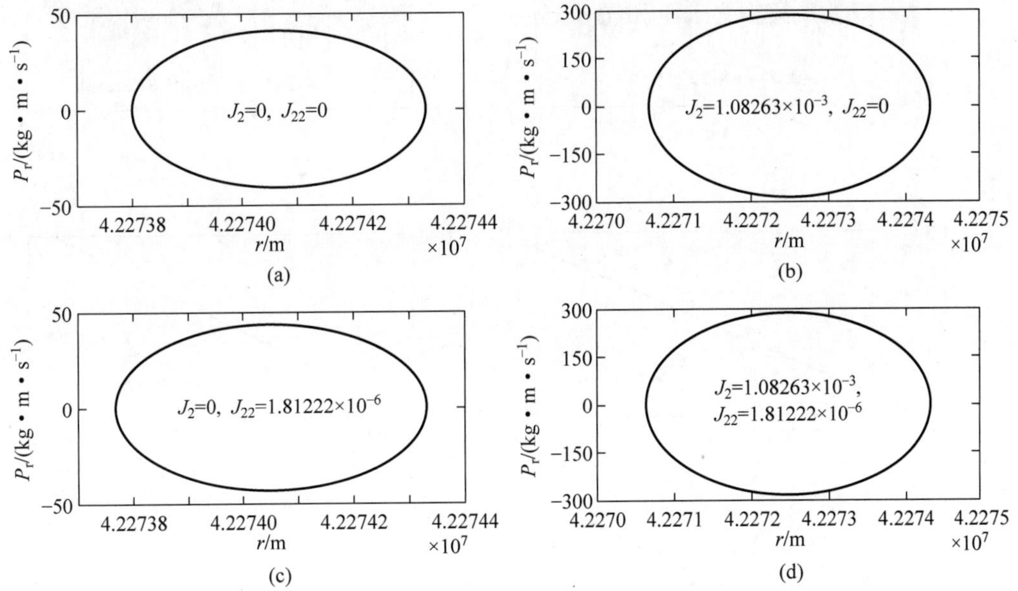

图 2-9　质心相图

(a) 情形 1；(b) 情形 2；(c) 情形 3；(d) 情形 4

从图 2-9 可以发现，每个相图都是封闭的，这意味着计算结果分别保持了质心 O'的相空间面积。保持哈密顿系统相空间的面积是辛算法的特点之一。因此，如图 2-9 所示的结果，辛龙格-库塔法可以用来研究系统(2.3.43)的相空间特性。

容易发现，所建立的动力学模型(2.3.38)是一个保守系统。因此，保持系统总能量的能力（即用式(2.3.41)表示的系统哈密顿量）可以作为所发展的数值方法保结构特性的另一个评价标准。在模拟过程中，我们记录系统每个时间步上的总能量，公式如下：

$$\begin{aligned} E &= T + U \\ &= \frac{1}{2}\rho l[\dot{r}^2 + (r\dot{\theta})^2] + \frac{1}{2}I(\dot{\theta} + \dot{\alpha})^2 - \frac{\mu\rho l}{r} + \frac{\mu\rho l^3}{24r^3}(1 - 3\cos^2\alpha) - \frac{\mu J_2 R_e^2 \rho l}{2r^3} - \frac{3\mu J_{22} R_e^2 \rho l}{r^3} \end{aligned} \tag{2.3.47}$$

那么，每个时间步长下获得的能量与初始能量之间的相对误差可以定义为

$$\delta E(t) = \frac{E(t) - E(0)}{E(0)}$$

辛龙格-库塔法和经典龙格-库塔法得到的系统相对能量误差如图 2-10 所示。从图 2-10(a)

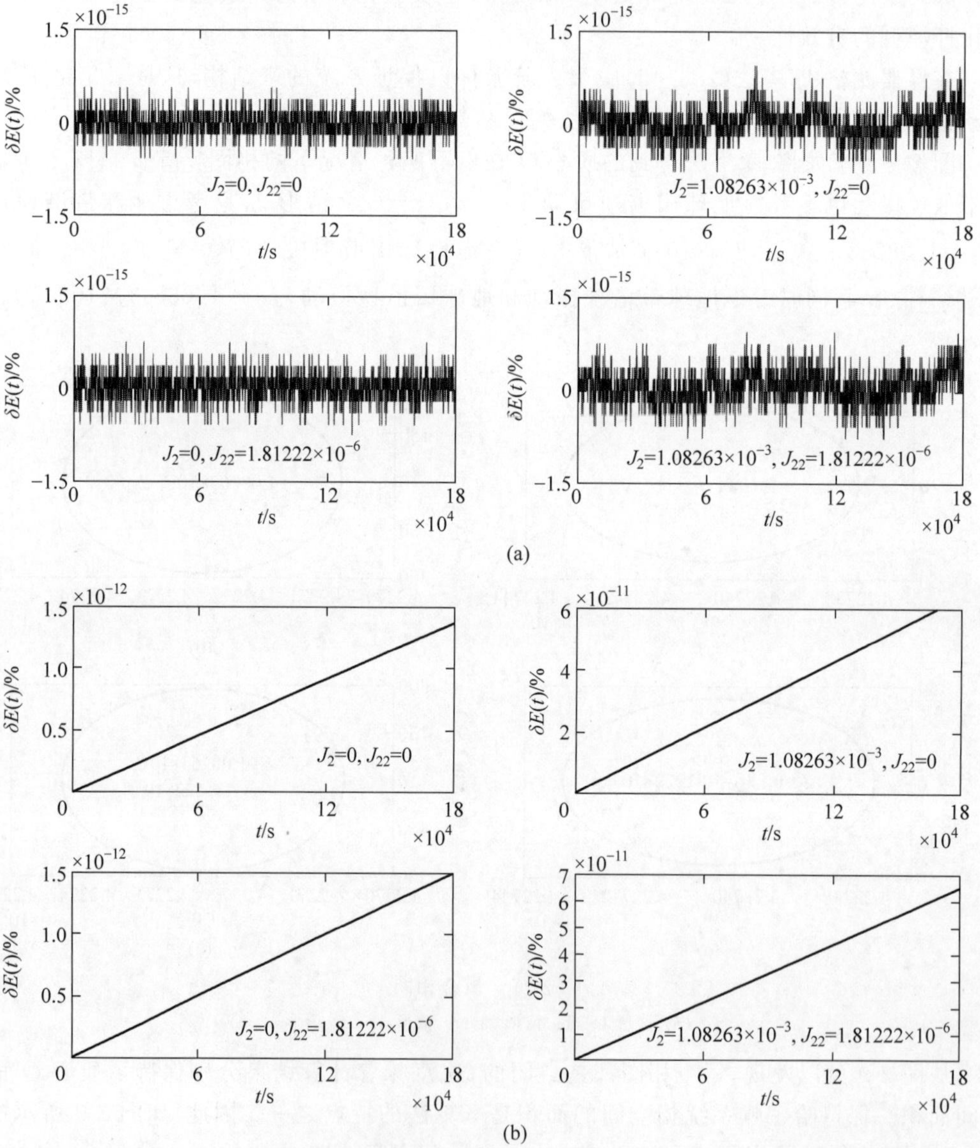

图 2-10　相对能量误差

(a) 辛龙格-库塔法；(b) 经典龙格-库塔法

可以发现，当忽略地球的非球摄动而只考虑三次谐波项时，用辛龙格-库塔法得到的哈密顿系统的相对能量误差约为 10^{-16} 量级；当只考虑带谐项或同时考虑带谐项和三次谐波项时，相对能量误差约为 10^{-15} 量级。这表明，考虑非球摄动将增加保持哈密顿系统总能量的难度。即便如此，图 2-10 (a)所示的相对能量误差比图 2-10 (b)所示的相对能量误差低 4 个数量级。当不考虑地球的非球摄动或只考虑三次谐波项时，用经典龙格-库塔法得到的系统的相对能量误差为 10^{-12} 量级；当只考虑地球带谐项摄动或同时考虑带谐项和三次谐波项时，系统的相对能量误差为 10^{-11} 量级。经典龙格-库塔法得到的系统相对能量误差随时间的推移呈线性增加。上述结果说明，辛龙格-库塔法比经典龙格-库塔法能更好地保持系统(2.3.38)的总能量。

相空间特性和系统总能量守恒的数值结果表明，辛龙格-库塔法是研究系统(2.3.38)耦合动力学行为的有效方法。

刚性杆轨道与姿态运动的耦合动力学行为主要体现在轨道半径、真近角和姿态角的演化上。因此，本节将考虑非球摄动，详细研究轨道半径、真近角和姿态角的演化，以说明简化模型(2.3.38)的必要性。

上述四种情况下的轨道半径变化如图 2-11 所示。从图 2-11 中可以发现，带谐项和三次谐波项都会影响轨道半径的偏差。带谐项引起的轨道半径偏差约为 3100m，三次谐波项引起的轨道半径偏差约为 33m。这意味着带谐项扰动对轨道半径的影响要比三次谐波项高两个数量级。

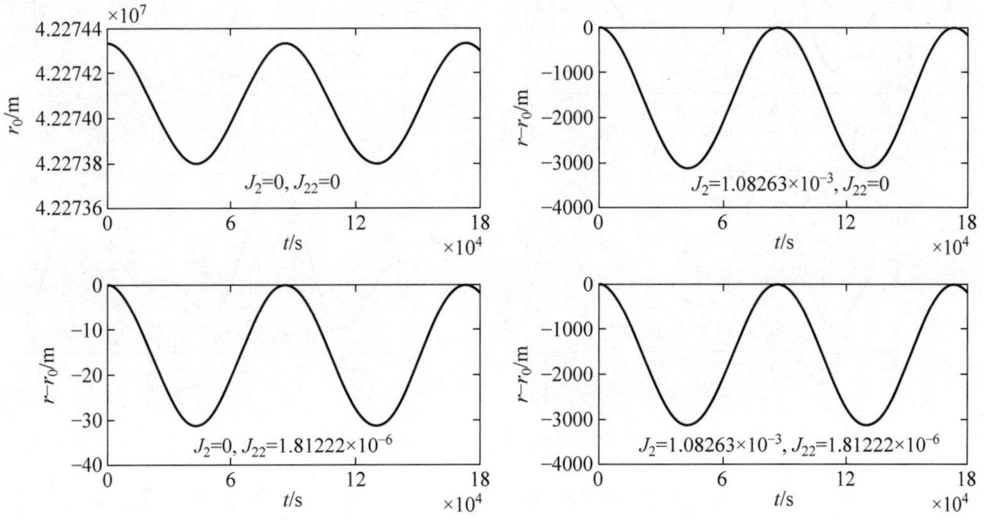

图 2-11　轨道半径 r 的变化

四种情况下的真近角演化如图 2-12 所示。从图 2-12 中可以发现，带谐项和三次谐波项对真近角 θ 的影响都很弱(带谐项对真近角的偏差约为 10^{-3} rad，三次谐波项对真近角的偏差约为 10^{-5} rad)。两种非球面扰动项相比，带谐项对真近角的影响更为显著，约为三次谐波项的 100 倍。

姿态角 α 在四种情况下的变化如图 2-13 所示。由图 2-13 可以看出，带谐项和三次谐波项对姿态角的偏差都有明显的影响。由带谐项引起的姿态角偏差约为 10^{-5} rad，由三次谐波项引起的姿态角偏差约为 10^{-7} rad。两种非球面扰动项对姿态角演化的影响相比，也得到了相似的结论，即带谐项对姿态角的影响更为显著，约为三次谐波项摄动的 100 倍。

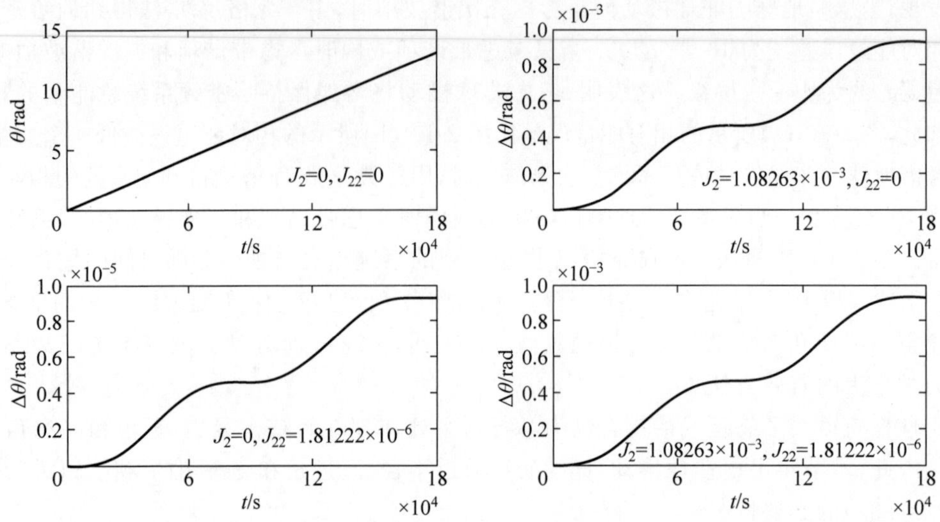

图 2-12 真近角的演化

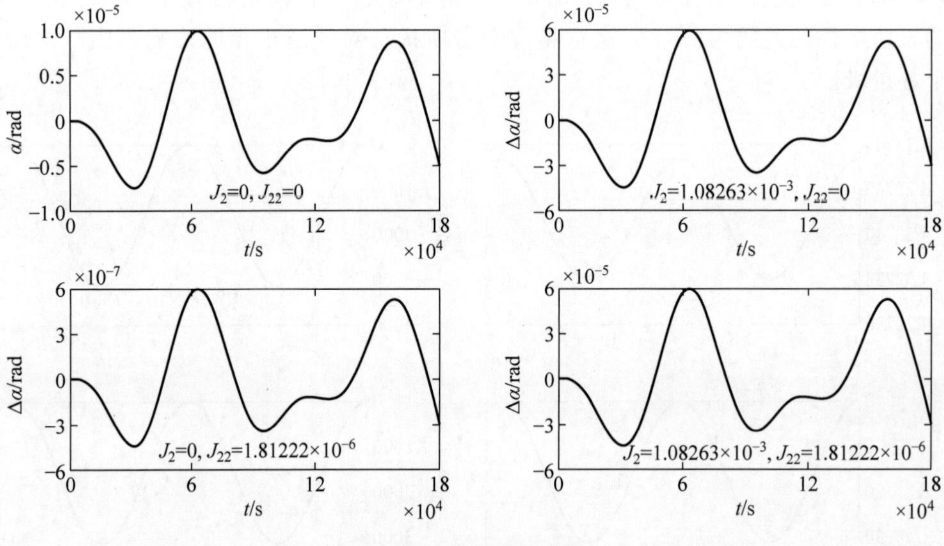

图 2-13 姿态角的变化

由图 2-11～图 2-13 所示的非球摄动对轨道半径、真近角和姿态角的变化影响可以看出，非球摄动的影响比其他两种广义坐标的影响更为显著，这与现有文献[72]，[75]，[87]的结果一致。

看起来很巧合的是，带谐项扰动对每个广义坐标(r,θ,α)的影响大约是三次谐波项摄动影响的 100 倍。这一巧合的原因可以在势能的表达式中找到。式(2.3.36)在表述系统势能时，带谐摄动与田谐摄动对势能的影响可描述为比值常数 η：

$$\eta=\frac{U_1}{U_2}=\frac{-\dfrac{\mu J_2 R_e^2 \rho l}{2r^3}}{-\dfrac{3\mu J_{22} R_e^2 \rho l}{r^3}}=\frac{J_2}{6J_{22}}\approx 10^2 \tag{2.3.48}$$

也就是说，地球带谐摄动对系统势能的影响约为田谐摄动影响的100倍。由于系统是弱非线性系统，上述比例关系将近似地直接映射为地球带谐摄动和地球田谐项摄动对系统动力学性能的影响。由图2-11～图2-13所示的轨道半径 r、真近角 θ 和姿态角 α 的数值结果验证了这一结论。这表明其建立的数值格式能够很好地保持系统弱非线性的特性，且所建立的忽略空间大刚度细长构件柔度的动力学模型能够很好地描述空间细长构件的轨道-姿态耦合动力学行为。

2. 空间柔性阻尼梁的耦合动力学行为辛分析

柔性空间结构的轨道运动、姿态变化和横向振动的耦合行为已成为动力学领域的研究热点[58,76-77,88-91]，这是由于，对柔性空间结构的动力学行为的准确预测是柔性空间结构轨道设计、姿态调整和振动控制的前提[58,91]。

为了模拟与空间结构相关的耦合动力问题，一些研究人员提出了绝对节点坐标(ANCF)法[92-93]和浮动坐标(FFRF)法[94-95]。

ANCF法的优点是允许考虑超大空间结构的大规模非线性变形[92]。受到这一观点的启发，Shabana等[96-97]将ANCF法应用于处理一些较大的旋转/变形问题。Shen等[98]提出了一种三维全参数化ANCF法，该方法可以研究梁的横截面变形。Hu等[99]提出了一种基于ANCF法研究部分充液柔性多体系统耦合动力学的新计算方法。Orzechowski和Shabana[100]利用高阶ANCF梁单元分析了连续梁的翘曲变形模式。Li等[101]提出了一种基于ANCF的大型柔性空间结构刚柔耦合统一建模方法。Luo等[102]最近利用ANCF研究了旋转三体绳系卫星编队的动力学。

FFRF方法关注能量演化，便于柔性结构建模[95,103]。Gerstmayr[104]，Berzeri等[105]和Dibold等[106]比较了ANCF法和FFRF法中的一些基本物理量的定义方式。Hartweg和Heckmann[107]采用FFRF法求解移动荷载作用下的结构振动。对于非光滑接触动力学，Lozovskiy和Dubois[108]发展了一种新的FFRF法，将可变形固体分成刚性部分和变形部分。Cammarata和Dappalardo[109-110]提出了一种基于FFRF法的柔性结构模型简化的新方法。最近，Hu等[88-89,111-114]基于FFRF法建立了一些柔性空间结构的动力学模型，并提出了保结构方法[80,115]来求解。然而，FFRF法导致刚体与柔性坐标系中存在强耦合项，这给柔性多体系统的理论和数值分析带来了巨大的挑战。

因此，为了提高我们在研究中数值模拟的速度[77]，将辛龙格-库塔法[9,34]应用于由控制空间柔性梁动力问题的偏微分方程导出的常微分方程模型。

参考文献[75]，[77]中，研究人员采用辛龙格-库塔法与广义多辛法相结合的复合保结构方法研究了空间柔性梁的动力行为。文献[76]，[88]，[89]，[111]～[113]，[116]说明了复合保结构方法良好的保结构特性和较高的精度。然而，描述梁横向振动的无限维模型的广义多辛格式的复杂性限制了复合保结构方法的仿真速度。因此，在本节中，基于分离变量的方法将控制空间柔性阻尼梁横向振动的偏微分方程转化为常微分方程[117-119]。需要说明的是，分离变量法主要适用于线性或弱非线性系统。本节所考虑的问题包含了由较大振动变形引起的非线性问题。但从我们前期研究的数值结果来看[4-5]，空间梁的振动幅值小于梁长的10%，在大型空间结构中可以认为是小变形。因此，本节采用分离变量的方法。

将文献[77]中提出的动力学模型重写为

$$
\begin{cases}
\ddot{r}=r\dot{\theta}^2-\dfrac{\mu}{r^2}+\dfrac{\mu l^2}{8r^4}(1-3\cos^2\alpha) & (2.3.49\text{a}) \\
\ddot{\theta}=\dfrac{\mu l^2}{4r^5}\cos\alpha\sin\alpha-\dfrac{2\dot{r}\dot{\theta}}{r} & (2.3.49\text{b}) \\
\ddot{\alpha}=\dfrac{2\dot{r}\dot{\theta}}{r}-\dfrac{\mu l^2}{4r^5}\cos\alpha\sin\alpha-\dfrac{\dfrac{\mu l^3}{4r^3}\cos\alpha\sin\alpha+2\int_{-\frac{l}{2}}^{\frac{l}{2}}u\partial_t u\,\mathrm{d}x}{\dfrac{l^3}{12}+\int_{-\frac{l}{2}}^{\frac{l}{2}}u^2\,\mathrm{d}x} & (2.3.49\text{c}) \\
\rho\partial_{tt}u+c\partial_t u-\rho u(\dot{\theta}+\dot{\alpha})^2+EI\partial_{xxxx}u=0 & (2.3.49\text{d})
\end{cases}
$$

如图 2-14[77] 所示，该模型描述了空间柔性阻尼梁的轨道-姿态-振动耦合问题。式(2.3.49)中变量的物理意义见参考文献[77]。

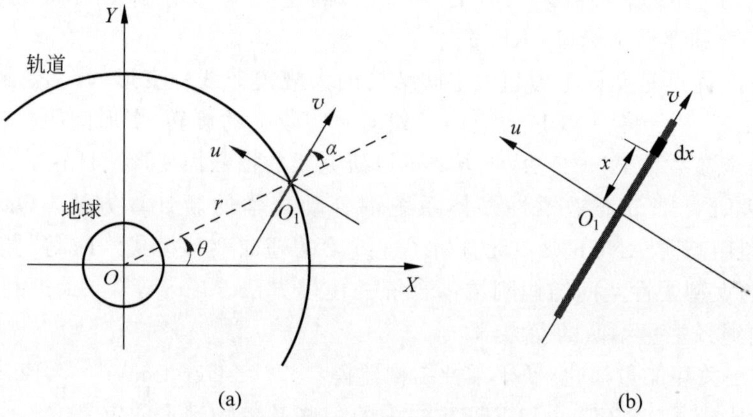

图 2-14 空间梁的动力学模型[77]

(a) 空间梁平面运动示意图；(b) 局部坐标系中的无穷小元素

(请扫Ⅰ页二维码看彩图)

对于式(2.3.49d)，令 $u(x,t)=X(x)T(t)$，我们得到

$$\rho T''(t)X(x)+cT'(t)X(x)-\rho T(t)X(x)(\dot{\theta}+\dot{\alpha})^2+EIT(t)X^{(4)}(x)=0 \tag{2.3.50}$$

其中，$T''(t)$和 $T'(t)$分别表示 $T(t)$对 t 的二阶导数和一阶导数；$X^{(4)}(x)$是 $X(x)$关于 x 的四阶导数。

定义 $k=k(t)=(\dot{\theta}+\dot{\alpha})^2$，式(2.3.50)可被写为

$$\frac{T''(t)+\dfrac{c}{\rho}T'(t)-kT(t)}{T(t)}=-\omega^2 \tag{2.3.51}$$

$$\frac{EIX^{(4)}(x)}{\rho X(x)}=\omega^2 \tag{2.3.52}$$

其中，ω^2 是光束的固有频率。需要注意的是，式(2.3.52)中坐标原点是在梁的末端。

对于式(2.3.52)，常微分方程定义为

$$X^{(4)}(x)-\beta^4X(x)=0 \tag{2.3.53}$$

其中，$\beta^4=\dfrac{\rho}{EI}\omega^2$。

式(2.3.53)的通解为

$$X(x)=C_1\cos\beta x+C_2\sin\beta x+C_3\operatorname{ch}\beta x+C_4\operatorname{sh}\beta x \tag{2.3.54}$$

考虑梁的以下边界条件：

$$\begin{cases}X''(0)=0, & X''(l)=0\\ X^{(3)}(0)=0, & X^{(3)}l=0\end{cases} \tag{2.3.55}$$

可以得到式(2.3.54)中各常数的关系式：

$$\begin{cases}C_1-C_3=0\\ C_2-C_4=0\\ -C_1\cos\beta l-C_2\sin\beta l+C_3\operatorname{ch}\beta l+C_4\operatorname{sh}\beta l=0\\ C_1\sin\beta l-C_2\cos\beta l+C_3\operatorname{sh}\beta l+C_4\operatorname{ch}\beta l=0\end{cases} \tag{2.3.56}$$

从式(2.3.56)中消去 C_3，C_4 得到

$$\begin{cases}C_1(\operatorname{ch}\beta l-\cos\beta l)+C_2(\operatorname{sh}\beta l-\sin\beta l)=0\\ C_1(\sin\beta l+\operatorname{sh}\beta l)+C_2(\operatorname{ch}\beta l-\cos\beta l)=0\end{cases} \tag{2.3.57}$$

为了确保式(2.3.57)非零解的存在，需要满足以下方程：

$$\begin{vmatrix}\operatorname{ch}\beta l-\cos\beta l & \operatorname{sh}\beta l-\sin\beta l\\ \sin\beta l+\operatorname{sh}\beta l & \operatorname{ch}\beta l-\cos\beta l\end{vmatrix}=0 \tag{2.3.58}$$

由式(2.3.58)可得频率方程为

$$\cos\beta l\operatorname{ch}\beta l-1=0 \tag{2.3.59}$$

它的解是 $\beta_{\breve{i}}l\approx(\breve{i}+1/2)\pi\ (\breve{i}\geqslant 2)$。

当 $\breve{i}=2$，$\beta_2=5\pi/2l$ 时，梁的二阶模型为

$$X(x)=\cos\left(\frac{5\pi}{2l}x\right)+\operatorname{ch}\left(\frac{5\pi}{2l}x\right)+\eta\left[\sin\left(\frac{5\pi}{2l}x\right)+\operatorname{sh}\left(\frac{5\pi}{2l}x\right)\right] \tag{2.3.60}$$

其中，$\eta=-\dfrac{\cos\beta l-\operatorname{ch}\beta l}{\sin\beta l-\operatorname{sh}\beta l}$。

将式(2.3.52)中使用的坐标映射到图 2-14 所示的局部坐标，可得到梁的二阶模态，

$$X(x)=\cos\left[\frac{5\pi}{2l}\left(x+\frac{l}{2}\right)\right]+\operatorname{ch}\left[\frac{5\pi}{2l}\left(x+\frac{l}{2}\right)\right]+\eta\left\{\sin\left[\frac{5\pi}{2l}\left(x+\frac{l}{2}\right)\right]+\operatorname{sh}\left[\frac{5\pi}{2l}\left(x+\frac{l}{2}\right)\right]\right\} \tag{2.3.61}$$

式(2.3.51)的特征方程是

$$\lambda^2+2\hat{c}\lambda+(\omega^2-k)T(t)=0 \tag{2.3.62}$$

其中，$\hat{c}=c/\rho$。

式(2.3.62)的根是 $\lambda=-\hat{c}\pm\hat{\mathrm{i}}\sqrt{\omega^2-(c^2+k)}$，其中 $\hat{\mathrm{i}}=\sqrt{-1}$。

式(2.3.51)的通解是

$$T(t)=\mathrm{e}^{-\hat{c}t}\left[A\sin\sqrt{\omega^2-(\hat{c}^2+k)}\,t+B\cos\sqrt{\omega^2-(\hat{c}^2+k)}\,t\right] \tag{2.3.63}$$

考虑以下初始条件：

$$\begin{cases}u(x,0)=X(x)T(0)=0\\ u'\left(-\dfrac{l}{2},0\right)=X\left(-\dfrac{l}{2}\right)T'(0)=v_0\end{cases} \tag{2.3.64}$$

可以得到式(2.3.63)中的常数：

$$A=\frac{v_0}{2\sqrt{\omega^2-[\hat{c}^2+k(0)]}},\quad B=0 \tag{2.3.65}$$

其中，$v_0=\partial_t u\left(-\frac{l}{2},0\right)=\partial_t u\left(\frac{l}{2},0\right)$为梁在端点处的初始振动速度，数值模拟中设 $v_0=1\mathrm{m}\cdot\mathrm{s}^{-1}$。

将式(2.3.61)和式(2.3.63)代入式(2.3.50)中，得到式(2.3.50)的具体表达式，即二阶常微分方程。至此，将式(2.3.49)的无限维模型转化为结合方程具体形式的有限维模型式(2.3.50)和式(2.3.49a)～式(2.3.49c)，其用辛龙格-库塔法可以方便地求解。

空间柔性阻尼梁二阶常微分模型的二级四阶辛龙格-库塔法可表述为

$$\begin{cases}\boldsymbol{z}_{n+1}=\boldsymbol{z}_n+\dfrac{\Delta t}{2}(\boldsymbol{K}_1+\boldsymbol{K}_2)\\ \boldsymbol{K}_1=f\left[t_n+\left(\dfrac{1}{2}-\dfrac{\sqrt{3}}{6}\right)\Delta t,\boldsymbol{z}_n+\dfrac{\Delta t}{4}\boldsymbol{K}_1+\left(\dfrac{1}{4}-\dfrac{\sqrt{3}}{6}\right)\Delta t\boldsymbol{K}_2\right]\\ \boldsymbol{K}_2=f\left[t_n+\left(\dfrac{1}{2}+\dfrac{\sqrt{3}}{6}\right)\Delta t,\boldsymbol{z}_n+\dfrac{\Delta t}{4}\boldsymbol{K}_2+\left(\dfrac{1}{4}+\dfrac{\sqrt{3}}{6}\right)\Delta t\boldsymbol{K}_1\right]\end{cases} \tag{2.3.66}$$

式(2.3.66)中，$\boldsymbol{z}=[q_r,q_\theta,q_\alpha,q_T,p_r,p_\theta,p_\alpha p_T]^{\mathrm{T}}$，其中广义位移和广义动量由式(2.3.49a)～式(2.3.49c)和式(2.3.50)导出：

$$\begin{cases}\dot{q}_r=\dfrac{p_r}{\rho l}\\ \dot{q}_\theta=\dfrac{p_\theta-p_\alpha}{\rho l r^2}\\ \dot{q}_\alpha=-\dfrac{1}{\rho l r^2}p_\theta+\left(\dfrac{12}{\rho l^3}+\dfrac{1}{\rho l r^2}\right)p_\alpha\\ \dot{q}_T=\dot{T}(t)\\ \dot{p}_r=\dfrac{(p_\theta-p_\alpha)^2}{\rho l r^3}-\dfrac{\mu\rho l}{r^2}+\dfrac{\mu\rho l^3}{8r^4}(1-3\cos^2\alpha)\\ \dot{p}_\theta=0\\ \dot{p}_\alpha=-\dfrac{\mu\rho l^3}{4r^3}\sin\alpha\cos\alpha\\ \dot{p}_T=\ddot{T}(t)\end{cases} \tag{2.3.67}$$

在本节中模拟了几种情形下柔性梁的振动特性，并对数值结果进行了详细讨论。一方面，利用分离变量法对由无限维模型导出的有限维动力学模型构造辛龙格-库塔法的主要目的是提高仿真速度，因此，我们首先研究了辛龙格-库塔法的仿真速度。另一方面，通过对空间柔性阻尼梁耦合动力学行为的数值算例，验证了辛龙格-库塔法的有效性。

参考我们以往的研究[75,77]，假定空间梁的结构参数为 $\rho=0.5\mathrm{kg}\cdot\mathrm{m}^{-1}$，$l=2000\mathrm{m}$，$E=6.9\times10^{11}\mathrm{Pa}$，$I=1\times10^{-4}\mathrm{m}^4$；阻尼系数为 $\mu=3.986005\times10^{14}\mathrm{m}^3\cdot\mathrm{s}^{-2}$；地球的引力常数为 $\mu=3.986005\times10^{14}\mathrm{m}^3\cdot\mathrm{s}^{-2}$；一些初始条件假定为：$u(x,0)=0$，$\partial_t u\left(-\frac{l}{2},0\right)=$

$\partial_t u\left(\frac{l}{2},0\right)=1\mathrm{m}\cdot\mathrm{s}^{-1}$，$r_0=6700000\mathrm{m}$，$\dot{\alpha}_0=0$，$\theta_0=0$，$\dot{\theta}_0=\sqrt{\mu/r_0^3}\ \mathrm{rad}\cdot\mathrm{s}^{-1}$。在数值算例中，考虑了以下情形。情形 1：$\dot{r}_0=0$，$\alpha_0=\pi/16\mathrm{rad}$；情形 2：$\dot{r}_0=-10\mathrm{m}\cdot\mathrm{s}^{-1}$，$\alpha_0=\pi/16\mathrm{rad}$；情形 3：$\dot{r}_0=0$，$\alpha_0=15\pi/64\mathrm{rad}$；情形 4：$\dot{r}_0=-10\mathrm{m}\cdot\mathrm{s}^{-1}$，$\alpha_0=15\pi/64\mathrm{rad}$；情形 5：$\dot{r}_0=0$，$\alpha_0=7\pi/16\mathrm{rad}$；情形 6：$\dot{r}_0=-10\mathrm{m}\cdot\mathrm{s}^{-1}$，$\alpha_0=7\pi/16\mathrm{rad}$。数值模拟中假设步长为 $\Delta t=20\mathrm{s}$，模拟时长假设为 604800s（一周）。

本节的主要目的是提出一种新的数值方法，以缩短空间柔性阻尼梁耦合动力特性数值分析的模拟时间。因此，通过对比文献[77]中提出的复合保结构分析方法，研究了辛龙格-库塔法的模拟速度。

分别采用辛龙格-库塔法和复合保结构分析方法，模拟了空间柔性阻尼梁一周内的轨道-姿态-振动耦合动力学行为。记录上述参数值下不同情况下的模拟时间，如表 2-1 所示（计算机配置参数：Intel i7-7700 CPU 3.60GHz；16 GB）。

表 2-1　辛龙格-库塔法(SRKM)和复合保结构方法(CSPM)模拟时间(单位：s)

		情形 1	情形 2	情形 3	情形 4	情形 5	情形 6
$c=0$	SRKM	28.2	36.5	28.5	37.1	28.3	40.1
	CSPM	225.9	264.0	234.7	281.5	234.2	288.6
$c=0.005$	SRKM	32.1	39.2	32.0	41.3	32.6	46.7
	CSPM	233.0	292.9	236.8	317.2	238.5	332.5
$c=0.05$	SRKM	31.6	38.7	31.9	40.5	31.8	45.9
	CSPM	231.3	292.4	235.6	309.1	238.2	321.3

由表 2-1 可知，每种情况下，辛龙格-库塔法的仿真时间都远小于文献[77]中复合保结构分析方法的仿真时间，这表明所提出的辛龙格-库塔法可以显著加快空间柔性阻尼梁轨道-姿态-振动耦合动力学问题的仿真速度。另外，对比情形 1 和情形 2 的模拟时间可以发现，情形 1 的模拟时间比情形 2 短（对比情形 3（或情形 5）的结果和情形 4（或情形 6）的结果也可以得出同样的结论），说明增加梁的初始径向速度会明显增加模拟时间。

在文献[77]，没有讨论初始径向速度（$\dot{r}_0$）的影响。因此，本书将首先研究初始径向速度对柔性阻尼梁横向振动的影响。在数值模拟中，假设梁的初始径向速度分别为 $\dot{r}_0=0$（情形 1、情形 3 和情形 5）和 $\dot{r}_0=-10\mathrm{m}\cdot\mathrm{s}^{-1}$（情形 2、情形 4 和情形 6）。模拟梁在 $c=0.05$ 下的运动，梁的横向振动演化如图 2-15 所示。

如图 2-15 所示，不同初始径向速度和不同初始姿态角时，空间柔性阻尼梁在端点处横向位移的演化，反映了轨道运动、姿态演化和横向振动之间的一些耦合动力学规律。对比情形 1 与情形 2 在端点处的空间柔性阻尼梁横向位移的演化，可以发现情形 1 的振动频率大于情形 2，而情形 1 的振动振幅小于情形 2。对于情形 3 和情形 4，我们可以发现情形 3 的振动频率比情形 4 大，但这两种情形的振动振幅很接近。情形 5 和情形 6 中振动频率和振幅的变化规律与情形 1 和情形 2 的比较相似。总体而言，径向初速度的出现可以显著降低梁的振动频率。另外，可以发现情形 5 和情形 6 中梁的振动振幅随着时间的增加而增大。这些情形下振动动能的增加是由于轨道-姿态-振动耦合关系，即部分重力势能和旋转动能转化为梁的振动动能。

对于参考文献[77]中给出的空间梁轨道-姿态-振动耦合行为的结果，另一个对比结果是初始径向速度对柔性阻尼梁姿态变化的影响。为了讨论初始径向速度对柔性阻尼梁姿态

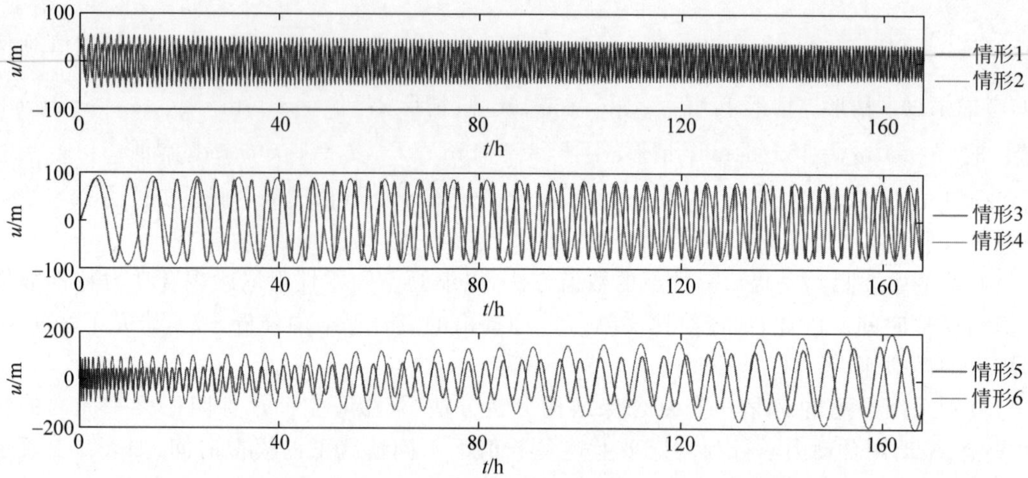

图 2-15 在不同初始径向速度和不同初始姿态角的端点处梁的横向振动

（请扫Ⅰ页二维码看彩图）

演化的长期影响，将模拟间隔延长到一个月(30 天)。姿态角的演化如图 2-16 和图 2-17 所示(情形 3 和情形 4 中姿态角的变化为简谐波，无明显耗散，此处不作说明)。

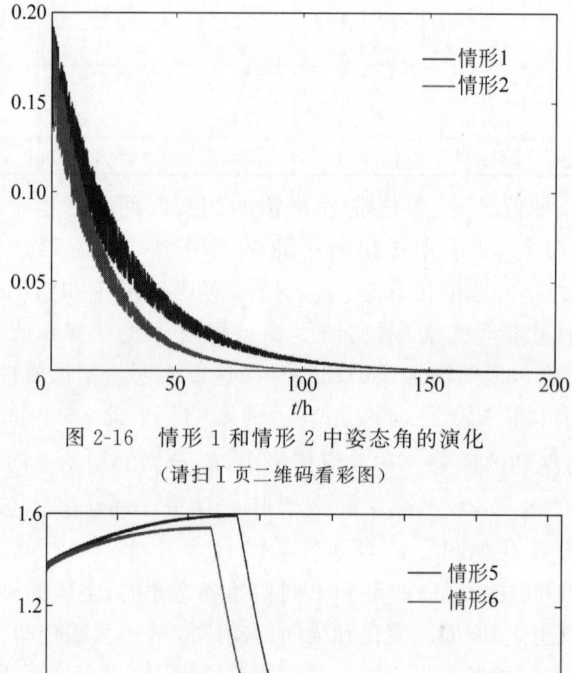

图 2-16 情形 1 和情形 2 中姿态角的演化

（请扫Ⅰ页二维码看彩图）

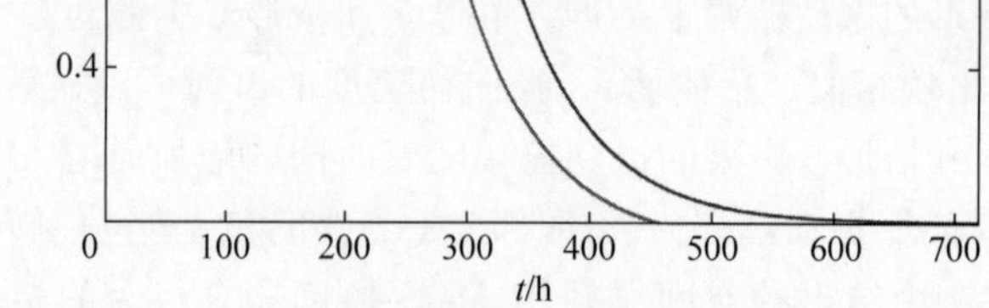

图 2-17 情形 5 和情形 6 中姿态角的演化

（请扫Ⅰ页二维码看彩图）

在图 2-16 中，情形 1 的姿态角下降速度比情形 2 快。与文献[77]的结果类似，图 2-17 中可以将情形 5 和情形 6 的姿态角变化分为两个阶段。在第一阶段，姿态角增大；而在第二阶段，随着时间的推移，姿态角减小并趋于零。这与文献[77]的结果一致，验证了本节数值结果的有效性。由于缺乏对空间柔性阻尼梁的相关实验结果或其他报道的数值研究结果，无法对数值结果进行进一步验证。

对比图 2-17 中情形 5 与情形 6 的姿态角变化可以发现，情形 5 两相之间的关键时刻出现的时间要晚于情形 6。在第一阶段，情形 5 的姿态角增加速度比情况 6 快，而在第二阶段，姿态角的下降速度几乎没有区别。

3. 系绳拖船-碎片系统的耦合动力学行为辛分析

随着航天科技的发展，到 2017 年，在轨人造航天器的数量趋于 20000，但其中超过 69% 的都成为了太空碎片，也就是太空垃圾[120]。在轨碎片不仅对在轨航天器的工作，而且对新航天器的发射都带来潜在的安全隐患[121]。因此，在过去的二十年中，主动清除碎片技术(ADR)引起了人们的广泛关注。

Williams 等提出了利用空间系绳技术进行交会和捕获碎片的策略。Liou、Johnson 和 Hill[122]研究和量化了近地轨道碎片的各种清除方案的有效性，包括主动碎片清除技术。Nishida 等[123]提出了一种使用小型卫星的空间碎片清除系统，并提出了一种新式接触器作为机器人手臂的末端执行器，以降低目标碎片的转速。Bombardelli 和 Pelaez[124]提出了主动清除空间碎片的新概念，空间碎片导引器利用低散度加速离子束传输的动量实现了非接触碎片清除。Castronuovo[125]阐述了主动碎片清除任务的技术可行性，该任务能够在 7 年内使 35 个大型碎片脱离轨道。Aslanov[120]提出了用绳系空间拖船系统清除大型空间碎片的方法，并对其动力学行为进行了详细研究。DeLuca 及其合作者[126]对采用混合推进模块作为推进单元来清除碎片的任务进行了可行性研究。Liu 等[127]提出了一种新的网捕获和系绳拖曳方法，以控制地球静止轨道(GEO)空间碎片的增长。Huang 等[128]提出了一种完全自适应控制策略，通过一个动能、动力学和部分状态未知的系绳空间机器人进行空间碎片清除。Shan 等[129]比较了主动空间碎片捕获/清除方法的相对优点，并提供了基于绝对节点坐标公式(ANCF)的系绳模型，以研究系绳的动力学行为。考虑到系绳的大变形，Lim 和 Chung[130]利用 ANCF 研究了用于捕获空间碎片的系绳卫星系统的动力学行为。Aslanov 和 Ledkov[131]用数值方法估算了在有和没有姿态控制的条件下离子束辅助空间碎片清除任务的燃料成本。Razzaghi 等[132]提出了一种脱轨卫星系统(TSS)，该系统通过弹性系绳将卫星连接到一个大型空间碎片上。Sizov 和 Aslanov 讨论了用鱼叉协助清除空间碎片的三个阶段(包括捕获、系绳部署和牵引)。Takeichi 和 Tachibana[133]提出了一种绳系拖板卫星，它可以通过单独碰撞的方式连续清除许多小型空间碎片，而无需捕获它们或执行主要的轨道机动。

在上述大多数使用系绳主动清除碎片有关的方法中，系绳总是假设处于绷紧状态。对于存在初始角动量的目标碎片，需要考虑系绳的松弛状态以及绷紧状态对系绳拖船-碎片系统动力学行为的影响。此外，系绳的弹性常数总是假设较大，且系绳的伸长率太小，对系绳拖船-碎片系统的动力行为影响不明显[120]。但在实际应用中，随着系绳长度的增加，系绳的伸长率将不可忽略，而系绳伸长率与目标碎片的动力学行为的耦合将显著影响系绳系统清除碎片的效率。因此，需要考虑系绳在拉/松状态下的不同参数值，使用辛龙格-库塔法[9,134]详细研究目标碎片的动力学行为，特别是翻滚角的变化。

考虑图 2-18 所示的系绳拖船-碎片系统[135]，在 x_cDy_c 坐标下(图 2-18 右下角的子图，其中将研究滚动角速度 $\dot{\theta}$ 的演化)中，一个欧拉角速度为$[\dot{\theta},\dot{\varphi},\dot{\psi}]$的圆柱形碎片在轨道平面上沿地球循环轨道运动，由空间拖船通过系绳 CM 拖拽。以穿过拖曳碎片系统质心 O_2 的坐标系 $X_0O_2Y_0$ 为轨道坐标系。$Dxyz$ 是目标碎片的固定坐标系。

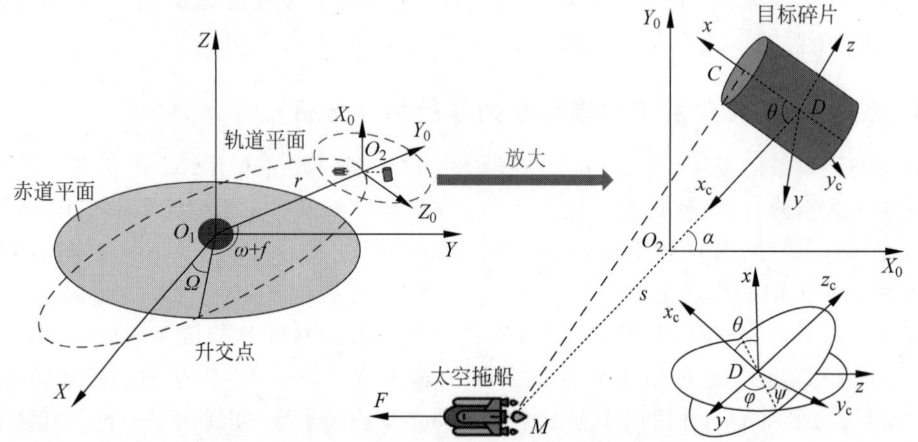

图 2-18　系绳拖船-碎片系统的物理模型

(请扫 Ⅰ 页二维码看彩图)

系绳拖船-碎片系统的运动可以用广义坐标向量$\tilde{\boldsymbol{q}}=(r,f,\theta,\varphi,\psi,s,\alpha)^{\mathrm{T}}$ 来表示，其中 $r=|O_1O_2|$，f 为真近角，$s=|DM|$为空间拖轮质心与目标碎片的距离，α 是 DM 与 X_0 轴的夹角。

假设空间拖船和目标碎片的质量分别为 m_1 和 m_2，系统的等效质量可定义为 $\bar{m}=\dfrac{m_1m_2}{m_1+m_2}$。抓取点 C 在坐标系 $Dxyz$ 中的位置坐标记为$[a,b,c]$。抓取点 C 到目标碎片质心 D 的距离为$\rho=\sqrt{a^2+b^2+c^2}$。由于 l 的长度远远大于 ρ，我们可以得到 $l\approx s-a\cos\theta$。然后，轨道角速度可由 $\Omega=\sqrt{\mu/a^3}$ 确定，其中 $\mu=3.986005\times10^{14}\ \mathrm{m}^3\cdot\mathrm{s}^{-2}$ 为地球的引力常数。

系绳拖船-碎片系统的动能为

$$T=\frac{m_1+m_2}{2}(\dot{r}^2+r^2\dot{f}^2)+\frac{1}{2}\bar{m}(\dot{s}^2+s^2\dot{\alpha}^2)+\\ \frac{1}{2}[I_z(\dot{\varphi}+\dot{\psi}\cos\theta)^2+I_x(\dot{\theta}^2+\dot{\psi}^2\sin^2\theta)] \tag{2.3.68}$$

其中，I_z 是关于 z 轴的转动惯量；$I_x(I_x=I_y)$是关于 x 轴的转动惯量。

系绳拖船-碎片系统的重力势能为

$$\begin{aligned}V_g&=-\mu\sum_{k=1}^{2}\frac{m_k}{(r+r_k)}\\&=-\frac{\mu}{r}\sum_{k=1}^{2}\frac{m_k}{\sqrt{(X_k/r)^2+(Z_k/r)^2+(1-Y_k/r)^2}}\end{aligned} \tag{2.3.69}$$

其中，$r_1=|MO_2|$，$r_2=|DO_2|$。

对于 $r_k \ll r(i=1,2)$，高阶项可以忽略不计，重力势能可以用几何关系 $Y_k=r_k\cos\theta\cos\varphi$ 近似地表示：

$$
\begin{aligned}
V_g &\approx -\frac{\mu}{2r}\sum_{k=1}^{2} m_k[2+2Y_k/r-(X_k/r)^2-(Z_k/r)^2+2(Y_k/r)^2] \\
&= -\mu\sum_{k=1}^{2}\frac{m_k}{r}-\frac{\mu}{r^2}\sum_{k=1}^{2} m_k Y_k+\frac{\mu}{2r^3}\sum_{k=1}^{2}(X_k^2+Z_k^2+Y_k^2-3Y_k^2) \\
&= -\frac{\mu m}{r}+\frac{\mu}{2r^3}\sum_{k=1}^{2} m_k(r_k^2-3Y_k^2) \\
&= -\frac{\mu m}{r}+\frac{\mu m l^2}{2r^3}(1-3\cos^2\theta\cos^2\varphi)
\end{aligned}
\tag{2.3.70}
$$

其中，$m=m_1+m_2$。

当轨道是圆形时，重力势能可以改写为

$$
V_g=-m\Omega^2 r^2+\frac{\bar{m}\Omega^2 l^2}{2}(1-3\cos^2\theta\cos^2\varphi) \tag{2.3.71}
$$

系绳的弹性势能为

$$
V_e=\frac{1}{2}k(l-l_0)^2=\frac{1}{2}k(s-a\cos\theta-l_0)^2 \tag{2.3.72}
$$

其中，k 为系绳的弹性常数；l_0 为系绳的原始长度。在文献[120]中，假定系绳的弹性常数较大，使系绳的伸长率太小，无法影响三个欧拉角速度的演化。当系绳的弹性常数很小时，会发生什么？这是本节工作的主要研究动机。

广义力向量$\widetilde{\boldsymbol{Q}}=(Q_r,Q_f,Q_\theta,Q_\varphi,Q_\psi,Q_s,Q_\alpha)^{\mathrm{T}}$ 由下式表达：

$$
\begin{cases}
Q_r=F_y \\
Q_f=F_x \\
Q_\theta=\dfrac{\zeta sk(l-l_0)}{l}[(b\sin\varphi+c\cos\varphi)\cos\theta-a\sin\theta] \\
Q_\varphi=\dfrac{\zeta sk(l-l_0)}{l}\sin\theta(b\cos\varphi-c\sin\varphi) \\
Q_\psi=0 \\
Q_s=-\dfrac{m_2 s}{m_1+m_2}(F_x\cos\alpha+F_y\sin\alpha)+\dfrac{\zeta k(l-l_0)}{l}[a\cos\theta+(b\sin\varphi+c\cos\varphi)\sin\theta-s] \\
Q_\alpha=\dfrac{m_2 s}{m_1+m_2}(F_x\cos\alpha-F_y\sin\alpha)
\end{cases}
\tag{2.3.73}
$$

其中，F_x 和 F_y 分别是拉力 F 相对于坐标 $X_0O_2Y_0$ 的投影；ζ 是描述系绳不同状态的阶跃函数，即

$$
\zeta=\begin{cases}1, & l-l_0\geqslant 0 \\ 0, & l-l_0<0\end{cases} \tag{2.3.74}
$$

假设抓取点 C 为目标碎片上表面的中心，即 $b=c=0$，即 $Q_\psi=Q_\varphi=0$，则

$$\begin{cases} p_\varphi = \dfrac{\partial L}{\partial \dot{\varphi}} = I_z(\dot{\varphi} + \dot{\psi}\cos\theta) = C_1 \\ p_\psi = \dfrac{\partial L}{\partial \dot{\psi}} = I_z\dot{\varphi}\cos\theta + \dot{\psi}(I_z\cos^2\theta + I_x\sin^2\theta) = C_2 \end{cases} \tag{2.3.75}$$

即

$$\begin{cases} \dot{\varphi} = \dfrac{C_1}{I_z} - \dot{\psi}\cos\theta \\ \dot{\psi} = \dfrac{C_2 - C_1\cos\theta}{I_x\sin^2\theta} \end{cases} \tag{2.3.76}$$

将式(2.3.68),式(2.3.71)～式(2.3.73)代入拉格朗日方程和拉格朗日函数 $L = T - V_g - V_e$,得到

$$\ddot{\alpha} + \frac{2\dot{\alpha}}{s} = \frac{F_x\sin\alpha}{m_1 s^2} \tag{2.3.77}$$

$$\ddot{s} + \frac{ks}{\bar{m}} = \frac{k}{\bar{m}}(a\cos\theta + l_0) - \frac{F}{m_1} + s[\dot{\varphi}^2 + (\dot{\theta} - \Omega)^2\cos^2\varphi] + s\Omega^2(3\cos^2\varphi\cos^2\theta - 1) \tag{2.3.78}$$

$$\begin{aligned} \ddot{\theta} = {} & a^2k\sin2\theta/2I_x - aks\sin\theta/I_x - I_z(\dot{\varphi} + \dot{\psi}\cos\theta)\sin\theta\dot{\psi}/I_x + \\ & \dot{\psi}^2\sin\theta\cos\theta + [(\dot{\theta} - \Omega)^2 + 3\Omega^2\cos^2\theta]\sin\theta \end{aligned} \tag{2.3.79}$$

将式(2.3.76)代入式(2.3.79),则式(2.3.79)可写为

$$\begin{aligned} \ddot{\theta} = {} & a^2k\sin2\theta/2I_x - aks\sin\theta/I_x - (C_3 - C_4\cos\theta)C_4/I_x\sin\theta \\ & - (C_3 - C_4\cos\theta)^2\cos\theta/\sin^3\theta + [(\dot{\theta} - \Omega)^2 + 3\Omega^2\cos^2\theta]\sin\theta \end{aligned} \tag{2.3.80}$$

其中,常数 C_3 和 C_4 由下式定义:

$$\begin{aligned} C_4 &= p_\varphi/I_x = I_z(\dot{\varphi} + \dot{\psi}\cos\theta)/I_x \\ C_3 &= p_\psi/I_x = [I_z\dot{\varphi}\cos\theta + \dot{\psi}(I_z\cos^2\theta + I_x\sin^2\theta)]/I_x \end{aligned} \tag{2.3.81}$$

式(2.3.76)～式(2.3.78)和式(2.3.80)在一定程度上描述了系绳拖船-碎片系统的动力学行为。需要说明的是,r 和 f 的变化对 θ,φ,ψ,s 和 α 的影响是存在的。但在这项工作中,主要研究集中力 F 对 θ 的变化的短期影响上。已经证明,r,f 对 θ 变化的短期影响很弱[136]。因此,为了简化下面的数值分析,省略了与变量 r,f 相关的方程,并定义简化的广义坐标向量为 $\boldsymbol{q} = (\theta,\varphi,\psi,s,\alpha)^{\mathrm{T}}$。此外,式(2.3.81)(或式(2.3.75))表示由式(2.3.73)给出的系统的两个守恒定律(守恒量分别为 p_φ 和 p_ψ),用保结构方法进行研究。

引入广义动量向量 $\boldsymbol{P} = \partial L/\partial\dot{\boldsymbol{q}} = (P_\theta, P_\varphi, P_\psi, P_s, P_\alpha)^{\mathrm{T}}$,广义动量可表示为(其中 p_φ 和 p_ψ 已在式(2.3.75)中给出)

$$\begin{cases} P_\theta = \partial L/\partial\dot{\theta} = I_x\dot{\theta} \\ P_\varphi = \partial L/\partial\dot{\varphi} = I_z(\dot{\varphi} + \dot{\psi}\cos\theta) \\ P_\psi = \partial L/\partial\dot{\psi} = I_z(\dot{\psi}\cos^2\theta + \dot{\varphi}\cos\theta) + I_x\dot{\psi}\sin^2\theta \\ P_s = \partial L/\partial\dot{s} = \bar{m}\dot{s} \\ P_\alpha = \partial L/\partial\dot{\alpha} = \bar{m}s^2\dot{\alpha} \end{cases} \tag{2.3.82}$$

广义动量向量 $\boldsymbol{P}=(P_\theta,P_\varphi,P_\psi,P_s,P_\alpha)^{\mathrm{T}}$ 对于广义坐标向量 $\boldsymbol{q}=(\theta,\varphi,\psi,s,\alpha)^{\mathrm{T}}$ 定义的有限维广义哈密顿函数定义为 $H(\boldsymbol{p},\boldsymbol{q})=\boldsymbol{p}^{\mathrm{T}}\dot{\boldsymbol{q}}-L(\boldsymbol{q},\dot{\boldsymbol{q}})$，式(2.3.76)～式(2.3.78)，式(2.3.80)和式(2.3.82)可以写成广义哈密顿形式：

$$\begin{cases}\dot{\boldsymbol{p}}=-\partial H/\partial\boldsymbol{q}+\boldsymbol{Q}\\ \dot{\boldsymbol{q}}=\partial H/\partial\boldsymbol{p}\end{cases}\tag{2.3.83}$$

其中，$\boldsymbol{Q}=(Q_\theta,Q_\varphi,Q_\psi,Q_s,Q_\alpha,0,0,0,0,0)^{\mathrm{T}}$。

众所周知，由式(2.3.83)给出的广义哈密顿形式存在的辛结构是由于其完美的数学对称性，这激励着大量基于哈密顿系统辛结构的保结构数值方法的研究。Sanz-Serna[137]和Saito等[138]结合龙格-库塔法的高精度特点和辛方法的优良保结构特性，提出了基于辛理论[4]的有限维哈密顿系统的辛龙格-库塔法。

定义对偶变量 $\boldsymbol{z}=(\boldsymbol{q},\boldsymbol{p})=(\theta,\varphi,\psi,s,\alpha,P_\theta,P_\varphi,P_\psi,P_s,P_\alpha)^{\mathrm{T}}$，构造出式(2.3.83)给出的广义哈密顿形式的二级四阶辛龙格-库塔法。

在拖曳过程中，滚转角 θ 的演变值得研究。因此，在接下来的数值实验中，将使用辛龙格-库塔法详细研究几个因素对滚转角 θ 演化的影响。

在接下来的数值实验中，步长固定为 $\Delta t=0.1\mathrm{s}$，设定模拟时间跨度在 $t\in[0,1000]\mathrm{s}$。根据文献[120]，假定系绳拖船-碎片系统的结构参数为：$m_1=1000\mathrm{kg}$，$m_2=3000\mathrm{kg}$，$I_z=3000\mathrm{kg\cdot m^2}$，$I_x=I_y=10000\mathrm{kg\cdot m^2}$，$l_0=50\mathrm{m}$，$a=2.5\mathrm{m}$，$b=c=0$。设初始条件为：$\theta_0=\pi/6\mathrm{rad}$，$\dot{\theta}_0=0$，$\varphi_0=0$，$\dot{\varphi}_0=0.05\mathrm{rad\cdot s^{-1}}$，$\psi_0=0$，$s_0=51.241\mathrm{m}$，$\dot{s}_0=0$。牵引力固定为 $F=10\mathrm{N}$，轨道半径为 $r=6700000\mathrm{m}$。

由于缺乏相关的理论结果或数值结果用以验证以下数值结果的精度，本节将间接说明辛龙格-库塔法的有效性。

辛龙格-库塔法的良好数值性能已在文献[9]，[134]中得到广泛报道。因此，在本节中，我们将经典的龙格-库塔法应用于拉格朗日系统（式(2.3.76)～式(2.3.78)和式(2.3.80)），以研究与式(2.3.81)（或式(2.3.75)）定义的两个守恒律相关的保结构性能评价指标，以及辛龙格-库塔法应用于哈密顿形式（由式(2.3.83)制定）的模拟速度。

设 $\Delta l_0=-1\mathrm{m}$，$k=5\mathrm{N\cdot m^{-1}}$，$\dot{\psi}_0=0.01\mathrm{rad\cdot s^{-1}}$，拉格朗日系统（由式(2.3.76)～式(2.3.78)、式(2.3.80)得到）用经典的四阶龙格-库塔法模拟，哈密顿系统在区间 $t\in[0,1000]\mathrm{s}$ 上采用相同步长（$\Delta t=0.1\mathrm{s}$）的四阶辛龙格-库塔法模拟（由式(2.3.83)给出）。由 $E_{p_\varphi}(t)=\left|\dfrac{p_\varphi(t)-p_\varphi(0)}{p_\varphi(0)}\right|$ 和 $E_{p_\psi}(t)=\left|\dfrac{p_\psi(t)-p_\psi(0)}{p_\psi(0)}\right|$ 定义的保守量的相对变化如图2-19所示。此外，在仿真过程中分别记录了上述两种数值方法的计算时间。经典四阶龙格-库塔法应用于拉格朗日系统的计算时间为326s，四阶辛龙格-库塔法应用于哈密顿系统的计算时间为52s，这意味着四阶辛龙格-库塔法的计算速度远快于经典四阶龙格-库塔法。

由图2-19可以发现，四阶辛龙格-库塔法在时间区间 $t\in[0,1000]\mathrm{s}$ 内得到的保守量的相对变化很小，且没有增长趋势，而经典四阶龙格-库塔法得到的保守量的相对变化量随着时间的推移明显增大，在 $t=1000\mathrm{s}$ 时超过17%，这意味着四阶辛龙格-库塔法可以很好地保

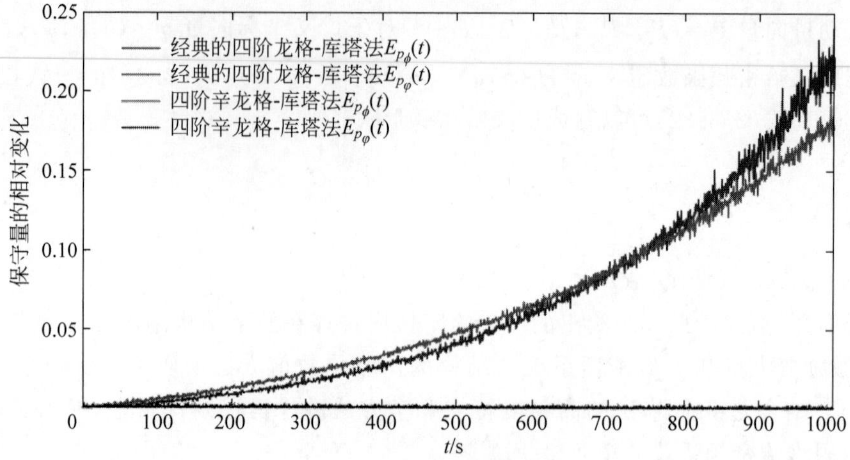

图 2-19　保守量的相对变化

（请扫Ⅰ页二维码看彩图）

持由式(2.3.81)(或式(2.3.75))给出的保守量,并间接说明了下面实验中所采用的四阶辛龙格-库塔法的有效性。

下述算例将在不同系绳弹性常数和不同初始角速度 $\dot{\psi}_0$ 的情况下,研究系绳长度的变化和翻滚角 θ 的演化。

在 $\Delta l_0=-1\mathrm{m}$ 研究以下九种情况(系绳下 $t=0\mathrm{s}$ 时松弛)：①$k=2.5\mathrm{N\cdot m^{-1}}$,$\dot{\psi}_0=0$；②$k=2.5\mathrm{N\cdot m^{-1}}$,$\dot{\psi}_0=0.01\mathrm{rad\cdot s^{-1}}$；③$k=2.5\mathrm{N\cdot m^{-1}}$,$\dot{\psi}_0-0.02\mathrm{rad\cdot s^{-1}}$；④$k=5\mathrm{N\cdot m^{-1}}$,$\dot{\psi}_0=0$；⑤$k=5\mathrm{N\cdot m^{-1}}$,$\dot{\psi}_0=0.01\mathrm{rad\cdot s^{-1}}$；⑥$k=5\mathrm{N\cdot m^{-1}}$,$\dot{\psi}_0=0.02\mathrm{rad\cdot s^{-1}}$；⑦$k=10\mathrm{N\cdot m^{-1}}$,$\dot{\psi}_0=0$；⑧$k=10\mathrm{N\cdot m^{-1}}$,$\dot{\psi}_0=0.01\mathrm{rad\cdot s^{-1}}$；⑨$k=10\mathrm{N\cdot m^{-1}}$,$\dot{\psi}_0=0.02\mathrm{rad\cdot s^{-1}}$。图 2-20 展示了每种情况下系绳长度 Δl 的变化情况和翻滚角度 θ 的变化情况。

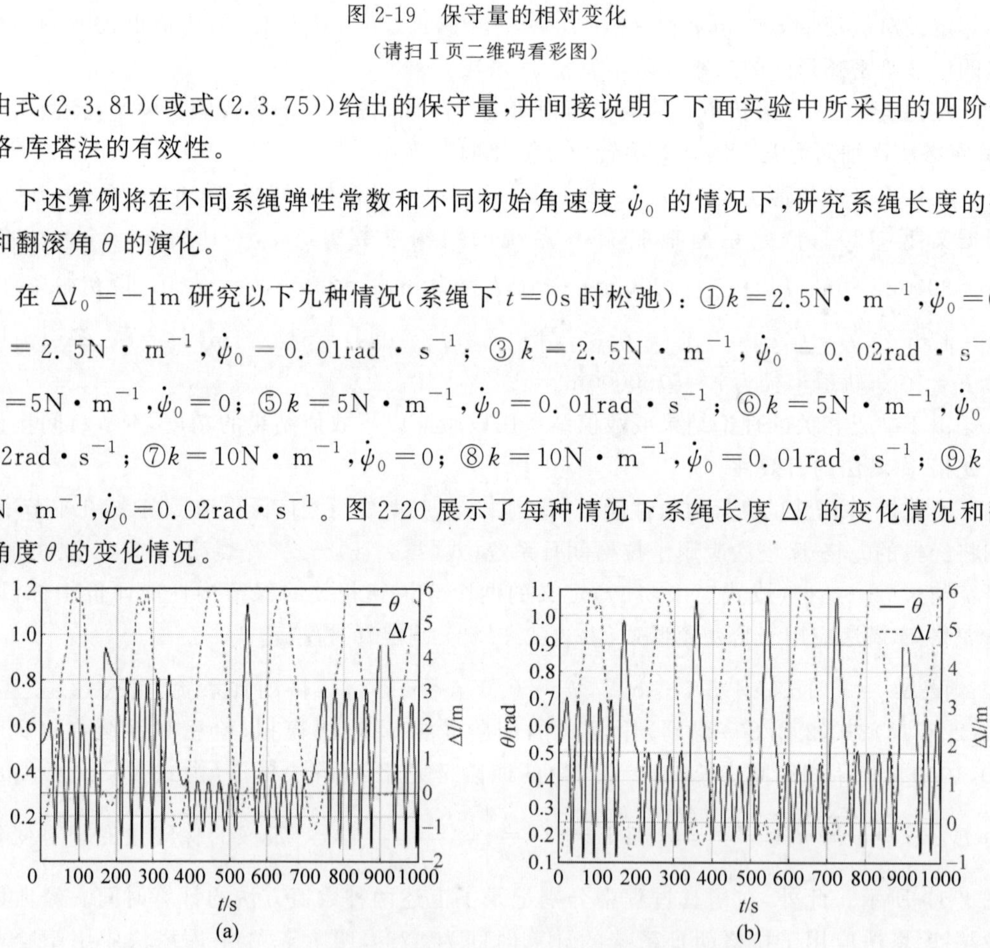

图 2-20　不同情况下系绳长度的变化和翻滚角的演变

(a) $k=2.5\mathrm{N\cdot m^{-1}}$,$\dot{\psi}_0=0$；(b) $k=2.5\mathrm{N\cdot m^{-1}}$,$\dot{\psi}_0=0.01\mathrm{rad\cdot s^{-1}}$；(c) $k=2.5\mathrm{N\cdot m^{-1}}$,$\dot{\psi}_0=0.02\mathrm{rad\cdot s^{-1}}$；

(d) $k=5\mathrm{N\cdot m^{-1}}$,$\dot{\psi}_0=0$；(e) $k=5\mathrm{N\cdot m^{-1}}$,$\dot{\psi}_0=0.01\mathrm{rad\cdot s^{-1}}$；(f) $k=5\mathrm{N\cdot m^{-1}}$,$\dot{\psi}_0=0.02\mathrm{rad\cdot s^{-1}}$；

(g) $k=10\mathrm{N\cdot m^{-1}}$,$\dot{\psi}_0=0$；(h) $k=10\mathrm{N\cdot m^{-1}}$,$\dot{\psi}_0=0.01\mathrm{rad\cdot s^{-1}}$；(i) $k=10\mathrm{N\cdot m^{-1}}$,$\dot{\psi}_0=0.02\mathrm{rad\cdot s^{-1}}$

（请扫Ⅰ页二维码看彩图）

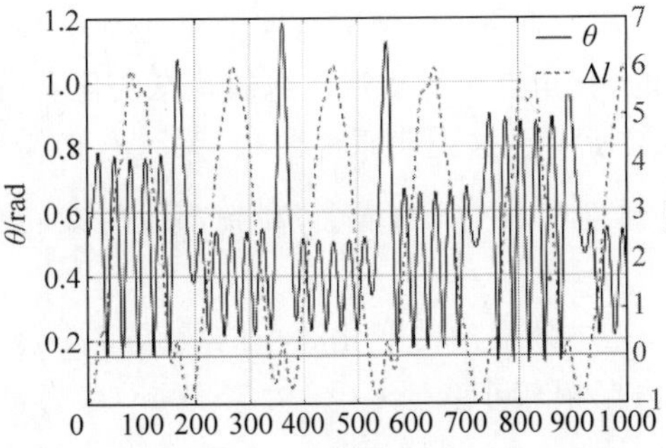

(c)

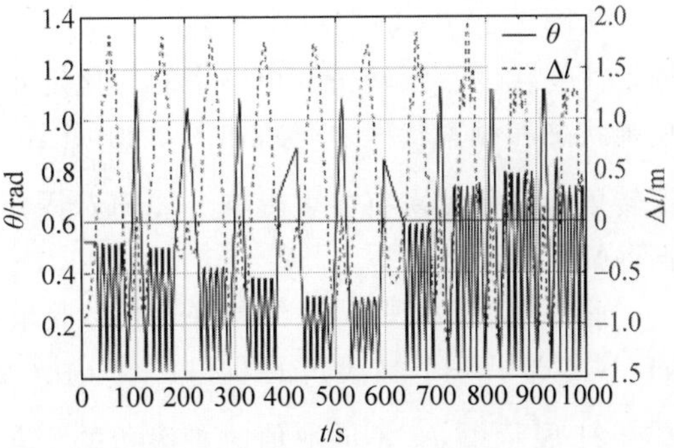

(d)

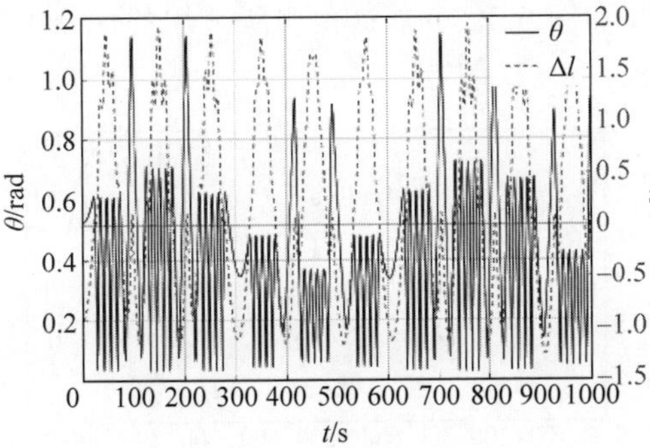

(e)

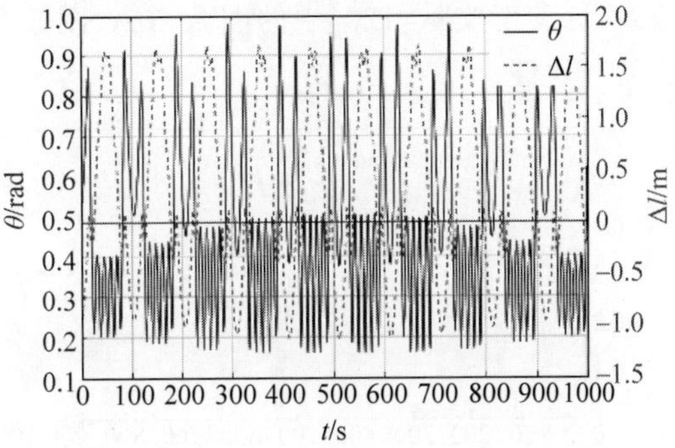

(f)

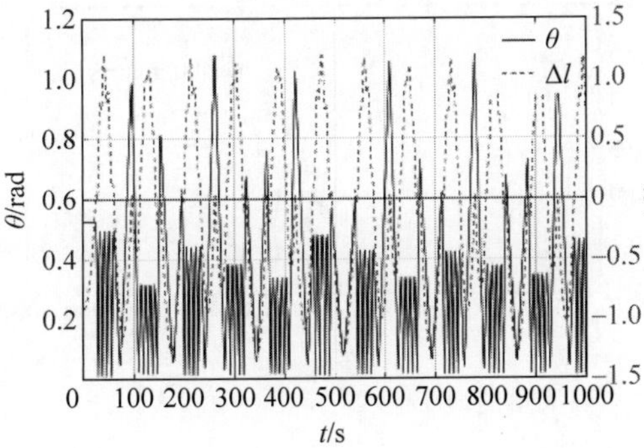

(g)

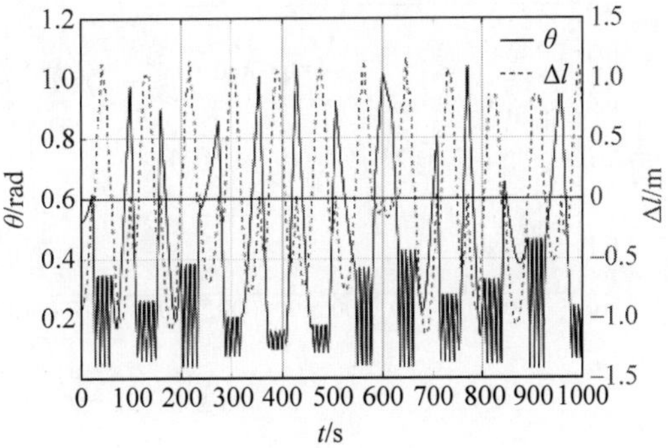

(h)

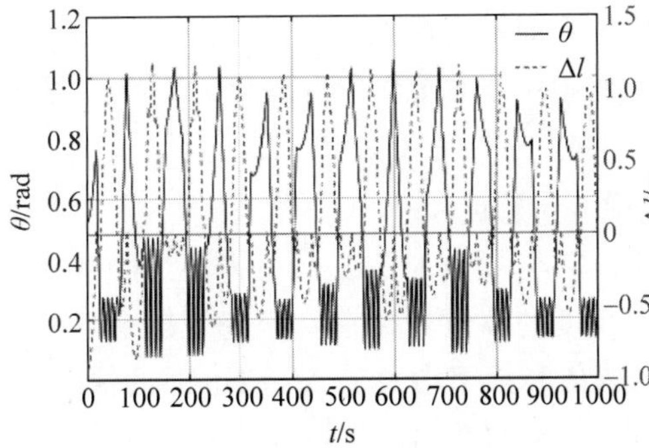

(i)

图 2-20 （续）

从图 2-20 中，我们可以得出以下结论。①对于每一种情况，翻滚角度的变化频率都是周期性变化的。滚转角变化频率的变化是非光滑的，其角点边界靠近系绳的状态变化点(在松弛状态和绷紧状态之间)，如图 2-20 中 Δl 的零点所示。这说明系绳的松/张状态切换对滚转角的变化频率有显著影响。②随着固定系绳弹性常数 $\dot{\psi}_0$ 的增大，高频部位的滚转角振荡幅值减小。

此外，我们发现，当系绳的弹性常数足够小时，上述翻滚角的变化频率的跳跃特性会减弱，并出现了一个翻滚角的"窗口"(其中 θ 的振荡振幅较小)。以 $k=0.5\text{N}\cdot\text{m}^{-1}$ 为例，图 2-21 展示了 $\dot{\psi}_0$ 不同取值时翻滚角的变化。从图 2-21 中可以发现，随着 $\dot{\psi}_0$ 的增加，"窗口"变得更清晰且出现时间提前。滚转角演化过程中"窗口"的出现与文献[120]报道的结果一致(见参考文献[120]中的图 5.20A、图 5.21 A 和图 5.22 A)，这说明所采用的保结构方法的有效性。

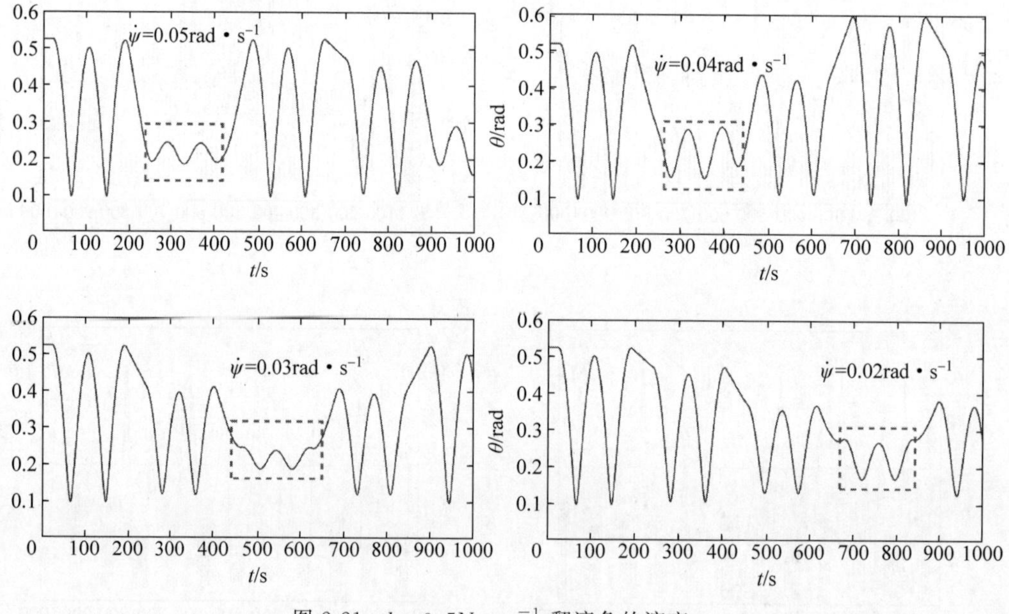

图 2-21 $k=0.5\text{N}\cdot\text{m}^{-1}$ 翻滚角的演变

红色虚线框表示"窗口期"

(请扫Ⅰ页二维码看彩图)

在上述模拟中，我们假定系绳初为松弛状态($\Delta l=-1\text{m}$)。在本节中，将进一步考虑绷紧状态，并将详细研究系绳初始状态对滚转角度演化的影响。图 2-22 给出了固定系绳弹性常数 $k=1\text{N}\cdot\text{m}^{-1}$ 和 $\dot{\psi}_0=0$ 时，系绳初始状态为松弛($\Delta l=1\text{m}$)、绷紧($\Delta l=-1\text{m}$)或初始长度($\Delta l=0$)时，翻滚角的演变过程。

从图 2-22 中可以发现，当 $t\leqslant 550\text{s}$ 时，$\Delta l=1\text{m}$ 与 $\Delta l=0$ 下的翻滚角度值差异很小。但随着时间推移，这两者滚转角度的幅值和频率差异变得越来越明显($t>550\text{s}$)。当 $t>550\text{s}$ 时，$\Delta l=0$ 时翻滚角变化的幅值和频率均大于 $\Delta l=1\text{m}$ 时的情况。

对于 $\Delta l=-1\text{m}$ 的情况，翻滚角在第一阶段保持不变($t\leqslant 57\text{s}$)。在这个阶段，系绳是松弛的。翻滚角的振荡频率与 $\Delta l=0$ 的振荡频率相同。当 $t>550\text{s}$ 时，滚转角的变化幅度和频率都急剧增加。文献[120]中也报道了当系绳的弹性常数较大时，翻滚角的急剧变化。在如图 2-22 所示的数值结果中得到，当系绳的弹性常数非常小时，这种急剧变化的现象就会重现。

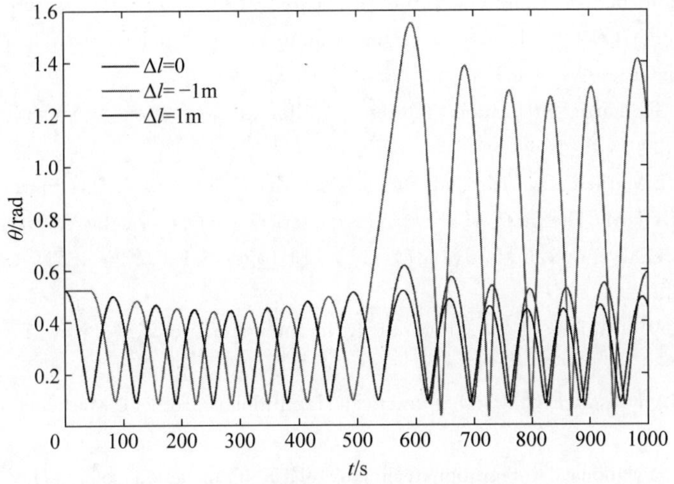

图 2-22　不同系绳初始状态下的滚转角度变化

（请扫 I 页二维码看彩图）

实际上，辛方法还有很多其他的用途。本章仅介绍了辛方法在航空航天领域的应用，说明了辛方法优异的数值性能，展示了辛方法在工程中的广阔应用前景。

参考文献

[1] HAMILTON W R. On a general method in dynamics. Philosophical Transactions of the Royal Society of London，1834，124：247-308.

[2] HAMILTON W R. Second essay on a general method in dynamics. Philosophical Transactions of the Royal Society of London，1835，125：95-144.

[3] MARSDEN J E，RATIU T S. Introduction to Mechanics and Symmetry. Springer-Verlag，1999.

[4] K FENG. On difference schemes and symplectic geometry. Proceeding of the 1984 Beijing Symposium on Differential Geometry and Differential Equations. Science Press，Beijing；1984，42-58.

[5] FENG K. Difference-schemes for Hamiltonian-formalism and symplectic-geometry. Journal of Computational Mathematics，1986，4：279-289.

[6] FENG K，QIN M Z. The symplectic methods for the computation of Hamiltonian equations. Lecture Notes in Mathematics，1987，1297：1-37.

[7] Feng K，WU H M，QIN M Z. Symplectic difference-schemes for linear Hamiltonian canonical systems. Journal of Computational Mathematics，1990，8：371-380.

[8] SUN G. Construction of high-order symplectic Runge-Kutta methods. Journal of Computational Mathematics，1993，11：250-260.

[9] SANZ-SERNA J M. Symplectic Runge-Kutta schemes for adjoint equations. automatic differentiation，optimal control，and more. SIAM Review，2016，58：3-33.

[10] DULLWEBER A，LEIMKUHLER B，MCLACHLAN R. Symplectic splitting methods for rigid body molecular dynamics. Journal of Chemical Physics，1997，107：5840-5851.

[11] BLANES S，CASAS F，FARRES A，LASKAR J，MAKAZAGA J，MURUA A. New families of symplectic splitting methods for numerical integration in dynamical astronomy. Applied Numerical Mathematics，2013，68：58-72.

[12] GUO H Y,LI Y Q,WU K. On symplectic and multisymplectic structures and their discrete versions in Lagrangian formalism. Communications in Theoretical Physics,2001,35: 703-710.

[13] BUDD C J,PIGGOTT M D,Geometric integration and its applications. Handbook of Numerical Analysis,Amsterdam: North-Holland,2003,135-139.

[14] HAIRER E. Geometric integration of ordinary differential equations on manifolds. BIT Numerical Mathematics,2001,41: 996-1007.

[15] ARNOLD V I. Mathematical Methods of Classical Mechanics. New York: Springer-Verlag,1978.

[16] SANZ-SERNA J M. The state of the art in numerical analysis,ed. by A. Iserles,M. J. D. Powell (Oxford University Press,Oxford,1987) xiv+719 pages,UK 55. 00. ISBN 0-19-853614-3,Math. Comput Simul. 29,448.

[17] OLVER P J. Applications of Lie Groups to Differential Equations. 2ed. New York: Springer-Verlag New York,1986.

[18] SANZ-SERNA J M,M P CALVO. Numerical Hamiltonian problem. Mathematics of Computation, 1994,64.

[19] RUTH R D. A canonical integration technique. IEEE Transactions on Nuclear Science,1983,30: 2669-2671.

[20] CHANNELL P J,SCOVEL C. Symplectic integration of Hamiltonian systems. Nonlinearity,1990,3: 231-259.

[21] G ZHONG,MARSDEN J E. Lie-Poisson Hamilton-Jacobi theory and Lie-Posson integrators. Physics Letters A,1988,133: 134-139.

[22] KANE C, MARSDEN J E, ORTIZ M. Symplectic-energy-momentum preserving variational integrators. Journal of Mathematical Physics,1999,40: 3353-3371.

[23] MCLACHLAN R I, ATELA P. The accuracy of symplectic integrators. Nonlinearity, 1992-5: 541-562.

[24] CANDY J,ROZMUS W. A symplectic integration algorithm for separable Hamiltonian functions. Journal of Computational Physics,1991,92: 230-256.

[25] EARN D J D,TREMAINE S. Exact numerical studies of Hamiltonian maps: iterating without round off error. Physica D,1992,56: 1-22.

[26] AUSTIN M A, KRISHNAPRASAD P S, L S WANG. Almost Poisson integration of rigid body systems. Journal of Computational Physics,1993,107: 105-117.

[27] AUBRY A,CHARTIER P. Pseudo-symplectic Runge-Kutta methods. BIT Numerical Mathematics, 1998,38: 439-461.

[28] MURUA A,SANZ-SERNA J M. Order conditions for numerical integrators obtained by composing simpler integrators. Philosophical Transactions of the Royal Society a-Mathematical Physical and Engineering Sciences,1999-357: 1079-1100.

[29] STUART A M, HUMPHRIES A R. Dynamical Systems and Numerical Analysis. Cambridge: Cambridge University Press,1996.

[30] E. HAIRER. Variable time step integration with symplectic methods. Applied Numerical Mathematics,1997,25: 219-227.

[31] REICH S. Backward error analysis for numerical integrators. SIAM Journal on Numerical Analysis, 1999,36: 1549-1570.

[32] LEIMKUHLER B. Reversible adaptive regularization: perturbed Kepler motion and classical atomic trajectories. Philosophical Transactions of the Royal Society a-Mathematical Physical and Engineering Sciences,1999,357: 1101-1133.

[33] LASAGNI F M. Canonical Runge-Kutta methods. Zeitschrift Fur Angewandte Mathematik Und

Physik,1988,39: 952-953.
[34] SANZSERNA J M. Runge-Kutta schemes for Hamiltonian systems. BIT Numerical Mathematics, 1988,28: 877-883.
[35] BORCHEV P B, SCOVEL C. On quadratic invariants and symplectic structure. BIT Numerical Mathematics,1994,34: 337-345.
[36] ABIA L,SANZSERNA J M. Partitioned Runge-Kutta methods for separable Hamiltonian problems. Mathematics of Computation,1993,60: 617-634.
[37] OKUNBOR D,SKEEL R D. An explicit Runge-Kutta-Nyström method is canonical if and only if its adjoint is explicit. SIAM Journal on Numerical Analysis,1992,29: 521-527.
[38] SCHLIER C, SEITER A. Symplectic integration of classical trajectories: a case study. Journal of Physical Chemistry A,1998,102: 9399-9404.
[39] LEVEQUE R J,YEE H C. A study of numerical methods for hyperbolic conservation laws with stiff source terms. Journal of Computational Physics,1990,86: 187-210.
[40] SANZSERNA J M,PORTILLO A. Classical numerical integrators for wave-packet dynamics. Journal of Chemical Physics,1996,104: 2349-2355.
[41] STÖRMER C. Sur les trajectories des corpuscules électrisés dans l'espace sous l'action du magnétisme terrestre avec application aux autores boréales. Archives des Sciences Physiques et Naturelles,1907,24: 317-364.
[42] VERLET L. Computer "experiments" on classical fluids. I. Thermodynamical properties of Lennard-Jones molecules. Physical Review,1967,159: 98-103.
[43] YOSHIDA H. Construction of higher order symplectic integrators. Physics Letters A, 1990, 150: 262-268.
[44] MCLACHLAN R. Symplectic integration of Hamiltonian wave equations. Numerische Mathematik, 1993,66: 465-492.
[45] ZHONG W X. On precise integration method. Journal of Computational and Applied Mathematics. 2004,163: 59-78.
[46] HUANG Y A, DENG Z C, YAO L X. An improved symplectic precise integration method for analysis of the rotating rigid-flexible coupled system. Journal of Sound and Vibration,2007,299: 229-246.
[47] VEAUX J. Kinematics of undercarriage. Aeronautique Astronautique,1978: 3-15.
[48] YADAV D, RAMAMOORTHY R P. Nonlinear landing gear behavior at touchdown. Journal of Dynamic Systems Measurement and Control-Transactions of the ASME,1991,113: 677-683.
[49] KRUGER W,BESSELINK I,COWLING D,DOAN D B,KORTUM W,KRABACHER W. Aircraft landing gear dynamics: Simulation and control. Vehicle System Dynamics,1997,28: 119-158.
[50] LYLE K H,JACKSON K E,FASANELLA E L. Simulation of aircraft landing gears with a nonlinear dynamic finite element code. Journal of Aircraft,2002,39: 142-147.
[51] PLAKHTIENKO N P,SHIFRIN B M. Critical shimmy speed of nonswiveling landing-gear wheels subject to lateral loading. International Applied Mechanics,2006,42: 1077-1084.
[52] THOTA P,KRAUSKOPF B,LOWENBERG M. Interaction of torsion and lateral bending in aircraft nose landing gear shimmy. Nonlinear Dynamics,2009,57: 455-467.
[53] HAN Y,YU X,HUANG J,XUE C J. An experimental and numerical study on structural dynamic stress of a landing gear. Journal of Vibroengineering,2013,15: 639-646.
[54] GEAR C W. Simultaneous numerical solution of differential-algebraic equations. IEEE Transactions on Circuit Theory,1971,CT18: 89-95.
[55] HAIRER E,Wanner G. Solving Ordinary Differential Equations II: Stiff and Differential-Algebraic

Problems (2nd revised ed.). Springer-Verlag, Berlin, 1996.

[56] NEDIALKOV N S, PRYCE J D. Solving differential-algebraic equations by Taylor series (III): the DAETS code. Journal of Numerical Analysis, Industrial and Applied Mathematics, 2007, 1: 1-30.

[57] HU W, SONG M, DENG Z, WANG Z, XIONG Z. Structure-preserving analysis on folding and unfolding process of undercarriage. Acta Mechanica Solida Sinica, 2016, 29: 631-641.

[58] CARTMELL M P, MCKENZIE D J. A review of space tether research. Progress in Aerospace Sciences, 2008, 44: 1-21.

[59] KUMAR K D. Review of dynamics and control of nonelectrodynamic tethered satellite systems. Journal of Spacecraft and Rockets, 2006 43: 705-720.

[60] ZHANG T, CHEN Z, ZHAI W, WANG K. Establishment and validation of a locomotive-track coupled spatial dynamics model considering dynamic effect of gear transmissions. Mechanical Systems and Signal Processing, 2019, 119: 328-345.

[61] ISHIMURA K, HIGUCHI K. Coupling among pitch motion, axial vibration, and orbital motion of large space structures. Journal of Aerospace Engineering, 2008, 21: 61-71.

[62] JUNG W Y, MAZZOLENI A P, CHUNG J T. Dynamic analysis of a tethered satellite system with a moving mass. Nonlinear Dynamics. 2014, 75: 267-281.

[63] JUNG W, MAZZOLENI A P, CHUNG J. Nonlinear dynamic analysis of a three-body tethered satellite system with deployment/retrieval. Nonlinear Dynamics. 2015, 82: 1127-1144.

[64] ZHANG Z G, QI Z H, WU Z G, FANG H Q. A spatial euler-bernoulli beam element for rigid-flexible coupling dynamic analysis of flexible structures. Shock and Vibration, 2015. http: //dx. doi. org/10. 1155/2015/208127.

[65] MORAN J P. Effects of plane vibrations on the orbital motion of a dumbbell satellite. ARS Journal, 1961, 31: 1089-1096.

[66] LANGE B. Linear coupling between orbital and attitude motions of a rigid body. Journal of the Astronautical Sciences, 1970, 18: 150-167.

[67] LIU J F, CUI N G, SHEN F, RONG S Y, WEN X. Dynamic modeling and analysis of a flexible sailcraft. Advances in Space Research, 2015, 56: 693-713.

[68] WIE B, ROITHMAYR C M. Attitude and orbit control of a very large geostationary solar power satellite. Journal of Guidance Control and Dynamics, 2005, 28: 439-451.

[69] MCNALLY I J. SCHEERES D J, RADICE G. Attitude dynamics of large geosynchronous solar power satellites. AIAA/AAS Astrodynamics Specialist Conference. American Institute of Aeronautics and Astronautics, 2014.

[70] CASANOVA D, PETIT A, LEMAITRE A. Long-term evolution of space debris under the effect, the solar radiation pressure and the solar and lunar perturbations. Celestial Mechanics & Dynamical Astronomy, 2015, 123: 223-238.

[71] MALLA R B, NASH W A, LARDNER T J. Motion and deformation of very large space structures. AIAA Journal, 1989, 27: 374-376.

[72] ROSS I M. Linearized dynamic equations for spacecraft subject to J(2) perturbations. Journal of Guidance Control and Dynamics, 2003, 26: 657-659.

[73] HAMEL J F, LAFONTAINE J DE. Linearized dynamics of formation flying spacecraft on a J(2)-perturbed elliptical orbit. Journal of Guidance Control and Dynamics, 2007, 30: 1649-1658.

[74] MCNALLY I, SCHEERES D, RADICE G. Locating Large Solar Power Satellites in the Geosynchronous Laplace Plane. Journal of Guidance Control and Dynamics, 2015, 38: 489-505.

[75] HU W P, DENG Z C. Non-sphere perturbation on dynamic behaviors of spatial flexible damping It beam. Acta Astronautica, 2018, 152: 196-200.

[76] HU W, SONG M, DENG Z. Energy dissipation/transfer and stable attitude of spatial on-orbit tethered system. Journal of Sound and Vibration, 2018, 412: 58-73.

[77] HU W, LI Q, JIANG X, DENG Z. Coupling dynamic behaviors of spatial flexible beam with weak damping. International Journal for Numerical Methods in Engineering, 2017, 111: 660-675.

[78] HU W, YIN T, ZHENG W, DENG Z. Symplectic analysis on orbit-attitude coupling dynamic problem of spatial rigid rod. Journal of Vibration and Control, 2020, 26: 1614-1624.

[79] HU W P, DENG Z C, YIN T T. Almost structure-preserving analysis for weakly linear damping nonlinear Schrödinger equation with periodic perturbation. Communications in Nonlinear Science and Numerical Simulation, 2017, 42: 298-312.

[80] HU W P, DENG Z C, HAN S M, ZHANG W R. Generalized multi-symplectic integrators for a class of hamiltonian nonlinear wave PDEs. Journal of Computational Physics, 2013, 235: 394-406.

[81] HU W. Structure-preserving approach for infinite dimensional nonconservative system. Theoretical and Applied Mechanics Letters, 2018, 8: 404-407.

[82] Sofroniou M, Oevel W. Symplectic Runge-Kutta schemes. 1. Order conditions. SIAM Journal on Numerical Analysis, 1997, 34: 2063-2086.

[83] SANZ-SERNA J M, Runge-Kutta schemes for Hamiltonian-systems. BIT Numerical Mathematics, 1988, 28: 877-883.

[84] LU C F, LIM C W, YAO W A. A new analytic symplectic elasticity approach for beams resting on Pasternak elastic foundations. Journal of Mechanics of Materials and Structures, 2009, 4: 1741-1754.

[85] LEI M, MENG G. A noise reduction method for continuous chaotic systems based on symplectic geometry. Journal of Vibration Engineering & Technologies, 2015, 3: 13-24.

[86] LIM C W, XU X S. Symplectic elasticity: theory and applications. Applied Mechanics Reviews, 2010, 63: 050802.

[87] GOODING R H. Complete 2nd-order satellite perturbations due to J2 and J3, compactly expressed in spherical-polar coordinates. Acta Astronautica, 1983, 10: 309-317.

[88] HU W, ZHANG C, DENG Z. Vibration and elastic wave propagation in spatial flexible damping panel attached to four special springs. Communications in Nonlinear Science and Numerical Simulation, 2020, 84.

[89] HU W, YE J, DENG Z. Internal resonance of a flexible beam in a spatial tethered system. Journal of Sound and Vibration, 2020, 475.

[90] HU W, DENG Z. Non-sphere perturbation on dynamic behaviors of spatial flexible damping beam. Acta Astronautica, 2018, 152: 196-200.

[91] FU B, SPERBER E, EKE F. Solar sail technology-A state of the art review. Progress in Aerospace Sciences, 2016, 86: 1-19.

[92] SHABANA A A. Definition of the slopes and the finite element absolute nodal coordinate formulation. Multibody System Dynamics, 1997, 1: 339-348.

[93] SHABANA A A. Dynamics of Multibody Systems. New York: Wiley, 1989.

[94] SHABANA A A, SCHWERTASSEK R. Equivalence of the floating frame of reference approach and finite element formulations. International Journal of Non-Linear Mechanics, 1998, 33: 417-432.

[95] VEUBEKE DE B F. The dynamics of flexible bodies. International Journal of Engineering Science, 1976, 14: 895-913.

[96] SHABANA A A, HUSSIEN H A, ESCALONA J L. Application of the absolute nodal coordinate formulation to large rotation and large deformation problems. Journal of Mechanical Design, 1998, 120: 188-195.

[97] OMAR M A, SHABANA A A. A two-dimensional shear deformable beam for large rotation and

deformation problems. Journal of Sound and Vibration, 2001, 243: 565-576.

[98] SHEN Z, LI P, LIU C, HU G. A finite element beam model including cross-section distortion in the absolute nodal coordinate formulation. Nonlinear Dynamics, 2014, 77: 1019-1033.

[99] HU W, TIAN Q, HU H. Dynamic simulation of liquid-filled flexible multibody systems via absolute nodal coordinate formulation and SPH method. Nonlinear Dynamics. 2014, 75: 653-671.

[100] ORZECHOWSKI G, SHABANA A A. Analysis of warping deformation modes using higher order ANCF beam element. Journal of Sound and Vibration, 2016, 363: 428-445.

[101] LI Q, DENG Z, ZHANG K, HUANG H. Unified modeling method for large space structures using absolute nodal coordinate. AIAA Journal, 2018, 56: 4146-4157.

[102] LUO C Q, SUN J L, WEN H, JIN D P. Dynamics of a tethered satellite formation for space exploration modeled via ANCF. Acta Astronautica, 2020, 177: 882-890.

[103] CAVIN III R, DUSTO A. Hamilton's principle-finite-element methods and flexible body dynamics. AIAA Journal, 1977, 15: 1684-1690.

[104] GERSTMAYR J. Strain tensors in the absolute nodal coordinate and the floating frame of reference formulation. Nonlinear Dynamics, 2003, 34: 133-145.

[105] BERZERI M, CAMPANELLI M, SHABANA A A. Definition of the elastic forces in the finite-element absolute nodal coordinate formulation and the floating frame of reference formulation. Multibody System Dynamics, 2001, 5: 21-54.

[106] DIBOLD M, GERSTMAYR J, IRSCHIK H. A detailed comparison of the absolute nodal coordinate and the floating frame of reference formulation in deformable multibody systems. Journal of Computational and Nonlinear Dynamics, 2009, 4: 021006.

[107] HARTWEG S, HECKMANN A. Moving loads on flexible structures presented in the floating frame of reference formulation. Multibody System Dynamics, 2016, 37: 195-210.

[108] LOZOVSKIY A, DUBOIS F. The method of a floating frame of reference for non-smooth contact dynamics. European Journal of Mechanics A-Solids, 2016, 58: 89-101.

[109] CAMMARATA A, PAPPALARDO C M. On the use of component mode synthesis methods for the model reduction of flexible multibody systems within the floating frame of reference formulation. Mechanical Systems and Signal Processing, 2020, 142: 106745.

[110] CAMMARATA A. Global flexible modes for the model reduction of planar mechanisms using the finite-element floating frame of reference formulation. Journal of Sound and Vibration, 2020, 489: 115668.

[111] HU W, XU M, SONG J, GAO Q, DENG Z. Coupling dynamic behaviors of flexible stretching hub-beam system. Mechanical Systems and Signal Processing, 2021, 151: 107389.

[112] HU W, XU M, JIANG R, ZHANG C, DENG Z. Wave propagation in non-homogeneous asymmetric circular plate. International Journal of Mechanics and Materials in Design, 2021, 17: 885-898.

[113] HU W, HUAI Y, XU M, FENG X, JIANG R, ZHENG Y, DENG Z. Mechanoelectrical flexible hub-beam model of ionic-type solvent-free nanofluids. Mechanical Systems and Signal Processing, 2021, 159: 107833.

[114] HU W, YU L, DENG Z. Minimum control energy of spatial beam with assumed attitude adjustment target. Acta Mechanica Solida Sinica, 2020, 33: 51-60.

[115] HU W, WANG Z, ZHAO Y, DENG Z. Symmetry breaking of infinite-dimensional dynamic system. Applied Mathematics Letters, 2020, 103: 106207.

[116] HU W, HUAI Y, XU M, DENG Z. Coupling dynamic characteristics of simplified model for tethered satellite system. Acta Mechanica Sinica, 2021, 37: 1245-1254.

[117] KIRSTEIN P T, KINO G S. Solution to the equations of space-charge flow by the method of

separation of variables. Journal of Applied Physics,1958,29: 1758-1767.

[118] MARTIN M H. A generalization of the method of separation of variables. Journal of Rational Mechanics and Analysis,1953,2: 315-327.

[119] WU C,RUI W. Method of separation variables combined with homogenous balanced principle for searching exact solutions of nonlinear time-fractional biological population model. Communications in Nonlinear Science and Numerical Simulation,2018,63: 88-100.

[120] ASLANOV V S. Chapter 5-Removal of large space debris by a tether tow,ASLANOV V S Aslanov (Ed.). Rigid Body Dynamics for Space Applications. Butterworth-Heinemann,2017,255-356.

[121] GREENBAUM D. Space debris puts exploration at risk. Science,2020,370: 922-922.

[122] LIOU J C,JOHNSON N L,HILL N M. Controlling the growth of future LEO debris populations with active debris removal. Acta Astronautica,2010,66: 648-653.

[123] NISHIDA S-I, KAWAMOTO S. Strategy for capturing of a tumbling space debris. Acta Astronautica,2011,68: 113-120.

[124] BOMBARDELLI C,PELAEZ J. Ion beam shepherd for contactless space debris removal. Journal of Guidance Control and Dynamics,2011,34: 916-920.

[125] Castronuovo M M. Active space debris removal—A preliminary mission analysis and design. Acta Astronautica,2011,69: 848-859.

[126] DELUCA L T, BERNELLI F, MAGGI F, TADINI P, PARDINI C, ANSELMO L, GRASSI M, PAVARIN D, FRANCESCONI A, BRANZ F, CHIESA S, VIOLA N, BONNAL C, TRUSHLYAKOV V, BELOKONOV I. Active space debris removal by a hybrid propulsion module. Acta Astronautica,2013,91: 20-33.

[127] HAITAO L, QINGBIN Z, LEPING Y, YANWEI Z, YUANWEN Z. Dynamics of tether-tugging reorbiting with net capture. Science China—Technological Sciences,2014,57: 2407-2417.

[128] HUANG P,ZHANG F,MENG Z,LIU Z. Adaptive control for space debris removal with uncertain kinematics,dynamics and states. Acta Astronautica,2016,128: 416-430.

[129] SHAN M,GUO J,GILL E. Review and comparison of active space debris capturing and removal methods. Progress in Aerospace Sciences,2016,80: 18-32.

[130] LIM J, CHUNG J. Dynamic analysis of a tethered satellite system for space debris capture. Nonlinear Dynamics,2018,94: 2391-2408.

[131] ASLANOV V S,LEDKOV A S. Fuel costs estimation for ion beam assisted space debris removal mission with and without attitude control. Acta Astronautica,2021,187: 123-132.

[132] RAZZAGHI P, KHATIB AL E, BAKHTIARI S, HURMUZLU Y. Real time control of tethered satellite systems to de-orbit space debris. Aerospace Science and Technology,2021,109: 106379.

[133] TAKEICHI N,TACHIBANA N. A tethered plate satellite as a sweeper of small space debris. Acta Astronautica,2021,189: 429-436.

[134] HU W, YIN T, ZHENG W, DENG Z. Symplectic analysis on orbit-attitude coupling dynamic problem of spatial rigid rod. Journal of Vibration and Control,2020,26: 1614-1624.

[135] HU W,DU F,ZHAI Z,ZHANG F,DENG Z. Symplectic analysis on dynamic behaviors of tethered tug-debris system. Acta Astronautica,2022,192: 182-189.

[136] ASLANOV V,YUDINTSEV V. Dynamics of large space debris removal using tethered space tug. Acta Astronautica,2013,91: 149-156.

[137] SANZ-SERNA J M. Symplectic Runge-Kutta and related methods—recent results. Physica D-Nonlinear Phenomena,1992,60: 293-302.

[138] SAITO S, SUGIURA H, MITSUI T. Family of symplectic implicit Runge-Kutta formulas. BIT Numerical Mathematics,1992,32: 539-543.

第3章

无限维哈密顿系统的多辛方法

如果考虑工程结构的变形,则即使变形很小,描述工程结构动力学问题的数学模型也是无限维的。因此,发展基于几何力学理论的无限维哈密顿系统的数值方法比有限维哈密顿系统的数值方法具有更重要的意义。然而,在几何积分相关文献中,偏微分方程(PDE)的处理方法远少于常微分方程(ODE)的处理方法。事实上,Hairier,McLachlan 和 Sanz-Serna 对几何积分的相关论著中完全没有提到偏微分方程的求解问题。对于某些类型的偏微分方程(例如双曲线型)是可以理解的,因为它们比常微分方程更复杂,并且当其离散化为偏微分方程系统时处理起来将更为困难,离散化偏微分方程的系统通常是刚性的。另一方面,几何积分方法则能有效地处理这类问题,因为我们可以在保结构数值离散中更多地关注系统的固有几何性质。

在这方面,Bridges[1-3] 和 Marsden[4-5] 提出了多辛方法。在本节中,我们将参考文献[1]对多辛方法进行简要的回顾,叙述的要点将主要集中在多辛方法的应用上。

3.1 波动方程的多辛描述

理解诸如浅水波、大气环流、波导、光学、神经系统、剪切流、声学、气体动力学和许多其他领域的波传播问题,探索这些波动特性的存在、传播、稳定性、分岔、动力学、破裂和其他性质,这在物理学领域中具有重要意义。在许多情况下的波传播问题,特别是描述海浪和大气环流的偏微分方程,往往是保守的。当研究保守偏微分方程时,我们会很自然地使用拉格朗日力学和哈密顿力学这些强有力的几何描述方法。

保守系统的拉格朗日方程通过勒让德变换得到的哈密顿形式通常被认为是对偶的。对于保守的有限维系统,当勒让德变换是非退化的时,其对偶性是完美的。然而,在无限维系统中,尤其是描述波传播的系统,其在一个或多个空间方向是无限的,拉格朗日-哈密顿对偶不再是唯一确定的。为了阐明这一点,本书以以下非线性克莱因-戈尔登(Klein-Gordon)方程为例进行叙述:

$$\partial_{tt}u - \partial_{xx}u = V'(u), \quad t > 0 \tag{3.1.1}$$

其中,$V(\cdot)$: $R \to R$ 是 u 的光滑非线性函数。式(3.1.1)的拉格朗日方程很容易理解;式(3.1.1)的拉格朗日函数为

$$L = \frac{1}{2}[(\partial_t u)^2 - (\partial_x u)^2] + V(u) \tag{3.1.2}$$

通过拉格朗日函数 L 的勒让德变换即可得到哈密顿形式；令 $v=\partial_t u$，然后系统(式(3.1.1))具有哈密顿形式：

$$\begin{pmatrix}0 & -1\\ 1 & 0\end{pmatrix}\frac{\partial}{\partial t}\begin{pmatrix}u\\ v\end{pmatrix}=\begin{pmatrix}\delta H/\delta u\\ \delta H/\delta v\end{pmatrix} \tag{3.1.3}$$

其中，

$$H(u,v)=\int_{x_1}^{x_2}\left[\frac{1}{2}v^2+\frac{1}{2}(\partial_x u)^2-V(u)\right]\mathrm{d}x \tag{3.1.4}$$

哈密顿形式的一个优点是，对于时间演化发展方程，人们可以从已有文献中寻找关于初值问题的存在性和其他性质的结果。另一个优点是辛算子决定的辛结构。另一方面，准确地说，我们有必要考虑一个包括在空间上积分的函数空间，哈密顿函数 H 的积分也可以被定义在这个函数空间上。因此，当空间域是有限的或当人们对具有特定空间变化的波感兴趣时，这种哈密顿形式最有用——例如，空间上呈现周期性的波或一类按指数衰减的波 $x\to\pm\infty$。

然而，式(3.1.3)并不完全是对应于式(3.1.1)的哈密顿形式，或者说式(3.1.3)给出的哈密顿形式并不完全是拉格朗日形式的对偶形式。实际上，对式(3.1.3)做的勒让德变换只是部分勒让德变换。完整的勒让德变换将消去拉格朗日密度函数 $L(u,\partial_t u,\partial_x u)$中的含 x 导数的项。另外，令 $w=\partial_x u$，则在经过完全勒让德变换之后，式(3.1.1)可以写成如下矩阵形式：

$$\boldsymbol{M}\partial_t \boldsymbol{z}+\boldsymbol{K}\partial_x \boldsymbol{z}=\nabla_z S(\boldsymbol{z}),\quad \boldsymbol{z}\in \boldsymbol{R}^3 \tag{3.1.5}$$

其中，$\boldsymbol{z}=(u,v,w)^{\mathrm{T}}$，$S(\boldsymbol{z})=\dfrac{1}{2}(v^2-w^2)+V(u)$，并且

$$\boldsymbol{M}=\begin{bmatrix}0 & -1 & 0\\ 1 & 0 & 0\\ 0 & 0 & 0\end{bmatrix},\quad \boldsymbol{K}=\begin{bmatrix}0 & 0 & 1\\ 0 & 0 & 0\\ -1 & 0 & 0\end{bmatrix}$$

式(3.1.5)在数学上具有非常完美的对称性。所有的时间导数都出现在 $\boldsymbol{M}\partial_t \boldsymbol{z}$ 项中，所有的空间导数出现在 $\boldsymbol{K}\partial_x \boldsymbol{z}$ 项中，$S(\boldsymbol{z})$的梯度是相对于 L 积分的内积定义的。在这种情况下，L 是 R^3 上的函数。

方程(3.1.5)是哈密顿方程(3.1.1)的多辛格式。与式(3.1.3)的辛算法不同，多辛形式存在关于 $\boldsymbol{M}$ 和 $\boldsymbol{K}$ 的两个预辛形式，这两个预辛形式得益于 $\boldsymbol{M}$ 和 $\boldsymbol{K}$ 的反对称性。

为了理解式(3.1.3)给出的具有单个辛算子的经典哈密顿公式与式(3.1.5)中多辛结构的哈密顿表达式之间的区别，需要重新考虑勒让德变换的作用。在第一个部分勒让德变换中，①引入一组新的变量$(u,v)=(u,\partial_t u)$，②生成哈密顿泛函 $H(u,v)$，③引入了作用量密度。本例中作用量密度为 $v\partial_t u$，并且由作用量梯度(相对于包括 t 上积分的内积)可以得到式(3.1.3)左边的表达式，由此可以得到系统中的单辛算子。

除了新的变量，完整的勒让德变换还得出了一系列作用量密度函数，从而形成了一系列辛算子，此外，还创建了一个新的哈密顿泛函，消去了任何显式导数项。

另外，部分勒让德变换和完全勒让德变换将导致非平凡的不同辛结构和哈密顿系统。矩阵形式(3.1.5)这一多辛结构上的哈密顿形式，是分析和证明保守系统中色散波传播的特殊性质的自然数学框架。

3.2 多辛理论的数学基础

3.2.1 辛和逆辛的对合与可逆性

在本节中，我们将哈密顿系统可逆性的概念推广到多个可逆方向的情况。下面回顾经典哈密顿系统可逆性的定义：

$$\boldsymbol{J}\partial_t U = \nabla H(U), \quad U \in \mathcal{U} \tag{3.2.1}$$

其中，$\mathcal{U}$为相空间；$\boldsymbol{J}$ 是一个与 2-形式相联系的反对称算子；$\nabla H(U)$是哈密顿泛函的梯度。如果存在满足下式的拟辛对合 $\boldsymbol{R}$，则系统式(3.2.1)称为可逆哈密顿系统：

$$\boldsymbol{R} = \boldsymbol{R}^{-1} \quad 和 \quad \boldsymbol{R}^{*}\boldsymbol{J}\boldsymbol{R} = -\boldsymbol{J}$$

其中，$\boldsymbol{R}^{*}$ 为 $\boldsymbol{R}$ 的伴随形式，因此 H 具有$\boldsymbol{R}$-不变性：$H(\boldsymbol{R}\cdot U) = H(U)$。由于$U(t)$是系统的一个解时，$\boldsymbol{R}U(-t)$也是系统的一个解，将 $\boldsymbol{R}^{*}$ 代入式(3.2.1)得到

$$\boldsymbol{R}^{*}\boldsymbol{J}\partial_t U = \boldsymbol{R}^{*}\ \nabla H(U) \tag{3.2.2}$$

但$\boldsymbol{R}^{*}\boldsymbol{J} = -\boldsymbol{J}\boldsymbol{R}$，由于$\boldsymbol{R}$ 为逆辛，并且 H 的 $\boldsymbol{R}$-不变性意味着 $\boldsymbol{R}^{*}\nabla H(U) = \nabla H(\boldsymbol{R}\cdot U)$，因此，

$$-\boldsymbol{J}\partial_t(\boldsymbol{R}U) = \nabla H(\boldsymbol{R}U) \tag{3.2.3}$$

这表明，$\boldsymbol{R}U(-t)$也是系统的一个解。

现在可逆性的概念被推广到更高维系统中，其中，多辛结构在可逆性中的作用异常显著。为了简单起见，考虑具有双辛结构的控制方程所具有的哈密顿形式：

$$\boldsymbol{M}(Z)\partial_t Z + \boldsymbol{K}(Z)\partial_x Z = \nabla S(Z), \quad Z \in \mathcal{U} \tag{3.2.4}$$

其中，$\mathcal{U}$是相空间；算子 $\boldsymbol{M}(Z)$和 $\boldsymbol{K}(Z)$是反对称的并且与闭合的 2-形式相关联。在两个独立方向(x 和 t)上系统是可逆的。我们引入以下定义。

如果存在对合$\partial_t\boldsymbol{R}$ 作用于U，$\partial_t\boldsymbol{R} = \partial_t(\boldsymbol{R}^{-1})$使得 $S(\partial_t\boldsymbol{R}\cdot Z) = S(Z)$，则系统式(3.2.4)称为时间可逆的，

$$\partial_t\boldsymbol{R}^{*}\boldsymbol{M}(\partial_t\boldsymbol{R}\cdot Z)\partial_t\boldsymbol{R} = -\boldsymbol{M}(Z) \quad 和 \quad \partial_t\boldsymbol{R}^{*}\boldsymbol{K}(\partial_t\boldsymbol{R}\cdot Z)\partial_t\boldsymbol{R} = \boldsymbol{K}(Z)$$

换句话说，对合对于算子 $\boldsymbol{M}(Z)$是逆辛的，但是对于算子 $\boldsymbol{K}(Z)$是辛的。

类似地，如果存在对合$\partial_x\boldsymbol{R}$ 作用于 U，$\partial_x\boldsymbol{R} = \partial_x(\boldsymbol{R}^{-1})$使得 $S(\partial_x\boldsymbol{R}\cdot Z) = S(Z)$，则系统(3.2.4)称为空间可逆的，

$$\partial_x\boldsymbol{R}^{*}\boldsymbol{M}(\partial_x\boldsymbol{R}\cdot Z)\partial_x\boldsymbol{R} = \boldsymbol{M}(Z) \quad 和 \quad \partial_x\boldsymbol{R}^{*}\boldsymbol{K}(\partial_x\boldsymbol{R}\cdot Z)\partial_x\boldsymbol{R} = -\boldsymbol{K}(Z)$$

在这种情况下，要求对合对于算子 $\boldsymbol{M}(Z)$是辛的，但是对于算子 $\boldsymbol{K}(Z)$是逆辛的。

在多辛结构的背景下，可逆性的上述定义已经被进一步推广到更高空间维度的系统上。

展示上述定义实用性的一个简单示例是由式(3.1.1)给出的空间一维的半线性波动方程。这个系统在 x 和 t 中明显是可逆的；即如果 $u(x,t)$是一个解，则 $u(-x,t)$和 $u(x,-t)$也是方程的解。令 $v=\partial_t u$，$w=\partial_x u$，系统(式(3.1.1))可以重新表示为多辛结构上的哈密顿系统：

$$\begin{pmatrix} 0 & 1 & 0 \\ -1 & 0 & 0 \\ 0 & 0 & 0 \end{pmatrix}\begin{pmatrix} u \\ v \\ w \end{pmatrix}_t + \begin{pmatrix} 0 & 0 & -1 \\ 0 & 0 & 0 \\ 1 & 0 & 0 \end{pmatrix}\begin{pmatrix} u \\ v \\ w \end{pmatrix}_x = \begin{pmatrix} V'(u) \\ -v \\ w \end{pmatrix}$$

或者

$$\boldsymbol{M}=\begin{pmatrix}0&1&0\\-1&0&0\\0&0&0\end{pmatrix},\quad \boldsymbol{K}=\begin{pmatrix}0&0&-1\\0&0&0\\1&0&0\end{pmatrix},\quad \boldsymbol{Z}=\begin{pmatrix}u\\v\\w\end{pmatrix} \tag{3.2.5}$$

并且令 $S(\boldsymbol{Z})=\frac{1}{2}(w^2-v^2)+V(u)$，则系统（式(3.1.1)）具有如下形式：

$$\boldsymbol{M}\partial_t\boldsymbol{Z}+\boldsymbol{K}\partial_x\boldsymbol{Z}=\nabla S(Z),\quad \boldsymbol{Z}\in\mathcal{U}\subset\mathbf{R}^3$$

引入以下逆变换：

$$\partial_t\boldsymbol{R}=\begin{pmatrix}1&0&0\\0&-1&0\\0&0&1\end{pmatrix}\quad 和\quad \partial_x\boldsymbol{R}=\begin{pmatrix}1&0&0\\0&1&0\\0&0&-1\end{pmatrix}$$

很明显，$\partial_t\boldsymbol{R}=\partial_t(\boldsymbol{R}^{-1})$，$\partial_x\boldsymbol{R}=\partial_x(\boldsymbol{R}^{-1})$。并且，由于 $S(Z)$是 v 和 w 的偶函数，因此得出 $S(\partial_t\boldsymbol{R}\cdot\boldsymbol{Z})=S(\boldsymbol{Z})=S(\partial_x\boldsymbol{R}\cdot\boldsymbol{Z})$。剩下的问题就是检验矩阵 $\boldsymbol{M}$ 和 $\boldsymbol{K}$ 的辛性了。使用等式(3.2.5)中 $\boldsymbol{M}$ 和 $\boldsymbol{K}$ 的定义，我们发现

$$\partial_t\boldsymbol{R}\boldsymbol{M}\partial_t\boldsymbol{R}=-\boldsymbol{M},\quad \partial_x\boldsymbol{R}\boldsymbol{M}\partial_x\boldsymbol{R}=\boldsymbol{M}$$

$$\partial_t\boldsymbol{R}\boldsymbol{K}\partial_t\boldsymbol{R}=\boldsymbol{K},\quad \partial_x\boldsymbol{R}\boldsymbol{K}\partial_x\boldsymbol{R}=-\boldsymbol{K}$$

因此，$\partial_t\boldsymbol{R}$ 相对于 $\boldsymbol{K}(\boldsymbol{M})$是辛的（逆辛的），$\partial_x\boldsymbol{R}$ 相对于 $\boldsymbol{M}(\boldsymbol{K})$也是辛的（逆辛的）；由此，我们便能建立波动方程(3.1.1)的广义可逆性和广义辛性之间的联系。

作为上述定义的第二个例子，波希尼斯克(Boussinesq)方程将采用空间可逆系统进行描述。此例子中，一个辛算子是与 Z 相关的。为了描述浅水波传播规律，Whitham[6] 建立了如下方程：

$$\begin{cases}\partial_t h+u\partial_x h+h\partial_x u=0\\ \partial_t u+u\partial_x u+g\partial_x h+\dfrac{1}{3}h_0\partial_{xtt}h=0\end{cases} \tag{3.2.6}$$

其中，g 是引力常量；h_0 是深度；$u(x,t)$是局部速度；$h(x,t)$是正的标量函数。引入由方程 $u=\partial_x\phi$ 定义的速度势 ϕ。则将式(3.2.6)中的第二式积分为

$$\partial_t\phi+\frac{1}{2}u^2+gh+\frac{1}{3}h_0\partial_t\eta=R(t) \tag{3.2.7}$$

其中，$R(t)$是关于时间的函数，并且 $\eta=\partial_t h$。上述系统可以写成多辛框架下的哈密顿形式，定义

$$\boldsymbol{Z}=\begin{pmatrix}h\\u\\\eta\\\phi\end{pmatrix}\in\mathbf{R}^4,\quad \boldsymbol{M}=\begin{pmatrix}0&0&-\frac{1}{3}h_0&1\\0&0&0&0\\-\frac{1}{3}h_0&0&0&0\\-1&0&0&0\end{pmatrix},\quad \boldsymbol{K}(\boldsymbol{Z})=\begin{pmatrix}0&0&0&u\\0&0&0&h\\0&0&0&0\\-u&-h&0&0\end{pmatrix} \tag{3.2.8}$$

以及 $S(\boldsymbol{Z})=Rh-\frac{1}{2}gh^2+\frac{1}{2}hu^2-\frac{1}{6}h_0\eta^2$，则控制方程可以写成如下矩阵形式：

$$\boldsymbol{M}\partial_t\boldsymbol{Z}+\boldsymbol{K}\partial_x\boldsymbol{Z}=\nabla\boldsymbol{S}(\boldsymbol{Z}),\quad \boldsymbol{Z}\in\boldsymbol{\mathcal{U}}\subset\mathbf{R}^4 \tag{3.2.9}$$

很容易验证矩阵 $\boldsymbol{M}$ 和 $\boldsymbol{K}(Z)$ 均是反对称的(相对于 $\mathbf{R}^4$ 上的标准内积),并且存在精确的 2-形式。

引入以下分量形式描述的 $\partial_x \boldsymbol{R}$:

$$\partial_x \boldsymbol{R} = \mathrm{diag}[1, -1, 1, 1] \quad \text{和} \quad \partial_x \boldsymbol{R} \cdot \boldsymbol{Z} = (h, -u, \eta, \phi)$$

易得 $\partial_x \boldsymbol{R} = \partial_x(\boldsymbol{R}^{-1})$,并且由于 $S(\boldsymbol{Z})$ 是 u 的偶函数,所以 $S(\partial_x \boldsymbol{R} \cdot \boldsymbol{Z}) = \boldsymbol{S}(\boldsymbol{Z})$。$\partial_x \boldsymbol{R}$ 辛性需要做进一步验证。通过使用式(3.2.8)中定义的 $\boldsymbol{M}$ 和 $\boldsymbol{K}(\boldsymbol{Z})$,我们发现

$$\partial_x \boldsymbol{R} \boldsymbol{M} \partial_x \boldsymbol{R} = \boldsymbol{M} \quad \text{和} \quad \partial_x \boldsymbol{R} \boldsymbol{R}_x \boldsymbol{K}(\partial_x \boldsymbol{R} \cdot \boldsymbol{Z}) \partial_x \boldsymbol{R} = -\boldsymbol{K}(\partial_x \boldsymbol{R} \cdot \boldsymbol{Z}) \tag{3.2.10}$$

即 $\partial_x \boldsymbol{R}$ 相对于 $\boldsymbol{M}$ 是辛的,但相对于 $\boldsymbol{K}(\boldsymbol{Z})$ 是逆辛的。因此,将 $\partial_x \boldsymbol{R}$ 作用于式(3.2.9)得到

$$\partial_x \boldsymbol{R} \boldsymbol{M} \partial_t \boldsymbol{Z} + \partial_x \boldsymbol{R} \boldsymbol{K}(\boldsymbol{Z}) \partial_x \boldsymbol{Z} = \partial_x \boldsymbol{R}\, \nabla S(\boldsymbol{Z}) = \nabla S(\partial_x \boldsymbol{R} \boldsymbol{Z})$$

通过使用式(3.2.10)的结果可得

$$\boldsymbol{M} \partial_t (\partial_x \boldsymbol{R} \boldsymbol{Z}) - \boldsymbol{K}(\partial_x \boldsymbol{R} \boldsymbol{Z}) \partial_x (\partial_x \boldsymbol{R} \boldsymbol{Z}) = \nabla S(\partial_x \boldsymbol{R} \boldsymbol{Z})$$

换句话说,只要 $\boldsymbol{Z}(x,t)$ 是式(3.2.9)的一个解,$\partial_x \boldsymbol{R} \boldsymbol{Z}(-x,t)$ 便是式(3.2.9)的解。x 可逆性是波希尼斯克方程允许波的双向传播这一性质的辛描述。

3.2.2 动量与能量守恒性

当色散波系统被限制在一维上时,作用量与动量之间存在着有趣的联系,这种联系决定了动量守恒定律。

Benjamin[7] 在关于经典哈密顿结构的文章中给出了动量的性质。这里我们将比较经典理论框架下和多辛框架下的动量特性。考虑一维哈密顿系统

$$\boldsymbol{M}(Z) \partial_t Z + \boldsymbol{K}(Z) \partial_x Z = \nabla S(Z), \quad Z \in \mathcal{U} \tag{3.2.11}$$

或用经典力学形式表达为

$$\boldsymbol{M}(Z) \partial_t Z = \nabla E(Z) \overset{\text{def}}{=} \nabla S(Z) - \boldsymbol{K}(Z) \partial_x Z \tag{3.2.12}$$

式(3.2.12)中 E 的梯度是相对于 μ 上的内积定义的,该内积也包括对 x 的积分;而式(3.2.11)中 S 的梯度是由在相空间 $\mathcal{U}$ 上的内积定义的。式(3.2.11)和式(3.2.12)中的反对称矩阵 $\boldsymbol{K}(Z)$ 和 $\boldsymbol{M}(Z)$ 被认为与精确的 2-形式相关联。因此,我们可以定义以下作用量密度和作用量通量:

$$\begin{cases} A(Z) = \langle \alpha(Z), \partial_t Z \rangle \\ B(Z) = \langle \beta(Z), \partial_x Z \rangle \end{cases} \tag{3.2.13}$$

其中,$\langle \cdot, \cdot \rangle$ 是与相空间 $\mathcal{U}$ 相关的内积(即在 x 或 t 上没有积分)。由式(3.2.13)得到的辛算子如下:

$$\begin{cases} \boldsymbol{M}(Z) = D\alpha(Z)^* - D\alpha(Z) \\ \boldsymbol{K}(Z) = D\beta(Z)^* - D\beta(Z) \end{cases} \tag{3.2.14}$$

其中,$D\alpha(Z)$ 是关于 Z 的雅可比矩阵;$*$ 表示其伴随矩阵。

对于一维经典哈密顿系统,通过诺特定理,将动量定义为与系统在 x 方向[7]上的平移不变性相关的泛函,并满足

$$\boldsymbol{M}(Z) \partial_x Z = \nabla I(Z) \tag{3.2.15}$$

式(3.2.15)中的梯度 $\nabla I(Z)$ 是相对于 $\mathcal{U}$ 上的内积定义的,该内积也包括 x 上的积分。

由式(3.2.13)中作用量的定义及其与式(3.2.14)中的$\boldsymbol{M}(Z)$的关系可直接得到以下关于动量的定义。

给定一维哈密顿系统(经典或多辛结构)及其作用量密度$A(Z)=\langle\alpha(Z),\partial_t Z\rangle$,其动量密度为

$$I(Z)=\langle\alpha(Z),\partial_x Z\rangle \tag{3.2.16}$$

这是因为

$$\begin{aligned}\frac{\mathrm{d}}{\mathrm{d}\varepsilon}I(Z+\varepsilon\xi)\big|_{\varepsilon=0}&=\langle D\alpha(Z)\xi,\partial_x Z\rangle+\langle\alpha(Z),\xi_x\rangle\\&=\langle D\alpha(Z)^*\partial_x Z,\xi\rangle+\frac{\partial}{\partial x}\langle\alpha(Z),\xi\rangle-\langle D\alpha(Z)\partial_x Z,\xi\rangle\\&=\frac{\partial}{\partial x}\langle\alpha(Z),\xi\rangle+\langle\boldsymbol{M}(Z)\partial_x Z,\xi\rangle\end{aligned}$$

其中,我们使用了内积不依赖于相空间中的位置的假设。考虑在ξ上的固定端点条件,在区间$[x_1,x_2]$上对变量ξ做变分,并在该区间上积分$I(Z)$,可得到所需表达式(3.2.15)。比较式(3.2.13)和式(3.2.16),结果表明,作用量和动量密度具有相同的形式。

上述作用量和动量的定义可以用于理解动量守恒定律。考虑到$\boldsymbol{M}(Z)$的反对称性,这里我们根据多辛结构求导最为简便,相对于t的微分动量密度:

$$\begin{aligned}\partial_t I&=\langle D\alpha(Z)\partial_t Z,\partial_x Z\rangle+\langle\alpha(Z),\partial_{xt}Z\rangle\\&=\langle D\alpha(Z)^*\partial_x Z-D\alpha(Z)\partial_x Z,\partial_t Z\rangle+\frac{\partial}{\partial x}\langle\alpha(Z),\partial_t Z\rangle\\&=\langle\boldsymbol{M}(Z)\partial_x Z,\partial_t Z\rangle+\partial_x A\\&=\partial_x A-\langle\partial_x Z,\boldsymbol{M}(Z)\partial_t Z\rangle\end{aligned}$$

但由式(3.2.11)和$\boldsymbol{K}(Z)$的反对称性得到

$$\partial_t I=\partial_x A-\langle\nabla S(Z)-\boldsymbol{K}(Z)\partial_x Z,\partial_x Z\rangle=\partial_x A-\langle\nabla S(Z),\partial_x Z\rangle=\partial_x A-\partial_x S$$

因此,

$$\partial_t I+\partial_x(S-A)=0 \tag{3.2.17}$$

换句话说,力流有两个分量:一个是静态分量,用S表示;另一个是动态分量,用$-A$表示,其中A是作用量密度。对于多辛结构框架来说,将力流分解为静态和动态部分是非常有意义的,因为在一维空间中,力流的静态部分表现为广义哈密顿泛函。请注意,在更高的空间维度中,动量守恒定律是以张量形式表达的,多辛结构理论的广义哈密顿泛函不再以初等代数的形式与力流相关。

类似的结论可以应用于式(3.2.13)中作用通量的1-形式,从而对能量守恒定律进行分解。如果$B(Z)=\langle\beta(Z),\partial_x Z\rangle$是作用通量密度,则

$$F(Z)=\langle\beta(Z),\partial_t Z\rangle \tag{3.2.18}$$

是能量通量密度。为了便于验证,请注意,能量密度是将式(3.2.12)定义为$E(Z)=S(Z)-B(Z)$,所以

$$\begin{aligned}\partial_t E&=\partial_t S-\partial_t B\\&=\langle\nabla S(Z),\partial_t Z\rangle-\langle D\beta(Z)\partial_t Z,\partial_x Z\rangle-\langle\beta(Z),\partial_{xt}Z\rangle\\&=\langle\boldsymbol{K}(Z)\partial_x Z+\boldsymbol{M}(Z)\partial_t Z,\partial_t Z\rangle-\frac{\partial}{\partial x}\langle\beta(Z),\partial_t Z\rangle-\langle\boldsymbol{K}(Z)\partial_x Z,\partial_t Z\rangle\end{aligned}$$

$$= -\frac{\partial}{\partial x}\langle \beta(Z), \partial_t Z\rangle$$
$$= -\partial_x F$$

得到以下能量守恒律的分解形式：

$$\partial_t(S-B)+\partial_x F=0 \tag{3.2.19}$$

其中，B 和 F 通过式(3.2.13)和式(3.2.18)联系起来；S 是力流的静态部分。将式(3.2.17)和式(3.2.19)与式(3.2.11)整合，得到以下恒等式：

$$\partial_t S=\partial_t B-\partial_x F=\langle \boldsymbol{K}(Z)\partial_x Z, \partial_t Z\rangle \quad 和 \quad \partial_x S=\partial_x A-\partial_t I=\langle \boldsymbol{M}(Z)\partial_t Z, \partial_x Z\rangle$$

3.2.3 多辛结构与多辛守恒律

诺特理论是保守系统理论的一个重要组成部分，它将对称性和守恒律联系起来。当保守系统具有哈密顿结构时，辛算子给出了对称性与不变量或守恒量密度之间的天然映射关系[8]。然而，在经典力学中只有一个辛算子，因此没有建立辛性和守恒律的通量之间的联系。而在多辛结构框架中，这种联系是可能存在的，并且它导致了诺特理论的新的有效分解。

在最简单的情形中，有限维哈密顿系统，对称性和守恒定律之间的联系可以如下表述。假设 $U\in\mathbb{R}^{2n}$ 和

$$\boldsymbol{J}U_t=\nabla H(U) \tag{3.2.20}$$

其中，$\boldsymbol{J}$ 通常是$\mathbb{R}^{2n}$ 上的单位辛矩阵。假设存在一个作用于$\mathbb{R}^{2n}$ 上的单参数李群 $G(\varepsilon)$，它精确保持哈密顿泛函不变量。令

$$V=\frac{\mathrm{d}}{\mathrm{d}\varepsilon}[G(\varepsilon)U]\,|_{\varepsilon=0} \tag{3.2.21}$$

并且假设

$$\boldsymbol{J}V=\nabla P(U) \tag{3.2.22}$$

对于某些函数 $P(U)$，有$\partial_t p=0$。Olver[8]给出了哈密顿发展方程这一结果的数学证明。

上述结果将对称群的作用与守恒量密度联系起来，但在哈密顿方程的守恒律的情况下，它没有在对称作用量与通量之间建立联系。在表达式(3.2.22)中，正是在李群的无穷小作用辛矩阵的作用下，得到了守恒量的梯度。因此，它对通量的推广是很容易理解的：用多辛结构中反对称算子族中的每个元素作用于 V，以获得守恒律的所有分量，这就可以得到诺特理论的新分解。

令 $Z\in\mathcal{U}$，并考虑在一个多辛结构$(\mathcal{U},\omega^{(1)},\omega^{(2)},\omega^{(3)},S)$上描述的哈密顿系统

$$\boldsymbol{M}(Z)\partial_t Z+\boldsymbol{K}(Z)\partial_x Z+\boldsymbol{L}(Z)\partial_y Z=\nabla S(Z) \tag{3.2.23}$$

我们说系统(式(3.2.23))对于单参数李群 $G(\varepsilon)$的作用是等价的，当

$$\begin{cases} S(G(\varepsilon)\cdot Z)=S(Z) \\ DG(\varepsilon)^*\boldsymbol{M}(G(\varepsilon)\cdot Z)DG(\varepsilon)=\boldsymbol{M}(Z) \\ DG(\varepsilon)^*\boldsymbol{K}(G(\varepsilon)\cdot Z)DG(\varepsilon)=\boldsymbol{K}(Z) \\ DG(\varepsilon)^*\boldsymbol{L}(G(\varepsilon)\cdot Z)DG(\varepsilon)=\boldsymbol{L}(Z) \end{cases} \tag{3.2.24}$$

命题 3-1(对称性和通量)　设$(\mathcal{U},\omega^{(1)},\omega^{(2)},\omega^{(3)},S)$是关于单参数李群 $G(\varepsilon)$与生成子 V 作用的多辛结构等价的哈密顿系统。假设存在满足式(3.2.23)和泛函 $P(Z)$、$Q(Z)$和

$R(Z)$的解 $Z(x,y,t)$,使得

$$\boldsymbol{M}(Z)V=\nabla P(Z),\quad \boldsymbol{K}(Z)V=\nabla Q(Z),\quad \boldsymbol{L}(Z)V=\nabla R(Z) \tag{3.2.25}$$

然后,在式(3.2.23)的解 Z 处计算 P、Q 和 R 满足的守恒律:

$$\frac{\partial P}{\partial t}+\frac{\partial Q}{\partial x}+\frac{\partial R}{\partial y}=0$$

证明 这个结果的证明很简单。将式(3.2.24)的第一个方程对 ε 的微分假定为零就可以得到

$$\begin{aligned}
0&=\frac{\mathrm{d}}{\mathrm{d}\varepsilon}S(G(\varepsilon)\cdot Z)\mid_{\varepsilon=0}=\partial_m\langle\nabla S(Z),V\rangle\\
&=\partial_m\langle\boldsymbol{M}(Z)\partial_t Z+\boldsymbol{K}(Z)\partial_x Z+\boldsymbol{L}(Z)\partial_y Z,V\rangle\\
&=-\langle\partial_t Z,\boldsymbol{M}(Z)V\rangle-\partial_m\langle\partial_t Z,\boldsymbol{K}(Z)V\rangle-\partial_m\langle\partial_t Z,\boldsymbol{L}(Z)V\rangle\\
&=-\partial_m\langle\partial_t Z,\nabla P\rangle-\partial_m\langle\partial_x Z,\nabla Q\rangle-\partial_m\langle\partial_y Z,\nabla R\rangle\\
&=-\frac{\partial P}{\partial t}-\frac{\partial Q}{\partial x}-\frac{\partial R}{\partial y}
\end{aligned}$$

证毕。

请注意,内积不包含 x,y 或 t 上的积分,这一点非常重要,并且只使用 $\boldsymbol{M}$,$\boldsymbol{K}$,$\boldsymbol{L}$ 是反对称伴随矩阵这一抽象性质(例如,它们可以依赖于 Z)。内积是与相空间 $\boldsymbol{M}$ 及其相切空间相关联的内积。请注意,如果 P,Q 或 R 显式依赖于 x,y 或 t,则上述结果需要重新表述。

上述结果推广了经典的诺特定理,以包括通量与对称群作用量之间的关系。当证明具有平均流效应的系统的不稳定性结果时,这种联系是非常有意义的,该系统可以表征为沿一组轨道的时空漂移[9]。

水波的质量守恒定律是命题 3-1 的一个简单例子。与水波质量守恒定律对应的对称性是对在速度势的变分过程中得到的[10]。使用前述对 Z 的定义,这个对称群对 $\boldsymbol{M}$ 的作用可以表述为

$$G(\varepsilon)Z=Z+\varepsilon V\quad 和\quad \boldsymbol{V}=\begin{pmatrix}1\\0\\1\\0\\0\end{pmatrix} \tag{3.2.26}$$

其中,$\boldsymbol{V}$ 是无穷小量发生器。使用 $\boldsymbol{M}$,$\boldsymbol{K}$,$\boldsymbol{L}$ 对浅水波传播进行定义,我们发现

$$\boldsymbol{M}(Z)\boldsymbol{V}=\begin{pmatrix}0\\1\\0\\0\\0\end{pmatrix}=\nabla P\quad 和\quad P=\eta \tag{3.2.27}$$

$$\boldsymbol{K}(Z)\boldsymbol{V}=\begin{pmatrix}0\\u\\0\\1\\0\end{pmatrix}=\nabla Q\quad 和\quad Q=\int_{-\eta}^{\eta}u\,\mathrm{d}z \tag{3.2.28}$$

$$\boldsymbol{L}(Z)\boldsymbol{V}=\begin{pmatrix}0\\v\\0\\0\\1\end{pmatrix}=\nabla R \quad 和 \quad R=\int_{-\eta}^{\eta} v\,\mathrm{d}z \tag{3.2.29}$$

因此，根据命题 3-1，得出$\partial_t P+\partial_x Q+\partial_y R=0$，显然这是水波问题的质量守恒定律。易得恒等式(3.2.27)。参考文献[10]中首次提及此式，但恒等式(3.2.28)和式(3.2.29)却是新发现的规律。

3.2.4 哈密顿泛函

在经典理论中，哈密顿泛函的一个性质是，当系统自洽时，哈密尔顿泛函的值随时间不变。对于多辛结构上的哈密顿系统，即使系统是自洽的，广义哈密顿泛函在时间或空间上也不是不变量；也就是说，$S,\boldsymbol{M},\boldsymbol{K},\boldsymbol{L}$ 不显式依赖于 x,y 或 t。对于空间一维的情况，可以表示为

$$\partial_t S=\partial_m\langle\nabla S(Z),\partial_t Z\rangle=\partial_m\langle\boldsymbol{M}\partial_t Z+\boldsymbol{K}\partial_x Z,\partial_t Z\rangle=\partial_m\langle\boldsymbol{K}\partial_x Z,\partial_t Z\rangle$$

类似地，$\partial_t S=\partial_m\langle\boldsymbol{M}\partial_t Z,\partial_x Z\rangle$。

然而，由恒等式$\partial_{xt}S=\partial_{tx}S$ 可以得到下述守恒定律：

$$\frac{\partial}{\partial t}[\partial_m\langle\boldsymbol{M}\partial_t Z,\partial_x Z\rangle]+\frac{\partial}{\partial x}[\partial_m\langle\boldsymbol{K}\partial_t Z,\partial_x Z\rangle]=0$$

对于二维空间的情形，哈密顿函数满足更复杂的恒等式。首先考虑以下一般结果。

命题 3-2 设 $S(x,y,t)$是$(x,y,t)\in\mathcal{U}\subset\mathbb{R}^3$ 的二阶连续可微标量函数，并定义

$$a_1=(x,y,t)=\frac{\partial S}{\partial t},\quad a_2=(x,y,t)=\frac{\partial S}{\partial x},\quad a_3=(x,y,t)=\frac{\partial S}{\partial y} \tag{3.2.30}$$

那么控制 $\boldsymbol{a}=(a_1,a_2,a_3)$的方程是具有一般哈密顿泛函的多辛结构$(\mathbb{R}^3,\omega^{(1)},\omega^{(2)},\omega^{(3)})$上的哈密顿系统，其中 $\omega^{(1)},\omega^{(2)},\omega^{(3)}$ 定义在李代数 $SO(3)$空间上。

证明 由于 $S\in\mathcal{L}^2$，我们从式(3.2.30)中简单地通过混合微分运算得到以下恒等式：

$$\frac{\partial a_2}{\partial y}-\frac{\partial a_3}{\partial x}=0,\quad \frac{\partial a_2}{\partial t}-\frac{\partial a_1}{\partial x}=0,\quad \frac{\partial a_3}{\partial t}-\frac{\partial a_1}{\partial y}=0$$

或者

$$\boldsymbol{J}_1\partial_t\boldsymbol{a}+\boldsymbol{J}_2\partial_x\boldsymbol{a}+\boldsymbol{J}_3\partial_y\boldsymbol{a}=0 \tag{3.2.31}$$

其中，

$$\boldsymbol{J}_1=\begin{pmatrix}0&0&0\\0&0&1\\0&-1&0\end{pmatrix},\quad \boldsymbol{J}_2=\begin{pmatrix}0&0&-1\\0&0&0\\1&0&0\end{pmatrix},\quad \boldsymbol{J}_3=\begin{pmatrix}0&1&0\\-1&0&0\\0&0&0\end{pmatrix} \tag{3.2.32}$$

这两种形式的闭合性是肯定的，因为它们都是常数。李群 $SO(3)$是$\mathbb{R}^3$ 上具有单位行列式的正交矩阵群。它是一个跨度$\{\boldsymbol{J}_1,\boldsymbol{J}_2,\boldsymbol{J}_3\}$李代数群的[11]三参数群。

向量 $\boldsymbol{a}$ 在 $S(x,y,t)$的水平面的法向空间中，式(3.2.31)是 $\boldsymbol{a}$ 的输运方程。命题 3-2 表示向量恒等式，即梯度算子在旋度算子以多辛结构表示的核中。运用输运方程(3.2.31)，将命题 3-2 应用于哈密顿泛函 S 即可得到

$$a_1 = -\partial_t S = -\partial_m \langle \boldsymbol{K}\partial_x Z, \partial_t Z\rangle - \partial_m \langle \boldsymbol{L}\partial_y Z, \partial_t Z\rangle$$
$$a_2 = \partial_x S = \partial_m \langle \boldsymbol{M}\partial_t Z, \partial_x Z\rangle + \partial_m \langle \boldsymbol{L}\partial_y Z, \partial_x Z\rangle$$
$$a_3 = \partial_y S = \partial_m \langle \boldsymbol{M}\partial_t Z, \partial_y Z\rangle + \partial_m \langle \boldsymbol{K}\partial_x Z, \partial_y Z\rangle$$

由此可见,泛函 S 仅在特殊情况下在空间和时间上是不变量。S 是不变量的一个特殊情况是$\partial_t Z,\partial_x Z,\partial_y Z$ 共线(例如行波)。

为了简化讨论,考虑将系统限制在一维空间$(\mathcal{U},\omega^{(1)},\omega^{(2)},S)$上,并使用控制方程

$$\boldsymbol{M}(Z)\partial_t Z + \boldsymbol{K}(Z)\partial_x Z = \nabla S(Z) \tag{3.2.33}$$

描述系统的经典哈密顿结构,表示为$(\mathcal{U},\omega^{(1)},H)$,通过以下方式得到:

$$\boldsymbol{M}\partial_t Z = \nabla H(Z,\partial_x Z) \quad 和 \quad H(Z,\partial_x Z) = \int_{x_1}^{x_2}[S(Z) - B(Z)]\mathrm{d}x$$

这对应于时间演化方程的以更多广义坐标 $Z\in\mathcal{U}$描述的经典哈密顿结构。当 $x\in\mathbb{R}$ 时,分析这个公式的困难在于必须构造 x 上的函数空间。另一方面,空间和时间的作用可以用具有以下控制方程的系统$(\mathcal{U},\omega^{(2)},\widetilde{H})$来得到:

$$\boldsymbol{K}\partial_x Z = \nabla\widetilde{H}(Z,\partial_t Z) \quad 和 \quad \widetilde{H}(Z,\partial_t Z) = \int_{t_1}^{t_2}[S(Z) - A(Z)]\,\mathrm{d}t \tag{3.2.34}$$

在这种情况下,预先构造随时间变化的函数空间(例如周期函数),然后寻找空间“演化”方程的所有有界解。一个特例是用演化方程 $\boldsymbol{K}(Z)\partial_x Z = \nabla S(Z)$分析与时间无关的状态。

第三种可能性是考虑式(3.2.33)中相对于动坐标系静止的解。设 $\theta = x - ct$,则式(3.2.33)变为

$$(\boldsymbol{K} - c\boldsymbol{M})\partial_\theta Z = \nabla S(Z) \tag{3.2.35}$$

Benjamin[7],Baesens 和 MacKay[12],Bridges[9]研究了形式为式(3.2.34)和式(3.2.35)的空间“演化”方程的哈密顿结构。对于式(3.2.35)中的系统,泛函 S 是绝对空间(θ)上的不变量:

$$\partial_\theta S = \partial_m \langle \nabla S(Z), \partial_\theta Z\rangle = \partial_m \langle (\boldsymbol{K} - c\boldsymbol{M})\partial_\theta Z, \partial_\theta Z\rangle = 0$$

因为 $\boldsymbol{K} - c\boldsymbol{M}$ 是反对称的,在这种情况下,S 可以用系统的力流来表述。

两个空间维度的情况包含了在不同空间方向上演化的其他特殊情况。最后,我们注意到,辛算子族 $\omega^{(1)},\omega^{(2)},\cdots,\omega^{(n)}$ 是多辛结构的基础。例如,可以将 $\omega^{(1)},\omega^{(2)},\cdots,\omega^{(n)}$ 作为新的基 $\Omega^{(1)},\Omega^{(2)},\cdots,\Omega^{(n)}$ 引入非退化线性变换 $\boldsymbol{T}$。

3.2.5 多辛理论的一个更普遍的描述

以上版本的多辛理论晦涩难懂。多辛理论的一个更容易理解的叙述版本,包括多辛形式、基本的局部守恒定律(多辛守恒律、局部能量守恒律以及局部动量守恒律),见参考文献[2],[3],[13],[14]。以广义双曲正弦戈登(sinh-Gordon)方程[15]为例,本节将对这一更普遍格式进行简要回顾。

广义 sinh-Gordon 方程首先出现在两个超导体之间的约瑟夫森(Josephson)结中的通量传播[16]中,然后在微分几何、固态物理、非线性光学和金属位错等许多领域中,引起了广泛关注[17-18]。

考虑广义 sinh-Gordon 方程

$$\partial_{tt}u - a\partial_{xx}u + b\sinh(nu) = 0, \quad (n \geqslant 1) \tag{3.2.36}$$

它可以写成[1,15]典型的多辛偏微分方程形式：

$$\boldsymbol{M}\partial_t \boldsymbol{z}+\boldsymbol{K}\partial_x \boldsymbol{z}=\nabla_z S(\boldsymbol{z}),\quad \boldsymbol{z}\in \mathbf{R}^d \tag{3.2.37}$$

式(3.2.36)中，a,b 为常数，n 为正整数；式(3.2.27)中，$\boldsymbol{M},\boldsymbol{K}\in \mathbf{R}^{d\times d}$ 为反对称矩阵，$S:\mathbf{R}^d\to R$ 为光滑函数。在广义 sinh-Gordon 方程的特殊情况下，可以导出上述多辛形式(3.2.27)。

如果我们引入正则动量

$$v=\partial_t u,\quad w=\partial_x u$$

则广义 sinh-Gordon 方程(3.2.26)可以写成多辛偏微分方程：

$$\begin{cases}\partial_t v-a\partial_x w=-b\sinh(nu)\\ -\partial_t u=-v\\ a\partial_x u=aw\end{cases} \tag{3.2.38}$$

定义状态变量

$$\boldsymbol{z}=[u,v,w]^{\mathrm{T}}\in \mathbf{R}^3$$

可得反对称矩阵

$$\boldsymbol{M}=\begin{bmatrix}0&1&0\\-1&0&0\\0&0&0\end{bmatrix},\quad \boldsymbol{K}=\begin{bmatrix}0&0&-a\\0&0&0\\a&0&0\end{bmatrix}$$

以及哈密顿函数

$$S(\boldsymbol{z})=-\frac{b}{n}\cosh(nu)+\frac{1}{2}(aw^2-v^2)$$

多辛形式(3.2.37)之所以有趣，有几个原因，其中最重要的可能是多辛守恒定律(CLS)的存在。

与系统(式(3.2.37))相关的是一个变分方程，可以通过对某些基本状态 $\boldsymbol{z}(t,x)$ 进行线性化(式(3.2.37))获得

$$\boldsymbol{M}\partial_t \boldsymbol{Z}+\boldsymbol{K}\partial_x Z=S_{zz}(\boldsymbol{z})Z \tag{3.2.39}$$

取变分方程的任意两个解 U,V，我们可以得到

$$\partial_t(U^{\mathrm{T}}\boldsymbol{M}V)+\partial_x(U^{\mathrm{T}}\boldsymbol{K}V)=0 \tag{3.2.40}$$

并引入两种预辛形式：

$$\omega(U,V)=U^{\mathrm{T}}\boldsymbol{M}V,\quad k(U,V)=U^{\mathrm{T}}\boldsymbol{K}V$$

则式(3.2.40)等效于多辛守恒定律

$$\partial_t\omega+\partial_x k=0 \tag{3.2.41}$$

使用外积得到一个更抽象的表述方法：

$$\omega=\frac{1}{2}\mathrm{d}z\wedge \boldsymbol{M}\mathrm{d}z,\quad k=\frac{1}{2}\mathrm{d}z\wedge \boldsymbol{K}\mathrm{d}z$$

其中，∧是外积算子，其定义和性质如下所述。

对于向量 $\boldsymbol{a},\boldsymbol{b}: R^d\to R^m$，$\mathrm{d}\boldsymbol{a}$ 和 $\mathrm{d}\boldsymbol{b}$ 表示 m 维向量的微分形式。外积算子可以由下式定义：

$$\sum_{j=1}^{m}\mathrm{d}a_j\wedge \mathrm{d}b_j=\mathrm{d}\boldsymbol{a}\wedge \mathrm{d}\boldsymbol{b} \tag{3.2.42}$$

根据式(3.2.42)，外积算子的基本两个性质包括：

(1) 反对称性，写作

$$\mathrm{d}\boldsymbol{a}\wedge \mathrm{d}\boldsymbol{b}=-\mathrm{d}\boldsymbol{b}\wedge \mathrm{d}\boldsymbol{a} \tag{3.2.43}$$

(2) 双线性，对于 $\alpha,\beta\in R$，

$$\mathrm{d}\boldsymbol{a}\wedge(\alpha\mathrm{d}\boldsymbol{b}+\beta\mathrm{d}\boldsymbol{c})=\alpha\mathrm{d}\boldsymbol{a}\wedge\mathrm{d}\boldsymbol{b}+\beta\mathrm{d}\boldsymbol{a}\wedge\mathrm{d}\boldsymbol{c}\tag{3.2.44}$$

基于以上两个性质，我们可以得到以下的推论。

推论 3-1　对于任意实对称方阵 $\boldsymbol{A}\in\boldsymbol{R}^{m\times m}$，满足下述恒等式：

$$\mathrm{d}\boldsymbol{a}\wedge\boldsymbol{A}\mathrm{d}\boldsymbol{b}=\boldsymbol{A}^{\mathrm{T}}\mathrm{d}\boldsymbol{a}\wedge\mathrm{d}\boldsymbol{b}\tag{3.2.45}$$

证明　设 $\mathrm{d}\boldsymbol{a}=(\mathrm{d}a_1,\mathrm{d}a_2,\cdots,\mathrm{d}a_m)^{\mathrm{T}}$，$\mathrm{d}\boldsymbol{b}=(\mathrm{d}b_1,\mathrm{d}b_2,\cdots,\mathrm{d}b_m)^{\mathrm{T}}$ 和 $\boldsymbol{A}=\{A_{ij}\}$，则

$$\begin{aligned}\mathrm{d}\boldsymbol{a}\wedge\boldsymbol{A}\mathrm{d}\boldsymbol{b}&=\mathrm{d}a_1\wedge(A_{11}\mathrm{d}b_1+A_{12}\mathrm{d}b_2+\cdots+A_{1m}\mathrm{d}b_m)+\cdots+\\&\quad\mathrm{d}a_m\wedge(A_{m1}\mathrm{d}b_1+A_{m2}\mathrm{d}b_2+\cdots+A_{mm}\mathrm{d}b_m)\\&=A_{11}\mathrm{d}a_1\wedge\mathrm{d}b_1+A_{12}\mathrm{d}a_1\wedge\mathrm{d}b_2+\cdots+A_{1m}\mathrm{d}a_1\wedge\mathrm{d}b_m+\cdots+\\&\quad A_{m1}\mathrm{d}a_m\wedge\mathrm{d}b_1+A_{m2}\mathrm{d}a_m\wedge\mathrm{d}b_2+\cdots+A_{mm}\mathrm{d}a_m\wedge\mathrm{d}b_m\\&=(A_{11}\mathrm{d}a_1+A_{21}\mathrm{d}a_2+\cdots+A_{m1}\mathrm{d}a_m)\wedge\mathrm{d}b_1+\cdots+\\&\quad(A_{1m}\mathrm{d}a_1+A_{2m}\mathrm{d}a_2+\cdots+A_{mm}\mathrm{d}a_m)\wedge\mathrm{d}b_m\\&=\boldsymbol{A}^{\mathrm{T}}\mathrm{d}\boldsymbol{a}\wedge\mathrm{d}\boldsymbol{b}\end{aligned}\tag{3.2.46}$$

证毕。

这也意味着存在以下恒等式：

(1) 若 $\boldsymbol{A}+\boldsymbol{A}^{\mathrm{T}}=\boldsymbol{0}$，则

$$\mathrm{d}\boldsymbol{a}\wedge\boldsymbol{A}\mathrm{d}\boldsymbol{b}=-\boldsymbol{A}\mathrm{d}\boldsymbol{b}\wedge\mathrm{d}\boldsymbol{a}=-\mathrm{d}\boldsymbol{b}\wedge\boldsymbol{A}^{\mathrm{T}}\mathrm{d}\boldsymbol{a}=-\mathrm{d}\boldsymbol{b}\wedge(-\boldsymbol{A})\mathrm{d}\boldsymbol{a}=\mathrm{d}\boldsymbol{b}\wedge\boldsymbol{A}\mathrm{d}\boldsymbol{a}\tag{3.2.47}$$

即

$$\mathrm{d}\boldsymbol{a}\wedge\boldsymbol{A}\mathrm{d}\boldsymbol{b}=\mathrm{d}\boldsymbol{b}\wedge\boldsymbol{A}\mathrm{d}\boldsymbol{a}\tag{3.2.48}$$

(2) 若 $\boldsymbol{A}-\boldsymbol{A}^{\mathrm{T}}=\boldsymbol{0}$，则

$$\mathrm{d}\boldsymbol{a}\wedge\boldsymbol{A}\mathrm{d}\boldsymbol{b}=-\boldsymbol{A}\mathrm{d}\boldsymbol{b}\wedge\mathrm{d}\boldsymbol{a}=-\mathrm{d}\boldsymbol{b}\wedge\boldsymbol{A}^{\mathrm{T}}\mathrm{d}\boldsymbol{a}=-\mathrm{d}\boldsymbol{b}\wedge\boldsymbol{A}\mathrm{d}\boldsymbol{a}=-\mathrm{d}\boldsymbol{b}\wedge\boldsymbol{A}\mathrm{d}\boldsymbol{a}\tag{3.2.49}$$

即

$$\mathrm{d}\boldsymbol{a}\wedge\boldsymbol{A}\mathrm{d}\boldsymbol{b}=-\mathrm{d}\boldsymbol{b}\wedge\boldsymbol{A}\mathrm{d}\boldsymbol{a}\tag{3.2.50}$$

对于广义 sinh-Gordon 方程，多辛守恒定律的具体表达式为

$$\partial_t(\mathrm{d}v\wedge\mathrm{d}u)+a\partial_x(\mathrm{d}u\wedge\mathrm{d}w)=0\tag{3.2.51}$$

另一个原因是局部能量守恒律(ECL)和局部动量守恒律(MCL)的存在。根据 Bridges 的分析[1,9]，我们可以导出能量和动量的局部守恒律。利用多辛偏微分方程(3.2.37)的时间不变性，通过将等式(3.2.37)与 $\partial_t\boldsymbol{z}$ 做内积，可以导出局部能量守恒律。然后，由于 $\boldsymbol{M}$ 的反对称意味着 $\langle\partial_t\boldsymbol{z},\boldsymbol{M}\partial_t\boldsymbol{z}\rangle=0$，得

$$\langle\partial_t\boldsymbol{z},\boldsymbol{K}\partial_x\boldsymbol{z}\rangle=\langle\partial_t\boldsymbol{z},\nabla_z S(\boldsymbol{z})\rangle\tag{3.2.52}$$

同时，我们注意到

$$\langle\partial_t\boldsymbol{z},\boldsymbol{K}\partial_x\boldsymbol{z}\rangle=\frac{1}{2}\partial_t\langle\boldsymbol{z},\boldsymbol{K}\partial_x\boldsymbol{z}\rangle+\frac{1}{2}\partial_x\langle\partial_t\boldsymbol{z},\boldsymbol{K}\boldsymbol{z}\rangle,\langle\partial_t\boldsymbol{z},\nabla_z S(\boldsymbol{z})\rangle=\partial_t S(\boldsymbol{z})$$

由此得到局部能量守恒律：

$$\partial_t E+\partial_x F=0\tag{3.2.53}$$

其中，能量密度 $E=S(\boldsymbol{z})-\frac{1}{2}\langle\partial_x\boldsymbol{z},\boldsymbol{K}\boldsymbol{z}\rangle$；能量通量 $F=\frac{1}{2}\langle\boldsymbol{z},\boldsymbol{K}\partial_t\boldsymbol{z}\rangle$。

对于广义 sinh-Gordon 方程，局部能量守恒律(3.2.53)等价于

$$-b\sin(nu)\partial_t u+aw\partial_t w-v\partial_t v-a(\partial_t w\partial_x u-\partial_x w\partial_t u)=0\tag{3.2.54}$$

类似地，式(3.2.37)的空间不变性可用于获得局部动量守恒律：

$$\partial_t I + \partial_x G = 0 \tag{3.2.55}$$

其中，$I = \frac{1}{2}\langle z, M\partial_x z\rangle$；$G = S(z) - \frac{1}{2}\langle \partial_t z, Mz\rangle$。

对于广义 sinh-Gordon 方程，局部动量守恒律(3.2.55)等价于

$$-b\sin(nu)\partial_x u + aw\partial_x w - v\partial_x v - \partial_t u\partial_x v + \partial_x u\partial_t v = 0 \tag{3.2.56}$$

3.3 典型的多辛离散方法

在当前的文献中，有两种方法用于构造常微分方程的单步辛方法。第一种方法采用哈密顿观点，并将辛方法定义为其方法中的单步映射是辛的。第二种方法采用拉格朗日观点，并使用离散变分原理构造单步辛方法。本质上，这两种方法通过生成函数的思想联系在了一起。现在，当我们将常微分方程的辛积分思想扩展到偏微分方程时，可以使用类似的方法来构造多辛积分。

Marsden，Patrick 和 Shkoller[4]首次提出了用于构造多辛积分格式的方法，该方法基于变分方法。最初，它受限于只能用于一阶场论这一事实，尽管此后它已扩展到二阶场论。我们发展了一种不同的方法，它不受这种限制的影响，并且更为简单。Bridges 和 Reich[3]首次使用这种方法，并将多辛积分定义为满足离散多辛守恒定律的数值方法。

在这里和全书的其余部分中，我们使用符号 z_i^j 表示 $z(x_i, t_j)$ 的数值近似值，对于($i=0,1,2,\cdots,N$, $j=0,1,2,\cdots,M$)，其中 N 是网格点的数量，M 是时间步的数量。我们还定义了 $l/N=\Delta x = x_i - x_{i-1}$ 和 $t^e - t^0 = \Delta t = t_j - t_{j-1}$。我们只考虑均匀离散的情形，这一要求对我们后续的分析至关重要。

使用前向和后向差分，我们定义$\partial_x z$ 的离散近似和$\partial_t z$ 的离散近似为

$$\delta_x^+ z_i^j = \frac{1}{\Delta x}(z_{i+1}^j - z_i^j),\quad \delta_x^- z_i^j = \frac{1}{\Delta x}(z_i^j - z_{i-1}^j)$$

$$\delta_t^+ z_i^j = \frac{1}{\Delta t}(z_i^{j+1} - z_i^j),\quad \delta_t^- z_i^j = \frac{1}{\Delta t}(z_i^j - z_i^{j-1})$$

其中，$\delta^{\pm}$ 是为了紧凑表示前向/后向差分而引入的。此外，我们将关于 x 和 t 的二阶导数的中心差分近似定义为

$$\delta_x^2 z_i^j = \delta_x^+ \delta_x^- z_i^j = \frac{1}{\Delta x^2}(z_{i+1}^j - 2z_i^j + z_{i-1}^j)$$

$$\delta_t^2 z_i^j = \delta_t^+ \delta_t^- z_i^j = \frac{1}{\Delta t^2}(z_i^{j+1} - 2z_i^j + z_i^{j-1})$$

本节将参考 Moore 的博士论文，介绍构造多辛格式的几种典型离散化方法。

3.3.1 显式中点格式

对式(3.2.37)给出的多辛形式在空间和时间上应用显式中点离散方法：

$$M\delta_t^{1/2} z_i^j + K\delta_x^{1/2} z_i^j = \nabla_z S(z_i^j) \tag{3.3.1}$$

其中，为了便于简化符号，我们引入

$$\delta_t^{1/2}\boldsymbol{z}_i^j=\frac{1}{2}(\delta_t^+\boldsymbol{z}_i^j+\delta_t^-\boldsymbol{z}_i^j),\quad \delta_x^{1/2}\boldsymbol{z}_i^j=\frac{1}{2}(\delta_x^+\boldsymbol{z}_i^j+\delta_x^-\boldsymbol{z}_i^j)$$

将该方法视为一个几何积分格式，它具有几个特性，使其可以与欧拉和 Preissmann 格式相媲美，其中第一个特性是保持多辛守恒定律。

性质 3-3 显式中点格式(3.3.1)满足离散多辛守恒定律：

$$\delta_t^+\omega_i^j+\delta_x^+\kappa_i^j=0 \tag{3.3.2}$$

其中，$\omega_i^j=\mathrm{d}\boldsymbol{z}_i^j\wedge\boldsymbol{M}\mathrm{d}\boldsymbol{z}_i^{j-1}$，$\kappa_i^j=\mathrm{d}\boldsymbol{z}_i^j\wedge\boldsymbol{K}\mathrm{d}\boldsymbol{z}_{i-1}^j$。

证明 与式(3.3.1)相关的变分方程为

$$\boldsymbol{M}\delta_t^{1/2}\mathrm{d}\boldsymbol{z}_i^j+\boldsymbol{K}\delta_x^{1/2}\mathrm{d}\boldsymbol{z}_i^j=S_{zz}(\boldsymbol{z}_i^j)\mathrm{d}\boldsymbol{z}_i^j \tag{3.3.3}$$

将上式与 $\mathrm{d}\boldsymbol{z}_i^j$ 做外积，我们得到

$$\mathrm{d}\boldsymbol{z}_i^j\wedge\boldsymbol{M}\delta_t^{1/2}\mathrm{d}\boldsymbol{z}_i^j+\mathrm{d}\boldsymbol{z}_i^j\wedge\boldsymbol{K}\delta_x^{1/2}\mathrm{d}\boldsymbol{z}_i^j=0$$

这相当于

$$\frac{1}{\Delta t}[\mathrm{d}\boldsymbol{z}_i^j\wedge\boldsymbol{M}(\mathrm{d}\boldsymbol{z}_i^{j+1}-\mathrm{d}\boldsymbol{z}_i^{j-1})]+\frac{1}{\Delta x}[\mathrm{d}\boldsymbol{z}_i^j\wedge\boldsymbol{K}(\mathrm{d}\boldsymbol{z}_{i+1}^j-\mathrm{d}\boldsymbol{z}_{i-1}^j)]=0 \tag{3.3.4}$$

参考外积的反对称性，我们能得到

$$\begin{aligned}\mathrm{d}\boldsymbol{z}_i^j\wedge\boldsymbol{M}(\mathrm{d}\boldsymbol{z}_i^{j+1}-\mathrm{d}\boldsymbol{z}_i^{j-1})&=\mathrm{d}\boldsymbol{z}_i^j\wedge\boldsymbol{M}\mathrm{d}\boldsymbol{z}_i^{j+1}-\mathrm{d}\boldsymbol{z}_i^j\wedge\boldsymbol{M}\mathrm{d}\boldsymbol{z}_i^{j-1}\\&=\mathrm{d}\boldsymbol{z}_i^{j+1}\wedge\boldsymbol{M}\mathrm{d}\boldsymbol{z}_i^j-\mathrm{d}\boldsymbol{z}_i^j\wedge\boldsymbol{M}\mathrm{d}\boldsymbol{z}_i^{j-1}\end{aligned} \tag{3.3.5}$$

$$\begin{aligned}\mathrm{d}\boldsymbol{z}_i^j\wedge\boldsymbol{K}(\mathrm{d}\boldsymbol{z}_{i+1}^j-\mathrm{d}\boldsymbol{z}_{i-1}^j)&=\mathrm{d}\boldsymbol{z}_i^j\wedge\boldsymbol{K}\mathrm{d}\boldsymbol{z}_{i+1}^j-\mathrm{d}\boldsymbol{z}_i^j\wedge\boldsymbol{K}\mathrm{d}\boldsymbol{z}_{i-1}^j\\&=\mathrm{d}\boldsymbol{z}_{i+1}^j\wedge\boldsymbol{K}\mathrm{d}\boldsymbol{z}_i^j-\mathrm{d}\boldsymbol{z}_i^j\wedge\boldsymbol{K}\mathrm{d}\boldsymbol{z}_{i-1}^j\end{aligned} \tag{3.3.6}$$

将式(3.3.5)和式(3.3.6)代入式(3.3.4)，我们得到

$$\frac{1}{\Delta t}(\mathrm{d}\boldsymbol{z}_i^{j+1}\wedge\boldsymbol{M}\mathrm{d}\boldsymbol{z}_i^j-\mathrm{d}\boldsymbol{z}_i^j\wedge\boldsymbol{M}\mathrm{d}\boldsymbol{z}_i^{j-1})+\frac{1}{\Delta x}(\mathrm{d}\boldsymbol{z}_{i+1}^j\wedge\boldsymbol{K}\mathrm{d}\boldsymbol{z}_i^j-\mathrm{d}\boldsymbol{z}_i^j\wedge\boldsymbol{K}\mathrm{d}\boldsymbol{z}_{i-1}^j)=0 \tag{3.3.7}$$

这正是式(3.3.2)的展开形式。

这一结果导致了关于多辛积分定义的诸多问题，这些问题将在下面的章节中详细讨论。本质上，这些问题产生的原因是由格式的两步性质导致的"非紧"差异：

$$\delta_t^{1/2}\boldsymbol{z}_i^j=\frac{1}{2\Delta t}(\boldsymbol{z}_i^{j+1}-\boldsymbol{z}_i^{j-1}) \tag{3.3.8}$$

即使该方法满足离散多辛守恒定律，我们也不会将其视为多辛离散格式。但因为它确实满足离散多辛守恒定律，我们这里依然将其包含在多辛离散方法内。

此外，该方法可以通过拉格朗日方法获得。还可以证明，该方案保持了能量和动量的半离散守恒定律，这里不再给出相关证明。

命题 3-4 使用显式中点规则在空间中离散偏微分方程(3.2.37)，得到空间离散的能量守恒律：

$$\partial_t e_i+\delta_x^+f_{i-1/2}=0 \tag{3.3.9}$$

其中，

$$\begin{cases}e_i=S(\boldsymbol{z}_i)-\dfrac{1}{2}\langle\boldsymbol{z}_i,\boldsymbol{K}\delta_x^{1/2}\boldsymbol{z}_i\rangle\\ f_{i-1/2}=\dfrac{1}{4}(\langle\boldsymbol{z}_i,\boldsymbol{K}\partial_t\boldsymbol{z}_{i-1}\rangle+\langle\boldsymbol{z}_{i-1},\boldsymbol{K}\boldsymbol{z}_i^t\rangle)\end{cases} \tag{3.3.10}$$

并且用显式中点格式在时间上离散化方程(3.2.27),可得半离散动量守恒定律:

$$\partial_x g^j + \delta_t^+ h^{j-1/2} = 0 \tag{3.3.11}$$

其中,

$$\begin{cases} g^j = S(z^j) - \dfrac{1}{2}\langle \boldsymbol{z}^j, \boldsymbol{M}\delta_t^{1/2}\boldsymbol{z}^j \rangle \\ h^{j-1/2} = \dfrac{1}{4}(\langle \boldsymbol{z}^j, \boldsymbol{M}\boldsymbol{z}_x^{j-1} \rangle + \langle \boldsymbol{z}^{j-1}, \boldsymbol{M}\boldsymbol{z}_x^j \rangle) \end{cases} \tag{3.3.12}$$

3.3.2 欧拉 Box 格式

上文简要讨论了多辛偏微分方程对每个自变量 x 和 t 的辛结构。现在,当我们考虑式(3.2.27)的离散化过程时,我们使用了类似的方法,并将辛欧拉离散方法应用于每个自变量。这得到了一种一阶显式单步数值方法,我们称之为欧拉 Box 格式,该方法由以下公式表述:

$$\boldsymbol{M}_+ \delta_t^+ \boldsymbol{z}_i^j + \boldsymbol{M}_- \delta_t^- \boldsymbol{z}_i^j + \boldsymbol{K}_+ \delta_x^+ \boldsymbol{z}_i^j + \boldsymbol{K}_- \delta_x^- \boldsymbol{z}_i^j = \nabla_z S(\boldsymbol{z}_i^j) \tag{3.3.13}$$

其中,

$$\boldsymbol{M} = \boldsymbol{M}_+ + \boldsymbol{M}_-, \quad \boldsymbol{K} = \boldsymbol{K}_+ + \boldsymbol{K}_- \tag{3.3.14}$$

式中,$\boldsymbol{M}_+^{\mathrm{T}} = -\boldsymbol{M}_-$,$\boldsymbol{K}_+^{\mathrm{T}} = -\boldsymbol{K}_-$。

我们称此格式为多辛数值方法,因为它满足多辛离散守恒律,这在以下命题中得到了证明。

命题 3-5 式(3.3.13)给出的欧拉 Box 格式满足离散多辛守恒定律:

$$\delta_t^+ \omega_i^j + \delta_x^+ \kappa_i^j = 0 \tag{3.3.15}$$

其中,$\omega_i^j = \mathrm{d}\boldsymbol{z}_i^{j-1} \wedge \boldsymbol{M}_+ \mathrm{d}\boldsymbol{z}_i^j$,$\kappa_i^j = \mathrm{d}\boldsymbol{z}_{i-1}^j \wedge \boldsymbol{K}_+ \mathrm{d}\boldsymbol{z}_i^j$。

证明 考虑离散的变分方程:

$$\boldsymbol{M}_+ \delta_t^+ \mathrm{d}\boldsymbol{z}_i^j + \boldsymbol{M}_- \delta_t^- \mathrm{d}\boldsymbol{z}_i^j + \boldsymbol{K}_+ \delta_x^+ \mathrm{d}\boldsymbol{z}_i^j + \boldsymbol{K}_- \delta_x^- \mathrm{d}\boldsymbol{z}_i^j = S_{zz}(\boldsymbol{z}_i^j)\mathrm{d}\boldsymbol{z}_i^j \tag{3.3.16}$$

由于 S_{zz} 是对称的,现在将这个方程与 $\mathrm{d}\boldsymbol{z}_i^j$ 做外积,得到

$$\mathrm{d}\boldsymbol{z}_i^j \wedge S_{zz}(\boldsymbol{z}_i^j)\mathrm{d}\boldsymbol{z}_i^j = 0 \tag{3.3.17}$$

然后,对于包含 $\delta_t^{\pm}$ 的项,我们得到

$$\begin{aligned} \mathrm{d}\boldsymbol{z}_i^j \wedge \boldsymbol{M}_+ \delta_t^+ \mathrm{d}\boldsymbol{z}_i^j + \mathrm{d}\boldsymbol{z}_i^j \wedge \boldsymbol{M}_- \delta_t^- \mathrm{d}\boldsymbol{z}_i^j &= \mathrm{d}\boldsymbol{z}_i^j \wedge \boldsymbol{M}_+ \delta_t^+ \mathrm{d}\boldsymbol{z}_i^j + \delta_t^- \mathrm{d}\boldsymbol{z}_i^j \wedge \boldsymbol{M}_+ \mathrm{d}\boldsymbol{z}_i^j \\ &= \delta_t^+(\mathrm{d}\boldsymbol{z}_i^{j-1} \wedge \boldsymbol{M}_+ \mathrm{d}\boldsymbol{z}_i^j) \end{aligned} \tag{3.3.18}$$

对包含 $\delta_t^{\pm}$ 的项进行同样的处理:

$$\mathrm{d}\boldsymbol{z}_i^j \wedge \boldsymbol{K}_+ \delta_x^+ \mathrm{d}\boldsymbol{z}_i^j + \mathrm{d}\boldsymbol{z}_i^j \wedge \boldsymbol{K}_- \delta_x^- \mathrm{d}\boldsymbol{z}_i^j = \delta_x^+(\mathrm{d}\boldsymbol{z}_{i-1}^j \wedge \boldsymbol{K}_+ \mathrm{d}\boldsymbol{z}_i^j) \tag{3.3.19}$$

将式(3.3.18)和式(3.3.19)代入式(3.3.16),我们可以得到离散多辛守恒律。

现在,重要的是要了解这种方法是如何很好地保持与偏微分方程相关的其他守恒定律,即能量和动量守恒律。在某些特殊情况下,欧拉 Box 格式能保持这些守恒定律的成立,但一般情况下却不然。但是有些半离散守恒律可以得到精确保持,这对误差分析非常有用。局部能量和局部动量的半离散守恒律将在不给出任何证明的情况下给出。

命题 3-6 将空间辛欧拉离散方法应用于式(3.2.37),从而得到精确半离散能量守恒律:

$$\partial_t e_i + \delta_x^+ f_i = 0 \tag{3.3.20}$$

其中，$e_i=S(\boldsymbol{z}_i)+\langle\delta_x^-\boldsymbol{z}_i,\boldsymbol{K}_+\boldsymbol{z}_i\rangle$；$f_i=-\langle\boldsymbol{z}_{i-1}^t,\boldsymbol{K}_+\boldsymbol{z}_i\rangle$。

同样，由时间辛欧拉离散方法得到精确的半离散动量守恒律：

$$\partial_x g^j+\delta_t^+ h^j=0 \tag{3.3.21}$$

其中，$g^j=S(\boldsymbol{z}^j)+\langle\delta_t^-\boldsymbol{z}^j,\boldsymbol{M}_+\boldsymbol{z}^j\rangle$；$h^j=-\langle\partial_x\boldsymbol{z}^{j-1},\boldsymbol{M}_+\boldsymbol{z}^j\rangle$。

当然，还有许多其他的离散化方法可以得到式(3.2.37)的多辛格式，这里不一一列出，如果在我们的应用中使用了这些离散化方法，下面的章节将会详细介绍。

3.4 多辛方法在波传播问题中的应用

上文提到，本书的研究重点是几何力学的应用。本节将介绍几个使用多辛方法研究波传播问题的应用例子(需要注明的是，膜的振动也被认为是波传播问题)。

3.4.1 膜自由振动方程的多辛分析方法

膜自由振动方程是典型的二维偏微分方程。考虑膜自由振动方程[14]：

$$\partial_{tt}u-c^2(\partial_{xx}u+\partial_{yy}u)=0,\quad (x,y,t)\in u\subset R^3 \tag{3.4.1}$$

这一模型可以写成典型的多辛偏微分方程形式[1-3]：

$$\boldsymbol{M}\partial_t\boldsymbol{z}+\boldsymbol{K}_1\partial_x\boldsymbol{z}+\boldsymbol{K}_2\partial_y\boldsymbol{z}=\nabla_z S(\boldsymbol{z}),\quad \boldsymbol{z}\in R^d \tag{3.4.2}$$

其中，$\boldsymbol{M},\boldsymbol{K}_1,\boldsymbol{K}_2\in\mathbf{R}^{d\times d}$ 是反对称矩阵(可以是奇异的)；$S:R^d\to R$ 是光滑函数。对于膜自由振动方程(3.4.1)，可以得到上述多辛形式(3.4.2)。

如果我们引入正则动量

$$v=\partial_t u,\quad w=\partial_x u,\quad p=\partial_y u$$

振动方程(3.4.1)可以写成偏微分方程：

$$\begin{cases}-\partial_t v+c^2\partial_x w+c^2\partial_y p=0 & (3.4.3\text{a})\\ \partial_t u=v & (3.4.3\text{b})\\ -c^2\partial_x u=-c^2 w & (3.4.3\text{c})\\ -c^2\partial_y u=-c^2 p & (3.4.3\text{d})\end{cases}$$

如果我们定义状态变量 $\boldsymbol{z}=[u,v,w,p]^{\mathrm{T}}\in\mathbf{R}^4$，我们可以得到反对称矩阵：

$$\boldsymbol{M}=\begin{bmatrix}0&-1&0&0\\1&0&0&0\\0&0&0&0\\0&0&0&0\end{bmatrix},\quad \boldsymbol{K}_1=\begin{bmatrix}0&0&c^2&0\\0&0&0&0\\-c^2&0&0&0\\0&0&0&0\end{bmatrix},\quad \boldsymbol{K}_2=\begin{bmatrix}0&0&0&c^2\\0&0&0&0\\0&0&0&0\\-c^2&0&0&0\end{bmatrix}$$

以及哈密顿函数：

$$S(\boldsymbol{z})=\frac{1}{2}v^2-\frac{1}{2}c^2(w^2+p^2)$$

多辛形式(3.4.2)之所以有趣的几个原因中，最出彩的可能是多辛守恒定律的存在。式(3.4.2)的多辛守恒定律(CLS)为

$$\partial_t\omega+\partial_x k_1+\partial_y k_2=0 \tag{3.4.4}$$

其中，ω, k_1, k_2 用外积[1]表示为 $\omega=\frac{1}{2}\mathrm{d}z\wedge\boldsymbol{M}\mathrm{d}z$，$k_1=\frac{1}{2}\mathrm{d}z\wedge\boldsymbol{K}_1\mathrm{d}z$，$k_2=\frac{1}{2}\mathrm{d}z\wedge\boldsymbol{K}_2\mathrm{d}z$。

对于振动方程(3.4.1)，多辛守恒律的具体表达式为

$$\partial_t(\mathrm{d}v\wedge\mathrm{d}u)+c^2[\partial_x(\mathrm{d}u\wedge\mathrm{d}w)+\partial_y(\mathrm{d}u\wedge\mathrm{d}p)]=0 \tag{3.4.5}$$

另一个出彩点便是局部能量守恒律(ECL)和局部动量守恒律(MCL)的存在。式(3.4.2)的局部能量守恒律为$\partial_t e+\partial_x f_1+\partial_y f_2=0$，能量密度为 $e=S(\boldsymbol{z})-\frac{1}{2}\boldsymbol{z}^{\mathrm{T}}(\boldsymbol{K}_1\partial_x\boldsymbol{z}+\boldsymbol{K}_2\partial_y\boldsymbol{z})$，能量通量为 $f_1=\frac{1}{2}\boldsymbol{z}^{\mathrm{T}}\boldsymbol{K}_1\partial_t\boldsymbol{z}$，$f_2=\frac{1}{2}\boldsymbol{z}^{\mathrm{T}}\boldsymbol{K}_2\partial_t\boldsymbol{z}$，对于振动方程(3.4.1)，其方程为

$$\begin{aligned}&\partial_t(v^2-c^2w^2-c^2p^2-c^2u\partial_xw-c^2u\partial_yp+c^2\partial_xuw+c^2\partial_yup)+\\&c^2\partial_x(-w\partial_tu+u\partial_tw)+c^2\partial_y(-p\partial_tu+u\partial_yp)=0\end{aligned} \tag{3.4.6}$$

式(3.4.2)的局部动量守恒律为 $\sum_{i=1}^{2}\partial_t h_i+(\partial_x g+\partial_y g)=0$，其中 $h_1=\frac{1}{2}\boldsymbol{z}^{\mathrm{T}}\boldsymbol{M}\partial_x\boldsymbol{z}$，$h_2=\frac{1}{2}\boldsymbol{z}^{\mathrm{T}}\boldsymbol{M}\partial_y\boldsymbol{z}$，$g=S(\boldsymbol{z})-\frac{1}{2}\boldsymbol{z}^{\mathrm{T}}\boldsymbol{M}\partial_t\boldsymbol{z}$。对于振动方程(3.4.1)，局部动量守恒律的具体形式为

$$\partial_t[v(\partial_xu+\partial_yu)-u(\partial_xv+\partial_yv)]+(\partial_x+\partial_y)(v^2+u\partial_tv-c^2w^2-c^2p^2-v\partial_tu)=0 \tag{3.4.7}$$

考虑二维相空间上的标准哈密顿系统：

$$\frac{\mathrm{d}\boldsymbol{z}}{\mathrm{d}t}=\boldsymbol{J}\,\nabla_z H(\boldsymbol{z}) \tag{3.4.8}$$

这里，$\boldsymbol{z}$ 是状态变量，$\boldsymbol{z}=(p,q)^{\mathrm{T}}$；$\boldsymbol{J}$ 是雅可比矩阵，$\boldsymbol{J}=\begin{bmatrix}0&-1\\1&0\end{bmatrix}$；$H(\boldsymbol{z})\in C^{\infty}(R^2)$是哈密顿函数。

假设哈密顿系统(3.4.8)是可分离的，即哈密顿函数可以分离为 $H(\boldsymbol{z})=H(p,q)=U(p)+V(q)$，因此，式(3.4.8)可以写为

$$\frac{\mathrm{d}}{\mathrm{d}t}\begin{bmatrix}p\\q\end{bmatrix}=\boldsymbol{J}\begin{bmatrix}U'_p\\V'_q\end{bmatrix}=\begin{bmatrix}f(q)\\g(p)\end{bmatrix} \tag{3.4.9}$$

式(3.4.9)的 m 级显式辛格式为[19, 20]

$$\begin{cases}(P^0,Q^0)=(p^k,q^k)\\P^{i+1}=P^i+\Delta te_{i+1}f(Q^i), & i=0,1,2,\cdots,m-1\\Q^{i+1}=Q^i+\Delta td_{i+1}g(P^i), & i=0,1,2,\cdots,m-1\\(P^m,Q^m)=(p^{k+1},q^{k+1})\end{cases} \tag{3.4.10}$$

其中，Δt 是时间步长；系数 e_i, d_i 满足阶条件[21]。

该格式满足辛条件，即

$$\mathrm{d}p^{k+1}\wedge\mathrm{d}q^{k+1}=\mathrm{d}p^k\wedge\mathrm{d}q^k$$

同时，式(3.4.9)的 m 级龙格-库塔格式为

$$\begin{cases} z_{k+1} = z_k + h\sum_{i=1}^{m} b_i \boldsymbol{J}\ \nabla H(k_i) \\ k_i = z_k + h\sum_{j=1}^{m} a_{i,j}\boldsymbol{J}\ \nabla H(k_i), \quad i=1,2,\cdots,m \end{cases} \tag{3.4.11}$$

其中,h 是时间步长; 系数 b_i,$a_{i,j}$ 满足阶条件。

当且仅当格式(3.4.11)满足以下条件时,格式是保辛的:

$$b_i a_{i,j} + b_j a_{j,i} - b_i b_j = 0, \quad \forall\, i,j$$

为了使式(3.4.3)更简单,我们定义了三个额外的中间变量 $T=\partial_t v$,$Q=\partial_x w$ 和 $R=\partial_y p$。有了这些中间变量,式(3.4.3)就变为了耦合的常微分方程组:

$$\begin{cases} \dfrac{\mathrm{d}}{\mathrm{d}t}v = T, \quad \dfrac{\mathrm{d}}{\mathrm{d}t}u = v & (3.4.12\mathrm{a}) \\ \dfrac{\mathrm{d}}{\mathrm{d}x}w = Q, \quad \dfrac{\mathrm{d}}{\mathrm{d}x}u = w & (3.4.12\mathrm{b}) \\ \dfrac{\mathrm{d}}{\mathrm{d}y}p = R, \quad \dfrac{\mathrm{d}}{\mathrm{d}y}u = p & (3.4.12\mathrm{c}) \end{cases}$$

这里,式(3.4.12a)在时间方向 t 上; 式(3.4.12b)在空间方向 x 上; 式(3.4.12c)在空间方向 y 上; 中间变量 T,Q 和 R 满足以下关系:

$$T - c^2 Q - c^2 R = 0 \tag{3.4.13}$$

然后,我们使用以上辛格式离散上述三个常微分方程。将两个离散化方程联系起来的经典方法是,使用 r 级辛龙格-库塔法对式(3.4.12a)进行离散化,并分别使用显式 s 级辛格式和显式 l 级辛格式分别对式(3.4.12b)和式(3.4.12c)进行离散。将两个离散化方程联系起来,我们可以得到多辛积分格式。

假设三个方向上的离散化方程从 n 层到$(n+1)$层。Δt 是时间步长,Δx 是 x 方向步长,Δy 是 y 方向步长。

将式(3.4.11)应用于式(3.4.12a),我们可以得到

$$\begin{cases} V_{i,j}^k = v_{i,j}^n + \Delta t\sum_{m=1}^{r} a_{k,m} T_{i,j}^m, \quad k=1,2,\cdots,r \\ U_{i,j}^k = u_{i,j}^n + \Delta t\sum_{m=1}^{r} a_{k,m} V_{i,j}^m, \quad k=1,2,\cdots,r \\ v_{i,j}^{n+1} = v_{i,j}^n + \Delta t\sum_{m=1}^{r} b_m T_{i,j}^m \\ u_{i,j}^{n+1} = u_{i,j}^n + \Delta t\sum_{m=1}^{r} b_m V_{i,j}^m \end{cases} \tag{3.4.14}$$

式(3.4.14)满足离散守恒定律:

$$\frac{\mathrm{d}u_{i,j}^{n+1} \wedge \mathrm{d}v_{i,j}^{n+1} - \mathrm{d}u_{i,j}^n \wedge \mathrm{d}v_{i,j}^n}{\Delta t} = \sum_{m=1}^{r} b_m (\mathrm{d}U_{i,j}^m \wedge \mathrm{d}T_{i,j}^m) \tag{3.4.15}$$

将式(3.4.10)应用于式(3.4.12b),我们可以得到

$$\begin{cases}W_{n,j}^{k}=w_{n,j}^{k},U_{n,j}^{k}=u_{n,j}^{k}\\W_{i,j}^{k}=W_{i-1,j}^{k}+\Delta x e_{i}Q_{i-1,j}^{k}, \quad i=1,2,\cdots,s\\U_{i,j}^{k}=U_{i-1,j}^{k}+\Delta x d_{i}W_{i,j}^{k}, \quad i=1,2,\cdots,s\\w_{n+1,j}^{k}=W_{s,j}^{k},u_{n+1,j}^{k}=U_{s,j}^{k}\end{cases} \tag{3.4.16}$$

式(3.4.16)满足离散守恒定律：

$$\frac{\mathrm{d}u_{n+1,j}^{k}\wedge\mathrm{d}w_{n+1,j}^{k}-\mathrm{d}u_{n,j}^{k}\wedge\mathrm{d}w_{n,j}^{k}}{\Delta x}=\sum_{m=0}^{s-1}e_{m}(\mathrm{d}U_{m,j}^{k}\wedge\mathrm{d}Q_{m,j}^{k}) \tag{3.4.17}$$

将式(3.4.10)应用于式(3.4.12c)，我们可以得到

$$\begin{cases}P_{i,n}^{k}=p_{i,n}^{k},U_{i,n}^{k}=u_{i,n}^{k}\\P_{i,j}^{k}=W_{i,j-1}^{k}+\Delta x\hat{e}_{j}R_{i,j-1}^{k}, \quad j=1,2,\cdots,l\\U_{i,j}^{k}=U_{i,j-1}^{k}+\Delta x\hat{d}_{j}p_{i,j}^{k}, \quad j=1,2,\cdots,l\\p_{i,n+1}^{k}=p_{i,l}^{k},u_{i,n+1}^{k}=U_{i,l}^{k}\end{cases} \tag{3.4.18}$$

式(3.4.18)满足离散守恒定律：

$$\frac{\mathrm{d}u_{i,n+1}^{k}\wedge\mathrm{d}p_{i,n+1}^{k}-\mathrm{d}u_{i,n}^{k}\wedge\mathrm{d}p_{i,n}^{k}}{\Delta y}=\sum_{m=0}^{l-1}\hat{e}_{m}(\mathrm{d}U_{i,m}^{k}\wedge\mathrm{d}R_{i,m}^{k}) \tag{3.4.19}$$

在每个网格节点，中间变量满足

$$T_{i,j}^{k}-c^{2}Q_{i,j}^{k}-c^{2}R_{i,j}^{k}=0 \tag{3.4.20}$$

联立式(3.4.14)，式(3.4.16)，式(3.4.18)和式(3.4.20)，我们得到了截断误差为$O(\Delta t^{2r})+O(\Delta x^{s})+O(\Delta y^{l})$的偏微分方程(3.4.3)的一个多辛格式。我们先提出此格式为多辛格式的结论，接下来是证明过程。

与式(3.4.13)相关的离散变分方程为

$$\mathrm{d}T_{i,j}^{k}-c^{2}\mathrm{d}Q_{i,j}^{k}-c^{2}\mathrm{d}R_{i,j}^{k}=0 \tag{3.4.21}$$

联立式(3.4.15)，式(3.4.17)，式(3.4.19)和式(3.4.21)，我们可以得到

$$\begin{aligned}&\sum_{i=0}^{s-1}\sum_{j=0}^{l-1}e_{i+1}\hat{e}_{j+1}\frac{\mathrm{d}u_{i,j}^{n+1}\wedge\mathrm{d}v_{i,j}^{n+1}-\mathrm{d}u_{i,j}^{n}\wedge\mathrm{d}v_{i,j}^{n}}{\Delta t}\\&=c^{2}\sum_{k=1}^{r}\sum_{j=0}^{l-1}b_{k}\hat{e}_{j}\frac{\mathrm{d}u_{n+1,j}^{k}\wedge\mathrm{d}w_{n+1,j}^{k}-\mathrm{d}u_{n,j}^{k}\wedge\mathrm{d}w_{n,j}^{k}}{\Delta x}+\\&\quad c^{2}\sum_{i=0}^{s-1}\sum_{k=1}^{r}e_{i}b_{k}\frac{\mathrm{d}u_{i,n+1}^{k}\wedge\mathrm{d}p_{i,n+1}^{k}-\mathrm{d}u_{i,n}^{k}\wedge\mathrm{d}p_{i,n}^{k}}{\Delta y}\end{aligned} \tag{3.4.22}$$

在上面的方程中，收敛条件$\sum_{i=0}^{s-1}\sum_{j=0}^{l-1}e_{i+1}\hat{e}_{j+1}=1$可以直接从$\sum_{i=0}^{s-1}e_{i+1}=1$和$\sum_{j=0}^{l-1}\hat{e}_{j+1}=1$导出，并且以同样的方式可得到$\sum_{k=1}^{r}\sum_{j=0}^{l-1}b_{k}\hat{e}_{j+1}=1$和$\sum_{i=0}^{s-1}\sum_{k=1}^{r}e_{i+1}b_{k}=1$。所以式(3.4.22)至少对于多辛守恒律是一阶近似的。

为了深入了解所提出的多辛方法的性能，我们进行了以下数值实验。对膜的自由振动方程进行离散化处理：

$$\partial_{tt}u-c^{2}(\partial_{xx}u+\partial_{yy}u)=0$$

多辛格式中，令 $r=s=l=1$，式(3.4.12a)的离散形式和守恒律为

$$\begin{cases} v^{k+\frac{1}{2}}_{i+\frac{1}{2},j+\frac{1}{2}}=v^{k}_{i+\frac{1}{2},j+\frac{1}{2}}+\frac{1}{2}\Delta t T^{k+\frac{1}{2}}_{i+\frac{1}{2},j+\frac{1}{2}}, & u^{k+\frac{1}{2}}_{i+\frac{1}{2},j+\frac{1}{2}}=u^{k}_{i+\frac{1}{2},j+\frac{1}{2}}+\frac{1}{2}\Delta t v^{k+\frac{1}{2}}_{i+\frac{1}{2},j+\frac{1}{2}} \\ v^{k+1}_{i+\frac{1}{2},j+\frac{1}{2}}=v^{k}_{i+\frac{1}{2},j+\frac{1}{2}}+\Delta t T^{k+\frac{1}{2}}_{i+\frac{1}{2},j+\frac{1}{2}}, & u^{k+1}_{i+\frac{1}{2},j+\frac{1}{2}}=u^{k}_{i+\frac{1}{2},j+\frac{1}{2}}+\Delta t v^{k+\frac{1}{2}}_{i+\frac{1}{2},j+\frac{1}{2}} \end{cases} \tag{3.4.23}$$

$$\frac{\mathrm{d}u^{k+1}_{i+\frac{1}{2},j+\frac{1}{2}}\wedge \mathrm{d}v^{k+1}_{i+\frac{1}{2},j+\frac{1}{2}}-\mathrm{d}u^{k}_{i+\frac{1}{2},j+\frac{1}{2}}\wedge \mathrm{d}v^{k}_{i+\frac{1}{2},j+\frac{1}{2}}}{\Delta t}=\mathrm{d}U^{k+\frac{1}{2}}_{i+\frac{1}{2},j+\frac{1}{2}}\wedge \mathrm{d}T^{k+\frac{1}{2}}_{i+\frac{1}{2},j+\frac{1}{2}} \tag{3.4.24}$$

式(3.4.12b)的离散形式和守恒律为

$$w^{k}_{i+1,j}=w^{k}_{i,j}+\Delta x Q^{k}_{i,j},\quad u^{k}_{i+1,j}=u^{k}_{i,j}+\Delta x w^{k}_{i+1,j} \tag{3.4.25}$$

$$\frac{\mathrm{d}u^{k}_{i+1,j}\wedge \mathrm{d}w^{k}_{i+1,j}-\mathrm{d}u^{k}_{i,j}\wedge \mathrm{d}w^{k}_{i,j}}{\Delta x}=\mathrm{d}u^{k}_{i,j}\wedge \mathrm{d}Q^{k}_{i,j} \tag{3.4.26}$$

式(3.4.12c)的离散形式和守恒律为

$$p^{k}_{i,j+1}=p^{k}_{i,j}+\Delta y R^{k}_{i,j},\quad u^{k}_{i,j+1}=u^{k}_{i,j}+\Delta y p^{k}_{i,j+1} \tag{3.4.27}$$

$$\frac{\mathrm{d}u^{k}_{i,j+1}\wedge \mathrm{d}p^{k}_{i,j+1}-\mathrm{d}u^{k}_{i,j}\wedge \mathrm{d}p^{k}_{i,j}}{\Delta y}=\mathrm{d}u^{k}_{i,j}\wedge \mathrm{d}R^{k}_{i,j} \tag{3.4.28}$$

通过联立式(3.4.23)～式(3.4.28)消除 T,Q,R，我们获得了多辛方程(3.4.2)的等价格式：

$$\begin{cases} \frac{v^{k+1}_{i,j}-v^{k}_{i,j}}{\Delta t}-c^2\frac{w^{k}_{i+1,j}-w^{k}_{i,j}}{\Delta x}-c^2\frac{p^{k}_{i,j+1}-p^{k}_{i,j}}{\Delta y}=0 \\ \frac{u^{k+1}_{i,j}-u^{k}_{i,j}}{\Delta t}=v^{k+\frac{1}{2}}_{i,j} \\ \frac{u^{k+\frac{1}{2}}_{i+1,j}-u^{k+\frac{1}{2}}_{i,j}}{\Delta x}=w^{k+\frac{1}{2}}_{i+\frac{1}{2},j} \\ \frac{u^{k+\frac{1}{2}}_{i+\frac{1}{2},j+1}-u^{k+\frac{1}{2}}_{i+\frac{1}{2},j}}{\Delta y}=p^{k+\frac{1}{2}}_{i+\frac{1}{2},j+\frac{1}{2}} \end{cases} \tag{3.4.29}$$

其中，$u^{k+\frac{1}{2}}_{i,j}=\frac{1}{2}(u^{k+1}_{i,j}+u^{k}_{i,j})$，$u^{k+\frac{1}{2}}_{i+\frac{1}{2},j}=\frac{1}{2}(u^{k+1}_{i+\frac{1}{2},j}+u^{k}_{i+\frac{1}{2},j})=\frac{1}{4}(u^{k+1}_{i+1,j}+u^{k+1}_{i,j}+u^{k}_{i+1,j}+u^{k}_{i,j})$等。

进一步消除变量 v,w 和 p，我们得到了一个半隐式二十七点格式：

$$\delta_t^2(u^{k}_{i+\frac{1}{2},j+\frac{1}{2}}+u^{k}_{i+\frac{1}{2},j-\frac{1}{2}}+u^{k}_{i-\frac{1}{2},j+\frac{1}{2}}+u^{k}_{i-\frac{1}{2},j-\frac{1}{2}})$$
$$=\frac{1}{4}c^2\delta_x^2(u^{k-1}_{i,j}+2u^{k}_{i,j}+u^{k+1}_{i,j})+\frac{1}{4}c^2\delta_y^2(u^{k-1}_{i,j}+2u^{k}_{i,j}+u^{k+1}_{i,j}) \tag{3.4.30}$$

其中，δ^2 是二阶中心差分算子，例如，$\delta_x^2 u^{k}_{i,j}=(u^{k}_{i+1,j}-2u^{k}_{i,j}+u^{k}_{i-1,j})/\Delta x^2$

实验 1 考虑如下初始条件和边界条件：

$$u(x,y,0)=4\arctan e^{\frac{\sqrt{3}}{3}x+\frac{\sqrt{3}}{3}y},\quad u(x,y,0)\mid_t=0,\quad (x,y)\in D$$

$$u(0,y,t)=u(a,y,t)=u(x,0,t)=u(x,b,t)=0,\quad t>0,(x,y)\in D$$

假设膜的尺寸为 D：$[-40,10]\times[-10,10]$，且常数 $c=1$，我们便得到了数值解演化过程，时间步长和空间步长分别为 $\Delta t=0.01$，$\Delta x=0.2$ 和 $\Delta y=0.05$。图 3-1 和图 3-2 是 $t=1$ 和 $t=30$ 时数值解的波形图，图 3-3 给出了局部能量误差和局部动量误差的数值结果。

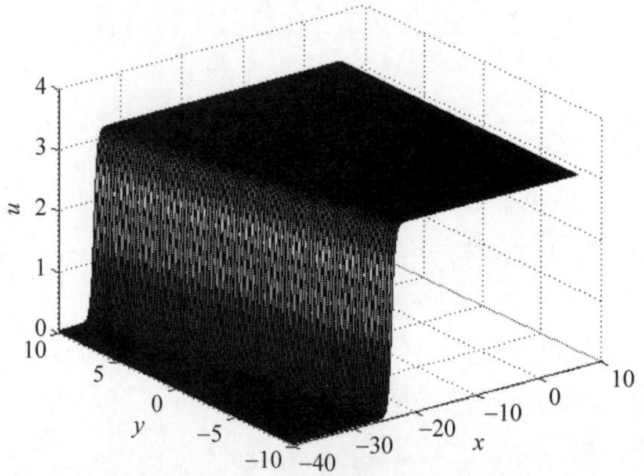

图 3-1 $t=1$ 时的数值解

（请扫Ⅰ页二维码看彩图）

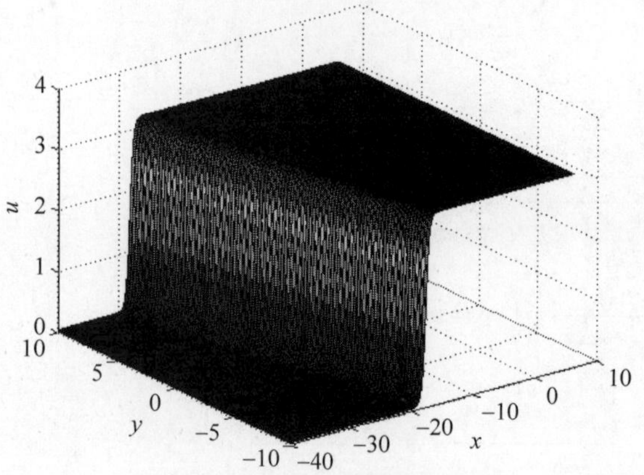

图 3-2 $t=30$ 时的数值解

（请扫Ⅰ页二维码看彩图）

实验 2 考虑如下初始条件和边界条件：

$$u(x,y,0)=4\sin e^{\frac{\sqrt{6}}{4}x+\frac{\sqrt{6}}{4}y},\quad u(x,y,0)\mid_t=0,\quad (x,y)\in D$$

$$u(0,y,t)=u(a,y,t)=u(x,0,t)=u(x,b,t)=0,\quad t>0,(x,y)\in D$$

假设膜的尺寸为 D：$[-40,10]\times[-10,10]$，且常数 $c=2$，我们获得了数值解演化过程，其中时间步长和空间步长分别为 $\Delta t=0.02$，$\Delta x=0.1$ 和 $\Delta y=0.025$。图 3-4 和图 3-5 是 $t=15$ 和 $t=45$ 时数值解的波形。图 3-6 给出了局部能量误差和局部动量误差的数值结果。

从以上结果我们可以得出结论：本节构建的多辛格式可以有效地模拟膜自由振动。此外，在模拟过程中，振动的振幅是不变的，并且在时间区间 $t\in[0,300]$内的局部能量误差和

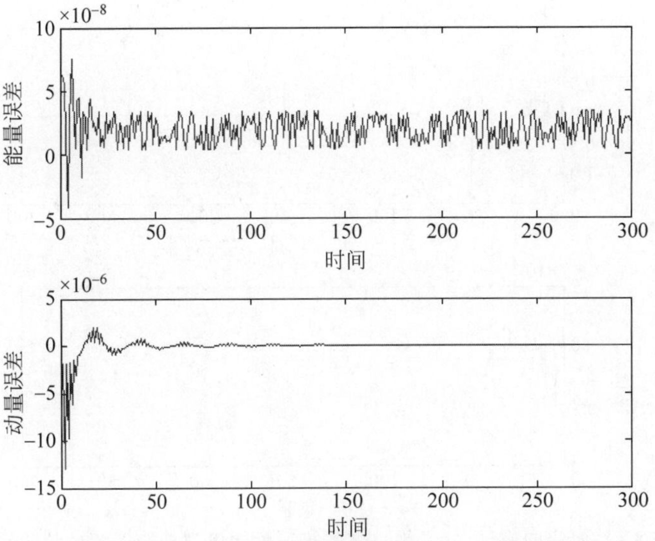

图 3-3　时间间隔[0,300]内局部能量误差和局部动量误差的数值结果

（请扫Ⅰ页二维码看彩图）

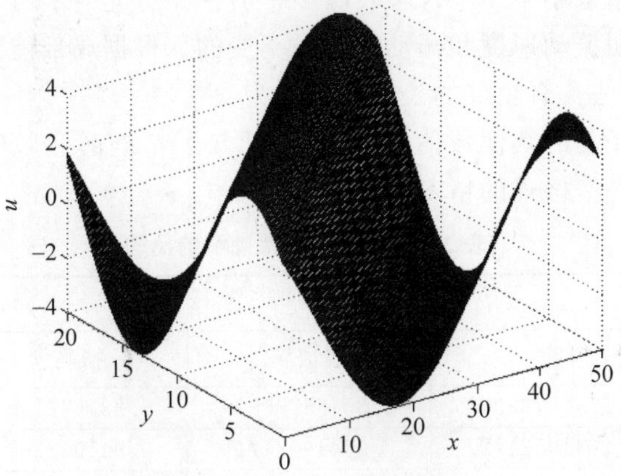

图 3-4　$t=15$ 时的数值解

（请扫Ⅰ页二维码看彩图）

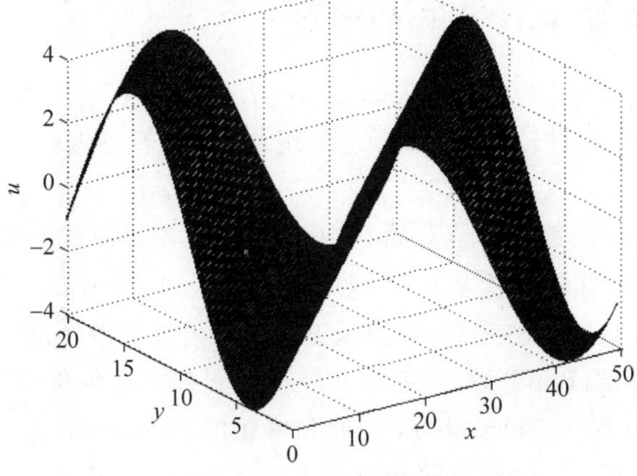

图 3-5　$t=45$ 时的数值解

（请扫Ⅰ页二维码看彩图）

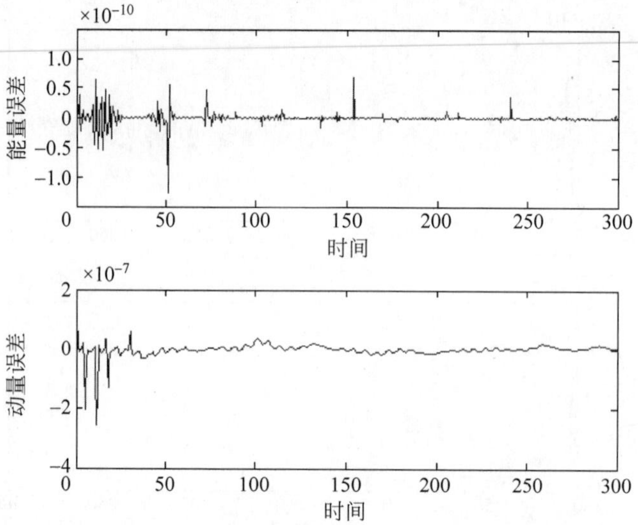

图 3-6 时间间隔[0,300]内局部能量误差和局部动量误差的数值结果

（请扫Ⅰ页二维码看彩图）

局部动量误差的数值结果小于 10^{-6}，这表明多辛方法很好地保持了系统的局部特性（能量和动量），并进一步表明振动速度和振动扩散是不变的。根据局部能量误差和局部动量误差的结果，可以得出本方法具有良好的长期数值行为。

由于缺少膜自由振动的其他数值解，我们只比较了精确解和数值解，如表 3-1 所示，从结果中我们可以看出多辛格式的精度非常高。

表 3-1 数值解与精确解的比较

节点	实验 1		实验 2	
	精确解	数值解	精确解	数值解
1	2.35166730922	2.35166730929	3.83454725051	3.83454725057
2	3.00419521737	3.00419521711	0.94100273958	−0.94100273990
3	0.27933591082	0.27933591073	1.33947050663	−1.33947050671
4	0.76060837591	0.76060837580	1.67085064007	1.67085064010

3.4.2 广义五阶 KdV 方程的多辛方法

广义五阶 KdV 方程又称为广义 Kawahara 方程，是描述等离子体波、毛细重力水波，以及当三次 KdV 型方程中的色散较弱时的其他色散现象的典型模型方程，可以用一般形式表示为

$$2\partial_t u + \alpha\partial_{xxx}u + \beta\partial_{xxxxx}u = \partial_x f(u, \partial_x u, \partial_{xx}u), \quad \beta \neq 0 \tag{3.4.31}$$

其中，$u=u(x,t)$是标量函数，α 和 β 是常实数，$f(u,\partial_x u,\partial_{xx}u)$属于光滑函数。

Kawahara[22]在 1972 年首次提出了这个方程。文中 Kawahara 指出，在 1969 年时，Kakutani 和 Ono 便建议在 KdV 方程中引入五阶项来模拟磁声波，在 1970 年，Hasimoto 表明，对于接近 1/3 的邦德(Bond)数，五阶项 $\beta\partial_{xxxxx}u$ 是模拟毛细重力波所必须的[23]。

对于五阶 KdV 方程——Kawahara 方程和修正的 Kawahara 方程这两个经典方程，近年来有大量的学者研究它们的解析解和数值方法。Bridges 和 Derks 考虑了 Kawahara 方程及其推广的孤立波状态的线性稳定性问题[23]；Abdul-Majid Wazwaz 使用正弦余弦法、

tanh 法、扩展 tanh 法和双曲函数的方法对修正的 Kawahara 方程进行分析处理[24-25]；Cui Shangbin 和 Tao Shuangpin 详细研究了 Kawahara 方程对柯西问题的可解性[26-27]；Ahmed Elgarayhi 借助符号计算系统获得了 Kawahara 方程的新的精确行波解[28]；Zhang Dan 给出了修正的 Kawahara 方程的一些双周期解[29]；Haragus，Eric Lombardi 和 Arnd Scheel 研究了 Kawahara 方程空间周期解的稳定性[30]；Zhang Yi 和 Chen Dengyuan 利用 Hirota 方法得到了五阶 KdV 方程的新的多孤波解；最近，Polat，Dogan Kaya 和 H. Ilhan Tutalar 获得了一个修正的 Kawahara 方程的解析和数值解，并分析了该方法的收敛性[31-33]。

上述的工作主要集中在求得两个典型五阶 KdV 方程（Kawahara 方程和修正的 Kawahara 方程）的解析解的方法以及稳定性，另外文献[31]～[33]中提出的数值方法更注重算法的收敛速度和精度。着眼于数值解的精度和长期数值行为，我们详细讨论了广义五阶 KdV 方程的多辛方法，这对求解数学物理中的高阶非线性方程是非常有用的。

多辛积分的概念被证明是求解一些偏微分方程系统精确、有效，并能保持长期积分稳定的一个非常稳健的理论框架，并在过去十年中得到了广泛的研究：T. J. Bridges，S. Reich 和 B. E. Moore 提出了多辛积分的概念，并将其应用于求解非线性波动方程[1-3]和非线性薛定谔方程[34]。随后，讨论了多辛格式和几个偏微分方程的守恒定律，如 KdV 方程[35]、膜自由振动方程、非线性薛定谔方程[36-43]等，以获得它们的数值解。在本节中，我们构造了具有多辛守恒定律的广义五阶 KdV 方程的多辛结构。

在许多情况下，模型方程(3.4.31)具有哈密顿结构，因此可以合理地假设函数 f 的变分导数，在这种情况下，式(3.4.31)是哈密顿系统：

$$\partial_t u = \boldsymbol{J}\partial_u H \tag{3.4.32}$$

并且，

$$H(u)=\int_R \left[\frac{1}{2}\beta(\partial_{xx}u)^2-\frac{1}{2}\alpha(\partial_x u)^2+h(u,\partial_x u,\partial_{xx}u)\right]\mathrm{d}x \tag{3.4.33}$$

其中，与 $h(u,\partial_x u,\partial_{xx}u)$ 相关的泛函的变分导数为 f，即 $f=\frac{1}{2}\int_R h(u,\partial_x u,\partial_{xx}u)\mathrm{d}x$。简单的计算表明，函数 h 必须满足形式：

$$h(p,q,s)=F(p,q)+sE(p,q) \tag{3.4.34}$$

因此函数 f 必须是下述形式：

$$\begin{aligned} f(p,q,s) &= \frac{1}{2}\int_R h(u,\partial_x u,\partial_{xx}u)\mathrm{d}x \\ &= F_p(p,q)-qF_{pq}(p,q)-sF_{qq}(p,q)+2sE_p(p,q)+qsE_{qp}(p,q)+q^2E_{pp}(p,q) \end{aligned} \tag{3.4.35}$$

为了使用函数 f 的变分条件(式(3.4.35))重新表示系统(式(3.4.31))，作为具有多辛结构的哈密顿系统，用 $\partial_x q_1=u$ 定义势函数 $q_1(x,t)$。然后引入正则动量

$$\begin{cases} \partial_x q_1=u, & p_1=\partial_t q_1-\partial_x p_2-\partial_u F-\frac{1}{\beta}(E+p_3)\partial_u E \\ \partial_x u=q_2, & p_2=-\alpha q_2-\partial_x p_3-\partial_{q_2}F-\frac{1}{\beta}(E+p_3)\partial_{q_2}E \\ & p_3=\beta\partial_x q_2-E \end{cases} \tag{3.4.36}$$

式(3.4.31)简化为

$$\partial_t u + \partial_x p_1 = 0 \tag{3.4.37}$$

联合式(3.4.36)和式(3.4.37),系统(3.4.31)可以写成多辛形式:

$$\boldsymbol{M}\partial_t \boldsymbol{z} + \boldsymbol{K}\partial_x \boldsymbol{z} = \nabla_z S(\boldsymbol{z}), \quad \boldsymbol{z} \in \mathbf{R}^6 \tag{3.4.38}$$

其中,$\boldsymbol{z}=(q_1,u,q_2,p_1,p_2,p_3)^{\mathrm{T}}$ 是状态变量;反对称矩阵为

$$\boldsymbol{M}=\begin{bmatrix}0 & -1 & 0 & 0 & 0 & 0\\ 1 & 0 & 0 & 0 & 0 & 0\\ 0 & 0 & 0 & 0 & 0 & 0\\ 0 & 0 & 0 & 0 & 0 & 0\\ 0 & 0 & 0 & 0 & 0 & 0\\ 0 & 0 & 0 & 0 & 0 & 0\end{bmatrix}, \quad \boldsymbol{K}=\begin{bmatrix}0 & 0 & 0 & -1 & 0 & 0\\ 1 & 0 & 0 & 0 & -1 & 0\\ 0 & 0 & 0 & 0 & 0 & -1\\ 1 & 0 & 0 & 0 & 0 & 0\\ 0 & 1 & 0 & 0 & 0 & 0\\ 0 & 0 & 1 & 0 & 0 & 0\end{bmatrix}$$

哈密顿函数为

$$S(\boldsymbol{z})=\frac{1}{2}\alpha q_2^2+\frac{1}{2\beta}p_3^2+p_1 u+p_2 q_2+F(u,q_2)+\frac{1}{2\beta}[2p_3+E(u,q_2)]E(u,q_2) \tag{3.4.39}$$

重新整理得到的多辛形式(3.4.38)之所以有趣,其原因之一是多辛守恒定律的存在:

$$\partial_t \omega + \partial_x \kappa = 0 \tag{3.4.40}$$

其中,$\omega=\frac{1}{2}\mathrm{d}z \wedge \boldsymbol{M}\mathrm{d}z$,$\kappa=\frac{1}{2}\mathrm{d}z \wedge \boldsymbol{K}\mathrm{d}z$。对于式(3.4.31),多辛守恒律的具体表达式为

$$\partial_t(\mathrm{d}u \wedge \mathrm{d}q_1)+\partial_x(\mathrm{d}p_1 \wedge \Lambda \mathrm{d}q_1+\mathrm{d}p_2 \wedge \mathrm{d}u+\mathrm{d}p_3 \wedge \mathrm{d}q_2)=0 \tag{3.4.41}$$

众所周知,中点规则是最简单的哈密顿常微分方程辛格式隐式离散方法,也是高斯-勒让德离散方法中的最低阶格式。因此,在本节中,使用我们从中点规则所提出的多辛 Box 格式来证明多辛方法对比其他数值方法更具优势。

首先,在 $\mathbf{R}^2$ 中划分均匀网格$\{(x_i,t_j)\}$,其中,在 t 方向上时间步长为 Δt,在 x 方向上空间步长为 Δx。点 $\boldsymbol{z}(x,t)$处的网格近似值为 $\boldsymbol{z}_i^j$。

我们分别在 t 方向和 x 方向上对半离散化方程应用隐式中点离散方法,然后将两个半离散化方程联立起来,得到以下多辛形式的离散方程(3.4.38):

$$\boldsymbol{M}[(\boldsymbol{z}_{i+1/2}^{j+1}-\boldsymbol{z}_{i+1/2}^{j})/\Delta t]+\boldsymbol{K}[(\boldsymbol{z}_{i+1}^{j+1/2}-\boldsymbol{z}_{i}^{j+1/2})/\Delta x]=\nabla_z S(\boldsymbol{z}_{i+1/2}^{j+1/2}) \tag{3.4.42}$$

其中,$\boldsymbol{z}_i^{j+1/2}=(\boldsymbol{z}_i^{j+1}+\boldsymbol{z}_i^j)/2$,$\boldsymbol{z}_{i+1/2}^j=(\boldsymbol{z}_{i+1}^j+\boldsymbol{z}_i^j)/2$,$\boldsymbol{z}_{i+1/2}^{j+1/2}=(\boldsymbol{z}_{i+1}^{j+1}+\boldsymbol{z}_{i+1}^{j}+\boldsymbol{z}_{i}^{j+1}+\boldsymbol{z}_i^j)/4$。

我们将式(3.4.42)称为多辛中心 Box 格式,是因为其满足多辛离散守恒定律:

$$(\omega_{i+1/2}^{j+1}-\omega_{i+1/2}^{j})/\Delta t+(\kappa_{i+1}^{j+1/2}-\kappa_{i}^{j+1/2})/\Delta x=0 \tag{3.4.43}$$

其中,$\omega_i^j=\langle \boldsymbol{M}U_i^j,V_i^j\rangle$,$\kappa_i^j=\langle \boldsymbol{K}U_i^j,V_i^j\rangle$,并且$\{U_i^j\}$和$\{V_i^j\}$是与式(3.4.42)相关的离散变分方程的任意两个解。

将中心 Box 格式(3.4.42)应用于多辛形式(3.4.31),并消去中间变量 q_1,q_2,p_1,p_2 和 p_3,便可以获得与多辛中心 Box 格式等价的隐式多辛格式:

$$\frac{1}{32\Delta t}(\delta_t u_{i+1}^{j+5}+\delta_t u_i^{j+5}+2\delta_t u_{i+1}^{j+4}+2\delta_t u_i^{j+4}+3\delta_t u_{i+1}^{j+3}+3\delta_t u_i^{j+3}+3\delta_t u_{i+1}^{j+2}+3\delta_t u_i^{j+2}+$$

$$2\delta_t u_{i+1}^{j+1}+2\delta_t u_i^{j+1}+\delta_t u_{i+1}^{j}+\delta_t u_i^{j})+\frac{\alpha}{8\Delta x^3}(\delta_x^3 u_{i+2}^j+2\delta_x^3 u_{i+1}^j+\delta_x^3 u_i^j)+$$

$$\frac{\beta}{2\Delta x^5}(\delta_x^5 u_{i+1}^j + \delta_x^5 u_i^j)$$

$$= \frac{1}{\Delta x}\left[\left(f_{i+\frac{1}{2}}^{j+\frac{1}{2}}\right)^2 - \left(f_{i+\frac{1}{2}}^{j+\frac{3}{2}}\right)^2 + \left(f_{i+\frac{3}{2}}^{j+\frac{1}{2}}\right)^2 - \left(f_{i+\frac{3}{2}}^{j+\frac{3}{2}}\right)^2 + \left(f_{i+\frac{5}{2}}^{j+\frac{3}{2}}\right)^2 - \left(f_{i+\frac{3}{2}}^{j+\frac{5}{2}}\right)^2 + \left(f_{i+\frac{5}{2}}^{j+\frac{5}{2}}\right)^2 - \left(f_{i+\frac{5}{2}}^{j+\frac{7}{2}}\right)^2 + \left(f_{i+\frac{7}{2}}^{j+\frac{5}{2}}\right)^2 - \left(f_{i+\frac{7}{2}}^{j+\frac{7}{2}}\right)^2\right] \tag{3.4.44}$$

其中，$f_{i+1/2}^{j+1/2} = (f_{i+1}^{j+1} + f_{i+1}^j + f_i^{j+1} + f_i^j)/4$，$\delta_t u_i^j = u_i^{j+1} - u_i^{j-1}$，$\delta_x^3 u_i^j = u_{i+1}^j - 3u_i^j + 3u_{i-1}^j - u_{i-2}^j$，$\delta_x^5 u_i^j = u_{i+2}^j - 5u_{i+1}^j + 10u_i^j - 10u_{i-1}^j + 5u_{i-2}^j - u_{i-3}^j$等。

多辛离散守恒律为

$$\frac{1}{\Delta t}\left[\mathrm{d}u_{i+\frac{1}{2}}^{j+1} \wedge \mathrm{d}(q_1)_{i+\frac{1}{2}}^{j+1} - \mathrm{d}u_{i+\frac{1}{2}}^j \wedge \mathrm{d}(q_1)_{i+\frac{1}{2}}^j\right] + \frac{1}{\Delta t}\left[(\mathrm{d}p_1)_{i+1}^{j+\frac{1}{2}} \wedge (\mathrm{d}q_1)_{i+1}^{j+\frac{1}{2}} + (\mathrm{d}p_2)_{i+1}^{j+\frac{1}{2}} \wedge \mathrm{d}u_{i+1}^{j+\frac{1}{2}} + (\mathrm{d}p_3)_{i+1}^{j+\frac{1}{2}} \wedge (\mathrm{d}q_2)_{i+1}^{j+\frac{1}{2}} - (\mathrm{d}p_1)_i^{j+\frac{1}{2}} \wedge (\mathrm{d}q_1)_i^{j+\frac{1}{2}} - (\mathrm{d}p_2)_i^{j+\frac{1}{2}} \wedge \mathrm{d}u_i^{j+\frac{1}{2}} - (\mathrm{d}p_3)_i^{j+\frac{1}{2}} \wedge (\mathrm{d}q_2)_i^{j+\frac{1}{2}}\right] = 0 \tag{3.4.45}$$

在本节中，我们采用隐式多辛方法模拟了式(3.4.31)的行波解和孤立波的长时间演化过程。

实验1　Kawahara方程行波解的数值实验

在实际应用中，式(3.4.31)中常常定义 $f(u,\partial_x u,\partial_{xx}u)=\gamma u^2$，其中 γ 是非零常数，这意味着 $h(u,\partial_x u,\partial_{xx}u)=2\gamma u\partial_x u$。由于变分导数不等于零，我们可以得到 $F(u,\partial_x u,\partial_{xx}u)=2\gamma u\partial_x u$ 和 $E(u,\partial_x u,\partial_{xx}u)=0$。因此，多辛形式(3.4.38)中哈密顿函数的具体形式为

$$S(z) = \frac{1}{2}\alpha q_2^2 + \frac{1}{2\beta}p_3^2 + p_1 u + p_2 q_2 + 2\gamma u\partial_x u \tag{3.4.46}$$

将 f 代入式(3.4.31)，我们可以得到系统(式(3.4.31))为

$$2\partial_t u + \alpha\partial_{xxx}u + \beta\partial_{xxxxx}u = 2\gamma u\partial_x u,\quad \beta \neq 0 \tag{3.4.47}$$

在实验中，我们在 $\alpha=-\beta=2$，$\gamma=-1$ 条件下，用隐式多辛格式模拟式(3.4.47)的行波解，这意味着广义五阶KdV方程(3.4.31)简化为Kawahara方程：

$$\partial_t u + u\partial_x u + \partial_{xxx}u - \partial_{xxxxx}u = 0 \tag{3.4.48}$$

当Bond数(一个与表面张力成比例的无量纲参数)几乎等于1/3时，Kawahara方程出现在一个特殊但有趣的参数体系中[33]。它是一个通用的近似方程，描述了在KdV方程中三阶导数项前面的系数变得很小的情况下长波的演化。一种典型情形是：无黏性、不可压缩流体表面上的波在自由表面上受到表面张力的作用下进行无旋运动。

根据文献[33]，Kawahara方程具有行波解

$$u_1(x,t) = -\frac{72}{169} + \frac{105}{169}\mathrm{sech}^4\left[\frac{1}{2\sqrt{13}}\left(x + \frac{36}{169}t\right)\right] \tag{3.4.49}$$

对于初始条件

$$u_1(x,0) = -\frac{72}{169} + \frac{105}{169}\mathrm{sech}^4\left(\frac{1}{2\sqrt{13}}x\right) \tag{3.4.50}$$

以及行波解

$$u_2(x,t) = -\frac{72}{169} + 420\mathrm{sech}^2\left[\frac{1}{2\sqrt{13}}\left(x + \frac{36}{169}t\right)\right] \Big/ 169\left\{1 + \mathrm{sech}^2\left[\frac{1}{2\sqrt{13}}\left(x + \frac{36}{169}t\right)\right]\right\} \tag{3.4.51}$$

对于初始条件

$$u_2(x,0)=-\frac{72}{169}+420\operatorname{sech}^2\left(\frac{1}{2\sqrt{13}}x\right)/169\left[1+\operatorname{sech}^2\left(\frac{1}{2\sqrt{13}}x\right)\right] \quad (3.4.52)$$

我们在 $t=0$ 到 $t=50$，$x\in[-20,20]$区间内，使用隐式多辛格式(3.4.44)模拟了具有相应初始条件的行波解(式(3.4.49))和(式(3.4.51))。在整个数值实验中，我们假设时间步长 $\Delta t=0.25$，空间步长 $\Delta x=0.1$。图 3-7 给出了行波解的波形发展(式(3.4.49))。对于行波解(3.4.51)，波幅约为 0.800325，波形与图 3-7 非常相似。表 3-2 和表 3-3 给出了在 $t=0$，$t=10$，$t=20$，$t=30$，$t=40$ 和 $t=50$ 的不同节点，精确解与由式(3.4.44)得到的数值解之间的误差的上确界范数为 $\|u\|_s=\sup|u_i^j-u(x_i,t_j)|$，其第一列展示了精确解和数值解之间的误差的上确界范数 $x_i=-3.0$ 和 $t_j=0$，以此类推。表 3-2 和表 3-3 中的符号 *.****** − ** 表示 *.****** $\times 10^{-**}$。

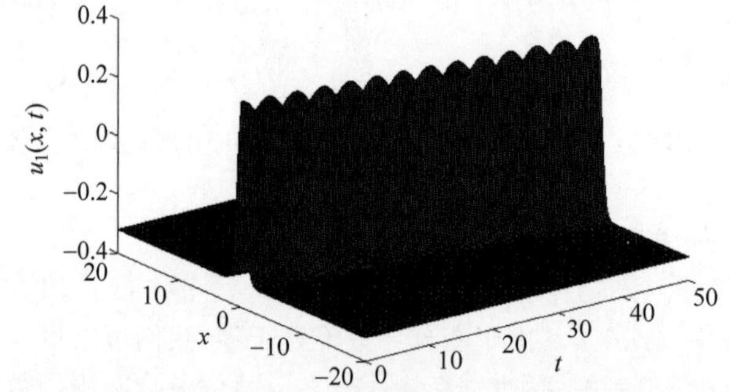

图 3-7 格式(3.4.44)给出的 $u_1(x,t)$ 波形

(请扫 I 页二维码看彩图)

表 3-2 数值解和精确解式(3.4.49)之间误差的上确界范数

$x_i\backslash t_j$	0	10	20	30	40	50
−3.0	0.000000-00	5.528835-18	0.000000-00	0.000000-00	1.190244-17	1.132239-18
−2.4	1.496677-18	0.000000-00	2.888070-19	3.897995-18	0.000000-00	0.000000-00
−1.8	4.347519-19	2.036904-18	0.000000-00	1.381265-18	0.000000-00	9.441997-19
−1.2	1.363958-17	0.000000-00	7.282829-18	0.000000-00	0.000000-00	0.000000-00
−0.6	0.000000-00	0.000000-00	2.112160-17	3.155426-19	4.620480-18	6.446789-18
0.0	0.000000-00	1.018411-19	1.022610-17	1.957384-17	4.930879-18	1.132239-18
0.6	7.933022-18	0.000000-00	0.000000-00	5.045423-18	0.000000-00	6.312796-17
1.2	0.000000-00	1.580402-18	0.000000-00	0.000000-00	0.000000-00	0.000000-00
1.8	0.000000-00	7.866191-19	4.649733-18	1.864529-18	3.210046-19	2.325211-18
2.4	4.693837-17	6.816568-17	9.678735-18	0.000000-00	1.099840-18	0.000000-00
3.0	9.035669-18	0.000000-00	1.357297-18	0.000000-00	0.000000-00	1.132239-18

表 3-3 数值解和精确解(式(3.4.51))之间误差的上确界范数

$x_i\backslash t_j$	0	10	20	30	40	50
−3.0	7.257905-17	7.143245-16	4.119083-17	0.000000-00	6.435952-17	3.309573-17
−2.4	0.000000-00	1.623562-16	1.290249-16	5.287430-17	0.000000-00	5.778573-17
−1.8	2.183185-16	6.917757-15	0.000000-00	2.193206-16	1.009115-15	4.031403-17
−1.2	1.363958-16	0.000000-00	1.190838-16	0.000000-00	1.951067-16	0.000000-00

续表

$x_i \backslash t_j$	0	10	20	30	40	50
−0.6	1.139313-16	1.254001-16	1.202457-16	2.170674-16	4.822078-17	5.689002-17
0.0	1.066768-15	1.593729-16	1.978955-16	5.918782-16	4.319184-17	2.556457-16
0.6	5.928146-17	1.440964-16	1.567172-16	1.010633-15	3.178594-16	3.774689-16
1.2	0.000000-00	5.711476-16	1.604085-16	6.144630-17	1.095003-15	2.958871-16
1.8	8.323494-17	3.998855-16	2.573042-16	5.077407-16	1.873990-17	1.475134-15
2.4	2.944108-16	6.899973-16	1.056473-15	1.692429-16	4.281832-17	2.340040-17
3.0	1.336181-16	0.000000-00	1.415141-16	5.912826-17	0.000000-00	1.184748-16

从以上结果中我们发现，波形在整个模拟过程中保持其振幅和速度不变，这意味着隐式多辛格式(3.4.44)可以完美地保持行波解的局部性质。与 Kaya[32-33] 的结果相比，上述算法的收敛速度很快，在我们的实验中，数值解和精确解之间的最小上确界误差范数限制在区间$[0,6.917757\times10^{-15}]$内，这表明隐式多辛格式(3.4.44)具有很高的精度。此外，在整个模拟过程中，精度没有降低，这意味着隐式多辛格式(3.4.44)具有良好的长期数值行为。

实验 2　修正 Kawahara 方程孤立波的数值实验。

在本节中，我们模拟了修正的 Kawahara 方程的孤立波解

$$2\partial_t u+\alpha\partial_{xxx}u+\beta\partial_{xxxxx}u=\gamma u^2\partial_x u,\quad \beta\neq 0 \tag{3.4.53}$$

其中，α,β,γ 是非零常数。该方程也称为奇摄动 KdV 方程。

根据式(3.4.53)，我们可以得到 $f(u,\partial_x u,\partial_{xx}u)=\dfrac{\gamma}{3}u^3$，这意味着 $h(u,\partial_x u,\partial_{xx}u)=\gamma u^2\partial_x u$。因为变分导数不等于零，所以我们可以得到 $F(u,\partial_x u,\partial_{xx}u)=\gamma u^2\partial_x u$，$E(u,\partial_x u,\partial_{xx}u)=0$。因此，多辛形式的哈密顿函数的具体形式(3.4.38)为

$$S(z)=\frac{1}{2}\alpha q_2^2+\frac{1}{2\beta}p_3^2+p_1 u+p_2 q_2+\gamma u^2\partial_x u \tag{3.4.54}$$

根据文献[25]，如果 $\alpha\beta<0$，则修正的 Kawahara 方程(3.4.53)具有孤立波解

$$u_3(x,t)=-\frac{3\alpha}{2\sqrt{5\beta\gamma}}\operatorname{sech}^2\left[\frac{1}{2}\sqrt{-\frac{\alpha}{10\beta}}\left(x-\frac{\alpha^2}{25}t\right)\right] \tag{3.4.55}$$

并且，

$$u_4(x,t)=\frac{3\alpha}{2\sqrt{5\beta\gamma}}\operatorname{csch}^2\left[\frac{1}{2}\sqrt{-\frac{\alpha}{10\beta}}\left(x-\frac{\alpha^2}{25}t\right)\right] \tag{3.4.56}$$

在实验中，我们假设 $\alpha=2,\beta=\gamma=-2$。我们在 $t=0$ 到 $t=50$，$x\in[-20,20]$区间上使用隐式多辛格式(3.4.44)模拟了初始条件下的孤立波解(3.4.55)：

$$u_3(x,0)=-\frac{3}{2\sqrt{5}}\operatorname{sech}^2\left(\frac{1}{2\sqrt{10}}x\right) \tag{3.4.57}$$

以及初始条件下的孤立波解(式(3.4.56))：

$$u_4(x,0)=\frac{3}{2\sqrt{5}}\operatorname{csch}^2\left(\frac{1}{2\sqrt{10}}x\right) \tag{3.4.58}$$

在整个数值实验中，我们假设时间步长 $\Delta t=0.25$，空间步长 $\Delta x=0.1$。图 3-8 和图 3-9 分别给出了孤立波解式(3.4.55)和式(3.4.56)的波形演化过程。

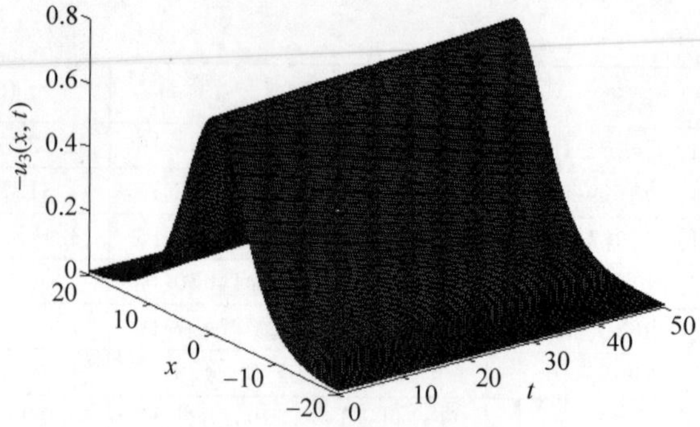

图 3-8 $-u_3(x,t)$的波形

(请扫Ⅰ页二维码看彩图)

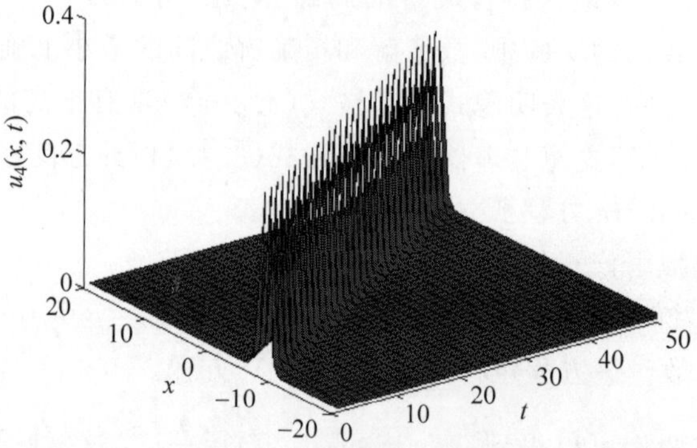

图 3-9 $u_4(x,t)$的波形

(请扫Ⅰ页二维码看彩图)

我们还发现,波形在整个模拟过程中保持其振幅和速度不变,这意味着隐式多辛格式(3.4.44)可以很好地保持孤立波解的局部性质,并具有优异的长时间数值行为。

3.4.3 广义(2+1)维 KdV-mKdV 方程的多辛方法

在过去的十年里,KdV 方程得到了广泛的研究[44-45]。X. Z. Li 和 M. L. Wang 使用子常微分方程方法找到了具有高阶非线性项的广义 KdV-mKdV 方程的精确解[46],这为广义 KdV-mKdV 方程的数值方法提供了重要的理论基础。最近,大量文献研究了(2+1)维 KdV 方程的解析解以及解之间的相互作用[47-49]。但目前文献中没有关于广义(2+1)维 KdV-mKdV 方程的数值方法的报道。

本节首先从广义(1+1)维 KdV-mKdV 方程出发,导出了具有一般解的广义(2+1)维 KdV-mKdV 方程。然后,根据 Bridges 的多辛理论,给出了广义(2+1)维 KdV-mKdV 方程的多辛形式和具有若干离散守恒律的离散形式。最后给出了数值实验结果。从结果中我们可以得出结论,多辛格式可以精确地模拟广义(2+1)维 KdV-mKdV 方程的周期波解,并近似满足守恒定律[50]。

KdV 和 mKdV 方程是最流行的孤立波方程,已被广泛研究。但在流体物理、物理和量子场论等实际问题中,KdV 和 mKdV 方程的非线性项通常同时存在,可以表示为以下所谓的广义(1+1)维 KdV-mKdV 方程[46]。

$$\partial_t u + \varepsilon \partial_{xxx} u + (\alpha + \beta u^\gamma) u^\gamma \partial_x u = 0 \tag{3.4.59}$$

其中，α,β,γ 和 ε 是任意常数。该方程描述了声波和热脉冲等波传播问题。我们首先将其推广到(2+1)维。

设 $v=v(t,x,y)$ 是参数 t 和 x 的函数，满足广义(1+1)维 KdV-mKdV 方程：

$$\partial_t v+\varepsilon\partial_{xxx}v+(\alpha+\beta v^{\gamma})v^{\gamma}\partial_x v=0 \tag{3.4.60}$$

其中，y 是任意参数。

将式(3.4.60)对 y 求偏导数，我们可以得到

$$\partial_{ty}v+\varepsilon\partial_{xxxy}v+\alpha v^{\gamma-1}(\gamma\partial_x v\partial_y v+v\partial_{xy}v)+\beta v^{2\gamma-1}(2\gamma\partial_x v\partial_y v+v\partial_{xy}v)=0 \tag{3.4.61}$$

引入势函数 $u=u(t,x,y)$ 和 $\partial_y v=\partial_x u$，方程(3.4.61)可以改写为

$$\partial_{tx}u+\varepsilon\partial_{xxxx}u+\alpha\partial_{xx}[(\partial_y^{-1}\partial_x u)^{\gamma}u]+\beta\partial_{xx}[(\partial_y^{-1}\partial_x u)^{2\gamma}u]=0 \tag{3.4.62}$$

将式(3.4.62)对变量 x 积分，并使积分常数为零，我们可以得到广义(2+1)维 KdV-mKdV 方程：

$$\begin{cases}\partial_t u+\varepsilon\partial_{xxx}u+\alpha\partial_x(v^{\gamma}u)+\beta\partial_x(v^{2\gamma}u)=0\\ \partial_y v=\partial_x u\end{cases} \tag{3.4.63}$$

如果 $\alpha=0$ 且 $\beta\neq 0$，则方程(3.4.63)退化为广义(2+1)维 mKdV 方程：

$$\begin{cases}\partial_t u+\varepsilon\partial_{xxx}u+\beta\partial_x(v^{2\gamma}u)=0\\ \partial_y v=\partial_x u\end{cases} \tag{3.4.64}$$

如果 $\alpha\neq 0$ 且 $\beta=0$，则方程(3.4.63)退化为广义(2+1)维 KdV 方程：

$$\begin{cases}\partial_t u+\varepsilon\partial_{xxx}u+\alpha\partial_x(v^{\gamma}u)=0\\ \partial_y v=\partial_x u\end{cases} \tag{3.4.65}$$

特别地，如果 $\alpha=6$ 且 $\gamma=\varepsilon=1$，则方程(3.4.65)成为众所周知的(2+1)维 KdV 方程[48]。

设 $v=\partial_x w$，式(3.4.63)转化为

$$\begin{aligned}&\partial_{ty}w+\varepsilon\partial_{xxxy}w+\alpha\gamma\partial_x(w^{\gamma-1}\partial_x w)\partial_y w+\alpha\partial_x(w^{\gamma}\partial_y w)\\&+2\beta\gamma\partial_x(w^{2\gamma-1}\partial_x w)\partial_y w+\beta\partial_x(w^{2\gamma}\partial_y w)=0\end{aligned} \tag{3.4.66}$$

根据 Weiss-Tabor-Carnevale(WTC)的思想[51]，我们将潘勒韦(Painlevé)展开在常数项处截断：

$$w=-2\varphi^{-1}\partial_x\varphi+w_1 \tag{3.4.67}$$

其中，$\varphi\equiv\varphi(x,y,t)$ 是奇异流形变量；w 和 w_1 是参数 x,y 和 t 的函数，w_1 是式(3.4.66)的解。为了简单起见，我们将特解设为

$$w=w_1(x,t) \tag{3.4.68}$$

其中，$w_1(x,t)$ 是所含变量的任意函数。将式(3.4.67)和式(3.4.68)代入式(3.4.66)，并令 φ 的相同幂次的系数等于零，我们得到

$$\begin{cases}\partial_t\varphi+\varepsilon\partial_{xxx}\varphi+\alpha\partial_x(w_1^{\gamma})\partial_x\varphi+\beta\partial_x(w_1^{2\gamma})\partial_x\varphi=0\\ \partial_{xx}\varphi\partial_{xy}\varphi=\partial_x\varphi\partial_{xxy}\varphi\end{cases} \tag{3.4.69}$$

因此，根据式(3.4.67)和式(3.4.68)，将式(3.4.66)简化为式(3.4.69)，从中我们可以得到一般解：

$$\begin{cases}\varphi(t,x,y)=f(t,x)[\alpha g^{\gamma}(y)+\beta g^{2\gamma}(y)]+h(y)\\ \partial_x w_1=\dfrac{\partial_t f+\partial_{xxx}f}{\alpha\partial_x f}+\dfrac{\partial_t f+\partial_{xxx}f}{\beta\partial_{xx}f}\end{cases}\tag{3.4.70}$$

其中，f，g 和 h 是任意函数。因此，我们得到式(3.4.63)的一般解如下：

$$\begin{cases}u=\dfrac{2\partial_x f(\alpha\gamma\partial_y g^{\gamma-1}h+2\beta\gamma\partial_y g^{2\gamma-1}h-\alpha g^{\gamma}\partial_y h-\beta g^{2\gamma}\partial_y h)}{-[f(\alpha g^{\gamma}+\beta g^{2\gamma})+h]^2}\\ v=\dfrac{2(\alpha g^{\gamma}+\beta g^{2\gamma})\{\partial_{xx}f[f(\alpha g^{\gamma}+\beta g^{2\gamma})+h]+(\partial_x f)^2(\alpha g^{\gamma}+\beta g^{2\gamma})\}}{-[f(\alpha g^{\gamma}+\beta g^{2\gamma})+h]^2}+\\ \dfrac{\partial_t f+\partial_{xxx}f}{\alpha\partial_x f}+\dfrac{\partial_t f+\partial_{xxx}f}{\beta\partial_{xx}f}\end{cases}\tag{3.4.71}$$

根据 Bridges 的多辛理论[1-3]，式(3.4.63)可以写成如下的多辛偏微分方程形式：

$$\boldsymbol{M}\partial_t \boldsymbol{z}+\boldsymbol{K}_1\partial_x \boldsymbol{z}+\boldsymbol{K}_2\partial_y \boldsymbol{z}=\nabla_z S(\boldsymbol{z}),\quad \boldsymbol{z}\in\mathbf{R}^d\tag{3.4.72}$$

其中 $\boldsymbol{M},\boldsymbol{K}_1,\boldsymbol{K}_2\in\mathbf{R}^{d\times d}$ 是反对称矩阵，$S:\mathbf{R}^d\to R$ 是光滑函数。对于广义(2+1)维 KdV-mKdV 方程，可以导出上述的多辛形式(3.4.72)。

如果我们引入正则动量 $\psi=\partial_x u=\partial_y^{-1}\left[\dfrac{\beta\gamma}{2\varepsilon}v^{2\gamma-1}u^2+\dfrac{\gamma}{2\varepsilon}(\alpha+\beta v^{\gamma})v^{\gamma-1}u^2\right]$，$\partial_x p=-\dfrac{1}{2}\partial_t u$，$\partial_x q=u$，则式(3.4.63)可以写成以下一阶偏微分方程：

$$\begin{cases}\dfrac{1}{2}\partial_t u+\partial_x p=0\\ -\dfrac{1}{2}\partial_t q-\varepsilon\partial_x\psi=-p+(\alpha+\beta v^{\gamma})v^{\gamma}u\\ \varepsilon\partial_x u-\varepsilon\partial_y v=0\\ -\partial_x q=-u\\ \varepsilon\partial_y\psi=\dfrac{\beta\gamma}{2}v^{2\gamma-1}u^2+\dfrac{\gamma}{2}(\alpha+\beta v^{\gamma})v^{\gamma-1}u^2\end{cases}\tag{3.4.73}$$

如果我们定义状态变量 $\boldsymbol{z}=[q,u,\psi,p,v]^{\mathrm{T}}\in\mathbf{R}^5$，则可以得到广义(2+1)维 KdV-mKdV 方程的具有反对称系数矩阵的标准多辛形式：

$$\boldsymbol{M}=\begin{bmatrix}0&\frac{1}{2}&0&0&0\\ -\frac{1}{2}&0&0&0&0\\ 0&0&0&0&0\\ 0&0&0&0&0\\ 0&0&0&0&0\end{bmatrix},\quad \boldsymbol{K}_1=\begin{bmatrix}0&0&0&1&0\\ 0&0&-\varepsilon&0&0\\ 0&\varepsilon&0&0&0\\ -1&0&0&0&0\\ 0&0&0&0&0\end{bmatrix},\quad \boldsymbol{K}_2=\begin{bmatrix}0&0&0&0&0\\ 0&0&0&0&0\\ 0&0&0&0&-\varepsilon\\ 0&0&0&0&0\\ 0&0&\varepsilon&0&0\end{bmatrix}$$

以及哈密顿函数 $S(\boldsymbol{z})=-up+\frac{1}{2}(\alpha+\beta v^{\gamma})v^{\gamma}u^{2}$。

重新整理的多辛形式(3.4.72)已经得到了广泛研究，最吸引人的便是其多辛守恒定律(CLS)的存在。

与系统(式(3.4.72))相关的是一个变分方程，通过对式(3.4.72)的基态 $z(t,x,y)$ 进行线性化得到

$$\boldsymbol{M}\partial_{t}Z+\boldsymbol{K}_{1}\partial_{x}Z+\boldsymbol{K}_{2}\partial_{y}Z=S_{zz}(\boldsymbol{z})Z \tag{3.4.74}$$

假设 U,V 是变分方程的任意两个解，那么我们可以得到

$$\partial_{t}(U^{\mathrm{T}}\boldsymbol{M}V)+\partial_{x}(U^{\mathrm{T}}\boldsymbol{K}_{1}V)+\partial_{y}(U^{\mathrm{T}}\boldsymbol{K}_{2}V)=0 \tag{3.4.75}$$

并引入三种预辛形式：

$$\omega(U,V)=U^{\mathrm{T}}\boldsymbol{M}V,\quad k_{1}(U,V)=U^{\mathrm{T}}\boldsymbol{K}_{1}V,\quad k_{2}(U,V)=U^{\mathrm{T}}\boldsymbol{K}_{2}V$$

则将式(3.4.75)简化为多辛守恒律：

$$\partial_{t}\omega+\partial_{x}k_{1}+\partial_{y}k_{2}=0 \tag{3.4.76}$$

使用更抽象的外积描述方式：

$$\omega=\frac{1}{2}\mathrm{d}\boldsymbol{z}\wedge\boldsymbol{M}\mathrm{d}\boldsymbol{z},\quad k_{1}=\frac{1}{2}\mathrm{d}\boldsymbol{z}\wedge\boldsymbol{K}_{1}\mathrm{d}\boldsymbol{z},\quad k_{2}=\frac{1}{2}\mathrm{d}\boldsymbol{z}\wedge\boldsymbol{K}_{2}\mathrm{d}\boldsymbol{z}$$

对于式(3.4.63)，多辛守恒律的具体表达式为

$$\frac{1}{2}\partial_{t}(\mathrm{d}q\wedge\mathrm{d}u)+\partial_{x}(\mathrm{d}q\wedge\mathrm{d}p+\varepsilon\mathrm{d}\psi\wedge\mathrm{d}u)+\varepsilon\partial_{y}(\mathrm{d}v\wedge\mathrm{d}\psi)=0 \tag{3.4.77}$$

另外，局部能量守恒律和局部动量守恒律也是多辛形式极具吸引力的原因。根据对桥梁振动问题的多辛分析[1-3]，我们可以得到能量和动量的局部守恒定律。利用多辛偏微分方程(3.4.72)的时间不变性，通过将等式(3.4.72)与 $\partial_{t}\boldsymbol{z}$ 做内积，可以导出局部能量守恒定律：

$$\langle\partial_{t}\boldsymbol{z},\boldsymbol{K}_{1}\partial_{x}\boldsymbol{z}\rangle+\langle\partial_{t}\boldsymbol{z},\boldsymbol{K}_{2}\partial_{y}\boldsymbol{z}\rangle=\langle\partial_{t}\boldsymbol{z},\nabla_{z}S(\boldsymbol{z})\rangle \tag{3.4.78}$$

因为 $\boldsymbol{M}$ 的反对称性，意味着 $\langle\partial_{t}\boldsymbol{z},\boldsymbol{M}\partial_{t}\boldsymbol{z}\rangle=0$。注意到

$$\langle\partial_{t}\boldsymbol{z},\boldsymbol{K}_{1}\partial_{x}\boldsymbol{z}\rangle=\frac{1}{2}\partial_{t}\langle\boldsymbol{z},\boldsymbol{K}_{1}\partial_{x}\boldsymbol{z}\rangle+\frac{1}{2}\partial_{x}\langle\partial_{t}\boldsymbol{z},\boldsymbol{K}_{1}\boldsymbol{z}\rangle$$

$$\langle\partial_{t}\boldsymbol{z},\boldsymbol{K}_{2}\partial_{y}\boldsymbol{z}\rangle=\frac{1}{2}\partial_{t}\langle\boldsymbol{z},\boldsymbol{K}_{2}\partial_{y}\boldsymbol{z}\rangle+\frac{1}{2}\partial_{y}\langle\partial_{t}\boldsymbol{z},\boldsymbol{K}_{2}\boldsymbol{z}\rangle$$

$$\langle\partial_{t}\boldsymbol{z},\nabla_{z}S(\boldsymbol{z})\rangle=\partial_{t}S(\boldsymbol{z})$$

我们可以得到局部能量守恒定律：

$$\partial_{t}e+\partial_{x}f_{1}+\partial_{y}f_{2}=0 \tag{3.4.79}$$

其中，能量密度 $e=S(\boldsymbol{z})-\frac{1}{2}\langle\partial_{x}\boldsymbol{z},\boldsymbol{K}_{1}\boldsymbol{z}\rangle-\frac{1}{2}\langle\partial_{y}\boldsymbol{z},\boldsymbol{K}_{2}\boldsymbol{z}\rangle$；能量通量 $f_{1}=\frac{1}{2}\langle\boldsymbol{z},\boldsymbol{K}_{1}\partial_{t}\boldsymbol{z}\rangle$ 和 $f_{2}=\frac{1}{2}\langle\boldsymbol{z},\boldsymbol{K}_{2}\partial_{t}\boldsymbol{z}\rangle$。

对于广义(2+1)维 KdV-mKdV 方程，局部能量守恒律(式(3.4.79))等价于

$$\begin{aligned}&\partial_{t}\left[S(z)-\frac{1}{2}(p\partial_{x}q+\varepsilon u\partial_{x}\psi-\varepsilon\psi\partial_{x}u-q\partial_{x}p)-\frac{1}{2}(\varepsilon\psi\partial_{y}v-\varepsilon v\partial_{y}\psi)\right]\\&\quad+\frac{1}{2}\partial_{x}(q\partial_{t}p+\varepsilon\psi\partial_{t}u-\varepsilon u\partial_{t}\psi-p\partial_{t}q)+\frac{1}{2}\partial_{y}(\varepsilon v\partial_{t}\psi-\varepsilon\psi\partial_{t}v)=0\end{aligned} \tag{3.4.80}$$

类似地，式(3.4.72)的空间不变性可用于获得局部动量守恒定律：

$$\partial_t(h_1+h_2)+\partial_x g+\partial_y g=0 \tag{3.4.81}$$

这里，$h_1=\dfrac{1}{2}\langle \boldsymbol{z},\boldsymbol{M}\partial_x\boldsymbol{z}\rangle$，$h_2=\dfrac{1}{2}\langle \boldsymbol{z},\boldsymbol{M}\partial_y\boldsymbol{z}\rangle$，$g=S(\boldsymbol{z})-\dfrac{1}{2}\langle\partial_t\boldsymbol{z},\boldsymbol{M}\boldsymbol{z}\rangle$。

对于广义(2+1)维 KdV-mKdV 方程，局部动量守恒定律(3.4.81)等价于

$$\frac{1}{4}\partial_t(-u\partial_x q+q\partial_x u-u\partial_y q+q\partial_y u)+(\partial_x+\partial_y)\left[S(\boldsymbol{z})-\frac{1}{4}(-q\partial_t u+u\partial_t q)\right]=0 \tag{3.4.82}$$

为了模拟广义(2+1)维 KdV-mKdV 方程的解，我们构造了多辛偏微分方程(3.4.73)的离散格式，该格式等价于 Preissmann 格式[35]，式(3.4.73)的 Preissmann 格式为

$$\begin{cases}\dfrac{u_{i+1}^{j+\frac{1}{2},k+\frac{1}{2}}-u_{i}^{j+\frac{1}{2},k+\frac{1}{2}}}{2\Delta t}+\dfrac{p_{i+\frac{1}{2}}^{j+1,k+\frac{1}{2}}-p_{i+\frac{1}{2}}^{j,k+\frac{1}{2}}}{\Delta x}=0\\[2ex] -\dfrac{q_{i+1}^{j+\frac{1}{2},k+\frac{1}{2}}-q_{i}^{j+\frac{1}{2},k+\frac{1}{2}}}{2\Delta t}-\varepsilon\dfrac{\psi_{i+\frac{1}{2}}^{j+1,k+\frac{1}{2}}-\psi_{i+\frac{1}{2}}^{j,k+\frac{1}{2}}}{\Delta x}=\left[-p+(\alpha+\beta v^{\gamma})v^{\gamma}u\right]_{i+\frac{1}{2}}^{j+\frac{1}{2},k+\frac{1}{2}}\\[2ex] \varepsilon\dfrac{u_{i+\frac{1}{2}}^{j+1,k+\frac{1}{2}}-u_{i+\frac{1}{2}}^{j,k+\frac{1}{2}}}{\Delta x}-\varepsilon\dfrac{v_{i+\frac{1}{2}}^{j+\frac{1}{2},k+1}-v_{i+\frac{1}{2}}^{j+\frac{1}{2},k}}{\Delta y}=0\\[2ex] -\dfrac{q_{i+\frac{1}{2}}^{j+1,k+\frac{1}{2}}-q_{i+\frac{1}{2}}^{j,k+\frac{1}{2}}}{\Delta x}=-u_{i+\frac{1}{2}}^{j+\frac{1}{2},k+\frac{1}{2}}\\[2ex] \varepsilon\dfrac{\psi_{i+\frac{1}{2}}^{j+\frac{1}{2},k+1}-\psi_{i+\frac{1}{2}}^{j+\frac{1}{2},k}}{\Delta y}=\left[\dfrac{\beta\gamma}{2}v^{2\gamma-1}u^2+\dfrac{\gamma}{2}(\alpha+\beta v^{\gamma})v^{\gamma-1}u^2\right]_{i+\frac{1}{2}}^{j+\frac{1}{2},k+\frac{1}{2}}\end{cases} \tag{3.4.83}$$

多辛守恒律(式(3.4.77))的离散格式为

$$\begin{aligned}&\frac{1}{2\Delta t}\left(\mathrm{d}q_{i+1}^{j+\frac{1}{2},k+\frac{1}{2}}\wedge\mathrm{d}u_{i+1}^{j+\frac{1}{2},k+\frac{1}{2}}-\mathrm{d}q_{i}^{j+\frac{1}{2},k+\frac{1}{2}}\wedge\mathrm{d}u_{i}^{j+\frac{1}{2},k+\frac{1}{2}}\right)\\&+\frac{1}{\Delta x}\left(\mathrm{d}q_{i+\frac{1}{2}}^{j+1,k+\frac{1}{2}}\wedge\mathrm{d}p_{i+\frac{1}{2}}^{j+1,k+\frac{1}{2}}-\mathrm{d}q_{i+\frac{1}{2}}^{j,k+\frac{1}{2}}\wedge\mathrm{d}p_{i+\frac{1}{2}}^{j,k+\frac{1}{2}}+\varepsilon\,\mathrm{d}\psi_{i+\frac{1}{2}}^{j+1,k+\frac{1}{2}}\wedge\mathrm{d}u_{i+\frac{1}{2}}^{j+1,k+\frac{1}{2}}\right.\\&\left.-\varepsilon\,\mathrm{d}\psi_{i+\frac{1}{2}}^{j,k+\frac{1}{2}}\wedge\mathrm{d}u_{i+\frac{1}{2}}^{j,k+\frac{1}{2}}\right)+\frac{\varepsilon}{\Delta y}\left(\mathrm{d}v_{i+\frac{1}{2}}^{j+\frac{1}{2},k+1}\wedge\mathrm{d}\psi_{i+\frac{1}{2}}^{j+\frac{1}{2},k+1}-\mathrm{d}v_{i+\frac{1}{2}}^{j+\frac{1}{2},k}\wedge\mathrm{d}\psi_{i+\frac{1}{2}}^{j+\frac{1}{2},k}\right)=0\end{aligned} \tag{3.4.84}$$

文献[35]中已经给出了关于 Preissmann 格式的多辛守恒定律的证明过程，因此这里我们不再给出。

以类似的方式，我们可以获得局部能量守恒定律(式(3.4.80))和局部动量守恒定律(式(3.4.82))的离散格式。

从格式(3.4.83)中消去 q，p 和 ψ，可得到等价于 Preissmann 格式(3.4.83)的半隐式多辛格式：

$$\begin{cases} \dfrac{u_{i+1}^{j+\frac{1}{2},k+\frac{1}{2}}-u_{i}^{j+\frac{1}{2},k+\frac{1}{2}}}{2\Delta t}+\dfrac{p_{i+\frac{1}{2}}^{j+1,k+\frac{1}{2}}-p_{i+\frac{1}{2}}^{j,k+\frac{1}{2}}}{\Delta x}=0 \\ -\dfrac{q_{i+1}^{j+\frac{1}{2},k+\frac{1}{2}}-q_{i}^{j+\frac{1}{2},k+\frac{1}{2}}}{2\Delta t}-\varepsilon\dfrac{\psi_{i+\frac{1}{2}}^{j+1,k+\frac{1}{2}}-\psi_{i+\frac{1}{2}}^{j,k+\frac{1}{2}}}{\Delta x}=[-p+(\alpha+\beta v^{\gamma})v^{\gamma}u]_{i+\frac{1}{2}}^{j+\frac{1}{2},k+\frac{1}{2}} \\ \varepsilon\dfrac{u_{i+\frac{1}{2}}^{j+1,k+\frac{1}{2}}-u_{i+\frac{1}{2}}^{j,k+\frac{1}{2}}}{\Delta x}-\varepsilon\dfrac{v_{i+\frac{1}{2}}^{j+\frac{1}{2},k+1}-v_{i+\frac{1}{2}}^{j+\frac{1}{2},k}}{\Delta y}=0 \\ -\dfrac{q_{i+\frac{1}{2}}^{j+1,k+\frac{1}{2}}-q_{i+\frac{1}{2}}^{j,k+\frac{1}{2}}}{\Delta x}=-u_{i+\frac{1}{2}}^{j+\frac{1}{2},k+\frac{1}{2}} \\ \varepsilon\dfrac{\psi_{i+\frac{1}{2}}^{j+\frac{1}{2},k+1}-\psi_{i+\frac{1}{2}}^{j+\frac{1}{2},k}}{\Delta y}=\left[\dfrac{\beta\gamma}{2}v^{2\gamma-1}u^{2}+\dfrac{\gamma}{2}(\alpha+\beta v^{\gamma})v^{\gamma-1}u^{2}\right]_{i+\frac{1}{2}}^{j+\frac{1}{2},k+\frac{1}{2}} \end{cases} \tag{3.4.85}$$

多辛守恒律(3.4.77)的离散格式为

$$\begin{aligned} &\frac{1}{\Delta x}(\delta_x u_{i+1}^{j+1,k+1}+\delta_x u_{i+1}^{j+1,k}+\delta_x u_{i}^{j+1,k+1}+\delta_x u_{i}^{j+1,k}-\delta_x u_{i+1}^{j,k+1}-\delta_x u_{i+1}^{j,k}-\delta_x u_{i}^{j,k+1}-\delta_x u_{i}^{j,k}) \\ =&\frac{1}{\Delta y}(\delta_y v_{i+1}^{j+1,k+1}+\delta_y v_{i}^{j+1,k+1}+\delta_y v_{i+1}^{j,k+1}+\delta_y v_{i}^{j,k+1}-\delta_y v_{i+1}^{j+1,k}-\delta_y v_{i}^{j+1,k}-\delta_y v_{i+1}^{j,k}-\delta_y v_{i}^{j,k}) \end{aligned} \tag{3.4.86}$$

其中，Δt 是时间步长；Δx 和 Δy 是空间步长；$\delta_t u_i^{j,k}=u_{i+1}^{j,k}-u_{i-1}^{j,k}$；$\delta_x^3 u_i^{j,k}=u_i^{j+1,k}-3u_i^{j,k}+3u_i^{j-1,k}-u_i^{j-2,k}$ 等。

考虑到格式(3.4.85)和格式(3.4.86)与 Preissmann 格式(3.4.83)之间的等价性，格式(3.4.85)和格式(3.4.86)自然满足离散多辛守恒定律(3.4.84)。

由于函数 f,g 和 h 的任意性，式(3.4.71)包含了各种有趣的周期解。值得注意的是，雅可比变换 $\mathrm{dn}(\xi,m)=\mathrm{cn}(\sqrt{m}\xi,m^{-1})$ 意味着由 dn 函数找到的任何解都可以转换为可由 cn 函数获得的等价解。此外，由于其他雅可比椭圆函数具有奇异性，因此在本节中，我们只对 sn 函数和 cn 函数描述的周期解进行了数值实验。同时，为了获得简单形式的周期波解，我们只对 $\alpha=\beta=3$ 和 $\varepsilon=\gamma=1$ 的(2+1)维 KdV-mKdV 方程进行了数值实验。在下列实验中，我们将时间步长和空间步长取为 $\Delta t=0.02,\Delta x=0.01,\Delta y=0.01$。

算例 1　$f=\mathrm{sn}(kx-\omega t,m_1)\equiv\mathrm{sn}\xi,g=1,h=A+\mathrm{sn}(ly,m_2)\equiv A+\mathrm{sn}\eta$。可得到周期波解

$$u=\frac{18kl\,\mathrm{cn}\xi\,\mathrm{dn}\xi(\mathrm{cn}\eta+\mathrm{cn}^2\eta)(\mathrm{dn}\eta+\mathrm{dn}^2\eta)}{(6\mathrm{sn}\xi+\mathrm{sn}\eta+A)^2} \tag{3.4.87}$$

其中，k,l,ω 和 A 是任意常数；m_1 和 m_2 是椭圆函数的模量。常数 A 必须大于 2，以保证物理场 u 没有奇点。

我们假定的模拟时长为从 $t=0$ 到 $t=40$，在参数值为 $k=l=\omega=1,A=4,m_1=0.3,m_2=0.5$ 的区域 $X\times Y\in[-10,10]\times[-10,10]$中采用多辛格式模拟周期波解(式(3.4.87))。图 3-10 给出了周期波解的演变过程。为了说明多辛方法近似地保持系统局部性质的性能，我们给出了图 3-11，以展示从 $t=0$ 到 $t=40$ 的局部能量误差和局部动量误差。

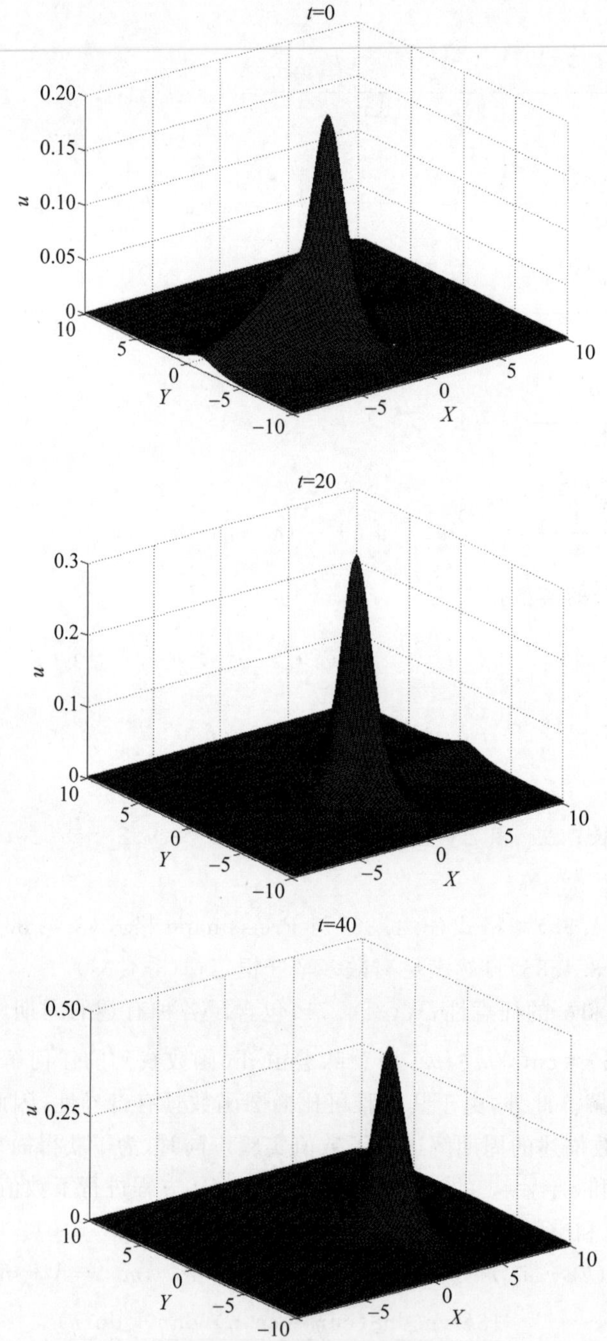

图 3-10 周期波解的演化

（请扫Ⅰ页二维码看彩图）

算例 2 $f=\mathrm{sn}(kx-\omega t,m_1)\equiv\mathrm{sn}\xi, g=1, h=A+\mathrm{cn}(ly,m_2)\equiv A+\mathrm{cn}\eta$。我们有周期波解

$$u=\frac{18kl\,\mathrm{cn}\xi\,\mathrm{dn}\xi(\mathrm{sn}\eta+\mathrm{sn}^2\eta)(\mathrm{dn}\eta+\mathrm{dn}^2\eta)}{(6\mathrm{sn}\xi+\mathrm{cn}\eta+A)^2} \tag{3.4.88}$$

其中，k,l,ω 和 A 是任意常数；m_1 和 m_2 是椭圆函数的模量；常数 A 必须大于 2。

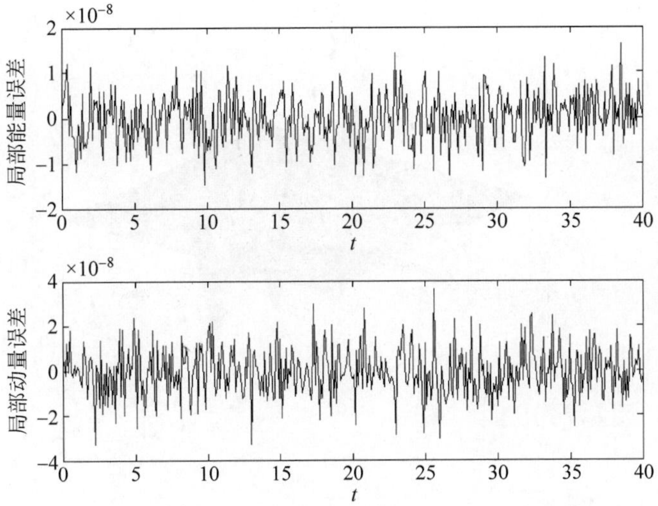

图 3-11 从 $t=0$ 到 $t=40$ 的局部能量误差和局部动量误差

设定参数值 $k=l=\omega=1, A=4, m_1=0.3, m_2=0.2$，使用多辛方法在域 $X\times Y\in[-10,10]\times[-10,10]$ 中从 $t=0$ 到 $t=40$ 模拟周期波解(式(3.4.88))。图 3-12 给出了周期波结果的演变过程。为了说明多辛方法近似地保持系统的局部性质的性能，图 3-13 展示了从 $t=0$ 到 $t=40$ 的局部能量误差和局部动量误差。

算例 3 $f=\mathrm{sn}(k_1x-\omega_1t,m_1)+\mathrm{sn}(k_2x-\omega_2t,m_2)\equiv\mathrm{sn}\xi_1+\mathrm{sn}\xi_2, g=1, h=A+\mathrm{sn}(ly,m)\equiv A+\mathrm{sn}\eta$。可得周期波解

$$u=\frac{18l(k_1\mathrm{cn}\xi_1\mathrm{dn}\xi_1+k_2\mathrm{cn}\xi_2\mathrm{dn}\xi_2)(\mathrm{cn}\eta+\mathrm{cn}^2\eta)(\mathrm{dn}\eta+\mathrm{dn}^2\eta)}{(6\mathrm{sn}\xi_1+6\mathrm{sn}\xi_2+\mathrm{sn}\eta+A)^2} \tag{3.4.89}$$

其中，$k_1,k_2,l,\omega_1,\omega_2$ 和 A 是任意常数；m,m_1 和 m_2 是椭圆函数的模量；常数 A 必须大于 2。

我们使用多辛方法模拟了从 $t=0$ 到 $t=40$ 时间区间，域 $X\times Y\in[-10,10]\times[-10,10]$ 内的周期波解(3.4.89)，参数值为 $k_1=l=\omega_1=\omega_2=1, k_2=2, A=4, m_1=0.2, m_2=0.3$ 和 $m=0.6$。图 3-14 给出了周期波解的演化过程。为了说明多辛方法近似地保持系统的局部性质的性能，图 3-15 展示了从 $t=0$ 到 $t=40$ 的局部能量误差和局部动量误差。

从周期波解的演化中，我们可以清楚地观察到波的相互作用特性：波的振幅在相互作用后发生了变化，这是周期波解不同于孤立波解的特殊现象。

上述结果表明，多辛格式可以精确地模拟广义(2+1)维 KdV-mKdV 方程的周期波解，并近似地保持周期波解的局部几何性质。

3.4.4 朗道-金兹堡-希格斯方程的多辛龙格-库塔法

本节我们将详细介绍朗道-金兹堡-希格斯(Landau-Ginzburg-Higgs)方程的多辛方法。朗道-金兹堡-希格斯方程是一个典型的非线性波动方程。本节介绍了关于朗道-金兹堡-希格斯方程的多辛形式和几个典型的守恒律。然后，利用龙格-库塔离散方法，分别在各个方向上离散偏微分方程，之后将这些多辛离散化结果联立，得到朗道-金兹堡-希格斯方程的多辛离散化方法。最后，给出了方程孤立波解的数值实验，其结果验证了多辛格式的有效性[52]。

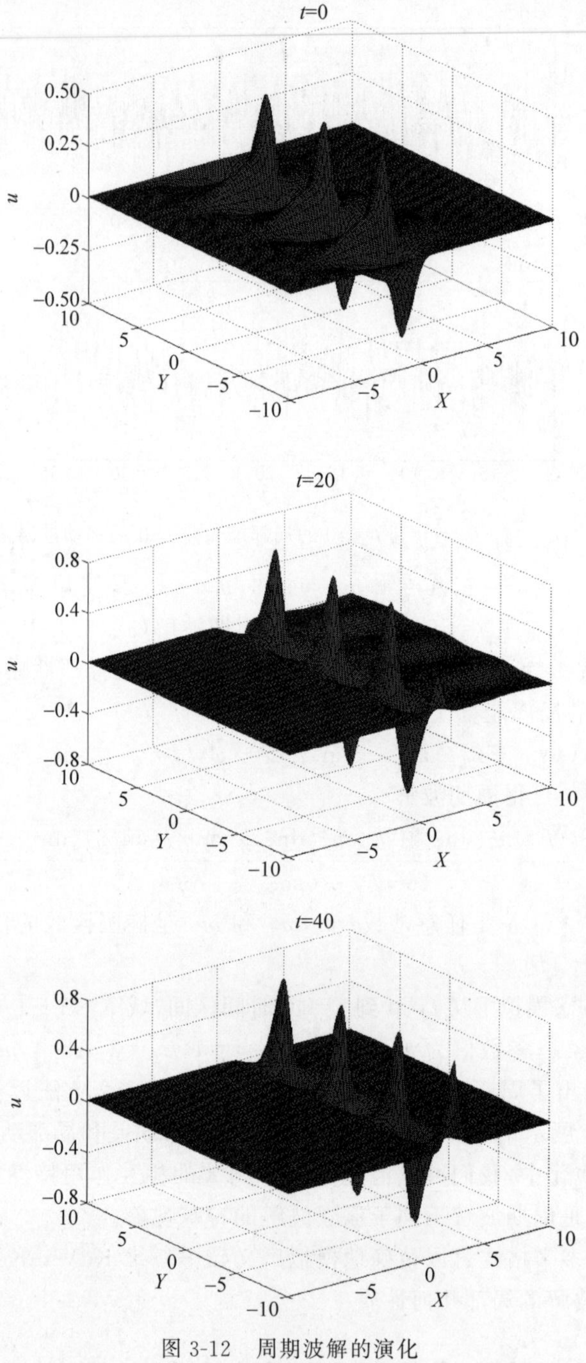

图 3-12 周期波解的演化

(请扫Ⅰ页二维码看彩图)

考虑朗道-金兹堡-希格斯方程：

$$\partial_{tt}u-\partial_{xx}u-m^2u+k^2u^3=0,\quad (x,t)\in u\subset \mathbf{R}^2 \tag{3.4.90}$$

它是一种具有如下多辛形式的偏微分方程[1-3]：

$$\boldsymbol{M}\partial_t\boldsymbol{z}+\boldsymbol{K}\partial_x\boldsymbol{z}=\nabla_z S(\boldsymbol{z}),\quad \boldsymbol{z}\in \mathbf{R}^d \tag{3.4.91}$$

其中，m 和 k 是式(3.4.90)中的实常数；$\boldsymbol{M},\boldsymbol{K}\in\mathbf{R}^{d\times d}$ 是反对称矩阵；S：$\mathbf{R}^d\rightarrow R$ 是式(3.4.91)中

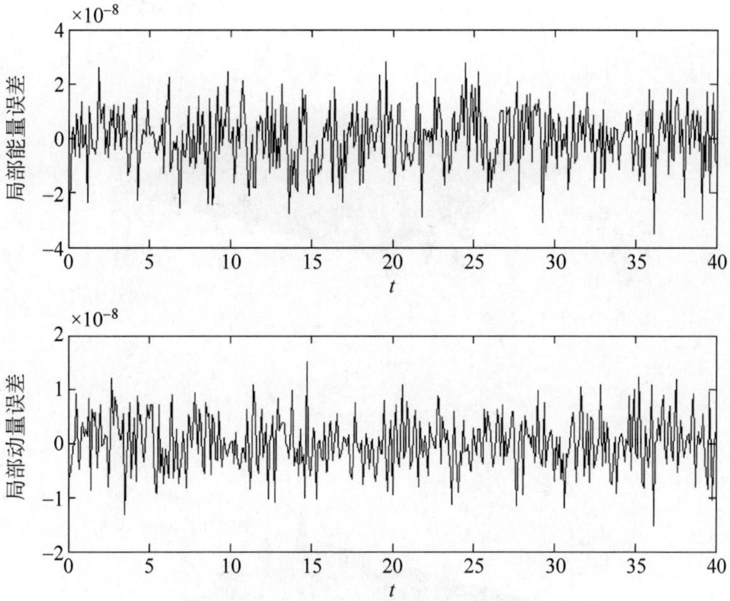

图 3-13　从 $t=0$ 到 $t=40$ 的局部能量误差和局部动量误差

的连续函数。由于朗道-金兹堡-希格斯方程(3.4.90)的特殊性，其多辛结构(式(3.4.91))可以如下推导。

引入正则动量

$$v=\partial_t u,\quad w=\partial_x u$$

那么朗道-金兹堡-希格斯方程(3.4.90)就可以写成多辛偏微分方程：

$$\begin{cases}\partial_t v-\partial_x w=m^2u-k^2u^3 & (3.4.92a)\\ -\partial_t u=-v & (3.4.92b)\\ \partial_x u=w & (3.4.92c)\end{cases}$$

定义状态变量

$$\boldsymbol{z}=[u,v,w]^{\mathrm{T}}\in\mathbf{R}^3$$

可得反对称矩阵

$$\boldsymbol{M}=\begin{bmatrix}0&1&0\\-1&0&0\\0&0&0\end{bmatrix},\quad \boldsymbol{K}=\begin{bmatrix}0&0&-1\\0&0&0\\1&0&0\end{bmatrix}$$

以及哈密顿函数

$$S(\boldsymbol{z})=\frac{1}{2}m^2u^2-\frac{1}{4}k^2u^4+\frac{1}{2}(w^2-v^2)$$

多辛形式(3.4.91)之所以具有吸引力，几个原因中[1-3]最重要的可能是多辛守恒律的存在。

$$\partial_t(\mathrm{d}\boldsymbol{z}\wedge\boldsymbol{M}\mathrm{d}\boldsymbol{z})+\partial_x(\mathrm{d}\boldsymbol{z}\wedge\boldsymbol{K}\mathrm{d}\boldsymbol{z})=0 \qquad (3.4.93)$$

朗道-金兹堡-希格斯方程的多辛守恒律为

$$\partial_t(\mathrm{d}v\wedge\mathrm{d}u)+\partial_x(\mathrm{d}u\wedge\mathrm{d}w)=0 \qquad (3.4.94)$$

将多辛方法应用于无限维哈密顿系统，主要原因之一是它们在积分区间 $t_n\in[0,T]$上能够很好地保持哈密顿量(能量)。对于多辛形式(3.4.91)，能量守恒由以下局部守恒律描述：

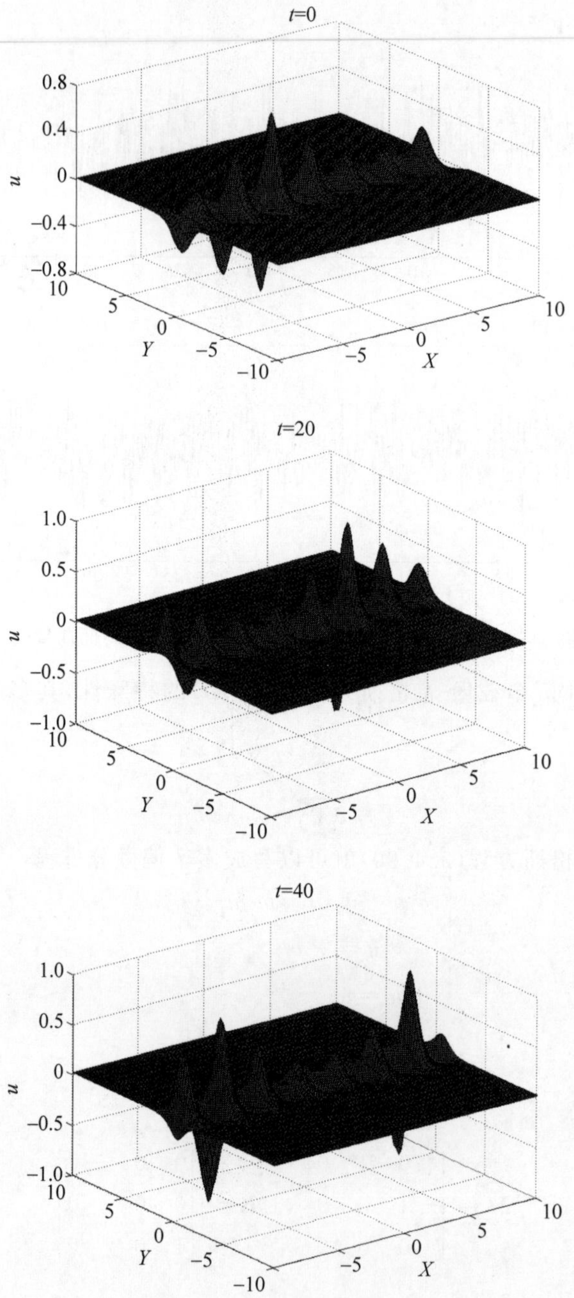

图 3-14　周期波解的演化

(请扫Ⅰ页二维码看彩图)

$$\partial_t E + \partial_x F = 0 \tag{3.4.95}$$

其中，能量密度 $E=S(\boldsymbol{z})-\dfrac{1}{2}\boldsymbol{z}^{\mathrm{T}}\boldsymbol{K}\partial_x\boldsymbol{z}$；能量通量 $F=\dfrac{1}{2}\boldsymbol{z}^{\mathrm{T}}\boldsymbol{K}\partial_t\boldsymbol{z}$。

对于朗道-金兹堡-希格斯方程(3.4.90)，局部能量守恒律式(3.4.95)等价于

$$m^2 u\partial_t u - k^2 u^3\partial_t u + w\partial_t w - v\partial_t v - \partial_t w\partial_x u + \partial_t u\partial_x w = 0 \tag{3.4.96}$$

将式(3.4.91)与 $\partial_x \boldsymbol{z}$ 做内积，可以得到相应的局部动量守恒定律。对于朗道-金兹堡-希

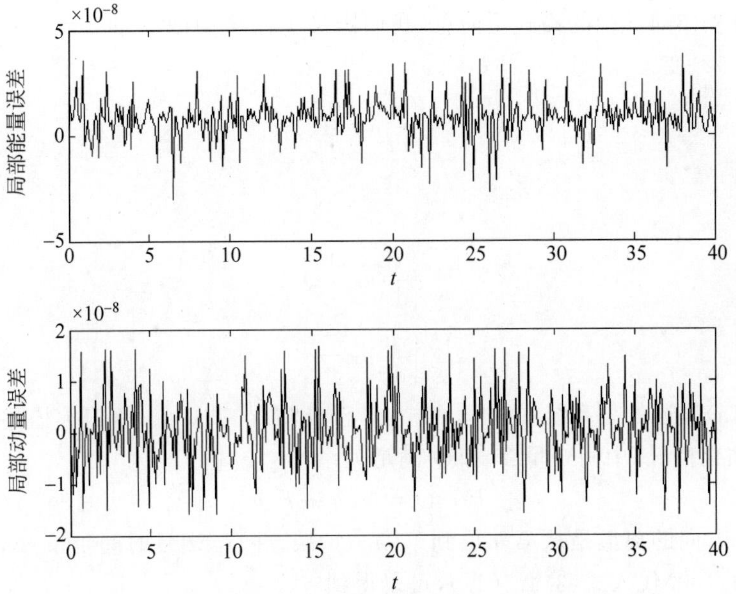

图 3-15　从 $t=0$ 到 $t=40$ 的局部能量误差和局部动量误差

格斯方程,我们可以得到局部动量守恒定律[13,15,53]:

$$\partial_t I+\partial_x G=0 \tag{3.4.97}$$

其中,$I=\frac{1}{2}(u\partial_x v-v\partial_x u)$;$G=\frac{1}{2}m^2u^2-\frac{1}{4}k^2u^4+\frac{1}{2}(w^2-v^2)-\frac{1}{2}(u\partial_t v-v\partial_t u)$。

考虑二维相空间上的标准哈密顿系统

$$\frac{\mathrm{d}\boldsymbol{z}}{\mathrm{d}t}=\boldsymbol{J}\ \nabla_z H(\boldsymbol{z}) \tag{3.4.98}$$

其中,$\boldsymbol{z}$ 是状态变量,$\boldsymbol{z}=(p,q)^{\mathrm{T}}$;$\boldsymbol{J}$ 是雅可比矩阵,$\boldsymbol{J}=\begin{bmatrix}0 & -1\\ 1 & 0\end{bmatrix}$;$H(\boldsymbol{z})\in C^{\infty}(\mathbf{R}^2)$为哈密顿函数。

假设哈密顿系统(式(3.4.98))是可分离的,可得

$$H(\boldsymbol{z})=H(p,q)=U(p)+V(q)$$

因此,式(3.4.98)可被改写成

$$\frac{\mathrm{d}}{\mathrm{d}t}\begin{bmatrix}p\\ q\end{bmatrix}=\boldsymbol{J}\begin{bmatrix}U'_p\\ V'_q\end{bmatrix}=\begin{bmatrix}f(q)\\ g(p)\end{bmatrix} \tag{3.4.99}$$

方程(3.4.99)的 m 级龙格-库塔格式为

$$\begin{cases}\boldsymbol{z}_{k+1}=\boldsymbol{z}_k+h\sum\limits_{i=1}^{m}b_i\boldsymbol{J}\ \nabla H(k_i)\\ k_i=\boldsymbol{z}_k+h\sum\limits_{j=1}^{m}a_{i,j}\boldsymbol{J}\ \nabla H(k_i),\quad i=1,2,\cdots,m\end{cases} \tag{3.4.100}$$

其中,h 是时间步长,并且系数 $b_i, a_{i,j}$ 满足阶条件[54]。

当且仅当该方法满足以下阶条件时,此方法得到的数值格式为辛格式:

$$b_ia_{i,j}+b_ja_{j,i}-b_ib_j=0,\quad \forall i,j$$

为了使方程(3.4.92)的格式更简单,我们定义了两个中间变量 $T=\partial_t v$ 和 $Q=\partial_x w$,由此,方程(3.4.92)变为

$$\begin{cases}\dfrac{\mathrm{d}}{\mathrm{d}t}v=T\\[2mm]\dfrac{\mathrm{d}}{\mathrm{d}t}u=v\end{cases}\tag{3.4.101a}$$

$$\begin{cases}\dfrac{\mathrm{d}}{\mathrm{d}x}w=Q\\[2mm]\dfrac{\mathrm{d}}{\mathrm{d}x}u=w\end{cases}\tag{3.4.101b}$$

方程(3.4.101a)描述的是系统在时间 t 方向上演化情况,式(3.4.101b) 描述的是系统在空间方向 x 上演化情况,中间变量 T 和 Q 满足关系:

$$T-Q=m^2u-k^2u^3\tag{3.4.102}$$

假设两个方向的离散是从第 n 层到第$(n+1)$层,并且 Δt 是时间步长,Δx 是空间步长。

将式(3.4.100)代入式(3.4.101a),可以得到

$$\begin{cases}V_i^k=v_i^n+\Delta t\sum\limits_{m=1}^{r}a_{k,m}T_i^m, & k=1,2,\cdots,r\\[2mm]U_i^k=u_i^n+\Delta t\sum\limits_{m=1}^{r}a_{k,m}V_i^m, & k=1,2,\cdots,r\\[2mm]v_i^{n+1}=v_i^n+\Delta t\sum\limits_{m=1}^{r}b_mT_i^m\\[2mm]u_i^{n+1}=u_i^n+\Delta t\sum\limits_{m=1}^{r}b_mV_i^m\end{cases}\tag{3.4.103}$$

式(3.4.103)满足离散守恒律:

$$\frac{\mathrm{d}u_i^{n+1}\wedge\mathrm{d}v_i^{n+1}-\mathrm{d}u_i^n\wedge\mathrm{d}v_i^n}{\Delta t}=\sum_{m=1}^{r}b_m(\mathrm{d}U_i^m\wedge\mathrm{d}T_i^m)\tag{3.4.104}$$

以类似的方式,我们可以得到

$$\begin{cases}W_i^k=w_n^k+\Delta x\sum\limits_{m=1}^{s}\hat{a}_{i,m}Q_m^k, & i=1,2,\cdots,s\\[2mm]U_i^k=u_n^k+\Delta x\sum\limits_{m=1}^{s}\hat{a}_{i,m}W_m^k, & i=1,2,\cdots,s\\[2mm]w_{n+1}^k=w_n^k+\Delta x\sum\limits_{m=1}^{s}\hat{b}_mQ_m^k\\[2mm]u_{n+1}^k=u_n^k+\Delta x\sum\limits_{m=1}^{s}\hat{b}_mW_m^k\end{cases}\tag{3.4.105}$$

式(3.4.105)满足离散守恒律:

$$\frac{du_{n+1}^k \wedge dw_{n+1}^k - du_n^k \wedge dw_n^k}{\Delta x} = \sum_{m=1}^{r} \hat{b}_m (dU_m^k \wedge dQ_m^k) \tag{3.4.106}$$

在每个网格节点上，中间变量满足

$$T_i^k - Q_i^k = m^2 u_i^k - k^2 (u_i^k)^3 \tag{3.4.107}$$

联立式(3.4.104)、式(3.4.106)和式(3.4.107)，我们可以得到多辛守恒律的离散形式(3.4.94)。

采用辛龙格-库塔离散方法，令 $r=s=1$ 并消去 T 和 Q，可得多辛偏微分方程的等效离散形式(3.4.92)：

$$\begin{cases} \dfrac{v_i^{k+1} - v_i^k}{\Delta t} - \dfrac{w_{i+1}^k - w_i^k}{\Delta x} = m^2 u_{i+\frac{1}{2}}^{k+\frac{1}{2}} - k^2 \left(u_{i+\frac{1}{2}}^{k+\frac{1}{2}}\right)^3 \\ -\dfrac{u_i^{k+1} - u_i^k}{\Delta t} = -v_i^{k+\frac{1}{2}} \\ \dfrac{u_{i+1}^{k+\frac{1}{2}} - u_i^{k+\frac{1}{2}}}{\Delta x} = w_{i+\frac{1}{2}}^{k+\frac{1}{2}} \end{cases} \tag{3.4.108}$$

其中，$u_i^{k+\frac{1}{2}} = \dfrac{1}{2}(u_i^{k+1} + u_i^k)$，$u_{i+\frac{1}{2}}^{k+\frac{1}{2}} = \dfrac{1}{2}\left(u_{i+\frac{1}{2}}^{k+1} + u_{i+\frac{1}{2}}^k\right) = \dfrac{1}{4}\left(u_{i+1}^{k+1} + u_i^{k+1} + u_{i+1}^k + u_i^k\right)$等。

进一步消去变量 v 和 w，可得半隐式格式：

$$\delta_t^2\left(u_{i+\frac{1}{2}}^k + u_{i-\frac{1}{2}}^k\right) - \frac{1}{2}\delta_x^2\left(u_i^{k+\frac{1}{2}} + u_i^{k-\frac{1}{2}}\right)$$

$$= \frac{1}{2}\left\{m^2\left(u_{i+\frac{1}{2}}^{k+\frac{1}{2}} + u_{i+\frac{1}{2}}^{k-\frac{1}{2}} + u_{i-\frac{1}{2}}^{k+\frac{1}{2}} + u_{i-\frac{1}{2}}^{k-\frac{1}{2}}\right) - k^2\left[\left(u_{i+\frac{1}{2}}^{k+\frac{1}{2}}\right)^3 + \left(u_{i+\frac{1}{2}}^{k-\frac{1}{2}}\right)^3 + \left(u_{i-\frac{1}{2}}^{k+\frac{1}{2}}\right)^3 + \left(u_{i-\frac{1}{2}}^{k-\frac{1}{2}}\right)^3\right]\right\} \tag{3.4.109}$$

其中，δ^2 是离散的中心二阶差分算子，例如 $\delta_x^2 u_i^k = (u_{i+1}^k - 2u_i^k + u_{i-1}^k)/\Delta x^2$。

假设 $m=k=\sqrt{2}$ 并考虑初始条件：

$$u(x,0) = \tanh\sqrt{2}x, \quad u(x,0)\,|_t = 1 - \tanh^2(\sqrt{2}x)$$

那么朗道-金兹堡-希格斯方程有孤立波解：

$$u(x,t) = \tanh\sqrt{2}(x + \sqrt{1/2}t) \tag{3.4.110}$$

在 $x \in [-30,10]$，$\Delta t = 0.01$，$\Delta x = 0.04$ 条件下，我们模拟了孤立波(式(3.4.110))。图 3-16 给出了在时间区间 $t \in [0,100]$内数值解的波形图，图 3-17 给出了不同时刻下的波形。从图 3-18 中记录的时间区间 $t \in [0,100]$内的多辛守恒定律绝对误差、局部能量绝对误差和局部动量绝对误差，可以看出方法格式(3.4.109)的良好保结构特性。为了说明多辛方法的高精度，在表 3-4 中给出了经典四阶龙格-库塔法和在不同节点 $t=20$，$t=40$，$t=60$，$t=80$ 和 $t=100$ 的多辛方法的绝对数值误差。在表 3-4 中符号 *. ****** - ** 表示 *. ****** $\times 10^{-**}$。

波的形状和传播速度不随时间变化而变化，参见图 3-16 和图 3-17，这意味着多辛格式(3.4.109)可以完美地模拟孤立波(式(3.4.110))演化过程，并具有出色的长时间数值稳定性。在时间区域 $t \in [0,100]$中，多辛守恒定律绝对误差、局部能量绝对误差和局部动量绝对误差处于$[-8\times 10^{-8}, 8\times 10^{-8}]$范围，参见图 3-18，这表明多辛格式(3.4.109)可以很好地保持方程的多种守恒律。

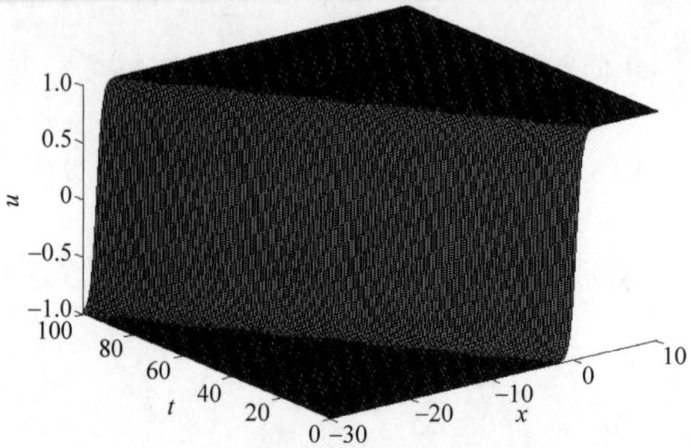

图 3-16　数值解的波形($t\in[0,100]$)

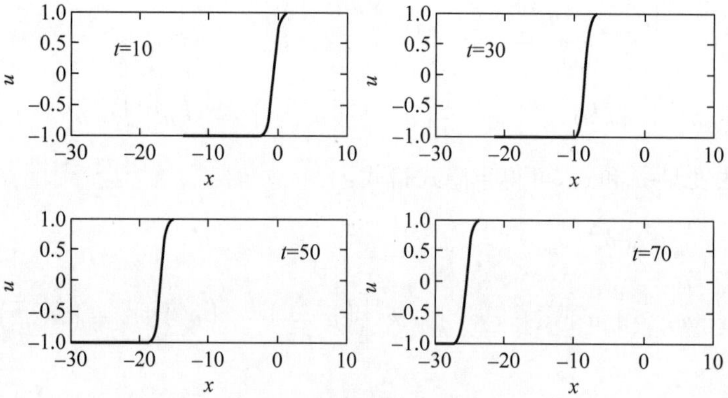

图 3-17　不同时刻的波形图

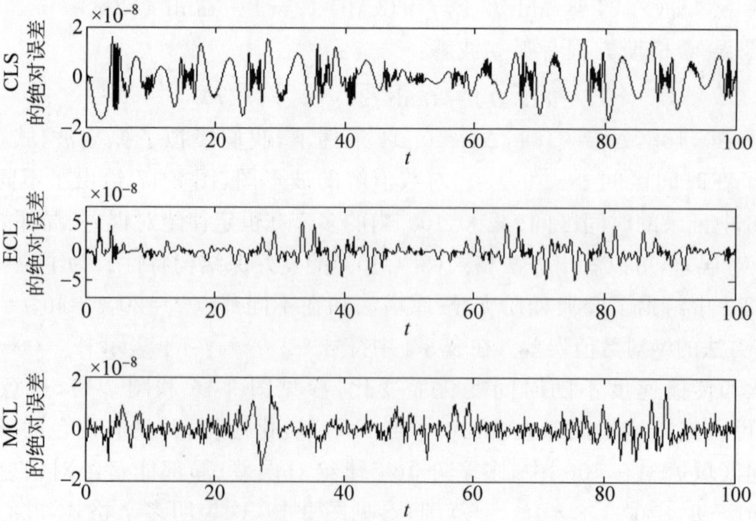

图 3-18　守恒定律的误差($t\in[0,100]$)

表 3-4 经典四阶 RK 法和多辛算法的绝对误差

	$x_i\backslash t_j$	20	40	60	80	100
经典四阶 RK 方法	−25	5.528835-08	8.381184-08	3.317966-09	3.046173-09	1.132239-08
	−15	1.864529-09	9.196395-08	5.028128-08	1.896537-09	3.027644-06
	−5	2.036982-07	6.812771-10	7.094713-06	1.934311-10	5.416738-09
	5	3.217746-09	3.794810-09	4.288923-08	6.822232-07	1.508729-09
多辛算法	−25	0.000000-00	0.000000-00	0.000000-00	3.419706-17	8.384960-18
	−15	0.000000-00	8.600116-19	4.965524-18	7.271132-18	0.000000-00
	−5	6.978984-18	5.935629-19	1.381265-18	0.000000-00	0.000000-00
	5	3.783730-18	0.000000-00	0.000000-00	0.000000-00	0.000000-00

与经典的四阶龙格-库塔法相比，多辛算法的精度明显更高，见表 3-4。此外，多辛方法的绝对数值误差在孤立波附近较大，与文献中的定性计算结果一致[19]。

3.4.5 广义波希尼斯克方程的多辛方法

许多保守的偏微分方程，例如薛定谔方程、KdV 方程、膜自由振动方程、波希尼斯克方程，等等，都具有可以很好地保持多种守恒律的多辛形式[1-3]。广义波希尼斯克方程，作为描述在重力作用下深水波和一维非线性晶格中长波运动的重要典型非线性保守偏微分方程，其孤立波解的数学表达式和存在性在过去几十年中被广泛讨论：J. J. C. Nimmo，N. C. Freeman 和 Y. Zhang 通过双线性 Bäcklund 变换推导出波希尼斯克方程的 N-孤立波解的朗斯基(Wronskian)形式；O. V. Kaptsov 得到了一些通过初等函数表示的波希尼斯克方程的解；A. M. Wazwaz 通过修正分解法得到了波希尼斯克方程的一些孤立波解和周期解。此外，最近还报道了一些关于波希尼斯克方程数值方法的研究成果：H. El-Zoheiry 使用隐式迭代有限差分方法研究了波希尼斯克方程的孤立波，W. P. Zeng 给出了非线性"good"波希尼斯克方程的多辛格式。在本节中，我们将详细讨论广义波希尼斯克方程的多辛方法。

广义波希尼斯克方程

$$\partial_{tt}u-\alpha\partial_{xx}u-\partial_{xx}[f(u)]-\beta\partial_{xxxx}u=0 \tag{3.4.111}$$

是波希尼斯克提出的一类重要的非线性方程，用于描述浅水中长波传播规律。根据 Bridges 的多辛理论[1-3]，方程(3.4.111)也可以写成如下的多辛偏微分方程形式：

$$\boldsymbol{M}\partial_t \boldsymbol{z}+\boldsymbol{K}\partial_x \boldsymbol{z}=\nabla_z S(\boldsymbol{z}),\quad \boldsymbol{z}\in\mathbf{R}^d \tag{3.4.112}$$

在式(3.4.112)中 α 和 β 是实常数，$\boldsymbol{M},\boldsymbol{K}\in\mathbf{R}^{d\times d}$ 是反对称矩阵(可以是奇异矩阵)以及在式(3.4.112)中 $S:\mathbf{R}^d\to R$ 是连续函数。对于广义波希尼斯克方程，多辛形式(3.4.112)可以导出如下。

如果我们引入正则动量 $\partial_x u=v,\partial_t u=\partial_x p,p=\partial_x w$ 并定义状态变量 $\boldsymbol{z}=[u,v,w,p]^{\mathrm{T}}\in\mathbf{R}^4$，广义的波希尼斯克方程可以写成多辛偏微分方程：

$$\begin{bmatrix}0&0&1&0\\0&0&0&0\\-1&0&0&0\\0&0&0&0\end{bmatrix}\partial_t \boldsymbol{z}+\begin{bmatrix}0&-\beta&0&0\\\beta&0&0&0\\0&0&0&1\\0&0&-1&0\end{bmatrix}\partial_x \boldsymbol{z}=\begin{bmatrix}\alpha u+f(u)\\\beta v\\0\\-p\end{bmatrix} \tag{3.4.113}$$

其中，哈密顿函数 $S(\boldsymbol{z})=\frac{1}{2}(\alpha u^2+\beta v^2-p^2)+\int f(u)\mathrm{d}u$。

通过线性化基态 $\boldsymbol{z}(t,x)$ 下的系统(3.4.112),可以得到与系统(式(3.4.112))相关的一个变分方程:

$$\boldsymbol{M}\partial_t Z+\boldsymbol{K}\partial_x Z=S_{zz}(\boldsymbol{z})Z \tag{3.4.114}$$

取变分方程的任意两个解 U,V,然后我们可以得到

$$\partial_t(U^{\mathrm{T}}\boldsymbol{M}V)+\partial_x(U^{\mathrm{T}}\boldsymbol{K}V)=0 \tag{3.4.115}$$

并引入两种预辛形式

$$\omega(U,V)=U^{\mathrm{T}}\boldsymbol{M}V,\quad k(U,V)=U^{\mathrm{T}}\boldsymbol{K}V$$

则式(3.4.115)等价于 CLS:

$$\partial_t\omega+\partial_x k=0 \tag{3.4.116}$$

也可以使用更抽象的外积方法描述:

$$\omega=\frac{1}{2}\mathrm{d}z\wedge\boldsymbol{M}\mathrm{d}z,\quad k=\frac{1}{2}\mathrm{d}z\wedge\boldsymbol{K}\mathrm{d}z$$

其中,对于广义波希尼斯克方程,CLS 的具体表达式为

$$\partial_t(\mathrm{d}u\wedge\mathrm{d}w)+\partial_x(\beta\mathrm{d}v\wedge\mathrm{d}u+\mathrm{d}w\wedge\mathrm{d}p)=0 \tag{3.4.117}$$

多辛形式其他吸引人的地方便是局部能量守恒律(ECL)和局部动量守恒律(MCL)的存在。依据 Bridges 的分析,我们可以推导出能量和动量的局部守恒律。使用多辛偏微分方程(3.4.112)的时间不变性,局部能量守恒律可以通过将式(3.4.112)与$\partial_t\boldsymbol{z}$ 做内积来推导出:

$$\langle\partial_t\boldsymbol{z},\boldsymbol{K}\partial_x\boldsymbol{z}\rangle=\langle\partial_t\boldsymbol{z},\nabla_z S(\boldsymbol{z})\rangle \tag{3.4.118}$$

由于 $\boldsymbol{M}$ 的反对称性质,可知$\langle\partial_t\boldsymbol{z},\boldsymbol{M}\partial_t\boldsymbol{z}\rangle=0$。注意到

$$\langle\partial_t\boldsymbol{z},\boldsymbol{K}\partial_x\boldsymbol{z}\rangle=\frac{1}{2}\partial_t\langle\boldsymbol{z},\boldsymbol{K}\partial_x\boldsymbol{z}\rangle+\frac{1}{2}\partial_x\langle\partial_t\boldsymbol{z},\boldsymbol{K}\boldsymbol{z}\rangle,\langle\partial_t\boldsymbol{z},\nabla_z S(\boldsymbol{z})\rangle=\partial_t S(\boldsymbol{z})$$

可得局部能量守恒律:

$$\partial_t e+\partial_x f=0 \tag{3.4.119}$$

其中,能量密度 $e=S(\boldsymbol{z})-\frac{1}{2}\langle\partial_x\boldsymbol{z},\boldsymbol{K}\boldsymbol{z}\rangle$;能量通量 $f=\frac{1}{2}\langle\boldsymbol{z},\boldsymbol{K}\partial_t\boldsymbol{z}\rangle$。

对于广义波希尼斯克方程,局部能量守恒律(式(3.4.119))的具体表达式为

$$\begin{aligned}&\partial_t\left[S(\boldsymbol{z})-\frac{1}{2}(\beta u\partial_x v-\beta v\partial_x u+p\partial_x w-w\partial_x p)\right]\\&\quad+\frac{1}{2}\partial_x(\beta v\partial_t u-\beta u\partial_t v+w\partial_t p-p\partial_t w)=0\end{aligned} \tag{3.4.120}$$

类似地,可通过方程(3.4.112)的空间不变性获得局部动量守恒律:

$$\partial_t h+\partial_x g=0 \tag{3.4.121}$$

其中,$h=\frac{1}{2}\langle\boldsymbol{z},\boldsymbol{M}\partial_x\boldsymbol{z}\rangle$,$g=S(\boldsymbol{z})-\frac{1}{2}\langle\partial_t\boldsymbol{z},\boldsymbol{M}\boldsymbol{z}\rangle$。

对于广义波希尼斯克方程,局部动量守恒律(3.4.121)的具体表达式为

$$\frac{1}{2}\partial_t(u\partial_x w-w\partial_x u)+\partial_x\left[S(\boldsymbol{z})-\frac{1}{2}(u\partial_t w-w\partial_t u)\right]=0 \tag{3.4.122}$$

Box 离散方法是最简单的辛离散方法,因此构造多辛 Box 格式来模拟广义波希尼斯克方程的孤立波解将更简单更有效。式(3.4.113)的 Box 格式是

$$\begin{cases}\dfrac{1}{\Delta t}\left(w_{i+1}^{j+\frac{1}{2}}-w_{i}^{j+\frac{1}{2}}\right)-\dfrac{\beta}{\Delta x}\left(v_{i+\frac{1}{2}}^{j+1}-v_{i+\frac{1}{2}}^{j}\right)=[\alpha u+f(u)]_{i+\frac{1}{2}}^{j+\frac{1}{2}}\\ \dfrac{\beta}{\Delta x}\left(u_{i+\frac{1}{2}}^{j+1}-u_{i+\frac{1}{2}}^{j}\right)=\beta v_{i+\frac{1}{2}}^{j+\frac{1}{2}}\\ -\dfrac{1}{\Delta t}\left(u_{i+1}^{j+\frac{1}{2}}-u_{i}^{j+\frac{1}{2}}\right)+\dfrac{1}{\Delta x}\left(p_{i+\frac{1}{2}}^{j+1}-p_{i+\frac{1}{2}}^{j}\right)=0\\ -\dfrac{1}{\Delta x}\left(w_{i+\frac{1}{2}}^{j+1}-w_{i+\frac{1}{2}}^{j}\right)=-p_{i+\frac{1}{2}}^{j+\frac{1}{2}}\end{cases}\tag{3.4.123}$$

以及多辛守恒律(3.4.117)的离散格式是

$$\begin{aligned}&\frac{1}{\Delta t}\left(\mathrm{d}u_{i+1}^{j+\frac{1}{2}}\wedge\mathrm{d}w_{i+1}^{j+\frac{1}{2}}-\mathrm{d}u_{i}^{j+\frac{1}{2}}\wedge\mathrm{d}w_{i}^{j+\frac{1}{2}}\right)\\&+\frac{1}{\Delta x}\left(\beta\mathrm{d}v_{i+\frac{1}{2}}^{j+1}\wedge\mathrm{d}u_{i+\frac{1}{2}}^{j+1}-\beta\mathrm{d}v_{i+\frac{1}{2}}^{j}\wedge\mathrm{d}u_{i+\frac{1}{2}}^{j}+\mathrm{d}w_{i+\frac{1}{2}}^{j+1}\wedge\mathrm{d}p_{i+\frac{1}{2}}^{j+1}-\mathrm{d}w_{i+\frac{1}{2}}^{j}\wedge\mathrm{d}p_{i+\frac{1}{2}}^{j}\right)=0\end{aligned}\tag{3.4.124}$$

以类似的方式，我们可以得到ECL和MCL的离散格式。消去式(3.4.123)中的v，w和p，我们得到一个隐式的多辛格式，它等价于Box格式(3.4.123)：

$$\begin{aligned}&\frac{1}{4\Delta t^{2}}(\delta_t^2u_{i+2}^{j}-4\delta_t^2u_{i+1}^{j}+6\delta_t^2u_{i}^{j}-4\delta_t^2u_{i-1}^{j}+\delta_t^2u_{i-2}^{j})\\&-\frac{\alpha}{4\Delta x^{2}}(\delta_x^2u_{i}^{j+2}-4\delta_x^2u_{i}^{j+1}+6\delta_x^2u_{i}^{j}-4\delta_x^2u_{i}^{j-1}+\delta_x^2u_{i}^{j-2})\\&-\frac{1}{4\Delta x^{2}}\{\delta_x^2[f(u)_{i}^{j+2}]+16\delta_x^2[f(u_{i}^{j+1})]+36\delta_x^2[f(u_{i}^{j})]+16\delta_x^2[f(u_{i}^{j-1})]\\&+\delta_x^2[f(u_{i}^{j-2})]\}-\frac{\beta}{\Delta x^{4}}(\delta_x^4u_{i}^{j+1}-2\delta_x^4u_{i}^{j}+\delta_x^4u_{i}^{j-1})=0\end{aligned}\tag{3.4.125}$$

其中，Δt是时间步长；Δx是空间步长；$\delta_t^2u_i^j=(u_{i+1}^j-2u_i^j+u_{i-1}^j)$，$\delta_x^4u_i^j=u_i^{j+2}-4u_i^{j+1}+6u_i^j-4u_i^{j-1}+u_i^{j-2}$，…。式(3.4.125)是一个二阶多辛格式。

为了说明多辛方法的优点，本节我们用多辛方法(3.4.125)模拟了广义波希尼斯克方程的孤立波解。

考虑非线性波希尼斯克方程的初值问题：

$$\begin{cases}\partial_{tt}u-\partial_{xx}u-3\partial_{xx}(u^2)-\partial_{xxxx}u=0\\ u(x,0)=0,\quad u(x,0)\mid_t=c\end{cases}\tag{3.4.126}$$

其中，$c>0$以及$c\neq1$表示波速。

算例1　如果$c>1$，初值问题(式(3.4.126))具有孤立波解：

$$u(x,t)=\frac{c^2-1}{2}\operatorname{sech}^2\left[\frac{1}{2}\sqrt{c^2-1}(x-ct)\right]\tag{3.4.127}$$

为了模拟孤立波解(式(3.4.127))，选择参数值$c=2$。然后我们采用多辛方法(式(3.4.125))，在空间跨度$X\in[-10,10]$，时间跨度$t=0$到$t=40$内，以时间和空间步长$\Delta t=0.05$和$\Delta x=0.02$模拟孤立波解(式(3.4.127))。图3-19给出了孤立波解的演化过程，图3-20给出了从$t=0$到$t=40$时段内的局部能量误差和局部动量误差。

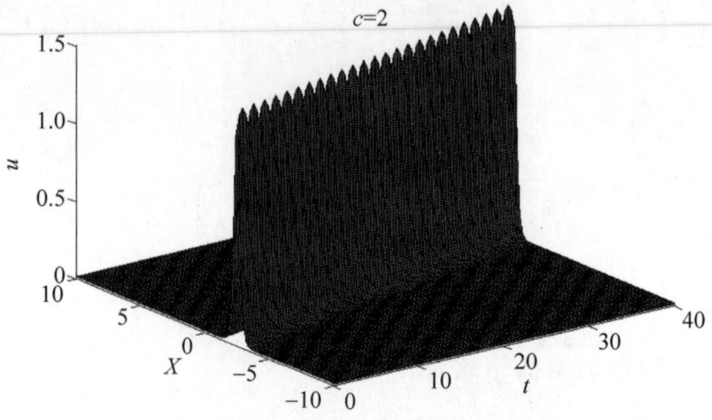

图 3-19 孤立波解(3.4.127)从 $t=0$ 到 $t=40$ 时段内的演化过程
(请扫Ⅰ页二维码看彩图)

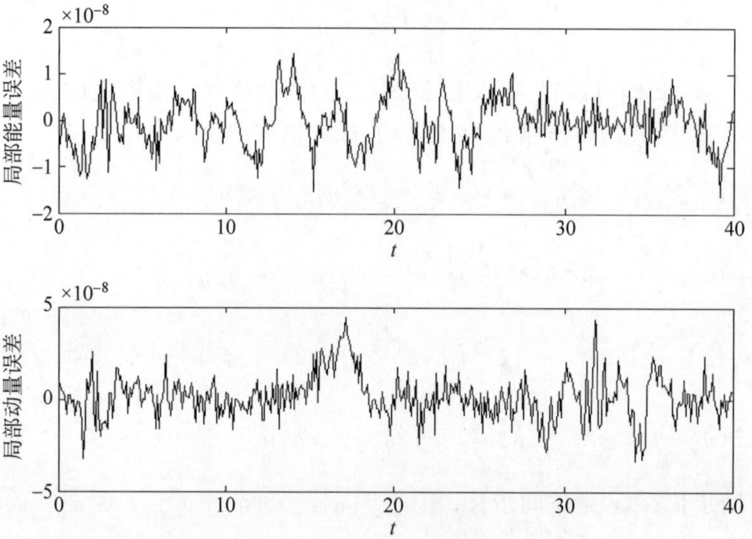

图 3-20 局部能量误差和局部动量误差

算例 2 如果 $0<c<1$,初值问题(3.4.126)有孤立波解:

$$u(x,t)=\frac{1-c^2}{6}(1-3\tanh^2)\left[\frac{1}{2}\sqrt{1-c^2}(x-ct)\right] \tag{3.4.128}$$

为了模拟孤立波解(式(3.4.128)),选择参数值 $c=0.5$。然后我们采用多辛方法(3.4.125),在空间区域 $X\in[-10,10]$,时间区间为 $t=0$ 到 $t=40$,步长为 $\Delta t=0.05$ 和 $\Delta x=0.02$,模拟孤立波解(式(3.4.128))。图 3-21 给出了孤立波解波形图的演化过程。图 3-22 给出了从 $t=0$ 到 $t=40$ 时段内的局部能量误差和局部动量误差。

从图中可以清楚地看到,当波速分别取 $c=2$ 和 $c=0.5$ 时,孤立波解在演化过程中始终保持着初始的振幅和速度,这意味着多辛格式(3.4.125)可以完美地模拟非线性波希尼斯克方程的孤立波解。同时,从 $t=0$ 到 $t=40$ 时段内,局部能量误差和局部动量误差限制在 $[-5\times10^{-8},5\times10^{-8}]$ 范围内,这表明了多辛方法的两个显著优点:出色的长期数值行为和准确地保持局部守恒律。

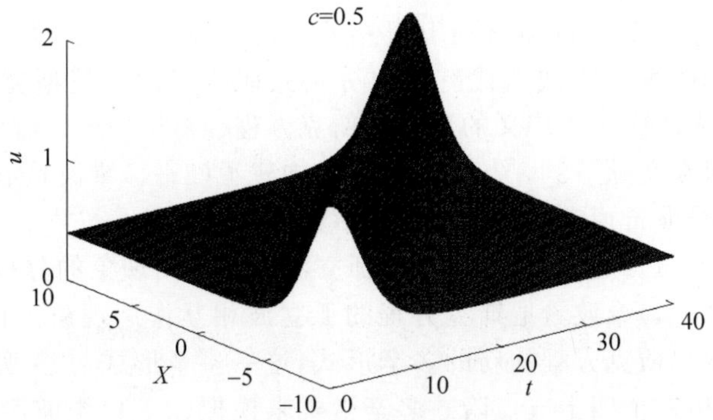

图 3-21　孤立波解(3.4.128)的演化过程

(请扫Ⅰ页二维码看彩图)

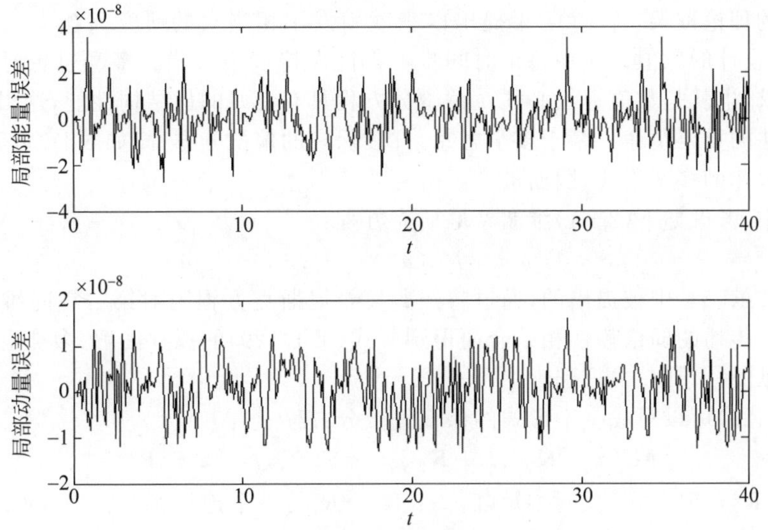

图 3-22　局部能量误差和局部动量误差

3.4.6　(2+1)维波希尼斯克方程孤立波共振的多辛模拟方法

在文献[55]中,"在交会点的临界角处,两个斜向碰撞孤立波之间发生强烈的相互作用,并从两个孤立波的波前相遇点形成分支孤立波"的现象定义为两个斜向碰撞孤立波之间相互作用中的孤立波共振,这个现象引起了许多研究人员的兴趣。在目前的文献中孤立波共振现象已经得到了大量报道,并在众多物理领域研究了相关的应用,如等离子体的对流运动[56],等离子体实验[57],Toda 晶格[58],非线性离子声学系统[59-61],浅水中的水波相互作用[62]和氦薄膜中的孤立波传播[63]。此外,在某些流体[64]和深海[65]中,孤子共振相互作用被认为是导致波浪之间能量转移的最重要机制。最近,船舶尾流产生的又高又陡的波浪被认为会对船舶交通产生相当大的影响[66],鉴于这一想法,Soomere 和 Engelbrecht 认为孤立波共振现象可以应用在高速航行船舶的安全和沿海工程设计中[67]。然而,目前文献中对分析孤立波共振的数值方法的研究很少。

波希尼斯克方程是一种典型的非线性高阶保守偏微分方程,它描述了重力作用下浅水中的长波运动以及一维非线性晶格中的运动[68, 69],其解析解,特别是其孤立波在过去几十年中得到了广泛的讨论[68-75]。虽然对波希尼斯克方程数值方法的深入研究才刚刚开始:

Zeng[76]提出了一个十五点 Preissmann Box 格式来模拟经典(1+1)维波希尼斯克方程的孤立波；随后,El-Zoheiry 使用隐式迭代有限差分格式研究了波希尼斯克方程的孤立波[77]；胡伟鹏等[53]将多辛方法应用于广义的波希尼斯克方程。对于(2+1)维波希尼斯克方程,最具代表性的数值结果在文献[78],[79]中,此文献构建了(2+1)维波希尼斯克方程的多辛形式,详细讨论(2+1)维波希尼斯克方程的孤波解的稳定性特性。

参考近年来对(2+1)维波希尼斯克方程孤立波相互作用现象的分析结果[80-81],我们采用多辛方法研究了(2+1)维波希尼斯克方程的孤立波相互作用现象。在本节中,我们首先介绍了(2+1)维波希尼斯克方程的新的多辛形式,这一多辛形式与参考文献[78]中构造的形式不同。然后,构造一个四十五点隐式多辛格式来模拟(2+1)维波希尼斯克方程的孤立波。最后,给出了(2+1)维波希尼斯克方程孤立波共振现象的仿真结果。

多辛积分算法作为一种能对一些保守偏微分方程系统进行准确、高效和长期稳定积分的非常强大的理论框架,自 1997 年提出以来就引发了相当大的研究兴趣[1]。多辛积分的基本思想是,设计的数值方法在每个时间步上都能保持多辛形式。多辛思想对数值算法提出了新的要求,也就是数值算法必须对偏微分方程具有良好的保结构性能,这引起了偏微分方程数值算法的重要革命。基于多辛思想,许多保守的偏微分方程,如 KdV 方程等,均存在能够保持守恒律的多辛格式,因而被广泛研究[34,82-83]。

在本节中,考虑如下(2+1)维波希尼斯克方程:

$$\partial_{tt}u - \partial_{xx}u + 3\partial_{xx}(u^2) - \partial_{xxxx}u - \partial_{yy}u = 0 \tag{3.4.129}$$

它最初是在文献[84]中被提出的,通过将经典波希尼斯克方程与对第二空间维度上描述重力波在水面上传播的弱依赖性相结合而得到。式(3.4.129)的孤立波解、多孤立波解和周期解可以在文献[80],[84]中得到。

式(3.4.129)可以写成多辛形式的保守偏微分方程[78]:

$$\boldsymbol{M}\partial_t \boldsymbol{z} + \boldsymbol{K}_1\partial_x \boldsymbol{z} + \boldsymbol{K}_2\partial_y \boldsymbol{z} = \nabla_z S(\boldsymbol{z}), \quad \boldsymbol{z} \in \mathbf{R}^d \tag{3.4.130}$$

其中,$\boldsymbol{M},\boldsymbol{K}_1,\boldsymbol{K}_2 \in \mathbf{R}^{d\times d}$ 是反对称矩阵；S: $\mathbf{R}^d \to R$ 是一个连续函数。对于(2+1)维波希尼斯克方程(3.4.129),其多辛形式(3.4.130)可以导出如下。

引入正则动量$\partial_x u = v, \partial_t u = \partial_x p, p = \partial_x w, \partial_x q = \partial_y u, \partial_x \varphi = q$,(2+1)维波希尼斯克方程(3.4.129)可以写成一阶多辛偏微分方程:

$$\begin{cases} \partial_t w - \partial_x v - \partial_y \varphi = u - 3u^2 \\ \partial_x u = v \\ -\partial_t u + \partial_x p = 0 \\ -\partial_x w = -p \\ \partial_y u - \partial_x q = 0 \\ \partial_x \varphi = q \end{cases} \tag{3.4.131}$$

并定义状态变量 $\boldsymbol{z} = [u,v,w,p,\varphi,q]^{\mathrm{T}} \in \mathbf{R}^6$,得到反对称矩阵

$$\boldsymbol{M} = \begin{bmatrix} 0 & 0 & 1 & 0 & 0 & 0 \\ 0 & 0 & 0 & 0 & 0 & 0 \\ -1 & 0 & 0 & 0 & 0 & 0 \\ 0 & 0 & 0 & 0 & 0 & 0 \\ 0 & 0 & 0 & 0 & 0 & 0 \\ 0 & 0 & 0 & 0 & 0 & 0 \end{bmatrix}, \quad \boldsymbol{K}_1 = \begin{bmatrix} 0 & -1 & 0 & 0 & 0 & 0 \\ 1 & 0 & 0 & 0 & 0 & 0 \\ 0 & 0 & 0 & 1 & 0 & 0 \\ 0 & 0 & -1 & 0 & 0 & 0 \\ 0 & 0 & 0 & 0 & 0 & -1 \\ 0 & 0 & 0 & 0 & 1 & 0 \end{bmatrix},$$

$$\boldsymbol{K}_2=\begin{bmatrix}0&0&0&0&-1&0\\0&0&0&0&0&0\\0&0&0&0&0&0\\0&0&0&0&0&0\\1&0&0&0&0&0\\0&0&0&0&0&0\end{bmatrix}$$

以及哈密顿函数 $S(\boldsymbol{z})=\frac{1}{2}(u^2+v^2-p^2+q^2)-u^3$。

上述(2+1)维波希尼斯克方程的多辛形式与文献[78]中提出的不同,这是将(2+1)维波希尼斯克方程表示为哈密顿系统的另一种方法。

众所周知,多辛形式(3.4.130)具有许多有趣的性质。在这些性质中,多辛守恒律的存在是多辛积分概念产生的最重要原因。

对式(3.4.130)中的 $\boldsymbol{z}(t,x,y)$ 进行线性化处理,我们可以得到一个变分方程:

$$\boldsymbol{M}\mathrm{d}(\partial_t\boldsymbol{z})+\boldsymbol{K}_1\mathrm{d}(\partial_x\boldsymbol{z})+\boldsymbol{K}_2\mathrm{d}(\partial_y\boldsymbol{z})=S_{zz}(\boldsymbol{z})\boldsymbol{z} \tag{3.4.132}$$

取变分方程(3.4.132)的任意两个解 U,V,我们可以得到

$$\partial_t(U^{\mathrm{T}}\boldsymbol{M}V)+\partial_x(U^{\mathrm{T}}\boldsymbol{K}_1V)+\partial_y(U^{\mathrm{T}}\boldsymbol{K}_2V)=0 \tag{3.4.133}$$

引入三种预辛形式:

$$\omega(U,V)=U^{\mathrm{T}}\boldsymbol{M}V,\quad k_1(U,V)=U^{\mathrm{T}}\boldsymbol{K}_1V,\quad k_2(U,V)=U^{\mathrm{T}}\boldsymbol{K}_2V$$

由此,式(3.4.133)被改写为多辛守恒定律(CLS):

$$\partial_t\omega+\partial_xk_1+\partial_yk_2=0 \tag{3.4.134}$$

预辛形式也可以用外积形式表示:

$$\omega=\frac{1}{2}\mathrm{d}z\wedge\boldsymbol{M}\mathrm{d}z,\quad k_1=\frac{1}{2}\mathrm{d}z\wedge\boldsymbol{K}_1\mathrm{d}z,\quad k_2=\frac{1}{2}\mathrm{d}z\wedge\boldsymbol{K}_2\mathrm{d}z$$

对于(2+1)维波希尼斯克方程(3.4.129),CLS 的外积表达形式为

$$\partial_t(\mathrm{d}u\wedge\mathrm{d}w)+\partial_x(\mathrm{d}v\wedge\mathrm{d}u+\mathrm{d}w\wedge\mathrm{d}p+\mathrm{d}q\wedge\mathrm{d}\varphi)+\partial_y(\mathrm{d}\varphi\wedge\mathrm{d}u)=0 \tag{3.4.135}$$

另外两个重要原因分别是局部能量守恒律(ECL)和局部合成动量守恒律(MCL)的存在。依据 Bridges 的多辛理论,能量和动量的局部守恒定律可以推导如下:应用多辛偏微分方程的时间不变性(式(3.4.130)),局部能量守恒律可以通过将式(3.4.130)与 $\partial_t z$ 做内积推导出来

$$\langle\partial_t\boldsymbol{z},\boldsymbol{K}_1\partial_x\boldsymbol{z}\rangle+\langle\partial_t\boldsymbol{z},\boldsymbol{K}_2\partial_y\boldsymbol{z}\rangle=\langle\partial_t\boldsymbol{z},\nabla_zS(\boldsymbol{z})\rangle \tag{3.4.136}$$

由于 $\boldsymbol{M}$ 的反对称性,$\langle\partial_t\boldsymbol{z},\boldsymbol{M}\partial_t\boldsymbol{z}\rangle=0$。注意到

$$\langle\partial_t\boldsymbol{z},\boldsymbol{K}_1\partial_x\boldsymbol{z}\rangle=\frac{1}{2}\partial_t\langle\boldsymbol{z},\boldsymbol{K}_1\partial_x\boldsymbol{z}\rangle+\frac{1}{2}\partial_x\langle\partial_t\boldsymbol{z},\boldsymbol{K}_1\boldsymbol{z}\rangle,\quad\langle\partial_t\boldsymbol{z},\boldsymbol{K}_2\partial_y\boldsymbol{z}\rangle=\frac{1}{2}\partial_t\langle\boldsymbol{z},\boldsymbol{K}_2\partial_y\boldsymbol{z}\rangle+\frac{1}{2}\partial_y\langle\partial_t\boldsymbol{z},\boldsymbol{K}_2\boldsymbol{z}\rangle$$

$$\langle\partial_t\boldsymbol{z},\nabla_zS(\boldsymbol{z})\rangle=\partial_tS(\boldsymbol{z})$$

代入式(3.4.136),就可以得到局部能量守恒律:

$$\partial_te+\partial_xf_1+\partial_yf_2=0 \tag{3.4.137}$$

其中,能量密度 $e=S(\boldsymbol{z})+\frac{1}{2}\langle\partial_x\boldsymbol{z},\boldsymbol{K}_1\boldsymbol{z}\rangle+\frac{1}{2}\langle\partial_y\boldsymbol{z},\boldsymbol{K}_2\boldsymbol{z}\rangle$;能量通量 $f_1=\frac{1}{2}\langle\boldsymbol{z},\boldsymbol{K}_1\partial_t\boldsymbol{z}\rangle$ 和 $f_2=\frac{1}{2}\langle\boldsymbol{z},\boldsymbol{K}_2\partial_t\boldsymbol{z}\rangle$。

对于(2+1)维波希尼斯克方程(3.4.129)，局部能量守恒律(3.4.137)的具体表述为

$$\partial_t\left[S(z)-\frac{1}{2}(u\partial_x v-v\partial_x u+p\partial_x w-w\partial_x p+\varphi\partial_x q-q\partial_x\varphi)-\frac{1}{2}(u\partial_y\varphi-\varphi\partial_y u)\right]$$
$$+\frac{1}{2}\partial_x(v\partial_t u-u\partial_t v+w\partial_t p-p\partial_t w+q\partial_t\varphi-\varphi\partial_t q)+\frac{1}{2}\partial_y(\varphi\partial_t u-u\partial_t\varphi)=0 \tag{3.4.138}$$

同样，x 方向上的局部动量守恒律可以通过将式(3.4.130)与$\partial_x \boldsymbol{z}$ 做内积来推导：

$$I_x=\partial_t h_1+\partial_x g_{11}+\partial_y g_{12}=0 \tag{3.4.139}$$

其中，$h_1=\frac{1}{2}\langle \boldsymbol{z},\boldsymbol{M}\partial_x\boldsymbol{z}\rangle$，$g_{11}=S(\boldsymbol{z})+\frac{1}{2}\langle\partial_t\boldsymbol{z},\boldsymbol{M}\boldsymbol{z}\rangle+\frac{1}{2}\langle\partial_y\boldsymbol{z},\boldsymbol{K}_2\boldsymbol{z}\rangle$，$g_{12}=\frac{1}{2}\langle\boldsymbol{z},\boldsymbol{K}_2\partial_x\boldsymbol{z}\rangle$。

而 y 方向的局部动量守恒律可以通过将式(3.4.130)与$\partial_y \boldsymbol{z}$ 做内积来推导

$$I_y=\partial_t h_2+\partial_x g_{21}+\partial_y g_{22}=0 \tag{3.4.140}$$

其中，$h_2=\frac{1}{2}\langle \boldsymbol{z},\boldsymbol{M}\partial_y\boldsymbol{z}\rangle$，$g_{21}=\frac{1}{2}\langle\boldsymbol{z},\boldsymbol{K}_1\partial_y\boldsymbol{z}\rangle$，$g_{22}=S(\boldsymbol{z})+\frac{1}{2}\langle\partial_t\boldsymbol{z},\boldsymbol{M}\boldsymbol{z}\rangle+\frac{1}{2}\langle\partial_x\boldsymbol{z},\boldsymbol{K}_1\boldsymbol{z}\rangle$。

因此，局部动量守恒律可以表示为

$$I=(I_x^2+I_y^2)^{1/2}=0 \tag{3.4.141}$$

对于(2+1)维波希尼斯克方程(3.4.129)，局部动量守恒律(3.4.141)的具体表述为

$$\left\{\left[\frac{1}{2}\partial_t(u\partial_x w-w\partial_x u)+\frac{1}{2}\partial_x(2S(\boldsymbol{z})-u\partial_t w+w\partial_t u-\varphi\partial_y u+u\partial_y\varphi)+\frac{1}{2}\partial_y(\varphi\partial_x u-u\partial_x\varphi)\right]^2\right.$$
$$+\left[\frac{1}{2}\partial_t(u\partial_y w-w\partial_y u)+\frac{1}{2}\partial_x(v\partial_y u-u\partial_y v-p\partial_y w+w\partial_y p+q\partial_y\varphi-\varphi\partial_y q)\right.$$
$$\left.\left.+\frac{1}{2}\partial_y(2S(\boldsymbol{z})-u\partial_t w+w\partial_t u-v\partial_x u+u\partial_x v+p\partial_x w-w\partial_x p-q\partial_x\varphi+\varphi\partial_x q)\right]^2\right\}^{1/2}=0 \tag{3.4.142}$$

为了用多辛方法研究(2+1)维波希尼斯克方程的孤立波相互作用中的共振现象，本书构造了等效于 Preissmann 格式的多辛偏微分方程(3.4.131)的多辛离散格式。用 Δt，Δx，Δy 分别表示时间步长、X 方向和 Y 方向上的空间步长，并用 $\boldsymbol{z}_i^{j,k}$ 表示 $\boldsymbol{z}(i\Delta t,j\Delta x,k\Delta y)$ 的近似值。式(3.4.131)的 Preissmann 格式为

$$\begin{cases}\frac{1}{\Delta t}\left(w_{i+1}^{j+\frac{1}{2},k+\frac{1}{2}}-w_i^{j+\frac{1}{2},k+\frac{1}{2}}\right)-\frac{1}{\Delta x}\left(v_{i+\frac{1}{2}}^{j+1,k+\frac{1}{2}}-v_{i+\frac{1}{2}}^{j,k+\frac{1}{2}}\right)-\frac{1}{\Delta y}\left(\varphi_{i+\frac{1}{2}}^{j+\frac{1}{2},k+1}-\varphi_{i+\frac{1}{2}}^{j+\frac{1}{2},k}\right)=(u-3u^2)_{i+\frac{1}{2}}^{j+\frac{1}{2},k+\frac{1}{2}}\\ \frac{1}{\Delta x}\left(u_{i+\frac{1}{2}}^{j+1,k+\frac{1}{2}}-u_{i+\frac{1}{2}}^{j,k+\frac{1}{2}}\right)=v_{i+\frac{1}{2}}^{j+\frac{1}{2},k+\frac{1}{2}}\\ -\frac{1}{\Delta t}\left(u_{i+1}^{j+\frac{1}{2},k+\frac{1}{2}}-u_i^{j+\frac{1}{2},k+\frac{1}{2}}\right)+\frac{1}{\Delta x}\left(p_{i+\frac{1}{2}}^{j+1,k+\frac{1}{2}}-p_{i+\frac{1}{2}}^{j,k+\frac{1}{2}}\right)=0\\ -\frac{1}{\Delta x}\left(w_{i+\frac{1}{2}}^{j+1,k+\frac{1}{2}}-w_{i+\frac{1}{2}}^{j,k+\frac{1}{2}}\right)=-p_{i+\frac{1}{2}}^{j+\frac{1}{2},k+\frac{1}{2}}\\ \frac{1}{\Delta y}\left(u_{i+\frac{1}{2}}^{j+\frac{1}{2},k+1}-u_{i+\frac{1}{2}}^{j+\frac{1}{2},k}\right)-\frac{1}{\Delta x}\left(q_{i+\frac{1}{2}}^{j+1,k+\frac{1}{2}}-q_{i+\frac{1}{2}}^{j,k+\frac{1}{2}}\right)=0\\ \frac{1}{\Delta x}\left(\varphi_{i+\frac{1}{2}}^{j+1,k+\frac{1}{2}}-\varphi_{i+\frac{1}{2}}^{j,k+\frac{1}{2}}\right)=q_{i+\frac{1}{2}}^{j+\frac{1}{2},k+\frac{1}{2}}\end{cases} \tag{3.4.143}$$

多辛守恒律(式(3.4.135))的离散格式为

$$\frac{1}{\Delta t}\left(\mathrm{d}u_{i+1}^{j+\frac{1}{2},k+\frac{1}{2}}\wedge\mathrm{d}w_{i+1}^{j+\frac{1}{2},k+\frac{1}{2}}-\mathrm{d}u_{i}^{j+\frac{1}{2},k+\frac{1}{2}}\wedge\mathrm{d}w_{i}^{j+\frac{1}{2},k+\frac{1}{2}}\right)$$
$$+\frac{1}{\Delta x}\left(\mathrm{d}v_{i+\frac{1}{2}}^{j+1,k+\frac{1}{2}}\wedge\mathrm{d}u_{i+\frac{1}{2}}^{j+1,k+\frac{1}{2}}-\mathrm{d}v_{i+\frac{1}{2}}^{j,k+\frac{1}{2}}\wedge\mathrm{d}u_{i+\frac{1}{2}}^{j,k+\frac{1}{2}}+\mathrm{d}w_{i+\frac{1}{2}}^{j+1,k+\frac{1}{2}}\wedge\mathrm{d}p_{i+\frac{1}{2}}^{j+1,k+\frac{1}{2}}\right.$$
$$\left.-\mathrm{d}w_{i+\frac{1}{2}}^{j,k+\frac{1}{2}}\wedge\mathrm{d}p_{i+\frac{1}{2}}^{j,k+\frac{1}{2}}+\mathrm{d}q_{i+\frac{1}{2}}^{j+1,k+\frac{1}{2}}\wedge\mathrm{d}\varphi_{i+\frac{1}{2}}^{j+1,k+\frac{1}{2}}-\mathrm{d}q_{i+\frac{1}{2}}^{j,k+\frac{1}{2}}\wedge\mathrm{d}\varphi_{i+\frac{1}{2}}^{j,k+\frac{1}{2}}\right)$$
$$+\frac{1}{\Delta y}\left(\mathrm{d}\varphi_{i+\frac{1}{2}}^{j+\frac{1}{2},k+1}\wedge\mathrm{d}u_{i+\frac{1}{2}}^{j+\frac{1}{2},k+1}-\mathrm{d}\varphi_{i+\frac{1}{2}}^{j+\frac{1}{2},k}\wedge\mathrm{d}u_{i+\frac{1}{2}}^{j+\frac{1}{2},k}\right)=0 \tag{3.4.144}$$

以类似的方法,我们可以得到局部能量守恒律(式(3.4.138))和局部动量守恒律(式(3.4.142))的离散形式。

从式(3.4.143)中消去 v,w,p,φ 和 q,Preissmann 格式(3.4.143)可以简化为四十五点隐式多辛格式:

$$\frac{1}{4\Delta t^2}(\delta_t^2u_{i+2}^{j,k}+4\delta_t^2u_{i+1}^{j,k}+6\delta_t^2u_i^{j,k}+4\delta_t^2u_{i-1}^{j,k}+\delta_t^2u_{i-2}^{j,k})$$
$$-\frac{1}{4\Delta x^2}(\delta_x^2u_i^{j+2,k}+4\delta_x^2u_i^{j+1,k}+6\delta_x^2u_i^{j,k}+4\delta_x^2u_i^{j-1,k}+\delta_x^2u_i^{j-2,k})$$
$$-\frac{1}{4\Delta y^2}(\delta_y^2u_i^{j,k+2}+4\delta_y^2u_i^{j,k+1}+6\delta_y^2u_i^{j,k}+4\delta_y^2u_i^{j,k-1}+\delta_y^2u_i^{j,k-2})$$
$$+\frac{3}{4\Delta x^2}[\delta_x^2(u_i^{j+2,k})^2+16\delta_x^2(u_i^{j+1,k})^2+36\delta_x^2(u_i^{j,k})^2+16\delta_x^2(u_i^{j-1,k})^2+\delta_x^2(u_i^{j-2,k})^2]$$
$$-\frac{1}{\Delta x^4}(\delta_x^4u_i^{j+1,k}+2\delta_x^4u_i^{j,k}+\delta_x^4u_i^{j-1,k})=0 \tag{3.4.145}$$

其中,Δt 是时间步长;Δx 和 Δy 是空间步长;$\delta_t^2u_i^{j,k}=(u_{i+1}^{j,k}-2u_i^{j,k}+u_{i-1}^{j,k})$,$\delta_x^4u_i^{j,k}=u_i^{j+2,k}-4u_i^{j+1,k}+6u_i^{j,k}-4u_i^{j-1,k}+u_i^{j-2,k}$ 等。

众所周知,Preissmann 格式(3.4.143)是二阶收敛的隐式多辛格式,因此等价形式(3.4.145)也是二阶收敛的。

由于方程(3.4.129)的高维性,孤立波的相互作用可能导致非线性波动力学的多种特性,并表现出许多新颖的特征,由此引出许多重要的物理应用,如孤立波共振现象。在本节中,我们简要介绍方程(3.4.129)的双孤立波解和孤立波共振条件。

通过因变量变换 $u=-2\partial_{xx}(\log\psi)$,(2+1)维波希尼斯克方程(3.4.129)的双孤立波解可以表示为[81]

$$\psi=1+\mathrm{e}^{\xi_1}+\mathrm{e}^{\xi_2}+A_{12}\mathrm{e}^{\xi_1+\xi_2},\quad u=-2\partial_{xx}\log(1+\mathrm{e}^{\xi_1}+\mathrm{e}^{\xi_2}+A_{12}\mathrm{e}^{\xi_1+\xi_2}) \tag{3.4.146}$$

其中,$\xi_i=k_ix+l_iy+\omega_it+\delta_i\,(i=1,2)$是相位变量;$\zeta_i=(k_i,l_i)(i=1,2)$是波矢量;$\omega_i(i=1,2)$是满足色散关系 $P(\omega_i,\zeta_i)=\omega_i-\varepsilon(k_i^2+k_i^4+l_i^2)^{\frac{1}{2}}=0(i=1,2;\ \varepsilon=\pm1)$的频率;$A_{12}$ 定义为

$$A_{12}=-\frac{(\omega_1-\omega_2)^2-(k_1-k_2)^2-(l_1-l_2)^2-(k_1-k_2)^4}{(\omega_1+\omega_2)^2-(k_1+k_2)^2-(l_1+l_2)^2-(k_1+k_2)^4} \tag{3.4.147}$$

当我们选取满足如下条件的一组适当集合 $\zeta_i(i=1,2)$ 时[55]，孤立波在相互作用中可能发生共振现象：

$$P[\omega(\zeta_1)\pm\omega(\zeta_2),\zeta_1\pm\zeta_2]=0 \tag{3.4.148}$$

从解析条件(式(3.4.148))可以得出结论，色散关系 P 和相移参数 A_{12} 在孤立波共振现象的产生中起主要作用，这将在数值模拟中重点关注。

本节通过多辛格式(3.4.145)在区域 $X\times Y\in[-5,5]\times[-5,5]$ 范围内以数值方式再现了双孤立波解(式(3.4.146))的相互作用，特别是孤立波共振现象。在接下来的实验中，我们将取步长为 $\Delta t=0.02$，$\Delta x=0.05$ 和 $\Delta y=0.05$，并考虑以下初始和边界条件：

$$\begin{cases}\psi\mid_{t=0}=1+\mathrm{e}^{\xi_1^0}+\mathrm{e}^{\xi_2^0}+A_{12}\mathrm{e}^{\xi_1^0+\xi_2^0}, & u\mid_{t=0}=-2\partial_{xx}\log(\psi\mid_{t=0})\\ \psi\mid_{x=\pm5}=1+\mathrm{e}^{\xi_1^{\pm1}}+\mathrm{e}^{\xi_2^{\pm1}}+A_{12}\mathrm{e}^{\xi_1^{\pm1}+\xi_2^{\pm1}}, & u\mid_{x=\pm5}=-2\partial_{xx}\log(\psi\mid_{x=\pm5})\\ \psi\mid_{y=\pm5}=1+\mathrm{e}^{\xi_1^{\pm2}}+\mathrm{e}^{\xi_2^{\pm2}}+A_{12}\mathrm{e}^{\xi_1^{\pm2}+\xi_2^{\pm2}}, & u\mid_{y=\pm5}=-2\partial_{xx}\log(\psi\mid_{y=\pm5})\end{cases} \tag{3.4.149}$$

其中，$\xi_i^0=k_ix+l_iy+\delta_i$，$\xi_i^{\pm1}=\pm5k_i+l_iy+\omega_it+\delta_i$，$\xi_i^{\pm2}=k_ix\pm5l_i+\omega_it+\delta_i(i=1,2)$。

算例1 根据孤立波理论，双孤立波解(式(3.4.146))有四个分支，当我们将相移参数取为 $0<A_{12}<+\infty$ 和 $A_{12}\neq1$ 时，它们之间将产生规则的相互作用。为了模拟双孤立波解规则的相互作用，分别选择满足规则的相互作用条件的参数 $k_1=-k_2=1$，$l_1=l_2=0.5$，$\omega_1=\omega_2=1.5(A_{12}=2.5)$ 和 $k_1=-k_2=\sqrt{0.1}$，$l_1=l_2=\sqrt{0.05}$，$\omega_1=\omega_2=0.4(A_{12}=0.6)$。

采用多辛方法(式(3.4.145))从 $t=0$ 到 $t=30$ 用上述参数对双孤立波解(式(3.4.146))进行模拟。图3-23分别给出了当 $t=10$，$t=20$ 和 $t=30$ 时双孤立波解在相移参数取为 $A_{12}=2.5$ 时规则的相互作用过程，而图3-24分别给出了当 $t=10$，$t=20$ 和 $t=30$ 时双孤立波解取相移参数 $A_{12}=0.6$ 时规则的相互作用过程。为了说明多辛格式(3.4.145)的良好保结构性质，根据Reich[19]和Bridges[2]在仿真过程中提到的方法，记录了局部能量守恒定律和局部合成动量守恒定律在 $t=10$ 时的数值误差，参见图3-25和图3-26。

综合分析局部能量/动量守恒律中 x 和 y 在 $-5\sim5$ 区间内的误差，从而可得到每个时间步的全局能量/动量守恒律中的误差。在 $A_{12}=2.5$ 和 $A_{12}=0.6$ 时，全局能量/动量守恒律中的误差如图3-27所示。由此可见，多辛方法可以很好地保持系统的全局能量/动量。

可以清楚地看到，当我们取相移参数为 $A_{12}=2.5$ 和 $A_{12}=0.6$，并满足规则的相互作用条件($0<A_{12}<+\infty$ 和 $A_{12}\neq1$)时，双孤立波在相互作用过程中始终保持其原始的振幅和速度，参见图3-23和图3-24，这是规则相互作用的特点。此外，交互位置也不会随时间流逝而改变，这可以在以下的实验中体现。多辛格式(3.4.145)的良好局部守恒性质可以从图3-25和图3-26中看出。此外，某些网格上的数值解和双孤立波解(式(3.4.146))之间的绝对误差小于 8×10^{-13}，见表3-5，这意味着多辛格式(3.4.145)精度高。为了进一步说明多辛方法的高数值精度，数值结果的误差由表3-6给出。在表3-5和表3-6中，符号 *.****-** 表示 *.****$\times10^{-**}$，其第一列给出的是在 $A_{12}=2.5$ 时数值解与双孤立波解之间的绝对误差，其他列的以此类推。

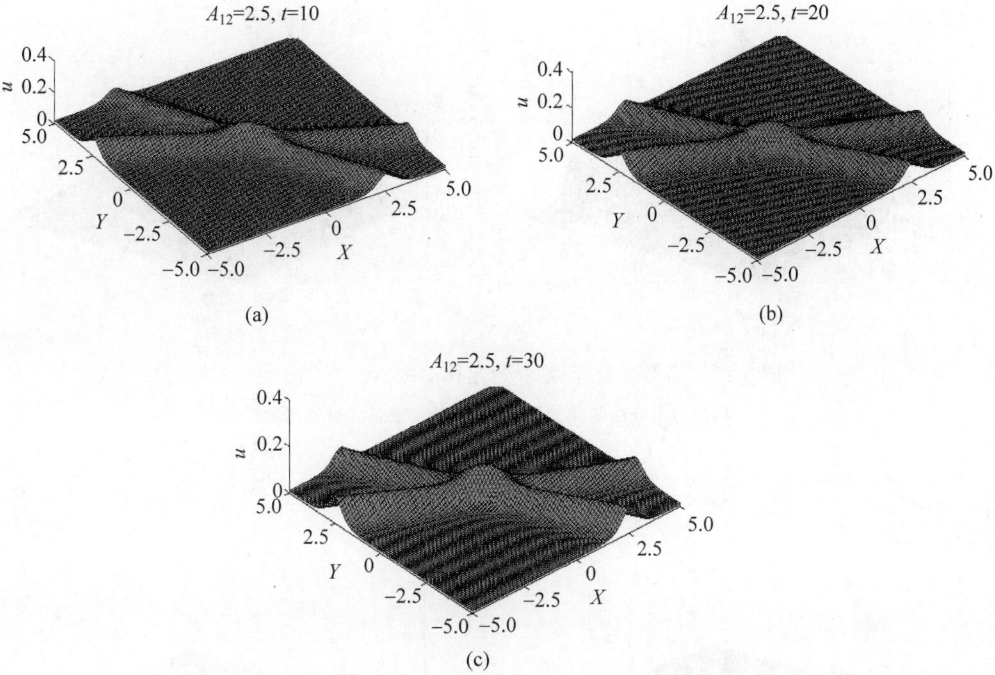

图 3-23　双孤立波解相互作用($A_{12}=2.5$)

(a) $t=10$；(b) $t=20$；(c) $t=30$

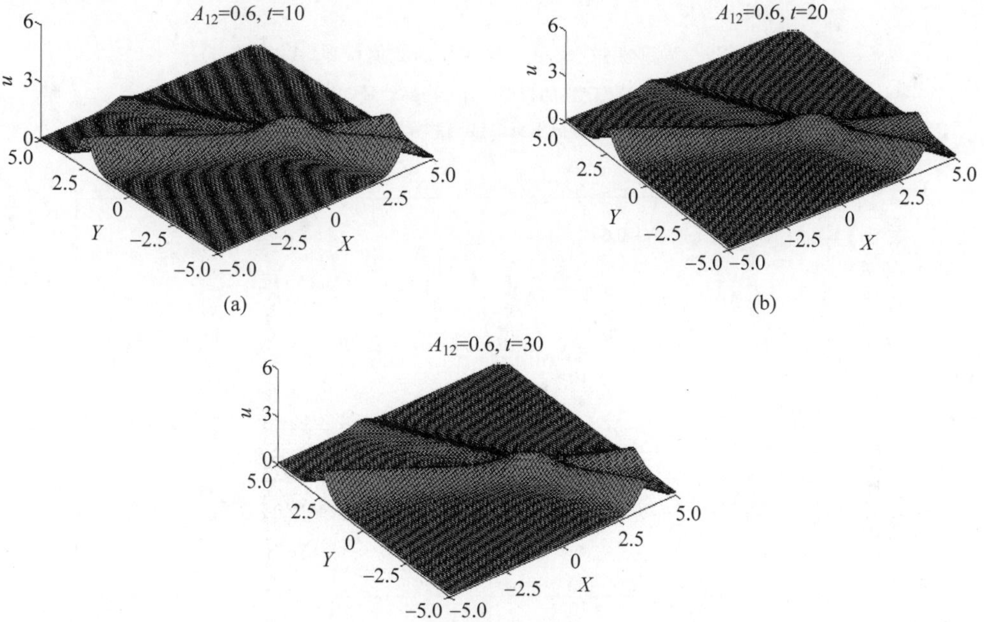

图 3-24　双孤立波解相互作用($A_{12}=0.6$)

(a) $t=10$；(b) $t=20$；(c) $t=30$

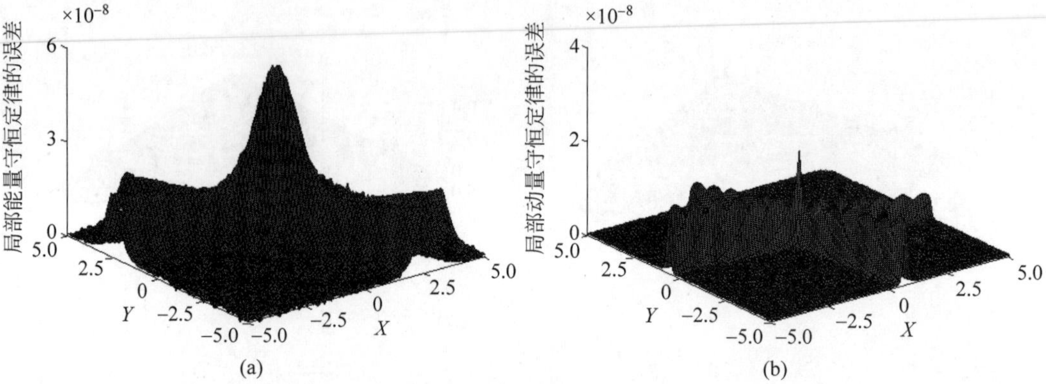

图 3-25　局部能量/动量守恒定律的数值误差($A_{12}=2.5$)

(a) 局部能量守恒定律的误差；(b) 局部动量守恒定律的误差

(请扫Ⅰ页二维码看彩图)

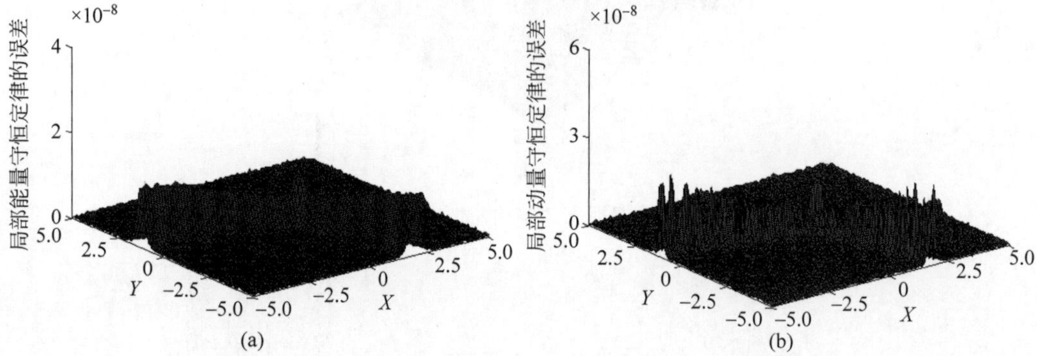

图 3-26　局部能量/动量守恒定律的数值误差($A_{12}=0.6$)

(a) 局部能量守恒定律的误差；(b) 局部动量守恒定律的误差

(请扫Ⅰ页二维码看彩图)

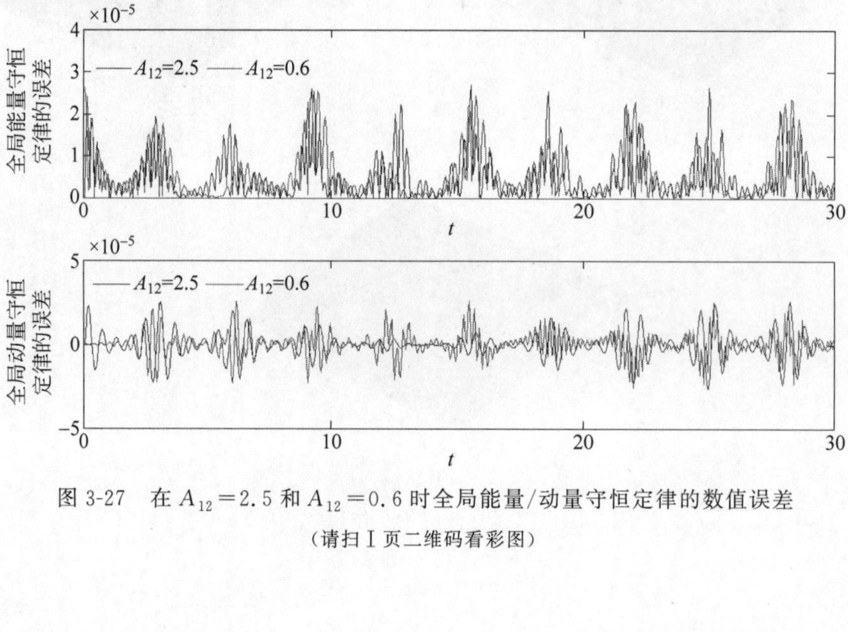

图 3-27　在 $A_{12}=2.5$ 和 $A_{12}=0.6$ 时全局能量/动量守恒定律的数值误差

(请扫Ⅰ页二维码看彩图)

表 3-5　数值解和双孤立波解之间的绝对误差

点 \ A_{12}	2.5	0.6	1	−2	9.5082×10^{-6}	1.7326×10^{16}
1	2.4734-14	1.5660-15	6.5752-16	3.7418-14	9.6368-16	4.0650-15
2	7.6832-13	3.2553-14	3.4081-14	1.9948-15	6.9441-17	7.8792-14
3	8.1333-15	5.2385-15	1.1957-16	6.8667-15	1.0408-15	2.4879-13
4	1.4641-14	1.0160-16	3.5122-13	4.4858-15	3.2857-16	6.8915-16
5	3.0713-14	9.3847-15	1.7133-14	2.9033-16	4.6773-15	1.7623-14
6	5.5812-15	2.7573-13	2.8674-16	7.0203-15	1.5862-14	8.6553-16

表 3-6　数值结果的 L_2 误差

t \ A_{12}	2.5	0.6	1	−2	9.5082×10^{-6}	1.7326×10^{16}
5	1.0659-05	4.0981-04	2.0529-05	1.4962-04	9.5018-04	2.5582-04
10	9.2873-04	7.0075-06	5.1981-05	5.1455-04	1.7725-03	1.0009-03
15	3.9976-04	2.2388-06	1.4131-04	2.3271-05	6.2330-04	4.2954-04
20	8.1961-05	2.9601-04	8.6629-06	2.9096-05	6.8876-04	8.1815-05
25	8.3314-06	9.1562-05	8.1788-05	7.6535-05	5.0012-03	3.3026-05
30	5.2106-05	3.1005-05	4.5076-05	9.2250-06	2.2407-03	3.0611-04

算例 2　根据孤立波理论，当 $A_{12}=1$ 时双孤立波解(式(3.4.146))将退化为单孤立波解。为了模拟双孤立波解的退化现象，将参数值设为 $k_1=0.5, k_2=0, l_1=l_2=0.5, \omega_1=0.75, \omega_2=0.5(A_{12}=1)$，满足退化条件。

使用上述参数对双孤立波解(式(3.4.146))通过多辛格式(3.4.145)从 $t=0$ 到 $t=30$ 时间区间内进行模拟。图 3-28 给出了当 $t=10, t=20$ 和 $t=30$ 时双孤立波解的退化过程，

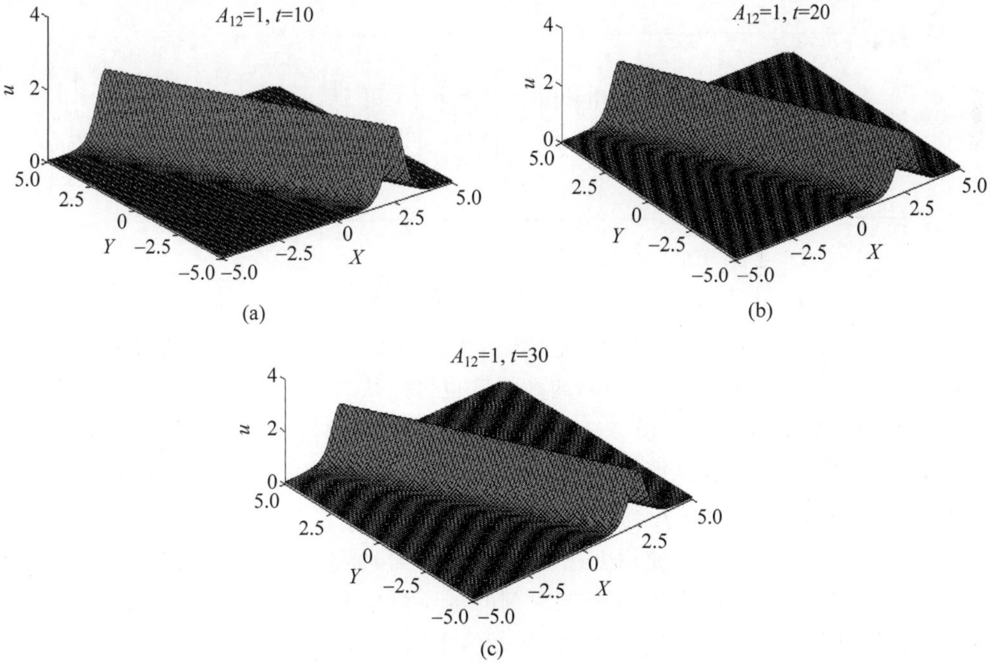

图 3-28　双孤立波解的退化($A_{12}=1$)

(a) $t=10$；(b) $t=20$；(c) $t=30$

图 3-29 给出了当 $t=10$ 相移参数为 $A_{12}=1$ 时局部能量守恒律和局部动量守恒律的数值误差。类似地，可以得到全局能量/动量守恒律中的数值误差（图 3-30）。

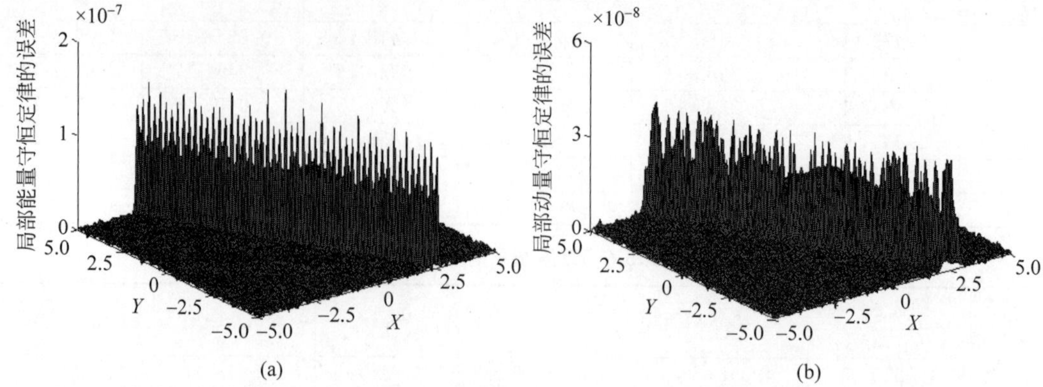

图 3-29 局部能量/动量守恒定律中的数值误差（$A_{12}=1$）

（a）局部能量守恒定律中的误差；（b）局部动量守恒定律中的误差

（请扫Ⅰ页二维码看彩图）

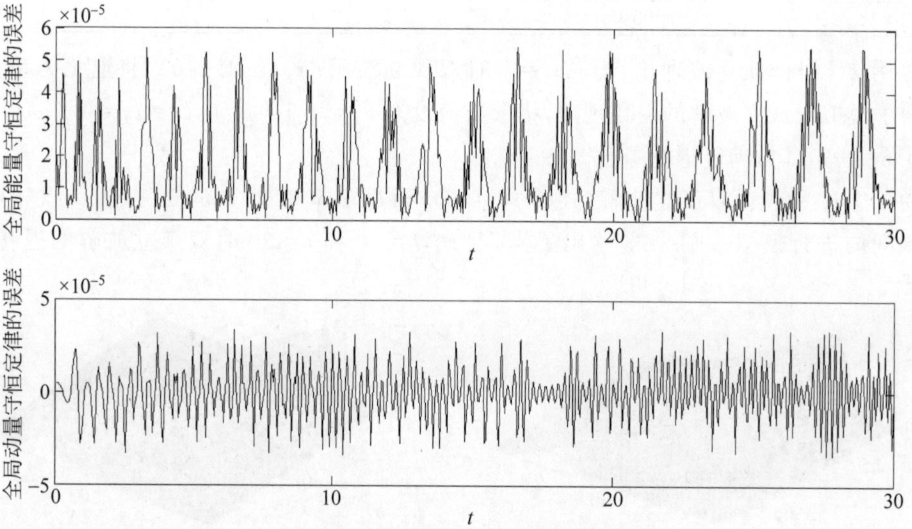

图 3-30 全局能量/动量守恒定律中的数值误差（$A_{12}=1$）

可以清楚地看到，当 $A_{12}=1$ 时双孤立波退化为单孤立波（图 3-28），这只是双孤立波解退化现象的特征。多辛格式（3.4.145）的高精度也可以从表 3-5 和表 3-6 中得出结论。

算例 3 根据孤立波理论（式（3.4.146）），当相移参数满足 $A_{12}<0$ 时，双孤立波解将变为奇异形式。为了模拟双孤立波解的奇异相互作用，我们令参数值为满足奇异相互作用条件的 $k_1=k_2=2, l_1=-l_2=4\sqrt{2}, \omega_1=\omega_2=2\sqrt{13}$（$A_{12}=-2$）。

引入多辛格式（3.4.145），使用上述参数从 $t=0$ 到 $t=30$ 对双孤立波解（3.4.146）进行模拟。图 3-31 给出了双孤立波解在不同时刻的奇异相互作用。为了说明该格式（3.4.145）的保结构特性，图 3-32 显示了在 $t=10$ 以及相移参数为 $A_{12}=-2$ 时局部能量守恒定律中和局部动量守恒定律中的数值误差，图 3-33 显示了在时间间隔 $[0,30]$ 内全局能量/动量守恒定律中的误差。

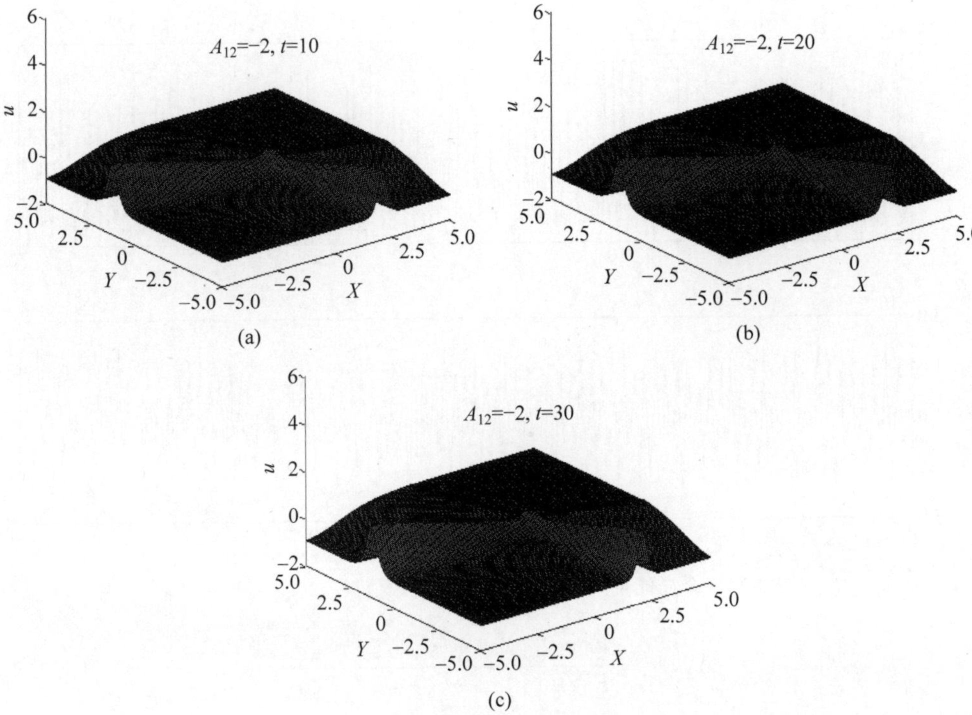

图 3-31　双孤立波的奇异相互作用($A_{12}=-2$)

(a) $t=10$；(b) $t=20$；(c) $t=30$

(请扫Ⅰ页二维码看彩图)

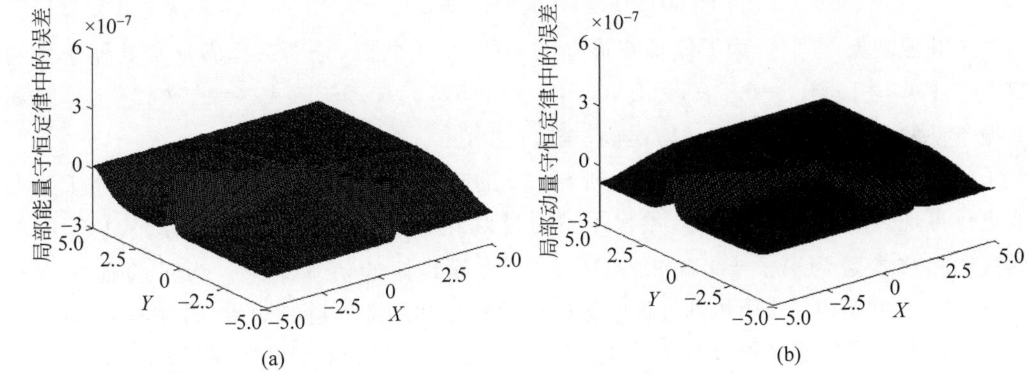

图 3-32　局部能量/动量守恒定律中的数值误差($A_{12}=-2$)

(a) 局部能量守恒定律中的误差；(b) 局部动量守恒定律中的误差

(请扫Ⅰ页二维码看彩图)

可以清楚地看到，双孤立波仍然有四个分支，但当 $A_{12}=-2$ 时四个分支的波形不同(图 3-31)，这便是双孤立波解奇异相互作用的特征。多辛格式(3.4.145)的高精度结论也可以从表 3-5 和表 3-6 中得出。

算例 4　上面的实验集中在双孤立波解的规则和奇异相互作用上。在本实验中，共振现象由多辛格式(3.4.145)再现。根据孤立波理论，共振现象将在 $A_{12}\to 0$ 或 $A_{12}\to\infty$ 时发生，这意味着 $\Delta=\log A_{12}\to-\infty$ 或 $\Delta=\log A_{12}\to+\infty$。

结合式(3.4.147)和式(3.4.148)，可以将相移参数重写为

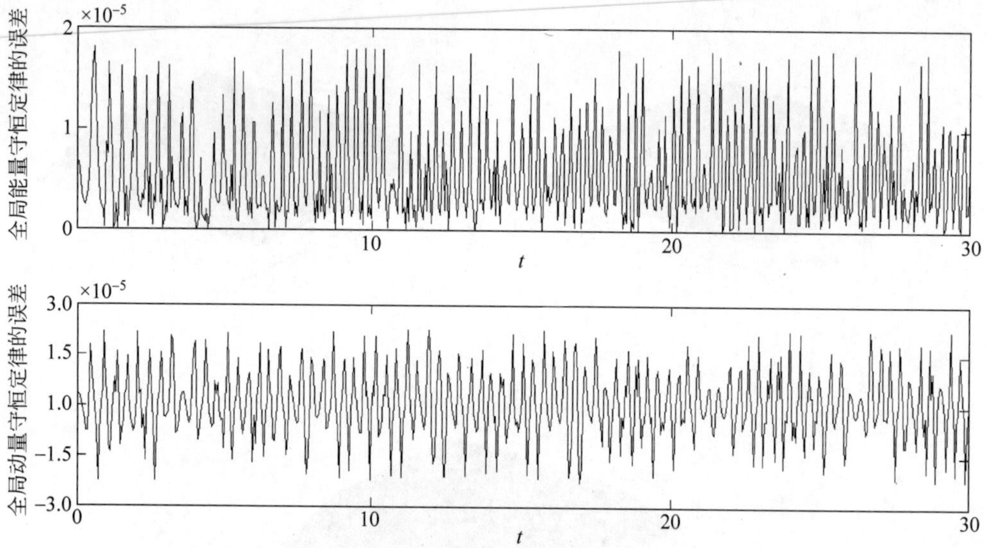

图 3-33 全局能量/动量守恒定律中的数值误差($A_{12}=-2$)

$$A_{12}=-\frac{P[\omega(\zeta_1)-\omega(\zeta_2),\zeta_1-\zeta_2]}{P[\omega(\zeta_1)+\omega(\zeta_2),\zeta_1+\zeta_2]} \tag{3.4.150}$$

所以极限 $A_{12}\to 0$ 相当于

$$P[\omega(\zeta_1)-\omega(\zeta_2),\zeta_1-\zeta_2]=0 \tag{3.4.151}$$

这称为负共振现象[63,81],而极限 $A_{12}\to\infty$ 相当于

$$P[\omega(\zeta_1)+\omega(\zeta_2),\zeta_1+\zeta_2]=0 \tag{3.4.152}$$

这称为正共振现象[63,81]。为了模拟双孤立波解的负/正共振,分别选择满足负共振条件的参数 $k_1=1,k_2=1.5,l_1=0.5,l_2=2.9037,\omega_1=1.5,\omega_2=3.9679(A_{12}=9.5082\times10^{-6})$和正共振条件的参数 $k_1=k_2=0.5,\omega_1=\omega_2=5.1456(A_{12}=1.7326\times10^{16})$。

采用多辛格式(3.4.145),从 $t=0$ 到 $t=30$ 的时间区间对负共振和正共振使用上述参数值进行再现。图 3-34 和图 3-35 给出了不同时刻下相移参数为 $A_{12}=1.7326\times10^{16}$ 时的正共振和相移参数为 $A_{12}=9.5082\times10^{-6}$ 时的负共振的仿真结果。为了验证多辛格式(3.4.145)在共振相互作用仿真过程中保持局部能量和局部动量的性质,图 3-36 和图 3-37 显示了局部能量守恒定律和局部动量守恒定律在 $t=10$ 时的数值误差。格式(3.4.145)的全局保结构特性如图 3-38 所示。

如图 3-34 所示,可以清楚地发现双孤立波在正共振中仍有四个分支,但在共振域中波型特别高耸和陡峭,这正是正共振的特征。同时如图 3-35 所示,双孤立波的每个分支都是一个孤立波轮廓,其中一个比另外两个分支的幅值小,这正是负共振的特征。局部能量守恒律误差和局部动量守恒律误差在钟形孤立波附近最大,见图 3-36 和图 3-37,这与参考文献[3],[19]中研究的结果吻合较好。多辛格式(3.4.145)的高精度也可以从表 3-5 和表 3-6 中得出。

从上述结果可以得出结论,多辛格式(3.4.145)可以高精度地模拟(2+1)维波希尼斯克方程孤立波相互作用中的共振现象。

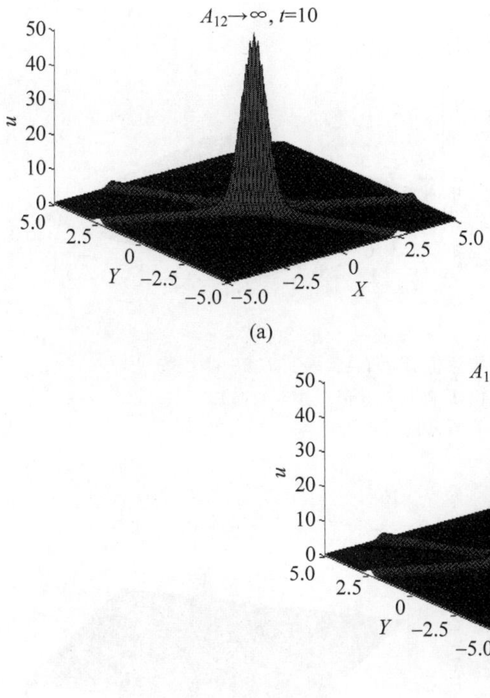

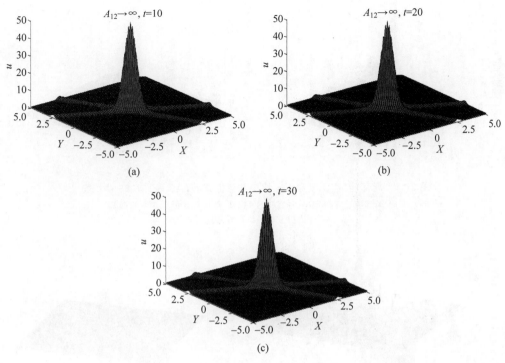

图 3-34　双孤立波正共振($A_{12}=1.7326\times10^{16}$)

(a) $t=10$；(b) $t=20$；(c) $t=30$

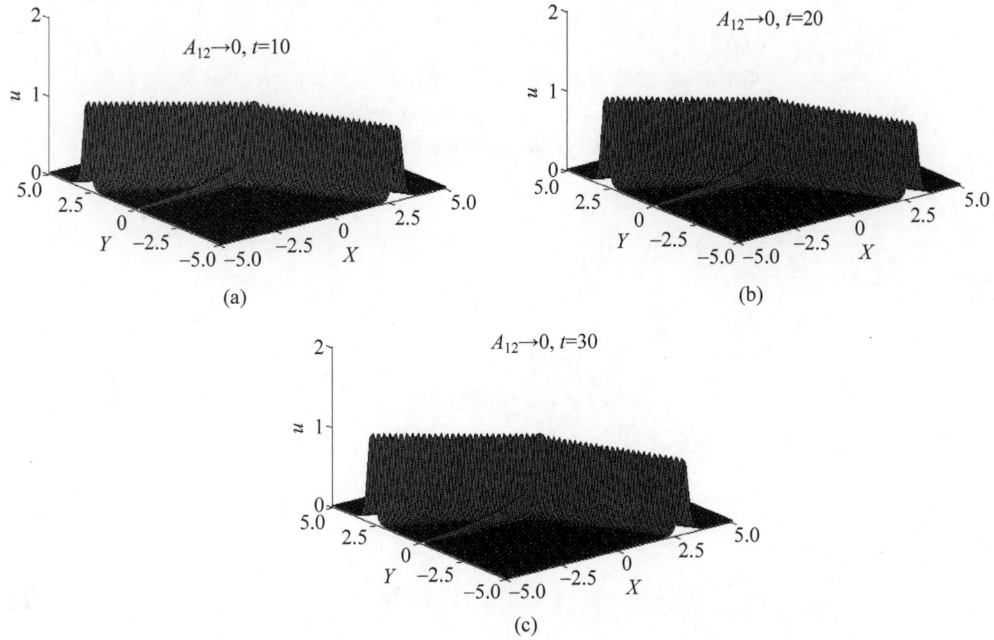

图 3-35　双孤立波的负共振($A_{12}=9.5082\times10^{-6}$)

(a) $t=10$；(b) $t=20$；(c) $t=30$

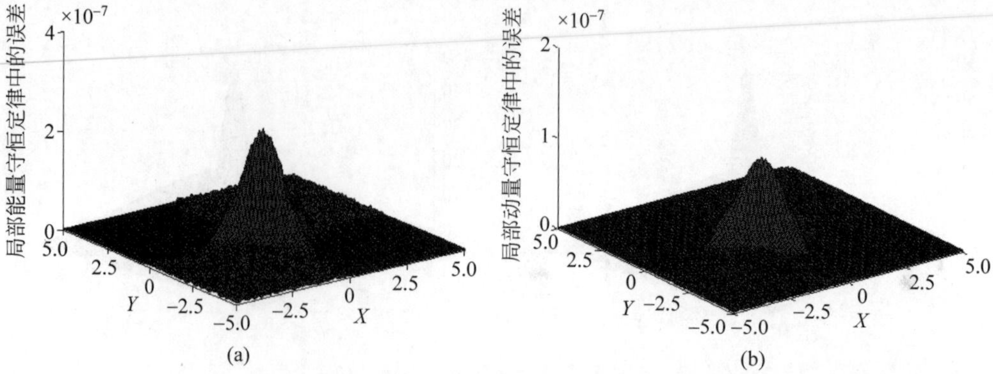

图 3-36　局部能量/动量守恒定律中的数值误差($A_{12}=1.7326\times10^{16}$)

(a) 局部能量守恒定律中的误差；(b) 局部动量守恒定律中的误差

(请扫Ⅰ页二维码看彩图)

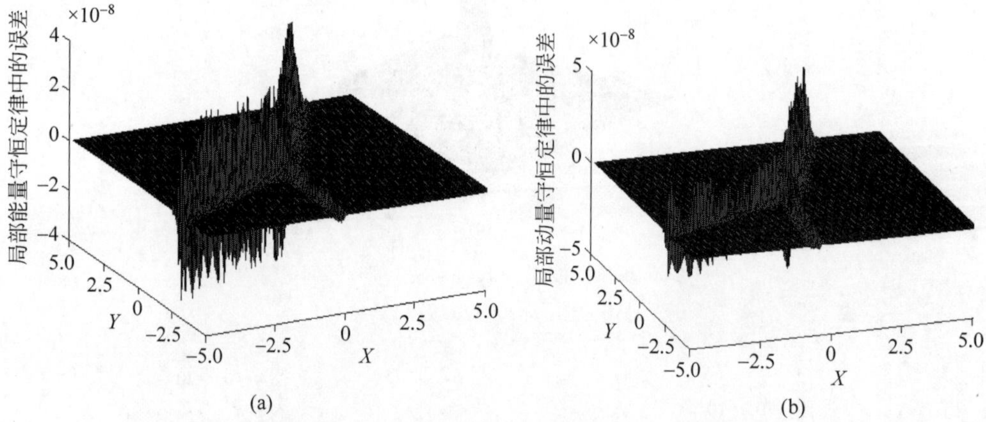

图 3-37　局部能量/动量守恒定律中的数值误差($A_{12}=9.5082\times10^{-6}$)

(a) 局部能量守恒定律中的误差；(b) 局部动量守恒定律中的误差

(请扫Ⅰ页二维码看彩图)

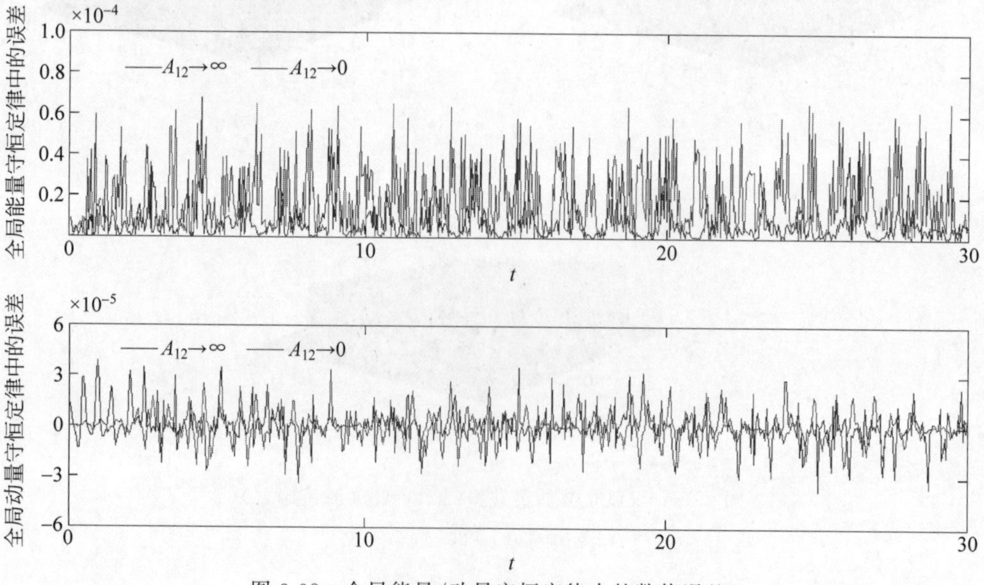

图 3-38　全局能量/动量守恒定律中的数值误差

(请扫Ⅰ页二维码看彩图)

3.4.7 准 Degasperis-Procesi 方程 peakon-antipeakon 碰撞的多辛模拟方法

Degasperis-Procesi 方程[85]如下：

$$u_t - u_{xxt} + 4uu_x = 3u_x u_{xx} + uu_{xxx} \tag{3.4.153}$$

其为不可压缩欧拉方程的近似表达形式，用于在小振幅和长波长条件下模拟浅水波传播，被称作 b 族方程的特例($b=3$)[86]：

$$m_t + um_x + bmu_x = 0 \tag{3.4.154}$$

其中，$u=u(x,t)$是流体速度；b 是一个实参数，它表示 b 族方程的拉伸与对流传输的比例，以及与动量密度 $m=u-u_{xx}$ 相关的协变维数，并且由于其具有无限可积结构而引起了研究人员相当大的研究兴趣。

b 族方程(式(3.4.154))中，第二项 um_x 是对流项，第三项 bmu_x 是拉伸项。对流和拉伸之间的相互作用导致了 b 族方程峰值解的存在，该方程在过去十年中得到了广泛的研究：Camassa 和 Holm[87]推导了带有无穷卷积守恒定律的 Camassa-Holm 方程($b=2$)，并且证明 Camassa-Holm 方程的孤立波解在其峰值处的一阶导数存在不连续性；Degasperis 和 Procesi[85]使用渐进可积方法发现了 Degasperis-Procesi 方程；随后，Degasperis，Holm 和 Hone[86]证明了 Degasperis-Procesi 方程是可积的，并且 Degasperis-Procesi 方程的精确解具有多峰值的叠加态；Feng 和 Liu[88]提出了 Degasperis-Procesi 方程的算子分裂方法，并构建了一个数值方法来模拟 Degasperis-Procesi 方程的多峰和冲击峰值的演化过程；最近，基于合适的光滑小振幅周期解的构造，Christov 及其合作者[89]发现，b 族方程的解不是均匀连续的。

以上关于 b 族方程峰值解的研究主要基于两种特殊情况($b=2$ 和 $b=3$)，因为只有当 $b=2$[87]和 $b=3$[90]时 b 族方程(3.4.154)才是可积的，这意味着 Camassa-Holm 方程和 Degasperis-Procesi 方程可能包括很多有趣的几何性质。这两个方程共同的显著几何性质是 peakon-antipeakon 碰撞过程中存在的间断现象。为了研究这种局部行为，多辛方法，一种具有出色长期的高精度的保结构数值方法[1,2]已经被用于研究 Camassa-Holm 方程[38,91-92]的 peakon-antipeakon 碰撞，这些参考文献中的数值结果与理论结果一致：间断的 Camassa-Holm 方程解可以继续作为全局保守解[93]或全局耗散解[94]。但 Degasperis-Procesi 方程的情况可能相反：Degasperis-Procesi 方程间断解可能在波峰处终止，在 peakon-antipeakon 碰撞过程中以跳跃不连续现象为特征的解被命名为冲击峰解[95]。

Degasperis-Procesi 方程的冲击峰解的跳跃不连续性由 Lundmark 于 2007 年首次提出[95]。然后，Guo[96]构建了 Degasperis-Procesi 方程的周期峰解和冲击峰解，Yu 和 Shen[97]最近开发了一种保辛时长格式来解决波峰处一阶导数可能发散和可能形成激波峰解的计算困难问题。众所周知，跳跃不连续性是激波峰值与能量和动量相关的局部几何性质，而多辛方法正是一种关注无限哈密顿系统的局部几何性质的保结构数值方法[1,2]，但遗憾的是，Degasperis-Procesi 方程无法转换为多辛形式。因此，在本节中，我们推导了 b 族方程的多辛结构，并提出了一个 Preissmann Box 多辛格式，来研究准 Degasperis-Procesi 方程($b\to3$)的 peakon-antipeakon 碰撞过程[93]。由 $b\to3$ 碰撞结果说明 Degasperis-Procesi 方程的激波峰的跳跃不连续性。

假设 $b\neq 3$ 和 $b\neq 4$ 并引入以下正则动量：

$$\begin{cases} u_t=-w_x, & \varphi_x=u \\ u_x=v, & \dfrac{b-3}{b-4}u_t=(3-b)uv+\dfrac{1}{3-b}\psi \end{cases} \tag{3.4.155}$$

b 族方程(3.4.154)可以改写为一阶形式：

$$\frac{1}{2}\varphi_t-\frac{b-3}{b-4}v_t+\frac{1}{b-3}\psi_x=\frac{1}{2}w-\frac{b+1}{2}u^2+\frac{3-b}{2}v^2 \tag{3.4.156}$$

引入状态变量 $\boldsymbol{z}=[u,\varphi,w,\psi,v]^{\mathrm{T}}\in\mathbf{R}^5$ 并联立式(3.4.155)和式(3.4.156)，得到 b 族方程的多辛结构：

$$\boldsymbol{M}\boldsymbol{z}_t+\boldsymbol{K}\boldsymbol{z}_x=\nabla_z S(\boldsymbol{z}) \tag{3.4.157}$$

其中，

$$\boldsymbol{M}=\begin{bmatrix} 0 & \frac{1}{2} & 0 & 0 & -\frac{b-3}{b-4} \\ -\frac{1}{2} & 0 & 0 & 0 & 0 \\ 0 & 0 & 0 & 0 & 0 \\ 0 & 0 & 0 & 0 & 0 \\ \frac{b-3}{b-4} & 0 & 0 & 0 & 0 \end{bmatrix},\quad \boldsymbol{K}=\begin{bmatrix} 0 & 0 & 0 & \frac{1}{b-3} & 0 \\ 0 & 0 & -\frac{1}{2} & 0 & 0 \\ 0 & \frac{1}{2} & 0 & 0 & 0 \\ \frac{1}{3-b} & 0 & 0 & 0 & 0 \\ 0 & 0 & 0 & 0 & 0 \end{bmatrix}$$

以及哈密顿函数 $S(\boldsymbol{z})=\frac{1}{2}uw-\frac{b+1}{6}u^3+\frac{3-b}{2}uv^2+\frac{1}{3-b}v\psi$。

此多辛结构满足几个基本的局部守恒律，包括多辛守恒律、局部能量守恒律和局部动量守恒律，这些定律已在参考文献[1]中提出，并已被证明是多辛方法的保结构性质。因此，我们在这里不做细节证明。

参考 Bridges[1] 提出的多辛理论，b 族方程的外积形式的多辛守恒定律是

$$\frac{\partial}{\partial t}\left[\mathrm{d}u\wedge\mathrm{d}\varphi+\frac{2(b-3)}{b-4}\mathrm{d}v\wedge\mathrm{d}u\right]+\frac{\partial}{\partial x}\left(\frac{2}{b-3}\mathrm{d}u\wedge\mathrm{d}\psi+\mathrm{d}w\wedge\mathrm{d}\varphi\right)=0 \tag{3.4.158}$$

由于 $\boldsymbol{M}$ 和 $\boldsymbol{K}$ 的反对称性，局部能量守恒定律和局部动量的守恒定律可以通过分别将式(3.4.157)与 $\boldsymbol{z}_t$ 和 $\boldsymbol{z}_x$ 做内积来获得。b 族方程的局部能量守恒律是

$$\begin{aligned}&\frac{\partial}{\partial t}\left[2S(\boldsymbol{z})-\frac{1}{b-3}u_x\psi+\frac{1}{b-3}u\psi_x-\frac{1}{2}\varphi w_x+\frac{1}{2}\varphi_x w\right]\\&+\frac{\partial}{\partial x}\left(\frac{1}{b-3}u\psi_t-\frac{1}{b-3}u_t\psi+\frac{1}{2}\varphi_t w-\frac{1}{2}\varphi w_t\right)=0\end{aligned} \tag{3.4.159}$$

b 族方程的局部动量守恒律是

$$\begin{aligned}&\frac{\partial}{\partial t}\left(\frac{1}{2}u\varphi_x-\frac{b-3}{b-4}uv_x-\frac{1}{2}\varphi u_x+\frac{b-3}{b-4}vu_x\right)\\&+\frac{\partial}{\partial x}\left[2S(\boldsymbol{z})-\frac{1}{2}\varphi u_t+\frac{b-3}{b-4}vu_t+\frac{1}{2}u\varphi_t-\frac{b-3}{b-4}uv_t\right]=0\end{aligned} \tag{3.4.160}$$

在这里，局部守恒律(式(3.4.159)和式(3.4.160))与跳跃不连续的局部几何性质之间

的关系，是激励我们采用多辛方法模拟跳跃不连续的局部几何性质的重要动力。跳跃不连续性是与能量和动量相关的典型局部几何性质：考虑到两侧与跳跃不连续性区域相邻的两个点，这两个点的振荡速度为零，这也就意味着这两个点的动能和动量为零。因为这里提到的动能和动量在两个点上，所以这两点的零动能和零动量是与能量和动量相关的局部几何性质。此外，peakon-antipeakon 碰撞具有弹性。因此，碰撞过程中的局部能量和局部动量是守恒定律式(3.4.159)和式(3.4.160)描述的两个保守量。

值得强调的是，b 族方程的多辛结构存在的前提条件是 $b\neq 3$ 和 $b\neq 4$，因为如果 $b=3$ 或 $b=4$，则 b 族方程(3.4.155)的正则动量无意义，这也就导致多辛方法研究 Degasperis-Procesi 方程的冲击峰值是不切实际的。因此，我们在本节中采用多辛方法研究了准 Degasperis-Procesi 方程($b\to 3$)的 peakon-antipeakon 碰撞，以间接地揭示激波的局部几何性质。

Preissmann Box 格式是常微分方程隐式中点格式，并已被证明是经典多辛离散方法之一[34,98-99]。在本节中，我们将详细介绍 b 族方程的 Preissmann Box 格式和离散守恒定律的必要证明过程。

多辛结构(3.4.157)Preissmann Box 格式的展开形式是

$$\begin{cases}\delta_t^+\varphi_{j+1/2}^i-\dfrac{2(b-3)}{b-4}\delta_t^+v_{j+1/2}^i+\dfrac{2}{b-3}\delta_x^+\psi_j^{i+1/2}=\bar{w}-(b+1)\bar{u}^2+(3-b)\bar{v}^2 & (3.4.161\text{a})\\ \delta_t^+u_{j+1/2}^i+\delta_x^+w_j^{i+1/2}=0 & (3.4.161\text{b})\\ \delta_x^+\varphi_j^{i+1/2}=\bar{u} & (3.4.161\text{c})\\ \delta_x^+u_j^{i+1/2}=\bar{v} & (3.4.161\text{d})\\ \dfrac{b-3}{b-4}\delta_t^+u_{j+1/2}^i=(3-b)\bar{u}\bar{v}+\dfrac{1}{3-b}\bar{\psi} & (3.4.161\text{e})\end{cases}$$

其中，Δt 是时间步长；Δx 是空间步长；u_j^i 是 $u(i\Delta t,j\Delta x)$的近似值；δ_t^+ 和 δ_x^+ 是前向差分算子；$\bar{u}=u_{j+1/2}^{i+1/2}=\dfrac{1}{4}(u_j^i+u_j^{i+1}+u_{j+1}^i+u_{j+1}^{i+1})$。

Preissmann Box 格式的离散多辛守恒定律已在参考文献[34]中得到了证明，因此，本节仅提供了局部能量和局部动量的离散守恒律的证明。

命题 3-7 Preissmann Box 格式(3.4.161)满足以下离散局部能量守恒律：

$$\begin{aligned}&\delta_t^+\left(2S(\bar{z})-\frac{1}{b-3}\bar{\psi}\,\delta_x^+u_j^{i+1/2}+\frac{1}{b-3}\bar{u}\,\delta_x^+\psi_j^{i+1/2}-\frac{1}{2}\bar{\varphi}\,\delta_x^+w_j^{i+1/2}+\frac{1}{2}\bar{w}\,\delta_x^+\varphi_j^{i+1/2}\right)\\&+\delta_x^+\left(\frac{1}{b-3}\bar{u}\,\delta_t^+\psi_{j+1/2}^i-\frac{1}{b-3}\bar{\psi}\,\delta_t^+u_{j+1/2}^i+\frac{1}{2}\bar{w}\,\delta_t^+\varphi_{j+1/2}^i-\frac{1}{2}\bar{\varphi}\,\delta_t^+w_{j+1/2}^i\right)=0\end{aligned}\tag{3.4.162}$$

以及以下离散局部动量守恒律：

$$\begin{aligned}&\delta_t^+\left(\frac{1}{2}\bar{u}\,\delta_x^+\varphi_j^{i+1/2}-\frac{b-3}{b-4}\bar{u}\,\delta_x^+v_j^{i+1/2}-\frac{1}{2}\bar{\varphi}\,\delta_x^+u_j^{i+1/2}+\frac{b-3}{b-4}\bar{v}\,\delta_x^+u_j^{i+1/2}\right)\\&+\delta_x^+\left[2S(\boldsymbol{z})-\frac{1}{2}\bar{\varphi}\,\delta_t^+u_{j+1/2}^i+\frac{b-3}{b-4}\bar{v}\,\delta_t^+u_{j+1/2}^i+\frac{1}{2}\bar{u}\,\delta_t^+\varphi_{j+1/2}^i-\frac{b-3}{b-4}\bar{u}\,\delta_t^+v_{j+1/2}^i\right]=0\end{aligned}\tag{3.4.163}$$

证明 使用链式法则，我们可以得到

$$\delta_t^+(\bar{\psi}\,\delta_x^+ u_j^{i+1/2}) = \delta_t^+\bar{\psi}\,\delta_x^+ u_j^{i+1/2} + \bar{\psi}\,\delta_t^+\delta_x^+ u_j^{i+1/2}$$
$$= \frac{1}{8}[\delta_t^+(\psi_j^i + \psi_{j+1}^i + \psi_j^{i+1} + \psi_{j+1}^{i+1})\delta_x^+(u_j^i + u_j^{i+1}) +$$
$$(\psi_j^i + \psi_{j+1}^i + \psi_j^{i+1} + \psi_{j+1}^{i+1})\delta_t^+\delta_x^+(u_j^i + u_j^{i+1})] \tag{3.4.164}$$

$$\delta_t^+(\bar{u}\,\delta_x^+ \psi_j^{i+1/2}) = \delta_t^+\bar{u}\,\delta_x^+ \psi_j^{i+1/2} + \bar{u}\,\delta_t^+\delta_x^+ \psi_j^{i+1/2}$$
$$= \frac{1}{8}[\delta_t^+(u_j^i + u_{j+1}^i + u_j^{i+1} + u_{j+1}^{i+1})\delta_x^+(\psi_j^i + \psi_j^{i+1}) +$$
$$(u_j^i + u_{j+1}^i + u_j^{i+1} + u_{j+1}^{i+1})\delta_t^+\delta_x^+(\psi_j^i + \psi_j^{i+1})] \tag{3.4.165}$$

$$\delta_t^+(\bar{\varphi}\,\delta_x^+ w_j^{i+1/2}) = \delta_t^+\bar{\varphi}\,\delta_x^+ w_j^{i+1/2} + \bar{\varphi}\,\delta_t^+\delta_x^+ w_j^{i+1/2}$$
$$= \frac{1}{8}[\delta_t^+(\varphi_j^i + \varphi_{j+1}^i + \varphi_j^{i+1} + \varphi_{j+1}^{i+1})\delta_x^+(w_j^i + w_j^{i+1}) +$$
$$(\varphi_j^i + \varphi_{j+1}^i + \varphi_j^{i+1} + \varphi_{j+1}^{i+1})\delta_t^+\delta_x^+(w_j^i + w_j^{i+1})] \tag{3.4.166}$$

$$\delta_t^+(\bar{w}\,\delta_x^+ \varphi_j^{i+1/2}) = \delta_t^+\bar{w}\,\delta_x^+ \varphi_j^{i+1/2} + \bar{w}\,\delta_t^+\delta_x^+ \varphi_j^{i+1/2}$$
$$= \frac{1}{8}[\delta_t^+(w_j^i + w_{j+1}^i + w_j^{i+1} + w_{j+1}^{i+1})\delta_x^+(\varphi_j^i + \varphi_j^{i+1}) +$$
$$(w_j^i + w_{j+1}^i + w_j^{i+1} + w_{j+1}^{i+1})\delta_t^+\delta_x^+(\varphi_j^i + \varphi_j^{i+1})] \tag{3.4.167}$$

$$\delta_x^+(\bar{u}\,\delta_t^+ \psi_{j+1/2}^i) = \delta_x^+\bar{u}\,\delta_t^+ \psi_{j+1/2}^i + \bar{u}\,\delta_x^+\delta_t^+ \psi_{j+1/2}^i$$
$$= \frac{1}{8}[\delta_x^+(u_j^i + u_{j+1}^i + u_j^{i+1} + u_{j+1}^{i+1})\delta_t^+(\psi_j^i + \psi_j^{i+1}) +$$
$$(u_j^i + u_{j+1}^i + u_j^{i+1} + u_{j+1}^{i+1})\delta_t^+\delta_x^+(\psi_j^i + \psi_j^{i+1})] \tag{3.4.168}$$

$$\delta_x^+(\bar{\psi}\,\delta_t^+ u_{j+1/2}^i) = \delta_x^+\bar{\psi}\,\delta_t^+ u_{j+1/2}^i + \bar{\psi}\,\delta_x^+\delta_t^+ u_{j+1/2}^i$$
$$= \frac{1}{8}[\delta_x^+(\psi_j^i + \psi_{j+1}^i + \psi_j^{i+1} + \psi_{j+1}^{i+1})\delta_t^+(u_j^i + u_j^{i+1}) +$$
$$(\psi_j^i + \psi_{j+1}^i + \psi_j^{i+1} + \psi_{j+1}^{i+1})\delta_t^+\delta_x^+(u_j^i + u_j^{i+1})] \tag{3.4.169}$$

$$\delta_x^+(\bar{w}\,\delta_t^+ \varphi_{j+1/2}^i) = \delta_x^+\bar{w}\,\delta_t^+ \varphi_{j+1/2}^i + \bar{w}\,\delta_x^+\delta_t^+ \varphi_{j+1/2}^i$$
$$= \frac{1}{8}[\delta_x^+(w_j^i + w_{j+1}^i + w_j^{i+1} + w_{j+1}^{i+1})\delta_t^+(\varphi_j^i + \varphi_j^{i+1}) +$$
$$(w_j^i + w_{j+1}^i + w_j^{i+1} + w_{j+1}^{i+1})\delta_t^+\delta_x^+(\varphi_j^i + \varphi_j^{i+1})] \tag{3.4.170}$$

$$\delta_x^+(\bar{\varphi}\,\delta_t^+ w_{j+1/2}^i) = \delta_x^+\bar{\varphi}\,\delta_t^+ w_{j+1/2}^i + \bar{\varphi}\,\delta_x^+\delta_t^+ w_{j+1/2}^i$$
$$= \frac{1}{8}[\delta_x^+(\varphi_j^i + \varphi_{j+1}^i + \varphi_j^{i+1} + \varphi_{j+1}^{i+1})\delta_t^+(w_j^i + w_j^{i+1}) +$$
$$(\varphi_j^i + \varphi_{j+1}^i + \varphi_j^{i+1} + \varphi_{j+1}^{i+1})\delta_t^+\delta_x^+(w_j^i + w_j^{i+1})] \tag{3.4.171}$$

将式(3.4.164)～式(3.4.171)代入式(3.4.162)并合并同类项，可以获得式(3.4.162)的等效形式：

$$
\begin{aligned}
2\delta_t^+[S(\bar{z})]=&\frac{1}{16}[\delta_t^+(u_j^{i+1}+u_{j+1}^{i+1})\delta_t^+(\varphi_j^i+\varphi_{j+1}^i)-\delta_x^+(w_j^i+w_j^{i+1})\delta_t^+(\varphi_j^i+\varphi_{j+1}^i)+\\
&(u_j^i+u_{j+1}^i+u_j^{i+1}+u_{j+1}^{i+1})\delta_t^+\delta_t^+(\varphi_j^i+\varphi_{j+1}^i)+\\
&\delta_t^+(w_j^i+w_{j+1}^i+w_j^{i+1}+w_{j+1}^{i+1})\delta_x^+(\varphi_j^i+\varphi_j^{i+1})+\\
&(w_j^i+w_{j+1}^i+w_j^{i+1}+w_{j+1}^{i+1})\delta_t^+\delta_x^+(\varphi_j^i+\varphi_j^{i+1})]-\\
&\frac{b-3}{8(b-4)}[\delta_t^+(u_j^i+u_{j+1}^i+u_j^{i+1}+u_{j+1}^{i+1})\delta_t^+(v_j^i+v_{j+1}^i)+\\
&(u_j^i+u_{j+1}^i+u_j^{i+1}+u_{j+1}^{i+1})\delta_t^+\delta_t^+(v_j^i+v_{j+1}^i)+\\
&\delta_t^+(v_j^i+v_{j+1}^i+v_j^{i+1}+v_{j+1}^{i+1})\delta_x^+(w_j^i+w_j^{i+1})+\\
&(v_j^i+v_{j+1}^i+v_j^{i+1}+v_{j+1}^{i+1})\delta_t^+\delta_x^+(w_j^i+w_j^{i+1})]+\\
&\frac{1}{8(b-3)}[\delta_t^+(u_j^i+u_{j+1}^i+u_j^{i+1}+u_{j+1}^{i+1})\delta_x^+(\psi_j^i+\psi_j^{i+1})+\\
&(u_j^i+u_{j+1}^i+u_j^{i+1}+u_{j+1}^{i+1})\delta_t^+\delta_x^+(\psi_j^i+\psi_j^{i+1})+\\
&\delta_t^+(\psi_j^i+\psi_{j+1}^i+\psi_j^{i+1}+\psi_{j+1}^{i+1})\delta_x^+(u_j^i+u_j^{i+1})+\\
&(\psi_j^i+\psi_{j+1}^i+\psi_j^{i+1}+\psi_{j+1}^{i+1})\delta_t^+\delta_x^+(u_j^i+u_j^{i+1})]
\end{aligned}
\tag{3.4.172}
$$

对于哈密顿函数 $S(\bar{z})$ 的 δ_t^+，

$$
\begin{aligned}
\delta_t^+[S(\bar{z})]&=\delta_t^+\left(\frac{1}{2}\bar{u}\bar{w}-\frac{b+1}{6}\bar{u}^3+\frac{3-b}{2}\bar{u}\bar{v}^2+\frac{1}{3-b}\bar{v}\,\bar{\psi}\right)\\
&=\frac{1}{2}\delta_t^+\left\{\frac{1}{2}\bar{u}[\bar{w}-(b+1)\bar{u}^2+(3-b)\bar{v}^2]+\right.\\
&\left.\frac{1}{2}\bar{u}\bar{w}+\frac{b+1}{6}\bar{u}^3+\frac{1}{3-b}\bar{\psi}\bar{v}+\bar{v}\left[(3-b)\bar{u}\bar{v}+\frac{1}{3-b}\bar{\psi}\right]\right\}
\end{aligned}
\tag{3.4.173}
$$

将式(3.4.161a)与 $\frac{1}{2}\bar{u}$ 相乘，可以得到

$$
\frac{1}{2}\bar{u}[\bar{w}-(b+1)\bar{u}^2+(3-b)\bar{v}^2]=\frac{1}{2}\bar{u}\,\delta_t^+\varphi_{j+1/2}^i-\frac{b-3}{b-4}\bar{u}\,\delta_t^+v_{j+1/2}^i+\frac{1}{b-3}\bar{u}\,\delta_x^+\psi_j^{i+1/2}
\tag{3.4.174}
$$

将式(3.4.161e)与 $\bar{v}$ 相乘，可以得到

$$
\bar{v}\left[(3-b)\bar{u}\bar{v}+\frac{1}{3-b}\bar{\psi}\right]=\frac{b-3}{b-4}\bar{v}\,\delta_t^+u_{j+1/2}^i
\tag{3.4.175}
$$

将式(3.4.174)，式(3.4.175)，式(3.4.161c)和式(3.4.161d)代入式(3.4.173)，可以得到

$$
\begin{aligned}
2\delta_t^+[S(\bar{z})]=&\delta_t^+\left(\frac{1}{2}\bar{u}\,\delta_t^+\varphi_{j+1/2}^i-\frac{b-3}{b-4}\bar{u}\,\delta_t^+v_{j+1/2}^i+\frac{1}{b-3}\bar{u}\,\delta_x^+\psi_j^{i+1/2}+\frac{b+1}{6}\bar{u}^3+\right.\\
&\left.\frac{1}{2}\bar{w}\,\delta_x^+\varphi_j^{i+1/2}+\frac{1}{3-b}\bar{\psi}\,\delta_x^+u_j^{i+1/2}+\frac{b-3}{b-4}\bar{v}\,\delta_t^+u_{j+1/2}^i\right)\\
=&\frac{1}{16}[\delta_t^+(u_j^i+u_{j+1}^i+u_j^{i+1}+u_{j+1}^{i+1})\delta_t^+(\varphi_j^i+\varphi_{j+1}^i)+\\
&(u_j^i+u_{j+1}^i+u_j^{i+1}+u_{j+1}^{i+1})\delta_t^+\delta_t^+(\varphi_j^i+\varphi_{j+1}^i)]-
\end{aligned}
$$

$$\frac{b-3}{8(b-4)}[\delta_t^+(u_j^i+u_{j+1}^i+u_j^{i+1}+u_{j+1}^{i+1})\delta_t^+(v_j^i+v_{j+1}^i)+$$
$$(u_j^i+u_{j+1}^i+u_j^{i+1}+u_{j+1}^{i+1})\delta_t^+\delta_t^+(v_j^i+v_{j+1}^i)]+$$
$$\frac{1}{8(b-3)}[\delta_t^+(u_j^i+u_{j+1}^i+u_j^{i+1}+u_{j+1}^{i+1})\delta_x^+(\psi_j^i+\psi_j^{i+1})+$$
$$(u_j^i+u_{j+1}^i+u_j^{i+1}+u_{j+1}^{i+1})\delta_t^+\delta_x^+(\psi_j^i+\psi_j^{i+1})]+$$
$$\frac{1}{16}[\delta_t^+(w_j^i+w_{j+1}^i+w_j^{i+1}+w_{j+1}^{i+1})\delta_x^+(\varphi_j^i+\varphi_j^{i+1})+$$
$$(w_j^i+w_{j+1}^i+w_j^{i+1}+w_{j+1}^{i+1})\delta_t^+\delta_x^+(\varphi_j^i+\varphi_j^{i+1})]+$$
$$\frac{1}{8(b-3)}[\delta_t^+(\psi_j^i+\psi_{j+1}^i+\psi_j^{i+1}+\psi_{j+1}^{i+1})\delta_x^+(u_j^i+u_j^{i+1})+$$
$$(\psi_j^i+\psi_{j+1}^i+\psi_j^{i+1}+\psi_{j+1}^{i+1})\delta_t^+\delta_x^+(u_j^i+u_j^{i+1})]+$$
$$\frac{b-3}{8(b-4)}[\delta_t^+(v_j^i+v_{j+1}^i+v_j^{i+1}+v_{j+1}^{i+1})\delta_t^+(u_j^i+u_{j+1}^i)+$$
$$(v_j^i+v_{j+1}^i+v_j^{i+1}+v_{j+1}^{i+1})\delta_t^+\delta_t^+(u_j^i+u_{j+1}^i)] \tag{3.4.176}$$

将式(3.4.176)代入式(3.4.172)并消去一些项,式(3.4.172)变为

$$-\frac{1}{16}\delta_x^+w_j^{i+1/2}\delta_t^+\varphi_{j+1/2}^i-\frac{b-3}{8(b-4)}(\delta_t^+\bar{v}\,\delta_x^+w_j^{i+1/2}+\bar{v}\,\delta_t^+\delta_x^+w_j^{i+1/2})$$
$$=\frac{1}{16}\delta_t^+u_{j+1/2}^i\delta_t^+\varphi_{j+1/2}^i+\frac{b-3}{8(b-4)}(\delta_t^+\bar{v}\,\delta_t^+u_{j+1/2}^i+\bar{v}\,\delta_t^+\delta_t^+u_{j+1/2}^i) \tag{3.4.177}$$

也就是

$$-\delta_x^+w_j^{i+1/2}=\delta_t^+u_{j+1/2}^i \tag{3.4.178}$$

由此可得式(3.4.161b)。

式(3.4.162)就得以证明。以类似的方式,就可以证明等式(3.4.163)。

离散局部能量守恒律(式(3.4.162))和离散局部动量守恒律式(3.4.163)的存在使得 Preissmann Box 格式(3.1.1)具有良好的局部保结构性能。因此,Preissmann Box 格式(3.4.161)可用于模拟准 Degasperis-Procesi 方程的 peakon-antipeakon 碰撞。

有人提到 Degasperis-Procesi 方程($b=3$)不存在多辛结构(式(3.4.157))。因此,在本节中,我们模拟了准 Degasperis-Procesi 方程($b\to3^-$ 和 $b\to3^+$)的 peakon-antipeakon 碰撞,以研究 Degasperis-Procesi 方程的冲击峰的跳跃不连续性。

在下面的实验中,我们令时间步长为 $\Delta t=0.001$ 和空间步长为 $\Delta x=0.002$,并考虑以下初始条件:

$$u(0,x)=\mathrm{e}^{-|x-1|}-\mathrm{e}^{-|x+1|} \tag{3.4.179}$$

算例 1 当 $b\to3^-$ 时的数值模拟。

正如之前的研究,Camassa-Holm 方程($b=2$)的 peakon-antipeakon 碰撞的结果是连续的,而 Degasperis-Procesi 方程($b=3$)的 peakon-antipeakon 碰撞的结果是不连续的,这意味着参数 b 从 $b=2$ 的增加将引起 b 族方程解的不连续性。

为了研究准 Degasperis-Procesi 方程($b\to3^-$)解的不连续性,令

$$b=2+0.9\times\sum_0^N 10^{-N} \tag{3.4.180}$$

其中，N 是一个非负整数。显然，当 $N \to +\infty$ 时 $b \to 3^-$。

首先，模拟当 $N=0$ 时准 Degasperis-Procesi 方程的 peakon-antipeakon 碰撞，得到 peakon-antipeakon 碰撞过程（图 3-39）。

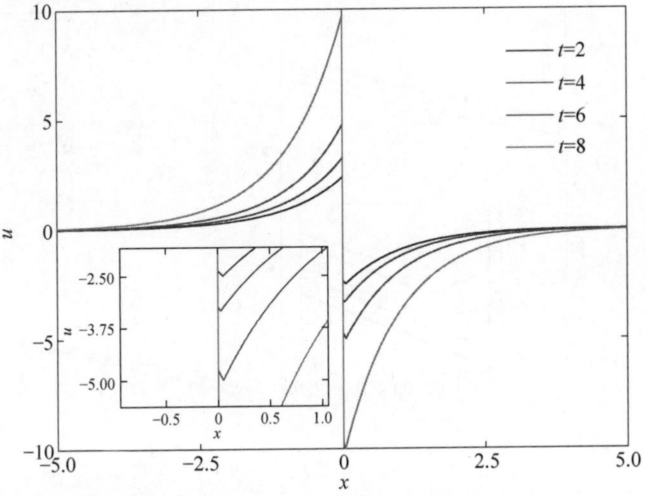

图 3-39　peakon-antipeakon 碰撞（$N=0$）

（请扫Ⅰ页二维码看彩图）

从图 3-39 可以得出结论，尽管 $N=0$ 时碰撞在峰上的轮廓上并不非常陡峭，但 peakon-antipeakon 碰撞过程中依旧出现了跳跃不连续性（图 3-39 部分放大图）。为了研究 Preissmann Box 格式(3.4.161)的良好局部性质，根据离散局部能量守恒律(3.4.162)和离散局部动量守恒律（式(3.4.163)）记录局部能量误差和局部动量误差（图 3-40）。

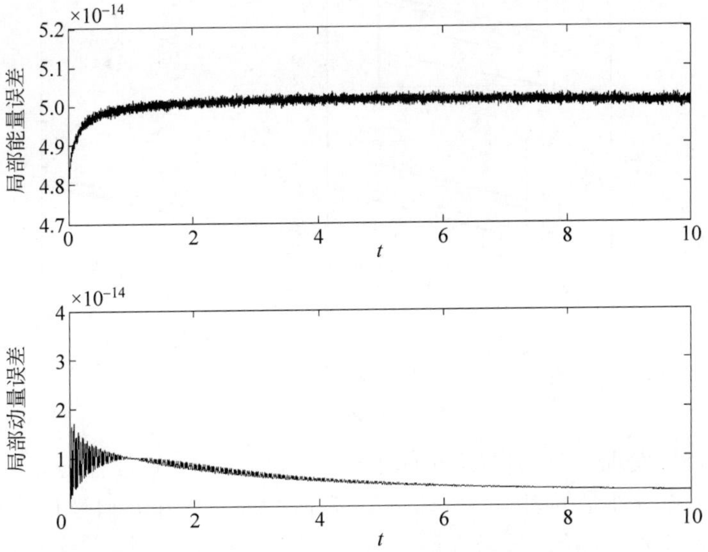

图 3-40　局部能量误差和局部动量误差（$N=0$）

局部能量误差和局部动量误差在图 3-40 中非常小。前文已经解释了局部守恒律与跳跃不连续性的局部几何性质之间的关系。因此，局部能量和局部动量的微小误差意味着 peakon-antipeakon 碰撞的局部几何性质在本实验中得以保持。

然后，当 $N=1,2,3,4,5$ 和 6 时模拟 peakon-antipeakon 碰撞。当 $t=4$ 和 $t=8$ 时碰撞的剖面分别如图 3-41 和图 3-42 所示。为了研究 peakon-antipeakon 碰撞的局部跳跃不连续性，我们减小了空间步长，图 3-43 显示了当 $t=8$ 时接近峰点时的数值结果。

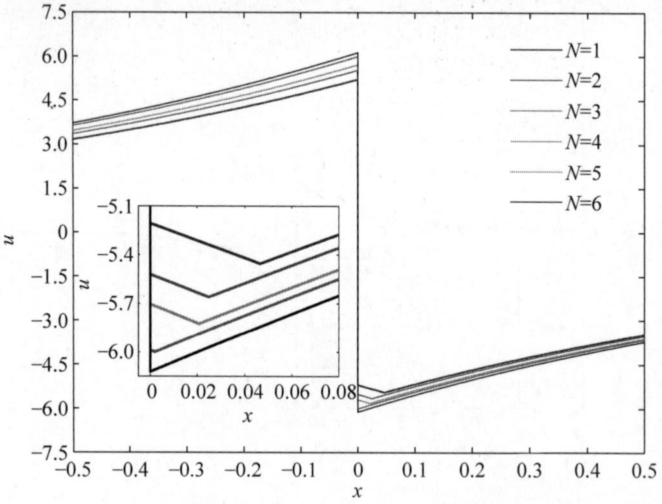

图 3-41 $t=4$ 时刻 peakon-antipeakon 碰撞
（请扫Ⅰ页二维码看彩图）

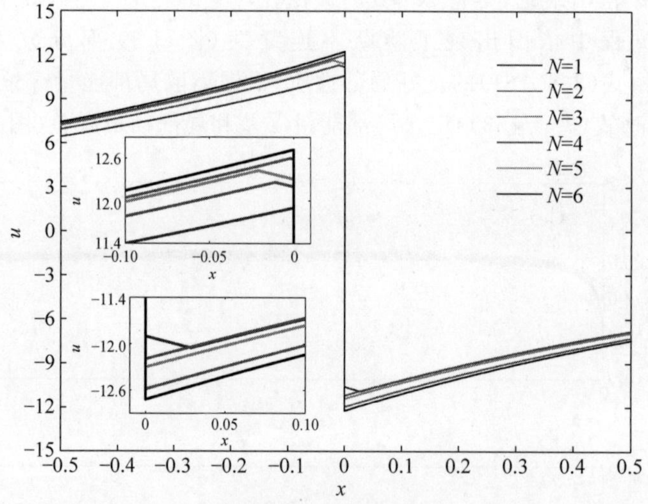

图 3-42 $t=8$ 时刻 peakon-antipeakon 碰撞
（请扫Ⅰ页二维码看彩图）

从图 3-43 可以发现，当我们减小空间步长 Δx 时，跳跃不连续性得以保持，这意味着当 $N=1$ 时，跳跃不连续性是 peakon-antipeakon 碰撞过程的内在几何性质。当 $N=2,3,4,5$ 和 6 时也可以得到这个结论。

从图 3-41 和图 3-43 可以看出，当 $N=1,2,3,4,5$ 和 6 时所有 peakon-antipeakon 碰撞都会导致跳跃不连续性。此外，在 $N=4,5$ 和 6 时波峰轮廓陡峭，这意味着此时出现了激波峰。$N=5$ 时的结果与 $N=6$ 的结果非常接近，在图 3-41 和图 3-42 中无法区分，因此表 3-7 和表 3-8 列出了一些在 $N=5$ 和 6 时网格点上的数据。

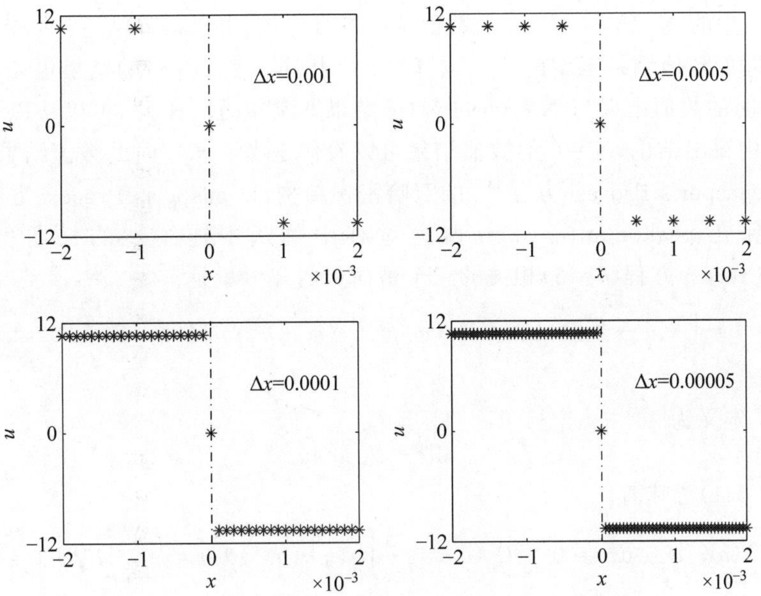

图 3-43　$t=8$ 时刻跳跃不连续性的局部剖面($N=1$)

(请扫Ⅰ页二维码看彩图)

表 3-7　当 $N=5$ 和 $N=6$ 时的一些网格点上的数据($t=4$)

	$N=5$	$N=6$		$N=5$	$N=6$
1	0.487667139546100	0.487667139546107	11	−5.469437029884877	−5.469437029884880
2	0.533885014595087	0.533885014595081	12	−3.559886940156521	−3.559886940156527
3	0.658846861003648	0.658846861003648	13	−2.912923466331855	−2.912923466331855
4	0.862173320368121	0.862173320368120	14	−2.390404224946106	−2.390404224946108
5	1.318765239858981	1.318765239858984	15	−1.823054873189656	−1.823054873189629
6	1.807688296305273	1.807688296305240	16	−1.304742903826096	−1.304742903826092
7	2.433592022305684	2.433592022305689	17	−0.884966058299775	−0.884966058299775
8	2.942624466538650	2.942624466538665	18	−0.614144348216312	−0.614144348216312
9	3.578396939725761	3.578396939725770	19	−0.559697607785465	−0.559697607785466
10	5.409034489800479	5.409034489800481	20	−0.457192413429614	−0.457192413429611

表 3-8　当 $N=5$ 和 $N=6$ 在 $t=8$ 时一些网格点上的数据

	$N=5$	$N=6$		$N=5$	$N=6$
1	0.671497133608081	0.671497133608087	11	−12.067705631757642	−12.067705631757640
2	0.907486922685029	0.907486922685042	12	−10.147070106969151	−10.147070106969179
3	1.517238651328838	1.517238651328835	13	−9.068870458168032	−9.068870458168032
4	2.630235289164729	2.630235289164733	14	−7.809498694424876	−7.809498694424878
5	3.988893770311789	3.988893770311789	15	−4.944284161994896	−4.944284161994891
6	5.034693009917860	5.034693009917861	16	−3.638380292815058	−3.638380292815067
7	7.726885133383238	7.726885133383222	17	−2.325190539456198	−2.325190539456198
8	9.303440924786016	9.303440924786010	18	−1.754928319169703	−1.754928319169711
9	10.593871467096658	10.593871467096655	19	−0.770298540095228	−0.770298540095220
10	12.787282803758638	12.787282803758641	20	−0.411516418853618	−0.411516418853625

将表 3-7 中的 $N=5$ 和 $N=6$ 的数值结果进行比较，可以得出结论：每个网格中，$N=5$ 时与 $N=6$ 时的数值结果至少前十三位有效数字相同。表 3-8 中的结果也相同。由此可以预测，$N>6$ 时的数值结果与 $N=6$ 时的数值结果非常接近。因此，可以从以下关于守恒量的数值结果中得出结论，$N=6$ 的数值结果可以看作是当 $b\to3^-$ 时的数值结果。

参考 Degasperis-Procesi 方程[86]的双哈密顿结构，Degasperis-Procesi 方程具有无穷守恒律，可确保在 peakon-antipeakon 碰撞过程中跳跃不连续性的长期稳定存在。与 Degasperis-Procesi 方程($b=3$)相关的三个最简单的守恒量是[86,97,100]

$$\Gamma_1(u)=\int_R(u-u_{xx})\mathrm{d}x,\quad \Gamma_2(u)=\int_R(u-u_{xx})\vartheta\mathrm{d}x,\quad \Gamma_3(u)=\int_R u^3\mathrm{d}x \tag{3.4.181}$$

其中，函数 ϑ 定义为

$$4\vartheta-\vartheta_{xx}=u \tag{3.4.182}$$

式(3.4.181)意味着

$$\Gamma_1'(u)=\frac{\mathrm{d}}{\mathrm{d}t}\int_R(u-u_{xx})\mathrm{d}x=0,\quad \Gamma_2'(u)=\frac{\mathrm{d}}{\mathrm{d}t}\int_R(u-u_{xx})\vartheta\mathrm{d}x=0,\quad \Gamma_3'(u)=\frac{\mathrm{d}}{\mathrm{d}t}\int_R u^3\mathrm{d}x=0 \tag{3.4.183}$$

可以发现当 $x<-5$ 或 $x>5$ 时 u 的值为零，因此守恒律(3.4.183)可以简化为

$$\Gamma_1'(u)=\frac{\mathrm{d}}{\mathrm{d}t}\int_{-5}^{5}(u-u_{xx})\mathrm{d}x=0,\quad \Gamma_2'(u)=\frac{\mathrm{d}}{\mathrm{d}t}\int_{-5}^{5}(u-u_{xx})\vartheta\mathrm{d}x=0,$$

$$\Gamma_3'(u)=\frac{\mathrm{d}}{\mathrm{d}t}\int_{-5}^{5}u^3\mathrm{d}x=0 \tag{3.4.184}$$

从上述结果可以得出结论，在 N 不断提升时数值精度不会明显提高。如果当 $N\leqslant6$ 时上述守恒量正好存在，则进一步得出结论，准 Degasperis-Procesi 方程($b\to3^-$ 时)的几何性质可由当 $N=6$ 时的多辛方法再现。

众所周知，多辛方法可以保持无限维哈密顿系统的固有几何性质，因此，我们记录了每个网格点上三个守恒量(式(3.4.181))的守恒律(式(3.4.184))的误差，并得到了关于 x 的积分，以表明当 $N=6$ 时这三个守恒量是否存在于 b 族方程中，如图 3-44 所示。

从图 3-44 可以发现，在时间间隔[0,10]内，当 $N=6$ 时守恒定律(式(3.4.184))的误差绝对值小于 5×10^{-8}，这意味着三个守恒量(式(3.4.181))存在于 b 族方程中($N=6$)，并证明了 $N=6$ 时的数值结果包含准 Degasperis-Procesi 方程($b\to3^-$)的固有几何性质。此外，守恒定律(式(3.4.184))的小误差说明，多辛格式(3.4.161)具有良好的长期数值行为，并且可用于捕获激波峰的稳定跳跃不连续性。

算例 2　数值实验，当 $b\to3^+$ 时。

为了研究准 Degasperis-Procesi 方程($b\to3^+$)解的不连续性，我们令

$$b=3+0.1^{\hat{N}} \tag{3.4.185}$$

其中，$\hat{N}$ 是一个正整数。显然，当 $\hat{N}\to+\infty$ 时 $b\to3^+$。

在本例中，我们模拟了 $\hat{N}=4,5,6,7$ 时与案例 1 相同的 peakon-antipeakon 碰撞，发现 $\hat{N}=6$ 的结果与 $\hat{N}=7$ 的结果非常接近。$\hat{N}=6,7$ 时 peakon-antipeakon 碰撞的剖面与算例 1 中 $N=5,6$ 的剖面非常相似，因此表 3-9 和表 3-10 仅显示了 $\hat{N}=6,7$ 时某些网格点的数据。

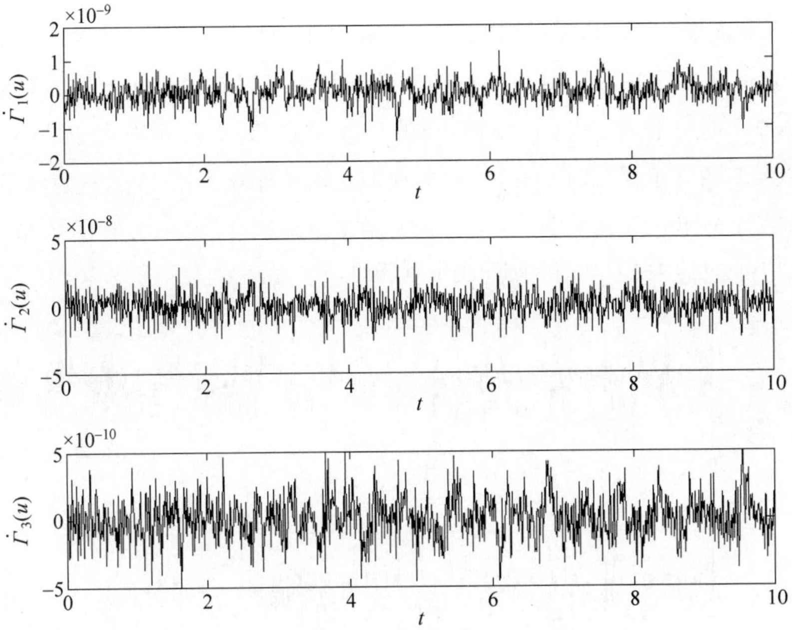

图 3-44 守恒定律的误差(3.4.184)($N=6$)

表 3-9 在$\hat{N}=6$和$\hat{N}=7$时一些网格点上的数据($t=4$)

	$\hat{N}=6$	$\hat{N}=7$		$\hat{N}=6$	$\hat{N}=7$
1	0.487667139546166	0.487667139546105	11	−5.469437029884897	−5.469437029884882
2	0.533885014595102	0.533885014595081	12	−3.559886940156533	−3.559886940156530
3	0.658846861003689	0.658846861003650	13	−2.912923466331856	−2.912923466331855
4	0.862173320368125	0.862173320368121	14	−2.390404224946101	−2.390404224946110
5	1.318765239858920	1.318765239858987	15	−1.823054873189669	−1.823054873189625
6	1.807688296305261	1.807688296305249	16	−1.304742903826080	−1.304742903826091
7	2.433592022305680	2.433592022305693	17	−0.884966058299771	−0.884966058299775
8	2.942624466538647	2.942624466538665	18	−0.614144348216300	−0.614144348216308
9	3.578396939725773	3.578396939725772	19	−0.559697607785468	−0.559697607785460
10	5.409034489800491	5.409034489800481	20	−0.457192413429610	−0.457192413429611

注：表 3-9 中网格点的位置与表 3-7 中的位置相同。

表 3-10 当$\hat{N}=6$和$\hat{N}=7$时一些网格点上的数据($t=8$)

	$\hat{N}=6$	$\hat{N}=7$		$\hat{N}=6$	$\hat{N}=7$
1	0.671497133608077	0.671497133608080	11	−12.067705631757635	−12.067705631757640
2	0.907486922685036	0.907486922685042	12	−10.147070106969166	−10.147070106969172
3	1.517238651328830	1.517238651328832	13	−9.068870458168062	−9.068870458168047
4	2.630235289164715	2.630235289164738	14	−7.809498694424870	−7.809498694424878
5	3.988893770311782	3.988893770311789	15	−4.944284161994851	−4.944284161994860
6	5.034693009917849	5.034693009917855	16	−3.638380292815069	−3.638380292815069
7	7.726885133383230	7.726885133383227	17	−2.325190539456176	−2.325190539456198
8	9.303440924786010	9.303440924786010	18	−1.754928319169722	−1.754928319169736
9	10.593871467096650	10.593871467096652	19	−0.770298540095212	−0.770298540095220
10	12.787282803758617	12.787282803758649	20	−0.411516418853639	−0.411516418853635

注：表 3-10 中网格点的位置与表 3-8 中的位置相同。

从表 3-9 和表 3-10 可以得到同样的结论：在每个网格上，$\hat{N}=6$ 与 $\hat{N}=7$ 时的数值结果至少前十三位有效数字相同。因此，$\hat{N}=7$ 的数据结果可以看作是 $b\to3^+$ 的数值结果。

同样，$\hat{N}=7$ 时守恒律(式(3.4.184))的误差如图 3-45 所示。可以发现在时间间隔[0,10]内，$\hat{N}=7$ 的守恒律(式(3.4.184))的误差绝对值小于 2×10^{-8}，这意味着在 $\hat{N}=7$ 的 b 族方程里三个守恒量(式(3.4.184))均存在，并证明了 $\hat{N}=7$ 时的数值结果包含准 Degasperis-Procesi 方程($b\to3^+$)的固有几何性质。

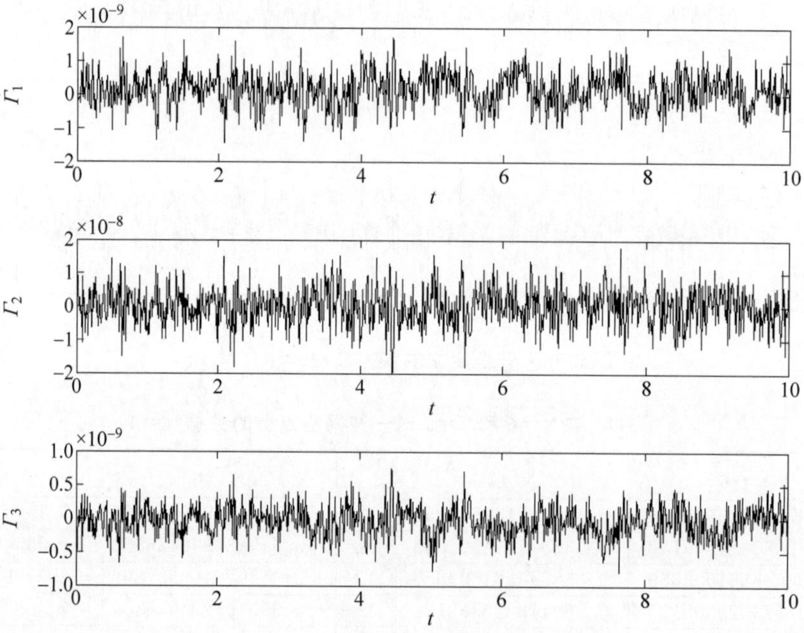

图 3-45 守恒定律的误差($\hat{N}=7$)

到目前为止，我们得到了 $b\to3^-$ 和 $b\to3^+$ 的 peakon-antipeakon 碰撞过程。进一步的问题是，能否用 $b\to3^-$ 和 $b\to3^+$ 的结果来说明 $b=3$ 的 peakon-antipeakon 碰撞过程。b 族方程(3.4.154)是一个连续系统并且连续函数 u 是可微的，因此当且仅当下列条件满足时 $b\to3^-$ 和 $b\to3^+$ 的结果可用于说明 $b=3$ 的 peakon-antipeakon 碰撞过程：

$$\lim_{b\to3^-} u = \lim_{b\to3^+} u \tag{3.4.186}$$

该条件(3.4.186)可以很容易地从 $b\to3^-$ 和 $b\to3^+$ 的相对误差结果中得到验证(表 3-11)。从表 3-11 可以发现 $b\to3^-$($N=6$)的结果和 $b\to3^+$($\hat{N}=7$)的结果之间的相对误差小于 0.25×10^{-13}，这意味着我们的近似能满足条件(3.4.186)。因此，Degasperis-Procesi 方程的冲击峰的跳跃不连续性可以通过 $b\to3^-$($N=6$)的 peakon-antipeakon 碰撞过程来说明(图 3-41 和图 3-42)。

表 3-11 $b\to3^-$($N=6$)和 $b\to3^+$($\hat{N}=7$)结果之间的相对误差

	$t=4$	$t=8$		$t=4$	$t=8$
1	0.4097880054385E-14	0.1041613538624E-13	4	0.1158932547038E-14	0.1857241186168E-14
2	0.000000000000000	0.000000000000000	5	0.2357223541381E-14	0.000000000000000
3	0.3033180489440E-14	0.1902521967455E-14	6	0.4913338331146E-14	0.1234881436793E-14

续表

	t=4	t=8		t=4	t=8
7	0.1642347136257E-14	0.6896790137564E-15	14	0.7431198543168E-15	0.000000000000000
8	0.000000000000000	0.000000000000000	15	0.2192365653623E-14	0.6287309481209E-14
9	0.4964113454491E-15	0.3353555581484E-15	16	0.8509132499357E-15	0.4882273694446E-15
10	0.000000000000000	0.5556635812819E-15	17	0.000000000000000	0.000000000000000
11	0.4871681024101E-15	0.000000000000000	18	0.6507920980236E-14	0.1429747305485E-13
12	0.8732368530821E-15	0.7002442362866E-15	19	0.1071150608754E-13	0.000000000000000
13	0.000000000000000	0.1566992800344E-14	20	0.000000000000000	0.2428094424388E-13

3.4.8　对数 KdV 方程高斯孤立波解的多辛分析

推导描述非线性系统的演化方程，探索非线性系统的非线性特性，是数学物理领域永恒的课题。数值方法作为研究动态系统非线性特性的一种潜在渠道，其具有的优点正令它在过去的十年中越来越流行。本节工作的主要贡献是提出了保结构方法，以再现对数 Korteweg-de Vries(KdV)方程的高斯孤立波解的非线性特征。

完全非线性 Fermi-Pasta-Ulam(FPU)晶格由 $\alpha\to 1^+$ 阶次分数幂非线性耦合的质点链组成，为了研究其长波特性，James 和 Pelinovsky 提出以下对数 KdV 方程[101]：

$$\partial_t q+\partial_x(q\ln|q|)+\partial_{xxx}q=0 \tag{3.4.187}$$

这是一个具有非光滑项的$\partial_x(q\ln|q|)$广义 KdV 方程，其仍然拥有三个基本守恒律。Darvishi 等[102-104]提出了几种理论方法，以获得其他没有光滑项的广义 KdV 方程，包括 KdV-Burgers 方程，高阶 KdV 方程和广义 Hirota-Satsuma 方程。

除了三个基本守恒律的存在外，对数 KdV 方程的高斯孤立波解最近也引起了研究人员广泛的研究兴趣。James 和 Pelinovsky[101]证明了对数 KdV 具有线性轨道稳定的高斯孤立波解。Carles 和 Pelinovsky[105]为对数 KdV 方程构建了一个轨道稳定的高斯孤立波解，并随后揭示了它的一些新性质。Dumas 和 Pelinovsky[106]证明对数 KdV 方程是小非谐极限下具有赫兹非线性势的 FPU 晶格下的良好近似，并研究了对数 KdV 方程行波在长时间有限时间间隔内的非线性亚稳态。Wazwaz[107-108]研究了对数 KdV 方程，以寻求更多的高斯孤立波解。Wang 和 Xu[109]研究了对数 KdV 方程的李对称性以及守恒律。Natali 等[110]建立了与对数 KdV 方程相关的周期波的轨道稳定性。Pelinovsky[111]解决了线性对数 KdV 方程的高斯孤立波解的性质。Inc 等[112]分析了对数 KdV 方程，该方程中存在新分数运算符 Atangana-Baleanu 分数导数，该分数导数具有 Mittag-Leffler 形式。Linares 等[113]考虑了将对数 KdV 方程合并到广义 KdV 方程后相关的初值问题，并得到了一些有趣的结果。Cristofani 和 Pastor[114]证明了具有耦合非线性项的色散方程的对数 KdV 型系统的周期行波解的轨道稳定性。James[115]发展了一个对数 KdV-Burgers 模型来研究具有非线性弹性无限质点系统的动力学行为。Zhang 和 Li[116]采用多辛方法初步研究了对数 KdV 方程的高斯孤立波守恒定律，但得到的高斯孤立波附近的数值误差会随着时间推移而逐渐累积。Darvishi 等[117-118]最近报道了其他非线性演化方程的一些高斯孤立波解。

作为一种典型的保结构方法[1,4,23,119-133]，多辛方法[1,5]对无限维哈密顿系统的局部动力学行为具有优异的保结构性能。即便如此，参考文献[116]中报道的高斯孤立波附近的数值误差累积表明，从 KdV 方程的多辛法推导出的对数 KdV 方程的多辛方法可能存在一些缺陷。因此，本节将讨论 Zhang[116] 发展的多辛公式的缺陷，并提出一种基于多辛方法[134]的新保结构方法。

参考 Wang 和 Xu[109] 提出的变换方法，引入了变换 $q=\mathrm{e}^u$ 并得到以下推导

$$\partial_t q=\mathrm{e}^u\partial_t u,\quad \partial_x(q\ln|q|)=\mathrm{e}^u(1+u)\partial_x u$$
$$\partial_{xxx}q=\mathrm{e}^u[\partial_{xxx}u+3\partial_x u\partial_{xx}u+(\partial_x u)^3] \tag{3.4.188}$$

然后，对数 KdV 方程(3.4.187)可以改写为

$$\partial_t u+(1+u)\partial_x u+\partial_{xxx}u+3\partial_x u\partial_{xx}u+(\partial_x u)^3=0 \tag{3.4.189}$$

为了构造式(3.4.189)的一阶对称形式，由 $\partial_x v=u$，$\partial_x u=w$，$\frac{1}{2}\partial_t u+\partial_x p=0$ 定义状态向量 $\boldsymbol{z}=(v,u,w,p)^{\mathrm{T}}$。使用定义的状态向量，式(3.4.189)可以重写为以下一阶对称形式：

$$\boldsymbol{M}\partial_t\boldsymbol{z}+\boldsymbol{K}\partial_x\boldsymbol{z}=\nabla_z S(\boldsymbol{z}) \tag{3.4.190}$$

其中，广义哈密顿函数为 $S(\boldsymbol{z})=-pu+\frac{1}{2}u^2+\frac{1}{6}u^3+\frac{1}{2}w^2+\frac{3}{2}u(\partial_x u)^2+u\int_R(\partial_x u)^3\mathrm{d}x$，反对称系数矩阵为

$$\boldsymbol{M}=\begin{bmatrix}0 & \frac{1}{2} & 0 & 0\\ -\frac{1}{2} & 0 & 0 & 0\\ 0 & 0 & 0 & 0\\ 0 & 0 & 0 & 0\end{bmatrix},\quad \boldsymbol{K}=\begin{bmatrix}0 & 0 & 0 & 1\\ 0 & 0 & -1 & 0\\ 0 & 1 & 0 & 0\\ -1 & 0 & 0 & 0\end{bmatrix}$$

式(3.4.190)在形式上是对称的。对称形式(3.4.190)的缺陷在于广义哈密顿函数 $S(\boldsymbol{z})$ 中包含的非线性项 $\frac{3}{2}u(\partial_x u)^2+u\int_R(\partial_x u)^3\mathrm{d}x$。引入中间变量后非线性项 $\frac{3}{2}u(\partial_x u)^2+u\int_R(\partial_x u)^3\mathrm{d}x$ 可表示为 $\frac{3}{2}uw^2+u\int_R w^3\mathrm{d}x$，但它不能包含在广义哈密顿函数的推导计算中，因为推导结果 $\partial_w\left(\frac{3}{2}uw^2+u\int_R w^3\mathrm{d}x\right)=3u\left(w+\int_R w^2\mathrm{d}x\right)$ 在 $\partial_x u=w$ 中没有被包含。因此，我们将式(3.4.190)中 $S(\boldsymbol{z})$ 称为广义哈密顿函数，而不是哈密顿函数。

虽然 $S(\boldsymbol{z})$ 是一个广义的哈密顿函数，但如果忽略 $\partial_w\left(\frac{3}{2}uw^2+u\int_R w^3\mathrm{d}x\right)$，式(3.4.190)的时空辛结构仍然存在：

$$\frac{1}{2}\partial_t(\mathrm{d}v\wedge\mathrm{d}u)+\partial_x(\mathrm{d}v\wedge\mathrm{d}p+\mathrm{d}w\wedge\mathrm{d}u)=0 \tag{3.4.191}$$

其中，$\wedge$ 为外积算子。式(3.4.191)被命名为多辛守恒定律[1]，后面算例中算法保持长期数值稳定性的根源正是如此。

回顾参考文献[116]中为对数 KdV 方程提出的多辛公式，可以发现该文献中提出的哈密顿函数是不光滑的，这意味着该哈密顿函数无法进行推导计算，并根本不可以用该哈密顿函数获得对数 KdV 方程的多辛形式。此外，参考多辛形式的局部能量/动量守恒律[1,5]的

表达式，参考文献[116]中提出的多辛形式的局部能量/动量守恒律被哈密顿函数的非光滑特性所破坏，这就是参考文献[116]中报道的高斯孤立波附近出现显著数值误差累积的原因，即使是以下守恒律依然存在。

参考方程[135]的对称性和守恒量之间的映射关系，对数 KdV 方程(3.4.187)有三个守恒量(质量守恒量，动量和能量)[101,107]写作

$$M(q)=\int_R q\,\mathrm{d}x=\int_R \mathrm{e}^u\,\mathrm{d}x \tag{3.4.192}$$

$$P(q)=\frac{1}{2}\int_R q^2\,\mathrm{d}x=\frac{1}{2}\int_R \mathrm{e}^{2u}\,\mathrm{d}x \tag{3.4.193}$$

$$\begin{aligned}E(q)&=\int_R\left[(\partial_x q)^2-\frac{1}{2}q^2\left(\ln|q|-\frac{1}{2}\right)\right]\mathrm{d}x\\&=\int_R\left[(\partial_x u)^2-\frac{1}{2}\mathrm{e}^u\left(u-\frac{1}{2}\right)\right]\mathrm{e}^u\,\mathrm{d}x\end{aligned} \tag{3.4.194}$$

以上由式(3.4.192)～式(3.4.194)给出的守恒量独立于哈密顿框架中式(3.4.187)的对称形式。但是，当数值模拟中采用从式(3.4.187)的不同对称形式推导出的不同数值方法时，上述守恒量的数值残差可能不同。因此，在本节工作中，将通过一种新的保结构方法研究上述守恒量的数值残差。

对于一阶对称形式(3.4.190)，Preissmann Box 格式[34,136]是

$$\boldsymbol{M}\delta_t^+\boldsymbol{z}_i^{j+1/2}+\boldsymbol{K}\delta_x^+\boldsymbol{z}_{i+1/2}^j=\nabla_z S(\boldsymbol{z}_{i+1/2}^{j+1/2}) \tag{3.4.195}$$

其中，中点定义为

$$\boldsymbol{z}_i^{j+1/2}=\frac{1}{2}(\boldsymbol{z}_i^{j+1}+\boldsymbol{z}_i^j),\quad \boldsymbol{z}_{i+1/2}^j=\frac{1}{2}(\boldsymbol{z}_{i+1}^j+\boldsymbol{z}_i^j),\quad \boldsymbol{z}_{i+1/2}^{j+1/2}=\frac{1}{4}(\boldsymbol{z}_{i+1}^{j+1}+\boldsymbol{z}_{i+1}^j+\boldsymbol{z}_i^{j+1}+\boldsymbol{z}_i^j) \tag{3.4.196}$$

$\delta_t^+\boldsymbol{z}_i^{j+1/2}$ 和 $\delta_x^+\boldsymbol{z}_{i+1/2}^j$ 分别表示 $\partial_t\boldsymbol{z}$ 和 $\partial_x\boldsymbol{z}$ 的离散近似：

$$\delta_t^+\boldsymbol{z}_i^{j+1/2}=\frac{1}{\Delta t}(\boldsymbol{z}_{i+1}^j-\boldsymbol{z}_i^j),\quad \delta_x^+\boldsymbol{z}_{i+1/2}^j=\frac{1}{\Delta x}(\boldsymbol{z}_i^{j+1}-\boldsymbol{z}_i^j) \tag{3.4.197}$$

这里，Δt 是时间步长；Δx 是空间步长。

将非完整 $\left(忽略派生项\ \partial_w\left(\frac{3}{2}uw^2+u\int_R w^3\,\mathrm{d}x\right)\right)$ 变分方程[120,121]与离散对称形式(3.4.195)联立：

$$\boldsymbol{M}\delta_t^+\mathrm{d}\boldsymbol{z}_i^{j+1/2}+\boldsymbol{K}\delta_x^+\mathrm{d}\boldsymbol{z}_{i+1/2}^j=\nabla_{zz}S(\boldsymbol{z}_{i+1/2}^{j+1/2})\mathrm{d}\boldsymbol{z}_{i+1/2}^{j+1/2} \tag{3.4.198}$$

用式(3.4.198)与 $\mathrm{d}\boldsymbol{z}_{i+1/2}^{j+1/2}$ 进行外积运算，我们可得

$$\mathrm{d}\boldsymbol{z}_{i+1/2}^{j+1/2}\wedge\boldsymbol{M}\delta_t^+\mathrm{d}\boldsymbol{z}_i^{j+1/2}+\mathrm{d}\boldsymbol{z}_{i+1/2}^{j+1/2}\wedge\boldsymbol{K}\delta_x^+\mathrm{d}\boldsymbol{z}_{i+1/2}^j=0 \tag{3.4.199}$$

因为当 $\partial_w\left(\frac{3}{2}uw^2+u\int_R w^3\,\mathrm{d}x\right)$ 被忽略时，Hessian 矩阵 $\nabla_{zz}S(\boldsymbol{z}_{i+1/2}^{j+1/2})$ 是对称的。

根据式(3.4.196)，式(3.4.199)可以写为

$$\frac{1}{2}(\mathrm{d}\boldsymbol{z}_{i+1}^{j+1/2}+\mathrm{d}\boldsymbol{z}_i^{j+1/2})\wedge\boldsymbol{M}\delta_t^+\mathrm{d}\boldsymbol{z}_i^{j+1/2}+\frac{1}{2}(\mathrm{d}\boldsymbol{z}_{i+1/2}^{j+1}+\mathrm{d}\boldsymbol{z}_{i+1/2}^j)\wedge\boldsymbol{K}\delta_x^+\mathrm{d}\boldsymbol{z}_{i+1/2}^j=0 \tag{3.4.200}$$

将式(3.4.197)代入式(3.4.200)中，我们可以得到

$$\frac{1}{2\Delta t}(\mathrm{d}z_{i+1}^{j+1/2}+\mathrm{d}z_{i}^{j+1/2})\wedge \boldsymbol{M}(\mathrm{d}z_{i+1}^{j+1/2}-\mathrm{d}z_{i}^{j+1/2})$$
$$+\frac{1}{2\Delta x}(\mathrm{d}z_{i+1/2}^{j+1}+\mathrm{d}z_{i+1/2}^{j})\wedge \boldsymbol{K}(\mathrm{d}z_{i+1/2}^{j+1}-\mathrm{d}z_{i+1/2}^{j})=0 \tag{3.4.201}$$

展开式(3.4.201),可以得到时空结合的辛结构的离散形式：

$$\begin{aligned}
&\frac{1}{2\Delta t}(\mathrm{d}z_{i+1}^{j+1/2}+\mathrm{d}z_{i}^{j+1/2})\wedge \boldsymbol{M}(\mathrm{d}z_{i+1}^{j+1/2}-\mathrm{d}z_{i}^{j+1/2})+\\
&\frac{1}{2\Delta x}(\mathrm{d}z_{i+1/2}^{j+1}+\mathrm{d}z_{i+1/2}^{j})\wedge \boldsymbol{K}(\mathrm{d}z_{i+1/2}^{j+1}-\mathrm{d}z_{i+1/2}^{j})\\
&=\frac{1}{2\Delta t}(\mathrm{d}z_{i+1}^{j+1/2}\wedge \boldsymbol{M}\mathrm{d}z_{i+1}^{j+1/2}-\mathrm{d}z_{i}^{j+1/2}\wedge \boldsymbol{M}\mathrm{d}z_{i}^{j+1/2})+\\
&\frac{1}{2\Delta x}(\mathrm{d}z_{i+1/2}^{j+1}\wedge \boldsymbol{K}\mathrm{d}z_{i+1/2}^{j+1}-\mathrm{d}z_{i+1/2}^{j}\wedge \boldsymbol{K}\mathrm{d}z_{i+1/2}^{j})\\
&=\frac{1}{2}\delta_t^{+}(\mathrm{d}z_{i}^{j+1/2}\wedge \boldsymbol{M}\mathrm{d}z_{i}^{j+1/2})+\frac{1}{2}\delta_x^{+}(\mathrm{d}z_{i+1/2}^{j}\wedge \boldsymbol{K}\mathrm{d}z_{i+1/2}^{j})\\
&=\frac{1}{4}\delta_t^{+}(\mathrm{d}v_{i}^{j+1/2}\wedge \mathrm{d}u_{i}^{j+1/2})+\frac{1}{2}\delta_x^{+}(\mathrm{d}v_{i+1/2}^{j}\wedge \mathrm{d}p_{i+1/2}^{j}+\mathrm{d}w_{i+1/2}^{j}\wedge \mathrm{d}u_{i+1/2}^{j})\\
&=0
\end{aligned} \tag{3.4.202}$$

由保结构格式(3.4.195)得到函数 u 的数值结果时,高斯孤立波的变化可以通过 $q_i^j=\mathrm{e}^{u_i^j}$ 再现。此外,为了提高上述三个守恒量的数值积分精度,将使用 7 点正交积分格式[137, 138]对式(3.4.192)～式(3.4.194)进行数值模拟。

高斯孤立波解的存在是对数 KdV 方程的亮点[101,107,108]。因此,在本节中,将采用式(3.4.195)给出的保结构方法对对数 KdV 方程的高斯孤立波解进行模拟。

在参考文献[101]中,对数 KdV 方程的高斯孤立波解由以下形式给出：

$$q(x,t)=\mathrm{e}^{\left[c+\frac{1}{2}-\frac{(x-ct)^2}{4}\right]} \tag{3.4.203}$$

其中,c 是波速。通过 $q=\mathrm{e}^u$ 将式(3.4.203)映射到 u,我们可以得到对数 KdV 方程的高斯孤立波解公式为 $u(x,t)=c+\frac{1}{2}-\frac{(x-ct)^2}{4}$。

在下面的数值模拟中,考虑以下周期性边界条件和初始条件：

$$q(-L,t)=q(L,t),\quad u(x,0)=c+\frac{1}{2}-\frac{x^2}{4} \tag{3.4.204}$$

假设高斯孤立波解的传播速度为 $c=1/5$,并利用时间/空间步长 $\Delta t=0.002$,$\Delta x=0.05$ 模拟对数 KdV 方程的高斯孤立波解的传播过程。求解域假定为 $x\in[-L,L]=[-80,80]$。

由式(3.4.195)给出的由保结构方法得到的函数 $u(x,t)$ 描述的高斯孤立波解的变化如图 3-46 所示,由函数 $q(x,t)$ 描述的高斯孤立波解的变化如图 3-47 所示。

在参考文献[116]中,高斯孤立波解与数值结果之间的数值误差集中在高斯孤立波周围,并随着时间的流逝而增加。从理论上讲,数值误差随时间推移的增加意味着参考文献[116]中构建的数值格式是不稳定的。因此,我们记录了数值模拟过程中不同时刻高斯孤立波解与式(3.4.195)的数值结果之间的绝对误差,以检验所提数值方法的稳定性,如图 3-48 所示。

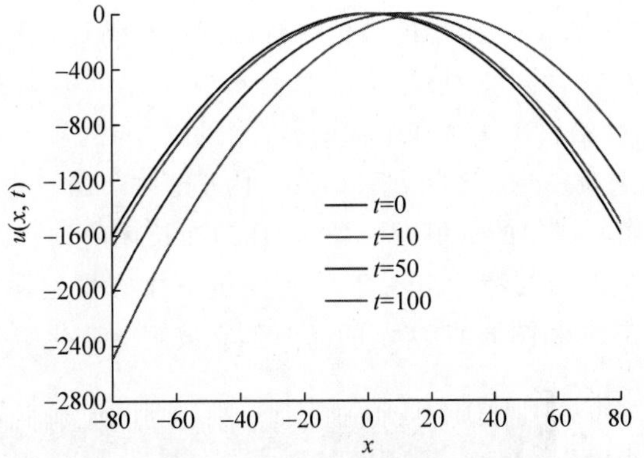

图 3-46　通过 $u(x,t)$ 描述高斯孤立波解的演化

（请扫Ⅰ页二维码看彩图）

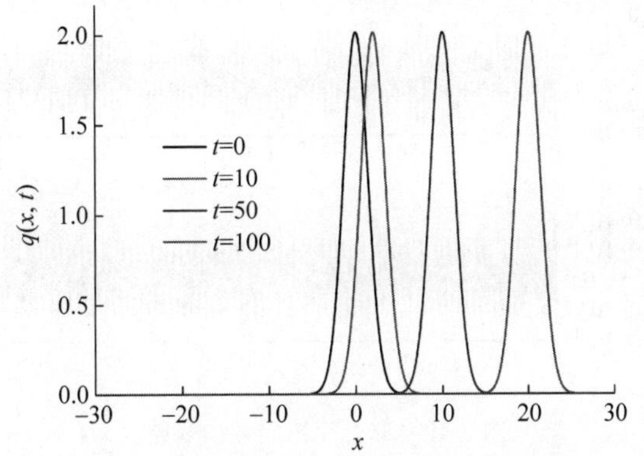

图 3-47　通过 $q(x,t)$ 描述高斯孤立波解的演化

（请扫Ⅰ页二维码看彩图）

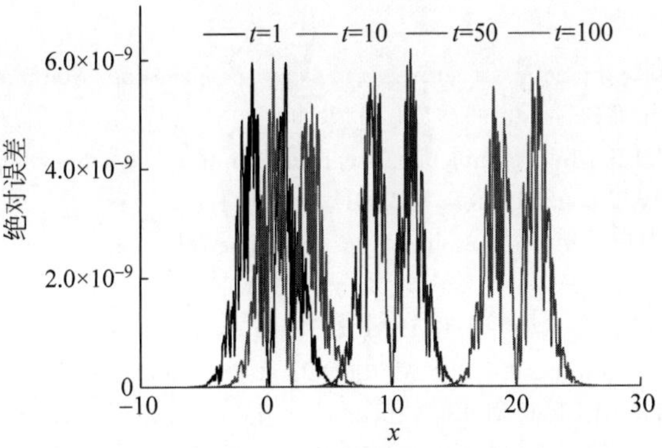

图 3-48　高斯孤立波解与数值结果的绝对误差

（请扫Ⅰ页二维码看彩图）

从图 3-48 中我们可以发现，高斯孤立波解与数值结果之间的误差仍然集中在高斯孤立波周围。但是，与参考文献[116]中的结果相比，图 3-48 所示的绝对误差不会随着时间的流逝而明显增加，这意味着式(3.4.195)给出的保结构数值方法具有出色的数值稳定性。在数值精度方面，图 3-48 中给出的绝对误差小于 6×10^{-9}，远小于参考文献[116](4×10^{-3})中报告的结果。此外，得益于方法(3.4.195)优异的局部保结构特性，图 3-48 中每个时刻波峰的绝对误差极小，表明通过本节提出的结构保持方法可以准确再现高斯孤立波的峰值。

为了进一步说明式(3.4.195)给出的数值方法的保结构特性，采用7点Gauss-Kronrod quadrature(正交)积分方法[139,140]对式(3.4.192)～式(3.4.194)在区域 $x\in[-L,L]=[-80,80]$ 中进行积分，并给出了三个守恒律的残差，见图3-49。

上述3个守恒律的绝对残差在区间 $t\in[0,200]$ 内小于 4×10^{-14}，这意味着与文献[116]中给出的结果相比，我们所提出的数值方法(3.4.195)在长期内具有完美的保结构性质。数值方法(3.4.195)的完美保结构特性由图3-49所示的三个守恒定律的微小残差验证后，可以进一步得出结论，图3-46和图3-47所示的高斯孤立波解的变化结果是可信的。

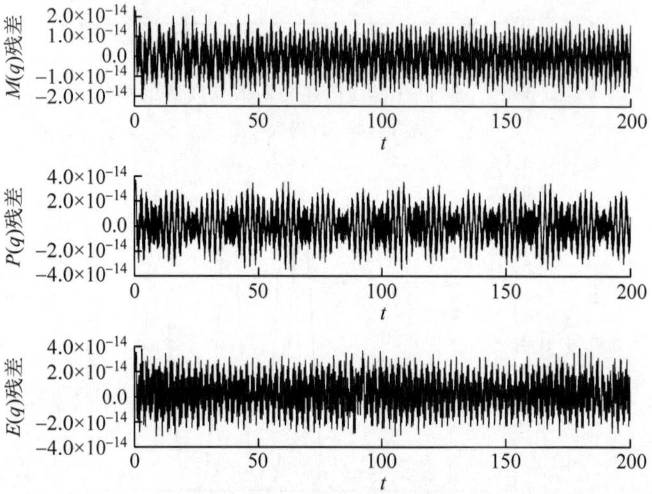

图3-49 三个守恒定律的残差

参考文献

[1] BRIDGES T J. Multi-symplectic structures and wave propagation. Mathematical Proceedings of the Cambridge Philosophical Society, 1997, 121: 147-190.

[2] BRIDGES T J, REICH S. Multi-symplectic integrators: numerical schemes for Hamiltonian PDEs that conserve symplecticity. Physics Letters A, 2001, 284: 184-193.

[3] BRIDGES T J, REICH S. Multi-symplectic spectral discretizations for the Zakharov-Kuznetsov and shallow water equations. Physica D, 2001, 152: 491-504.

[4] MARSDEN J E, PATRICK G W, SHKOLLER S. Multisymplectic geometry, variational integrators, and nonlinear PDEs, Communications in Mathematical Physics, 1998, 199: 351-395.

[5] MARSDEN J E, SHKOLLER S. Multisymplectic geometry, covariant Hamiltonians, and water waves. Mathematical Proceedings of the Cambridge Philosophical Society, 1999, 125: 553-575.

[6] WHITHAM B G. A general approach to linear and non-linear dispersive waves using a Lagrangian. Journal of Fluid Mechanics, 1965, 22: 273-283.

[7] BENJAMIN T B. Impulse, flow force and variational principles, IMA Journal of Applied Mathematics, 1984, 32: 3-68.

[8] OLVER P J. Applications of Lie Groups to Differential Equations, 2ed. New York: Springer-Verlag New York, 1986.

[9] BRIDGES T J. Periodic patterns, linear instability, symplectic structure and mean-flow dynamics for three-dimensional surface waves. Philosophical Transactions of the Royal Society a-Mathematical Physical and Engineering Sciences, 1996, 354: 533-574.

[10] BENJAMIN T B,OLVER P J. Hamiltonian structure,symmetries and conservation laws for water waves. Journal of Fluid Mechanics,1982,125: 137-185.

[11] OLVER P J. On the Hamiltonian structure of evolution equations. Mathematical Proceedings of the Cambridge Philosophical Society,1980,88: 71-88.

[12] BAESENS C, MACKAY R S. Uniformly travelling water waves from a dynamical systems viewpoint-some insights into bifurcations from Stokes' family. Journal of Fluid Mechanics,1992,241: 333-347.

[13] HU W P,DENG Z C. Multi-symplectic method for generalized fifth-order KdV equation. Chinese Physics B,2008,17: 3923-3929.

[14] HU W P,DENG Z C,LI W C. Multi-symplectic methods for membrane free vibration equation. Applied Mathematics and Mechanics-English Edition,2007,28: 1181-1189.

[15] HU W,DENG Z,HAN S,FAN W. The complex multi-symplectic scheme for the generalized sinh-Gordon equation. Science in China Series G-Physics Mechanics & Astronomy,2009,52: 1618-1623.

[16] PERRING J K, SKYRME T H R. A model unified field equation. Nuclear Physics, 1962, 31: 550-555.

[17] WAZWAZ A M. Exact solutions for the generalized sine-Gordon and the generalized sinh-Gordon equations. Chaos Solitons & Fractals,2006,28: 127-135.

[18] TANG Y,XU W,SHEN J,GAO L. Bifurcations of traveling wave solutions for a generalized Sinh-Gordon equation. Communications in Nonlinear Science and Numerical Simulation, 2008, 13: 1048-1055.

[19] REICH S. Multi-symplectic Runge-Kutta collocation methods for hamiltonian wave equations. Journal of Computational Physics,2000,157: 473-499.

[20] HONG J L,LI C. Multi-symplectic Runge-Kutta methods for nonlinear Dirac equations. Journal of Computational Physics,2006,211: 448-472.

[21] SANZ-SERNA J M,CALVO M P. Numerical Hamiltonian problem. Mathematics of Computation, 1994,64.

[22] KAWAHARA T. Oscillatory solitary waves in dispersive media,Journal of the Physical Society of Japan,1972,33: 260-264.

[23] BRIDGES T J,DERKS G. Linear instability of solitary wave solutions of the Kawahara equation and its generalizations. SIAM Journal on Mathematical Analysis,2002,33: 1356-1378.

[24] WAZWAZ A M. Compacton solutions of the Kawahara-type nonlinear dispersive equation. Applied Mathematics and Computation,2003,145: 133-150.

[25] WAZWAZ A M. New solitary wave solutions to the modified Kawahara equation,Physics Letters A, 2007,360: 588-592.

[26] CUI S, TAO S. Strichartz estimates for dispersive equations and solvability of the Kawahara equation. Journal of Mathematical Analysis and Applications,2005,304: 683-702.

[27] CUI S,TAO S. Global existence of solutions for the Cauchy problem of the Kawahara equation with L-2 initial data. Acta Mathematica Sinica-English Series,2006,22: 1457-1466.

[28] ELGARAYHI A. Exact traveling wave solutions for the modified Kawahara equation,Zeitschrift fur naturforschung section A-A. Journal of Physical Sciences,2005,60: 139-144.

[29] ZHANG D. Doubly periodic solutions of the modified Kawahara equation. Chaos, Solitons & Fractals,2005,25: 1155-1160.

[30] HARAGUS M, LOMBARDI E, SCHEEL A. Spectral stability of wave trains in the Kawahara equation. Journal of Mathematical Fluid Mechanics,2006,8: 482-509.

[31] POLAT N,KAYA D,TUTALAR H I. A analytic and numerical solution to a modified Kawahara

equation and a convergence analysis of the method. Applied Mathematics and Computation, 2006, 181: 193-199.

[32] KAYA D. An explicit and numerical solutions of some fifth-order KdV equation by decomposition method. Applied Mathematics and Computation, 2003, 144: 353-363.

[33] KAYA D, AL-KHALED K. A numerical comparison of a Kawahara equation. Physics Letters A, 2007, 363: 433-439.

[34] MOORE B E, REICH S. Multi-symplectic integration methods for Hamiltonian PDEs. Future Generation Computer Systems, 2003, 19: 395-402.

[35] ZHAO P F, QIN M Z. Multisymplectic geometry and multisymplectic Preissmann scheme for the KdV equation. Journal of Physics a-Mathematical and General, 2000, 33: 3613-3626.

[36] CHEN Y, ZHU H, SONG S. Multi-symplectic splitting method for the coupled nonlinear Schrödinger equation. Computer Physics. Communications, 2010, 181: 1231-1241.

[37] CHEN Y M, ZHU H J, SONG S H. Multi-Symplectic Splitting Method for Two-Dimensional Nonlinear Schrödinger Equation, Communications in Theoretical Physics, 2011, 56: 617-622.

[38] ZHU H, SONG S, TANG Y. Multi-symplectic wavelet collocation method for the nonlinear Schrödinger equation and the Camassa-Holm equation. Computer Physics Communications, 2011, 182: 616-627.

[39] QIAN X, CHEN Y M, GAO E, SONG S H. Multi-symplectic wavelet splitting method for the strongly coupled Schrödinger system, Chinese Physics B, 2012, 21.

[40] LV Z Q, WANG Y S, SONG Y Z. A New Multi-Symplectic Integration Method for the Nonlinear Schrödinger Equation. Chinese Physics Letters, 2013, 30.

[41] QIAN X, SONG S, CHEN Y. A semi-explicit multi-symplectic splitting scheme for a 3-coupled nonlinear Schrödinger equation. Computer Physics Communications, 2014, 185: 1255-1264.

[42] BAI J. Multi-symplectic Runge-Kutta-Nystrom methods for nonsmooth nonlinear Schrödinger equations. Journal of Mathematical Analysis and Applications, 2016, 444: 721-736.

[43] LIAO C C, CUI J C, LIANG J Z, DING X H. Multi-symplectic variational integrators for nonlinear Schrödinger equations with variable coefficients. Chinese Physics B, 2016, 25.

[44] HUANG D J, ZHANG H Q. New exact travelling waves solutions to the combined KDV-MKDV and generalized Zakharov equations. Reports on Mathematical Physics, 2006, 57: 257-269.

[45] INC M. Numerical simulation of KdV and mKdV equations with initial conditions by the variational iteration method. Chaos Solitons & Fractals, 2007, 34: 1075-1081.

[46] LI X, WANG M. A sub-ODE method for finding exact solutions of a generalized KdV-mKdV equation with high-order nonlinear terms. Physics Letters A, 2007, 361: 115-118.

[47] PENG Y Z. Exact periodic and solitary waves and their interactions for the (2+1)-dimensional KdV equation. Physics Letters A, 2006, 351: 41-47.

[48] DAI C Q, ZHOU G Q, ZHANG J F. Exotic localized structures based on variable separation solution of (2+1)-dimensional KdV equation via the extended tanh-function method. Chaos Solitons & Fractals, 2007, 33: 1458-1467.

[49] ZHANG S, XIA T C. An improved generalized F-expansion method and its application to the (2+1)-dimensional KdV equations. Communications in Nonlinear Science and Numerical Simulation, 2008, 13: 1294-1301.

[50] HU W P, DENG Z C, QIN Y Y, ZHANG W R. Multi-symplectic method for the generalized (2+1)-dimensional KdV-mKdV equation. Acta Mechanica Sinica, 2012, 28: 793-800.

[51] WEISS J, TABOR M, CARNEVALE G. The Painleve property for partial differential equations. Journal of Mathematical Physics, 1983, 24: 522-526.

[52] HU W P, DENG Z C, HAN S M, FAN W. Multi-symplectic Runge-Kutta methods for Landau-Ginzburg-Higgs equation. Applied Mathematics and Mechanics-English Edition, 2009, 30: 1027-1034.

[53] HU W P, DENG Z C. Multi-symplectic method for generalized Boussinesq equation. Applied Mathematics and Mechanics-English Edition,2008,29: 927-932.

[54] QIN M Z,ZHANG M Q. Multi-stage symplectic schemes of two kinds of Hamiltonian systems for wave equations. Computers & Mathematics with Applications,1990,19: 51-62.

[55] KAKO F,YAJIMA N. Interaction of ion-acoustic solitons in two-dimensional space. Journal of the Physical Society of Japan,1980,49: 2063-2071.

[56] TAJIRI M,MAESONO H. Resonant interactions of drift vortex solitons in a convective motion of a plasma. Physical Review E,1997,55: 3351-3357.

[57] NAKAMURA Y,BAILUNG H,LONNGREN K E. Oblique collision of modified Korteweg-de Vries ion-acoustic solitons. Physics of Plasmas,1999,6: 3466-3470.

[58] MARUNO K I,BIONDINI G. Resonance and web structure in discrete soliton systems: the two-dimensional Toda lattice and its fully discrete and ultra-discrete analogues. Journal of Physics a-Mathematical and General,2004,37: 11819-11839.

[59] FOLKES P A,IKEZI H,DAVIS R. Two-dimensional interaction of ion-acoustic solitons. Physical Review Letters,1980,45: 902-904.

[60] NISHIDA Y, NAGASAWA T. Oblique collision of plane ion-acoustic solitons. Physical Review Letters,1980,45: 1626-1629.

[61] NAGASAWA T, NISHIDA Y. Mechanism of resonant interaction of plane ion-acoustic solitons. Physical Review A,1992,46: 3471-3476.

[62] OSBORNE A R,ONORATO M,SERIO M,BERGAMASCO L. Soliton creation and destruction, resonant interactions,and inelastic collisions in shallow water waves. Physical Review Letters,1998, 81: 3559-3562.

[63] SREEKUMAR J,NANDAKUMARAN V M. Soliton resonances in Helium films,Physics Letters A, 1985,112: 168-170.

[64] PEDLOSKY J. Geophysical Fluid Dynamics,second edition ed. ,Berlin: Springer-Verlag,1987.

[65] IBRAGIMOV R. Resonant triad model for studying evolution of the energy spectrum among a large number of internal waves. Communications in Nonlinear Science and Numerical Simulation,2008,13: 593-623.

[66] SOOMERE T. Fast ferry traffic as a qualitatively new forcing factor of environmental processes in non-tidal sea areas: a case study in Tallinn Bay,Baltic Sea. Environmental Fluid Mechanics,2005,5: 293-323.

[67] SOOMERE T,ENGELBRECHT J. Weakly two-dimensional interaction of solitons in shallow water. European Journal of Mechanics B-Fluids,2006,25: 636-648.

[68] HIROTA R. Exact envelope-soliton solutions of a nonlinear wave-equation. Journal of Mathematical Physics,1973,14: 805-809.

[69] HIROTA R. Exact n-soliton solutions of wave-equation of long waves in shallow-water and in nonlinear lattices. Journal of Mathematical Physics,1973,14: 810-814.

[70] NIMMO J J C,FREEMAN N C. A method of obtaining the n-soliton solution of the Boussinesq equation in terms of a Wronskian. Physics Letters A,1983,95: 4-6.

[71] KAPTSOV O V. Construction of exact solutions of the Boussinesq equation. Journal of Applied Mechanics and Technical Physics 1998,39: 389-392.

[72] WAZWAZ A M. Construction of soliton solutions and periodic solutions of the Boussinesq equation

by the modified decomposition method. Chaos Solitons & Fractals,2001,12: 1549-1556.

[73] YAN Z Y, BLUMAN G. New compacton soliton solutions and solitary patterns solutions of nonlinearly dispersive Boussinesq equations. Computer Physics Communications,2002,149: 11-18.

[74] ZHANG Y, CHEN D Y. A modified Backlund transformation and multi-soliton solution for the Boussinesq equation. Chaos Solitons & Fractals,2005,23: 175-181.

[75] WAZWAZ A M. Multiple-soliton solutions for the Boussinesq equation. Applied Mathematics and Computation,2007,192: 479-486.

[76] ZENG W P, HUANG L Y, QIN M Z. The multi symplectic algorithm for "Good" Boussinesq equation. Applied Mathematics and Mechanics-English Edition,2002,23: 835-841.

[77] El-ZOHEIRY H. Numerical investigation for the solitary waves interaction of the "good" Boussinesq equation. Applied Numerical Mathematics,2003,45: 161-173.

[78] BLYUSS K B, BRIDGES T J, DERKS G. Transverse instability and its long-term development for solitary waves of the (2+1)-dimensional Boussinesq equation. Physical Review E,2003,67.

[79] HU W, DENG Z, QIN Y. Multi-symplectic method to simulate soliton resonance of (2+1)-dimensional Boussinesq equation. Journal of Geometric Mechanics,2013,5: 295-318.

[80] CHEN Y, YAN Z Y, ZHANG H. New explicit solitary wave solutions for (2+1)-dimensional Boussinesq equation and (3+1)-dimensional KP equation. Physics Letters A,2003,307: 107-113.

[81] ZHANG H Q, MENG X H, LI J, TIAN B. Soliton resonance of the (2+1)-dimensional Boussinesq equation for gravity water waves. Nonlinear Analysis-Real World Applications,2008,9: 920-926.

[82] ISLAS A L, SCHOBER C M. Multi-symplectic methods for generalized Schrödinger equations. Future Generation Computer Systems,2003,19: 403-413.

[83] HU W P, DENG Z C. Multi-symplectic method to analyze the mixed state of Ⅱ-superconductors. Science in China Series G-Physics Mechanics & Astronomy,2008,51: 1835-1844.

[84] JOHNSON R S. A two-dimensional Boussinesq equation for water waves and some of its solutions. Journal of Fluid Mechanics,1996,323: 65-78.

[85] DEGASPERIS A, PROCESI M. Asymptotic integrability A. Degasperis, G. Gaeta (Eds.) Symmetry and Perturbation Theory (Rome,1998). River Edge, NJ: World Scientific,1999: 23-37.

[86] DEGASPERIS A, HOLM D D, HONE A. N. W. A new integrable equation with peakon solutions. Theoretical And Mathematical Physics,2002,133: 1463-1474.

[87] CAMASSA R, HOLM D. D. An integrable shallow-water equation with peaked solitons. Physical Review Letters,1993,71: 1661-1664.

[88] FENG B F, LIU Y. An operator splitting method for the Degasperis-Procesi equation. Journal of Computational Physics,2009,228: 7805-7820.

[89] CHRISTOV O, HAKKAEV S, ILIEV I. D. Non-uniform continuity of periodic Holm-Staley b-family of equations. Nonlinear Analysis: Theory, Methods & Applications,2012,75: 4821-4838.

[90] MIKHAILOV A V, NOVIKOV V S. Perturbative symmetry approach. Journal of Physics a-Mathematical and General,2002,35: 4775-4790.

[91] COTTER C J, HOLM D D, HYDON P E. Multisymplectic formulation of fluid dynamics using the inverse map. Proceedings Of The Royal Society A-Mathematical Physical and Engineering Sciences, 2007,463: 2671-2687.

[92] COHEN D, OWREN B, RAYNAUD X. Multi-symplectic integration of the Camassa-Holm equation. Journal of Computational Physics,2008,227: 5492-5512.

[93] HU W, DENG Z, ZHANG Y. Multi-symplectic method for peakon-antipeakon collision of quasi-Degasperis-Procesi equation. Computer Physics Communications,2014,185: 2020-2028.

[94] BRESSAN A, CONSTANTIN A. Global dissipative solutions of the Camassa-Holm equation.

Analysis and Applications, 2007, 5: 1-27.

[95] LUNDMARK H. Formation and dynamics of shock waves in the Degasperis-Procesi equation. Journal of Nonlinear Science, 2007, 17: 169-198.

[96] GUO F. Global weak solutions and wave breaking phenomena to the periodic Degasperis-Procesi equation with strong dispersion. Nonlinear Analysis: Theory, Methods & Applications, 2009, 71: 5280-5295.

[97] YU C H, SHEU T W H. A dispersively accurate compact finite difference method for the Degasperis-Procesi equation. Journal of Computational Physics, 2013, 236: 493-512.

[98] AYDIN A, KARASOZEN B. Symplectic and multi-symplectic methods for coupled nonlinear Schrödinger equations with periodic solutions. Computer Physics Communications, 2007, 177: 566-583.

[99] SUN J Q, QIN M Z. Multi-symplectic methods for the coupled 1D nonlinear Schrödinger system. Computer Physics Communications, 2003, 155: 221-235.

[100] MIYATAKE Y, MATSUO T. Conservative finite difference schemes for the Degasperis-Procesi equation. Journal of Computational and Applied Mathematics, 2012, 236: 3728-3740.

[101] JAMES G, PELINOVSKY D. Gaussian solitary waves and compactons in Fermi-Pasta-Ulam lattices with Hertzian potentials. Proceedings of the Royal Society A-Mathematical Physical and Engineering Sciences, 2014, 470.

[102] DARVISHI M T, KHANI F, KHEYBARI S. A numerical solution of the KdV-Burgers' equation by spectral collocation method and Darvishi's preconditionings. International Journal of Contemporary Mathematical Sciences, 2007, 2: 1085-1095.

[103] DARVISHI M T, KHANI F, KHEYBARI S. Spectral collocation solution of a generalized Hirota-Satsuma coupled KdV equation. International Journal of Computer Mathematics, 2007, 84: 541-551.

[104] DARVISHI M T, KHEYBARI S, KHANI F. A numerical solution of the Lax's 7th-order KdV equation by pseudospectral method and Darvishi's preconditioning. International Journal of Contemporary Mathematical Sciences, 2007, 2: 1097-1106.

[105] CARLES R, PELINOVSKY D. On the orbital stability of Gaussian solitary waves in the log-KdV equation. Nonlinearity, 2014, 27: 3185-3202.

[106] DUMAS E, PELINOVSKY D. Justification of the Log-KdV equation in granular chains: the case of precompression. SIAM Journal on Mathematical Analysis, 2014, 46: 4075-4103.

[107] WAZWAZ A M. Gaussian solitary waves for the logarithmic-KdV and the logarithmic-KP equations. Physica Scripta, 2014, 89.

[108] WAZWAZ A M. Gaussian solitary wave solutions for nonlinear evolution equations with logarithmic nonlinearities. Nonlinear Dyn, 2016, 83: 591-596.

[109] WANG G, XU T. Group analysis, explicit solutions and conservation laws of the Logarithmic-KdV equation. Journal of the Korean Physical Society, 2015, 66: 1475-1481.

[110] NATALI F, PASTOR A, CRISTOFANI F. Orbital stability of periodic traveling-wave solutions for the log-KdV equation. Journal of Differential Equations, 2017, 263: 2630-2660.

[111] PELINOVSKY D E. On the linearized Log-KdV equation. Communications in Mathematical Sciences, 2017, 15: 863-880.

[112] INC M, YUSUF A, ALIYU A I, BALEANU D. Investigation of the logarithmic-KdV equation involving Mittag-Leffler type kernel with Atangana-Baleanu derivative. Physica A-Statistical Mechanics and Its Applications, 2018, 506: 520-531.

[113] LINARES F, MIYAZAKI H, PONCE G. On a class of solutions to the generalized KdV type equation. Communications in Contemporary Mathematics, 2019, 21.

[114] CRISTOFANI F, PASTOR A. Nonlinear stability of periodic-wave solutions for systems of dispersive equations. Communications on Pure and Applied Analysis,2020,19: 5015-5032.

[115] JAMES G. Traveling fronts in dissipative granular chains and nonlinear lattices. Nonlinearity,2021, 34: 1758-1790.

[116] ZHANG Y,LI S. Multi-symplectic method for the logarithmic-KdV equation. Symmetry-Basel,2020,12.

[117] DARVISHI M T,NAJAFI M. Some extensions of Zakharov-Kuznetsov equations and their Gaussian solitary wave solutions. Physica Scripta,2018,93: 085204.

[118] DARVISHI M T, NAJAFI M, WAZWAZ A M. New Gaussian solitary wave solutions in nanofibers. Waves in Random and Complex Media,2021: 1-13.

[119] FENG K. On difference schemes and symplectic geometry; Proceeding of the 1984 Beijing Symposium on Differential Geometry and Differential Equations, Beijing: Science Press, 1984: 42-58.

[120] HU W,XU M,SONG J,GAO Q,DENG Z. Coupling dynamic behaviors of flexible stretching hub-beam system. Mechanical Systems and Signal Processing,2021,151: 107389.

[121] HU W,HUAI Y,XU M,FENG X,JIANG R,ZHENG Y,DENG Z. Mechanoelectrical flexible hub-beam model of ionic-type solvent-free nanofluids. Mechanical Systems and Signal Processing,2021, 159: 107833.

[122] HU W,ZHANG C,DENG Z. Vibration and elastic wave propagation in spatial flexible damping panel attached to four special springs. Communic: ations in Nonlinear Science and Numerical Simulation,2020,84: 105199.

[123] HU W,YE J,DENG Z. Internal resonance of a flexible beam in a spatial tethered system. Journal of Sound and Vibration,2020,475: 115286.

[124] BRIDGES T J, LAINE-PEARSON F E. Nonlinear counterpropagating waves, multi-symplectic geometry,and the instability of standing waves. SIAM Journal on Applied Mathematics,2004,64: 2096-2120.

[125] HU W,WANG Z,ZHAO Y,DENG Z. Symmetry breaking of infinite-dimensional dynamic system. Applied Mathematics Letters,2020,103.

[126] HU W, DENG Z, HAN S, ZHANG W. Generalized multi-symplectic integrators for a class of Hamiltonian nonlinear wave PDEs. Journal of Computational Physics,2013,235: 394-406.

[127] MOORE B, REICH S. Backward error analysis for multi-symplectic integration methods. Numerische Mathematik,2003,95: 625-652.

[128] HU W,XU M,JIANG R,ZHANG F,ZHANG C,DENG Z. Wave propagation in non-homogeneous centrosymmetric damping plate subjected to impact series. Journal of Vibration Engineering & Technologies,2021.

[129] HU W,XU M,JIANG R,ZHANG C,DENG Z. Wave propagation in non-homogeneous asymmetric circular plate. International Journal of Mechanics and Materials in Design,2021,17: 885-898.

[130] HU W, HUAI Y, XU M, DENG Z. Coupling dynamic characteristics of simplified model for tethered satellite system. Acta Mechanica Sinica,2021,37: 1245-1254.

[131] HU W,YU L,DENG Z. Minimum control energy of spatial beam with assumed attitude adjustment target. Acta Mechanica Solida Sinica,2020,33: 51-60.

[132] HU W,WANG Z,WANG G,WAZWAZ A M. Local dynamic behaviors of long 0-pi Josephson junction. Physica Scripta,2020,95.

[133] HU W, DENG Z. Interaction effects of DNA, RNA-polymerase, and cellular fluid on the local dynamic behaviors of DNA. Applied Mathematics and Mechanics-English Edition, 2020, 41: 623-636.

[134] HU J, HU W, ZHANG F, ZHANG H, DENG Z. Structure-preserving analysis on Gaussian solitary wave solution of logarithmic-KdV equation. Physica Scripta, 2021, 96.

[135] NOETHER E. Invariante Variationsprobleme. Nachrichten der Königlichen Gesellschaft der Wissenschaften zu Göttingen, KI, 1918: 235-257.

[136] PREISSMANN A. Propagation des intumescences dans les canaux et rivieres, First Congress French Association for Computation, Grenoble, 1961: 433-442.

[137] Laurie D P. lculation of Gauss-Kronrod quadrature rules. athematics of Computation, 1997, 66: 1133-1145.

[138] CALVETTI D. GOLUB G, GRAGG W, REICHEL L. Computation of Gauss-Kronrod Quadrature Rules, Mathematics of Computation, 2000, 69: 1035-1052.

[139] LAURIE D P. Calculation of Gauss-Kronrod Quadrature Rules. Mathematics of Computation, 1997, 66: 1133-1145.

[140] CALVETTI D, GOLUB G H, GRAGG W B, REICHEL L. Computation of Gauss-Kronrod Quadrature Rules. Mathematics of Computation, 2000, 69: 1035-1052.

第4章

非保守系统的动力学对称破缺和广义多辛方法

在过去的20年中,无限维哈密顿系统多辛形式的完美对称性吸引了许多数学家的研究兴趣,但这种完美对称性只存在于理想化的物理模型中。对于工程中的实际动力学问题,这种完美对称性会被如阻尼、外部激励等各种因素破坏。因此,在几何力学(尤其是保结构理论)与工程实际问题之间建立起联系,这是几何力学不断发展的需求。

对于非保守动力学系统,张素英教授等[1]提出了一种对时变广义哈密顿动力系统的数值积分方法。尽管这项成果并不能直接用于处理非保守系统,但其目的是显而易见的。本章首先将讨论非保守无限维系统的动力学对称破缺与耗散之间的映射关系,然后将多辛方法推广到非保守无限维系统,提出广义多辛方法,最后,将在几个物理模型的数值模拟中展示广义多辛方法的优良保结构特性。

4.1 动力学对称破缺简介

首次提出弱相互作用和电磁相互作用的统一规范理论时,研究者认为,中间矢量玻色子质量的自发对称破缺,也称为动力学对称破缺[2-6],是由一组无旋场的真空期望值引起的。由于各种原因,研究人员们越来越确信这种对称性破缺是纯粹的动力学性质。也就是说,拉格朗日方程中可能没有无旋场,并且与自发对称破缺相关的戈德斯通(Goldstone)玻色子处于束缚态。

几乎所有的分析力学学者对于对称破缺的研究都面临一个数学问题,即这种现象是否以及如何在各种场论模型中发生。本节想解决另一个问题:假设动力学对称性破缺是一种在规范场理论中的数学概率问题,那么其对现实世界的又有什么作用?

事实上,对称破缺在20世纪70年代的物理问题研究过程中已经出现。Lee和Yang[7]关于宇称不守恒定律的发现为物理力学系统的对称性领域研究打开了另一扇窗。随后,Goldstone等基于Goldstone猜想提出了对称破缺的概念[4-6]。Kibble[2]讨论了非阿贝尔规范场的对称破缺,并揭示了辐射规范和洛伦兹规范形式之间的关系。Weinberg[8]发展了一个可重正化的模型,其中电磁和弱相互作用之间的对称性被自发破坏,以避免引入不需要的无质量Goldstone玻色子。Bernstein[9]回顾了自发对称破缺、规范理论、希格斯机制以及它们之间的关系。Weinberg[3]分析了动力学对称破缺引起的中间矢量玻色子的质量的理论物理含义(动力学对称破缺被定义为动力学系统在时间演化过程中发生的一种特殊类型的对称破缺)。Kondepudi 和 Nelson[10]研究了分子合成中手性对称性的破坏,并讨论了弱手性影响对破坏过程的作用。Lee 等[11]提出了基于已知 FeAs 超导体中可能的时间反转对称破缺逆序参数,Machida 等[12]给出了时间反转对称破缺的一些应用。Guo 等[13]通过实验证明了光学领域内的无源宇称时间对称破缺的存在性。Feng 等[14]展示了具有共振模式的宇称时间对称破缺激光器的可控性,这给出了宇称时间对称破缺的几个应用[15-16]。如今,在许多系统中都发现了动力学对称破缺,并广泛讨论了其对动力学行为的影响[17-26]。

辛几何揭示了一些如辛结构[27]等有限维哈密顿系统的对称性,更重要的是,它将保结构要求引入了动力学系统的数值分析[28]。如果哈密顿系统是无限维的,则局部对称性可以表示为时空联合辛结构,称为多辛结构[29]。然而,对于大多数包含各种非保守因素的实际动力学系统中,严格的辛结构并不存在,这就是本章所考虑的动力学对称破缺问题。

4.2　从多辛积分到广义多辛积分

我们在第 3 章中介绍了多辛积分的概念,并证明了多辛积分算法是无限维哈密顿系统的一种精确、高效和长时间稳定的数值分析方法。多辛积分的上述优势在过去的 20 年中引起了学术界的广泛关注[29-49]。Bridges、Reich 和 Moore 提出了多辛积分的概念,并将其应用于求解一些非线性波动方程和非线性薛定谔方程。随后,针对多辛积分优良的长期数值行为和良好的保结构特性,研究者构造了若干保守偏微分方程的多辛格式,如膜自由振动方程、KdV 方程、耦合一维非线性薛定谔方程等,并报道了他们得到的数值解。

多辛积分的基本思想是构造数值格式使其在每个时间步内都精确保持多辛结构[29-30]。对于一般情况,设 $\boldsymbol{M},\boldsymbol{K}_i\in\mathbf{R}^{d\times d}\,(i=1,2,\cdots,n)$是反对称矩阵,$S:\mathbf{R}^d\to R$ 是一个光滑的函数,$\boldsymbol{z}=\boldsymbol{z}(t,x_1,x_2,\cdots,x_n)$是无限维多辛偏微分方程的状态变量。

$$\boldsymbol{M}\partial_t\boldsymbol{z}+\sum_{i=1}^{n}\boldsymbol{K}_i\partial_{x_i}\boldsymbol{z}=\nabla_{\boldsymbol{z}}S(\boldsymbol{z}),\quad \boldsymbol{z}\in\mathbf{R}^d \tag{4.2.1}$$

满足多辛守恒律:

$$\partial_t(\omega)+\sum_{i=1}^{n}\partial_{x_i}(\kappa_i)=0 \tag{4.2.2}$$

其中,$\omega=(\boldsymbol{M}U,V)$,$\kappa_i=[(\boldsymbol{K}_i)U,V](i=1,2,\cdots,n)$,这里 U,V 是式(4.2.1)相关变分方程的任意两个解。

对于抽象的系统形式(4.2.1),必然存在局部能量守恒律和局部动量守恒律。利用多辛偏微分方程(4.2.1)的时间不变性,通过将式(4.2.1)与$\partial_t\boldsymbol{z}$ 做内积可以导出局部能量守恒律:

$$\partial_t e+\sum_{i=1}^{n}\partial_{x_i}f_i=0 \tag{4.2.3}$$

其中,能量密度为 $e=S(\boldsymbol{z})-\dfrac{1}{2}\sum\limits_{i=1}^{n}\boldsymbol{z}^{\mathrm{T}}\boldsymbol{K}_i\partial_{x_i}\boldsymbol{z}$;能量通量为 $f_i=\dfrac{1}{2}\boldsymbol{z}^{\mathrm{T}}\boldsymbol{K}_i\partial_t\boldsymbol{z}(i=1,2,\cdots,n)$

同理,在 $x_m(m=1,2,\cdots,n)$方向上的局部动量守恒律可以通过将式(4.2.1)与$\partial_{x_m}\boldsymbol{z}$ 做

内积导出：

$$\partial_t(h_m)+\sum_{i=1}^{n}\partial_{x_i}g_{mi}=0 \tag{4.2.4}$$

其中，$h_m=\frac{1}{2}\boldsymbol{z}^{\mathrm{T}}\boldsymbol{M}\partial_{x_m}\boldsymbol{z}$，$g_{mm}=S(\boldsymbol{z})-\frac{1}{2}\boldsymbol{z}^{\mathrm{T}}\boldsymbol{M}\partial_t\boldsymbol{z}-\frac{1}{2}\sum_{i=1}^{m-1}\boldsymbol{z}^{\mathrm{T}}\boldsymbol{K}_i\partial_{x_i}\boldsymbol{z}-\frac{1}{2}\sum_{i=m+1}^{n}\boldsymbol{z}^{\mathrm{T}}\boldsymbol{K}_i\partial_{x_i}\boldsymbol{z}$，$g_{mi}=\frac{1}{2}\boldsymbol{z}^{\mathrm{T}}\boldsymbol{K}_i\partial_{x_m}\boldsymbol{z}(i=1,\cdots,m-1,m+1,\cdots,n)$。

多辛积分方法与其他数值方法一样，都是对式(4.2.1)的数值逼近。任意一种多辛格式都可以被表达为如下形式：

$$\boldsymbol{M}(\partial_t)^k_{j_1,j_2\cdots,j_n}\boldsymbol{z}^k_{j_1,j_2,\cdots,j_n}+\sum_{i=1}^{n}\boldsymbol{K}_i(\partial_{x_i})^k_{j_1,j_2,\cdots,j_n}\boldsymbol{z}^k_{j_1,j_2,\cdots,j_n}=[\nabla_z S(\boldsymbol{z}^k_{j_1,j_2,\cdots,j_n})]^k_{j_1,j_2,\cdots,j_n} \tag{4.2.5}$$

其中，$\boldsymbol{z}^k_{j_1,j_2\cdots,j_n}=\boldsymbol{z}[t_k,(x_1)_{j_1},(x_2)_{j_2},\cdots,(x_n)_{j_n}]$；$(\partial_t)^k_{j_1,j_2\cdots,j_n}$，$(\partial_{x_i})^k_{j_1,j_2,\cdots,j_n}(i=1,2,\cdots,n)$分别是偏导数$\partial_t$和$\partial_{x_i}(i=1,2,\cdots,n)$的离散格式。多辛格式(4.2.5)满足多辛守恒律的离散形式：

$$(\partial_t)^k_{j_1,j_2,\cdots,j_n}\omega^k_{j_1,j_2,\cdots,j_n}+\sum_{i=1}^{n}(\partial_{x_i})^k_{j_1,j_2,\cdots,j_n}(\kappa_i)^k_{j_1,j_2,\cdots,j_n}=0 \tag{4.2.6}$$

其中，$\omega^k_{j_1,j_2,\cdots,j_n}=(\boldsymbol{M}U^k_{j_1,j_2,\cdots,j_n},V^k_{j_1,j_2,\cdots,j_n})$，$(\kappa_i)^k_{j_1,j_2,\cdots,j_n}=[(\boldsymbol{K}_i)U^k_{j_1,j_2,\cdots,j_n},V^k_{j_1,j_2,\cdots,j_n}](i=1,2,\cdots,n)$，

这里$\{U^k_{j_1,j_2,\cdots,j_n}\}^k_{j_1,j_2,\cdots,j_n}\in Z\times Z$以及$\{V^k_{j_1,j_2,\cdots,j_n}\}^k_{j_1,j_2,\cdots,j_n}\in Z\times Z$满足相应的离散变分方程：

$$\boldsymbol{M}(\partial_t)^k_{j_1,j_2,\cdots,j_n}Z^k_{j_1,j_2,\cdots,j_n}+\sum_{i=1}^{n}\boldsymbol{K}_i(\partial_{x_i})^k_{j_1,j_2,\cdots,j_n}Z^k_{j_1,j_2,\cdots,j_n}=\nabla_z S''(\boldsymbol{z}^k_{j_1,j_2,\cdots,j_n})Z^k_{j_1,j_2,\cdots,j_n} \tag{4.2.7}$$

式中，$S''(\boldsymbol{z}^k_{j_1,j_2,\cdots,j_n})$表示哈密顿函数$S(\boldsymbol{z})$的(辛)Hessian 矩阵的离散形式。已有研究发现，离散多辛守恒性质可使多辛格式具有良好的保结构特性。

已有研究表明，构造多辛积分方法的前提条件是通过引入恰当的中间变量构造多辛形式(4.2.1)。这一先决条件表明，多辛积分只能用于可以写成多辛形式(4.2.1)的少数哈密顿偏微分方程，如 sine-Gordon 方程、KdV 方程、非线性薛定谔方程等。对于大多数哈密顿偏微分方程组，特别是含有阻尼的哈密顿系统，多辛方法无法应用，因此，我们必须采用其他的数值方法。这些方法也许可以获得高精度的数值解，但它们不能准确地保持系统的局部几何特性，而系统的局部几何特性在分析系统的动力学特性中起着重要作用。因此，根据多辛积分思想，提出一种高度关注广义哈密顿偏微分方程的局部几何性质的数值方法是具有重要意义的。

本节介绍了广义多辛积分的概念，并讨论了一类不能写成严格多辛形式(4.2.1)，含有弱阻尼的哈密顿非线性波偏微分方程的分析方法，并在数值分析中重点关注方程的局部几何性质。

根据 Bridges[29] 的多辛积分理论，得到与多辛偏微分方程系统相关(4.2.1)守恒定律的三个重要前提(包括多辛守恒律(4.2.2)，局部能量守恒律(4.2.3)，还有局部动量守恒律(4.2.4))：系数矩阵$\boldsymbol{M}$,$\boldsymbol{K}_i$的反对称性，哈密顿函数S和恰当的正则变换。在很多情况

下，哈密顿偏微分方程可以写成与多辛形式(4.2.1)很相似的形式，除了系数矩阵的反对称性，如复合 KdV-Burgers 方程和伯格斯方程，它们代表了一类可以写成这种形式的广义哈密顿非线性波动方程：

$$\boldsymbol{M}^{*}\partial_{t}\boldsymbol{z}+\sum_{i=1}^{n}\boldsymbol{K}_{i}^{*}\partial_{x_{i}}\boldsymbol{z}=\nabla_{z}S(\boldsymbol{z}),\quad \boldsymbol{z}\in\mathbf{R}^{d} \tag{4.2.8}$$

其中，$\boldsymbol{M}^{*},\boldsymbol{K}_{i}^{*}\in\mathbf{R}^{d\times d}(i=1,2,\cdots,n)$(可以是任何方阵)；$S$：$\mathbf{R}^{d}\rightarrow R$ 是哈密顿函数。假设系统(4.2.8)的特征值问题只具有有限个含有正实部的特征值 λ_{m}：

$$\det\left(\lambda_{m}\boldsymbol{M}^{*}+\sum_{m=1}^{n}\mathrm{i}\boldsymbol{K}_{m}^{*}-\boldsymbol{H}\right)=0 \tag{4.2.9}$$

其中，$\boldsymbol{H}$ 是 $S(\boldsymbol{z})$的 Hessian 矩阵；$\boldsymbol{K}_{m}^{*}$ 是实矩阵，即 $\boldsymbol{K}_{m}^{*}\in R^{n}(m=1,2,\cdots,n)$；$\mathrm{i}=\sqrt{-1}$(注意不要与后面的下标 i 用法混淆)。

根据矩阵理论，任意方阵 $\boldsymbol{A}$ 可以分解为$\frac{1}{2}(\boldsymbol{A}-\boldsymbol{A}^{\mathrm{T}})+\frac{1}{2}(\boldsymbol{A}+\boldsymbol{A}^{\mathrm{T}})$，其中$\frac{1}{2}(\boldsymbol{A}-\boldsymbol{A}^{\mathrm{T}})$是反对称矩阵，$\frac{1}{2}(\boldsymbol{A}+\boldsymbol{A}^{\mathrm{T}})$显然是对称矩阵。因此，方阵 $\boldsymbol{M}^{*}$，$\boldsymbol{K}_{i}^{*}$ 可以表示为

$$\begin{aligned}\boldsymbol{M}^{*}&=\frac{1}{2}[\boldsymbol{M}^{*}-(\boldsymbol{M}^{*})^{\mathrm{T}}]+\frac{1}{2}[\boldsymbol{M}^{*}+(\boldsymbol{M}^{*})^{\mathrm{T}}],\\ \boldsymbol{K}_{i}^{*}&=\frac{1}{2}[\boldsymbol{K}_{i}^{*}-(\boldsymbol{K}_{i}^{*})^{\mathrm{T}}]+\frac{1}{2}[\boldsymbol{K}_{i}^{*}+(\boldsymbol{K}_{i}^{*})^{\mathrm{T}}]\end{aligned} \tag{4.2.10}$$

定义反对称矩阵 $\boldsymbol{M},\boldsymbol{K}_{i}$：

$$\boldsymbol{M}=\frac{1}{2}[\boldsymbol{M}^{*}-(\boldsymbol{M}^{*})^{\mathrm{T}}],\quad \boldsymbol{K}_{i}=\frac{1}{2}[\boldsymbol{K}_{i}^{*}-(\boldsymbol{K}_{i}^{*})^{\mathrm{T}}]$$

和对称矩阵$\widehat{\boldsymbol{M}},\widehat{\boldsymbol{K}}_{i}$：

$$\widehat{\boldsymbol{M}}=\frac{1}{2}[\boldsymbol{M}^{*}+(\boldsymbol{M}^{*})^{\mathrm{T}}],\quad \widehat{\boldsymbol{K}}_{i}=\frac{1}{2}[\boldsymbol{K}_{i}^{*}+(\boldsymbol{K}_{i}^{*})^{\mathrm{T}}]$$

然后式(4.2.8)可以改写为

$$(\boldsymbol{M}+\widehat{\boldsymbol{M}})\partial_{t}\boldsymbol{z}+\sum_{i=1}^{n}(\boldsymbol{K}_{i}+\widehat{\boldsymbol{K}}_{i})\partial_{x_{i}}\boldsymbol{z}=\nabla_{z}S(\boldsymbol{z}),\quad \boldsymbol{z}\in\mathbf{R}^{d} \tag{4.2.11}$$

暂称其为近似多辛形式。

注意，如果对称矩阵$\widehat{\boldsymbol{M}}=\widehat{\boldsymbol{K}}_{i}=0$，式(4.2.11)退化为严格的多辛形式(4.2.1)，严格的多辛形式精确满足守恒律式(4.2.2)～式(4.2.4)。事实上，如果对称矩阵$\widehat{\boldsymbol{M}}$ 和$\widehat{\boldsymbol{K}}_{i}$ 足够小，则式(4.2.11)是近似多辛形式，满足近似多辛守恒定律：

$$\partial_{t}(\omega)+\sum_{i=1}^{n}\partial_{x_{i}}(\kappa_{i})=-\partial_{t}(\widehat{\omega})-\sum_{i=1}^{n}\partial_{x_{i}}(\widehat{\kappa}_{i}) \tag{4.2.12}$$

近似多辛系统的离散形式(4.2.11)可以表示为

$$\begin{aligned}&(\boldsymbol{M}+\widehat{\boldsymbol{M}})(\partial_{t})_{j_1,j_2,\cdots,j_n}^{k}\boldsymbol{z}_{j_1,j_2,\cdots,j_n}^{k}+\sum_{i=1}^{n}(\boldsymbol{K}_{i}+\widehat{\boldsymbol{K}}_{i})(\partial_{x_i})_{j_1,j_2,\cdots,j_n}^{k}\boldsymbol{z}_{j_1,j_2,\cdots,j_n}^{k}\\ &=[\nabla_{z}S(\boldsymbol{z}_{j_1,j_2,\cdots,j_n}^{k})]_{j_1,j_2,\cdots,j_n}^{k}\end{aligned} \tag{4.2.13}$$

近似多辛守恒律的离散形式(4.2.12)是

$$(\partial_t)^k_{j_1,j_2,\cdots,j_n}\omega^k_{j_1,j_2,\cdots,j_n}+\sum_{i=1}^{n}(\partial_{x_i})^k_{j_1,j_2,\cdots,j_n}(\kappa_i)^k_{j_1,j_2,\cdots,j_n}$$

$$=-(\partial_t)^k_{j_1,j_2,\cdots,j_n}\widehat{\omega}^k_{j_1,j_2,\cdots,j_n}-\sum_{i=1}^{n}(\partial_{x_i})^k_{j_1,j_2,\cdots,j_n}(\widehat{\kappa}_i)^k_{j_1,j_2,\cdots,j_n} \tag{4.2.14}$$

其中，$\omega^k_{j_1,j_2,\cdots,j_n}=[(\boldsymbol{M}+\widehat{\boldsymbol{M}})\boldsymbol{U}^k_{j_1,j_2,\cdots,j_n},\boldsymbol{V}^k_{j_1,j_2,\cdots,j_n}]$，$(\kappa_i)^k_{j_1,j_2,\cdots,j_n}=[(\boldsymbol{K}_i+\widehat{\boldsymbol{K}}_i)\boldsymbol{U}^k_{j_1,j_2,\cdots,j_n},\boldsymbol{V}^k_{j_1,j_2,\cdots,j_n}]$，这里$\{\boldsymbol{U}^k_{j_1,j_2,\cdots,j_n}\}^k_{j_1,j_2,\cdots,j_n}\in\boldsymbol{Z}\times\boldsymbol{Z}$和$\{\boldsymbol{V}^k_{j_1,j_2,\cdots,j_n}\}^k_{j_1,j_2,\cdots,j_n}\in\boldsymbol{Z}\times\boldsymbol{Z}$满足相应的离散变分方程：

$$(\boldsymbol{M}+\widehat{\boldsymbol{M}})(\partial_t)^k_{j_1,j_2,\cdots,j_n}\boldsymbol{Z}^k_{j_1,j_2,\cdots,j_n}+\sum_{i=1}^{n}(\boldsymbol{K}_i+\widehat{\boldsymbol{K}}_i)(\partial_{x_i})^k_{j_1,j_2,\cdots,j_n}\boldsymbol{Z}^k_{j_1,j_2,\cdots,j_n}$$

$$=\nabla_z S''(\boldsymbol{z}^k_{j_1,j_2,\cdots,j_n})\boldsymbol{Z}^k_{j_1,j_2,\cdots,j_n} \tag{4.2.15}$$

当$\widehat{\omega}^k_{j_1,j_2,\cdots,j_n}=(\widehat{\boldsymbol{M}}\widehat{\boldsymbol{U}}^k_{j_1,j_2,\cdots,j_n},\widehat{\boldsymbol{V}}^k_{j_1,j_2,\cdots,j_n})$，$(\widehat{\kappa}_i)^k_{j_1,j_2,\cdots,j_n}=[(\widehat{\boldsymbol{K}}_i)\widehat{\boldsymbol{U}}^k_{j_1,j_2,\cdots,j_n},\widehat{\boldsymbol{V}}^k_{j_1,j_2,\cdots,j_n}]$，$\{\widehat{\boldsymbol{U}}^k_{j_1,j_2,\cdots,j_n}\}^k_{j_1,j_2,\cdots,j_n}\in\boldsymbol{Z}\times\boldsymbol{Z}$和$\{\widehat{\boldsymbol{V}}^k_{j_1,j_2,\cdots,j_n}\}^k_{j_1,j_2,\cdots,j_n}\in\boldsymbol{Z}\times\boldsymbol{Z}$满足相应的离散变分方程时，

$$\widehat{\boldsymbol{M}}(\partial_t)^k_{j_1,j_2,\cdots,j_n}\boldsymbol{Z}^k_{j_1,j_2,\cdots,j_n}+\sum_{i=1}^{n}\widehat{\boldsymbol{K}}_i(\partial_{x_i})^k_{j_1,j_2,\cdots,j_n}\boldsymbol{Z}^k_{j_1,j_2,\cdots,j_n}=\nabla_z S''(\boldsymbol{z}^k_{j_1,j_2,\cdots,j_n})\boldsymbol{Z}^k_{j_1,j_2,\cdots,j_n} \tag{4.2.16}$$

与其他差分数值方法类似，多辛格式(4.2.5)不可避免地存在一定的差分截断误差。因此在下文中，我们尝试提出一种用于多辛守恒律残差不超过差分截断误差的新数值算法(4.2.12)。

设$o(\Delta t,\Delta t^2,\cdots,\Delta x_1,\Delta x_1^2,\cdots,\Delta x_n,\Delta x_n^2,\cdots,)$表示采用时间步长为$\Delta t$，空间步长为$\Delta x_1$，$\Delta x_2,\cdots,\Delta x_n$的系统(4.2.11)离散形式的差分截断误差，$\Delta_k$表示第$k$时间步中离散近似多辛守恒律的残差。如果我们认为离散多辛守恒律(4.2.6)是精确的，则Δ_k可以表示为

$$|\Delta_k|=\max\left\{\left|-(\partial_t)^k_{j_1,j_2,\cdots,j_n}\widehat{\omega}^k_{j_1,j_2,\cdots,j_n}-\sum_{i=1}^{n}(\partial_{x_i})^k_{j_1,j_2,\cdots,j_n}(\widehat{\kappa}_i)^k_{j_1,j_2,\cdots,j_n}\right|\right\} \tag{4.2.17}$$

其具体表述将在下文中介绍。

实际上，Δ_k是离散近似多辛守恒律的误差值，其绝对值在第k个时间层的空间点中取其最大值。如果$\Delta_k(k=1,2,\cdots,T/\Delta t)$的绝对值($T$是总时间间隔)小于或等于离散形式(4.2.13)的差截断误差，这时，因为近似多辛守恒律的误差太小，不足以影响离散格式的数值性能，所以我们可以认为近似多辛方法(4.2.13)具有与多辛方法(4.2.5)相同的数值性能。基于这一思想，我们提出了广义多辛积分的概念。

定义[50] 离散系统(4.2.13)为广义多辛格式，当且仅当该格式在每个步内满足以下不等式时，相应的近似多辛守恒律(4.2.14)是与广义偏微分方程相关的广义离散多辛守恒律(4.2.11)：

$$|\Delta_k|\leqslant o(\Delta t,\Delta t^2,\cdots,\Delta x_1,\Delta x_1^2,\cdots,\Delta x_n,\Delta x_n^2,\cdots,) \tag{4.2.18}$$

即

$$\max\{|\Delta_k|\}\leqslant o(\Delta t,\Delta t^2,\cdots,\Delta x_1,\Delta x_1^2,\cdots,\Delta x_n,\Delta x_n^2,\cdots,) \tag{4.2.19}$$

这里，$|\Delta_k|$是 Δ_k 的绝对值。

表面上，不等式(4.2.18)和不等式(4.2.19)之间没有区别，但实际上不等式(4.2.19)更有利于计算机计算，因为它只需要一个储存变量$\left(\frac{L_1}{\Delta x_1}-1\right)\left(\frac{L_2}{\Delta x_2}-1\right)\cdots\left(\frac{L_n}{\Delta x_n}-1\right)$。相比之下，不等式(4.2.18)需要 $T/\Delta t$ 和$\frac{T}{\Delta t}\left(\frac{L_1}{\Delta x_1}-1\right)\left(\frac{L_2}{\Delta x_2}-1\right)\cdots\left(\frac{L_n}{\Delta x_n}-1\right)$两个存储变量，其中 $L_i(i=1,2,\cdots,n)$为第 i 维空间的计算区间。该定义意味着，尽管广义多辛守恒定律的离散形式存在一定误差，但广义多辛积分方法应具有与多辛积分方法类似的良好数值性能，这将多辛积分的思想扩展到广义哈密顿非线性波偏微分方程。

此外，根据 Bridges[29] 的多辛积分理论，多辛积分可以精确地保持系统(4.2.1)的局部性能，这就激励我们继续研究系统的局部守恒律(4.2.11)。因此，我们将在下文中给出系统(4.2.11)的修正局部能量守恒律和修正局部动量守恒律。

我们首先证明了广义哈密顿非线性偏微分方程(4.2.11)满足修正的局部能量守恒律。在得到多辛系统(4.2.1)的局部能量守恒律的过程中，我们将式(4.2.11)和$\partial_t \boldsymbol{z}$ 做内积，对系统(4.2.11)定义修正能量密度 $\hat{e}=S(\boldsymbol{z})-\frac{1}{2}\sum_{i=1}^{n}\boldsymbol{z}^{\mathrm{T}}(\boldsymbol{K}_i+\widehat{\boldsymbol{K}}_i)\partial_{x_i}\boldsymbol{z}$ 以及修正能量通量$\hat{f}_i=\frac{1}{2}\boldsymbol{z}^{\mathrm{T}}(\boldsymbol{K}_i+\widehat{\boldsymbol{K}}_i)\partial_t\boldsymbol{z}(i=1,2,\cdots,n)$。然后得到

$$
\begin{aligned}
&\partial_t\hat{e}+\sum_{i=1}^{n}\partial_{x_i}\hat{f}_i\\
&=\partial_t\left[S(\boldsymbol{z})-\frac{1}{2}\sum_{i=1}^{n}\boldsymbol{z}^{\mathrm{T}}(\boldsymbol{K}_i+\widehat{\boldsymbol{K}}_i)\partial_{x_i}\boldsymbol{z}\right]+\frac{1}{2}\sum_{i=1}^{n}\partial_{x_i}\boldsymbol{z}^{\mathrm{T}}(\boldsymbol{K}_i+\widehat{\boldsymbol{K}}_i)\partial_t\boldsymbol{z}\\
&=\partial_t\left[S(\boldsymbol{z})-\frac{1}{2}\sum_{i=1}^{n}\boldsymbol{z}^{\mathrm{T}}\boldsymbol{K}_i\partial_{x_i}\boldsymbol{z}\right]+\frac{1}{2}\sum_{i=1}^{n}\partial_{x_i}\boldsymbol{z}^{\mathrm{T}}\boldsymbol{K}_i\partial_t\boldsymbol{z}+\frac{1}{2}\sum_{i=1}^{n}\partial_{x_i}\boldsymbol{z}^{\mathrm{T}}\widehat{\boldsymbol{K}}_i\partial_t\boldsymbol{z}-\frac{1}{2}\partial_t\sum_{i=1}^{n}\boldsymbol{z}^{\mathrm{T}}\widehat{\boldsymbol{K}}_i\partial_{x_i}\boldsymbol{z}
\end{aligned}
\tag{4.2.20}
$$

将式(4.2.3)代入式(4.2.20)，得到修正局部能量守恒律：

$$
\partial_t\hat{e}+\sum_{i=1}^{n}\partial_{x_i}\hat{f}_i=\frac{1}{2}\sum_{i=1}^{n}\partial_{x_i}\boldsymbol{z}^{\mathrm{T}}\widehat{\boldsymbol{K}}_i\partial_t\boldsymbol{z}-\frac{1}{2}\partial_t\sum_{i=1}^{n}\boldsymbol{z}^{\mathrm{T}}\widehat{\boldsymbol{K}}_i\partial_{x_i}\boldsymbol{z} \tag{4.2.21}
$$

类似地，我们可以得到在 $x_m(m=1,2,\cdots,n)$方向上的修正局部动量守恒律：

$$
\begin{aligned}
\partial_t(\hat{h}_m)+\sum_{i=1}^{n}\partial_{x_i}\hat{g}_{mi}=&\ \frac{1}{2}\partial_t(\boldsymbol{z}^{\mathrm{T}}\widehat{\boldsymbol{M}}\partial_{x_m}\boldsymbol{z})+\frac{1}{2}\partial_{x_m}\left(-\boldsymbol{z}^{\mathrm{T}}\widehat{\boldsymbol{M}}\partial_t\boldsymbol{z}-\sum_{i=1}^{m-1}\boldsymbol{z}^{\mathrm{T}}\widehat{\boldsymbol{K}}_i\partial_{x_i}\boldsymbol{z}-\sum_{i=m+1}^{n}\boldsymbol{z}^{\mathrm{T}}\widehat{\boldsymbol{K}}_i\partial_{x_i}\boldsymbol{z}\right)\\
&+\frac{1}{2}\left[\sum_{i=1}^{m-1}\partial_{x_i}(\boldsymbol{z}^{\mathrm{T}}\widehat{\boldsymbol{K}}_i\partial_{x_m}\boldsymbol{z})+\sum_{i=m+1}^{n}\partial_{x_i}(\boldsymbol{z}^{\mathrm{T}}\widehat{\boldsymbol{K}}_i\partial_{x_m}\boldsymbol{z})\right]
\end{aligned}
\tag{4.2.22}
$$

其中，

$$
\begin{aligned}
&\hat{h}_m=\frac{1}{2}\boldsymbol{z}^{\mathrm{T}}(\boldsymbol{M}+\widehat{\boldsymbol{M}})\partial_{x_m}\boldsymbol{z},\\
&\hat{g}_{mm}=S(\boldsymbol{z})-\frac{1}{2}\boldsymbol{z}^{\mathrm{T}}(\boldsymbol{M}+\widehat{\boldsymbol{M}})\partial_t\boldsymbol{z}-\frac{1}{2}\sum_{i=1}^{m-1}\boldsymbol{z}^{\mathrm{T}}(\boldsymbol{K}_i+\widehat{\boldsymbol{K}}_i)\partial_{x_i}\boldsymbol{z}-\frac{1}{2}\sum_{i=m+1}^{n}\boldsymbol{z}^{\mathrm{T}}(\boldsymbol{K}_i+\widehat{\boldsymbol{K}}_i)\partial_{x_i}\boldsymbol{z},\\
&\hat{g}_{mi}=\frac{1}{2}\boldsymbol{z}^{\mathrm{T}}(\boldsymbol{K}_i+\widehat{\boldsymbol{K}}_i)\partial_{x_i}\boldsymbol{z}(i=1,\cdots,m-1,m+1,\cdots,n)
\end{aligned}
$$

令

$$\Delta_{\mathrm{e}}=\frac{1}{2}\sum_{i=1}^{n}\partial_{x_i}\boldsymbol{z}^{\mathrm{T}}\widehat{\boldsymbol{K}}_i\partial_t\boldsymbol{z}-\frac{1}{2}\partial_t\sum_{i=1}^{n}\boldsymbol{z}^{\mathrm{T}}\widehat{\boldsymbol{K}}_i\partial_{x_i}\boldsymbol{z} \tag{4.2.23}$$

表示修正局部能量的误差。令

$$\begin{aligned}\Delta_{\mathrm{p}}=&\frac{1}{2}\partial_t(\boldsymbol{z}^{\mathrm{T}}\widehat{\boldsymbol{M}}\partial_{x_m}\boldsymbol{z})+\frac{1}{2}\partial_{x_m}\left(-\boldsymbol{z}^{\mathrm{T}}\widehat{\boldsymbol{M}}\partial_t\boldsymbol{z}-\sum_{i=1}^{m-1}\boldsymbol{z}^{\mathrm{T}}\widehat{\boldsymbol{K}}_i\partial_{x_i}\boldsymbol{z}-\sum_{i=m+1}^{n}\boldsymbol{z}^{\mathrm{T}}\widehat{\boldsymbol{K}}_i\partial_{x_i}\boldsymbol{z}\right)\\&+\frac{1}{2}\left[\sum_{i=1}^{m-1}\partial_{x_i}(\boldsymbol{z}^{\mathrm{T}}\widehat{\boldsymbol{K}}_i\partial_{x_m}\boldsymbol{z})+\sum_{i=m+1}^{n}\partial_{x_i}(\boldsymbol{z}^{\mathrm{T}}\widehat{\boldsymbol{K}}_i\partial_{x_m}\boldsymbol{z})\right]\end{aligned} \tag{4.2.24}$$

表示在 x_m 方向上的修正局部动量误差。

参照 Sebastian Reich 和 Thomas J. Bridges 得到的关于多辛算法离散局部能量和离散局部动量误差的结果[32,34-35]，我们可以认为多辛算法得到的离散局部能量守恒律(4.2.3)和局部动量守恒律(4.2.4)是精确的，那么广义多辛分析方法的离散修正局部能量守恒律的误差可以被表示为

$$\begin{aligned}\{\Delta_{\mathrm{e}}\}_{j_1,j_2,\cdots,j_n}^{k}=&\frac{1}{2}\sum_{i=1}^{n}(\partial_{x_i})_{j_1,j_2,\cdots,j_n}^{k}(\boldsymbol{z}^{\mathrm{T}})_{j_1,j_2,\cdots,j_n}^{k}\widehat{\boldsymbol{K}}_i(\partial_t)_{j_1,j_2,\cdots,j_n}^{k}\boldsymbol{z}_{j_1,j_2,\cdots,j_n}^{k}\\&-\frac{1}{2}(\partial_t)_{j_1,j_2,\cdots,j_n}^{k}\sum_{i=1}^{n}(\boldsymbol{z}^{\mathrm{T}})_{j_1,j_2,\cdots,j_n}^{k}\widehat{\boldsymbol{K}}_i(\partial_{x_i})_{j_1,j_2,\cdots,j_n}^{k}\boldsymbol{z}_{j_1,j_2,\cdots,j_n}^{k}\end{aligned} \tag{4.2.25}$$

在 x_m 方向上的修正局部动量守恒律误差可以表示为

$$\begin{aligned}\{\Delta_{\mathrm{p}}\}_{j_1,j_2,\cdots,j_n}^{k}=&\frac{1}{2}(\partial_t)_{j_1,j_2,\cdots,j_n}^{k}[(\boldsymbol{z}^{\mathrm{T}})_{j_1,j_2,\cdots,j_n}^{k}\widehat{\boldsymbol{M}}(\partial_{x_m})_{j_1,j_2,\cdots,j_n}^{k}\boldsymbol{z}_{j_1,j_2,\cdots,j_n}^{k}]\\&+\frac{1}{2}(\partial_{x_m})_{j_1,j_2,\cdots,j_n}^{k}[-(\boldsymbol{z}^{\mathrm{T}})_{j_1,j_2,\cdots,j_n}^{k}\widehat{\boldsymbol{M}}(\partial_t)_{j_1,j_2,\cdots,j_n}^{k}\boldsymbol{z}_{j_1,j_2,\cdots,j_n}^{k}\\&-\sum_{i=1}^{m-1}(\boldsymbol{z}^{\mathrm{T}})_{j_1,j_2,\cdots,j_n}^{k}\widehat{\boldsymbol{K}}_i(\partial_{x_i})_{j_1,j_2,\cdots,j_n}^{k}\boldsymbol{z}_{j_1,j_2,\cdots,j_n}^{k}\\&-\sum_{i=m+1}^{n}(\boldsymbol{z}^{\mathrm{T}})_{j_1,j_2,\cdots,j_n}^{k}\widehat{\boldsymbol{K}}_i(\partial_{x_i})_{j_1,j_2,\cdots,j_n}^{k}\boldsymbol{z}_{j_1,j_2,\cdots,j_n}^{k}]\\&+\frac{1}{2}\sum_{i=1}^{m-1}(\partial_{x_i})_{j_1,j_2,\cdots,j_n}^{k}[(\boldsymbol{z}^{\mathrm{T}})_{j_1,j_2,\cdots,j_n}^{k}\widehat{\boldsymbol{K}}_i(\partial_{x_m})_{j_1,j_2,\cdots,j_n}^{k}\boldsymbol{z}_{j_1,j_2,\cdots,j_n}^{k}]\\&+\frac{1}{2}\sum_{i=m+1}^{n}(\partial_{x_i})_{j_1,j_2,\cdots,j_n}^{k}[(\boldsymbol{z}^{\mathrm{T}})_{j_1,j_2,\cdots,j_n}^{k}\widehat{\boldsymbol{K}}_i(\partial_{x_m})_{j_1,j_2,\cdots,j_n}^{k}\boldsymbol{z}_{j_1,j_2,\cdots,j_n}^{k}]\end{aligned} \tag{4.2.26}$$

到目前为止，我们给出了广义多辛理论框架(包括近似对称形式、多辛结构的残差、局部能量耗散和局部动量耗散)及其离散形式。

4.3 无限维动力学系统的对称破缺

在 4.2 节中，为了克服多辛积分方法的局限性，我们对具有弱阻尼的无限维系统提出了广义多辛积分框架理论[50-51]：

$$\boldsymbol{M}\partial_t\boldsymbol{z}+\sum_{i=1}^{n}\boldsymbol{K}_i\partial_{x_i}\boldsymbol{z}=\nabla_{\boldsymbol{z}}S(\boldsymbol{z}),\quad \boldsymbol{z}\in\mathbf{R}^d \tag{4.3.1}$$

需要说明的是，为了简化本节中的表达式，式(4.2.8)的系数矩阵上标“*”在式(4.3.1)中被省略了。

在参考文献[50]中，假设系数矩阵 $\boldsymbol{M},\boldsymbol{K}_i\in\mathbf{R}^{d\times d}(i=1,2,\cdots,n)$ 是任意常数方阵，这就意味着系统的结构参数不显含 t 和 x_i。假设 $S:\mathbf{R}^d\to R$ 为光滑哈密顿函数不显含 t 和 x_i，$\boldsymbol{z}$ 表示状态向量。

当且仅当离散多辛结构残差不大于其在假定的步长下的差分格式截断误差时，系统(4.3.1)的离散格式可称为广义多辛方法。在这一工作中，我们提出了用于构造具有弱阻尼的无限维动力学系统保结构分析方法的广义多辛积分框架，并表明了弱阻尼是导致对称破缺的因素之一。

以一般的动力学系统为例，对系统(4.3.1)还应作一些补充说明。

首先，假设系数矩阵 $\boldsymbol{M},\boldsymbol{K}_i$ 是常数方阵，这就意味着系统(4.3.1)的参数空间是对称的。然而参数空间的对称性并不意味着系数矩阵具有一定的对称性(对称或反对称)。因此，为了研究阻尼对多辛结构的影响，将系数矩阵分解为

$$\boldsymbol{M}=\breve{\boldsymbol{M}}+\widehat{\boldsymbol{M}},\quad \boldsymbol{K}_i=\breve{\boldsymbol{K}}_i+\widehat{\boldsymbol{K}}_i \tag{4.3.2}$$

其中，$\breve{\boldsymbol{M}}=\frac{1}{2}[\boldsymbol{M}-\boldsymbol{M}^{\mathrm{T}}]$ 和 $\breve{\boldsymbol{K}}_i=\frac{1}{2}[\boldsymbol{K}_i-(\boldsymbol{K}_i)^{\mathrm{T}}]$ 是反对称的，$\widehat{\boldsymbol{M}}=\frac{1}{2}[\boldsymbol{M}+\boldsymbol{M}^{\mathrm{T}}]$ 和 $\widehat{\boldsymbol{K}}_i=\frac{1}{2}[\boldsymbol{K}_i+(\boldsymbol{K}_i)^{\mathrm{T}}]$ 是对称的。

其次，状态向量 $\boldsymbol{z}$ 不仅包含位移(或变形)x_i 还包含动量 p_i。即在哈密顿框架下，将位移和动量视为对偶变量，二者之间的耦合关系表示为

$$\dot{x}_i=\partial S(\boldsymbol{z})/\partial p_i,\quad \dot{p}_i=-\partial S(\boldsymbol{z})/\partial x_i \tag{4.3.3}$$

因此，与牛顿第二定律表述的描述质点运动方程不同，阻尼因子可以包含在两个系数矩阵中。

系数矩阵的反对称性在推导系统(4.3.1)的多辛结构过程中起着重要作用。因此，本节中将首先讨论系数矩阵的对称破缺问题。

前文已经讨论过，阻尼是导致动力学系统(4.3.1)中系数矩阵对称破缺的典型因素之一。在文献[50]中证明了阻尼因子只包含在系数矩阵的对称部分中，由阻尼因子产生的局部能量耗散可表示为

$$\Delta_{\mathrm{e}}=\frac{1}{2}\sum_{i=1}^{n}\langle\partial_{x_i}\boldsymbol{z},\widehat{\boldsymbol{K}}_i\partial_t\boldsymbol{z}\rangle-\frac{1}{2}\partial_t\sum_{i=1}^{n}\langle\boldsymbol{z},\widehat{\boldsymbol{K}}_i\partial_{x_i}\boldsymbol{z}\rangle \tag{4.3.4}$$

详情可以在我们以前的工作中找到[50]。

导致动力学系统(4.3.1)系数矩阵对称破缺的另一个因素是系数矩阵的时空相关性，即 $\boldsymbol{M}=\boldsymbol{M}(x_1,x_2,\cdots,x_n,t)=-[\boldsymbol{M}(x_1,x_2,\cdots,x_n,t)]^{\mathrm{T}}$，$\boldsymbol{K}_i=\boldsymbol{K}_i(x_1,x_2,\cdots,x_n,t)=-[\boldsymbol{K}_i(x_1,x_2,\cdots,x_n,t)]^{\mathrm{T}}$。这种情况下，局部能量的变化在下文中讨论。

根据多辛理论中局部能量守恒律的推导过程[29]，我们将式(4.3.1)和 $\partial_t\boldsymbol{z}$ 做内积，然后定义 $\hat{e}=S(\boldsymbol{z})-\frac{1}{2}\sum_{i=1}^{n}\langle\boldsymbol{K}_i(x_1,x_2,\cdots,x_n,t)\partial_{x_i}\boldsymbol{z},\boldsymbol{z}\rangle$ 为修正能量密度，$\hat{f}_i=\frac{1}{2}\langle\boldsymbol{K}_i(x_1,$

$x_2,\cdots,x_n,t)\partial_t \boldsymbol{z},\boldsymbol{z}\rangle(i=1,2,\cdots,n)$为系统(4.3.1)的修正能量通量。$\hat{f}_i$ 对于 $x_i(i=1,2,\cdots,n)$的偏导数是

$$\begin{aligned}
\partial_{x_i}\hat{f}_i &= \frac{1}{2}\langle[\partial_{x_i}\boldsymbol{K}_i(x_1,x_2,\cdots,x_n,t)]\partial_t \boldsymbol{z},\boldsymbol{z}\rangle + \frac{1}{2}\langle \boldsymbol{K}_i(x_1,x_2,\cdots,x_n,t)\partial_{tx_i}\boldsymbol{z},\boldsymbol{z}\rangle + \\
&\quad \frac{1}{2}\langle \boldsymbol{K}_i(x_1,x_2,\cdots,x_n,t)\partial_t \boldsymbol{z},\partial_{x_i}\boldsymbol{z}\rangle \\
&= \partial_t\left[\frac{1}{2}\langle \boldsymbol{K}_i(x_1,x_2,\cdots,x_n,t)\partial_{x_i}\boldsymbol{z},\boldsymbol{z}\rangle\right] + \frac{1}{2}\langle \partial_{x_i}[\boldsymbol{K}_i(x_1,x_2,\cdots,x_n,t)]\partial_t \boldsymbol{z},\boldsymbol{z}\rangle + \\
&\quad \frac{1}{2}\langle \boldsymbol{K}_i(x_1,x_2,\cdots,x_n,t)\partial_t \boldsymbol{z},\partial_{x_i}\boldsymbol{z}\rangle - \frac{1}{2}\langle \partial_t[\boldsymbol{K}_i(x_1,x_2,\cdots,x_n,t)]\partial_{x_i}\boldsymbol{z},\boldsymbol{z}\rangle - \\
&\quad \frac{1}{2}\langle \boldsymbol{K}_i(x_1,x_2,\cdots,x_n,t)\partial_{x_i}\boldsymbol{z},\partial_t \boldsymbol{z}\rangle \\
&= \partial_t\left[\frac{1}{2}\langle \boldsymbol{K}_i(x_1,x_2,\cdots,x_n,t)\partial_{x_i}\boldsymbol{z},\boldsymbol{z}\rangle\right] + \frac{1}{2}\langle \partial_{x_i}[\boldsymbol{K}_i(x_1,x_2,\cdots,x_n,t)]\partial_t \boldsymbol{z},\boldsymbol{z}\rangle - \\
&\quad \frac{1}{2}\langle \partial_t[\boldsymbol{K}_i(x_1,x_2,\cdots,x_n,t)]\partial_{x_i}\boldsymbol{z},\boldsymbol{z}\rangle - \langle[\nabla_z S(\boldsymbol{z}) - \boldsymbol{M}(x_1,x_2,\cdots,x_n,t)\partial_t \boldsymbol{z}],\partial_t \boldsymbol{z}\rangle \\
&= \partial_t\left[\frac{1}{2}\langle \boldsymbol{K}_i(x_1,x_2,\cdots,x_n,t)\partial_{x_i}\boldsymbol{z},\boldsymbol{z}\rangle\right] + \frac{1}{2}\langle \partial_{x_i}[\boldsymbol{K}_i(x_1,x_2,\cdots,x_n,t)]\partial_t \boldsymbol{z},\boldsymbol{z}\rangle - \\
&\quad \frac{1}{2}\langle \partial_t[\boldsymbol{K}_i(x_1,x_2,\cdots,x_n,t)]\partial_{x_i}\boldsymbol{z},\boldsymbol{z}\rangle - \mathrm{d}S(\boldsymbol{z})/\mathrm{d}t
\end{aligned} \tag{4.3.5}$$

即

$$\begin{aligned}
\Delta_{\mathrm{e}} &= \partial_t \hat{e} + \sum_{i=1}^{n}\partial_{x_i}\hat{f}_i \\
&= \frac{1}{2}\sum_{i=1}^{n}\{\langle \partial_{x_i}[\boldsymbol{K}_i(x_1,x_2,\cdots,x_n,t)]\partial_t \boldsymbol{z},\boldsymbol{z}\rangle - \langle \partial_t[\boldsymbol{K}_i(x_1,x_2,\cdots,x_n,t)]\partial_{x_i}\boldsymbol{z},\boldsymbol{z}\rangle\}
\end{aligned} \tag{4.3.6}$$

式(4.3.6)是系统(4.3.1)系数矩阵由显含时间和空间坐标而导致的局部能量耗散。

对于线性系统,能量通量和动量密度总是状态变量的二次泛函,这意味着哈密顿函数是正定的。但如果系统是非线性的,哈密顿函数不一定是正定的,则能量密度和动量通量可能不是二次的。因此,哈密顿函数是否是正定的,并不能作为对称破缺是否存在的判据。

从能量的角度来看,动力学系统能量变化的起因包括外部激励和施加控制的外部输入。反映在系统(4.3.1)的哈密顿函数中,就是外部输入必然会引入显含 t 和 x_i 的项,即系统(4.3.1)的哈密顿函数有 $S=S(\boldsymbol{z},x_1,x_2,\cdots,x_n,t)$的形式,这是系统(4.3.1)的另一种对称破缺形式。

根据上文的叙述,系统的局部能量守恒律可表述为 $\partial_t \hat{e}+\sum_{i=1}^{n}\partial_{x_i}f_i=0$,通过将式(4.3.1)和$\partial_t \boldsymbol{z}$ 做内积,然后定义 $\hat{e}=S(\boldsymbol{z},x_1,x_2,\cdots,x_n,t)-\frac{1}{2}\sum_{i=1}^{n}\langle \boldsymbol{K}_i\partial_{x_i}\boldsymbol{z},\boldsymbol{z}\rangle$ 为修正能量密度,$f_i=\frac{1}{2}\langle \boldsymbol{K}_i\partial_t \boldsymbol{z},\boldsymbol{z}\rangle(i=1,2,\cdots,n)$为修正能量通量,皆可以得到由哈密顿函数的时空相关性

(显含时间空间变量)引起的系统局部能量变化[51]：

$$\Delta_e = \frac{\partial_t S(z, x_1, x_2, \cdots, x_n, t)}{\partial t} + \sum_{i=1}^{n} \frac{\partial_t S(z, x_1, x_2, \cdots, x_n, t)}{\partial x_i} \frac{\mathrm{d}x_i}{\mathrm{d}t} \tag{4.3.7}$$

它表明，系统(4.3.1)的局部能量变化与哈密顿函数的时空相关性有关。

众所周知，评价所采用数值分析方法性能的标准之一是数值算法能否准确再现外部激励对系统能量演化的影响。但因为缺乏理论验证，我们很难准确地评价数值方法的准确性。而式(4.3.7)提供了外部激励对系统能量演化的贡献的理论结果，这可以作为评价相关数值结果准确性的依据。

现在，我们将举例说明非保守系统的动力学对称破缺问题。机器人结构中的基本部件之一是具有可变弯曲刚度的柔性悬臂梁。以在外激励下具有可变弯曲刚度的柔性悬臂梁为例，简要讨论其能量耗散，以展示所提出结论的具体形式(式(4.3.4)得出的结论在工作[50,52-54]中已得到证明，因此本节将省略这部分的讨论)。

考虑具有可变弯曲刚度($E(x,t)I(x)$)的柔性悬臂梁受到作用于悬臂端的集中力$F(t)$，系统的动力学模型可以表示为

$$\rho(x)A(x)\partial_{tt}u(x,t) + E(x,t)I(x)\partial_{xxxx}u(x,t) = F(t) \tag{4.3.8}$$

其中，$\rho(x)$是材料密度；$A(x)$是横截面面积；$u(x,t)$是悬臂梁的弯曲变形。为了简化分析，这里我们令悬臂梁的线密度$\hat{\rho}=\rho(x)A(x)$为常数，这一假设与悬臂的可变弯曲刚度并不冲突。

引入正则动量$\partial_t u = v, \partial_x u = w, \partial_x w = \psi, \partial_x \psi = q$ 和状态变量$\boldsymbol{z} = (u, v, w, \psi, q)^{\mathrm{T}}$，可以得到式(4.3.8)的一阶形式：

$$\boldsymbol{M}\partial_t \boldsymbol{z} + \boldsymbol{K}\partial_x \boldsymbol{z} = \nabla_{\boldsymbol{z}} S(\boldsymbol{z}) \tag{4.3.9}$$

其中，$S(\boldsymbol{z}) = -F(t)u + \frac{1}{2}\hat{\rho}v^2 - \frac{1}{2}E(x,t)I(x)\psi^2 + E(x,t)I(x)wq$ 是哈密顿函数；

$$\boldsymbol{M} = \begin{bmatrix} 0 & -\hat{\rho} & 0 & 0 & 0 \\ \hat{\rho} & 0 & 0 & 0 & 0 \\ 0 & 0 & 0 & 0 & 0 \\ 0 & 0 & 0 & 0 & 0 \\ 0 & 0 & 0 & 0 & 0 \end{bmatrix},$$

$$\boldsymbol{K} = \begin{bmatrix} 0 & 0 & 0 & 0 & -E(x,t)I(x) \\ 0 & 0 & 0 & 0 & 0 \\ 0 & 0 & 0 & E(x,t)I(x) & 0 \\ 0 & 0 & -E(x,t)I(x) & 0 & 0 \\ E(x,t)I(x) & 0 & 0 & 0 & 0 \end{bmatrix}$$

首先假定$F(t)=0$，讨论系数矩阵对称性破缺对局部能量耗散的影响。根据式(4.3.6)得到系数矩阵对称性破缺所引起的局部能量耗散的具体形式：

$$\begin{aligned} \Delta_e = & \frac{1}{2}\left[I(x)\partial_x E(x,t) + E(x,t)\frac{\mathrm{d}I(x)}{\mathrm{d}x}\right](-u\partial_t q + w\partial_t \psi - \psi\partial_t w + q\partial_t u) \\ & \times \frac{1}{2}I(x)\partial_t E(x,t)(-u\partial_x q + w\partial_x \psi - \psi\partial_x w + q\partial_x u) \end{aligned} \tag{4.3.10}$$

然后,考虑了哈密顿函数的时空相关性对局部能量耗散的影响。即假设弯曲刚度为常数,则根据式(4.3.7)得到局部能量耗散的具体形式:

$$\Delta_e = -u \frac{dF(t)}{dt} \tag{4.3.11}$$

由上述实例可以发现,我们可以借助动力学系统对称破缺理论,方便地得到具有对称破缺的动力学系统局部能量耗散的具体形式。

4.4 广义多辛分析方法在波传播中的保结构性质初探

为说明广义多辛分析方法良好的保结构特性,本节将介绍几个关于广义多辛分析方法在波传播中的应用的例子[50,55-57]。这将激励我们在接下来的章节中使用广义多辛分析方法来研究更复杂的工程问题。

4.4.1 关注伯格斯方程局部守恒性质的隐式差分格式

近几十年来,复杂流体,特别是湍流和激波的分析引起了研究者的广泛关注。本节将介绍一种伯格斯方程的数值格式[58-59]:

$$\partial_t u + u\partial_x u - \nu\partial_{xx} u = 0 \tag{4.4.1}$$

其中,$\nu>0$ 为运动黏度系数。1915 年,Bateman 首次提出了伯格斯方程[60],后来由伯格斯在 1948 年发表[58]。由于式(4.4.1)可以被认为是纳维-斯托克斯(Navier-Stokes)方程的一个简单形式,其在非线性波的研究中起着重要作用。因此,当前已有许多关于伯格斯方程的解析解和数值解的研究。

Hopf[61] 和 Cole[62] 分别证明了在任意初始条件关于气体动力学的伯格斯方程的可解性。Benton 和 Platzman[63] 研究了一维伯格斯方程的解析解。Karpman 认为,由于非线性对流项和黏性项的存在,伯格斯方程可以被认为是纳维-斯托克斯方程的简化形式。许多研究者提出了关于伯格斯方程的数值方法。Hopf[61] 和 Özdes 等分别给出了伯格斯方程的傅里叶级数解和热平衡积分(HBI)解。Varoğlu 和 Finn 提出了结合时空等参数特征的有限元法,用加权残差法求得伯格斯方程的数值解。随后,利用三次样条有限元法、显式有限差分法、广义边界元法、移动有限元法、最小二乘法、三次 B 样条有限元配置法,得到了一组可以用龙格-库塔-切比雪夫(Runge-Kutta-Chebyshev)法求解的刚性常微分方程。最近,Gardner 等利用二次 B 样条有限元法给出了伯格斯方程的彼得罗夫-伽辽金(Petrov-Galerkin)解,Mustafa Inc. 用同伦分析方法得到了伯格斯方程的数值解。

本节中提出了一种基于多辛思想,着重关注算法守恒性质的九点隐式差分格式,即伯格斯方程的广义多辛积分算法。数值实验结果表明,该方法具有精度高、局部守恒性好和长时间数值稳定性良好三个显著优点。

关注数值方法的局部守恒性质,Bridges[29] 在 1997 年提出了无限维哈密顿系统的多辛方法。多辛积分方法的基本思想是,使得每个时间步长上的数值格式都保持多辛形式,这些在文献[29]~[32],[34],[35]中有介绍。本节中我们将基于广义多辛思想研究伯格斯方程[55]的数值解法。

通过引入正则动量$\partial_x p=u$，$\partial_x q=-\frac{1}{2}\partial_t u$，然后定义状态变量$\boldsymbol{z}=(p,u,q)^{\mathrm{T}}$，伯格斯方程(4.4.1)可以写成一阶偏微分方程形式：

$$\begin{bmatrix}0 & 1/2 & 0\\ -1/2 & 0 & 0\\ 0 & 0 & 0\end{bmatrix}\partial_t \boldsymbol{z}+\left(\begin{bmatrix}0 & 0 & 1\\ 0 & 0 & 0\\ -1 & 0 & 0\end{bmatrix}+\begin{bmatrix}0 & 0 & 0\\ 0 & \nu & 0\\ 0 & 0 & 0\end{bmatrix}\right)\partial_x \boldsymbol{z}=\nabla_z S(\boldsymbol{z}) \tag{4.4.2}$$

其中，$S(\boldsymbol{z})=-uq+\frac{1}{6}u^3$ 是哈密顿函数。

定义反对称矩阵$\boldsymbol{M}$，$\boldsymbol{K}$和对称矩阵$\widehat{\boldsymbol{K}}$为

$$\boldsymbol{M}=\begin{bmatrix}0 & 1/2 & 0\\ -1/2 & 0 & 0\\ 0 & 0 & 0\end{bmatrix},\quad \boldsymbol{K}=\begin{bmatrix}0 & 0 & 1\\ 0 & 0 & 0\\ -1 & 0 & 0\end{bmatrix},\quad \widehat{\boldsymbol{K}}=\begin{bmatrix}0 & 0 & 0\\ 0 & \nu & 0\\ 0 & 0 & 0\end{bmatrix}$$

当$\nu=0$时$\widehat{\boldsymbol{K}}=0$，偏微分方程(4.4.2)将退化为标准的多辛偏微分方程形式：

$$\boldsymbol{M}\partial_t \boldsymbol{z}+\boldsymbol{K}\partial_x \boldsymbol{z}=\nabla_z S(\boldsymbol{z}),\quad \boldsymbol{z}\in\mathbf{R}^3 \tag{4.4.3}$$

其中，$\boldsymbol{M},\boldsymbol{K}\in\mathbf{R}^{3\times3}$ 都是反对称矩阵；$S:\mathbf{R}^3\rightarrow R$ 是哈密顿函数；$\boldsymbol{z}=\boldsymbol{z}(t,x)$是状态变量。式(4.4.3)精确满足多辛守恒定律：

$$\partial_t(\omega)+\partial_x(\kappa)=0 \tag{4.4.4}$$

其中，$\omega=\frac{1}{2}\mathrm{d}z\wedge\boldsymbol{M}\mathrm{d}z$，$\kappa=\frac{1}{2}\mathrm{d}z\wedge\boldsymbol{K}\mathrm{d}z$。

同时，式(4.4.3)满足局部能量和局部动量守恒律。将式(4.4.3)和$\partial_t\boldsymbol{z}$做内积可以得到局部能量守恒律：

$$\partial_t e+\partial_x f=0 \tag{4.4.5}$$

其中，能量密度为$e=S(\boldsymbol{z})-\frac{1}{2}\langle\partial_x\boldsymbol{z},\boldsymbol{K}\boldsymbol{z}\rangle$；能量通量为$f=\frac{1}{2}\langle\boldsymbol{z},\boldsymbol{K}\partial_t\boldsymbol{z}\rangle$。

同理，通过将式(4.4.3)和$\partial_x\boldsymbol{z}$做内积，可以得到局部动量守恒律：

$$\partial_t h+\partial_x g=0 \tag{4.4.6}$$

其中，$h=\frac{1}{2}\langle\boldsymbol{z},\boldsymbol{M}\partial_x\boldsymbol{z}\rangle$，$g=S(\boldsymbol{z})-\frac{1}{2}\langle\partial_t\boldsymbol{z},\boldsymbol{M}\boldsymbol{z}\rangle$。

实际上，运动黏度系数在式(4.4.1)中是一个正实数，即$\widehat{\boldsymbol{K}}\neq\mathbf{0}$，所以偏微分方程(4.4.2)不能写成严格的多辛形式。

考虑偏微分方程(4.4.2)的矩阵形式：

$$\boldsymbol{M}\partial_t\boldsymbol{z}+(\boldsymbol{K}+\widehat{\boldsymbol{K}})\partial_x\boldsymbol{z}=\nabla_z S(\boldsymbol{z}),\quad \boldsymbol{z}\in\mathbf{R}^3 \tag{4.4.7}$$

当运动黏度系数小或雷诺数($Re=\nu^{-1}$)高时，方程的解会出现较陡峭的波峰。这种陡峭的波峰给数值模拟带来极大困难。

系统(4.4.7)满足近似多辛守恒律：

$$\partial_t(\omega)+\partial_x(\kappa)=-\partial_x(\widehat{\kappa}) \tag{4.4.8}$$

其中，$\widehat{k}=\frac{1}{2}\mathrm{d}z\wedge\widehat{\boldsymbol{K}}\mathrm{d}z$。

修正的局部能量守恒律可表示为

$$\partial_t \hat{e} + \partial_x \hat{f} = \frac{1}{2}\partial_x \boldsymbol{z}^{\mathrm{T}} \widehat{\boldsymbol{K}} \partial_t \boldsymbol{z} - \frac{1}{2}\partial_t \boldsymbol{z}^{\mathrm{T}} \widehat{\boldsymbol{K}} \partial_x \boldsymbol{z} \tag{4.4.9}$$

其中，$\hat{e} = S(\boldsymbol{z}) - \frac{1}{2}\boldsymbol{z}^{\mathrm{T}}(\boldsymbol{K} + \widehat{\boldsymbol{K}})\partial_x \boldsymbol{z}$，$\hat{f} = \frac{1}{2}\boldsymbol{z}^{\mathrm{T}}(\boldsymbol{K} + \widehat{\boldsymbol{K}})\partial_t \boldsymbol{z}$。

值得一提的是，尽管偏微分方程(4.4.7)不是严格的多辛形式，但式(4.4.7)精确满足局部动量守恒律(4.4.6)，下面将给出证明。

在 R^2 上引入均匀网格$\{(t_i, x_j)\}$，在 t 方向上的时间步长 Δt 和在 x 方向上的空间步长 Δx。$\boldsymbol{z}(t,x)$在点(t_i, x_j)上的近似值用 $\boldsymbol{z}_j^i$ 表示。

系统(4.4.7)的 Preissmann Box 离散格式为

$$\boldsymbol{M}\delta_t^+ \boldsymbol{z}_{j+1/2}^i + (\boldsymbol{K} + \widehat{\boldsymbol{K}})\delta_x^+ \boldsymbol{z}_j^{i+1/2} = \nabla_z S(\boldsymbol{z}_{j+1/2}^{i+1/2}) \tag{4.4.10}$$

其中，$\boldsymbol{z}_{j+1/2}^i = (\boldsymbol{z}_{j+1}^i + \boldsymbol{z}_j^i)/2$，$\boldsymbol{z}_j^{i+1/2} = (\boldsymbol{z}_j^{i+1} + \boldsymbol{z}_j^{i1})/2$，$\boldsymbol{z}_{j+1/2}^{i+1/2} = (\boldsymbol{z}_{j+1}^{i+1} + \boldsymbol{z}_{j+1}^i + \boldsymbol{z}_j^{i+1} + \boldsymbol{z}_j^i)/4$。

下面的定理将说明系统(4.4.10)的局部守恒性质。

定理 4-1[55] Preissmann Box 离散格式(4.4.10)满足以下离散近似多辛守恒律：

$$\delta_t^+ \omega_{j+1/2}^i + \delta_x^+ \kappa_j^{i+1/2} = -\delta_x^+ \hat{\kappa}_j^{i+1/2} \tag{4.4.11}$$

其中，$\omega_{j+1/2}^i = \mathrm{d}\boldsymbol{z}_{j+1/2}^i \wedge \boldsymbol{M}\mathrm{d}\boldsymbol{z}_{j+1/2}^i$，$\kappa_j^{i+1/2} = \mathrm{d}\boldsymbol{z}_j^{i+1/2} \wedge (\boldsymbol{K} + \widehat{\boldsymbol{K}})\mathrm{d}\boldsymbol{z}_j^{i+1/2}$，$\hat{\kappa}_j^{i+1/2} = \mathrm{d}\boldsymbol{z}_j^{i+1/2} \wedge \widehat{\boldsymbol{K}}\mathrm{d}\boldsymbol{z}_j^{i+1/2}$。

证明 我们考虑变分方程

$$\boldsymbol{M}\delta_t^+ \mathrm{d}\boldsymbol{z}_{j+1/2}^i + \boldsymbol{K}\delta_x^+ \mathrm{d}\boldsymbol{z}_j^{i+1/2} = S_{zz}(\boldsymbol{z}_{j+1/2}^{i+1/2})\mathrm{d}\boldsymbol{z}_{j+1/2}^{i+1/2} \tag{4.4.12}$$

将式(4.4.12)和 $\mathrm{d}\boldsymbol{z}_{j+1/2}^{i+1/2}$ 做外积，得到

$$\mathrm{d}\boldsymbol{z}_{j+1/2}^{i+1/2} \wedge \boldsymbol{M}\delta_t^+ \mathrm{d}\boldsymbol{z}_{j+1/2}^i + \mathrm{d}\boldsymbol{z}_{j+1/2}^{i+1/2} \wedge \boldsymbol{K}\delta_x^+ \mathrm{d}\boldsymbol{z}_j^{i+1/2} = \mathrm{d}\boldsymbol{z}_{j+1/2}^{i+1/2} \wedge S_{zz}(\boldsymbol{z}_{j+1/2}^{i+1/2})\mathrm{d}\boldsymbol{z}_{j+1/2}^{i+1/2} \tag{4.4.13}$$

由于 Hessian 是对称的，

$$\mathrm{d}\boldsymbol{z}_{j+1/2}^{i+1/2} \wedge S_{zz}(\boldsymbol{z}_{j+1/2}^{i+1/2})\mathrm{d}\boldsymbol{z}_{j+1/2}^{i+1/2} = 0 \tag{4.4.14}$$

代入式(4.4.13)中，得到

$$\mathrm{d}\boldsymbol{z}_{j+1/2}^{i+1/2} \wedge \boldsymbol{M}\delta_t^+ \mathrm{d}\boldsymbol{z}_{j+1/2}^i + \mathrm{d}\boldsymbol{z}_{j+1/2}^{i+1/2} \wedge \boldsymbol{K}\delta_x^+ \mathrm{d}\boldsymbol{z}_j^{i+1/2} = 0 \tag{4.4.15}$$

第一项可以写成

$$\begin{aligned}
\mathrm{d}\boldsymbol{z}_{j+1/2}^{i+1/2} \wedge \boldsymbol{M}\delta_t^+ \mathrm{d}\boldsymbol{z}_{j+1/2}^i &= \frac{1}{2\Delta t}(\mathrm{d}\boldsymbol{z}_{j+1/2}^{i+1} + \mathrm{d}\boldsymbol{z}_{j+1/2}^i) \wedge \boldsymbol{M}(\mathrm{d}\boldsymbol{z}_{j+1/2}^{i+1} - \mathrm{d}\boldsymbol{z}_{j+1/2}^i) \\
&= \frac{1}{2\Delta t}(\mathrm{d}\boldsymbol{z}_{j+1/2}^{i+1} \wedge \boldsymbol{M}\mathrm{d}\boldsymbol{z}_{j+1/2}^{i+1} - \mathrm{d}\boldsymbol{z}_{j+1/2}^i \wedge \boldsymbol{M}\mathrm{d}\boldsymbol{z}_{j+1/2}^i) \\
&= \frac{1}{2}\delta_t^+(\mathrm{d}\boldsymbol{z}_{j+1/2}^i \wedge \boldsymbol{M}\mathrm{d}\boldsymbol{z}_{j+1/2}^i)
\end{aligned} \tag{4.4.16}$$

同理，

$$\begin{aligned}
\mathrm{d}\boldsymbol{z}_{j+1/2}^{i+1/2} \wedge \boldsymbol{K}\delta_x^+ \mathrm{d}\boldsymbol{z}_j^{i+1/2} &= \frac{1}{2\Delta x}(\mathrm{d}\boldsymbol{z}_{j+1}^{i+1/2} + \mathrm{d}\boldsymbol{z}_j^{i+1/2}) \wedge \boldsymbol{K}(\mathrm{d}\boldsymbol{z}_{j+1}^{i+1/2} - \mathrm{d}\boldsymbol{z}_j^{i+1/2}) \\
&= \frac{1}{2\Delta t}(\mathrm{d}\boldsymbol{z}_{j+1}^{i+1/2} \wedge \boldsymbol{K}\mathrm{d}\boldsymbol{z}_{j+1}^{i+1/2} - \mathrm{d}\boldsymbol{z}_j^{i+1/2} \wedge \boldsymbol{K}\mathrm{d}\boldsymbol{z}_j^{i+1/2}) \\
&= \frac{1}{2}\delta_x^+(\mathrm{d}\boldsymbol{z}_j^{i+1/2} \wedge \boldsymbol{K}\mathrm{d}\boldsymbol{z}_j^{i+1/2})
\end{aligned} \tag{4.4.17}$$

由于 $\boldsymbol{M},\boldsymbol{K}$ 是反对称矩阵，这里我们使用等式

$$\mathrm{d}z \wedge \boldsymbol{M}\mathrm{d}(\partial_t \boldsymbol{z})=\mathrm{d}(\partial_t \boldsymbol{z}) \wedge \boldsymbol{M}\mathrm{d}z \quad 和 \quad \mathrm{d}z \wedge \boldsymbol{K}\mathrm{d}(\partial_x \boldsymbol{z})=\mathrm{d}(\partial_x \boldsymbol{z}) \wedge \boldsymbol{K}\mathrm{d}z \tag{4.4.18}$$

根据上面的证明，我们可以得到

$$\mathrm{d}\boldsymbol{z}_{j+1/2}^{i+1/2} \wedge \hat{\boldsymbol{K}}\delta_x^+ \mathrm{d}\boldsymbol{z}_j^{i+1/2}=-\frac{1}{2}\delta_x^+(\mathrm{d}\boldsymbol{z}_j^{i+1/2} \wedge \hat{\boldsymbol{K}}\mathrm{d}\boldsymbol{z}_j^{i+1/2}) \tag{4.4.19}$$

由于 $\hat{\boldsymbol{K}}$ 是对称矩阵，这里我们使用等式

$$\mathrm{d}z \wedge \hat{\boldsymbol{K}}\mathrm{d}(\partial_x \boldsymbol{z})=-\mathrm{d}(\partial_x \boldsymbol{z}) \wedge \hat{\boldsymbol{K}}\mathrm{d}z \tag{4.4.20}$$

这就完成了证明。

为了表达简洁，我们定义 $\Delta_j^i=-\delta_x^+\hat{\kappa}_j^{i+1/2}$ 为离散近似多辛守恒律在点 (t_i,x_j) 处的误差。

定理 4-2[55] Preissmann Box 离散格式(4.4.10)中，$S(z)=\frac{1}{2}\langle z,\boldsymbol{A}z\rangle$，且 $\boldsymbol{A}$ 是对称矩阵，则其满足完全离散的修正局部能量守恒律：

$$\delta_t^+\hat{e}_{j+1/2}^i+\delta_x^+\hat{f}_j^{i+1/2}=\frac{1}{2}\delta_x^+(\boldsymbol{z}_j^{i+1/2})^{\mathrm{T}}\hat{\boldsymbol{K}}\delta_t^+\boldsymbol{z}_{j+1/2}^i-\frac{1}{2}\delta_t^+(\boldsymbol{z}_{j+1/2}^i)^{\mathrm{T}}\hat{\boldsymbol{K}}\delta_x^+\boldsymbol{z}_j^{i+1/2} \tag{4.4.21}$$

其中，$\hat{f}_j^{i+1/2}=\langle \boldsymbol{z}_j^{i+1/2},(\boldsymbol{K}+\hat{\boldsymbol{K}})\delta_t^+\boldsymbol{z}_j^i\rangle$，$\hat{e}_{j+1/2}^i=\langle \boldsymbol{z}_{j+1/2}^i,\boldsymbol{A}\boldsymbol{z}_{j+1/2}^i\rangle-\langle \boldsymbol{z}_{j+1/2}^i,(\boldsymbol{K}+\hat{\boldsymbol{K}})\delta_x^+\boldsymbol{z}_j^i\rangle$。
并满足完全离散的局部动量守恒律：

$$\delta_t^+h_{j+1/2}^i+\delta_x^+g_j^{i+1/2}=0 \tag{4.4.22}$$

其中，$h_{j+1/2}^i=\langle \boldsymbol{z}_{j+1/2}^i,\boldsymbol{M}\delta_x^+\boldsymbol{z}_j^i\rangle$，$g_j^{i+1/2}=\langle \boldsymbol{z}_j^{i+1/2},\boldsymbol{A}\boldsymbol{z}_j^{i+1/2}\rangle-\langle \boldsymbol{z}_j^{i+1/2},\boldsymbol{M}\delta_t^+z_j^i\rangle$。

证明 离散修正局部能量守恒律，将 $\delta_t^+\boldsymbol{z}_{j+1/2}^i$ 和系统做内积，得到

$$\langle \delta_t^+\boldsymbol{z}_{j+1/2}^i,\boldsymbol{K}\delta_x^+\boldsymbol{z}_j^{i+1/2}\rangle=\langle \delta_t^+\boldsymbol{z}_{j+1/2}^i,\boldsymbol{A}\delta_{x_i}^+\boldsymbol{z}_{j+1/2}^{i+1/2}\rangle-\langle \delta_t^+\boldsymbol{z}_{j+1/2}^i,\hat{\boldsymbol{K}}\delta_x^+\boldsymbol{z}_j^{i+1/2}\rangle \tag{4.4.23}$$

式(4.2.34)右边的第一项可以写成

$$\begin{aligned}\langle \delta_t^+\boldsymbol{z}_{j+1/2}^i,\boldsymbol{A}\delta_{x_i}^+\boldsymbol{z}_{j+1/2}^{i+1/2}\rangle&=\frac{1}{2\Delta t}\langle (\boldsymbol{z}_{j+1/2}^{i+1/2}-\boldsymbol{z}_{j+1/2}^i),\boldsymbol{A}(\boldsymbol{z}_{j+1/2}^{i+1/2}+\boldsymbol{z}_{j+1/2}^i)\rangle\\&=\frac{1}{2}\delta_t^+\langle \boldsymbol{z}_{j+1/2}^i,\boldsymbol{A}\boldsymbol{z}_{j+1/2}^i\rangle\end{aligned} \tag{4.4.24}$$

为了简洁表述，定义 $\zeta=1/4\Delta t\Delta x$，式(4.4.23)左边可以写为

$$\begin{aligned}\langle \delta_t^+\boldsymbol{z}_{j+1/2}^i,\boldsymbol{K}\delta_x^+z_j^{i+1/2}\rangle&=4\zeta[\langle \boldsymbol{z}_{j+1/2}^{i+1},\boldsymbol{K}\boldsymbol{z}_{j+1}^{i+1/2}\rangle+\langle \boldsymbol{z}_{j+1/2}^i,\boldsymbol{K}\boldsymbol{z}_j^{i+1/2}\rangle-\\&\quad\langle \boldsymbol{z}_{j+1/2}^{i+1},\boldsymbol{K}\boldsymbol{z}_j^{i+1/2}\rangle-\langle \boldsymbol{z}_{j+1/2}^i,\boldsymbol{K}\boldsymbol{z}_{j+1}^{i+1/2}\rangle]\\&=\zeta[\langle (\boldsymbol{z}_{j+1}^{i+1}+\boldsymbol{z}_j^{i+1}),\boldsymbol{K}(\boldsymbol{z}_{j+1}^{i+1}+\boldsymbol{z}_{j+1}^i)\rangle+\langle (\boldsymbol{z}_{j+1}^i+\boldsymbol{z}_j^i),\boldsymbol{K}(\boldsymbol{z}_j^{i+1}+\boldsymbol{z}_j^i)\rangle-\\&\quad\langle (\boldsymbol{z}_{j+1}^i+\boldsymbol{z}_j^i),\boldsymbol{K}(\boldsymbol{z}_{j+1}^{i+1}+\boldsymbol{z}_{j+1}^i)\rangle-\langle (\boldsymbol{z}_{j+1}^{i+1}+\boldsymbol{z}_j^{i+1}),\boldsymbol{K}(\boldsymbol{z}_j^{i+1}+\boldsymbol{z}_j^i)\rangle]\\&=2\zeta[\langle \boldsymbol{z}_{j+1}^{i+1},\boldsymbol{K}\boldsymbol{z}_{j+1}^i\rangle+\langle \boldsymbol{z}_j^i,\boldsymbol{K}\boldsymbol{z}_j^{i+1}\rangle-\langle \boldsymbol{z}_{j+1}^{i+1},\boldsymbol{K}\boldsymbol{z}_j^{i+1}\rangle-\langle \boldsymbol{z}_j^i,\boldsymbol{K}\boldsymbol{z}_{j+1}^i\rangle]\end{aligned} \tag{4.4.25}$$

注意到

$$\begin{aligned}\frac{1}{2}\delta_t^+\langle \boldsymbol{z}_{j+1/2}^i,\boldsymbol{K}\delta_x^+\boldsymbol{z}_j^i\rangle&=\zeta[\langle (\boldsymbol{z}_{j+1}^{i+1}+\boldsymbol{z}_j^{i+1}),\boldsymbol{K}(\boldsymbol{z}_{j+1}^{i+1}-\boldsymbol{z}_j^{i+1})\rangle-\langle (\boldsymbol{z}_{j+1}^i+\boldsymbol{z}_j^i),\boldsymbol{K}(\boldsymbol{z}_{j+1}^i-\boldsymbol{z}_j^i)\rangle]\\&=-2\zeta[\langle \boldsymbol{z}_{j+1}^{i+1},\boldsymbol{K}\boldsymbol{z}_j^{i+1}\rangle+\langle \boldsymbol{z}_j^i,\boldsymbol{K}\boldsymbol{z}_{j+1}^i\rangle]\end{aligned} \tag{4.4.26}$$

并且，

$$\frac{1}{2}\delta_x^+\langle z_j^{i+1/2},K\delta_t^+z_j^i\rangle=\zeta[\langle(z_{j+1}^{i+1}+z_{j+1}^i),K(z_{j+1}^{i+1}-z_{j+1}^i)\rangle-\langle(z_j^{i+1}+z_j^i),K(z_j^{i+1}-z_j^i)\rangle]$$

$$=-2\zeta[\langle z_{j+1}^{i+1},Kz_{j+1}^i\rangle+\langle z_j^i,Kz_j^{i+1}\rangle] \tag{4.4.27}$$

式(4.2.34)右边的第二项可以采用类似的方法进行处理，这样就得到了离散的修正局部能量守恒律(4.4.21)。与证明离散的修正局部能量守恒律(4.4.21)一样，我们可以得到离散的局部动量守恒律(4.4.22)，这完成了定理 4-2 的证明。

为了表达简洁，我们定义$(\Delta_e)_j^i=\frac{1}{2}\delta_x^+(z_j^{i+1/2})^{\mathrm{T}}\widehat{K}\delta_t^+z_{j+1/2}^i-\frac{1}{2}\delta_t^+(z_{j+1/2}^i)^{\mathrm{T}}\widehat{K}\delta_x^+z_j^{i+1/2}$是在点$t(t_i,x_j)$的离散修正局部能量守恒律的误差，$(\Delta_e)^i$是第$i$步离散修正局部能量守恒律的误差，其可以被表示为

$$|(\Delta_e)^i|=\max_j\left\{\left|\frac{1}{2}\delta_x^+(z_j^{i+1/2})^{\mathrm{T}}\widehat{K}\delta_t^+z_{j+1/2}^i-\frac{1}{2}\delta_t^+(z_{j+1/2}^i)^{\mathrm{T}}\widehat{K}\delta_x^+z_j^{i+1/2}\right|\right\} \tag{4.4.28}$$

与其他差分数值方法类似，Preissmann Box 格式(4.4.10)也具有确定的差分截断误差。设$o(\Delta t,\Delta t^2,\cdots,\Delta x,\Delta x^2,\cdots,)$表示时间步长为$\Delta t$，空间步长为$\Delta x$的格式(4.4.10)的差分截断误差，$\Delta^i$表示第$i$步中离散近似多辛守恒定律误差，如果我们认为多辛守恒律的离散形式(4.4.4)是精确的，则Δ^i可以被表示为

$$|\Delta^i|=\max\{|-(\partial_x)_j^i(\widehat{\kappa})_j^i|\} \tag{4.4.29}$$

如果$\Delta^i(i=1,2,\cdots,T/\Delta t)$(其中$T$是总时间间隔)的绝对值小于或等于离散形式(4.4.10)的差分截断误差，我们可以认为式(4.4.10)具有与多辛积分相同的保结构性能，这是因为近似多辛守恒定律的误差太小，不足以影响其数值性能。基于这一思想，我们把离散系统(4.4.10)称为广义多辛积分，而相应的近似多辛守恒律(4.4.11)是与偏微分方程系统相关的广义离散多辛守恒律(4.4.7)，当且仅当格式在每一步满足都以下不等式：

$$|\Delta^i|\leqslant o(\Delta t,\Delta t^2,\cdots,\Delta x,\Delta x^2,\cdots,) \tag{4.4.30}$$

即

$$\text{maximun}\{|\Delta^i|\}\leqslant o(\Delta t,\Delta t^2,\cdots,\Delta x,\Delta x^2,\cdots,) \tag{4.4.31}$$

这里，$|\Delta^i|$是Δ^i的绝对值，

将矩阵$\boldsymbol{M},\boldsymbol{K},\widehat{\boldsymbol{K}}$，状态变量$z$和哈密顿函数$S$代入形式(4.4.10)中，并消去$p,q$，我们得到了一个九点隐式格式，它等价于 Preissmann Box 格式(4.4.10)：

$$\frac{\delta_tu_{i+1}^j+3\delta_tu_i^j+3\delta_tu_{i-1}^j+\delta_tu_{i-2}^j}{4}+\frac{(\bar{u}_i^{j-1})^2-(\bar{u}_{i-2}^{j-1})^2+(\bar{u}_i^j)^2-(\bar{u}_{i-2}^j)^2}{\Delta x^2}-\nu(\delta_x^2u_i^{j-1}+2\delta_x^2u_i^j+\delta_x^2u_i^{j+1})=0 \tag{4.4.32}$$

根据上述讨论，不等式(4.4.31)的具体形式是(忽略Δt和Δx的高阶项)

$$\nu\leqslant(\Delta t^2+\Delta x^2+\Delta x^3)/\text{maximun}\{|[\mathrm{d}(u_{i+1/2}^{j+1}-u_{i+1/2}^j)/\Delta x]\wedge\mathrm{d}u_{i+1/2}^{j+1/2}|\} \tag{4.4.33}$$

对于$\nu>0$，第i步的离散修正局部能量守恒律误差的具体格式为

$$|(\Delta_e)^i| = \max_j \left\{ \left| -\frac{\nu}{2\Delta t}\left(u_{i+\frac{3}{2}}^{j+\frac{1}{2}} \frac{u_{i+\frac{3}{2}}^{j+1} - u_{i+\frac{3}{2}}^{j}}{\Delta x} - u_{i+\frac{1}{2}}^{j+\frac{1}{2}} \frac{u_{i+\frac{1}{2}}^{j+1} - u_{i+\frac{1}{2}}^{j}}{\Delta x}\right) - \frac{\alpha}{2} \frac{u_{i+\frac{1}{2}}^{j+1} - u_{i+\frac{1}{2}}^{j}}{\Delta x} \frac{u_{i+1}^{j+\frac{1}{2}} - u_{i}^{j+\frac{1}{2}}}{\Delta t} \right| \right\} \tag{4.4.34}$$

在本节中，我们模拟伯格斯方程的解析解，从数值上说明式(4.4.32)的高精度良好的局部守恒性和优良的长期数值行为。

根据文献[64]，[65]，伯格斯方程(4.4.1)有解析解：

$$u(x,t) = 2\nu k \tanh[k(x - c_1 t)] + c_2 \tag{4.4.35}$$

相应的初始条件为

$$u(x,0) = 2\nu k \tanh(kx) + c_2 \tag{4.4.36}$$

其中，k，c_1，c_2 都是常实数。

在接下来的实验中，我们设 $\Delta t = 0.01$，$\Delta x = 0.05(o \approx 0.002725)$，$k=1$，$c_1=-2$，$c_2=0$，取边界条件为

$$u(0,t) = u(40,t) = 0, \quad t > 0 \tag{4.4.37}$$

情形 1　首先，我们设 $\nu=0.01$，并在域 D：$(t,x)\in[0,50]\times[0,40]$ 中模拟解析解，以验证方法(4.4.32)的良好性能。图 4-1 给出了解析解(4.4.35)在时间[0,50]内的演化过程。图 4-2 给出了不同时刻的波形。图 4-3 给出了广义多辛方法在 $\nu=0.01$ 时的良好保结构性能，这些结果展示了每个时间步中的离散广义多辛守恒定律误差和离散修正局部能量误差。

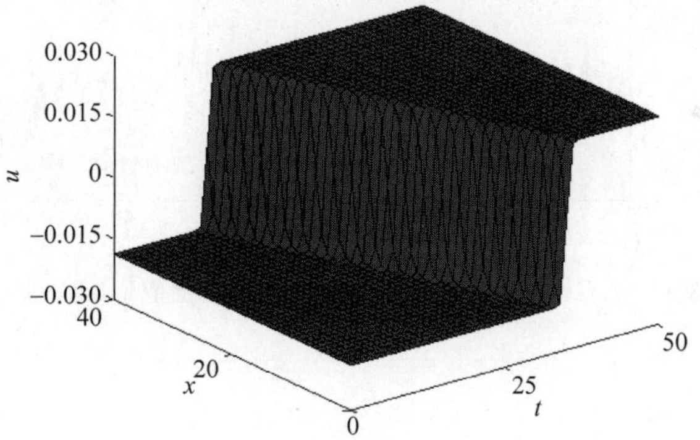

图 4-1　解析解(4.4.35)在时间区间[0,50]的演化过程($\nu=0.01$)

(请扫 I 页二维码看彩图)

研究不同空间步长广义多辛格式(4.4.32)的收敛性能，图 4-4 给出了不同 Δx 时，数值解的绝对误差。图 4-4 表明，当我们设 $\Delta x=0.05$，$\Delta x=0.1$，$\Delta x=0.25$，还有 $\Delta x=0.5$ 时，经过足够长的时间，数值解收敛到精确解(4.4.35)，而当我们假定 $\Delta x=1$ 时，得到的数值解是发散的。

从图 4-1 和图 4-2 中可以发现，解析解在时间间隔[0,50]内保持其形状和速度不变，这意味着该格式可以保持系统的局部能量和局部动量，并具有良好的长时间数值稳定性。图 4-2 完美地再现了由高雷诺数($Re=\nu^{-1}=100$)引起的激波。由此可得出结论，本节所提方法较好地解决了其他数值方法求解伯格斯方程的困难。

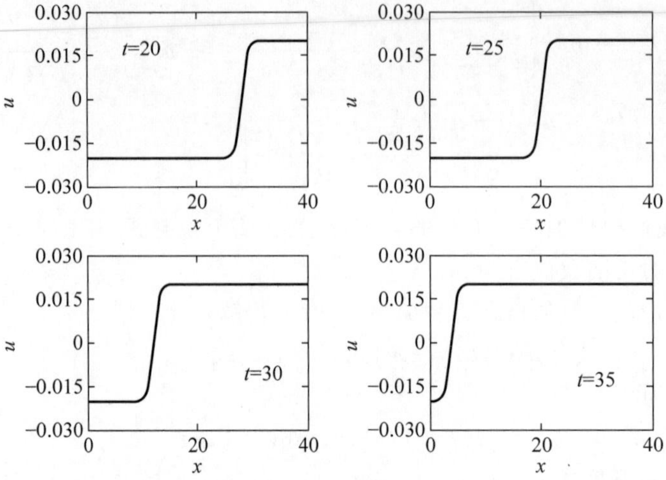

图 4-2 不同时刻的波型(ν=0.01)

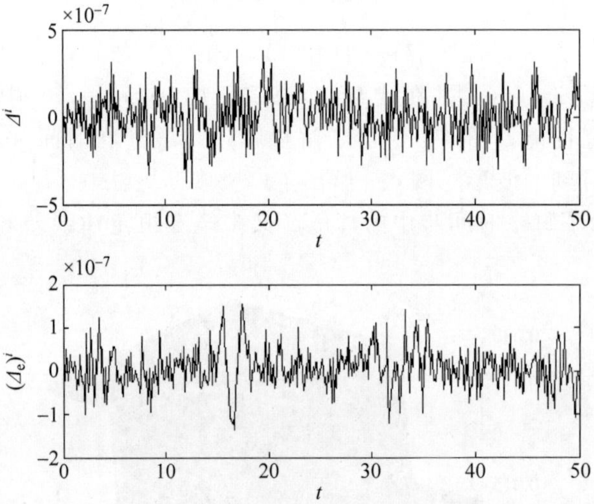

图 4-3 广义多辛守恒律的数值误差与修正局部能量误差(ν=0.01)

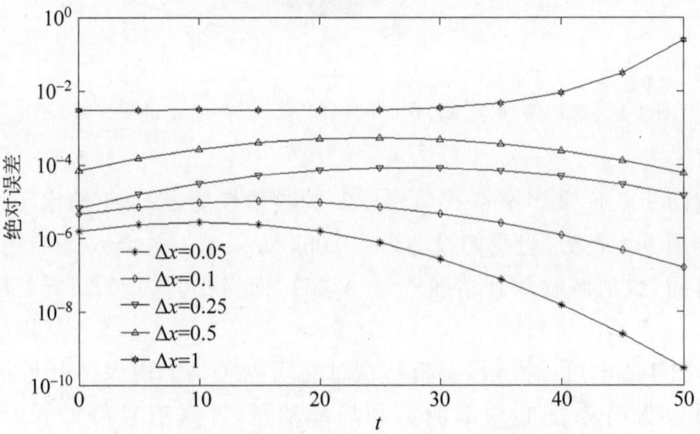

图 4-4 不同 Δx 条件下数值解的绝对误差(ν=0.01)

此外，从图 4-3 看出，离散广义多辛守恒律误差的绝对值在每一步中都远小于差分截断误差 $o\approx 0.002725$，如果我们增大参数 ν 的值或时间步长 Δt 和空间步长 Δx，系统(4.4.32)有可能仍满足不等式(4.4.33)。因此在进一步的试验中，我们在固定步长($\Delta t=0.01$，$\Delta x=0.05$)下增大参数 ν 的值，发现当取参数 $\nu=0.235$ 时，系统(4.4.32)依然刚好满足不等式(4.4.33)，在情形 2 中给出了相应的结果。

情形 2　我们在 $\nu=0.235$ 时重复情形 1 中的数值模拟，验证式(4.4.32)具有较高的精度、良好的局部守恒性和良好的长时间数值稳定性。在取参数 $\nu=0.235$ 时，在时间区间[0,50]内解析解(4.4.35)的演化情况和情形 1 非常相似，因此我们仅给出不同时间的波剖面来说明这种情况下的激波，如图 4-5 所示。图 4-6 给出了 $\nu=0.235$ 时广义多辛守恒律的数值误差和修正局部能量误差，证明了格式具有良好的局部保结构性质。

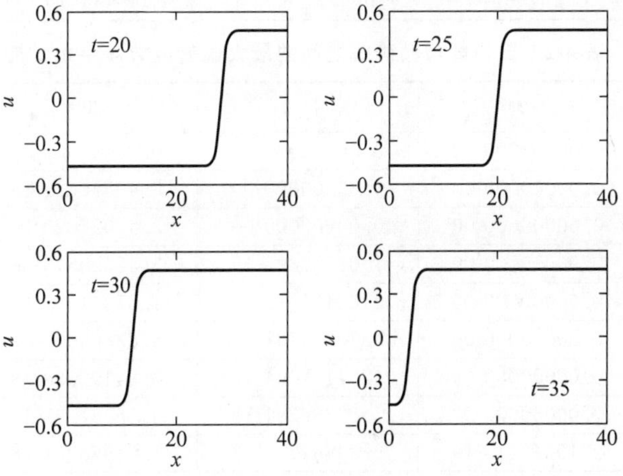

图 4-5　不同时刻的波型($\nu=0.235$)

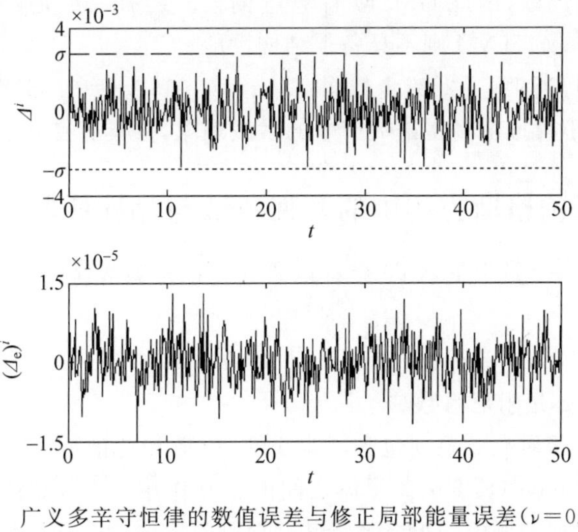

图 4-6　广义多辛守恒律的数值误差与修正局部能量误差($\nu=0.235$)

为了证明式(4.4.32)的高精度，我们重复实现了在初始条件(4.4.36)和边界条件(4.4.37)下文献[66]中的数值实验。$\hbar=-0.5$ 时的同伦分析法(HAM)[66]结果，本节提到的广义多辛法(GMSM)的结果和 $t=25$ 时不同节点处伯格斯方程的精确解(4.4.35)，见表 4-1。在

$t=10$、$t=20$、$t=30$ 和 $t=40$ 不同时间点下，作为精确解(4.4.35)与 $\nu=0.235$ 时的数值解(4.4.32)之间的最大误差($\|u\|_s=\sup|u_j^i-u(t_i,x_j)|$)，见表 4-2。在表 4-2 中，符号 *.********-** 表示 *.******** $\times 10^{-**}$。

表 4-1 $t=25$ 时 HAM、GMSM 和精确解的结果对比($\nu=0.235$)

x	HAM	GMSM	精确解	x	HAM	GMSM	精确解
18.0	−0.46999999	−0.46999999	−0.47000000	21.0	0.32179553	0.32179553	0.32179556
18.5	−0.46999828	−0.46999999	−0.47000000	21.5	0.40501802	0.40501801	0.40501804
19.0	−0.46997002	−0.46999934	−0.47000000	22.0	0.46999773	0.46999995	0.47000000
19.5	−0.20811760	−0.20811541	−0.20811543	22.5	0.4699958	0.46999999	0.47000000
20.0	−0.00037506	−0.00037509	−0.00037509	23.0	0.46999998	0.46999999	0.47000000
20.5	0.25796029	0.25796075	0.25796077	23.5	0.47000000	0.47000000	0.47000000

表 4-2 数值解与精确解之间的最大误差范数($\nu=0.235$)

$x_j \backslash t_i$	10	20	30	40
0	0.00000000-00	0.00000000-00	0.00000000-00	1.18503643-16
5	0.00000000-00	0.00000000-00	3.40570621-18	5.61543234-17
10	0.00000000-00	0.00000000-00	2.41027020-18	8.19872174-18
15	0.00000000-00	1.01527392-19	5.44509643-16	5.84622141-18
20	0.00000000-00	2.62131013-19	1.37041355-16	2.54657115-19
25	0.00000000-00	5.70273991-19	8.83849605-17	2.13092901-19
30	0.00000000-00	1.04197064-18	8.64491038-18	1.49655244-19
35	0.00000000-00	7.59356291-18	9.15087297-17	0.00000000-00
40	2.19343115-19	9.30461736-18	1.01963951-18	0.00000000-00

比较 HAM 和 GMSM 的结果，我们可以发现，GMSM 可以更好地模拟激波现象，但由于 HAM 不需要空间离散，因此 GMSM 计算量偏大。还有一点是，如图 4-6 所示，GMSM 具有局部保结构性质，而 HAM 则不具备保结构性能。

由以上结果可知，当 $\nu\leqslant 0.235$，步长固定($\Delta t=0.01$，$\Delta x=0.05$)时，格式(4.4.32)是广义多辛的，方程可用于模拟由高雷诺数产生的激波现象，并具有良好的长时间数值稳定性。

4.4.2 KdV-伯格斯方程中的几何色散与黏性耗散的竞争关系

Johnson 提出了一个带阻尼 KdV 方程以研究波在充满液体的管道中的传播过程，称为 KdV-伯格斯方程[67]：

$$\partial_t u+u\partial_x u+\beta\partial_{xxx}u=\varepsilon\partial_{xx}u,\quad x\in[-L,L] \tag{4.4.38}$$

其中，β 是色散系数；ε 是阻尼系数。

式(4.4.38)可用于研究一系列包含弱非线性、色散和耗散的重要物理问题，例如激光，以及波长接近德拜(Debye)长度的离子体之间的相互作用[68-71]，黏性液体在弹性管内的流动[67]，等等。上述物理问题中的大多数特殊现象都是系统中几何色散与黏性耗散相互竞争的结果。

虽然已有研究表明，式(4.4.38)的非线性项 $u\partial_x u$ 会导致波前出现褶皱，而色散项 $\beta\partial_{xxx}u$ 使波形扩散，耗散项 $\varepsilon\partial_{xx}u$ 使波有阻尼耗散特性。但由于目前的数值方法同时存在数值色散和数值耗散，因此不能准确地再现色散效应和耗散效应。因此，针对 KdV-伯格斯方程中包含的局部色散效应和局部耗散效应，我们提出了一种新的保结构方法——广义多辛方法，以研究 KdV-伯格斯方程描述的波传播过程中几何色散与黏性耗散之间的竞争关系。该方程已被证明是解决演化方程色散和耗散问题的有效途径[50,54]，并为揭示一些既包含几何色散又包含黏性耗散的物理问题的非线性现象提供新的途径。

针对无限维哈密顿系统固有的局部几何性质，研究者提出了基于辛算法的多辛方法[29,31]，随后推导了多辛公式，构造了多辛格式，并研究了一些演化方程的多辛格式的局部保结构特性。多辛形式的重要基本特征包括[50]：系数矩阵的反对称性、哈密顿函数和适当的正则变换。对于保守哈密顿系统，存在严格的多辛形式。但对于大多数具有阻尼的非保守动力学系统，严格的多辛形式则不存在。因此，在多辛方法的基础上，提出了具有阻尼的哈密顿系统的广义多辛方法[50]，其基本思想是保持系统在各时间步内的守恒性质，以趋再现系统的耗散效应。本节将简要介绍 KdV-伯格斯方程的广义多辛方法[56]。

据前述研究，如果耗散系数 $\varepsilon=0$，式(4.4.38)会退化为 KdV 方程，这是一个具有多辛形式[29]的保守偏微分方程：

$$\boldsymbol{M}\partial_t z+\boldsymbol{K}\partial_x z=\nabla_z S(z),\quad z\in\mathbf{R}^d \tag{4.4.39}$$

其中，$\boldsymbol{M},\boldsymbol{K}\in\mathbf{R}^{d\times d}$ 是反对称矩阵；$S:\mathbf{R}^d\to R$ 是光滑函数。

随着阻尼的出现，式(4.4.38)不再存在严格的多辛形式。根据多辛形式的推导过程，引入正则动量$\partial_x v=u,w=\partial_x u,\partial_x p=-\partial_t u/2$，状态变量 $\boldsymbol{z}=[v,u,w,p]^{\mathrm T}\in\mathbf{R}^4$，式(4.4.38)可以写成下面的广义多辛形式[50]，与多辛形式(4.4.39)非常相似：

$$\boldsymbol{M}\partial_t z+(\boldsymbol{K}+\widetilde{\boldsymbol{K}})\partial_x z=\nabla_z S(z) \tag{4.4.40}$$

其中，$S(\boldsymbol{z})=\beta w^2/2-up+u^3/6$；以及

$$\boldsymbol{M}=\begin{bmatrix}0&1/2&0&0\\-1/2&0&0&0\\0&0&0&0\\0&0&0&0\end{bmatrix},\quad \boldsymbol{K}=\begin{bmatrix}0&0&0&1\\0&0&-\beta&0\\0&\beta&0&0\\-1&0&0&0\end{bmatrix},\quad \widetilde{\boldsymbol{K}}=\begin{bmatrix}0&0&0&0\\0&\varepsilon&0&0\\0&0&0&0\\0&0&0&0\end{bmatrix}$$

式(4.4.40)称为广义多辛形式，因为它满足小阻尼系数下的广义多辛守恒律[50]：

$$\partial_t(\mathrm{d}z\wedge\boldsymbol{M}\mathrm{d}z)+\partial_x(\mathrm{d}z\wedge\boldsymbol{K}\mathrm{d}z)=-\partial_x(\mathrm{d}z\wedge\widetilde{\boldsymbol{K}}\mathrm{d}z) \tag{4.4.41}$$

其中，$\wedge$是外积的算符。

式(4.4.41)右边的项可以看作是由阻尼耗散的存在而产生的多辛守恒律的余项。这里将式(4.4.41)右边的项定义为广义多辛守恒律的误差，$\Delta=-\partial_x(\mathrm{d}z\wedge\widetilde{\boldsymbol{K}}\mathrm{d}z)$[50]，它的离散值将用来评价所构造的数值格式是否是广义多辛的。

展开式(4.4.41)，可以得到广义多辛守恒律的具体形式：

$$\frac{1}{2}\partial_t(\mathrm{d}v\wedge\mathrm{d}u)+\partial_x(\mathrm{d}v\wedge\mathrm{d}p+\beta\mathrm{d}w\wedge\mathrm{d}u)=\varepsilon\mathrm{d}(\partial_x u)\wedge\mathrm{d}u \tag{4.4.42}$$

同时，给出广义多辛偏微分方程(4.4.40)的修正局部能量守恒律：

$$\partial_t\hat{e}+\partial_x\hat{f}=\frac{1}{2}\partial_x\boldsymbol{z}^{\mathrm T}\widetilde{\boldsymbol{K}}\partial_t\boldsymbol{z}-\frac{1}{2}\partial_t\boldsymbol{z}^{\mathrm T}\widetilde{\boldsymbol{K}}\partial_x\boldsymbol{z} \tag{4.4.43}$$

其中，修正能量密度为 $e=S(\boldsymbol{z})-\frac{1}{2}\boldsymbol{z}^{\mathrm T}(\boldsymbol{K}+\widetilde{\boldsymbol{K}})\partial_x\boldsymbol{z}$；修正能量通量为 $f=\frac{1}{2}\boldsymbol{z}^{\mathrm T}(\boldsymbol{K}+\widetilde{\boldsymbol{K}})\partial_t\boldsymbol{z}$。

同理，式(4.4.43)右边的项可以看作是由阻尼耗散的存在而产生的局部能量守恒定律的余项。这里，式(4.4.43)右边的项被定义为局部能量守恒律的误差，$\Delta_e=\frac{1}{2}\partial_x\boldsymbol{z}^T\widetilde{\boldsymbol{K}}\partial_t\boldsymbol{z}-\frac{1}{2}\partial_t\boldsymbol{z}^T\widetilde{\boldsymbol{K}}\partial_x\boldsymbol{z}$[50]，它表示 KdV-伯格斯方程由阻尼效应而产生的局部能量损失，其对 x 的积分表示 KdV-伯格斯方程的在任意时刻的全局黏性耗散。

展开式(4.4.43)，可以得到修正局部能量守恒律的具体形式：

$$\frac{1}{2}\left(\beta w\partial_t w-p\partial_t u-u\partial_t p+\frac{1}{2}u^2\partial_t u+\partial_x v\partial_t p-\partial_x p\partial_t v+\beta\partial_t u\partial_x w-\beta\partial_t w\partial_x u\right)$$

$$=\frac{\varepsilon}{2}[\partial_x u\partial_t u-\partial_t(u\partial_x u)] \tag{4.4.44}$$

值得一提的是，由于矩阵 $\boldsymbol{M}$ 的反对称性，广义多辛偏微分方程(4.4.40)精确满足以下局部动量守恒律：

$$\partial_t h+\partial_x g=0 \tag{4.4.45}$$

其中，$h=\frac{1}{2}\boldsymbol{z}^T\boldsymbol{M}\partial_x\boldsymbol{z}$，$g=S(\boldsymbol{z})-\frac{1}{2}\boldsymbol{z}^T\boldsymbol{M}\partial_t\boldsymbol{z}$。

展开式(4.4.45)，可以得到了广义多辛偏微分方程(4.4.40)局部动量守恒律的具体形式：

$$2\beta w\partial_x w-2p\partial_x u-2u\partial_x p+u^2\partial_x u+\partial_t v\partial_x u-\partial_t u\partial_x v=0 \tag{4.4.46}$$

广义多辛方法的主要思想来源于多辛理论，因此，对于多辛格式的离散方法也适用于构造广义多辛格式[50]。本节采用中点 Preissmann 方法对偏微分方程(4.4.40)以及相关的守恒定律式(4.4.42)和式(4.4.44)进行离散。

设空间步长为 Δx，时间步长为 Δt。设 u_i^j 表示 $u(j\Delta t,i\Delta x)$的近似值。那么式(4.4.40)的 Preissmann 格式是

$$\boldsymbol{M}\delta_t^+\boldsymbol{z}_{i+1/2}^j+(\boldsymbol{K}+\widetilde{\boldsymbol{K}})\delta_x^+\boldsymbol{z}_i^{j+1/2}=\nabla_z S(\boldsymbol{z}_{i+1/2}^{j+1/2}) \tag{4.4.47}$$

其中，δ_t^+ 和 δ_x^+ 是前向差分；$\boldsymbol{z}_{i+1/2}^j=(\boldsymbol{z}_{i+1}^j+\boldsymbol{z}_i^j)/2$，$\boldsymbol{z}_i^{j+1/2}=(\boldsymbol{z}_i^{j+1}+\boldsymbol{z}_i^j)/2$，$\boldsymbol{z}_{i+1/2}^{j+1/2}=(\boldsymbol{z}_{i+1}^{j+1}+\boldsymbol{z}_{i+1}^j+\boldsymbol{z}_i^{j+1}+\boldsymbol{z}_i^j)/4$，…，忽略高阶项，格式的差分截断误差(4.4.47)是 $\sigma\approx\Delta t^2+\Delta x^2$。

广义多辛守恒律的离散格式为

$$\begin{aligned}&\frac{1}{2\Delta t}[(\mathrm{d}v_{i+1/2}^{j+1}-\mathrm{d}v_{i+1/2}^j)\wedge(\mathrm{d}u_{i+1/2}^{j+1}-\mathrm{d}u_{i+1/2}^j)]+\\&\frac{1}{\Delta x}[(\mathrm{d}v_{i+1}^{j+1/2}-\mathrm{d}v_i^{j+1/2})\wedge(\mathrm{d}p_{i+1}^{j+1/2}-\mathrm{d}p_i^{j+1/2})+\\&\beta(\mathrm{d}w_{i+1}^{j+1/2}-\mathrm{d}w_i^{j+1/2})\wedge(\mathrm{d}u_{i+1}^{j+1/2}-\mathrm{d}u_i^{j+1/2})]\\=\;&\varepsilon[\mathrm{d}(u_{i+1/2}^{j+1}-u_{i+1/2}^j)/\Delta x]\wedge\mathrm{d}u_{i+1/2}^{j+1/2}\end{aligned} \tag{4.4.48}$$

其中，每个网格上的离散广义多辛守恒律误差为 $\Delta_i^j=|\varepsilon[\mathrm{d}(u_{i+1/2}^{j+1}-u_{i+1/2}^j)/\Delta x]\wedge\mathrm{d}u_{i+1/2}^{j+1/2}|\Delta_i^j$，若其最大值在第 j 步取到，定义 Δ^j 为 $\|\Delta^j\|=\underset{i}{\mathrm{maximum}}\{|\varepsilon[\mathrm{d}(u_{i+1/2}^{j+1}-u_{i+1/2}^j)/\Delta x]\wedge\mathrm{d}u_{i+1/2}^{j+1/2}|\}$，当且仅当满足下式时该方法是广义多辛的[50]：

$$|\varepsilon|\leqslant(\Delta t^2+\Delta x^2)/\underset{i}{\mathrm{maximum}}\{|[\mathrm{d}(u_{i+1/2}^{j+1}-u_{i+1/2}^j)/\Delta x]\wedge\mathrm{d}u_{i+1/2}^{j+1/2}|\} \tag{4.4.49}$$

另外，每个网格点上局部能量守恒律的离散误差为

$$(\Delta_e)_i^j = \frac{\varepsilon}{2}\left[\frac{u_{i+1/2}^{j+1} - u_{i+1/2}^{j}}{\Delta x}\frac{u_{i+1}^{j+1/2} - u_{i}^{j+1/2}}{\Delta t} - \frac{1}{\Delta t}\left(u_{i+3/2}^{j+1/2}\frac{u_{i+3/2}^{j+1} - u_{i+3/2}^{j}}{\Delta x} - u_{i+1/2}^{j+1/2}\frac{u_{i+1/2}^{j+1} - u_{i+1/2}^{j}}{\Delta x}\right)\right] \tag{4.4.50}$$

第 j 步由阻尼效应而产生的全局能量损失为(本节采用梯形求积法计算 $(\Delta_e)_i^j$ 的数值积分)

$$(\Delta_e)^j = \frac{\varepsilon\Delta x}{4}\left[(\Delta_e)_1^j + 2\sum_{i=2}^{(L/\Delta x)-1}(\Delta_e)_i^j\right] \tag{4.4.51}$$

这里，L 是 x 方向上的积分长度。

消去式(4.4.47)里的 v，w 和 p 项，可以得到一个等价于 Preissmann 格式(4.4.47)的十二点差分格式：

$$\begin{aligned}&\delta_t^+(u_{i+1}^j + 3u_i^j + 3u_{i-1}^j + u_{i-2}^j) + 2[(\bar{u}_i^{j-1})^2 - (\bar{u}_{i-2}^{j-1})^2 + (\bar{u}_i^j)^2 - (\bar{u}_{i-2}^j)^2]/\Delta x\\&-2\varepsilon\delta_x^2(u_i^{j-1} + 2u_i^j + u_i^{j+1}) + 4\beta\delta_x^3(u_i^{j-1} + 2u_i^j + u_i^{j+1}) = 0\end{aligned} \tag{4.4.52}$$

其中，$\delta_x^2 u_i^j = (u_{i+1}^j - 2u_i^j + u_{i-1}^j)/\Delta x^2$，$\delta_x^3 u_i^j = (u_{i+1}^j - 3u_i^j + 3u_{i-1}^j - u_{i-2}^j)/\Delta x^3$，以及 $\bar{u}_i^j \approx (u_i^j + u_i^{j+1} + u_{i+1}^j + u_{i+1}^{j+1})/4$ 等。

本节的主要目的是用广义多辛方法研究几何色散和黏性耗散之间的竞争关系。根据式(4.4.49)，为确保格式(4.4.52)是广义多辛的，黏性阻尼系数在固定步长下存在允许的最大值。因此，我们首先需求得到这个最大值，然后在黏性阻尼系数小于最大值的情况下研究几何色散与黏性耗散之间的竞争关系。

在接下来的数值实验中，设空间步长为 $\Delta x = 0.05$，时间步长为 $\Delta t = 0.01$，则差分格式的截断误差为 $\sigma \approx 0.0026$。

理论上，根据不等式(4.4.49)，允许的阻尼系数最大值与 β 值无关。因此，在本节中为了得到阻尼系数的最大值，我们设 $\beta = 1$，在保持时间步长和空间步长不变的情况下，假定格式(4.4.52)中阻尼系数逐渐增大(ε 的初值为 $\varepsilon = 0.0001$，ε 的步长为 $\Delta\varepsilon = 0.0001$)，在每一个给定的阻尼系数下求解 KdV-伯格斯方程，记录每一步中离散广义多辛守定律的误差(Δ^j)。然后检验不等式(4.4.49)，以评估该循环中阻尼系数取为 ε 的格式(4.4.52)是否是广义多辛的。如果在每个时间步中不等式(4.4.49)都成立，则将 ε 增加为 $\varepsilon + \Delta\varepsilon$，并执行下一个循环。该循环过程执行到当参数 ε 取某一值时，在某一时间步不等式(4.4.49)不再满足时终止，即可得到临界阻尼系数 $\varepsilon - \Delta\varepsilon$。

结果表明，当且仅当 $\varepsilon = 0.4375$ 时，在给定步长($\Delta x = 0.05$ 和 $\Delta t = 0.01$)下，该格式(4.4.52)仍刚好满足不等式(4.4.49)，这意味着当且仅当 $\varepsilon \leqslant 0.4375$ 时，该方案(4.4.52)是广义多辛的。从 $t = 0\mathrm{s}$ 到 $t = 360\mathrm{s}$ 时间区间内，每一时间步内离散广义多辛守恒律误差如图 4-7 所示。后续我们将在这个范围内研究几何色散与黏性耗散之间的竞争。

下面从 KdV-伯格斯方程在以下初始条件和边界条件下的孤立波模拟结果出发，研究几何色散与黏性耗散之间的竞争关系[72]：

$$u(x,0) = 2 + e^{\varepsilon x/2\beta}\cos\omega x \tag{4.4.53}$$

$$u(\pm L,t) = 2 + e^{\varepsilon(\pm L - t)/2\beta}\cos\omega(\pm L - t) \tag{4.4.54}$$

其中，$\omega = \sqrt{4\beta - \varepsilon^2}/2\beta$，解区间定义在 $x \in [-L, L] = [-10, 10]$上。

使用数值解与解析解的绝对误差随时间演化情况来说明不同的分散系数和不同的阻尼

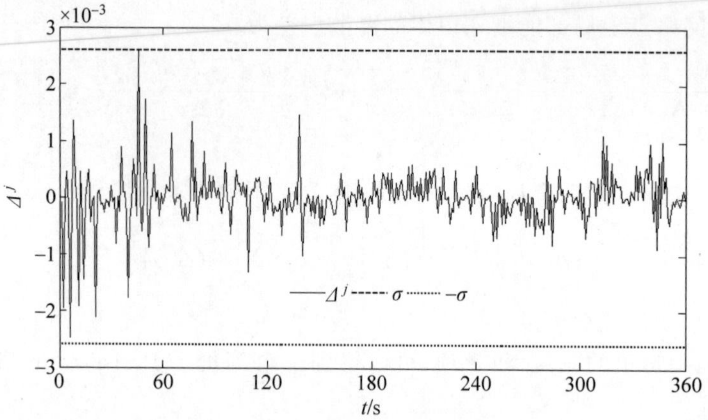

图 4-7　广义多辛守恒律误差($\varepsilon=0.4375$)

系数下格式(4.4.52)的收敛性。如图 4-8 所示,文献[72]给出了在 $\Delta x=0.05$ 时,数值结与解析结果之间的绝对误差 E。

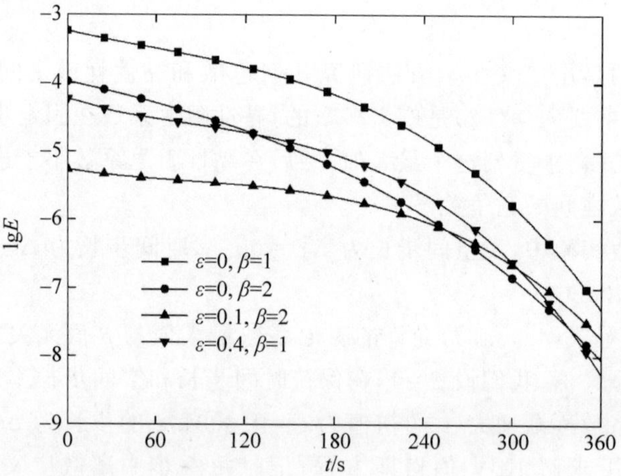

图 4-8　数值解与解析解的绝对误差 $E(\Delta x=0.05)$

图 4-8 说明,后续数值实验中,取不同系数情况下,数值解在 $\Delta x=0.05$ 时均能够收敛于解析解,这意味着格式(4.4.52)是收敛的。

情形 1　设 $\varepsilon=0, \beta=1,2$。在这种情况下,KdV-伯格斯方程退化为只包含非线性和几何色散的 KdV 方程。$t=5\text{s}$ 时刻的波形如图 4-9 所示。

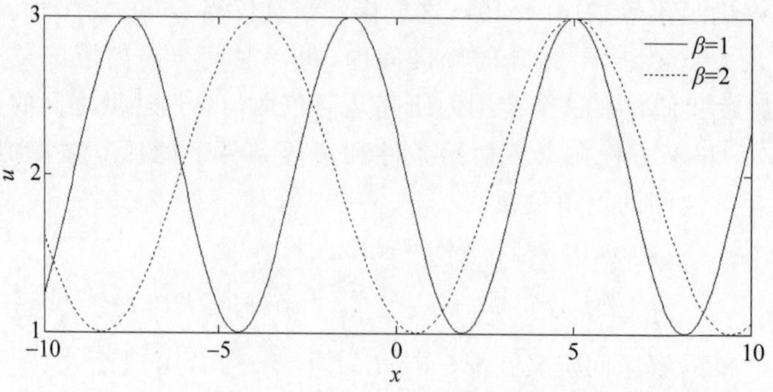

图 4-9　$\varepsilon=0, \beta=1,2$ 时在 $t=5\text{s}$ 时 $u(t,x)$ 的波形

由图 4-9 可以发现，当 β 增加时，波长随之增大，这是几何色散的体现。当 $\varepsilon=0$，波幅不变，这意味着 $\Delta_e=0$。KdV 方程的这种守恒性质可以在相图中进一步说明。图 4-10 中仅给出了三个典型截面（$x=-5,0,5$）上 $\varepsilon=0,\beta=1$ 的相轨迹曲线，从图 4-10 中可以看出，KdV 方程的每个相轨迹曲线都是一个闭合轨道。

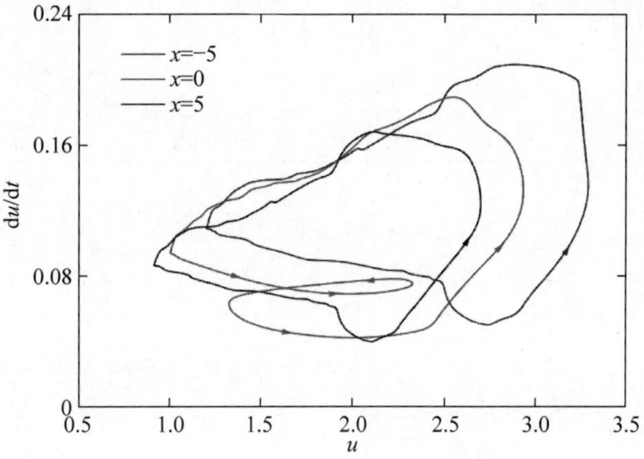

图 4-10 $\varepsilon=0,\beta=1$ 时的相图

（请扫Ⅰ页二维码看彩图）

情形 2 设 $\varepsilon=0.1,\beta=2$ 和 $\varepsilon=0.4,\beta=1$ 两种情况。当 $\varepsilon=0.1,\beta=2$ 时，黏性耗散较弱，几何色散较强。当 $\varepsilon=0.4,\beta=1$ 时，情况正好相反。由数值格式得到的波形如图 4-11 所示。

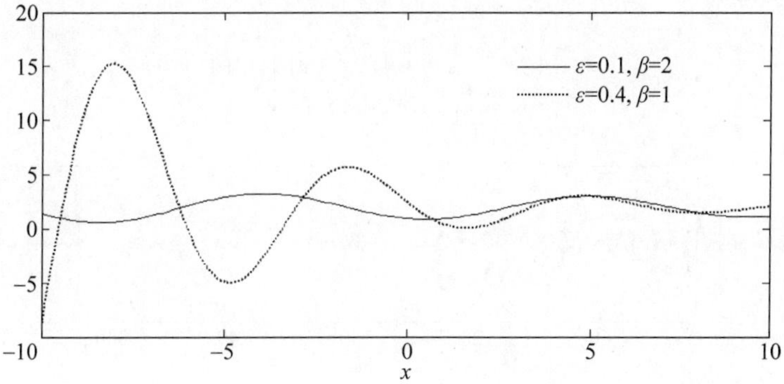

图 4-11 在 $\varepsilon=0.1,\beta=2$ 和 $\varepsilon=0.4$，$\beta=1,t=5\mathrm{s}$ 条件的波形图

由图 4-11 可以发现：随着 ε 的增大和 β 的减小，波长逐渐减小，幅值衰减速度增大，这是黏性耗散与几何色散竞争最直观的表现。

从典型截面（$x=-5,0,5$）上的相图（图 4-12 和图 4-13）中可以进一步发现黏性耗散和几何色散之间的竞争。在图 4-12 中，相轨迹为从不稳定节点 u_1 到鞍点 u_n（$n=2,3,4$）的鞍-焦点异宿轨道。而在图 4-13 中，鞍-焦点异宿轨道的相轨迹是从不稳定焦点 u_1 到鞍点 u_2。图 4-12 和图 4-13 中异宿轨道的差异正是黏性耗散和几何色散竞争的结果。

为了说明广义多辛方法的保结构性质，数值实验中记录了当 $\varepsilon=0.4,\beta=1$ 时每个时间步内的广义多辛守恒律误差和局部能量误差，如图 4-14 所示。局部能量误差表示由黏性阻尼造成的能量损失，这是图 4-11 中波形振幅减小的原因。由图 4-14 可以发现，广义多辛守恒律和局部能量在较长时间内保持不变。

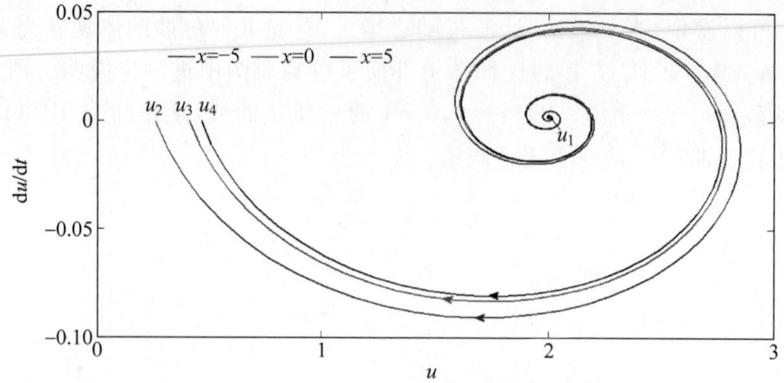

图 4-12 ε＝0.1，β＝2 时的相图

（请扫Ⅰ页二维码看彩图）

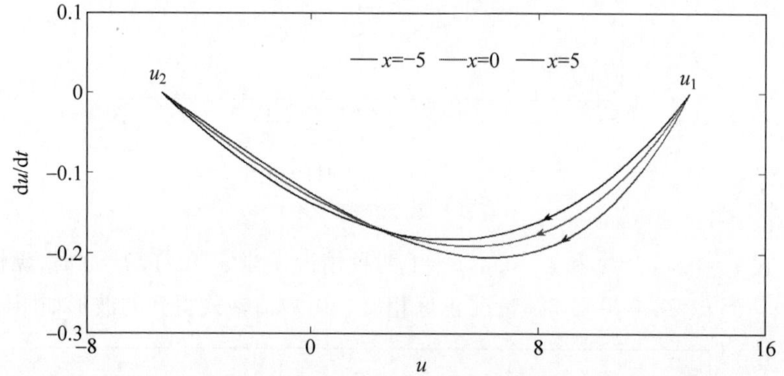

图 4-13 ε＝0.4，β＝1 时的相图

（请扫Ⅰ页二维码看彩图）

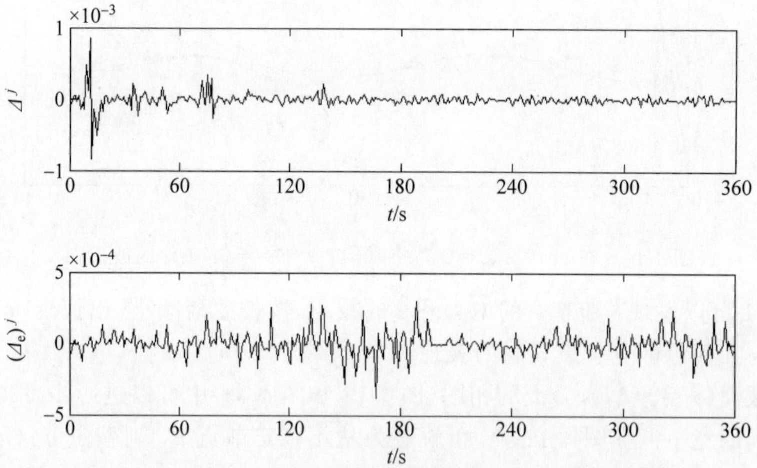

图 4-14 ε＝0.4，β＝1 时广义多辛守恒律误差与能量误差

（请扫Ⅰ页二维码看彩图）

4.4.3 复合 KdV-伯格斯方程的广义多辛离散化

考虑复合 KdV-伯格斯方程[73-74]：

$$\partial_t u + \alpha u \partial_x u + \beta u^2 \partial_x u + \gamma \partial_{xx} u + \varepsilon \partial_{xxx} u = 0 \tag{4.4.55}$$

其中，α，β 和 ε 是实常数；γ 是阻尼参数。方程(4.4.55)作为 KdV 方程，mKdV 方程和伯格斯方程的联合方程，其描述了具有色散效应和耗散效应的长波在非线性介质中的传播过程[73-74]。式(4.4.55)的物理背景非常广泛，其包含了以下五种特殊情况。

(1) $\alpha\neq0,\beta=\gamma=0,\varepsilon\neq0$；式(4.4.55)退化为 KdV 方程，即

$$\partial_t u+\alpha u\partial_x u+\varepsilon\partial_{xxx}u=0 \tag{4.4.56}$$

(2) $\beta\neq0,\alpha=\gamma=0,\varepsilon\neq0$；式(4.4.55)退化为 mKdV 方程，即

$$\partial_t u+\beta u^2\partial_x u+\varepsilon\partial_{xxx}u=0 \tag{4.4.57}$$

(3) $\alpha=0,\beta\neq0,\gamma\neq0,\varepsilon\neq0$；式(4.4.55)退化为 mKdV-伯格斯方程，即

$$\partial_t u+\beta u^2\partial_x u+\gamma\partial_{xx}u+\varepsilon\partial_{xxx}u=0 \tag{4.4.58}$$

(4) $\alpha\neq0,\beta=0,\gamma\neq0,\varepsilon\neq0$；式(4.4.55)退化为 KdV-伯格斯方程，即

$$\partial_t u+\alpha u\partial_x u+\gamma\partial_{xx}u+\varepsilon\partial_{xxx}u=0 \tag{4.4.59}$$

(5) $\alpha\neq0,\beta\neq0,\gamma=0,\varepsilon\neq0$；式(4.4.55)退化为 KdV-mKdV 方程，即

$$\partial_t u+\alpha u\partial_x u+\beta u^2\partial_x u+\varepsilon\partial_{xxx}u=0 \tag{4.4.60}$$

现在，已有许多关于 KdV 方程、mKdV 方程和伯格斯方程精确解的研究报道。但是关于复合 KdV-伯格斯方程的研究才刚刚开始，其数值方法目前还未见正式的报道。因此，选择该方程为例来说明广义多辛积分的保结构优点，就更具挑战意义。

根据所提出的广义多辛理论，如果引入正则动量 $\partial_x v=u$，$w=\partial_x u$，$\partial_x p=-\frac{1}{2}\partial_t u$，我们可以得到复合 KdV-伯格斯方程的广义多辛偏微分方程：

$$\begin{cases}\frac{1}{2}\partial_t u+\partial_x p=0\\ -\frac{1}{2}\partial_t v-\varepsilon\partial_x w-\gamma\partial_x u=-p+\frac{\alpha}{2}u^2+\frac{\beta}{3}u^3\\ \varepsilon\partial_x u=\varepsilon w\\ -\partial_x v=-u\end{cases} \tag{4.4.61}$$

当且仅当其离散形式在每个时间步内满足不等式(4.4.71)。

定义状态变量 $\boldsymbol{z}=(v,u,w,p)^{\mathrm{T}}$，式(4.4.61)可以改写为矩阵形式：

$$\begin{bmatrix}0&\frac{1}{2}&0&0\\-\frac{1}{2}&0&0&0\\0&0&0&0\\0&0&0&0\end{bmatrix}\partial_t\boldsymbol{z}+\begin{bmatrix}0&0&0&1\\0&-\gamma&-\varepsilon&0\\0&\varepsilon&0&0\\-1&0&0&0\end{bmatrix}\partial_x\boldsymbol{z}=\nabla_z S(\boldsymbol{z}) \tag{4.4.62}$$

其中，哈密顿函数为 $S(\boldsymbol{z})=\frac{\varepsilon}{2}w^2-up+\frac{\alpha}{6}u^3+\frac{\beta}{12}u^4$。

由式(4.4.62)，我们可以得到矩阵：

$$\boldsymbol{M}=\begin{bmatrix}0&\frac{1}{2}&0&0\\-\frac{1}{2}&0&0&0\\0&0&0&0\\0&0&0&0\end{bmatrix},\quad \boldsymbol{K}=\begin{bmatrix}0&0&0&1\\0&0&-\varepsilon&0\\0&\varepsilon&0&0\\-1&0&0&0\end{bmatrix},\quad \widehat{\boldsymbol{M}}=0,\quad \widehat{\boldsymbol{K}}=\begin{bmatrix}0&0&0&0\\0&-\gamma&0&0\\0&0&0&0\\0&0&0&0\end{bmatrix}$$

根据前文的广义多辛理论与广义多辛偏微分方程(4.4.62),对应的广义多辛守恒律为

$$\frac{1}{2}\partial_t(\mathrm{d}v \wedge \mathrm{d}u)+\partial_x(\mathrm{d}v \wedge \mathrm{d}p+\varepsilon \mathrm{d}w \wedge \mathrm{d}u)=-\gamma \mathrm{d}(\partial_x u) \wedge \mathrm{d}u \tag{4.4.63}$$

修正的局部能量守恒律误差为

$$\Delta_{\mathrm{e}}=\frac{\gamma}{2}\partial_t(u\partial_x u)-\frac{\gamma}{2}\partial_x u\partial_t u \tag{4.4.64}$$

由于$\widehat{\boldsymbol{M}}=\mathbf{0}$,修正的局部动量守恒律误差为$\Delta_{\mathrm{p}}=0$,即广义多辛偏微分方程(4.4.62)精确地满足局部动量守恒律(4.2.4)。

为了研究广义多辛方法良好的数值性质,首先必须对广义多辛偏微分方程(4.4.61)进行离散化。显然,所有可以用于构造多辛格式的离散方法也可以用于构造广义多辛格式。

众所周知,中点差分离散方法是构造哈密顿常微分方程辛格式的最简单隐式离散方法,也是高斯-勒让德类离散方法中最低阶的离散格式之一。因此,在本节中,我们使用一个由中点差分离散方法推导出的典型 Box 离散方法——Preissman 方法[33, 75]来证明广义多辛算法的优点。式(4.4.61)的 Preissmann 格式为

$$\begin{cases}\dfrac{u_{i+1}^{j+1/2}-u_{i}^{j+1/2}}{2\Delta t}+\dfrac{p_{i+1/2}^{j+1}-p_{i+1/2}^{j}}{\Delta x}=0\\[2ex]\dfrac{v_{i+1}^{j+1/2}-v_{i}^{j+1/2}}{-2\Delta t}-\varepsilon\dfrac{w_{i+1/2}^{j+1}-w_{i+1/2}^{j}}{\Delta x}-\gamma\dfrac{u_{i+1/2}^{j+1}-u_{i+1/2}^{j}}{\Delta x}=-p_{i+1/2}^{j+1/2}+\dfrac{\alpha}{2}(u_{i+1/2}^{j+1/2})^2+\dfrac{\beta}{3}(u_{i+1/2}^{j+1/2})^3\\[2ex]\varepsilon\dfrac{u_{i+1/2}^{j+1}-u_{i+1/2}^{j}}{\Delta x}=\varepsilon w_{i+1/2}^{j+1/2}\\[2ex]-\dfrac{v_{i+1/2}^{j+1}-v_{i+1/2}^{j}}{\Delta x}=-u_{i+1/2}^{j+1/2}\end{cases} \tag{4.4.65}$$

将 v,w 和 p 从式(4.4.65)中消去,得到一个与 Preissmann 格式等价的十二点隐式格式,即

$$\begin{aligned}&\frac{1}{16\Delta t}(\delta_t u_{i+1}^{j}+3\delta_t u_{i}^{j}+3\delta_t u_{i-1}^{j}+\delta_t u_{i-2}^{j})\\&+\frac{\alpha}{8\Delta x}[(\bar{u}_{i}^{j-1})^2-(\bar{u}_{i-2}^{j-1})^2+(\bar{u}_{i}^{j})^2-(\bar{u}_{i-2}^{j})^2]\\&+\frac{\beta}{8\Delta x}[(\bar{u}_{i}^{j-1})^3-(\bar{u}_{i-2}^{j-1})^3+(\bar{u}_{i}^{j})^3-(\bar{u}_{i-2}^{j})^3]\\&+\frac{\gamma}{8(\Delta x)^2}(\delta_x^2 u_{i}^{j-1}+2\delta_x^2 u_{i}^{j}+\delta_x^2 u_{i}^{j+1})\\&+\frac{\varepsilon}{4(\Delta x)^3}(\delta_x^3 u_{i}^{j-1}+2\delta_x^3 u_{i}^{j}+\delta_x^3 u_{i}^{j+1})=0\end{aligned} \tag{4.4.66}$$

其中,Δt 和 Δx 分别表示时间步长和空间步长;$\bar{u}_i^j\approx\dfrac{1}{4}(u_i^j+u_i^{j+1}+u_{i+1}^j+u_{i+1}^{j+1})$,$\delta_t u_i^j=u_{i+1}^j-u_{i-1}^j$,$\delta_x^3 u_i^j=u_i^{j+1}-3u_i^j+3u_i^{j-1}-u_i^{j-2}$ 和 $\delta_x^2 u_i^j=u_i^{j+1}-2u_i^j+u_i^{j-1}$ 等。

其相应的离散广义多辛守恒律为

$$
\begin{aligned}
&(\mathrm{d}v_{i+1}^{j+1/2} \wedge \mathrm{d}u_{i+1}^{j+1/2} - \mathrm{d}v_{i}^{j+1/2} \wedge \mathrm{d}u_{i}^{j+1/2})/2\Delta t + (\mathrm{d}v_{i+1/2}^{j+1} \wedge \mathrm{d}p_{i+1/2}^{j+1} - \mathrm{d}v_{i+1/2}^{j} \wedge \\
&\mathrm{d}p_{i+1/2}^{j})/\Delta x + \varepsilon(\mathrm{d}w_{i+1/2}^{j+1} \wedge \mathrm{d}u_{i+1/2}^{j+1} - \mathrm{d}w_{i+1/2}^{j} \wedge \mathrm{d}u_{i+1/2}^{j})/\Delta x \\
&= -\gamma[\mathrm{d}(u_{i+1/2}^{j+1} - u_{i+1/2}^{j})/\Delta x] \wedge \mathrm{d}u_{i+1/2}^{j+1/2}
\end{aligned}
\tag{4.4.67}
$$

则第 i 步中离散广义多辛守恒律误差的绝对值为

$$
|\Delta_i| = \max_j\{|-\gamma[\mathrm{d}(u_{i+1/2}^{j+1} - u_{i+1/2}^{j})/\Delta x] \wedge \mathrm{d}u_{i+1/2}^{j+1/2}|\}
\tag{4.4.68}
$$

式(4.4.65)的差分截断误差(忽略高阶项)为

$$
\begin{aligned}
o(\Delta t, \Delta t^2, \cdots, \Delta x, \Delta x^2, \cdots,) &= o(\Delta t + \Delta x + \Delta x^2 + \Delta x^3) \\
&\approx \Delta t^2 + \Delta x^2 + \Delta x^3 + \Delta x^4
\end{aligned}
\tag{4.4.69}
$$

因此,对于复合 KdV-伯格斯方程(4.4.55),不等式(4.2.19)的具体形式可表述为

$$
\max_{i,j}\{|-\gamma[\mathrm{d}(u_{i+1/2}^{j+1} - u_{i+1/2}^{j})/\Delta x] \wedge \mathrm{d}u_{i+1/2}^{j+1/2}|\} \leqslant \Delta t^2 + \Delta x^2 + \Delta x^3 + \Delta x^4
\tag{4.4.70}
$$

假设阻尼参数 γ 是时不变的,不等式(4.4.70)可以重新整理为

$$
|\gamma| \leqslant (\Delta t^2 + \Delta x^2 + \Delta x^3 + \Delta x^4)/\max_{i,j}\{|[\mathrm{d}(u_{i+1/2}^{j+1} - u_{i+1/2}^{j})/\Delta x] \wedge \mathrm{d}u_{i+1/2}^{j+1/2}|\}
\tag{4.4.71}
$$

其中,

$$
\begin{aligned}
&[\mathrm{d}(u_{i+1/2}^{j+1} - u_{i+1/2}^{j})/\Delta x] \wedge \mathrm{d}u_{i+1/2}^{j+1/2} \\
&= (1/\Delta x)[(u_{i+1/2}^{j+3/2} - u_{i+1/2}^{j+1/2})\mathrm{d}x/\Delta x + (u_{i+1}^{j+1} - u_{i}^{j+1})\mathrm{d}t/\Delta t - (u_{i+1/2}^{j+1/2} - u_{i+1/2}^{j-1/2})\mathrm{d}x/\Delta x - \\
&\quad (u_{i+1}^{j} - u_{i}^{j})\mathrm{d}t/\Delta t] \wedge [(u_{i+1/2}^{j+1} - u_{i+1/2}^{j})\mathrm{d}x/\Delta x + (u_{i+1}^{j+1/2} - u_{i}^{j+1/2})\mathrm{d}t/\Delta t] \\
&= (1/\Delta x)[\delta_x^2 u_{i+1/2}^{j+1/2}\mathrm{d}x/\Delta x + \\
&\quad (u_{i+1}^{j+1} - u_{i}^{j+1} - u_{i+1}^{j} + u_{i}^{j})\mathrm{d}t/\Delta t] \wedge [(u_{i+1/2}^{j+1} - u_{i+1/2}^{j})\mathrm{d}x/\Delta x + (u_{i+1}^{j+1/2} - u_{i}^{j+1/2})\mathrm{d}t/\Delta t] \\
&= \delta_x^2 u_{i+1/2}^{j+1/2}(u_{i+1}^{j+1/2} - u_{i}^{j+1/2})\mathrm{d}x \wedge \mathrm{d}t/\Delta x^2\Delta t + \\
&\quad (u_{i+1}^{j+1} - u_{i}^{j+1} - u_{i+1}^{j} + u_{i}^{j})(u_{i+1/2}^{j+1} - u_{i+1/2}^{j})\mathrm{d}t \wedge \mathrm{d}x/\Delta x^2\Delta t \\
&= [\delta_x^2 u_{i+1/2}^{j+1/2}(u_{i+1}^{j+1/2} - u_{i}^{j+1/2}) - (u_{i+1}^{j+1} - u_{i}^{j+1} - u_{i+1}^{j} + u_{i}^{j})(u_{i+1/2}^{j+1} - u_{i+1/2}^{j})]\mathrm{d}x \wedge \mathrm{d}t/\Delta x^2\Delta t
\end{aligned}
$$

不等式(4.4.71)说明,我们可以通过调整阻尼参数 γ 和步长 $\Delta t, \Delta x$ 来确保式(4.4.66)是广义多辛的。

修正的离散局部能量误差为

$$
\begin{aligned}
(\Delta_e)_{i,j} = \frac{\gamma}{2}\Bigg[&\frac{1}{\Delta t}\left(u_{i+3/2}^{j+1/2}\frac{u_{i+3/2}^{j+1} - u_{i+3/2}^{j}}{\Delta x} - u_{i+1/2}^{j+1/2}\frac{u_{i+1/2}^{j+1} - u_{i+1/2}^{j}}{\Delta x}\right) - \\
&\frac{u_{i+1/2}^{j+1} - u_{i+1/2}^{j}}{\Delta x}\frac{u_{i+1}^{j+1/2} - u_{i}^{j+1/2}}{\Delta t}\Bigg]
\end{aligned}
\tag{4.4.72}
$$

因此,第 i 步修正的离散局部能量误差的绝对值为

$$
|(\Delta_e)_i| = \max_j |(\Delta_e)_{i,j}|
\tag{4.4.73}
$$

在第 i 时间层的空间点中,$(\Delta_e)_i$ 是绝对值最大的修正离散局部能量的误差值。前文已经提到,广义多辛偏微分方程(4.4.62)精确地满足局部动量守恒律(4.2.4),因此隐

式格式(4.4.66)自然满足离散的局部动量守恒律,其具体细节可在文献[32],[34],[35]中找到。

在本节中,我们将通过模拟复合 KdV-伯格斯方程的孤立波解来检验广义多辛格式(4.4.66)的保结构性能。根据文献[12],[13],复合 KdV-伯格斯方程(4.4.55)具有孤立波解:

$$u(t,x)=\sqrt{\frac{\xi}{2\beta}}\tanh\left[\sqrt{\frac{-\xi}{12\varepsilon}}(x-\omega t)\right]-\frac{\alpha}{2\beta}-\frac{\gamma}{\sqrt{-6\beta\varepsilon}} \tag{4.4.74}$$

其中,$\xi=\frac{\gamma^2}{\beta}+\frac{3\alpha^2}{2\beta}+6\omega$ 和 ω 都是任意常实数。在本节的数值实验中,我们取 $\alpha=\beta=6$、$\omega=-\varepsilon=1$。

显然,式(4.4.66)是一个非线性的离散方程,因此我们在接下来的数值实验中采用高斯-赛德尔(Gauss-Seidel)迭代法[14]进行求解,这是一种求解非线性离散方程的有效算法。

实验 1 在本实验中,我们固定时间步长为 $\Delta t=0.001$,空间步长为 $\Delta x=0.025$,则差分截断误差为 $o\approx 6.420156\times 10^{-4}$,然后根据式(4.4.66)和不等式(4.4.71)得到 γ 的最大允许值。

案例 1 首先,我们尝试选取 $\gamma=0.01$,则 $\xi=15.000017$。代入式(4.4.66)在空间区域 D:$(t,x)\in[0,30]\times[-30,30]$内模拟了孤立波解,孤立波(4.4.74)解在时间区间[0,30]上的演化过程如图 4-15 所示。为了验证式(4.4.66)在 $\gamma=0.01$ 时是广义多辛的,我们根据式(4.4.68)记录了离散广义多辛守恒律误差,又依据式(4.4.73)记录了在时间区间[0,30]上修正的离散局部能量误差,其结果如图 4-16 和图 4-17 所示。

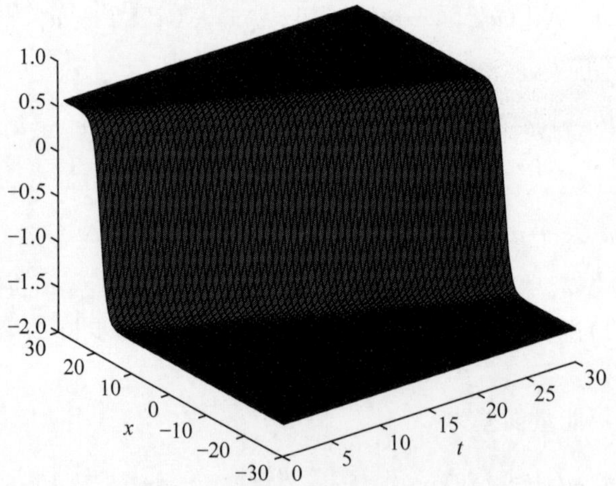

图 4-15 孤立波解的演化过程 ($t\in[0,30]$)

由以上结果可得出结论,当取 $\gamma=0.01$ 时,式(4.4.66)能较好地模拟孤立波解,修正的局部能量误差极小。此外,我们还发现广义多辛守恒律误差的绝对值在每一步中远小于差分截断误差 $o\approx 6.420156\times 10^{-4}$,这表明,如果我们增大参数 γ 或增大时间步长 Δt 和空间步长 Δx,式(4.4.66)仍可能满足不等式(4.4.71)。因此,在进一步的实验中,我们在固定步长的情况下增大参数 γ($\Delta t=0.001$,$\Delta x=0.025$),然后我们发现,当阻尼系数 $\gamma=0.533$ 时,式(4.4.66)仍然恰好能满足不等式(4.4.71)。我们在案例 2 中给出了相应的结果。

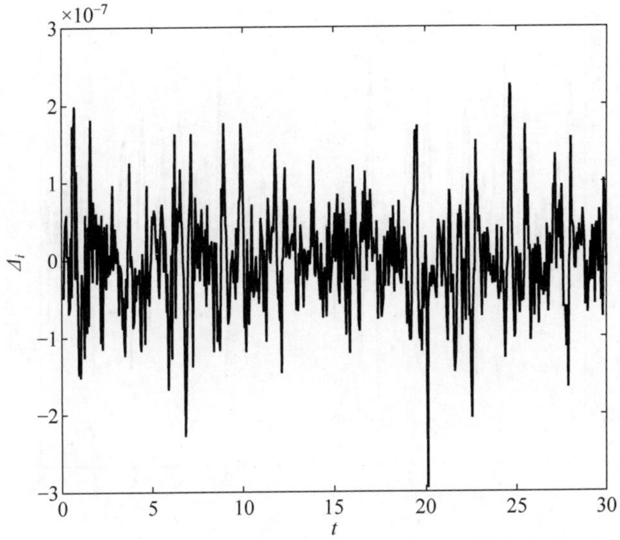

图 4-16　广义多辛守恒律误差($\gamma=0.01$)

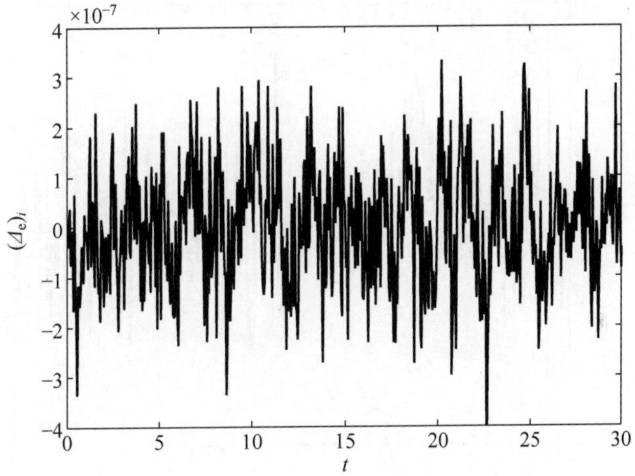

图 4-17　修正局部能量误差($\gamma=0.01$)

案例 2　令 $\gamma=0.533$，则 $\xi=15.047348$。我们再次根据广义多辛格式(4.4.66)在空间区域 D：$(t,x)\in[0,30]\times[-30,30]$上模拟了孤立波解。孤立波解(4.4.74)在时间区间[0,30]上的波形 $u(t,x)$与案例 1 中的波形演化非常相似，因此，我们仅在图 4-18 中给出在时间区间[0,30]上的广义多辛守恒定律误差，以说明广义多辛格式(4.4.66)在 $\gamma=0.533(\Delta t=0.001,\Delta x=0.025)$的条件下刚好能够满足不等式(4.4.71)。此外，修正局部能量误差如图 4-19 所示。为了说明广义多辛算法的高精度，在 $\gamma=0.533$ 的条件下，我们取 $t=0$、$t=10$、$t=20$ 和 $t=30$ 不同时刻，给出了精确解和由式(4.4.66)得到的数值解之间的最大误差范数$\|u\|_s=\sup|u_i^j-u(x_i,t_j)|$，如表 4-3 所示。其中第一列表示在 $x_i=-20$、$t_j=0$ 时，精确解与数值解之间的最大误差范数，其他列依此类推。在表 4-3 中，*. ****** ** - ** 表示 *. ******** $\times10^{-**}$。

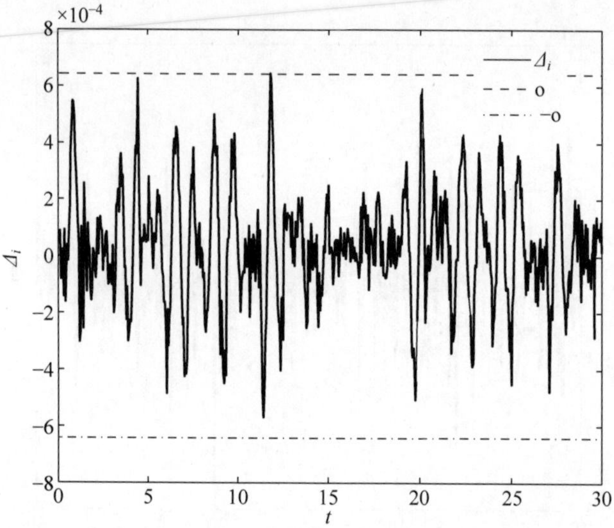

图 4-18 广义多辛守恒律误差(γ=0.533)

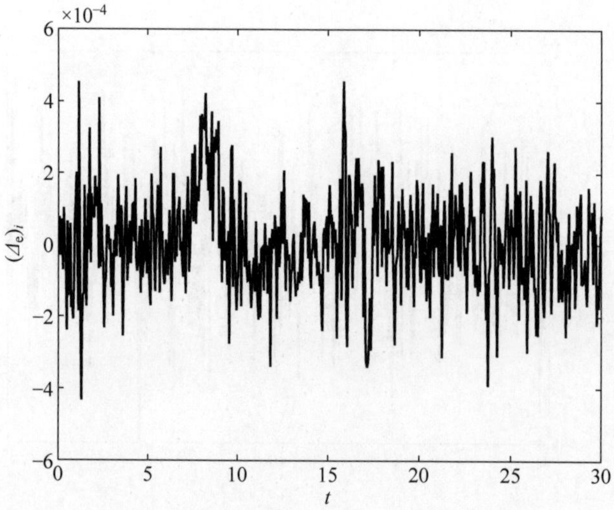

图 4-19 修正局部能量误差(γ=0.533)

表 4-3 数值解与精确解之间的最大误差范数(γ =0.533)

$x_i \backslash t_j$	0	10	20	30
−20	0.00000000-00	0.00000000-00	0.00000000-00	0.00000000-00
−16	0.00000000-00	0.00000000-00	0.00000000-00	6.00986130-20
−12	0.00000000-00	0.00000000-00	0.00000000-00	3.27218792-18
−8	0.00000000-00	0.00000000-00	1.75286813-20	5.19872174-18
−4	0.00000000-00	0.00000000-00	4.08112169-19	1.01963951-19
0	0.00000000-00	8.03113851-21	1.05789135-17	8.20264735-21
4	0.00000000-00	1.76209683-19	1.79193703-18	0.00000000-00
8	0.00000000-00	7.61543348-18	6.01527391-21	0.00000000-00
12	1.29085519-20	5.40570621-18	0.00000000-00	0.00000000-00
16	1.85036431-19	6.93546960-19	0.00000000-00	0.00000000-00
20	5.76209683-17	0.00000000-00	0.00000000-00	0.00000000-00

从实验 1 的结果可以看出，$\gamma=0.533$ 时的波形和 $\gamma=0.01$ 的波形几乎相同，但是在 $\gamma=0.533$ 时的广义多辛守恒律误差和修正局部能量误差的绝对值比 $\gamma=0.01$ 时的大。根据提出的广义多辛积分概念，当我们令 $\Delta t=0.001$ 和 $\Delta x=0.025$ 时，在 $\gamma\leqslant 0.533$ 的条件下，我们可以得出格式(4.4.66)是广义多辛的。

实验 2　在本实验中，我们假定步长为变化的，根据式(4.4.66)和不等式(4.4.71)，分别在 $\gamma=0.2$、$\gamma=0.4$、$\gamma=0.6$、$\gamma=0.8$ 和 $\gamma=1$ 时，模拟孤立波解(4.4.74)，得到了允许的临界步长之间的关系。不同阻尼参数值的临界步长之间的关系曲线如图 4-20 所示，这表明当参数 γ 取一定值时，若点($\Delta\tau$，$\Delta\xi$)落在由 Δt 轴、Δx 轴和极限步长关系曲线所围成的区域内时，格式(4.4.66)是广义多辛的。

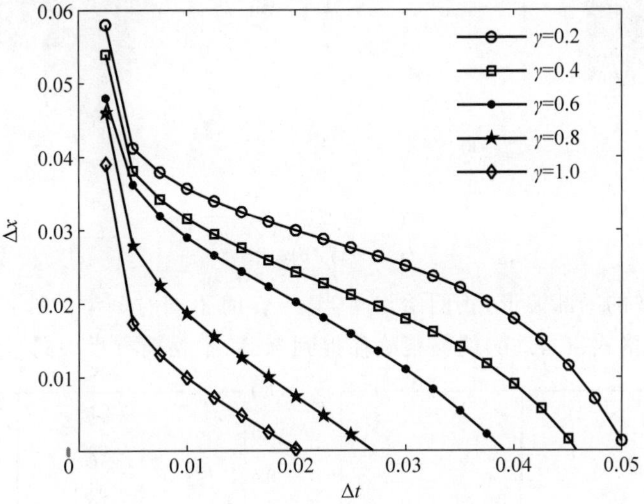

图 4-20　临界步长之间的关系曲线

从任一特定参数的临界步长关系曲线中都可以发现，临界空间步长 Δx 随着临界时间步长 Δt 的增大而迅速减小。通过比较不同参数值下的临界步长关系曲线，我们可以得出结论：Δt 轴、Δx 轴和极限步长关系曲线所围区域的面积随着参数 γ 的增大而迅速减小。

众所周知，伯格斯型方程中存在激波解，尽管一些激波的捕捉方法已经在已有文献中报道过，但用数值方法精确捕捉激波是非常困难的。在本节中，我们尝试利用格式(4.4.66)捕获复合 KdV-伯格斯方程中的激波。

经过大量的数值实验，可发现，当 $\alpha=\beta=6$，$\gamma=0.1$ 和 $\varepsilon=\pm 1$ 及以下初值条件时，复合 KdV-伯格斯方程的解中可能出现激波：

$$u(0,x)=\begin{cases}0, & x\leqslant 0\\ 1, & x>0\end{cases},\quad \varepsilon=-1$$

$$u(0,x)=\begin{cases}1, & x\leqslant 0\\ 0, & x>0\end{cases},\quad \varepsilon=1 \tag{4.4.75}$$

为确保格式(4.4.66)是广义多辛的，参考图 4-20 给出的临界步长关系曲线，取时间步长和空间步长 $\Delta t=\Delta x=0.02$。利用式(4.4.66)可以得到激波波形，如图 4-21 所示。

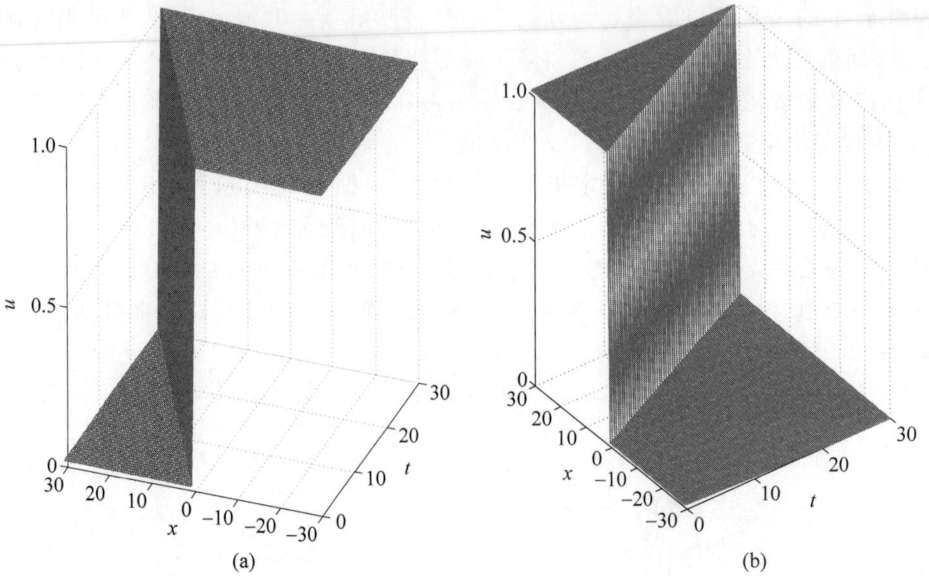

图 4-21　激波波形($\varepsilon=\pm 1$)

(a) $\varepsilon=1$；(b) $\varepsilon=-1$

为了研究激波的局部波形，我们给出了当 $\varepsilon=1$ 时不同时刻激波波形，如图 4-22 所示，从图中可以看出，格式(4.4.66)能够精确捕捉到 KdV-伯格斯方程中的激波现象。

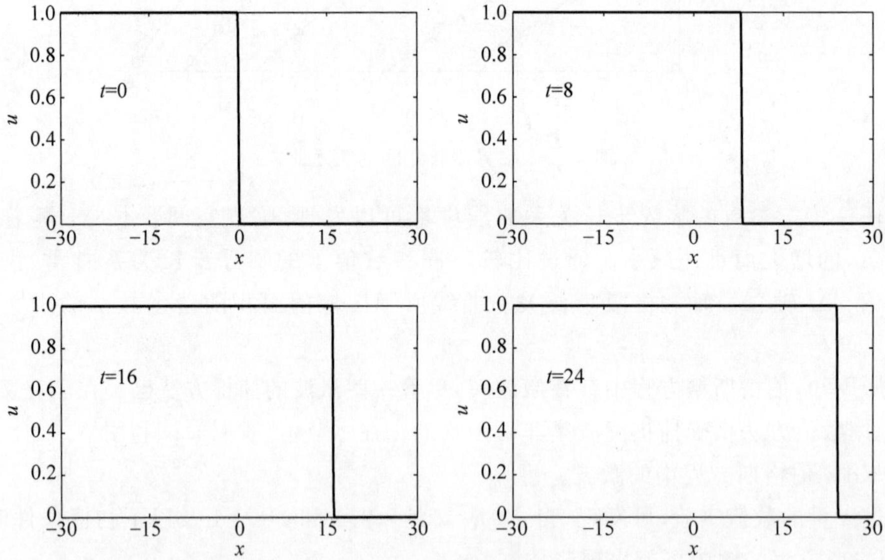

图 4-22　不同时刻的激波波形($\varepsilon=1$)

激波波面上使用的数据点的数量是激波模拟中关注的重点，因此，我们在图 4-23 给出了 $\varepsilon=1$ 时不同时刻的激波附近的数据点分布情况；同时表 4-4、表 4-5 和表 4-6 分别给出了在 $t=8$、$t=16$ 和 $t=24$ 时激波波面附近各数据点的值。

从以上结果可以看出，任一时刻只需要一个数据点就能捕捉到激波波面的位置，这说明，广义多辛格式(4.4.66)是一个高分辨率的激波捕捉格式，同时也能够很好地保持激波的局部几何性质，是研究小黏度复杂流体局部性质的有效方法。

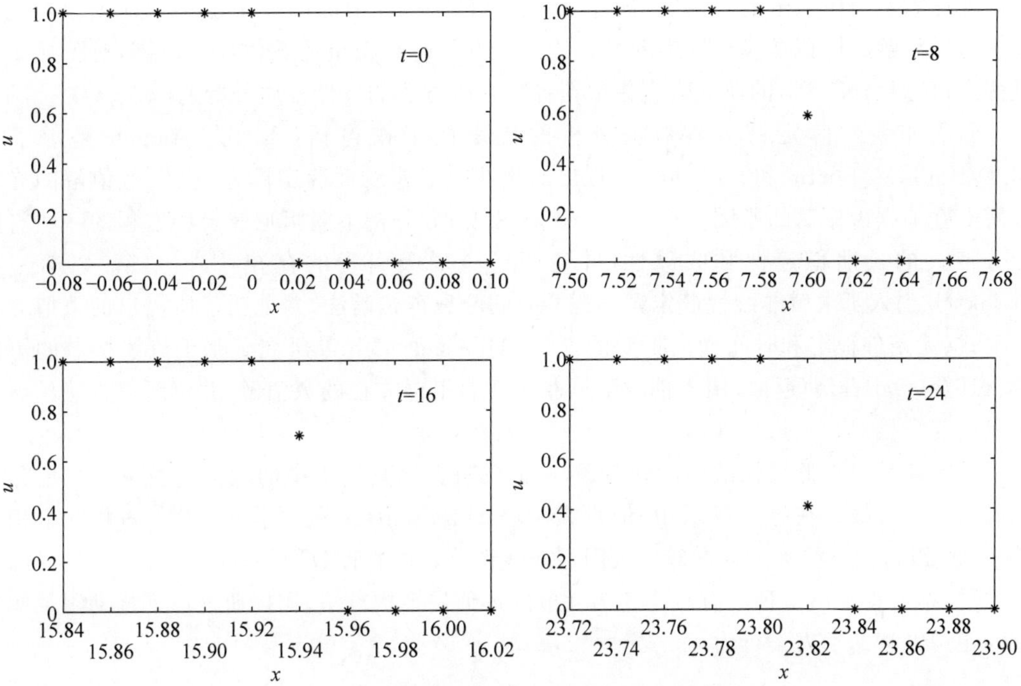

图 4-23 不同时刻激波波面附近数据点的分布情况(ε=1)

表 4-4 激波波面附近数据点的值($t=8$)

x_i	7.50	7.52	7.54	7.56	7.58	7.60	7.62	7.64	7.66	7.68
u_i	1	1	1	1	0.999999	0.580211	0.000001	0	0	0

表 4-5 激波波面附近数据点的值($t=16$)

x_i	15.84	15.86	15.88	15.90	15.92	15.94	15.96	15.98	16.00	16.02
u_i	1	1	1	1	0.999999	0.702009	0.000017	0	0	0

表 4-6 激波波面附近数据点的值($t=24$)

x_i	23.72	23.74	23.76	23.78	23.80	23.82	23.84	23.86	23.88	23.90
u_i	1	1	1	1	0.999995	0.410988	0.000001	0	0	0

4.4.4 周期扰动下具有弱线性阻尼的非线性薛定谔方程近似保结构分析

为了在量子系统的经典力学模型中体现其波动性,薛定谔(E. Schrödinger)在 1926 年提出了用一个偏微分方程(PDE)来描述物理系统量子态的时间演化[76],该方程被命名为薛定谔方程,由此开创了量子力学。在过去几十年中,有大量的研究成果报道了各种薛定谔方程的解和动力学行为。[77-91]

A. O. Caldeira 和 A. J. Leggett 于 1983 年将微观量子力学的保守结构引入宏观耗散域中[92]。M. D. Kostin 证明了在不改变波函数归一化的条件下,可以在含时薛定谔方程的哈密顿量中添加一项,以用于抵消其能量耗散效应[93]。但是,因为在量子领域中对耗散项的精确处理需要考虑大量的自由度，且每个自由度都是由耗散的偏微分方程描述，所以对耗散量子力学问题的模拟是相当困难的[94]。因此，为了避免繁重的数值计算，目前对阻尼非线性薛定谔方程(NLSE)的研究大多集中在各种解析方法的定性性质分析上[95-100]。

阻尼非线性薛定谔方程数值分析的代表性工作包括：L. S. Peranich 揭示了由 M. Delfour，M. Fortin 和 G. Payr[101]提出的线性阻尼非线性薛定谔方程[102]数值解的光滑波解上叠加锯齿振荡的原因；F. Y. Zhang 和 S. J. Lu 分析了弱阻尼薛定谔方程的一些有限差分格式的长期稳定性和收敛性，并证明了全局吸引子的存在[103-104]；W. Z. Bao 和 D. Jaksch 引入了求解非线性薛定谔方程的时间分裂正弦谱法，并证明了所提出的数值方法是显式、无条件稳定和时间横向不变的[105]；M. Asadzadeh 等研究了基于流线扩散的不连续伽辽金(Galerkin)近似，用于耦合阻尼非线性薛定谔方程的数值解，并将所得方法扩展到多尺度变分格式[106]。

但即使是对于低维耗散偏微分方程，避免或减少仿真过程中的人为耗散也是数值方法面临的一个挑战。在这一领域中，伯克霍夫(Birkhoffian)系统的辛方法[107]和共形辛积分器[108]可以得到一些人为耗散较小的阻尼非线性薛定谔方程数值格式。针对系统的局部几何性质，本书将提出一种具有较小人为耗散的近似保结构方法，用以研究以下扰动阻尼非线性薛定谔方程的动力学行为

$$i\partial_t u+\alpha\partial_{xx}u+\beta|u|^2u+\mathrm{i}\gamma u=h(x,t) \tag{4.4.76}$$

其中，u 是复波函数；$\mathrm{i}=\sqrt{-1}$；α,β,γ 是实常数；$h(x,t)$是外部小扰动，且是时间 t 和坐标 x 的周期函数。

根据非线性薛定谔方程在物理中的应用，阻尼率 γ 可分为两种类型[109]：一种是要考虑碰撞阻尼，其中阻尼与波数无关，阻尼率 γ 可以假设为一个小正数；另一种是朗缪尔波(Langmuir waves)在麦克斯韦电子分布(Maxwellian electron distribution)上的朗道阻尼(Landau damping)，其具体形式见参考文献[110]，其局限性见文献[109]。

在蛋白质分子与弱激光场相互作用的情况下，小周期扰动与波函数对坐标 x 的一阶导数成正比，因此它可以表示为 $h(x,t)=\eta\partial_x u\mathrm{e}^{\mathrm{i}(k_0x-\omega_0t)}$，其中 η 是小实常数，k_0,ω_0 是实常数。对于受垂直振荡激励的传播孤立波，其小周期扰动与波函数成正比，因此可表示为 $h(x,t)=\eta u\mathrm{e}^{\mathrm{i}(k_0x-\omega_0t)}$[96]。本书所考虑的动力学行为与多孤立波的传播有关。本节所采用的数值方法对这两种情况的处理过程相似，因此在本节中我们将只关注后一种情况。

对于无外界扰动的保守非线性薛定谔方程，20 世纪便发展了各种数值方法。其中，T. Bridges 在 1997 年提出的多辛方法[29]得到了广泛关注，因为它重点关注了在哈密顿框架下，保守非线性薛定谔方程的局部几何性质以及数值格式的高精度，Bridges 基于变分原理提出了非线性薛定谔方程的多辛结构和若干局部守恒律，开启了对完全可积非线性薛定谔方程局部几何性质的数值研究领域[29]；此外，A. L. Islas 和 C. M. Schober 给出了一维非线性薛定谔方程的多辛格式，并研究了其保结构特性[36]；孙建强和秦孟兆导出了耦合一维非线性薛定谔方程的六点格式，并证明了它等价于多辛 Preissmann 格式[38]；随后，A. Aydin 和 B. Karasozen 将参考文献[38]中给出的结果推广到耦合非线性薛定谔方程情形[111]；洪佳林及其合作者将 Runge-Kutta-Nyström(RKN)方法应用于变系数非线性薛定谔方程，证明了用 RKN 方法构造的格式是多辛的[112]；最近，宋松和等提出了用于非线性

薛定谔方程的半显式多辛分裂方法[113]和多辛小波配置方法[114]。

为了再现非线性薛定谔方程中的耗散效应,我们所采用的数值方法应无人工耗散或只有微小的人工数值耗散。在已有的工作中[50,115],我们发展了具有微小人工数值耗散的广义多辛方法,并用以记录每个时间步内的耗散效应和研究弱阻尼动力系统的局部动力学行为。本节将用广义多辛方法研究具有小周期扰动[57]的阻尼非线性薛定谔方程的局部动力学行为,包括能量/动量损失和多孤立波的破碎现象,从而拓宽广义多辛方法在复杂阻尼偏微分方程系统中的应用范围。

保守非线性薛定谔方程的多辛形式是在 1997 年,基于诺特对称理论[29]推导出来的,它可以很自然地推广到阻尼非线性薛定谔方程(4.4.76)中。本节将详细推导广义多辛守恒定律和修正的能量/动量局部守恒定律。用这种方法,可以将阻尼和周期性扰动对非线性薛定谔方程(4.4.76)近似局部守恒律的影响显式地表述出来。利用这些近似的局部守恒律,可以在数值实验中验证所建立的数值方法的保结构特性。

为了将阻尼非线性薛定谔方程(4.4.76)由复偏微分方程转换为实耦合偏微分方程组,我们将周期扰动项改写为 $h(x,t)=\eta u\mathrm{e}^{\mathrm{i}(k_0x-\omega_0t)}=\eta u[\cos(k_0x-\omega_0t)+\mathrm{i}\sin(k_0x-\omega_0t)]$ 且令 $u=p+\mathrm{i}q$,那么,

$$\begin{cases}-\partial_tq+\alpha\partial_{xx}p+\beta(p^2+q^2)p-\gamma q=\eta[p\cos(k_0x-\omega_0t)-q\sin(k_0x-\omega_0t)]\\ \partial_tp+\alpha\partial_{xx}q+\beta(p^2+q^2)q+\gamma p=\eta[p\sin(k_0x-\omega_0t)+q\cos(k_0x-\omega_0t)]\end{cases}\tag{4.4.77}$$

在上述二阶偏微分方程组(4.4.77)中引入中间变量 $\partial_xp=v,\partial_xq=w$,将其写成一阶偏微分方程组形式:

$$\begin{cases}-\partial_tq+\alpha\partial_xv+\beta(p^2+q^2)p-\gamma q=\eta[p\cos(k_0x-\omega_0t)-q\sin(k_0x-\omega_0t)]\\ \partial_tp+\alpha\partial_xw+\beta(p^2+q^2)q+\gamma p=\eta[p\sin(k_0x-\omega_0t)+q\cos(k_0x-\omega_0t)]\\ \partial_xp=v\\ \partial_xq=w\end{cases}\tag{4.4.78}$$

上式可以改写成矩阵形式:

$$\boldsymbol{M}\partial_t\boldsymbol{z}+\boldsymbol{K}\partial_x\boldsymbol{z}=\nabla_zS(\boldsymbol{z})+\boldsymbol{\varepsilon}(p,q,x,t)\tag{4.4.79}$$

其中,$S(\boldsymbol{z})=\frac{1}{2}\left[\frac{\beta}{2}(p^2+q^2)^2+\alpha(v^2+w^2)\right]$;$\boldsymbol{z}=[p,q,v,w]^{\mathrm{T}}$;$\boldsymbol{\varepsilon}(p,q,x,t)=[-\gamma q-\eta p\cos(k_0x-\omega_0t)+\eta q\sin(k_0x-\omega_0t),\gamma p-\eta p\sin(k_0x-\omega_0t)-\eta q\cos(k_0x-\omega_0t),0,0]^{\mathrm{T}}$ 是一个余项,与不包含线性阻尼和周期扰动的保守型非线性薛定谔方程标准多辛形式进行比较;$\boldsymbol{M},\boldsymbol{K}$ 是反对称矩阵,

$$\boldsymbol{M}=\begin{bmatrix}0&1&0&0\\-1&0&0&0\\0&0&0&0\\0&0&0&0\end{bmatrix},\quad\boldsymbol{K}=\begin{bmatrix}0&0&-\alpha&0\\0&0&0&-\alpha\\\alpha&0&0&0\\0&\alpha&0&0\end{bmatrix}$$

与参考文献[50],[115],[116]给出的阻尼系统的广义多辛形式不同,式(4.4.79)的系

数矩阵不包含线性阻尼项,而其是包含在项$\boldsymbol{\varepsilon}(p,q,x,t)$中。

根据多辛守恒律[29]推导过程,矩阵形式(4.4.79)的广义多辛守恒律可表示为

$$\partial_t(\mathrm{d}p\wedge\mathrm{d}q)+\alpha\partial_x(\mathrm{d}p\wedge\mathrm{d}v+\mathrm{d}q\wedge\mathrm{d}w)=\mathrm{d}z\wedge\mathrm{d}\boldsymbol{\varepsilon}(p,q,x,t)\tag{4.4.80}$$

现在对式(4.4.80)的右端项进行详细展开,$\boldsymbol{\varepsilon}(p,q,x,t)$的全微分是

$$\mathrm{d}\boldsymbol{\varepsilon}(p,q,x,t)=\frac{\partial\boldsymbol{\varepsilon}}{\partial p}\mathrm{d}p+\frac{\partial\boldsymbol{\varepsilon}}{\partial q}\mathrm{d}q+\frac{\partial\boldsymbol{\varepsilon}}{\partial x}\mathrm{d}x+\frac{\partial\boldsymbol{\varepsilon}}{\partial t}\mathrm{d}t\tag{4.4.81}$$

因此式(4.4.80)的右端项可以被改写为

$$\mathrm{d}z\wedge\mathrm{d}\boldsymbol{\varepsilon}(p,q,x,t)=\mathrm{d}z\wedge\frac{\partial\boldsymbol{\varepsilon}}{\partial p}\mathrm{d}p+\mathrm{d}z\wedge\frac{\partial\boldsymbol{\varepsilon}}{\partial q}\mathrm{d}q+\mathrm{d}z\wedge\frac{\partial\boldsymbol{\varepsilon}}{\partial x}\mathrm{d}x+\mathrm{d}z\wedge\frac{\partial\boldsymbol{\varepsilon}}{\partial t}\mathrm{d}t\tag{4.4.82}$$

其中,$\wedge$是外积运算,其他项分别为

$$\frac{\partial\boldsymbol{\varepsilon}}{\partial p}=[-\eta\cos(k_0x-\omega_0t),\gamma-\eta\sin(k_0x-\omega_0t),0,0]^{\mathrm{T}}$$

$$\frac{\partial\boldsymbol{\varepsilon}}{\partial q}=[-\gamma+\eta\sin(k_0x-\omega_0t),-\eta\cos(k_0x-\omega_0t),0,0]^{\mathrm{T}}$$

$$\begin{aligned}\frac{\partial\boldsymbol{\varepsilon}}{\partial x}=[&-\gamma w-\eta v\cos(k_0x-\omega_0t)+\eta w\sin(k_0x-\omega_0t)+k_0\eta q\cos(k_0x-\omega_0t)+\\&k_0\eta p\sin(k_0x-\omega_0t),\gamma v-\eta v\sin(k_0x-\omega_0t)-\eta w\cos(k_0x-\omega_0t)+\\&k_0\eta q\sin(k_0x-\omega_0t)-k_0\eta p\cos(k_0x-\omega_0t),0,0]^{\mathrm{T}}\end{aligned}$$

$$\begin{aligned}\frac{\partial\boldsymbol{\varepsilon}}{\partial t}=[&-\gamma\partial_tq-\eta\partial_tp\cos(k_0x-\omega_0t)+\eta\partial_tq\sin(k_0x-\omega_0t)-\omega_0\eta q\cos(k_0x-\omega_0t)-\\&\omega_0\eta p\sin(k_0x-\omega_0t),\gamma\partial_tp-\eta\partial_tp\sin(k_0x-\omega_0t)-\eta\partial_tq\cos(k_0x-\omega_0t)-\\&\omega_0\eta q\sin(k_0x-\omega_0t)+\omega_0\eta p\cos(k_0x-\omega_0t),0,0]^{\mathrm{T}}\end{aligned}$$

则式(4.4.82)中的外积运算可为

$$\begin{aligned}\mathrm{d}z\wedge\frac{\partial\boldsymbol{\varepsilon}}{\partial p}\mathrm{d}p&=-\eta\cos(k_0x-\omega_0t)\mathrm{d}p\wedge\mathrm{d}p-[-\gamma+\eta\sin(k_0x-\omega_0t)]\mathrm{d}q\wedge\mathrm{d}p\\&=[-\gamma+\eta\sin(k_0x-\omega_0t)]\mathrm{d}p\wedge\mathrm{d}q\end{aligned}\tag{4.4.83}$$

$$\begin{aligned}\mathrm{d}z\wedge\frac{\partial\boldsymbol{\varepsilon}}{\partial q}\mathrm{d}q&=[-\gamma+\eta\sin(k_0x-\omega_0t)]\mathrm{d}p\wedge\mathrm{d}q-\eta\cos(k_0x-\omega_0t)\mathrm{d}q\wedge\mathrm{d}q\\&=[-\gamma+\eta\sin(k_0x-\omega_0t)]\mathrm{d}p\wedge\mathrm{d}q\end{aligned}\tag{4.4.84}$$

$$\begin{aligned}\mathrm{d}z\wedge\frac{\partial\boldsymbol{\varepsilon}}{\partial x}\mathrm{d}x=&[-\gamma w-\eta v\cos(k_0x-\omega_0t)+\eta w\sin(k_0x-\omega_0t)+k_0\eta q\cos(k_0x-\omega_0t)+\\&k_0\eta p\sin(k_0x-\omega_0t)]\mathrm{d}p\wedge\mathrm{d}x+[\gamma v-\eta v\sin(k_0x-\omega_0t)-\eta w\cos(k_0x-\omega_0t)+\\&k_0\eta q\sin(k_0x-\omega_0t)-k_0\eta p\cos(k_0x-\omega_0t)]\mathrm{d}q\wedge\mathrm{d}x\\=&\gamma[v\mathrm{d}q\wedge\mathrm{d}x-w\mathrm{d}p\wedge\mathrm{d}x]+\eta\{[v\cos(k_0x-\omega_0t)+w\sin(k_0x-\omega_0t)+\\&k_0q\cos(k_0x-\omega_0t)+k_0p\sin(k_0x-\omega_0t)]\mathrm{d}p\wedge\mathrm{d}x+[-v\sin(k_0x-\omega_0t)-\\&w\cos(k_0x-\omega_0t)+k_0q\sin(k_0x-\omega_0t)-k_0p\cos(k_0x-\omega_0t)]\mathrm{d}q\wedge\mathrm{d}x\}\end{aligned}\tag{4.4.85}$$

$$
\begin{aligned}
\mathrm{d}z \wedge \frac{\partial \boldsymbol{\varepsilon}}{\partial t}\mathrm{d}t = {} & [-\gamma\partial_t q - \eta\partial_t p\cos(k_0 x-\omega_0 t) + \eta\partial_t q\sin(k_0 x-\omega_0 t) - \omega_0\eta q\cos(k_0 x-\omega_0 t) - \\
& \omega_0\eta p\sin(k_0 x-\omega_0 t)]\mathrm{d}p \wedge \mathrm{d}t + [-\gamma\partial_t p - \eta\partial_t p\sin(k_0 x-\omega_0 t) - \\
& \eta\partial_t q\cos(k_0 x-\omega_0 t) - \omega_0\eta q\sin(k_0 x-\omega_0 t) + \omega_0\eta p\cos(k_0 x-\omega_0 t)]\mathrm{d}q \wedge \mathrm{d}t \\
= {} & \gamma[\partial_t p\mathrm{d}q \wedge \mathrm{d}t - \partial_t q\mathrm{d}p \wedge \mathrm{d}t] + \eta\{[-\partial_t p\cos(k_0 x-\omega_0 t) + \partial_t q\sin(k_0 x-\omega_0 t) - \\
& \omega_0 q\cos(k_0 x-\omega_0 t) - \omega_0 p\sin(k_0 x-\omega_0 t)]\mathrm{d}p \wedge \mathrm{d}t + [-\partial_t p\sin(k_0 x-\omega_0 t) - \\
& \partial_t q\cos(k_0 x-\omega_0 t) - \omega_0 q\sin(k_0 x-\omega_0 t) + \omega_0 p\cos(k_0 x-\omega_0 t)]\mathrm{d}q \wedge \mathrm{d}t\}
\end{aligned} \tag{4.4.86}
$$

将式(4.4.83)～式(4.4.86)代入式(4.4.82)，可以得到式(4.4.82)的右端项的展开式：

$$
\begin{aligned}
\Delta = {} & \mathrm{d}z \wedge \mathrm{d}\boldsymbol{\varepsilon}(p,q,x,t) \\
= {} & -\gamma[2\mathrm{d}p \wedge \mathrm{d}q + w\mathrm{d}p \wedge \mathrm{d}x - v\mathrm{d}q \wedge \mathrm{d}x + \partial_t q\mathrm{d}p \wedge \mathrm{d}t - \partial_t p\mathrm{d}q \wedge \mathrm{d}t] + \\
& \eta\{2\sin(k_0 x-\omega_0 t)\mathrm{d}p \wedge \mathrm{d}q + [v\cos(k_0 x-\omega_0 t) + w\sin(k_0 x-\omega_0 t) + \\
& k_0 q\cos(k_0 x-\omega_0 t) + k_0 p\sin(k_0 x-\omega_0 t)]\mathrm{d}p \wedge \mathrm{d}x + [-v\sin(k_0 x-\omega_0 t) - \\
& w\cos(k_0 x-\omega_0 t) + k_0 q\sin(k_0 x-\omega_0 t) - k_0 p\cos(k_0 x-\omega_0 t)]\mathrm{d}q \wedge \mathrm{d}x + \\
& [-\partial_t p\cos(k_0 x-\omega_0 t) + \partial_t q\sin(k_0 x-\omega_0 t) - \omega_0 q\cos(k_0 x-\omega_0 t) - \\
& \omega_0 p\sin(k_0 x-\omega_0 t)]\mathrm{d}p \wedge \mathrm{d}t + [-\partial_t p\sin(k_0 x-\omega_0 t) - \\
& \partial_t q\cos(k_0 x-\omega_0 t) - \omega_0 q\sin(k_0 x-\omega_0 t) + \omega_0 p\cos(k_0 x-\omega_0 t)]\mathrm{d}q \wedge \mathrm{d}t\}
\end{aligned} \tag{4.4.87}
$$

其中，Δ 称为广义多辛守恒律误差[50]。

从式(4.4.87)可以发现，即使阻尼系数不包含在式(4.4.79)的系数矩阵中，而是在 $\boldsymbol{\varepsilon}(p,q,x,t)$ 中，广义多辛守恒律误差的形式也跟我们之前工作[50]中给出的形式很类似。在本节中，我们研究数值方法的重点不是其广义多辛守恒定律误差演化情况，而是能量和动量损失。

众所周知，线性阻尼和外界扰动可能会破坏局部能量守恒律[115-116]，具体说明如下。将式(4.4.79)和 $\partial_t \boldsymbol{z}$ 做内积，由于 $\boldsymbol{M}$ 是反对称矩阵，这意味着 $\langle \partial_t \boldsymbol{z}, \boldsymbol{M}\partial_t \boldsymbol{z}\rangle = 0$，那么我们就可以得到

$$
\langle \partial_t \boldsymbol{z}, \boldsymbol{K}\partial_x \boldsymbol{z}\rangle = \langle \partial_t \boldsymbol{z}, \nabla_z S(\boldsymbol{z})\rangle + \langle \partial_t \boldsymbol{z}, \boldsymbol{\varepsilon}(p,q,x,t)\rangle \tag{4.4.88}
$$

由于 $\langle \partial_t \boldsymbol{z}, \boldsymbol{K}\partial_x \boldsymbol{z}\rangle = \frac{1}{2}\partial_t\langle \boldsymbol{z}, \boldsymbol{K}\partial_x \boldsymbol{z}\rangle + \frac{1}{2}\partial_x\langle \partial_t \boldsymbol{z}, \boldsymbol{K}\boldsymbol{z}\rangle$ 和 $\langle \partial_t \boldsymbol{z}, \nabla_z S(\boldsymbol{z})\rangle = \partial_t S(\boldsymbol{z})$，式(4.4.88)可被改写为如下修正的局部能量守恒律形式：

$$
\partial_t\left[S(\boldsymbol{z}) - \frac{1}{2}\langle \boldsymbol{z}, \boldsymbol{K}\partial_x \boldsymbol{z}\rangle\right] + \frac{1}{2}\partial_x\langle \boldsymbol{z}, \boldsymbol{K}\partial_t \boldsymbol{z}\rangle = \Delta_{\mathrm{e}} \tag{4.4.89}
$$

其中，Δ_{e} 称为修正的局部能量扰动[50]，表示为

$$
\begin{aligned}
\Delta_{\mathrm{e}} & = \langle \partial_t \boldsymbol{z}, \boldsymbol{\varepsilon}(p,q,x,t)\rangle \\
& = \partial_t p[-\gamma q - \eta p\cos(k_0 x-\omega_0 t) + \eta q\sin(k_0 x-\omega_0 t)] + \\
& \quad \partial_t q[\gamma p - \eta p\sin(k_0 x-\omega_0 t) - \eta q\cos(k_0 x-\omega_0 t)]
\end{aligned} \tag{4.4.90}
$$

有趣的是，在存在外部扰动的一个周期内，Δ_{e} 的积分为

$$\begin{aligned}\Delta_{eT} &= \int_{t_0}^{\frac{2\pi}{\omega_0}+t_0} \Delta_e \mathrm{d}t \\ &= \int_{t_0}^{\frac{2\pi}{\omega_0}+t_0} \langle \partial_t \boldsymbol{z}, \boldsymbol{\varepsilon}(p,q,x,t)\rangle \mathrm{d}t \\ &= -\gamma \int_{t_0}^{\frac{2\pi}{\omega_0}+t_0} (q\partial_t p - p\partial_t q)\mathrm{d}t \end{aligned} \tag{4.4.91}$$

这一结果与 η 无关，这意味着在存在外部扰动的任意时间周期内，任意位置 x 上的局部能量耗散与外部周期性扰动无关。其中 t_0 是任意时刻。

相似地，在存在外部扰动的波长范围内，Δ_e 的积分是

$$\begin{aligned}\Delta_{e\lambda} &= \int_{x_0}^{\frac{2\pi}{k_0}+x_0} \Delta_e \mathrm{d}x \\ &= \int_{x_0}^{\frac{2\pi}{k_0}+x_0} \langle \partial_t \boldsymbol{z}, \boldsymbol{\varepsilon}(p,q,x,t)\rangle \mathrm{d}x \\ &= -\gamma \int_{x_0}^{\frac{2\pi}{k_0}+x_0} (q\partial_t p - p\partial_t q)\mathrm{d}x \end{aligned} \tag{4.4.92}$$

这一结果也与 η 无关，这意味着在任意波长范围内，任意时刻 t 的局部能量耗散也与外部周期扰动无关。其中 x_0 是任意位置。

与前文修正局部能量守恒律的推导过程类似，将式(4.4.79)与$\partial_x \boldsymbol{z}$ 做内积可得修正的局部能量守恒律：

$$\partial_x \left[S(\boldsymbol{z}) - \frac{1}{2}\langle \boldsymbol{z}, \boldsymbol{M}\partial_t \boldsymbol{z}\rangle\right] + \frac{1}{2}\partial_t \langle \boldsymbol{z}, \boldsymbol{M}\partial_x \boldsymbol{z}\rangle = \Delta_p \tag{4.4.93}$$

其中，Δ_p 称为修正的局部动量扰动[50]，可表示为

$$\begin{aligned}\Delta_p &= \langle \partial_x \boldsymbol{z}, \boldsymbol{\varepsilon}(p,q,x,t)\rangle \\ &= \partial_x p[-\gamma q - \eta p\cos(k_0 x - \omega_0 t) + \eta q \sin(k_0 x - \omega_0 t)] + \\ &\quad \partial_x q[\gamma p - \eta p \sin(k_0 x - \omega_0 t) - \eta q \cos(k_0 x - \omega_0 t)] \end{aligned} \tag{4.4.94}$$

在任意时间周期和任意波长范围内，η 与局部动量变化之间的独立性可以用以下两种 Δ_p 的积分来说明：

$$\Delta_{pT} = \int_{t_0}^{\frac{2\pi}{\omega_0}+t_0} \Delta_p \mathrm{d}t = -\gamma \int_{t_0}^{\frac{2\pi}{\omega_0}+t_0} (q\partial_x p - p\partial_x q)\mathrm{d}t \tag{4.4.95}$$

$$\Delta_{p\lambda} = \int_{x_0}^{\frac{2\pi}{k_0}+x_0} \Delta_p \mathrm{d}x = -\gamma \int_{x_0}^{\frac{2\pi}{k_0}+x_0} (q\partial_x p - p\partial_x q)\mathrm{d}x \tag{4.4.96}$$

作为常微分方程隐式中点格式，保守偏微分方程的 Preissmann Box 格式[75]已被证明是多辛的，且在 S 是二次型的情况下，能够保持局部能量和局部动量的守恒律[33]。在本节中，我们将构造一个六点格式，该格式近似等价于上述 Preissmann Box 格式，同样具有保结构特性，可用于模拟具有小扰动$\boldsymbol{\varepsilon}(p,q,x,t)$的非线性薛定谔方程(4.4.76)。尽管可能还有其他一些具有更好收敛性或更高精度的数值方法，但我们选择 Preissmann Box 方法来离散非线性薛定谔方程(4.4.76)的原因主要包括：第一，保守型 Preissmann Box 格式已经被证明是多辛的且具有长时间的数值稳定性，这与本节中的阻尼非线性薛定谔方程的保结构分析主题是一致的；第二，本节的目的是揭示阻尼非线性薛定谔方程的局部动力学行为，包

括一些近似的保守性质，这意味着在本节对阻尼非线性薛定谔方程进行数值离散时，提高数值精度并不是唯一的目的。

应用隐式中点离散方法对偏微分方程组(4.4.79)在时间和空间上分别采用时间步长 Δt 和空间步长 Δx 进行离散，我们可以得到 Preissmann Box 格式：

$$\boldsymbol{M}\delta_t^+\boldsymbol{z}_j^{k+1/2}+\boldsymbol{K}\delta_x^+\boldsymbol{z}_{j+1/2}^k=\nabla_z S(\boldsymbol{z}_{j+1/2}^{k+1/2})+\boldsymbol{\varepsilon}(p_{j+1/2}^{k+1/2},q_{j+1/2}^{k+1/2},k+1/2,j+1/2) \tag{4.4.97}$$

其中，δ_t^+ 和 δ_x^+ 分别是 ∂_t 和 ∂_x 的前向差分；中点为 $\boldsymbol{z}_j^{k+1/2}=\frac{1}{2}(\boldsymbol{z}_j^{k+1}+\boldsymbol{z}_j^k)$，$\boldsymbol{z}_{j+1/2}^k=\frac{1}{2}(\boldsymbol{z}_{j+1}^k+\boldsymbol{z}_j^k)$，$\boldsymbol{z}_{j+1/2}^{k+1/2}=\frac{1}{2}(\boldsymbol{z}_{j+1}^{k+1/2}+\boldsymbol{z}_j^{k+1/2})$等。

展开式(4.4.97)，我们可以得到

$$\frac{q_{j+1}^{k+1/2}-q_j^{k+1/2}}{\Delta t}-\alpha\frac{v_{j+1/2}^{k+1}-v_{j+1/2}^k}{\Delta x}$$
$$=\beta[(p_{j+1/2}^{k+1/2})^2+(q_{j+1/2}^{k+1/2})^2]p_{j+1/2}^{k+1/2}-\gamma q_{j+1/2}^{k+1/2}-\eta[p_{j+1/2}^{k+1/2}\cos(k_0k-\omega_0 j)-q_{j+1/2}^{k+1/2}\sin(k_0k-\omega_0 j)] \tag{4.4.98}$$

$$-\frac{p_{j+1}^{k+1/2}-p_j^{k+1/2}}{\Delta t}-\alpha\frac{w_{j+1/2}^{k+1}-w_{j+1/2}^k}{\Delta x}$$
$$=\beta[(p_{j+1/2}^{k+1/2})^2+(q_{j+1/2}^{k+1/2})^2]q_{j+1/2}^{k+1/2}+\gamma p_{j+1/2}^{k+1/2}-\eta[p_{j+1/2}^{k+1/2}\sin(k_0k-\omega_0 j)+q_{j+1/2}^{k+1/2}\cos(k_0k-\omega_0 j)] \tag{4.4.99}$$

$$\alpha(p_{j+1/2}^{k+1}-p_{j+1/2}^k)/\Delta x=\alpha v_{j+1/2}^{k+1/2} \tag{4.4.100}$$

$$\alpha(q_{j+1/2}^{k+1}-q_{j+1/2}^k)/\Delta x=\alpha w_{j+1/2}^{k+1/2} \tag{4.4.101}$$

为了消去中间变量 v 和 w，我们在第 $k+1$ 层考虑上述格式，

$$\begin{aligned}&\frac{q_{j+1}^{k+3/2}-q_j^{k+3/2}}{\Delta t}-\alpha\frac{v_{j+1/2}^{k+2}-v_{j+1/2}^{k+1}}{\Delta x}\\&=\beta[(p_{j+1/2}^{k+3/2})^2+(q_{j+1/2}^{k+3/2})^2]p_{j+1/2}^{k+3/2}-\gamma q_{j+1/2}^{k+3/2}-\\&\quad\eta[p_{j+1/2}^{k+3/2}\cos(k_0k+k_0-\omega_0 j)-q_{j+1/2}^{k+3/2}\sin(k_0k+k_0-\omega_0 j)]\end{aligned} \tag{4.4.102}$$

$$\begin{aligned}&-\frac{p_{j+1}^{k+3/2}-p_j^{k+3/2}}{\Delta t}-\alpha\frac{w_{j+1/2}^{k+2}-w_{j+1/2}^{k+1}}{\Delta x}\\&=\beta[(p_{j+1/2}^{k+3/2})^2+(p_{j+1/2}^{k+3/2})^2]q_{j+1/2}^{k+3/2}+\gamma p_{j+1/2}^{k+3/2}-\\&\quad\eta[p_{j+1/2}^{k+3/2}\sin(k_0k+k_0-\omega_0 j)+q_{j+1/2}^{k+3/2}\cos(k_0k+k_0-\omega_0 j)]\end{aligned} \tag{4.4.103}$$

$$\alpha(p_{j+1/2}^{k+2}-p_{j+1/2}^{k+1})/\Delta x=\alpha v_{j+1/2}^{k+3/2} \tag{4.4.104}$$

$$\alpha(q_{j+1/2}^{k+2}-q_{j+1/2}^{k+1})/\Delta x=\alpha w_{j+1/2}^{k+3/2} \tag{4.4.105}$$

进行操作“式(4.4.98)+式(4.4.102)”，可得

$$\begin{aligned}&\frac{q_{j+1}^{k+3/2}-q_j^{k+3/2}+q_{j+1}^{k+1/2}-q_j^{k+1/2}}{\Delta t}-\alpha\frac{v_{j+1/2}^{k+2}-v_{j+1/2}^k}{\Delta x}\\&=\beta[(p_{j+1/2}^{k+3/2})^2+(q_{j+1/2}^{k+3/2})^2]p_{j+1/2}^{k+3/2}-\gamma q_{j+1/2}^{k+3/2}-\\&\quad\eta[p_{j+1/2}^{k+3/2}\cos(k_0k+k_0-\omega_0 j)-q_{j+1/2}^{k+3/2}\sin(k_0k+k_0-\omega_0 j)]+\end{aligned}$$

$$\beta[(p_{j+1/2}^{k+1/2})^2+(q_{j+1/2}^{k+1/2})^2]p_{j+1/2}^{k+1/2}-$$
$$\gamma q_{j+1/2}^{k+1/2}-\eta[p_{j+1/2}^{k+1/2}\cos(k_0k-\omega_0j)-q_{j+1/2}^{k+1/2}\sin(k_0k-\omega_0j)] \tag{4.4.106}$$

进行操作"式(4.4.104)－式(4.4.100)",可得

$$2\alpha(p_{j+1/2}^{k+2}-2p_{j+1/2}^{k+1}+p_{j+1/2}^{k})/\Delta x=\alpha(v_{j+1/2}^{k+2}-v_{j+1/2}^{k}) \tag{4.4.107}$$

将式(4.4.107)代入式(4.4.106),消去中间变量 v,

$$\frac{q_{j+1}^{k+3/2}-q_{j}^{k+3/2}+q_{j+1}^{k+1/2}-q_{j}^{k+1/2}}{\Delta t}-2\alpha\frac{p_{j+1/2}^{k+2}-2p_{j+1/2}^{k+1}+p_{j+1/2}^{k}}{(\Delta x)^2}$$
$$=\beta[(p_{j+1/2}^{k+3/2})^2+(q_{j+1/2}^{k+3/2})^2]p_{j+1/2}^{k+3/2}-\gamma q_{j+1/2}^{k+3/2}-$$
$$\eta[p_{j+1/2}^{k+3/2}\cos(k_0k+k_0-\omega_0j)-q_{j+1/2}^{k+3/2}\sin(k_0k+k_0-\omega_0j)]+$$
$$\beta[(p_{j+1/2}^{k+1/2})^2+(q_{j+1/2}^{k+1/2})^2]p_{j+1/2}^{k+1/2}-\gamma q_{j+1/2}^{k+1/2}-$$
$$\eta[p_{j+1/2}^{k+1/2}\cos(k_0k-\omega_0j)-q_{j+1/2}^{k+1/2}\sin(k_0k-\omega_0j)] \tag{4.4.108}$$

类似地,式(4.4.99)、式(4.4.101)、式(4.4.103)和式(4.4.105)中的变量 w 也可以消去,

$$-\frac{p_{j+1}^{k+3/2}-p_{j}^{k+3/2}+p_{j+1}^{k+1/2}-p_{j}^{k+1/2}}{\Delta t}-2\alpha\frac{q_{j+1/2}^{k+2}-2q_{j+1/2}^{k+1}+q_{j+1/2}^{k}}{(\Delta x)^2}$$
$$=\beta[(p_{j+1/2}^{k+3/2})^2+(q_{j+1/2}^{k+3/2})^2]q_{j+1/2}^{k+3/2}+\gamma p_{j+1/2}^{k+3/2}-$$
$$\eta[p_{j+1/2}^{k+3/2}\sin(k_0k+k_0-\omega_0j)+q_{j+1/2}^{k+3/2}\cos(k_0k+k_0-\omega_0j)]+$$
$$\beta[(p_{j+1/2}^{k+1/2})^2+(q_{j+1/2}^{k+1/2})^2]q_{j+1/2}^{k+1/2}+\gamma p_{j+1/2}^{k+1/2}-$$
$$\eta[p_{j+1/2}^{k+1/2}\sin(k_0k-\omega_0j)+q_{j+1/2}^{k+1/2}\cos(k_0k-\omega_0j)] \tag{4.4.109}$$

将式(4.4.108)和式(4.4.109)联立,得到一个等价于 Preissmann Box 格式的六点格式,其形式为

$$i\frac{u_{j+1}^{k+3/2}+u_{j+1}^{k+1/2}-u_{j}^{k+3/2}-p_{j}^{k+1/2}}{\Delta t}+2\alpha\frac{u_{j+1/2}^{k+2}-2u_{j+1/2}^{k+1}+u_{j+1/2}^{k}}{(\Delta x)^2}$$
$$=-\beta(u_{j+1/2}^{k+3/2})^2(u_{j+1/2}^{k+1/2}+u_{j+1/2}^{k+3/2})-\gamma(u_{j+1/2}^{k+1/2}+u_{j+1/2}^{k+3/2})+\eta[u_{j+1/2}^{k+3/2}\sin(k_0k+k_0-\omega_0j)+$$
$$u_{j+1/2}^{k+3/2}\cos(k_0k+k_0-\omega_0j)]+\beta[(u_{j+1/2}^{k+1/2})^2+(u_{j+1/2}^{k+1/2})^2]u_{j+1/2}^{k+1/2}+$$
$$\eta[u_{j+1/2}^{k+1/2}\sin(k_0k-\omega_0j)+u_{j+1/2}^{k+1/2}\cos(k_0k-\omega_0j)] \tag{4.4.110}$$

但是由于 u 为复函数,格式(4.4.110)在数值实验中并不实用,因此在数值实验中我们会采用式(4.4.108)与式(4.4.109)的耦合格式来替换格式(4.4.110)。

为保证该六点格式的保结构性质,离散化的广义多辛守恒律误差应不大于差分格式[50]的截断误差,即

$$(\Delta)_j^k\leqslant O(\Delta t)+O(\Delta x)^2 \tag{4.4.111}$$

其中,离散的广义多辛守恒定律误差为

$$(\Delta)_j^k=-\gamma[2\mathrm{d}p_{j+1/2}^{k+1/2}\wedge\mathrm{d}q_{j+1/2}^{k+1/2}+w_{j+1/2}^{k+1/2}\mathrm{d}p_{j+1/2}^{k+1/2}\wedge\mathrm{d}x_{j+1/2}^{k+1/2}-v_{j+1/2}^{k+1/2}\mathrm{d}q_{j+1/2}^{k+1/2}\wedge\Delta x+$$
$$\delta_t^+q_j^{k+1/2}\mathrm{d}p_{j+1/2}^{k+1/2}\wedge\Delta t-\delta_t^+p_j^{k+1/2}\mathrm{d}q_{j+1/2}^{k+1/2}\wedge\Delta t]+\eta\{2\sin(k_0k-\omega_0j)\mathrm{d}p_{j+1/2}^{k+1/2}\wedge$$
$$\mathrm{d}q_{j+1/2}^{k+1/2}+[v_{j+1/2}^{k+1/2}\cos(k_0k-\omega_0j)+w_{j+1/2}^{k+1/2}\sin(k_0k-\omega_0j)+$$
$$k_0q_{j+1/2}^{k+1/2}\cos(k_0k-\omega_0j)+k_0p_{j+1/2}^{k+1/2}\sin(k_0k-\omega_0j)]\mathrm{d}p_{j+1/2}^{k+1/2}\wedge\Delta x+$$

$$[-v_{j+1/2}^{k+1/2}\sin(k_0k-\omega_0j)-w_{j+1/2}^{k+1/2}\cos(k_0k-\omega_0j)+k_0q_{j+1/2}^{k+1/2}\sin(k_0k-\omega_0j)-$$
$$k_0p_{j+1/2}^{k+1/2}\cos(k_0k-\omega_0j)]\mathrm{d}q_{j+1/2}^{k+1/2}\wedge\Delta x+$$
$$[-\delta_t^+p_j^{k+1/2}\cos(k_0k-\omega_0j)+\delta_t^+q_j^{k+1/2}\sin(k_0k-\omega_0j)-\omega_0q_{j+1/2}^{k+1/2}\cos(k_0k-\omega_0j)-$$
$$\omega_0p_{j+1/2}^{k+1/2}\sin(k_0k-\omega_0j)]\mathrm{d}p_{j+1/2}^{k+1/2}\wedge\Delta t+$$
$$[-\delta_t^+p_j^{k+1/2}\sin(k_0k-\omega_0j)-\delta_t^+q_j^{k+1/2}\cos(k_0k-\omega_0j)-$$
$$\omega_0q_{j+1/2}^{k+1/2}\sin(k_0k-\omega_0j)+\omega_0p_{j+1/2}^{k+1/2}\cos(k_0k-\omega_0j)]\mathrm{d}q_{j+1/2}^{k+1/2}\wedge\Delta t\}$$

该格式对应的离散局部能量守恒律误差为

$$(\Delta_e)_j^k=\delta_t^+p_j^{k+1/2}[-\gamma q_{j+1/2}^{k+1/2}-\eta p_{j+1/2}^{k+1/2}\cos(k_0k-\omega_0j)+\eta q_{j+1/2}^{k+1/2}\sin(k_0k-\omega_0j)]+$$
$$\delta_t^+q_j^{k+1/2}[\gamma p_{j+1/2}^{k+1/2}-\eta p_{j+1/2}^{k+1/2}\sin(k_0k-\omega_0j)-\eta q_{j+1/2}^{k+1/2}\cos(k_0k-\omega_0j)] \tag{4.4.112}$$

该格式的离散局部动量守恒律误差为

$$(\Delta_p)_j^k=\delta_x^+p_{j+1/2}^k[-\gamma q_{j+1/2}^{k+1/2}-\eta p_{j+1/2}^{k+1/2}\cos(k_0k-\omega_0j)+\eta q_{j+1/2}^{k+1/2}\sin(k_0k-\omega_0j)]+$$
$$\delta_x^+q_{j+1/2}^k[\gamma p_{j+1/2}^{k+1/2}-\eta p_{j+1/2}^{k+1/2}\sin(k_0k-\omega_0j)-\eta q_{j+1/2}^{k+1/2}\cos(k_0k-\omega_0j)] \tag{4.4.113}$$

利用式(4.4.112)和式(4.4.113)分别得到的局部能量/动量守恒律的误差,我们可以通过数值积分式(4.4.91)、式(4.4.92)、式(4.4.95)和式(4.4.96)来检验所构造差分格式的保结构性质。

在本节中,首先通过记录模拟过程中的能量损失和动量损失来检验耦合格式(4.4.108)和格式(4.4.109)的保结构性质。然后,我们通过耦合格式(4.4.108)和格式(4.4.109)详细研究阻尼非线性薛定谔方程的一个重要物理性质——多孤立波的破裂问题[95]。

在接下来的数值实验中,我们假设分散系数和非线性项的系数分别为 $\alpha=1,\beta=2$。为了评估该方法的保结构性能,在时空区域 $x\times t=[-30,30]\times[0,60]$ 中,假定时间步长 $\Delta t=0.05$,空间步长 $\Delta x=0.1$。

系统中线性阻尼(4.4.76)产生的最直接影响是能量和动量的损失,关于这些损失,前文已经做了分析,详见式(4.4.90)~式(4.4.92)和式(4.4.94)~式(4.4.96),下面将进行数值验证。

数值实验的初始条件为

$$u(x,0)=\mathrm{sech}(x)\exp(2\mathrm{i}x) \tag{4.4.114}$$

边界条件为

$$\begin{aligned}&u(-30,t)=u(30,t)=0,\quad t>0\\&\partial_xu(-30,t)=\partial_xu(30,t)=0,\quad t>0\end{aligned} \tag{4.4.115}$$

参考广义多辛积分[50]的相关理论,首先要满足不等式以(4.2.122)保证方法的保结构性能。

从理论上来说,格式(4.4.108)和格式(4.4.109)得到的数值结果,将会随着 $h(x,t)$ 振幅的增大而产生更强烈的振荡。为了得到线性阻尼系数的允许最大值,我们设 $\eta=0.1$,$k_0=1,\omega_0=2$。线性阻尼系数 γ 的值从 $\gamma=0.001$ 开始增加,步长为 $\Delta\gamma=0.001$,利用不等式(4.4.111)进行校核,得到了刚好满足该式的线性阻尼系数的最大值。线性阻尼系数的最大值为 $\gamma_{\max}=0.238$,下面所有的实验都将在不超过这个临界值的情况下进行。

为了验证式(4.4.90)~式(4.4.92)和式(4.4.94)~式(4.4.96)中所述的理论结果,我

们将参数固定为 $\gamma=0.2, k_0=1, \omega_0=2$，分别用 $\eta=0.1$ 和 $\eta=0.01$ 进行模拟。在模拟过程中，记录了每个网格上修正的局部能量误差和修正的局部动量误差（$(\Delta_e)_j^k$ 和 $(\Delta_p)_j^k$）。然后对上述误差分别在 x 和 t 上进行积分，上述数值积分结果（$(\Delta_e)_j$，$(\Delta_e)^k$，$(\Delta_p)_j$ 和 $(\Delta_p)^k$）如图 4-24～图 4-27 所示。最后，为了验证式(4.4.91)、式(4.4.92)、式(4.4.95)和式(4.4.96)所述的结果，位置坐标固定（$x=-15(k=151)$ 和 $x=15(k=451)$），在每个时间周期上对 $(\Delta_e)_j^k$ 和 $(\Delta_p)_j^k$ 在 t 方向上进行数值积分（$T=2\pi/\omega_0=\pi$，从 $t=0$ 到 $t=60$ 有 19 个积分周期）；固定时间（$t=20(j=401)$ 和 $t=40(j=801)$），在每个波动范围内在 x 方向上进行数值积分（$\lambda=2\pi/k_0=2\pi$，从 $x=-30$ 到 $x=30$ 有 9 个积分波长）。在 $\eta=0.01$ 和 $\eta=0.1$ 两种不同情况下，不同位置/时刻在每个周期/波长上积分结果的相对偏差，分别如图 4-28 和图 4-29 所示。从图中可以发现，Δ_{eT} 和 Δ_{pT} 在每个周期内的相对偏差小于 10^{-11}，而 $\Delta_{e\lambda}$ 和 $\Delta_{p\lambda}$ 在每个波长范围内的相对偏差小于 10^{-12}。图 4-28 和图 4-29 所示的微小相对偏差表明，Δ_{eT}、Δ_{pT}、$\Delta_{e\lambda}$ 及 $\Delta_{p\lambda}$ 的值与谐波激励的振幅无关，式(4.4.91)、式(4.4.92)、式(4.4.95)和式(4.4.96)描述的局部性质在数值方法式(4.4.108)和式(4.4.109)中可被精确保持。此外，上述 Δ_{eT}、$\Delta_{e\lambda}$、$\Delta_{p\lambda}$ 和 Δ_{pT} 的结果还证明，前述构造的数值格式具有微小的人工数值耗散。

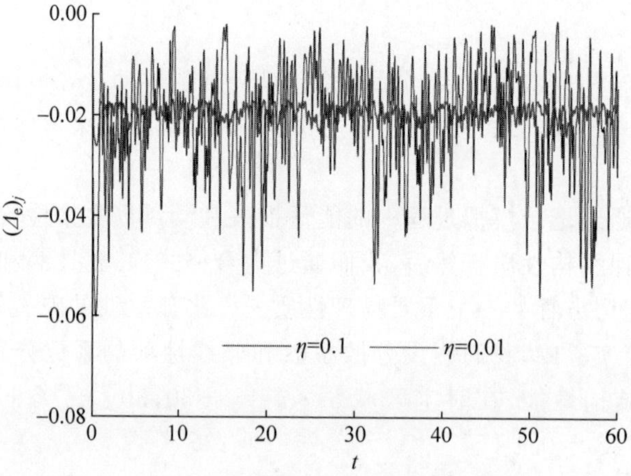

图 4-24　局部能量损失随时间演化情况

（请扫Ⅰ页二维码看彩图）

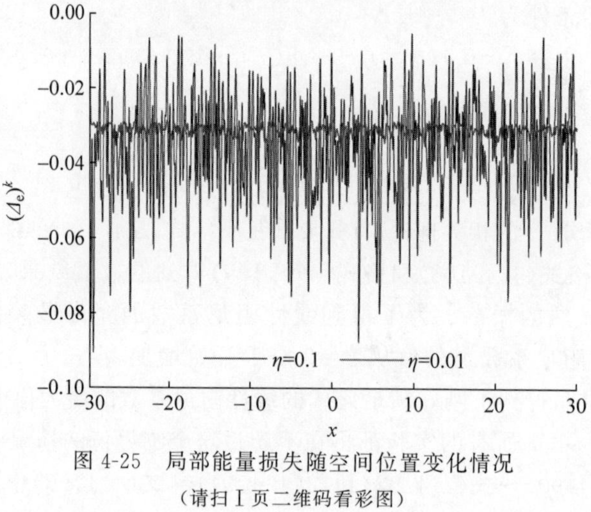

图 4-25　局部能量损失随空间位置变化情况

（请扫Ⅰ页二维码看彩图）

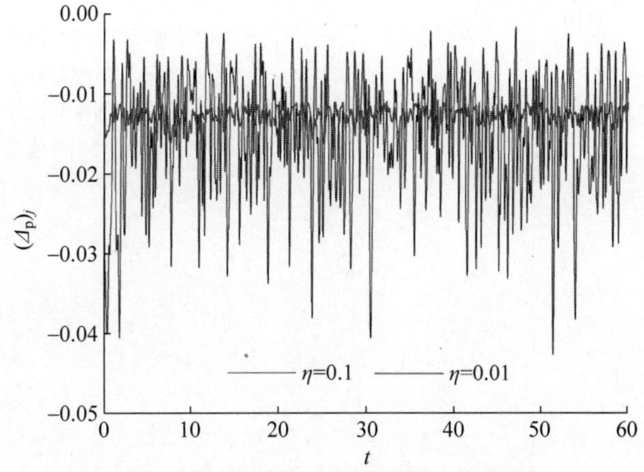

图 4-26　局部动量损失随时间演化情况

（请扫Ⅰ页二维码看彩图）

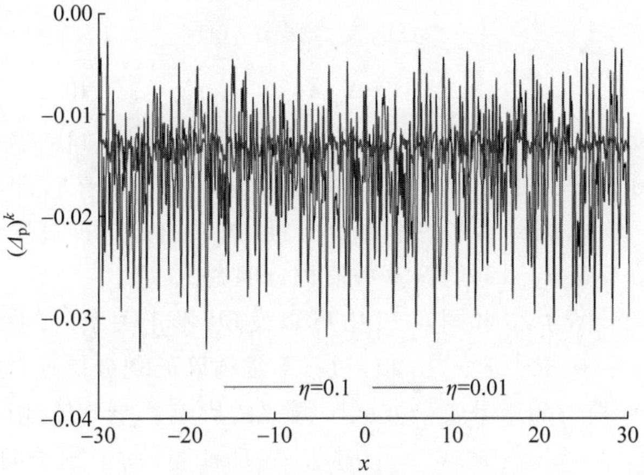

图 4-27　局部动量损失随空间位置变化情况

（请扫Ⅰ页二维码看彩图）

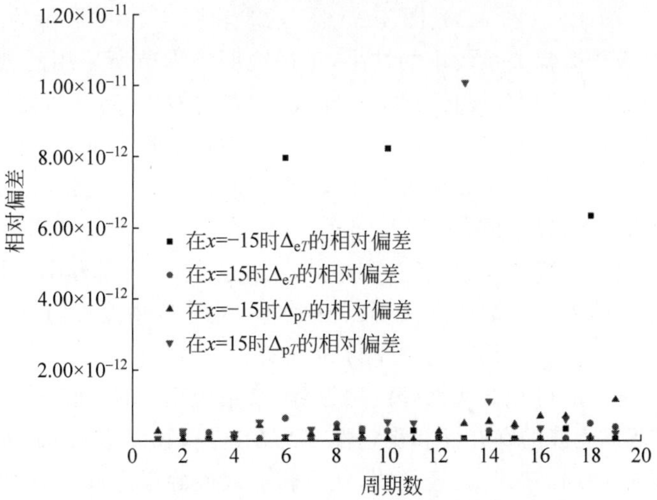

图 4-28　Δ_{eT} 和 Δ_{pT} 在每个时间周期的相对偏差

（请扫Ⅰ页二维码看彩图）

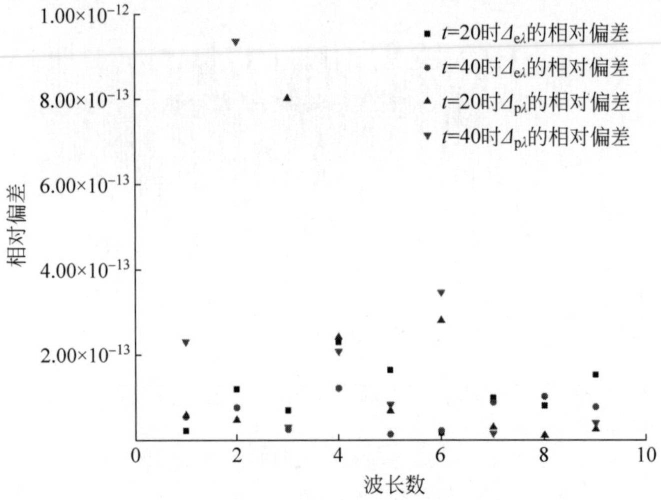

图 4-29 $\Delta_{e\lambda}$ 和 $\Delta_{p\lambda}$ 在每个波长范围的相对误差

（请扫Ⅰ页二维码看彩图）

本节中用于计算 $(\Delta_e)_j$、$(\Delta_e)^k$、$(\Delta_p)_j$、$(\Delta_p)^k$、Δ_{eT}、Δ_{pT}、$\Delta_{e\lambda}$ 和 $\Delta_{p\lambda}$ 的数值方法为七点 Gauss-Kronrod quadrature 方法[117, 118]（在参考文献[117]，[118]中给出了 $(2n+1)$ 点 Gauss-Kronrod quadrature 的统一公式和实现方法，而令 $n=3$，即可得到七点 Gauss-Kronrod quadrature 方法，因此本书中不再给出）已被证明是一种高精度的数值算法，并被用于计算由谐波激励 $h(x,t)$ 引起的振荡数值积分问题。

从图 4-24、图 4-25、图 4-26 和图 4-27 中可以发现，由于关于时间/位置的局部能量/动量损失的积分范围（$t\in[0,60]$、$x\in[-30,30]$）不是精确的积分周期/波长，因此不同时间/位置的局部能量/动量损失的结果受谐波激励振幅的影响。更具体地讲，局部能量/动量损失对时间的积分范围为 $60/\pi\approx 19.099$ 个周期，局部能量/动量损失对位置的积分范围为 $60/2\pi\approx 9.549$ 个波长。因此，关于时间/位置的局部能量/动量损失积分结果会受到 η 的明显影响。

然而从图 4-24、图 4-25、图 4-26、图 4-27、图 4-28 和图 4-29 中展示的结果与上文相反，也就是积分结果与激励振幅关系较小的结果，正好说明了本节所采用的数值格式的保结构性质。当积分区间非整数周期/波长时，关于时间/位置的能量/动量损失依赖于 η（图 4-24、图 4-25、图 4-26 和图 4-27），而当积分区间是一个完整的周期/波长时，关于时间/位置的能量/动量损失是独立于 η 的（图 4-28 和图 4-29），这与式(4.4.90)～式(4.4.92)，式(4.4.94)～式(4.4.96)给出的分析结果一致。

在 4.4.4 节中说明了格式(4.4.108)和格式(4.4.109)在局部能量/动量损失方面优异的保结构性质。这意味着这一数值方法可以用于进一步研究由线性阻尼和周期扰动引起的非线性薛定谔方程(4.4.76)的局部动力学行为。

对于无阻尼无扰动的可积非线性薛定谔方程，其最吸引人的局部动力学行为之一便是孤立波的性质，包括孤立波的存在性和稳定性等。在这里，我们研究了阻尼非线性薛定谔方程的孤立波的稳定性(4.4.76)。已经证明，往可积非线性薛定谔方程中添加线性阻尼后，呼吸子可能变得很不稳定，并分裂成单个的孤子[95]。当含线性阻尼的非线性薛定谔方程再加上周期性扰动时，多孤子状态是否稳定，这个问题将在下面的数值分析中重点讨论。

设 $\eta=\gamma=0.1, k_0=1, \omega_0=2$，在以下初始条件下，通过格式(4.4.108)和格式(4.4.109)来求解线性阻尼非线性薛定谔方程(4.4.76)，得到无阻尼无扰动的非线性薛定谔方程双孤子态演化：

$$u(x,0)=0.75\operatorname{sech}(x-10)\exp(2\mathrm{i}x)+\operatorname{sech}(1.5x+15)\exp(-2\mathrm{i}x) \tag{4.4.116}$$

其边界条件为式(4.4.115)。

波函数 u 的实部和虚部在不同时刻的波形分别如图 4-30 和图 4-31 所示。

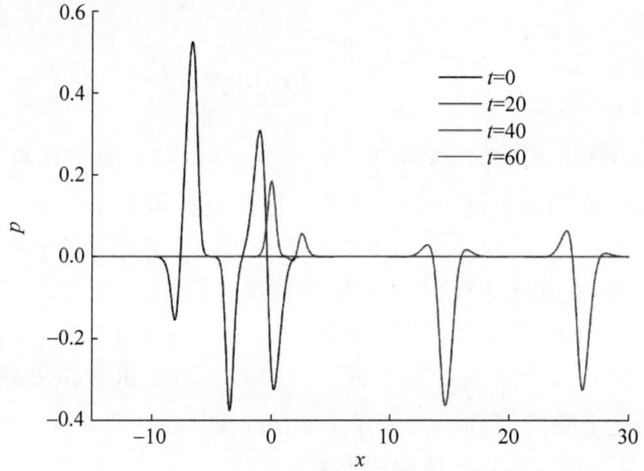

图 4-30　波函数的实部

（请扫Ⅰ页二维码看彩图）

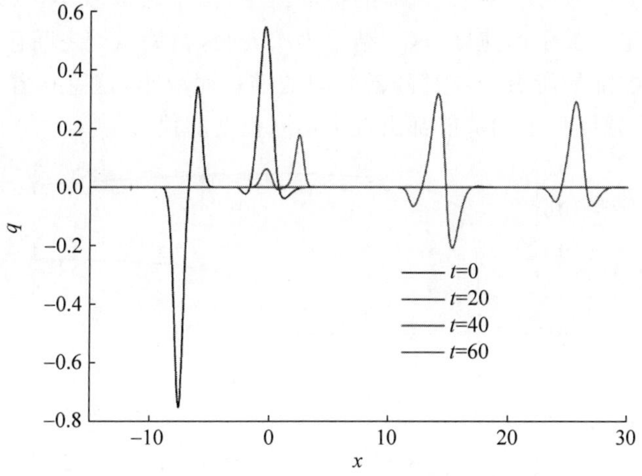

图 4-31　波函数的虚部

（请扫Ⅰ页二维码看彩图）

图 4-30 和图 4-31 中，在时间区间 $0<t<20$ 内，双孤子分裂为三孤子。在时间区间 $20<t<40$ 内，三孤子态转变为四孤子态。最后，在时间区间 $40<t<60$ 内，又出现了一个新的孤子。

在这些孤子分裂的过程中，我们可以看到孤子的振幅和速度是时变的：通常情况下，由于线性阻尼的存在，孤子的振幅随着时间的推移而减小；但是图 4-30 和图 4-31 给出的结果中，有些孤子的速度降低而另一些孤子的速度增加，这意味着在破碎过程中孤子之间发生了动能的转移。

对于未受扰动的非线性薛定谔方程，包括多孤子在内的解的分解可以仅由与之相关的Zakharov-Shabat 谱问题(ZSSP)[119]的离散特征值决定。由于，此部分考虑的线性阻尼和周期扰动较小，对于未受扰动的非线性薛定谔方程，可以通过相关 ZSSP 的离散特征值近似确定任意时刻的多孤子的分裂过程。因此，为了详细研究上述多孤子态破碎过程中的动力学行为，需要进一步考虑了相关 ZSSP 的离散特征值。

在小线性阻尼、小周期扰动的情况下，非线性薛定谔方程(4.4.76)近似为以下线性方程的相容条件[95,119]：

$$\begin{bmatrix} -\partial_x & u \\ \bar{u} & \partial_x \end{bmatrix} \boldsymbol{Y} = \mathrm{i}\zeta \boldsymbol{Y} \tag{4.4.117}$$

其中，$\zeta=\vartheta+\mathrm{i}\xi$ 是与 ZSSP 相关的复特征值；$\boldsymbol{Y}=[y_1, y_2]^{\mathrm{T}}$；$\bar{u}$ 是波函数 u 的复共轭函数。

众所周知，多孤子态的基本动力学行为可以用复特征值 ζ 的演化来描述[119]：每一个离散的特征值 $\zeta_n=\vartheta_n+\mathrm{i}\xi_n$ 对应一个单独的孤子(实部 ϑ_n 决定了孤子的速度，虚部 ξ_n 决定了孤子的振幅)。因此，在初始条件(4.4.116)和边界条件(4.4.115)下，用近似保结构方法式(4.4.108)和式(4.4.109)模拟阻尼非线性薛定谔方程(4.4.86)后，可以得到每个网格上复波函数的数值结果(u_j^k)，代入特征值方程(4.4.117)，然后求解该方程的离散形式，得到各离散特征值 ζ_n。这里我们用 Boyd 提出的 Fourier 配点法[120]获取每个离散特征值，该方法已被证明是可靠且高精度的特征值问题求解方法。

参照参考文献[119]，[120]中提出的 Fourier 配点法的过程，得到各空间点上的特征值，如图 4-32 和图 4-33 所示。在图 4-32 的特征值中，两个实部减小，另外两个分支的实部增大。由于实部决定了孤子的速度，这一结果再次表明，相关孤子之间存在动能的转移。在图 4-33 中，特征值虚部的所有分支都随着时间的推移而减小，这意味着每个孤子的振幅减小，也就验证了每个独立孤子的势能都出现了不同程度的损失。

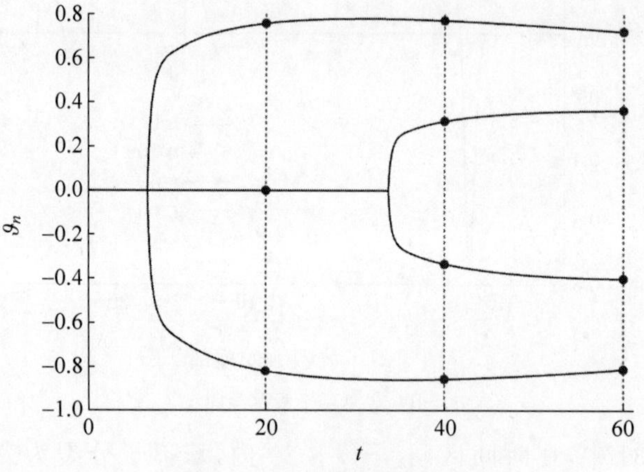

图 4-32 特征值的实部

(请扫 I 页二维码看彩图)

将特征值的不同结果与参考文献[95]中报道的结果进行比较，可以得出如下结论。(1) 与参考文献[95]中给出的相关 ZSSP 的特征值实部演化不同，图 4-32 所示的特征值实部演化不是严格对称的，这是由在非线性薛定谔方程(4.4.76)中引入了周期扰动项而造成的；(2)对于相关 ZSSP 的特征值虚部的变化。在参考文献[95]中，特征值的虚部随着时间

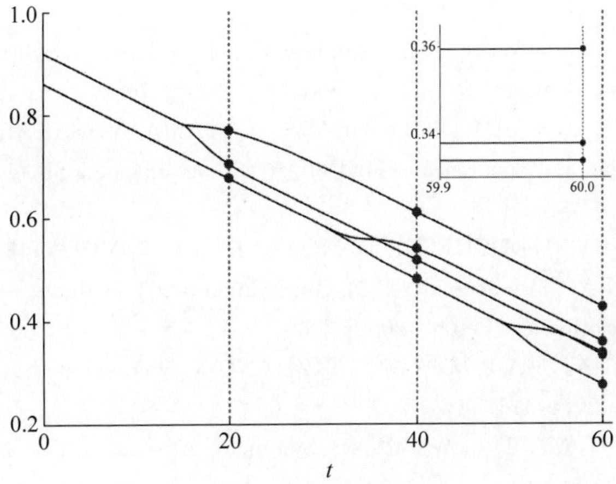

图 4-33 特征值的虚部

（请扫Ⅰ页二维码看彩图）

的推移逐渐消失，分支的数量也逐渐减少；但在图 4-33 中可以看到，虽然特征值虚部的值随着时间的推移而慢慢减少，但是到 $t=60$ 时特征值的虚部分裂成了五个分支，这是非线性薛定谔方程(4.4.76)中周期性扰动项的另一个影响。

由于目前还没有多孤子态发生破裂的条件的解析方法，本节还对非线性薛定谔方程(4.4.76)中其他多孤子在不同初始条件下的传播进行了数值实验，以探索多孤子态发生破裂的条件。不幸的是，在我们的进一步实验过程中所考虑的所有情况下，多孤子态的分裂都有发生，这可能意味着周期激励下的非线性薛定谔方程会比非线性薛定谔方程(4.4.76)的多孤子态更容易破裂成单个孤子。为了避免冗长，这些数值实验的数值结果将不予展示。

参考文献

[1] ZHANG S Y, DENG Z C. Fer's expansion for generalized Hamiltonian system based on lie transformation technique. Mechanics Research Communications, 2004, 31: 213-219.

[2] KIBBLE T W B. Symmetry breaking in non-abelian gauge theories. Physical Review, 1967, 155: 1554-1561.

[3] WEINBERG S. Implications of dynamical symmetry breaking. Physical Review D, 1976, 13: 974-996.

[4] GOLDSTONE J, SALAM A, WEINBERG S. Broken Symmetries. Physical Review, 1962, 127: 965-970.

[5] ENGLERT F, BROUT R. Broken symmetry and the mass of gauge vector mesons. Physical Review Letters, 1964, 13: 321-323.

[6] HIGGS P W. Broken symmetries and the masses of gauge bosons. Physical Review Letters, 1964, 13: 508-509.

[7] LEE T D, YANG C N. Question of Parity Conservation in Weak Interactions. Physical Review, 1956, 104: 254-258.

[8] WEINBERG S. A Model of Leptons. Physical Review Letters, 1967, 19: 1264-1266.

[9] BERNSTEIN J. Spontaneous symmetry breaking, Gauge theories, Higgs mechanism and all that. Reviews of Modern Physics, 1974, 46: 7-48.

[10] KONDEPUDI D K, NELSON G W. Chiral symmetry-breaking in non-equilibrium systems. Physical

Review Letters, 1983, 50: 1023-1026.

[11] LEE W C, ZHANG S C, WU C. Pairing State with a Time-Reversal Symmetry Breaking in FeAs-Based Superconductors. Physical Review Letters, 2009, 102: 217002.

[12] MACHIDA Y, NAKATSUJI S, ONODA S, TAYAMA T, SAKAKIBARA T. Time-reversal symmetry breaking and spontaneous Hall effect without magnetic dipole order. Nature, 2010, 463: 210-213.

[13] GUO A, SALAMO GJ, DUCHESNE D, MORANDOTTI R, VOLATIER-RAVAT M, AIMEZ V, SIVILOGLOU G A, Christodoulides D N. Observation of PT-symmetry breaking in complex optical potentials. Physical Review Letters, 2009, 103.

[14] FENG L, WONG Z J, MA R M, WANG Y, ZHANG X. Single-mode laser by parity-time symmetry breaking. Science, 2014, 346: 972-975.

[15] LU X Y, JING H, MA J Y, WU Y. PT-Symmetry-Breaking Chaos in Optomechanics. Physical Review Letters, 2015, 114.

[16] WU Y, LIU W, GENG J, SONG X, YE X, DUAN C K, RONG X, DU J. Observation of parity-time symmetry breaking in a single-spin system. Science, 2019, 364: 878-880.

[17] HOSOTANI Y. Dynamics of non-integrable phases and gauge-symmetry breaking. Annals of Physics, 1989, 190: 233-253.

[18] CRAWFORD J D, KNOBLOCH E. Symmetry and symmetry-breaking bifurcations in fluid-dynamics. Annual Review of Fluid Mechanics, 1991, 23: 341-387.

[19] ROSENSTEIN B, WARR BJ, PARK S H. Dynamic symmetry-breaking in 4-Fermion interaction models. Physics Reports-Review Section of Physics Letters, 1991, 205: 59-108.

[20] ALKOFER R, VON SMEKAL L. The infrared behaviour of QCD Green's functions-confinement, dynamical symmetry breaking, and hadrons as relativistic bound states. Physics Reports-Review Section of Physics Letters, 2001, 353: 281-465.

[21] FRAUENDORF S. Spontaneous symmetry breaking in rotating nuclei. Reviews of Modern Physics, 2001, 73: 463-514.

[22] SADLER L E, HIGBIE J M, LESLIE S R, VENGALATTORE M, STAMPER-KURN D M. Spontaneous symmetry breaking in a quenched ferromagnetic spinor Bose-Einstein condensate. Nature, 2006, 443: 312-315.

[23] DMITRIEV S V, SEMAGIN D A, SUKHORUKOV A A, SHIGENARI T. Chaotic character of two-soliton collisions in the weakly perturbed nonlinear Schrödinger equation. Physical Review E, 2002, 66.

[24] NEUFELD O, AYUSO D, DECLEVA P, IVANOV M Y, SMIRNOVA O, COHEN O. Ultrasensitive chiral spectroscopy by dynamical symmetry breaking in high harmonic generation, Physical Review X, 2019, 9.

[25] SERRA D, MAYR U, BONI A, LUKONIN I, REMPFLER M, MEYLAN L C, STADLER M B, STRNAD P, PAPASAIKAS P, VISCHI D, WALDT A, ROMA G, LIBERALI P. Self-organization and symmetry breaking in intestinal organoid development. Nature, 2019, 569: 66-72.

[26] SMITH D J, MONTENEGRO-JOHNSON T D, LOPES S S. Symmetry-breaking cilia-driven flow in embryogenesis; S. H. Davis, P. Moin (Eds.) Annual Review of Fluid Mechanics, 2019: 105-128.

[27] MARSDEN J E, RATIU T S. Introduction to Mechanics and Symmetry. Springer-Verlag, 1999.

[28] FENG K. On difference schemes and symplectic geometry; Proceeding of the 1984 Beijing Symposium on Differential Geometry and Differential Equations. Science Press, Beijing: 1984: 42-58.

[29] BRIDGES T J. Multi-symplectic structures and wave propagation. Mathematical Proceedings of the Cambridge Philosophical Society, 1997, 121: 147-190.

[30] MARSDEN J E, PATRICK G W, SHKOLLER S. Multisymplectic geometry, variational integrators, and nonlinear PDEs. Communications in Mathematical Physics, 1998, 199: 351-395.

[31] MARSDEN J E, SHKOLLER S. Multisymplectic geometry, covariant Hamiltonians, and water waves. Mathematical Proceedings of the Cambridge Philosophical Society, 1999, 125: 553-575.

[32] REICH S. Multi-symplectic Runge-Kutta collocation methods for Hamiltonian wave equations. Journal of Computational Physics, 2000, 157: 473-499.

[33] ZHAO P F, QIN M Z. Multisymplectic geometry and multisymplectic Preissmann scheme for the KdV equation. Journal of Physics a-Mathematical and General, 2000, 33: 3613-3626.

[34] BRIDGES T J, REICH S. Multi-symplectic integrators: numerical schemes for Hamiltonian PDEs that conserve symplecticity. Physics Letters A, 2001, 284: 184-193.

[35] BRIDGES T J, REICH S. Multi-symplectic spectral discretizations for the Zakharov-Kuznetsov and shallow water equations. Physica D, 2001, 152: 491-504.

[36] ISLAS A L, SCHOBER C M. Multi-symplectic methods for generalized Schrödinger equations. Future Generation Computer Systems, 2003, 19: 403-413.

[37] MOORE B E, REICH S. Multi-symplectic integration methods for Hamiltonian PDEs. Future Generation Computer Systems, 2003, 19: 395-402.

[38] SUN J Q, QIN M Z. Multi-symplectic methods for the coupled 1D nonlinear Schrödinger system. Computer Physics Communications, 2003, 155: 221-235.

[39] COTTER C J, HOLM D D, HYDON P E. Multisymplectic formulation of fluid dynamics using the inverse map. Proceedings of the Royal Society A-Mathematical Physical and Engineering Sciences, 2007, 463: 2671-2687.

[40] HU W P, DENG Z C, LI W C. Multi-symplectic methods for membrane free vibration equation. Applied Mathematics and Mechanics-English Edition, 2007, 28: 1181-1189.

[41] COHEN D, OWREN B, RAYNAUD X. Multi-symplectic integration of the Camassa-Holm equation. Journal of Computational Physics, 2008, 227: 5492-5512.

[42] HU W P, DENG Z C. Multi-symplectic method for generalized fifth-order KdV equation. Chinese Physics B, 2008, 17: 3923-3929.

[43] HU W P, DENG Z C. Multi-symplectic method to analyze the mixed state of Ⅱ-superconductors. Science in China Series G-Physics Mechanics & Astronomy, 2008, 51: 1835-1844.

[44] HU W P, DENG Z C. Multi-symplectic method for generalized Boussinesq equation. Applied Mathematics and Mechanics-English Edition, 2008, 29: 927-932.

[45] AYDIN A, KARASOEZEN B. Multi-symplectic integration of coupled non-linear Schrödinger system with soliton solutions. International Journal of Computer Mathematics, 2009, 86: 864-882.

[46] CHEN Y, ZHU H, SONG S. Multi-symplectic splitting method for the coupled nonlinear Schrödinger equation. Computer Physics Communications, 2010, 181: 1231-1241.

[47] ZHU H, SONG S, TANG Y. Multi-symplectic wavelet collocation method for the nonlinear Schrödinger equation and the Camassa-Holm equation. Computer Physics Communications, 2011, 182: 616-627.

[48] HU W, DENG Z, ZHANG Y. Multi-symplectic method for peakon-antipeakon collision of quasi-Degasperis-Procesi equation, Computer Physics Communications, 185 (2014) 2020-2028.

[49] ZHANG H, SONG S H, ZHOU W E, CHEN X D. Multi-symplectic method for the coupled Schrödinger-KdV equations. Chinese Physics B, 2014, 23.

[50] HU W P, DENG Z C, HAN S M, ZHANG W R. Generalized multi-symplectic integrators for a class of Hamiltonian nonlinear wave PDEs. Journal of Computational Physics, 2013, 235: 394-406.

[51] HU W, WANG Z, ZHAO Y, Deng Z. Symmetry breaking of infinite-dimensional dynamic system.

Applied Mathematics Letters,2020,103: 106207.

[52] HU W,SONG M,YIN T,WEI B,DENG Z. Energy dissipation of damping cantilevered single-walled carbon nanotube oscillator. Nonlinear Dynamics. ,2018,91: 767-776.

[53] HU W, SONG M, DENG Z. Energy dissipation/transfer and stable attitude of spatial on-orbit tethered system. Journal of Sound and Vibration,2018,412: 58-73.

[54] HU W,DENG Z,WANG B,OUYANG H. Chaos in an embedded single-walled carbon nanotube. Nonlinear Dynamics. ,2013,72: 389-398.

[55] HU W,DENG Z,HAN S. An implicit difference scheme focusing on the local conservation properties for Burgers equation. International Journal of Computational Methods,2012,9.

[56] HU W, DENG Z. Competition between geometric dispersion and viscous dissipation in wave propagation of KdV-Burgers equation,Journal of Vibration and Control,2015,21: 2937-2945.

[57] HU W P,DENG Z C,YIN T T. Almost structure-preserving analysis for weakly linear damping nonlinear Schrödinger equation with periodic perturbation. Communications in Nonlinear Science and Numerical Simulation,2017,42: 298-312.

[58] BURGERS J M. A mathematical model illustrating the theory of turbulence,Advances in Applied Mechanics,1948,1: 171-199.

[59] BURGERS J M. Mathematical examples illustrating relations occurring in the theory of tubulent fluid motion; F. T. M. Nieuwstadt,J. A. Steketee (Eds.) Verhandelingen der Koninklijke Nederlandsche Akademie van Wetenschappen,Afdeeling Natuurkunde,1. sect. 1939: 1-53.

[60] BATEMAN H. Some recent researches on the motion of fluids. Monthly Weather Reviews,1915,43: 163-170.

[61] HOPF E. The partial differential equation UT + UUX = MU-XX. Communications on Pure and Applied Mathematics,1950,3: 201-230.

[62] COLE J D. On a quasi-linear parabolic equation occurring in aerodynamics. Quarterly of Applied Mathematics,1951,9: 225-236.

[63] BENTON E R,PLATZMAN G W. A table of solutions of the one-dimensional Burgers equations. Quarterly of Applied Mathematics,1972,30: 195-212.

[64] VEKSLER A,ZARMI Y. Wave interactions and the analysis of the perturbed Burgers equation. Physica D-Nonlinear Phenomena,2005,211: 57-73.

[65] WAZWAZ A M. Multiple-front solutions for the Burgers equation and the coupled Burgers equations. Applied Mathematics and Computation,2007,190: 1198-1206.

[66] INC M. On numerical solution of Burgers' equation by homotopy analysis method. Physics Letters A,2008,372: 356-360.

[67] JOHNSON R S. A non-linear equation incorporating damping and dispersion. Journal of Fluid Mechanics,1970,42: 49-60.

[68] KAWAHARA T. Weak nonlinear magneto-acoustic waves in a cold plasma in presence of effective electron-ion collisions. Journal of the Physical Society of Japan,1970,28: 1321-1329.

[69] KONNO K,ICHIKAWA Y H. Modified Korteweg de Vries equation for ion-acoustic waves. Journal of the Physical Society of Japan,1974,37: 1631-1636.

[70] ZHU P Y,BOSWELL R W. Arii laser generated by landau damping of whistler waves at the lower hybrid frequency. Physical Review Letters,1989,63: 2805-2807.

[71] NEUMAYER P,BERGER R L,DIVOL L,FROULAD H,LONDON R A,MACGOWAN B J,MEEZAN N B,ROSS J S,SORCE C,SUTER L J,GLENZER S H. Suppression of stimulated Brillouin scattering by increased Landau damping in multiple-ion-species hohlraum plasmas. Physical Review Letters,2008,100.

[72] GUO J G,ZHOU L J,ZHANG S Y. Geometrical nonlinear waves in finite deformation elastic rods. Applied Mathematics and Mechanics-English Edition,2005,26: 667-674.

[73] PARKES E J, DUFFY B R. Travelling solitary wave solutions to a compound KdV-Burgers equation. Physics Letters A,1997,299: 217-220.

[74] PARKES E J. A note on solitary-wave solutions to compound KdV-Burgers equations. Physics Letters A,2003,317: 424-428.

[75] PREISSMANN A. Propagation des intumescences dans les canaux et rivieres. First Congress French Association for ComputationGrenoble,1961: 433-442.

[76] SCHRÖDINGER E. An undulatory theory of the mechanics of atoms and molecules. Physical Review,1926,28: 1049-1070.

[77] QUINTERO N R,MERTENS F G,BISHOP A R. Soliton stability criterion for generalized nonlinear Schrödinger equations. Physical Review E,2015,91: 012905.

[78] LEVITSKY M,TANGHERLINI F R. Schrödinger's radial equation. Physics Today,2015,68: 8-9.

[79] TEREKHOV I S, VERGELES S S, TURITSYN S K. Conditional probability calculations for the nonlinear schrödinger equation with additive noise. Physical Review Letters,2014,113: 230602.

[80] ABLOWITZ M J,MUSSLIMANI Z H. Integrable nonlocal nonlinear schrödinger equation. Physical Review Letters,2013,110: 064105.

[81] AREVALO E. Soliton theory of two-dimensional lattices: the discrete nonlinear schrödinger equation,Physical Review Letters,2009,102: 224102.

[82] BELIC M, PETROVIC N, ZHONG, XIE R H, CHEN G. Analytical light bullet solutions to the generalized (3 + 1)-dimensional nonlinear Schrödinger equation. Physical Review Letters, 2008, 101: 123904.

[83] SHLIZERMAN E, ROM-KEDAR V. Three types of chaos in the forced nonlinear Schrödinger equation. Physical Review Letters,2006,96: 024104.

[84] KRUGLOV V I, PEACOCK A C, HARVEY J D. Exact self-similar solutions of the generalized nonlinear Schrödinger equation with distributed coefficients. Physical Review Letters, 2003, 90: 113902.

[85] SERKIN V N,HASEGAWA A. Novel soliton solutions of the nonlinear Schrödinger equation model. Physical Review Letters,2000,85: 4502-4505.

[86] BERGÉ L. Wave collapse in physics: principles and applications to light and plasma waves. Physics Reports,1998,303: 259-370.

[87] GUTKIN E. Quantum nonlinear Schrödinger equation: two solutions. Physics Reports, 1988, 167: 1-131.

[88] OSTLUND S, PANDIT R, RAND D, SCHELLNHUBER H J, SIGGIA E D. One-dimensional Schrödinger-equation with an almost periodic potential. Physical Review Letters,1983,50: 1873-1876.

[89] KOSLOFF D,KOSLOFF R. A fourier method solution for the time-dependent Schrödinger-equation as a tool in molecular-dynamics. Journal of Computational Physics,1983,52: 35-53.

[90] BALIAN R, BLOCH C. Solution of Schrödinger equation in terms of classical paths. Annals of Physics,1974,85: 514-545.

[91] KOHN W, ROSTOKER N. Solution of the Schrödinger equation in periodic lattices with an application to metallic lithium. Physical Review,1954,94: 1111-1120.

[92] CALDEIRA A O,LEGGETT A J. Quantum tunnelling in a dissipative system,Annals of Physics. 1983,149: 374-456.

[93] KOSTIN M D. On the Schrödinger-Langevin equation. The Journal of Chemical Physics,1972,57: 3589-3591.

[94] DAVIDSON A. Damping in Schrödinger's equation for macroscopic variables. Physical Review A, 1990,41: 3395.

[95] PRILEPSKY J E, DEREVYANKO S A. Breakup of a multisoliton state of the linearly damped nonlinear Schrödinger equation. Physical Review E,2007,75: 036616.

[96] PENG J H, TANG J S, YU D J, YAN J R, HAI W H. Solutions, bifurcations and chaos of the nonlinear Schrödinger equation with weak damping. Chinese Physics,2002,11: 213-217.

[97] CHRISTIANSEN P L, GAIDIDEI Y B, JOHANSSON M, RASMUSSEN K O, YAKIMENKO I I. Collapse of solitary excitations in the nonlinear Schrödinger equation with nonlinear damping and white noise. Physical Review E,1996,54: 924-930.

[98] MALOMED B A. Soliton-collision problem in the nonlinear Schrödinger-equation with a nonlinear damping term. Physical Review A,1991,44: 1412-1414.

[99] BONDESON A, OTT E, ANTONSEN T M. Quasiperiodically forced damped pendula and Schrödinger-equations with quasiperiodic potentials-implications of their equivalence. Physical Review Letters,1985,55: 2103-2106.

[100] Nicholson D R, Goldman M V. Damped nonlinear Schrödinger equation. Physics of Fluids,1976,19: 1621-1625.

[101] DELFOUR M, FORTIN M, PAYR G. Finite-difference solutions of a non-linear Schrödinger equation. Journal of Computational Physics,1981,44: 277-288.

[102] PERANICH L S. A finite-difference scheme for solving a nonlinear Schrödinger-equation with a linear damping term. Journal of Computational Physics,1987,68: 501-505.

[103] ZHANG F Y, LU S J. Long-time behavior of finite difference solutions of a nonlinear Schrodinger equation with weakly damped. Journal of Computational Mathematics,2001,19: 393-406.

[104] ZHANG F Y. Long-time behavior of finite difference solutions of three-dimensional nonlinear Schrödinger equation with weakly damped. Journal of Computational Mathematics, 2004, 22: 593-604.

[105] BAO W Z, JAKSCH D. An explicit unconditionally stable numerical method for solving damped nonlinear Schrödinger equations with a focusing nonlinearity. SIAM Journal on Numerical Analysis, 2003,41: 1406-1426.

[106] ASADZADEH M, ROSTAMY D, ZABIHI F. Discontinuous Galerkin and multiscale variational schemes for a coupled damped nonlinear system of schrodinger equations. Numerical Methods for Partial Differential Equations,2013,29: 1912-1945.

[107] SU H L, QIN M Z. Symplectic schemes for Birkhoffian system. Communications in Theoretical Physics,2004,41: 329-334.

[108] MOORE B E, NORENA L, SCHOBER C M. Conformal conservation laws and geometric integration for damped Hamiltonian PDEs. Journal of Computational Physics,2013,232: 214-233.

[109] PEREIRA N R. Soliton in the damped nonlinear Schrödinger equation. Physics of Fluids,1977,20: 1735-1743.

[110] NICHOLSON D R, GOLDMAN M V. Damped nonlinear Schrödinger equation. Physics of Fluids, 1976,19: 1621-1625.

[111] AYDIN A, KARASOZEN B. Symplectic and multi-symplectic methods for coupled nonlinear Schrödinger equations with periodic solutions. Computer Physics Communications, 2007, 177: 566-583.

[112] HONG J, LIU X Y, LI C. Multi-symplectic Runge-Kutta-Nyström methods for nonlinear Schrödinger equations with variable coefficients. Journal of Computational Physics,2007,226: 1968-1984.

[113] QIAN X, SONG S H, CHEN Y M. A semi-explicit multi-symplectic splitting scheme for a 3-coupled nonlinear Schrödinger equation. Computer Physics Communications,2014,185: 1255-1264.

[114] ZHU H J,SONG S H,TANG Y F. Multi-symplectic wavelet collocation method for the nonlinear Schrödinger equation and the Camassa-Holm equation. Computer Physics Communications, 2011, 182: 616-627.

[115] HU W P,DENG Z C. Chaos in embedded fluid-conveying single-walled carbon nanotube under transverse harmonic load series. Nonlinear Dynamics,2015,79: 325-333.

[116] HU W P, DENG Z C, WANG B, OUYANG H J. Chaos in an embedded single-walled carbon nanotube. Nonlinear Dynamics,2013,72: 389-398.

[117] LAURIE D P. Calculation of Gauss-Kronrod quadrature rules. Mathematics of Computation,1997, 66: 1133-1145.

[118] CALVETTI D, GOLUB G H, GRAGG W B, REICHEL L. Computation of Gauss-Kronrod quadrature rules,Mathematics of Computation,2000,69: 1035-1052.

[119] YANG J. Nonlinear waves in integrable and nonintegrable systems. Society for Industrial and Applied Mathematics,2010.

[120] BOYD J P. Chebyshev and Fourier Spectral Methods. Courier Corporation,2001.

第5章

冲击动力学系统的保结构分析方法

在第 4 章中,我们提出的广义多辛方法[1-2]在几何力学与工程应用之间架起了桥梁。虽然所提出的广义多辛方法[1]在一开始是针对具有弱阻尼的广义哈密顿无限维系统,但在许多复杂动力学问题的模拟中,其良好的保结构性质[3-12]已经得到了验证。因此,在接下来的章节,我们将结合工程应用介绍保结构方法(包括辛方法、广义多辛方法和复合保结构方法)。需要说明的是,以下章节中包含的所有应用示例已在我们发表的论文中进行了报道,并且每个示例的背景将完整地包含在以下章节中,以清楚地给出每个示例的研究动机。在本章中,我们将首先考虑冲击动力学系统的保结构分析。

随着各类交通工具的快速发展,公众对其中的零部件和系统的安全设计越来越重视。与此同时,现代工程中的许多其他问题,如核电站、近海结构、人体安全装置等,也要求我们了解结构和材料的动力学行为。在工程需求的驱动下,各种结构的动力响应、冲击防护、耐撞性和能量吸收能力越来越受到人们的重视。冲击动力学是应用力学的一个重要分支,旨在揭示结构/材料在冲击载荷作用下发生动力学大变形和破坏的基本原理,以建立分析模型和有效工具来处理工程中提出的各种复杂问题。

相关的研究方法包括试验研究、理论建模和数值模拟。然而,由于我们主要在几何力学框架体系下关注结构的长时间动力学响应问题,因此本节不包括应力波传播和材料应变率敏感性的研究。

5.1 冲击动力学研究进展介绍

冲击动力学在刚体系统中首次提出。目前,冲击动力学理论已发展到柔性力学系统以及复杂环境下的冲击问题。在本节中,我们将回顾冲击动力学的几个重要研究进展[13-18]。

5.1.1 受轴向冲击的柱和壳

受到轴向压缩的圆管和方管在大塑性变形过程中,受冲击作用时间长、反作用力稳定,可以耗散大量能量,因此其被广泛应用于吸能器中。

1. 圆管和圆柱的屈曲

综述了在静载荷作用下薄壁圆管轴向压缩的实验研究。根据直径与厚度的比值,坍塌模式通常分为三种模式：①环形模式、②菱形模式和③混合模式。通过对实验数据的整理，给出了圆铝管的模态图。

许多研究者对圆形管的动力屈曲进行了研究。Karagiozova 和 Alves 对圆管的渐进屈曲到动力屈曲的过渡阶段进行了一系列的研究，包括从实验和理论两方面研究了冲击速度和材料特性对圆壳动力屈曲的影响。已有研究表明：临界屈曲长度受轴向冲击速度的影响较大；由韧性合金制成的圆管具有较好的吸能性能。已有成果对轴向压缩波作用下圆柱壳的塑性动力屈曲，以及压缩各向同性热黏塑性圆柱薄壳的动力屈曲进行了分析和数值研究；随后，对承受轴向压缩的圆形铝管的碰撞行为进行了全面的实验和数值研究。压缩和扭转联合试验证明了加载速率和双轴加载条件对壳体动力屈曲的影响，结果表明，施加的双轴载荷复杂度越高，吸收的能量越大。

其他一些论文也专门讨论了圆管的动力屈曲问题。例如，将一种在动载荷作用下应变率敏感结构的修正技术应用于轴向冲击下的壳体。通过对受轴冲击圆柱体的分析，提出采用薄壁刚肋圆柱体作为结构单元以改善构件吸收能量的特性，并研究了装满水的金属圆柱薄壳的轴向冲击屈曲。结果表明，在高内压和轴压的共同作用下，薄壁壳的塑性屈曲模态出现规则的轴对称褶皱；在高能量冲击下，观察到壳体壁的蘑菇状突起或变厚。

2. 方管的冲击破坏

Zhao 团队对方管进行了静态和动态加载下的压缩破碎试验，发现在连续的折叠循环中临界载荷会显著增强(高达 40%)。数值分析和理论分析证实，冲击载荷下的强度显著增强是由惯性效应引起的。采用大尺度霍普金森(Hopkinson)杆直接冲击管材进行了管材破碎试验，结果表明，冲击载荷下管材破坏比准静态载荷下明显增加。对方形铝管进行了轴向破碎的随机模拟，观察到三种不同的屈曲模式：渐进屈曲、由渐进屈曲过渡到全局屈曲，以及全局屈曲；在短试件中主要表现为渐进屈曲，而随着长度的增加，出现过渡模式；发现厚壁管的直接全局屈曲模态。为了研究数值奇异对确定失稳动力模式的影响，采用有限元分析(FEA)对方管柱的失稳进行了分析，结果表明，分析过程中必须小心地应用对称边界条件。

研究了填充泡沫金属方管的轴向破坏。随后还研究了泡沫密度分布和初始冲击倾角对薄壁方管破坏性能的影响。在数值模拟的基础上，提出了泡沫金属的各向异性本构模型。此外，通过有限元法(FEM)进行了对比研究，结果表明，多单元柱的吸能效率比填充泡沫柱高出 50%～100%。

3. 圆锥壳和薄壁壳的冲击破坏

Gupta 及其合作者研究了薄壁圆锥壳的轴向冲击破坏问题。圆锥壳的半顶角对其坍塌形式和载荷-变形曲线有很大影响。已有文献研究了圆锥在轴向动载荷作用下的吸能性能，结果表明，与圆柱体相比，锥体具有更高欧拉屈曲强度。并对薄壁圆锥壳进行了优化设计，分析和讨论了各种设计参数对吸能效果的影响。

利用剪切螺栓原理研究了高压铸件(HPDC)的吸能潜力。薄壁 HPDC 在变形过程中平均受力近似恒定，适合作为吸能元件。挪威科技大学(NTNU，特隆赫姆(Trondheim))Langseth 领导的 SIMLab 团队对薄壁方管和点焊顶帽截面进行了轴向冲击破坏试验。他们发现，工艺过程和测量的几何缺陷、厚度变化和材料变化会对材料行为，特别是平均冲击力造成影响。此外,单元类型对有限元分析结果也有影响。结果表明,基于固体单元的模拟在能量耗散和屈曲模式方面的预测与实验结果吻合较好,而平面应力壳单元明显低估了能量耗散。与实体单元相比,壳单元在耗散能上有更好的一致性。

Jones 对吸能效率系数开展了一项重要研究,这一无量纲参数可以用于比较不同几何形状的和由不同材料制成的能量吸收器的吸能效率,它还用于检验有无泡沫填充的不同薄壁部分的吸能效率。此外 Jones 还对薄壁壳,如受面内冲击的板进行了研究,并研究了矩形板在受中间和面内端部载荷作用下的弹性屈曲和塑性屈曲性能。

4. 提高能量吸收器的吸能能力

轴向加载管具有良好的特定能量吸收能力。然而,它们产生的高初始峰值应力也具有不良影响。已有研究中,为了减小初始峰值应力考虑了多种不同的方法。

已有研究表明,在不降低结构刚度和强度的前提下,施加横向冲击可以显著提高能量吸收能力,降低最大轴向冲击载荷,并通过实验和数值模拟研究了横向冲击对受轴向冲击载荷作用的柱屈曲性能的影响。

另外一些减小初始峰值应力的常用方法是:在冲击点附近加工出一些凹痕或孔;或者使用波纹管或沟槽管。然而,这些方法也会降低结构的刚度。相比之下,屈曲发生器的使用将有效地降低初始峰值应力,同时保持结构的完整性和刚度。香港科技大学的 Zhang 等提出了一个新颖的想法,通过安装由预撞击柱和拉条组成的屈曲发生器,可以大大降低方形管的初始峰值应力,同时保留其变形模式和良好的吸能性能。他们对圆形管也做了类似的工作,发现适当选择预撞击高度,可使初始峰值应力降低 30%以上。

该小组还提出了另一种方法来提高管的吸能能力。实验结果表明,随着内压的增大,变形模式由菱形模式向环形模式转变。管的平均应力随内压而线性增加。

总结上述内容可以看出,尽管各种截面的管和柱已经被研究了 50 多年,但依旧存在大量可能的研究点。显然,空心截面结构构件在抗冲击和吸收能量方面比实心截面结构构件具有明显的优势,特别是在应用中还要考虑构件自身重量的情况下。对不同截面形状管的动力性能进行综合比较研究,将是一个有趣的课题。适当地在自适应吸能装置中使用管,也将使自适应吸能装置的设计和应用提高到一个更高的水平。

5.1.2 横向冲击载荷作用下的梁和板

在大多数情况下,梁和板的主要作用是承受横向载荷。在受动载荷作用下的梁和板的设计过程中,它们必须被合理设计以抵抗来自横向的冲击或爆炸载荷。实际上,从 20 世纪 50 年代便开始存在针对梁和板的冲击动力行为开展了相关研究。

1. 梁受质量块冲击问题

已有文献研究了悬臂梁在其尖端受到刚性质量冲击的力学性能,结果表明,强度越大的梁其吸收的能量越多。

相关文献采用完全耦合方法研究了不锈钢板在内埋装药爆炸和沙粒联合冲击载荷作用下的结构响应,采用光滑粒子法确定了高爆碎片、空气冲击和沙粒产生的载荷,采用有限元法预测了板的挠度。基于碰撞过程中相互传递力的刚性球形颗粒,光滑粒子法能够描述爆炸碎片和土壤颗粒之间的物理作用。

2. 柔性结构之间的碰撞问题

Ruan 和 Yu 在分析梁与梁碰撞时提出了各种不同的局部变形模型。针对两端自由梁与简支梁或悬臂梁碰撞时提出了局部变形模型,并研究了刚性、完美塑性(RPP)和弹性、完美塑性(EPP)材料近似模态解。对于 RPP 模型,我们发现,除非采用高阶刚塑性(RP)模式,否则其中一个梁将吸收所有的初始动能。而对于 EPP 模型,两种梁均参与能量耗散,结构参数和几何参数对能量分配影响较大。通过对运动的两端自由梁与静止的简支梁碰撞的实验,验证了模态解的正确性。两根梁的能量耗散比与前人的理论预测结果吻合较好。

为了研究汽车与护栏碰撞事故中的碰撞问题。对于自由飞行的半环与简支梁之间的正碰问题,采用质点-弹簧有限差分(MS-FD)模型。结果表明,结构刚度越小,碰撞区域离初始接触点越远,耗能越大。

Wierzbicki 将"9·11"袭击事件中飞机撞在世贸中心问题简化为梁对梁的多重撞击问题。以弹塑性弦模型为基础,利用波传播方法研究了大量高速梁连续撞击梁的问题。根据指定的冲击次数,预测了梁破坏的临界冲击速度。

3. 低速撞击

引入了一种新的结构强度流线表示法来解释板在低速冲击下瞬态动力响应的能量流路径。研究表明,结构强度法和结构强度流线法是研究这一问题的有效方法。

柔性结构冲击的完整建模可以用简化的冲击模型来处理。已有文献研究了基于冲击载荷持续时间和结构基本周期的结构响应预测方法,还提出了一种确定低速撞击下结构精确上限的准则。

已有成果研究了带或不带缺口的夹紧低碳钢梁在低速冲击下的性能。缺口的存在增大了永久挠度,并提高了缺口位置出现初始撕裂失效的概率。

在上述的总结中可以看到,梁和板作为机械、土木和航空航天工程中的基本构件,其在横向冲击和爆炸作用下的动力行为仍然是结构冲击动力学的重点之一。近十年来,研究人员在两个可变形结构的碰撞、弯剪动力耦合、预载结构动力性能、动力破坏模式和破坏准则等问题上取得了重要进展。

5.1.3　冲击或爆炸载荷作用下的夹层结构

最近大多数关于夹层结构的研究都重点关注其静态性能。本节将其动力学响应的研究分为空爆载荷、弹丸冲击载荷和水爆载荷三个方面。

1. 在空爆载荷作用下的夹层结构

由剑桥大学 Fleck 领导的一个研究小组对夹层结构在冲击和爆炸载荷下的行为进行了一系列研究。在夹层梁的理论分析中,Fleck 和 Deshpande 提出了三阶段假设,该假设既适用于水下爆破,也适用于空气爆破。即①第一阶段为一维流固耦合阶段,②第二阶段为核心区破坏阶段,③第三阶段为延迟阶段。针对空气和水下爆炸,研究人员研究了多种夹层芯拓扑结构的性能,并在此基础上建立了不同芯层的夹层梁在不同冲击下的优化设计方法。

Qiu 等的一系列研究中，通过有限元计算验证了上述理论分析的正确性，并将其推广到受局部冲击作用的圆形夹芯板和夹芯梁。优化结果表明，与整体实心板相比，夹层结构具有更好的抗冲击性能。还研究了金属夹层板(方形蜂窝和折叠板芯)在强空气冲击波作用下的性能，发现在强空气冲击下，夹层板相对于实体板因为介质间的相互作用而性能更强，但在水下爆炸时优化效果则不明显。

Lu 领导的研究小组对爆炸载荷作用下的金属夹层板进行了实验、数值和理论研究。用一定质量的 TNT 炸药在一定距离外对完全夹紧的方形夹芯板进行加载。输入动量采用四索摆系统测量，得到了与计算结果吻合较好的试验结果。采用三阶段假设，通过考虑弯矩和膜力的屈服条件，得到了夹层板挠度和响应时间的"上界"和"下界"。将爆破试验推广到弯曲夹层板上，结果表明，初始曲率可以改变其变形/坍塌模式，表明其性能优于等效实体板和平板夹层板。

已有文献研究了具有非线性可压缩芯层的夹层薄壳。利用哈密顿原理结合赖斯纳-赫林格(Reissner-Hellinger)变分原理推导出其控制方程组。结果表明，该模型能较好地反映夹芯壳的瞬态响应。其他研究成果还包括：研究了质量分布对夹芯板在冲击波作用下单轴破碎的影响，对用于夹芯材料的刚性、完全塑性、锁定(RPPL)模型讨论了所有可能质量分布下的响应；通过最大化脉冲容量同时限制背面加速度，来研究最佳质量分布；提出了复合材料夹芯板在冲击波作用下的破坏模式；观察到面板起皱、蒙皮失效和核心失效三种失效模式，采用单自由度(DoF)质量-弹簧系统对动力学效应进行建模。

2. 受质量冲击的夹层结构

研究了泡沫金属弹丸对夹紧圆形实心板和夹层板的冲击问题。把板的抗冲击性量简化为弹丸动量函数表达下板的永久挠度量。结果表明，夹层板比等质量的整体板具有更高的抗冲击性能。

已有文献研究了方形蜂窝板的动态面外压缩响应。用直接冲击 Kolsky 杆测量了夹层表面的应力。三维有限元模拟的结果确定了影响冲击响应三个不同因素：材料速率敏感性、腹板抗屈曲的惯性稳定性和塑性波传播。对波纹和 Y 框夹层芯也做了类似的工作。分别对空心方梁和泡沫填充方梁进行了弯曲碰撞试验和有限元模拟，结果显示，填充泡沫可以改善梁的碰撞性能。

3. 水下爆炸载荷作用下的夹层结构

水下爆炸时介质的相互作用使得受此载荷下的夹层结构响应成为了冲击动力学领域的一个重要研究课题。已有文献采用集中质量模型和有限元模型研究了夹层结构的一维冲击响应，发现与实心板情况不同的是，夹层板在流固界面处没有发生空化现象，并且在核心压缩阶段结束前仍然受到流体压力；传递到板上的动量随夹芯强度的增加而增加，这表明减弱夹芯强度可能增强构件的水下抗冲击能力。

面板的动态变形与夹芯破坏和水空化的相对时间尺度有关。采用三阶段假设后，已有研究得出结论，软芯设计具有更好的抗水冲击能力。已有文献采用仿真辅助的板冲击试验方案，研究了金属板和夹层板对局部冲击的响应。基于中心点位移的比较揭示了以下悖论：蜂窝板在受到面冲击时的性能优于实心板，而在局部冲击时的性能则不如实心板。

总结上述内容可以看出，多孔材料的快速发展，为夹层结构提供了理想的芯材，所以近年来对夹层结构的研究兴趣在迅速增加。为了将其用作防护结构，对夹层板（平板和弯曲）分别在空气爆炸、水爆炸和炮弹冲击条件下进行了测试、模拟和优化。这些成果为今后多年的应用开辟了一个具有巨大潜力的研究领域，其在能量吸收、失效准则和结构优化等方面有许多新的课题有待进一步研究。

5.1.4　冲击载荷下的多孔材料

目前，多孔材料在吸能材料设计中发挥着重要作用。多孔材料的一个基本特征便是相对密度 $\bar{\rho}=\rho_0/\rho_s\ll 1$，其中 ρ_0 和 ρ_s 分别表示多孔材料和基底材料的密度。对于规则的多孔材料，可以在理论建模和数值模拟中取一个代表性的单胞（单元）进行研究，这样就可以应用类似于结构塑性分析的微观结构分析方法。另一方面，对于不规则单元结构的材料，通常采用均匀化的方法，因此相对密度成为决定性能的唯一参数。目前对多孔材料的研究大多集中在其静态响应方面。在接下来的研究中，我们将主要集中在动态/冲击载荷下的研究。

1. 一维单元序列

多孔材料由许多单元组成。为了了解它们的基本力学行为，学者们研究了一维环形系统在脉冲载荷作用下的响应。利用改进的霍普金森压杆（SHPB）系统，发现能量吸收主要依赖于能量再分配而非塑性变形。能量再分配主要由环的厚度决定，与其他参数的相关性很小。

根据准静力载荷-位移曲线的形状，大多数吸能结构可分为两种类型。类型Ⅰ具有相对“平坦”的静力载荷-位移曲线，而类型Ⅱ具有到达初始峰值负荷之后“急剧下降”的静力载荷-位移曲线。除了环链系统（类型Ⅰ）外，学者还对预弯板（类型Ⅱ）进行了研究，建立的修正一维质量-弹簧模型揭示了在Ⅱ型结构中横向惯性起主要作用。研究发现，早期的能量损失随着冲击速度的增加而迅速增加，这是“速度敏感性”（或惯性敏感性）的主要来源；以下三种特征速度完全控制着材料的冲击响应：弹性波速、粒子速度和塑性坍缩发展速度。学者提出了一种基于“杆-铰链”理想化的Ⅱ型结构一维链分析模型，分析结果表明，惯性敏感性是由倒塌初期杆体的轴向压缩引起的。

2. 激波增强

为了解释冲击破坏过程中木材的惯性效应，Reid 和 Peng 首先提出了一维激波模型。近十年来，激波模型被推广应用于其他孔状/多孔材料。在连续介质假设下，当一块多孔试件受到的撞击速度足够高时，可以采用一维激波模型来近似研究其动态响应。刚性、完全塑性、锁定模型只包含两个参数，即准静态平台应力 σ_{cr} 和致密化/锁定应变 ε_D。动应力方程为

$$\sigma_d=\sigma_{cr}+\frac{\rho_0 V^2}{\varepsilon_D} \tag{5.1.1}$$

其中，V 为弹丸的速度；方程的第二项表示“动态增强”。这可以用来估计撞击结构的单元块所产生的压力。

研究发现：在动态压缩条件下，闭孔泡沫铝的抗压强度存在明显的动态增强效应。采

用 RPPL 模型对破碎过程进行了一阶模拟。根据能量吸收效率曲线对“致密化起始应变”和“致密化应变”进行了定义和区分，并采用 SHPB 系统计算泡沫铝的塑性抗压强度，结果表明，泡沫铝的塑性抗压强度受压缩率变化的影响明显。在式(5.1.1)中出现的 $\rho_0 V^2/\varepsilon_D$ 动态增强是基于热力学的一种复杂的推导结果。最近 Harrigan 等基于质量和动量守恒，以一种更简单的方式对动态增强进行了重新推导，并给出了简单明了、易于理解的力学解释。Harrigan 等比较了现有的三种分析多孔材料动力压实的方法：冲击理论、能量守恒和质量-弹簧模型。Harrigan 等的研究过程中认为激波理论是正确的，但质量-弹簧模型无法模拟多孔材料压实波中存在的不连续性。

多孔结构的冲击增强效应也得到了实验验证。采用大直径尼龙(nylon) Hopkinson 杆进行了低速冲击试验。对于一些材料，即使在相当低的冲击速度下，激波增强的存在也得到了证实。一些学者还进行了相应的理论分析和有限元模拟，采用一个简单的幂律致密化模型代替经典的 RPPL 模型，该改进模型易于识别，并能很好地预测激波增强水平。

由于 RPPL 模型只是一阶近似，因此可以考虑在几个方面进行细化和改进，例如，①弹性变形和弹性波传播的影响；②高应力阶段的“硬化”效应；③致密化阶段应力/应变变化的影响。同时，还需要考虑以下因素。①单元格尺寸效应：在真实的多孔材料中，应力/应变不连续不可能发生在零厚度的表面，激波峰可能发生在一层单元格中，这就需要考虑单元格尺寸效应。②泊松效应：冲击理论是一维的，但当研究二维或三维的多孔材料块体时，需要考虑二维/三维效应，即泊松效应。

综上所述，即使已有研究仍然是建立在现象学准静态应力-应变关系的基础上，并将多孔材料视为连续体，但研究者对方法进行了改进，并将其纳入简化的 RPPL 模型中，然后在改进模型的基础上研究波的传播和吸能能力。

3. 蜂窝和格栅材料

Ruan 等研究了刚性六边形蜂窝板受冲击载荷作用的面内动力学行为。结果表明，蜂窝壁厚度(与相对密度相关)和冲击速度决定了蜂窝的变形模式和平台应力，并在采用连续介质假设的情况下，推导了平台应力的经验公式，该公式可与激波理论相联系。

研究者采用 Voronoi 嵌入技术对不规则蜂窝形状和非均匀蜂窝壁厚的蜂窝冲击破坏过程进行了数值研究。结果表明，随着单元格形状不均匀度或壁厚不均匀度的增加，平台应力和致密化应变能降低。

已有文献研究了含有线性排列夹心的蜂窝状结构的面内冲击行为，合理排列夹心材料可以改善蜂窝状结构的能量吸收特性。分析了五种典型周期平面格栅材料在单轴压缩载荷作用下的抗折强度。

根据激波理论，对压缩六方单元格的经验公式进行了修正，并将其推广到所有其他单元格。单元构型(除了相对密度)对多孔材料的动态特性的影响和能量吸收行为的影响十分诱人。

4. 金属空心球(MHS)材料

烧结金属空心球(MHS)材料含有一定的体积比的球内封闭孔隙空间，相邻烧结体之间也存在空隙率。这种开/闭单元混合特性提供了低密度、高刚度和良好的吸能能力。Yu 教授领导的香港科技大学研究小组对 MHS 材料的力学性能进行了实验研究。在准静态试验中发现,在长时间内,平台应力几乎不变(高达名义应变的 67%),改进后的霍普金森压杆(SHPB)在动态测试中动态强度显著提高。Karagiozova 等揭示了单轴压缩下 MHS 在较大应变下的应力-应变特性,给出了屈服强度和材料应变硬化与相对密度的函数关系,并将这些理论预测与软钢 MHS 材料试验结果和有限元模拟结果进行了比较。

5. 其他多孔材料

分别研究了开孔泡沫浸渍在牛顿流体和非牛顿流体中的动态压缩响应。研究了环氧基低密度结构聚合物泡沫的冲击破坏性能。

综上所述,各种构型的多孔材料作为一种新型的轻质材料,在近二十年来受到了研究人员的广泛关注。对于单元构型不规则的材料,如聚合物和泡沫金属,在实验测试和数值模拟中均采用了特殊的方法,同时也发展了各种基于均质化方法的理论模型,将宏观尺度的性能与多孔材料的相对密度联系起来。在理论模型中,激波理论在多孔材料受到强动态载荷时效果最好,但一些细节问题(如致密应变的确定和临界冲击速度的确定)也值得进一步研究。对于具有规则(如蜂窝和格栅)或半规则(如金属空心球)单元构型的材料,已证明,对具有代表性的单元体进行经典极限分析和结构动力学分析是表征其静态和动态行为的有效方法。

上述研究过程中对工程冲击动力学的分析渠道包括实验方法和数值方法。上述工作中主要采用的数值方法是有限元法,数值结果的有效性无法用解析的方法来解释。普遍认为,冲击动力学的实验结果比数值方法的结果更可信。然而,冲击动力学问题的实验结果往往是随机的,这迫使我们寻求新的数值方法来处理冲击问题。

无论作用于结构上冲击的作用位置和作用时刻如何,冲击的特征都是"局部"的(局部时间或局部位置)。考虑到多辛方法和广义多辛方法在保持系统局部几何特性方面的优异性能,我们认为保结构方法(包括辛方法、多辛方法和广义多辛方法)是处理冲击动力问题的有效途径。因此,下面将介绍几个利用保结构方法来模拟冲击动力学问题的算例。

5.2 脉冲爆震发动机中燃料黏度引起的能量损失

脉冲爆震燃烧是一种利用周期性的爆震波产生高温、高压、高速燃气的高强度、高热循环效率的燃烧方式。脉冲爆震发动机(pulse detonation engine,PDE)是指基于非稳态脉冲爆震燃烧过程将燃料氧化剂的化学能转化为工质的内能,再转化为排气动能来产生推力的推进系统。相对于其他常规推进系统,脉冲爆震发动机有两个显著的特点:非稳态工作和爆震燃烧过程[19-27]。脉冲爆震循环过程如图 5-1 所示。燃烧过程(爆震或激波/爆燃波迅速转变为爆震波)在推力管或爆震管的入口开始,传播到可燃的反应物混合物中(图 5-1(a)和(b)),图中假设其在初始时刻充满整个管。爆震波传播后留下燃烧产物的混合物。爆震波到达管的末端,以激波的形式向外传播到周围的空气中,膨胀波同时反射回管中(图 5-1(c)和(d))。膨胀波在其下游区域产生低压气体,进一步排出燃烧产物。当膨胀到达推力管前端的推力壁或推力板时,被反射为膨胀波(图 5-1(e))。随着膨胀波向出口传播(图 5-1(f)),反射膨胀后的压力进一步降低,低于环境压力,也就是进入"吸气阶段",空气和燃料通过各自的入口进入管道。当膨胀波到达出口时(图 5-1(g)),它在开口端被反射为压缩波并产生激波,并向上游的推力壁传播(图 5-1(h))。波在推力壁处的反射为飞行器提供推力,反射产生的激波使可燃的反应混合物点燃,过渡到自持传播的爆轰波(图 5-1(i)和(j))并返回到循环初始状态(图 5-1(a))。

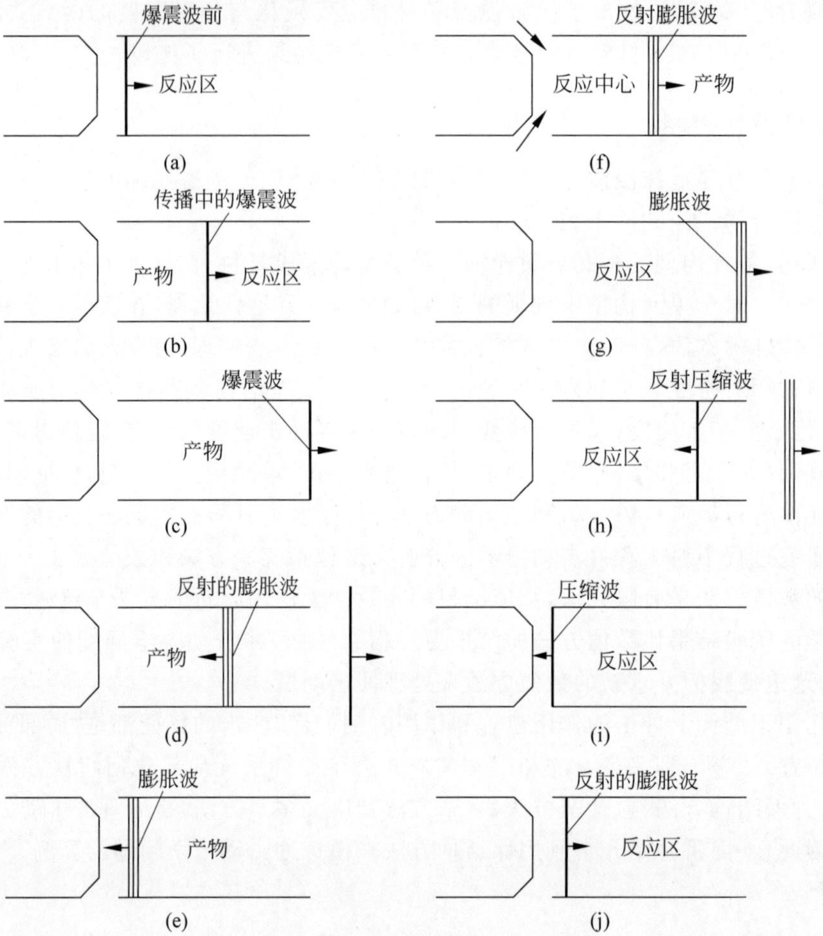

图 5-1 一般脉冲爆震发动机循环过程

在爆震波的传播过程中,反应物的燃烧速度非常快,这一过程实际可以看作是等容过程,所以理论上讲,这比传统的吸气或火箭发动机中的恒压燃烧过程更有效。没有出现旋转机械部件的简单结构表明,爆震发动机概念在吸气式发动机、火箭发动机以及高推重比、低油耗推进系统应用中前景广泛。研究者提出了许多脉冲爆震发动机和测试系统,同时,脉冲爆震现象的数值模拟正在积极开展。Helman 等[28]是第一个成功演示了吸气式爆震发动机的研究小组,其间歇爆震频率为 25Hz。Eidelman 等[29]为脉冲爆震发动机作为等容燃烧的概念及其发展做了全面概述。

提高脉冲爆震发动机的工作效率是相关领域研究人员一直追求的目标。一般来说,脉冲爆震发动机的效率取决于由燃料黏度引起的能量损失、结构散热等因素,其中,由燃料黏度引起的能量损失是一个主要影响因素。

在目前的研究成果中,已经报道了脉冲爆震发动机的结构参数、燃料质量分数和爆震频率对脉冲爆震发动机效率的影响。例如,Bratkovich 和 Bussing[30]参照 Endo 和 Fujiwara[31]提出的理想脉冲爆震发动机模型，提出了脉冲爆震发动机性能预测模型，该模型考虑了进气道、混合器、燃烧室和喷嘴对脉冲爆震发动机性能的影响。Radulescu 和 Hanson[32] 提出了对流换热损失对脉冲爆震发动机流场和性能影响的研究；考虑到各种工况，Tangirala 和 Dean[33] 提出了带出口喷管脉冲爆震发动机的性能估计模型；Glaser[34] 在实验室研究了脉冲爆震发动机的结构参数对脉冲爆震发动机效率的影响；Brophy 和 Hanson[35] 研究了燃料分散性对脉冲爆震发动机工作和性能的影响。最近，Zhang 及其合作者[36-39] 研究了脉冲爆震发动机的爆震频率和结构参数对脉冲爆震发动机性能的影响。

由于测量手段的限制，目前的文献中没有关于脉冲爆震发动机中由燃料黏度引起的能量损失的报道，而在一些流体动力学模型中由流体黏度引起的能量损失的研究文献较多[40-44]。研究结果表明，在大多数流体模型中，由黏度引起的能量损失是不可忽视的。因此，我们通过研究周期性脉冲激励下伯格斯模型中由流体黏度引起的能量损失，给出了脉冲爆震发动机中由燃料黏度引起的能量损失。针对脉冲爆震发动机内由流体黏度引起的能量损失，首先引入周期脉冲激励下的伯格斯模型来描述脉冲爆震发动机内的流场；然后基于广义多辛理论[1,45-46]，从伯格斯模型的一阶对称形式推导出由流体黏度引起的能量损失的表达式；最后，给出了能量损失的数值计算结果[47]。

脉冲爆震发动机的实际实验模型是一根细长的管，因此实际爆震管内的流场是三维的。忽略边界层的影响，爆震管内任意截面的流场近似均匀。在此假设下，爆震管内的三维流场可以简化为一维流场进行研究。

此外，这项工作的目的是研究由燃料黏度而造成的能量损失，因此可以用一系列周期脉冲来表示燃料组分间化学反应的影响。那么爆震管内的流场可以用以下伯格斯模型表示：

$$\partial_t u + u\partial_x u - \nu\partial_{xx} u = f(t,x),\quad x\in[0,L] \tag{5.2.1}$$

其中，ν 是燃料的运动黏度，且，

$$f(t,x) = A\sum_{n=0}^{N}\Psi\delta(t+nT, Vt - V\varphi_0 - nVT + x_0),\quad n=0,1,\cdots,N;\ N=\left[\frac{t-\varphi_0}{T}\right]$$

（[·]是舍入运算符）是一系列周期脉冲，描述了燃料组分之间的化学反应所产生的周期性爆震的效果。其中，$t+nT$ 是脉冲系列作用的时间；$Vt-V\varphi_0-nVT+x_0$ 是脉冲作用的位置，$0\leqslant Vt-V\varphi_0-nVT+x_0\leqslant L$，这里 L 是爆震管的长度；A 为常数，表示周期爆轰波振幅；Ψ 是个门函数，$\Psi=\begin{cases}0, & 0\leqslant t<\varphi_0\\ 1, & t\geqslant\varphi_0\end{cases}$；$T$ 是爆轰的周期；V 为爆轰波传播速度；x_0 为第一个爆轰波出现的位置；φ_0 是燃料燃烧到第一次爆轰波出现的时间差。

式(5.2.1)可以用来描述爆震管内瞬态和稳态的流场。式(5.2.1)的近似对称形式可以从参考文献[46]的结果中找到。

引入正则动量$\partial_x p = u$，$\partial_x q = -\frac{1}{2}\partial_t u$，定义状态变量 $\boldsymbol{z}=(p,u,q)^{\mathrm{T}}$，式(5.2.1)变成一阶偏微分方程：

$$\begin{bmatrix}0 & 1/2 & 0\\ -1/2 & 0 & 0\\ 0 & 0 & 0\end{bmatrix}\partial_t\boldsymbol{z} + \left(\begin{bmatrix}0 & 0 & 1\\ 0 & 0 & 0\\ -1 & 0 & 0\end{bmatrix} + \begin{bmatrix}0 & 0 & 0\\ 0 & \nu & 0\\ 0 & 0 & 0\end{bmatrix}\right)\partial_x\boldsymbol{z} = \nabla_z S(\boldsymbol{z}) + \boldsymbol{F}(t,x) \tag{5.2.2}$$

其中，$S(\boldsymbol{z})=-uq+\frac{1}{6}u^3$ 是哈密顿函数，外部激励为

$$\begin{aligned}\boldsymbol{F}(t,x)&=\left[0,\int f(t,x)\mathrm{d}x,0)\right]^{\mathrm{T}}\\&=\left[0,\int A\sum_{n=0}^{N}\Psi\delta(t+nT,Vt-V\varphi_0-nVT+x_0)\mathrm{d}x,0\right]^{\mathrm{T}}\\&=\left[0,AL\sum_{n=0}^{N}\Psi\varepsilon(t+nT,Vt-V\varphi_0-nVT+x_0),0\right]^{\mathrm{T}}\end{aligned}\tag{5.2.3}$$

这里，$\varepsilon(t+nT,Vt-V\varphi_0-nVT+x_0)$是冲击函数。

反对称矩阵 $\boldsymbol{M}$，$\boldsymbol{K}$ 和对称矩阵$\widehat{\boldsymbol{K}}$ 定义为

$$\boldsymbol{M}=\begin{bmatrix}0&1/2&0\\-1/2&0&0\\0&0&0\end{bmatrix},\quad \boldsymbol{K}=\begin{bmatrix}0&0&1\\0&0&0\\-1&0&0\end{bmatrix},\quad \widehat{\boldsymbol{K}}=\begin{bmatrix}0&0&0\\0&\nu&0\\0&0&0\end{bmatrix}$$

显然，如果 $\nu=0$ 且 $\boldsymbol{F}(t,x)=0$，则近似对称形式(5.2.2)为标准的多辛形式[48-49]，它满足多辛守恒定律、局部能量守恒定律和局部动量守恒定律。

实际上，脉冲爆震发动机中燃料的运动黏度系数 ν 是一个正实数，这使在外部激励下的近似对称形式(5.2.2)为广义多辛形式[46]。根据参考文献[46]的研究结果，可以得到对称形式(5.2.2)的局部能量误差[46]：

$$\begin{aligned}\Delta_1&=\partial_t\left[AL\sum_{n=0}^{N}\Psi\varepsilon(t+nT,Vt-V\varphi_0-nVT+x_0)+\right.\\&\qquad\left.S(\boldsymbol{z})-\frac{1}{2}\boldsymbol{z}^{\mathrm{T}}(\boldsymbol{K}+\widehat{\boldsymbol{K}})\partial_x\boldsymbol{z}\right]+\frac{1}{2}\partial_x\boldsymbol{z}^{\mathrm{T}}(\boldsymbol{K}+\widehat{\boldsymbol{K}})\partial_t\boldsymbol{z}\\&=AL(1+V)\sum_{n=0}^{N}\Psi\delta(t+nT,Vt-V\varphi_0-nVT+x_0)+\frac{\nu}{2}\partial_x u\partial_t u-\frac{\nu}{2}\partial_t(u\partial_x u)\\&=AL(1+V)\sum_{n=0}^{N}\Psi\delta(t+nT,Vt-V\varphi_0-nVT+x_0)-\frac{\nu}{2}u\partial_{tx}u\\&=\Delta_{1e}-\Delta_{1\nu}\end{aligned}\tag{5.2.4}$$

其中，局部能量误差包含两部分：一部分是由脉冲激励产生的局部能量增量，$\Delta_{1e}=AL(1+V)\sum_{n=0}^{N}\Psi\delta(t+nT,Vt-V\varphi_0-nVT+x_0)$；另一部分是由流体黏度造成的局部能量损失，$\Delta_{1\nu}=\frac{\nu}{2}u\partial_{tx}u$。

表面上，局部能量损失 $\Delta_{1\nu}$ 与所有爆震参数(L,V,T,x_0,φ_0 和 A)无关，但实际上爆震的影响包含在流场 u 的分布中。

从局部能量损失(5.2.3)，很容易得到全局能量误差：

$$\begin{aligned}\Delta_{\mathrm{g}}&=\int_0^L\Delta_1\mathrm{d}x\\&=\int_0^L\left[AL(1+V)\sum_{n=0}^{N}\Psi\delta(t+nT,Vt-V\varphi_0-nVT+x_0)-\frac{\nu}{2}u\partial_{tx}u\right]\mathrm{d}x\end{aligned}\tag{5.2.5}$$

在本节中，我们考虑燃料各组分是均匀混合的，这意味着在脉冲爆震发动机中燃料的运动黏度系数 ν 与时间和位置无关，因此，全局能量误差为

$$\begin{aligned}\Delta_{\mathrm{g}} &= \int_0^L AL\sum_{n=0}^{N}\Psi(1+V)\delta(t+nT, Vt-V\varphi_0-nVT+x_0)\mathrm{d}x-\frac{\nu}{2}\int_0^L u\partial_{tx}u\mathrm{d}x\\ &= AL^2(1+V)\sum_{n=0}^{N}\Psi\varepsilon(t+nT, Vt-V\varphi_0-nVT+x_0)-\frac{\nu}{2}\int_0^L u\partial_{tx}u\mathrm{d}x\\ &= \Delta_{\mathrm{g}e}-\Delta_{\mathrm{g}\nu}\end{aligned} \tag{5.2.6}$$

同样，全局能量误差包含两部分：一部分是由脉冲激励引起的全局能量增量，$\Delta_{ge}=AL^2(1+V)\sum_{n=0}^{N}\Psi\varepsilon(t+nT, Vt-V\varphi_0-nVT+x_0)$；另一部分是由流体黏度所造成的整体能量损失，$\Delta_{g\nu}=\frac{\nu}{2}\int_0^L u\partial_{tx}u\mathrm{d}x$。

要用广义多辛方法研究脉冲爆震发动机的能量损失[45,46]，就必须首先构造近似对称形式(5.2.2)的广义多辛格式。

参考文献[46]，引入 R^2 上的均匀网格$\{(t_i,x_j)\}$，t 方向的时间步长为 Δt，x 方向上的空间步长为 Δx。$\boldsymbol{z}(t,x)$在点(t_i,x_j)的近似值表示为 $\boldsymbol{z}_j^i$。

利用 Preissmann Box 离散方法，可以得到近似对称形式(5.2.2)的离散形式：

$$\begin{bmatrix}0 & 1/2 & 0\\ -1/2 & 0 & 0\\ 0 & 0 & 0\end{bmatrix}\delta_t^+\boldsymbol{z}_{j+1/2}^i+\begin{bmatrix}0 & 0 & 1\\ 0 & \nu & 0\\ -1 & 0 & 0\end{bmatrix}\delta_x^+\boldsymbol{z}_j^{i+1/2}=\nabla_z S(\boldsymbol{z}_{j+1/2}^{i+1/2})+\boldsymbol{F}(i,j) \tag{5.2.7}$$

其中，δ_t^+ 是对$\partial_t\boldsymbol{z}$ 的前向差分离散算子；δ_x^+ 是对$\partial_x\boldsymbol{z}$ 的前向差分离散算子；$\boldsymbol{z}_{j+1/2}^i=(\boldsymbol{z}_{j+1}^i+\boldsymbol{z}_j^i)/2$，$\boldsymbol{z}_j^{i+1/2}=(\boldsymbol{z}_j^{i+1}+\boldsymbol{z}_j^{i1})/2$，$\boldsymbol{z}_{j+1/2}^{i+1/2}=(\boldsymbol{z}_{j+1}^{i+1}+\boldsymbol{z}_{j+1}^i+\boldsymbol{z}_j^{i+1}+\boldsymbol{z}_j^i)/4$。

已有研究成果证明，当燃料的运动黏度系数 ν 足够小时，其离散形式(5.2.7)是广义多辛的，且具有保结构性[46]。

对称形式(5.2.2)的局部能量误差在点(t_i,x_j)的离散形式为

$$\begin{aligned}(\Delta_1)_j^i &= AL(1+V)\sum_{n=0}^{N}\Psi\delta(i+nT, Vi-V\varphi_0-nVT+x_0)-\frac{\nu}{2}u_{j+1/2}^{i+1/2}\delta_t^+\delta_x^+u_{j+1/2}^{i+1/2}\\ &= (\Delta_{1e})_j^i-(\Delta_{1\nu})_j^i\end{aligned} \tag{5.2.8}$$

由脉冲激发产生的局部能量增量 $(\Delta_{1e})_j^i=AL(1+V)\sum_{n=0}^{N}\Psi\delta(i+nT, Vi-V\varphi_0-nVT+x_0)$，由流体黏度引起的局部能量损失为$(\Delta_{1\nu})_j^i=\frac{\nu}{2}u_{j+1/2}^{i+1/2}\delta_t^+\delta_x^+u_{j+1/2}^{i+1/2}$。

类似地，在 t_i 处，近似对称形式(5.2.2)的全局能量误差的离散形式是

$$\begin{aligned}(\Delta_{\mathrm{g}})^i &= AL^2(1+V)\sum_{n=0}^{N}\Psi\varepsilon(i+nT, Vi-V\varphi_0-nVT+x_0)-\\ &\quad\frac{\nu\Delta x}{4}\left[u_{1/2}^{i+1/2}\delta_t^+\delta_x^+u_{1/2}^{i+1/2}+2\sum_{j=1}^{(L/\Delta x)-1}u_{j+1/2}^{i+1/2}\delta_t^+\delta_x^+u_{j+1/2}^{i+1/2}+u_{(L/\Delta x)+1/2}^{i+1/2}\delta_t^+\delta_x^+u_{(L/\Delta x)+1/2}^{i+1/2}\right]\\ &= (\Delta_{\mathrm{g}e})^i-(\Delta_{\mathrm{g}\nu})^i\end{aligned} \tag{5.2.9}$$

由流体黏度造成的整体能量损失为 $(\Delta_{g\nu})^i = \frac{\nu\Delta x}{4}\Big[u_{1/2}^{i+1/2}\delta_t^+\delta_x^+ u_{1/2}^{i+1/2} + 2\sum_{j=1}^{(L/\Delta x)-1} u_{j+1/2}^{i+1/2}\delta_t^+(\delta_x^+ u_{j+1/2}^{i+1/2}) + u_{(L/\Delta x)+1/2}^{i+1/2}\delta_t^+\delta_x^+ u_{(L/\Delta x)+1/2}^{i+1/2}\Big]$（我们采用梯形求积分法进行数值积分计算 $\int_0^L u\partial_{tx}u\,\mathrm{d}x$），由脉冲激发产生的全局能量增量为 $(\Delta_{ge})^i = AL^2(1+V)\sum_{n=0}^{N}\Psi\varepsilon(i+nT, Vi - V\varphi_0 - nVT + x_0)$。

本节将给出脉冲爆震发动机能量损失的一些数值结果。在数值实验中，我们设定时间与空间步长分别为 $\Delta t = 5\times10^{-9}$ s，$\Delta x = 0.01$m，脉冲爆震发动机的结构参数 $L=2$m，爆震参数 $A=100\text{m}\cdot\text{s}^{-2}$，$V=2000\text{m}\cdot\text{s}^{-1}$，$x_0=0.2$m，$\varphi_0=1\times10^{-7}$s，$T=0.02$s（这意味着爆震频率是 50Hz），燃料的运动黏度系数为 $\nu=0.1$。考虑的入口边界条件为 $u(t,0)=100\text{m}\cdot\text{s}^{-1}$。

采用保结构方法(5.2.7)对脉冲爆震发动机内的流场进行了数值模拟，计算了每个网格上的能量误差。图 5-2 和图 5-3 分别给出了不同时间下由燃料黏度引起的局部能量误差和由各种因素引起的局部能量损失的数值结果。

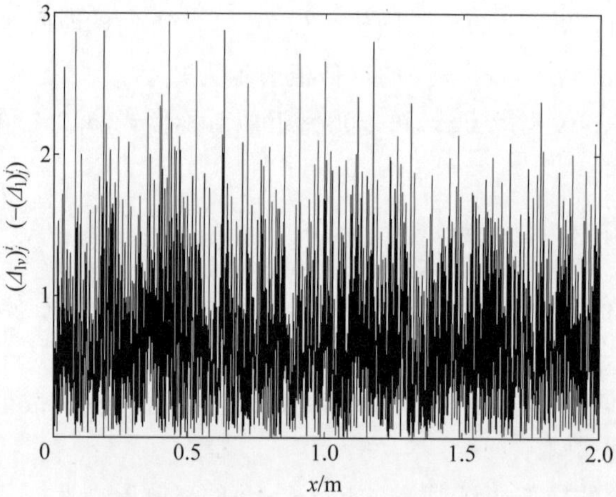

图 5-2 由燃料黏度引起的局部能量损失 ($t=5\times10^{-8}$s)

局部能量误差等于在 $t=5\times10^{-8}$s（$(\Delta_1)_j^i = -(\Delta_{1\nu})_j^i$）处，每个网格由燃料黏度而产生的局部能量损失的相反数，且每个网格上的局部能量误差为负，如图 5-2 所示，这意味着每个网格（$(\Delta_{1e})_j^i$）上的脉冲激励产生的局部能量增量在 $t=5\times10^{-8}$s 处为零（$\Psi=0$）。

在 $t=4\times10^{-4}$s 时爆震波附近的网格上，局部能量误差、由燃料黏度引起的局部能量损失和由脉冲激发引起的局部能量增量都迅速增加，如图 5-3 所示，这意味着当燃料的运动速度增加时，由燃料黏度而造成的局部能量损失也会增加。

根据局部能量误差的数值计算结果，可以很容易地得到各时间步的全局能量误差、由脉冲激励引起的全局能量增量和由流体黏度引起的全局能量损失。从图 5-4 可以看出，脉冲爆震发动机中由流体黏度引起的整体能量损失是不可忽视的。忽略由流体黏度造成的整体能量损失，将会过高估计脉冲爆震发动机的推力（在这里，推力由全局能量增量表示），过高估计量在 $t=5\times10^{-4}$s 处大约为 $\frac{5.436924761525581\times10^4}{8\times10^5}\approx 6.7962\%$。

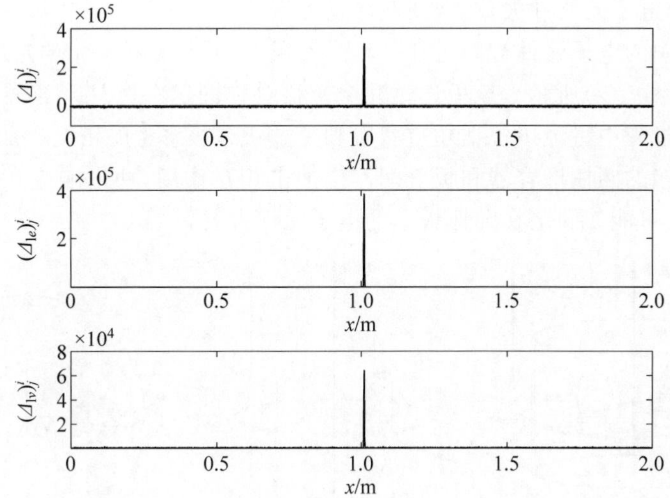

图 5-3 在每个网格上的局部能量误差、由脉冲激励引起的局部能量增量和由燃料黏度造成的局部能量损失($t=4\times10^{-4}$ s)

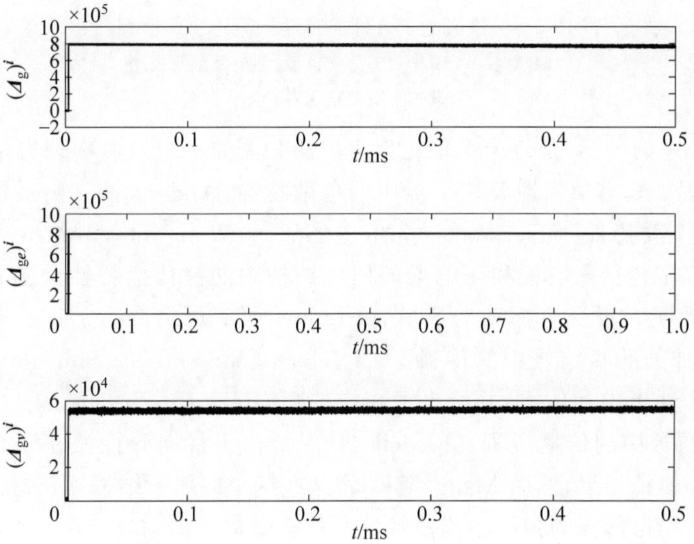

图 5-4 在每个网格上的全局能量误差、由脉冲激励引起的全局能量增量和由燃料黏度造成的全局能量损失($t=4\times10^{-4}$ s)

5.3 冲击作用下非均匀中心对称阻尼板内的波传播问题

为了执行控制和监视任务，航天器中装配了许多机械和电子元件。这些部件布局的合理性引出了机械结构布局的概念，包括航天器质心的位置、主转动惯量的校准、如何避免电磁干扰、如何避免高散热设备的集中、尽量减少布线、便于维护等[50]。各构件的布置将影响航天器内局部振动性能(振动往往以弹性波的形式传播)，而机械结构布局领域的重要课题之一就是从弹性波传播的角度对这些构件进行布局优化。在航天器中一些局部的波传播特性更为重要，如正共振现象，这种现象会影响固定在航天器上的电子元器件的稳定性或精度,甚至导致部分电子元器件失效,致使航天任务失败。

通常航天器中的电子元件被固定在一块弹性板上,并封装在一个给定的区域,以保护它们不受损坏,如图 5-5(a)所示。该板通过几个螺栓对称固定在圆柱形容器的内壁上。航天器在发射和着陆过程中将经历包括超重状态和失重状态等恶劣的工况。加速度的变化会导致被连接螺栓连接的圆柱形容器和板之间产生冲击相互作用,冲击响应在弹性板内以弹性波的形式传播,并可能使固定在弹性板上的电子元件失效。

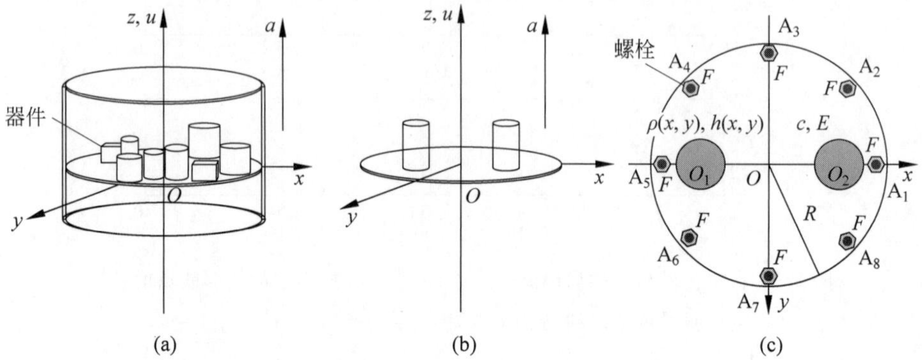

图 5-5 镶嵌电子元件的弹性板简化物理模型

(a) 封装示意图;(b) 简化模型;(c) 模型俯视图

(请扫 I 页二维码看彩图)

波在弹性板中的传播,是近半个世纪以来广泛关注的一个经典物理力学问题。Tolstoy 和 Usdin[51]发现了真空中弹性波在平板中的色散特性,Anderson[52]随后研究了波在各向同性介质中的频散特性。Tiersten[53],Bleustein[54],Wang 和 Varadan[55],Wu 等[56]和 Arani 等[57]研究了包括压电板和压电梁等压电结构中的波传播特性。Rumerman[58]得到了周期性加筋无限大板受迫振动的通解,Orrenius 和 Finnveden[59]基于半解析有限元技术,模拟了波在加筋肋板结构中的传播。Nayfeh 和 Chimenti[60],Shuvalov[61]分析了自由弹性波在各向异性板中的传播,并给出了相应的数值计算结果。Chen 等[62]研究了弹性波在磁-电弹性多层板中的传播过程。Kudela 等[63]给出了横向弹性波在复合材料板中传播的一些有意义的模拟结果,然后 Meng 等[64]将这些结果应用于结构损伤检测。Ma 等[65]采用辛方法研究了矩形薄板的弹性波传播特性和稳态受迫振动响应。在特殊材料的微结构领域,Nouh 等[66],Yahia 等[67],Boukhari 等[68],Kolahchi 等[69]以及 Dong 等[70-71]分析了弹性波在功能梯度板和石墨烯增强非线性圆柱壳中的传播特性。Reda 等[72]和 Ayad 等[73-74]研究了非中心对称微结构的动力学问题,得到了一些新的结果。Hu 等使用保结构方法[1,2,4,8,11,75-78]对四种特殊弹簧悬挂的空间柔性阻尼板的波传播特性进行了研究,并发现了其中的谐振现象[6]。

在上述工作中,虽然在分析弹性波传播时考虑了非均匀厚度或具有各向异性的板[56,60,61,67-69],但没有考虑垂直于板厚方向的质量不均匀性。弹性波在质量非均匀平板中传播时会表现出一定的局部特性,有可能使固定在平板上的电子元件失效。冯康院士首次针对有限维动力系统提出了保持辛结构和哈密顿量的辛方法,以提高数值方法的长期数值稳定性[79],然后,Bridges 等[48,49]和 Hu 等[1,2]将其推广到了无限维动力系统,本节将着重研究系统的全局或局部动力行为,讨论冲击所引起的弹性波在非均匀板中传播的局部特性。

此外，非均匀板厚度决定了其动力学模型是非光滑的[9,80]。对于非光滑动力学系统，Yu等[81]利用非线性分析方法对其突变现象进行了研究[82-84]，为动力学模型中非光滑项的处理方法提供了一定的指导。

考虑如图 5-5(b)所示在发射过程中安装电子元件的封装弹性板的简化模型。在这个简化模型中，只有两个相同的电子元件对称地固定在平板上。该平板通过八个对称分布在该板上的连接螺栓固定在该圆柱形容器的内部平面上(图 5-5(c))，并通过螺栓将圆柱形容器加速度变化所引起的冲击施加到板上。为简化问题，现作以下假设：

(1) 平板、电子元件和螺栓的材料是相同的，这意味着它们的材料参数都是相同的；

(2) 连接螺栓的尺寸小到可以忽略不计，这意味着螺栓的高度和板与螺栓之间的装配间隙也可以忽略不计；

(3) 忽略了航天器系统的全局运动；

(4) 简化的模型置于地球地面，重力加速度是 $g\approx 9.8\mathrm{m}\cdot\mathrm{s}^{-2}$ 且重力势能变化的影响可以忽略不计；

(5) 弹性板足够薄，即 $\max. h(x,y)\ll R$。

基于经典 Kirchhoff 板理论[85]和假设(5)，应变与振动位移之间的关系可表示为

$$\begin{cases}\varepsilon_{xx}=-z\partial_{xx}^2 u\\ \varepsilon_{yy}=-z\partial_{yy}^2 u\\ \gamma_{xy}=-2z\partial_{xy}^2 u\end{cases}\tag{5.3.1}$$

其中，ε_{xx}、ε_{yy}、γ_{xy} 为应变；u 为面外振动位移。

在平面应力假设下，给出各向同性薄板的本构方程[86]：

$$\begin{cases}\sigma_{xx}=\dfrac{E}{1-\nu_{\mathrm{p}}^2}(\varepsilon_{xx}+\nu_{\mathrm{p}}\varepsilon_{yy})\\ \sigma_{yy}=\dfrac{E}{1-\nu_{\mathrm{p}}^2}(\varepsilon_{yy}+\nu_{\mathrm{p}}\varepsilon_{xx})\\ \tau_{xy}=\dfrac{E}{2(1+\nu_{\mathrm{p}})}\gamma_{xy}\end{cases}\tag{5.3.2}$$

其中，E 和 ν_{p} 分别为材料的杨氏模量和泊松比。

弹性板的应变能为

$$U=\frac{1}{2}\int_{\Omega}(\sigma_{xx}\varepsilon_{xx}+\sigma_{yy}\varepsilon_{yy}+\tau_{xy}\gamma_{xy})\mathrm{d}\Omega\tag{5.3.3}$$

其中，$\Omega=\{(x,y,z)\mid x^2+y^2\leqslant R^2,-h(x,y)/2\leqslant z\leqslant h(x,y)/2\}$，板厚为

$$h(x,y)=\begin{cases}h_{\mathrm{e}}+h_{\mathrm{p}}, & \{(x,y)\mid (x\pm d)^2+y^2\leqslant r^2\}\\ h_{\mathrm{p}}, & \{(x,y)\mid (x\pm d)^2+y^2>r^2\}\cap\{(x,y)\mid x^2+y^2\leqslant R^2\}\end{cases}$$

其中，h_{e} 和 h_{p} 分别为电子元件的高度和平板的厚度；d 为平板中心到电子元件基底中心的欧几里得距离。

将式(5.3.1)和式(5.3.2)代入式(5.3.3)，则非均质板的势能(忽略重力势能)可表示为

$$U=\frac{1}{2}\int_{\Gamma}D(x,y)\{(\partial_{xx}^2 u+\partial_{yy}^2 u)^2-2(1-\nu_{\mathrm{p}})[\partial_{xx}^2 u\partial_{yy}^2 u-(\partial_{xy}^2 u)^2]\}\mathrm{d}\Gamma\tag{5.3.4}$$

其中，$\Gamma=\{(x,y)\mid x^2+y^2\leqslant R^2\}$；$D(x,y)=E[h(x,y)]^3/12(1-\nu_p^2)$定义为板的抗弯刚度。

板的动能可以表示为

$$T=\frac{1}{2}\int_{\Gamma}\rho(x,y)\partial_t^2 u\,\mathrm{d}\Gamma \tag{5.3.5}$$

其中，平板的面密度 $\rho(x,y)$ 为

$$\rho(x,y)=\begin{cases}(h_e+h_p)\rho_0, & \{(x,y)\mid(x\pm d)^2+y^2\leqslant r^2\}\\ h_p\rho_0, & \{(x,y)\mid(x\pm d)^2+y^2>r^2\}\cap\{(x,y)\mid x^2+y^2\leqslant R^2\}\end{cases}$$

其中，ρ_0 表示材料的质量密度。

根据我们此前的工作[6,87]，拉格朗日函数 $L=T-U$ 表述为

$$L=\frac{1}{2}\int_{\Gamma}\rho(x,y)\partial_t^2 u\,\mathrm{d}\Gamma-\frac{1}{2}\int_{\Gamma}D(x,y)\{(\partial_{xx}^2 u+\partial_{yy}^2 u)^2-2(1-\nu_p)[\partial_{xx}^2 u\partial_{yy}^2 u-(\partial_{xy}^2 u)^2]\}\mathrm{d}\Gamma \tag{5.3.6}$$

定义哈密顿作用量为 $S=\int_{t_0}^{t_1}L\,\mathrm{d}t$，非完整哈密顿最小作用原理可以写成

$$\delta S=\int_{t_0}^{t_1}\delta L\,\mathrm{d}t=0 \tag{5.3.7}$$

这里我们称之为最小非完整作用量原理(5.3.7)是因为弯曲刚度的变化和表面密度的变化都没有进行变分，而局部能量耗散则是由式(5.3.14)考虑了非光滑的 $D(x,y)$引起的，即

$$\begin{aligned}\delta L=&\int_{\Gamma}\rho(x,y)\partial_t u\delta(\partial_t u)\mathrm{d}\Gamma-\\&2\int_{\Gamma}D(x,y)[(\partial_{xx}^2 u+\partial_{yy}^2 u)\partial_{xx}u\delta(\partial_{xx}u)\mathrm{d}x+(\partial_{xx}^2 u+\partial_{yy}^2 u)\partial_{yy}u\delta(\partial_{yy}u)\mathrm{d}y-\\&(1-\nu_p)\partial_{yy}^2 u\partial_{xx}u\delta(\partial_{xx}u)\mathrm{d}x-(1-\nu_p)\partial_{xx}^2 u\partial_{yy}u\delta(\partial_{yy}u)\mathrm{d}y+\\&(1-\nu_p)\partial_{xy}^2 u\partial_{xy}u\delta(\partial_{xy}u)(\mathrm{d}x+\mathrm{d}y)]\mathrm{d}\Gamma\end{aligned} \tag{5.3.8}$$

对每个一阶或二阶变分项进行积分变换，弹性波在受冲击系列的弹性阻尼板中传播的动力学方程可表示为

$$\rho(x,y)\partial_{tt}u+D(x,y)(\partial_{xxxx}u+2\partial_{xxyy}u+\partial_{yyyy}u)=\sum_{\zeta=1}^{8}F_\zeta \tag{5.3.9}$$

在实际应用中应考虑板的阻尼，因此在弱阻尼情形下，式(5.3.9)变为

$$\rho(x,y)\partial_{tt}u+c\partial_t u+D(x,y)(\partial_{xxxx}u+2\partial_{xxyy}u+\partial_{yyyy}u)=\sum_{\zeta=1}^{8}F_\zeta \tag{5.3.10}$$

其中，c 为线性阻尼因子[75]；$F_\zeta(\zeta=1,2,\cdots,8)$冲击序列是由 $F_\zeta=\bar{F}_\zeta\delta(t_\zeta,x_\zeta,y_\zeta)(\zeta=1,2,\cdots,8)$作用在点 $A_\zeta(\zeta=1,2,\cdots,8)$组成的，这里，$\bar{F}_\zeta$ 是常数，$\delta(\cdot)$是单位脉冲函数，t_ζ 为单位冲量的作用的时刻，且作用位置是$(x_\zeta,y_\zeta)=(R-\varepsilon)\left\{\cos\left[\frac{\pi(\zeta-1)}{4}\right],\sin\left[\frac{\pi(\zeta-1)}{4}\right]\right\}$，$\varepsilon$ 为螺栓基底中心到板边界之间的最小欧几里得距离。

初始条件(5.3.10)为

$$u(0,x,y)=0,\quad \partial_t u(t,x,y)\mid_{t=0}=0 \tag{5.3.11}$$

考虑的边界条件是

$$\begin{cases} u(t,x,y)=0, & \{(x,y)\mid x^2+y^2=R^2\} \\ \partial_x u(t,x,y)=\partial_y u(t,x,y)=0, & \{(x,y)\mid x^2+y^2=R^2\} \end{cases} \tag{5.3.12}$$

参考我们之前对无限维系统动力学对称破缺的研究[2]，动力学对称破缺可能存在于系统(5.3.9)中。因此，将构造系统的近似对称形式(5.3.9)来研究其动力学对称破缺，并在本节中提出系统(5.3.9)近似对称形式的保结构方法。

为了构造系统(5.3.9)的近似对称形式，应采用多辛降维方法[48]。

定义正则变量为$\partial_t u=\varphi,\partial_x u=w,\partial_x w=\psi,\partial_x(\psi+\kappa)=q,\partial_y u=v,\partial_y v=\kappa,\partial_y(\psi+\kappa)=p$，得到系统(5.3.9)的近似对称形式为

$$\boldsymbol{M}\partial_t \boldsymbol{z}+\boldsymbol{K}_1\partial_x \boldsymbol{z}+\boldsymbol{K}_2\partial_y \boldsymbol{z}=\nabla_z S(\boldsymbol{z}) \tag{5.3.13}$$

其中，$S(\boldsymbol{z})=-\rho(x,y)\varphi^2/2-D(x,y)(wq-\psi\kappa+pv)+D(x,y)(\psi^2+\kappa^2)/2+u\sum_{\zeta=1}^{8}F_\zeta$为广义哈密顿函数；$\boldsymbol{z}=(u,\varphi,w,\psi,q,v,\kappa,p)^{\mathrm{T}}$为状态向量，系数矩阵为

$$\boldsymbol{M}=\begin{bmatrix} c & \rho(x,y) & 0 & 0 & 0 & 0 & 0 & 0 \\ -\rho(x,y) & 0 & 0 & 0 & 0 & 0 & 0 & 0 \\ 0 & 0 & 0 & 0 & 0 & 0 & 0 & 0 \\ 0 & 0 & 0 & 0 & 0 & 0 & 0 & 0 \\ 0 & 0 & 0 & 0 & 0 & 0 & 0 & 0 \\ 0 & 0 & 0 & 0 & 0 & 0 & 0 & 0 \\ 0 & 0 & 0 & 0 & 0 & 0 & 0 & 0 \\ 0 & 0 & 0 & 0 & 0 & 0 & 0 & 0 \end{bmatrix}$$

$$\boldsymbol{K}_1=\begin{bmatrix} 0 & 0 & 0 & 0 & D(x,y) & 0 & 0 & 0 \\ 0 & 0 & 0 & 0 & 0 & 0 & 0 & 0 \\ 0 & 0 & 0 & -D(x,y) & 0 & 0 & -D(x,y) & 0 \\ 0 & 0 & D(x,y) & 0 & 0 & 0 & 0 & 0 \\ -D(x,y) & 0 & 0 & 0 & 0 & 0 & 0 & 0 \\ 0 & 0 & 0 & 0 & 0 & 0 & 0 & 0 \\ 0 & 0 & D(x,y) & 0 & 0 & 0 & 0 & 0 \\ 0 & 0 & 0 & 0 & 0 & 0 & 0 & 0 \end{bmatrix}$$

$$\boldsymbol{K}_2=\begin{bmatrix} 0 & 0 & 0 & 0 & 0 & 0 & 0 & D(x,y) \\ 0 & 0 & 0 & 0 & 0 & 0 & 0 & 0 \\ 0 & 0 & 0 & 0 & 0 & 0 & 0 & 0 \\ 0 & 0 & 0 & 0 & 0 & D(x,y) & 0 & 0 \\ 0 & 0 & 0 & 0 & 0 & 0 & 0 & 0 \\ 0 & 0 & 0 & -D(x,y) & 0 & 0 & -D(x,y) & 0 \\ 0 & 0 & 0 & 0 & 0 & D(x,y) & 0 & 0 \\ -D(x,y) & 0 & 0 & 0 & 0 & 0 & 0 & 0 \end{bmatrix}$$

近似对称形式(5.3.13)包含参考文献[2]中给出的两种动力学对称破缺。一是方

程(5.3.13)中系数矩阵的对称破缺,即系数矩阵 $\boldsymbol{M},\boldsymbol{K}_1,\boldsymbol{K}_2$ 是显式依赖空间变量的,系数矩阵 $\boldsymbol{M}$ 不是严格反对称的。二是式(5.3.13)广义哈密顿函数的对称破缺,即广义哈密顿函数包含冲击。由这两个对称破缺因子引起的局部能量耗散为

$$\Delta_e = \frac{1}{2}\partial_x D(x,y)[u\partial_t q - q\partial_t u + \psi\partial_t w - w\partial_t\psi + \kappa\partial_t w - w\partial_t\kappa] + \frac{1}{2}\partial_y D(x,y)[u\partial_t p - p\partial_t u + \psi\partial_t v - v\partial_t\psi + \kappa\partial_t v - v\partial_t\kappa] \tag{5.3.14}$$

其中,

$$\partial_x D(x,y) = \partial_y D(x,y) = \begin{cases} Eh_p(h_e + h_p)^2/8(1-\nu_p^2), & \{(x,y)\mid (x\pm d)^2 + y^2 = r^2\} \\ 0, & \{(x,y)\mid (x\pm d)^2 + y^2 \neq r^2\} \cap \{(x,y)\mid x^2 + y^2 \leqslant R^2\} \end{cases} \tag{5.3.15}$$

式(5.3.13)不涉及局部能量耗散(5.3.14)的广义哈密顿函数的对称破缺,这一现象非常有趣。事实上,哈密顿函数中包含的对称破缺因素不会影响局部能量耗散,这一结论在我们之前的工作中已经提出[76]。此外,板的厚度是阶跃函数,这意味着式(5.3.13)的系数矩阵是非光滑的。对于系数矩阵的非光滑特性,可按式(5.3.15)计算对 x 或 y 的偏微分,这使得保结构分析中也可以处理一些非光滑问题。

需要强调的是,尽管我们将式(5.3.14)看作局部能量耗散,Δ_e 取正或取负在区间 $\Gamma=\{(x,y)\mid x^2+y^2\leqslant R^2\}$ 各处都是不同的,这意味着受冲击激励的板内弹性波可能相互作用并存在局部增强区(较强的增强区在数值算例中称为正共振区)。在电子元器件布局设计中,应重视局部增强区。

已有研究结果表明,当广义多辛守恒律 $-c\mathrm{d}(\partial_t u)\wedge \mathrm{d}u$ 的残差小于在每一时间步上所采用的数值格式的截断误差时,所使用的数值方法就具有保结构特性,这意味着该数值方法具有良好的长期稳定性[1-2,4,6,75-78,87-88]。

用 Δx 和 Δy 表示空间步长,对定义域 $\Gamma=\{(x,y)\mid x^2+y^2\leqslant R^2\}$ 进行网格划分(不对厚度方向进行网格划分,且忽略了波在厚度方向上的传播),$u(x,y,t)$ 在网格点 (x_i,y_k,t_j) 上的近似值用 $u_{i,k}^j$ 表示。考虑到已证明为广义多辛[1]的 Preissmann 差分方法[89]的优良数值性质,用 Preissmann 方法对近似对称形式(5.3.13)进行离散,得到等价于 Preissmann 格式的保结构离散格式为

$$\begin{aligned}
&\frac{\rho(i,k)}{4\Delta t^2}(\delta_t^2 u_{i,k}^{j+2} + 4\delta_t^2 u_{i,k}^{j+1} + 6\delta_t^2 u_{i.k}^{j} + 4\delta_t^2 u_{i,k}^{j-1} + \delta_t^2 u_{i,k}^{j-2}) \\
&+ \frac{c}{4\Delta t}(\delta_t u_{i,k}^{j+3} + 5\delta_t u_{i,k}^{j+2} + 10\delta_t u_{i,k}^{j+1} + 10\delta_t u_{i,k}^{j} + 5\delta_t u_{i,k}^{j-1} + \delta_t u_{i,k}^{j-2}) \\
&+ \frac{D(i,k)}{\Delta x^4}(\delta_x^4 u_{i+1,k}^j + 2\delta_x^4 u_{i,k}^j + \delta_x^4 u_{i-1,k}^j) + \frac{2D(i,k)}{\Delta x^2\Delta y^2}(\delta_x^2\delta_y^2 u_{i+1/2,k+1/2}^j \\
&+ 2\delta_x^2\delta_y^2 u_{i,k}^j + \delta_x^2\delta_y^2 u_{i-1/2,k-1/2}^j) + \frac{D(i,k)}{\Delta y^4}(\delta_y^4 u_{i,k+1}^j + 2\delta_y^4 u_{i,k}^j + \delta_x^4 u_{i,k-1}^j) \\
&= \sum_{\zeta=1}^{8}(F_\zeta)_{i+1/2,k+1/2}^{j+1/2}
\end{aligned} \tag{5.3.16}$$

其中，Δt 是时间步长；$\delta_t^2 u_{i,k}^j = u_{i,k}^{j+1} - 2u_{i,k}^j + u_{i,k}^{j-1}$，$\delta_t u_{i,k}^j = u_{i,k}^{j+1} - u_{i,k}^{j-1}$，$u_{i+1/2,k+1/2}^j = \frac{1}{4}(u_{i,k}^j + u_{i+1,k}^j + u_{i,k+1}^j + u_{i+1,k+1}^j)$，$\delta_x^4 u_{i,k}^j = u_{i+2,k}^j - 4u_{i+1,k}^j + 6u_{i,k}^j - 4u_{i-1,k}^j + u_{i-2,k}^j$ 等。

式(5.3.16)中的$(F_\zeta)_{i+1/2,k+1/2}^{j+1/2}$ 为

$$(F_\zeta)_{i+1/2,k+1/2}^{j+1/2} = \begin{cases} \bar{F}_\zeta, & (j,i,k) \in \Xi \\ 0, & (j,i,k) \notin \Xi \end{cases} \tag{5.3.17}$$

其中，$\Xi = \{(j,i,k) \mid j\Delta t \leqslant t_\zeta \leqslant (j+1)\Delta t, i\Delta x \leqslant x_\zeta \leqslant (i+1)\Delta x, k\Delta y \leqslant y_\zeta \leqslant (k+1)\Delta y\}$

此外，式(5.3.16)中所含的系数离散为

$$\rho(i,k) = \begin{cases} (h_e + h_p)\rho_0, & \{(i\Delta x, k\Delta y) \mid (i\Delta x \pm d)^2 + (k\Delta y)^2 < r^2\} \\ (h_e + \lambda h_p)\rho_0, & \{(i\Delta x, k\Delta y) \mid r^2 \leqslant (i\Delta x \pm d)^2 + (k\Delta y)^2 \leqslant r^2 + \Delta x^2 + \Delta y^2\} \\ h_p \rho_0, & \{(i\Delta x, k\Delta y) \mid [(i+1)\Delta x \pm d]^2 + [(k+1)\Delta y]^2 > r^2\} \end{cases} \tag{5.3.18}$$

$$D(i,k) = E[h(i,k)]^3 / 12(1 - \nu_p^2) \tag{5.3.19}$$

其中，权重系数 λ 和平板的离散厚度 $h(i,k)$ 被定义为

$$\lambda = \frac{r^2 - [(i\Delta x \pm d)^2 + (k\Delta y)^2]}{[(2i+1)\Delta x \pm 2d]\Delta x}$$

$$h(i,k) = \begin{cases} (h_e + h_p), & \{(i\Delta x, k\Delta y) \mid (i\Delta x \pm d)^2 + (k\Delta y)^2 < r^2\} \\ (h_e + \lambda h_p), & \{(i\Delta x, k\Delta y) \mid (i\Delta x \pm d)^2 + (k\Delta y)^2 \leqslant r^2 \leqslant [(i+1)\Delta x \pm d]^2 + [(k+1)\Delta y]^2\} \\ h_p, & \{(i\Delta x, k\Delta y) \mid [(i+1)\Delta x \pm d]^2 + [(k+1)\Delta y]^2 > r^2\} \end{cases}$$

当且仅当满足以下不等式时，得到的格式为广义多辛的[1]，具有良好的保结构性能、良好的数值稳定性和很小的人工耗散：

$$c \leqslant o(\Delta x, \Delta y, \Delta t) / \max_{i,k} \left\{ \left| \mathrm{d}\left(\frac{u_{i+1/2,k+1/2}^{j+1} - u_{i+1/2,k+1/2}^j}{\Delta t} \right) \wedge \mathrm{d}u_{i+1/2,k+1/2}^{j+1/2} \right| \right\} \tag{5.3.20}$$

其中，$o(\Delta x, \Delta y, \Delta t)$是式(5.3.16)的截断误差；$\mathrm{d}\left(\frac{u_{i+1/2,k+1/2}^{j+1} - u_{i+1/2,k+1/2}^j}{\Delta t} \right) \wedge \mathrm{d}u_{i+1/2,k+1/2}^{j+1/2}$ 的计算方法已经在参考文献[1]中给出。

然后，可以得到高精度的局部能量耗散，其离散形式为

$$\begin{aligned} &(\Delta_e)_{i+1/2,k+1/2}^{j+1/2} \\ &= \frac{1}{2}\bar{D}\left[u_{i+1/2,k+1/2}^{j+1/2} \frac{q_{i+1/2,k+1/2}^{j+1} - q_{i+1/2,k+1/2}^j}{\Delta t} - q_{i+1/2,k+1/2}^{j+1/2} \frac{u_{i+1/2,k+1/2}^{j+1} - u_{i+1/2,k+1/2}^j}{\Delta t} \right. \\ &\quad + \psi_{i+1/2,k+1/2}^{j+1/2} \frac{w_{i+1/2,k+1/2}^{j+1} - w_{i+1/2,k+1/2}^j}{\Delta t} - w_{i+1/2,k+1/2}^{j+1/2} \frac{\psi_{i+1/2,k+1/2}^{j+1} - \psi_{i+1/2,k+1/2}^j}{\Delta t} \\ &\quad \left. + \kappa_{i+1/2,k+1/2}^{j+1/2} \frac{w_{i+1/2,k+1/2}^{j+1} - w_{i+1/2,k+1/2}^j}{\Delta t} - w_{i+1/2,k+1/2}^{j+1/2} \frac{\kappa_{i+1/2,k+1/2}^{j+1} - \kappa_{i+1/2,k+1/2}^j}{\Delta t} \right] \\ &\quad + \frac{1}{2}\bar{D}\left[u_{i+1/2,k+1/2}^{j+1/2} \frac{p_{i+1/2,k+1/2}^{j+1} - p_{i+1/2,k+1/2}^j}{\Delta t} - p_{i+1/2,k+1/2}^{j+1/2} \frac{u_{i+1/2,k+1/2}^{j+1} - u_{i+1/2,k+1/2}^j}{\Delta t} \right. \end{aligned}$$

$$+\psi_{i+1/2,k+1/2}^{j+1/2}\frac{v_{i+1/2,k+1/2}^{j+1}-v_{i+1/2,k+1/2}^{j}}{\Delta t}-v_{i+1/2,k+1/2}^{j+1/2}\frac{\psi_{i+1/2,k+1/2}^{j+1}-\psi_{i+1/2,k+1/2}^{j}}{\Delta t}$$

$$\left.+\kappa_{i+1/2,k+1/2}^{j+1/2}\frac{v_{i+1/2,k+1/2}^{j+1}-v_{i+1/2,k+1/2}^{j}}{\Delta t}-v_{i+1/2,k+1/2}^{j+1/2}\frac{\kappa_{i+1/2,k+1/2}^{j+1}-\kappa_{i+1/2,k+1/2}^{j}}{\Delta t}\right] \tag{5.3.21}$$

其中，

$$\bar{D}=\begin{cases}\dfrac{Eh_{\mathrm{p}}(h_{\mathrm{e}}+h_{\mathrm{p}})^{2}}{8(1-\nu_{\mathrm{p}}^{2})}, & \{(i\Delta x,k\Delta y)\mid(i\Delta x\pm d)^{2}+(k\Delta y)^{2}\leqslant r^{2}\leqslant[(i+1)\Delta x\pm d]^{2}+[(k+1)\Delta y]^{2}\}\\ 0, & \text{其他}\end{cases}$$

下文中，均匀的冲击是工程应用中最常见的情况，这种情况下，在表达式 $F_{\zeta}(\zeta=1,2,\cdots,8)$ 中 $\bar{F}_1=\bar{F}_2=\cdots=\bar{F}_8$ 且 $t_1=t_2=\cdots=t_8$。本节假设冲击振幅为 $\bar{F}_1=\bar{F}_2=\cdots=\bar{F}_8=50\mathrm{N}$，作用时间为 $t_1=t_2=\cdots=t_8=0\mathrm{s}$。工程应用中最简单的理想情况是均匀冲击激励，可以预见，在均匀冲击作用下，波在非匀质中心对称阻尼板中的传播将表现出对称特性。因此，除对称特征外，其他非匀质中心对称阻尼板在均匀冲击作用下波的传播特性将在本节中详细研究。

板的材料参数设为 $E=2.914\times10^{9}\mathrm{Pa}$，$\rho_0=2\mathrm{kg}\cdot(\mathrm{m}^2\cdot\mathrm{mm})^{-1}$，$\nu_{\mathrm{p}}=0.37$，$c=0.05$。当 $c=0.05$ 满足条件(5.3.20)时，既保证了方法(5.3.16)的保结构特性，又保证了数值结果的有效性[6]。假设板的几何参数为 $R=0.5\mathrm{m}$，$r=0.01\mathrm{m}$，$h_{\mathrm{p}}=0.006\mathrm{m}$，$h_{\mathrm{e}}=0.01\mathrm{m}$，$d=0.25\mathrm{m}$，$\varepsilon=0.005\mathrm{m}$。网格尺寸和时间步长分别为 $\Delta x=\Delta y=0.002\mathrm{m}$，$\Delta t=0.0005\mathrm{s}$。

利用上述参数，用格式(5.3.16)模拟波在非均匀板中的传播过程。我们发现当 $t=0.03\mathrm{s}$ 时，由于弱阻尼的存在，板内波形出现了耗散并趋于稳定状态。因此，如图 5-6 所示，当 $t=0.05\mathrm{s}$ 时，波形完全进入稳定状态（板内波的幅值差以不同颜色区分）。

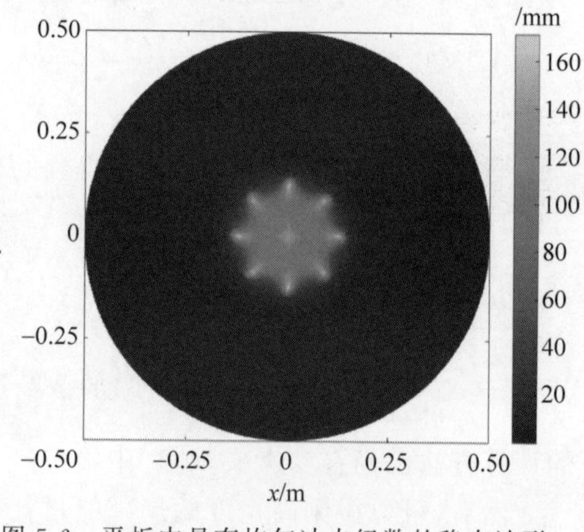

图 5-6　平板中具有均匀冲击级数的稳态波形
（请扫 I 页二维码看彩图）

图 5-6 中，弹性波的能量集中在板中心附近的几个区域，且能量集中区域对称地分布在板中心周围。在这些域中，冲击诱发的波、板边界反射的波以及电子元件反射的波相互作用，使板在这些域中的振动增强，这种现象称为正共振现象，并将出现正共振现象的域命名为正共振区[6]。发现正共振区的意义在于，电子元件应避免安装在这些区域中。

有趣的是，如图 5-6 所示，本数值算例中，当冲击是均匀的时，板上安装的电子元件对非匀质板中的稳态波形没有明显的影响。

除均匀冲击外，还应考虑由一些随机因素引起的非均匀冲击。非均匀冲击的情况很多，在本节中，只考虑几种典型情况，并假设在初始时刻 $t_{\zeta}=0$，相同振幅 $\bar{F}_{\zeta}=50\mathrm{N}$ 的非均匀冲击作用。

第一个典型的例子是波在受单一冲击激励的平板中的传播。根据结构的对称性，本节分别假设单次冲击作用在螺栓 A_1、A_2、A_3 上。

对于作用在螺栓 A_1 上的冲击，在不同时刻（$t=0.005s$、$t=0.05s$、$t=0.1s$、$t=0.15s$）由格式(5.3.16)模拟得到的板内波形如图 5-7 所示。在图 5-7 中，可以清晰地追踪到单次冲击作用于 A_1 点时板内波形的演化过程。在初始阶段，弹性波传播以圆形波的形式从螺栓 A_1 出发向四周传播。波动能量集中在右侧电子元件和螺栓 A_1 之间的一个小区域，随着时间的推移，这个小区域慢慢向螺栓 A_1 移动。可以预见，当模拟区间趋于无穷时，弹性波的能量将集中在螺栓 A_1 上，即螺栓 A_1 的所在位置出现稳定正共振区。这意味着，作用在点 A_1 上的单个冲击对其他电子元件布局优化几乎无影响，因为在实际中电子元件从来不会固定在螺栓上。

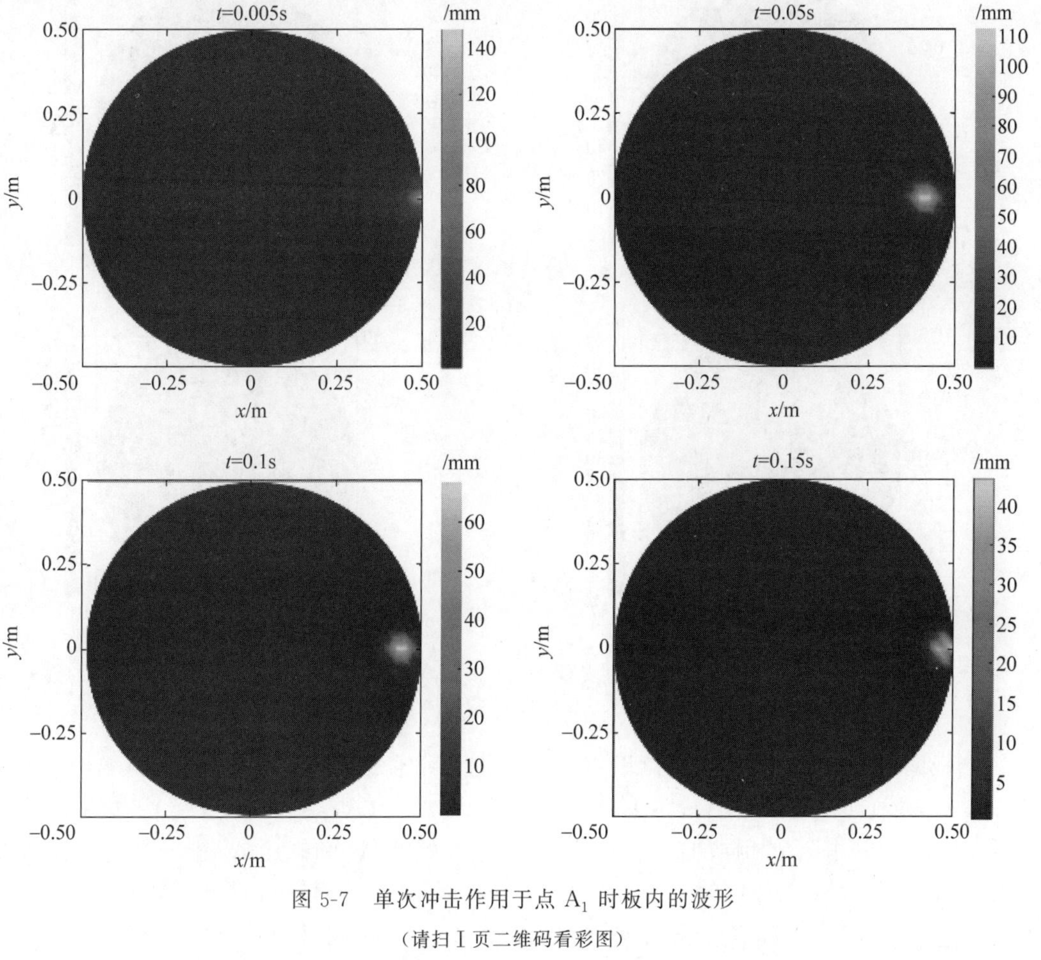

图 5-7 单次冲击作用于点 A_1 时板内的波形

（请扫Ⅰ页二维码看彩图）

当单次冲击作用在螺栓 A_2 上时，在不同时刻（$t=0.05s$、$t=0.1s$、$t=0.15s$）由格式(5.3.16)模拟得到的板内波形如图 5-8 所示。从图 5-8 中可以看出，随着时间的推移，正共振区趋向于右侧电子元件，这意味着，作用在螺栓 A_2 上的单一冲击将主要影响右侧电子元件的振动。

作用在螺栓 A_3 上单次冲击的情况更为复杂。在不同时刻（$t=1s$、$t=2s$、$t=3s$）由格式(5.3.16)模拟得到的板内波形如图 5-9 所示。从图 5-9 中可以看出，随着时间的推移，正谐振区分裂成两个对称的部分。

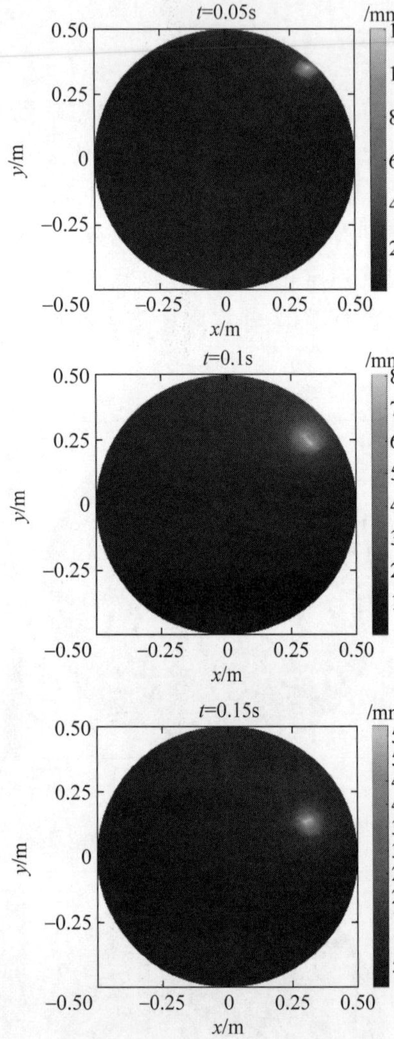

图 5-8　单次冲击作用于点 A_2 时板内的波形

（请扫Ⅰ页二维码看彩图）

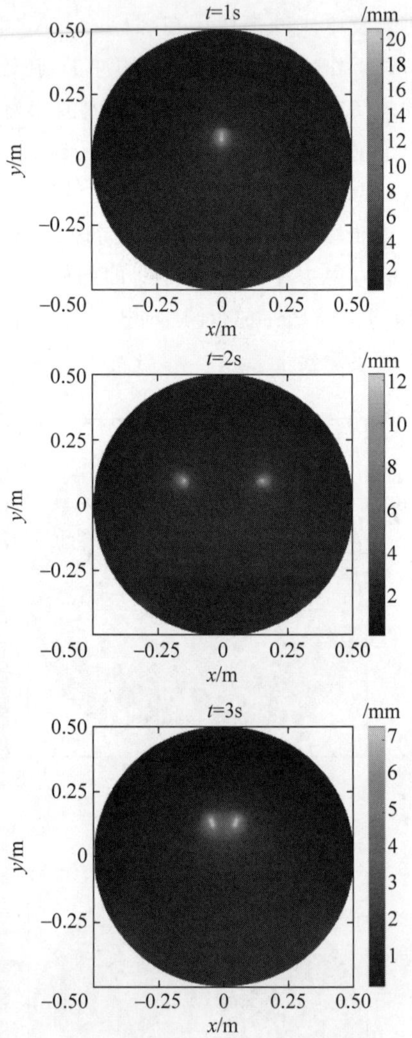

图 5-9　单次冲击作用于点 A_3 时板内的波形

（请扫Ⅰ页二维码看彩图）

当板同时受到两个冲击时，以下有十种不同的组合情况：(A_1,A_2)，(A_1,A_3)，(A_1,A_4)，(A_1,A_5)，(A_2,A_3)，(A_2,A_4)，(A_2,A_6)，(A_2,A_7)，(A_2,A_8)，(A_3,A_7)。这里的冲击组合(A_i,A_j)是指两个相同的冲击分别同时作用在螺栓 A_i 和螺栓 A_j 上。在这些冲击组合中，(A_1,A_5)，(A_2,A_4)，(A_2,A_6)，(A_2,A_8)，(A_3,A_7)是对称的，(A_1,A_2)，(A_1,A_3)，(A_1,A_4)，(A_2,A_3)，(A_2,A_7)是非对称的。在本节中，在不同时刻($t=1\text{s}$、$t=2\text{s}$、$t=3\text{s}$)四种典型情况(两种非对称情况(A_1,A_2)，(A_1,A_4)和两种对称情况(A_2,A_4)，(A_2,A_6))下板内波形如图 5-10～图 5-13 所示。对于其他的情况，有些正共振区的分布可以由图 5-10～图 5-13 描述，有些正共振区的分布不存在规律。因此，在本节中省略了其他六种情形的模拟结果。

从图 5-10～图 5-13 中可以看出，当冲击组合不对称时，正共振区的分布也是不对称的(图 5-10 和图 5-11)，当冲击组合对称时，正共振区是对称的(图 5-12 和图 5-13)。对于(A_1,A_2)和(A_1,A_4)的非对称情况，每个时刻都有两个正共振域，一个几乎固定在右侧电子元件附近，另一个随着时间的推移趋向于左侧电子元件。与右侧正共振区相比，左侧正共振区的

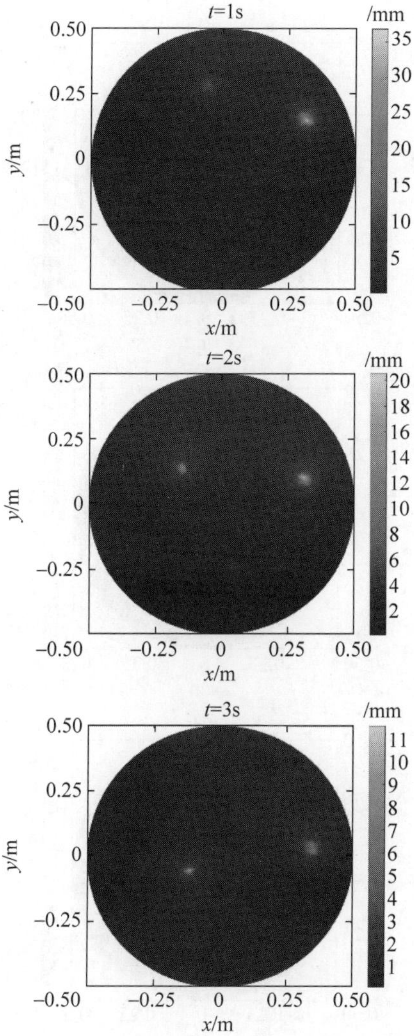

图 5-10 冲击组合(A_1,A_2)下板内波形

（请扫Ⅰ页二维码看彩图）

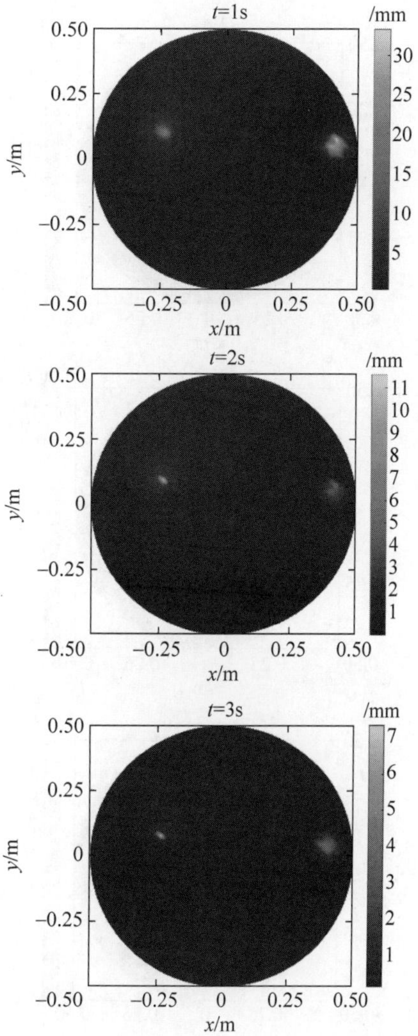

图 5-11 冲击组合(A_1,A_4)下板内波形

（请扫Ⅰ页二维码看彩图）

振幅耗散较慢。值得注意的是，图 5-10 中非对称情况(A_1,A_2)的左侧正共振区随着时间的推移而向板的下半平面移动。对称情况(A_2,A_4)和(A_2,A_6)随着时间的推移，两个正共振域向对称冲击的对称轴移动，并最终退化为一个正共振区。

当受两个以上非均匀冲击激励时，正共振区的分布非常复杂。此外，在两个以上非均匀冲击作用下，弹性波在板中传播包含很多种情况，因此无法一一讨论。故本节只提出了波在非均匀阻尼板中受冲击传播的保结构方法，并给出了几个简单情况的数值结果。对于更复杂的情况，本节提出的保结构方法还可以得到板内的波形以及相关的正共振区，可用于指导板上电子元件的布局优化。

由于缺乏相关的实验数据，上述数值结果只能通过所提出的数值方法的保结构特性来间接验证。从局部能量耗散的离散形式(5.3.21)可以发现，理论上局部能量耗散只位于电子元件的边缘，这意味着远离电子元件边缘的能量耗散几乎为零。因此，我们令离散解域 $\Gamma=\Gamma_1\cup\Gamma_2$，其中 $\Gamma_1=\{(i\Delta x,k\Delta y)\,|\,(i\Delta x\pm d)^2+(k\Delta y)^2\leqslant r^2\leqslant[(i+1)\Delta x\pm d]^2+$

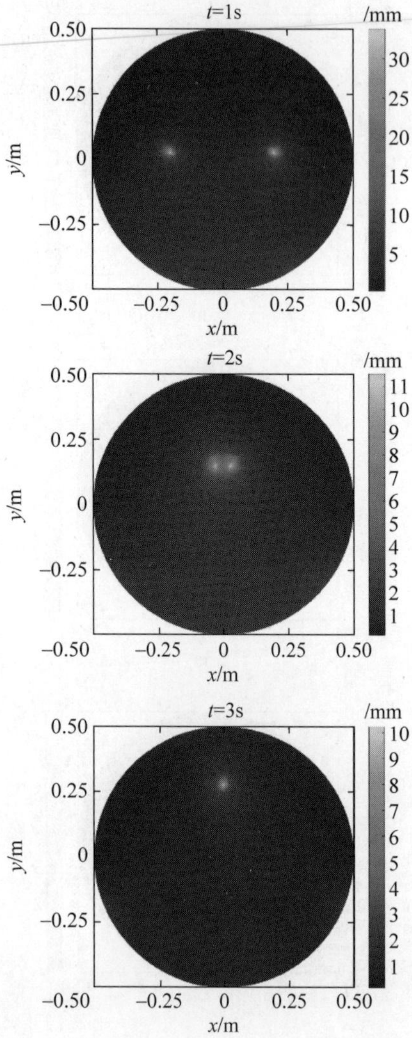

图 5-12　冲击组合(A_2，A_4)下板内波形

(请扫Ⅰ页二维码看彩图)

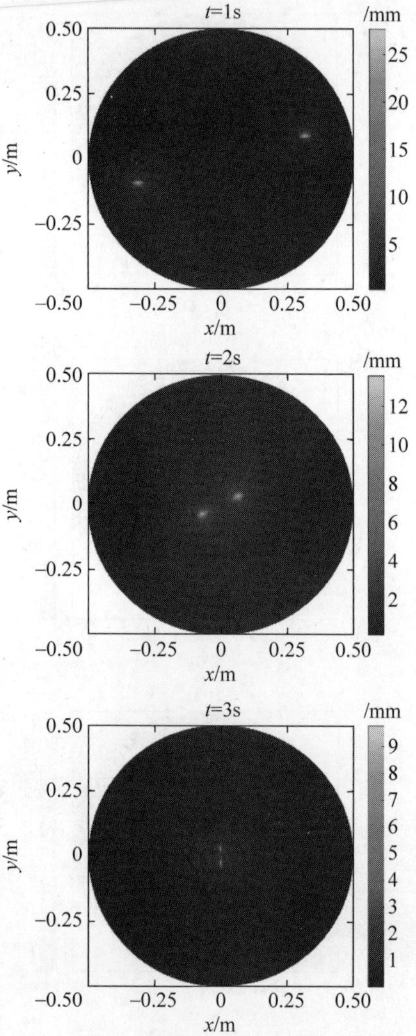

图 5-13　冲击组合(A_2，A_6)下板内波形

(请扫Ⅰ页二维码看彩图)

$[(k+1)\Delta y]^2\}$包含两个安装了电子元件的环形区域，Γ_2 为剩下的离散求解域。对上述离散求解域中的能量耗散进行数值积分，得到每种冲击载荷情况下的相对局部能量耗散：

$$(\Delta_{\mathrm{re}})^{j+1/2}=\frac{\int_{\Gamma_2}\left|(\Delta_{\mathrm{e}})_{i+1/2,k+1/2}^{j+1/2}\right|\mathrm{d}\Gamma}{\int_{\Gamma}\left|(\Delta_{\mathrm{e}})_{i+1/2,k+1/2}^{j+1/2}\right|\mathrm{d}\Gamma} \tag{5.3.22}$$

相对局部能量耗散(5.3.22)表示各时刻远离电子元件安装区的区域内的局部绝对能量耗散与整个解域内能量耗散的相对值。其中，(A_1，A_2)和(A_1，A_4)非对称冲击组合的相对局部能量耗散如图 5-14 所示。

由图 5-14 所示的局部相对能量耗散可以发现，非对称冲击组合(A_1，A_2)和(A_1，A_4)的局部相对能量耗散小于 4×10^{-15}。这一结论表明，在远离电子元件区域，其局部绝对能量耗散与整个解域的局部绝对能量耗散相比是微小的，这与系统固有的能量耗散特性(5.3.14)

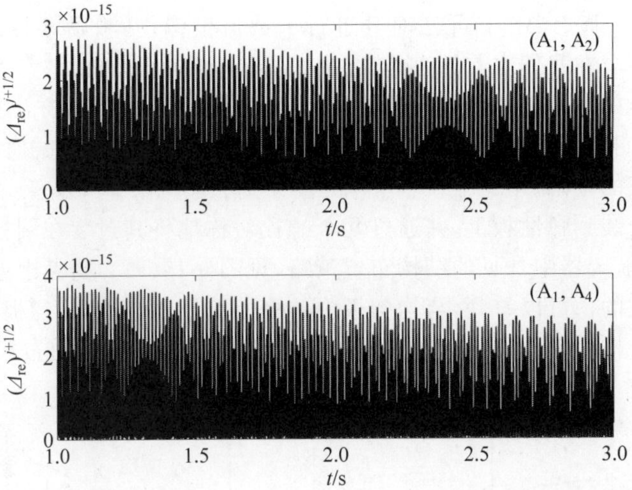

图 5-14 冲击组合(A_1,A_2)和(A_1,A_4)的相对局部能量耗散

是一致的,由此验证了所提出数值方法的有效性。

5.4 冲击作用下非均匀非对称圆板内的波传播问题

在航天器的发射和着陆过程中,加速度的急剧变化会引起航天器内部严重的结构振动和极具破坏性的接触冲击。然而,在航天器的结构设计过程中,往往重点关注结构强度和固有频率,而忽略了结构中传播的波对航天器内嵌电子元件的影响。

据报道,45%的航天器故障是由电子元件引起的[90],其中振动/波所引起的电子器件的破坏是相当重要的因素之一。一方面,振动/波会不同程度地影响航天器内嵌电子元件的精度、稳定性和可靠性。另一方面,电子元件的布局会影响航天器内部的局部振动/波动特性。这启发我们在航天器结构设计/分析时应充分考虑电子元件的布局。

针对航天器中部件的布局,研究人员提出了卫星机械结构布局的概念[50, 91]。机械结构布局的主要目的包括:设计航天器的质心位置,使其对准惯性主力矩;避免部件受到机械损伤;避免部件之间的电磁干扰;避免高散热水平的器件集中布置;通过优化部件布局,使布线长度最小化;等等。为了避免构件的机械损伤,在进行构件布局优化之前,首先需要研究弹性波在航天器中的传播特性,为布局优化奠定基础。

弹性波在柔性结构中的传播特性是波动领域研究的热点之一。Biot 于 1956 年提出了弹性波在饱和流体多孔固体中从低频到高频传播的理论框架[92,93]。Tolstoy 和 Usdin 研究了真空中弹性板的色散特性[51]。在对弹性板中波传播的二维研究的基础上,Gazis 对三维空心圆柱中波的传播进行了研究[94]。围绕压电材料的非线性特性,报道了压电板[53-56,62,69,95-96]和压电梁[57]中弹性波传播特性的许多有趣研究结果。考虑到结构的周期性,如夹层结构,周期板中的波传播特性被广泛报道[66,97-102]。文献[60],[61],[103],[104]建立了描述波在无约束各向异性弹性板中传播的理论框架,将波在各向同性材料中传播的理论结果推广到各向异性材料中。近年来,随着石墨烯等微纳材料的出现,波在微纳结构中的传播发现了一些新的现象[57,66,69,73-74,105-109]。

考虑到连接在板上的肋板的影响,Rumerman[58]获得了描述无限大加筋板中波传播的一般解，Orrenius[59]基于半解析元法对其进行了数值模拟，并激励着我们研究非匀质阻尼板中的波传播特性。在我们之前的工作[75]中，基于保结构思想[1-2,4-5,8,11,75-77]，再现了在由四个特殊弹簧悬挂的空间板中弹性波的传播特性，该思想将保结构方法推广到非光滑动力学模型。最近，我们对非匀质中心对称阻尼板中的弹性波传播的共振现象进行了研究[10]，这同时也是本研究的基础。

将电子元件安装到弹性板上，并通过几个螺栓对称地将其封装在圆柱形容器中，以保护其免受损坏，这是航天器中常见的结构布置策略，见图 5-15(a)。当考虑电子元件的尺寸时，弹性板将是非匀质的。可以看到，与均匀板中的弹性波相比，在非均匀板中传播的弹性波将表现出一些新的特性。揭示这些传播特性对于优化电子元件的合理布局非常重要，这也是本研究的主要动机。

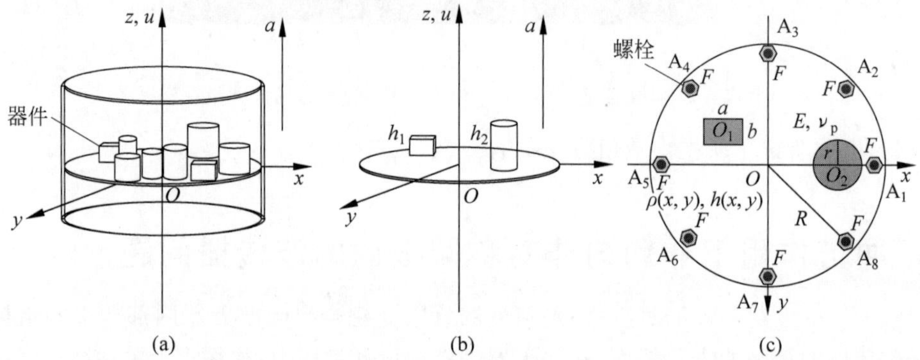

图 5-15 电子元件封装弹性板的简化物理模型

(a) 封装示意图；(b) 简化模型；(c) 模型俯视图

（请扫Ⅰ页二维码看彩图）

在参考文献[10]中，假设电子元件的布局是中心对称的，并且在几个简单的情况下，我们再现了圆柱形容器由连接螺栓传递到板上的一系列冲击引起的共振区域。然而实际情况下电子元件的布局总是不对称的，所以我们之前的工作[10]中获得的共振区域不能直接用于指导航天器中电子元件布局的优化过程。因此，本节中假设电子元件的布局不对称[9]，并使用所提出的保结构方法详细研究波传播特性，特别是共振区域的分布特性。

与我们之前的工作[10]类似，本节考虑了发射过程中固定有两个电子元件的封装弹性板的简化模型，见图 5-15(b)。Teng 等提出了固定有电子元件的封装弹性板的模型，描述了支撑基座和自动安装部件之间的耦合效应[110-111]，其已用于优化卫星中电子组件的布局，这与我们之前工作[10]中所考虑的简化模型不同，且不对称固定在板上的两个电子元件的尺寸和形状都不同。如图 5-15(b)和(c)所示，一个电子元件是长方体（其长度、宽度和高度分别表示为 a，b 和 h_1），其表面下中心位于 $O_1(d_{1x},d_{1y})$；另一个电子元件是圆柱体（其底部半径和高度分别表示为 r 和 h_2），其表面下中心位于 $O_2(d_2,0)$。

为了简化本节中涉及的问题，考虑了以下假设：

(1) 连接螺栓的尺寸小到可以忽略，这意味着螺栓的高度以及板与螺栓之间的装配间隙也可以忽略；

(2) 忽略系统的全局运动；

(3) 假设简化模型置于地球地面，这意味着重力加速度为 $g\approx 9.8\mathrm{m}\cdot\mathrm{s}^{-2}$，并且可以忽略重力势能变化的影响；

(4) 板足够薄，即 $\max h(x,y) \ll R$。

需要解释的是，板和螺栓通常是由合金制成的，而电子元件通常是由复合材料制成的，这意味着它们的物理参数和力学参数是不同的，即表面密度、板的厚度、泊松比和系统的杨氏模量由坐标决定。为了简化以下章节中的分析，在以下动力学模型中，假定泊松比和杨氏模量为常数。此外，根据我们之前工作[10]中给出的数值结果，可以发现每种情况下共振区域的位置均与板的阻尼无关。因此，忽略了板的阻尼。

根据我们先前工作的概述[6,10]，柔性板的应变能可以表示为

$$U=\frac{1}{2}\int_{\Omega}(\sigma_{xx}\varepsilon_{xx}+\sigma_{yy}\varepsilon_{yy}+\tau_{xy}\gamma_{xy})\mathrm{d}\Omega \tag{5.4.1}$$

其中，$\Omega=\{(x,y,z)\mid x^2+y^2\leqslant R^2,-h(x,y)/2\leqslant z\leqslant h(x,y)/2\}$；板的厚度是

$$h(x,y)=\begin{cases}h_1+h_{\mathrm{p}} & \{(x,y)\mid |x-d_{1x}|\leqslant a/2\}\cap\{(x,y)\mid |y-d_{1y}|\leqslant b/2\}\\ h_2+h_{\mathrm{p}}, & \{(x,y)\mid (x-d_2)^2+y^2\leqslant r^2\}\\ h_{\mathrm{p}}, & \text{其他}\end{cases}$$

其中，h_{p} 表示不含电子元件的板的厚度。

式(5.3.3)中包含的应变可以根据经典 Kirchhoff 板理论[85]和假设(4)的振动位移表示：

$$\begin{cases}\varepsilon_{xx}=-z\partial_{xx}^2u\\ \varepsilon_{yy}=-z\partial_{yy}^2u\\ \gamma_{xy}=-2z\partial_{xy}^2u\end{cases} \tag{5.4.2}$$

各向同性薄板的本构方程由文献[90]给出(忽略了电子元件对板本构方程的影响)：

$$\begin{cases}\sigma_{xx}=\dfrac{E}{1-\nu_{\mathrm{p}}^2}(\varepsilon_{xx}+\nu_{\mathrm{p}}\varepsilon_{yy})\\ \sigma_{yy}=\dfrac{E}{1-\nu_{\mathrm{p}}^2}(\varepsilon_{yy}+\nu_{\mathrm{p}}\varepsilon_{xx})\\ \tau_{xy}=\dfrac{E}{2(1+\nu_{\mathrm{p}})}\gamma_{xy}\end{cases} \tag{5.4.3}$$

其中，E 和 ν_{p} 分别表示板的杨氏模量和泊松比。

忽略重力势能，并将式(5.3.1)和式(5.3.2)代入式(5.3.3)中，非均匀板的势能可改写为(忽略电子元件对板势能的影响)

$$U=\frac{1}{2}\int_{\Gamma}D(x,y)\{(\partial_{xx}^2u+\partial_{yy}^2u)^2-2(1-\nu_{\mathrm{p}})[\partial_{xx}^2u\partial_{yy}^2u-(\partial_{xy}^2u)^2]\}\mathrm{d}\Gamma \tag{5.4.4}$$

其中，$\Gamma=\{(x,y)\mid x^2+y^2\leqslant R^2\}$；$D(x,y)=Eh^3(x,y)/12(1-\nu_{\mathrm{p}}^2)$定义为板的抗弯刚度。

板的动能可以表示为

$$T=\frac{1}{2}\int_{\Gamma}\rho(x,y)\partial_t^2u\,\mathrm{d}\Gamma \tag{5.4.5}$$

其中，板的面密度 $\rho(x,y)$ 是

$$\rho(x,y)=\begin{cases}h_1\rho_1+h_{\mathrm{p}}\rho_0, & \{(x,y)\mid |x-d_{1x}|\leqslant a/2\}\cap\{(x,y)\mid |y-d_{1y}|\leqslant b/2\}\\ h_2\rho_1+h_{\mathrm{p}}\rho_0, & \{(x,y)\mid (x-d_2)^2+y^2\leqslant r^2\}\\ h_{\mathrm{p}}\rho_0, & \text{其他}\end{cases}$$

此处，ρ_0 表示板的密度；ρ_1 表示电子元件的密度。

根据我们先前工作[6]，系统的拉格朗日函数 $L=T-U$ 为

$$L=\frac{1}{2}\int_{\Gamma}\rho(x,y)\partial_t^2 u\mathrm{d}\Gamma-\frac{1}{2}\int_{\Gamma}D(x,y)\{(\partial_{xx}^2 u+\partial_{yy}^2 u)^2-2(1-\nu_{\mathrm{p}})[\partial_{xx}^2 u\partial_{yy}^2 u-(\partial_{xy}^2 u)^2]\}\mathrm{d}\Gamma \tag{5.4.6}$$

根据假设(1)，从卫星传递的作用力可以被视为作用在螺栓上的冲击序列，其描述了由卫星加速度引起的惯性力。

将哈密顿作用量定义为 $S=\int_{t_0}^{t_1}L\mathrm{d}t$，根据非完整哈密顿最小作用量原理，可以得到描述弹性波在弹性非均匀板中传播的方程：

$$\rho(x,y)\partial_{tt}u+D(x,y)(\partial_{xxxx}u+2\partial_{xxyy}u+\partial_{yyyy}u)=\sum_{\zeta=1}^{8}F_{\zeta} \tag{5.4.7}$$

初始条件为

$$u(0,x,y)=0,\partial_t u(t,x,y)\mid_{t=0}=0 \tag{5.4.8}$$

以及边界条件为

$$\begin{cases}u(t,x,y)=0, & \{(x,y)\mid x^2+y^2=R^2\}\\ \partial_t u(t,x,y)=0, & \{(x,y)\mid x^2+y^2=R^2\}\end{cases} \tag{5.4.9}$$

其中，$F_{\zeta}(\zeta=1,2,\cdots,8)$是由 $F_{\zeta}=\bar{F}_{\zeta}\delta(t_{\zeta},x_{\zeta},y_{\zeta})(\zeta=1,2,\cdots,8)$定义作用于点 $A_{\zeta}(\zeta=1,2,\cdots,8)$处的连续冲击。这里，$\bar{F}_{\zeta}$ 是常量，$\delta(\cdot)$是单位脉冲函数，t_{ζ} 是单位脉冲的作用时刻，单位脉冲作用位置为$(x_{\zeta},y_{\zeta})=(R-\varepsilon)\left(\cos\left[\frac{\pi(\zeta-1)}{4}\right],\sin\left[\frac{\pi(\zeta-1)}{4}\right]\right)$，式中 ε 是螺栓基础中心和板边界之间的最小欧几里得距离。

对称性是保结构思想[1-2,48,79,112]的基础。因此，针对无限维动力学系统的保结构方法提出了广义多辛理论[1]和动力学对称破缺的概念[2]。已经证明[2]，在构造动力学系统的一阶矩阵形式之后，无限维动力学系统的动力学对称破缺是由系数矩阵的对称破缺和哈密顿函数的时空依赖性两个因素引起的。

基于多辛降阶方法[48]，以通过定义正则变量得到系统(5.3.9)的一阶矩阵形式：

$$\boldsymbol{M}\partial_t\boldsymbol{z}+\boldsymbol{K}_1\partial_x\boldsymbol{z}+\boldsymbol{K}_2\partial_y\boldsymbol{z}=\nabla_z S(\boldsymbol{z}) \tag{5.4.10}$$

其中，$S(\boldsymbol{z})=-\rho(x,y)\varphi^2/2-D(x,y)(wq-\psi\kappa+pv)+D(x,y)(\psi^2+\kappa^2)/2+u\sum_{\zeta=1}^{8}F_{\zeta}$ 是广义哈密顿函数；$\boldsymbol{z}=(u,\varphi,w,\psi,q,v,\kappa,p)^{\mathrm{T}}$ 是状态向量，并且系数矩阵由下式给出：

$$\boldsymbol{M}=\begin{bmatrix}0 & \rho(x,y) & 0 & 0 & 0 & 0 & 0 & 0\\ -\rho(x,y) & 0 & 0 & 0 & 0 & 0 & 0 & 0\\ 0 & 0 & 0 & 0 & 0 & 0 & 0 & 0\\ 0 & 0 & 0 & 0 & 0 & 0 & 0 & 0\\ 0 & 0 & 0 & 0 & 0 & 0 & 0 & 0\\ 0 & 0 & 0 & 0 & 0 & 0 & 0 & 0\\ 0 & 0 & 0 & 0 & 0 & 0 & 0 & 0\\ 0 & 0 & 0 & 0 & 0 & 0 & 0 & 0\end{bmatrix}$$

$$
\boldsymbol{K}_1=\begin{bmatrix}
0 & 0 & 0 & 0 & D(x,y) & 0 & 0 & 0\\
0 & 0 & 0 & 0 & 0 & 0 & 0 & 0\\
0 & 0 & 0 & -D(x,y) & 0 & 0 & -D(x,y) & 0\\
0 & 0 & D(x,y) & 0 & 0 & 0 & 0 & 0\\
-D(x,y) & 0 & 0 & 0 & 0 & 0 & 0 & 0\\
0 & 0 & 0 & 0 & 0 & 0 & 0 & 0\\
0 & 0 & D(x,y) & 0 & 0 & 0 & 0 & 0\\
0 & 0 & 0 & 0 & 0 & 0 & 0 & 0
\end{bmatrix}
$$

$$
\boldsymbol{K}_2=\begin{bmatrix}
0 & 0 & 0 & 0 & 0 & 0 & 0 & D(x,y)\\
0 & 0 & 0 & 0 & 0 & 0 & 0 & 0\\
0 & 0 & 0 & 0 & 0 & 0 & 0 & 0\\
0 & 0 & 0 & 0 & 0 & D(x,y) & 0 & 0\\
0 & 0 & 0 & 0 & 0 & 0 & 0 & 0\\
0 & 0 & 0 & -D(x,y) & 0 & 0 & -D(x,y) & 0\\
0 & 0 & 0 & 0 & 0 & D(x,y) & 0 & 0\\
-D(x,y) & 0 & 0 & 0 & 0 & 0 & 0 & 0
\end{bmatrix}
$$

参考文献[2]中,已经给出了由上述两个对称破坏因素引起的局部能量耗散:

$$
\begin{aligned}
\Delta_{\mathrm{e}}=&\frac{1}{2}\partial_x D(x,y)[u\partial_t q-q\partial_t u+\psi\partial_t w-w\partial_t\psi+\kappa\partial_t w-w\partial_t\kappa]+\\
&\frac{1}{2}\partial_y D(x,y)[u\partial_t p-p\partial_t u+\psi\partial_t v-v\partial_t\psi+\kappa\partial_t v-v\partial_t\kappa]
\end{aligned}\tag{5.4.11}
$$

其中,

$$
\begin{aligned}
&\partial_x D(x,y)=\partial_y D(x,y)\\
&=\begin{cases}
Eh_{\mathrm{p}}(h_1+h_{\mathrm{p}})^2/8(1-\nu_{\mathrm{p}}^2), & \{(x,y)\,|\,|x-d_{1x}|=a/2\}\cap\{(x,y)\,|\,|y-d_{1y}|=b/2\}\\
Eh_{\mathrm{p}}(h_2+h_{\mathrm{p}})^2/8(1-\nu_{\mathrm{p}}^2), & \{(x,y)\,|\,(x-d_2)^2+y^2=r^2\}\\
0, & \text{其他}
\end{cases}
\end{aligned}\tag{5.4.12}
$$

根据式(5.3.14)和式(5.3.15),我们可以得出结论,局部能量耗散仅存在于电子元件的边缘($\{(x,y)\,|\,|x-d_{1x}|=a/2\}\cap\{(x,y)\,|\,|y-d_{1y}|=b/2\}$和$\{(x,y)\,|\,(x-d_2)^2+y^2=r^2\}$)上。在我们之前的工作[10]中已经提到,$\Delta_{\mathrm{e}}$ 的取值的正负在域 $\Gamma=\{(x,y)\,|\,x^2+y^2\leqslant R^2\}$ 中任何时刻都不一致,这意味着在板中传播的弹性波可能在某些区域中存在增强现象(在电子元件的布局优化实验中,强增强区域被命名为正共振区[6,10])。

圆域 $\Gamma=\{(x,y)\,|\,x^2+y^2\leqslant R^2\}$ 用沿着 x,y 间距为 Δx 和 Δy 的均匀网格分隔,网格点 $u(x,y,t)$ 处的(x_i,y_k,t_j)的近似数值解表示为 $u_{i,k}^j$。然后可以通过任何已证明具有保结构性质的有限差分方法来离散动力学模型。

为了用有限差分方法离散包含两个因变量的非线性双曲型偏微分方程组,Preissmann 在 20 世纪 60 年代引入了有限差分隐式格式[89]。随后,Preissmann 方法得到了改进[113-114],并被应用推广到计算动力学领域[115-116]。特别是受保结构思想的启发,证明了

Preissmann 差分方法对于保守系统是多辛的[117-119]，对于具有弱阻尼的非保守系统是广义多辛的[1]。依照参考文献[10]，[6]，[117]，可以得到与 Preissmann 方法等价的保结构离散格式：

$$\begin{aligned}&\frac{\rho(i,k)}{4\Delta t^2}(\delta_t^2 u_{i,k}^{j+2}+4\delta_t^2 u_{i,k}^{j+1}+6\delta_t^2 u_{i.k}^{j}+4\delta_t^2 u_{i,k}^{j-1}+\delta_t^2 u_{i,k}^{j-2})\\&+\frac{D(i,k)}{\Delta x^4}(\delta_x^4 u_{i+1,k}^{j}+2\delta_x^4 u_{i,k}^{j}+\delta_x^4 u_{i-1,k}^{j})\\&+\frac{2D(i,k)}{\Delta x^2\Delta y^2}(\delta_x^2\delta_y^2 u_{i+1/2,k+1/2}^{j}+2\delta_x^2\delta_y^2 u_{i,k}^{j}+\delta_x^2\delta_y^2 u_{i-1/2,k-1/2}^{j})\\&+\frac{D(i,k)}{\Delta y^4}(\delta_y^4 u_{i,k+1}^{j}+2\delta_y^4 u_{i,k}^{j}+\delta_x^4 u_{i,k-1}^{j})=\sum_{\zeta=1}^{8}(F_\zeta)_{i+1/2,k+1/2}^{j+1/2}\end{aligned}\tag{5.4.13}$$

其中，Δt 是时间步长；$\delta_t^2 u_{i,k}^j=u_{i,k}^{j+1}-2u_{i,k}^j+u_{i,k}^{j-1}$，$u_{i+1/2,k+1/2}^j=\frac{1}{4}(u_{i,k}^j+u_{i+1,k}^j+u_{i,k+1}^j+u_{i+1,k+1}^j)$，$\delta_x^4 u_{i,k}^j=u_{i+2,k}^j-4u_{i+1,k}^j+6u_{i,k}^j-4u_{i-1,k}^j+u_{i-2,k}^j$ 等。

式(5.3.9)所表示的系统是典型的非光滑动力学系统。因此，在数值方法中，对非光滑项的离散是一项困难的任务。

一个非光滑因素是作用在螺栓上的冲击。格式(5.3.16)中的$(F_\zeta)_{i+1/2,k+1/2}^{j+1/2}$ 可以表述为

$$(F_\zeta)_{i+1/2,k+1/2}^{j+1/2}=\begin{cases}\bar{F}_\zeta, & (j,i,k)\in\Xi\\ 0, & (j,i,k)\notin\Xi\end{cases}\tag{5.4.14}$$

其中，$\Xi=\{(j,i,k)\mid j\Delta t\leqslant t_\zeta\leqslant(j+1)\Delta t,i\Delta x\leqslant x_\zeta\leqslant(i+1)\Delta x,k\Delta y\leqslant y_\zeta\leqslant(k+1)\Delta y\}$。

式(5.3.16)的系数中还包含另一个非光滑因子，可近似为

$$\rho(i,k)=\begin{cases}h_1\rho_1+h_p\rho_0, & \{(i\Delta x,k\Delta y)\mid\mid i\Delta x-d_{1x}\mid<a/2\}\cap\{(i\Delta x,k\Delta y)\mid\mid(k\Delta y-d_{1y}\mid<b/2\}\\ h_1\rho_1+\lambda_1 h_p\rho_0, & \{(i\Delta x,k\Delta y)\mid a/2\leqslant\mid i\Delta x-d_{1x}\mid\leqslant a/2+\Delta x\}\cap\\ & \{(i\Delta x,k\Delta y)\mid b/2\leqslant\mid k\Delta y-d_{1y}\mid\leqslant b/2+\Delta y\}\\ h_2\rho_1+h_p\rho_0, & \{(i\Delta x,k\Delta y)\mid(i\Delta x-d_2)^2+(k\Delta y)^2<r^2\}\\ h_2\rho_1+\lambda_2 h_p\rho_0, & \{(i\Delta x,k\Delta y)\mid r^2\leqslant(i\Delta x-d_2)^2+(k\Delta y)^2\leqslant r^2+\Delta x^2+\Delta y^2\}\\ h_p\rho_0, & \text{其他}\end{cases}\tag{5.4.15}$$

$$D(i,k)=E[h(i,k)]^3/12(1-\nu_p^2)\tag{5.4.16}$$

其中，权重系数 λ_1、λ_2 和板的离散厚度 $h(i,k)$ 被定义为

$$\lambda_1=\frac{\max\{\mid\mid i\Delta x-d_{1x}\mid-a/2\mid,\mid\mid k\Delta y-d_{1y}\mid-b/2\mid\}}{\Delta x},$$

$$\lambda_2=\frac{\{[(i\Delta x-d_2)^2+(k\Delta y)^2]-r^2\}^{1/2}}{[\Delta x^2+\Delta y^2]^{1/2}}$$

$$h(i,k)=\begin{cases}h_1+h_p, & \{(i\Delta x,k\Delta y)\mid |i\Delta x-d_{1x}|<a/2\}\cap\{(i\Delta x,k\Delta y)\mid |k\Delta y-d_{1y}|<b/2\}\\ h_1+\lambda_1 h_p, & \{(i\Delta x,k\Delta y)\mid a/2\leqslant|i\Delta x-d_{1x}|\leqslant a/2+\Delta x\}\cap\\ & \{(i\Delta x,k\Delta y)\mid b/2\leqslant|k\Delta y-d_{1y}|\leqslant b/2+\Delta y\}\\ h_2+h_p, & \{(i\Delta x,k\Delta y)\mid (i\Delta x-d_2)^2+(k\Delta y)^2<r^2\}\\ h_2+\lambda_2 h_p, & \{(i\Delta x,k\Delta y)\mid r^2\leqslant(i\Delta x-d_2)^2+(k\Delta y)^2\leqslant r^2+\Delta x^2+\Delta y^2\}\\ h_p, & \text{其他}\end{cases}$$

在数值实验中，我们设 $\Delta x=\Delta y$，因此，λ_1 的分母也可以写成 Δy。

局部能量耗散可离散为

$$\begin{aligned}&(\Delta_e)_{i+1/2,k+1/2}^{j+1/2}\\&=\frac{1}{2}\overline{D}\left(u_{i+1/2,k+1/2}^{j+1/2}\frac{q_{i+1/2,k+1/2}^{j+1}-q_{i+1/2,k+1/2}^{j}}{\Delta t}-q_{i+1/2,k+1/2}^{j+1/2}\frac{u_{i+1/2,k+1/2}^{j+1}-u_{i+1/2,k+1/2}^{j}}{\Delta t}\right.\\&\quad+\psi_{i+1/2,k+1/2}^{j+1/2}\frac{w_{i+1/2,k+1/2}^{j+1}-w_{i+1/2,k+1/2}^{j}}{\Delta t}-w_{i+1/2,k+1/2}^{j+1/2}\frac{\psi_{i+1/2,k+1/2}^{j+1}-\psi_{i+1/2,k+1/2}^{j}}{\Delta t}\\&\quad\left.+\kappa_{i+1/2,k+1/2}^{j+1/2}\frac{w_{i+1/2,k+1/2}^{j+1}-w_{i+1/2,k+1/2}^{j}}{\Delta t}-w_{i+1/2,k+1/2}^{j+1/2}\frac{\kappa_{i+1/2,k+1/2}^{j+1}-\kappa_{i+1/2,k+1/2}^{j}}{\Delta t}\right).\\&\quad+\frac{1}{2}\overline{D}\left(u_{i+1/2,k+1/2}^{j+1/2}\frac{p_{i+1/2,k+1/2}^{j+1}-p_{i+1/2,k+1/2}^{j}}{\Delta t}-p_{i+1/2,k+1/2}^{j+1/2}\frac{u_{i+1/2,k+1/2}^{j+1}-u_{i+1/2,k+1/2}^{j}}{\Delta t}\right.\\&\quad+\psi_{i+1/2,k+1/2}^{j+1/2}\frac{v_{i+1/2,k+1/2}^{j+1}-v_{i+1/2,k+1/2}^{j}}{\Delta t}-v_{i+1/2,k+1/2}^{j+1/2}\frac{\psi_{i+1/2,k+1/2}^{j+1}-\psi_{i+1/2,k+1/2}^{j}}{\Delta t}\\&\quad\left.+\kappa_{i+1/2,k+1/2}^{j+1/2}\frac{v_{i+1/2,k+1/2}^{j+1}-v_{i+1/2,k+1/2}^{j}}{\Delta t}-v_{i+1/2,k+1/2}^{j+1/2}\frac{\kappa_{i+1/2,k+1/2}^{j+1}-\kappa_{i+1/2,k+1/2}^{j}}{\Delta t}\right)\end{aligned}\tag{5.4.17}$$

其中，

$$\overline{D}=\begin{cases}\dfrac{Eh_p(h_1+h_p)^2}{8(1-\nu_p^2)}, & \{(i\Delta x,k\Delta y)\mid |i\Delta x-d_{1x}|\leqslant a/2\leqslant|(i+1)\Delta x-d_{1x}|\}\cap\\ & \{(i\Delta x,k\Delta y)\mid |k\Delta y-d_{1y}|\leqslant b/2\leqslant|(k+1)\Delta y-d_{1y}|\}\\ \dfrac{Eh_p(h_2+h_p)^2}{8(1-\nu_p^2)}, & \{(i\Delta x,k\Delta y)\mid (i\Delta x-d)^2+(k\Delta y)^2\leqslant r^2\leqslant[(i+1)\Delta x-d]^2+[(k+1)\Delta y]^2\}\\ 0, & \text{其他}\end{cases}$$

在前期工作[10]中，模拟了不同时刻非均匀中心对称阻尼板在冲击激励下的正共振区，发现了板内正共振区的演化特性，这表明，在电子元件的布局优化过程中不能直接参考某个时刻的正共振区。因此，在接下来的数值实验中，将格式(5.3.16)得到 u 的数值结果对 t 进行积分，并给出几种情况下的 $\overline{U}=\frac{1}{t_0}\int_0^{t_0}u\,\mathrm{d}t$（其中 t_0 为积分区间）。

与之前给出的 u 在某时刻的积分结果相比，如果 $t_0\to\infty$，积分结果 $\overline{U}$ 可直接用于电子元件的布局优化过程。$\overline{U}$ 的值表示各时刻共振区域的叠加结果。参考我们以前的结果，在

这一节我们假设 $t_0=60\mathrm{s}$。

需要解释的是，u 的数值结果是剧烈振荡的。因此，在 $\overline{U}=\frac{1}{t_0}\int_0^{t_0} u\,\mathrm{d}t$ 的积分中采用 7 点 Gauss-Kronrod 积分格式，这已被证明是对振荡数值积分的一种有效方法[88]（在文献[120]，[121]中给出了$(2n+1)$点 Gauss-Kronrod 统一积分公式和实现方法。令 $n=3$，可得到 7 点 Gauss-Kronrod 积分公式）。

系统参数设为：板的物理参数设为 $E=2.914\times10^9\,\mathrm{Pa}$，$\rho_0=2\mathrm{kg}/(\mathrm{m}^2\cdot\mathrm{mm})$，$\nu_{\mathrm{p}}=0.37$；电子元件的密度假设为 $\rho_1=1\mathrm{kg}/(\mathrm{m}^2\cdot\mathrm{mm})$，系统的几何参数假设为 $R=0.5\mathrm{m}$，$r=0.03\mathrm{m}$，$a=2b=0.04\mathrm{m}$，$h_{\mathrm{p}}=6\mathrm{mm}$，$h_1=4\mathrm{mm}$，$h_2=8\mathrm{mm}$，$d_2=0.25\mathrm{m}$，$d_{1x}=2d_{1y}=0.3\mathrm{m}$，$\varepsilon=0.01\mathrm{m}$；步长为 $\Delta x=\Delta y=0.002\mathrm{m}$，$\Delta t=0.0005\mathrm{s}$。

在接下来的数值实验中，将考虑多组作用于初始时刻($t_\zeta=0$)，幅值相同($\bar{F}_\zeta=50\mathrm{N}$)的不同冲击组合。由于电子元件在平板上布局的不对称性，大多数冲击组合的谐振区域叠加结果都是无规则的。因此，本节将只详细介绍几种冲击序列组合下板内共振区域的叠加结果，以说明所提出的保结构方法在非均匀非对称板中传播的有效性。

在航天器的发射或返回过程中，较常见的情况是，螺栓传递的冲击序列是均匀的，这意味着，

$$\delta(t_\zeta,x_\zeta,y_\zeta)=\begin{cases}1, & t_\zeta=0,(x_\zeta,y_\zeta)=(R-\varepsilon)\left(\cos\left[\frac{\pi(\zeta-1)}{4}\right],\sin\left[\frac{\pi(\zeta-1)}{4}\right]\right), \quad \zeta=1,2,\cdots,8\\0, & \text{其他}\end{cases} \tag{5.4.18}$$

在这种情况下，虽然激励(冲击序列)是对称的，但由于电子元件的布局是不对称的，平板中的波形将是复杂的和不对称的。各时刻正共振区域叠加结果如图 5-16 所示。

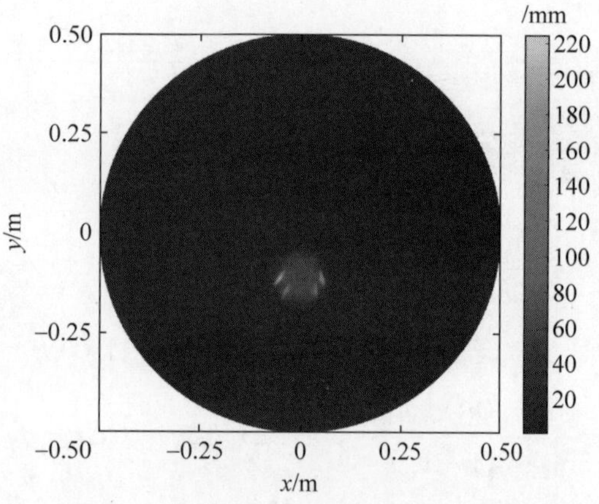

图 5-16　均匀冲击序列波形的叠加结果
(请扫Ⅰ页二维码看彩图)

由图 5-16 可以发现，即使激励是对称的，波在板中传播的叠加结果也具有非对称性。除了一小部分距离板中心外不远的区域外，其他部分的波叠加结果均趋于零，这意味着这些区域的网格横向振动几乎是谐波，在 $t\in[0,60]\mathrm{s}$ 区间内这些区域没有发生共振现象。

据笔者所知，目前尚无相应的理论或数值结果的文献报道可作为本节的参考。为此，为验证保结构方法(5.3.16)所得数值结果的有效性和准确性，利用有限元软件 ABAQUS 对式(5.1.50)给出的均匀连续冲击下非均匀非对称板的振动进行了模拟。各网格上有限元计算结果与保结构方法(5.3.16)在区间 $t\in[0,60]\mathrm{s}$ 内的最大相对误差如图 5-17 所示，图中选择 0.005s 的时间步长，以使图清晰可读。

由图 5-17 可以清楚地发现，在区间 $t\in[0,60]\mathrm{s}$ 内，有限元计算结果与保结构方法(5.3.16)的最大相对误差小于 1.8×10^{-12}，可知保结构方法得到的数值结果精度较高，

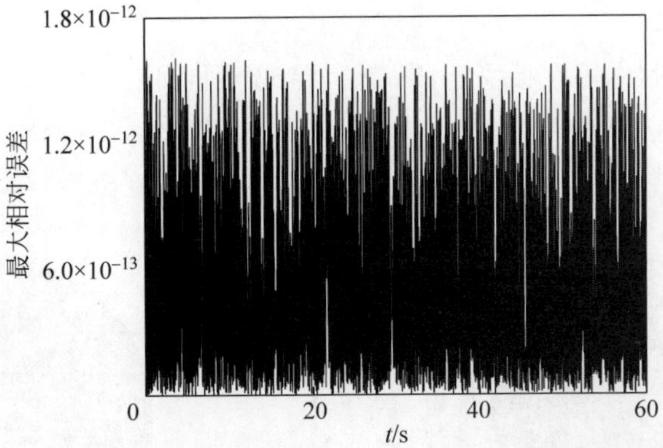

图 5-17　有限元计算结果与保结构方法计算结果的最大相对误差

与有限元计算结果吻合较好。

在姿态调整、轨道调整和轨道转移过程中，也会存在一些通过连接螺栓从航天器传递到平板上的随机激励。这些随机激励导致了在接下来的数值实验中考虑的非均匀连续冲击。

考虑到电子元件的非对称布局，本节假设单次冲击分别作用在螺栓 $A_i(i=1,2,\cdots,8)$ 上，这是非均匀冲击系列的最简单情况。图 5-18 分别是 A_1，A_2 和 A_3 受到单次冲击时，波在板中传播的叠加结果。

由图 5-18 可以发现，当单次冲击作用在螺栓 A_2 或 A_3 上时，共振区域在相对较大的区域内频繁移动(实际上，冲击作用在螺栓 $A_i(i=4,\cdots,8)$ 时结论类似，为避免重复而略述)，而作用于螺栓 A_1 时共振区不活跃(相对稳定)。

电子元件布局的不对称性决定了两种冲击激励有 $C_8^2=28$ 不同的情况。用所提出的保结构方法可以得到每种情况下波形的叠加结果。在本节中，只在图 5-19 中展示了 (A_2,A_3)，(A_2,A_6) 和 (A_3,A_7) 这三种冲击组合作用下的一些有趣的叠加结果。(我们无法从其他冲击组合的叠加结果中得到任何有价值的规律。因此，相关的结果将不再详细介绍。)

在图 5-19 所示冲击组合 (A_2,A_3) 波形叠加结果中，板的最大面外位移约为 18mm，这意味着冲击组合 (A_2,A_3) 的共振效应较弱。对于 (A_2,A_6) 冲击组合，板的振动能量近似对称地集中在靠近板中心的两个小区域。对于冲击组合 (A_3,A_7)，板内波形叠加结果存在三个振幅不同的共振区。有趣的是，这三个共振区域的中心大约位于等边三角形

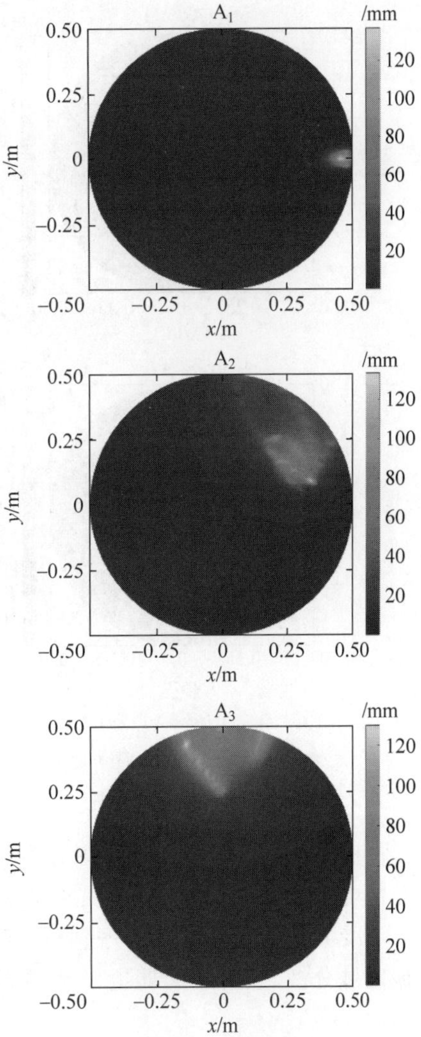

图 5-18　单次冲击板中波形的叠加结果
(请扫Ⅰ页二维码看彩图)

的三个顶点。

如果三个冲击同时作用在板块上，则有 $C_8^3=56$ 不同的情况。在这些情况的结果中，只有(A_2,A_3,A_6)和(A_2,A_3,A_7)两种冲击组合的波形叠加结果含有一些有用的规律，如图 5-20 所示。其他结果(如图 5-20 中(A_2,A_3,A_4)撞击组合的结果)不再赘述。

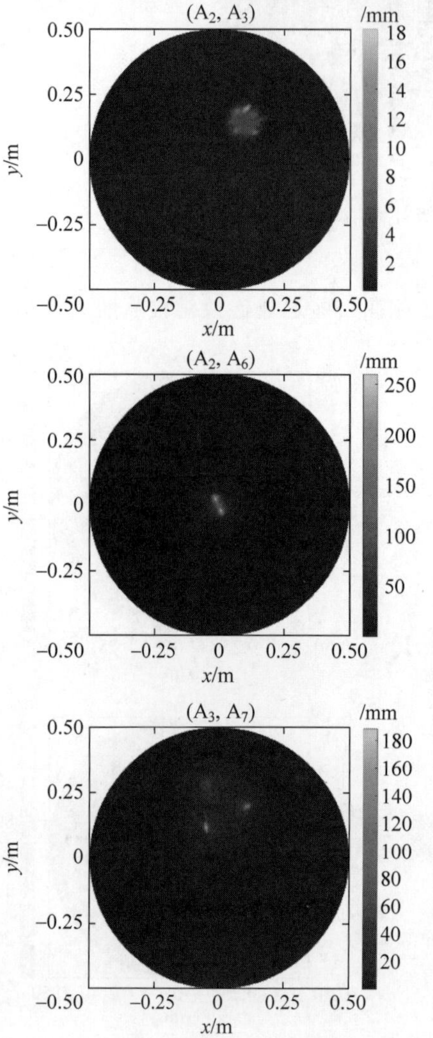

图 5-19 (A_2,A_3),(A_2,A_6)和(A_3,A_7)冲击组合的板内波形叠加结果

(请扫 I 页二维码看彩图)

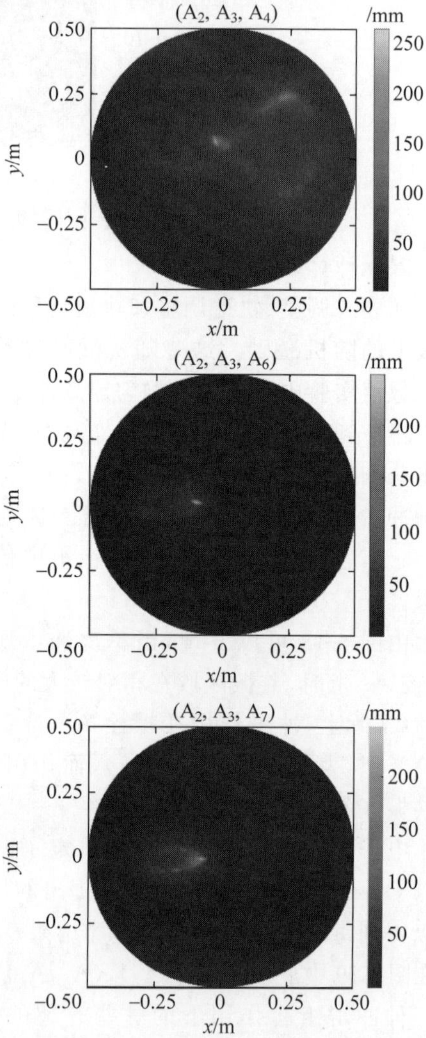

图 5-20 (A_2,A_3,A_4),(A_2,A_3,A_6)和(A_2,A_3,A_7)冲击组合的板内波形叠加结果

(请扫 I 页二维码看彩图)

由图 5-20 可以发现，冲击组合为(A_2,A_3,A_6)和(A_2,A_3,A_7)时，板内的波共振区域围绕左侧电子设备。此外，共振现象在左侧电子元件的右侧边界附近更为明显。

当受其他更复杂的冲击序列(如四种冲击组合等)激励时，板内波形叠加结果无规则且共振区域分散，这对航天器电子元件布局的指导意义不大。因此，相关的结果将不再详细介绍。

参考文献

[1] HU W P, DENG Z C, HAN S M, ZHANG W R. Generalized multi-symplectic integrators for a class of Hamiltonian nonlinear wave PDEs. Journal of Computational Physics, 2013, 235: 394-406.

[2] HU W, WANG Z, ZHAO Y, Deng Z. Symmetry breaking of infinite-dimensional dynamic system. Applied Mathematics Letters, 2020, 103: 106207.

[3] HU W, DENG Z. Interaction effects of DNA, RNA-polymerase, and cellular fluid on the local dynamic behaviors of DNA. Applied Mathematics and Mechanics-English Edition, 2020, 41: 623-636.

[4] HU W, YE J, DENG Z. Internal resonance of a flexible beam in a spatial tethered system. Journal of Sound and Vibration, 2020, 475: 115286.

[5] HU W, YU L, DENG Z. Minimum control energy of spatial beam with assumed attitude adjustment target. Acta Mechanica Solida Sinica, 2020, 33: 51-60.

[6] HU W, ZHANG C, DENG Z. Vibration and elastic wave propagation in spatial flexible damping panel attached to four special springs. Communications in Nonlinear Science and Numerical Simulation, 2020, 84: 10519.

[7] HU W, HUAI Y, XU M, DENG Z. Coupling dynamic characteristics of simplified model for tethered satellite system. Acta Mechanica Sinica, 2021, 37: 1245-1254.

[8] HU W, HUAI Y, XU M, FENG X, JIANG R, ZHENG Y, DENG Z. Mechanoelectrical flexible hub-beam model of ionic-type solvent-free nanofluids, Mechanical Systems and Signal Processing, 2021, 159: 107833.

[9] HU W, XU M, JIANG R, ZHANG C, DENG Z. Wave propagation in non-homogeneous asymmetric circular plate. International Journal of Mechanics and Materials in Design, 2021, 17: 885-898.

[10] HU W, XU M, JIANG R, ZHANG F, ZHANG C, DENG Z. Wave propagation in non-homogeneous centrosymmetric damping plate subjected to impact series. Journal of Vibration Engineering & Technologies, 2021.

[11] HU W, XU M, SONG J, GAO Q, DENG Z. Coupling dynamic behaviors of flexible stretching hub-beam system, Mechanical Systems and Signal Processing, 2021, 151: 107389.

[12] HU W, HUAI Y, XU M, CAO P, JIANG R, SHI J, DENG Z. Effects of tow parameters on dynamic behaviors of beam-type orbital debris. Journal of the Astronautical Sciences, 2022.

[13] Stewart D E. Rigid-body dynamics with friction and impact. SIAM Review, 2000, 42: 3-39.

[14] QIU X M, YU T X. Some topics in recent advances and applications of structural Impact dynamics. Applied Mechanics Reviews, 2011, 64.

[15] YARIN A L. Drop impact dynamics: splashing, spreading, receding, bouncing. Annual Review of Fluid Mechanics, 2006, 38: 159-192.

[16] BRANICIO P S, KALIA R. K, NAKANO A, VASHISHTA P, SHIMOJO F, RINO J. P. Atomistic damage mechanisms during hypervelocity projectile impact on AIN: a large-scale parallel molecular dynamics simulation study. Journal of the Mechanics and Physics of Solids, 2008, 56: 1955-1988.

[17] MORINIERE F D, ALDERLIESTEN R C, BENEDICTUS R. Modelling of impact damage and dynamics in fibre-metal laminates-a review. International Journal of Impact Engineering, 2014, 67: 27-38.

[18] SUHIR E, GHAFFARIAN R. DYNAMIC response of electronic materials to impact loading: review. Zamm-Zeitschrift Fur Angewandte Mathematik Und Mechanik, 2017, 97: 699-717.

[19] KAILASANATH K, PATNAIK G. Performance estimates of pulsed detonation engines. Proceedings of the Combustion Institute, 2000, 28: 595-601.

[20] SELLAM M, FORESTIER A. J. FORESTIER. Pulsed detonation engine. Numerical study. Journal De Physique Iv, 2000, 10: 165-174.

[21] HEISER W H, PRATT D T. Thermodynamic cycle analysis of pulse detonation engines. Journal of Propulsion and Power, 2002, 18: 68-76.

[22] FAN W, YAN C J, HUANG X Q, ZHANG Q, ZHENG L X. Experimental investigation on two-phase pulse detonation engine. Combustion and Flame, 2003, 133: 441-450.

[23] HE X, KARAGOZIAN A R. Numerical simulation of pulse detonation engine phenomena. Journal of Scientific Computing, 2003, 19: 201-224.

[24] MA F, CHOI J Y, YANG V. Propulsive performance of airbreathing pulse detonation engines. Journal of Propulsion and Power, 2006, 22: 1188-1203.

[25] NIKITIN V F, DUSHIN V R, PHYLIPPOV Y G, LEGROS J. C. Pulse detonation engines: technical approaches. Acta Astronautica, 2009, 64: 281-287.

[26] WANG Z, QIN W, HUANG J, WEI L, WANG Y, ZHANG L, LIU Z. Experimental study on the temperature and structure of the exhaust plume in valveless pulse detonation engines. Aerospace Science and Technology, 2021, 117.

[27] WANG Z, WANG Y, HUANG J, QIN W, WEI L, LIU Z, PENG C. Back-propagation suppression study based on intake configuration optimization for an air-breathing pulse detonation engine. Aerospace Science and Technology, 2021, 118.

[28] D HELMAN, P SHREEVE R, S Eidelman. Detonation pulse engine 22nd ASME/SAE/ASEE Joint Propulsion Conference, Huntsville, AL, AIAA 86-1683, 1986.

[29] EIDELMAN S, GROSSMANN W, LOTTATI I. Review of propulsion applications and numerical simulations of the pulsed detonation engine concept. Journal of Propulsion and Power, 1991, 7: 857-865.

[30] BRATKOVICH T E, BUSSING T R A. A pulse detonation engine performance model. 31st. AIAA/ASME/SAE/ASEE Joint Propulsion Conference & Exhibit, AIAA 95-3155San Diego, CA, 1995: 1-15.

[31] ENDO T, FUJIWARA T. Analytical estimation of performance parameters of an ideal pulse detonation engine. Transactions of the Japan Society for Aeronautical and Space Sciences, 2003, 45: 249-254.

[32] RADULESCU M I, HANSON R K. Effect of heat loss on pulse-detonation-engine flow fields and performance. Journal of Propulsion and Power, 2005, 21: 274-285.

[33] TANGIRALA V E, DEAN A J. Performance estimations of a pulse detonation engine with exit nozzle. 42nd. AIAA/ASME/SAE/ASEE Joint Propulsion Conference & Exhibit, AIAA 2006-4792. Sacramento Convention Center, Sacramento, California, 2006: 1-16.

[34] GLASER A J. Performance and environmental impact assessment of pulse detonation based engine systems, Cincinnati, Ohio University of Cincinnati, 2007.

[35] BROPHY C M, HANSON R K. Fuel distribution effects on pulse detonation engine operation and performance. Journal of Propulsion and Power, 2006, 22: 1155-1161.

[36] YAN Y, FAN W, WANG K, MU Y. Experimental investigation of the effect of bell-shaped nozzles on the two-phase pulse detonation rocket engine performance. Combustion Explosion and Shock Waves, 2011, 47: 335-342.

[37] FAN W, LI J L, LI Q, YAN C J. Numerical investigation on multi-cycle operation of pulse detonation rocket engine. International Journal of Turbo & Jet-Engines, 2008, 25: 189-195.

[38] ZHANG Q, YAN C J, FAN W, LI Q. Experimental investigation of effect of partial filling on the impulse of pulse detonation engine. Chinese Science Bulletin, 2007, 52: 2859-2865.

[39] LI Q, FAN W, YAN C J, HU C Q, YE B. Experimental investigation on performance of pulse detonation rocket engine model. Chinese Journal of Aeronautics, 2007, 20: 9-14.

[40] YAP C H, DASI L P, YOGANATHAN A P. Dynamic hemodynamic energy loss in normal and stenosed aortic valves. Journal of Biomechanical Engineering-Transactions of the ASME, 2010, 132.

[41] DUSLING K, MOORE G D, TEANEY D. Radiative energy loss and v(2) spectra for viscous hydrodynamics. Physical Review C, 2010, 81.

[42] FESTER V, MBIYA B, SLATTER P. Energy losses of non-Newtonian fluids in sudden pipe contractions. Chemical Engineering Journal, 2008, 145: 57-63.

[43] TONG M, LIEBNER T. Loss of energy dissipation capacity from the deadzone in linear and nonlinear viscous damping devices. Earthquake Engineering and Engineering Vibration, 2007, 6: 11-20.

[44] NORRIS S, MALLINSON G. Volumetric methods for evaluating energy loss and heat transfer in cavity flows. International Journal for Numerical Methods in Fluids, 2007, 54: 1407-1423.

[45] HU W P, HAN S M, DENG Z C. Analyzing dynamic response of nonhomogeneous string fixed at both ends. International Journal of Non-Linear Mechanics, 2021, 47: 1111-1115.

[46] HU W P, DENG Z C, HAN S M, FAN W. An implicit difference scheme focusing on the local conservation properties for burgers equation. International Journal of Computational Methods, 2012, 9: 1240028.

[47] HU W, DENG Z, XIE G. Energy loss in pulse detonation engine due to fuel viscosity. Mathematical Problems in Engineering, 2014.

[48] BRIDGES T J. Multi-symplectic structures and wave propagation. Mathematical proceedings of the Cambridge Philosophical Society, 1997, 121: 147-190.

[49] BRIDGES T J, REICH S. Multi-symplectic integrators: numerical schemes for Hamiltonian PDEs that conserve symplecticity. Physics Letters A, 2001, 284: 184-193.

[50] CURTY CUCO A P, DE SOUSA F L, SILVA NETO A J. A multi-objective methodology for spacecraft equipment layouts. Optimization and Engineering, 2015, 16: 165-181.

[51] TOLSTOY I, USDIN E. Wave propagation in elastic plates low and high mode dispersion. Journal of the Acoustical Society of America, 1957, 29: 37-42.

[52] ANDERSON D L. Elastic wave propagation in layered anisotropic media. Journal of Geophysical Research, 1961, 66: 2953-2963.

[53] TIERSTEN H F. Wave propagation in an infinite piezoelectric plate. Journal of the Acoustical Society of America, 1963, 35: 234-239.

[54] BLEUSTEIN J L. Some simple modes of wave propagation in an infinite piezoelectric plate. Journal of the Acoustical Society of America, 1969, 45: 614-620.

[55] WANG Q, VARADAN V K. Wave propagation in piezoelectric coupled plates by use of interdigital transducer Part 1. Dispersion characteristics. International Journal of Solids and Structures, 2002, 39: 1119-1130.

[56] WU B, YU J, HE C. Wave propagation in non-homogeneous magneto-electro-elastic plates. Journal of Sound and Vibration, 2008, 317: 250-264.

[57] ARANI A G, KOLAHCHI R, MORTAZAVI S A. Nonlocal piezoelasticity based wave propagation of bonded double-piezoelectric nanobeam-systems. International Journal of Mechanics and Materials in Design, 2014, 10: 179-191.

[58] RUMERMAN M L. Vibration and wave-propagation in ribbed plates. Journal of the Acoustical Society of America, 1975, 57: 370-373.

[59] ORRENIUS U, FINNVEDEN S. Calculation of wave propagation in rib-stiffened plate structures. Journal of Sound and Vibration, 1996, 198: 203-224.

[60] NAYFEH A H, CHIMENTI D E. Free wave propagation in plates of general anisotropic media. Journal of Applied Mechanics-Transactions of the ASME, 1989, 56: 881-886.

[61] SHUVALOV A L. On the theory of wave propagation in anisotropic plates. Proceedings of the Royal Society a-Mathematical Physical and Engineering Sciences, 2000, 456: 2197-2222.

[62] CHEN J, PAN E, CHEN H. Wave propagation in magneto-electro-elastic multilayered plates. International Journal of Solids and Structures, 2007, 44: 1073-1085.

[63] KUDELA P, ZAK A, KRAWCZUK M, OSTACHOWICZ W. Modelling of wave propagation in composite plates using the time domain spectral element method. Journal of Sound and Vibration, 2007, 302: 728-745.

[64] PENG H, MENG G, LI F. Modeling of wave propagation in plate structures using three-dimensional spectral element method for damage detection. Journal of Sound and Vibration, 2009, 320: 942-954.

[65] MA Y, ZHANG Y, KENNEDY D. A symplectic analytical wave based method for the wave propagation and steady state forced vibration of rectangular thin plates. Journal of Sound and Vibration, 2015, 339: 196-214.

[66] NOUH M, ALDRAIHEM O, BAZ A. Wave propagation in metamaterial plates with periodic local resonances. Journal of Sound and Vibration, 2015, 341: 53-73.

[67] YAHIA S A, ATMANE H A, HOUARI M S A, TOUNSI A. Wave propagation in functionally graded plates with porosities using various higher-order shear deformation plate theories. Structural Engineering and Mechanics, 2015, 53: 1143-1165.

[68] BOUKHARI A, ATMANE H A, TOUNSI A, BEDIA E A A, MAHMOUD S R. An efficient shear deformation theory for wave propagation of functionally graded material plates. Structural Engineering and Mechanics, 2016, 57: 837-859.

[69] KOLAHCHI R, ZAREI M S, HAJMOHAMMAD M H, NOURI A. Wave propagation of embedded viscoelastic FG-CNT-reinforced sandwich plates integrated with sensor and actuator based on refined zigzag theory. International Journal of Mechanical Sciences, 2017, 130: 534-545.

[70] DONG Y H, HE L W, WANG L, LI Y H, YANG J. Buckling of spinning functionally graded graphene reinforced porous nanocomposite cylindrical shells: analytical study. Aerospace Science and Technology, 2018, 82-83: 466-478.

[71] DONG Y, LI X, GAO K, LI Y, YANG J. Harmonic resonances of graphene-reinforced nonlinear cylindrical shells: effects of spinning motion and thermal environment. Nonlinear Dyn., 2020, 99: 981-1000.

[72] REDA H, KARATHANASOPOULOS N, RAHALI Y, GANGHOFFER J F, LAKISS H. Influence of first to second gradient coupling energy terms on the wave propagation of three-dimensional non-centrosymmetric architectured materials. International Journal of Engineering Science, 2018, 128: 151-164.

[73] AYAD M, KARATHANASOPOULOS N, GANGHOFFER J F, LAKISS H. Higher-gradient and micro-inertia contributions on the mechanical response of composite beam structures. International Journal of Engineering Science, 2020, 154.

[74] AYAD M, KARATHANASOPOULOS N, REDA H, GANGHOFFER J F, LAKISS H. On the role of second gradient constitutive parameters in the static and dynamic analysis of heterogeneous media with micro-inertia effects. International Journal of Solids and Structures, 2020, 190: 58-75.

[75] HU W, ZHANG C, DENG Z. Vibration and elastic wave propagation in spatial flexible damping panel attached to four special springs. Communications in Nonlinear Science and Numerical Simulation, 2020, 84.

[76] HU W, SONG M, YIN T, WEI B, DENG Z. Energy dissipation of damping cantilevered single-walled

carbon nanotube oscillator. Nonlinear Dyn, 2018, 91: 767-776.

[77] HU W, SONG M, DENG Z. Energy dissipation/transfer and stable attitude of spatial on-orbit tethered system. Journal of Sound and Vibration, 2018, 412: 58-73.

[78] HU W, YIN T, ZHENG W, DENG Z. Symplectic analysis on orbit-attitude coupling dynamic problem of spatial rigid rod. Journal of Vibration and Control, 2020, 26: 1614-1624.

[79] FENG K. On difference schemes and symplectic geometry. Proceeding of the 1984 Beijing Symposium on Differential Geometry and Differential Equations. Beijing: Science Press, 1984: 42-58.

[80] BERNARDO M DI, BUDD C J, CHAMPNEYS A R, KOWALCZYK P, NORDMARK A B, TOST G O, PIIROINEN P T. Bifurcations in nonsmooth dynamical systems. SIAM Review, 2008, 50: 629-701.

[81] YU Y, WANG Q, BI Q, LIM C W. Multiple-S-shaped critical manifold and jump phenomena in low frequency forced vibration with amplitude modulation. International Journal of Bifurcation and Chaos, 2019, 29.

[82] YU Y, ZHANG C, CHEN Z, LIM C W. Relaxation and mixed mode oscillations in a shape memory alloy oscillator driven by parametric and external excitations. Chaos Solitons & Fractals, 2020, 140.

[83] YU Y, ZHANG Z, HAN X. Periodic or chaotic bursting dynamics via delayed pitchfork bifurcation in a slow-varying controlled system. Communications in Nonlinear Science and Numerical Simulation, 2018, 56: 380-391.

[84] Y YU, ZHANG Z, BI Q. Multistability and fast-slow analysis for van der Pol-Duffing oscillator with varying exponential delay feedback factor. Applied Mathematical Modelling, 2018, 57: 448-458.

[85] KIRCHHOFF G R. Über das Gleichgewicht und die Bewegung einer elastischen Scheibe. Journal für die reine und angewandte Mathematik, 1850, 40: 51-88.

[86] XU X J, DENG Z C, MENG J M, ZHANG K. Bending and vibration analysis of generalized gradient elastic plates. Acta Mechanica, 2014, 225: 3463-3482.

[87] HU W, LI Q, JIANG X, DENG Z. Coupling dynamic behaviors of spatial flexible beam with weak damping. International Journal for Numerical Methods in Engineering, 2017, 111: 660-675.

[88] HU W P, DENG Z C, YIN T T. Almost structure-preserving analysis for weakly linear damping nonlinear Schrödinger equation with periodic perturbation. Communications in Nonlinear Science and Numerical Simulation, 2017, 42: 298-312.

[89] PREISSMANN A. Propagation des intumescences dans les canaux et rivieres. First Congress French Association for Computation, Grenoble, 1961: 433-442.

[90] TAFAZOLI M. A study of on-orbit spacecraft failures, Acta Astronautica. 2009, 64: 195-205.

[91] BAIER H, PÜHLHOFER T. Approaches for further rationalisation in mechanical architecture and structural design of satellites. 54th International Astronautical Congress, Bremen, Germany, 2003.

[92] BIOT M A. Theory of propagation of elastic waves in a fluid-saturated porous solid. 2. higher frequency range. Journal of the Acoustical Society of America, 1956, 28: 179-191.

[93] BIOT M A. Theory of propagation of elastic waves in a fluid-saturated porous solid. 1. low-frequency range. Journal of the Acoustical Society of America, 1956, 28: 168-178.

[94] GAZIS D. C. 3-dimensional investigation of the propagation of waves in hollow circular cylinder. 1. analytical foundation. Journal of the Acoustical Society of America, 1959, 31: 568-573.

[95] CHEN S, WANG G, WEN J, WEN X. Wave propagation and attenuation in plates with periodic arrays of shunted piezo-patches. Journal of Sound and Vibration, 2013, 332: 1520-1532.

[96] DONG Y, LI Y, LI X, YANG J. Active control of dynamic behaviors of graded graphene reinforced cylindrical shells with piezoelectric actuator/sensor layers. Applied Mathematical Modelling, 2020, 82: 252-270.

[97] RUZZENE M,MAZZARELLA L,TSOPELAS P,SCARPA F. Wave propagation in sandwich plates with periodic auxetic core. Journal of Intelligent Material Systems and Structures,2002,13: 587-597.

[98] MEAD D J. Wave propagation in continuous periodic structures: research contributions from Southampton,1964—1995. Journal of Sound and Vibration,1996,190: 495-524.

[99] MEAD D J. A new method of analyzing wave-propagation in periodic structures-applications to periodic Timoshenko beams and stiffened plates. Journal of Sound and Vibration,1986,104: 9-27.

[100] MEAD D J,PARTHAN S. Free wave-propagation in 2-dimensional periodic plates. Journal of Sound and Vibration,1979,64: 325-348.

[101] LOU J, YANG J, KITIPORNCHAI S, WU H. A dynamic homogenization model for long-wavelength wave propagation in corrugated sandwich plates. International Journal of Mechanical Sciences,2018,149: 27-37.

[102] NILSSON A C. Wave-propagation in and sound-transmission through sandwich plates. Journal of Sound and Vibration,1990,138: 73-94.

[103] TOWFIGHI S, KUNDU T. Elastic wave propagation in anisotropic spherical curved plates. International Journal of Solids and Structures,2003,40: 5495-5510.

[104] CHAKRABORTY A,GOPALAKRISHNAN S. A spectrally formulated plate element for wave propagation analysis in anisotropic material. Computer Methods in Applied Mechanics and Engineering,2005,194: 4425-4446.

[105] HOU Z,ASSOUAR B M. Numerical investigation of the propagation of elastic wave modes in a one-dimensional phononic crystal plate coated on a uniform substrate. Journal of Physics D-Applied Physics,2009,42.

[106] ZHU R,HUANG G L,HUANG H H,SUN CT. Experimental and numerical study of guided wave propagation in a thin metamaterial plate. Physics Letters A,2011,375: 2863-2867.

[107] LIM C W,ZHANG G,REDDY J N. A higher-order nonlocal elasticity and strain gradient theory and its applications in wave propagation. Journal of the Mechanics and Physics of Solids,2015,78: 298-313.

[108] LV Z,LIU H,LI Q. Effect of uncertainty in material properties on wave propagation characteristics of nanorod embedded in elastic medium. International Journal of Mechanics and Materials in Design, 2018,14: 375-392.

[109] LI C,HAN Q. Analyzing wave propagation in graphene-reinforced nanocomposite annular plates by the semi-analytical formulation. Mechanics of Advanced Materials and Structures,2020.

[110] TENG H F,CHEN Y,ZENG W,SHI Y J,HU Q H. A dual-system variable-grain cooperative coevolutionary algorithm: satellite-module layout design. IEEE Transactions on Evolutionary Computation,2010,14: 438-455.

[111] SUN Z,TENG H,LIU Z. Several key problems in automatic layout design of spacecraft modules. Progress in Natural Science,2003,13: 801-808.

[112] FENG K. Difference-schemes for Hamiltonian-formalism and symplectic-geometry. Journal of Computational Mathematics,1986,4: 279-289.

[113] SAMUELS P G,SKEELS C P. Stability limits for Preissmann scheme. Journal of Hydraulic Engineering-ASCE,1990,116: 997-1012.

[114] MESELHE E A,HOLLY F M. Invalidity of Preissmann scheme for transcritical flow. Journal of Hydraulic Engineering-ASCE,1997,123: 652-655.

[115] BYERS W P. On a theorem of Preissmann. Proceedings of the American Mathematical Society, 1970,24: 50.

[116] GUO D, YU B. Implementation of the Preissmann scheme to solve the Hairsine-Rose erosion

equations: verification and evaluation. Journal of Hydrology, 2016, 541: 988-1002.

[117] ZHAO P F, QIN M Z. Multisymplectic geometry and multisymplectic Preissmann scheme for the KdV equation. Journal of Physics A-Mathematical and General, 2000, 33: 3613-3626.

[118] ASCHER U M, MCLACHLAN R I. Multisymplectic box schemes and the Korteweg-de Vries equation. Applied Numerical Mathematics, 2004, 48: 255-269.

[119] WANG J J, WANG L T. Multi-symplectic Preissmann scheme for a high order wave equation of KdV type. Applied Mathematics and Computation, 2013, 219: 4400-4409.

[120] CALVETTI D, GOLUB G H, GRAGG W B, REICHEL L. Computation of Gauss-Kronrod quadrature rules. Mathematics of Computation, 2000, 69: 1035-1052.

[121] LAURIE D P. Calculation of Gauss-Kronrod quadrature rules. Mathematics of Computation, 1997, 66: 1133-1145.

第6章

微纳米动力学系统的保结构分析

对于微小尺寸的微/纳米系统，其实验研究和数值模拟都面临着巨大的挑战。例如，纳米管的振动频率高达 10^{12} Hz(THz)，这意味着纳米管振动系统的非线性行为难以在理论、实验或数值上再现。以纳米注射器[1,2]为例，其概念图如图 6-1 所示，纳米管的非线性动力学分析对于纳米注射器的稳定工作非常重要。

图 6-1　纳米注射器概念图

特别是，纳米注射器中纳米管的动力学稳定性会直接影响纳米注射器的精度。诱发纳米注射器中纳米管高频振动的因素很多，包括在纳米注射器准备阶段中空气灰尘和人体毛发的影响；纳米注射器在使用阶段，纳米管中输送的药物与人体神经、血液耦合作用。纳米注射器中纳米管的超高频振动分析及其控制策略是纳米注射器稳定工作的前提。

在文献[3]，[4]中，对纳米管振动的模拟主要是基于第一原理的分子动力学模拟。但是，分子动力学模拟无法直接再现大多数非线性动力学行为。根据第 4 章和第 5 章中给出的利用广义多辛方法[5-6]捕获激波的数值结果，我们认为，纳米注射器中纳米管的超高频振动可以通过广义多辛方法再现，这将在本章中依据参考文献[7]～[11]详细介绍。

6.1　嵌入式单壁碳纳米管中的混沌现象

自 1991 年 Iijima 在实验室首次发现碳纳米管以来，碳纳米管由于其各向异性结构以及优异的电气和机械性能而引起了广泛的关注[12]，并且在过去十年中被广泛用于制造微纳米器件，例如文献[13]，[14]中的场效应晶体管。迄今为止，碳纳米管已被证明是在多种应用中都有广泛前景的材料，如场发射显示器[15]、纳米电子器件[16]、化学传感器[17]和电池[18]等。

与这些应用相关，碳纳米管良好的非线性振荡特性是决定这些碳纳米管器件性能的重要因素。由于碳纳米管的尺寸非常小，用现有的测量技术很难在实验室中观察碳纳米管的非线性振荡特性。因此，对碳纳米管非线性振荡特性的研究必须借助于数值方法。在过去几十年中，关于单壁碳纳米管的振荡动力学特性，已经有了一些具有代表性的研究工作：Coluci 及其合作者发现，基于多壁碳纳米管的耦合振荡器在给定总能量下存在混沌现象，这为基于多壁碳纳米管振荡器构建多功能纳米器件提供了可能性[19]；Wei 和 Guo 基于分子动力学理论研究了浸入在乙醇液体中的单壁碳纳米管的动力学行为[20]；Conley 及其合作者探索了悬臂碳纳米管和纳米线谐振器的非线性动力学，并再现了这种谐振器独特的运动形式[21]；Mayoof 和 Hawwa 研究了单壁碳纳米管和双壁碳纳米管的非线性振荡问题，它们分别在主共振频率附近被谐波激励[22-24]，其中，Hawwa 给出了一些与碳纳米管的混沌和分岔相关的数值结果，但无法获得碳纳米管中混沌现象发生的解析条件；Wang，Hu 和 Guo 基于连续介质力学的不同梁模型详细分析了单壁碳纳米管的热振动问题[25]；最近，Joshi 及其合作者观察到了单壁碳纳米管中的混沌现象，并得到碳纳米管非线性振动行为的一些定性性质[26]。

在上述文献中，研究人员提出（或观察）了碳纳米管的混沌现象，而没有得到碳纳米管的混沌条件。众所周知，参数（包括系统参数和激励参数）的变化可能导致非线性机械系统中的混沌。对于一些碳纳米管器件，如碳纳米管振荡器，混沌的发生将严重影响器件的精度；即使不是强烈的混沌，也会导致设备失效。因此，必须合理设计这些碳纳米管器件的参数，以避免混沌的发生，然而参数设计的前提是必须知道碳纳米管中的混沌状态。在本节工作中，我们的目的是寻求混沌的解析条件，并在受横向载荷的两端固支嵌入式单壁碳纳米管中对混沌现象进行数值模拟。基于 Galerkin 近似，首先从描述纳米管振荡的偏微分积分方程中导出了杜芬（Duffing）型模型；然后得到了 Duffing 型模型的 Melnikov 函数，由此提出了纳米管混沌的解析条件；最后，基于多辛方法，构造了一个保结构方法，再现了纳米管中的混沌现象，验证了混沌解析条件[7]。

参照弹性连续体理论，嵌入式单壁碳纳米管可以描述为具有弹性支撑和环形横截面的细长梁。弹性支撑描述了弹性介质的作用，其可以表示为弹性弹簧。图 6-2 所示为双固支嵌入式单壁碳纳米管模型。参考现有关于细长弹性梁的研究，可以假设 EI/L 的比值很小。因此，嵌入式单壁碳纳米管在横向载荷作用下的控制方程可以给出为

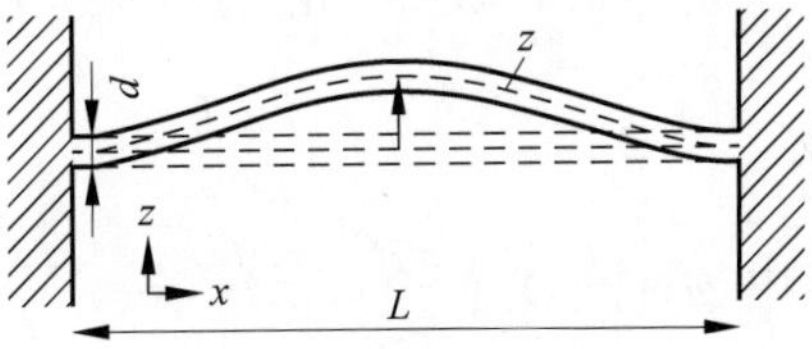

图 6-2 纳米管的分析模型

$$EI\frac{\partial^4 z}{\partial x^4}+2\xi\frac{\partial z}{\partial t}+\rho A\frac{\partial^2 z}{\partial t^2}-p-F(x)\cos(\Omega t)-\frac{EA}{2L}\frac{\partial^2 z}{\partial x^2}\int_0^L\left(\frac{\partial z}{\partial x}\right)^2\mathrm{d}x=0 \quad (6.1.1)$$

其中，E 是杨氏模量；I 是截面惯性矩；z 是弯曲位移；ξ 是黏性阻尼系数；ρ 是纳米管的密度；A 是横截面面积；p 是纳米管外壁和弹性介质之间单位长度上的相互作用力，在文献[27]中表示为 $p=-kz$，这里 k 为弹性常数；$F(x)$是空间分布的横向载荷；Ω 是横向载荷的频率；L 是纳米管的长度；$\frac{EA}{2L}\frac{\partial^2 z}{\partial x^2}\int_0^L\left(\frac{\partial z}{\partial x}\right)^2\mathrm{d}x$ 是由纳米管弯曲引起的诱导张力，这是将在以下章节中讨论的混沌的来源。

对于固支端支撑，边界条件可由下式给出：

$$z(0,t)=\frac{\partial z}{\partial x}(0,t)=z(L,t)=\frac{\partial z}{\partial x}(L,t)=0 \quad (6.1.2)$$

由于很难得到式(6.1.1)的解析解，式(6.1.1)可以通过 Galerkin 近似方法来简化，以探索式(6.1.1)的混沌解析条件。根据 Galerkin 近似方法，弯曲位移函数 $z(x,t)$ 可以分离为 $z(x,t)=\varphi(x)T(t)$ 的乘积形式。因为纳米管在一阶模态下的响应占主导地位，所以这里仅考虑一阶振动模态。一阶模态函数可以假设为[28]：$\varphi(x)=\sqrt{\frac{2}{3}}\left[1-\cos\left(\frac{2\pi x}{L}\right)\right]$，其满足边界条件(式(6.1.2))。

将 Galerkin 近似 $z(x,t)=\sqrt{\frac{2}{3}}\left[1-\cos\left(\frac{2\pi x}{L}\right)\right]T(t)$ 代入式(6.1.1)，式(6.1.1)可以写成下面的积分-微分方程：

$$\begin{aligned}&\left\{\sqrt{\frac{2}{3}}k+\left[EI\sqrt{\frac{2}{3}}\left(\frac{2\pi}{L}\right)^4-\sqrt{\frac{2}{3}}k\right]\cos\left(\frac{2\pi x}{L}\right)\right\}T(t)\\&+2\sqrt{\frac{2}{3}}\xi\left[1-\cos\left(\frac{2\pi x}{L}\right)\right]\dot{T}(t)+\sqrt{\frac{2}{3}}\rho A\left[1-\cos\left(\frac{2\pi x}{L}\right)\right]\ddot{T}(t)-F(x)\cos(\Omega t)\\&-\frac{16}{3}\sqrt{\frac{2}{3}}\frac{EA}{L}\left(\frac{\pi}{L}\right)^4\cos\left(\frac{2\pi x}{L}\right)T^3(t)\int_0^L\sin^2\left(\frac{2\pi x}{L}\right)\mathrm{d}x=0\end{aligned}\tag{6.1.3}$$

将式(6.1.3)乘以 $\varphi(x)$ 并且在区间 $[0,L]$ 上对 x 进行积分。式(6.1.3)可以简化为 Duffing 型方程：

$$\ddot{T}+2\alpha\xi\dot{T}+\alpha T+cT^3=\bar{f}\cos(\Omega t)\tag{6.1.4}$$

其中，$\alpha=\frac{16}{3}\cdot\frac{\pi^4}{L^4}\cdot\frac{EI}{\rho A}+\frac{k}{\rho A}$，$c=\frac{8}{9}\cdot\frac{\pi^4}{L^4}\cdot\frac{E}{\rho}$，$\bar{f}=\sqrt{\frac{2}{3}}\frac{F}{\rho A}$。纳米管的共振频率 $\omega_0=\sqrt{\alpha}$。

将式(6.1.4)归一化，可以获得无量纲方程如下：

$$\ddot{T}+T+\gamma T^3=\xi\left[\frac{f}{\xi}\cos(\omega t)-2\dot{T}\right]\tag{6.1.5}$$

其中，$\omega=\frac{\Omega}{\omega_0}$，$\gamma=\frac{cr^2}{\alpha}$，$f=\frac{\bar{f}}{r\alpha}$，$r=\sqrt{\frac{I}{A}}$。在下文中，将通过研究式(6.1.5)来探索纳米管中混沌的解析条件。

假设 Γ：$X\times X\to\mathbb{R}$ 表示巴拿赫(Banach)空间 X 上的辛形式，f_0 是相对于该辛形式下的哈密顿量，则 Melnikov 函数可以定义为[29]

$$\Delta_\varepsilon(t,t_0)=\Gamma\{f_0[T_0(t-t_0)],x_\varepsilon^s(t,t_0)-T_\varepsilon^\mu(t,t_0)\},\quad \Delta_\varepsilon(t_0)=\Delta_\varepsilon(t_0,t_0)\tag{6.1.6}$$

其中，$T_\varepsilon^s(t,t_0)$ 和 $T_\varepsilon^\mu(t,t_0)$ 是扰动积分曲线。初始条件如下：

$$\begin{cases}T_\varepsilon^s(t_0,t_0)=T_0(0)+\varepsilon V^s+o(\varepsilon^2)\\T_\varepsilon^\mu(t_0,t_0)=T_0(0)+\varepsilon V^\mu+o(\varepsilon^2)\end{cases}\tag{6.1.7}$$

其中，V^s 和 V^μ 是给定向量；$\|o(\varepsilon^2)\|\leqslant\text{constant}\cdot\varepsilon^2$。

对于 $T_\varepsilon^s(t,t_0)$，我们可以表示为

$$T_\varepsilon^s(t,t_0)=T_0(t-t_0)+\varepsilon T_1^s(t,t_0)+o(\varepsilon^2)\tag{6.1.8}$$

其中，$T_1^s(t,t_0)$ 是第一变分方程的解，并有

$$\frac{\mathrm{d}}{\mathrm{d}t}T_1^s(t,t_0)=Df_0[T_0(t-t_0)]\cdot T_1^s(t,t_0)+f_1[T_0(t-t_0),t],\quad T_1^s(t_0,t_0)=V^s \tag{6.1.9}$$

式中，f_1 是关于 t 的周期函数。$T_\varepsilon^\mu(t,t_0)$的表达可类比如上。

Marsden 证明，Melnikov 函数(6.1.6)可以通过某些假设写成如下形式[29]：

$$M(t_0)=\int_{-\infty}^{\infty}\Gamma\{f_0[T_0(t-t_0)],f_1[T_0(t-t_0),t]\}\mathrm{d}t \tag{6.1.10}$$

实际上，Melnikov 函数 $M(t_0)$是轨道 $T_0(t)$上的"均方括弧"。对于式(6.1.5)，未受干扰的系统($\xi=f=0$)是

$$\frac{\mathrm{d}}{\mathrm{d}t}\begin{pmatrix}T\\ \dot{T}\end{pmatrix}=\begin{pmatrix}\dot{T}\\ -T-\gamma T^3\end{pmatrix} \tag{6.1.11}$$

未扰动系统(6.1.11)的哈密顿函数为

$$H(T,\dot{T})=\frac{\dot{T}^2}{2}+\frac{T^2}{2}+\frac{\gamma T^4}{4} \tag{6.1.12}$$

其同宿轨道由下式给出：

$$(T,\dot{T})=\left[\sqrt{\frac{2}{\gamma}}\operatorname{sech}(t),-\sqrt{\frac{2}{\gamma}}\operatorname{sech}(t)\tanh(t)\right] \tag{6.1.13}$$

因此，式(6.1.5)的 Melnikov 函数 $M(t_0)$可以表示为

$$M(t_0)=\int_{-\infty}^{\infty}\Gamma\left[\begin{pmatrix}\dot{T}\\ -T-\gamma T^3\end{pmatrix},\begin{pmatrix}0\\ \dfrac{f}{\xi}\cos(\omega t)-2\dot{T}\end{pmatrix}\right]\mathrm{d}t=\int_{-\infty}^{\infty}\Gamma\dot{T}\left(\frac{f}{\xi}\cos(\omega t)-2\dot{T}\right)\mathrm{d}t \tag{6.1.14}$$

按照 Holmes 的标准方法[30]，式(6.1.14)积分的结果为

$$M(t_0)=-\frac{8}{3\gamma}+\frac{2f\omega}{\xi}\sqrt{\frac{2}{\gamma}}\,\frac{\sin(\omega t_0)}{\cosh(\pi\omega/2)} \tag{6.1.15}$$

根据 Melnikov 函数可以得出结论，对于足够小的 ξ，当且仅当以下条件满足时：

$$\frac{f}{\xi}>\left(\frac{f}{\xi}\right)_c=\frac{4}{3\omega\sqrt{2\gamma}}\cosh\left(\frac{\pi\omega}{2}\right) \tag{6.1.16}$$

M 有简单的零点，稳定流形和不稳定流形相交。此即两端固支的嵌入式单壁碳纳米管中存在混沌的解析条件。

解析条件(6.1.16)源自于 Duffing 型模型(6.1.5)，该模型忽略了碳纳米管的高阶模态。因此，解析条件(6.1.16)的准确性需要进一步验证，这将在下文中给出。

在下文中，我们将为系统(6.1.1)引入一种保结构方法，以验证上述解析条件的准确性。

基于多辛理论[31,32]，式(6.1.1)的一阶形式类似于多辛形式，可以通过引入中间变量 $\partial_t z=v,\partial_x z=w,\partial_x w=\psi,\partial_x\psi=q$ 和状态变量 $\boldsymbol{u}=(z,v,w,\psi,q)^{\mathrm{T}}$ 来推导：

$$\boldsymbol{M}\partial_t\boldsymbol{u}+\boldsymbol{K}\partial_x\boldsymbol{u}-\nabla_{\boldsymbol{u}}S(\boldsymbol{u})=\boldsymbol{\tau}(x,t)+\boldsymbol{\beta}(\boldsymbol{u}) \tag{6.1.17}$$

其中，$S(\boldsymbol{u})=kz^2-\frac{1}{2}\rho Av^2+\frac{1}{2}EI\psi^2-EIwq$，$\boldsymbol{\tau}(x,t)=[F(x)\cos(\Omega t),0,0,0,0]^{\mathrm{T}}$，

$\boldsymbol{\beta}(\boldsymbol{u})=\left(\frac{EA}{2L}\psi\int_0^L w^2\mathrm{d}x,0,0,0,0\right)^{\mathrm{T}}$，系数矩阵为

$$\boldsymbol{M}=\begin{bmatrix}2\xi & \rho A & 0 & 0 & 0\\ -\rho A & 0 & 0 & 0 & 0\\ 0 & 0 & 0 & 0 & 0\\ 0 & 0 & 0 & 0 & 0\\ 0 & 0 & 0 & 0 & 0\end{bmatrix},\quad \boldsymbol{K}=\begin{bmatrix}0 & 0 & 0 & 0 & EI\\ 0 & 0 & 0 & 0 & 0\\ 0 & 0 & 0 & -EI & 0\\ 0 & 0 & EI & 0 & 0\\ -EI & 0 & 0 & 0 & 0\end{bmatrix}$$

需要注意的是，在这个问题中，黏性阻尼系数 ξ 和空间分布的横向载荷 $F(x)$ 较小，因此，一阶形式(6.1.17)是一个近似的多辛形式[5,33]，并且从该形式(6.1.17)导出的差分格式可以保持系统的一些非线性特性，包括混沌和分岔特性。

为了再现嵌入式单壁碳纳米管中的混沌并验证混沌的解析条件，我们基于多辛理论构造了一阶形式(6.1.17)的保结构差分格式。假设空间步长为 Δx，时间步长为 Δt。使用 Preissmann 离散方法，我们可以获得一阶方程(6.1.17)的保结构离散格式。

$$\begin{cases}2\xi\dfrac{z_{i+1}^{j+\frac{1}{2}}-z_i^{j+\frac{1}{2}}}{\Delta t}+\rho A\dfrac{v_{i+1}^{j+\frac{1}{2}}-v_i^{j+\frac{1}{2}}}{\Delta t}+EI\dfrac{q_{i+\frac{1}{2}}^{j+1}-q_{i+\frac{1}{2}}^{j}}{\Delta x}\\ =kz_{i+\frac{1}{2}}^{j+\frac{1}{2}}+F(j)\cos(\Omega i)+\dfrac{EA}{2L}\psi_{i+\frac{1}{2}}^{j+\frac{1}{2}}\displaystyle\sum_{j=1}^{L/\Delta x}(w_i^j)^2\Delta x\\ -\rho A\dfrac{z_{i+1}^{j+\frac{1}{2}}-z_i^{j+\frac{1}{2}}}{\Delta t}=-\rho Av_{i+\frac{1}{2}}^{j+\frac{1}{2}}\\ -EI\dfrac{\psi_{i+\frac{1}{2}}^{j+1}-\psi_{i+\frac{1}{2}}^{j}}{\Delta x}=-EIq_{i+\frac{1}{2}}^{j+\frac{1}{2}}\\ EI\dfrac{w_{i+\frac{1}{2}}^{j+1}-w_{i+\frac{1}{2}}^{j}}{\Delta x}=EI\psi_{i+\frac{1}{2}}^{j+\frac{1}{2}}\\ -EI\dfrac{z_{i+\frac{1}{2}}^{j+1}-z_{i+\frac{1}{2}}^{j}}{\Delta x}=-EIw_{i+\frac{1}{2}}^{j+\frac{1}{2}}\end{cases}\tag{6.1.18}$$

根据广义多辛算法的定义[5,33]，当黏性阻尼系数 ξ 和空间分布的横向载荷 $F(x)$ 较小时，格式(6.1.18)是近似多辛的，这种方法可以保持系统(6.1.1)的某些固有特性(包括保守特性、非保守特性和其他动力学特性)，因此，它可以用于捕获嵌入式单壁碳纳米管中的混沌现象。这里我们忽略了系统(6.1.1)的其他固有特性，只考虑混沌特性。

通过具有特定参数值的碳纳米管的数值实验，验证解析条件(6.1.16)的准确性。设杨氏模量 $E=1.1\times10^{12}\,\mathrm{TPa}$，纳米管的内径 $R_{\mathrm{in}}=0.5\mathrm{nm}$ 和外径 $R_{\mathrm{out}}=1\mathrm{nm}$。因此，横截面面积 $A=2.3562\times10^{-18}\,\mathrm{m}^2$，截面惯性矩 $I=\frac{\pi}{4}(R_{\mathrm{out}}^4-R_{\mathrm{in}}^4)=7.3631\times10^{-37}\,\mathrm{m}^4$。设黏性阻尼系数 $\xi=0.2$，纳米管的密度 $\rho=1.13\times10^3\,\mathrm{kg\cdot m^{-3}}$，弹性常数 $k=10^6\,\mathrm{TPa}$，横向荷载的频率 $\Omega=\frac{1}{2\pi}$，纳米管的长度 $L=100\mathrm{nm}$。将所有参数代入解析条件(6.1.16)，我们可以得到，混沌出现的临界激励值 $f_{\mathrm{c}}=1.5749\times10^{-17}\,\mathrm{N\cdot m^{-1}\cdot Pa^{-1}}$，即当我们取上面提到的参数

值时，如果 $f>f_{\mathrm{c}}=1.5749\times10^{-17}\,\mathrm{N\cdot m^{-1}\cdot Pa^{-1}}$，混沌将会发生。

假定步长为 $\Delta x=\Delta t=0.05$，采用格式(6.1.18)来模拟纳米管的振动，我们可以得到纳米管不同激励幅值时振动的分岔图(图 6-3)和相图(图 6-4)。

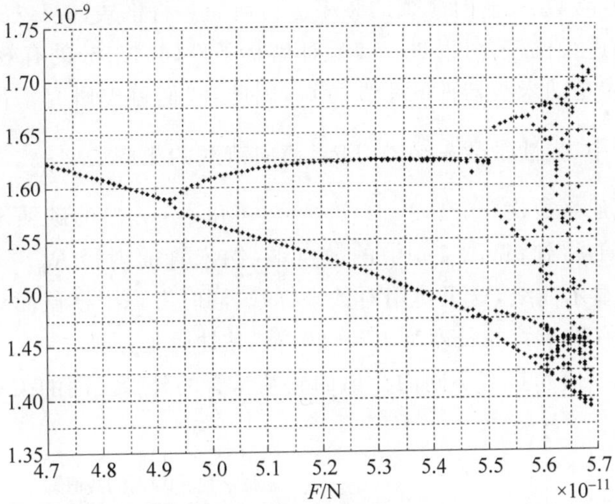

图 6-3 $\xi=0.2$ 时的分岔图

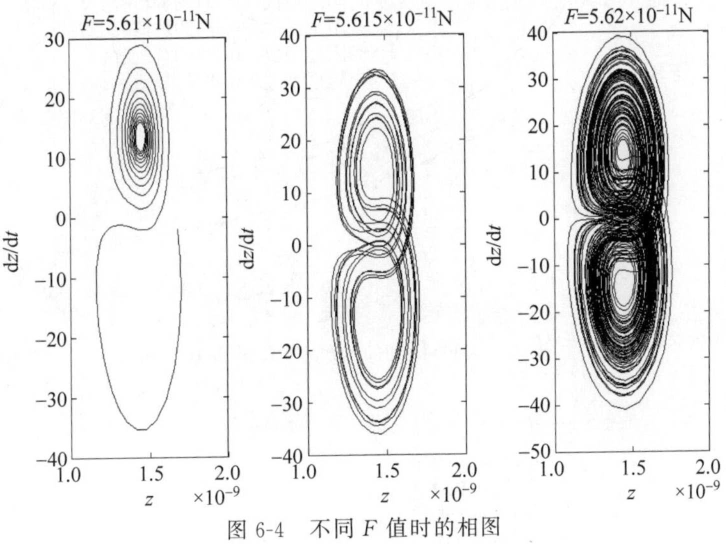

图 6-4 不同 F 值时的相图

图 6-3 的结果表明，当我们增加横向载荷的振幅时混沌就可能出现，以及 F 的临界值在 $5.6\times10^{-11}\sim5.65\times10^{-11}\,\mathrm{N}$。图 6-4 捕捉了从分岔到进入混沌的过程，并进一步给出了 F 临界值的准确值。

从上面给出的数值结果可以得出结论，混沌确实存在于系统(6.1.1)中，并且在上述参数值下，当横向载荷的振幅为 $F>5.615\times10^{-11}\,\mathrm{N}$ 时将发生混沌，这与解析条件 $f>f_{\mathrm{c}}=1.5749\times10^{-17}\,\mathrm{N\cdot m^{-1}\cdot Pa^{-1}}$(由此，我们可以得到横向荷载的临界值 $F_{\mathrm{c}}=\dfrac{f_{\mathrm{c}}\rho A\gamma\alpha}{\sqrt{2/3}}=5.6153\times10^{-11}\,\mathrm{N}$)高度吻合。此外，数值结果准确地捕获纳米管中的混沌，说明了该方法(6.1.18)的保结构特性。

随后，通过对具有不同参数值的碳纳米管的一系列数值实验，验证了解析条件(6.1.16)的有效性。在以下实验中，材料参数 $E=1.1\times10^{12}$ TPa 和 $\rho=1.13\times10^{3}$ kg · m^{-3} 是常量，并且纳米管尺寸的变化会引起横向载荷 F_c 的临界值的变化，采用保结构方法(6.1.18)对黏性阻尼系数、弹性常数 k、横向荷载的频率进行研究。将格式(6.1.18)得到的关系曲线与解析条件(6.1.16)进行比较，可以进一步验证解析条件(6.1.16)的有效性。

易知，尺寸效应是纳米级器件的重要特点，因此，我们首先研究了尺寸对横向载荷临界值的影响。在实验中，弹性常数 $k=10^6$ TPa，横向荷载的频率 $\Omega=\dfrac{1}{2\pi}$。横向载荷临界值 F_c 与具有不同黏性阻尼系数($\xi=0.1$，$\xi=0.2$，$\xi=0.3$ 和 $\xi=0.4$)的碳纳米管的长度之间的关系可由格式(6.1.18)得到，见图 6-5 中的散点图(纳米管的内径 $R_{in}=0.5$nm，外径 $R_{out}=1$nm。为了清楚地显示曲线，这里使用对数坐标)。同时考虑了横截面对横向荷载临界值的影响，如图 6-6 所示(纳米管的长度为 $L=100$nm，黏性阻尼系数 $\xi=0.2$)，由格式(6.1.18)所得的横向荷载临界值和具有不同内径值的碳纳米管的外径之间的关系如散点图所示。

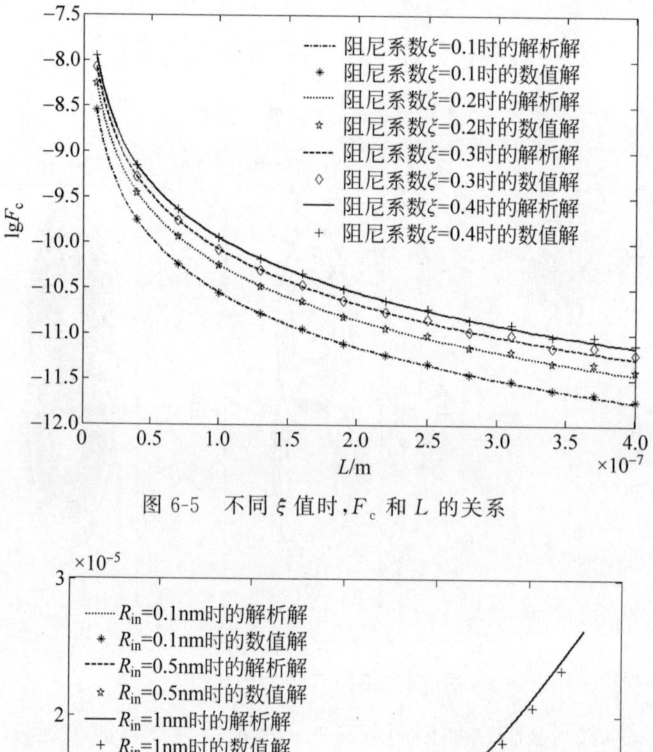

图 6-5 不同 ξ 值时，F_c 和 L 的关系

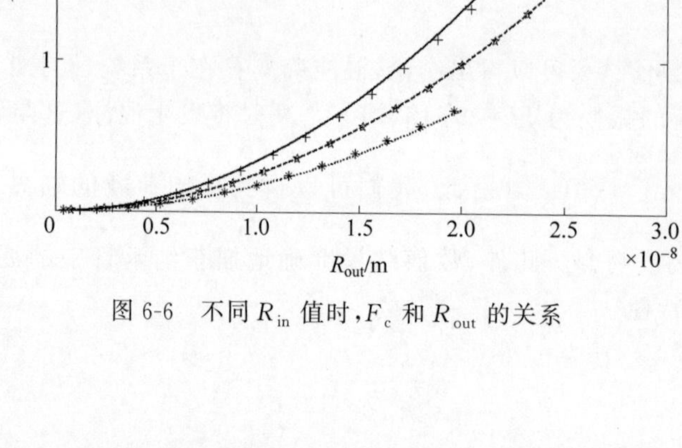

图 6-6 不同 R_{in} 值时，F_c 和 R_{out} 的关系

如图 6-5 所示，当纳米管长度增加时，因为纳米管的长细比的增加，横向载荷的临界值迅速减小。对于一定长度，横向载荷的临界值随着黏性阻尼系数的增加而增加，这意味着，在具有大黏性阻尼的纳米管中几乎不发生混沌。

图 6-6 可以得出结论，当纳米管外径增加时，纳米管长细比减小，横向载荷的临界值增加。此外，图 6-6 中每条曲线的斜率随着外径的增加而增加，这表明，当纳米管壁厚增加时，横向载荷的临界值增加。

对比图 6-5 和图 6-6，很容易发现，长度对横向载荷临界值的影响大于对外径的影响。

其后，横向载荷临界值 F_c 与不同黏性阻尼系数($\xi=0.1$,$\xi=0.2$,$\xi=0.3$ 和 $\xi=0.4$)下横向载荷频率之间的关系可由格式(6.1.18)获得，见散点图 6-7(纳米管的长度为 $L=100\text{nm}$，弹性常数 $k=10^6\,\text{TPa}$，纳米管的内径为 $R_{in}=0.5\text{nm}$，外径为 $R_{out}=1\text{nm}$)。

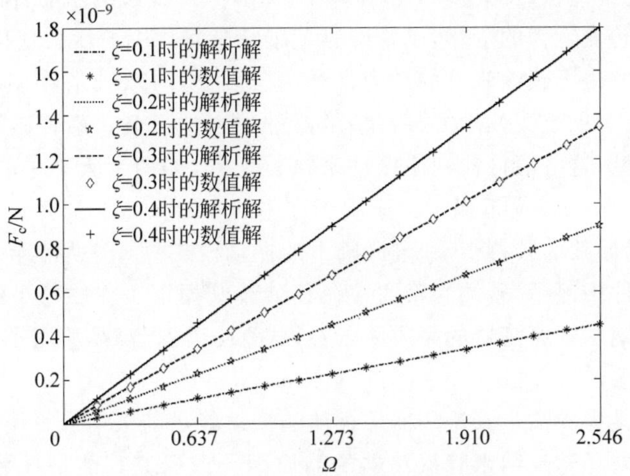

图 6-7 不同 ξ 值时，F_c 和 Ω 的关系

根据图 6-7 可以发现，方法(6.1.18)获得的横向荷载临界值和横向荷载频率之间的关系是近似线性的。

最后，我们研究了弹性介质对横向载荷临界值的影响。横向载荷临界值 F_c 与不同黏性阻尼系数($\xi=0.1$,$\xi=0.2$,$\xi=0.3$ 和 $\xi=0.4$)下弹性系数的关系可由格式(6.1.18)获得，见散点图 6-8，图 6-8 中的曲线给出了相应的分析结果(纳米管的长度为 $L=100\text{nm}$，横向荷

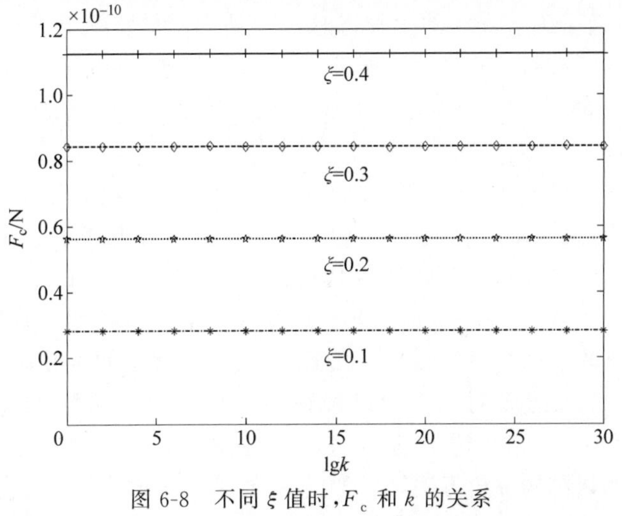

图 6-8 不同 ξ 值时，F_c 和 k 的关系

载的频率 $\Omega=\frac{1}{2\pi}$，纳米管的内径为 $R_{\text{in}}=0.5\text{nm}$，外径为 $R_{\text{out}}=1\text{nm}$）。

如图 6-8 所示，弹性介质的增加不会影响横向载荷的临界值。根据图 6-5～图 6-8 显示的结果，可以准确地得出，数值结果与分析结果之间具有良好一致性，这说明了解析条件(6.1.16)具有极好的有效性。

6.2 阻尼悬臂单壁碳纳米管振荡器的能量耗散

针对碳纳米管优异的力学和物理性能[34-39]，并在过去几十年中设计出了各种纳米器件，如作动器[40]、化学传感器[41-42]、纳米振荡器[43-44]。大多数纳米器件的原理是监测碳纳米管的电导或光学转变行为的变化，以精确测量碳纳米管周围的压力变化[45]。碳纳米管周围压力的变化主要取决于碳纳米管的动力学行为。因此，对碳纳米管在冲击载荷下的动力学行为的研究，可能有助于我们理解某些纳米器件的力学机制。悬臂碳纳米管是许多纳米谐振器中的常见模型，这些谐振器利用振动来执行任务，如纳米天平中的质量传感[46]和原子力显微镜[47]。Younis 等最近揭示了应用于这些纳米谐振器的悬臂碳纳米管一些动力学特性，包括增加质量导致的频移[48]和电激励下的振动模式[49]，这为本节工作提供了一些指导。在这些纳米器件中，悬臂碳纳米管通常在其谐波共振下工作。每个纳米器件的灵敏度主要取决于悬臂碳纳米管振荡器的品质因子 Q，这意味着，提高品质因子是提高这些纳米器件灵敏度的有效方法[50-51]。

品质因子的定义为碳纳米管振荡器中存储的振动能量与碳纳米管振荡器中损耗耗散的能量之比。为了提高悬臂碳纳米管振荡器的品质因子或研究其能量耗散，Jiang 等[50]基于经典分子动力学理论，研究了单壁和双壁碳纳米管悬臂梁振荡器的能量耗散。Byun、Lee 和 Kwon 使用经典分子动力学模拟，研究了基于单壁碳纳米管的超高频纳米机械谐振器，并得到能量耗散的一些定性性质[52]。Huttel 等通过测量单电子隧穿电流，观察了品质因子高于 10^5 的悬浮碳纳米管在毫开尔文温度下的横向振动模式[53]。Sawaya、Arie 和 Akita 从能量损失的角度研究了悬臂多壁碳纳米管的振动特性[54]。Vallabhaneni 及其合作者通过分子动力学模拟，研究了与单壁碳纳米管谐振器轴向和横向振动相关的共振品质因子[55]。Laird 等测量了品质因子为 35000 的生长态悬浮碳纳米管的机械共振[56]。Kim 和 Lee 从理论上可以得到尖端带有附加质量的共振碳纳米管悬臂的一些非线性动力学特性[57]。最近，Liu 和 Wang 通过使用不同的梁模型，研究了悬臂双壁碳纳米管的振动[58]，这为我们研究的动力学建模提供了灵感。

已有研究中，悬臂碳纳米管振荡器的能量耗散大多基于经典的分子动力学模拟。然而，势函数的选择才是难点。最近我们在保结构理论领域的研究取得了一些重要成果，从多辛理论[32]导出的广义多辛方法[5]，提出了保持耗散系统的局部几何性质以及再现非保守无限维哈密顿系统的耗散效应，这些保证了我们可以对阻尼悬臂碳纳米管的能量耗散进行详细的数值分析。值得注意的是，我们之前已经开展了广义多辛方法在单壁碳纳米管混沌分析中的应用[8,59-60]，并且前面的工作中已经说明了广义多辛方法的优异长时间数值行为[5,61]。因此，基于广义多辛理论，我们构建了描述阻尼悬臂碳纳米管在横向冲击载荷下振动的动力学模型的保结构分析方法，以研究悬臂碳纳米管振荡器的能量耗散[11]。本节中提出的考虑能量耗散的数值方法，将在研究纳米谐振器中悬臂单壁碳纳米管振荡器的品质因子方面发挥重要作用。

在质量冲击下的悬臂单壁碳纳米管的振动是一些纳米器件涉及的重要动力学问题。从振动问题的研究出发，可以直接研究纳米器件的动力学特性，如能量耗散和动力学稳定性。

悬臂单壁碳纳米管横向冲击的质量非常小。因此，冲击效应可以近似地看作一个冲击力，附加质量可以忽略。如图 6-9 所示，忽略温度效应下，阻尼悬臂单壁碳纳米管在初始平衡后经受横向冲击载荷的振荡过程，可以表示为[8,59,60,62]，

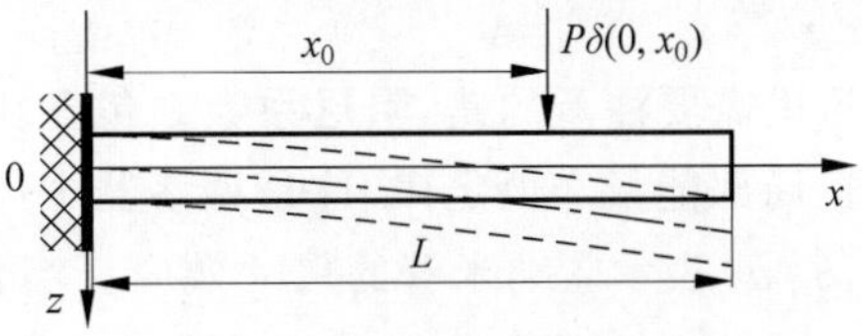

图 6-9　悬臂碳纳米管在横向冲击载荷下的振动模型

$$EI\frac{\partial^4 z}{\partial x^4}+2\xi\frac{\partial z}{\partial t}+\rho A\frac{\partial^2 z}{\partial t^2}-\frac{EA}{2L}\frac{\partial^2 z}{\partial x^2}\int_0^L\left(\frac{\partial z}{\partial x}\right)^2\mathrm{d}x=P\delta(0,x_0) \tag{6.2.1}$$

考虑边界条件：

$$z(t,0)=0,\quad \frac{\partial}{\partial x}z(t,0)=0 \tag{6.2.2}$$

其中，E 是杨氏模量；I 是截面惯性矩；$z=z(x,t)$是弯曲位移；ξ 是导致振荡过程中能量耗散的黏性阻尼系数；ρ 是纳米管的密度；A 是横截面面积；P 是横向冲击载荷的振幅；$\delta(0,x_0)$是 $t=0$ 时作用于位置 $x=x_0$ 的脉冲函数；L 是纳米管的长度；$\frac{EA}{2L}\frac{\partial^2 z}{\partial x^2}\int_0^L\left(\frac{\partial z}{\partial x}\right)^2\mathrm{d}x$ 是由纳米管弯曲引起的诱导张力，这个非线性项导致了悬臂碳纳米管振荡器的某些独特动力学特性。

式(6.2.1)中黏性阻尼和冲击载荷的存在，打破了振荡系统的动力学对称性，这意味着不存在以下完美哈密顿结构：

$$\dot{\boldsymbol{p}}=-\partial H/\partial\boldsymbol{q},\quad \dot{\boldsymbol{q}}=\partial H/\partial\boldsymbol{p} \tag{6.2.3}$$

其中，$\boldsymbol{p}$ 和 $\boldsymbol{q}$ 是对偶变量；H 是哈密顿函数。当对偶变量与空间无关时，哈密顿系统(6.2.3)是有限维的，否则哈密顿系统(式(6.2.3))是无限维的。

哈密顿系统(式(6.2.3))的完美对称形式具有一些优异的性质[63]，例如被认为是保守系统的主要特征的全局/局部能量守恒定律。因此，当前大多数保结构方法都关注有限维哈密顿系统的全局能量保持特性[64]，以及无限维哈密顿系统的局部能量保持特性[32]。

受到多辛方法[32]的优良局部保守性质的启发，我们提出了一种新的保结构方法——广义多辛方法[5]，以拓宽保结构思想的应用范围。其核心思想是，当耗散因子足够弱时，在每个时间步中再现非保守系统的耗散效应，同时保持固有的几何特性。式(6.2.1)的广义多辛形式可以根据参考文献[59]导出，中间变量为$\partial_t z=v$，$\partial_x z=w$，$\partial_x w=\psi$，$\partial_x\psi=q$，状态向量$\boldsymbol{u}=(z,v,w,\psi,q)^{\mathrm{T}}$，

$$\boldsymbol{M}\partial_t\boldsymbol{u}+\boldsymbol{K}\partial_x\boldsymbol{u}-\nabla_{\boldsymbol{u}}S(\boldsymbol{u})=\boldsymbol{\tau}(x,t)+\boldsymbol{\beta}(\boldsymbol{u}) \tag{6.2.4}$$

其中，$S(\boldsymbol{u})=-\frac{1}{2}\rho Av^2+\frac{1}{2}EI\psi^2-EIwq$，$\boldsymbol{\beta}(\boldsymbol{u})=\left(\frac{EA}{2L}\psi\int_0^L w^2\mathrm{d}x,0,0,0,0\right)^{\mathrm{T}}$，$\boldsymbol{\tau}(x,t)=[P\delta(0,x_0),0,0,0,0]^{\mathrm{T}}$，系数矩阵为

$$M=\begin{bmatrix}2\xi & \rho A & 0 & 0 & 0\\ -\rho A & 0 & 0 & 0 & 0\\ 0 & 0 & 0 & 0 & 0\\ 0 & 0 & 0 & 0 & 0\\ 0 & 0 & 0 & 0 & 0\end{bmatrix},\quad K=\begin{bmatrix}0 & 0 & 0 & 0 & EI\\ 0 & 0 & 0 & 0 & 0\\ 0 & 0 & 0 & -EI & 0\\ 0 & 0 & EI & 0 & 0\\ -EI & 0 & 0 & 0 & 0\end{bmatrix}$$

这里需要注意的是，阻尼系数 ξ 包含在系数矩阵 $\boldsymbol{M}$ 的对角元素中，这使得系统(6.2.1)不存在局部能量守恒定律，这是振荡器中产生能量耗散的原因。此外，与宏观梁的振荡模型相比，$\boldsymbol{\beta}(\boldsymbol{u})$表示碳纳米管的尺寸效应。当且仅当阻尼系数 ξ 足够小时，一阶系统(6.2.4)的 Preissmann 格式才能作为严格的多辛离散格式，从而具有良好的保结构性能[5,59]。

基于参考文献[59]中构造的 Preissmann 格式，系统(式(6.2.4))的 Preissmann 格式可以很容易地写出来。

$$\begin{cases}2\xi\dfrac{z_{i+1}^{j+1/2}-z_{i}^{j+1/2}}{\Delta t}+\rho A\dfrac{v_{i+1}^{j+1/2}-v_{i}^{j+1/2}}{\Delta t}+EI\dfrac{q_{i+1/2}^{j+1}-q_{i+1/2}^{j}}{\Delta x}=P\delta_0^j+\dfrac{EA}{2L}\psi_{i+1/2}^{j+1/2}\sum\limits_{j=1}^{L/\Delta x}(w_i^j)^2\Delta x\\ -\rho A\dfrac{z_{i+1}^{j+1/2}-z_{i}^{j+1/2}}{\Delta t}=-\rho A v_{i+1/2}^{j+1/2}\\ -EI\dfrac{\psi_{i+1/2}^{j+1}-\psi_{i+1/2}^{j}}{\Delta x}=-EIq_{i+1/2}^{j+1/2}\\ EI\dfrac{w_{i+1/2}^{j+1}-w_{i+1/2}^{j}}{\Delta x}=EI\psi_{i+1/2}^{j+1/2}\\ -EI\dfrac{z_{i+1/2}^{j+1}-z_{i+1/2}^{j}}{\Delta x}=-EIw_{i+1/2}^{j+1/2}\end{cases}\tag{6.2.5}$$

其中，Δt 是时间步长；Δx 是空间步长；z_j^i 是 $z(i\Delta t, j\Delta x)$的近似值；$z_i^{j+1/2}=(z_i^j+z_i^{j+1})/2$，$z_{i+1/2}^{j+1/2}=(z_i^j+z_i^{j+1}+z_{i+1}^j+z_{i+1}^{j+1})/4$，以及

$$\delta_0^j=\begin{cases}\delta(0,j), & \dfrac{x_0}{\Delta x}\in Z\\ \dfrac{x_0-j\Delta x}{\Delta x}\delta(0,j)+\dfrac{(j+1)\Delta x-x_0}{\Delta x}\delta(0,j+1), & \dfrac{x_0}{\Delta x}\notin Z\end{cases}\tag{6.2.6}$$

式中，$j=\mathrm{Round}\left(\dfrac{x_0}{\Delta x}\right)$，这里 Round(·)是舍入函数；$Z$ 是非负整数的集合。

相关的离散边界条件是

$$\begin{cases}z_i^0=0\\ (z_{i+1/2}^1-z_{i+1/2}^0)/\Delta x=0\end{cases}\tag{6.2.7}$$

参考文献[59]中说明了对于在谐波载荷下两端固定的单壁碳纳米管，数值方法(式(6.2.5))非常有效。在以下数值实验中，该格式(6.2.5)将被用于探究悬臂碳纳米管振荡器在冲击载荷下的能量耗散问题。

我们之前的文献[8]，[59]已经证明了格式(6.2.5)出色的数值行为。因此，我们采用保结构离散格式(6.2.5)模拟阻尼悬臂碳纳米管在冲击载荷下的动力学响应。然后，在纳米管

的振荡模拟中再现了由弱阻尼引起的能量耗散和诱导张力的影响。

在下面的数值实验中，时间步长 $\Delta t=0.05\text{ns}$，空间步长 $\Delta x=0.1\text{nm}$。碳纳米管的参数为：杨氏模量 $E=1.1\times10^{12}\text{Pa}$，纳米管的密度 $\rho=1.13\times10^{3}\text{kg}\cdot\text{m}^{-3}$，纳米管的长度为 $L=100\text{nm}$，纳米管的内径为 $R_{\text{in}}=0.5\text{nm}$，外径为 $R_{\text{out}}=0.84\text{nm}$，横截面面积为 $A=1.4313\times10^{-18}\text{m}^2$，截面惯性矩为 $I=3.4191\times10^{-37}\text{m}^4$。

目前对悬臂梁在冲击载荷作用下的动力响应的研究中，作用在自由端的冲击载荷通常会纳入考虑。为了使模拟的数值结果具有可比性，以下实验中设 $x_0=100\text{nm}$。此外，为了避免动力学屈曲和混沌的发生，冲击载荷的振幅应较小。

为了确定由黏性阻尼系数 ξ 引起的能量耗散，首要任务是说明所采用的数值方法能量耗散低，因此，本节将首先研究该格式(6.2.5)的算法耗散。随后，给出了给定步长下该格式(6.2.5)收敛的一些证明。

参照广义多辛积分的定义[5]，如果黏性阻尼系数较小，格式(6.2.5)将具有类似于多辛方法的数值行为(包括保结构特性和数值耗散特性)，这意味着，具有小黏性阻尼系数格式(6.2.5)的数值耗散特性可以通过对无阻尼格式(6.2.5)的近似数值实验来研究。

令 $\xi=0$，$P=10^{-9}\text{N}$，振荡系统(6.2.1)退化成保守系统，这意味着总能量是保守量。哈密顿函数 $S(\boldsymbol{u})=-\rho Av^2/2+EI\psi^2/2-EIwq$ 是总能量的数学表达形式，其中，$E_1=\rho Av^2/2$ 是振荡动能，$E_2=EIwq-EI\psi^2/2$ 是势能。

每个网格中，模拟得到的哈密顿函数离散值 $S(\boldsymbol{u}_{i+1/2}^{j+1/2})=-\rho A(v_{i+1/2}^{j+1/2})^2/2+EI(\psi_{i+1/2}^{j+1/2})^2/2-EIw_{i+1/2}^{j+1/2}q_{i+1/2}^{j+1/2}$ 都会被记录，然后，由 7 点 Gauss-Kronrod 求积规则[65-66]在每个时间步进行数值计算积分 $\int_0^{100}S(\boldsymbol{u})\mathrm{d}x$，并且可以求得每个时间步的总能量 $S(\boldsymbol{u}_{i+1/2})$。最后，$S(\boldsymbol{u}_{i+1/2})$ 的相对偏差可由 $\Delta S_{i+1/2}=\left|\dfrac{S(\boldsymbol{u}_{i+1/2})-S(\boldsymbol{u}_{1/2})}{S(\boldsymbol{u}_{1/2})}\right|$ 求得，结果如图 6-10 所示。在图 6-10 中，$S(\boldsymbol{u}_{i+1/2})$ 在每个时间步长的相对偏差小于 5×10^{-13}，这意味着当忽略阻尼时，$S(\boldsymbol{u}_{i+1/2})$ 的相对偏差会非常小，当黏性阻尼系数足够小时，可以预测到格式(6.2.5)的算法耗散很小。

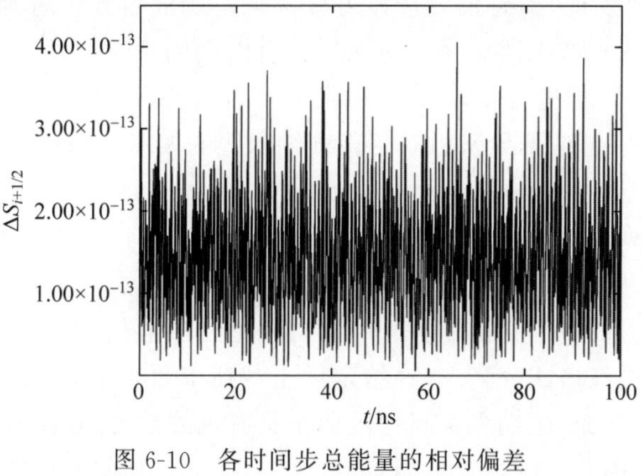

图 6-10　各时间步总能量的相对偏差

数值格式的收敛性应借助解析解或实验数据进行验证。但目前的资料中没有可用于模型(6.2.1)的解析解或实验数据。因此，为了验证格式(6.2.5)的收敛性，我们研究了纳米管

自由端受 $P=10^{-9}$N 冲击作用下，在给定步长（$\Delta t=0.05$ns，$\Delta x=0.1$nm）和较小步长（在收敛验证中，考虑以下三种情况，即情形 1，$\Delta t=0.05$ns，$\Delta x=0.1$nm；情形 2，$\Delta t=0.025$ns，$\Delta x=0.05$nm；情形 3，$\Delta t=0.005$ns，$\Delta x=0.025$nm）时，$x=100$nm 处横向位移的相对偏差，结果如图 6-11 所示（为了使图清晰可读，我们选择时间间隔为 1ns 的数据）。在图 6-11 中，$\sigma_{1k}(k=2,3)$表示情形 1 和情形 $k(k=2,3)$之间的相对偏差。

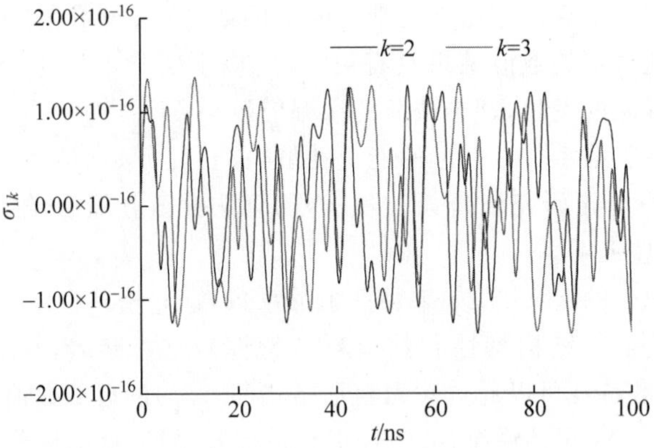

图 6-11 在不同步长下横向位移的相对偏差

（请扫Ⅰ页二维码看彩图）

从图 6-11 中，可以发现情形 1 和情形 $k(k=2,3)$之间的相对偏差，步长的减小已经不能明显提高数值方法的精度，这意味着，本节中假定的时间步长和空间步长（$\Delta t=0.05$ns 和 $\Delta x=0.1$nm）足够小，以间接地保证格式(6.2.5)的收敛性。

与宏观梁的振子模型不同，我们应考虑由纳米管弯曲引起的诱导张力（$\boldsymbol{\beta}(\boldsymbol{u})$）。在本节中，将详细研究诱导张力对振动的影响。

假设冲击载荷的振幅分别为 $P=10^{-9}$N，$P=5\times10^{-10}$N，$P=10^{-10}$N，用小阻尼比 $\xi=0.05$ 模拟了纳米管的振动，根据我们以前的工作，确保格式(6.2.5)的保结构特性[5,8,59-61,67]。为了说明诱导张力的影响，我们还模拟了没有诱导张力时纳米管的振荡。图 6-12 给出了有/无诱导张力的自由端位移。

从图 6-12 中可以发现，诱导张力将显著放大自由端的位移。特别是，当冲击载荷的振幅很小时（$P=10^{-10}$N），考虑诱导张力时纳米管自由端的位移大约是忽略诱导张力时的三倍，这意味着，碳纳米管振荡器中增加诱导张力可以提高纳米传感器的灵敏度。此外，从图 6-12 中还可以发现，考虑诱导张力时悬臂碳纳米管的振荡频率略低于忽略诱导张力时的振荡频率。

格式(6.2.5)的算法耗散很小，这一优点已经得到证明，这意味着格式(6.2.5)可以用于再现具有小阻尼的悬臂单壁碳纳米管振荡器的能量耗散效应。

理论上，碳纳米管的能量耗散取决于结构的阻尼和冲击载荷的振幅。这意味着，如果阻尼已知，我们可以通过该格式(6.2.5)在给定冲击载荷下再现能量耗散效应，然后可以更快捷地获得品质因子。然而，碳纳米管阻尼的测量具有挑战性，并且没有关于碳纳米管阻尼实验结果的相关报道。因此，在模拟中，我们只令 $\xi=0.05$，以说明我们方法的可行性。一旦能够准确测量碳纳米管的阻尼因子，就可以推广以下模拟中提出的数值方法，以方便地确定碳纳米管振荡器的品质因子。

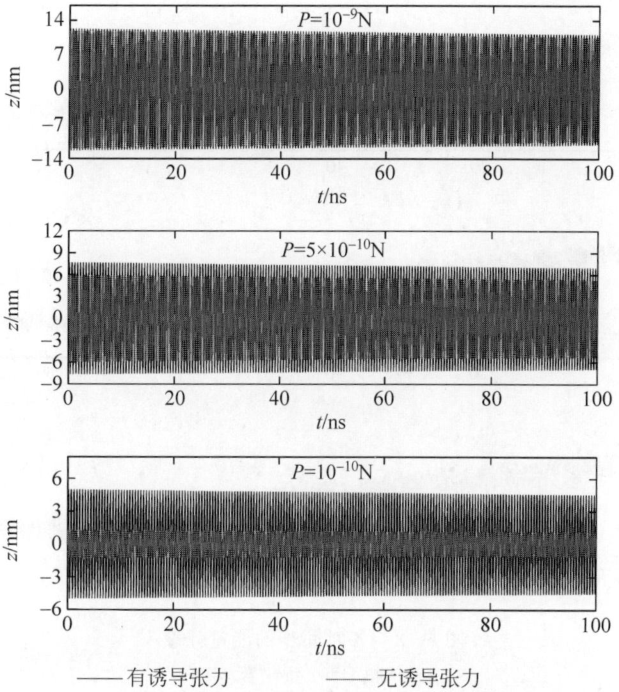

图 6-12 有/无诱导张力时的自由端位移

(请扫Ⅰ页二维码看彩图)

为了说明方法的可靠性,我们考虑了诱导张力,并在本节中进一步研究和比较获得的不同冲击载荷幅值($P=10^{-9}$N,$P=5\times10^{-10}$N 和 $P=10^{-10}$N)的数值结果。按照上述方法,模拟中记录每个网格处的能量值 $S(\boldsymbol{u}_{i+1/2}^{j+1/2})=-\frac{1}{2}\rho A(v_{i+1/2}^{j+1/2})^2+\frac{1}{2}EI(\psi_{i+1/2}^{j+1/2})^2-EIw_{i+1/2}^{j+1/2}q_{i+1/2}^{j+1/2}$,由 7 点 Gauss-Kronrod 求积规则[65-66]在每个时间步进行数值积分 $\int_0^{100}S(\boldsymbol{u})\mathrm{d}x$,并且每个时间步在冲击载荷的不同振幅($P=10^{-9}$N,$P=5\times10^{-10}$N 和 $P=10^{-10}$N)下的总能量 $S(\boldsymbol{u}_{i+1/2})$都可以得到。有了每个时间步内的总能量 $S(\boldsymbol{u}_{i+1/2})$,每个时间步中具有不同振幅的冲击载荷的能量耗散速度可以定义为 $\mathrm{d}S(\boldsymbol{u}_i)=\frac{S(\boldsymbol{u}_{i+1/2})-S(\boldsymbol{u}_{i-1/2})}{\Delta t}$,如图 6-13 所示。

从图 6-13 可以发现,碳纳米管的振荡能量以不同的速率耗散。随着冲击载荷幅值的增加,耗散速率明显增加。仔细观察图 6-13 所示不同振幅冲击载荷下的能量耗散,我们发现能量耗散率的斜率非常接近。

品质因子是碳纳米管振荡器的基本特性,这意味着冲击载荷的不同振幅并不会影响碳纳米管振荡器的品质因子。因此,我们将每个时间步长的品质因子定义为 $Q_i=\frac{2[S(\boldsymbol{u}_{i+1/2})-S(\boldsymbol{u}_{i-1/2})]}{S(\boldsymbol{u}_{i+1/2})+S(\boldsymbol{u}_{i-1/2})}$,将碳纳米管振荡器的品质因子($Q$)定义为 Q_i 的平均值。根据碳纳米管振荡器在每个时间步长中的能量耗散,可以得到不同冲击载荷振幅下碳纳米管振荡器的品质因子,见表 6-1。因此,$S(\boldsymbol{u}_{i+1/2})$和 $S(\boldsymbol{u}_{i-1/2})$分别是在时刻$(i+1/2)\Delta t$ 和$(i-1/2)\Delta t$ 时储存在碳纳米管中的总能量,平均值$\frac{S(\boldsymbol{u}_{i+1/2})+S(\boldsymbol{u}_{i-1/2})}{2}$可以假定为在

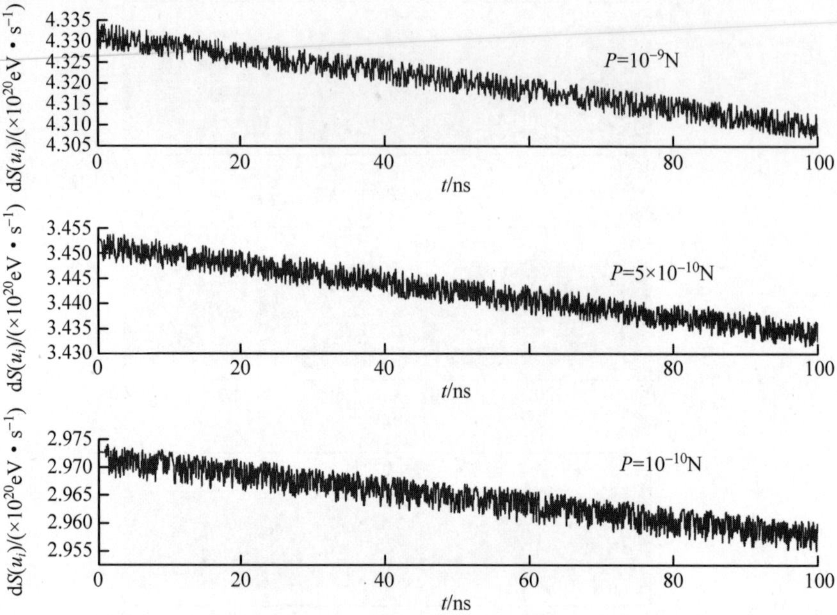

图 6-13　各时间步的能量耗散率

（请扫 I 页二维码看彩图）

$i\Delta t$ 时刻储存在碳纳米管中的总能量，差值 $S(\boldsymbol{u}_{i+1/2})-S(\boldsymbol{u}_{i-1/2})$ 可以假定为在第 i 个时间步长中由碳纳米管中的阻尼而导致的总能量损失。

表 6-1　在不同振幅的冲击载荷下振荡器的品质因子

$P/(\times10^{-10}\mathrm{N})$	10	5	1
Q	326131.896340	326132.166751	326130.785199

从表 6-1 可以发现，受到不同振幅冲击载荷的碳纳米管振荡器的品质因子的量级是 10^5。

为了验证本节提出的数值方法的精度，我们计算了在不同振幅冲击载荷下品质因子的相对偏差(δQ)，见表 6-2。

根据表 6-2 可以发现，品质因子的相对偏差大约为 10^{-6}，这意味着在我们的数值实验中，品质因子几乎与冲击载荷的振幅无关，并且验证了我们的数值方法的高精度。

表 6-2　品质因子的相对偏差

$P/(\times10^{-10}\mathrm{N})$	10	5	1
$\delta Q/(\times10^{-6})$	0.8592942	1.688441	−2.547738

备注：品质因子的相对偏差是用品质因子的理论值计算的，该理论值假定为品质因子在不同冲击载荷幅值下的平均值，即 $Q_{\mathrm{Theo}}\approx\bar{Q}=\frac{1}{3}(326131.896340+326132.166751+326130.785199)=326131.616097$，这可能要高于参考文献[50]，[53]中所得到的实验结果(参考文献[50]中，单壁碳纳米管的品质因子随着温度的升高从 2×10^5 下降到 1.5×10^3；在参考文献[53]中，通过测量单电子隧穿电流获得的碳纳米管品质因子超过 2×10^5)。对碳纳米管振荡器的品质因子的略微高估原因可能忽略了其他耗散效应，例如温度效应[50]等。不足的是，模型(6.2.1)中不能描述温度效应，这是所采用的动力学模型的局限性。

6.3 嵌入式载流单壁碳纳米管的混沌特性

如前所述,Iijima[12]在实验室发现的碳纳米管开创了一个新的研究领域,使我们有可能在纳米尺度上研究碳原子材料的微观结构和微观力学行为。碳纳米管的特性包括各向异性结构、优异的电磁和机械性能,这些特性已广泛应用于一些分子器件的设计,如场效应晶体管[13]、场发射显示器[15]、纳米电子器件16、化学传感器[17]和电池[18]等。

最近,Carlos及其合作者提出的碳纳米管的一个可能应用是,可以基于碳纳米管设计一种靶向药物输送装置,称为纳米注射器[68]。随后,揭示了流体在碳纳米管中输运的机制[69],这为研究碳纳米管中的流体流动特性提供了新的途径。在这些工作中,大多数注意力集中在狭小空间中的流体流动特性,而由流动引起的碳纳米管的动力学响应几乎被忽略。

对于没有内部流动激励的碳纳米管的振荡动力学特性,已经有几项具有代表性的工作被报道:Coluci及其合作者使用刚体动力学模拟,研究了基于多壁碳纳米管的耦合振荡器的运动,并从模拟结果中得出了耦合振荡器中存在混沌的结论[19];将缠结在一起的笨重碳纳米管组装成为了研究浸没在乙醇液体中的单壁碳纳米管控制良好的形状时的动力学行为,Wei和Guo引入了分子动力学方法,发现碳纳米管会快速移动到阴极,并与直流电场的方向平行排列的现象[20];Conley及其合作者探索了纳米线谐振器(悬空的碳纳米管)的非线性动力学,并证明了它们可以突然从平面运动转变为旋转运动,这与假定碳纳米管的运动轨迹在一个固定平面中相矛盾[21];考虑到碳纳米管轴上的波纹形状,Mayoof和Hawwa研究了弯曲单壁碳纳米管在谐波激励下的混沌行为[22],在这项工作的基础上,文献[24]研究了双壁碳纳米管在其主共振频率附近共振激发的非线性振荡;利用连续介质力学的不同梁模型,结合能量均分定律和分子动力学模拟,Wang、Hu和Guo研究了单壁碳纳米管的热振动[25];最近,Joshi及其合作者在单壁碳纳米管的振动实验中观察到了混沌现象,这证明了碳纳米管中存在混沌现象[70]。

已经证明,碳纳米管的动力学振荡特性是碳纳米管器件的重要性能,尤其是混沌特性,它决定了碳纳米管器件稳定性和精度。如果碳纳米管中存在混沌,则会导致碳纳米管不稳定,此时碳纳米管装置失效。因此,碳纳米管器件的设计必须避免出现混沌现象。

在之前的工作中[59],从振荡动力学模型的Melnikov函数中导出了横向谐波载荷下嵌入式单壁碳纳米管中出现混沌的解析条件,并用广义多辛方法对混沌现象进行了数值模拟[5]。但是这些结果对于碳纳米管中存在流体流动的情况是不适用的,因为碳纳米管和其中的流体流动之间的耦合效应影响了碳纳米管的振荡特性。关于载流碳纳米管的振荡特性,有几项重要的研究结果值得回顾:Reddy等研究了流体流动对载流单壁碳纳米管的自由振动和不稳定性的影响,这有助于量化流体传输单壁碳管的质量流量测量[71];随后,Lee和Chang基于非局部弹性理论,研究了流速对载流单壁碳纳米管的振动频率和振型的影响,并进一步考虑了流体的黏性,研究了非局部效应、黏度效应、纵横比和弹性介质常数对嵌入弹性介质中的黏性载流单壁碳纳米管基频的影响[72];考虑到流体的黏性以及介质的黏弹性,Soltani等基于非局部欧拉-伯努利(Euler-Bernoulli)梁理论,研究了碳纳米管的振动和动力学不稳定性[73]。在这些工作中,非局部理论作为一种发展中的唯象理论,最近被用来描述碳纳米管的尺寸效应。在我们的工作中,与许多关于纳米管振荡的工作一样,忽略了非局部弹性效应，这是因为关于非局部弹性理论是存在一些明显问题的。例如，e_0 的值(非局部弹性理论中的一个重要参数，但是没有具体的物理力学意义)只能通过实验数据拟合获得。因此，在没有足够的实验数据的情况下，如果在我们的模型中考虑非局部弹性效应，则无法获得 e_0 的值，也无法进行数值计算。

在本节的工作中，考虑到碳纳米管的不同长度、不同的横向谐波载荷序列，采用广义多辛方法数值模拟了当碳纳米管振动出现混沌时，碳纳米管中流体输运的流速范围，并称之为混沌区[8]。这些结果可以为靶向药物输送装置的设计提供一些参考。

参考嵌入式单壁碳纳米管的振荡动力学模型[59]，并且假设在碳纳米管中输送的流体是不可压缩的，两端固支嵌入式载流单壁碳纳米管在横向谐波载荷系列下的振荡动力学模型可以表示为

$$\begin{aligned}&EI\partial_{xxxx}z+2\xi\partial_t z+(\rho A+m_{\mathrm f})\partial_{tt}z\\&=p+F(x,t)-2m_{\mathrm f}u_{\mathrm f}\partial_{tx}z+\left[\frac{EA}{2L}\int_0^L(\partial_x z)^2\mathrm dx-m_{\mathrm f}u_{\mathrm f}^2\right]\partial_{xx}z\end{aligned}\tag{6.3.1}$$

其中，E 是杨氏模量；I 是截面惯性矩；z 是弯曲位移；ξ 是黏性阻尼系数；ρ 是纳米管的线密度；A 是横截面面积；$m_{\mathrm f}$ 是沿着碳纳米管轴线的单位长度的流体质量；p 是纳米管外壁和弹性介质之间的单位长度上的相互作用力，可以表示为含有弹性常数 k 的表达式 $p=-kz$ [27,59]；$u_{\mathrm f}$ 是流体的流速；$F(x,t)=\dfrac{F}{N-1}\sum\limits_{n=1}^{N-1}\delta\left(x-\dfrac{nL}{N}\right)\cos(\Omega_n t+\varphi_{n0})\,(N\geqslant 2)$ 是一个作用于每个等距节点 $\dfrac{nL}{N}(n=1,2,\cdots,N-1)$ 上的横向谐波荷载系列，这里，$\dfrac{F}{N-1}$ 是负载系列的振幅，$N-1$ 是谐波负载的数量，δ 是狄拉克(Dirac)函数，$\dfrac{nL}{N}$ 是第 n 个谐波负载的位置，Ω_n 和 φ_{n0} 分别为第 n 个谐波负载的频率和初始相位；$2m_{\mathrm f}u_{\mathrm f}\partial_{tx}z$ 是流体输送过程产生的阻尼力；L 是纳米管的长度；$\dfrac{EA}{2L}\partial_{xx}z\int_0^L(\partial_x z)^2\mathrm dx$ 是由纳米管弯曲引起的诱导张力；$m_{\mathrm f}u_{\mathrm f}^2\partial_{xx}z$ 是流体输送过程产生的离心力。

正如参考文献[59]中提出的动力学模型不同，动力学模型(6.3.1)中包含流体与结构的相互作用，这导致两端固支嵌入式载流单壁碳纳米管的动力学模型的理论分析面临困难，因为载流碳纳米管的振动模态太复杂，无法用 Galerkin 近似方法处理。对振荡动力学模型(6.3.1)应用 Galerkin 近似方法的主要难点在于，很难确定模态函数中应考虑多少阶模态。此外，如果考虑高阶模态，将涉及一个非常复杂的耦合非线性常微分方程，这些方程很难用解析方法求解。因此，目前仅通过数值方法研究模型(6.3.1)的振荡特性。

正如我们之前所做[59]，对于固支端约束，边界条件可以由下式给出：

$$z(0,t)=\partial_x z\,|_{x=0}=z(L,t)=\partial_x z\,|_{x=L}=0\tag{6.3.2}$$

在参考文献[59]中，通过定义状态变量 $\boldsymbol u=(z,v,w,\psi,q)^{\mathrm T}$，得到了嵌入式单壁碳纳米管振荡动力学模型的一阶近似对称形式，其中，中间变量由 $\partial_t z=v$，$\partial_x z=w$，$\partial_x w=\psi$，$\partial_x\psi=q$ 定义。在本节中，将用上述状态变量构造振荡模型(6.3.1)的一阶近似对称形式，该形式是基于多辛理论[32]的，因此被命名为广义多辛形式[5]。

对于上述状态变量，振荡模型(6.3.1)可以表示为以下一阶矩阵形式：

$$M\partial_t \boldsymbol{u}+\boldsymbol{K}\partial_x \boldsymbol{u}-\nabla_{\boldsymbol{u}} S(\boldsymbol{u})=\boldsymbol{\tau}(x,t)+\boldsymbol{\beta}(\boldsymbol{u}) \tag{6.3.3}$$

其中，$S(\boldsymbol{u})=-\frac{1}{2}kz^2-\frac{1}{2}(\rho A+m_{\mathrm{f}})v^2+\frac{1}{2}EI\psi^2-EIwq$，$\boldsymbol{\tau}(x,t)=[F(x,t),0,0,0,0]^{\mathrm{T}}$，$\boldsymbol{\beta}(\boldsymbol{u})=\left\{\psi\left[\frac{EA}{2L}\int_0^L w^2\mathrm{d}x-m_{\mathrm{f}}u_{\mathrm{f}}^2\right]-m_{\mathrm{f}}u_{\mathrm{f}}(\partial_t w+\partial_x v),0,0,0,0\right\}^{\mathrm{T}}$，系数矩阵为

$$\boldsymbol{M}=\begin{bmatrix}2\xi & \rho A+m_{\mathrm{f}} & 0 & 0 & 0\\ -\rho A-m_{\mathrm{f}} & 0 & 0 & 0 & 0\\ 0 & 0 & 0 & 0 & 0\\ 0 & 0 & 0 & 0 & 0\\ 0 & 0 & 0 & 0 & 0\end{bmatrix},\quad \boldsymbol{K}=\begin{bmatrix}0 & 0 & 0 & 0 & EI\\ 0 & 0 & 0 & 0 & 0\\ 0 & 0 & 0 & -EI & 0\\ 0 & 0 & EI & 0 & 0\\ -EI & 0 & 0 & 0 & 0\end{bmatrix}$$

请注意，流体流速产生的影响仅包含在项$\boldsymbol{\beta}(\boldsymbol{u})$中，这将给以下数值实验带来极大的便利。如果黏性阻尼系数ξ和负载系列F很小[59]，就认为一阶矩阵形式是一种近似的多辛形式，称为广义多辛形式[5]。

发展广义多辛理论[5]的目标是尽可能在数值上再现动力系统的内在几何特性，包括与广义多辛形式的系数矩阵的反对称性相关联的保守性质，以及与广义多辛形式的系数阵的对称性相关的非保守性质。

根据广义多辛理论[5]，动力学系统(6.3.1)(该动力学系统包括碳纳米管和流体)的局部能量是广义多辛形式(6.3.3)的一个守恒量，因为系数矩阵$\boldsymbol{K}$是严格反对称的。但在碳纳米管和流体之间，每一时刻都有能量交换，这是流体-结构相互作用系统的固有特性。因此，碳纳米管的局部能量和流体的局部能量都不是守恒量。

根据查阅已有资料，在嵌入式单壁碳纳米管中，随着横向载荷的振幅或频率的增加，碳纳米管的振动将出现混沌现象[59]。如果引入流体输送，则碳纳米管中的混沌特性可能会改变，这也可以通过广义多辛方法进行研究，因为该方法已被证明是捕获纳米管中混沌现象的一种高效的数值方法[59]。

在R^2中引入t方向上时间步长为Δt和x方向上空间步长为Δx的均匀网格$\{(t_i, x_j)\}$。点(t_i,x_j)处的近似值$\boldsymbol{u}(t,x)$表示为$\boldsymbol{z}_i^j$。使用Preissmann离散方法可以得到广义多辛形式(6.3.3)的离散形式：

$$\begin{cases}2\xi\dfrac{z_{i+1}^{j+\frac{1}{2}}-z_i^{j+\frac{1}{2}}}{\Delta t}+\rho A\dfrac{v_{i+1}^{j+\frac{1}{2}}-v_i^{j+\frac{1}{2}}}{\Delta t}+EI\dfrac{q_{i+\frac{1}{2}}^{j+1}-q_{i+\frac{1}{2}}^{j}}{\Delta x}=kz_{i+\frac{1}{2}}^{j+\frac{1}{2}}+F(j,i)+\beta_1\left(\boldsymbol{u}_{i+\frac{1}{2}}^{j+\frac{1}{2}}\right)\\[2ex] -\rho A\dfrac{z_{i+1}^{j+\frac{1}{2}}-z_i^{j+\frac{1}{2}}}{\Delta t}=-\rho Av_{i+\frac{1}{2}}^{j+\frac{1}{2}}\\[2ex] -EI\dfrac{\psi_{i+\frac{1}{2}}^{j+1}-\psi_{i+\frac{1}{2}}^{j}}{\Delta x}=-EIq_{i+\frac{1}{2}}^{j+\frac{1}{2}}\\[2ex] EI\dfrac{w_{i+\frac{1}{2}}^{j+1}-w_{i+\frac{1}{2}}^{j}}{\Delta x}=EI\psi_{i+\frac{1}{2}}^{j+\frac{1}{2}}\\[2ex] -EI\dfrac{z_{i+\frac{1}{2}}^{j+1}-z_{i+\frac{1}{2}}^{j}}{\Delta x}=-EIw_{i+\frac{1}{2}}^{j+\frac{1}{2}}\end{cases} \tag{6.3.4}$$

其中，$\beta_1(\boldsymbol{u}_{i+\frac{1}{2}}^{j+\frac{1}{2}})=\psi_{i+\frac{1}{2}}^{j+\frac{1}{2}}\left[\frac{EA}{2L}\sum_{j=1}^{L/\Delta x}(w_i^j)^2\Delta x-m_{\mathrm{f}}u_{\mathrm{f}}^2\right]-m_{\mathrm{f}}u_{\mathrm{f}}\left(\frac{w_{i+1}^{j+\frac{1}{2}}-w_i^{j+\frac{1}{2}}}{\Delta t}+\frac{v_{i+\frac{1}{2}}^{j+1}-v_{i+\frac{1}{2}}^{j}}{\Delta x}\right)$，

$F(j,i)=\frac{F}{N-1}\sum_{n=1}^{N-1}\delta\left(j-\frac{nL}{N}\right)\cos(\Omega_n i+\varphi_{n0})$。

根据参考文献[33]，可以很容易地证明离散局部能量守恒律。

与我们之前的工作不同，我们无法获得嵌入式载流单壁碳纳米管中横向振荡出现混沌的解析条件。因此，在下面的数值实验中，将用广义多辛方法(6.3.4)研究嵌入式载流单壁碳纳米管中的混沌振荡特性。

参考单壁碳纳米管的材料和结构，我们假设杨氏模量为 $E=1.1\times10^{12}$ TPa，黏性阻尼系数 $\xi=0.2$，纳米管的密度 $\rho=1.13\times10^3\,\mathrm{kg\cdot m^{-3}}$，弹性常数 $k=10^6$ TPa，沿碳纳米管轴线单位长度的流体质量 $m_{\mathrm{f}}=1.4313\times10^{-15}\,\mathrm{kg\cdot m^{-1}}$，碳纳米管的内径和外径分别为 $R_{\mathrm{in}}=0.5$nm，$R_{\mathrm{out}}=0.84$nm。利用这些参数，我们可以得到碳纳米管的横截面面积 $A=1.4313\times10^{-18}\,\mathrm{m}^2$，以及截面惯性矩 $I=\frac{\pi}{4}(R_{\mathrm{out}}^4-R_{\mathrm{in}}^4)=3.4191\times10^{-37}\,\mathrm{m}^4$。

在下面的数值实验中，我们将假定步长为 $\Delta t=0.025$ 和 $\Delta x=0.05$，采用广义多辛方法(6.3.4)，研究不同振幅或频率的横向谐波载荷下，不同结构参数的碳纳米管内流体输运诱导的混沌现象。

碳纳米管物理尺寸的变化是碳纳米管在横向谐波载荷系列作用下产生混沌的重要因素之一。因此，在下面的数值实验中首先研究了碳纳米管长度对混沌特性的影响。

假设横向载荷系列是作用在碳纳米管中点上的单个谐波载荷，则单个谐波荷载的表达式为 $F(x,t)=1\times10^{-12}\delta\left(\frac{L}{2}\right)\cos\left(\frac{1}{2\pi}t\right)$，其中，该单个谐波负载的振幅为 $F=1\times10^{-12}$N，这与参考文献[59]中获得的 F 的临界值相差甚远，初始条件为 $\varphi_0=0$，负载频率为 $\Omega=\frac{1}{2\pi}$。

首先，在固定流速为 $u_{\mathrm{f}}=500\mathrm{m\cdot s^{-1}}$ 时使用格式(6.3.4)模拟了不同长度的碳纳米管的横向振荡过程。得到了碳纳米管中点横向位移的分岔图，如图 6-14 所示。从分岔图可以发现，随着纳米管长度的减小，碳纳米管振荡出现混沌现象。

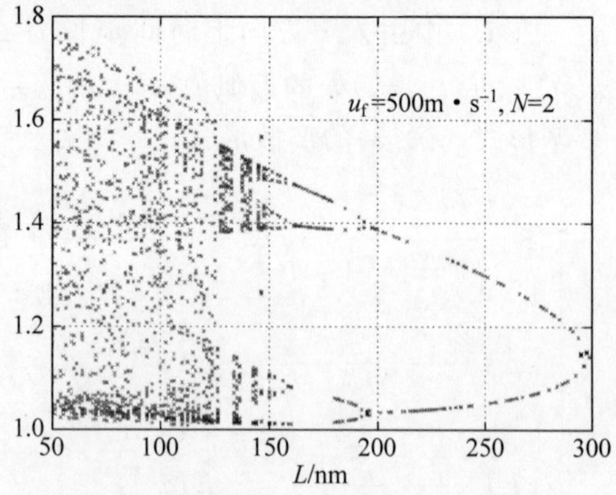

图 6-14 分岔图($u_{\mathrm{f}}=500\mathrm{m\cdot s^{-1}}$，$N=2$，$F=1\times10^{-12}$N，$\Omega=1/2\pi$，$\varphi_0=0$)

(请扫 I 页二维码看彩图)

然后，连续改变流体的流速，模拟碳纳米管的横向振荡过程。在这个过程中，得到了不同长度的碳纳米管出现混沌的流速的上界 u_{fU} 和下界 u_{fL}，如图 6-15 所示。在图 6-15 中，当 $u_{\mathrm{fL}}<u_{\mathrm{f}}<u_{\mathrm{fU}}$ 时混沌将会发生，因此该区域被命名为混沌区域(下图中的混沌区域用斜线标记)。从图 6-15 中可以发现，随着碳纳米管长度的增加，上界 u_{fU} 和下界 u_{fL} 之间的流速范围逐渐减小。当 $L=437$nm 时，该流速的范围消失；如果 $L\geqslant437$nm，则意味着在上述假定的参数条件下，无论输流速度如何变化，碳纳米管的振荡都不会进入混沌状态。

在接下来的数值实验中，我们详细研究了载荷序列的振幅和分布情况对碳纳米管振荡特性的影响。

假设碳纳米管的长度为 $L=100\text{nm}$，每个横向荷载的频率为 $\Omega_n=\dfrac{1}{2\pi}(n=1,2,\cdots,N-1)$，每个横向载荷的初始相位为 $\varphi_{n0}=0(n=1,2,\cdots,N-1)$。然后，利用广义多辛方法(6.3.4)模拟了不同振幅和不同数量的横向载荷序列的振动特性。

首先，在固定流体流速 $u_f=800\text{m}\cdot\text{s}^{-1}$ 条件下，在碳纳米管中点作用幅值变化的单个横向载荷($N=2$)，采用格式(6.3.4)模拟了碳纳米管的横向振荡过程。如图 6-16 所示，碳纳米管中点横向位移的分岔图随着单个横向载荷振幅的增加，逐渐进入混沌状态。此外，F 的临界值约为 $5.05\times10^{-11}\text{N}$，小于参考文献[39]中用相同参数得到的 F 的临界值，这意味着，流体输运使碳纳米管振荡中的混沌现象更容易出现，即流体输运降低了碳纳米管的动力学稳定性。

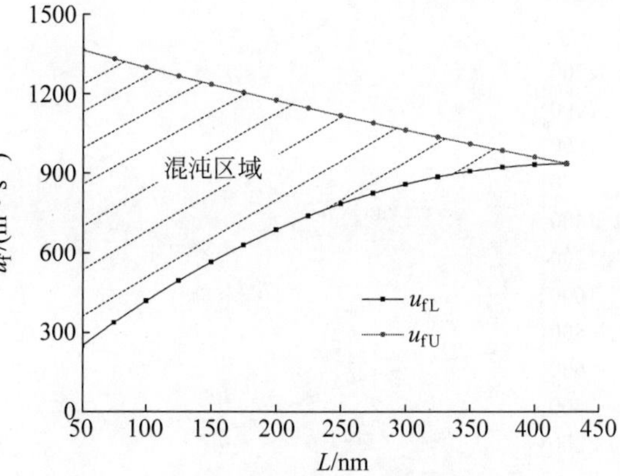

图 6-15　流速上界 u_{fU} 和下界 u_{fL}($N=2$, $F=1\times10^{-12}\text{N}$, $\Omega=1/2\pi$, $\varphi_0=0$)
(请扫 I 页二维码看彩图)

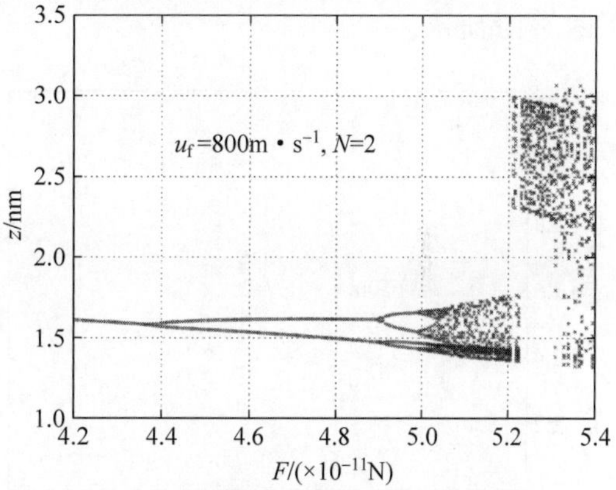

图 6-16　分岔图($u_f=800\text{m}\cdot\text{s}^{-1}$, $N=2$, $L=100\text{nm}$, $\Omega=1/2\pi$, $\varphi_0=0$)
(请扫 I 页二维码看彩图)

然后，在载荷数量一定的条件下，改变流体的流速和横向载荷幅值，模拟碳纳米管的横向振动。在这个过程中，在不同的横向载荷振幅条件下，可以得到发生混沌振动的流速的上界 u_{fU} 和下界 u_{fL}，如图 6-17 所示。从图 6-17 中可以发现，随着横向载荷幅值的增加，碳纳

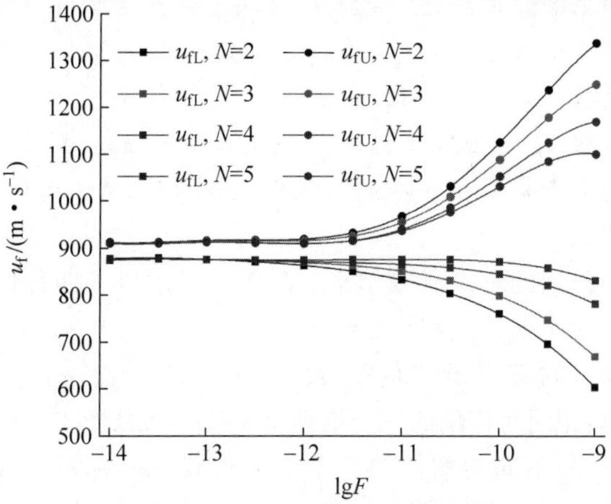

图 6-17　上界 u_{fU} 和下界 u_{fL}($L=100\text{nm}$, $\Omega=1/2\pi$, $\varphi_0=0$)
(请扫 I 页二维码看彩图)

米管出现混沌的流速上界 u_{fU} 和下界 u_{fL} 之间的范围逐渐增大。比较不同的载荷数量条件下的混沌区域，可以发现，随着 N 的增加，混沌区域变小，这意味着，纳米管在多点激励下的振动比在单点激励下的振动更稳定。

除了振幅之外，频率和初始相位是横向谐波载荷系列的两个主要参数。因此，在下面的数值实验中，我们研究了横向载荷序列的频率和初始相位对振荡特性的影响，特别是对混沌特性的影响。

在以下数值实验中，将碳纳米管的长度，以及横向载荷序列的振幅之和均设定为常数：$L=100\text{nm}$ 和 $F=1\times10^{-12}\text{N}$。首先，在固定流速 $u_f=650\text{m}\cdot\text{s}^{-1}$ 条件下，假定单个横向载荷（$N=2$）以零初相位和变化的频率作用于碳纳米管的中点，采用格式(6.3.4)模拟了碳纳米管的振荡过程。图 6-18 给出了纳米管中点的横向振动进入混沌的过程。然后，对于单个不同频率的横向载荷作用的情形，可以得到出现混沌振动的流速上界 u_{fU} 和下界 u_{fL}，如图 6-19 所示。

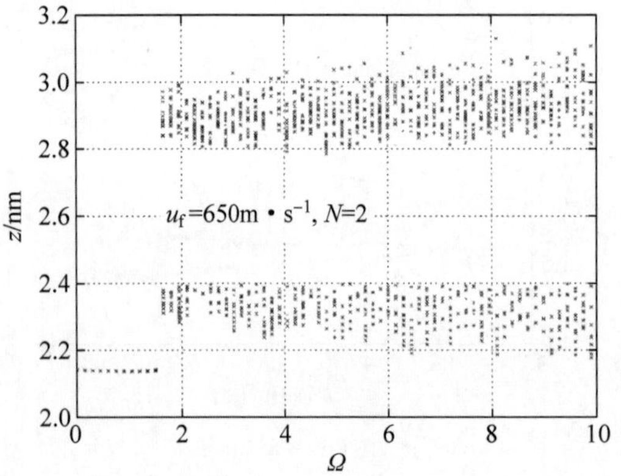

图 6-18 分岔图（$u_f=650\text{m}\cdot\text{s}^{-1}$，$N=2$，$L=100\text{nm}$，$F=1\times10^{-12}\text{N}$，$\varphi_0=0$）
（请扫Ⅰ页二维码看彩图）

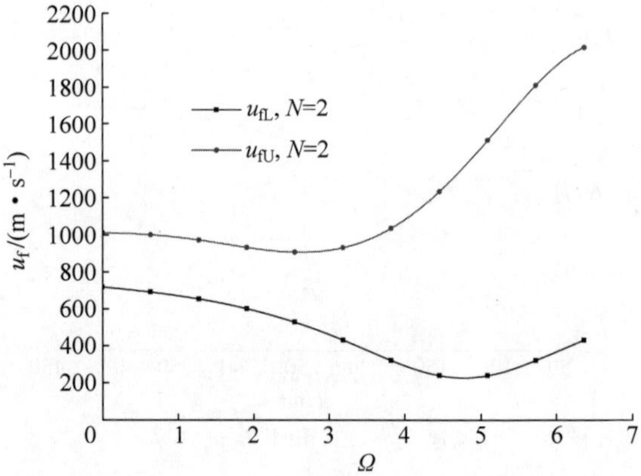

图 6-19 上界 u_{fU} 和下界 u_{fL}（$L=100\text{nm}$，$N=2$，$F=1\times10^{-12}\text{N}$，$\varphi_0=0$）
（请扫Ⅰ页二维码看彩图）

对于作用在三等分点的两点激励情形（$N=3$），考虑以下四种情况：①情形 1，具有相同频率和相同初相位的两个谐波负载（$\Omega_1=\Omega_2=\Omega$，$\varphi_{10}=\varphi_{20}=0$）；②情形 2，具有相同频率和不同初相位的两个谐波负载（$\Omega_1=\Omega_2=\Omega$，$\varphi_{10}=0$，$\varphi_{20}=0.5\pi$）；③情形 3，具有不同频率和相同始相位的两个谐波负载（$\Omega_1=2\Omega_2=\Omega$，$\varphi_{10}=\varphi_{20}=0$）；④情形 4，具有不同频率和不同初相位的两个谐波负载（$\Omega_1=2\Omega_2=\Omega$，$\varphi_{10}=0$，$\varphi_{20}=0.5\pi$）。对于上述四种情况，碳纳米管振动出现混沌的流速上界 u_{fU} 和下界 u_{fL} 如图 6-20 所示，从中可以发现，情形 2 的流速上界 u_{fU} 明显大于其他情况。

对于在四等分点上作用的三点激励情形（$N=4$），考虑以下四种情况：①情形 1，具有相同频率和相同初相位的三个谐波负载（$\Omega_1=\Omega_2=\Omega_3=\Omega$，$\varphi_{10}=\varphi_{20}=\varphi_{30}=0$）；②情形 2，具有相同频率和不同初相位的三个谐波负载（$\Omega_1=\Omega_2=\Omega_3=\Omega$，$\varphi_{10}=\varphi_{30}=0$，$\varphi_{20}=0.5\pi$）；③情形 3，具有不同频率、相同初相位的三个谐波负载（$\Omega_1=2\Omega_2=\Omega_3=\Omega$，$\varphi_{10}=\varphi_{20}=\varphi_{30}=0$）；④情形 4，具有不同频率和不同初相位的三个谐波负载（$\Omega_1=2\Omega_2=\Omega_3=\Omega$，$\varphi_{10}=\varphi_{30}=0$，$\varphi_{20}=0.5\pi$）。对于上述四种情况，碳纳米管振动出现混沌的流速上界 u_{fU} 和下界 u_{fL} 如图 6-21 所示，从中我们可以得出结论，谐波负载存在频率差时的碳纳米管振动，出现混沌流速

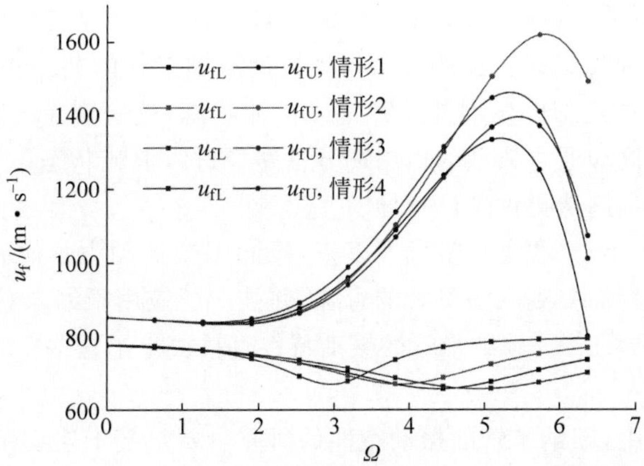

图 6-20　上界 u_{fU} 和下界 u_{fL}($L=100$nm, $N=3$, $F=1\times10^{-12}$N)

(请扫 I 页二维码看彩图)

上界 u_{fU} 大于谐波负载不存在频率差的情况。此外,可以发现初相位对振荡特性的主要影响集中在低流速范围:当谐波负载频率较低时,谐波负载具有相同初相位时,其流速下界 u_{fL} 大于谐波负载具有不同初相位时流速下界;当谐波负载的频率较高时,得到的规律恰好相反。

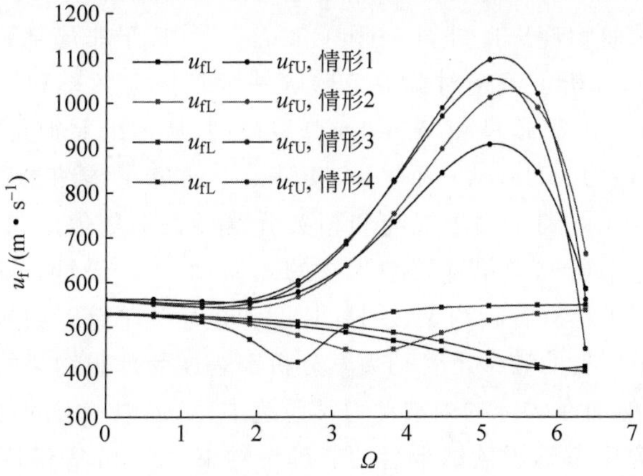

图 6-21　上界 u_{fU} 和下界 u_{fL}($L=100$nm, $N=4$, $F=1\times10^{-12}$N)

(请扫 I 页二维码看彩图)

对比图 6-19～图 6-21,可以得出结论,混沌区域随着谐波负载数量 N 的增加而减小。特别是,随着谐波负载数量 N 的增加,碳纳米管振动出现混沌流速上界 u_{fU} 迅速减小,这给我们提供了参考:增加负载数量(即使得载荷尽量均匀分布在碳纳米管上)是提高载流碳纳米管稳定性的有效方法。

6.4　弹性约束的单壁碳纳米管的混沌特性

微纳动力学系统的稳定性和精度会受到动力学特性的显著影响,尤其是受到碳纳米管(如果使用碳纳米管作为微纳动力学系统主要部件的话)混沌特性的影响。目前关于受理想约束的单壁碳纳米管的混沌特性已有相关的研究成果,为了将这些研究成果推广,本节将采用广义多辛数值方法研究受弹性约束的单壁碳纳米管的混沌特性。在弹性约束参数中,我们发现，弹性约束的相对/绝对弯曲刚度系数是影响碳纳米管的混沌特性的主要因素。比较两种理想约束情况的模拟结果：当外激励频率接近碳纳米管的共振频率时，两端简支的碳纳米管的横向振动通过近似阵发混沌路径进入混沌状态，这一现象与激励的振幅无关；而悬臂碳纳米管的横向振动通过典型的倍周期分岔路径进入混沌状态。上述重要发现为精密微纳机械系统的设计和制造提供理论指导。

碳纳米管自 1991 年[12]在实验室发现以来，掀起了微纳动力学研究领域的热潮。碳纳米管因其独特的力学特性受到众多学者的青睐，并被广泛应用于纳米器件设备中，如纳米谐振器[43-44,74]和纳米天平[46]。碳纳米管的振动特性直接决定了这些微纳机械系统的稳定性和精度[8,59]。

在过去的几十年中，碳纳米管的振动特性的研究主要是基于连续介质力学理论开展的。Wang 等[75]使用多弹性壳模型系统地研究了多壁碳纳米管的自由振动问题。基于非局部弹性理论，Zhang 等[76]提出了一种非局部弹性梁模型，通过该模型研究了碳纳米管长度对双壁碳纳米管自由横向振动的影响。Wang 和 Varadan[77]发展了一个非局部连续介质力学模型，通过弹性梁理论研究了单壁纳米管和双壁纳米管的振动特性。Reddy 和 Pang[78-80]利用非局部理论得到了碳纳米管弯曲、振动和屈曲的解析解，以研究非局部行为对碳纳米管挠度、屈曲载荷和固有频率的影响，这一解析解也可用于研究具有各种边界条件的碳纳米管的静态弯曲、振动及屈曲响应。此外，Lee 和 Chang[81-82]基于非局部弹性理论和铁摩辛柯(Timoshenko)梁理论，分析了流速对载流单壁碳纳米管振动频率和振型的影响。Natsuki 等[83]基于 Euler-Bernoulli 梁模型和 Winkler 弹簧模型，从理论上研究了嵌入弹性介质中的双壁碳纳米管的共振行为。Hawwa 和 Al-Qahtani[24]研究了碳纳米管在其主共振附近谐波激励的非线性振动，并得到了关于混沌和相关分岔过程的数值结果。Wang、Hu 和 Guo 基于不同的梁模型，详细研究了单壁碳纳米管的热振动[25]。最近，Yan、Liew 和 He[84]使用高阶梯度理论，得到了具有各种约束、手性、长度和直径的单壁碳纳米管的振动频率。

上述研究中，几乎所有的碳纳米管动力学分析都是在受理想约束的梁模型上进行的，包括简支梁和固支梁。然而在实际的微纳动力学系统中，对碳纳米管的约束不可能是理想的。因此，最近的相关研究中考虑了碳纳米管的非理想约束：Kiani 等使用无网格法，利用非局部 Euler-Bernoulli、Timoshenko 和高阶梁模型，模拟了嵌入弹性基体中的，具有弹性支撑的单壁纳米管结构的自由/强迫横向振动[85-86]；Kiani 进一步详细研究了具有弹性支撑的双壁纳米管结构的振动问题[87-88]；Yayli 通过傅里叶正弦级数方法，研究了具有约束边界条件的碳纳米管的振动，该方法主要确定了碳纳米管在各种边界条件下的振动频率[89-90]。本节将详细研究弹性约束对碳纳米管的混沌特性的影响[10]。

此外，当前文献中广泛考虑了非局部弹性理论和表面效应理论，以使得碳纳米管动力学的研究结果尽量与试验结果吻合[77-80,85,91]。然而，与许多关于碳纳米管的现有研究类似，碳纳米管的非局部效应及其表面效应皆没有在本节工作中考虑。首先，当忽略诱导张力时，所考虑的模型退化为经典的梁结构模型，其动力学分析结果与大尺寸碳纳米管的动力学分析结果一致。其次，非局部弹性理论作为一种新的唯象理论，需要进一步完善。对于当前文献中使用的非局部弹性理论，仍存在许多突出问题。例如，非局部弹性论的一个基本问题：如何确定非局部效应项中某些参数的值。因此，如果不能准确地确定非局部效应项中某些参数的值，则无法有效地进行数值模拟。最后，Wang 和 Hu[92]说明了矩形单层石墨烯片振动问题可忽略尺寸效应，这是忽略尺寸效应的间接原因。

在之前的工作中，我们得到了嵌入式单壁碳纳米管内混沌的解析条件，并用广义多辛方法验证了该解析条件[59]。基于这些成果，得到了不同横向谐波荷载序列下嵌入式载流单壁碳纳米管的混沌区域[8]。值得一提的是，在混沌的解析条件中没有包含弹性介质的弹性常数[59]，并且没有考虑弹性介质对碳纳米管的混沌特性的影响。因此，为了研究弹性约束对碳纳米管的混沌状态的影响，本节将重点介绍受弹性约束单壁碳纳米管的混沌特性。

当边界条件不是当前文献中大多数研究者所假设的理想边界条件时，碳纳米管的振动位移/速度和加速度在边界处不等于零，此时，边界约束可以被认为是弹性约束。基于这一想法，本节考虑以扭转和支撑弹簧作为两端弹性约束的单壁碳纳米管的振动物理模型[85,88]，如图 6-22 所示。

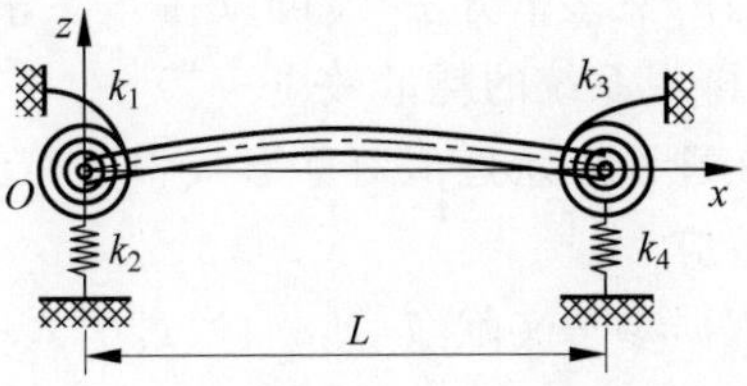

图 6-22 受弹性边界约束的碳纳米管物理模型

由于单壁碳纳米管的直径通常为 0.8～2nm，而单壁碳纳米的长度范围为 100nm 至几厘米[93]，比率 EI/L 非常小，因此单壁碳纳米管可以被视为细长弹性梁，当不考虑非局部弹性效应时，受作用于碳纳米管中点的横向荷载下的碳纳米管振动模型[59,94-95]可以表述如下：

$$EI\frac{\partial^4 z}{\partial x^4}+2\xi\frac{\partial z}{\partial t}+\rho A\frac{\partial^2 z}{\partial t^2}-F\cos(\Omega t)-\frac{EA}{2L}\frac{\partial^2 z}{\partial x^2}\int_0^L\left(\frac{\partial z}{\partial x}\right)^2\mathrm{d}x=0 \tag{6.4.1}$$

其中，E 是杨氏模量；I 是截面惯性矩；$z=z(x,t)$是弯曲位移；ξ 是黏性阻尼系数；ρ 是碳纳米管的密度；A 是横截面面积；F 和 Ω 分别是横向载荷的振幅和频率；L 是碳纳米管的长度；$\frac{EA}{2L}\frac{\partial^2 z}{\partial x^2}\int_0^L\left(\frac{\partial z}{\partial x}\right)^2\mathrm{d}x$ 是由碳纳米管弯曲引起的诱导张力，这意味着该模型可以用于大变形情况。

对于比率 EI/L 很小的梁，模型图 6-22 适用于细长单壁碳纳米管的横向动力学分析[91,96-97]。

考虑如下弹性边界条件：

$$EI\frac{\partial^2 z(0,t)}{\partial x^2}=-k_1\frac{\partial z(0,t)}{\partial x} \tag{6.4.2a}$$

$$\frac{\partial}{\partial x}\left[EI\frac{\partial^2 z(0,t)}{\partial x^2}\right]=k_2 z(0,t) \tag{6.4.2b}$$

$$EI\frac{\partial^2 z(L,t)}{\partial x^2}=-k_3\frac{\partial z(L,t)}{\partial x} \tag{6.4.2c}$$

$$\frac{\partial}{\partial x}\left[EI\frac{\partial^2 z(L,t)}{\partial x^2}\right]=k_4 z(L,t) \tag{6.4.2d}$$

其中，式(6.4.2a)和式(6.4.2c)分别为左端和右端的弯矩平衡方程；而式(6.4.2b)和式(6.4.2d)分别为左端和右端的剪力平衡方程；k_1，k_2，k_3 和 k_4 是扭转/支撑弹簧刚度系数。

由于边界条件的复杂性，很难准确地得到碳纳米管的振动模态。此外，即使得到了一些低阶振动模态，如果应用 Galerkin 近似方法，则必须同时考虑高阶振动模态。因此，几乎不可能得到参考文献[8]所述的在弹性边界(式(6.4.2))条件下系统(式(6.4.1))出现混沌的解析条件。

显然,弹性边界(式(6.4.2))包括以下理想情况:

(1) 两端固支,$k_i \to \infty (i=1,2,3,4)$;

(2) 两端简支,$k_i \to \infty (i=2,4)$ 和 $k_i=0(i=1,3)$;

(3) 一端固支,$k_i \to \infty (i=1,2)$,另一端自由,$k_i=0(i=3,4)$(悬臂)。

接下来用数值方法研究这些弹簧刚度系数对混沌条件的影响。已经证明,从多辛思想导出的广义多辛方法[32]可以在非保守哈密顿系统的数值分析过程中保持系统局部动力学性质,再现系统的耗散效应[5,98-99]。广义多辛方法的主要思想是将耗散哈密顿系统的耗散效应在理论上从近似对称形式中分离出来,并在耗散哈密顿系统的保结构数值分析中再现耗散效应[5,61]。

依据参考文献[7],[8],通过引入中间变量,$\partial_t z=v$,$\partial_x z=w$,$\partial_x w=\psi$,$\partial_x \psi=q$,可以得到式(6.4.1)的近似对称形式:

$$\boldsymbol{M}\partial_t \boldsymbol{u}+\boldsymbol{K}\partial_x \boldsymbol{u}-\nabla_{\boldsymbol{u}} S(\boldsymbol{u})=\boldsymbol{\tau}(x,t)+\boldsymbol{\beta}(\boldsymbol{u}) \tag{6.4.3}$$

其中,$S(\boldsymbol{u})=-\frac{1}{2}\rho A v^2+\frac{1}{2}EI\psi^2-EIwq$,$\boldsymbol{\beta}(\boldsymbol{u})=\left(\frac{EA}{2L}\psi\int_0^L w^2\mathrm{d}x,0,0,0,0\right)^{\mathrm{T}}$,$\boldsymbol{u}=(z,v,w,\psi,q)^{\mathrm{T}}$,$\boldsymbol{\tau}(x,t)=[F\cos(\Omega t),0,0,0,0]^{\mathrm{T}}$,系数矩阵为

$$\boldsymbol{M}=\begin{bmatrix} 2\xi & \rho A & 0 & 0 & 0\\ -\rho A & 0 & 0 & 0 & 0\\ 0 & 0 & 0 & 0 & 0\\ 0 & 0 & 0 & 0 & 0\\ 0 & 0 & 0 & 0 & 0 \end{bmatrix},\quad \boldsymbol{K}=\begin{bmatrix} 0 & 0 & 0 & 0 & EI\\ 0 & 0 & 0 & 0 & 0\\ 0 & 0 & 0 & -EI & 0\\ 0 & 0 & EI & 0 & 0\\ -EI & 0 & 0 & 0 & 0 \end{bmatrix}$$

近似对称形式(6.4.3)的 Preissmann 格式可以很容易地构造出来,

$$\begin{cases} 2\xi\dfrac{z_{i+1}^{j+1/2}-z_i^{j+1/2}}{\Delta t}+\rho A\dfrac{v_{i+1}^{j+1/2}-v_i^{j+1/2}}{\Delta t}+EI\dfrac{q_{i+1/2}^{j+1}-q_{i+1/2}^{j}}{\Delta x}\\ =F\cos(\Omega i)+\dfrac{EA}{2L}\psi_{i+1/2}^{j+1/2}\displaystyle\sum_{j=1}^{L/\Delta x}(w_i^j)^2\Delta x\\ -\rho A\dfrac{z_{i+1}^{j+1/2}-z_i^{j+1/2}}{\Delta t}=-\rho A v_{i+1/2}^{j+1/2}\\ -EI\dfrac{\psi_{i+1/2}^{j+1}-\psi_{i+1/2}^{j}}{\Delta x}=-EIq_{i+1/2}^{j+1/2}\\ EI\dfrac{w_{i+1/2}^{j+1}-w_{i+1/2}^{j}}{\Delta x}=EI\psi_{i+1/2}^{j+1/2}\\ -EI\dfrac{z_{i+1/2}^{j+1}-z_{i+1/2}^{j}}{\Delta x}=-EIw_{i+1/2}^{j+1/2} \end{cases} \tag{6.4.4}$$

离散的弹性边界条件为

$$EI\frac{w_{i+1/2}^{1}-w_{i+1/2}^{0}}{\Delta x}=-k_1\frac{z_{i+1/2}^{1}-z_{i+1/2}^{0}}{\Delta x} \tag{6.4.5a}$$

$$EI\frac{\psi_{i+1/2}^{1}-\psi_{i+1/2}^{0}}{\Delta x}=k_2 z\left(\frac{1}{2},i+\frac{1}{2}\right) \tag{6.4.5b}$$

$$EI\frac{w_{i+1/2}^{L/\Delta x}-w_{i+1/2}^{L/\Delta x-1}}{\Delta x}=-k_3\frac{z_{i+1/2}^{L/\Delta x}-z_{i+1/2}^{L/\Delta x-1}}{\Delta x} \tag{6.4.5c}$$

$$EI\frac{\psi_{i+1/2}^{L/\Delta x}-\psi_{i+1/2}^{L/\Delta x-1}}{\Delta x}=k_4 z\left(\frac{L}{\Delta x}-\frac{1}{2},i+\frac{1}{2}\right) \tag{6.4.5d}$$

已有文献指出，当且仅当现象黏滞阻尼系数 ξ 和横向载荷 F 的幅值足够小时，该格式(6.4.4)是广义多辛的，可以很好地再现单壁碳纳米管中的混沌现象。在下文中，将利用在离散弹性边界条件(6.4.5)下的格式(6.4.4)，研究弹簧刚度系数对混沌条件的影响。

依据文献[8]，[59]，[100]，[101]，碳纳米管的参数值假设如下：杨氏模量 $E=1.1\times10^{12}\text{Pa}$，黏性阻尼系数 $\xi=0.2$，碳纳米管的密度 $\rho=1.13\times10^3\text{kg}\cdot\text{m}^{-3}$，碳纳米管的长度 $L=100\text{nm}$，碳纳米管的内径和外径分别为 $R_{\text{in}}=0.5\text{nm}$ 和 $R_{\text{out}}=0.84\text{nm}$(碳纳米管的厚度为 0.34nm，约为石墨的层间间距)。因此，横截面面积 $A=1.4313\times10^{-18}\text{m}^2$，截面惯性矩 $I=\frac{\pi}{4}(R_{\text{out}}^4-R_{\text{in}}^4)=3.4191\times10^{-37}\text{m}^4$。在格式(6.4.4)中令步长为 $\Delta x=0.5\text{nm}$，$\Delta t=0.25\text{ns}$。为了考虑两端弹簧的相对刚度，相对扭转/支撑刚度系数定义为 $\lambda_1=\frac{k_3}{k_1}$，$\lambda_2=\frac{k_4}{k_2}$。

为了研究相对刚度对碳纳米管混沌状态的影响，在采用不同相对刚度系数条件下，采用保结构方法(6.4.4)模拟碳纳米管振动出现混沌的横向载荷幅值的临界值(即横向载荷频率固定，$F\geqslant F_c$ 时将出现混沌现象)和横向载荷频率的临界值(即横向载荷幅值固定，$\Omega\geqslant\Omega_c$ 时将出现混沌现象)。在保持刚度系数 $k_1=1\times10^9\text{N}\cdot\text{m}\cdot\text{rad}^{-1}$，$k_2=1\times10^8\text{N}\cdot\text{m}^{-1}$ 不变的情况下，相对刚度系数的变化是由刚度系数 k_3，k_4 的变化引起的。

首先，对于不同的相对刚度系数，令横向荷载频率 $\Omega=\frac{1}{2\pi}\text{GHz}$，并逐渐增大横向载荷的振幅，得到横向载荷振幅的临界值 F_c，如图 6-23 和图 6-24 所示。

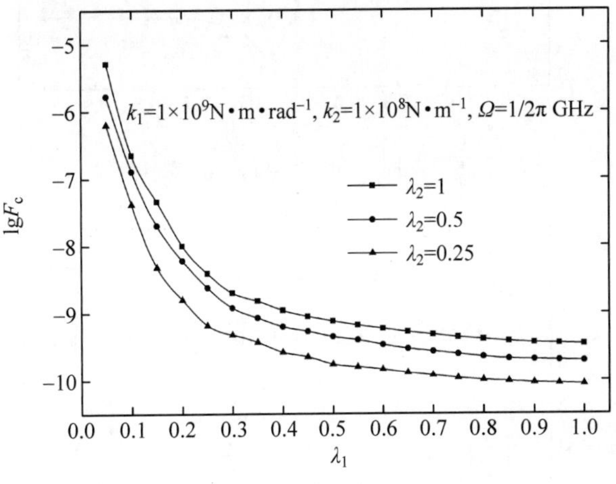

图 6-23　不同 λ_2 时 F_c 与 λ_1 的关系曲线

从图 6-23 和图 6-24 中可以发现，横向载荷振幅的临界值 F_c 随着相对扭转刚度系数 λ_1 的增加而迅速减小，而随着相对支撑刚度系数 λ_2 的增加而缓慢增加，这表示，相对扭转刚度比相对支撑刚度更能显著影响横向载荷振幅的临界值 F_c。此外，图 6-23 中 F_c 的减小和图 6-24 中 F_c 的增大表明，绝对扭转刚度系数 k_1 和 k_3 之间差值的增大，以及绝对支撑刚度

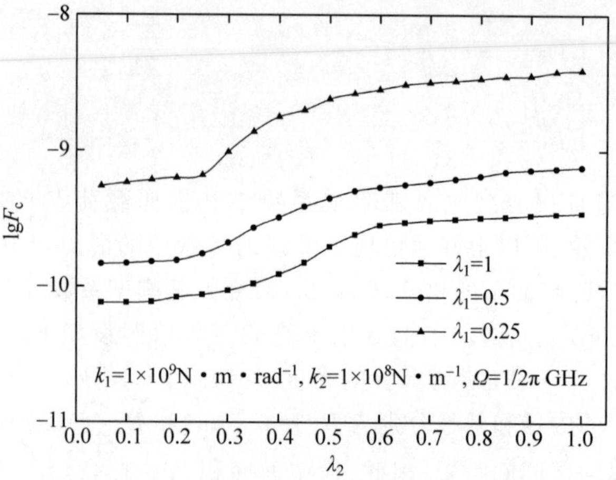

图 6-24　不同 λ_1 时 F_c 与 λ_2 的关系曲线

系数 k_2 和 k_4 之间差值的减小，都可以提高碳纳米管在固定横向载荷频率下的动力学稳定性。

假设横向载荷振幅 $F=1\times10^{-8}$ N，改变横向载荷频率，再次进行上述数值模拟，得到不同相对刚度系数下横向载荷频率的临界值 Ω_c，如图 6-25 和图 6-26 所示。

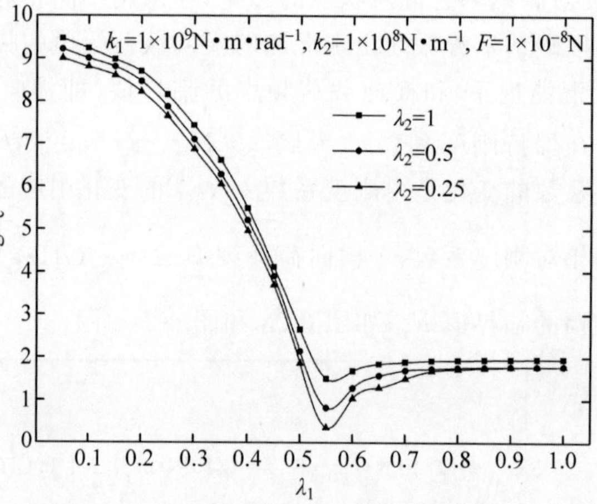

图 6-25　不同 λ_2 时 Ω_c 和 λ_1 的关系曲线

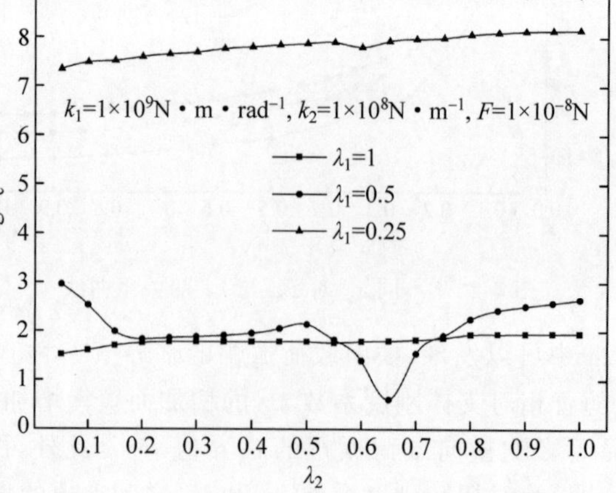

图 6-26　不同 λ_1 时 Ω_c 和 λ_2 的关系曲线

图 6-25 和图 6-26 中 Ω_c 和 $\lambda_i(i=1,2)$的关系总体趋势，分别与图 6-23 和图 6-24 中 F_c 和 $\lambda_i(i=1,2)$的关系总体趋势类似。相对扭转刚度系数对 F_c 和 Ω_c 的显著影响可能是由纳米管弯曲所产生的诱导张力引起的：碳纳米管两端扭转弹簧产生的末端弯矩与诱导张力的相互作用，影响了碳纳米管的动力学稳定性。当相对扭转刚度发生变化时，相互作用效应会发生变化，碳纳米管的动力学稳定性也会相应发生变化，这是图 6-23～图 6-26 所示结果的直观解释。此外，从图 6-25 中可以发现，Ω_c 在 $\lambda_1=0.55$ 附近存在一个明显的局部极小值；从图 6-26 中 $\lambda_1=0.5$ 的曲线也可以看出，Ω_c 存在这个局部极小值，这可能与碳纳米管的固有频率值有关。

在接下来的模拟中，我们固定了相对刚度系数，研究了绝对刚度变化对碳纳米管混沌特性的影响，即在接下来的实验中，绝对扭转刚度系数或绝对支撑刚度系数按比例增大。同样，采用保结构方法(6.4.4)得到横向荷载振幅的临界值 F_c 和横向荷载频率的临界值 Ω_c。

首先在固定横向荷载频率 $\Omega=\dfrac{1}{2\pi}$GHz 和固定相对刚度系数的情况下，得到横向荷载振幅的临界值 F_c。图 6-27 为相对扭转刚度系数取为 $\lambda_1=0.7$ 时，不同 λ_2(绝对支撑刚度之一 $k_2=1\times10^8\text{N}\cdot\text{m}^{-1}$ 固定)时 F_c 与 k_1 的关系。图 6-28 为在相对支撑刚度系数取为 $\lambda_2=0.7$ 时，不同 λ_1(绝对扭转刚度之一 $k_1=1\times10^9\text{N}\cdot\text{m}\cdot\text{rad}^{-1}$ 固定)时 F_c 和 k_2 的关系。

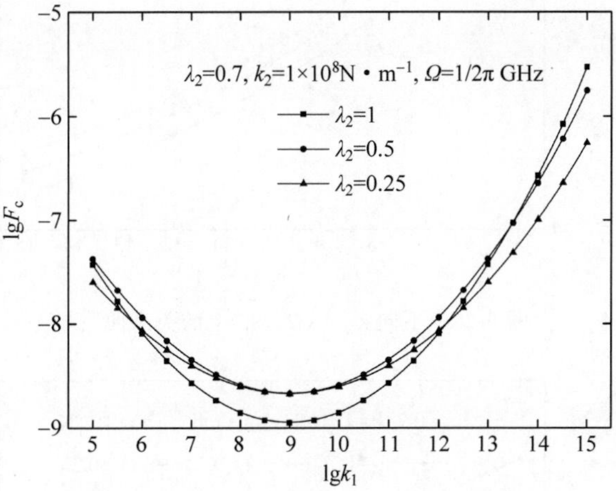

图 6-27 不同 λ_2 时 F_c 和 k_1 的关系曲线

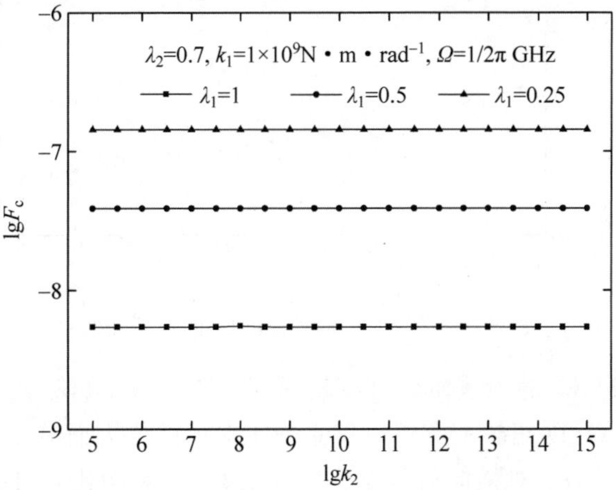

图 6-28 不同 λ_1 时 F_c 和 k_2 的关系曲线

从图 6-27 可知，k_1 接近 $1\times10^9\,\mathrm{N\cdot m\cdot rad^{-1}}$（$\lambda_2=1$）时 F_c 很小，这意味着，如果绝对扭转刚度系数接近 $1\times10^9\,\mathrm{N\cdot m\cdot rad^{-1}}$，则碳纳米管在固定横向载荷频率下的动力学稳定性急剧劣化。这表明，改善碳纳米管的稳定性，则应保证绝对扭转刚度系数远离 $1\times10^9\,\mathrm{N\cdot m\cdot rad^{-1}}$（当然，这个值取决于碳纳米管的参数值）。由图 6-28 可知，当相对支撑刚度系数 λ_2 一定时，F_c 与绝对扭转刚度系数无关。另外，从图 6-28 也可以很容易地得出，在这种情形下 F_c 随 λ_1 的增加而减小的结论。

然后，在横向载荷振幅 $F=1\times10^{-8}\,\mathrm{N}$ 和相对刚度系数固定的情况下，得到横向载荷频率的临界值 Ω_c。图 6-29 为固定相对扭转刚度系数 $\lambda_1=0.7$ 时，不同 λ_2（绝对支撑刚度之一 $k_2=1\times10^8\,\mathrm{N\cdot m^{-1}}$ 固定）时 Ω_c 与 k_1 之间的关系；图 6-30 为固定相对支撑刚度系数 $\lambda_2=0.7$，不同 λ_1（绝对扭转刚度之一 $k_1=1\times10^9\,\mathrm{N\cdot m\cdot rad^{-1}}$ 固定）时 Ω_c 与 k_2 之间的关系。

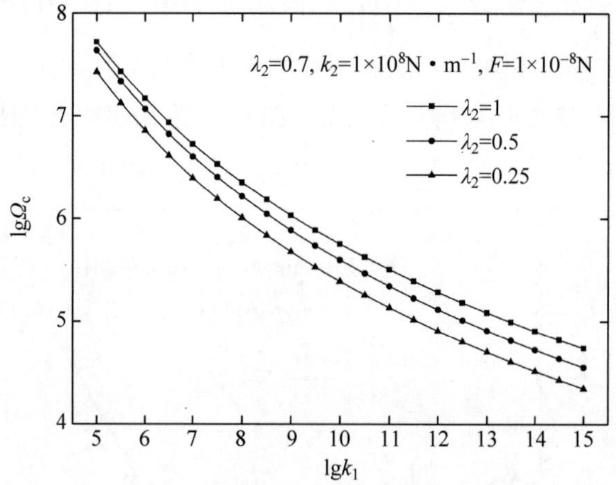

图 6-29 不同 λ_2 时 Ω_c 和 k_1 的关系曲线

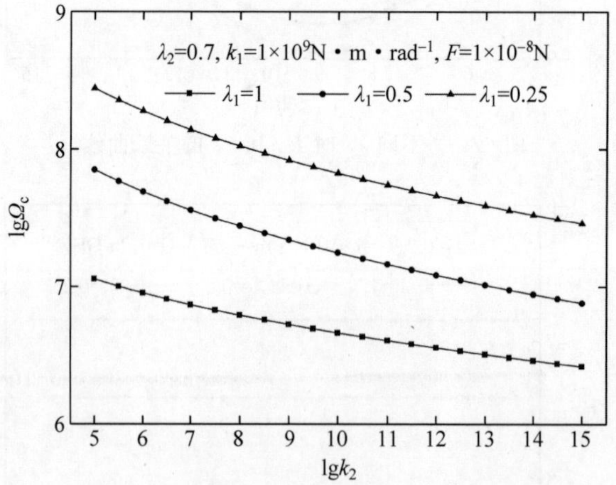

图 6-30 不同 λ_1 时 Ω_c 和 k_2 的关系曲线

对比 Ω_c、k_1 与 Ω_c、k_2 的关系曲线可以发现，Ω_c 与 k_i（$i=1,2$）关系的相似之处在于，横向荷载频率的临界值 Ω_c 随扭转或支撑刚度系数绝对值的增大而减小；图 6-29 和图 6-30 所示关系曲线的区别在于，k_1 对横向荷载频率临界值 Ω_c 的影响比 k_2 的影响更显著。

在上述数值实验中，详细研究了绝对/相对刚度系数对受弹性约束的单壁碳纳米管的混沌特性的影响。在下文中将分别考虑两种理想端部约束情况，一种是两端简支($k_i\to\infty(i=2,4)$和$k_i=0(i=1,3)$)；另一种是一端固支($k_i\to\infty(i=1,2)$，另一端悬臂$k_i=0(i=3,4)$)。

对于第一种端部约束情况，即碳纳米管两端简支的情况，相对扭转刚度系数没有意义。因此，不能直接从上述与相对刚度系数相关的数值结果中预测简支碳纳米管的混沌特性。假设$k_2=k_4=1\times10^{25}\,\mathrm{N\cdot m^{-1}}$，考虑以下离散弹性边界条件模拟两端简支碳纳米管的振动：

$$w_{i+1/2}^{1}=w_{i+1/2}^{0},\quad w_{i+1/2}^{L/\Delta x}=w_{i+1/2}^{L/\Delta x-1}\tag{6.4.6}$$

在模拟中，我们发现当激励频率大约超过$2\times10^8\,\mathrm{Hz}(\lg\Omega\approx8.3)$时，碳纳米管振动进入混沌状态(振动的分岔过程如图6-31所示，其中Z为在$F=10^{-9}\,\mathrm{N}$时，碳纳米管中点的振动振幅)(在$F=10^{-9}\,\mathrm{N}$时Z与和$\lg\Omega\approx8.3$的变化如图6-32所示)，这也可以很容易地从图6-33中得出。值得注意的是，横向载荷频率的这个临界值接近碳纳米管的固有频率(一般单壁碳纳米管的固有频率约为吉赫兹量级)，这意味着当横向载荷频率接近碳纳米管的共振频率时，两端简支碳纳米管的振动趋于不稳定。

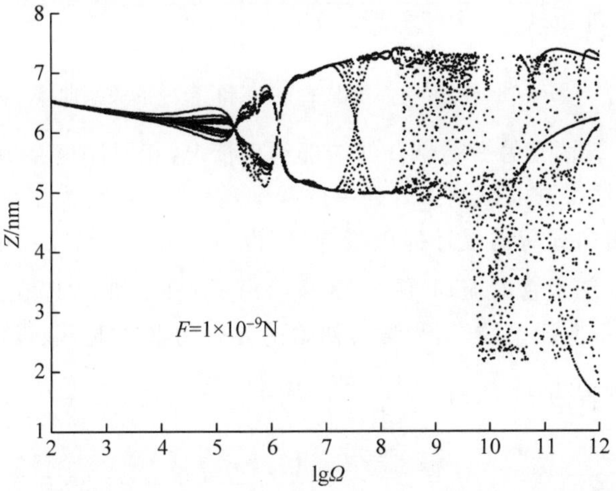

图6-31 在$F=10^{-9}\,\mathrm{N}$时两端简支的碳纳米管振动分岔图

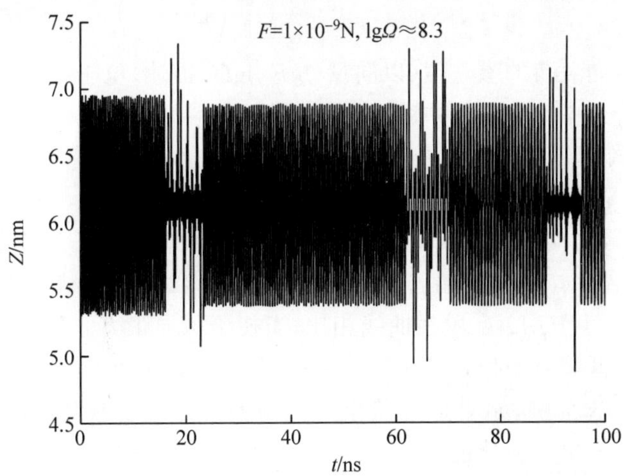

图6-32 在$F=10^{-9}\,\mathrm{N}$和$\lg\Omega\approx8.3$时Z的变化

与我们在之前的工作[59]中研究的两端固支单壁碳纳米管的混沌特性不同，两端简支碳纳米管的混沌路径不是倍周期分岔路径，而是近似阵发混沌路径，如图 6-31 和图 6-32 所示。此外，最值得注意的结论是，在两端简支的碳纳米管中，混沌的发生几乎与激发振幅 F 无关，如图 6-33 所示。

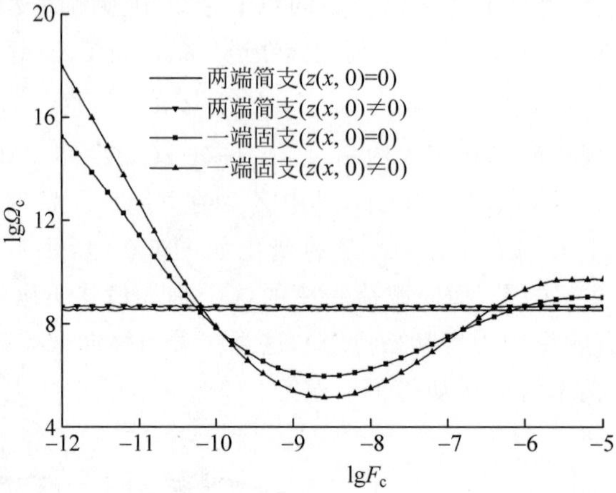

图 6-33 两个端部情况下 $\lg F_c$ 和 $\lg\Omega_c$ 的关系曲线

对于碳纳米管一端固支另一端悬臂的端部约束情况，相对刚度系数为零，即 $\lambda_1=\lambda_2=0$。理论上，可以从数值结果推断碳纳米管的一些混沌特性。因此，为了揭示诱导张力的作用，并为单壁碳纳米管横向载荷的设计提供指导，假设 $k_1=1\times10^{25}\,\mathrm{N\cdot m\cdot rad^{-1}}$ 和 $k_2=1\times10^{25}\,\mathrm{N\cdot m^{-1}}$，模拟碳纳米管的振动，图 6-33 只给出了 $\lg F_c$ 和 $\lg\Omega_c$ 在碳纳米管初始诱导张力为零/非零时的关系曲线。注意，当考虑初始诱导张力非零时，假设碳纳米管两端简支情况的初始挠度曲线方程为 $z(x,0)=\dfrac{10^{-9}x}{48EI}(3l^2-4x^2)$，$0\leqslant x\leqslant\dfrac{l}{2}$（$\dfrac{l}{2}\leqslant x\leqslant l$ 时对称），一端固支情况的初始挠度曲线方程为 $z(x,0)=\begin{cases}\dfrac{10^{-9}x^2}{6EI}\left(\dfrac{3l}{2}-x\right), & 0\leqslant x\leqslant\dfrac{l}{2}\\ \dfrac{10^{-9}l^2}{24EI}\left(3x-\dfrac{l}{2}\right), & \dfrac{l}{2}\leqslant x\leqslant l\end{cases}$。$\lg F_c$-$\lg\Omega_c$ 关系曲线表明，如果横向载荷的参数值（以向量$(\lg F,\lg\Omega)$描述）位于曲线 $\lg F_c$-$\lg\Omega_c$ 下方的区域，在我们的数值研究中碳纳米管中就不会发生混沌现象。

对比上述两种端部约束情况时的 $\lg F_c$-$\lg\Omega_c$ 关系曲线，如图 6-33 所示，可以看出，在考虑特定参数值的情况下，假设初始诱导张力为零，当 $-10.15\leqslant\lg F\leqslant-6.07$ 时，两端简支的碳纳米管振动比一端固支的碳纳米管振动更稳定。当初始诱导张力设为非零时，两端简支碳纳米管的稳定性较好。对于一端固支另一端悬臂的碳纳米管，结果比较复杂：与初始诱导张力假设为零时的 $\lg F_c$-$\lg\Omega_c$ 关系曲线相比，当初始诱导张力非零时，碳纳米管在高频时的稳定性增强，而在低频时的稳定性减弱。

以 $F=5\times10^{-9}\,\mathrm{N}$ 为例，如图 6-34 给出了一端固支另一端悬臂的碳纳米管进入混沌的路径，这显然是典型的倍周期分岔路径。

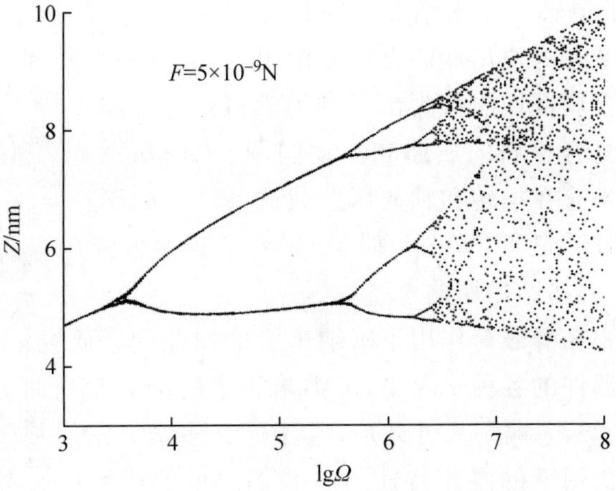

图 6-34 在 $F=5\times10^{-9}$ N 时一端固支的碳纳米管振动分岔图

6.5 嵌入式单壁碳纳米管轴向动力学屈曲的复合保结构分析方法

自从在实验室中发现碳纳米管[12]以来，研究者发现了碳纳米管在力学、电学和光学领域的许多优异性能[15]。基于这些特性，研究者提出了碳纳米管在各个领域的广泛应用前景[102]，如场效应晶体管[13]、场发射显示器[15]、纳米电子器件[16]、传感器[17]和电池[18]。在这些应用中，碳纳米管的力学性能起着至关重要的作用，因为碳纳米管与电学和光学相关的性能大多是来源于碳纳米管优越的力学性能，尤其是动力学性能。

在实际应用中，上述纳米器件的稳定性和精度主要取决于碳纳米管的动力学特性，如碳纳米管的混沌或屈曲的发生。与空心杆类似，屈曲是碳纳米管在承受不同类型的轴向激励时的一种常见失稳形式，这些轴向激励可能由温度效应、横向激励的方向偏差等因素引起。

关于碳纳米管屈曲的代表性研究包括：Yakobson 及其同事对碳纳米管不稳定性的研究[103]中，他们发现了碳纳米管的局部屈曲和整体屈曲现象；Falvo 等[104]和 Lourie 等[105]分别在实验中观察到碳纳米管在大应变下的屈曲现象。随后，Postma 及其合作者发现了碳纳米管的许多物理特性都受到屈曲变形的显著影响[106]。Ru 基于弹性介质约束的 Winker 模型和内外碳纳米管管壁之间范德瓦耳斯力相互作用的简化模型，研究了嵌入弹性介质中的双壁碳纳米管的轴向压缩屈曲性能[107]。受 Ru[107]研究结果的启发，He 和同事们随后提出了一种考虑多壁碳纳米管的任意两层之间的范德瓦耳斯力相互作用下高效模拟多壁碳纳米管的屈曲的算法[108]。Sears 和 Batra 通过分子力学模拟，研究了单壁和多壁碳纳米管在轴向载荷作用下的屈曲现象[109]。Wang 等基于 Eringen 意义下的非局部弹性理论和 Timoshenko 梁理论，分析了微纳米束/管的弹性屈曲问题[110]。Sun 和 Liu 研究了嵌入式双壁碳纳米管的动力学扭转屈曲问题，发现在动态和静态扭转屈曲过程中，由于范德瓦耳斯力的影响，嵌入式双壁碳纳米管的屈曲载荷始终介于普通碳纳米管和嵌入式碳纳米管之间[111]。考虑到碳纳米管外层的复杂结构，Torabi 及其合作者对碳纳米管外层在均匀压力作用下的整体屈曲特性进行了数值研究[112]。Yao 等[113]和 Xiong 等[114]分别研究了碳纳米管在轴向冲击载荷下的动力学屈曲问题，得到了一些定性的结论。Murmu 等[115]基于经典分子动力学，研究了单轴压缩下结晶硫氧化锌纳米线填充的单壁碳纳米管的屈曲问题。Li及其合作者[116]在考虑范德瓦耳斯力相互作用下，从纳米管阵列动力学响应的角度解释了垂直排列的碳纳米管局部屈曲行为出现的力学机理。Ansari 等[117]和 Wang 等[118]分别研究了碳纳米管增强复合材料的屈曲和振动问题。Gupta 等[119]通过分子力学模拟，研究了两端固支单壁碳纳米管在扭转和轴向压缩载荷条件下的不稳定性，为动力学屈曲的判据提供了一些有用的建议。最近，Wang 等[120]研究了碳纳米管在弯曲载荷作用下的屈曲行为，重现了从出现波纹到扭结的屈曲全过程。

上述研究主要集中在静载荷作用下碳纳米管的屈曲问题研究。然而，因为动力学载荷广泛存在于碳纳米管器件的各种工况中，碳纳米管中的动力学屈曲更为常见和重要。在我们之前的研究中[8,59,121]，忽略了尺寸效应，基于广义多辛方法详细研究了嵌入式单壁碳纳米管在横向谐波载荷作用下的混沌特性[5]。我们之前的研究中所考虑的横向载荷是理想载荷，假定其作用方向与纳米管的轴向垂直，它不会引起纳米管的动力学屈曲。但在实际应用中，载荷作用方向与碳纳米管轴向的夹角不能控制为$\frac{\pi}{2}$，这意味着在碳纳米管轴向上还存在一个非零载荷分量。这种轴向载荷分量的存在正是纳米管动力学屈曲的重要原因。此外，与传统的薄壁圆筒结构不同，碳纳米管的动力学屈曲会受到纳米结构非局部弹性理论所描述的尺寸效应的影响。上述对动力学屈曲的认识促使我们研究碳纳米管的轴向动力学屈曲问题。

值得注意的是，作用在碳纳米管表面的集中力更有可能导致壳层屈曲，这可以通过分子动力学模拟来研究。但是采用非局部 Euler-Bernoulli 梁模型，这种连续介质模型无法得到壳体屈曲形貌。

碳纳米管的黏性阻尼很小，可以忽略不计。但在研究碳纳米管的动力学屈曲时，需要考虑尺寸对弯曲的影响。因此考虑非局部弹性理论描述的尺寸效应，采用复合保结构方法结合多辛方法[32]和精细积分法[122]研究嵌入式单壁碳纳米管的轴向动力学屈曲问题[9]，研究结果可为纳米振荡器的工作条件设计提供指导。

值得注意的是，在理论上碳纳米振子的横向激励应该垂直于碳纳米管的轴线。但在实际加载过程中，这种垂直关系并不能严格控制。因此，在建模过程中将考虑激励未严格作用在碳纳米管轴线方向的情形，即激励 P 作用方向与碳纳米管截面之间的角度 θ 不等于零。

考虑嵌入式单壁碳纳米管振动模型，在集中激励下，激励 P 作用方向与纳米管截面夹角存在微小的夹角 θ 时，如图 6-35 所示，P 沿碳纳米管轴线方向的分量($P\sin\theta$)会引起纳米管的动力学屈曲。

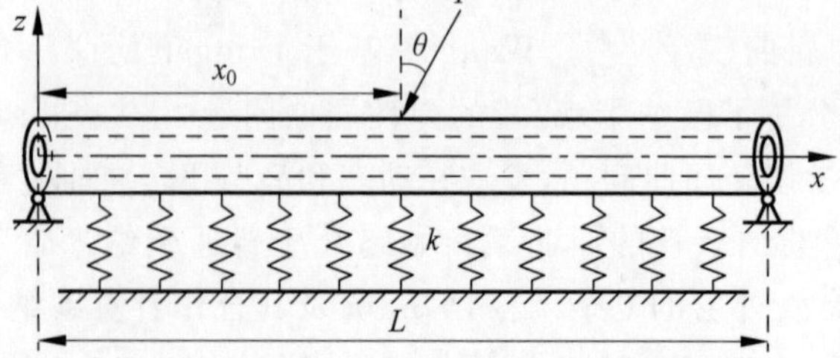

图 6-35　嵌入式单壁碳纳米管的振动模型

考虑尺寸效应，如图 6-35 所示的嵌入式单壁碳纳米管的横向振动可以用非局部 Euler-Bernoulli 梁模型描述，该模型已被证明是描述碳纳米管动力学行为的有效动力学模型[79,123]，

$$EI\partial_{xxxx}z+\Gamma(\rho A\partial_{tt}z+P\sin\theta\partial_{xx}z+P\cos\theta-F_k)=0 \tag{6.5.1}$$

其中，E 是杨氏模量；I 是截面惯性矩；z 是弯曲位移；ρ 是碳纳米管的密度；A 是横截面面积；F_k 是碳纳米管外壁和弹性介质之间单位长度上的相互作用力，可以表示为[27] $F_k=-kz$，这里 k 为弹性常数，L 是碳纳米管的长度；P 是激励，可以假设为 $P=P_0\delta(x-x_0)f(t)$，其作用于 x_0 处（在当前的研究中，集中力 P 总是假定作用于纳米管的末端，即 $x_0=L$，但实际上，集中力的作用位置可能并不总是在碳纳米管的末端处，例如碳纳米尺度上的冲击可能作用于碳纳米管任何位置），这里 P_0 是载荷的振幅，δ 是狄拉克函数，θ 是碳纳米管横截面和激励 P 方向之间的小夹角；Γ 是描述尺寸效应的线性偏微分算子。

碳纳米管中的尺寸效应来源于晶格动力学的原子理论，通常用非局部弹性来描述，其基本思想是，参考点 x 处的应力可以认为是域中每一点 x 处应变场的泛函。非局部弹性理论虽然仍是一种发展中的唯象理论，但它可以考虑到小尺度的尺度效应，极大地促进了纳米科学的发展。在碳纳米管的各种非局部弹性理论中，Eringen[124] 提出的非局部弹性理论是最受欢迎且被广泛应用的成果之一。因此，根据 Eringen 的理论，假设式(6.5.1)中的线性偏微分算子 Γ 为

$$\Gamma=1-(e_0\alpha)^2\partial_{xx} \tag{6.5.2}$$

其中，e_0 是一个适用于每种材料的常数；α 是一个内部特征长度（例如晶格参数、颗粒距离）。Eringen 提出的式(6.5.2)中给出的算子 Γ 虽然不能描述碳纳米管中所有的尺寸效应，但它是描述纳米特性（材料和尺寸）的一种方便的形式，已被证明是研究纳米管振动特性的合适简化模型。

用非局部弹性理论来研究受横向集中力作用的纳米结构的力学问题，已经被证明存在如下悖论：一些基于积分的非局部弹性梁的弯曲解与经典（局部）解相同，即根本不存在小尺度效应[125]。原因是如果横向集中力与 x 无关（这意味着 $\partial_{xx}P=0$），则 $\Gamma P=[1+(e_0\alpha)^2\partial_{xx}]P=P$。之后，纳米结构在横向集中力作用下的力学问题退化为经典力学问题，得到的结果完全不能包含尺寸效应。尽管本节所考虑的激励 P 在形式上是一个集中力，但它依赖于 x，并且不严格垂直于纳米管的轴，因此，参考文献[125]中提出的悖论可能不会出现在本工作中。

参考 Lu[126] 的理论结果，对于动力学模型(6.5.1)，考虑尺寸效应时碳纳米管的弯矩和剪切力可定义为

$$\begin{cases}M=-EI\partial_{xx}z+(e_0\alpha)^2[\rho A\partial_{tt}z+P_0\delta(x-x_0)f(t)\cos\theta+P_0\delta(x-x_0)f(t)\partial_{xx}z\sin\theta]\\ Q=-EI\partial_{xxx}z+(e_0\alpha)^2\{\rho A\partial_{ttx}z+P_0f(t)\delta'(x-x_0)[\cos\theta+\partial_{xx}z\sin\theta]+\\ \quad P_0f(t)\delta(x-x_0)\partial_{xxx}z\sin\theta\}\end{cases} \tag{6.5.3}$$

其中，δ'是 doublet 函数。

由此可列出图 6-35 所示的动力学模型的边界条件：

对于两端简支的碳纳米管模型，其两端（$x=0$ 和 $x=L$）的弯矩和位移均为零，

$$\begin{cases}[-EI\partial_{xx}z+(e_0\alpha)^2\rho A\partial_{tt}z]\mid_{x=0}=[-EI\partial_{xx}z+(e_0\alpha)^2\rho A\partial_{tt}z]\mid_{x=L}=0\\ z(t,0)=z(t,L)=0\end{cases} \tag{6.5.4}$$

在 $P(x=x_0)$ 作用点两侧的两个截面($x\to x_{0-}$ 和 $x\to x_{0+}$)上,包括位移和弯曲角度在内的变形是相容的,可表示为

$$\begin{cases}z(t,x_{0-})=z(t,x_{0+})\\ \partial_x z(t,x)\mid_{x\to x_{0-}}=\partial_x z(t,x)\mid_{x\to x_{0+}}\end{cases} \tag{6.5.5}$$

另外,两个截面($x\to x_{0-}$ 和 $x\to x_{0+}$)之间的弯矩和剪力的平衡可表示为

$$\begin{cases}M(t,x_{0-})=M(t,x_{0+})\\ Q(t,x_{0-})-Q(t,x_{0+})=\Gamma P\cos\theta=P_0 f(t)[\delta(x-x_0)-\delta^{(2)}(x-x_0)]\cos\theta\end{cases} \tag{6.5.6}$$

其中,$\delta^{(2)}=\dfrac{\mathrm{d}^2\delta}{\mathrm{d}x^2}=\dfrac{\mathrm{d}\delta'}{\mathrm{d}x}$表示两重 doublet 函数。

边界条件式(6.5.4)~式(6.5.6)是由两端简支边界条件推导而来的,这些边界条件是碳纳米管振动特性研究中所考虑的典型边界条件,它们是从某些纳米器件的约束边界,以及 P 作用点附近两个截面之间的变形协调条件和弯矩/剪力平衡条件抽象出来的[127-128]。

与混沌现象类似,动力学屈曲是碳纳米管的另一局部动力学特性。针对哈密顿系统的局部动力学特性,多辛方法已经被证明是研究哈密顿系统局部动力学行为的有效方法。在我们之前的研究中,已利用多辛方法研究了许多局部动力学现象,如 peakon-antipeakon 碰撞的局部不连续性[129]、孤子的局部共振[130]等。因此,我们将采用多辛方法来研究嵌入式单壁碳纳米管的轴向动力学屈曲,首先详细推导式(6.5.1)的多辛形式。

以一维情况为例,Bridges 给出的保守演化方程的多辛形式表述为[32,131]

$$\boldsymbol{M}\partial_t\boldsymbol{u}+\boldsymbol{K}\partial_x\boldsymbol{u}=\nabla_{\boldsymbol{u}}S(\boldsymbol{u}) \tag{6.5.7}$$

描述哈密顿系统局部动力学行为的所有局部守恒量都是由多辛形式(6.5.7)的以下三个特征得到的:系数矩阵 $\boldsymbol{M},\boldsymbol{K}$ 的反对称性、状态变量 u 的正则性和哈密顿函数 $S(\boldsymbol{u})$[5]的存在性,上述特性是多辛方法应用的关键。

参考目前所有关于多辛方法的研究,无限维哈密顿系统的多辛形式可以通过勒让德变换得到[32,132]。但对于高阶系统,勒让德变换非常复杂。因此,本节将引入一种不同于勒让德变换的简单代数方法来推导式(6.5.1)的多辛形式。该代数方法的主要思想是首先引入一个适当的中间变量,将演化方程形式上转化为标准多辛形式的波型方程。然后确定系数矩阵中的一些参数,得到哈密顿函数。

引入中间变量 $v=\rho A\Gamma z$,这意味着,

$$\partial_{xx}z=-\frac{v-\rho Az}{(e_0\alpha)^2\rho A} \tag{6.5.8}$$

将式(6.5.8)代入式(6.5.1),可得形式类似于波动方程的如下方程:

$$\partial_{tt}v-\frac{EI-P_0(e_0\alpha)^2\delta(x-x_0)f(t)\sin\theta}{(e_0\alpha)^2\rho A}\partial_{xx}v=-kz-P_0\Gamma\delta(x-x_0)f(t)\cos\theta \tag{6.5.9}$$

根据参考文献[32]的结果，引入中间变量$\partial_t v=w$，$\partial_x v=\psi$，$\partial_x z=\varphi$ 和状态变量 $\boldsymbol{u}=(v,\varphi,z,w,\psi)^{\mathrm{T}}$，上式可以很容易地改写为如下多辛形式：

$$\begin{bmatrix} 0 & 0 & 0 & 1 & 0 \\ 0 & 0 & 0 & 0 & 0 \\ 0 & 0 & 0 & 0 & 0 \\ -1 & 0 & 0 & 0 & 0 \\ 0 & 0 & 0 & 0 & 0 \end{bmatrix} \partial_t \boldsymbol{u} + \begin{bmatrix} 0 & 0 & 0 & 0 & -\beta \\ 0 & 0 & -\gamma & 0 & 0 \\ 0 & \gamma & 0 & 0 & 0 \\ 0 & 0 & 0 & 0 & 0 \\ \beta & 0 & 0 & 0 & 0 \end{bmatrix} \partial_x \boldsymbol{u} = \nabla_{\boldsymbol{u}} S(\boldsymbol{u},t,x) \tag{6.5.10}$$

其中，β 和 γ 为可变系数，定义为

$$\begin{cases} \beta=\beta(t,x)=\dfrac{EI-P_0(e_0\alpha)^2\delta(x-x_0)f(t)\sin\theta}{(e_0\alpha)^2\rho A} \\ \gamma=\gamma(t,x)=\dfrac{EI\rho A}{(e_0\alpha)^2}-(\rho A-1)P_0\delta(x-x_0)f(t)\sin\theta-\rho A(e_0\alpha)^2 k-k \end{cases} \tag{6.5.11}$$

哈密顿函数为

$$\begin{aligned} S(\boldsymbol{u},t,x)= & \left[\frac{\beta}{2(e_0\alpha)^2}-\frac{\beta}{2}+\frac{EI-(e_0\alpha)^2 k}{2(e_0\alpha)^2\rho A}\right]v^2- \\ & \left[\frac{\rho A\beta}{(e_0\alpha)^2}+\frac{(\rho A)^2[P_0\delta(x-x_0)f(t)\sin\theta-(e_0\alpha)^2 k]-k}{(e_0\alpha)^2\rho A}\right]vz+ \\ & \frac{\gamma}{2(e_0\alpha)^2}z^2-\frac{\gamma}{2}\varphi^2-\frac{1}{2}w^2+\frac{\beta}{2}\psi^2-P_0[\delta(x-x_0)-(e_0\alpha)^2\delta^{(2)}(x-x_0)]f(t)v\cos\theta \end{aligned} \tag{6.5.12}$$

对于变系数偏微分方程，需要较小的步长来保证数值算法的收敛性和稳定性。微小的数值耗散和以 2-形式表示的多辛结构的存在，称为多辛守恒定律[32]，其增强了由多辛形式(6.5.10)推导出的保结构格式的收敛性和稳定性。

$$\partial_t\omega+\partial_x\kappa=0 \tag{6.5.13}$$

其中，$\omega=\dfrac{1}{2}\mathrm{d}\boldsymbol{u}\wedge\boldsymbol{M}\mathrm{d}\boldsymbol{u}$，$\kappa=\dfrac{1}{2}\mathrm{d}\boldsymbol{u}\wedge\boldsymbol{K}\mathrm{d}\boldsymbol{u}$，这里 $\wedge$ 是外积算子。

将系数矩阵和状态变量代入式(6.5.13)，可得到多辛守恒律的具体表达式：

$$\partial_t(\mathrm{d}v\wedge\mathrm{d}w)+\partial_x(\beta\mathrm{d}\psi\wedge\mathrm{d}v+\gamma\mathrm{d}z\wedge\mathrm{d}\varphi)=0 \tag{6.5.14}$$

值得注意的是，当且仅当反对称系数矩阵 $\boldsymbol{M}$，$\boldsymbol{K}$ 和哈密顿函数不显式依赖于时间和空间变量[32]时，多辛形式的局部能量和局部动量的守恒定律才可以由诺特定理推导出来。因为这些条件没有得到满足，所以在多辛形式中(6.5.10)不存在关于能量和动量的局部守恒律。

在动力模型(6.5.1)中，集中力 P 导致了哈密顿函数的不可微性。针对多辛方法在非光滑分析上的局限性，在非光滑区域采用精细积分法，并在本节中提出一种复合保结构方法。

已经证明，如果反对称系数矩阵 $\boldsymbol{M}$，$\boldsymbol{K}$ 和哈密顿函数不显式依赖于 t 和 x，则从 Preissmann 离散方法[133]导出的差分格式是多辛的[131]。但是，本节的模型中，反对称系数矩阵 $\boldsymbol{K}$ 和多辛形式的哈密顿函数显式地依赖于 t 和 x。幸运的是，反对称系数矩阵 $\boldsymbol{K}$ 和哈密顿函数只是显式地依赖于由集中力 P 的存在所影响的点 $x=x_0$ 附近的区域，这意味着如果假设时间步长在点 $x=x_0$ 附近非常小，则 Preissmann 格式在点 $x=x_0$ 附近是近似多辛

的。因此，在 $x=x_0$ 点附近采用精细积分法，在可接受的步长下，改善 Preissmann 格式的数值行为和计算效率。

设 Δt，Δx 分别表示时间步长和空间步长，$\boldsymbol{u}_i^j$ 为 $\boldsymbol{u}(i\Delta t, j\Delta x)$ 的近似值。利用隐式 Preissmann 格式对多对称形式(6.5.10)除 $x=x_0$ 点附近的网格外进行离散，可得到多对称形式(6.5.10)的 Preissmann 多辛格式：

$$\boldsymbol{M}\delta_t^+\boldsymbol{u}_{j+1/2}^i+\begin{bmatrix}0 & 0 & 0 & 0 & -\beta(i,j)\\ 0 & 0 & -\gamma(i,j) & 0 & 0\\ 0 & \gamma(i,j) & 0 & 0 & 0\\ 0 & 0 & 0 & 0 & 0\\ \beta(i,j) & 0 & 0 & 0 & 0\end{bmatrix}\delta_x^+\boldsymbol{u}_j^{i+1/2}=\nabla_{\boldsymbol{u}}S(\boldsymbol{u}_{j+1/2}^{i+1/2},i,j) \tag{6.5.15}$$

其中，δ_t^+ 是$\partial_t\boldsymbol{u}$ 的前向差分；δ_x^+ 是$\partial_x\boldsymbol{u}$ 的前向差分；$\boldsymbol{u}_{j+1/2}^i=(\boldsymbol{u}_{j+1}^i+\boldsymbol{u}_j^i)/2$，$\boldsymbol{u}_j^{i+1/2}=(\boldsymbol{u}_j^{i+1}+\boldsymbol{u}_j^i)/2$，$\boldsymbol{u}_{j+1/2}^{i+1/2}=(\boldsymbol{u}_{j+1}^{i+1}+\boldsymbol{u}_{j+1}^i+\boldsymbol{u}_j^{i+1}+\boldsymbol{u}_j^i)/4$。

类似地，边界条件式(6.5.4)～式(6.5.6)的离散格式可以基于隐式 Preissmann 格式构造。碳纳米管两端($x=0$ 和 $x=L$)的约束的离散形式是

$$\begin{cases}-EI\delta_x^2 z_0^{i+1/2}+(e_0\alpha)^2\rho A\delta_t^2 z_{1/2}^i=-EI\delta_x^2 z_{L/\Delta x}^{i+1/2}+(e_0\alpha)^2\rho A\delta_t^2 z_{L/\Delta x+1/2}^i=0\\ z(i,0)=z(i,L/\Delta x)=0\end{cases} \tag{6.5.16}$$

其中，$\delta_x^2=\delta_x^+\delta_x^-$，$\delta_t^2=\delta_t^+\delta_t^-$。

在 $P(x=x_0)$作用点两侧的两个截面($x\to x_{0-}$ 和 $x\to x_{0+}$)上相容性条件的离散形式为

$$\begin{cases}z[i,(x_0/\Delta x)_-]=z[i,(x_0/\Delta x)_+]\\ \delta_x^+z[i,(x_0/\Delta x)_-]=\delta_x^+z[i,(x_0/\Delta x)_+]\end{cases} \tag{6.5.17}$$

两个截面($x\to x_{0-}$ 和 $x\to x_{0+}$)之间的弯矩和剪力平衡的离散形式为

$$\begin{cases}M[i,(x_0/\Delta x)_-]=M[i,(x_0/\Delta x]_+)\\ Q[i,(x_0/\Delta x)_-]-Q[i,(x_0/\Delta x)_+]=P_0 f(i)[\delta(j\Delta x-x_0)-\delta^{(2)}(j\Delta x-x_0)]\cos\theta\end{cases} \tag{6.5.18}$$

在格式(6.5.15)和边界条件的离散格式(式(6.5.16)～式(6.5.18))中，$\beta(i,j)$、$\gamma(i,j)$和 $S(\boldsymbol{u}_{j+1/2}^{i+1/2},i,j)$中包含的狄拉克函数及其偏导数的离散近似为

$$\delta^{(n)}(j-x_0)=\begin{cases}\delta^{(n)}(j-x_0), & \dfrac{x_0}{\Delta x}\in\mathbf{Q}\\ \dfrac{x_0-j\Delta x}{\Delta x}\delta^{(n)}(j-x_0)+\dfrac{(j+1)\Delta x-x_0}{\Delta x}\delta^{(n)}(j+1-x_0), & \dfrac{x_0}{\Delta x}\notin\mathbf{Q}\end{cases} \tag{6.5.19}$$

其中，$n=0,1,2$；$j=\mathrm{Round}\left(\dfrac{x_0}{\Delta x}\right)$，这里 Round(·)是舍入函数；$\mathbf{Q}$ 是非负整数集。

根据参考文献[131]，可推导出多辛守恒律(6.5.14)的离散形式，该离散形式可在各个网格上方便地进行检验，以保证所构造的复合保结构格式的收敛性和稳定性。但这不是本工作的重点，因此多辛守恒律的离散形式不在这里提出，也不在接下来的数值实验中讨论。

前面式(6.5.15)已经提到，用 Preissmann 格式研究碳纳米管的轴向动力学屈曲的主要难点在于，要求在点 $x=x_0$ 附近的时间步长极小，这可能会影响 Preissmann 格式的效率。

已经证明了精细积分法[122]是一种高精度的 2^N 型算法，可以在可接受的时间步长下近似保持有限维哈密顿系统的辛形式。参考文献[122]中阐述了其主要思想。因此，为了提高数值分析的效率，在下文中，在点 $x=x_0$ 最近的网格中将对式(6.5.1)采用精细积分方法进行求解。

对于式(6.5.19)中包含的两种情况，将在点 $x=x_0$ 附近的网格中进行精细积分，如图 6-36 所示。

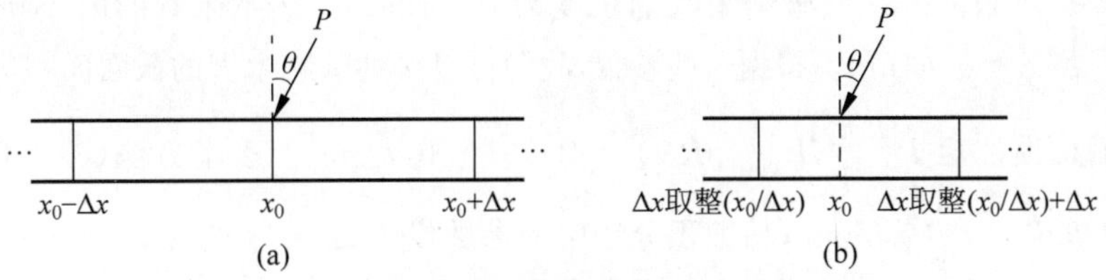

图 6-36　采用精细积分法求解两种情况时的网格

(a) $x_0/\Delta x\in\mathbf{Q}$；(b) $x_0/\Delta x\notin\mathbf{Q}$

(1) 当 $\dfrac{x_0}{\Delta x}\in\mathbf{Q}$ 时，如图 6-36(a)所示，这意味着荷载作用于节点 $j=\dfrac{x_0}{\Delta x}$，点 $x=x_0$ 附近的两个网格($[x_0-\Delta x,x_0]$和$[x_0,x_0+\Delta x]$)被集中载荷隔离开，精细积分方法很好地被用于这两个网格。每个网格的质量可被视为集中质量，其值为 $m_j=m_{j+1}=\Delta x\rho A$。荷载 P 可平均分配给两个网格。

(2) 当 $\dfrac{x_0}{\Delta x}\notin\mathbf{Q}$ 时，如图 6-36(b)所示，表示载荷作用于网格 $\left[\Delta x\,\mathrm{Round}\left(\dfrac{x_0}{\Delta x}\right),\Delta x\,\mathrm{Round}\left(\dfrac{x_0+\Delta x}{\Delta x}\right)\right]$ 中时，增加一个辅助节点 $x=x_0$，使临近该点 $x=x_0$ 的两个子网格 $\left[\Delta x\,\mathrm{Round}\left(\dfrac{x_0}{\Delta x}\right),x_0\right]$ 和 $\left[x_0,\Delta x\,\mathrm{Round}\left(\dfrac{x_0+\Delta x}{\Delta x}\right)\right]$ 被集中载荷隔离开，在这些子网格内采用精细积分法。这些子网格的质量可以认为是集中质量，其值分别为 $m_{j^-}=\left[x_0-\Delta x\,\mathrm{Round}\left(\dfrac{x_0}{\Delta x}\right)\right]\rho A$，$m_{j^+}=\left[\Delta x\,\mathrm{Round}\left(\dfrac{x_0+\Delta x}{\Delta x}\right)-x_0\right]\rho A$。在这种情况下，可以将荷载按比例分配给两个网格，即分配给左侧子网格的荷载为 $P_{j^-}=\left[\dfrac{x_0}{\Delta x}-\mathrm{Round}\left(\dfrac{x_0}{\Delta x}\right)\right]P$，分配给右侧子网格的荷载为 $P_{j^+}=\left[\mathrm{Round}\left(\dfrac{x_0}{\Delta x}\right)-\dfrac{x_0}{\Delta x}+1\right]P$。

现在，我们提出了两种方法相结合的复合保结构方法，即当 $\dfrac{x_0}{\Delta x}\in\mathbf{Q}$ 时，区域$[0,x_0-\Delta x]\cup[x_0+\Delta x,L]$，或当 $\dfrac{x_0}{\Delta x}\notin\mathbf{Q}$ 时，区域 $\left[0,\Delta x\,\mathrm{Round}\left(\dfrac{x_0}{\Delta x}\right)\right]\cup\left[\Delta x\,\mathrm{Round}\left(\dfrac{x_0+\Delta x}{\Delta x}\right),L\right]$ 内的多辛方法，以及当 $\dfrac{x_0}{\Delta x}\in\mathbf{Q}$ 时，区域$[x_0-\Delta x,x_0+\Delta x]$，或 $\dfrac{x_0}{\Delta x}\notin\mathbf{Q}$ 时，区域 $\left[\Delta x\,\mathrm{Round}\left(\dfrac{x_0}{\Delta x}\right),\right.$

$\Delta x\text{Round}\left(\frac{x_0+\Delta x}{\Delta x}\right)\Big]$内的精细积分方法。这种复合保结构方法的主要创新之处在于：①多辛格式是研究无限维哈密顿系统局部动力行为(动力屈曲是模型(6.5.1)中典型的局部动力行为)的有效方法；②采用精细积分法，提高了集中荷载作用位置附近复合保结构方法的效率。

在接下来的模拟中，采用复合保结构方法研究了碳纳米管的轴向动力学屈曲。

本节考虑了两种典型的激励 P：一种是单次冲击，另一种是高频振荡冲击。在接下来的实验中，碳纳米管的杨氏模量 $E=1.1\times10^{12}\text{Pa}$、碳纳米管的密度 $\rho=1.13\times10^{3}\text{kg}\cdot\text{m}^{-3}$、弹性常数 $k=10^{-9}\text{N}\cdot\text{nm}^{-1}$、碳纳米管的长度为 $L=100\text{nm}$、碳纳米管的内径和外径分别为 $R_{\text{in}}=0.5\text{nm}$，$R_{\text{out}}=0.84\text{nm}$。根据这些参数，我们可以得到碳纳米管的截面面积 $A=1.4313\times10^{-18}\text{m}^2$ 和截面惯性矩 $I=\frac{\pi}{4}(R_{\text{out}}^4-R_{\text{in}}^4)=3.4191\times10^{-37}\text{m}^4$。多辛方法(6.5.15)中的步长设为 $\Delta t=0.025\text{ns}$，$\Delta x=0.05\text{nm}$，精细积分法中的参数设为 $\Delta t=0.025\text{ns}$，$N=20$。当在接下来的实验中考虑到非局部效应 $e_0\alpha$ 时，假设非局部因子设为 $e_0\alpha=0.02L=2\text{nm}$(这是对非局部参数的保守估计，因为在磁场中单壁碳纳米管的非局部参数的取值范围为 0～2nm[115,134])。

不同于目前研究中所考虑的理想化的单次冲击，我们考虑了单次冲击的加载时间和加载速率，研究了单次冲击对碳纳米管轴向动力学屈曲的影响，其近似公式为

$$P=\begin{cases}\dfrac{P_0}{t_0^{\xi}}\delta(x-x_0)t^{\xi}, & 0\leqslant t\leqslant t_0\\ \dfrac{P_0}{t_0^{\xi}}\delta(x-x_0)(2t_0-t)^{\xi}, & t_0<t\leqslant 2t_0\\ 0, & t\in(-\infty,0)\cup(2t_0,+\infty)\end{cases}\tag{6.5.20}$$

这表示，激励 P 从零开始不断增加，在 $t=t_0$ 时达到最大值，并在 $t=2t_0$ 时减小到零。其中，$2t_0$ 是加载时间；而 ξ 是表示加载速率的常数(加载速率假设等于卸载速率)。

一般情况下，夹角 θ 较小。因此假设角度为 $0°<\theta\leqslant5°$。为了研究单次冲击 P 的参数 P_0,θ,x_0,t_0,ξ 对碳纳米管轴向动力学屈曲的影响，进行了以下数值实验。

首先，设 $x_0=50\text{nm}$，$t_0=0.2\text{ns}$，$\xi=2$。增加载荷幅值 P_0，步长 $\Delta P_0=1\times10^{-12}\text{N}$ 从 $1\times10^{-12}\text{N}$ 增加到 $20\times10^{-11}\text{N}$，用复合保结构方法模拟了碳纳米管的振动，得到了不同夹角($\theta=1°,\theta=2°,\theta=3°,\theta=4°,\theta=5°$)下的最大横向位移，如图 6-37 所示。

在数值实验中，用于判断是否发生轴向动力学屈曲现象的标准为：当负载振幅增加时，$\left|\frac{\text{d}z_{\max}}{\text{d}P}\right|\geqslant1\times10^{6}\text{nm}\cdot(1\times10^{-11}\text{N})^{-1}=1\times10^{8}\text{m}\cdot\text{N}^{-1}$；或当负载幅度固定时，$\left|\frac{\text{d}z_{\max}}{\text{d}t}\right|\geqslant1\times10^{6}\text{nm}\cdot\text{s}^{-1}=1\times10^{-2}\text{m}\cdot\text{s}^{-1}$。

由图 6-37 可以发现以下规律。(1)在 $\theta=1°$时，当载荷幅值 P_0 从 $1\times10^{-12}\text{N}$ 增加到 $20\times10^{-11}\text{N}$ 时，最大横向位移 $z_{\max}$ 增加缓慢，表明该情况下不会发生轴向动力屈曲现象。(2)对于 $\theta=2°,\theta=3°,\theta=4°$或 $\theta=5°$，最大横向位移 $z_{\max}$ 的增长过程可分为两个阶段。当荷载幅值 P_0 小于与 θ 有关的临界值时，最大横向位移 $z_{\max}$ 增长缓慢；但当载荷幅值 P_0 超过临界值时，最大横向位移 $z_{\max}$ 迅速增大，发生轴向动力屈曲现象。(3)载荷幅值的临界值

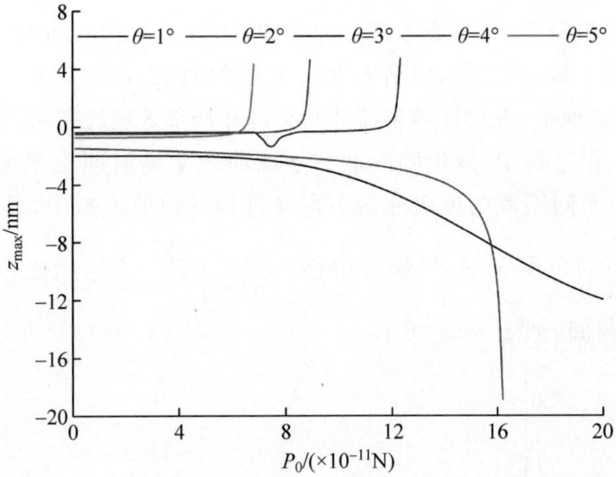

图 6-37 不同激励参数(包括 θ 和 P_0)下的最大横向位移

(请扫 I 页二维码看彩图)

P_0 随夹角的增大而减小。(4)值得注意的是,当 $\theta=3°$时,在 $P_0=7.93\times10^{-11}$N 处存在一个局部极值,这意味着当荷载幅值趋于 7.93×10^{-11}N,存在一个局部弹性弯曲变形,并且随着荷载幅值的不断增大,这个局部弹性弯曲变形将会恢复。局部极值的存在,表明多辛方法能够很好地保持碳纳米管振荡的局部性质。

接下来为了研究作用位置 x_0 对碳纳米管轴向动力学屈曲的影响,令 $t_0=0.2$ns,$\xi=2$,$P_0=1.22\times10^{-10}$N 和 $\theta=3°$模拟作用位置 x_0 从 0nm 增加到 100nm,步长 $\Delta x_0=0.025$nm 时碳纳米管的振荡过程,记录了发生轴向动力学屈曲现象时的最大横向位移,如图 6-38 所示。其中,z^* 为 $\left|\frac{\mathrm{d}z_{\max}}{\mathrm{d}t}\right|$ 第一次达到临界值 $1\times10^{-2}\,\mathrm{m}\cdot\mathrm{s}^{-1}$ 时,$z_{\max}$ 的值。

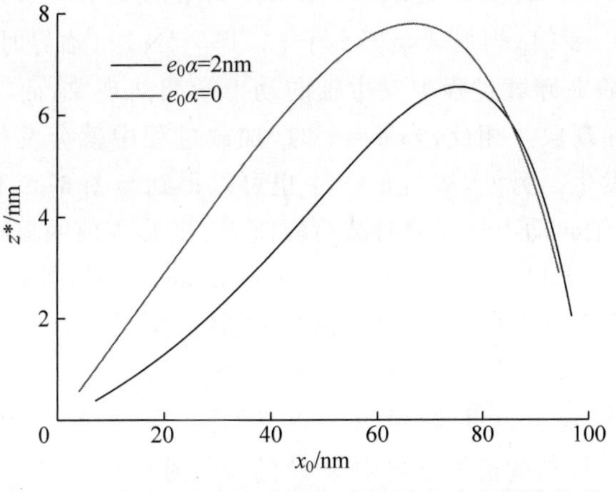

图 6-38 考虑/忽略尺寸效应时 x_0 与 z^* 之间的关系

(请扫 I 页二维码看彩图)

从考虑尺寸效应时的 x_0 与 z^* 的关系可以发现,当 $x_0=75.425$nm 时,z^* 最大为 6.5482nm。而在 x_0 与 z^* 的关系中,忽略尺寸效应时,当 $x_0=66.675$nm 时,z^* 最大为 7.7860nm。更重要的发现是,在 $x_0\in[0,85.225)$nm 区域内忽略尺寸效应时 z^* 的值明显大于考虑尺寸效应时的值,在 $x_0\in(85.225,100]$nm 区域忽略尺寸效应时 z^* 的值略小于考虑尺寸效应时的值，这意味着在大多数情况下，当不考虑尺寸效应时，碳纳米管的动力学屈曲会在较小的横向位移时就会发生，尺寸效应会削弱碳纳米管对动力学屈曲的抵抗能力。上述结果表明，在考虑动力学屈曲特性的情况下，在设计纳米器件时考虑非局部效应比忽略非局部效应更安全。

在纳米器件的工作过程中，发生轴向动力学屈曲现象的时间也很重要。因此以复合保结构法对碳纳米管在不同振幅的单次冲击下振荡过程的数值模拟中，设 $t_0=0.2\text{ns}$，$\xi=2$ 和 $x_0=50\text{nm}$，记录了不同角度 θ 下，当最大位移 $\left|\dfrac{\mathrm{d}z_{\max}}{\mathrm{d}P}\right|$ 第一次达到临界值 $1\times10^8\text{m}\cdot\text{N}^{-1}$ 时(记为 t^*)的临界时间，如图 6-39 所示。

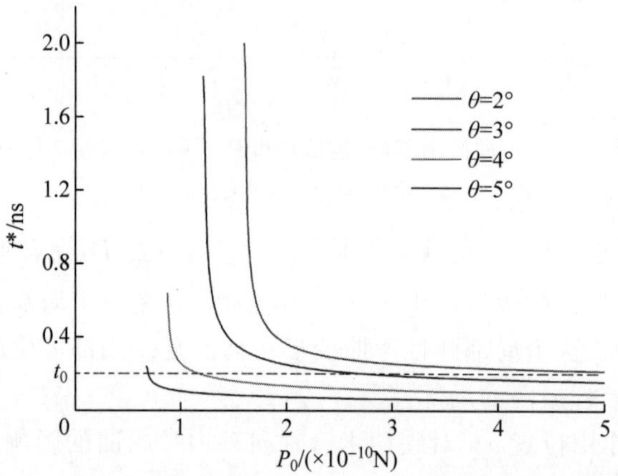

图 6-39　不同激励参数(包括 θ 和 P_0)的临界时间

(请扫Ⅰ页二维码看彩图)

由图 6-39 所示的数值结果可以发现如下规律。①随着冲击幅值 P_0 的增大，临界时间减小，表明随着 P_0 的增大，轴向动力屈曲现象发生的时间更早。当夹角 θ 增大时，也可以得到类似的结论。②$\theta=2°$时，当加载幅值小于 $5\times10^{-10}\text{N}$ 时，临界时间大于加载时间 $t_0=0.2\text{ns}$ 的一半，这意味着在卸载过程中发生轴向动力学屈曲现象，而在 $\theta=2°$时加载过程中不发生轴向动力学屈曲现象。相反，当 $\theta=5°$时，加载过程中就会发生轴向动力屈曲现象，而卸载过程中则不会发生。另外，从图 6-38 中也可以得到与图 6-39 相同的结论，即随着夹角 θ 的增大，首次发生轴向动力学屈曲时载荷幅值 P_0 的临界值明显减小。

研究证明，对于不考虑尺寸效应的传统 Euler-Bernoulli 梁，其轴向动力学屈曲特性与加载时间和加载速率有关。考虑尺寸效应时碳纳米管的情况是否与传统的 Euler-Bernoulli 梁的情况一致?

为了回答这个问题，设 $P_0=1.22\times10^{-10}\text{N}$，$\theta=3°$，$x_0=50\text{nm}$，记录碳纳米管在不同加载参数(包括 t_0 和 ξ)下振动的模拟过程中 z^* 的值，如图 6-40 所示。其中加载时间的步长为 $\Delta t_0=0.025\text{ns}$。

比较不同加载速率下的 z^* 值与加载时间的关系，可以得出：①加载时间较小时，z^* 的值随加载速率的增大而减小，这意味着在高加载速度下，在横向变形完全发展之前就发生了轴向动力学屈曲现象；②随着加载时间的增加，横向变形发展完全，z^* 值随加载速率的增大而增大；③当 t_0 大于 0.7675s 时，z^* 值随加载速率的增大而减小，其原因是完全卸载激励后，碳纳米管在振荡过程中发生轴向动力学屈曲现象。

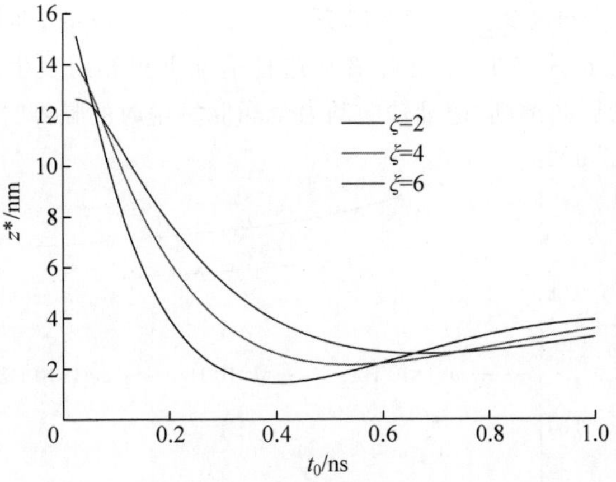

图 6-40 在不同激励参数(包括 ξ 和 t_0)下的 z^* 值

(请扫Ⅰ页二维码看彩图)

在一定加载速率下,z^* 值与加载时间的关系中,z^* 随着加载时间的增加,z^* 值先减小后缓慢增大。

从上述数值结果可以得到上述问题的答案:与传统 Euler-Bernoulli 梁的情况类似,考虑尺寸效应时,碳纳米管的轴向动力学屈曲特性取决于加载时间和加载速率。

高频激励是纳米器件的典型激励。即使振荡幅度极小,高频振荡也会引起碳纳米管内部的轴向动力学屈曲现象。因此,下文假设作用在固定夹角 $\theta=3°$ 的碳纳米管中点上的高频激励为 $P=P_0\delta(x-50)\sin(2\pi\omega t)$,详细研究了高频振荡对碳纳米管轴向动力学屈曲的影响。

首先,为了研究不同频率下激励幅值对轴向动力学屈曲的影响,采用复合保结构方法模拟碳纳米管的振荡,碳纳米管的最大横向位移如图 6-41 所示。

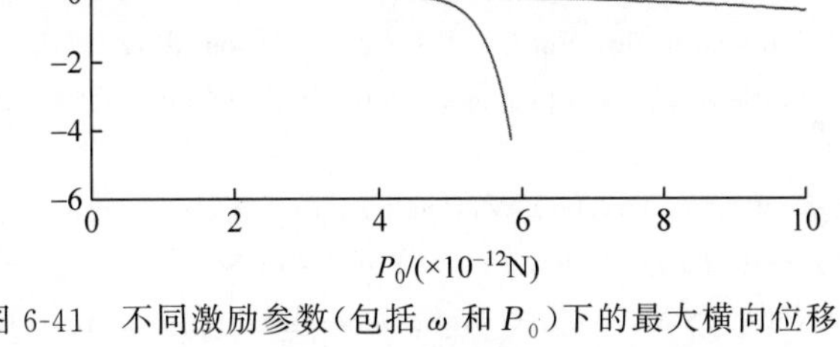

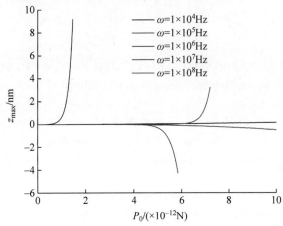

图 6-41 不同激励参数(包括 ω 和 P_0)下的最大横向位移

(请扫Ⅰ页二维码看彩图)

由图 6-41 可以发现如下规律。①当激励频率分别为 $\omega=1\times10^4$ Hz 和 $\omega=1\times10^8$ Hz,载荷幅值从 0 增加到 10^{-11} N 时,碳纳米管的最大横向位移绝对值增长缓慢,说明在这两种情况下不发生轴向动力学屈曲。②当激励频率分别为 $\omega=1\times10^5$ Hz 和 $\omega=1\times10^7$ Hz,激励振幅较大时,碳纳米管的最大横向位移绝对值迅速增大。根据所提出的轴向动力学屈曲判据,当激励幅值大于 6.3×10^{-12} N 和 5.1×10^{-12} N,激励频率分别为 $\omega=1\times10^5$ Hz 和 $\omega=1\times10^7$ Hz

时，将发生轴向动力学屈曲现象。③当激励频率 $\omega=1\times10^6$ Hz 时，即使激励振幅很小，碳纳米管的最大横向位移也迅速增加，这意味着在这种情况下更容易发生轴向动力学屈曲现象。

然后根据所提出的屈曲准则，记录轴向动力学屈曲发生时的临界时间 t^*，如图 6-42 所示。

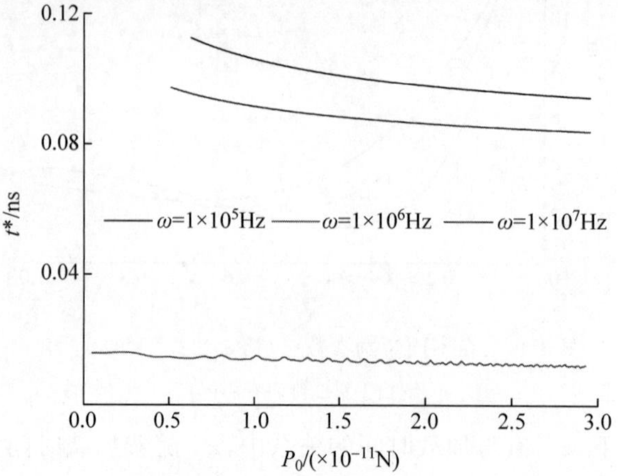

图 6-42　不同激励参数(包括 ω 和 P_0)下的临界时间

(请扫Ⅰ页二维码看彩图)

由图 6-42 可知，当激励为高频振荡时，临界时间 t^* 主要由激励频率决定，受激励幅值影响较小。特别是在 $\omega=1\times10^6$ Hz 的情况下，临界时间 t^* 非常小，且几乎与激励幅值 P_0 无关，这表明，适当的高频激励比单一的冲击激励更容易诱发轴向动力学屈曲现象。此外，图 6-42 给出的数值结果表明，为避免碳纳米管发生轴向动力学屈曲，所考虑的碳纳米管激励频率应设计在远离 10^6 Hz 这一频率。

参考文献

[1] ZENG H L, SEINO N, NAKAGAMA T, KIKUCHI Y, NAGANO H, UCHIYAMA K. Accurate nano-injection system for capillary gas chromatography. Journal of Chromatography A, 2009, 1216: 3337-3342.

[2] SEGER R A, ACTIS P, PENFOLD C, MAALOUF M, VILOZNY B, POURMAND N. Voltage controlled nano-injection system for single-cell surgery. Nanoscale, 2012, 4: 5843-5846.

[3] WANG L F, HU H Y. Flexural wave propagation in single-walled carbon nanotubes. Physical Review B, 2005, 71.

[4] ZHAO J, JIANG J W, WANG L, GUO W, RABCZUK T. Coarse-grained potentials of single-walled carbon nanotubes. Journal of the Mechanics and Physics of Solids, 2014, 71: 197-218.

[5] HU W P, DENG Z C, HAN S M, ZHANG W R. Generalized multi-symplectic integrators for a class of Hamiltonian nonlinear wave PDEs. Journal of Computational Physics, 2013, 235: 394-406.

[6] HU W, WANG Z, ZHAO Y, DENG Z. Symmetry breaking of infinite-dimensional dynamic system. Applied Mathematics Letters, 2020, 103: 106207.

[7] HU W, DENG Z, WANG B, OUYANG H. Chaos in an embedded single-walled carbon nanotube. Nonlinear Dyn, 2013, 72: 389-398.

[8] HU W P, DENG Z C. Chaos in embedded fluid-conveying single-walled carbon nanotube under transverse harmonic load series. Nonlinear Dyn, 2015, 79: 325-333.

[9] HU W, SONG M, DENG Z, YIN T, WEI B. Axial dynamic buckling analysis of embedded single-walled carbon nanotube by complex structure-preserving method. Applied Mathematical Modelling, 2017, 52: 15-27.

[10] HU W, SONG M, DENG Z, ZOU H, WEI B. Chaotic region of elastically restrained single-walled carbon nanotube. Chaos, 2017, 27: 023118.

[11] HU W, SONG M, YIN T, WEI B, DENG Z. Energy dissipation of damping cantilevered single-walled carbon nanotube oscillator. Nonlinear Dyn, 2018, 91: 767-776.

[12] IIJIMA S. Helical microtubules of graphitic carbon. Nature, 1991, 354: 56-58.

[13] TANS S J, VERSCHUEREN A R M, DEKKER C. Room-temperature transistor based on a single carbon nanotube. Nature, 1998, 393: 49-52.

[14] MARTEL R, SCHMIDT T, SHEA H R, HERTEL T, AVOURIS P. Single-and multi-wall carbon nanotube field-effect transistors. Applied Physics Letters, 1998, 73: 2447-2449.

[15] DE HEER W A, BACSA W S, CHÂTELAIN A, GERFIN T, HUMPHREY-BAKER R, FORRO L, UGARTE D. Aligned carbon nanotube films: production and optical and electronic properties. Science, 1995, 268: 845-847.

[16] ZETTL A. Extreme oxygen sensitivity of electronic properties of carbon nanotubes. Science, 2000, 287: 1801-1804.

[17] KONG J, FRANKLIN N R, ZHOU C, CHAPLINE M G, PENG S, CHO K, DAI H. Nanotube molecular wires as chemical sensors. Science, 2000, 287: 622-625.

[18] CHE G, LAKSHMI B B, FISHER E R, MARTIN C R. Carbon nanotubule membranes for electrochemical energy storage and production. Nature, 1998, 393: 346-349.

[19] COLUCI V R, LEGOAS S B, DE AGUIAR M A M, GALVAO D S. Chaotic signature in the motion of coupled carbon nanotube oscillators. Nanotechnology, 2005, 16: 583-589.

[20] WEI D W, GUO W L. Molecular dynamics simulation of self-assembled carbon nanotubes. International Journal of Nanoscience, 2006, 5(6): 835-839.

[21] CONLEY W G, RAMAN A, KROUSGRILL C M, MOHAMMADI S. Nonlinear and nonplanar dynamics of suspended nanotube and nanowire resonators. Nano Letters, 2008, 8: 1590-1595.

[22] MAYOOF F N, HAWWA M A. Chaotic behavior of a curved carbon nanotube under harmonic excitation. Chaos Solitons & Fractals, 2009, 42: 1860-1867.

[23] HAWWA M A, MAYOOF F N. Nonlinear oscillations of a carbon nanotube resonator. ISMA 09, Sharjah, UAE, 2009: 1-13.

[24] HAWWA M A, AL-QAHTANI H M. Nonlinear oscillations of a double-walled carbon nanotube. Computational Materials Science, 2010, 48: 140-143.

[25] WANG L F, HU H Y, GUO W L. Thermal vibration of carbon nanotubes predicted by beam models and molecular dynamics. Proceedings of the Royal Society A: Mathematical, Physical and Engineering Sciences, 2010, 466: 2325-2340.

[26] JOSHI A Y, SHARMA S C, HARSHA S P. Chaotic response analysis of single-walled carbon nanotube due to surface deviations. Nano, 2012, 7.

[27] LANIR Y, FUNG Y C B. Fiber Composite Columns under Compression. Journal of Composite Materials, 1972, 6: 387-401.

[28] XU K Y, GUO X N, RU C Q. Vibration of a double-walled carbon nanotube aroused by nonlinear intertube van der Waals forces. J. Appl. Phys., 2006, 99: 064303.

[29] HOLMES P J, MARSDEN J E. A partial differential equation with infinitely many periodic orbits: chaotic oscillations of a forced beam. Archive for Rational Mechanics and Analysis, 1981, 76: 135-166.

[30] HOLMES P J. A nonlinear oscillator with a strange attractor. Philosophical Transactions of the Royal Society of London Series A：Mathematical,Physical and Engineering Sciences,1979,292：419-448.

[31] BRIDGES T J. A geometric formulation of the conservation of wave action and its implications for signature and the classification of instabilities. Proceeding of the Royal Society London，1997：1365-1395.

[32] BRIDGES T J. Multi-symplectic structures and wave propagation. Mathematical proceedings of the Cambridge Philosophical Society,1997,121：147-190.

[33] HU W P,DENG Z C,HAN S M,FAN W. An implicit difference scheme focusing on the local conservation properties for burgers equation. International Journal of Computational Methods,2012,9：1240028.

[34] SUN Y P,FU K F,LIN Y,HUANG W J. Functionalized carbon nanotubes：properties and applications. Accounts of Chemical Research,2002,35：1096-1104.

[35] DAI H J. Carbon nanotubes：synthesis,integration,and properties. Accounts of Chemical Research,2002,35：1035-1044.

[36] YU M F,FILES B S,AREPALLI S,RUOFF R S. Tensile loading of ropes of single wall carbon nanotubes and their mechanical properties. Physical Review Letters,2000,84：5552-5555.

[37] KRISHNAN A,DUJARDIN E,EBBESEN T W,YIANILOS P N,TREACY M M J. Young's modulus of single-walled nanotubes. Physical Review B,1998,58：14013-14019.

[38] LU J P. Elastic properties of carbon nanotubes and nanoropes. Physical Review Letters,1997,79：1297-1300.

[39] RUOFF R S,LORENTS D C. Mechanical and thermal-properties of carbon nanotubes. Carbon,1995,33：925-930.

[40] BAUGHMAN R H,CUI C X,ZAKHIDOV A A,IQBAL Z,BARISCI J N,SPINKS G M,WALLACE G G,MAZZOLDI A,DE ROSSI D,RINZLER A G,JASCHINSKI O,ROTH S,KERTESZ M. Carbon nanotube actuators. Science,1999,284：1340-1344.

[41] KONG J,FRANKLIN N R,ZHOU C W,CHAPLINE M G,PENG S,CHO K J,DAI H J. Nanotube molecular wires as chemical sensors. Science,2000,287：622-625.

[42] FENG E H,JONES R E. Carbon nanotube cantilevers for next-generation sensors. Physical Review B,2011,83.

[43] KAKA S,PUFALL M R,RIPPARD W H,SILVA T J,RUSSEK S E,KATINE J A. Mutual phase-locking of microwave spin torque nano-oscillators. Nature,2005,437：389-392.

[44] MOHANTY P. Nanotechnology：Nano-oscillators get it together. Nature,2005,437：325-326.

[45] WANG X,DAI H L. Dynamic response of a single-wall carbon nanotube subjected to impact. Carbon,2006,44：167-170.

[46] LUCCI M,TOSCHI F,SESSA V,ORLANDUCCI S,TAMBURRI E,TERRANOVA M L. Quartz crystal nano-balance for hydrogen sensing at room temperature using carbon nanotubes aggregates-art. no. 658917；T. Becker,C. Cane,N. S. Barker（Eds.）Smart Sensors,Actuators,and MEMS III2007,58917-58917.

[47] SNOW E S,CAMPBELL P M,NOVAK J P. Single-wall carbon nanotube atomic force microscope probes. Applied Physics Letters,2002,80：2002-2004.

[48] BOUCHAALA A,NAYFEH A H,YOUNIS M I. Frequency shifts of micro and nano cantilever beam resonators due to added masses. J. Dyn. Syst. Meas. Control-Trans. ASME,2016,138.

[49] OUAKAD H M,YOUNIS M I. Nonlinear dynamics of electrically actuated carbon nanotube resonators. Journal of Computational and Nonlinear Dynamics,2010,5.

[50] JIANG H, YU M F, LIU B, HUANG Y. Intrinsic energy loss mechanisms in a cantilevered carbon nanotube beam oscillator. Physical Review Letters, 2004, 93.

[51] NAIK A, BUU O, LAHAYE M D, ARMOUR A D, CLERK A A, BLENCOWE M P, SCHWAB K C. Cooling a nanomechanical resonator with quantum back-action. Nature, 2006, 443: 193-196.

[52] BYUN K R, LEE K, KWON O K. Molecular dynamics simulation of cantilevered single-walled carbon nanotube resonators. Journal of Computational and Theoretical Nanoscience, 2009, 6: 2393-2397.

[53] HUTTEL A K, STEELE G A, WITKAMP B, POOT M, KOUWENHOVEN L P, VAN DER ZANT H S J. Carbon nanotubes as ultrahigh quality factor mechanical resonators. Nano Letters, 2009, 9: 2547-2552.

[54] SAWAYA S, ARIE T, AKITA S. Diameter-dependent dissipation of vibration energy of cantilevered multiwall carbon nanotubes. Nanotechnology, 2011, 22.

[55] VALLABHANENI A K, RHOADS J F, MURTHY J Y, RUAN X L. Observation of nonclassical scaling laws in the quality factors of cantilevered carbon nanotube resonators. J. Appl. Phys., 2011, 110.

[56] LAIRD E A, PEI F, TANG W, STEELE G A, KOUWENHOVEN L P. A high quality factor carbon nanotube mechanical resonator at 39 GHz. Nano Letters, 2012, 12: 193-197.

[57] KIM I K, LEE S I. Theoretical investigation of nonlinear resonances in a carbon nanotube cantilever with a tip-mass under electrostatic excitation. J. Appl. Phys., 2013, 114.

[58] LIU R M, WANG L F. Vibration of cantilevered double-walled carbon nanotubes predicted by timoshenko beam model and molecular dynamics. International Journal of Computational Methods, 2015, 12.

[59] HU W P, DENG Z C, WANG B, OUYANG H J. Chaos in an embedded single-walled carbon nanotube. Nonlinear Dynamics, 2013, 72: 389-398.

[60] HU W P, SONG M Z, DENG Z C, ZOU H L, WEI B Q. Chaotic region of elastically restrained single-walled carbon nanotube. Chaos, 2017, 27.

[61] HU W P, DENG Z C, YIN T T. Almost structure-preserving analysis for weakly linear damping nonlinear Schrödinger equation with periodic perturbation. Communications in Nonlinear Science and Numerical Simulation, 2017, 42: 298-312.

[62] LI L, HU Y J. Buckling analysis of size-dependent nonlinear beams based on a nonlocal strain gradient theory. International Journal of Engineering Science, 2015, 97: 84-94.

[63] HAMILTON W R. On a general method in dynamics. Philosophical Transactions of the Royal Society of London, 1834, 124: 247-308.

[64] FENG K. Difference-schemes for Hamiltonian-formalism and symplectic-geometry. Journal of Computational Mathematics, 1986, 4: 279-289.

[65] LAURIE D P. Calculation of Gauss-Kronrod quadrature rules. Mathematics of Computation, 1997, 66: 1133-1145.

[66] CALVETTI D, GOLUB G H, GRAGG W B, REICHEL L. Computation of Gauss-Kronrod quadrature rules. Mathematics of Computation, 2000, 69: 1035-1052.

[67] HU W, LI Q, JIANG X, DENG Z. Coupling dynamic behaviors of spatial flexible beam with weak damping. International Journal for Numerical Methods in Engineering, (2017) n/a-n/a.

[68] LOPEZ C F, NIELSEN S O, MOORE P B, KLEIN M L. Understanding nature's design for a nanosyringe. Proceedings of the National Academy of Sciences of the United States of America, 2004, 101: 4431-4434.

[69] STRIOLO A. The mechanism of water diffusion in narrow carbon nanotubes. Nano Letters, 2006,

6: 633-639.

[70] JOSHI A Y, SHARMA S C, HARSHA S P. Chaotic response analysis of single-walled carbon nanotube due to surface deviations. Nano, 2012, 7: 1250008.

[71] REDDY C D, LU C, RAJENDRAN S, LIEW K M. Free vibration analysis of fluid-conveying single-walled carbon nanotubes. Applied Physics Letters, 2007, 90.

[72] LEE H L, CHANG W J. Vibration analysis of a viscous-fluid-conveying single-walled carbon nanotube embedded in an elastic medium. Physica E, 2009, 41: 529-532.

[73] SOLTANI P, TAHERIAN M M, FARSHIDIANFAR A. Vibration and instability of a viscous-fluid-conveying single-walled carbon nanotube embedded in a visco-elastic medium. Journal of Physics D Applied Physics, 2010, 43.

[74] RIPPARD W H, PUFALL M R, KAKA S, SILVA T J, RUSSEK S E, KATINE J A. Injection locking and phase control of spin transfer nano-oscillators. Physical Review Letters, 2005, 95.

[75] WANG C Y, RU C Q, MIODUCHOWSKI A. Free vibration of multiwall carbon nanotubes. J. Appl. Phys., 2005, 97.

[76] ZHANG Y Q, LIU G R, XIE X Y. Free transverse vibrations of double-walled carbon nanotubes using a theory of nonlocal elasticity. Physical Review B, 2005, 71.

[77] WANG Q, VARADAN V K. Vibration of carbon nanotubes studied using nonlocal continuum mechanics. Smart Materials and Structures, 2006, 15: 659-666.

[78] REDDY J N. Nonlocal nonlinear formulations for bending of classical and shear deformation theories of beams and plates. International Journal of Engineering Science, 2010, 48: 1507-1518.

[79] REDDY J N, PANG S D. Nonlocal continuum theories of beams for the analysis of carbon nanotubes. J. Appl. Phys., 2008, 103.

[80] REDDY J N. Nonlocal theories for bending, buckling and vibration of beams. International Journal of Engineering Science, 2007, 45: 288-307.

[81] CHANG W J, LEE H L. Free vibration of a single-walled carbon nanotube containing a fluid flow using the Timoshenko beam model. Physics Letters A, 2009, 373: 982-985.

[82] LEE H L, CHANG W J. Free transverse vibration of the fluid-conveying single-walled carbon nanotube using nonlocal elastic theory. J. Appl. Phys., 2008, 103.

[83] NATSUKI T, LEI X W, NI Q Q, ENDO M. Free vibration characteristics of double-walled carbon nanotubes embedded in an elastic medium. Physics Letters A, 2010, 374: 2670-2674.

[84] YAN J W, LIEW K M, HE L H. Free vibration analysis of single-walled carbon nanotubes using a higher-order gradient theory. Journal of Sound and Vibration, 2013, 332: 3740-3755.

[85] KIANI K. A meshless approach for free transverse vibration of embedded single-walled nanotubes with arbitrary boundary conditions accounting for nonlocal effect. International Journal of Mechanical Sciences, 2010, 52: 1343-1356.

[86] KIANI K, GHAFFARI H, MEHRI B. Application of elastically supported single-walled carbon nanotubes for sensing arbitrarily attached nano-objects. Current Applied Physics, 2013, 13: 107-120.

[87] KIANI K. Characterization of free vibration of elastically supported double-walled carbon nanotubes subjected to a longitudinally varying magnetic field. Acta Mechanica, 2013, 224; 3139-3151.

[88] KIANI K. Vibration analysis of elastically restrained double-walled carbon nanotubes on elastic foundation subjected to axial load using nonlocal shear deformable beam theories. International Journal of Mechanical Sciences, 2013, 68: 16-34.

[89] YAYLI M O. A compact analytical method for vibration analysis of single-walled carbon nanotubes with restrained boundary conditions. Journal of Vibration and Control, 2016, 22: 2542-2555.

[90] YAYLI M O. On the axial vibration of carbon nanotubes with different boundary conditions. Micro &

Nano Letters, 2014, 9: 807-811.

[91] KIANI K, WANG Q. On the interaction of a single-walled carbon nanotube with a moving nanoparticle using nonlocal Rayleigh, Timoshenko, and higher-order beam theories. European Journal of Mechanics A-Solids, 2012, 31: 179-202.

[92] WANG L F, HU H Y. Thermal vibration of a rectangular single-layered graphene sheet with quantum effects. Journal of Applied Physics, 2014, 115.

[93] DE VOLDER M F L, TAWFICK S H, BAUGHMAN R H, HART A J. Carbon nanotubes: present and future commercial applications. Science, 2013, 339: 535-539.

[94] KOZINSKY I, POSTMA H C, BARGATIN I, ROUKES M. Tuning nonlinearity, dynamic range, and frequency of nanomechanical resonators. Applied Physics Letters, 2006, 88: 253101.

[95] POSTMA H C, KOZINSKY I, HUSAIN A, ROUKES M. Dynamic range of nanotube-and nanowire-based electromechanical systems. Applied Physics Letters, 2005, 86: 223105.

[96] KIANI K. Nonlinear vibrations of a single-walled carbon nanotube for delivering of nanoparticles. Nonlinear Dyn, 2014, 76: 1885-1903.

[97] KIANI K. Longitudinal and transverse vibration of a single-walled carbon nanotube subjected to a moving nanoparticle accounting for both nonlocal and inertial effects. Physica E, 2010, 42: 2391-2401.

[98] HU W P, DENG Z C. Competition between geometric dispersion and viscous dissipation in wave propagation of KdV-Burgers equation. Journal of Vibration and Control, 2015, 21: 2937-2945.

[99] HU W P, DENG Z C, OUYANG H J. Generalized multi-symplectic method for dynamic responses of continuous beam under moving load. International Journal of Applied Mechanics, 2013, 5.

[100] HU Y G, LIEW K M, WANG Q, HE X Q, YAKOBSON B I. Nonlocal shell model for elastic wave propagation in single-and double-walled carbon nanotubes. Journal of the Mechanics and Physics of Solids, 2008, 56: 3475-3485.

[101] WANG L F, HU H Y, GUO W L. Validation of the non-local elastic shell model for studying longitudinal waves in single-walled carbon nanotubes. Nanotechnology, 2006, 17: 1408-1415.

[102] BAUGHMAN R H, ZAKHIDOV A A, HEER W A De. Carbon nanotubes the route toward applications. Science, 2002, 297: 787-792.

[103] YAKOBSON B I, BRABEC C J, BERNHOLC J. Nanomechanics of carbon tubes: Instabilities beyond linear response. Physical Review Letters, 1996, 76: 2511-2514.

[104] FALVO M R, CLARY G J, TAYLOR R M, CHI V, BROOKS F P, WASHBURN S, SUPERFINE R. Bending and buckling of carbon nanotubes under large strain. Nature, 1997, 389: 582-584.

[105] LOURIE O, COX D M, WAGNER H D. Buckling and collapse of embedded carbon nanotubes. Physical Review Letters, 1998, 81: 1638-1641.

[106] POSTMA H W C, TEEPEN T, YAO Z, GRIFONI M, DEKKER C. Carbon nanotube single-electron transistors at room temperature. Science, 2001, 293: 76-79.

[107] RU C Q. Axially compressed buckling of a doublewalled carbon nanotube embedded in an elastic medium. Journal of the Mechanics and Physics of Solids, 2001, 49: 1265-1279.

[108] HE X Q, KITIPORNCHAI S, LIEW K M. Buckling analysis of multi-walled carbon nanotubes: a continuum model accounting for van der Waals interaction. Journal of the Mechanics and Physics of Solids, 2005, 53: 303-326.

[109] SEARS A, BATRA R C. Buckling of multiwalled carbon nanotubes under axial compression. Physical Review B, 2006, 73.

[110] WANG C M, ZHANG Y Y, RAMESH S S, KITIPORNCHAI S. Buckling analysis of micro-and nano-rods/tubes based on nonlocal Timoshenko beam theory. Journal of Physics D-Applied Physics,

2006,39: 3904-3909.

[111] SUN C Q,LIU K X. Dynamic torsional buckling of a double-walled carbon nanotube embedded in an elastic medium. European Journal of Mechanics a-Solids,2008,27: 40-49.

[112] TORABI H,RADHAKRISHNAN H,MESAROVIC S D. Micromechanics of collective buckling in CNT turfs. Journal of the Mechanics and Physics of Solids,2014,72: 144-160.

[113] YAO X H,ZHANG X Q,HAN Q. Dynamic buckling of double-walled carbon nanotubes under axial impact loading. Acta Physica Sinica,2011,60.

[114] XIONG C A,JIANG W G. Dynamic buckling of single-walled carbon nanotubes under axial impact loading; G. Ran, Z. Yun, Z. Jianming, Y. Yang, L. Ze. G. Tao (Eds.) Advances in Computational Modeling and Simulation. Pts 1 and 2. Trans Tech Publications Ltd,Stafa-Zurich,2014: 178-182.

[115] MURMU T, MCCARTHY M A, ADHIKARI S. Vibration response of double-walled carbon nanotubes subjected to an externally applied longitudinal magnetic field: A nonlocal elasticity approach. Journal of Sound and Vibration,2012,331: 5069-5086.

[116] LI Y P,KIM H I,WEI B Q,KANG J,CHOI J B,NAM J D,SUHR J. Understanding the nanoscale local buckling behavior of vertically aligned MWCNT arrays with van der Waals interactions. Nanoscale,2015,7: 14299-14304.

[117] ANSARI R, TORABI J. Numerical study on the buckling and vibration of functionally graded carbon nanotube-reinforced composite conical shells under axial loading. Composites Part B-Engineering,2016,95: 196-208.

[118] WANG M,LI Z M,QIAO P Z. Semi-analytical solutions to buckling and free vibration analysis of carbon nanotube-reinforced composite thin plates. Composite Structures,2016,144: 33-43.

[119] GUPTA S S,AGRAWAL P,BATRA R C. Buckling of single-walled carbon nanotubes using two criteria. Journal of Applied Physics,2016,119.

[120] WANG C G,LIU Y P,AL-GHALITH J,DUMITRICA T,WADEE M K,TAN H F. Buckling behavior of carbon nanotubes under bending: From ripple to kink. Carbon,2016,102: 224-235.

[121] HU W,SON M G,DENG Z,ZOU H,WEI B. Chaotic region of elastically restrained single-walled carbon nanotube. Chaos: An Interdisciplinary Journal of Nonlinear Science,2017,27: 56.

[122] ZHONG W X. On precise integration method. Journal of Computational and Applied Mathematics, 2004,163: 59-78.

[123] WANG Q. Wave propagation in carbon nanotubes via nonlocal continuum mechanics. Journal of Applied Physics,2005,98.

[124] ERINGEN A C. On differential equations of nonlocal elasticity and solutions of screw dislocation and surface waves. Journal of Applied Physics,1983,54: 4703-4710.

[125] CHALLAMEL N,WANG C M. The small length scale effect for a non-local cantilever beam: a paradox solved. Nanotechnology,2008,19: 345-703.

[126] LU P. Dynamic analysis of axially prestressed micro/nanobeam structures based on nonlocal beam theory. Journal of Applied Physics,2007,101.

[127] KIANI K. Vibration behavior of simply supported inclined single-walled carbon nanotubes conveying viscous fluids flow using nonlocal Rayleigh beam model. Applied Mathematical Modelling,2013,37: 1836-1850.

[128] WANG L F,HU H Y. Thermal vibration of a simply supported single-walled carbon nanotube with thermal stress. Acta Mechanica,2016,227: 1957-1967.

[129] HU W P,DENG Z C,ZHANG Y. Multi-symplectic method for peakon-antipeakon collision of quasi-Degasperis-Procesi equation. Computer Physics Communications,2014,185: 2020-2028.

[130] HU W P,DENG Z C,QIN Y Y. Multi-symplectic method to simulate soliton resonance of (2+1)-

dimensional Boussinesq equation. Journal of Geometric Mechanics,2013,5: 295-318.

[131] BRIDGES T J,REICH S. Multi-symplectic integrators: numerical schemes for Hamiltonian PDEs that conserve symplecticity. Physics Letters A,2001,284: 184-193.

[132] Marsden J E, Patrick G W, Shkoller S. Multisymplectic geometry, variational integrators, and nonlinear PDEs. Communications in Mathematical Physics,1998,199: 351-395.

[133] PREISSMAN A. Propagation des intumescences dan les canaux et riviéres. First Congress French Association for Computation,Grenoble,1961.

[134] AYDOGDU M. Axial vibration of the nanorods with the nonlocal continuum rod model. Physica E: Low-dimensional Systems and Nanostructures,2009,41: 861-864.

第7章

航天动力学系统的保结构分析

在第2章中，我们用辛龙格-库塔法研究了一些航天动力学问题[1-3]。辛龙格-库塔法虽然能够较高精度地保持系统的全局守恒规律，并具有良好的长时间数值稳定性，但无法研究系统的局部动力学行为。

7.1 空间柔性阻尼梁的耦合动力学行为研究

超大柔性结构是空间结构的未来发展趋势，其广泛用于各种空间飞行器。特别是在1968年Glaser提出关于空间太阳能电站系统(SSPS)设想的报告[4]后，空间可展开结构对空间尺度的需求已扩展到数千米量级。目前对于复杂空间结构的动力学分析，最具代表性的方法便是多体系统动力学分析方法[5-8]，并已有大量文献报道了该方法在多体结构动力学分析中的应用[9-10]。

实际上，即使只考虑空间结构的单个构件，其动力学模型也具有很强的非线性，并且是典型的高维系统。以SSPS为例，SSPS中的一些细长构件可以简化为空间柔性阻尼梁。对于空间柔性梁，空间运动与结构横向振动之间的耦合效应会导致其相关动力学模型具有很强的非线性。在过去的几十年里，人们对空间柔性梁的动力学行为进行了初步探索，其中具有代表性的工作包括：da Silva和Zaretzky建立了描述梁在空间中弯曲和俯仰运动的非线性微分方程模型[11]，分析了梁在圆轨道上的非线性俯仰弯曲耦合效应[12]；Chen和Agar提出了用于几何非线性分析的空间梁单元的拉格朗日描述形式[13]；作为对Chen工作的改进，Quadrelli和Atluri提出了基于混合变分原理的空间弹性梁动力学分析的通用有限元方法[14]；Cai等发展了中心刚体-柔性梁系统的动力学模型，并揭示了一些有趣的动力学特性[15-16]，这些工作的建模思想值得借鉴；Williams等推导了空间绳系系统的数学模型[17]，为空间梁的运动学分析提供了一些建议；最近，Zhang及其合作者基于Euler-Bernoulli梁发展了一种双节点空间梁单元，可用于任意刚体运动和大变形的细长梁的非线性动力学分析[18]。

为了简化动力学分析过程，目前对空间柔性梁的研究大多忽略了空间运动与梁横向振动之间的耦合效应。此外，空间梁的阻尼大多被忽略。实际上，即使空间梁的阻尼很弱，长期的阻尼效应也足以改变梁的包括横向振动和空间运动等动力学行为。因此，考虑到耦合效应和阻尼效应，我们将采用一种经典龙格-库塔法和保结构方法相结合的新数值方法来研究空间柔性梁的动力学行为。广义多辛方法已被证明是研究弱阻尼无限维动力系统局部动力特性的一种有效方法[20-23]，因此本节将采用基于广义多辛思想的保结构方法来模拟空间柔性梁的横向振动[19]。

在本节中，我们考虑均匀空间柔性梁在 XOY 平面内的运动(忽略面外变形以及 XOY 平面外的运动)。如图 7-1(a)所示，在平面运动过程中，梁的质心位置(与局部坐标系原点 uO_1v 重合)可以通过轨道半径 $r=r(t)=|OO_1|$ 以及轨道中心真近点角 $\theta=\theta(t)$ 确定。梁的姿态以姿态角 $\alpha=\alpha(t)$ 来描述。同时，如图 7-1(b)所示，梁的平面运动产生的横向振动可以用局部坐标系中 uO_1v 的横向位移 $u=u(x,t)$ 来描述。因此，动力学模型可以用广义坐标向量 $[r,\alpha,\theta,u]^{\mathrm{T}}$ 来建立，并引入以下假设：

(1) 横向振动是对称的，即质心在局部坐标系 uO_1v 中的坐标值是不变的；

(2) 与梁长相比，横向振动幅值较小，表明横向振动引起的轴向长度变化可以忽略不计；

(3) 梁的轴向伸长较小，因此，在下面的动力学模型中忽略。

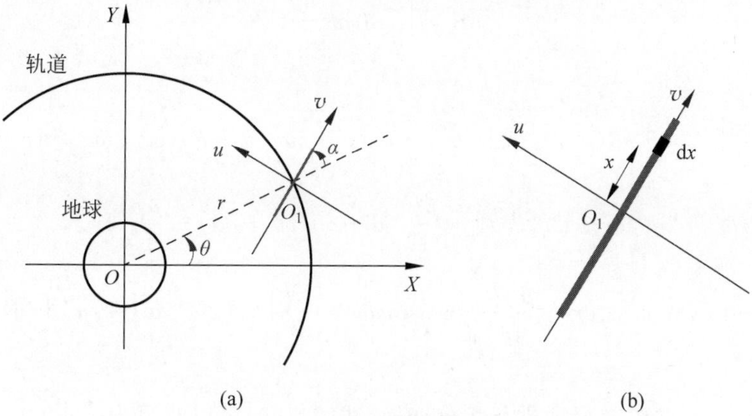

图 7-1 空间梁的动力学模型

(a)空间梁平面运动示意图；(b)局部坐标系中的无穷小元素

(请扫 I 页二维码看彩图)

根据上述假设，梁的动能包括平面运动的动能 T_{p} 和横向振动的动能 T_{v}，可以表示为

$$T=T_{\mathrm{p}}+T_{\mathrm{v}} \tag{7.1.1}$$

平面运动的动能是

$$T_{\mathrm{p}}=\frac{\rho l}{2}[\dot{r}^2+(r\dot{\theta})^2]+\frac{1}{2}\frac{\rho l^3}{12}(\dot{\theta}+\dot{\alpha})^2 \tag{7.1.2}$$

横向振动的动能是

$$\begin{aligned} T_{\mathrm{v}}&=\frac{\rho}{2}\int_{-\frac{l}{2}}^{\frac{l}{2}}\{\partial_t^2[-u\sin(\theta+\alpha)]+\partial_t^2[u\cos(\theta+\alpha)]\}\mathrm{d}x \\ &=\frac{\rho}{2}\int_{-\frac{l}{2}}^{\frac{l}{2}}[\partial_t^2u+u^2(\dot{\theta}+\dot{\alpha})^2]\mathrm{d}x \end{aligned} \tag{7.1.3}$$

其中，ρ 和 l 分别代表梁的线密度和长度。

梁的势能包括重力势能 U_μ(μ 表示地球的引力常数)和应变能 U_s(U_s 表达式中的 EI 表示梁的抗弯刚度)，并将重力梯度和横向变形的影响纳入考虑，可以表示为

$$U=U_\mu+U_s \tag{7.1.4}$$

重力势能表示为

$$U_\mu=-\frac{\mu\rho l}{r}+\frac{\mu\rho l^3}{24r^3}(1-3\cos^2\alpha) \tag{7.1.5}$$

应变能为

$$U_s = \frac{EI}{2}\int_{-\frac{l}{2}}^{\frac{l}{2}} \partial_{xx}^2 u \, \mathrm{d}x \tag{7.1.6}$$

拉格朗日函数表示为

$$\begin{aligned} L &= T - U \\ &= \frac{\rho l}{2}[\dot{r}^2 + (r\dot{\theta})^2] + \frac{1}{2}\frac{\rho l^3}{12}(\dot{\theta}+\dot{\alpha})^2 + \frac{\rho}{2}\int_{-\frac{l}{2}}^{\frac{l}{2}}[\partial_t^2 u + u^2(\dot{\theta}+\dot{\alpha})^2]\mathrm{d}x + \\ &\quad \frac{\mu\rho l}{r} - \frac{\mu\rho l^3}{24r^3}(1-3\cos^2\alpha) - \frac{EI}{2}\int_{-\frac{l}{2}}^{\frac{l}{2}}\partial_{xx}^2 u\,\mathrm{d}x \end{aligned} \tag{7.1.7}$$

定义哈密顿量为 $S=\int_{t_0}^{t_1} L\,\mathrm{d}t$，哈密顿最小作用原理可以写为

$$\delta S = \int_{t_0}^{t_1} \delta L\,\mathrm{d}t = 0 \tag{7.1.8}$$

展开为

$$\begin{aligned} &\int_{t_0}^{t_1}\left\{\frac{\rho}{2}\int_{-\frac{l}{2}}^{\frac{l}{2}}[2\partial_t u\delta(\partial_t u) + 2u(\dot{\theta}+\dot{\alpha})^2\delta u + 2u^2(\dot{\theta}+\dot{\alpha})(\delta\dot{\theta}+\delta\dot{\alpha})]\mathrm{d}x\right. \\ &+ \frac{\rho l}{2}[2\dot{r}\delta\dot{r} + 2r\dot{\theta}^2\delta r + 2r^2\dot{\theta}\delta\dot{\theta}] + \frac{\rho l^3}{12}(\dot{\theta}+\dot{\alpha})(\delta\dot{\theta}+\delta\dot{\alpha}) - \frac{\mu\rho l}{r^2}\delta r \\ &\left.+ \frac{\mu\rho l^3}{8r^4}(1-3\cos^2\alpha)\delta r - \frac{\mu\rho l^3}{4r^3}\cos\alpha\,\sin\alpha\delta\alpha - \frac{EI}{2}\int_{-\frac{l}{2}}^{\frac{l}{2}}[2\partial_{xx}u\delta(\partial_{xx}u)\mathrm{d}x]\right\}\mathrm{d}t = 0 \end{aligned} \tag{7.1.9}$$

对每一个一阶，二阶变分项进行积分变换，式(7.1.9)可以改写为

$$\begin{aligned} &\int_{t_0}^{t_1}\left\{\left[-\rho l\ddot{r} + \rho l r\dot{\theta}^2 - \frac{\mu\rho l}{r^2} + \frac{\mu\rho l^3}{8r^4}(1-3\cos^2\alpha)\right]\delta r\right. \\ &+ \left[-\rho l r^2\ddot{\theta} - 2\rho l r\dot{r}\dot{\theta} - \frac{\rho l^3}{12}(\ddot{\theta}+\ddot{\alpha}) - \rho\int_{-\frac{l}{2}}^{\frac{l}{2}}2u\partial_t u(\dot{\theta}+\dot{\alpha})\mathrm{d}x - \rho\int_{-\frac{l}{2}}^{\frac{l}{2}}u^2(\ddot{\theta}+\ddot{\alpha})\mathrm{d}x\right]\delta\theta \\ &+ \left[-\frac{\rho l^3}{12}(\ddot{\theta}+\ddot{\alpha}) - \frac{\mu\rho l^3}{4r^3}\cos\alpha\,\sin\alpha - \rho\int_{-\frac{l}{2}}^{\frac{l}{2}}2u\partial_t u(\dot{\theta}+\dot{\alpha})\mathrm{d}x - \rho\int_{-\frac{l}{2}}^{\frac{l}{2}}u^2(\ddot{\theta}+\ddot{\alpha})\mathrm{d}x\right]\delta\alpha \\ &\left.+ \left[-\rho\int_{-\frac{l}{2}}^{\frac{l}{2}}\partial_{tt}u\,\mathrm{d}x + \rho\int_{-\frac{l}{2}}^{\frac{l}{2}}u(\dot{\theta}+\dot{\alpha})^2\mathrm{d}x - EI\int_{-\frac{l}{2}}^{\frac{l}{2}}(\partial_{xxxx}u)\mathrm{d}x\right]\delta u\right\}\mathrm{d}t = 0 \end{aligned} \tag{7.1.10}$$

式(7.1.10)中的变量($\delta r,\delta\theta,\delta\alpha$ 和 δu)是相互独立的，这意味着对于时间间隔$[t_0,t_1]$中每个变量的变分系数为零，便可得到无阻尼空间梁的动力学方程：

$$\begin{cases} -\rho l\ddot{r} + \rho l r\dot{\theta}^2 - \dfrac{\mu\rho l}{r^2} + \dfrac{\mu\rho l^3}{8r^4}(1-3\cos^2\alpha) = 0 \\ \rho l r^2\ddot{\theta} + 2\rho l r\dot{r}\dot{\theta} + \dfrac{\rho l^3}{12}(\ddot{\theta}+\ddot{\alpha}) + \rho\displaystyle\int_{-\frac{l}{2}}^{\frac{l}{2}}[2u\partial_t u(\dot{\theta}+\dot{\alpha}) + u^2(\ddot{\theta}+\ddot{\alpha})]\mathrm{d}x = 0 \\ \dfrac{\rho l^3}{12}(\ddot{\theta}+\ddot{\alpha}) + \dfrac{\mu\rho l^3}{4r^3}\cos\alpha\,\sin\alpha + \rho\displaystyle\int_{-\frac{l}{2}}^{\frac{l}{2}}[2u\partial_t u(\dot{\theta}+\dot{\alpha}) + u^2(\ddot{\theta}+\ddot{\alpha})]\mathrm{d}x = 0 \\ \rho\partial_{tt}u - \rho u(\dot{\theta}+\dot{\alpha})^2 + EI\partial_{xxxx}u = 0 \end{cases} \tag{7.1.11}$$

考虑梁的阻尼系数 c，则式(7.1.11)变为

$$\begin{cases}-\rho l\ddot{r}+\rho lr\dot{\theta}^2-\dfrac{\mu\rho l}{r^2}+\dfrac{\mu\rho l^3}{8r^4}(1-3\cos^2\alpha)=0\\ \rho lr^2\ddot{\theta}+2\rho lr\dot{r}\dot{\theta}+\dfrac{\rho l^3}{12}(\ddot{\theta}+\ddot{\alpha})+\rho\displaystyle\int_{-\frac{l}{2}}^{\frac{l}{2}}[2u\partial_t u(\dot{\theta}+\dot{\alpha})+u^2(\ddot{\theta}+\ddot{\alpha})]\mathrm{d}x=0\\ \dfrac{\rho l^3}{12}(\ddot{\theta}+\ddot{\alpha})+\dfrac{\mu\rho l^3}{4r^3}\cos\alpha\sin\alpha+\rho\displaystyle\int_{-\frac{l}{2}}^{\frac{l}{2}}[2u\partial_t u(\dot{\theta}+\dot{\alpha})+u^2(\ddot{\theta}+\ddot{\alpha})]\mathrm{d}x=0\\ \rho\partial_{tt}u+c\partial_t u-\rho u(\dot{\theta}+\dot{\alpha})^2+EI\partial_{xxxx}u=0\end{cases}\tag{7.1.12}$$

上述模型所包含的梁的平面运动与横向振动之间的耦合是空间梁动力学分析的主要难点，在式(7.1.12)中，前三个方程主要描述梁的平面运动，后一个方程主要描述梁的横向振动，这意味着式(7.1.12)可以近似解耦为以下两个子系统：

$$\begin{cases}-\rho l\ddot{r}+\rho lr\dot{\theta}^2-\dfrac{\mu\rho l}{r^2}+\dfrac{\mu\rho l^3}{8r^4}(1-3\cos^2\alpha)=0\\ \rho lr^2\ddot{\theta}+2\rho lr\dot{r}\dot{\theta}+\dfrac{\rho l^3}{12}(\ddot{\theta}+\ddot{\alpha})+\rho\displaystyle\int_{-\frac{l}{2}}^{\frac{l}{2}}[2u\partial_t u(\dot{\theta}+\dot{\alpha})+u^2(\ddot{\theta}+\ddot{\alpha})]\mathrm{d}x=0\\ \dfrac{\rho l^3}{12}(\ddot{\theta}+\ddot{\alpha})+\dfrac{\mu\rho l^3}{4r^3}\cos\alpha\sin\alpha+\rho\displaystyle\int_{-\frac{l}{2}}^{\frac{l}{2}}[2u\partial_t u(\dot{\theta}+\dot{\alpha})+u^2(\ddot{\theta}+\ddot{\alpha})]\mathrm{d}x=0\end{cases}\tag{7.1.13}$$

$$\rho\partial_{tt}u+c\partial_t u-\rho u(\dot{\theta}+\dot{\alpha})^2+EI\partial_{xxxx}u=0\tag{7.1.14}$$

如果梁的横向振动从 $u(x,0)=0$ 开始，式(7.1.13)和式(7.1.14)之间的数值迭代便可以从式(7.1.13)开始，下列的数值实验正是以此为出发点。

前文已经提到，针对空间柔性阻尼梁建立的动力学模型(7.1.12)可以近似解耦为两个子系统：式(7.1.13)和式(7.1.14)，而解耦过程的主要目的是减少后续数值模拟的计算工作量。在本节中，我们提出了一种新的数值方法，该方法将子系统的经典四阶龙格-库塔法(7.1.13)和广义多辛格式(7.1.14)联合起来。

对于子系统(7.1.13)，我们可以使用经典四阶龙格-库塔法对其进行离散。因此，基于经典四阶龙格-库塔法的子系统数值方法(7.1.13)无需详细说明。值得一提的是，在模拟中子系统(7.1.13)中所包含的定积分项需要谨慎处理，因为该定积分项代表横向振动对梁平面运动的影响。本节采用 7 节点 Gauss-Kronrod 积分方法[24-25]对子系统(7.1.13)进行数值积分运算，该方法已被证明是高效的振荡数值积分方法[26]。

对于子系统(7.1.14)，当系统的阻尼因子足够小时，便可以采用广义多辛方法[19]。在之前的工作中[22]，我们用广义多辛方法[19]研究了阻尼连续梁在移动荷载作用下的横向振动。根据我们前面的工作，可以为子系统(7.1.14)构造一个广义多辛格式，如下所示。

子系统(7.1.14)的近似对称形式可以由中间变量定义为$\partial_t u=\varphi$，$\partial_x u=w$，$\partial_x w=\psi$，$\partial_x\psi=q$，

$$\boldsymbol{M}\partial_t\boldsymbol{z}+\boldsymbol{K}\partial_x\boldsymbol{z}=\nabla_z S(\boldsymbol{z})\tag{7.1.15}$$

其中，$S(\boldsymbol{z})=\dfrac{1}{2}\rho u^2(\dot{\theta}+\dot{\alpha})^2+\dfrac{1}{2}\rho\varphi^2-\dfrac{1}{2}EI\psi^2+EIwq$，$\boldsymbol{z}=(u,\varphi,w,\psi,q)^{\mathrm{T}}$，且

$$\boldsymbol{M}=\begin{bmatrix}-c & -\rho & 0 & 0 & 0\\ \rho & 0 & 0 & 0 & 0\\ 0 & 0 & 0 & 0 & 0\\ 0 & 0 & 0 & 0 & 0\\ 0 & 0 & 0 & 0 & 0\end{bmatrix},\quad \boldsymbol{K}=\begin{bmatrix}0 & 0 & 0 & 0 & -EI\\ 0 & 0 & 0 & 0 & 0\\ 0 & 0 & 0 & EI & 0\\ 0 & 0 & -EI & 0 & 0\\ EI & 0 & 0 & 0 & 0\end{bmatrix}$$

系数矩阵 $\boldsymbol{M}$ 可以分解为 $\boldsymbol{M}=\frac{1}{2}(\boldsymbol{M}-\boldsymbol{M}^{\mathrm{T}})+\frac{1}{2}(\boldsymbol{M}+\boldsymbol{M}^{\mathrm{T}})$[22]，基于广义多辛理论的广义多辛守恒定律[27]可以表示为

$$\partial_t(\rho \mathrm{d}u \wedge \mathrm{d}\varphi)+\partial_x[EI(\mathrm{d}u \wedge \mathrm{d}q+\mathrm{d}\psi \wedge \mathrm{d}w)]=-c\mathrm{d}(\partial_t u)\wedge \mathrm{d}u \tag{7.1.16}$$

在式(7.1.16)中，$\Delta=-c\mathrm{d}(\partial_t u)\wedge \mathrm{d}u$ 被定义为广义多辛守恒定律的残差，其离散值可用于评估广义多辛形式(7.1.15)[19,22]的数值方法的保结构性能。

将空间和时间步长定义为 Δx 和 Δt（时间步长等于子系统(7.1.13)中使用的经典四阶龙格-库塔法的时间步长），对求解区域 $D:(x,t)\in[-l/2,l/2]\times[0,T_0]$ 进行网格划分并且用 u_i^j 表示网格点 (x_i,t_j) 处的 $u(x,t)$ 的近似值，Preissmann 差分离散方法[28]已被证明可用于构造具有保结构性能的多辛格式[29]，因此这里继续被用于离散近似对称形式(7.1.15)，

$$\boldsymbol{M}\delta_t^+\boldsymbol{z}_{i+1/2}^j+\boldsymbol{K}\delta_x^+\boldsymbol{z}_i^{j+1/2}=\nabla_z S(\boldsymbol{z}_{i+1/2}^{j+1/2}) \tag{7.1.17}$$

其中，δ_t^+ 和 δ_x^+ 为前向差分；中点定义为 $\boldsymbol{z}_{i+1/2}^j=(\boldsymbol{z}_{i+1}^j+\boldsymbol{z}_i^j)/2$，$\boldsymbol{z}_i^{j+1/2}=(\boldsymbol{z}_i^{j+1}+\boldsymbol{z}_i^j)/2$，$\boldsymbol{z}_{i+1/2}^{j+1/2}=(\boldsymbol{z}_{i+1}^{j+1}+\boldsymbol{z}_i^{j+1}+\boldsymbol{z}_{i+1}^j+\boldsymbol{z}_i^j)/4$。

如参考文献[22]所述，可以从格式(7.1.17)中消去中间变量 φ,w,ψ 和 q，得到与 Preissmann 式(7.1.17)等价的 15 点数值格式：

$$\begin{aligned}&\frac{\rho}{4\Delta t^2}(\delta_t^2u_i^{j+2}+4\delta_t^2u_i^{j+1}+6\delta_t^2u_i^j+4\delta_t^2u_i^{j-1}+\delta_t^2u_i^{j-2})\\&+\frac{c}{4\Delta t}(\delta_tu_i^{j+3}+5\delta_tu_i^{j+2}+10\delta_tu_i^{j+1}+10\delta_tu_i^j+5\delta_tu_i^{j-1}+\delta_tu_i^{j-2})\\&+\frac{EI}{\Delta x^4}(\delta_x^4u_{i+1}^j+2\delta_x^4u_i^j+\delta_x^4u_{i-1}^j)\\&=\rho u_{i+1/2}^{j+1/2}[\bar{\dot{\theta}}(j+1/2)+\bar{\dot{\alpha}}(j+1/2)]^2\end{aligned} \tag{7.1.18}$$

其中，$\delta_t^2u_i^j=u_i^{j+1}-2u_i^j+u_i^{j-1}$，$\delta_tu_i^j=u_i^{j+1}-u_i^{j-1}$，$\delta_x^4u_i^j=u_{i+2}^j-4u_{i+1}^j+6u_i^j-4u_{i-1}^j+u_{i-2}^j$。

值得注意的是，在格式(7.1.18)中的部分广义坐标的离散导数值，包括 $\bar{\dot{\theta}}(j+1/2)=[\dot{\theta}(j\Delta t+\Delta t)+\dot{\theta}(j\Delta t)]/2$ 和 $\bar{\dot{\alpha}}(j+1/2)=[\dot{\alpha}(j\Delta t+\Delta t)+\dot{\alpha}(j\Delta t)]/2$，是由子系统(7.1.13)采用经典四阶龙格-库塔法得到的。

为保证格式(7.1.18)的保结构特性，参考广义多辛理论[19,22]，接下来的数值实验中每一步都应满足以下不等式：

$$c\leqslant o(\Delta x,\Delta t)/\max_i\left\{\left|\mathrm{d}\left(\frac{u_{i+1/2}^{j+1}-u_{i+1/2}^j}{\Delta t}\right)\wedge \mathrm{d}u_{i+1/2}^{j+1/2}\right|\right\} \tag{7.1.19}$$

其中，$o(\Delta x,\Delta t)$为式(7.1.18)的截断误差；$\mathrm{d}\left(\frac{u_{i+1/2}^{j+1}-u_{i+1/2}^{j}}{\Delta t}\right)\wedge \mathrm{d}u_{i+1/2}^{j+1/2}$ 的计算方法见参考文献 [22]。

将子系统(7.1.13)的经典四阶龙格-库塔法与子系统(7.1.14)的广义多辛格式(7.1.18)相结合，可按以下步骤对空间柔性阻尼梁的动力行为进行模拟。

步骤 1：设 $u_i^o=u_i^1=0$，即子系统(7.1.13)定积分的数值结果在区间 $t\in[0,\Delta t]$内为零，则当为子系统(7.1.13)赋予必要的初值后，梁的平面运动可以用经典四阶龙格-库塔法模拟，在这一步中，我们得到了角速度的初值($\bar{\dot{\theta}}(1/2)=[\dot{\theta}(\Delta t)+\dot{\theta}(0)]/2$ 和 $\bar{\dot{\alpha}}(1/2)=[\dot{\alpha}(\Delta t)+\dot{\alpha}(0)]/2$)。

步骤 2：在步长固定的情况下，使用步骤 1 中得到的横向位移和角速度的初值，对格式(7.1.18)的保结构特性进行检验，并根据不等式(7.1.19)得到阻尼因子 c_m 的最大允许值：验算在 $n=1$ 的情况下，选择了阻尼因子 $c=n\Delta c$(其中 Δc 为阻尼因子的步长，$n\in N_+$)，采用格式(7.1.18)模拟柔性阻尼梁的横向振动，并在每一时间步检验不等式(7.1.19)；如果每一步都满足不等式(7.1.19)，则 $n=n+1$，重复检查过程，直到不满足不等式(7.1.19)终止循环，并得到阻尼因子 $c_m=c-\Delta c$ 的最大允许值。在这里，格式(7.1.18)的右端项不包含步长，这意味着格式(7.1.18)的右端项对阻尼因子最大允许值的影响不明显。因此，这里得到的阻尼因子的最大值可以近似用于以下步骤。

步骤 3：步骤 2 中通过格式(7.1.18)模拟了时间区间 $t\in[0,\Delta t]$内阻尼系数小于阻尼因子最大允许值 c_m 下的柔性阻尼梁的横向振动；然后，可以获得新的近似离散值 $\hat{u}_i^1$。

步骤 4：在每个网格上进行计算 $\hat{u}_i^1$ 和 u_i^1 之间的相对误差：$\Delta u_i^1=\left|\frac{\hat{u}_i^1-u_i^1}{u_i^1}\right|$；如果每个网格上的相对误差小于给定的允许误差(我们这里将允许误差设为 $(\Delta u)_m=10^{-6}$)，那么 $\hat{u}_i^1$ 的精度通过检查，模拟过程转到步骤 5，否则，模拟过程返回步骤 1，此时 $u_i^0=0,u_i^1=\hat{u}_i^1$ ($\partial_t u$ 的离散值可以用 u_i^0 和 u_i^1 获得)。

步骤 5：$j=j+1$，设 $u_i^j=u_i^{j+1}=\hat{u}_i^j$，使用经典四阶龙格-库塔法模拟式(7.1.13)，得到角速度初值($\bar{\dot{\theta}}(j+1/2)$ 和 $\bar{\dot{\alpha}}(j+1/2)$)。

步骤 6：使用格式(7.1.18)模拟柔性阻尼梁在时间区间 $t\in[j\Delta t,(j+1)\Delta t]$内的横向振动；然后得到近似离散值 $\hat{u}_i^1$。

步骤 7：根据步骤 4，检验 $\hat{u}_i^j$ 和 u_i^j 之间的相对误差。

步骤 8：重复上面的循环(从步骤 5 到步骤 7)，直到 $j=T_0/\Delta t$。

以下算例将研究空间柔性阻尼梁的平面运动和横向振动过程。设梁的参数为 $\rho=0.5\mathrm{kg}\cdot\mathrm{m}^{-1}$，$l=2000\mathrm{m}$，$E=6.9\times10^{11}\mathrm{Pa}$，$I=1\times10^{-4}\mathrm{m}^4$，地球引力常数为 $\mu=3.986005\times10^{14}\mathrm{m}^3\cdot\mathrm{s}^{-2}$，初始条件为 $r_0=6700000\mathrm{m}$，$\dot{\alpha}_0=0$，$\theta_0=0$，$\dot{\theta}_0=\sqrt{\mu/r_0^3}\,\mathrm{rad}\cdot\mathrm{s}^{-1}$。在数值实验中，考虑了以下情况：情形 1，$\dot{r}_0=0$，$\alpha_0=\pi/16\mathrm{rad}$；情形 2，$\dot{r}_0=-10\mathrm{m}\cdot\mathrm{s}^{-1}$，$\alpha_0=\pi/16\mathrm{rad}$；情形 3，$\dot{r}_0=0$，$\alpha_0=15\pi/64\mathrm{rad}$；情形 4，$\dot{r}_0=-10\mathrm{m}\cdot\mathrm{s}^{-1}$，$\alpha_0=15\pi/64\mathrm{rad}$；情形 5，$\dot{r}_0=0$，$\alpha_0=7\pi/16\mathrm{rad}$；情形 6，$\dot{r}_0=-10\mathrm{m}\cdot\mathrm{s}^{-1}$，$\alpha_0=7\pi/16\mathrm{rad}$。

为了验证下面实验中所使用的阻尼因子是否满足不等式(7.1.19)，保结构方法(7.1.18)的空间和时间步长固定为 $\Delta x=1\mathrm{m}$，$\Delta t=20\mathrm{s}$。假设模拟时间跨度为一周，即 $T_0=604800\mathrm{s}$。

步骤 2 中，令步长为 $\Delta c=0.001$，在上述 6 种情况下得到阻尼因子的最大允许值中，选取值最小的 $c_m=0.158$ 作为阻尼因子，以确保格式(7.1.18)在后续数值实验中的保结构性能。

实践证明，辛方法的一个显著优点便是其长期数值稳定性，而这与航天动力学系统长期数值模拟的要求相吻合。辛方法在航天动力学领域应用的一个重要前提是航天动力学系统可以简化为无阻尼的质点系统。但对于空间柔性梁，由于模型(7.1.12)考虑了横向振动能量，阻尼效应是否可以被忽略，还需要详细研究。

根据情形 1 的条件，分别模拟了 $c=0$，$c=0.05$ 和 $c=0.1$ 三种阻尼因子下空间梁的运动轨道半径 r 的变化过程，如图 7-2 所示(为了使图片更清晰，我们选择了时间间隔为 200s 的数据用于绘图)。

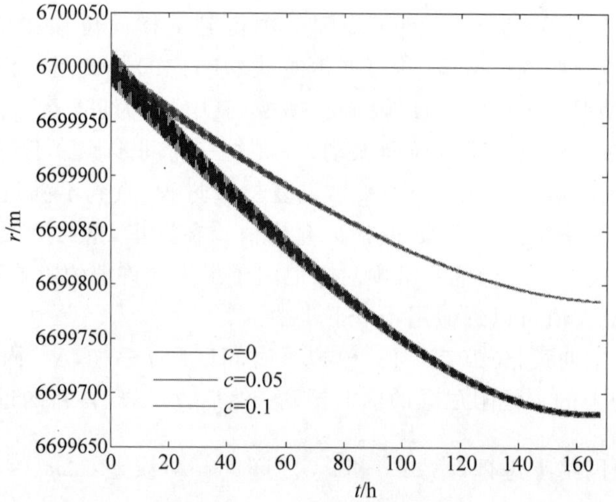

图 7-2 不同阻尼因子的梁质心轨道半径演化过程

(请扫 Ⅰ 页二维码看彩图)

从图 7-2 可以发现，即使阻尼因子很小，轨道半径随时间的推移也出现了明显减小，这意味着当空间梁是柔性的时候，阻尼对空间梁运动的影响是不可忽视的。阻尼因子的另一个显著影响是，轨道半径随着阻尼因子的出现而振荡。此外，轨道半径振荡幅值随阻尼因子的增大而增大，轨道半径振荡幅值随时间的推移而减小。

情形 1 中的径向速度设为 $\dot{r}=0$，空间梁的预定轨道为圆轨道。而空间柔性阻尼梁的轨道半径出现了减小和振荡现象。这说明要保持空间柔性阻尼梁的轨道半径不变，需要施加相应的驱动力和控制力。

为了揭示阻尼对空间柔性梁动力学行为的影响机理，我们模拟了不考虑平面运动的柔性阻尼梁(模型(7.1.14)中为 $\dot{\theta}=\dot{\alpha}=0\mathrm{rad}\cdot\mathrm{s}^{-1}$，此时该梁不是空间梁)的横向振动(在模拟过程中考虑了在中点 $x=0$ 处的截面，且考虑了情形 1 中的相同初始振动速度)。图 7-3 为 $c=0.1$ 的梁端横向位移(为使图清晰，我们选取时间间隔为 200s 的数据)，其中蓝色曲线为考虑平面运动时(情形 1)的梁端横向位移，红色曲线为不考虑平面运动时的梁端横向位移。

在相同的阻尼因子和初始条件下，如果忽略平面运动的耦合效应($\dot{\theta}=\dot{\alpha}=0\mathrm{rad}\cdot\mathrm{s}^{-1}$)，梁的横向振动将迅速衰减为零，而考虑平面运动的耦合效应时，梁的横向振动将缓慢衰减，如图 7-3 所示。为什么耦合效应可以减缓横向振动的衰减速度？在这里，我们记录每个时间步的平面运动能量变化率 $\frac{\mathrm{d}}{\mathrm{d}t}(T_{\mathrm{p}}+U_{\mu})$ 和横向振动能量变化率 $\frac{\partial}{\partial t}(T_{\mathrm{v}}+U_{\mathrm{s}})$，如图 7-4 所示。

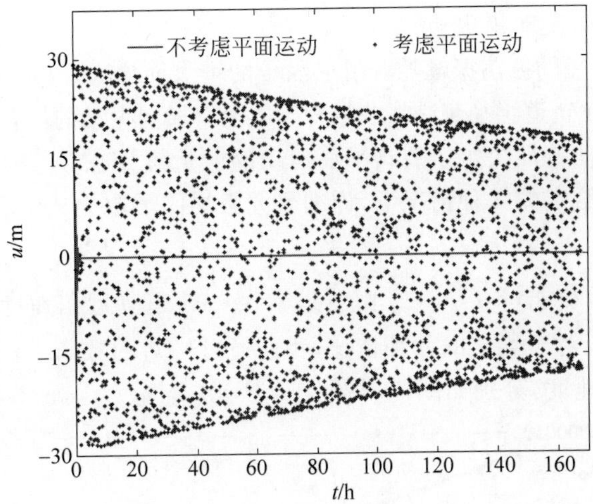

图 7-3　考虑/不考虑平面运动时梁端横向位移的比较

（请扫Ⅰ页二维码看彩图）

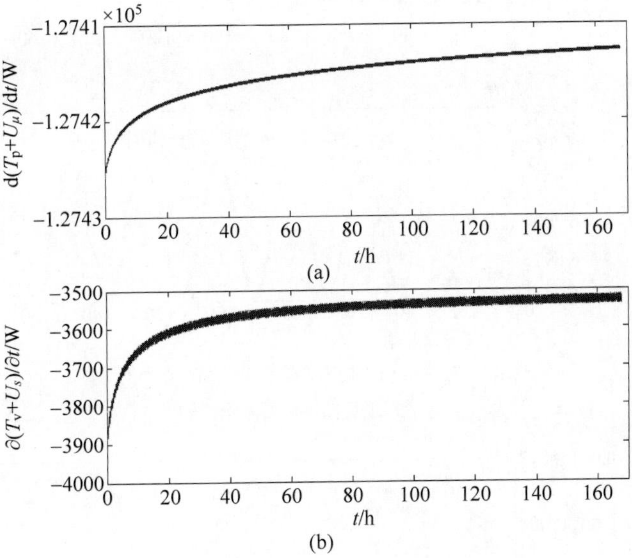

图 7-4　(a)平面运动能量和(b)横向振动能量的变化率

（请扫Ⅰ页二维码看彩图）

在图 7-4 中，平面运动能量变化率和横向振动能量变化率均为负值，且它们的绝对值随时间的推移以不同的速度衰减。平面运动能量变化率绝对值远大于横向振动能量变化率，也就是说$\left|\frac{\mathrm{d}}{\mathrm{d}t}(T_{\mathrm{p}}+U_{\mu})\right| \gg \left|\frac{\partial}{\partial t}(T_{\mathrm{v}}+U_{\mathrm{s}})\right|$，这意味着，梁的阻尼所带来的能量损失主要表现为平面运动能量的损失（变化率的总和$\frac{\mathrm{d}}{\mathrm{d}t}(T_{\mathrm{p}}+U_{\mu})+\frac{\partial}{\partial t}(T_{\mathrm{v}}+U_{\mathrm{s}})$代表由梁阻尼而产生的能量损失）。由此，得到了如下结论：当考虑空间柔性阻尼梁的平面运动与横向振动的耦合效应时，梁的轨道半径迅速减小（图 7-2），并且梁端横向位移缓慢减小（图 7-3）。

由以上结果可以得出，空间运动与横向振动耦合的本质是平面运动向横向振动的能量传递。能量传递的主要表现是轨道半径的明显减小和横向振动幅度的缓慢减小（与不考虑空间运动的柔性梁横向振动相比)。

上文提到,轨道半径的振荡振幅随着阻尼因子的增大而增大,这进一步说明,平面运动横向振动的能量传递是在轨道半径衰减振荡过程与柔性梁横向振动的耦合动力学中实现的。

空间梁的平面运动特性决定了要将平面运动的能量维持在 T_p+U_μ 不变,必须施加驱动力,因此,我们将在给定的六种情况下,详细研究阻尼因子取为 $c=0.1$ 时的空间柔性梁的平面运动。

前文提及,平面运动能量 T_p+U_μ 由轨道半径 r,轨道真近角速度 $\dot{\theta}=\mathrm{d}\theta/\mathrm{d}t$ 和姿态角速度 $\dot{\alpha}=\mathrm{d}\alpha/\mathrm{d}t$ 确定。对于给定的六种情况,我们通过构造的数值方法得到轨道半径、轨道真近角速度和姿态角速度,分别如图 7-5～图 7-7 所示。

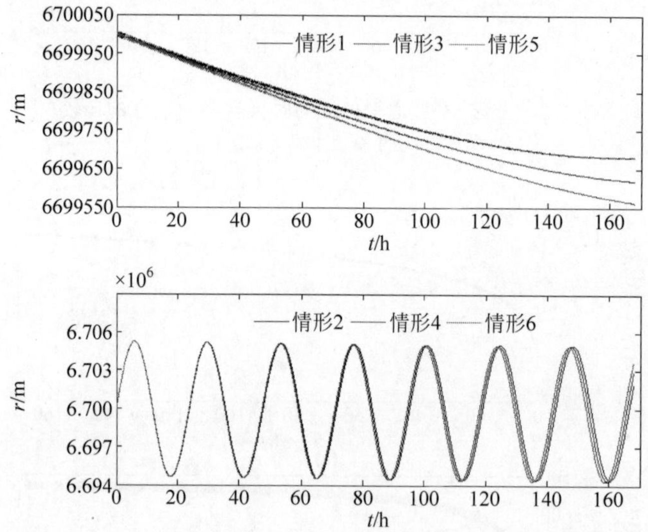

图 7-5 $c=0.1$ 时空间柔性梁的轨道半径

(请扫Ⅰ页二维码看彩图)

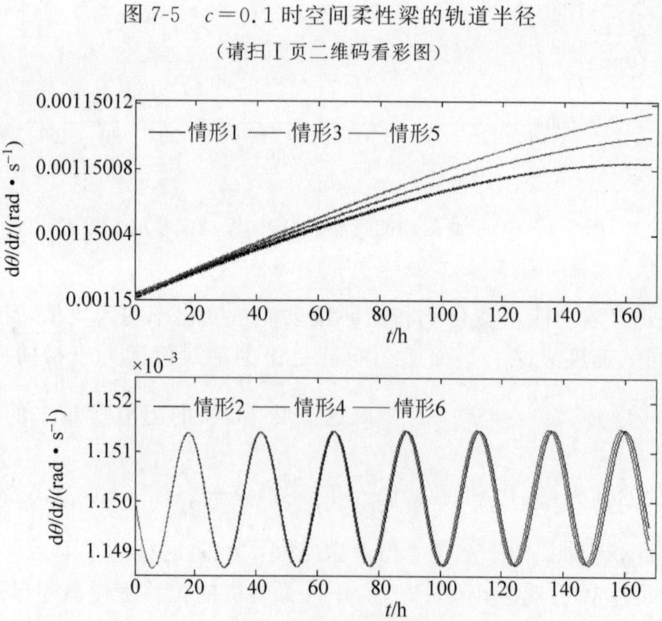

图 7-6 $c=0.1$ 时空间柔性梁的轨道真近点角

(请扫Ⅰ页二维码看彩图)

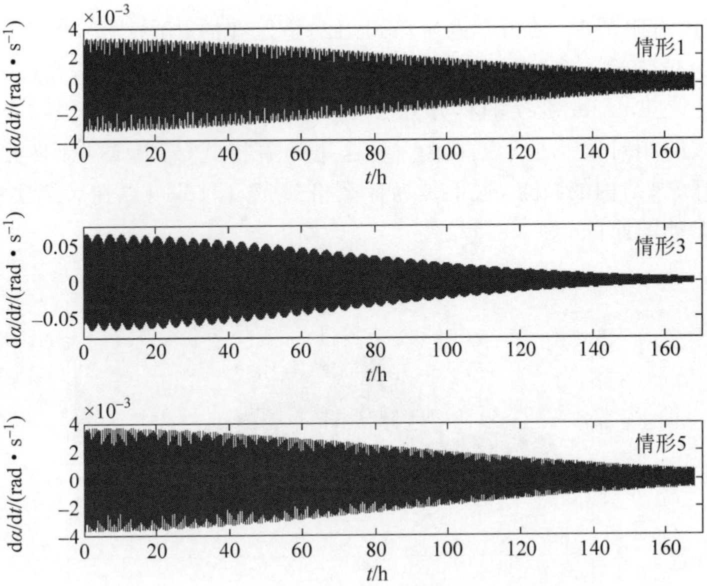

图 7-7　$c=0.1$ 时空间柔性梁的姿态角速度

（请扫 I 页二维码看彩图）

由图 7-5 可知，在情形 1、情形 3 和情形 5（当 $\dot{r}_0=0$ 时）中，空间柔性梁的轨道半径在不同速度下均存在减小趋势：随着初始姿态角 α_0 的增加，轨道半径减小的速率在明显增大，这意味着，当初始姿态角 α_0 增大时，我们需要更大的驱动力来维持系统的轨道半径。随着初始径向速度 $\dot{r}_0$ 的出现，轨道半径的变化将以不同的频率急剧振荡，这意味着，在情形 2，情形 4 和情形 6 中梁的轨道将变为椭圆形。

在情形 1、情形 3 和情形 5 中，轨道真近角速度随时间增加而增大，如图 7-6 所示。初始姿态角 α_0 和初始径向速度 $\dot{r}_0$ 对轨道真近点角的影响趋势与情形 2、情形 4 和情形 6 相似，如图 7-5 所示。此外，从模拟结果中可以发现，轨道半径与轨道真近角速度之间的数值结果近似符合开普勒第三定律，从而验证了所构建的数值方法的有效性和准确性。

在模拟过程中，我们发现，空间柔性阻尼梁的姿态角速度几乎与初始径向速度 $\dot{r}_0$ 无关，因此，我们仅给出图 7-7 中情形 1、情形 3 和情形 5 的相关结果。随着时间的推移，姿态角速度 $\dot{\alpha}$ 会不断衰减。情形 3（$\alpha_0=\dfrac{15\pi}{64}$）的姿态角速度幅值是所有情形中最大的，这意味着，当 $\alpha_0=\dfrac{15\pi}{64}$ 时，抑制空间柔性梁横向振动需要更多的控制能量。

在模拟平面运动时，我们可以同时得到空间柔性梁的横向振动过程。

由前文可知，能量传递是子系统(7.1.13)与子系统(7.1.14)耦合的本质，所以我们首先研究了情形 1 和情形 2 在忽略阻尼效应的情况下，从能量的角度考虑的式(7.1.18)的保结构特性。在忽略阻尼效应情况下，格式(7.1.18)为多辛格式，其满足离散多辛守恒定律[27,29]。这里，我们记录了由 $\varepsilon(t)$ 表示的哈密顿函数在每个时间步长的相对偏差，从能量的角度说明了格式(7.1.18)的保结构特性。$\varepsilon(t)$ 的表达式是

$$\varepsilon(t)=\left|\frac{\int_{-l/2}^{l/2}S[\boldsymbol{z}(x,t)]\mathrm{d}x-\int_{-l/2}^{l/2}S[\boldsymbol{z}(x,0)]\mathrm{d}x}{\int_{-l/2}^{l/2}S[\boldsymbol{z}(x,0)]\mathrm{d}x}\right| \tag{7.1.20}$$

理论上，在没有阻尼时，动力学系统(7.1.12)是保守的，哈密顿函数是一个保守量，这意味着 $\varepsilon(t)$ 的理论值为零。$\varepsilon(t)$ 的数值结果如图 7-8 所示（这里采用的式(7.1.20)的数值积分方法是基于广义 Fourier 变换的积分方法，适用于高振荡系统）。从图 7-8 中可以发现，一周内哈密顿函数的相对偏差小于 6×10^{-12}，这意味着格式(7.1.18)具有数值耗散极小、长期数值稳定性好、保结构的特点，这正是为什么格式(7.1.18)可以在后续实验中用于分析阻尼柔性梁横向振动的原因。

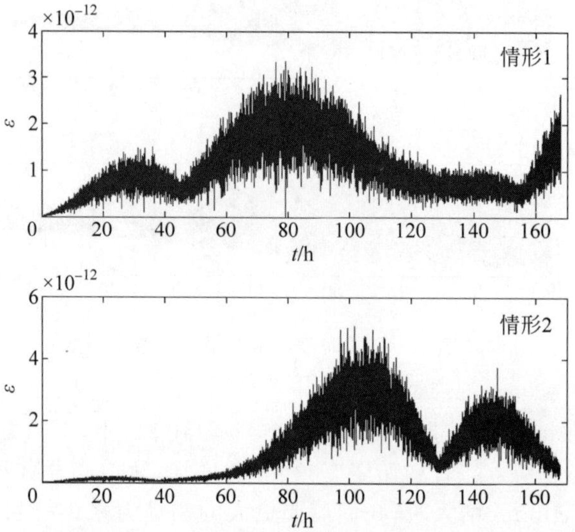

图 7-8　哈密顿函数的相对偏差
（请扫 I 页二维码看彩图）

上述格式(7.1.18)的微小耗散表明，对于弱阻尼的空间柔性梁，采用格式(7.1.18)可以得到有效的数值结果。考虑梁的阻尼，当给定 $c\leqslant c_m=0.158$，固定步长 $\Delta x=1\text{m}$，$\Delta t=20\text{s}$ 时，格式(7.1.18)是广义多辛的。因此，在接下来的实验中，我们令 $c=0.1$，并考虑给定的六种情况。在模拟过程中，我们发现，与之前发现的姿态角速度与初始径向速度 $\dot{r}_0$ 之间的关系类似，柔性梁的横向振动行为与初始径向速度 $\dot{r}_0$ 几乎无关。这些相似结果可以用姿态角速度 $\dot{\alpha}$ 与随机位置 x 处切向速度 $\frac{\partial u(x,t)}{\partial t}\approx\frac{l\dot{\alpha}}{2}$ 的近似关系来解释。在图 7-9 中，仅给出了情形 1、情形 3 和情形 5 中柔性阻尼梁末端的横向振动位移。

从图 7-9 中容易得出，情形 1 和情形 3 在一周内横向振动幅值均受到阻尼的影响而减小，情形 5 在一周内横向振动的振幅增大。此外，对于情形 1 和情形 3，其横向振动的频率随时间推移而增大，但对于情形 5，其横向振动频率随时间推移而减小。横向振动频率的变化只是平面运动的耦合作用结果。

对于情形 5，当系统受到阻尼影响时横向振动幅值增大，这一现象是不常见的。为了研究这种异常现象，对于情形 5，我们将模拟时间延长到一个月(30 天)，即 $T_0=2592000\text{s}$。柔性阻尼梁端部横向振动位移及姿态角演变分别如图 7-10 和图 7-11 所示。

在动力学模型(7.1.12)中，空间梁横向振动存在两个平衡位置($\alpha=0$ 和 $\alpha=\frac{\pi}{2}$)。在情形 1 和情形 3 的初始值下，空间梁的横向振动接近稳定平衡位置 $\alpha=0$。但假设初始姿态角为 $\alpha_0=7\pi/16\text{rad}$(情形 5)时，空间梁横向振动情况会发生改变(图 7-10 和图 7-11)。振动可

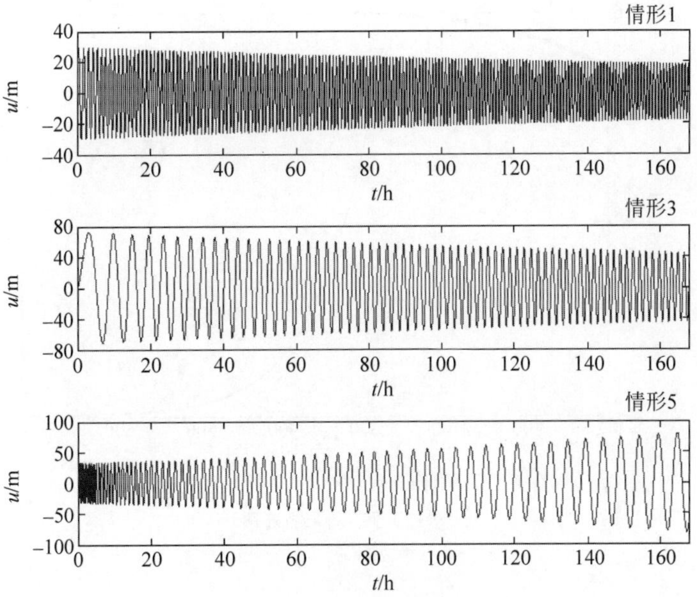

图 7-9 柔性阻尼梁端部的横向位移

（请扫Ⅰ页二维码看彩图）

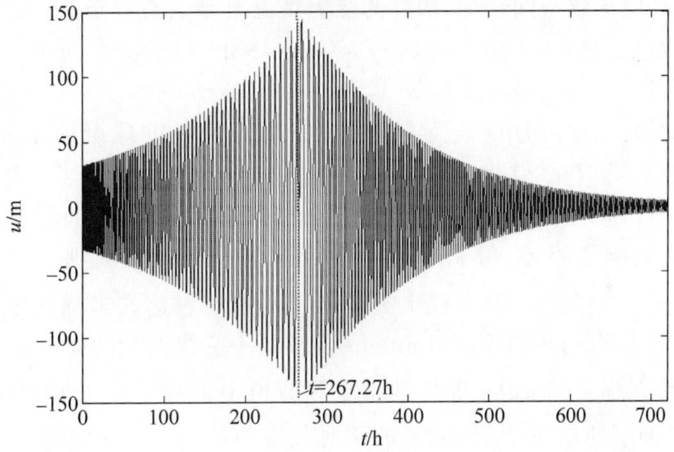

图 7-10 情形 5 在一个月内的柔性梁阻尼梁末端的横向位移

（请扫Ⅰ页二维码看彩图）

以分为两个阶段：当 $t<267.27\text{h}$ 时，梁的横向振动幅值和姿态角均增大，为第一阶段；当 $t>267.27\text{h}$ 时，梁的横向振动幅值和姿态角均减小，为第二阶段。在第一阶段，振动频率降低，姿态角逐渐趋于$\frac{\pi}{2}$，而在第二阶段，振动频率增加，姿态角逐渐趋于 0，这意味着横向振动首先接近不稳定平衡位置 $\alpha=\frac{\pi}{2}$，然后，横向振动离开不稳定平衡位置 $\alpha=\frac{\pi}{2}$，趋近稳定平衡位置 $\alpha=0$。在此过程中，振动能量在第一阶段增加，在第二阶段减少。上述现象是空间柔性阻尼梁独特的动力学行为。

不幸的是，由于实验环境恶劣，相关的实验费用无法由任何研究小组承担。也许，一些国家的研究机构已经对小尺寸的空间柔性梁进行了相关的实验，但出于保密的考虑，实验数据没有公开。因此，得到的数值结果目前还不能用实验数据进行验证。

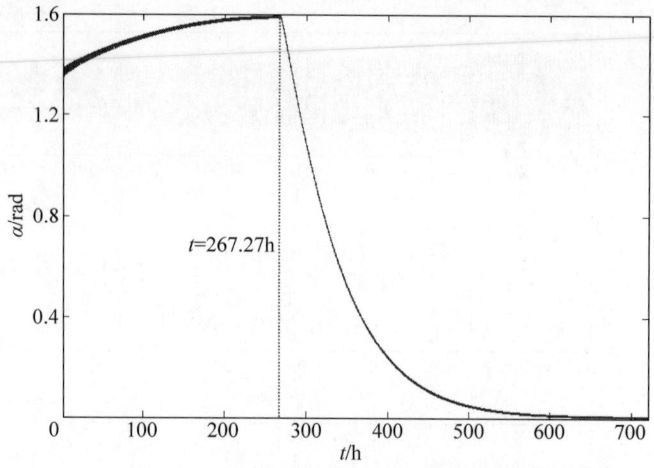

图 7-11 情形 5 在一个月内姿态角的变化

（请扫Ⅰ页二维码看彩图）

7.2 非球摄动下空间柔性阻尼梁动力学行为

复杂的空间环境导致空间结构/构件的受力情况复杂。有报道称，对于超大空间结构，以空间太阳能电站系统(solar space power system，SSPS)[4]为例，主要空间环境因素包括引力场梯度、太阳辐射压力、微波反应等[30-34]。

对于近似椭圆的地球，作用在近地轨道物体上的重力的非球摄动在动力学分析中不可忽视，这是 Gooding[35-37]在 20 世纪 80 年代首次提出的。随后出现了一些在非球摄动领域具有代表性的工作，如下所述。Williams 发现，月球轨道上的几次行星摄动会影响扁圆地球上的扭矩，从而影响了岁差、倾斜率和章动角演化，而 $\boldsymbol{J}_2$ 摄动则导致岁差和章动角演化[38]。Roithmayr[39]和 Wie 等[32]提出了带谐项的数学表达式来描述地球扁率对地球引力场中结构的影响。Hamel 和 de Lafontaine 发展了一套线性化的关于 $\boldsymbol{J}_2$ 摄动椭圆参考轨道[40]的相对运动方程。Morgan 等从理论上和数值上消除了航天器编队的 $\boldsymbol{J}_2$ 漂移[41]。Zeng 等提出了一种新的存在 $\boldsymbol{J}_2$ 摄动下的相对轨道估计法[42]。Cao 等在考虑 $\boldsymbol{J}_2$ 摄动[43]时，提出了最小滑模误差反馈控制策略，以提高航天器编队的控制精度。Zhang 等考虑了地球非球摄动的 $\boldsymbol{J}_2$ 项，研究了近圆形近地轨道多航天器加油过程[44]的优化问题。McNally 等发现，在大型太阳能卫星结构的生命周期[45]中，非球摄动对其轨道的影响是显著的。Casanova 等考虑了地球扁率、日月摄动以及太阳辐射压力的影响，建立了空间碎片在地球同步轨道[46]中运动的模型。最近，Liu 等研究了考虑地球扁平率[47]时大型空间太阳能电站的引力轨道-姿态耦合动力学。

上述对非球摄动的研究大多集中在刚性空间结构/构件上，发现地球二次谐波项 $\boldsymbol{J}_{22}$ 对刚性空间构件/结构动力学行为的影响很小，可以忽略。一个重要的结果是，当空间柔性结构/构件具有弱阻尼时，可以应用上述结论。

在之前的工作[23,48]中，我们发展了一种基于广义多辛理论的新型保结构方法[19-21,26,49-51]，研究了长时间演化过程中阻尼对空间柔性梁耦合动力行为和空间在轨绳系系统能量传递/耗散特性的影响。该方法的最大优点是再现了非保守无限维系统在长时间内的阻尼效应和局部动力行为。因此，本节将进一步采用保结构方法来揭示非球摄动对动力学行为的影响，特别是对空间柔性阻尼梁的姿态稳定性进行了详细的研究[52]，这将有助于研究人员制定更精确的超大空间柔性结构控制策略。

正如之前的工作[23]，重新考虑一个在 XOY 平面内运动的均匀空间柔性梁(忽略面外变形和 XOY 平面外的运动)，如图 7-1 所示。梁的平面运动和横向振动可以用状态向量 $[r,\alpha,\theta,u]^{\mathrm{T}}$ 表示，其中，轨道半径 $r=r(t)=|OO_1|$，轨道真近角 $\theta=\theta(t)$ 决定了梁的平面运动，姿态角 $\alpha=\alpha(t)$ 描述了梁的姿态，横向位移 $u=u(x,t)$ 表示在局部坐标系 uO_1v 内由梁的平面运动引起的横向振动。

在梁对称、横向振动幅值小、轴向伸长可忽略的假设下[23]，考虑非球摄动效应，梁的拉格朗日函数可表示为

$$\begin{aligned}L&=T-U\\&=\frac{\rho l}{2}[\dot{r}^2+(r\dot{\theta})^2]+\frac{1}{2}\frac{\rho l^3}{12}(\dot{\theta}+\dot{\alpha})^2+\frac{\rho}{2}\int_{-\frac{l}{2}}^{\frac{l}{2}}[\partial_t^2 u+u^2(\dot{\theta}+\dot{\alpha})^2]\mathrm{d}x+\\&\quad\frac{\mu\rho l}{r}-\frac{\mu\rho l^3}{24r^3}(1-3\cos^2\alpha)+\frac{\mu J_2R_{\mathrm{e}}^2\rho l}{2r^3}+\frac{3\mu J_{22}R_{\mathrm{e}}^2\rho l}{r^3}-\frac{EI}{2}\int_{-\frac{l}{2}}^{\frac{l}{2}}\partial_{xx}^2u\,\mathrm{d}x\end{aligned}\tag{7.2.1}$$

式中，ρ 和 l 分别为梁的线密度和长度；μ 为地球的引力常数；J_2 和 J_{22} 分别为地球带谐项和地球田谐项的系数；R_{e} 为地球的平均赤道半径；EI 为梁的抗弯刚度。

在前面工作[23]的基础上，考虑地球带谐项和地球田谐项，根据哈密顿变分原理，得到空间柔性阻尼梁的耦合动力学模型：

$$\begin{cases}-\rho l\ddot{r}+\rho lr\dot{\theta}^2-\dfrac{\mu\rho l}{r^2}+\dfrac{\mu\rho l^3}{8r^4}(1-3\cos^2\alpha)-\dfrac{3\mu J_2R_{\mathrm{e}}^2\rho l}{2r^4}-\dfrac{9\mu J_{22}R_{\mathrm{e}}^2\rho l}{r^4}=0\\ \rho lr^2\ddot{\theta}+2\rho lr\dot{r}\dot{\theta}+\dfrac{\rho l^3}{12}(\ddot{\theta}+\ddot{\alpha})+\rho\displaystyle\int_{-\frac{l}{2}}^{\frac{l}{2}}[2u\partial_t u(\dot{\theta}+\dot{\alpha})+u^2(\ddot{\theta}+\ddot{\alpha})]\mathrm{d}x=0\\ \dfrac{\rho l^3}{12}(\ddot{\theta}+\ddot{\alpha})+\dfrac{\mu\rho l^3}{4r^3}\cos\alpha\sin\alpha+\rho\displaystyle\int_{-\frac{l}{2}}^{\frac{l}{2}}[2u\partial_t u(\dot{\theta}+\dot{\alpha})+u^2(\ddot{\theta}+\ddot{\alpha})]\mathrm{d}x=0\end{cases}\tag{7.2.2}$$

$$\rho\partial_{tt}u+c\partial_t u-\rho u(\dot{\theta}+\dot{\alpha})^2+EI\partial_{xxxx}u=0\tag{7.2.3}$$

在目前的文献中，普遍认为在忽略结构的变形/扰动和阻尼因子的情况下，与地球带谐项相比，地球田谐项很小，可以被安全地忽略。但是，因为在上述动力学模型式(7.1.13)～式(7.1.14)中考虑了梁的阻尼和横向振动，导致了梁的强非线性和强耦合。因此，该模型中非球摄动的影响不能通过 J_2 和 J_{22} 的相对大小来粗略估计。

用于模拟动力学模型式(7.1.13)～式(7.1.14)的保结构的方法在我们之前的工作[23,48]中已经详细介绍过，为了避免重复，这里不再赘述。

为了说明非球摄动对空间柔性阻尼梁动力行为的影响，本节将进行几个数值实验，并给出相关的数值结果。

作为参考文献[23]的后续工作，为了使下面的实验结果具有可比性，假定梁的参数、一些初始条件和常数为 $\rho=0.5\mathrm{kg\cdot m^{-1}}$，$l=2000\mathrm{m}$，$E=6.9\times10^{11}\mathrm{Pa}$，$I=1\times10^{-4}\mathrm{m}^4$，$c=0.1$，$\mu=3.986005\times10^{14}\mathrm{m^3\cdot s^{-2}}$，$r_0=6700000\mathrm{m}$，$\dot{r}_0=0$，$\theta_0=0$，$\dot{\theta}_0=\sqrt{\mu/r_0^3}\,\mathrm{rad\cdot s^{-1}}$，$u(x,0)=\partial_t u(x,t)|_{t=0}=0$。假设与非球摄动相关的常数为 $J_2=1.08263\times10^{-3}$，$J_{22}=1.81222\times$

10^{-6}，$R_e=6.371\times10^6$m。步长固定为 $\Delta x=1$m，$\Delta t=100$s，假设模拟时间跨度为 1 个月（30 天），即 $T_0=2592000$s。

在接下来的实验中，我们将采用该方法研究不同初始姿态角和不同初始姿态角速度下的非球摄动效应。

实验证明，即使阻尼因子很小，阻尼对空间柔性梁长期轨道动力学行为的影响也是不可忽视的[23]。在本节中，在已有阻尼效应分析结果[23]的基础上，我们研究了非球摄动对空间柔性阻尼梁轨道动力学行为的影响。

在 $\dot{\alpha}_0=0\text{rad}\cdot\text{s}^{-1}$ 时，我们分别考虑以下三种情况：情形 1，$\alpha_0=\pi/16$rad；情形 2，$\alpha_0=5\pi/16$rad；情形 3，$\alpha_0=7\pi/16$rad，并用保结构方法模拟了空间梁的平面运动。与前人的数值模拟结果相比，我们发现，非球摄动对均匀空间梁质心轨道真近点角的影响较弱，而非球摄动对轨道半径的影响显著。因此，如图 7-12 所示，我们仅表示了轨道半径 r 的变化 $\Delta r=r_0-r$（为了使图看得更清楚，我们选择时间间隔为 1000s 的数据用于绘图）。

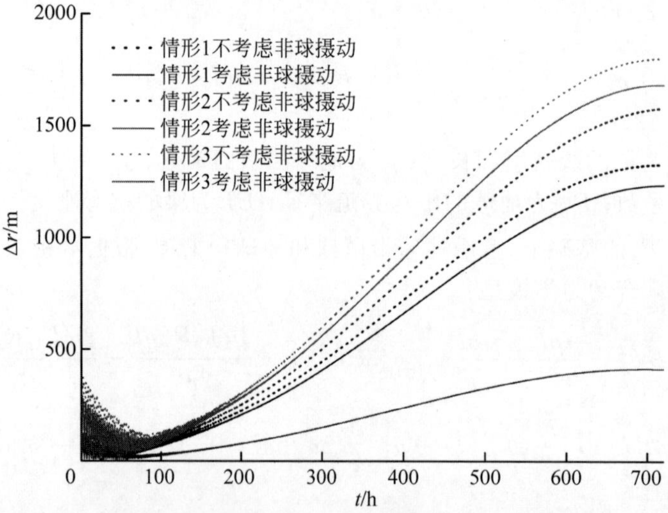

图 7-12　不同初始姿态角下轨道半径的变化

（请扫Ⅰ页二维码看彩图）

对比不同情况下不考虑/考虑非球摄动时轨道半径变化的数值结果如图 7-12 所示，可以发现，非球摄动的存在削弱了轨道半径的减小趋势。另外，在情形 2（$\alpha_0=5\pi/16$rad）中，不考虑/考虑非球摄动时的轨道半径变化的差异比其他两种情况更为显著。

在上述三种情况，情形 2 中初始姿态角假设为 $\alpha_0=5\pi/16$rad，导致引力梯度项的影响较弱。更具体地说，当 $t=0$ 且 $\alpha_0=5\pi/16$rad 时，引力梯度项的系数为 $1-3\cos^2(5\pi/16)=0.0740$。因此，情形 2 中的非球摄动效应很容易从系统的势能中凸显出来，这表明，当引力梯度项较小，即 $\alpha\to\arccos\left(\frac{\sqrt{3}}{3}\right)$ 时，非球摄动对轨道动力学行为的影响不可忽视。

假设 $\alpha_0=\pi/16$rad，$\dot{\alpha}_0=0\text{rad}\cdot\text{s}^{-1}$，用保结构方法研究非球摄动对空间柔性阻尼梁横向振动的影响。为了揭示非球摄动对空间柔性梁横向振动的影响，考虑了以下四种情况：情形 1，既不考虑地球带谐项，也不考虑地球田谐项；情形 2，只考虑地球带谐项；情形 3，只考虑地球田谐项；情形 4，同时考虑地球带谐项和地球田谐项。上述四种情况下空间柔性梁横向振动衰减过程如图 7-13 所示。

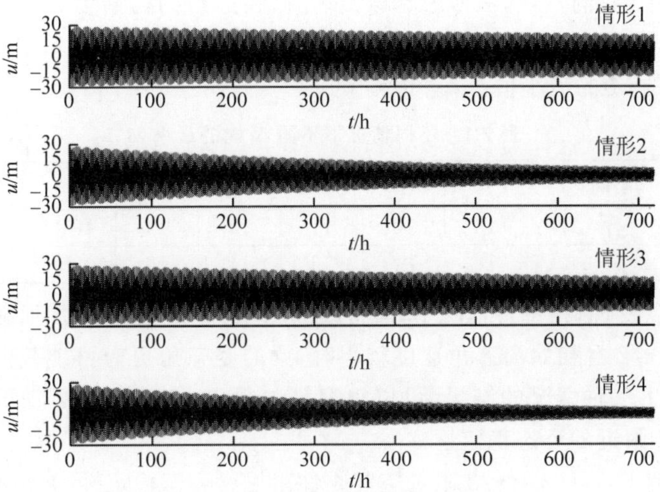

图 7-13　空间梁横向振动的演化

由图 7-13 所示的空间柔性阻尼梁横向振动幅值的变化图中可以很容易的发现，非球摄动加速了梁横向振动的衰减速度，这是横向振动与空间梁平面运动耦合的结果。此外，地球带谐项对梁横向振动衰减速度的影响比地球田谐项更明显。但是，在图 7-13 中，地球带谐项和地球田谐项的相对影响程度与$\frac{J_2}{3J_{22}}$不成正比，这是耦合系统式(7.1.13)～式(7.1.14)的典型非线性性质，这一结果与参考文献[53]中得到的结论不同(如果同时忽略空间梁的阻尼效应和柔度效应，简化的空间梁动力系统将是弱非线性的，则地球带谐项和地球田谐项的相对影响程度将与$\frac{J_2}{3J_{22}}$近似成正比)。这些新发现进一步说明，在超大型空间结构动力学分析中，横向振动与空间梁平面运动的耦合效应不可忽视。

姿态稳定性是超大空间结构的关键问题，其研究结果将为超大空间结构姿态控制策略的设计提供有益的参考。对于不考虑非球摄动影响的空间柔性阻尼梁，我们已证明其只有一个稳定平衡姿态($\alpha=0$rad)。在这种情况下即使初始姿态角接近 $\pi/2$，梁的姿态角经过足够长的时间演化后也将趋于零[23]。下面的数值算例采用上述保结构方法，对空间柔性阻尼梁在非球摄动作用下的姿态稳定性进行数值研究。

在我们之前的工作中[23]，我们已经证明，假设初始姿态角为 $\alpha_0=7\pi/16$rad 的情况下，横向振动存在两个阶段。第一阶段，横向振动幅值增大，姿态角逐渐趋于不稳定的平衡姿态，$\alpha=\pi/2$；第二阶段，横向振动幅值减小，姿态角逐渐趋于稳定的平衡姿态，$\alpha=0$。在接下来的数值实验中，我们将初步讨论新的稳定姿态平衡姿态角的存在性和初始条件。

为了研究 $\alpha=\pi/2$ 时系统姿态角的稳定性，假设初始姿态角为 $\alpha_0=(2^{N-1}-1)\pi/2^N$rad，初始姿态角速度为 $\dot{\alpha}_0=2^{-M}$rad·s^{-1}(N,M 都为自然数)。随着 N 的增大和 M 的减小，模拟姿态角的演化过程，证实新的稳定平衡姿态的存在。然后，如果新的稳定平衡姿态存在，则记录此时不同 N 值对应的 M 的最小值。为了揭示非球摄动对 $\alpha=\pi/2$ 附近姿态稳定性的影响，考虑以下三种情况：情形 1，只考虑地球带谐项；情形 2，只考虑地球田谐项；情形 3，既考虑地球带谐项，也考虑地球田谐项。

在数值实验中，我们发现，当考虑非球摄动时，在适当的初始姿态角和初始姿态角速度下，不稳定平衡姿态 $\alpha=\pi/2$ 可能成为一个稳定的平衡姿态。表 7-1 给出了考虑非球摄动效应时，不同 N 时的 M 的最小值。

表 7-1 不同情况下不同 N 时的最小 M

	情形 1				情形 2				情形 3			
N	10	11	12	13	10	11	12	13	10	11	12	13
M	14	13	12	12	∞	16	14	13	14	12	12	12

由表 7-1 可以发现，在每种情况下，M 的最小值随着 N 值的增加而减小，这意味着，当初始姿态角接近 $\pi/2$ 且初始姿态角速度较小时，梁的姿态角更有可能趋向于稳定平衡姿态 $\alpha=\pi/2$。对比以上三种情况的结果，可以很容易地得出，考虑非球摄动可以提高空间柔性阻尼梁在 $\alpha=\pi/2$ 附近的姿态稳定性。

为了研究非球摄动对 $\alpha=\pi/2$ 附近空间柔性阻尼梁姿态稳定性的影响，根据表 7-1 给出的结果，在接下来的实验中将参数 N,M 假设为有理数。然后，通过数值计算得到了导致稳定不动点($\alpha=\pi/2$)存在的初始条件，如图 7-14 所示。对图 7-14 所示的每种情况，当且仅当初始姿态向量($\alpha_0,\dot{\alpha}_0$)被假定在相关封闭区域内时，梁姿态角趋于稳定平衡点($\alpha=\pi/2$)。

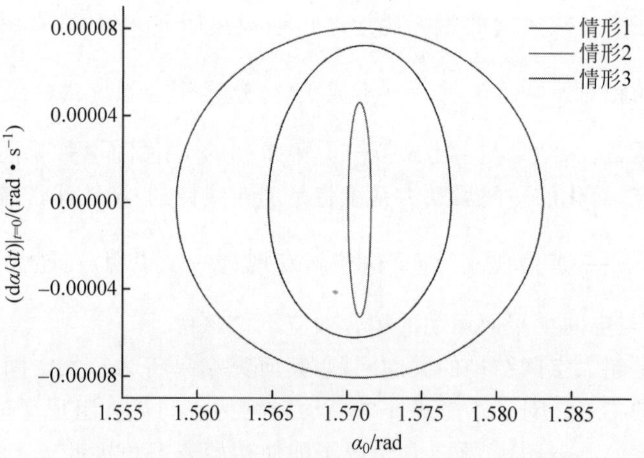

图 7-14 导致稳定平衡姿态($\alpha=\pi/2$)的临界初始条件

(请扫Ⅰ页二维码看彩图)

以上关于稳定平衡姿态 $\alpha=\pi/2$ 的发现表明，在初始姿态角接近 $\pi/2$ 且初始姿态角速度足够小的情况下，空间柔性阻尼梁能够保持姿态与轨道切线平行的姿态。

7.3 空间柔性梁所需的最小振动控制能量问题

空间太阳能电站(SSPS)[4]设想的吸引力在于，该概念旨在通过无线电力传输从天基太阳能电力系统获得清洁能源，它的高效率、低运行成本和零污染，已经引起了许多国家和企业的关注。为了实现 SSPS 的概念，人们提出了许多 SSPS 的结构方案，并相互比较其可行性。

在 20 世纪 70 年代，美国国家航空航天局(NASA)和能源部对这一概念进行了各种研究，提出了 1979 年的参考 SPSS 方案[54]。欧洲设立了“空间系统概念、结构和技术研究”项目,提出了欧洲太阳帆塔概念——基于重力梯度稳定的空间绳系 SSPS 设想。NASA 提出了使用一定面积相控阵天线阵列的太阳能卫星系统[55],其相关的项目工作进展得到了广泛报道[56]。最近,段宝岩院士提出了空间太阳能电站的 Ω 方案[57],引起了钱学森空间技术实验室的极大兴趣。

然而,与提出一个新的 SSPS 概念相比,探究已有模型的可行性更容易。在提出 SSPS 新概念之前,在可行性论证过程中,可控性和控制策略设计是相关研究人员的两项主要任务。即使所提出的 SPSS 模型是可控的,为了节省 SPSS 所携带的燃料,控制策略和结构参数所需的控制能量也应该是最小的,这意味着,优化结构形式和控制策略以寻求最小的控制能量是 SPSS 结构/控制设计的重要任务。但是,上述 SPSS 概念在结构形式上是互不同的,这使得我们很难制定一个统一的方法来确定这些 SPSS 概念的最小控制能量。因此,在本节中,只考虑 SPSS 中的一个典型结构组件(梁)。

当然,最小化控制所需的时间是控制策略设计过程中考虑的另一个目标。为缩短控制时间,研究学者们提出了很多最短时间控制方法并将其初步应用于航天器姿态控制上:Pao[58]考虑了柔性空间结构静止-机动的时间最优控制问题,并给出了一些单向弯曲模态情况下控制方法的解析结果;Liu 等[59]针对高灵敏度卫星姿态控制系统,提出了一种近似最短时间反馈控制律;Zhu 等[60]研究了火箭制导的最短时间问题,揭示了在最优组合中存在的高阶奇异抖振现象;Eldad 等[61]最近发展了一种用于可展开太阳帆系统在最短时间内进行大角度俯仰机动的新算法。

选择空间柔性梁作为典型构件来研究最小控制能量是基于以下考虑:在上述 SPSS 概念中,所包含的许多构件都可以简化为细长结构。例如,太阳能接收器中的大跨度框架作为太阳能接收器的主要承载构件,可以简化为空间柔性梁。这意味着细长构件是 SPSS 中一个基本模型。因此,细长构件(如空间梁)的可控性和控制策略在 SPSS 的结构方案论证中非常重要。

对于空间梁,有许多工作讨论了其非线性动力行为。da Silva 和 Zaretzky 提出了描述梁在空间中弯曲和俯仰耦合运动的非线性微分方程模型[11],并研究了圆轨道中梁发生弯曲和俯仰的耦合非线性响应[12];Chen 和 Agar 提出了用于几何非线性分析的空间梁单元的拉格朗日方程,其中几何刚度矩阵由应力结果的一维积分或单元杆端力的解析解表示[13];Quadrelli 和 Atluri 提出了多体结构小应变空间弹性梁动力学分析的通用有限元方法[14];Yang 等建立了考虑黏滞阻尼和空气阻力的具有尖端质量的中心刚体-柔性梁系统有限元模型[16];Cai 和 Lim 用一阶近似耦合模型和假设模态离散化法,研究了中心刚体-柔性梁系统的动力学行为[15];Zhang 等采用 Euler-Bernoulli 梁建立了一种双节点空间梁单元,用于任意刚体运动和大变形的细长梁的非线性动力学分析[18];Yin 等提出了空间梁刚体模型的哈密顿模型,并发展了辛方法[53];Hu 等对上述空间柔性阻尼梁的哈密顿模型进行了改进,并发展了基于广义多辛方法[19,21,26,51]的保结构方法[23,52]。

在上述文献中,已经证明,忽略空间梁的柔度和阻尼效应可以加快所采用方法的分析速度。但遗憾的是,这些简化可能导致实际结构的动力学分析的一些偏差。本节将通过保结构方法详细研究考虑和不考虑柔性和阻尼效应的空间梁模型在假定姿态调整目标下的最小控制能量之差[62]。

在我们之前的工作中[23,48,52],已研究了均匀空间柔性梁在 XOY 平面内的运动考虑了

(忽略变形和 XOY 平面外的运动),如图 7-1 所示。考虑到柔性和非球摄动[52],空间梁的拉格朗日函数可以用状态向量$[r,\alpha,\theta,u]^{\mathrm{T}}$ 表示:

$$L=\frac{\rho l}{2}[\dot{r}^2+(r\dot{\theta})^2]+\frac{1}{2}\frac{\rho l^3}{12}(\dot{\theta}+\dot{\alpha})^2+\frac{\rho}{2}\int_{-\frac{l}{2}}^{\frac{l}{2}}[\partial_t^2 u+u^2(\dot{\theta}+\dot{\alpha})^2]\mathrm{d}x+$$

$$\frac{\mu\rho l}{r}-\frac{\mu\rho l^3}{24r^3}(1-3\cos^2\alpha)+\frac{\mu J_2R_{\mathrm{e}}^2\rho l}{2r^3}+\frac{3\mu J_{22}R_{\mathrm{e}}^2\rho l}{r^3}-\frac{EI}{2}\int_{-\frac{l}{2}}^{\frac{l}{2}}\partial_{xx}^2 u\,\mathrm{d}x \tag{7.3.1}$$

其中,$r=r(t)=|OO_1|$是轨道半径;$\theta=\theta(t)$是轨道真近角;$\alpha=\alpha(t)$姿态角描述了梁的姿态;$u=u(x,t)$为考虑空间梁的柔性时由梁平面运动引起的横向振动在局部坐标系 uO_1v 中的横向位移;ρ 和 l 分别表示梁的线密度和长度;μ 为地球引力常数;J_2 和 J_{22} 分别为地球带谐项和地球田谐项的系数;R_{e} 为地球的平均赤道半径;EI 为考虑空间梁的柔性时的抗弯刚度。

这样就可以得到具有阻尼的空间柔性梁的平面运动和横向振动方程[52]:

$$\begin{cases}-\rho l\ddot{r}+\rho lr\dot{\theta}^2-\dfrac{\mu\rho l}{r^2}+\dfrac{\mu\rho l^3}{8r^4}(1-3\cos^2\alpha)-\dfrac{3\mu J_2R_{\mathrm{e}}^2\rho l}{2r^4}-\dfrac{9\mu J_{22}R_{\mathrm{e}}^2\rho l}{r^4}=0\\ \rho lr^2\ddot{\theta}+2\rho lr\dot{r}\dot{\theta}+\dfrac{\rho l^3}{12}(\ddot{\theta}+\ddot{\alpha})+\rho\displaystyle\int_{-\frac{l}{2}}^{\frac{l}{2}}[2u\partial_t u(\dot{\theta}+\dot{\alpha})+u^2(\ddot{\theta}+\ddot{\alpha})]\mathrm{d}x=0\\ \dfrac{\rho l^3}{12}(\ddot{\theta}+\ddot{\alpha})+\dfrac{\mu\rho l^3}{4r^3}\cos\alpha\sin\alpha+\rho\displaystyle\int_{-\frac{l}{2}}^{\frac{l}{2}}[2u\partial_t u(\dot{\theta}+\dot{\alpha})+u^2(\ddot{\theta}+\ddot{\alpha})]\mathrm{d}x=0\end{cases} \tag{7.3.2}$$

$$\rho\partial_{tt}u+c\partial_t u-\rho u(\dot{\theta}+\dot{\alpha})^2+EI\partial_{xxxx}u=0 \tag{7.3.3}$$

其中,c 为梁的阻尼系数。

前文已采用保结构方法证明了动力系统式(7.1.13)~式(7.1.14)具有两种稳定姿态状态,一个是稳定姿态角 $\alpha=0$,另一个是稳定姿态角 $\alpha=\frac{\pi}{2}$[23,52](只考虑稳定状态 $\alpha=0$,因为下文的简化系统忽略了空间梁的柔度和阻尼,因此只具有此稳定姿态)[19-21,48,26,50-51]。研究人员已针对系统式(7.1.13)~式(7.1.14)发展了多种姿态调整策略,可用于使该系统的姿态趋于稳定姿态状态。典型的策略包括:装配反作用/动量轮,根据所需的转矩配置提供持续的控制作动器,用于姿态控制;作为开关装置,推进器通常能够提供固定扭矩[63]。为简化实际工程问题,具体姿态调整策略不作详细讨论。然而,对于系统式(7.1.13)~式(7.1.14)在一定参数下的暂态过程(从初始状态到假定姿态稳定状态的时间),系统的能量损失与具体的调节策略无关,本节将对其进行研究,并命名为具有假定姿态调节目标的空间梁的最小控制能量。

如前所述,最小控制能量为系统稳定姿态状态下的初始总能量与稳定姿态时的总能量之差(式(7.1.13)~式(7.1.14))。若考虑梁的柔性和阻尼,则最小控制能量为

$$\Delta E_1=\frac{\rho l}{2}[\dot{r}_0^2+(r_0\dot{\theta}_0)^2]+\frac{1}{2}\frac{\rho l^3}{12}(\dot{\theta}_0+\dot{\alpha}_0)^2+\frac{\rho}{2}\int_{-\frac{l}{2}}^{\frac{l}{2}}[\partial_t^2 u\,|_{t=0}+u_0^2(\dot{\theta}_0+\dot{\alpha}_0)^2]\mathrm{d}x-$$

$$\frac{\mu\rho l}{r_0}+\frac{\mu\rho l^3}{24r_0^3}(1-3\cos^2\alpha_0)-\frac{\mu J_2R_{\mathrm{e}}^2\rho l}{2r_0^3}-\frac{3\mu J_{22}R_{\mathrm{e}}^2\rho l}{r_0^3}+\frac{EI}{2}\int_{-\frac{l}{2}}^{\frac{l}{2}}\partial_{xx}^2 u\,\mathrm{d}x\,\Big|_{t=0}-$$

$$\frac{\rho l}{2}[\dot{r}_{\mathrm{s}}^2+(r_{\mathrm{s}}\dot{\theta}_{\mathrm{s}})^2]-\frac{1}{2}\frac{\rho l^3}{12}(\dot{\theta}_{\mathrm{s}}+\dot{\alpha}_{\mathrm{s}})^2-\frac{\rho}{2}\int_{-\frac{l}{2}}^{\frac{l}{2}}[\partial_t^2 u\,|_{t=t_{\mathrm{s}}}-u_{\mathrm{s}}^2(\dot{\theta}_{\mathrm{s}}+\dot{\alpha}_{\mathrm{s}})^2]\mathrm{d}x+$$

$$\frac{\mu\rho l}{r_s}-\frac{\mu\rho l^3}{24r_s^3}(1-3\cos^2\alpha_s)+\frac{\mu J_2R_e^2\rho l}{2r_s^3}+\frac{3\mu J_{22}R_e^2\rho l}{r_s^3}-\frac{EI}{2}\int_{-\frac{l}{2}}^{\frac{l}{2}}\partial_{xx}^2u\,dx\mid_{t=t_s} \tag{7.3.4}$$

其中,下标"0"表示时刻 $t=0$;下标"s"表示时刻 $t=t_s$(当 $t=t_s$ 时,姿态角趋于 $\alpha=0$)。

采用前文工作中的初始条件[23,48,52],并假定梁横向振动的初始状态为 $u_0=0,\partial_t u\mid_{t=0}=0$。则最小控制能量 ΔE_1 可化简为

$$\begin{aligned}\Delta E_1=&\frac{\rho l}{2}[\dot r_0^2+(r_0\dot\theta_0)^2]+\frac{1}{2}\frac{\rho l^3}{12}(\dot\theta_0+\dot\alpha_0)^2-\\&\frac{\mu\rho l}{r_0}+\frac{\mu\rho l^3}{24r_0^3}(1-3\cos^2\alpha_0)-\frac{\mu J_2R_e^2\rho l}{2r_0^3}-\frac{3\mu J_{22}R_e^2\rho l}{r_0^3}-\\&\frac{\rho l}{2}[\dot r_s^2+(r_s\dot\theta_s)^2]-\frac{1}{2}\frac{\rho l^3}{12}(\dot\theta_s+\dot\alpha_s)^2-\frac{\rho}{2}\int_{-\frac{l}{2}}^{\frac{l}{2}}[\partial_t^2u\mid_{t=t_s}-u_s^2(\dot\theta_s+\dot\alpha_s)^2]dx+\\&\frac{\mu\rho l}{r_s}-\frac{\mu\rho l^3}{24r_s^3}(1-3\cos^2\alpha_s)+\frac{\mu J_2R_e^2\rho l}{2r_s^3}+\frac{3\mu J_{22}R_e^2\rho l}{r_s^3}-\frac{EI}{2}\int_{-\frac{l}{2}}^{\frac{l}{2}}\partial_{xx}^2u\,dx\mid_{t=t_s}\end{aligned} \tag{7.3.5}$$

其中包含了由轨道半径减小引起的势能损失和由横向阻尼振动引起的动能损失,以及梁的平面状态演化。

上文提到,为了简化系统式(7.1.13)～式(7.1.14)的分析过程并缩短运算时间,系统的柔性和阻尼效应总是被忽略了。在这种情况下,式(7.1.13)～式(7.1.14)系统退化为以下保守系统:

$$\begin{cases}-\rho l\ddot r+\rho lr\dot\theta^2-\dfrac{\mu\rho l}{r^2}+\dfrac{\mu\rho l^3}{8r^4}(1-3\cos^2\alpha)-\dfrac{3\mu J_2R_e^2\rho l}{2r^4}-\dfrac{9\mu J_{22}R_e^2\rho l}{r^4}=0\\ \rho lr^2\ddot\theta+2\rho lr\dot r\dot\theta+\dfrac{\rho l^3}{12}(\ddot\theta+\ddot\alpha)=0\\ \dfrac{\rho l^3}{12}(\ddot\theta+\ddot\alpha)+\dfrac{\mu\rho l^3}{4r^3}\cos\alpha\sin\alpha=0\end{cases} \tag{7.3.6}$$

这个简化系统只有一个稳定的姿态状态($\alpha=0$),并且这个简化系统显然是一个保守系统,这意味着,姿态调整不能由它自身的耗散效应来完成。最小控制能量为系统初始状态下的总能量与稳定状态下总能量之差(7.3.6),即

$$\Delta E_2=\frac{1}{2}\frac{\rho l^3}{12}\dot\alpha_0^2+\frac{\mu\rho l^3}{8r_0^3}(1-\cos^2\alpha_0) \tag{7.3.7}$$

其中仅包含刚性梁平面运动状态变化所引起的动能损失。

ΔE_1 和 ΔE_2 的差值是

$$\begin{aligned}\Delta=&\Delta E_1-\Delta E_2\\=&\frac{\rho l}{2}[\dot r_0^2-\dot r_s^2+(r_0\dot\theta_0)^2-(r_s\dot\theta_s)^2]+\frac{\rho l^3}{24}[\dot\theta_0(\dot\theta_0+2\dot\alpha_0)-(\dot\theta_s+\dot\alpha_s)^2]-\mu\rho l\left(\frac{1}{r_0}-\frac{1}{r_s}\right)-\\&\frac{\mu\rho l}{r_0^3}\left(\frac{l^2}{12}+\frac{J_2R_e^2}{2}+3J_{22}R_e^2\right)-\frac{\mu\rho l}{r_s^3}\left[\frac{l^2}{24}(1-3\cos^2\alpha_s)-\frac{J_2R_e^2}{2}-3J_{22}R_e^2\right]+\end{aligned}$$

$$\frac{\rho l}{2}u_{\mathrm{s}}^{2}(\dot{\theta}_{\mathrm{s}}+\dot{\alpha}_{\mathrm{s}})^{2}-\frac{\rho}{2}\int_{-\frac{l}{2}}^{\frac{l}{2}}\partial_{t}^{2}u\mid_{t=t_{\mathrm{s}}}\mathrm{d}x-\frac{EI}{2}\int_{-\frac{l}{2}}^{\frac{l}{2}}\partial_{xx}^{2}u\,\mathrm{d}x\mid_{t=t_{\mathrm{s}}} \tag{7.3.8}$$

当 $t\to t_{\mathrm{s}}$ 时，姿态角趋向于假设的稳定姿态(在接下来的数值实验中，假设的稳定姿态角为 $\alpha=0$)，这意味着 $\alpha_{\mathrm{s}}=\dot{\alpha}_{\mathrm{s}}=0$。则式(7.3.8)可改写为

$$\begin{aligned}\Delta&=\Delta E_{1}-\Delta E_{2}\\&=\frac{\rho l}{2}[\dot{r}_{0}^{2}-\dot{r}_{\mathrm{s}}^{2}+(r_{0}\dot{\theta}_{0})^{2}-(r_{\mathrm{s}}\dot{\theta}_{\mathrm{s}})^{2}]+\frac{\rho l^{3}}{24}[\dot{\theta}_{0}(\dot{\theta}_{0}+2\dot{\alpha}_{0})-\dot{\theta}_{\mathrm{s}}^{2}]-\mu\rho l\left(\frac{1}{r_{0}}-\frac{1}{r_{\mathrm{s}}}\right)-\\&\quad\mu\rho l\left(\frac{l^{2}}{12}+\frac{J_{2}R_{\mathrm{e}}^{2}}{2}+3J_{22}R_{\mathrm{e}}^{2}\right)\left(\frac{1}{r_{0}^{3}}-\frac{1}{r_{\mathrm{s}}^{3}}\right)+\\&\quad\frac{\rho l}{2}u_{\mathrm{s}}^{2}\dot{\theta}_{\mathrm{s}}^{2}-\frac{\rho}{2}\int_{-\frac{l}{2}}^{\frac{l}{2}}\partial_{t}^{2}u\mid_{t=t_{\mathrm{s}}}\mathrm{d}x-\frac{EI}{2}\int_{-\frac{l}{2}}^{\frac{l}{2}}\partial_{xx}^{2}u\,\mathrm{d}x\mid_{t=t_{\mathrm{s}}}\end{aligned} \tag{7.3.9}$$

式(7.3.9)中，$\left(\frac{1}{r_{0}}-\frac{1}{r_{\mathrm{s}}}\right)\gg\left(\frac{1}{r_{0}^{3}}-\frac{1}{r_{\mathrm{s}}^{3}}\right)$，也就是说，与项 $\mu\rho l\left(\frac{1}{r_{0}}-\frac{1}{r_{\mathrm{s}}}\right)$ 相比，项 $\mu\rho l\left(\frac{l^{2}}{12}+\frac{J_{2}R_{\mathrm{e}}^{2}}{2}+3J_{22}R_{\mathrm{e}}^{2}\right)\left(\frac{1}{r_{0}^{3}}-\frac{1}{r_{\mathrm{s}}^{3}}\right)$是一个高阶无穷小的量。此外，梁的横向振动非常微弱，这意味着，项 $\frac{\rho l}{2}u_{\mathrm{s}}^{2}\dot{\theta}_{\mathrm{s}}^{2}-\frac{\rho}{2}\int_{-\frac{l}{2}}^{\frac{l}{2}}\partial_{t}^{2}u\mid_{t=t_{\mathrm{s}}}\mathrm{d}x-\frac{EI}{2}\int_{-\frac{l}{2}}^{\frac{l}{2}}\partial_{xx}^{2}u\,\mathrm{d}x\mid_{t=t_{\mathrm{s}}}$ 也是一个无穷小的量。但是，为了研究初始条件对最小控制能量的影响，在接下来的数值实验中，所有这些无穷小的量都被考虑进去。

在下面的模拟中，我们采用所提出的保结构的方法[23,48,52]详细研究空间梁忽略柔性和阻尼效应下(7.3.6)的最小控制能量(7.3.7)，并将其与耦合动力系统式(7.1.13)～式(7.1.14)的最小控制能量(7.3.5)进行比较。

假定梁的参数、一些初始条件和常数为 $\rho=0.5\mathrm{kg\cdot m^{-1}}$，$l=2000\mathrm{m}$，$E=6.9\times10^{11}\mathrm{Pa}$，$I=1\times10^{-4}\mathrm{m}^{4}$，$c=0.1$，$\mu=3.986005\times10^{14}\mathrm{m^{3}\cdot s^{-2}}$，$r_{0}=6700000\mathrm{m}$，$\dot{r}_{0}=0$，$\theta_{0}=0$，$\dot{\theta}_{0}=\sqrt{\mu/r_{0}^{3}}\,\mathrm{rad\cdot s^{-1}}$，$u(x,0)=\partial_{t}u(x,t)\mid_{t=0}=0$。直接参考式(7.3.7)可得到刚性空间梁的最小控制能量。

在接下来的实验中，我们将利用前文所提出的保结构方法，获得不同初始姿态角和不同初始姿态角速度下空间柔性阻尼梁的最小控制能量。与非球摄动有关的常数假设为 $J_{2}=1.08263\times10^{-3}$，$J_{22}=1.81222\times10^{-6}$ 和 $R_{\mathrm{e}}=6.371\times10^{6}\mathrm{m}$。保结构法固定步长 $\Delta x=1\mathrm{m}$，$\Delta t=1000\mathrm{s}$，假设模拟时间为3个月(90天)，即 $T_{0}=7776000\mathrm{s}$。

为了避免梁的姿态达到稳定状态 $\alpha=\pi/2$[52](如果梁的姿态收敛到 $\alpha=\pi/2$，则后续数值模拟得到的结果与简化系统(7.3.6)的结果不具有可比性)，为了判断所设时间长度($T_{0}=7776000\mathrm{s}$)是否足以让空间柔性阻尼梁达到稳定姿态状态 $\alpha=0$，我们在数值实验中将初始姿态角和初始姿态角速度设为 $\alpha_{0}=\pi/2\mathrm{rad}$，$\dot{\alpha}_{0}=0.000081\mathrm{rad\cdot s^{-1}}$(参考我们之前工作，这是能让系统达到 $\alpha=0$ 稳定状态所需的时间最长[52]和最严酷的初始条件)。

在这种情况下，我们采用广义多辛保结构方法模拟了空间柔性阻尼梁的平面运动、姿态角演化和横向振动。在这里，图7-15只给出了姿态角、姿态角速度的和梁末端($x=1000\mathrm{m}$)横向振动的变化。

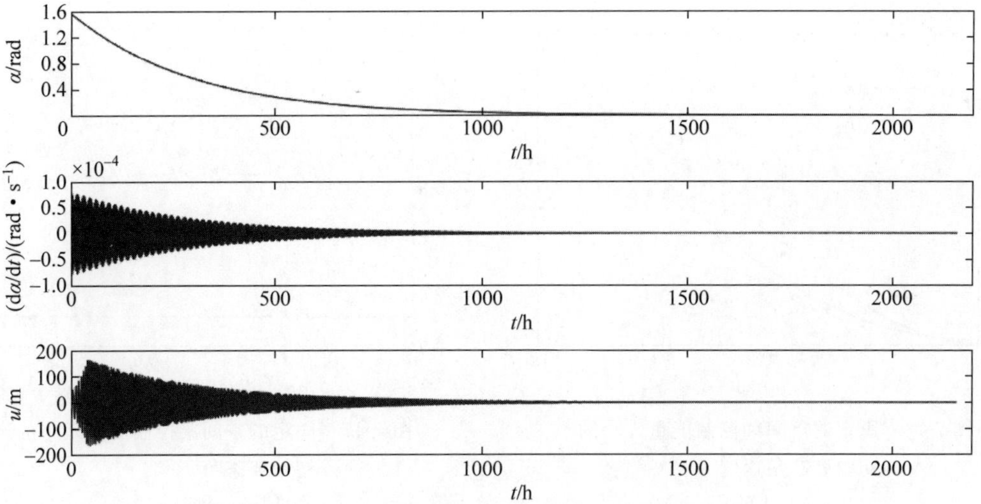

图 7-15 姿态角、姿态角速度和梁末端横向振动的演化

(请扫Ⅰ页二维码看彩图)

由图 7-15 可以看出，在约 2 个月内，姿态角、姿态角速度和梁末端横向振动的趋势均趋于零，这意味着，3 个月的时间足够让空间柔性阻尼梁达到姿态稳定状态 $\alpha=0$。此外，与我们之前工作[23]中的结果类似，梁末端横向振动明显包含两个阶段。在第一个阶段内，振幅迅速增大。在第二个阶段中，振幅缓慢下降。

上述实验可以证实 3 个月的时间足够让空间柔性阻尼梁达到设定的姿态稳定状态 $\alpha=0$，即 3 个月后空间柔性阻尼梁姿态趋于稳定，横向振动减小直至无法检测到。

设初始姿态角 α_0 和初始姿态角速度 $\dot{\alpha}_0$ 为相互独立的变量。然后，参考式(7.3.7)可得到空间刚体梁的最小控制能量。随后我们模拟了空间柔性阻尼梁的平面运动和横向振动，并在模拟过程中根据式(7.3.5)记录空间柔性阻尼梁的最小控制能量。

首先，初始姿态角速度设定为 $\dot{\alpha}_0=0.000081\mathrm{rad}\cdot\mathrm{s}^{-1}$(参考前面[52]给出的数值结果，当 $\dot{\alpha}_0=0.000081\mathrm{rad}\cdot\mathrm{s}^{-1}$ 时，姿态角不会趋于稳定状态 $\alpha=\pi/2$)，并假设初始姿态角 α_0 从 0rad 增加到 $\pi/2$rad，步长 $\Delta\alpha_0=\pi/200$rad。本案例空间刚性梁与空间柔性阻尼梁最小控制能量对比如图 7-16 所示。然后，将初始姿态角设定为 $\alpha_0=1.555$rad(参考前面工作中给出的数值结果[52]，当 $\alpha_0=1.555$rad 时，姿态角不会趋于稳定状态 $\alpha=\pi/2$)，假设初始姿态角速度 $\dot{\alpha}_0$ 从 $0\mathrm{rad}\cdot\mathrm{s}^{-1}$ 增加到 $\dot{\alpha}_0=0.0001\mathrm{rad}\cdot\mathrm{s}^{-1}$，步长为 $\Delta\dot{\alpha}_0=0.000001\mathrm{rad}\cdot\mathrm{s}^{-1}$。本案例空间刚性梁与空间柔性阻尼梁最小控制能量对比如图 7-17 所示。

从图 7-16 所示的数值结果中可以发现，固定初始姿态角速度 $\dot{\alpha}_0=0.000081\mathrm{rad}\cdot\mathrm{s}^{-1}$ 时，当 $\alpha_0<0.15916$rad 或 $\alpha_0>1.30578$rad 时，空间柔性阻尼梁的最小控制能量大于空间刚性梁的最小控制能量；当 $1.30578\mathrm{rad}>\alpha_0>0.15916$rad 时，则结果恰恰相反。这些结论表明，当初始姿态角接近姿态稳定角 $\alpha=0(\alpha_0<0.15916\mathrm{rad})$ 或者远离姿态稳定角 $\alpha=0(\alpha_0>1.30578\mathrm{rad})$ 时，空间柔性阻尼梁的能量损失比空间刚性梁的能量损失更严重。

虽然在式(7.3.9)中没有明确包含初始姿态角，但初始姿态角仍会影响空间柔性阻尼梁到达假定稳定姿态状态所需的时间，影响阻尼梁横向振动过程中的能量耗散。以上现象可以详细解释如下：空间梁的能量损失来源于姿态控制(结果就是，姿态角和姿态角速度均趋近于零)，如果同时考虑梁的柔度和阻尼，阻尼耗散会同时造成横向柔性振动和轨道半径的

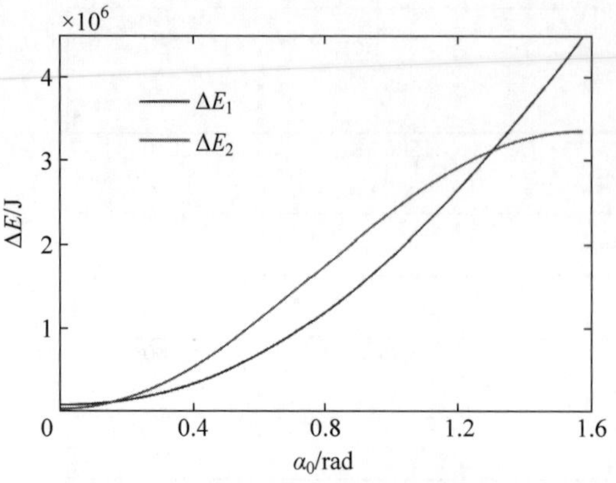

图 7-16 固定的空间梁控制能量最小的初始姿态角速度

（请扫 I 页二维码看彩图）

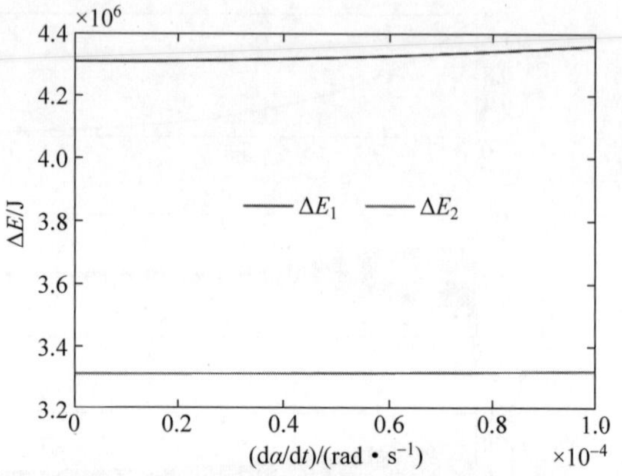

图 7-17 固定的空间梁控制能量最小的初始姿态角

（请扫 I 页二维码看彩图）

减小。显然，如果忽略空间柔性阻尼梁的平面运动与横向振动之间的耦合，在任意初始条件下，刚性空间梁的最小控制能量将小于空间柔性阻尼梁的最小控制能量，正因如此，由姿态控制引起的刚性空间梁的能量损失与空间柔性阻尼梁的能量损失相等，由横向柔性振动衰减引起的能量损失与由轨道半径减小引起的能量损失为正。事实上，在长时间的动力学模拟中，平面运动与横向振动之间的耦合效应是不可忽视的。当初始姿态角接近姿态角稳定状态 $\alpha=0(\alpha_0<0.15916\text{rad})$时，空间柔性阻尼梁趋于稳定姿态状态 $\alpha=0$ 所需时间间隔较短。在这种情况下，与所需姿态控制能量轨道相比，降轨和阻尼耗散的能量都更小。因此，空间柔性阻尼梁的最小控制能量略大于空间刚性梁。当初始姿态角远大于姿态稳定角 $\alpha=0(\alpha_0>1.30578\text{rad})$时，空间柔性阻尼梁趋于稳定姿态角 $\alpha=0$ 所需的时间可达 2 个月。在这种情况下，阻尼效应和轨道长时间下降都是梁能量损失的重要因素。因此，空间柔性阻尼梁的最小控制能量远大于空间刚性梁的最小控制能量。当 $1.30578\text{rad}>\alpha_0>0.15916\text{rad}$ 时，平面运动和横向振动的耦合较强，由轨道半径引起的轨道真近点角速度 $\dot{\theta}$ 增加明显减小，这意味着，空间柔性阻尼梁中储存的总能量较大，能量损失较小。

在图 7-17 中，对于空间刚性梁，最小控制能量几乎与初始姿态角速度无关，这是因为，该情况下与 ΔE_2 中的项$\dfrac{\mu\rho l^3}{8r_0^3}(1-\cos^2\alpha_0)$相比，$\dot{\alpha}_0^2\ll1-\cos^2\alpha_0$ 和$\dfrac{1}{2}\dfrac{\rho l^3}{12}\dot{\alpha}_0^2$ 项都是更高阶的无穷小量。但对于空间柔性阻尼梁，最小控制能量会随初始姿态角速度的增大而缓慢增加，这意味着，初始姿态角速度的增大会使空间柔性阻尼梁的能量损失略有增加。

对比图 7-17 所示空间柔性阻尼梁与空间刚性梁的最小控制能量可以发现，当初始姿态角固定时，空间柔性阻尼梁的最小控制能量远大于空间刚性梁的最小控制能量，这意味着，当初始姿态角固定时，忽略空间梁的柔度和阻尼就会低估空间梁的最小控制能量。

7.4 空间在轨绳系系统的能量耗散/转移与稳定姿态

1968 年关于空间太阳能电站系统（SSPS）构想的报告开启了空间太阳能电站发展新时代[4]。按照这个想法，研究人员提出了几种可行的 SSPS 结构概念，例如 1979 年太阳能发电卫星(SPS)参考系统，分布式绳系卫星系统，基于一定大小相控阵天线的太阳帆塔系统和SPS。其中，分布式绳系卫星系统的结构可扩展性概念引起了相当大的关注。

虽然1992年和1996年进行的绳系卫星系统的早期试验因结构动力学问题的考虑不全而不幸失败，但这依旧推动了近三十年来绳系卫星系统的动力学分析热潮。该领域的代表性工作有：Carroll[30]，Guerriero和Vallerani[64]概述了绳系系统在太空运输或空间站操作中的多种潜在应用，这启发了许多研究者对空间绳系系统的动力学行为进行研究，并发展了绳系系统在空间结构中的应用；Dematteis和Desocio研究了控制绳索和子卫星运动的动力学方程，展示了气动力对系统平衡和相应的摄动效应的影响[65]；Keshmiri，Misra，和Modi研究了绳系多体系统的动力学[66]，并且提出了各种控制策略以控制子卫星回收抓捕过程中的动力学行为[67]；Forward等研究了电动力绳系统的一些基本问题，并表明使用电动力绳系统可以在几个月内将航天器从700～2000km的近地轨道上移除，但遗憾的是绳系系统的动力学问题并没有纳入考虑[31]；Leamy及其合作者开发了两套有限元分析代码，对NASA计划中的推进式小型部署系统(ProSEDS)空间缆索任务进行了动力学模拟，并详细研究了代码的灵敏度[68]；Mankala和Agrawal发展了三个模型来执行系绳的动力学模拟[69]；Krupa等研究了绳系卫星系统的建模方法、动力学数值模拟和控制策略，并将绳索建模为完全柔性、大质量、连续的黏弹性弦，而绳索末端的物体被简化为质点或刚体[70]；Ishimura和Higuchi基于有限元思想研究了连接有多根绳索的平面空间结构的结构变形与姿态运动的耦合现象，并发现当绳索刚度较低或多根绳索发生松弛时，结构变形与姿态运动发生强耦合[71]，他们所建立的模型是有限维的，并忽略了平面的结构阻尼；Cartmell等回顾了有关空间绳系系统的研究以及它们在空间有效载荷推进方面的潜力[34]，并详细研究了空间绳系系统的动力学行为[72,75]，其中，由于所建立的有限维模型(如哑铃绳系模型)的局限性，其只揭示了绳系系统的轨道动力学和姿态动力学行为；Pizarro-Chong和Misra研究了由母星和子星组成的绳系多卫星编队的动力学行为，其中卫星被简化为质点，绳索简化为约束[76]；Wen，Jin和Hu回顾了与空间绳系动力学和控制相关的历史背景和近期热点话题[77]；Cai及其合作者提出了无线性化的多系绳卫星系统在中心刚体构型下的非线性耦合动力学模型，并对其进行了数值模拟[78-79]，Cai所建立的模型的局限性在于，系绳在质点之间只起到几何约束作用；Kruijff和van der Heide介绍了第二颗YES(Young Engineers' Satellite)上的绳系部署系统的设计、鉴定和任务性能，并讨论了相关的任务结果[80]；Tang等基于柔性多体动力学方法研究了长度可变绳索的动力学，并将其应用于绳系卫星部署[81]；Jung，Mazzoleni和Chung为具有可变质心的绳系卫星系统[82]以及具有部署和回收功能的三体绳系卫星系统提出了两种哑铃模型[83]；Wu等提出的空间柔性梁的建模方法对本节所考虑的组合结构的建模过程提出了一些建议[18]；Yu，Jin和Wen研究了柔性绳系卫星系统受空间环境影响的非线性动力学行为[84]。

上述大部分绳系卫星系统动力学行为的研究工作都从以下方面对模型进行了简化：将末端物体建模为质点/刚体，将系绳建模为张拉/松弛弦。将末端物体建模为质点/刚体，其局限性是不能同时考虑结构阻尼和结构变形，在超大型绳系卫星系统动力学分析中可能会产生一定的误差。当系绳被建模为张紧/松弛弦时，只有在绳索张紧时才会发生能量转移。这样一来，绳索末端物体的阻尼、弹性变形和振动就能被纳入考虑；另一方面，将绳索建模为弹簧可以方便研究绳索与物体之间的耦合效应。

在之前的工作中[23]，我们采用复合保结构方法研究了平面柔性阻尼梁的动力学行为，并考虑了平面运动与横向振动的耦合现象。数值结果表明，在空间结构的长期动力学分析中，耦合效应和结构弱阻尼都是不可忽视的。此外，基于多辛思想[27,85]的经典四阶龙格-库塔法和广义多辛方法[19-21,26]相结合的保结构方法，其优良的长期数值行为已在我们之前的工作中得到验证[23]。

因此，在接下来的工作中，我们将提出一个用于描述绳系卫星系统简化模型的平面柔性阻尼耦合系统，并使用保结构方法详细研究其耦合动力学行为[48]。本节的结构组织如下所述。基于变分原理，推导了描述平面运动阻尼梁-弹簧-质点组合结构平面运动和平面柔性阻尼梁横向振动的动力学模型。该模型考虑了系统平面运动、弹簧振动和柔性阻尼梁横向振动之间的耦合效应，是本节所建立的动力学模型的新颖之处。然后基于辛流形理论和多辛流形理论，提出了一种近似解耦动力学模型的辛降维方法，这是一种保结构降维方法。对于近似解耦系统，我们回顾了经典龙格-库塔法与广义多辛方法相结合的复合保结构方法。在数值实验中，我们研究了组合结构的能量耗散/传递，弹簧刚度对质点和梁能量耗散的影响，质点对组合结构稳定性的影响。本节的主要贡献在于，揭示了系统各构件之间的能量耗散/传递规律以及耦合系统的稳定姿态，对空间柔性结构的振动特性进行了较全面的研究。

如图 7-18 所示，我们参考 Sasaki 等[86]提出的空间在轨绳系太阳能动力卫星概念，建立了简化平面柔性阻尼梁-弹簧-质点组合结构（忽略太阳能电池板在 XOY 平面外的变形和振动，将太阳能电池板简化为弱阻尼柔性梁；忽略平台系统的大小并简化为一个质点；与平台和太阳能电池板相比，卫星平台和太阳能电池板之间相互连接的绳索的质量都很小，可以忽略，同时为了体现绳索的储能和能量传递能力与材料弹性的关系，我们将模型中的系绳简化为弹簧），卫星平台简化为质量为 M 的质点 P；弹性阻尼梁长度为 l，线密度为 ρ，弹性模量为 E，截面惯性矩为 I，太阳能电池板的阻尼系数为 c；两个轻质弹簧刚度系数为 k，初始长度为 λ_0，代表卫星平台与太阳能电池板之间的弹性系绳。

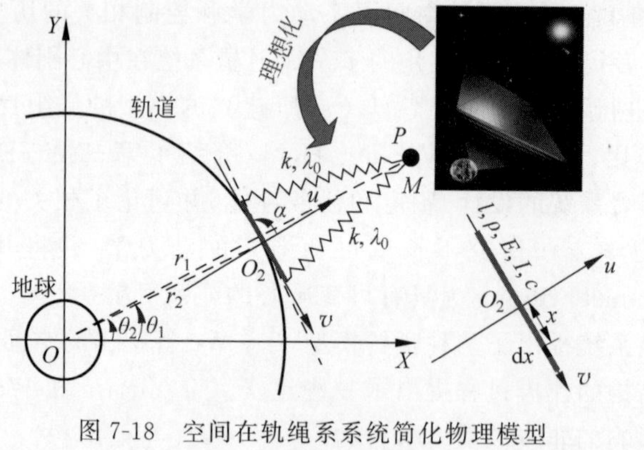

图 7-18　空间在轨绳系系统简化物理模型

（请扫 I 页二维码看彩图）

需要注意的是，上述只是绳系太阳能卫星系统整体的简化动力学模型，这意味着该模型忽略了绳系太阳能卫星的一些细节结构。不过，绳系太阳能卫星的物理特性，特别是各部件之间的能量关系大部分仍保留在模型中。此外，平面运动与横向振动之间的耦合意味着系统在轨道上。

假设整个组合结构在 XOY 平面上运动（忽略面外变形和 XOY 平面外的运动）。在平

面运动过程中，质点的位置可以由轨道半径 $r_1=r_1(t)=|OP|$ 和质点的轨道真近角 $\theta_1=\theta_1(t)$ 唯一地确定；梁的质心位置(与局部坐标系 uO_1v 的原点重合)由轨道半径 $r_2=r_2(t)=|OO_1|$ 和质心轨道真近角 $\theta_2=\theta_2(t)$ 唯一确定。梁的姿态取决于姿态角 $\alpha=\alpha(t)$。正如我们之前的工作[23]所述，梁的横向振动由系统的平面运动引起，可以由系统在局部坐标系 uO_1v 中的横向位移 $u=u(x,t)$ 来描述。因此，我们可以用广义坐标向量 $[r_1,r_2,\alpha,\theta_1,\theta_2,u]^{\mathrm{T}}$ 来描述模型运动和变形，并引入以下假设：与梁的长度相比，横向振动幅值和轴向伸长率较小，这意味着，由横向振动和轴向伸长引起的轴长变化可以忽略不计。

在上述假设下，质点的动能为

$$T_{\mathrm{p}}=\frac{1}{2}M[\dot{r}_1^2+(r_1\dot{\theta}_1)^2] \tag{7.4.1}$$

其中，$\dot{r}_1$ 和 $r_1\dot{\theta}_1$ 分别表示质点的径向速度和切向速度。

梁的动能包括平面运动动能 T_{bp} 和横向振动动能 T_{bv}，可表示为

$$\begin{aligned}T_{\mathrm{b}}&=T_{\mathrm{bp}}+T_{\mathrm{bv}}\\&=\frac{\rho l}{2}[\dot{r}_2^2+(r_2\dot{\theta}_2)^2]+\frac{1}{2}\frac{\rho l^3}{12}(\dot{\theta}_2+\dot{\alpha})^2+\frac{\rho}{2}\int_{-\frac{l}{2}}^{\frac{l}{2}}[\partial_t^2u+u^2(\dot{\theta}_2+\dot{\alpha})^2]\mathrm{d}x\end{aligned} \tag{7.4.2}$$

其中，$\frac{\rho}{2}\int_{-\frac{l}{2}}^{\frac{l}{2}}[u^2(\dot{\theta}_2+\dot{\alpha})^2]\mathrm{d}x$ 为系统平面运动与梁横向振动的耦合动能项。

质点的重力势能为(设 μ 为地球的引力常数)

$$U_{\mathrm{p}\mu}=-\frac{\mu M}{r_1} \tag{7.4.3}$$

考虑到重力梯度和横向变形的影响，梁的势能，包括重力势能 $U_{\mathrm{b}\mu}$ 和应变能 U_{bs}(EI 为梁的抗弯刚度)可以写为

$$\begin{aligned}U_{\mathrm{b}}&=U_{\mathrm{b}\mu}+U_{\mathrm{bs}}\\&=-\frac{\mu\rho l}{r_2}+\frac{\mu\rho l^3}{24r_2{}^3}(1-3\cos^2\alpha)+\frac{EI}{2}\int_{-\frac{l}{2}}^{\frac{l}{2}}\partial_{xx}^2u\,\mathrm{d}x\end{aligned} \tag{7.4.4}$$

另外，弹簧的弹性势能为

$$\begin{aligned}U_{\mathrm{s}}&=\frac{1}{2}k(\Delta\lambda_1^2+\Delta\lambda_2^2)\\&=k\left[r_1^2+r_2^2+\frac{1}{4}l_1^2+\lambda_0^2-2r_1r_2\cos(\theta_2-\theta_1)\right]+k\lambda_0(\Gamma_1^{1/2}+\Gamma_2^{1/2})\end{aligned} \tag{7.4.5}$$

其中，$\Delta\lambda_1$ 和 $\Delta\lambda_2$ 为弹簧伸长量，并且

$$\Gamma_1=r_1^2+r_2^2+\frac{1}{4}l^2-lr_2\cos\alpha-2r_1r_2\cos(\theta_2-\theta_1)+lr_1\cos(\theta_2-\theta_1+\alpha)$$

$$\Gamma_2=r_1^2+r_2^2+\frac{1}{4}l^2+lr_2\cos\alpha-2r_1r_2\cos(\theta_2-\theta_1)-lr_1\cos(\theta_2-\theta_1+\alpha)$$

则拉格朗日函数 $L=(T_{\mathrm{p}}+T_{\mathrm{b}})-(U_{\mathrm{p}\mu}+U_{\mathrm{b}}+U_{\mathrm{s}})$ 为

$$\begin{aligned}L=&\frac{1}{2}M[\dot{r}_1^2+(r_1\dot{\theta}_1)^2]+\frac{\rho l}{2}[\dot{r}_2^2+(r_2\dot{\theta}_2)^2]+\frac{\rho l^3}{24}(\dot{\theta}_2+\dot{\alpha})^2+\\&\frac{\rho}{2}\int_{-\frac{l}{2}}^{\frac{l}{2}}[\partial_t^2u+u^2(\dot{\theta}_2+\dot{\alpha})^2]\mathrm{d}x+\frac{\mu M}{r_1}+\frac{\mu\rho l}{r_2}-\frac{\mu\rho l^3}{24r_2^3}(1-3\cos^2\alpha)-\end{aligned}$$

$$\frac{EI}{2}\int_{-\frac{l}{2}}^{\frac{l}{2}}\partial_{xx}^2 u\,\mathrm{d}x-k\left[r_1^2+r_2^2+\frac{1}{4}l_1^2+\lambda_0^2-2r_1r_2\cos(\theta_2-\theta_1)\right]-k\lambda_0(\Gamma_1^{1/2}+\Gamma_2^{1/2})$$

(7.4.6)

按照我们之前工作[23]，哈密顿作用量定义为 $S=\int_{t_0}^{t_1}L\,\mathrm{d}t$，作为一种获得系统平面运动、弹簧变形和梁振动的控制方程的便捷方法，哈密顿最小作用原理可以写作

$$\delta S=\int_{t_0}^{t_1}\delta L\,\mathrm{d}t=0 \tag{7.4.7}$$

其可展开为

$$\begin{aligned}&\int_{t_0}^{t_1}\Big\{Mr_1\dot\theta_1^2\delta r_1+Mr_1^2\dot\theta_1\delta\dot\theta_1+M\dot r_1\delta\dot r_1+\frac{\rho l}{2}[2\dot r_2\delta\dot r_2+2r_2\dot\theta_2^2\delta r_2+2r_2^2\dot\theta_2\delta\dot\theta_2]\\&+\frac{\rho}{2}\int_{-\frac{l}{2}}^{\frac{l}{2}}[2\partial_t u\delta(\partial_t u)+2u(\dot\theta_2+\dot\alpha)^2\delta u+2u^2(\dot\theta_2+\dot\alpha)(\delta\dot\theta_2+\delta\dot\alpha)]\mathrm{d}x\\&+\frac{\rho l^3}{12}(\dot\theta_2+\dot\alpha)(\delta\dot\theta_2+\delta\dot\alpha)-\frac{\mu M}{r_1^2}\delta r_1-\frac{\mu\rho l}{r_2^2}\delta r_2+\frac{\mu\rho l^3}{8r_2^4}(1-3\cos^2\alpha)\delta r_2\\&-\frac{\mu\rho l^3}{4r_2^3}\cos\alpha\sin\alpha\delta\alpha-\frac{EI}{2}\int_{-\frac{l}{2}}^{\frac{l}{2}}[2\partial_{xx}u\delta(\partial_{xx}u)\mathrm{d}x]\\&-k[2r_1\delta r_1+2r_2\delta r_2-2r_1r_2\sin(\theta_2-\theta_1)\delta(\theta_2-\theta_1)-2r_2\cos(\theta_2-\theta_1)\delta r_1-2r_1\cos(\theta_2-\theta_1)\delta r_2]\\&+k\lambda_0\Gamma_1^{-1/2}[2r_1\delta r_1+2r_2\delta r_2-l\cos\alpha\delta r_2-lr_2\sin\alpha\delta\alpha-2r_2\cos(\theta_2-\theta_1)\delta r_1\\&-2r_1\cos(\theta_2-\theta_1)\delta r_2-2r_1r_2\sin(\theta_2-\theta_1)\delta(\theta_2-\theta_1)\\&+l\cos(\theta_2-\theta_1+\alpha)\delta r_1+lr_1\sin(\theta_2-\theta_1+\alpha)\delta(\theta_2-\theta_1+\alpha)]+k\lambda_0\Gamma_2^{-1/2}[2r_1\delta r_1+2r_2\delta r_2\\&+l\cos\alpha\delta r_2+lr_2\sin\alpha\delta\alpha-2r_2\cos(\theta_2-\theta_1)\delta r_1-2r_1\cos(\theta_2-\theta_1)\delta r_2\\&-2r_1r_2\sin(\theta_2-\theta_1)\delta(\theta_2-\theta_1)-l\cos(\theta_2-\theta_1+\alpha)\delta r_1-lr_1\sin(\theta_2-\theta_1+\alpha)\delta(\theta_2-\theta_1+\alpha)]\Big\}\mathrm{d}t=0\end{aligned}$$

(7.4.8)

对其中每一个一阶、二阶变分项进行积分变换，式(7.1.9)可以改写为

$$\int_{t_0}^{t_1}(\Psi_1\delta r_1+\Psi_2\delta r_2+\Psi_3\delta\alpha+\Psi_4\delta\theta_1+\Psi_5\delta\theta_2+\Psi_6\delta u)\mathrm{d}t=0 \tag{7.4.9}$$

其中，

$$\begin{aligned}\Psi_1=&-M\ddot r_1+Mr_1\dot\theta_1^2-\frac{\mu M}{r_1^2}-2kr_1+2kr_2\cos(\theta_2-\theta_1)+\\&k\lambda_0\Gamma_1^{-1/2}[2r_1-2r_2\cos(\theta_2-\theta_1)+l\cos(\theta_2-\theta_1+\alpha)]+\\&k\lambda_0\Gamma_2^{-1/2}[2r_1-2r_2\cos(\theta_2-\theta_1)-l\cos(\theta_2-\theta_1+\alpha)]\end{aligned} \tag{7.4.10}$$

$$\begin{aligned}\Psi_2=&-\rho l\ddot r_2+\rho lr_2\dot\theta_2^2-\frac{\mu\rho l}{r_2^2}+\frac{\mu\rho l^3}{8r_2^4}(1-3\cos^2\alpha)-2kr_2+2kr_1\cos(\theta_2-\theta_1)+\\&k\lambda_0\Gamma_1^{-1/2}[2r_2-l\cos\alpha-2r_1\cos(\theta_2-\theta_1)]+k\lambda_0\Gamma_2^{-1/2}[2r_2+l\cos\alpha-2r_1\cos(\theta_2-\theta_1)]\end{aligned}$$

(7.4.11)

$$\begin{aligned}\Psi_3=&-\frac{\rho l^3}{12}(\ddot\theta_2+\ddot\alpha)-\frac{\mu\rho l^3}{4r_2^3}\cos\alpha\sin\alpha-2\rho(\dot\theta_2+\dot\alpha)\int_{-\frac{l}{2}}^{\frac{l}{2}}u\partial_t u\,\mathrm{d}x-\rho(\ddot\theta_2+\ddot\alpha)\int_{-\frac{l}{2}}^{\frac{l}{2}}u^2\mathrm{d}x+\\&kl\lambda_0(\Gamma_1^{-1/2}-\Gamma_2^{-1/2})[-r_2\sin\alpha+r_1\sin(\theta_2-\theta_1+\alpha)]\end{aligned} \tag{7.4.12}$$

$$\begin{aligned}\Psi_4 = & -Mr_1^2\ddot{\theta}_1 - 2kr_1r_2\sin(\theta_2-\theta_1) + \\ & k\lambda_0 r_1\Gamma_1^{-1/2}[2r_2\sin(\theta_2-\theta_1) - l\sin(\theta_2-\theta_1+\alpha)] + \\ & k\lambda_0 r_1\Gamma_2^{-1/2}[2r_2\sin(\theta_2-\theta_1) + l\sin(\theta_2-\theta_1+\alpha)]\end{aligned} \tag{7.4.13}$$

$$\begin{aligned}\Psi_5 = & -\rho l r_1^2\ddot{\theta}_2 - 2\rho l r_2\dot{r}_2\dot{\theta}_2 - \frac{\rho l^3}{12}(\ddot{\theta}_2+\ddot{\alpha}) - 2\rho(\dot{\theta}_2+\dot{\alpha})\int_{-\frac{l}{2}}^{\frac{l}{2}} u\partial_t u\,\mathrm{d}x - \\ & \rho(\ddot{\theta}_2+\ddot{\alpha})\int_{-\frac{l}{2}}^{\frac{l}{2}} u^2\,\mathrm{d}x + 2kr_1r_2\sin(\theta_2-\theta_1) + \\ & k\lambda_0 r_1(\Gamma_1^{-1/2}-\Gamma_2^{-1/2})[2r_2\sin(\theta_2-\theta_1) + l\sin(\theta_2-\theta_1+\alpha)]\end{aligned} \tag{7.4.14}$$

$$\Psi_6 = -\rho\int_{-\frac{l}{2}}^{\frac{l}{2}} \partial_{tt}u\,\mathrm{d}x + \rho(\dot{\theta}_2+\dot{\alpha})^2\int_{-\frac{l}{2}}^{\frac{l}{2}} u\,\mathrm{d}x - EI\int_{-\frac{l}{2}}^{\frac{l}{2}}(\partial_{xxxx}u)\,\mathrm{d}x \tag{7.4.15}$$

式(7.4.9)中的变量变分($\delta r_1,\delta r_2,\delta\alpha,\delta\theta_1,\delta\theta_2$ 和 δu)是相互独立的,这意味着,对于时间区间$[t_0,t_1]$内各变量变分的随机性,各变量变分的系数($\Psi_i\ (i=1,2,\cdots,6)$)均为零,即

$$\begin{cases}\Psi_1=0, & \Psi_2=0, & \Psi_3=0 \\ \Psi_4=0, & \Psi_5=0, & \Psi_6=0\end{cases} \tag{7.4.16}$$

此即无阻尼平面柔性阻尼梁-弹簧-质点系统的动力学方程。

实践证明,在长期动力学分析中,平面柔性梁的阻尼是不可忽视的[23]。因此,如果考虑梁的阻尼系数 c,则式(7.4.16)最后一个方程为

$$\rho\partial_{tt}u + c\partial_t u - \rho u(\dot{\theta}_2+\dot{\alpha})^2 + EI\partial_{xxxx}u = 0 \tag{7.4.17}$$

平面柔性阻尼梁-弹簧-质点系统的动力学模型可表示为

$$\Psi_1=0,\quad \Psi_2=0,\quad \Psi_3=0,\quad \Psi_4=0,\quad \Psi_5=0 \tag{7.4.18a}$$

$$\rho\partial_{tt}u + c\partial_t u - \rho u(\dot{\theta}_2+\dot{\alpha})^2 + EI\partial_{xxxx}u = 0 \tag{7.4.18b}$$

模型(7.4.18)中,系统的平面运动和柔性梁的振动之间的耦合作用通过以下耦合项表示:式(7.4.18a)中的 $-2\rho(\dot{\theta}_2+\dot{\alpha})\int_{-\frac{l}{2}}^{\frac{l}{2}} u\partial_t u\,\mathrm{d}x - \rho(\ddot{\theta}_2+\ddot{\alpha})\int_{-\frac{l}{2}}^{\frac{l}{2}} u^2\,\mathrm{d}x$ 项,以及式(7.4.18b)中的$-\rho u(\dot{\theta}_2+\dot{\alpha})^2$ 项,并为了简化运算,常常采用以下简化方法。①假设太阳能帆板(在我们的模型中简化为柔性梁)的抗弯刚度足够大,从而可以将板视为刚体[86]。在这种情况下,考虑的横向位移为零($u=0$),模型(7.4.18b)自然可以满足。②忽略绳索的约束作用(在我们的模型中被简化为弹簧。同时考虑了约束作用和系绳的弹性),板的振动可以单独研究[87]。以上两种常规简化方法在本节中将不予采用,而是直接用保结构方法模拟耦合模型(7.4.18)。

模型(7.4.18)是一个典型的含阻尼耗散的高维非线性系统,包含多种非线性性质,这些非线性性质不能用现有的分析方法直接研究。如果对系统(7.4.18)采用传统的数值方法,则其高维特性将带来极其巨大的计算量,并且,由于系统具有很强的非线性特性,也无法保证数值方法的收敛性。为了减少计算量并提高所构造数值方法的收敛性,本节提出了一种新的近似保结构降维方法,称为辛降维法,以对系统(7.4.18)进行解耦。此外,传统数值方法产生的数值耗散与阻尼系统本身蕴含的耗散在数值结果中不能有效分离,因此,为了重现

一些决定了系统(7.4.18)重要动力学特性的耗散效应,我们采用了已经被证明能有效模拟弱阻尼动力系统[20,21]的广义多辛方法[19]。

严格地说,系统(7.4.18)的相空间(也称为状态空间)是无限维的,其包含有六个变量,可以用广义坐标向量$[r_1,r_2,\alpha,\theta_1,\theta_2,u]^{\mathrm{T}}$表示(注意,$u$是无限维)。所有这些变量都是相互耦合的,因此,系统(7.4.18)的解析解是几乎不可能得到的。即使对系统(7.4.18)采用一些常规数值方法,巨大的计算量也无法承受。因此,我们首先需要采用一定的降维方法对系统(7.4.18)进行解耦。

幸运的是,在这些变量中,r_1,r_2,α,θ_1和θ_2几乎完全决定了系统平面运动。而如果梁的阻尼足够小,梁横向振动的衰减就可以忽略,系统(7.4.18a)近似保守,这意味着变量r_1,r_2,α,θ_1和θ_2可构成一个近似辛流形(N,ω),其中N是具有近辛或(伪)Riemannian度量的流形的切丛,ω是这个近似辛流形中存在的近似辛结构[88]。变量u主要决定梁的横向振动,可以由它推导出另一个流形,我们将详细讨论。

考虑我们在之前的工作中提出的式(7.1.12)的近似对称形式:

$$\boldsymbol{M}\partial_t \boldsymbol{z}+\boldsymbol{K}\partial_x \boldsymbol{z}=\nabla_z S(\boldsymbol{z}) \tag{7.4.19}$$

其中,$S(\boldsymbol{z})=\frac{1}{2}\rho u^2(\dot{\theta}+\dot{\alpha})^2+\frac{1}{2}\rho\varphi^2-\frac{1}{2}EI\psi^2+EIwq$,$\boldsymbol{z}=(u,\varphi,w,\psi,q)^{\mathrm{T}}$是由以下对偶变量$\partial_t u=\varphi,\partial_x u=w,\partial_x w=\psi,\partial_x\psi=q$定义的状态向量,系数矩阵为

$$\boldsymbol{M}=\begin{bmatrix}-c & -\rho & 0 & 0 & 0\\ \rho & 0 & 0 & 0 & 0\\ 0 & 0 & 0 & 0 & 0\\ 0 & 0 & 0 & 0 & 0\\ 0 & 0 & 0 & 0 & 0\end{bmatrix},\quad \boldsymbol{K}=\begin{bmatrix}0 & 0 & 0 & 0 & -EI\\ 0 & 0 & 0 & 0 & 0\\ 0 & 0 & 0 & EI & 0\\ 0 & 0 & -EI & 0 & 0\\ EI & 0 & 0 & 0 & 0\end{bmatrix}$$

由多辛理论[27]得到的广义多辛守恒定律可以表述为

$$\partial_t(\rho\mathrm{d}u\wedge\mathrm{d}\varphi)+\partial_x[EI(\mathrm{d}u\wedge\mathrm{d}q+\mathrm{d}\psi\wedge\mathrm{d}w)]=-c\,\mathrm{d}(\partial_t u)\wedge\mathrm{d}u \tag{7.4.20}$$

这意味着,当且仅当阻尼足够弱时,状态向量$\boldsymbol{z}=(u,\varphi,w,\psi,q)^{\mathrm{T}}$定义了一个近似的多辛流形[27]。文献[27]详细给出了多辛流形的相关证明。

利用上述辛流形和近似多辛流形,辛子系统(式(7.4.18a))和近似多辛子系统(式(7.4.18b))之间的独立性得到了保证,这是一个近似保辛降维过程。辛降维方法的优点是,即使在动力学分析过程中将系统式(7.4.18)分成两个相对独立的部分,也能保留系统式(7.4.18)固有的几何性质,这是我们在之前的工作中给出的这两个部分之间的数值迭代的保结构性质的来源[23]。

在式(7.4.18a)中的项$2\rho(\dot{\theta}_2+\dot{\alpha})\int_{-\frac{l}{2}}^{\frac{l}{2}}u\partial_t u\,\mathrm{d}x$和$\rho(\ddot{\theta}_2+\ddot{\alpha})\int_{-\frac{l}{2}}^{\frac{l}{2}}u^2\mathrm{d}x$,以及式(7.4.18b)中的项$\rho u(\dot{\theta}_2+\dot{\alpha})^2$是组合结构平面运动与梁横向振动之间的耦合项,这也是上述两个流形之间的耦合,也是系统式(7.4.18)动力学分析的主要难点。因此,这些耦合项的处理方法是本节将详细讨论的数值方法的关键。

为了处理数值方法中的耦合项,必须给出适当的初始条件。从理论上讲,在数值模拟中,可以考虑两种初始条件将系统解耦为两个子系统(式(7.4.18a)和式(7.4.18b)),一个与变量θ_2和α相关,另一个与变量u相关。不幸的是,由于轨道真近角变化率和姿态角变化

率不会同时为零,这意味着 $\dot{\theta}_2(0)+\dot{\alpha}(0)=0$ 的设置是不合理的,因此不能通过假设 $\dot{\theta}_2(0)+\dot{\alpha}(0)=0$ 进行解耦。所以在我们之前的工作中[23]尝试了另一种方法,当梁的变形在区间$[0,\Delta t]$上的任意位置上都设为零时($u_i^0=u_i^1=0$),控制平面运动的式(7.4.18a)和控制梁横向振动的式(7.4.18b)之间解耦困难可以通过设计的数值迭代近似地解决,并且该方法可以直接使用。为了避免冗长,我们在前面的工作中给出的式(7.4.18a)的经典四阶龙格-库塔法与式(7.4.18b)的等价 Preissmann 格式 15 点数值方法(参考文献[23]中的式(26)),因此其迭代算法过程不再重复,这里只给出一个流程图,如图 7-19 所示。

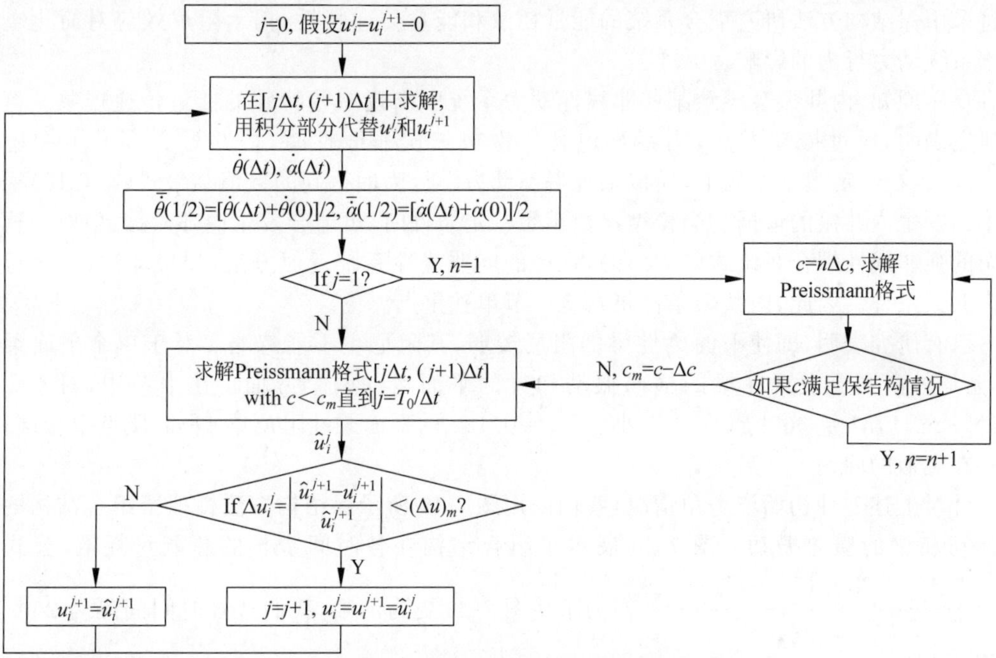

图 7-19 保结构算法迭代过程流程图

广义多辛思想已被证明是弱耗散系统数值分析的有效方法[19-21],因此作为本系统的另一个固有特性式(7.4.18),阻尼效应可以通过广义多辛思想再现,这将在接下来的数值实验中得到验证。广义多辛方法的基本思想是,为无限维系统推导出的广义多辛形式构造一个保结构格式(在数值模拟中,我们采用了式(7.4.18b)的 Preissmann 格式,如图 7-19 所示),系统中的阻尼太弱而不会对数值结构的保结构特性造成影响。文献[19]详细介绍了广义多辛方法的理论框架和策略。

在数值实验中,我们采用保结构迭代法模拟了系统的平面运动、弹簧的振荡和平面柔性阻尼梁的横向振动过程。从仿真结果来看,我们研究了系统的能量耗散、梁之间的能量转移、质点与弹簧之间的能量传递,弹簧刚度和质点对系统动力学行为的影响。

设地球的引力常数为 $\mu=3.986005\times10^{14}\,\mathrm{m^3\cdot s^{-2}}$,梁的参数为 $E=6.9\times10^{11}\,\mathrm{Pa}$[10],$\rho=0.5\,\mathrm{kg\cdot m^{-1}}$, $l=2000\,\mathrm{m}$, $I=1\times10^{-4}\,\mathrm{m^4}$,一些初始条件如下:$\dot{\theta}_{10}=\dot{\theta}_{20}=\sqrt{\mu\left[r_{20}+\dfrac{M\sqrt{(\lambda_{10}+\Delta\lambda_{10})^2-l^2/4}}{M+\rho l}\right]^{-3}}\ \mathrm{rad\cdot s^{-1}}$,$\dot{r}_{10}=\dot{r}_{20}=0$,弹簧的原长为 $\lambda_{10}=\lambda_{20}=1950\,\mathrm{m}$。$\theta_1$ 和 α 的初始值之和为 $\pi/2$,即 $\theta_{10}+\alpha_0=\pi/2$。为了研究初始姿态对系统动态行为的

影响,考虑了以下情况: 情形 1,$\alpha_0=\pi/64\text{rad}$; 情形 2,$\alpha_0=15\pi/64\text{rad}$; 情形 3,$\alpha_0=31\pi/64\text{rad}$。

为了确保数值迭代的保结构特性,在 $T_0=2592000\text{s}$ 的总时长内,空间和时间步长固定为 $\Delta x=1\text{m}$,$\Delta t=20\text{s}$,参考图 7-19 所示的迭代算法,便可得到每种情况下阻尼系数的最大允许值。令步长为 $\Delta c=0.001$ 并代入不同的 k 和 M 值进行数值模拟,上述模拟中的最大允许值中,最小的 $c_m=0.132$ 为允许的最大允许阻尼系数值,并在之后的数值实验中假设阻尼系数为 $c=0.1$。

一般情况下,由于梁的弱阻尼的存在,其产生的能量耗散将改变系统的动力学状态以及质点弹簧和梁之间的能量传递,并引起能量的再分配,使系统达到新的稳定状态。因此,本节将采用保结构方法研究耦合系统的能量耗散和能量传递特性,揭示阻尼效应对简化空间绳索系统动力行为的影响。

众所周知,内共振会导致某些非线性动力系统中出现一些特殊的能量传递现象。目前的研究表明,通过摄动方法,当系统包含二次或三次非线性时,内共振大多发生在稳态下[89,90]。在给定模型参数下,模拟系统瞬态动力学行为而得到的数值结果式(7.4.18)根本找不到发生内共振的证据。当模型参数满足一定条件时,可能会发生内部共振,但对于这样复杂的强非线性耦合系统式(7.4.18),现有的弱非线性系统近似方法,如摄动法,无法得到其内共振条件。因此,内共振条件将在 7.5 节单独重点讨论。

已有研究表明,即使平面柔性梁的阻尼较弱,其阻尼也不能忽略。对于单个平面柔性梁,阻尼效应主要表现在梁的横向振动和梁的平面运动两个方面。在本节中,对于 $k=200\text{N}\cdot\text{m}^{-1}$,$M=3000\text{kg}$,$c=0.1$ 小于 $c_m=0.132$ 的平面柔性阻尼梁-弹簧-质点组合结构,也存在类似的问题。

针对上述三种初始姿态角情况,我们采用图 7-19 所示保结构方法模拟了组合结构的耦合运动和梁的横向振动。图 7-20 展示了组合结构在各时间步长的总能量耗散,公式为 $\dfrac{\partial E}{\partial t}=\dfrac{\partial(T_\text{p}+T_\text{b}+U_{\text{p}\mu}+U_\text{b}+U_\text{s})}{\partial t}$。为了使图 7-20 更为清晰,我们选择时间间隔为 200s 的数据绘图。

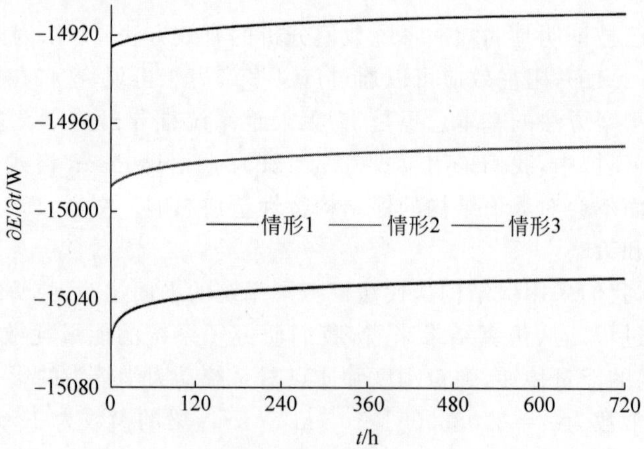

图 7-20　不同初始姿态角复合材料系统的总能量耗散

(请扫Ⅰ页二维码看彩图)

由图 7-20 可以发现,组合结构总能量的耗散速度受姿态角的初值的影响。随着初始姿态角的增大,总能量的耗散速度增大(在这里,总能量的耗散速度定义为$\partial E/\partial t$ 的绝对值)。

为了揭示这一规律的机理，我们将对梁的振动和质点的运动进行详细研究。

当 $\alpha_0 \neq \pi/2$ 时，梁的初始轴线不垂直于地心 O 和梁的中心 O_2 之间的直线，这意味着梁的横向振动不会关于梁的质心对称。因此，我们记录了梁两端的横向振动位移(梁近地点的横向振动位移用 u_{near} 表示，梁远地点的横向振动位移用 u_{far} 表示)。在模拟实验中，我们发现，u_{near} 的振动频率与 u_{far} 的振动频率几乎相等，图 7-21 给出了相关的数值结果。为了使图的可读性更好，我们省略了振动的频率特性，只显示了两端横向振动振幅的变化。此外，为了说明情形 1 和情形 3 中梁、质点和弹簧之间的能量传递过程，弹簧能量(U_s)的变化过程，梁的能量变化($E_b = T_b + U_b$)和质点的能量变化($E_p = T_p + U_{p\mu}$)分别如图 7-22～图 7-24 所示(选取时间间隔为 2000s 的数据)。

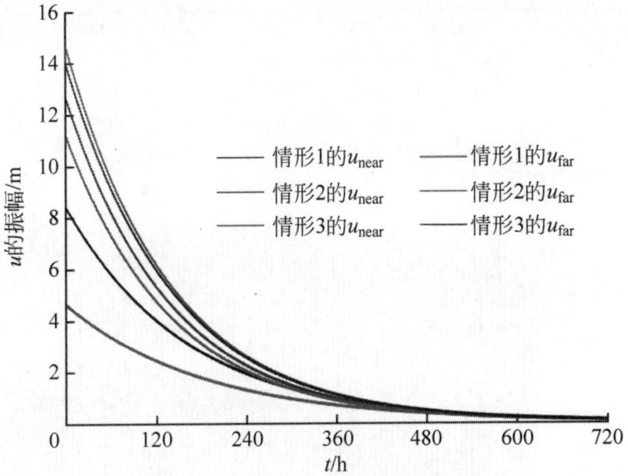

图 7-21 两端横向振动振幅的演化

(请扫 I 页二维码看彩图)

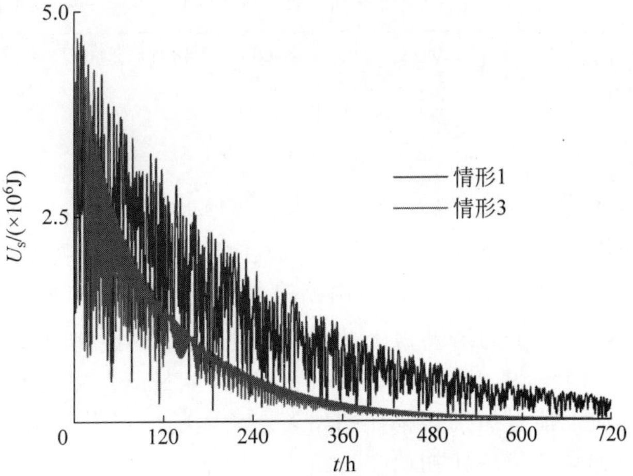

图 7-22 弹簧的能量变化

(请扫 I 页二维码看彩图)

由图 7-21 可以看出，在两种情况下，梁近地点的横向振动振幅远大于梁远地点的横向振动振幅。随着姿态角初始值的增大，梁两端横向振动幅值增大，其衰减速率也明显增大。

在不同速度、不同初始姿态角的情况下，弹簧的能量从相同的初始值($U_s|_{t=0} = 5 \times 10^6 \text{J}$)开始减小，如图 7-22 所示。弹簧能量的衰减速度随初始姿态角的增大而增大。

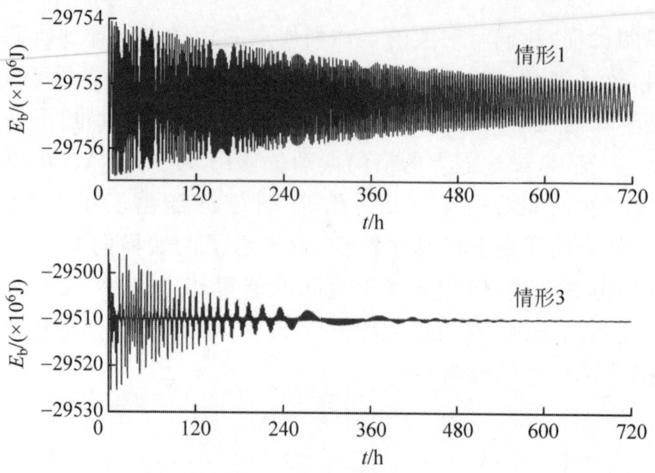

图 7-23　梁的能量变化
（请扫 I 页二维码看彩图）

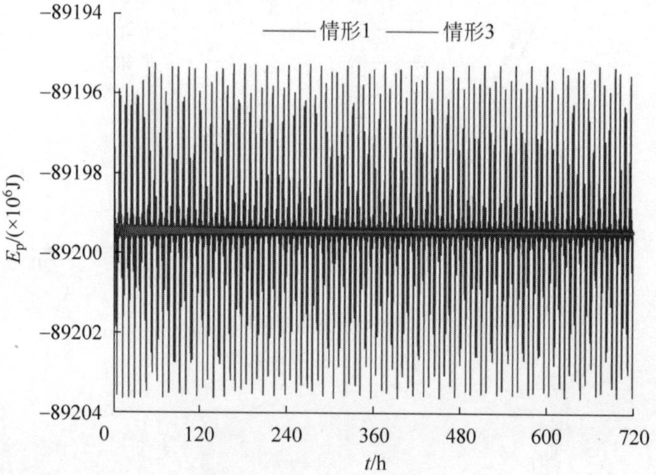

图 7-24　粒子的能量变化
（请扫 I 页二维码看彩图）

如图 7-23 所示，当柔性梁的初始姿态角为 π/64rad（情形 1，$E_b|_{t=0}\approx-29755.2\times10^6$J）时，其能量的变化振幅较小并且衰减缓慢，而在情形 3 中，当初始姿态取为 31π/64rad 时，情况更为复杂：梁能量的振荡在短期内略有增加，然后迅速下降（情形 3，$E_b|_{t=0}\approx-29509.8\times10^6$J）。与情形 1 的结果相比，情形 3 中梁能量的振荡幅度要大得多。

如图 7-24（$E_p|_{t=0}\approx-89199.4\times10^6$J）所示，质点能量振荡的振幅和衰减的速度均不同。初始姿态角小的质点能量振荡振幅比初始姿态角大的质点大。此外，大初始姿态角时，质点的能量振荡幅值的衰减速率比初始姿态角小时更快。

综合图 7-22～图 7-24 所示的弹簧、梁和质点的能量变化，可以得出结论：当初始姿态角较小时，弹簧中储存的弹性势能大部分转移到质点上（情形 1）。在这种情况下，E_p 的振荡幅度较大，E_b 的振荡幅度较小。由于考虑梁的阻尼，这种情况下，组合结构的总能量下降缓慢（图 7-20）。相反，当初始姿态角较大时，存储在两个弹簧中的弹性势能大多转移到梁上（情形 3）。在这种情况下，E_p 的振荡幅值较小，E_b 的振荡幅值较大，导致组合结构的总能量迅速下降（图 7-20）。以上关于梁、弹簧和质点之间能量传递的结论，可以用来解释不同初始姿态角组合结构总能量耗散率不同的原因,理解空间柔性梁的振动特性。

在目前的文献中,卫星平台系统与太阳能电池板之间的约束一般有以下两种理想化的处理方式:一种是简化为系绳;另一种是简化为杆。

系绳存在紧绷或松弛两种状态,当系绳松弛时,卫星平台系统与太阳能帆板之间的耦合就不存在了。从能量传递的角度来看,由于目前文献中考虑的系绳总是无弹性的,不能储存能量,能量传递只发生在系绳张拉过程中,一旦系绳张拉完全,能量传递就结束了。在拉伸状态下,系绳被认为是平台系统与太阳能电池板之间的双边约束,其作用与杆相同。如果将约束视为弹簧,则可以很好地考虑系绳约束的储能能力,可以包含现有文献中考虑平台系统与太阳能电池板之间约束的所有模型。

以下的模拟综合考虑了不同的弹簧刚度值,研究了该约束的储能能力对组合结构动力学行为的影响。假设 $M=3000\text{kg}$、$c=0.1$,对情形 3 采用上述保结构方法,模拟了组合结构的平面运动和柔性梁的横向振动。为了使数值结果更具有可比性,我们将弹簧的初始弹性势能固定($U_s|_{t=0}=5\times10^6\text{J}$),使组合结构的初始总能量不变,模拟时,弹簧刚度分别为 $k=20\text{N}\cdot\text{m}^{-1}$, $200\text{N}\cdot\text{m}^{-1}$, $2000\text{N}\cdot\text{m}^{-1}$, $20000\text{N}\cdot\text{m}^{-1}$,弹簧的初始压缩量为 $\Delta\lambda_1=\Delta\lambda_2=50\sqrt{10}\,\text{m}$, 50m, $\frac{50\sqrt{10}}{10}\text{m}$, 5m。梁的能量变化和质点的能量变化分别如图 7-25 和图 7-26 所示。

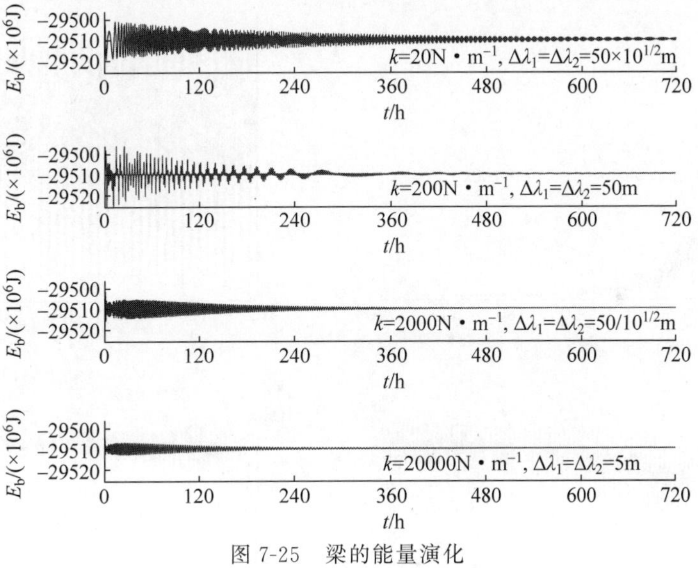

图 7-25 梁的能量演化
(请扫 I 页二维码看彩图)

由图 7-25 和图 7-26 所示的不同弹簧刚度下的梁和质点的能量变化趋势可以发现,随着弹簧刚度的增加,E_b 的衰减速度明显增加,E_p 的衰减速度略有下降。可以预见,随着弹簧刚度的增加,系统平面运动与梁横向振动之间的耦合将增强。当弹簧刚度 $k\to\infty$时,耦合效应达到峰值,此时约束可简化为杆。

已有研究表明,卫星平台的质量会对组合结构的动力学行为,特别是系统的稳定性产生影响[67-68,79,84]。因此,下述算例将详细研究简化为质点的卫星平台系统质量对组合结构稳定性的影响,其结果将对空间绳系系统的姿态控制设计具有一定的指导意义。

令 $k=200\text{N}\cdot\text{m}^{-1}$, $\Delta\lambda_1=\Delta\lambda_2=50\text{m}$ 和 $c=0.1$,用不同质点的情形 3 模拟了组合结构的平面运动,在三种情形中,情形三更接近组合结构的预期姿态。质点的质量分别为

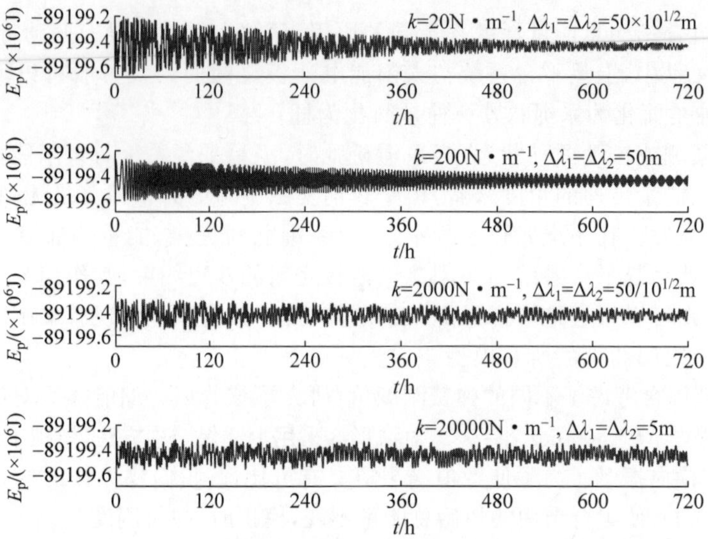

图 7-26 质点的能量演化

(请扫Ⅰ页二维码看彩图)

100kg,1000kg,3000kg,10000kg,姿态角的变化如图 7-27 所示。

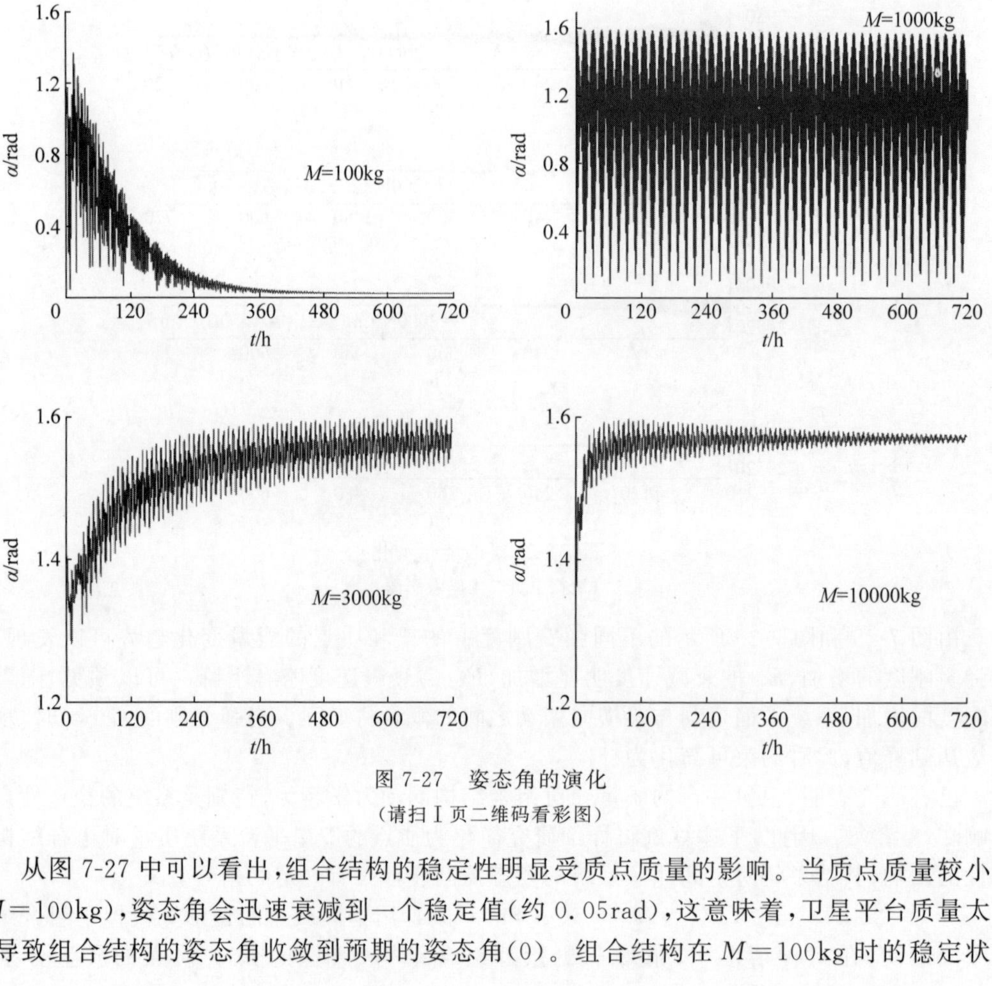

图 7-27 姿态角的演化

(请扫Ⅰ页二维码看彩图)

从图 7-27 中可以看出,组合结构的稳定性明显受质点质量的影响。当质点质量较小时($M=100$kg),姿态角会迅速衰减到一个稳定值(约 0.05rad),这意味着,卫星平台质量太小会导致组合结构的姿态角收敛到预期的姿态角(0)。组合结构在 $M=100$kg 时的稳定状态趋向于我们先前工作中[23]研究的平面柔性阻尼梁的稳定状态，但并不完全等于单独的平面柔性阻尼梁稳定姿态角。当质点质量等于梁的质量($M=1000$kg)时，组合结构不存在稳定平衡姿态，姿态角呈现较小的阻尼振荡。在这种情况下，组合结构的质量分布趋于均匀，稳定性变差。当质点的质量大于梁的质量($M=3000$kg，$M=10000$kg)，姿态角趋近于稳定姿态$\left(\frac{\pi}{2}\right)$。随着质点质量的增加，姿态角达到稳定值所需的时间减小，这意味着，质点质量的增加有利于提高组合结构的稳定性。

进一步，定义$\xi=\frac{M}{\rho l}$为质点与梁的质量比，便可以定量分析得到质点质量不同时姿态角的稳定值和达到稳定状态所需的时间，分别如图7-28和图7-29所示。这里，当满足以下不等式时，姿态角的稳定值定义为平均值，$\alpha^*(j)=\frac{1}{5}[\alpha(j-2)+\alpha(j-1)+\alpha(j)+\alpha(j+1)+\alpha(j+2)]$，姿态稳定判据为

$$\left|\frac{\alpha(n)-\alpha^*(j)}{\alpha^*(j)}\right|\leqslant 10^{-6},\quad n=j-2,j-1,j,j+1,j+2 \tag{7.4.21}$$

达到稳定状态所需的时间定义为$T_0=j\Delta t$。

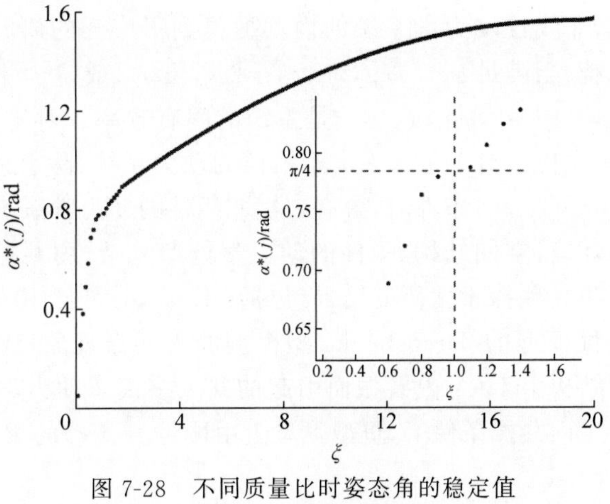

图7-28 不同质量比时姿态角的稳定值
(请扫Ⅰ页二维码看彩图)

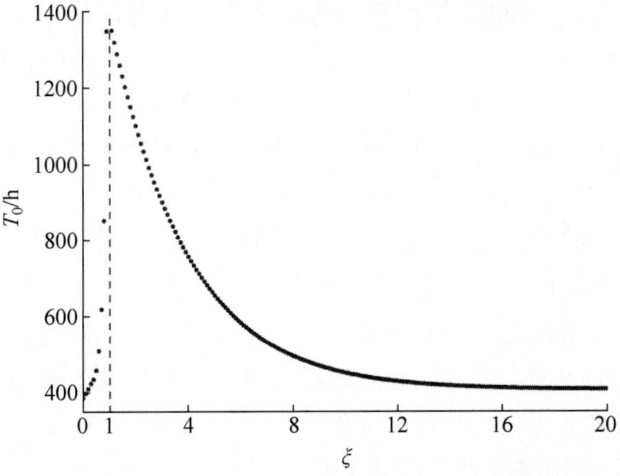

图7-29 在不同质量比下达到稳定状态所需的时间
(请扫Ⅰ页二维码看彩图)

从图 7-28 和图 7-29 所示的结果，观察姿态角稳定值和不同质量比时达到稳定状态所需的时间，便可验证图 7-27 的结论，同时能进一步发现下述规律。①姿态角的稳定值 ξ 随质量比的增大而增大。②达到稳定状态所需的时间与质量比的关系由 $\xi=1$ 分为两部分：当 $\xi<1$ 时，达到稳定状态所需的时间增加；当 $\xi>1$ 时，达到稳定状态所需的时间减少。③当 $\xi\to1$ 时，姿态角不存在稳定值，达到稳定状态所需的时间趋于无穷大，这意味着，当平台系统的质量接近太阳能电池板的质量时，组合结构趋于不稳定。

7.5 空间绳系系统中柔性梁的内共振现象

普遍共识中认为，非线性系统会表现出线性系统所没有的一系列现象，如模态相互作用、分岔和混沌运动等。模态相互作用称为内共振或参数共振，是非线性系统的一个新特性，它描述了系统模态之间的耦合或能量交换[90-93]，在过去半个世纪引起了广泛的研究兴趣。

大量的研究已经证明，产生内共振的条件是：系统的固有频率之间成倍数关系或近似倍数关系[90]。

近半个世纪以来，非线性动力学系统的内共振得到了广泛的研究[89,94-110]。对于含有三次非线性的动力系统，当满足 $\omega_n\simeq\omega_m$，$\omega_n\simeq|\pm2\omega_m\pm\omega_k|$ 或 $\omega_n\simeq|\pm\omega_m\pm\omega_k\pm\omega_l|$ 的条件时便会发生内共振，其中 ω_n，ω_m，ω_k，ω_l 是系统的固有频率。对于含有二次非线性的系统，内部共振条件较为宽松。对于包含三次非线性的动力系统，除上述的内共振条件外，当满足 $\omega_n\simeq2\omega_m$ 或 $\omega_n\simeq\omega_m\pm\omega_k$ 条件时，含有二次非线性的动力学系统也会发生内共振。

对于复杂的空间环境，空间结构/构件的动力学模型复杂，内共振条件难以解析获取。在这一领域已经报道了一些探索性研究结果，包括：Luczko[111] 利用分岔分析，解释和描述空间弯曲梁几何非线性模型的 Timoshenko 型模型的内共振现象；Wang 等[112] 研究了受到谐波荷载下的索网结构由 1∶1 内共振而引起的共振多模态动力学行为；Gao 等[109,113] 研究了在 2∶1 或 3∶1 内共振条件下，重型卫星上由刚性臂支撑的柔性空间天线的新型非线性动力学行为。

然而，对于更为复杂的空间结构，内共振现象却鲜有报道。以空间在轨绳系系统为例，在忽略内共振效应的情况下，给出了耦合动力系统[48]，并利用所提出的保结构方法再现了系统的能量传递/耗散特性[1,19,21,23,26,48,49,51,62,114-116]。尽管我们详细讨论了某些情况下的能量转移趋势，但我们在前面的工作[48] 中得到的结论可能并不适用于其他情况。特别是，空间在轨绳系系统[48] 的动力学模型中是否会发生某种内共振？由于系统本身是非线性的，如果系统具有内共振的条件，则会发生怎样的能量转移？

众所周知，对于弱非线性系统，内共振可以用摄动法研究[117-118]。但摄动法在研究强非线性系统的内共振现象时存在一定的局限性。因此，人们提出了几种有望取代摄动法的方法，包括几何方法、数值逼近方法和改进的解析逼近方法，来研究强非线性系统的内共振现象[119]。其中，多尺度法[113,120,123] 是针对强非线性系统更有效的方法之一。

本节的结构组织如下所述。在简要介绍内共振研究现状后，提出了绳系系统的简化动力学模型。然后，我们采用多尺度法推导了动力学模型的特征值问题。求解了特征值问题之后，我们得到了空间柔性梁的固有频率，利用固有频率的数学表达式，可以在系统参数和初始条件中给出发生内共振的条件。最后，我们采用保结构方法，从数值角度研究内共振对绳系系统姿态稳定性和能量传递规律的影响。

对于宇宙航空研究所组织的研究团队[86]提出的空间在轨绳系太阳能卫星(SPS)概念，并考虑由此简化而成的柔性梁-弹簧-质点组合结构(图 7-18)。需要指出的是，在目前关于绳系 SPS 结构构想的文献中，无论是系绳的轴向伸长还是轴向振动都被忽略了。但是，当系绳长度较长时，由轴向伸长引起的轴向振动对系统动力行为的影响是比较显著的。因此，我们应当将系绳的轴向振动纳入考虑范围。本节组合结构的动力学模型将使用广义坐标向量$[r_1,r_2,\alpha,\theta_1,\theta_2,u]^{\mathrm{T}}$和相关假设[48]来建立动力学模型，其中$r_1=r_1(t)=|OP|$和$\theta_1=\theta_1(t)$分别表示平台系统的轨道半径和轨道真近角(忽略平台系统的几何尺寸)，P表示质量为M的平台系统，长度为l、线密度为ρ的梁的中心轨道半径为$r_2=r_2(t)=|OO_1|$，轨道真近角为$\theta_2=\theta_2(t)$，弹性模量为E，截面惯性矩为I(梁的中心与局部坐标系原点重合)，$\alpha=\alpha(t)$是梁的姿态角，$u=u(x,t)$是uO_1v系统的平面运动和弹簧的振荡所引起的梁在局部坐标系中的横向振动位移。

该组合结构的拉格朗日函数已在文献[48]中给出：

$$\begin{aligned}L=&\frac{1}{2}M[\dot{r}_1^2+(r_1\dot{\theta}_1)^2]+\frac{\rho l}{2}[\dot{r}_2^2+(r_2\dot{\theta}_2)^2]+\frac{\rho l^3}{24}(\dot{\theta}_2+\dot{\alpha})^2+\\&\frac{\rho}{2}\int_{-\frac{l}{2}}^{\frac{l}{2}}[\partial_t^2u+u^2(\dot{\theta}_2+\dot{\alpha})^2]\mathrm{d}x+\frac{\mu M}{r_1}+\frac{\mu\rho l}{r_2}-\frac{\mu\rho l^3}{24r_2^3}(1-3\cos^2\alpha)-\\&\frac{EI}{2}\int_{-\frac{l}{2}}^{\frac{l}{2}}\partial_{xx}^2u\,\mathrm{d}x-k\left[r_1^2+r_2^2+\frac{1}{4}l_1^2+\lambda_0^2-2r_1r_2\cos(\theta_2-\theta_1)\right]-k\lambda_0(\Gamma_1^{1/2}+\Gamma_2^{1/2})\end{aligned}\tag{7.5.1}$$

其中，k和λ_0分别是两个无质量弹簧的刚度系数和原始长度，代表平台系统和太阳能电池板之间的弹性绳索；同时，

$$\begin{cases}\Gamma_1=r_1^2+r_2^2+\dfrac{1}{4}l^2-lr_2\cos\alpha-2r_1r_2\cos(\theta_2-\theta_1)+lr_1\cos(\theta_2-\theta_1+\alpha)\\\Gamma_2=r_1^2+r_2^2+\dfrac{1}{4}l^2+lr_2\cos\alpha-2r_1r_2\cos(\theta_2-\theta_1)-lr_1\cos(\theta_2-\theta_1+\alpha)\end{cases}\tag{7.5.2}$$

基于假定模态法和小变形假设，梁的弯曲变形可近似表示为$u(x,t)=\varphi(x)q(t)$，其中$\varphi(x)$为柔性梁的一阶模态函数，$q(t)$为相关模态坐标。从理论上讲，空间梁可以根据施加的外力或初始条件发生多种模态的变形。但在假定初始条件和给定结构系数的情况下，数值模拟得到的高阶模态振幅小于一阶模态。因此，我们参考目前的文献[110]，[127]将高阶模态忽略。

定义广义坐标为$\boldsymbol{\eta}=[r_1,r_2,\alpha,\theta_1,\theta_2,q]^{\mathrm{T}}=[\eta_1,\eta_2,\eta_3,\eta_4,\eta_5,\eta_6]^{\mathrm{T}}$，系统拉格朗日方程的具体形式可以由$\dfrac{\mathrm{d}}{\mathrm{d}t}\left(\dfrac{\partial L}{\partial\dot{\eta}}\right)-\dfrac{\partial L}{\partial\eta}=0$得到：

$$\begin{aligned}M\ddot{r}_1+2kr_1=&M\dot{\theta}_1^2r_1-\frac{\mu M}{r_1^2}+2kr_2\cos(\theta_2-\theta_1)+\\&\frac{1}{2}k\lambda_0\Gamma_1^{-1/2}[2r_1-2r_2\cos(\theta_2-\theta_1)+l\cos(\theta_2-\theta_1+\alpha)]+\end{aligned}$$

$$\frac{1}{2}k\lambda_0\Gamma_2^{-1/2}[2r_1-2r_2\cos(\theta_2-\theta_1)-l\cos(\theta_2-\theta_1+\alpha)] \tag{7.5.3}$$

$$\begin{aligned}\rho l\ddot{r}_2+2kr_2=&\rho l\dot{\theta}_2^2r_2-\frac{\mu\rho l}{r_2^2}+\frac{\mu\rho l^3}{8r_2^4}(1-3\cos^2\alpha)+2kr_1\cos(\theta_2-\theta_1)+\\&\frac{1}{2}k\lambda_0\Gamma_1^{-1/2}[2r_2-l\cos\alpha-2r_1\cos(\theta_2-\theta_1)]+\\&\frac{1}{2}k\lambda_0\Gamma_2^{-1/2}[2r_2+l\cos\alpha-2r_1\cos(\theta_2-\theta_1)]\end{aligned} \tag{7.5.4}$$

$$\begin{aligned}&\left[\frac{\rho l^3}{12}+\rho q^2\int_{-\frac{l}{2}}^{\frac{l}{2}}\varphi^2(x)\,\mathrm{d}x\right]\ddot{\alpha}+\left[\frac{\rho l^3}{12}+\rho q^2\int_{-\frac{l}{2}}^{\frac{l}{2}}\varphi^2(x)\,\mathrm{d}x\right]\ddot{\theta}_2\\&=-\frac{\mu\rho l^3}{4r_2^3}\cos\alpha\sin\alpha-2\rho q\dot{q}(\dot{\theta}_2+\dot{\alpha})\int_{-\frac{l}{2}}^{\frac{l}{2}}\varphi^2(x)\,\mathrm{d}x\\&\quad+\frac{1}{2}kl\lambda_0(\Gamma_1^{-1/2}-\Gamma_2^{-1/2})[r_2\sin\alpha-r_1\sin(\theta_2-\theta_1+\alpha)]\end{aligned} \tag{7.5.5}$$

$$\begin{aligned}Mr_1^2\ddot{\theta}_1=&-2Mr_1\dot{r}_1\dot{\theta}_1+2kr_1r_2\sin(\theta_2-\theta_1)-\\&\frac{1}{2}k\lambda_0r_1\Gamma_1^{-1/2}[2r_2\sin(\theta_2-\theta_1)-l\sin(\theta_2-\theta_1+\alpha)]-\\&\frac{1}{2}k\lambda_0r_1\Gamma_2^{-1/2}[2r_2\sin(\theta_2-\theta_1)+l\sin(\theta_2-\theta_1+\alpha)]\end{aligned} \tag{7.5.6}$$

$$\begin{aligned}&\left[\frac{\rho l^3}{12}+\rho q^2\int_{-\frac{l}{2}}^{\frac{l}{2}}\varphi^2(x)\,\mathrm{d}x\right]\ddot{\alpha}+\left[\rho lr_2^2+\frac{\rho l^3}{12}+\rho q^2\int_{-\frac{l}{2}}^{\frac{l}{2}}\varphi^2(x)\,\mathrm{d}x\right]\ddot{\theta}_2\\&=-2\rho lr_2\dot{r}_2\dot{\theta}_2-2\rho q\dot{q}(\dot{\theta}_2+\dot{\alpha})\int_{-\frac{l}{2}}^{\frac{l}{2}}\varphi^2(x)\,\mathrm{d}x-2kr_1r_2\sin(\theta_2-\theta_1)\\&\quad+\frac{1}{2}k\lambda_0r_1\Gamma_1^{-1/2}[2r_2\sin(\theta_2-\theta_1)-l\sin(\theta_2-\theta_1+\alpha)]\\&\quad+\frac{1}{2}k\lambda_0r_1\Gamma_2^{-1/2}[2r_2\sin(\theta_2-\theta_1)+l\sin(\theta_2-\theta_1+\alpha)]\end{aligned} \tag{7.5.7}$$

$$\rho\ddot{q}\int_{-\frac{l}{2}}^{\frac{l}{2}}\varphi^2(x)\,\mathrm{d}x+EIq\int_{-\frac{l}{2}}^{\frac{l}{2}}[\varphi''(x)]^2\mathrm{d}x=\rho q(\dot{\theta}_2+\dot{\alpha})^2\int_{-\frac{l}{2}}^{\frac{l}{2}}\varphi^2(x)\,\mathrm{d}x \tag{7.5.8}$$

上述拉格朗日方程可以重写为一阶矩阵形式：

$$\boldsymbol{M}(\boldsymbol{\eta})\ddot{\boldsymbol{\eta}}+\boldsymbol{K}(\boldsymbol{\eta})\boldsymbol{\eta}-\boldsymbol{P}(\boldsymbol{\eta},\dot{\boldsymbol{\eta}})=\boldsymbol{0} \tag{7.5.9}$$

其中，$\boldsymbol{M}(\boldsymbol{\eta})$和$\boldsymbol{K}(\boldsymbol{\eta})$分别为质量矩阵和刚度矩阵；$\boldsymbol{P}(\boldsymbol{\eta},\dot{\boldsymbol{\eta}})$是非线性项，即

$$\boldsymbol{M}(\boldsymbol{\eta})=\begin{bmatrix}M_{11}&0&0&0&0&0\\0&M_{22}&0&0&0&0\\0&0&M_{33}&0&M_{35}&0\\0&0&0&M_{44}&0&0\\0&0&M_{53}&0&M_{55}&0\\0&0&0&0&0&M_{66}\end{bmatrix},\quad \boldsymbol{K}(\boldsymbol{\eta})=\begin{bmatrix}K_{11}&0&0&0&0&0\\0&K_{22}&0&0&0&0\\0&0&0&0&0&0\\0&0&0&0&0&0\\0&0&0&0&0&0\\0&0&0&0&0&K_{66}\end{bmatrix}$$

$$\boldsymbol{P}(\boldsymbol{\eta},\dot{\boldsymbol{\eta}})=[Q_{v1},Q_{v2},Q_{v3},Q_{v4},Q_{v5},Q_{v6}]^{\mathrm{T}}$$

上述公式中元素和参数的具体表达式为

$$\begin{cases}M_{11}=M\\ M_{22}=\rho l\\ M_{33}=M_{35}=M_{53}=J+\rho q^2A_{xx}\\ M_{44}=Mr_1^2\\ M_{55}=\rho lr_2^2+J+\rho q^2A_{xx}\\ M_{66}=\rho A_{xx}\\ J=\rho l^3/12\\ A_{xx}=\int_{-\frac{l}{2}}^{\frac{l}{2}}\varphi^2(x)\mathrm{d}x\end{cases},\quad\begin{cases}K_{11}=2k\\ K_{22}=2k\\ K_{66}=EIB_{xx}\\ B_{xx}=\int_{-\frac{l}{2}}^{\frac{l}{2}}[\varphi''(x)]^2\mathrm{d}x\end{cases}\tag{7.5.10}$$

$$\begin{cases}Q_{v1}=M\dot{\theta}_1^2r_1-\dfrac{\mu M}{r_1^2}+2kr_2\cos(\theta_2-\theta_1)\\ \qquad+\dfrac{1}{2}k\lambda_0\Gamma_1^{-1/2}[2r_1-2r_2\cos(\theta_2-\theta_1)+l\cos(\theta_2-\theta_1+\alpha)]\\ \qquad+\dfrac{1}{2}k\lambda_0\Gamma_2^{-1/2}[2r_1-2r_2\cos(\theta_2-\theta_1)-l\cos(\theta_2-\theta_1+\alpha)]\\ Q_{v2}=\rho l\dot{\theta}_2^2r_2-\dfrac{\mu\rho l}{r_2^2}+\dfrac{\mu\rho l^3}{8r_2^4}(1-3\cos^2\alpha)+2kr_1\cos(\theta_2-\theta_1)\\ \qquad+\dfrac{1}{2}k\lambda_0\Gamma_1^{-1/2}[2r_2-l\cos\alpha-2r_1\cos(\theta_2-\theta_1)]\\ \qquad+\dfrac{1}{2}k\lambda_0\Gamma_2^{-1/2}[2r_2+l\cos\alpha-2r_1\cos(\theta_2-\theta_1)]\\ Q_{v3}=-2\rho q\dot{q}(\dot{\theta}_2+\dot{\alpha})A_{xx}-\dfrac{\mu\rho l^3}{4r_2^3}\cos\alpha\sin\alpha\\ \qquad+\dfrac{1}{2}kl\lambda_0(\Gamma_1^{-1/2}-\Gamma_2^{-1/2})[r_2\sin\alpha-r_1\sin(\theta_2-\theta_1+\alpha)]\\ Q_{v4}=-2Mr_1\dot{r}_1\dot{\theta}_1+2kr_1r_2\sin(\theta_2-\theta_1)\\ \qquad-\dfrac{1}{2}k\lambda_0r_1\Gamma_1^{-1/2}[2r_2\sin(\theta_2-\theta_1)-l\sin(\theta_2-\theta_1+\alpha)]\\ \qquad-\dfrac{1}{2}k\lambda_0r_1\Gamma_2^{-1/2}[2r_2\sin(\theta_2-\theta_1)+l\sin(\theta_2-\theta_1+\alpha)]\\ Q_{v5}=-2\rho lr_2\dot{r}_2\dot{\theta}_2-2\rho q\dot{q}(\dot{\theta}_2+\dot{\alpha})A_{xx}-2kr_1r_2\sin(\theta_2-\theta_1)\\ \qquad+\dfrac{1}{2}k\lambda_0r_1\Gamma_1^{-1/2}[2r_2\sin(\theta_2-\theta_1)-l\sin(\theta_2-\theta_1+\alpha)]\\ \qquad+\dfrac{1}{2}k\lambda_0r_1\Gamma_2^{-1/2}[2r_2\sin(\theta_2-\theta_1)+l\sin(\theta_2-\theta_1+\alpha)]\\ Q_{v6}=\rho q(\dot{\theta}_2+\dot{\alpha})^2A_{xx}\end{cases}\tag{7.5.11}$$

上文提及的多尺度法是研究强非线性系统内共振的比较成熟的方法之一。因此，参考文献[109]，文献[124]，本节系统式(7.5.9)将采用多尺度法。

取系统式(7.5.9)的三阶近似解为

$$\boldsymbol{\eta}(t,\varepsilon)=\boldsymbol{\eta}_0+\varepsilon\boldsymbol{\eta}_1(T_0,T_1,T_2)+\varepsilon^2\boldsymbol{\eta}_2(T_0,T_1,T_2)+\varepsilon^3\boldsymbol{\eta}_3(T_0,T_1,T_2)+\boldsymbol{O}(\varepsilon^4) \tag{7.5.12}$$

其中，$T_n=\varepsilon^n t,n=0,1,2,\cdots$；$\varepsilon$ 是一个小参数。

对于 T_0，T_1 和 T_2，时间导数变为

$$\begin{aligned}
&\frac{\mathrm{d}}{\mathrm{d}t}=\frac{\partial}{\partial T_0}+\varepsilon\frac{\partial}{\partial T_1}+\varepsilon^2\frac{\partial}{\partial T_2}+\cdots=D_0+\varepsilon D_1+\varepsilon^2 D_2+\cdots\\
&\frac{\mathrm{d}^2}{\mathrm{d}t^2}=\frac{\mathrm{d}}{\mathrm{d}t}\left(\frac{\partial}{\partial T_0}+\varepsilon\frac{\partial}{\partial T_1}+\varepsilon^2\frac{\partial}{\partial T_2}+\cdots\right)\\
&\quad=(D_0+\varepsilon D_1+\varepsilon^2 D_2+\cdots)^2=D_0^2+2\varepsilon D_0 D_1+\varepsilon^2(D_1^2+2D_0D_2)+\cdots
\end{aligned} \tag{7.5.13}$$

其中，D_n 是偏微分算子，定义为 $D_n=\dfrac{\partial}{\partial T_n}(n=0,1,2,\cdots)$。

相应地，矩阵 $\boldsymbol{M}(\boldsymbol{\eta})$，$\boldsymbol{K}(\boldsymbol{\eta})$ 和 $\boldsymbol{P}(\boldsymbol{\eta},\dot{\boldsymbol{\eta}})$ 可以展开为以下的二阶泰勒级数：

$$\begin{aligned}
\boldsymbol{M}(\boldsymbol{\eta})&=\boldsymbol{M}(\boldsymbol{\eta}_0)+\frac{\partial\boldsymbol{M}}{\partial\boldsymbol{\eta}}(\boldsymbol{\eta}-\boldsymbol{\eta}_0)+\frac{1}{2}\frac{\partial^2\boldsymbol{M}}{\partial\boldsymbol{\eta}^2}(\boldsymbol{\eta}-\boldsymbol{\eta}_0)^2+\frac{1}{6}\frac{\partial^3\boldsymbol{M}}{\partial\boldsymbol{\eta}^3}(\eta-\eta_0)^3\\
&=\boldsymbol{M}(\boldsymbol{\eta}_0)+\frac{\partial\boldsymbol{M}}{\partial\boldsymbol{\eta}}(\varepsilon\boldsymbol{\eta}_1+\varepsilon^2\boldsymbol{\eta}_2+\varepsilon^3\boldsymbol{\eta}_3)+\frac{1}{2}\frac{\partial^2\boldsymbol{M}}{\partial\boldsymbol{\eta}^2}(\varepsilon\boldsymbol{\eta}_1+\varepsilon^2\boldsymbol{\eta}_2+\varepsilon^3\boldsymbol{\eta}_3)^2+\\
&\quad\frac{1}{6}\frac{\partial^3\boldsymbol{M}}{\partial\boldsymbol{\eta}^3}(\varepsilon\boldsymbol{\eta}_1+\varepsilon^2\boldsymbol{\eta}_2+\varepsilon^3\boldsymbol{\eta}_3)^3
\end{aligned} \tag{7.5.14}$$

$$\begin{aligned}
\boldsymbol{K}(\boldsymbol{\eta})&=\boldsymbol{K}(\boldsymbol{\eta}_0)+\frac{\partial\boldsymbol{K}}{\partial\boldsymbol{\eta}}(\boldsymbol{\eta}-\boldsymbol{\eta}_0)+\frac{1}{2}\frac{\partial^2\boldsymbol{K}}{\partial\boldsymbol{\eta}^2}(\boldsymbol{\eta}-\boldsymbol{\eta}_0)^2+\frac{1}{6}\frac{\partial^3\boldsymbol{K}}{\partial\boldsymbol{\eta}^3}(\boldsymbol{\eta}-\boldsymbol{\eta}_0)^3\\
&=\boldsymbol{K}(\boldsymbol{\eta}_0)+\frac{\partial\boldsymbol{K}}{\partial\boldsymbol{\eta}}(\varepsilon\boldsymbol{\eta}_1+\varepsilon^2\boldsymbol{\eta}_2+\varepsilon^3\boldsymbol{\eta}_3)+\frac{1}{2}\frac{\partial^2\boldsymbol{K}}{\partial\boldsymbol{\eta}^2}(\varepsilon\boldsymbol{\eta}_1+\varepsilon^2\boldsymbol{\eta}_2+\varepsilon^3\boldsymbol{\eta}_3)^2+\\
&\quad\frac{1}{6}\frac{\partial^3\boldsymbol{K}}{\partial\boldsymbol{\eta}^3}(\varepsilon\boldsymbol{\eta}_1+\varepsilon^2\boldsymbol{\eta}_2+\varepsilon^3\boldsymbol{\eta}_3)^3
\end{aligned} \tag{7.5.15}$$

$$\begin{aligned}
\boldsymbol{P}(\boldsymbol{\eta},\dot{\boldsymbol{\eta}})&=\boldsymbol{P}(\boldsymbol{\eta}_0,D_0\boldsymbol{\eta}_0)+\frac{\partial\boldsymbol{P}}{\partial\boldsymbol{\eta}}(\boldsymbol{\eta}-\boldsymbol{\eta}_0)+\frac{\partial\boldsymbol{P}}{\partial\dot{\boldsymbol{\eta}}}(\dot{\boldsymbol{\eta}}-D_0\boldsymbol{\eta}_0)+\\
&\quad\frac{1}{2}\left[\frac{\partial^2\boldsymbol{P}}{\partial\boldsymbol{\eta}^2}(\boldsymbol{\eta}-\boldsymbol{\eta}_0)^2+\frac{\partial^2\boldsymbol{P}}{\partial\dot{\boldsymbol{\eta}}^2}(\dot{\boldsymbol{\eta}}-D_0\boldsymbol{\eta}_0)^2+2\frac{\partial^2\boldsymbol{P}}{\partial\boldsymbol{\eta}\partial\dot{\boldsymbol{\eta}}}(\boldsymbol{\eta}-\boldsymbol{\eta}_0)(\dot{\boldsymbol{\eta}}-D_0\boldsymbol{\eta}_0)\right]+\\
&\quad\frac{1}{6}\left[\frac{\partial^3\boldsymbol{P}}{\partial\boldsymbol{\eta}^3}(\boldsymbol{\eta}-\boldsymbol{\eta}_0)^2+3\frac{\partial^3\boldsymbol{P}}{\partial\boldsymbol{\eta}^2\partial\dot{\boldsymbol{\eta}}}(\dot{\boldsymbol{\eta}}-\boldsymbol{\eta}_0)^2(\dot{\boldsymbol{\eta}}-D_0\boldsymbol{\eta}_0)+\right.\\
&\quad\left.3\frac{\partial^3\boldsymbol{P}}{\partial\boldsymbol{\eta}\partial\dot{\boldsymbol{\eta}}^2}(\boldsymbol{\eta}-\boldsymbol{\eta}_0)(\dot{\boldsymbol{\eta}}-D_0\boldsymbol{\eta}_0)^2+\frac{\partial^3\boldsymbol{P}}{\partial\dot{\boldsymbol{\eta}}^3}(\dot{\boldsymbol{\eta}}-D_0\boldsymbol{\eta}_0)^3\right]
\end{aligned}$$

$$
\begin{aligned}
&= \boldsymbol{P}(\boldsymbol{\eta}_0, D_0\boldsymbol{\eta}_0) + \frac{\partial \boldsymbol{P}}{\partial \boldsymbol{\eta}}(\varepsilon\boldsymbol{\eta}_1 + \varepsilon^2\boldsymbol{\eta}_2 + \varepsilon^3\boldsymbol{\eta}_3) + \\
&\quad \frac{\partial \boldsymbol{P}}{\partial \dot{\boldsymbol{\eta}}}[\varepsilon D_0\boldsymbol{\eta}_1 + \varepsilon^2(D_0\boldsymbol{\eta}_2 + D_1\boldsymbol{\eta}_1) + \varepsilon^3(D_0\boldsymbol{\eta}_3 + D_1\boldsymbol{\eta}_2 + D_2\boldsymbol{\eta}_1)] + \\
&\quad \frac{1}{2}\left\{\frac{\partial^2 \boldsymbol{P}}{\partial \boldsymbol{\eta}^2}(\varepsilon\boldsymbol{\eta}_1 + \varepsilon^2\boldsymbol{\eta}_2 + \varepsilon^3\boldsymbol{\eta}_3)^2 + \frac{\partial^2 \boldsymbol{P}}{\partial \dot{\boldsymbol{\eta}}^2}[\varepsilon D_0\boldsymbol{\eta}_1 + \varepsilon^2(D_0\boldsymbol{\eta}_2 + D_1\boldsymbol{\eta}_1) + \right.\\
&\quad \varepsilon^3(D_0\boldsymbol{\eta}_3 + D_1\boldsymbol{\eta}_2 + D_2\boldsymbol{\eta}_1)]^2 + 2\frac{\partial^2 \boldsymbol{P}}{\partial \boldsymbol{\eta}\,\partial \dot{\boldsymbol{\eta}}}(\varepsilon\boldsymbol{\eta}_1 + \varepsilon^2\boldsymbol{\eta}_2 + \varepsilon^3\boldsymbol{\eta}_3)[\varepsilon D_0\boldsymbol{\eta}_1 + \varepsilon^2(D_0\boldsymbol{\eta}_2 + D_1\boldsymbol{\eta}_1) + \\
&\quad \left.\varepsilon^3(D_0\boldsymbol{\eta}_3 + D_1\boldsymbol{\eta}_2 + D_2\boldsymbol{\eta}_1)]\right\} + \frac{1}{6}\left\{\frac{\partial^3 \boldsymbol{P}}{\partial \boldsymbol{\eta}^3}(\varepsilon\boldsymbol{\eta}_1 + \varepsilon^2\boldsymbol{\eta}_2 + \varepsilon^3\boldsymbol{\eta}_3)^3 + \right.\\
&\quad \frac{\partial^3 \boldsymbol{P}}{\partial \dot{\boldsymbol{\eta}}^3}[\varepsilon D_0\boldsymbol{\eta}_1 + \varepsilon^2(D_0\boldsymbol{\eta}_2 + D_1\boldsymbol{\eta}_1) + \varepsilon^3(D_0\boldsymbol{\eta}_3 + D_1\boldsymbol{\eta}_2 + D_2\boldsymbol{\eta}_1)]^3 + \\
&\quad 3\frac{\partial^2 \boldsymbol{P}}{\partial \boldsymbol{\eta}^2\partial \dot{\boldsymbol{\eta}}}(\varepsilon\boldsymbol{\eta}_1 + \varepsilon^2\boldsymbol{\eta}_2 + \varepsilon^3\boldsymbol{\eta}_3)^2[\varepsilon D_0\boldsymbol{\eta}_1 + \varepsilon^2(D_0\boldsymbol{\eta}_2 + D_1\boldsymbol{\eta}_1) + \varepsilon^3(D_0\boldsymbol{\eta}_3 + D_1\boldsymbol{\eta}_2 + D_2\boldsymbol{\eta}_1)] + \\
&\quad \left.3\frac{\partial^2 \boldsymbol{P}}{\partial \boldsymbol{\eta}\,\partial \dot{\boldsymbol{\eta}}^2}(\varepsilon\boldsymbol{\eta}_1 + \varepsilon^2\boldsymbol{\eta}_2 + \varepsilon^3\boldsymbol{\eta}_3)[\varepsilon D_0\boldsymbol{\eta}_1 + \varepsilon^2(D_0\boldsymbol{\eta}_2 + D_1\boldsymbol{\eta}_1) + \varepsilon^3(D_0\boldsymbol{\eta}_3 + D_1\boldsymbol{\eta}_2 + D_2\boldsymbol{\eta}_1)]^2\right\}
\end{aligned} \tag{7.5.16}
$$

将上述二阶泰勒级数和式(7.5.12)代入式(7.5.9),并比较 ε 的相同的次幂,可得

$$\boldsymbol{K}_0\boldsymbol{\eta}_0 - \boldsymbol{P}_0 = \boldsymbol{0} \tag{7.5.17}$$

$$\boldsymbol{M}_0 D_0^2\boldsymbol{\eta}_1 + \boldsymbol{R}_0\boldsymbol{\eta}_1 = \boldsymbol{0} \tag{7.5.18}$$

$$
\begin{aligned}
\boldsymbol{M}_0 D_0^2\boldsymbol{\eta}_2 + \boldsymbol{R}_0\boldsymbol{\eta}_2 = &-2\boldsymbol{M}_0 D_0 D_1\boldsymbol{\eta}_1 - \boldsymbol{M}_1(\boldsymbol{\eta}_1)D_0^2\boldsymbol{\eta}_1 - \boldsymbol{K}_1(\boldsymbol{\eta}_1)\boldsymbol{\eta}_1 - \\
&\boldsymbol{K}_2(\boldsymbol{\eta}_1, \boldsymbol{\eta}_1)\boldsymbol{\eta}_0 + \boldsymbol{P}_{12}D_1\boldsymbol{\eta}_1 + \boldsymbol{P}_2(\boldsymbol{\eta}_1, D_0\boldsymbol{\eta}_1)
\end{aligned} \tag{7.5.19}
$$

$$
\begin{aligned}
\boldsymbol{M}_0 D_0^2\boldsymbol{\eta}_3 + \boldsymbol{R}_0\boldsymbol{\eta}_3 = &-2\boldsymbol{M}_0 D_0 D_1\boldsymbol{\eta}_2 - \boldsymbol{M}_0 D_1^2\boldsymbol{\eta}_1 - 2\boldsymbol{M}_0 D_0 D_2\boldsymbol{\eta}_2 - \boldsymbol{M}_1(\boldsymbol{\eta}_1)D_0^2\boldsymbol{\eta}_2 - \\
&2\boldsymbol{M}_1(\boldsymbol{\eta}_1)D_0 D_1\boldsymbol{\eta}_1 - \boldsymbol{M}_1(\boldsymbol{\eta}_2)D_0^2\boldsymbol{\eta}_1 - \boldsymbol{M}_2(\boldsymbol{\eta}_1, \boldsymbol{\eta}_1)D_0^2\boldsymbol{\eta}_1 - \boldsymbol{K}_1(\boldsymbol{\eta}_1)\boldsymbol{\eta}_2 - \\
&\boldsymbol{K}_1(\boldsymbol{\eta}_2)\boldsymbol{\eta}_1 - \boldsymbol{K}_2(\boldsymbol{\eta}_1, \boldsymbol{\eta}_1)\boldsymbol{\eta}_1 - 2\boldsymbol{K}_2(\boldsymbol{\eta}_1, \boldsymbol{\eta}_2)\boldsymbol{\eta}_0 - \boldsymbol{K}_3(\boldsymbol{\eta}_1, \boldsymbol{\eta}_1, \boldsymbol{\eta}_1)\boldsymbol{\eta}_0 + \\
&\boldsymbol{P}_{12}(D_1\boldsymbol{\eta}_2 + D_2\boldsymbol{\eta}_1) + 2\boldsymbol{P}_{21}(\boldsymbol{\eta}_1, D_0\boldsymbol{\eta}_2 + D_1\boldsymbol{\eta}_1) + 2\boldsymbol{P}_{21}(\boldsymbol{\eta}_2, D_0\boldsymbol{\eta}_1) + \\
&\boldsymbol{P}_{211}(\boldsymbol{\eta}_1, \boldsymbol{\eta}_2) + \boldsymbol{P}_{22}(D_0\boldsymbol{\eta}_1, D_1\boldsymbol{\eta}_1 + D_0\boldsymbol{\eta}_2) + \boldsymbol{P}_3(\boldsymbol{\eta}_1, D_0\boldsymbol{\eta}_1)
\end{aligned} \tag{7.5.20}
$$

其中,

$$\boldsymbol{M}_0 = \boldsymbol{M}(\boldsymbol{\eta}_0), \quad \boldsymbol{K}_0 = \boldsymbol{K}(\boldsymbol{\eta}_0), \quad \boldsymbol{P}_0 = \boldsymbol{P}(\boldsymbol{\eta}_0, D_0\boldsymbol{\eta}_0) \tag{7.5.21}$$

$$
\begin{cases}
\boldsymbol{M}_1(\boldsymbol{x}) = \left[\dfrac{\partial \boldsymbol{M}}{\partial \eta_i}\boldsymbol{x}_i\right], & \boldsymbol{K}_1(\boldsymbol{x}) = \left[\dfrac{\partial \boldsymbol{K}}{\partial \eta_i}\boldsymbol{x}_i\right] \\
\boldsymbol{P}_{11} = [P_{11ij}] = \left[\dfrac{\partial \boldsymbol{P}_i}{\partial \eta_j}\right], & \boldsymbol{P}_{12} = [P_{12ij}] = \left[\dfrac{\partial \boldsymbol{P}_i}{\partial \dot{\eta}_j}\right]
\end{cases} \tag{7.5.22}
$$

$$\begin{cases} \boldsymbol{M}_2(\boldsymbol{x},\boldsymbol{y}) = \left[\dfrac{1}{2}\dfrac{\partial^2 \boldsymbol{M}}{\partial \eta_i \partial \eta_j}\boldsymbol{x}_i \boldsymbol{y}_j\right] \\ \boldsymbol{K}_2(\boldsymbol{x},\boldsymbol{y}) = \left[\dfrac{1}{2}\dfrac{\partial^2 \boldsymbol{K}}{\partial \eta_i \partial \eta_j}\boldsymbol{x}_i \boldsymbol{y}_j\right] \\ \boldsymbol{P}_2(\boldsymbol{x},\boldsymbol{y}) = [P_{2k}(\boldsymbol{x},\boldsymbol{y})] = \left[\dfrac{1}{2}\left(\dfrac{\partial \boldsymbol{P}_k}{\partial \eta_i}\boldsymbol{x}_i + \dfrac{\partial \boldsymbol{P}_k}{\partial \dot{\eta}_j}\boldsymbol{y}_j\right)^2\right] \\ \boldsymbol{P}_{21}(\boldsymbol{x},\boldsymbol{y}) = [P_{21k}(\boldsymbol{x},\boldsymbol{y})] = \left[\dfrac{1}{2}\dfrac{\partial^2 \boldsymbol{P}_k}{\partial \eta_i \partial \dot{\eta}_j}\boldsymbol{x}_i \boldsymbol{y}_j\right] \\ \boldsymbol{P}_{211}(\boldsymbol{x},\boldsymbol{y}) = [P_{211k}(\boldsymbol{x},\boldsymbol{y})] = \left[\dfrac{1}{2}\dfrac{\partial^2 \boldsymbol{P}_k}{\partial \eta_i \partial \eta_j}\boldsymbol{x}_i \boldsymbol{y}_j\right] \\ \boldsymbol{P}_{22}(\boldsymbol{x},\boldsymbol{y}) = [P_{22k}(\boldsymbol{x},\boldsymbol{y})] = \left[\dfrac{1}{2}\dfrac{\partial^2 \boldsymbol{P}_k}{\partial \dot{\eta}_i \partial \dot{\eta}_j}\boldsymbol{x}_i \boldsymbol{y}_j\right] \end{cases} \tag{7.5.23}$$

$$\begin{cases} \boldsymbol{K}_3(\boldsymbol{x},\boldsymbol{y},\boldsymbol{z}) = \left[\dfrac{1}{6}\dfrac{\partial^3 \boldsymbol{K}}{\partial \eta_i \partial \eta_j \partial \eta_k}\boldsymbol{x}_i \boldsymbol{y}_j \boldsymbol{z}_k\right] \\ \boldsymbol{P}_3(\boldsymbol{x},\boldsymbol{y}) = [P_{3k}(\boldsymbol{x},\boldsymbol{y})] = \left[\dfrac{1}{6}\left(\dfrac{\partial \boldsymbol{P}_k}{\partial \eta_i}\boldsymbol{x}_i + \dfrac{\partial \boldsymbol{P}_k}{\partial \dot{\eta}_j}\boldsymbol{y}_j\right)^3\right] \end{cases} \tag{7.5.24}$$

$$\begin{cases} \boldsymbol{R}_0 = \boldsymbol{K}_0 - \boldsymbol{P}_{11} - \boldsymbol{P}_{12} D_0 + \boldsymbol{Q}_0 \\ \boldsymbol{Q}_0 = \left[\left\{\dfrac{\partial \boldsymbol{K}}{\partial \eta_1}\boldsymbol{\eta}_0\right\}\left\{\dfrac{\partial \boldsymbol{K}}{\partial \eta_2}\boldsymbol{\eta}_0\right\}\cdots\left\{\dfrac{\partial \boldsymbol{K}}{\partial \eta_N}\boldsymbol{\eta}_0\right\}\right] \end{cases} \tag{7.5.25}$$

上述方程中所有导数的取值为$\boldsymbol{\eta} = \boldsymbol{\eta}_0$。

在式(7.5.23)和式(7.5.24)中，应用爱因斯坦求和约定，可以得到

$$\left(\frac{\partial \boldsymbol{P}_k}{\partial \eta_i}\boldsymbol{x}_i + \frac{\partial \boldsymbol{P}_k}{\partial \dot{\eta}_j}\boldsymbol{y}_j\right)^m = \sum_{n=0}^{m} \mathrm{C}_m^n \frac{\partial^m \boldsymbol{P}_k}{\partial \eta_i^n \partial \dot{\eta}_j^{m-n}}\boldsymbol{x}_i^n \boldsymbol{y}_j^{m-n}, \quad m = 2,3 \tag{7.5.26}$$

至此，式(7.5.17)～式(7.5.20)中的所有元素的推导都是根据参考文献[109]，[113]的，现在，我们研究的重点转到假设的近似解，并分别研究$\boldsymbol{\eta}_i (i=0,1,2)$的解。

从式(7.5.17)中，$\boldsymbol{\eta}_0$ 可被直接表达为$\boldsymbol{\eta}_0 = \boldsymbol{K}_0^{-1}\boldsymbol{P}_0$。

当且仅当矩阵非奇异时，$\boldsymbol{\eta}_1$ 的一阶近似可以通过式(7.5.18)$D_0^2\boldsymbol{\eta}_1 + \boldsymbol{S}_0\boldsymbol{\eta}_1 = 0$(这里$\boldsymbol{S}_0 = \boldsymbol{M}_0^{-1}\boldsymbol{R}_0$ 式$\boldsymbol{\eta}_0$ 的矩阵函数)的转换得到，如下：

$$\boldsymbol{\eta}_1 = \sum_{j=1}^{6} [A_j(T_1, T_2)\mathrm{e}^{\mathrm{i}\omega_j T_0}\boldsymbol{p}_j + \mathbf{cc}] \tag{7.5.27}$$

其中，$\mathbf{cc}$ 代表 $A_j(T_1,T_2)\mathrm{e}^{\mathrm{i}\omega_j T_0}\boldsymbol{p}_j$；特征值 ω_j^2 和相应的特征向量 $\boldsymbol{p}_j$ 由下面的特征值问题得到：

$$(\boldsymbol{S}_0 - \omega_j^2 \boldsymbol{I})\boldsymbol{p}_j = 0, \quad j = 1,2,\cdots,6 \tag{7.5.28}$$

将$\boldsymbol{\eta}_0$ 和$\boldsymbol{\eta}_1$ 代入式(7.5.19)并消去久期项，我们可以得到

$$D_1 A_j(T_1, T_2) = 0 \tag{7.5.29}$$

由此可推导

$$A_j(T_1, T_2) = A_j(T_2) \tag{7.5.30}$$

然后我们可以得到二阶近似解，如下：

$$\boldsymbol{\eta}_2 = \boldsymbol{\Delta}(\omega)[-\boldsymbol{M}_1(\boldsymbol{\eta}_1)D_0^2\boldsymbol{\eta}_1 - \boldsymbol{K}_2(\boldsymbol{\eta}_1,\boldsymbol{\eta}_1)\boldsymbol{\eta}_0 - \boldsymbol{K}_1(\boldsymbol{\eta}_1)\boldsymbol{\eta}_1 + \boldsymbol{P}_2(\boldsymbol{\eta}_1, D_0\boldsymbol{\eta}_1)] \tag{7.5.31}$$

其中，

$$\boldsymbol{\Delta}(\omega) = \Lambda^{-1}(\omega) = (\boldsymbol{R}_0 - \boldsymbol{M}_0\omega^2)^{-1} \tag{7.5.32}$$

内共振分析的核心问题是通过求解特征值问题(7.5.28)以得到柔性梁的固有频率。本节将详细介绍一些必要的简化步骤和特征值问题的求解过程。

在特征值问题(7.5.28)中,$\boldsymbol{S}_0$ 的计算过程如下所述。$\boldsymbol{M}_0$ 的表达式为

$$\boldsymbol{M}_0=\boldsymbol{M}(\boldsymbol{\eta}_0)=\begin{bmatrix} M_{110} & 0 & 0 & 0 & 0 & 0 \\ 0 & M_{220} & 0 & 0 & 0 & 0 \\ 0 & 0 & M_{330} & 0 & M_{350} & 0 \\ 0 & 0 & 0 & M_{440} & 0 & 0 \\ 0 & 0 & M_{530} & 0 & M_{550} & 0 \\ 0 & 0 & 0 & 0 & 0 & M_{660} \end{bmatrix} \tag{7.5.33}$$

其中,

$$\begin{cases} M_{110}=M \\ M_{220}=\rho l \\ M_{330}=M_{350}=M_{530}=J+\rho q_0^2 A_{xx} \\ M_{440}=Mr_{10}^2 \\ M_{550}=\rho l r_{20}^2+J+\rho q_0^2 A_{xx} \\ M_{660}=\rho A_{xx} \\ A_{xx}=\int_{-\frac{l}{2}}^{\frac{l}{2}} \varphi^2(x)\,\mathrm{d}x \end{cases} \tag{7.5.34}$$

然后,$\boldsymbol{M}_0$ 的逆矩阵为

$$\boldsymbol{M}_0^{-1}=\begin{bmatrix} m_{110} & 0 & 0 & 0 & 0 & 0 \\ 0 & m_{220} & 0 & 0 & 0 & 0 \\ 0 & 0 & m_{330} & 0 & m_{350} & 0 \\ 0 & 0 & 0 & m_{440} & 0 & 0 \\ 0 & 0 & m_{530} & 0 & m_{550} & 0 \\ 0 & 0 & 0 & 0 & 0 & m_{660} \end{bmatrix} \tag{7.5.35}$$

其中,

$$\begin{cases} m_{110}=M^{-1}, \quad m_{220}=(\rho l)^{-1} \\ m_{330}=(\rho l r_{20}^2)^{-1}+(J+\rho q_0^2 A_{xx})^{-1} \\ m_{350}=m_{530}=-(\rho l r_{20}^2)^{-1} \\ m_{440}=(Mr_{10}^2)^{-1}, \quad m_{550}=(\rho l r_{20}^2)^{-1} \\ m_{660}=(\rho A_{xx})^{-1} \end{cases} \tag{7.5.36}$$

$\boldsymbol{K}_0$ 的表达式为

$$\boldsymbol{K}_0=\boldsymbol{K}(\boldsymbol{\eta}_0)=\begin{bmatrix} k_{110} & 0 & 0 & 0 & 0 & 0 \\ 0 & k_{220} & 0 & 0 & 0 & 0 \\ 0 & 0 & 0 & 0 & 0 & 0 \\ 0 & 0 & 0 & 0 & 0 & 0 \\ 0 & 0 & 0 & 0 & 0 & 0 \\ 0 & 0 & 0 & 0 & 0 & k_{660} \end{bmatrix} \tag{7.5.37}$$

其中，$k_{110}=k_{220}=2k$，$k_{660}=EIB_{xx}$。

在之前的工作中[48]已经证明，当平台系统的质量大于梁的质量时，姿态角会趋于一个接近期望姿态的稳定值$\left(\frac{\pi}{2}\right)$。以本节考虑的情况为例，可以采用以下近似方法：$\cos(\theta_2-\theta_1)\approx 1$，$\cos\alpha\approx 0$，然后，

$$\Gamma_1=\Gamma_2=(r_1-r_2)^2+\frac{1}{4}l^2 \tag{7.5.38}$$

当 $t=0$，$r_{10}=r_{20}+\sqrt{(\lambda_0+\Delta\lambda)^2-l^2/4}$ 时，可知 Γ_1 和 Γ_2 的初始值为 $\Gamma_1=\Gamma_2=(\lambda_0+\Delta\lambda)^2$。

将 Γ_1 和 Γ_2 的初始值代入 $\boldsymbol{P}(\boldsymbol{\eta},\dot{\boldsymbol{\eta}})$，我们可以得到

$$\begin{cases} Q_{v1}=M\dot{\theta}_1^2 r_1-\dfrac{\mu M}{r_1^2}+2kr_2+\dfrac{2k\lambda_0(r_1-r_2)}{\lambda_0+\Delta\lambda} \\ Q_{v2}=\rho l\dot{\theta}_2^2 r_2-\dfrac{\mu\rho l}{r_2^2}+\dfrac{\mu\rho l^3}{8r_2^4}+2kr_1+\dfrac{2k\lambda_0(r_1-r_2)}{\lambda_0+\Delta\lambda} \\ Q_{v3}=-2\rho q\dot{q}(\dot{\theta}_2+\dot{\alpha})A_{xx} \\ Q_{v4}=-2Mr_1\dot{r}_1\dot{\theta}_1 \\ Q_{v5}=-2\rho lr_2\dot{r}_2\dot{\theta}_2-2\rho q\dot{q}(\dot{\theta}_2+\dot{\alpha})A_{xx} \\ Q_{v6}=\rho q(\dot{\theta}_2+\dot{\alpha})^2 A_{xx} \end{cases} \tag{7.5.39}$$

计算如下矩阵：

$$\boldsymbol{P}_{11}=\left[\frac{\partial \boldsymbol{P}_i}{\partial \eta_j}\right]=\begin{bmatrix} a_{11} & a_{12} & 0 & 0 & 0 & 0 \\ a_{21} & a_{22} & 0 & 0 & 0 & 0 \\ 0 & 0 & 0 & 0 & 0 & a_{36} \\ a_{41} & 0 & 0 & 0 & 0 & 0 \\ 0 & a_{52} & 0 & 0 & 0 & a_{56} \\ 0 & 0 & 0 & 0 & 0 & a_{66} \end{bmatrix} \tag{7.5.40}$$

其中，

$$\begin{cases} a_{11}=M\dot{\theta}_1^2+\dfrac{2\mu M}{r_1^3}+2k\lambda_0\Gamma^{-\frac{1}{2}}-2k\lambda_0(r_1-r_2)^2\Gamma^{-\frac{3}{2}} \\ a_{12}=2k-2k\lambda_0\Gamma^{-\frac{1}{2}}+2k\lambda_0(r_1-r_2)^2\Gamma^{-\frac{3}{2}} \\ a_{21}=2k-2k\lambda_0\Gamma^{-\frac{1}{2}}+2k\lambda_0(r_1-r_2)^2\Gamma^{-\frac{3}{2}} \\ a_{22}=\rho l\dot{\theta}_2^2+\dfrac{2\mu\rho l}{r_2^3}-\dfrac{\mu\rho l^3}{2r_2^5}+2k\lambda_0\Gamma^{-\frac{1}{2}}-2k\lambda_0(r_1-r_2)^2\Gamma^{-\frac{3}{2}} \\ a_{36}=-2\rho\dot{q}(\dot{\theta}_2+\dot{\alpha})A_{xx},\quad a_{41}=-2M\dot{r}_1\dot{\theta}_1 \\ a_{52}=-2\rho l\dot{r}_2\dot{\theta}_2,\quad a_{56}=-2\rho\dot{q}(\dot{\theta}_2+\dot{\alpha})A_{xx},\quad a_{66}=\rho(\dot{\theta}_2+\dot{\alpha})^2A_{xx} \end{cases} \tag{7.5.41}$$

$$
\boldsymbol{P}_{12}=\left[\frac{\partial \boldsymbol{P}_i}{\partial \dot{\eta}_j}\right]=\begin{bmatrix} 0 & 0 & 0 & b_{14} & 0 & 0 \\ 0 & 0 & 0 & 0 & b_{25} & 0 \\ 0 & 0 & b_{33} & 0 & b_{35} & b_{36} \\ b_{41} & 0 & 0 & b_{44} & 0 & 0 \\ 0 & b_{52} & b_{53} & 0 & b_{55} & b_{56} \\ 0 & 0 & b_{63} & 0 & b_{65} & 0 \end{bmatrix} \tag{7.5.42}
$$

其中，

$$
\begin{cases} b_{14}=2M\dot{\theta}_1 r_1, \quad b_{25}=2\rho l\dot{\theta}_2 r_2 \\ b_{33}=-2\rho q\dot{q}A_{xx}, \quad b_{35}=-2\rho q\dot{q}A_{xx}, \quad b_{36}=-2\rho q(\dot{\theta}_2+\dot{\alpha})A_{xx} \\ b_{41}=-2Mr_1\dot{\theta}, \quad b_{44}=-2Mr_1\dot{r}_1 \\ b_{52}=-2\rho l r_2\dot{\theta}_2, \quad b_{53}=-2\rho q\dot{q}A_{xx} \\ b_{55}=-2\rho l r_2\dot{r}_2-2\rho q\dot{q}A_{xx}, \quad b_{56}=-2\rho q(\dot{\theta}_2+\dot{\alpha})A_{xx} \\ b_{63}=2\rho q(\dot{\theta}_2+\dot{\alpha})A_{xx}, \quad b_{65}=2\rho q(\dot{\theta}_2+\dot{\alpha})A_{xx} \end{cases} \tag{7.5.43}
$$

$$
\boldsymbol{Q}_0=\left[\left\{\frac{\partial \boldsymbol{K}}{\partial \eta_1}\boldsymbol{\eta}_0\right\}\left\{\frac{\partial \boldsymbol{K}}{\partial \eta_2}\boldsymbol{\eta}_0\right\}\cdots\left\{\frac{\partial \boldsymbol{K}}{\partial \eta_N}\boldsymbol{\eta}_0\right\}\right]=\boldsymbol{0}_{6\times 6} \tag{7.5.44}
$$

令 $\dot{\boldsymbol{\eta}}=\boldsymbol{0}$，我们可以得到

$$
\boldsymbol{R}_0=\boldsymbol{K}_0-\boldsymbol{P}_{11}-\boldsymbol{P}_{12}D_0+\boldsymbol{Q}_0=\begin{bmatrix} R_{11} & R_{12} & 0 & 0 & 0 & 0 \\ R_{21} & R_{22} & 0 & 0 & 0 & 0 \\ 0 & 0 & 0 & 0 & 0 & 0 \\ 0 & 0 & 0 & 0 & 0 & 0 \\ 0 & 0 & 0 & 0 & 0 & 0 \\ 0 & 0 & 0 & 0 & 0 & R_{66} \end{bmatrix} \tag{7.5.45}
$$

其中，

$$
\begin{cases} R_{11}=2k-\dfrac{2\mu M}{r_{10}^3}-\dfrac{2k\lambda_0}{\lambda_0+\Delta\lambda}+\dfrac{2k\lambda_0(r_{10}-r_{20})^2}{(\lambda_0+\Delta\lambda)^3} \\ R_{12}=-2k+\dfrac{2k\lambda_0}{\lambda_0+\Delta\lambda}-\dfrac{2k\lambda_0(r_{10}-r_{20})^2}{(\lambda_0+\Delta\lambda)^3} \\ R_{21}=\dfrac{2k\lambda_0}{\lambda_0+\Delta\lambda}-\dfrac{2k\lambda_0(r_{10}-r_{20})^2}{(\lambda_0+\Delta\lambda)^3} \\ R_{22}=2k-\dfrac{2\mu\rho l}{r_{20}^3}+\dfrac{\mu\rho l^3}{2r_{20}^5}-\dfrac{2k\lambda_0}{\lambda_0+\Delta\lambda}+\dfrac{2k\lambda_0(r_{10}-r_{20})^2}{(\lambda_0+\Delta\lambda)^3} \\ R_{66}=EIB_{xx} \end{cases} \tag{7.5.46}
$$

将 $\boldsymbol{M}_0^{-1}$ 和 $\boldsymbol{R}_0$ 代入 $\boldsymbol{S}_0$，可以得到

$$S_0=M_0^{-1}R_0=\begin{bmatrix} S_{11} & S_{12} & 0 & 0 & 0 & 0 \\ S_{21} & S_{22} & 0 & 0 & 0 & 0 \\ 0 & 0 & 0 & 0 & 0 & 0 \\ 0 & 0 & 0 & 0 & 0 & 0 \\ 0 & 0 & 0 & 0 & 0 & 0 \\ 0 & 0 & 0 & 0 & 0 & S_{66} \end{bmatrix} \tag{7.5.47}$$

其中，

$$\begin{cases} S_{11}=\dfrac{2k}{M}-\dfrac{2\mu}{r_{10}^3}-\dfrac{2k\lambda_0}{M(\lambda_0+\Delta\lambda)}+\dfrac{2k\lambda_0(r_{10}-r_{20})^2}{M(\lambda_0+\Delta\lambda)^3} \\ S_{12}=-\dfrac{2k}{M}+\dfrac{2k\lambda_0}{M(\lambda_0+\Delta\lambda)}-\dfrac{2k\lambda_0(r_{10}-r_{20})^2}{M(\lambda_0+\Delta\lambda)^3} \\ S_{21}=\dfrac{2k\lambda_0}{\rho l(\lambda_0+\Delta\lambda)}-\dfrac{2k\lambda_0(r_{10}-r_{20})^2}{\rho l(\lambda_0+\Delta\lambda)^3} \\ S_{22}=\dfrac{2k}{\rho l}-\dfrac{2\mu}{r_{20}^3}+\dfrac{\mu l^2}{2r_{20}^5}-\dfrac{2k\lambda_0}{\rho l(\lambda_0+\Delta\lambda)}+\dfrac{2k\lambda_0(r_{10}-r_{20})^2}{\rho l(\lambda_0+\Delta\lambda)^3} \\ S_{66}=\dfrac{EIB_{xx}}{\rho A_{xx}} \end{cases} \tag{7.5.48}$$

然后我们便可得到柔性梁的固有频率。附录 A 中仅列出了前三阶固有频率的公式。

在附录 A 所列的固有频率表达式中，参数 A_{xx} 和 B_{xx} 取决于梁的主模态函数。梁的主模函数 $\varphi(x)$ 可设为

$$\varphi(x)=D_1\sin(\beta x+\alpha_0)+D_2\mathrm{ch}(\beta x)+D_3\mathrm{sh}(\beta x) \tag{7.5.49}$$

其中，D_1，D_2，D_3 为常数。

以下边界条件可设为：

(1) 梁的一端 $\left(x=-\dfrac{l}{2}\right)$，$\dfrac{\partial}{\partial x}\left(EI\dfrac{\partial^2 u}{\partial x^2}\right)\Big|_{x=-\frac{l}{2}}=-ku\sin\gamma\Big|_{x=-\frac{l}{2}}$；

(2) 梁的另一端 $\left(x=\dfrac{l}{2}\right)$，$\dfrac{\partial}{\partial x}\left(EI\dfrac{\partial^2 u}{\partial x^2}\right)\Big|_{x=\frac{l}{2}}=ku\sin\gamma\Big|_{x=\frac{l}{2}}$；

(3) 梁的中点 $(x=0)$，$\dfrac{\partial u(x,t)}{\partial x}=0$。

这里 γ 为梁和弹簧初始轴之间的夹角，即 $\sin\gamma\approx\dfrac{r_1-r_2}{\sqrt{(l/2)^2+(r_1-r_2)^2}}$。

从边界条件(1)到边界条件(3)中，我们可以得到

$$EI\varphi'''(-l/2)=-k\varphi(-l/2)\sin\gamma \tag{7.5.50}$$

$$EI\varphi'''(l/2)=k\varphi(l/2)\sin\gamma \tag{7.5.51}$$

$$\varphi'(0)=0 \tag{7.5.52}$$

主模函数的一阶导数和三阶导数 $\varphi(x)$ 为

$$\varphi'(x)=\beta[D_1\cos(\beta x+\alpha_0)+D_2\mathrm{sh}(\beta x)+D_3\mathrm{ch}(\beta x)] \tag{7.5.53}$$

$$\varphi'''(x)=\beta^3[-D_1\cos(\beta x+\alpha_0)+D_2\mathrm{sh}(\beta x)+D_3\mathrm{ch}(\beta x)] \tag{7.5.54}$$

因此，位移协调条件(7.5.52)可以被写为

$$D_1\cos\alpha_0+D_3=0 \tag{7.5.55}$$

同时，边界条件式(7.5.50)和式(7.5.51)可被写为

$$\begin{aligned}&EI\beta^3[-D_1\cos(-\beta l/2+\alpha_0)+D_2\mathrm{sh}(-\beta l/2)+D_3\mathrm{ch}(-\beta l/2)]\\&=-\frac{\sqrt{3}}{2}k[D_1\sin(-\beta l/2+\alpha_0)+D_2\mathrm{ch}(-\beta l/2)+D_3\mathrm{sh}(-\beta l/2)]\end{aligned} \tag{7.5.56}$$

$$\begin{aligned}&EI\beta^3[-D_1\cos(\beta l/2+\alpha_0)+D_2\mathrm{sh}(\beta l/2)+D_3\mathrm{ch}(\beta l/2)]\\&=\frac{\sqrt{3}}{2}k[D_1\sin(\beta l/2+\alpha_0)+D_2\mathrm{ch}(\beta l/2)+D_3\mathrm{sh}(\beta l/2)]\end{aligned} \tag{7.5.57}$$

将式(7.5.55)分别代入式(7.5.56)和式(7.5.57)中，可以得到下列关于 D_1 和 D_2 的齐次方程组：

$$\begin{aligned}&\{EI\beta^3[-\cos(-\beta l/2+\alpha_0)-\cos\alpha_0\mathrm{ch}(-\beta l/2)]\\&+\sqrt{3}k/2[\sin(-\beta l/2+\alpha_0)-\cos\alpha_0\mathrm{sh}(-\beta l/2)]\}D_1\\&+[EI\beta^3\mathrm{sh}(-\beta l/2)+\sqrt{3}k/2\mathrm{ch}(-\beta l/2)]D_2=0\\&\{EI\beta^3[-\cos(\beta l/2+\alpha_0)-\cos\alpha_0\mathrm{ch}(\beta l/2)]\\&-\sqrt{3}k/2[\sin(\beta l/2+\alpha_0)-\cos\alpha_0\mathrm{sh}(\beta l/2)]\}D_1\\&+[EI\beta^3\mathrm{sh}(\beta l/2)-\sqrt{3}k/2\mathrm{ch}(\beta l/2)]D_2=0\end{aligned} \tag{7.5.58}$$

当且仅当对应的行列式为零时，该齐次方程组有非零解。这意味着，

$$\begin{aligned}&EI\beta^3[-2EI\beta^3\sin\alpha_0-\sqrt{3}k\cos\alpha_0]\sin(\beta l/2)\mathrm{sh}(\beta l/2)\\&-k\left[\sqrt{3}EI\beta^3\sin\alpha_0+\frac{3}{2}k\cos\alpha_0\right]\sin(\beta l/2)\mathrm{ch}(\beta l/2)\\&-2(EI\beta^3)^2\cos\alpha_0\mathrm{ch}(\beta l/2)\mathrm{sh}(\beta l/2)\\&-\sqrt{3}kEI\beta^3\cos\alpha_0\mathrm{sh}(\beta l/2)\mathrm{sh}(\beta l/2)=0\end{aligned} \tag{7.5.59}$$

式(7.5.59)为频率方程。其中，当给定初始姿态角 α_0 和模型参数 E,I,k,l 时，可使用牛顿迭代法求解 β。然后，梁的主模函数 $\varphi(x)$ 可得到以下形式：

$$\varphi(x)=D_1[\sin(\beta x+\alpha_0)-\cos\alpha_0\mathrm{sh}(\beta x)+r\mathrm{ch}(\beta x)] \tag{7.5.60}$$

其中，r 参数定义为

$$r=\frac{D_2}{D_1}=\frac{EI\beta^3\left[\cos\left(\frac{\beta l}{2}+\alpha_0\right)+\cos\alpha_0\mathrm{ch}\left(\frac{\beta l}{2}\right)\right]+\frac{\sqrt{3}}{2}k\left[\sin\left(\frac{\beta l}{2}+\alpha_0\right)-\cos\alpha_0\mathrm{sh}\left(\frac{\beta l}{2}\right)\right]}{EI\beta^3\mathrm{sh}\left(\frac{\beta l}{2}\right)-\frac{\sqrt{3}}{2}k\mathrm{ch}\left(\frac{\beta l}{2}\right)} \tag{7.5.61}$$

到此，附录中的参数(A_{xx} 和 B_{xx})可被完全计算出来。

通过应用多尺度法，双弹簧连接柔性梁的前三阶固有频率已被求出，这使得我们可以对梁的内共振条件进行解析研究。因此，本节根据前文所给出的梁的固有频率，求得了两弹簧连接空间柔性梁的内共振条件，这将对我们后续的空间系索系统各构件之间的能量传递趋

势的数值研究提供一定的指导。

参考之前的一些工作[10,23,48,62,114]，模拟中的一些参数设定如下：地球的引力常数假定为 $\mu=3.986005\times10^{14}\text{m}^3\cdot\text{s}^{-2}$，梁的一些参数设定为 $\rho=0.5\text{kg}\cdot\text{m}^{-1}$，$I=1\times10^{-4}\text{m}^4$。初始参数设置为[48] $r_{10}=r_{20}+\sqrt{(\lambda_{10}+\Delta\lambda_{10})^2-l^2/4}$，$\theta_{20}=0$，$\dot{\alpha}_0=0$，$\dot{r}_{10}=\dot{r}_{20}=0$，$\dot{\theta}_{10}=\dot{\theta}_{20}=\sqrt{\mu[r_{20}+M\sqrt{(\lambda_{10}+\Delta\lambda_{10})^2-l^2/4}/(M+\rho l)]^{-3}}\ \text{rad}\cdot\text{s}^{-1}$。设定每根弹簧的初始弹性势能为 $U_s|_{t=0}=5\times10^5\text{J}$。随后，每个弹簧的初始伸长可以由每个弹簧的刚度系数确定，弹簧的原始长度可以由假定的关系 $\lambda_{10}+\Delta\lambda_{10}=\lambda_{20}+\Delta\lambda_{20}=2000\text{m}$ 确定。θ_1 和 α 的初始值之和为 $\pi/2$，也就是 $\theta_{10}+\alpha_0=\pi/2$，这表示当初始姿态角 α_0 给定时，我们可以通过此关系求得 θ_1 的初始值。特别是，为了揭示空间柔性梁的内共振特性，我们将梁的弹性模量设为 $E=6.9\times10^8\text{Pa}$，这意味着，本节所考虑的梁比我们之前研究的梁柔性更大(本节梁的弹性模量为参考文献[23]，[48]，[114]中所假设的梁的千分之一)，从而内共振对系统动力学行为的影响会非常明显[23,48,114]。

利用固有频率的计算结果，我们可以轻松地得到内共振的条件。但是，形式复杂的固有频率会导致了内共振条件的复杂形式。因此，我们将内共振的条件直观地表现在系统参数与初始条件关系曲线中，以避免复杂的数学推导。

由前三阶固有频率的表达式可以看出，空间柔性梁的每个固有频率都取决于系统参数和组合系统平面运动的初始条件。本节将详细介绍由系统参数控制的内共振的条件。

平面的初始运动设定为：$r_{20}=6.7\times10^6\text{m}$，$\alpha_0=\pi/64\text{rad}$。其中，初始真近角 θ_{10}，初始轨道半径 r_{10}，初始轨道真近角速度 $\dot{\theta}_{10}$ 和 $\dot{\theta}_{20}$ 可以轻松得到。通过这些初始条件，我们考虑 M，k 和 l 的参数组合来确定内共振的条件。

首先我们给平台系统赋予质量 $M=3000\text{kg}$，并研究了内共振的条件。图 7-30 展示了平面 (k,l) 内共振的条件(包括 2∶1，3∶1，4∶1，5∶1 内共振)。然后，我们将弹簧的刚度系数假定为 $k=2000\text{N}\cdot\text{m}^{-1}$(由此可得到弹簧的初始伸长量 $\Delta\lambda_{10}=\Delta\lambda_{20}=50\text{m}$ 和弹簧的原始长度 $\lambda_{10}=\lambda_{20}=1950\text{m}$)，并研究了该参数平面 (l,M) 内共振的条件，结果如图 7-31 所示。最后，我们将梁的长度假定为 $l=2000\text{m}$，并研究了参数平面 (M,k) 内共振的条件，结果如图 7-32 所示。

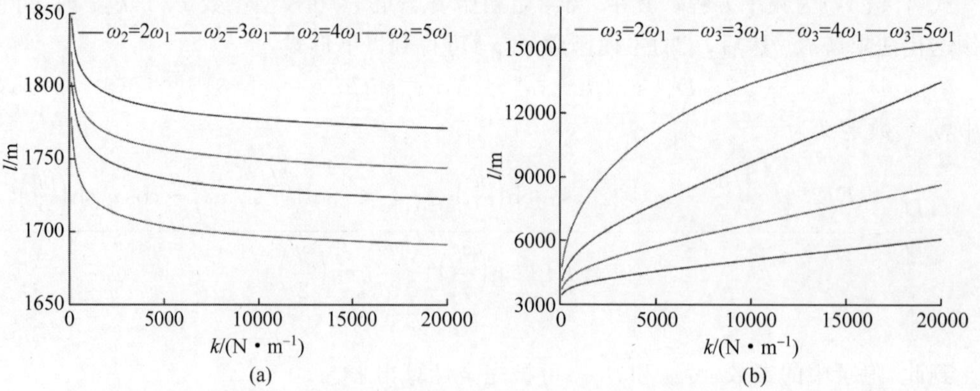

图 7-30 $M=3000\text{kg}$ 时的参数平面 (k,l) 的内共振条件

(a) ω_1 和 ω_2 的内共振；(b) ω_1 和 ω_3 的内共振

(请扫 Ⅰ 页二维码看彩图)

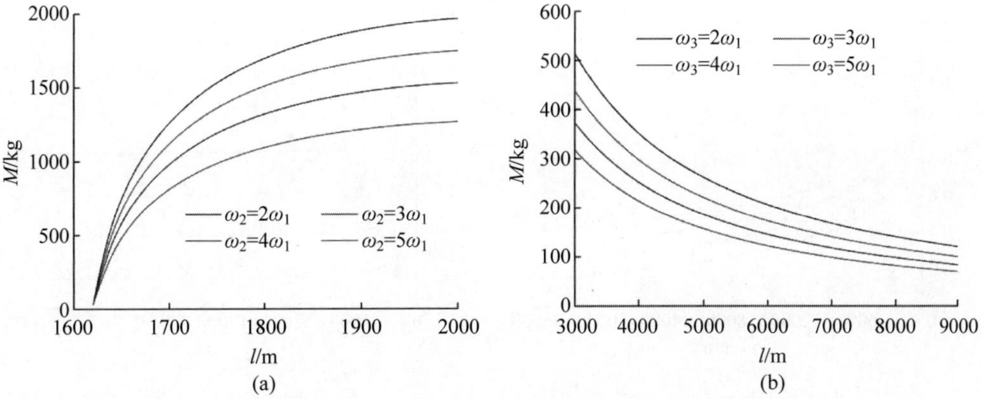

图 7-31 刚度系数 $k=2000\mathrm{N}\cdot\mathrm{m}^{-1}$ 时的参数平面(l,M)内共振条件

(a) ω_1 和 ω_2 的内共振；(b) ω_1 和 ω_3 的内共振

（请扫Ⅰ页二维码看彩图）

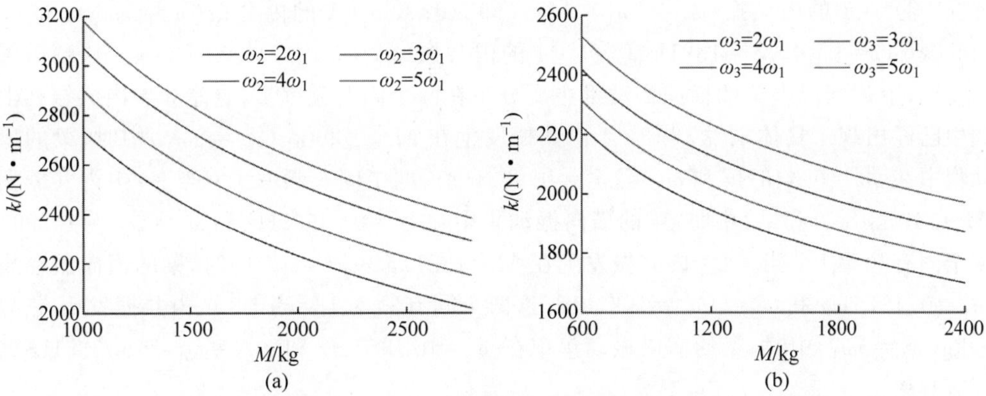

图 7-32 弹簧原长 $l=2000\mathrm{m}$ 时的参数平面(M,k)的内共振条件

(a) ω_1 和 ω_2 的内共振；(b) ω_1 和 ω_3 的内共振

（请扫Ⅰ页二维码看彩图）

在图 7-30～图 7-32 中，系统参数控制内共振的条件已给出。这一节中，系统参数设定为 $M=3000\mathrm{kg}$，$k=2000\mathrm{N}\cdot\mathrm{m}^{-1}$ 和 $l=2000\mathrm{m}$，并将研究平面运动初始条件下的内共振条件。

在我们之前的工作[23,48,114]中，我们假设柔性梁的轨道半径为 6700km，这是一个典型的中低轨道半径。我们假设梁的初始轨道半径在 100～36000km 内，这几乎涵盖了当前卫星的所有轨道高度。参数平面(r_{20},α_0)的与平面运动初始条件相关的内共振条件如图 7-33 所示。

已有研究表明[48,114]，系统参数的取值将影响绳系系统的姿态稳定性。但在这些工作中，由系统参数决定的内共振对系统姿态稳定性的影响被忽略了，这可能导致组合结构的一些重要局部稳定特性同样被忽略。因此，在本节中，我们将使用在我们之前工作中提出的保结构方法[23,48,114]，详细研究系统在发生内部共振时的姿态稳定性。在接下来的数值模拟中，时间跨度设定 $T_0=7776000\mathrm{s}$，空间步长和时间步长假设为 $\Delta x=1\mathrm{m}$，$\Delta t=20\mathrm{s}$。

我们考虑了柔性梁的低阶模态函数，并采用多尺度法求出了柔性梁的固有频率。为了说明所考虑的低阶模态函数的有效性和固有频率的精度(图 7-31(a)所示系统参数所决定的内共振条件为例)，采用离散傅里叶变换方法，在 $k=2000\mathrm{N}\cdot\mathrm{m}^{-1}$，$l=1800\mathrm{m}$，$r_{20}=6.7\times10^6\mathrm{m}$，$\alpha_0=\pi/64\mathrm{rad}$ 的条件下，得到了对梁各固有频率有影响的振动幅值的频谱图，考虑以

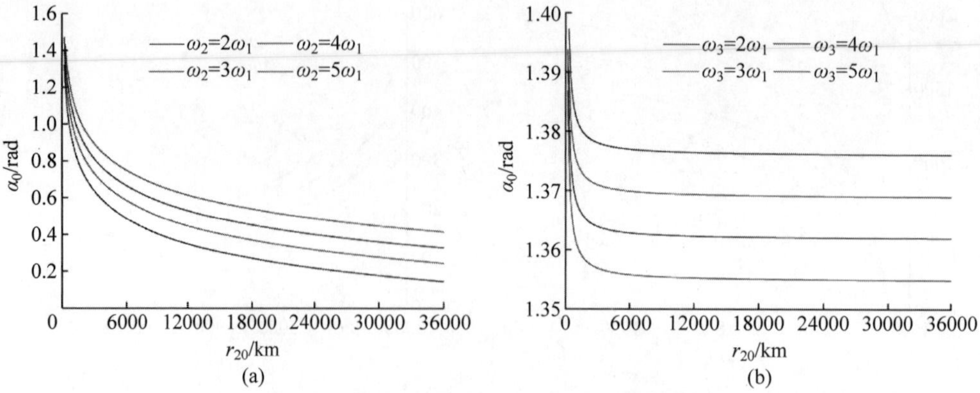

图 7-33　参数平面(r_{20},α_0)上的内共振条件

(a) ω_1 和 ω_2 的内共振；(b) ω_1 和 ω_3 的内共振

(请扫Ⅰ页二维码看彩图)

下情况：①2：1 的内共振($\omega_2=2\omega_1$),$M=1698$kg；②3：1 的内共振($\omega_2=3\omega_1$)；③4：1 的内共振($\omega_2=4\omega_1$),$M=1321$kg；④5：1 的内共振($\omega_2=5\omega_1$),$M=1095$kg。从频谱图中可以发现,上述情况中梁的横向振动都主要分布在两个固有频率上,这意味着内共振在上述算例中已经出现。具体来说,当 2：1 内共振发生在 $M=1698$kg($\omega_2=2\omega_1$)中时,梁的横向振动集中在 $\omega_1=0.446$Hz 和 $\omega_2=2\omega_1=0.892$Hz 这两个固有频率上；当 3：1 内共振发生在 $M=1510$kg($\omega_2=3\omega_1$)中时,梁的横向振动集中在 $\omega_1=0.4555$Hz 和 $\omega_2=3\omega_1=1.3665$Hz 这两个固有频率上；当 4：1 内共振发生在 $M=1321$kg($\omega_2=4\omega_1$)中时,梁的横向振动集中在 $\omega_1=0.4675$Hz 和 $\omega_2=4\omega_1=1.870$Hz 这两个固有频率上；当 5：1 内共振发生在 $M=1095$kg($\omega_2=5\omega_1$)中时,梁的横向振动集中在 $\omega_1=0.4867$Hz 和 $\omega_2=5\omega_1=2.4335$Hz 这两个固有频率上。

另外,从图 7-34 所示的振动幅值演化过程可以看出,我们所采用的保结构方法对固有频率具有很好的分辨率(以上四种情况下梁的一阶固有频率非常接近)。

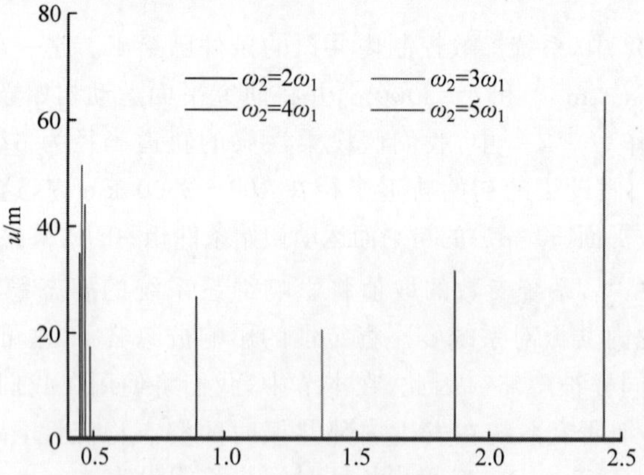

图 7-34　梁振动幅值的频谱图

(请扫Ⅰ页二维码看彩图)

此外,我们记录了上述情况下的姿态角演化,并以此研究了内部共振对柔性梁姿态稳定性的影响。姿态角的变化如图 7-35 和图 7-36 所示(我们只给出 2：1 内共振($\omega_2=2\omega_1$)和

5∶1 内共振($\omega_2=5\omega_1$)的姿态角变化，为了使姿态角的变化更利于理解，我们将总时间设定为 7200s)。同时，为了说明内共振对姿态角演化的影响，我们还分别在图 7-35 和图 7-36 中给出了 $\omega_2=2.002\omega_1$ 和 $\omega_3=5.005\omega_1$ 情况下姿态角的演化过程。

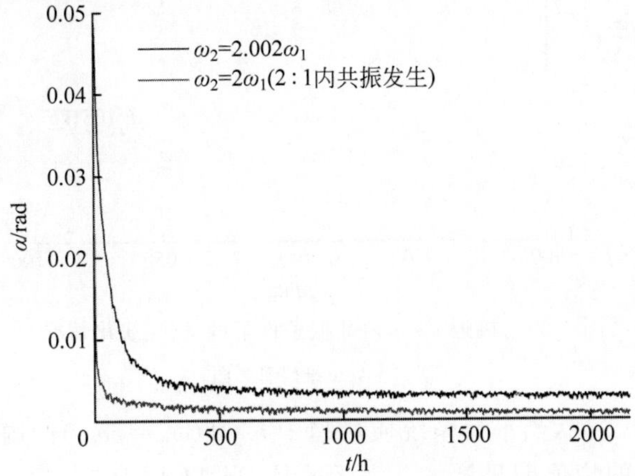

图 7-35 $\omega_2=2\omega_1$ 和 $\omega_2=2.002\omega_1$ 情况下系统姿态角演化过程

(请扫Ⅰ页二维码看彩图)

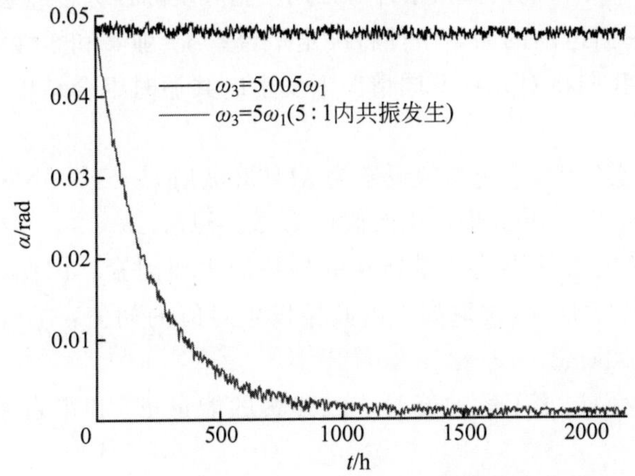

图 7-36 $\omega_3=5\omega_1$ 和 $\omega_3=5.005\omega_1$ 情况下系统姿态角演化过程

(请扫Ⅰ页二维码看彩图)

如图 7-35 和图 7-36 所示，从姿态角的演化过程中，结合系统在有内共振和无内共振下的区别，可以发现内共振提高了绳系系统的姿态稳定性。特别是当发生 5∶1 内共振($\omega_2=5\omega_1$)时(在这种情况下，假定平台系统的质量为 $M=1051$kg，接近梁的质量 $\rho l=1000$kg，参考我们在前面的工作[48]中得到的结论，$\omega_3=5.005\omega_1$ 情况下姿态角不存在稳定值，也就是其达到稳定姿态所需的时间趋于无穷，如图 7-36 中的黑色曲线)，即使质量比 $\xi=M/\rho l$ 趋于 1，姿态角也可以在有限时间内趋于稳定值，这是本工作的一个新的发现。但是，在将该参数组合与相关初始条件应用于实际任务之前，我们还应确定柔性梁振动控制所需横向振动的能量。因此，在 5∶1 内共振($\omega_2=5\omega_1$)条件下的数值实验中(平台系统质量从 900kg 增加到 1100kg)，我们记录了式(7.5.62)所表示的梁的振动能量与应变能之和的平均值，如图 7-37 所示。

$$E_{\mathrm{bvs}}=\frac{1}{T_0}\int_0^{T_0}\int_{-\frac{l}{2}}^{\frac{l}{2}}\left\{\frac{\rho}{2}\left[\partial_t^2 u+u^2(\dot{\theta}_2+\dot{\alpha})^2\right]+\frac{EI}{2}\partial_{xx}^2 u\right\}\mathrm{d}x\,\mathrm{d}t \tag{7.5.62}$$

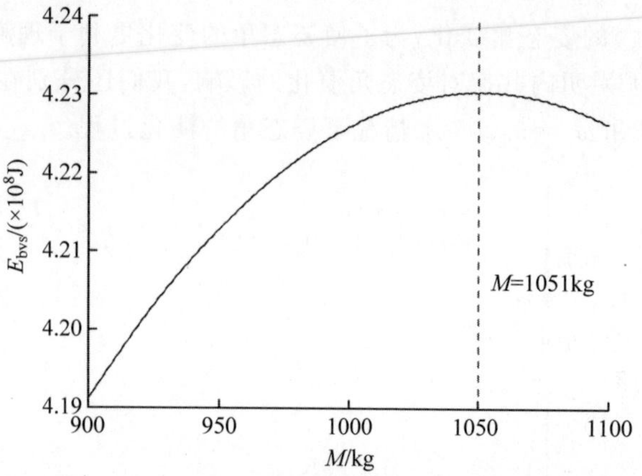

图 7-37　接近 5∶1 内共振条件下的 E_{bvs} 演化情况

（请扫Ⅰ页二维码看彩图）

从图 7-37 中可以发现，当平台系统质量趋于 5∶1($\omega_2=5\omega_1$)的内共振条件时，梁的振动能量与应变能之和的均值明显增大。幸运的是，当 M 趋于 5∶1($\omega_2=5\omega_1$)内共振条件时，E_{bvs} 的增加小于 4×10^6J，约为 E_{bvs} 的百分之一，不会对梁的可控性造成显著影响。因此，我们认为 5∶1($\omega_2=5\omega_1$)的内共振条件可以用于指导实际任务中绳系 SPS 的结构设计。

根据文献[48]，平面运动的初始条件将决定平台系统、弹簧和柔性梁之间的能量传递规律。因此，在本节中，我们将对几种不同情况下发生内共振时组合结构中能量转移的趋势进行进一步的数值研究。

在接下来的数值实验中，系统参数设定为 $M=3000$kg，$k=2000$N·m^{-1}，$l=2000$m，总时间跨度设置为 $T_0=7776000$s，步长仍然假设为 $\Delta x=1$m，$\Delta t=20$s。在之前的工作[48]中，我们发现，初始姿态角的值是影响能量转移的趋势的主要因素。因此，本节根据图 7-33 所示(r_{20}，α_0)平面内共振的情况，选取如下内共振发生对应的初值：①$r_{20}=500$km；②$r_{20}=6700$km；③$r_{20}=35000$km。

在数值实验中，我们记录了梁的能量 E_b、弹簧的能量 E_s 和平台系统的能量 E_p，它们的表达式分别为

$$E_b=-\frac{\mu\rho l}{r_2}+\frac{\mu\rho l^3}{24r_2^3}(1-3\cos^2\alpha)+\frac{EI}{2}\int_{-\frac{l}{2}}^{\frac{l}{2}}\partial_{xx}^2 u\,\mathrm{d}x+$$
$$\frac{\rho l}{2}[\dot{r}_2^2+(r_2\dot{\theta}_2)^2]+\frac{1}{2}\frac{\rho l^3}{12}(\dot{\theta}_2+\dot{\alpha})^2+\frac{\rho}{2}\int_{-\frac{l}{2}}^{\frac{l}{2}}[\partial_t^2 u+u^2(\dot{\theta}_2+\dot{\alpha})^2]\mathrm{d}x \tag{7.5.63}$$

$$E_s=k[r_1^2+r_2^2+\frac{1}{4}l_1^2+\lambda_0^2-2r_1r_2\cos(\theta_2-\theta_1)]+k\lambda_0(\Gamma_1^{1/2}+\Gamma_2^{1/2}) \tag{7.5.64}$$

$$E_p=\frac{1}{2}M[\dot{r}_1^2+(r_1\dot{\theta}_1)^2]+\frac{\mu M}{r_1} \tag{7.5.65}$$

在模拟过程中，我们发现在上述三种发生内共振情形下，平台系统的能量 E_p 几乎是不变的，如图 7-38 所示(这里只给出 3∶1 内共振($\omega_2=3\omega_1$)的结果)。在图 7-38 中，平台系统的能量 E_p 仅在一个小范围内波动，并没有出现明显的增加/减少趋势，这意味着，即使系统的初始姿态角很小，弹簧存储的弹性势能也会倾向于向梁上转移(根据图 7-33 给出的(r_{20}，α_0)平面的内共振条件，当发生 3∶1 内共振($\omega_2=3\omega_1$)时，$r_{20}=35000$km，初始姿态角

为 $\alpha_0=0.2498620213530$)。如果将梁的阻尼设定为我们前面工作[48]中给出的值,则在上述内共振情况下,系统的能量传递趋势将加速组合结构的总能量耗散,这有利于我们加强对空间柔性梁的振动控制。

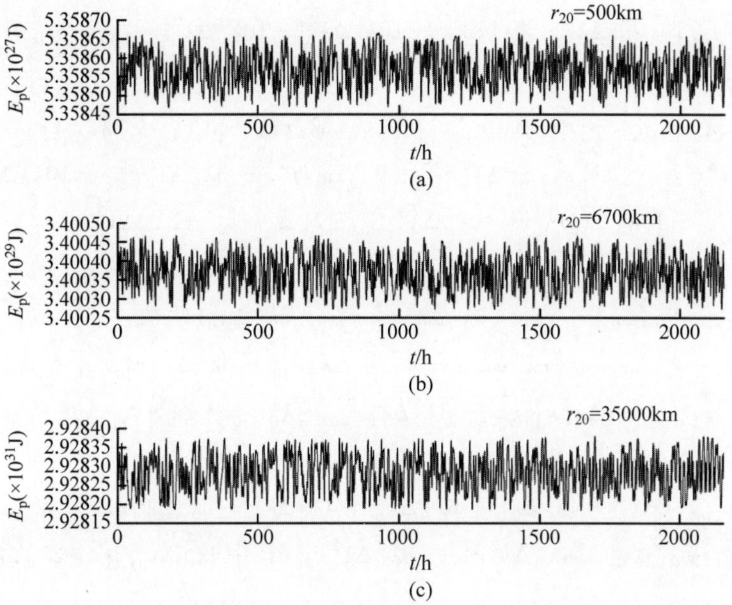

图 7-38　$\omega_2=3\omega_1$,(a) $r_{20}=500$km;(b) $r_{20}=6700$km;(c) $r_{20}=35000$km 情况下平台系统的能量变化

附录 A　梁的前三阶固有频率

梁的一阶固有频率为

$$\omega_1=\frac{1}{2}\sqrt{2}\,\frac{\left[B+\left(\sum_{n=1}^{10}C_n\right)^{1/2}\right]^{1/2}}{A^{1/2}} \tag{A.1}$$

其中,

$$A=2M\rho l r_{10}^3 r_{20}^5(\Delta\lambda_0^3+3\lambda_0\Delta\lambda_0^2+3\lambda_0^2\Delta\lambda_0+\lambda_0^3)$$

$$\begin{aligned}B=&4Mk\Delta\lambda_0^3 r_{10}^3 r_{20}^5-12\mu M\rho l\lambda_0^2\Delta\lambda_0 r_{10}^3 r_{20}^2+4Mk\lambda_0^2\Delta\lambda_0 r_{10}^3 r_{20}^5+8Mk\lambda_0\Delta\lambda_0^2 r_{10}^3 r_{20}^5-\\&4\mu M\rho l\lambda_0^3 r_{10}^3 r_{20}^2+\mu M\rho l^3\lambda_0^3 r_{10}^3+4k\rho l\lambda_0^2\Delta\lambda_0 r_{10}^3 r_{20}^5-12\mu M\rho l\lambda_0\Delta\lambda_0^2 r_{10}^3 r_{20}^2+\\&8k\rho l\lambda_0\Delta\lambda_0^2 r_{10}^3 r_{20}^5-12\mu M\rho l\lambda_0\Delta\lambda_0^2 r_{20}^5-4\mu M\rho l\Delta\lambda_0^3 r_{10}^3 r_{20}^2+4Mk\lambda_0 r_{10}^5 r_{20}^5-\\&8Mk\lambda_0 r_{10}^4 r_{20}^6+4Mk\lambda_0 r_{10}^3 r_{20}^7+3\mu M\rho l^3\lambda_0\Delta\lambda_0^2 r_{10}^3+13\mu M\rho l^3\lambda_0^2\Delta\lambda_0 r_{10}^3-\\&2\mu M\rho l\lambda_0^2\Delta\lambda_0 r_{20}^5-8k\rho l\lambda_0 r_{10}^4 r_{20}^6+4k\rho l\lambda_0 r_{10}^5 r_{20}^5-4\mu M\rho l\Delta\lambda_0^3 r_{20}^5+\\&4k\rho l\lambda_0 r_{10}^3 r_{20}^7+\mu M\rho l^3\Delta\lambda_0^3 r_{10}^3+4k\rho l\Delta\lambda_0^3 r_{10}^3 r_{20}^5-4\mu M\rho l\lambda_0^3 r_{20}^5\end{aligned}$$

$$\begin{aligned}C_1=&(4k\rho l r_{10}^3 r_{20}^5)^2(\Delta\lambda_0^6+4\lambda_0\Delta\lambda_0^5+6\lambda_0^2\Delta\lambda_0^4+4\lambda_0^3\Delta\lambda_0^3+2\lambda_0\Delta\lambda_0^3 r_{10}^2-4\lambda_0\Delta\lambda_0^3 r_{10}r_{20}+\\&2\lambda_0\Delta\lambda_0^3 r_{20}^2+\lambda_0^4\Delta\lambda_0^2+4\lambda_0^2\Delta\lambda_0^2 r_{10}^2-8\lambda_0^2\Delta\lambda_0^2 r_{10}r_{20}+4\lambda_0^2\Delta\lambda_0^2 r_{20}^2+2\lambda_0^3\Delta\lambda_0 r_{10}^2-\\&4\lambda_0^3\Delta\lambda_0 r_{10}r_{20}+2\lambda_0^3\Delta\lambda_0 r_{20}^2+\lambda_0^2 r_{10}^4-4\lambda_0^2 r_{10}^3 r_{20}+6\lambda_0^2 r_{10}^2 r_{20}^2-4\lambda_0^2 r_{10}r_{20}^3+\lambda_0^2 r_{20}^4)\end{aligned}$$

$$C_2=32Mk^2\rho l r_{10}^6 r_{20}^{10}(-\Delta\lambda_0^6-6\lambda_0\Delta\lambda_0^5-14\lambda_0^2\Delta\lambda_0^4-16\lambda_0^3\Delta\lambda_0^3-8\lambda_0^4\Delta\lambda_0^2-2\lambda_0^2\Delta\lambda_0^2 r_{10}^2+$$
$$4\lambda_0^2\Delta\lambda_0^2 r_{10}r_{20}-2\lambda_0^2\Delta\lambda_0^2 r_{20}^2-2\lambda_0^5\Delta\lambda_0-4\lambda_0^3\Delta\lambda_0 r_{10}^2+8\lambda_0^3\Delta\lambda_0 r_{10}r_{20}-4\lambda_0^3\Delta\lambda_0 r_{20}^2-$$
$$2\lambda_0^4 r_{10}^2+4\lambda_0^4 r_{10}r_{20}-2\lambda_0^4 r_{20}^2+\lambda_0^2 r_{10}^4-4\lambda_0^2 r_{10}^3 r_{20}+6\lambda_0^2 r_{10}^2 r_{20}^2-4\lambda_0^2 r_{10}r_{20}^3+\lambda_0^2 r_{20}^4)$$

$$C_3=8\mu Mk\rho^2 l^4 r_{10}^6 r_{20}^5(-\Delta\lambda_0^6-5\lambda_0\Delta\lambda_0^5-10\lambda_0^2\Delta\lambda_0^4-10\lambda_0^3\Delta\lambda_0^3-\lambda_0\Delta\lambda_0^3 r_{10}^2+$$
$$2\lambda_0\Delta\lambda_0^3 r_{10}r_{20}-\lambda_0\Delta\lambda_0^3 r_{20}^2-5\lambda_0^4\Delta\lambda_0^2-3\lambda_0^2\Delta\lambda_0^2 r_{10}^2+6\lambda_0^2\Delta\lambda_0^2 r_{10}r_{20}-3\lambda_0^2\Delta\lambda_0^2 r_{20}^2-$$
$$\lambda_0^5\Delta\lambda_0-3\lambda_0^3\Delta\lambda_0 r_{10}^2+6\lambda_0^3\Delta\lambda_0 r_{10}r_{20}-3\lambda_0^3\Delta\lambda_0 r_{20}^2-\lambda_0^4 r_{10}^2+2\lambda_0^4 r_{10}r_{20}-\lambda_0^4 r_{20}^2)$$

$$C_4=32\mu Mk\rho^2 l^2 r_{10}^3 r_{20}^7(\Delta\lambda_0^6 r_{10}^3-\Delta\lambda_0^6 r_{20}^3+5\lambda_0\Delta\lambda_0^5 r_{10}^3-5\lambda_0\Delta\lambda_0^5 r_{20}^3+10\lambda_0^2\Delta\lambda_0^4 r_{10}^3-$$
$$10\lambda_0^2\Delta\lambda_0^4 r_{20}^3+10\lambda_0^3\Delta\lambda_0^3 r_{10}^3-10\lambda_0^3\Delta\lambda_0^3 r_{20}^3+\lambda_0\Delta\lambda_0^3 r_{10}^5-2\lambda_0\Delta\lambda_0^3 r_{10}^4 r_{20}+$$
$$\lambda_0\Delta\lambda_0^3 r_{10}^3 r_{20}^2-\lambda_0\Delta\lambda_0^3 r_{10}^2 r_{20}^3+2\lambda_0\Delta\lambda_0^3 r_{10}r_{20}^4-\lambda_0\Delta\lambda_0^3 r_{20}^5+5\lambda_0^4\Delta\lambda_0^2 r_{10}^3-5\lambda_0^4\Delta\lambda_0^2 r_{20}^3+$$
$$3\lambda_0^2\Delta\lambda_0^2 r_{10}^5-6\lambda_0^2\Delta\lambda_0^2 r_{10}^4 r_{20}+3\lambda_0^2\Delta\lambda_0^2 r_{10}^3 r_{20}^2-3\lambda_0^2\Delta\lambda_0^2 r_{10}^2 r_{20}^3+6\lambda_0^2\Delta\lambda_0^2 r_{10}r_{20}^4-$$
$$3\lambda_0^2\Delta\lambda_0^2 r_{20}^5+\lambda_0^5\Delta\lambda_0 r_{10}^3-\lambda_0^5\Delta\lambda_0 r_{20}^3+3\lambda_0^3\Delta\lambda_0 r_{10}^5-6\lambda_0^3\Delta\lambda_0 r_{10}^4 r_{20}+3\lambda_0^3\Delta\lambda_0 r_{10}^3 r_{20}^2-$$
$$3\lambda_0^3\Delta\lambda_0 r_{10}^2 r_{20}^3+6\lambda_0^3\Delta\lambda_0 r_{10}r_{20}^4-3\lambda_0^3\Delta\lambda_0 r_{20}^5+\lambda_0^4 r_{10}^5-2\lambda_0^4 r_{10}^4 r_{20}+$$
$$\lambda_0^4 r_{10}^3 r_{20}^2-\lambda_0^4 r_{10}^2 r_{20}^3+2\lambda_0^4 r_{10}r_{20}^4-\lambda_0^4 r_{20}^5)$$

$$C_5=(4Mkr_{10}^3 r_{20}^5)^2(\Delta\lambda_0^6+4\lambda_0\Delta\lambda_0^5+6\lambda_0^2\Delta\lambda_0^4+4\lambda_0^3\Delta\lambda_0^3+2\lambda_0\Delta\lambda_0^3 r_{10}^2-4\lambda_0\Delta\lambda_0^3 r_{10}r_{20}+$$
$$2\lambda_0\Delta\lambda_0^3 r_{20}^2+\lambda_0^4\Delta\lambda_0^2+4\lambda_0^2\Delta\lambda_0^2 r_{10}^2-8\lambda_0^2\Delta\lambda_0^2 r_{10}r_{20}+4\lambda_0^2\Delta\lambda_0^2 r_{20}^2+2\lambda_0^3\Delta\lambda_0 r_{10}^2-$$
$$4\lambda_0^3\Delta\lambda_0 r_{10}r_{20}+2\lambda_0^3\Delta\lambda_0 r_{20}^2+\lambda_0^2 r_{10}^4-4\lambda_0^2 r_{10}^3 r_{20}+6\lambda_0^2 r_{10}^2 r_{20}^2-4\lambda_0^2 r_{10}r_{20}^3+\lambda_0^2 r_{20}^4)$$

$$C_6=8\mu M^2 k\rho l^3 r_{10}^6 r_{20}^5(\Delta\lambda_0^6+5\lambda_0\Delta\lambda_0^5+10\lambda_0^2\Delta\lambda_0^4+10\lambda_0^3\Delta\lambda_0^3+\lambda_0\Delta\lambda_0^3 r_{10}^2-$$
$$2\lambda_0\Delta\lambda_0^3 r_{10}r_{20}+\lambda_0\Delta\lambda_0^3 r_{20}^2+5\lambda_0^4\Delta\lambda_0^2+3\lambda_0^2\Delta\lambda_0^2 r_{10}^2-6\lambda_0^2\Delta\lambda_0^2 r_{10}r_{20}+3\lambda_0^2\Delta\lambda_0^2 r_{20}^2+$$
$$\lambda_0^5\Delta\lambda_0+3\lambda_0^3\Delta\lambda_0 r_{10}^2-6\lambda_0^3\Delta\lambda_0 r_{10}r_{20}+3\lambda_0^3\Delta\lambda_0 r_{20}^2+\lambda_0^4 r_{10}^2-2\lambda_0^4 r_{10}r_{20}+\lambda_0^4 r_{20}^2)$$

$$C_7=32\mu M^2 k\rho l r_{10}^3 r_{20}^7(-\Delta\lambda_0^6 r_{10}^3+\Delta\lambda_0^6 r_{20}^3-5\lambda_0\Delta\lambda_0^5 r_{10}^3+5\lambda_0\Delta\lambda_0^5 r_{20}^3-10\lambda_0^2\Delta\lambda_0^4 r_{10}^3+$$
$$10\lambda_0^2\Delta\lambda_0^4 r_{20}^3-10\lambda_0^3\Delta\lambda_0^3 r_{10}^3+10\lambda_0^3\Delta\lambda_0^3 r_{20}^3-\lambda_0\Delta\lambda_0^3 r_{10}^5+2\lambda_0\Delta\lambda_0^3 r_{10}^4 r_{20}-\lambda_0\Delta\lambda_0^3 r_{10}^3 r_{20}^2+$$
$$\lambda_0\Delta\lambda_0^3 r_{10}^2 r_{20}^3-2\lambda_0\Delta\lambda_0^3 r_{10}r_{20}^4+\lambda_0\Delta\lambda_0^3 r_{20}^5-5\lambda_0^4\Delta\lambda_0^2 r_{10}^3+5\lambda_0^4\Delta\lambda_0^2 r_{20}^3-3\lambda_0^2\Delta\lambda_0^2 r_{10}^5+$$
$$6\lambda_0^2\Delta\lambda_0^2 r_{10}^4 r_{20}-3\lambda_0^2\Delta\lambda_0^2 r_{10}^3 r_{20}^2+3\lambda_0^2\Delta\lambda_0^2 r_{10}^2 r_{20}^3-6\lambda_0^2\Delta\lambda_0^2 r_{10}r_{20}^4+3\lambda_0^2\Delta\lambda_0^2 r_{20}^5-$$
$$\lambda_0^5\Delta\lambda_0 r_{10}^3+\lambda_0^5\Delta\lambda_0 r_{20}^3-3\lambda_0^3\Delta\lambda_0 r_{10}^5+6\lambda_0^3\Delta\lambda_0 r_{10}^4 r_{20}-3\lambda_0^3\Delta\lambda_0 r_{10}^3 r_{20}^2+$$
$$3\lambda_0^3\Delta\lambda_0 r_{10}^2 r_{20}^3-6\lambda_0^3\Delta\lambda_0 r_{10}r_{20}^4+$$
$$3\lambda_0^3\Delta\lambda_0 r_{20}^5-\lambda_0^4 r_{10}^5+2\lambda_0^4 r_{10}^4 r_{20}-\lambda_0^4 r_{10}^3 r_{20}^2+\lambda_0^4 r_{10}^2 r_{20}^3-2\lambda_0^4 r_{10}r_{20}^4+\lambda_0^4 r_{20}^5)$$

$$C_8=(\mu M\rho l^3 r_{10}^3)^2(\Delta\lambda_0^6+6\lambda_0\Delta\lambda_0^5+15\lambda_0^2\Delta\lambda_0^4+20\lambda_0^3\Delta\lambda_0^3+15\lambda_0^4\Delta\lambda_0^2+6\lambda_0^5\Delta\lambda_0+\lambda_0^6)$$

$$C_9=8(\mu M\rho l^2)^2 r_{10}^3 r_{20}^2(-\Delta\lambda_0^6 r_{10}^3+\Delta\lambda_0^6 r_{20}^3-6\lambda_0\Delta\lambda_0^5 r_{10}^3+6\lambda_0\Delta\lambda_0^5 r_{20}^3-15\lambda_0^2\Delta\lambda_0^4 r_{10}^3+$$
$$15\lambda_0^2\Delta\lambda_0^4 r_{20}^3-20\lambda_0^3\Delta\lambda_0^3 r_{10}^3+20\lambda_0^3\Delta\lambda_0^3 r_{20}^3-15\lambda_0^4\Delta\lambda_0^2 r_{10}^3+15\lambda_0^4\Delta\lambda_0^2 r_{20}^3-$$
$$6\lambda_0^5\Delta\lambda_0 r_{10}^3+6\lambda_0^5\Delta\lambda_0 r_{20}^3-\lambda_0^6 r_{10}^3+\lambda_0^6 r_{20}^3)$$

$$C_{10}=(4\mu M\rho l^2 r_{20}^2)^2(\Delta\lambda_0^6 r_{10}^6-2\Delta\lambda_0^6 r_{10}^3 r_{20}^3+\Delta\lambda_0^6 r_{20}^6+6\lambda_0\Delta\lambda_0^5 r_{10}^6-12\lambda_0\Delta\lambda_0^5 r_{10}^3 r_{20}^3+$$
$$6\lambda_0\Delta\lambda_0^5 r_{20}^6+15\lambda_0^2\Delta\lambda_0^4 r_{10}^6-30\lambda_0^2\Delta\lambda_0^4 r_{10}^3 r_{20}^3+15\lambda_0^2\Delta\lambda_0^4 r_{20}^6+20\lambda_0^3\Delta\lambda_0^3 r_{10}^6-$$
$$40\lambda_0^3\Delta\lambda_0^3 r_{10}^3 r_{20}^3+20\lambda_0^3\Delta\lambda_0^3 r_{20}^6+15\lambda_0^4\Delta\lambda_0^2 r_{10}^6-30\lambda_0^4\Delta\lambda_0^2 r_{10}^3 r_{20}^3+15\lambda_0^4\Delta\lambda_0^2 r_{20}^6+$$
$$6\lambda_0^5\Delta\lambda_0 r_{10}^6-12\lambda_0^5\Delta\lambda_0 r_{10}^3 r_{20}^3+6\lambda_0^5\Delta\lambda_0 r_{20}^6+\lambda_0^6 r_{10}^6-2\lambda_0^6 r_{10}^3 r_{20}^3+\lambda_0^6 r_{20}^6)$$

梁的二阶固有频率为

$$\omega_2=\frac{1}{2}\sqrt{2}\,\frac{\left[\widetilde{B}+\left(\sum_{n=1}^{10}\widetilde{C}_n\right)^{1/2}\right]^{1/2}}{A^{1/2}} \tag{A.2}$$

其中，

$$\begin{aligned}\widetilde{B}=&2Mk\Delta\lambda_0^3r_{10}^3r_{20}^5-8\mu M\rho l\lambda_0^2\Delta\lambda_0r_{10}^3r_{20}^2+15Mk\lambda_0^2\Delta\lambda_0r_{10}^3r_{20}^5-6Mk\lambda_0\Delta\lambda_0^2r_{10}^3r_{20}^5-\\&\mu M\rho l\lambda_0^3r_{10}^3r_{20}^2-12\mu M\rho l^3\lambda_0^3r_{10}^3+3k\rho l\lambda_0^2\Delta\lambda_0r_{10}^3r_{20}^5-4\mu M\rho l\lambda_0\Delta\lambda_0^2r_{10}^3r_{20}^2+\\&8k\rho l\lambda_0\Delta\lambda_0^2r_{10}^3r_{20}^5-12\mu M\rho l\lambda_0\Delta\lambda_0^2r_{20}^5+4\mu M\rho l\Delta\lambda_0^3r_{10}^3r_{20}^2+Mk\lambda_0r_{10}^5r_{20}^5-\\&8Mk\lambda_0r_{10}^4r_{20}^6+4Mk\lambda_0r_{10}^3r_{20}^7+4\mu M\rho l^3\lambda_0\Delta\lambda_0^2r_{10}^3+9\mu M\rho l^3\lambda_0^2\Delta\lambda_0r_{10}^3-\\&\mu M\rho l\lambda_0^2\Delta\lambda_0r_{20}^5-4k\rho l\lambda_0r_{10}^4r_{20}^6+6k\rho l\lambda_0r_{10}^5r_{20}^5-4\mu M\rho l\Delta\lambda_0^3r_{20}^5+\\&4k\rho l\lambda_0r_{10}^3r_{20}^7+12\mu M\rho l^3\Delta\lambda_0^3r_{10}^3+4k\rho l\Delta\lambda_0^3r_{10}^3r_{20}^5-3\mu M\rho l\lambda_0^3r_{20}^5\end{aligned}$$

$$\begin{aligned}\widetilde{C}_1=&(4k\rho lr_{10}^3r_{20}^5)^2(\Delta\lambda_0^6-4\lambda_0\Delta\lambda_0^5+8\lambda_0^2\Delta\lambda_0^4+4\lambda_0^3\Delta\lambda_0^3+2\lambda_0\Delta\lambda_0^3r_{10}^2+2\lambda_0\Delta\lambda_0^3r_{10}r_{20}+\\&2\lambda_0\Delta\lambda_0^3r_{20}^2+4\lambda_0^4\Delta\lambda_0^2-4\lambda_0^2\Delta\lambda_0^2r_{10}^2+6\lambda_0^2\Delta\lambda_0^2r_{10}r_{20}+\lambda_0^2\Delta\lambda_0^2r_{20}^2+2\lambda_0^3\Delta\lambda_0r_{10}^2-\\&8\lambda_0^3\Delta\lambda_0r_{10}r_{20}+2\lambda_0^3\Delta\lambda_0r_{20}^2+\lambda_0^2r_{10}^4+4\lambda_0^2r_{10}^3r_{20}-6\lambda_0^2r_{10}^2r_{20}^2+4\lambda_0^2r_{10}r_{20}^3+\lambda_0^2r_{20}^4)\end{aligned}$$

$$\begin{aligned}\widetilde{C}_2=&32Mk^2\rho lr_{10}^6r_{20}^{10}(-\Delta\lambda_0^6-4\lambda_0\Delta\lambda_0^5+16\lambda_0^2\Delta\lambda_0^4+12\lambda_0^3\Delta\lambda_0^3-4\lambda_0^4\Delta\lambda_0^2+6\lambda_0^2\Delta\lambda_0^2r_{10}^2+\\&8\lambda_0^2\Delta\lambda_0^2r_{10}r_{20}+2\lambda_0^2\Delta\lambda_0^2r_{20}^2-2\lambda_0^5\Delta\lambda_0+4\lambda_0^3\Delta\lambda_0r_{10}^2+16\lambda_0^3\Delta\lambda_0r_{10}r_{20}-4\lambda_0^3\Delta\lambda_0r_{20}^2-\\&2\lambda_0^4r_{10}^2+8\lambda_0^4r_{10}r_{20}+2\lambda_0^4r_{20}^2+\lambda_0^2r_{10}^4-2\lambda_0^2r_{10}^3r_{20}-10\lambda_0^2r_{10}^2r_{20}^2-8\lambda_0^2r_{10}r_{20}^3+\lambda_0^2r_{20}^4)\end{aligned}$$

$$\begin{aligned}\widetilde{C}_3=&8\mu Mk\rho^2l^4r_{10}^6r_{20}^5(-\Delta\lambda_0^6+4\lambda_0\Delta\lambda_0^5-12\lambda_0^2\Delta\lambda_0^4+12\lambda_0^3\Delta\lambda_0^3+6\lambda_0\Delta\lambda_0^3r_{10}^2-\\&2\lambda_0\Delta\lambda_0^3r_{10}r_{20}+3\lambda_0\Delta\lambda_0^3r_{20}^2-3\lambda_0^4\Delta\lambda_0^2-4\lambda_0^2\Delta\lambda_0^2r_{10}^2-3\lambda_0^2\Delta\lambda_0^2r_{10}r_{20}+10\lambda_0^2\Delta\lambda_0^2r_{20}^2-\\&2\lambda_0^5\Delta\lambda_0-4\lambda_0^3\Delta\lambda_0r_{10}^2+12\lambda_0^3\Delta\lambda_0r_{10}r_{20}-5\lambda_0^3\Delta\lambda_0r_{20}^2+3\lambda_0^4r_{10}^2-6\lambda_0^4r_{10}r_{20}+2\lambda_0^4r_{20}^2)\end{aligned}$$

$$\begin{aligned}\widetilde{C}_4=&32\mu Mk\rho^2l^2r_{10}^3r_{20}^7(\Delta\lambda_0^6r_{10}^3-\Delta\lambda_0^6r_{20}^3-4\lambda_0\Delta\lambda_0^5r_{10}^3+4\lambda_0\Delta\lambda_0^5r_{20}^3-15\lambda_0^2\Delta\lambda_0^4r_{10}^3+\\&15\lambda_0^2\Delta\lambda_0^4r_{20}^3+8\lambda_0^3\Delta\lambda_0^3r_{10}^3-8\lambda_0^3\Delta\lambda_0^3r_{20}^3+\lambda_0\Delta\lambda_0^3r_{10}^5-3\lambda_0\Delta\lambda_0^3r_{10}^4r_{20}-2\lambda_0\Delta\lambda_0^3r_{10}^3r_{20}^2-\\&4\lambda_0\Delta\lambda_0^3r_{10}^2r_{20}^3-\lambda_0\Delta\lambda_0^3r_{10}r_{20}^4-\lambda_0\Delta\lambda_0^3r_{20}^5-6\lambda_0^4\Delta\lambda_0^2r_{10}^3+6\lambda_0^4\Delta\lambda_0^2r_{20}^3+4\lambda_0^2\Delta\lambda_0^2r_{10}^5-\\&8\lambda_0^2\Delta\lambda_0^2r_{10}^4r_{20}+10\lambda_0^2\Delta\lambda_0^2r_{10}^3r_{20}^2-2\lambda_0^2\Delta\lambda_0^2r_{10}^2r_{20}^3+2\lambda_0^2\Delta\lambda_0^2r_{10}r_{20}^4-\lambda_0^2\Delta\lambda_0^2r_{20}^5-\lambda_0^5\Delta\lambda_0r_{10}^3+\\&\lambda_0^5\Delta\lambda_0r_{20}^3-4\lambda_0^3\Delta\lambda_0r_{10}^5+4\lambda_0^3\Delta\lambda_0r_{10}^4r_{20}-3\lambda_0^3\Delta\lambda_0r_{10}^3r_{20}^2-2\lambda_0^3\Delta\lambda_0r_{10}^2r_{20}^3+4\lambda_0^3\Delta\lambda_0r_{10}r_{20}^4-\\&2\lambda_0^3\Delta\lambda_0r_{20}^5+\lambda_0^4r_{10}^5-6\lambda_0^4r_{10}^4r_{20}-2\lambda_0^4r_{10}^3r_{20}^2+2\lambda_0^4r_{10}^2r_{20}^3+6\lambda_0^4r_{10}r_{20}^4-\lambda_0^4r_{20}^5)\end{aligned}$$

$$\begin{aligned}\widetilde{C}_5=&(4Mkr_{10}^3r_{20}^5)^2(\Delta\lambda_0^6-6\lambda_0\Delta\lambda_0^5+10\lambda_0^2\Delta\lambda_0^4-6\lambda_0^3\Delta\lambda_0^3+3\lambda_0\Delta\lambda_0^3r_{10}^2+6\lambda_0\Delta\lambda_0^3r_{10}r_{20}+\\&3\lambda_0\Delta\lambda_0^3r_{20}^2-2\lambda_0^4\Delta\lambda_0^2-\lambda_0^2\Delta\lambda_0^2r_{10}^2+12\lambda_0^2\Delta\lambda_0^2r_{10}r_{20}+\lambda_0^2\Delta\lambda_0^2r_{20}^2+4\lambda_0^3\Delta\lambda_0r_{10}^2-\\&\lambda_0^3\Delta\lambda_0r_{10}r_{20}-2\lambda_0^3\Delta\lambda_0r_{20}^2+3\lambda_0^2r_{10}^4+3\lambda_0^2r_{10}^3r_{20}+8\lambda_0^2r_{10}^2r_{20}^2-3\lambda_0^2r_{10}r_{20}^3-\lambda_0^2r_{20}^4)\end{aligned}$$

$$\begin{aligned}\widetilde{C}_6=&8\mu M^2k\rho l^3r_{10}^6r_{20}^5(\Delta\lambda_0^6+3\lambda_0\Delta\lambda_0^5-6\lambda_0^2\Delta\lambda_0^4-6\lambda_0^3\Delta\lambda_0^3+3\lambda_0\Delta\lambda_0^3r_{10}^2-\\&4\lambda_0\Delta\lambda_0^3r_{10}r_{20}+\lambda_0\Delta\lambda_0^3r_{20}^2-6\lambda_0^4\Delta\lambda_0^2+2\lambda_0^2\Delta\lambda_0^2r_{10}^2+4\lambda_0^2\Delta\lambda_0^2r_{10}r_{20}+2\lambda_0^2\Delta\lambda_0^2r_{20}^2-\\&\lambda_0^5\Delta\lambda_0+5\lambda_0^3\Delta\lambda_0r_{10}^2-10\lambda_0^3\Delta\lambda_0r_{10}r_{20}-5\lambda_0^3\Delta\lambda_0r_{20}^2-3\lambda_0^4r_{10}^2+6\lambda_0^4r_{10}r_{20}-3\lambda_0^4r_{20}^2)\end{aligned}$$

$$
\begin{aligned}
\widetilde{C}_7 = {} & 32\mu M^2 k\rho l r_{10}^3 r_{20}^7 (\Delta\lambda_0^6 r_{10}^3 - \Delta\lambda_0^6 r_{20}^3 + 3\lambda_0 \Delta\lambda_0^5 r_{10}^3 - 3\lambda_0 \Delta\lambda_0^5 r_{20}^3 - 6\lambda_0^2 \Delta\lambda_0^4 r_{10}^3 + \\
& 6\lambda_0^2 \Delta\lambda_0^4 r_{20}^3 + 6\lambda_0^3 \Delta\lambda_0^3 r_{10}^3 - 6\lambda_0^3 \Delta\lambda_0^3 r_{20}^3 - 4\lambda_0 \Delta\lambda_0^3 r_{10}^5 - \lambda_0 \Delta\lambda_0^3 r_{10}^4 r_{20} + 2\lambda_0 \Delta\lambda_0^3 r_{10}^3 r_{20}^2 + \\
& \lambda_0 \Delta\lambda_0^3 r_{10}^2 r_{20}^3 - 5\lambda_0 \Delta\lambda_0^3 r_{10} r_{20}^4 + 8\lambda_0 \Delta\lambda_0^3 r_{20}^5 + 2\lambda_0^4 \Delta\lambda_0^2 r_{10}^3 - 2\lambda_0^4 \Delta\lambda_0^2 r_{20}^3 - 2\lambda_0^2 \Delta\lambda_0^2 r_{10}^5 + \\
& 4\lambda_0^2 \Delta\lambda_0^2 r_{10}^4 r_{20} + 2\lambda_0^2 \Delta\lambda_0^2 r_{10}^3 r_{20}^2 - 5\lambda_0^2 \Delta\lambda_0^2 r_{10}^2 r_{20}^3 - 10\lambda_0^2 \Delta\lambda_0^2 r_{10} r_{20}^4 + 5\lambda_0^2 \Delta\lambda_0^2 r_{20}^5 + \\
& 10\lambda_0^5 \Delta\lambda_0 r_{10}^3 - 10\lambda_0^5 \Delta\lambda_0 r_{20}^3 - \lambda_0^3 \Delta\lambda_0 r_{10}^5 + 2\lambda_0^3 \Delta\lambda_0 r_{10}^4 r_{20} + \lambda_0^3 \Delta\lambda_0 r_{10}^3 r_{20}^2 - \\
& 3\lambda_0^3 \Delta\lambda_0 r_{10}^2 r_{20}^3 - 6\lambda_0^3 \Delta\lambda_0 r_{10} r_{20}^4 + 3\lambda_0^3 \Delta\lambda_0 r_{20}^5 + \lambda_0^4 r_{10}^5 + \lambda_0^4 r_{10}^4 r_{20} + 2\lambda_0^4 r_{10}^3 r_{20}^2 - \\
& 3\lambda_0^4 r_{10}^2 r_{20}^3 - 2\lambda_0^4 r_{10} r_{20}^4 - \lambda_0^4 r_{20}^5)
\end{aligned}
$$

$$\widetilde{C}_8 = C_8$$

$$
\begin{aligned}
\widetilde{C}_9 = {} & 8(\mu M\rho l^2)^2 r_{10}^3 r_{20}^2 (\Delta\lambda_0^6 r_{10}^3 - \Delta\lambda_0^6 r_{20}^3 - 8\lambda_0 \Delta\lambda_0^5 r_{10}^3 + 8\lambda_0 \Delta\lambda_0^5 r_{20}^3 + 12\lambda_0^2 \Delta\lambda_0^4 r_{10}^3 - \\
& 12\lambda_0^2 \Delta\lambda_0^4 r_{20}^3 - 20\lambda_0^3 \Delta\lambda_0^3 r_{10}^3 + 20\lambda_0^3 \Delta\lambda_0^3 r_{20}^3 - 12\lambda_0^4 \Delta\lambda_0^2 r_{10}^3 + \\
& 12\lambda_0^4 \Delta\lambda_0^2 r_{20}^3 + 8\lambda_0^5 \Delta\lambda_0 r_{10}^3 - 8\lambda_0^5 \Delta\lambda_0 r_{20}^3 + \lambda_0^6 r_{10}^3 - \lambda_0^6 r_{20}^3)
\end{aligned}
$$

$$
\begin{aligned}
\widetilde{C}_{10} = {} & (4\mu M\rho l r_{20}^2)^2 (\Delta\lambda_0^6 r_{10}^6 - 2\Delta\lambda_0^6 r_{10}^3 r_{20}^3 + \Delta\lambda_0^6 r_{20}^6 - 4\lambda_0 \Delta\lambda_0^5 r_{10}^6 + 8\lambda_0 \Delta\lambda_0^5 r_{10}^3 r_{20}^3 - \\
& 4\lambda_0 \Delta\lambda_0^5 r_{20}^6 + 16\lambda_0^2 \Delta\lambda_0^4 r_{10}^6 - 32\lambda_0^2 \Delta\lambda_0^4 r_{10}^3 r_{20}^3 + 16\lambda_0^2 \Delta\lambda_0^4 r_{20}^6 - 24\lambda_0^3 \Delta\lambda_0^3 r_{10}^6 + \\
& 48\lambda_0^3 \Delta\lambda_0^3 r_{10}^3 r_{20}^3 - 24\lambda_0^3 \Delta\lambda_0^3 r_{20}^6 + 16\lambda_0^4 \Delta\lambda_0^2 r_{10}^6 - 32\lambda_0^4 \Delta\lambda_0^2 r_{10}^3 r_{20}^3 + 16\lambda_0^4 \Delta\lambda_0^2 r_{20}^6 + \\
& 4\lambda_0^5 \Delta\lambda_0 r_{10}^6 - 8\lambda_0^5 \Delta\lambda_0 r_{10}^3 r_{20}^3 + 4\lambda_0^5 \Delta\lambda_0 r_{20}^6 - \lambda_0^6 r_{10}^6 + 2\lambda_0^6 r_{10}^3 r_{20}^3 - \lambda_0^6 r_{20}^6)
\end{aligned}
$$

梁的三阶固有频率为

$$\omega_3 = \left(\frac{EIB_{xx}}{\rho A_{xx}}\right)^{1/2} \tag{A.3}$$

7.6 中心刚体-主动伸长柔性梁系统的耦合动力学行为

可展开(伸长)柔性机械臂是一种广泛应用于空间目标捕获、太阳帆展开[125-126]等航天器结构的重要部件。当可展开柔性臂被装配在转子上时，如图 7-39 中伊卡洛斯(IKAROS)太阳帆的第一级展开机构[125]，其可被简化为一个由四根梁和中心刚体转子组成的耦合系统模型。其中，转子的旋转、制动器工作导致的梁的主动展开、梁的弯曲变形和轴向变形之间的耦合动力学行为极为复杂。

图 7-39 所示的简化系统是一个典型的刚柔耦合多体动力学系统。中心刚体-柔性梁模型是最经典的刚柔耦合多体系统模型之一[6,8]，它描述了固定在转子上的可展开柔性梁的耦合动力学问题，因此值得高度关注。

到目前为止，对中心刚体-柔性梁模型的动力学和控制问题已经有了大量的研究成果：在使用传统的混合坐标方法研究存在整体大幅运动的梁时，Kane 等[127]探索了该问题中的动力刚化现象，这促使了许多学者去研究整体大幅运动下旋转梁或板的动力刚化现象[128-136]。Hong 等基于哈密顿原理建立了具有端部质量的中心刚体-柔性梁系统有限元模型，并研究了端部质量对中心刚体-梁系统动力学行为的影响[16,137]。Cai 及其合作者使用一阶近似耦合模型和假设模态离散法[15]研究了中心刚体-柔性梁系统的动力学行为，并

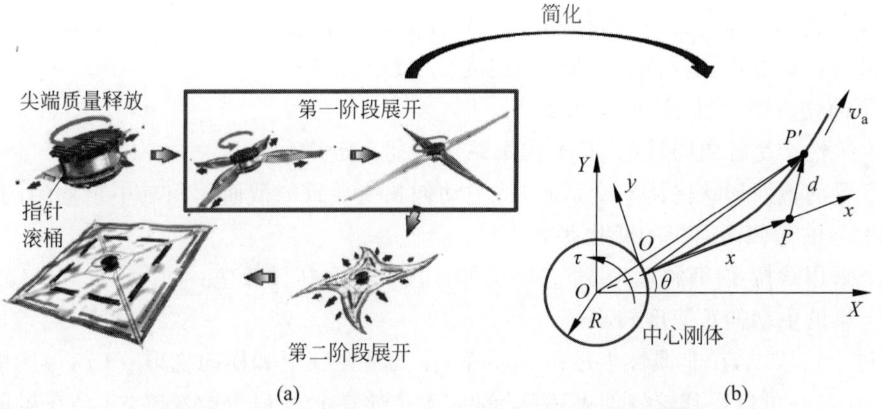

图 7-39　中心刚体-主动伸长柔性梁的简化物理模型

(a) 伊卡洛斯太阳帆的展开过程[128]；(b) 第一阶段展开的简化模型

(请扫Ⅰ页二维码看彩图)

提出了对中心刚体-柔性梁系统的控制策略[138-140]。Zhu 等通过描述欧拉-伯努利梁的变形,建立了一种新的平面旋转中心刚体-梁系统动力学模型[141]。Zhao 等分析了具有准稳态拉伸的旋转欧拉-伯努利梁的稳态振动[142]。Liu 及其合作者比较了三维欧拉-伯努利梁刚柔耦合动力学的绝对节点坐标方法和浮动参考系方法建模的准确性[143]。最近,我们研究了在大尺度运动下具有变刚度的中心刚体-柔性梁系统[144]。

上述文献详细研究了中心刚体旋转与柔性梁变形之间的耦合效应。然而,如果将 IKAROS 空间太阳帆第一展开阶段柔性梁的主动伸长纳入考虑范围,耦合情况会更具挑战性,涉及的耦合动力学行为可能会更具吸引力。

近年来,保结构方法[19,26,145]被广泛应用于耦合系统的动力学分析[23,48-49,62,114,146-147],其良好的数值效果得到了大量验证。保结构方法是由冯康教授针对有限维哈密顿系统提出的辛算法[148]首创,并经过改进以应用到无限维动力学系统,无论系统是保守系统[27,149]还是非保守系统[19,145],其主要思想都是在数值模拟中保持辛结构(或多辛结构),同时尽可能提高所采用数值方法的长时间数值稳定性。其所考虑的耦合动力学系统的模拟时长可达数周,这表明,所采用的数值方法应具有良好的长期数值性能。因此,我们将使用保结构方法,对在中心刚体-主动伸长柔性梁系统中的中心刚体的旋转、梁的变形和梁的主动伸长之间的耦合效应进行详细研究[150]。

本节的结构组织如下所述。首先,我们简要介绍并提出了中心刚体-主动伸长柔性梁系统的耦合动力学模型。随后提出了动力学模型的复合保结构数值迭代算法。最后,我们采用保结构方法详细研究了中心刚体-主动伸长柔性梁系统的耦合动力学行为。

根据我们之前的工作[144],我们首先对中心刚体-梁系统中主动伸长柔性梁的耦合振动模型进行综述。

考虑如图 7-39 所示的中心刚体-主动伸长柔性梁系统,其中,O 为中心刚体的中心,并与全局坐标系 XOY 的原点重合;O 是柔性均匀梁与中心刚体连接的端点,并与局部坐标系 xOy 的原点重合;R 为中心刚体的半径;τ 是作用在中心刚体上的外力矩;θ 是中心刚体的旋转角度。为了建立中心刚体-主动伸长柔性梁系统的动力学模型,我们定义了柔性梁的长度、截面面积、截面惯性矩、密度和杨氏模量,分别为 $L(t)$,$A(t)$,$I(t)$,ρ,E,并用 J_h 表示中心刚体的转动惯量。此外，由作动器产生的主动伸长速度记为 v_a。在实际应用中，第一阶段展开可能需要数周时间，主动伸长速度 v_a 较小。

为了简化模型，我们引入以下假设：

(1) 柔性梁是各向同性的，其本构关系符合胡克定律；

(2) 梁的截面形状保持不变，轴向的主动伸长所导致的截面面积减小是均匀的，梁弯曲变形所引起的横截面面积的变化忽略不计；

(3) 采用欧拉-伯努利理论，即忽略梁的剪切效应和扭转效应；

(4) 梁的主动伸长速度较小。

通过上述假设，在非惯性坐标系 xoy 下，梁的弯曲变形和横向变形 $w(x,t)$ 所引起的轴向伸长 $u(x,t)$ 可以得到较好的表述(梁的主动拉伸在此过程中被忽略，其会在梁的能量表达式中进行考虑)。

如图 7-40 所示，以梁上未发生变形的某点 P 为例，梁经过轴向伸长和横向变形后，点 $P(x,0)$ 向点 $P'(x+d_1,d_2)$ 移动，位移矢量为 $\boldsymbol{d}=[d_1,d_2]^{\mathrm{T}}$。考虑变形之前的一个微元 MN(M 的坐标为 $M(\zeta,0)$，N 的坐标为 $N(\zeta+\mathrm{d}\zeta,0)$)在发生变形后移动到 $M'N'$。$M'N'$ 的长度为

$$\mathrm{d}s=\sqrt{\left[1+\frac{\partial d_1(\zeta,t)}{\partial\zeta}\right]^2+\left[\frac{\partial d_2(\zeta,t)}{\partial\zeta}\right]^2}\,\mathrm{d}\zeta=\sqrt{1+\delta}\,\mathrm{d}\zeta \tag{7.6.1}$$

其中，

$$\delta=2\frac{\partial d_1(\zeta,t)}{\partial\zeta}+\left[\frac{\partial d_1(\zeta,t)}{\partial\zeta}\right]^2+\left[\frac{\partial d_2(\zeta,t)}{\partial\zeta}\right]^2 \tag{7.6.2}$$

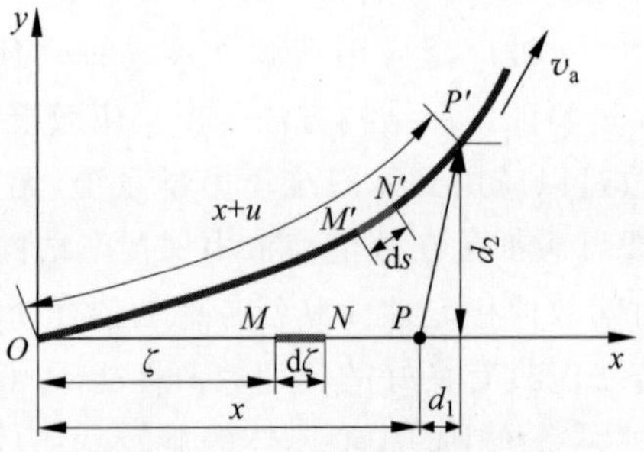

图 7-40 柔性梁的位移

(请扫 I 页二维码看彩图)

利用二阶泰勒展开近似式，式(7.6.1)可以改写为

$$\mathrm{d}s=\left(1+\frac{1}{2}\delta-\frac{1}{8}\delta^2\right)\mathrm{d}\zeta \tag{7.6.3}$$

将式(7.6.2)代入式(7.6.3)中并忽略高阶量，我们可以得到

$$\mathrm{d}s=\left\{1+\frac{\partial d_1(\zeta,t)}{\partial\zeta}+\frac{1}{2}\left[\frac{\partial d_2(\zeta,t)}{\partial\zeta}\right]^2\right\}\mathrm{d}\zeta \tag{7.6.4}$$

然后，弧的长度 oP' 为

$$oP'=\int_0^x\left\{1+\frac{\partial d_1(\zeta,t)}{\partial\zeta}+\frac{1}{2}\left[\frac{\partial d_2(\zeta,t)}{\partial\zeta}\right]^2\right\}\mathrm{d}\zeta=x+u(x,t) \tag{7.6.5}$$

从式(7.6.5)可以看出,柔性梁弯曲所引起的轴向缩短为

$$c(x,t)=-\frac{1}{2}\int_0^x\left[\frac{\partial d_2(\zeta,t)}{\partial\zeta}\right]^2\mathrm{d}\zeta \tag{7.6.6}$$

表示动力刚化效应和轴向位移可以写为 $d_1(x,t)=u(x,t)+c(x,t)$。

在惯性坐标系 XOY 下点 P' 的位置向量为

$$\boldsymbol{R}_{P'}=\overrightarrow{OP'}=\boldsymbol{\Phi}(\boldsymbol{A}+\boldsymbol{B}+\boldsymbol{d}) \tag{7.6.7}$$

其中,$\boldsymbol{\Phi}=\boldsymbol{\Phi}(\theta)=\begin{bmatrix}\cos\theta & -\sin\theta\\ \sin\theta & \cos\theta\end{bmatrix}$是坐标转换矩阵。在非惯性坐标系 xoy 下,$\boldsymbol{A}=\overrightarrow{Oo}=[R,0]^{\mathrm{T}}$,$\boldsymbol{B}=\overrightarrow{oP}=[x,0]^{\mathrm{T}}$。

则可以得到点 P' 的绝对速度:

$$\dot{\boldsymbol{R}}_{P'}=\dot{\boldsymbol{\Phi}}(\boldsymbol{A}+\boldsymbol{B}+\boldsymbol{d})+\boldsymbol{\Phi}\dot{\boldsymbol{d}} \tag{7.6.8}$$

系统动能为

$$\begin{aligned}T&=\frac{1}{2}J_{\mathrm{h}}\dot{\theta}^2+\frac{1}{2}\int_0^{L(t)}\rho A(t)\dot{\boldsymbol{R}}_{P'}^{\mathrm{T}}\dot{\boldsymbol{R}}_{P'}\mathrm{d}x\\&=\frac{1}{2}J_{\mathrm{h}}\dot{\theta}^2+\frac{1}{2}\int_0^{L(t)}\rho A(t)\left[\left(\frac{\partial u}{\partial t}\right)^2+\left(\frac{\partial w}{\partial t}\right)^2+2u\frac{\partial w}{\partial t}\dot{\theta}-2w\frac{\partial u}{\partial t}\dot{\theta}+u^2\dot{\theta}^2+w^2\dot{\theta}^2+\right.\\&\qquad\left.2C\frac{\partial w}{\partial t}\dot{\theta}-2B\frac{\partial w}{\partial t}\dot{\theta}+2Cu\dot{\theta}^2-2Bu\dot{\theta}^2+C^2\dot{\theta}^2+B^2\dot{\theta}^2-2CB\dot{\theta}^2\right]\mathrm{d}x\end{aligned} \tag{7.6.9}$$

其中,$C=R+x$,$B=\frac{1}{2}\int_0^x\left(\frac{\partial v}{\partial\xi}\right)^2\mathrm{d}x$。

根据假设(4),梁的截面面积的变分为 $\delta A(t)\approx0$,梁的长度变分为 $\delta L(t)\approx0$。那么,系统动能的变分为

$$\begin{aligned}\delta T&=J_{\mathrm{h}}\dot{\theta}\delta\dot{\theta}+\int_0^{L(t)}-\rho A(t)\frac{\partial^2u}{\partial t^2}\mathrm{d}x\delta u-\int_0^{L(t)}\rho A(t)\frac{\partial^2 w}{\partial t^2}\mathrm{d}x\delta w+\\&\int_0^{L(t)}\rho A(t)\frac{\partial w}{\partial t}\dot{\theta}\mathrm{d}x\delta u-\int_0^{L(t)}\rho A(t)\left(\frac{\partial u}{\partial t}\frac{\partial w}{\partial t}+u\frac{\partial^2 w}{\partial t^2}\right)\mathrm{d}x\delta\theta-\int_0^{L(t)}\rho A(t)\frac{\partial u}{\partial t}\dot{\theta}\mathrm{d}x\delta w-\\&\int_0^{L(t)}\rho A(t)\left(\frac{\partial u}{\partial t}\dot{\theta}+u\ddot{\theta}\right)\mathrm{d}x\delta w+\int_0^{L(t)}\rho A(t)\left(\frac{\partial u}{\partial t}\frac{\partial w}{\partial t}+w\frac{\partial^2 u}{\partial t^2}\right)\mathrm{d}x\delta\theta+\\&\int_0^{L(t)}\rho A(t)\left(\frac{\partial w}{\partial t}\dot{\theta}+w\ddot{\theta}\right)\mathrm{d}x\delta u+\int_0^{L(t)}\rho A(t)u\dot{\theta}^2\mathrm{d}x\delta u-\int_0^{L(t)}2\rho A(t)\dot{\theta}u\frac{\partial u}{\partial t}\mathrm{d}x\delta\theta-\\&\int_0^{L(t)}\rho A(t)u^2\ddot{\theta}\mathrm{d}x\delta\theta+\int_0^{L(t)}\rho A(t)w\dot{\theta}^2\mathrm{d}x\delta w-\int_0^{L(t)}2\rho A(t)\dot{\theta}w\frac{\partial w}{\partial t}\mathrm{d}x\delta\theta-\\&\int_0^{L(t)}\rho A(t)w^2\ddot{\theta}\mathrm{d}x\delta\theta-\int_0^{L(t)}\rho A(t)(R+x)\ddot{\theta}\mathrm{d}x\delta w-\int_0^{L(t)}\rho A(t)(R+x)\frac{\partial^2 w}{\partial t^2}\mathrm{d}x\delta\theta+\\&\int_0^{L(t)}\rho A(t)\frac{\partial}{\partial x}\left(\frac{\partial w}{\partial x}\int_x^L\frac{\partial w}{\partial t}\dot{\theta}\mathrm{d}\xi\right)\mathrm{d}x\delta w+\int_0^{L(t)}\rho A(t)(R+x)\dot{\theta}^2\mathrm{d}x\delta u+\\&\int_0^{L(t)}\rho A(t)\left[\dot{\theta}\int_0^x\frac{\partial w}{\partial\xi}\frac{\partial^2 w}{\partial\xi\partial t}\mathrm{d}\xi+\frac{1}{2}\ddot{\theta}\int_0^x\left(\frac{\partial w}{\partial\xi}\right)^2\mathrm{d}\xi\right]\mathrm{d}x\delta w+\\&\int_0^{L(t)}\rho A(t)\left[\frac{\partial w}{\partial t}\int_0^x\frac{\partial w}{\partial\xi}\frac{\partial^2 w}{\partial\xi\partial t}\mathrm{d}\xi+\frac{1}{2}\frac{\partial^2 w}{\partial t^2}\int_0^x\left(\frac{\partial w}{\partial\xi}\right)^2\mathrm{d}\xi\right]\mathrm{d}x\delta\theta-\end{aligned}$$

$$\int_0^{L(t)} 2\rho A(t)(R+x)\left(\frac{\partial u}{\partial t}\dot{\theta}+u\ddot{\theta}\right)\mathrm{d}x\delta\theta+\int_0^{L(t)}\rho A(t)\frac{\partial}{\partial x}\left(\frac{\partial w}{\partial x}\int_x^L u\dot{\theta}^2\mathrm{d}\xi\right)\mathrm{d}x\delta w-$$
$$\frac{1}{2}\int_0^{L(t)}\rho A(t)\dot{\theta}^2\int_0^x\left(\frac{\partial w}{\partial \xi}\right)^2\mathrm{d}\xi\mathrm{d}x\delta u+\int_0^{L(t)}\rho A(t)\frac{\partial}{\partial x}\left[\frac{1}{2}\frac{\partial w}{\partial x}\int_x^L\int_0^\xi\left(\frac{\partial w}{\partial x}\right)^2\mathrm{d}x\dot{\theta}^2\mathrm{d}\xi\right]\mathrm{d}x\delta w+$$
$$\int_0^{L(t)}2\rho A(t)\left[u\dot{\theta}\int_0^x\frac{\partial w}{\partial \xi}\frac{\partial^2 w}{\partial \xi\partial t}\mathrm{d}\xi+\frac{1}{2}\frac{\partial u}{\partial t}\dot{\theta}\int_0^x\left(\frac{\partial w}{\partial \xi}\right)^2\mathrm{d}\xi+\frac{1}{2}u\ddot{\theta}\int_0^x\left(\frac{\partial w}{\partial \xi}\right)^2\mathrm{d}\xi\right]\mathrm{d}x\delta\theta-$$
$$\int_0^{L(t)}\rho A(t)\left\{\int_0^x\left(\frac{\partial w}{\partial \xi}\right)^2\mathrm{d}\xi\cdot\int_0^x\frac{\partial w}{\partial \xi}\frac{\partial^2 w}{\partial \xi\partial t}\mathrm{d}\xi+\ddot{\theta}\left[\int_0^x\left(\frac{\partial w}{\partial \xi}\right)^2\mathrm{d}\xi\right]^2\right\}\mathrm{d}x\delta\theta-$$
$$\int_0^{L(t)}2\rho A(t)(R+x)\left[\dot{\theta}\int_0^x\frac{\partial w}{\partial \xi}\frac{\partial^2 w}{\partial \xi\partial t}\mathrm{d}\xi+\ddot{\theta}\frac{1}{2}\int_0^x\left(\frac{\partial w}{\partial \xi}\right)^2\mathrm{d}\xi\right]\mathrm{d}x\delta\theta+$$
$$\int_0^{L(t)}\rho A(t)\frac{\partial}{\partial x}\left[\frac{\partial w}{\partial x}\cdot\int_x^{L(t)}(R+\xi)\dot{\theta}^2\mathrm{d}\xi\right]\mathrm{d}x\delta w-\int_0^{L(t)}\rho A(t)(R+x)^2\ddot{\theta}\mathrm{d}x\delta\theta \tag{7.6.10}$$

假设系统在水平平面内,势能包含应变能和旋转产生的离心势能,即

$$V=\frac{1}{2}\int_0^{L(t)}\int_\Omega E\varepsilon_{xx}^2\mathrm{d}\Omega\mathrm{d}x+\frac{1}{2}\int_0^{L(t)}F(x,t)\left(\frac{\partial w}{\partial x}\right)^2\mathrm{d}x \tag{7.6.11}$$

其中,$F(x,t)$为旋转产生的惯性离心力,可表示为

$$\begin{aligned}F(x,t)&=\int_x^{L(t)}\rho A(t)\dot{\theta}^2(R+\zeta)\mathrm{d}\zeta\\&=\rho A(t)\dot{\theta}^2\left[R(L-x)+\frac{1}{2}(L^2-x^2)\right]\end{aligned} \tag{7.6.12}$$

根据非线性格林应变-位移关系,梁中任意点的轴向应变可表示为

$$\varepsilon_{xx}=\frac{\partial d_1}{\partial x}-y\frac{\partial^2 d_2}{\partial x^2}+\frac{1}{2}\left(\frac{\partial d_2}{\partial x}\right)^2 \tag{7.6.13}$$

其中,y 为所选的任意点与柔性梁中性轴之间的距离。

将式(7.6.13)代入式(7.6.11)中,系统的总势能为

$$V=\frac{1}{2}\int_0^{L(t)}EA(t)\left(\frac{\partial d_1}{\partial x}\right)^2\mathrm{d}x+\frac{1}{2}\int_0^{L(t)}EI(t)\frac{\partial^2 d_2}{\partial x^2}\mathrm{d}x+$$
$$\frac{1}{2}\int_0^{L(t)}EA(t)\frac{\partial d_1}{\partial x}\left(\frac{\partial d_2}{\partial x}\right)^2\mathrm{d}x+\frac{1}{2}\int_0^{L(t)}\frac{EA(t)}{4}\left(\frac{\partial d_2}{\partial x}\right)^4\mathrm{d}x+\frac{1}{2}\int_0^{L(t)}F(x,t)\left(\frac{\partial w}{\partial x}\right)^2\mathrm{d}x \tag{7.6.14}$$

其中,$I=\int_\Omega y^2\mathrm{d}\Omega$。

根据 d_1,d_2,u 和 w 之间的关系,系统的总势能变为

$$V=\frac{1}{2}\int_0^{L(t)}EA(t)\left(\frac{\partial u}{\partial x}\right)^2\mathrm{d}x+\frac{1}{2}\int_0^{L(t)}EI(t)\left(\frac{\partial^2 w}{\partial x^2}\right)^2\mathrm{d}x+\frac{1}{2}\int_0^{L(t)}F(x,t)\left(\frac{\partial w}{\partial x}\right)^2\mathrm{d}x \tag{7.6.15}$$

根据假设(4),梁截面面积的变分为 $\delta A(t)\approx 0$,梁截面惯性矩变分为 $\delta I(t)\approx 0$,梁长度变分为 $\delta L(t)\approx 0$。则总势能的变分为

$$\delta V=\int_0^{L(t)}\frac{\partial^2}{\partial x^2}\left[EI(t)\frac{\partial^2 w}{\partial x^2}\right]\mathrm{d}x\delta w-\int_0^{L(t)}\frac{\partial}{\partial x}\left[EA(t)\frac{\partial u}{\partial x}\right]\mathrm{d}x\delta u-$$

$$\int_0^{L(t)} \rho A(t)\left[R(L-x)+\frac{1}{2}(L^2-x^2)\right]\left[\ddot{\theta}\left(\frac{\partial w}{\partial x}\right)^2+2\dot{\theta}\frac{\partial w}{\partial x}\frac{\partial^2 w}{\partial x \partial t}\right]\mathrm{d}x\delta\theta-$$
$$\int_0^{L(t)} \rho A(t)\left\{(-R-x)\dot{\theta}^2\frac{\partial w}{\partial x}+\left[R(L-x)+\frac{1}{2}(L^2-x^2)\right]\dot{\theta}^2\frac{\partial^2 w}{\partial x^2}\right\}\mathrm{d}x\delta w \tag{7.6.16}$$

外力矩的虚功为

$$\delta W=\tau\delta\theta \tag{7.6.17}$$

随后，根据哈密顿原理$\int_{t_0}^{t_1}(\delta T-\delta V+\delta W)\mathrm{d}t=0$，可以得到中心刚体-柔性梁的动力学模型：

$$\rho A(t)\left[\frac{\partial^2 u}{\partial t^2}-2\dot{\theta}\frac{\partial w}{\partial t}-w\ddot{\theta}+\dot{\theta}^2(R+x+u)\right]-EA(t)\frac{\partial^2 u}{\partial x^2}=0 \tag{7.6.18}$$

$$\rho A(t)\left[\frac{\partial^2 w}{\partial t^2}+2\dot{\theta}\frac{\partial u}{\partial t}+\ddot{\theta}(R+x+u)-\dot{\theta}^2 w\right]+EI(t)\frac{\partial^4 w}{\partial x^4}$$
$$+\rho A(t)\frac{\partial}{\partial x}\left[\frac{\partial w}{\partial x}\int_0^{L(t)}B(\zeta,t)\mathrm{d}\zeta\right]-\rho A(t)\dot{\theta}^2(R+x)\frac{\partial w}{\partial x}$$
$$-\rho A(t)\dot{\theta}^2\left\{R[L(t)-x]+\frac{1}{2}[L(t)^2-x^2]\frac{\partial^2 w}{\partial x^2}\right\}=0 \tag{7.6.19}$$

$$J_{\mathrm{h}}\ddot{\theta}+\int_0^{L(t)}\rho A(t)\left\{\ddot{\theta}[(R+x)^2+u^2+w^2+2(R+x)(u+c)]\right.$$
$$+(R+x+u)\frac{\partial^2 w}{\partial t^2}-w\frac{\partial^2 u}{\partial t^2}+2\dot{\theta}\left[(R+x)\left(\frac{\partial u}{\partial t}+\frac{\partial c}{\partial t}\right)+u\frac{\partial u}{\partial t}+w\frac{\partial w}{\partial t}\right]$$
$$\left.-\ddot{\theta}\left[R(L(t)-x)+\frac{1}{2}(L(t)^2-x^2)\right]\left(\frac{\partial w}{\partial x}\right)^2\right\}\mathrm{d}x=\tau(t) \tag{7.6.20}$$

其中，$B(x,t)=-\dot{\theta}^2(R+x+u+c)-2\dot{\theta}\frac{\partial w}{\partial t}+\frac{\partial^2 u}{\partial t^2}+\frac{\partial^2 c}{\partial t^2}-\ddot{\theta}w$ 和高阶项 $c(x,t)$ 被忽略。

假设截面为圆形，则梁的长度、截面面积和截面惯性矩可由主动伸长速度 v_{a} 表示为

$$L(t)=L_0+v_{\mathrm{a}}t,\quad A(t)=\frac{A_0L_0}{L_0+v_{\mathrm{a}}t},\quad I(t)=\frac{1}{4\pi}\left(\frac{A_0L_0}{L_0+v_{\mathrm{a}}t}\right)^2 \tag{7.6.21}$$

其中，L_0 和 A_0 分别为梁的初始长度和初始横截面面积。

将式(7.6.21)代入式(7.6.18)～式(7.6.20)中，动力学模型可以改写为

$$\rho\left[\frac{\partial^2 u}{\partial t^2}-2\dot{\theta}\frac{\partial w}{\partial t}-w\ddot{\theta}+\dot{\theta}^2(R+x+u)\right]-E\frac{\partial^2 u}{\partial x^2}=0 \tag{7.6.22}$$

$$\rho\left[\frac{\partial^2 w}{\partial t^2}+2\dot{\theta}\frac{\partial u}{\partial t}+\ddot{\theta}(R+x+u)-\dot{\theta}^2 w\right]+\frac{E}{4\pi}\frac{A_0L_0}{L_0+v_{\mathrm{a}}t}\frac{\partial^4 w}{\partial x^4}$$
$$+\rho\frac{\partial}{\partial x}\left[\frac{\partial w}{\partial x}\int_0^{L_0+v_{\mathrm{a}}t}B(\zeta,t)\mathrm{d}\zeta\right]-\rho\dot{\theta}^2(R+x)\frac{\partial w}{\partial x}$$
$$-\rho\dot{\theta}^2\left\{R(L_0+v_{\mathrm{a}}t-x)+\frac{1}{2}[(L_0+v_{\mathrm{a}}t)^2-x^2]\frac{\partial^2 w}{\partial x^2}\right\}=0 \tag{7.6.23}$$

$$J_{\mathrm{h}}\ddot{\theta}+\frac{\rho A_0 L_0}{L_0+v_{\mathrm{a}}t}\int_0^{L_0+v_{\mathrm{a}}t}\Big(\ddot{\theta}[(R+x)^2+u^2+w^2+2(R+x)(u+c)]$$
$$+(R+x+u)\frac{\partial^2 w}{\partial t^2}-w\frac{\partial^2 u}{\partial t^2}+2\dot{\theta}\left[(R+x)\left(\frac{\partial u}{\partial t}+\frac{\partial c}{\partial t}\right)+u\frac{\partial u}{\partial t}+w\frac{\partial w}{\partial t}\right]$$
$$-\ddot{\theta}\left\{R(L_0+v_{\mathrm{a}}t-x)+\frac{1}{2}[(L_0+v_{\mathrm{a}}t)^2-x^2]\right\}\left(\frac{\partial w}{\partial x}\right)^2\Big)\mathrm{d}x=\tau(t) \tag{7.6.24}$$

相关的边界条件为

$$\begin{cases} u(0,t)=0, & w(0,t)=0, & \left.\dfrac{\partial w}{\partial x}\right|_{x=0}=0 \\ \left.\dfrac{\partial u}{\partial x}\right|_{x=L_0+v_{\mathrm{a}}t}=0, & \left.\dfrac{\partial^2 w}{\partial x^2}\right|_{x=L_0+v_{\mathrm{a}}t}=0, & \left.\dfrac{\partial^3 u}{\partial x^3}\right|_{x=L_0+v_{\mathrm{a}}t}=0 \end{cases} \tag{7.6.25}$$

值得一提的是，式(7.6.22)和式(7.6.23)主要描述柔性主动伸长梁的横向振动和轴向振动，式(7.6.24)主要描述系统的旋转。此外，边界条件(式(7.6.25))中包含移动边界，因此在数值方法的网格划分过程中应多加注意。

参考我们在前面的工作中提出的复合保结构方法的思想[23,48,114,146]，式(7.6.22)和式(7.6.23)描述的梁的柔性变形与式(7.6.24)描述的系统旋转所应用的保结构数值迭代方法，可用于研究中心刚体-主动伸长柔性梁系统的耦合动力行为。

对于由式(7.6.22)和式(7.6.23)描述的梁的柔性变形，可推导出其近似多辛形式。

引入中间变量为$\partial_t u=p,\partial_x u=q,\partial_t w=\varphi,\partial_x w=\psi,\partial_x\psi=\kappa,\partial_x\kappa=\phi$，并定义状态变量$z=[u,w,p,q,\varphi,\psi,\kappa,\phi]^{\mathrm{T}}$，便可构造式(7.6.22)和式(7.6.23)的一阶矩阵形式如下：

$$\boldsymbol{M}\partial_t \boldsymbol{z}+\boldsymbol{K}\partial_x \boldsymbol{z}=\nabla_z S(\boldsymbol{z})+\beta(\boldsymbol{z}) \tag{7.6.26}$$

其中，

$$S(\boldsymbol{z})=\frac{\rho}{2}(\ddot{\theta}u^2+\dot{\theta}^2w^2+q^2-p^2-\varphi^2)+\frac{EA_0L_0}{8\pi L(t)}\kappa^2-\frac{EA_0L_0}{4\pi L(t)}\psi\phi-\rho\ddot{\theta}(R+x)(u+w),$$

$$\beta(\boldsymbol{z})=\rho[\dot{\theta}^2 w,\ddot{\theta}u+\frac{1}{2}\dot{\theta}^2[L(t)^2-x^2]\kappa+\dot{\theta}^2(R+x)\psi-$$
$$\kappa\int_0^{L(t)}B(\zeta,t)\mathrm{d}\zeta-\psi B(x,t),0,0,0,0,0,0]^{\mathrm{T}},$$

$$L(t)=L_0+v_{\mathrm{a}}t,$$

$$\boldsymbol{M}=\begin{bmatrix} 0 & -2\rho\dot{\theta} & \rho & 0 & 0 & 0 & 0 & 0 \\ 2\rho\dot{\theta} & 0 & 0 & 0 & \rho & 0 & 0 & 0 \\ -\rho & 0 & 0 & 0 & 0 & 0 & 0 & 0 \\ 0 & 0 & 0 & 0 & 0 & 0 & 0 & 0 \\ 0 & -\rho & 0 & 0 & 0 & 0 & 0 & 0 \\ 0 & 0 & 0 & 0 & 0 & 0 & 0 & 0 \\ 0 & 0 & 0 & 0 & 0 & 0 & 0 & 0 \\ 0 & 0 & 0 & 0 & 0 & 0 & 0 & 0 \end{bmatrix}$$

$$K=\begin{bmatrix}0&0&0&-E&0&0&0&0\\0&0&0&0&0&0&0&\dfrac{EA_0L_0}{4\pi L(t)}\\0&0&0&0&0&0&0&0\\E&0&0&0&0&0&0&0\\0&0&0&0&0&0&0&0\\0&0&0&0&0&0&-\dfrac{EA_0L_0}{4\pi L(t)}&0\\0&0&0&0&0&\dfrac{EA_0L_0}{4\pi L(t)}&0&0\\0&-\dfrac{EA_0L_0}{4\pi L(t)}&0&0&0&0&0&0\end{bmatrix}$$

在一阶矩阵形式(7.1.15)中,$\beta(\boldsymbol{z})$可视为哈密顿函数 $S(\boldsymbol{z})$的残差[20,21]。则形式(7.1.15)是具有动力学对称破缺的近似多辛形式[145]。

由于系数矩阵 $\boldsymbol{K}$ 中显含时间变量,即 $L(t)=L_0+v_a t$ 包含在系数矩阵 $\boldsymbol{K}$ 中,从而导致了动力学对称破缺的出现。另外,由于哈密顿函数 $S(\boldsymbol{z})$及其残差 $\beta(\boldsymbol{z})$显式地依赖于时间和空间,也导致了动力学对称破缺的出现。由这些动力学对称破缺因子引起的梁的局部能量耗散可表述为[145]

$$\begin{aligned}\Delta_{le}&=\frac{1}{2}\langle\partial_t\boldsymbol{K}\partial_x\boldsymbol{z},\boldsymbol{z}\rangle+\frac{\partial[S(\boldsymbol{z})+\beta(\boldsymbol{z})\boldsymbol{z}^{\mathrm{T}}]}{\partial t}+\frac{\partial[S(\boldsymbol{z})+\beta(\boldsymbol{z})\boldsymbol{z}^{\mathrm{T}}]}{\partial x}\frac{\mathrm{d}x}{\mathrm{d}t}\\&=\frac{E}{8\pi}\frac{A_0L_0v_a}{(L_0+v_at)^2}(\psi\partial_x\kappa-\kappa\partial_x\psi+\phi\partial_x w-w\partial_x\phi)-\frac{EA_0L_0v_a}{16\pi(L_0+v_at)^2}(\kappa^2-2\psi\phi)+\\&\quad\rho\dot\theta^2(L_0+v_at)\kappa w-\rho\kappa w\int_0^{L_0+v_at}[v_aB(\zeta,t)+\partial_tB(\zeta,t)]\mathrm{d}\zeta-\rho\psi w\partial_tB(x,t)-\\&\quad\rho v_a\ddot\theta(u+w)-\rho v_a\dot\theta^2x\kappa w+\rho v_a\dot\theta^2\psi w-\rho\kappa w[B(L_0+v_at,t)-B(0,t)]-\rho\psi w\partial_xB(x,t)\end{aligned}\tag{7.6.27}$$

当存在局部能量耗散时,梁的全局能量耗散为

$$\Delta_{ge}=\int_{T_0}^{t}\int_0^{L_0+v_at}\Delta_{le}\,\mathrm{d}x\,\mathrm{d}t\tag{7.6.28}$$

其中,T_0 为扭矩作用的持续时间,如式(7.6.36)所示。

对式(7.1.15)中已被证明为多辛形式的一阶矩阵形式[29,151-152]进行 Preissmann 离散[28],可得到保结构的 Preissmann 格式:

$$\boldsymbol{M}(j)\frac{\boldsymbol{z}_{j+1}^{i+1/2}-\boldsymbol{z}_j^{i+1/2}}{\Delta t}+\boldsymbol{K}(j)\frac{\boldsymbol{z}_{j+1/2}^{i+1}-\boldsymbol{z}_{j+1/2}^{i}}{\Delta x}=\nabla_zS(\boldsymbol{z}_{j+1/2}^{i+1/2})+\beta(\boldsymbol{z}_{j+1/2}^{i+1/2})\tag{7.6.29}$$

其中,Δt 和 Δx 分别表示时间步长和空间步长;系数矩阵的离散形式为

$$
\boldsymbol{M}(j)=\begin{bmatrix}
0 & -2\rho[\theta(j+1)-\theta(j)]/\Delta t & \rho & 0 & 0 & 0 & 0 & 0 \\
2\rho[\theta(j+1)-\theta(j)]/\Delta t & 0 & 0 & 0 & \rho & 0 & 0 & 0 \\
-\rho & 0 & 0 & 0 & 0 & 0 & 0 & 0 \\
0 & 0 & 0 & 0 & 0 & 0 & 0 & 0 \\
0 & -\rho & 0 & 0 & 0 & 0 & 0 & 0 \\
0 & 0 & 0 & 0 & 0 & 0 & 0 & 0 \\
0 & 0 & 0 & 0 & 0 & 0 & 0 & 0 \\
0 & 0 & 0 & 0 & 0 & 0 & 0 & 0
\end{bmatrix}
$$

$$
\boldsymbol{K}(j)=\begin{bmatrix}
0 & 0 & 0 & -E & 0 & 0 & 0 & 0 \\
0 & 0 & 0 & 0 & 0 & 0 & 0 & \dfrac{EA_0L_0}{4\pi L(j)} \\
0 & 0 & 0 & 0 & 0 & 0 & 0 & 0 \\
E & 0 & 0 & 0 & 0 & 0 & 0 & 0 \\
0 & 0 & 0 & 0 & 0 & 0 & 0 & 0 \\
0 & 0 & 0 & 0 & 0 & 0 & -\dfrac{EA_0L_0}{4\pi L(j)} & 0 \\
0 & 0 & 0 & 0 & 0 & \dfrac{EA_0L_0}{4\pi L(j)} & 0 & 0 \\
0 & -\dfrac{EA_0L_0}{4\pi L(j)} & 0 & 0 & 0 & 0 & 0 & 0
\end{bmatrix}
$$

局部能量耗散的离散形式为

$$
\begin{aligned}
(\Delta_{\mathrm{le}})_{j+1/2}^{i+1/2}=&\frac{E}{8\pi}\frac{A_0L_0v_{\mathrm{a}}}{[L_0+v_{\mathrm{a}}(j+1/2)\Delta t]^2}\Big(\psi_{j+1/2}^{i+1/2}\frac{\kappa_{j+1/2}^{i+1}-\kappa_{j+1/2}^{i}}{\Delta x}-\kappa_{j+1/2}^{i+1/2}\frac{\psi_{j+1/2}^{i+1}-\psi_{j+1/2}^{i}}{\Delta x}+\\
&\phi_{j+1/2}^{i+1/2}\frac{w_{j+1/2}^{i+1}-w_{j+1/2}^{i}}{\Delta x}-w_{j+1/2}^{i+1/2}\frac{\phi_{j+1/2}^{i+1}-\phi_{j+1/2}^{i}}{\Delta x}\Big)-\\
&\frac{EA_0L_0v_{\mathrm{a}}}{16\pi[L_0+v_{\mathrm{a}}(j+1/2)\Delta t]^2}[(\kappa_{j+1/2}^{i+1})^2-\\
&2\psi_{j+1/2}^{i+1/2}\phi_{j+1/2}^{i+1/2}]+\rho\left[\frac{\theta(j+1)-\theta(j)}{\Delta t}\right]^2[L_0+v_{\mathrm{a}}(j+1/2)\Delta t]^2\kappa_{j+1/2}^{i+1/2}w_{j+1/2}^{i+1/2}-\\
&\rho\kappa_{j+1/2}^{i+1/2}w_{j+1/2}^{i+1/2}\left\{\int_0^{L_0+v_{\mathrm{a}}(j+1/2)\Delta t}[v_{\mathrm{a}}B(\zeta,t)+\partial_tB(\zeta,t)]\mathrm{d}\zeta\right\}_{j+1/2}^{i+1/2}-\\
&\rho\psi_{j+1/2}^{i+1/2}w_{j+1/2}^{i+1/2}\frac{B_{j+1}^{i+1/2}-B_{j}^{i+1/2}}{\Delta t}-\rho v_{\mathrm{a}}\frac{\theta(j+1)-2\theta(j)+\theta(j-1)}{\Delta t^2}(u_{j+1/2}^{i+1/2}+\\
&w_{j+1/2}^{i+1/2})-\rho v_{\mathrm{a}}\left[\frac{\theta(j+1)-\theta(j)}{\Delta t}\right]^2(i+1/2)\Delta x\kappa_{j+1/2}^{i+1/2}w_{j+1/2}^{i+1/2}+\\
&\rho v_{\mathrm{a}}\left[\frac{\theta(j+1)-\theta(j)}{\Delta t}\right]^2\psi_{j+1/2}^{i+1/2}w_{j+1/2}^{i+1/2}-\rho\kappa_{j+1/2}^{i+1/2}w_{j+1/2}^{i+1/2}\{B[L_0+v_{\mathrm{a}}(j+1/2)\Delta t,\\
&(j+1/2)\Delta t]-B[0,(j+1/2)\Delta t]\}-\rho\psi_{j+1/2}^{i+1/2}w_{j+1/2}^{i+1/2}\frac{B_{j+1/2}^{i+1}-B_{j+1/2}^{i}}{\Delta x}
\end{aligned}
\tag{7.6.30}
$$

全局能量耗散的数值结果 $(\Delta_{ge})_j = \dfrac{(\Delta_{ge})_{j+1/2} + (\Delta_{ge})_{j-1/2}}{2}$ 可以通过 7 点 Gauss-Kronrod 积分方法[24-25]从局部能量耗散(式(7.6.30))得到。

对于由式(7.6.24)描述的中心刚体-主动伸长柔性梁系统的旋转，其中间变量可定义为 $\eta = \dot{\theta}$，并由此得到式(7.6.24)的一阶形式：

$$\dot{\theta} =$$

$$\eta\left(J_h + \frac{\rho A_0 L_0}{L_0 + v_a t}\dot{\eta}\int_0^{L_0+v_a t} f\,\mathrm{d}x\right) + \frac{\rho A_0 L_0}{L_0 + v_a t}\eta\int_0^{L_0+v_a t} g\,\mathrm{d}x = \tau(t) - \frac{\rho A_0 L_0}{L_0 + v_a t}\int_0^{L_0+v_a t} h\,\mathrm{d}x \tag{7.6.31}$$

其中，

$$\begin{cases} f = [(R+x)^2 + u^2 + w^2 + 2(R+x)(u+c)] - \\ \quad \left\{R(L_0 + v_a t - x) + \dfrac{1}{2}[(L_0 + v_a t)^2 - x^2]\right\}\left(\dfrac{\partial w}{\partial x}\right)^2 \\ g = 2\left[(R+x)\left(\dfrac{\partial u}{\partial t} + \dfrac{\partial c}{\partial t}\right) + u\dfrac{\partial u}{\partial t} + w\dfrac{\partial w}{\partial t}\right] \\ h = (R+x+u)\dfrac{\partial^2 w}{\partial t^2} - w\dfrac{\partial^2 u}{\partial t^2} \end{cases} \tag{7.6.32}$$

将一阶形式(式(7.6.31))代入如下的二级四阶辛龙格-库塔[1]格式：

$$\begin{cases} \boldsymbol{T}_{j+1} = \boldsymbol{T}_j + \dfrac{\Delta t}{2}(\boldsymbol{K}_1 + \boldsymbol{K}_2) \\ \boldsymbol{K}_1 = f\left[t_j + \left(\dfrac{1}{2} - \dfrac{\sqrt{3}}{6}\right)\Delta t, \boldsymbol{T}_j + \dfrac{\Delta t}{4}\boldsymbol{K}_1 + \left(\dfrac{1}{4} - \dfrac{\sqrt{3}}{6}\right)\Delta t\boldsymbol{K}_2\right] \\ \boldsymbol{K}_2 = f\left[t_j + \left(\dfrac{1}{2} + \dfrac{\sqrt{3}}{6}\right)\Delta t, \boldsymbol{T}_j + \dfrac{\Delta t}{4}\boldsymbol{K}_2 + \left(\dfrac{1}{4} + \dfrac{\sqrt{3}}{6}\right)\Delta t\boldsymbol{K}_1\right] \end{cases} \tag{7.6.33}$$

其中，$\boldsymbol{T} = [\theta, \eta]^{\mathrm{T}}$。上述方程的系数满足阶条件[158]，从而确保龙格-库塔法(式(7.6.33))是保辛的。

另外，中心刚体的转动动能的变化量为

$$\Delta T_h = \frac{1}{2}J_h(\dot{\theta}_{T_0}^2 - \dot{\theta}^2) \tag{7.6.34}$$

其中，θ_{T_0} 是作用在中心刚体上的扭矩撤除时，中心刚体的角速度；ΔT_h 的离散形式为

$$(\Delta T_h)_j = \frac{1}{2}J_h\left\{\left[\frac{\theta\left(\dfrac{T_0}{\Delta t} + 1\right) - \theta\left(\dfrac{T_0}{\Delta t}\right)}{\Delta t}\right]^2 - \left(\frac{\theta(j+1) - \theta(j)}{\Delta t}\right)^2\right\} \tag{7.6.35}$$

之所以要在数值模拟中考虑中心刚体转动动能的变化，是为了验证本节所建立的数值方法的保结构特性。

利用一阶形式(7.1.15)和式(7.6.31)的离散格式式(7.6.29)和式(7.6.33)，复合保结构方法的迭代步骤可以如下所述。

(1) 考虑边界条件式(7.6.25)和初始条件 $u(x,0) = w(x,0) = \left.\dfrac{\partial u}{\partial t}\right|_{t=0} = \left.\dfrac{\partial w}{\partial t}\right|_{t=0} = 0$，

在初始时间区间 $t\in[0,\Delta t]$ 内使用二级四阶辛龙格-库塔法(式(7.6.33))模拟系统的旋转,中心刚体的转动动能的变化由式(7.6.35)记录。在这一步中,我们得到了中心刚体旋转角速度 $\dot{\theta}(0)$ 和旋转角加速度 $\ddot{\theta}(0)$ 的近似解。

(2) 利用步骤(1)得到的旋转角速度和旋转角加速度的近似解,用 Preissmann 格式(式(7.6.29))模拟主动伸长柔性梁的变形,可得到梁的近似变形 $\left(u(x,0),w(x,0),\left.\frac{\partial u}{\partial t}\right|_{t=0},\left.\frac{\partial w}{\partial t}\right|_{t=0}\right)$,并将该步骤得到的局部能量耗散式(式(7.6.30))进行数值积分,可得到全局能量耗散。

(3) 利用步骤(2)中二级四阶辛龙格-库塔法(式(7.6.33))求得的梁在初始时间区间 $t\in[0,\Delta t]$ 内的近似变形,再次模拟中心刚体的旋转,得到中心刚体新的旋转角速度 $\dot{\theta}^*(0)$ 和旋转角加速度 $\ddot{\theta}^*(0)$ 的近似值,并根据式(7.6.35)得到中心刚体旋转动能的变化。然后记录这一步得到的新近似值与上一循环得到的近似值之间的相对误差($r_1=\left|\frac{\dot{\theta}^*(0)-\dot{\theta}(0)}{\dot{\theta}(0)}\right|\times 100\%$ 和 $r_2=\left|\frac{\ddot{\theta}^*(0)-\ddot{\theta}(0)}{\ddot{\theta}(0)}\right|\times 100\%$)。如果 $r_k\leqslant\vartheta_k\ (k=1,2)$(其中 ϑ_k 为假设的相对误差极限,假设相对误差限为 $\vartheta_k=1\times 10^{-6}\ (k=1,2)$),则 $j=j+1$,否则转步骤(2)。

(4) 当 $j\Delta t\geqslant T_0$(其中 T_0 为假设的模拟间隔)时,上述迭代停止。

文献[16],[137],[141],[142],[154]对中心刚体-柔性梁系统的耦合动力学行为进行了一些研究,然而,上文的耦合动态行为仍然仍会有一些尚未涉及的新特征。在上述研究中模拟的 IKAROS 太阳帆的第一展开阶段,简化了中心刚体-主动伸长柔性梁系统的两个主要特点:一是柔性梁的主动伸长;另一个是梁的质量相对于中心刚体的质量可比时,它不满足经典中心刚体-柔性梁系统的基本假设(对于经典中心刚体-柔性梁系统,假定中心刚体的质量相比于梁的质量是无穷大的)。因此,在接下来的数值实验中,我们将详细考虑柔性梁在主动伸长时产生的影响,以及梁与中心刚体质量比对动力学行为的影响。

IKAROS 太阳帆的尺寸为 14m×14m,所以柔性梁的展开长度是 $14\sqrt{2}/2\approx 10\text{m}$。IKAROS 太阳帆第一阶段展开的时间假设为两周(1209600s)。系统的一些物理和几何参数假设为[16,125,155-156]:$J_{\text{h}}=400\text{kg}\cdot\text{m}^2$,$\rho=2700\text{kg}\cdot\text{m}^{-3}$,$E=207\text{GPa}$,$R=0.8\text{m}$,$A_0=0.02315\text{m}^2$,$L_0=0.8\text{m}$,$v_{\text{a}}=7.60582\times 10^{-6}\text{m}\cdot\text{s}^{-1}$(梁的质量与中心刚体质量的可比性包含在这些参数中)。与经典的中心刚体-柔性梁系统相比,我们所考虑的主动伸长柔性梁的振动频率极低,这意味着,我们可以假设时间步长比现有文献[16],[140],[145]大得多。因此,本模型假设时间步长为 $\Delta t=2\text{s}$,空间步长为 $\Delta x=0.1\text{m}$。作用在中心刚体上的扭矩[140]表示为

$$\tau(t)=\begin{cases}\tau_0\sin(2\pi t/T_0), & 0\leqslant t\leqslant T_0\\ 0, & t>T_0\end{cases}\tag{7.6.36}$$

其中,τ_0 为扭矩的幅值。在接下来的数值实验中,我们设定 $\tau_0=100\text{N}\cdot\text{m}$,$T_0=2000\text{s}$。

对中心刚体-主动伸长柔性梁系统的平面运动以及振动分析,我们利用式(7.6.29)和式(7.6.33)所给出的复合保结构方法进行了模拟。为了清楚地说明系统的动力学行为,梁

自由端 $w[L(t),t]$ 的横向振动和中心刚体在三个阶段(阶段 1,驱动阶段,$t\in[0,2000]$s; 阶段 2,主动伸长阶段,$t\in[2000,1209600]$s; 阶段 3,自由振动阶段,$t\in[1209600,2419200]$s),如图 7-41、图 7-42、图 7-43 所示; 中心刚体的转速 $\dot{\theta}$ 在三个阶段如图 7-44、图 7-45、图 7-46 所示。

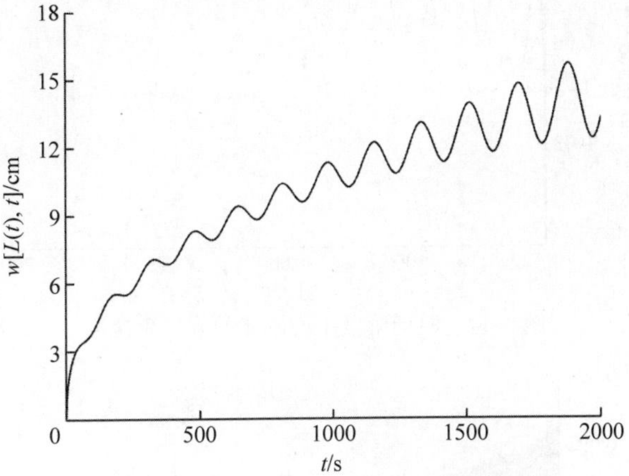

图 7-41　驱动阶段梁自由端的横向振动

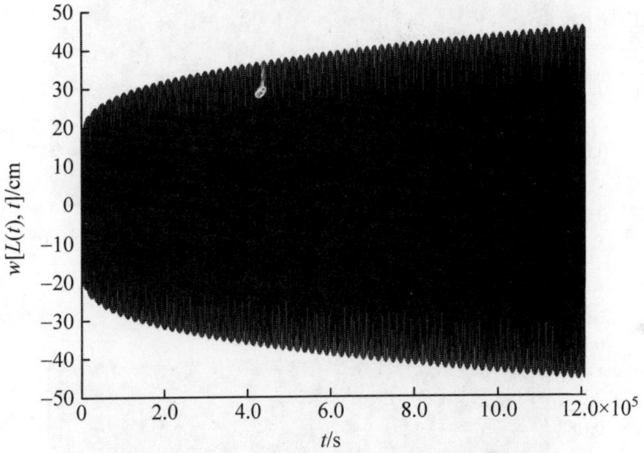

图 7-42　主动伸长阶段梁自由端的横向振动

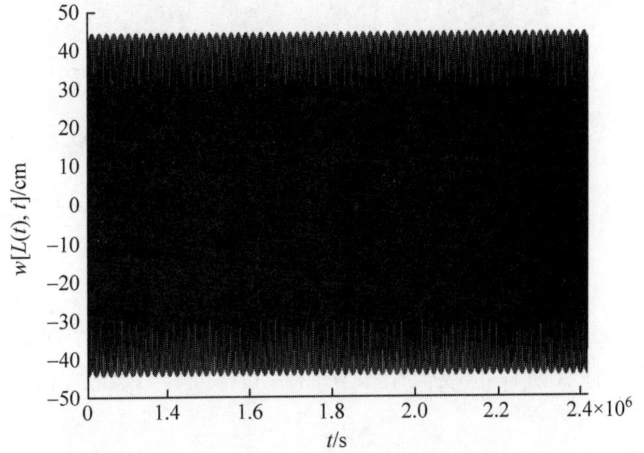

图 7-43　自由振动阶段梁自由端的横向振动

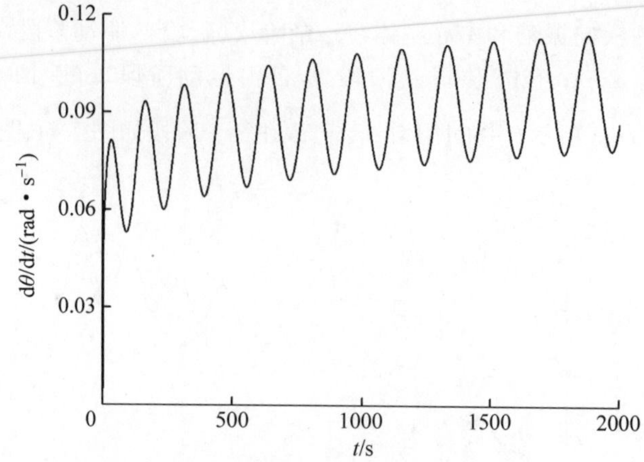

图 7-44　驱动阶段中心刚体的旋转角速度

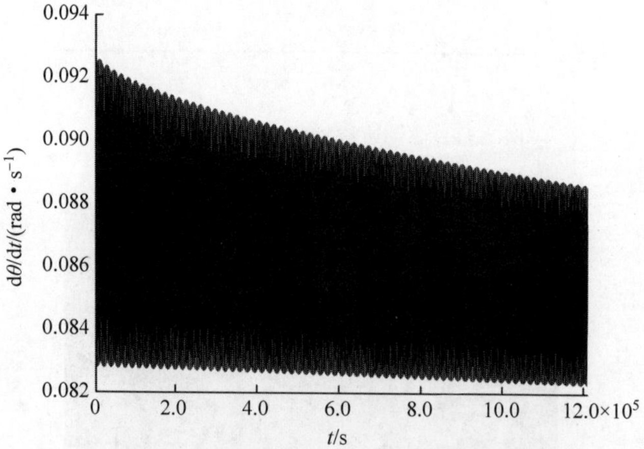

图 7-45　主动伸长阶段中心刚体的转动角速度

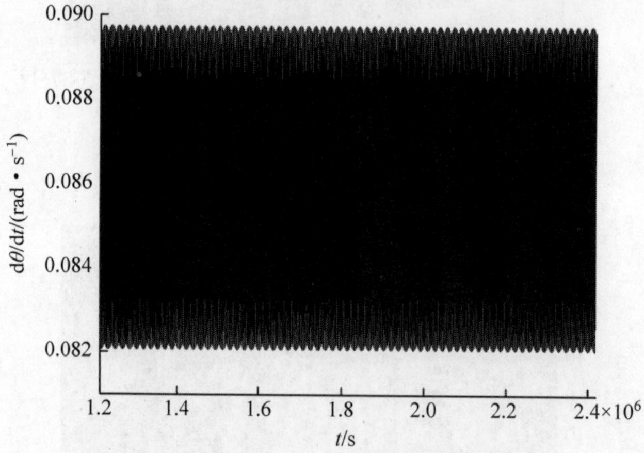

图 7-46　自由振动阶段中心刚体的转动角速度

为了验证所建立的数值方法的保结构特性，我们对系统在每个时间步长内的相对能量耗散进行了记录，其在伸长阶段的数值结果如图 7-47 所示。系统的相对能量耗散定义为

$$\Delta_{\mathrm{r}}=\frac{\Delta_{\mathrm{ge}}+\Delta T_{\mathrm{h}}}{(T+V)\mid_{t=T_0}} \tag{7.6.37}$$

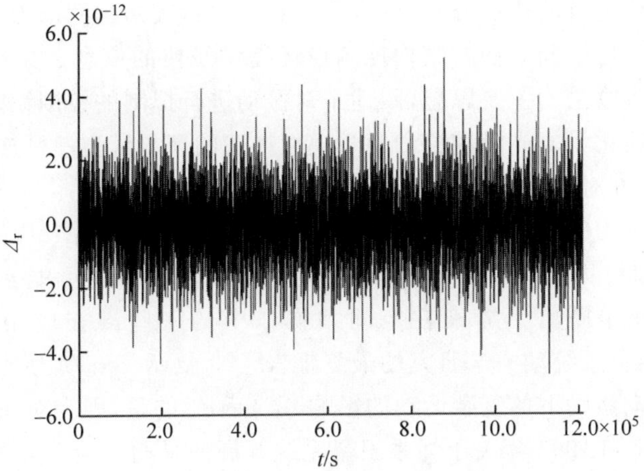

图 7-47　展开阶段梁的相对能量耗散

其中，$(T+V)|_{t=T_0}$ 是在 $t=T_0$ 时刻中心刚体-主动伸长柔性梁的总能量。

如图 7-41、图 7-42 和图 7-43 所示，观察主动伸长柔性梁的自由端横向振动随时间变化的情况可以发现，梁自由端横向振动在不同阶段表现出不同的特征：在驱动阶段，梁自由端柔性变形随着横向振动的增大而迅速增大；需要说明的是，这一阶段的柔性变形为正，这意味着梁的弯曲方向是不变的；在主动伸长阶段，梁自由端柔性变形转化为横向振动状态，该阶段横向振动幅值随时间增长而增大；在自由振动阶段，梁的自由端横向振动为简谐振动。

如图 7-44，图 7-45 和图 7-46 所示，中心刚体的转速在不同阶段也表现出不同的特点：与梁自由端横向振动类似，中心刚体的转速在驱动阶段随振动的增大而增大；但在梁主动伸长阶段，中心刚体的旋转速度会缓慢下降；在自由振动阶段，中心刚体的转速变为简谐振动形式。

上述结果可以解释为：在驱动阶段，也就是在中心刚体所受力矩的驱动下，梁自由端横向振动和中心刚体转速均迅速增大，振荡也会随之增强。由于主动力矩的去除，梁进入主动伸长阶段，并且梁自由端的横向振动增强，这意味着柔性梁的机械能在主动伸长阶段是增加的。因为主动力矩去除后，中心刚体-主动伸长柔性梁系统不受任何主动力和力矩的作用，系统的相对能量耗散很小(在展开阶段系统的相对能量耗散绝对值小于 6×10^{-12})，所以该系统在梁主动伸长阶段和自由振动阶段是保守系统，这就表明柔性梁的机械能的增量来自于转动动能的减小，如图 7-47 所示。当梁的主动伸长完成后，梁的横向振动不会增强，梁自由端横向振动和中心刚体旋转速度将继续保持简谐振荡。

7.7　由四根弹簧单边约束的空间柔性阻尼板内的弹性波传播特性研究

受空间太阳能发电卫星(SSPS)系统(旨在利用太阳能量[4])报告的启发，研究者们在过去的半个世纪里对 SSPS 开展了大量的研究工作，并提出了几种可行的 SSPS 结构，包括 1979 年的参考系统、分布式绳系卫星系统和近来报道的使用大型相控阵天线的 SSPS。在这种超大超柔空间结构中，结构的动力学响应将以弹性波的形式传播，这意味着，通过对超大型超柔性空间结构进行波传播分析，可以帮助我们揭示其结构的动力学响应特性，并从波吸收角度为超大超柔性空间结构的结构控制设计提供必要的信息。文献[162]以吸收相关结构的弹性波的波吸收法为主要思想，阐述了对振动进行拟制的控制策略。因此，本节将分布式绳系卫星系统简化为非光滑耦合动力学模型描述的理想模型——连接有四根特殊弹簧的空间柔性阻尼板，并对板中的振动和波传播特性进行详细研究。

关于绳系空间结构的早期开创性工作包括以下几个方面。Carroll 认识到，在一些重要的航天任务中，例如将火箭推进剂运送到轨道[30]，系绳的使用可能是整个任务的关键。Guerriero 和 Vallerani 提出了绳索在空间站操作中的一些潜在应用[64]。Dematteis 和 Desocio 参考绳系卫星系统动力学研究的最终报告[158]，揭示了气动力对绳系卫星系统的平衡状态和相应的摄动激励下的复杂运动的影响[65]。不幸的是，因为对绳系系统动力学特性的研究不足，1992 年和 1996 年关于绳系卫星系统开展的早期实验都失败了[164-166]。

此后，绳系空间结构的动力学分析得到了广泛关注。Keshmiri，Misra 和 Modi 在拉格朗日框架下建立了绳系多体系统的动力学方程[66]，并研究了气动力和电动力对绳系卫星稳定性的影响[67]。Forward 等[31]建立了一个可以将废弃或功能退化的航天器从近地轨道快速移除的电动力绳清除方法，并报道了一些关于此方法的基本物理原理。Leamy、Noor 和 Wasfy[68]开发了两个有限元代码，一个专门用于模拟绳系空间系统，另一个可用于模拟绳系卫星内部的柔性多体动力学行为，并被用于动力学模拟 NASA 计划中的小型一次性部署系统(ProSEDS)的空间展开任务。Ziegler 和 Cartmell[162]提出了一个用于轨道转移运载工具的复杂系绳概念。Mankala 和 Agrawal[69]发展了三种用于绳系动态模拟的模型。通过将绳索建模为完全柔性、大质量、连续的黏弹性弦，并把绳索末端物体建模为质点或刚体，Krupa 等[70]研究了此种绳系卫星系统的动力学行为，并提出了相应的控制策略。Ishimura 和 Higuchi[71]研究了附加了多根绳索的平面空间结构的结构变形与姿态运动之间的耦合动力学行为，并发现当绳索刚度较小或当多根绳索出现松弛现象时，结构变形与姿态运动之间的耦合效应会更加显著。Sasaki 等[86]介绍了日本提出的绳系太阳能卫星的概念，本节所考虑的动力学模型就是从此概念简化而来的。Cartmell 等回顾了对空间系绳的研究，以及其用于提高空间有效载荷的潜力[34]，并详细研究了空间绳系系统的动力学行为[72-74]。Pizarro-Chong 和 Misra 研究了多根绳系卫星编队的动力学行为，研究中将编队中的卫星假设为由绳索连接的质点[67-76]，并提出了相应的控制策略。胡海岩院士团队[77]回顾了与空间绳系系统动力学和控制相关的一些背景和重要贡献，并研究了在受到空间载荷，如 J_2 摄动、空气阻力等[84]的环境下，柔性绳系卫星系统的非线性动力学行为。Cai 等[78,79]研究了具有非线性，中心刚体-辐条构型的多根绳系卫星系统的非线性耦合动力学。Tang 等[81]基于柔性多体动力学理论，研究了可变长度系绳的动力学问题，并将其应用于绳系卫星的部署。Jung、Mazzoleni 和 Chung 为具有移动质量的绳系卫星系统[82]以及具有部署和回收功能的三体绳系卫星系统[83]提出了哑铃模型。Zhang 等提出的空间柔性梁建模方法[18]，并将变形能引入空间结构建模过程。

上述工作中，绳系卫星系统中绳索的弹性大多都被忽略，并认为绳系卫星系统各组成部分之间的系绳为理想刚性约束。实际上，尽管绳索的弹性较弱，但也应在绳系卫星系统的动力学分析中将其考虑进去，这一问题在过去几十年里一直在被探讨。Kim 和 Vadali[163]通过 Galerkin 方法(考虑/不考虑横向振动对应变的贡献)和 bead 模型方法(将绳索假设为一系列由无质量弹簧和转动关节相互连接的质点)模拟了绳系卫星系统的回收动力学。Biswell 等[164]引入了一种由一组铰链刚体组成,在铰链处带有弹簧和阻尼器,用于研究空气制动的先进绳系模型。Sidorenko 和 Celletti[165]研究了在重力场中由无质量系绳(绳系卫星系统中的"弹簧-质点"模型)连接的两质点系统运动的分岔和稳定性。Kristiansen 等比较了不同保守系统模型对绳系卫星模拟的有效性,包括松弛弹簧模型、哑铃模型[166],并通过数值方法研究了经典大质量非耗散绳系模型在研究轨道绳系系统时的病态问题[167]。Avanzini 和 Fedi[168]用一系列质点和无质量弹簧(bead 模型)对绳索进行建模,研究了多绳系卫星编队的动力学问题,并成功地再现了系统在重力梯度力和绳索张力作用下的动力学行为。最近,Shan 等[169]基于绝对节点坐标法研究了绳网系统的质点-弹簧模型的展开动力学。在之前的工作[48]中,我们建立了一个用于描述绳系卫星系统的柔性阻尼梁-质点-弹簧模型,并初步研究了绳索的能量传递,开创了绳索柔性阻尼空间结构动力学研究的先河。

在对于空间超大、超柔性阻尼结构的研究中,大多数研究人员认为空间结构的耗散非常弱,可以合理地忽略,从而简化相关的动力学分析。然而,卫星在轨道上的工作时间长达几十年。在这样长的时间内,结构阻尼的累积耗散效应可能会变得足够大,从而对空间结构的动力行为产生明显的影响,这一点在近来的工作中已经得到了证明[23,48]。因此,为了消除这一研究漏洞,本节模型将考虑结构阻尼。

在本节中,前人工作[23,48,52]中被简化为柔性阻尼梁的太阳帆被我们建模为柔性阻尼板,并采用复合保结构方法来研究板内的振动和波传播特性[170]。在不同的激励下,超大空间结构中的动力响应或振动将会以弹性波的形式在结构中传播。因此,基于波吸收理论对超大空间结构进行主动控制的前提是研究振动和弹性波在超大空间结构中的传播特性。

在太阳帆被简化为一维模型,例如梁模型中,大部分弹性波的传播特性,如两个互成角度传播的弹性波之间的相互作用等,都不能很好地被描述,这是前人研究中考虑空间梁模型的局限性[23,48]。而在绳系卫星系统中采用二维或三维模型的太阳帆模型,便可以描述弹性波丰富的传播特性,这是我们将太阳帆建模为柔性阻尼板的主要原因。假设太阳帆板的尺寸(长度和宽度)与帆的宽度相比非常薄,这使我们可以采用简化的二维模型,而不是三维模型进行研究。

与经典振动和弹性波传播问题相比,弱阻尼空间柔性系泊板中的振动和弹性波传播面临着以下的新挑战:

- 在下述情况中,振动和弹性波在面板内传播的控制模型会涉及结构振动、姿态动力学和轨道动力学之间的耦合效应;
- 由于同时考虑了绳索的弹性和约束作用,描述空间柔性绳索平板中振动和弹性波传播的动力学模型是非光滑的;
- 弹性波会在绳索的连接点处发生反射,入射波或入射波与反射波之间存在相互作用,在交点处产生一些新的振动和弹性波传播特性;
- 如前文所述,由于面板的超大尺寸,弹性波传播的时间会很长,传播过程中由面板的弱阻尼效应导致的振动能量耗散是不可忽视的。

本节的结构组织如下所述。首先,我们提出并简要介绍了绳系太阳能发电卫星(SSPS)概念及其简化动力学模型。在此基础上,我们阐述了对建立的动力学模型的复合保结构方法,并通过数值算例揭示了空间柔性多绳索单边约束板的振动和弹性波传播特性。最后,给出了相关的研究结论。

首先考虑如图 7-48 所示 Sasaki 等[86]提出的在轨绳系太阳能发电卫星(SSPS)概念。总的来说,此绳系-SPS 概念是由一个具有发电/传输能力的平板型太阳能电池板和一个由多根绳索连接的卫星平台系统组成的。为了减少卫星的整体重量,太阳能电池板必须设计得尽可能薄。因此,在本节提出的简化动力学模型中,太阳能板被简化为一个二维平板 $ABCD$,其较小的厚度只会影响平板的抗弯刚度。与太阳能电池板的平面几何尺寸相比,卫星平台系统的尺寸非常小,因此我们可以在动力学模型中将卫星平台系统假设为一个质点或集中质量。系统中的绳索主要起到以下两个作用:几何约束,以及弹性势能传输/存储。在目前的大多数报道中,绳索的弹性都被忽略,并将其视为一种理想约束,这意味着绳索不可伸长,从而忽略了其能量传输/存储的作用。在之前的工作[48]中,我们已经验证了绳索的能量传输/存储能力会对卫星动力学行为产生显著影响,这表明绳索的弹性在绳系-SPS 系统的动力学分析中是不可忽视的。但是,以往的研究忽略了绳索的松弛状态,并对处于松弛状态的绳索赋予了弹性恢复力,这与绳系-SPS 系统的物理模型相矛盾。实际上,当绳索松弛时,弹性恢复力和弹性约束这两种作用将会消失,这也驱使我们令简化模型中弹簧松弛状态下的弹性恢复力为零,以弥补我们之前模型[48]的不足。

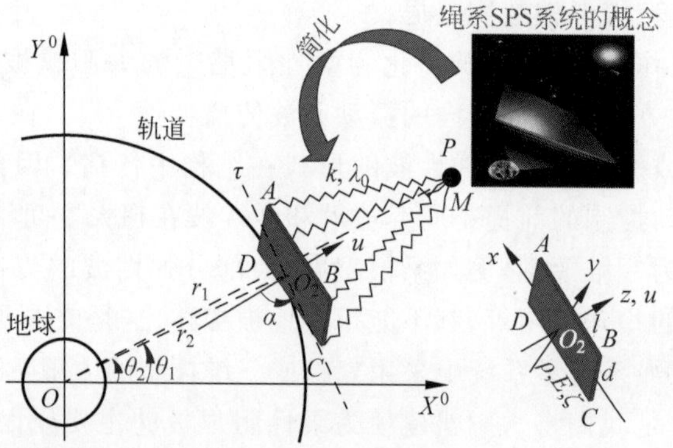

图 7-48 绳系 SPS 系统的简化物理模型

(请扫 I 页二维码看彩图)

基于上述讨论,如果我们忽略部件之间的连接构件等结构细节,便可将绳系-SPS 系统简化为一个质点和平板之间通过四根非线性弹簧(弹簧压缩时,弹性势能和弹性恢复力为零)连接的动力学模型。与传统的弹簧模型不同的是,当弹簧的长度在振动过程中小于其原长,即当弹簧处于压缩状态时,弹簧的弹性恢复力将被人为地设定为零。

如图 7-48 所示,长为 l、宽为 d、厚度为 h、面积密度为 ρ、杨氏模量为 E、阻尼因子为 ζ 的平板的四个角(点 A、B、C、D)上连接有刚度系数为 k、原长度为 λ_0 的无质量弹簧,四根弹簧的另一端固定在质量为 M 的质点上。

为了简化问题,我们假设系统的中轴 O_2P(即平板的几何中心)始终在 X^0OY^0 平面中运动。在此假设下,绳系-SPS 系统的大范围运动可以用点 P 和点 O_2 的实时位置来描述。点 P 的实时位置由质点的轨道半径 $r_1=r_1(t)=|OP|$ 和轨道真近角 $\theta_1=\theta_1(t)$ 决定,点 O_2 的实时位置由平板几何中心的轨道半径 $r_2=r_2(t)=|OO_2|$ 和轨道真近角 $\theta_2=\theta_2(t)$ 决定。

平板的姿态角 $\alpha=\alpha(t)$ 和弹簧的长度 $|PA|$,$|PB|$,$|PC|$,$|PD|$ 决定了绳系-SPS 系统的姿态。在这里,姿态角的定义为轨道切线与 X^0OY^0 平面内平板法线间的夹角。

首先对柔性阻尼板的面外振动引入局部三维坐标系。如图7-48所示，局部坐标系原点与平板的几何中心 O_2 重合，该点面外振动的位移 (x, y) 可通过挠度 $u=u(x,y,t)$ 确定。这里要注意的是，振动位移 u 位于平板的厚度方向 z 上。

值得一提的是，每根弹簧的实时长度都可以通过变量 r_1，r_2 和 u 来确定。此外，为了简化动力学模型，与板的大尺度运动和面外振动位移相比，板在 xO_2y 平面内的微小拉伸变形被忽略。因此，这个轨道-姿态-振动的耦合动力学问题便可以用广义坐标向量 $[r_1, r_2, \alpha, \theta_1, \theta_2, u]^{\mathrm{T}}$ 来建模。下面将详细介绍基于能量原理的建模过程。

质点的能量关系可以轻松得到，其动能为

$$T_1=\frac{1}{2}M[\dot{r}_1^2+(r_1\dot{\theta}_1)^2] \tag{7.7.1}$$

质点的引力势能为

$$U_1=-\frac{\mu M}{r_1} \tag{7.7.2}$$

其中，μ 代表地球的引力常数。

空间柔性板的能量关系比已有工作[48]中的空间柔性梁更为复杂。平板的动能，包括大范围运动的动能 $T_{2\mathrm{p}}$ 和横向振动的动能 $T_{2\mathrm{v}}$ 可表示为

$$\begin{aligned}T_2&=T_{2\mathrm{p}}+T_{2\mathrm{v}}\\&=\frac{\rho l d}{2}[\dot{r}_2^2+(r_2\dot{\theta}_2)^2]+\frac{1}{2}\frac{\rho l^3 d}{12}(\dot{\theta}_2+\dot{\alpha})^2+\frac{\rho}{2}\int_\Gamma[\partial_t^2 u+u^2(\dot{\theta}_2+\dot{\alpha})^2]\mathrm{d}\Gamma\end{aligned} \tag{7.7.3}$$

其中，$\Gamma=\{(x,y)\mid -l/2\leqslant x\leqslant l/2, -d/2\leqslant y\leqslant d/2\}$。

在式(7.7.3)中，我们忽略了平板绕 x 轴的转动动能和绕 z 轴的转动动能 $T_{2\mathrm{p}}$，$\frac{1}{2}\frac{\rho l^3 d}{12}(\dot{\theta}_2+\dot{\alpha})^2$ 为绕 y 轴的转动动能。与式(7.7.3)中平板绕 y 轴的旋转角速度 $(\dot{\theta}_2+\dot{\alpha})$ 相比，平板绕 x 轴的旋转角速度小到可以忽略，原因如下：

(1) 在系统发生大范围运动时，平板的法线方向(z 轴方向)应尽可能准确地被控制并指向太阳中心；

(2) x 轴为平板的运动方向，这意味着，平板绕 y 轴的旋转运动会比绕 x 轴的旋转更明显(实际上，平板绕三个旋转轴的旋转都比较弱)；

(3) 由于绕 z 轴没有明显的驱动力矩，平板绕 z 轴的旋转角速度极小，绕 z 轴的旋转动能也可以忽略。

基于同样的原因，在横向振动动能 $T_{2\mathrm{v}}$ 中忽略了平板振动与绕 x 轴(或 z 轴)旋转之间的耦合效应，而考虑了平板振动与绕 y 轴旋转之间的耦合动能。通过这些简化，可以按照我们前面工作中推导空间柔性梁横向振动动能的思路[23,48]得到平板横向振动动能 $T_{2\mathrm{v}}=\frac{\rho}{2}\int_\Gamma[\partial_t^2 u+u^2(\dot{\theta}_2+\dot{\alpha})^2]\mathrm{d}\Gamma$。

如前文[48]所述，空间柔性结构的势能包含两部分(忽略空间电磁场的作用)，一是由地球引力产生的引力势能 $U_{2\mu}=-\frac{\mu\rho l d}{r_2}+\frac{\mu\rho l^3 d}{24 r_2^3}(1-3\cos^2\alpha)$ (忽略其他天体的引力)，二是由面板弹性变形产生的应变能 U_{2s}。

根据经典 Kirchhoff 板理论[171]，应变与振动位移的几何关系可表示为

$$\begin{cases}\varepsilon_{xx}=-z\partial_{xx}^{2}u\\ \varepsilon_{yy}=-z\partial_{yy}^{2}u\\ \gamma_{xy}=-2z\partial_{xy}^{2}u\end{cases}\tag{7.7.4}$$

在平面应力状态下，各向同性薄板的本构方程为[172]

$$\begin{cases}\sigma_{xx}=\dfrac{E}{1-\nu_{\mathrm{p}}^{2}}(\varepsilon_{xx}+\nu_{\mathrm{p}}\varepsilon_{yy})\\ \sigma_{yy}=\dfrac{E}{1-\nu_{\mathrm{p}}^{2}}(\varepsilon_{yy}+\nu_{\mathrm{p}}\varepsilon_{xx})\\ \tau_{xy}=\dfrac{E}{2(1+\nu_{\mathrm{p}})}\gamma_{xy}\end{cases}\tag{7.7.5}$$

其中，ν_{p} 为材料的泊松比。

柔性板的应变能为

$$u_{2s}=\frac{1}{2}\int_{\Omega}(\sigma_{xx}\varepsilon_{xx}+\sigma_{yy}\varepsilon_{yy}+\tau_{xy}\gamma_{xy})\mathrm{d}\Omega\tag{7.7.6}$$

其中，$\Omega=\{(x,y,z)\mid -l/2\leqslant x\leqslant l/2,-d/2\leqslant y\leqslant d/2,-h/2\leqslant z\leqslant h/2\}$。

将式(7.7.4)和式(7.7.5)代入式(7.7.6)中，柔性板的应变能与振动位移的关系可以表示为

$$u_{2s}=\frac{D}{2}\int_{\Gamma}\{(\partial_{xx}^{2}u+\partial_{yy}^{2}u)^{2}-2(1-\nu_{\mathrm{p}})[\partial_{xx}^{2}u\partial_{yy}^{2}u-(\partial_{xy}^{2}u)^{2}]\}\mathrm{d}\Gamma\tag{7.7.7}$$

其中，$D=Eh^{3}/12(1-\nu_{\mathrm{p}}^{2})$ 为柔性板的抗弯刚度；h 为平板的厚度。

空间柔性板的势能为重力势能 $U_{2\mu}$ 与应变能 U_{2s} 之和，即

$$\begin{aligned}U_{2}&=U_{2\mu}+U_{2s}\\ &=-\frac{\mu\rho ld}{r_{2}}+\frac{\mu\rho l^{3}d}{24r_{2}^{3}}(1-3\cos^{2}\alpha)+\\ &\quad\frac{D}{2}\int_{\Gamma}\{(\partial_{xx}^{2}u+\partial_{yy}^{2}u)^{2}-2(1-\nu_{\mathrm{p}})[\partial_{xx}^{2}u\partial_{yy}^{2}u-(\partial_{xy}^{2}u)^{2}]\}\mathrm{d}\Gamma\end{aligned}\tag{7.7.8}$$

当柔性结构的振动位移很小时，弹簧的弹性势能可以忽略不计。但当柔性结构尺寸很大时，振动位移对弹簧弹性势能的影响就应该被纳入考虑范围[48]。

前文已经阐明，平板在 $xO_{2}y$ 平面内的微小拉伸变形可以忽略不计。因此，AO_{2}，BO_{2}，CO_{2} 和 DO_{2} 在 $xO_{2}y$ 平面上的投影长度可近似为常数。这表明在任意时刻 t，AO_{2}，BO_{2}，CO_{2} 和 DO_{2} 的长度可以被确定为

$$\begin{cases}|AO_{2}|=\left[\dfrac{1}{4}(l^{2}+d^{2})+u^{2}\left(\dfrac{l}{2},\dfrac{d}{2},t\right)\right]^{1/2}\\ |BO_{2}|=\left[\dfrac{1}{4}(l^{2}+d^{2})+u^{2}\left(-\dfrac{l}{2},\dfrac{d}{2},t\right)\right]^{1/2}\\ |CO_{2}|=\left[\dfrac{1}{4}(l^{2}+d^{2})+u^{2}\left(-\dfrac{l}{2},-\dfrac{d}{2},t\right)\right]^{1/2}\\ |DO_{2}|=\left[\dfrac{1}{4}(l^{2}+d^{2})+u^{2}\left(\dfrac{l}{2},-\dfrac{d}{2},t\right)\right]^{1/2}\end{cases}\tag{7.7.9}$$

线段 PO_2 在任意时刻 t 的长度为

$$\begin{aligned}|PO_2| &= [(r_1\cos\theta_1 - r_2\cos\theta_2)^2 + (r_1\sin\theta_1 - r_2\sin\theta_2)^2]^{1/2} \\ &= [r_1^2 + r_2^2 - 2r_1r_2\cos(\theta_1 - \theta_2)]^{1/2}\end{aligned} \tag{7.7.10}$$

考虑姿态角的变化，四根弹簧在任意时刻 t 的长度可表示为

$$\begin{cases}\lambda_1 = \Big\{(r_1\cos\theta_1 - r_2\cos\theta_2)^2 + (r_1\sin\theta_1 - r_2\sin\theta_2)^2 + \dfrac{1}{4}(l^2+d^2) + \\ \quad u^2\left(\dfrac{l}{2},\dfrac{d}{2},t\right) - [(r_1\cos\theta_1 - r_2\cos\theta_2)^2 + (r_1\sin\theta_1 - r_2\sin\theta_2)^2]^{1/2} \\ \quad \left[\dfrac{1}{4}(l^2+d^2) + u^2\left(\dfrac{l}{2},\dfrac{d}{2},t\right)\right]^{1/2}\cos\left[\dfrac{\pi}{2} - \arctan\dfrac{2u\left(\dfrac{l}{2},\dfrac{d}{2},t\right)}{(l^2+d^2)^{1/2}} + \alpha - \alpha_0\right]\Big\}^{1/2} \\ \lambda_2 = \Big\{(r_1\cos\theta_1 - r_2\cos\theta_2)^2 + (r_1\sin\theta_1 - r_2\sin\theta_2)^2 + \dfrac{1}{4}(l^2+d^2) + \\ \quad u^2\left(\dfrac{-l}{2},\dfrac{d}{2},t\right) - [(r_1\cos\theta_1 - r_2\cos\theta_2)^2 + (r_1\sin\theta_1 - r_2\sin\theta_2)^2]^{1/2}\Big[\dfrac{1}{4}(l^2+d^2) + \\ \quad u^2\left(\dfrac{-l}{2},\dfrac{d}{2},t\right)\Big]^{1/2}\cos\left[\dfrac{\pi}{2} - \arctan\dfrac{2u\left(\dfrac{-l}{2},\dfrac{d}{2},t\right)}{(l^2+d^2)^{1/2}} - \alpha + \alpha_0\right]\Big\}^{1/2} \\ \lambda_3 = \Big\{(r_1\cos\theta_1 - r_2\cos\theta_2)^2 + (r_1\sin\theta_1 - r_2\sin\theta_2)^2 + \dfrac{1}{4}(l^2+d^2) + \\ \quad u^2\left(\dfrac{-l}{2},\dfrac{-d}{2},t\right) - [(r_1\cos\theta_1 - r_2\cos\theta_2)^2 + (r_1\sin\theta_1 - r_2\sin\theta_2)^2]^{1/2}\Big[\dfrac{1}{4}(l^2+d^2) + \\ \quad u^2\left(\dfrac{-l}{2},\dfrac{-d}{2},t\right)\Big]^{1/2}\cos\left[\dfrac{\pi}{2} - \arctan\dfrac{2u\left(\dfrac{-l}{2},\dfrac{-d}{2},t\right)}{(l^2+d^2)^{1/2}} - \alpha + \alpha_0\right]\Big\}^{1/2} \\ \lambda_4 = \Big\{(r_1\cos\theta_1 - r_2\cos\theta_2)^2 + (r_1\sin\theta_1 - r_2\sin\theta_2)^2 + \dfrac{1}{4}(l^2+d^2) + \\ \quad u^2\left(\dfrac{l}{2},\dfrac{-d}{2},t\right) - [(r_1\cos\theta_1 - r_2\cos\theta_2)^2 + (r_1\sin\theta_1 - r_2\sin\theta_2)^2]^{1/2}\Big[\dfrac{1}{4}(l^2+d^2) + \\ \quad u^2\left(\dfrac{l}{2},\dfrac{-d}{2},t\right)\Big]^{1/2}\cos\left[\dfrac{\pi}{2} - \arctan\dfrac{2u\left(\dfrac{l}{2},\dfrac{-d}{2},t\right)}{(l^2+d^2)^{1/2}} + \alpha - \alpha_0\right]\Big\}^{1/2}\end{cases} \tag{7.7.11}$$

弹簧的势能为

$$U_s = \frac{k}{2}\sum_{m=1}^{4}\operatorname{sgn}(\Delta\lambda_m)\frac{\operatorname{sgn}(\Delta\lambda_m)+1}{2}\Delta\lambda_m^2 \tag{7.7.12}$$

其中，$\Delta\lambda_m = \lambda_m - \lambda_0$ 为弹簧的伸长量；sgn(·)为符号函数，公式 $\operatorname{sgn}(\Delta\lambda_m)\dfrac{\operatorname{sgn}(\Delta\lambda_m)+1}{2}$ 表示当 $\Delta\lambda_m \leqslant 0$ 时，该弹簧的弹性势能为零，这是本节所考虑的特殊弹簧与传统弹簧模型的区别所在。

值得一提的是，弹性势能函数 U_s 是非光滑的，这意味着下面给出的动力学模型也是非光滑的。对于非光滑动力学模型，其局部动力学行为是非常特殊的[173]。因此，我们将采用广义多辛方法来处理非光滑模型的奇异性并保持其局部动力学行为。

参考前文工作的结果[23]，拉格朗日方程 $L=(T_1+T_2)-(U_1+U_2+U_\mathrm{s})$ 可写为

$$\begin{aligned}L=&\frac{1}{2}M[\dot{r}_1^2+(r_1\dot{\theta}_1)^2]+\frac{\rho l d}{2}[\dot{r}_2^2+(r_2\dot{\theta}_2)^2]+\frac{\rho l^3 d}{24}(\dot{\theta}_2+\dot{\alpha})^2+\\&\frac{\rho}{2}\int_\Gamma[\partial_t^2 u+u^2(\dot{\theta}_2+\dot{\alpha})^2]\mathrm{d}\Gamma+\frac{\mu M}{r_1}+\frac{\mu\rho l d}{r_2}-\frac{\mu\rho l^3 d}{24{r_2}^3}(1-3\cos^2\alpha)-\\&\frac{D}{2}\int_\Gamma\{(\partial_{xx}^2 u+\partial_{yy}^2 u)^2-2(1-\nu_\mathrm{p})[\partial_{xx}^2 u\partial_{yy}^2 u-(\partial_{xy}^2 u)^2]\}\mathrm{d}\Gamma-\\&\frac{k}{2}\sum_{m=1}^{4}\mathrm{sgn}(\Delta\lambda_m)\,\frac{\mathrm{sgn}(\Delta\lambda_m)+1}{2}\Delta\lambda_m^2\end{aligned}\tag{7.7.13}$$

哈密顿作用量定义为 $S=\int_{t_0}^{t_1}L\,\mathrm{d}t$，非完整哈密顿最小作用量原理可以写为

$$\delta S=\int_{t_0}^{t_1}\delta L\,\mathrm{d}t=0\tag{7.7.14}$$

我们在这里将最小作用量原理(式(7.7.14))称为非完整的原因是符号函数的变分尚未被考虑。

式(7.7.14)的展开式为

$$\begin{aligned}&\int_{t_0}^{t_1}\Big\{Mr_1\dot{\theta}_1^2\delta r_1+Mr_1^2\dot{\theta}_1\delta\dot{\theta}_1+M\dot{r}_1\delta\dot{r}_1+\frac{\rho l d}{2}[2\dot{r}_2\delta\dot{r}_2+2r_2\dot{\theta}_2^2\delta r_2+2r_2^2\dot{\theta}_2\delta\dot{\theta}_2]\\&+\frac{\rho}{2}\int_\Gamma[2\partial_t u\delta(\partial_t u)+2u(\dot{\theta}_2+\dot{\alpha})^2\delta u+2u^2(\dot{\theta}_2+\dot{\alpha})(\delta\dot{\theta}_2+\delta\dot{\alpha})]\mathrm{d}\Gamma\\&+\frac{\rho l^3 d}{12}(\dot{\theta}_2+\dot{\alpha})(\delta\dot{\theta}_2+\delta\dot{\alpha})-\frac{\mu M}{r_1^2}\delta r_1-\frac{\mu\rho l d}{r_2^2}\delta r_2\\&+\frac{\mu\rho l^3 d}{8r_2^4}(1-3\cos^2\alpha)\delta r_2-\frac{\mu\rho l^3 d}{4r_2^3}\cos\alpha\,\sin\alpha\delta\alpha-2D\int_\Gamma[(\partial_{xx}^2 u+\partial_{yy}^2 u)\partial_{xx}u\delta(\partial_{xx}u)\mathrm{d}x\\&+(\partial_{xx}^2 u+\partial_{yy}^2 u)\partial_{yy}u\delta(\partial_{yy}u)\mathrm{d}y-(1-\nu_\mathrm{p})\partial_{yy}^2 u\partial_{xx}u\delta(\partial_{xx}u)\mathrm{d}x\\&-(1-\nu_\mathrm{p})\partial_{xx}^2 u\partial_{yy}u\delta(\partial_{yy}u)\mathrm{d}y+(1-\nu_\mathrm{p})\partial_{xy}^2 u\partial_{xy}u\delta(\partial_{xy}u)(\mathrm{d}x+\mathrm{d}y)]\mathrm{d}\Gamma\\&-k\sum_{m=1}^{4}\mathrm{sgn}(\Delta\lambda_m)\,\frac{\mathrm{sgn}(\Delta\lambda_m)+1}{2}\Delta\lambda_m\delta(\Delta\lambda_m)\Big\}\,\mathrm{d}t=0\end{aligned}\tag{7.7.15}$$

其中，

$$\begin{aligned}\delta(\Delta\lambda_m)&=\delta(\lambda_m-\lambda_0)\\&=\partial_{r_1}(\lambda_m)\delta r_1+\partial_{r_2}(\lambda_m)\delta r_2+\partial_{\theta_1}(\lambda_m)\delta\theta_1+\partial_{\theta_2}(\lambda_m)\delta\theta_2+\\&\quad\partial_\alpha(\lambda_m)\delta\alpha+\partial_{u(x_m,y_m,t)}(\lambda_m)\delta u(x_m,y_m,t)\end{aligned}\tag{7.7.16}$$

式(7.7.16)中相关变量的偏导数为

$$\partial_{r_1}(\lambda_m)=\frac{1}{2\lambda_m}\left\{\eta_1-\eta_0\eta_1\left[\frac{1}{4}(l^2+d^2)+u^2(x_m,y_m,t)\right]^{1/2}\cos(\phi_m)\right\}$$

$$\partial_{r_2}(\lambda_m)=\frac{1}{2\lambda_m}\left\{\eta_2-\eta_0\eta_2\left[\frac{1}{4}(l^2+d^2)+u^2(x_m,y_m,t)\right]^{1/2}\cos(\phi_m)\right\}$$

$$\partial_{\theta_1}(\lambda_m)=\frac{1}{2\lambda_m}\left\{\eta_3-\eta_0\eta_3\left[\frac{1}{4}(l^2+d^2)+u^2(x_m,y_m,t)\right]^{1/2}\cos(\phi_m)\right\}$$

$$\partial_{\theta_2}(\lambda_m)=\frac{1}{2\lambda_m}\left\{\eta_4-\eta_0\eta_4\left[\frac{1}{4}(l^2+d^2)+u^2(x_m,y_m,t)\right]^{1/2}\cos(\phi_m)\right\}$$

$$\partial_\alpha(\lambda_m)=\begin{cases}-\dfrac{1}{2\lambda_m}\eta_0^{-1}\left[\dfrac{1}{4}(l^2+d^2)+u^2(x_m,y_m,t)\right]^{1/2}\sin(\phi_m), & m=1,4\\ \dfrac{1}{2\lambda_m}\eta_0^{-1}\left[\dfrac{1}{4}(l^2+d^2)+u^2(x_m,y_m,t)\right]^{1/2}\sin(\phi_m), & m=2,3\end{cases}$$

$$\begin{aligned}&\partial_{u(x_m,y_m,t)}(\lambda_m)\\&=\frac{1}{2\lambda_m}\left\{2u(x_m,y_m,t)-2u(x_m,y_m,t)\eta_0^{-1}\left[\frac{1}{4}(l^2+d^2)+u^2(x_m,y_m,t)\right]^{-1/2}\cos(\phi_m)-\right.\\&\left.\eta_0^{-1}(l^2+d^2)^{1/2}\left[\frac{1}{4}(l^2+d^2)+u^2(x_m,y_m,t)\right]^{1/2}\left[\frac{1}{4}(l^2+d^2)+4u^2(x_m,y_m,t)\right]^{-1/2}\sin(\phi_m)\right\}\end{aligned}$$

其中，

$$\begin{aligned}\eta_0&=[(r_1\cos\theta_1-r_2\cos\theta_2)^2+(r_1\sin\theta_1-r_2\sin\theta_2)^2]^{-1/2}\\\eta_1&=2(r_1\cos\theta_1-r_2\cos\theta_2)\cos\theta_1+2(r_1\sin\theta_1-r_2\sin\theta_2)\sin\theta_1\\\eta_2&=-2(r_1\cos\theta_1-r_2\cos\theta_2)\cos\theta_2-2(r_1\sin\theta_1-r_2\sin\theta_2)\sin\theta_2\\\eta_3&=-2r_1(r_1\cos\theta_1-r_2\cos\theta_2)\sin\theta_1+2r_1(r_1\sin\theta_1-r_2\sin\theta_2)\cos\theta_1\\\eta_4&=2r_2(r_1\cos\theta_1-r_2\cos\theta_2)\sin\theta_2-2r_2(r_1\sin\theta_1-r_2\sin\theta_2)\cos\theta_2\end{aligned}$$

$$\phi_m=\begin{cases}\dfrac{\pi}{2}-\arctan\dfrac{2u(l/2,d/2,t)}{(l^2+d^2)^{1/2}}+\alpha-\alpha_0, & m=1\\ \dfrac{\pi}{2}-\arctan\dfrac{2u(-l/2,d/2,t)}{(l^2+d^2)^{1/2}}-\alpha+\alpha_0, & m=2\\ \dfrac{\pi}{2}-\arctan\dfrac{2u(-l/2,-d/2,t)}{(l^2+d^2)^{1/2}}-\alpha+\alpha_0, & m=3\\ \dfrac{\pi}{2}-\arctan\dfrac{2u(l/2,-d/2,t)}{(l^2+d^2)^{1/2}}+\alpha-\alpha_0, & m=4\end{cases}$$

对每个一阶、二阶变分项进行积分变换，式(7.1.9)可写为

$$\begin{aligned}&\int_{t_0}^{t_1}\left[\boldsymbol{\Psi}_1\delta r_1+\boldsymbol{\Psi}_2\delta r_2+\boldsymbol{\Psi}_3\delta\alpha+\boldsymbol{\Psi}_4\delta\theta_1+\boldsymbol{\Psi}_5\delta\theta_2+\boldsymbol{\Psi}_6\delta u\right.\\&\left.+\sum_{m=1}^{4}\boldsymbol{\Psi}_{m+6}\delta u(x_m,y_m,t)\right]\mathrm{d}t+\mathrm{BCs}=0\end{aligned}\tag{7.7.17}$$

其中，BCs 为 Kirchhoff 板模型的边界约束条件(板的边界条件为自由端，只在角上加入了弹性约束)，并且，

$$\boldsymbol{\Psi}_1=-M\ddot{r}_1+Mr_1\dot{\theta}_1^2-\frac{\mu M}{r_1^2}-k\sum_{m=1}^{4}\mathrm{sgn}(\Delta\lambda_m)\frac{\mathrm{sgn}(\Delta\lambda_m)+1}{2}\Delta\lambda_m\partial_{r_1}(\lambda_m)\tag{7.7.18}$$

$$\Psi_2 = -\rho l\mathrm{d}[\ddot{r}_2 + r_2\dot{\theta}_2^2 - \frac{\mu}{r_2^2} + \frac{\mu l^3}{8r_2^4}(1-3\cos^2\alpha)] - k\sum_{m=1}^{4}\mathrm{sgn}(\Delta\lambda_m)\frac{\mathrm{sgn}(\Delta\lambda_m)+1}{2}\Delta\lambda_m\partial_{r_2}(\lambda_m) \tag{7.7.19}$$

$$\Psi_3 = -\frac{\rho l^3 d}{12}(\ddot{\theta}_2+\ddot{\alpha}) - \frac{\mu\rho l^3 d}{4r_2^3}\cos\alpha\sin\alpha - 2\rho(\dot{\theta}_2+\dot{\alpha})\int_\Gamma u\partial_t u\,\mathrm{d}\Gamma - \rho(\ddot{\theta}_2+\ddot{\alpha})\int_\Gamma u^2\mathrm{d}\Gamma - k\sum_{m=1}^{4}\mathrm{sgn}(\Delta\lambda_m)\frac{\mathrm{sgn}(\Delta\lambda_m)+1}{2}\Delta\lambda_m\partial_\alpha(\lambda_m) \tag{7.7.20}$$

$$\Psi_4 = -Mr_1^2\ddot{\theta}_1 - k\sum_{m=1}^{4}\mathrm{sgn}(\Delta\lambda_m)\frac{\mathrm{sgn}(\Delta\lambda_m)+1}{2}\Delta\lambda_m\partial_{\theta_1}(\lambda_m) \tag{7.7.21}$$

$$\Psi_5 = -\rho ldr_2^2\ddot{\theta}_2 - 2\rho ldr_2\dot{r}_2\dot{\theta}_2 - \frac{\rho l^3 d}{12}(\ddot{\theta}_2+\ddot{\alpha}) - 2\rho(\dot{\theta}_2+\dot{\alpha})\int_\Gamma u\partial_t u\,\mathrm{d}\Gamma - \rho(\ddot{\theta}_2+\ddot{\alpha})\int_\Gamma u^2\mathrm{d}\Gamma - k\sum_{m=1}^{4}\mathrm{sgn}(\Delta\lambda_m)\frac{\mathrm{sgn}(\Delta\lambda_m)+1}{2}\Delta\lambda_m\partial_{\theta_2}(\lambda_m) \tag{7.7.22}$$

$$\Psi_6 = -\rho\int_\Gamma \partial_{tt}u\,\mathrm{d}\Gamma + \rho(\dot{\theta}_2+\dot{\alpha})^2\int_\Gamma u\,\mathrm{d}\Gamma - D\int_\Gamma(\partial_{xxxx}u + 2\partial_{xxyy}u + \partial_{yyyy}u)\mathrm{d}\Gamma \tag{7.7.23}$$

$$\Psi_{m+6} = -k\,\mathrm{sgn}(\Delta\lambda_m)\frac{\mathrm{sgn}(\Delta\lambda_m)+1}{2}\Delta\lambda_m\partial_{u(x_m,y_m,t)}(\lambda_m),\quad m=1,2,3,4 \tag{7.7.24}$$

式(7.4.9)中的变量变分 $\delta r_1,\delta r_2,\delta\alpha,\delta\theta_1,\delta\theta_2,\delta u$ 和 $\delta u(x_m,y_m,t)$是相互独立的，这意味着，在时间区间$[t_0,t_1]$中各变量变分的系数 $\Psi_i(i=1,2,\cdots,10)$为零，即

$$\Psi_i = 0,\quad i=1,2,\cdots,10 \tag{7.7.25}$$

由此可建立无阻尼空间柔性阻尼板-质点-弹簧系统的控制方程。

实践证明，在长时间的动力学分析中，平面柔性梁的阻尼是不可忽视的[23]。因此，如果将柔性平板的材料阻尼系数简化为线性阻尼系数 ζ，则式(7.4.16)中的 Ψ_6 可改写为

$$\rho\partial_{tt}u + \zeta\partial_t u - \rho u(\dot{\theta}_2+\dot{\alpha})^2 + D(\partial_{xxxx}u + 2\partial_{xxyy}u + \partial_{yyyy}u) = 0 \tag{7.7.26}$$

空间柔性阻尼板-质点-弹簧系统的动力学模型可表示为

$$\Psi_1=0,\quad \Psi_2=0,\quad \Psi_3=0,\quad \Psi_4=0,\quad \Psi_5=0 \tag{7.7.27a}$$

$$\rho\partial_{tt}u + \zeta\partial_t u - \rho u(\dot{\theta}_2+\dot{\alpha})^2 + D(\partial_{xxxx}u + 2\partial_{xxyy}u + \partial_{yyyy}u) = 0 \tag{7.7.27b}$$

$$k\,\mathrm{sgn}(\Delta\lambda_m)\frac{\mathrm{sgn}(\Delta\lambda_m)+1}{2}\Delta\lambda_m\partial_{u(x_m,y_m,t)}(\lambda_m)=0,\quad m=1,2,3,4 \tag{7.7.27c}$$

与之前提出的绳系 SPS 系统[48]的耦合动力学模型相比，本节模型的一个重要创新是用式(7.7.27c)表示的柔性阻尼板振动的自然边界条件。加入的这些自然边界条件可以让我们更准确地描述绳系-SPS 系统大范围运动与柔性面板振动之间的耦合效应。

在数值算例中，我们通过考虑结构构件(平板、质点和弹簧)之间的耦合，详细研究了波在四根特殊弹簧激励下的空间柔性阻尼板中的传播特性。

一般来说，复合保结构方法除了应用于空间柔性阻尼梁-质点-弹簧系统[48]动力学模型，也可用于式(7.4.18)所示的已有动力学模型。本节所提出的复合保结构方法的主要思

想是在近似辛流形(定义准有限维哈密顿系统[148])与近似广义多辛流形(定义准无限维哈密顿系统[27])之间进行数值迭代,在很好地保持原系统固有性质的前提下得到绳系-SPS 系统的耦合动力学行为。本节将通过针对现有动力学模型的特点来简要介绍复合保结构方法。

当系统耗散较弱,即阻尼系数 ζ 较小时,近似辛流形中的变量 $r_1, r_2, \alpha, \theta_1$ 和 θ_2 描述了绳系-SPS 系统的空间运动。该近似辛流形的近似辛结构可通过以下两级四阶辛龙格-库塔法[153]来保持,以提高数值方法的长期稳定性:

$$\begin{cases} \boldsymbol{Q}_{j+1} = \boldsymbol{Q}_j + \Delta t \sum_{\tau=1}^{2} b_\tau \boldsymbol{\Psi}(t_j + c_\tau \Delta t, k_\tau) \\ k_n = \boldsymbol{Q}_j + \Delta t \sum_{\tau=1}^{2} a_{k\tau} \boldsymbol{\Psi}(t_j + c_\tau \Delta t, k_\tau) \end{cases} \tag{7.7.28}$$

其中, $\begin{bmatrix} a_{11} & a_{12} \\ a_{21} & a_{22} \end{bmatrix} = \begin{bmatrix} \frac{1}{4} & \frac{1}{4} - \frac{\sqrt{3}}{6} \\ \frac{1}{4} + \frac{\sqrt{3}}{6} & \frac{1}{4} \end{bmatrix}$, $[b_1 \quad b_2] = \begin{bmatrix} \frac{1}{2}, & \frac{1}{2} \end{bmatrix}$, $[c_1 \quad c_2] = \begin{bmatrix} \frac{1}{2} - \frac{\sqrt{3}}{6}, & \frac{1}{2} + \frac{\sqrt{3}}{6} \end{bmatrix}$, $\boldsymbol{\Psi} = [\Psi_1, \Psi_2, \Psi_3, \Psi_4, \Psi_5]^{\mathrm{T}}$, $\boldsymbol{Q} = [r_1, r_2, \alpha, \theta_1, \theta_2]^{\mathrm{T}}$。

在上述的辛龙格-库塔格式(7.7.28)中,我们假设每个时间层上平板各空间网格的横向振动位移都已知。因此,下一步就是如何确定每一层平板网格各点的横向振动位移。

为构造空间柔性阻尼板振动问题的近似广义多辛流形,将正则变量定义为 $\partial_t u = \varphi$, $\partial_x u = w$, $\partial_x w = \psi$, $\partial_x(\psi + \kappa) = q$, $\partial_y u = v$, $\partial_y v = \kappa$, $\partial_y(\psi + \kappa) = p$,可得到近似对称形式为

$$\boldsymbol{M}\partial_t \boldsymbol{z} + \boldsymbol{K}_1 \partial_x \boldsymbol{z} + \boldsymbol{K}_2 \partial_y \boldsymbol{z} = \nabla_z S(\boldsymbol{z}) \tag{7.7.29}$$

其中, $S(\boldsymbol{z}) = \rho u^2(\dot{\theta} + \dot{\alpha})^2/2 - \rho\varphi^2/2 - D(wq - \psi\kappa + pv) + D(\psi^2 + \kappa^2)/2$ 为哈密顿函数, $\boldsymbol{z} = (u, \varphi, w, \psi, q, v, \kappa, p)^{\mathrm{T}}$ 为状态向量,系数矩阵为

$$\boldsymbol{M} = \begin{bmatrix} \zeta & \rho & 0 & 0 & 0 & 0 & 0 & 0 \\ -\rho & 0 & 0 & 0 & 0 & 0 & 0 & 0 \\ 0 & 0 & 0 & 0 & 0 & 0 & 0 & 0 \\ 0 & 0 & 0 & 0 & 0 & 0 & 0 & 0 \\ 0 & 0 & 0 & 0 & 0 & 0 & 0 & 0 \\ 0 & 0 & 0 & 0 & 0 & 0 & 0 & 0 \\ 0 & 0 & 0 & 0 & 0 & 0 & 0 & 0 \\ 0 & 0 & 0 & 0 & 0 & 0 & 0 & 0 \end{bmatrix}$$

$$\boldsymbol{K}_1 = \begin{bmatrix} 0 & 0 & 0 & 0 & D & 0 & 0 & 0 \\ 0 & 0 & 0 & 0 & 0 & 0 & 0 & 0 \\ 0 & 0 & 0 & -D & 0 & 0 & -D & 0 \\ 0 & 0 & D & 0 & 0 & 0 & 0 & 0 \\ -D & 0 & 0 & 0 & 0 & 0 & 0 & 0 \\ 0 & 0 & 0 & 0 & 0 & 0 & 0 & 0 \\ 0 & 0 & D & 0 & 0 & 0 & 0 & 0 \\ 0 & 0 & 0 & 0 & 0 & 0 & 0 & 0 \end{bmatrix}$$

$$\boldsymbol{K}_2=\begin{bmatrix}0&0&0&0&0&0&0&D\\0&0&0&0&0&0&0&0\\0&0&0&0&0&0&0&0\\0&0&0&0&0&D&0&0\\0&0&0&0&0&0&0&0\\0&0&0&-D&0&0&-D&0\\0&0&0&0&0&D&0&0\\-D&0&0&0&0&0&0&0\end{bmatrix}$$

当耗散效应较弱且存在以下广义多辛结构时，将对称形式(7.7.29)定义为广义多辛形式[19]：

$$\begin{aligned}&\rho\partial_t(\mathrm{d}u\wedge\mathrm{d}\varphi)+D[\partial_x(\mathrm{d}u\wedge\mathrm{d}q+\mathrm{d}\psi\wedge\mathrm{d}w+\mathrm{d}\kappa\wedge\mathrm{d}w)\\&+\partial_y(\mathrm{d}u\wedge\mathrm{d}p+\mathrm{d}\kappa\wedge\mathrm{d}v+\mathrm{d}\psi\wedge\mathrm{d}v)]=-\zeta\mathrm{d}(\partial_t u)\wedge\mathrm{d}u\end{aligned}\tag{7.7.30}$$

这描述了由无限维状态向量 $\boldsymbol{z}$ 给出的广义多辛流形的一个固有特征。文献[19]～[21]，[23]，[26]，[48]，[49]，[51]证明了弱耗散无限维动力学系统在每个时间步长上保持广义多辛守恒律可以提高系统模拟的长时间数值稳定性，再现系统的局部动力特性。

这里，广义多辛形式(7.7.29)的离散格式仍将由 Preissmann 差分方法[28]构造，该方法已证明为广义多辛的[19]。将空间步长和时间步长分别定义为 Δx，Δy 和 Δt(时间步长与二级四阶辛龙格-库塔法(7.7.28)中所使用的时间步长相同)，分别对解域进行网格划分Ⅱ：$(x,y,t)\in[-l/2,l/2]\times[-d/2,d/2]\times[0,T_0]$，并将网格划分点 (x_i,y_k,t_j) 的近似数值解 $u(x,y,t)$ 表示为 $u_{i,k}^j$，可得到等价于 Preissmann 格式的保结构差分格式：

$$\begin{aligned}&\frac{\rho}{4\Delta t^2}(\delta_t^2u_{i,k}^{j+2}+4\delta_t^2u_{i,k}^{j+1}+6\delta_t^2u_{i,k}^{j}+4\delta_t^2u_{i,k}^{j-1}+\delta_t^2u_{i,k}^{j-2})\\&+\frac{\zeta}{4\Delta t}(\delta_tu_{i,k}^{j+3}+5\delta_tu_{i,k}^{j+2}+10\delta_tu_{i,k}^{j+1}+10\delta_tu_{i,k}^{j}+5\delta_tu_{i,k}^{j-1}+\delta_tu_{i,k}^{j-2})\\&+\frac{D}{\Delta x^4}(\delta_x^4u_{i+1,k}^j+2\delta_x^4u_{i,k}^j+\delta_x^4u_{i-1,k}^j)\\&+\frac{2D}{\Delta x^2\Delta y^2}(\delta_x^2\delta_y^2u_{i+1/2,k+1/2}^j+2\delta_x^2\delta_y^2u_{i,k}^j+\delta_x^2\delta_y^2u_{i-1/2,k-1/2}^j)\\&+\frac{D}{\Delta y^4}(\delta_y^4u_{i,k+1}^j+2\delta_y^4u_{i,k}^j+\delta_x^4u_{i,k-1}^j)-\rho u_{i+1/2,k+1/2}^{j+1/2}[\bar{\dot{\theta}}_2(j+1/2)+\bar{\dot{\alpha}}(j+1/2)]^2=0\end{aligned}\tag{7.7.31}$$

其中，$u_{i+1/2,k+1/2}^j=\frac{1}{4}(u_{i,k}^j+u_{i+1,k}^j+u_{i,k+1}^j+u_{i+1,k+1}^j)$，$\delta_t^2u_{i,k}^j=u_{i,k}^{j+1}-2u_{i,k}^j+u_{i,k}^{j-1}$，$\delta_tu_{i,k}^j=u_{i,k}^{j+1}-u_{i,k}^{j-1}$ 和 $\delta_x^4u_{i,k}^j=u_{i+2,k}^j-4u_{i+1,k}^j+6u_{i,k}^j-4u_{i-1,k}^j+u_{i-2,k}^j$。

仅当满足以下条件[19]时，上述格式为广义多辛的：

$$\zeta\leqslant o(\Delta x,\Delta y,\Delta t)/\max_{i,k}\left\{\left|\mathrm{d}\left(\frac{u_{i+1/2,k+1/2}^{j+1}-u_{i+1/2,k+1/2}^{j}}{\Delta t}\right)\wedge\mathrm{d}u_{i+1/2,k+1/2}^{j+1/2}\right|\right\}\tag{7.7.32}$$

其中，$o(\Delta x,\Delta y,\Delta t)$ 为格式(7.1.18)的截断误差，表达式 $\mathrm{d}\left(\frac{u_{i+1/2,k+1/2}^{j+1}-u_{i+1/2,k+1/2}^{j}}{\Delta t}\right)\wedge\mathrm{d}u_{i+1/2,k+1/2}^{j+1/2}$ 的计算方法在参考文献[19]中已经给出。

值得一提的是，在格式(7.1.18)中，我们假设在每个时间步中，与绳系-SPS系统空间大范围运动相关的离散表达式 $\bar{\dot{\theta}}_2(j+1/2)+\bar{\dot{\alpha}}(j+1/2)$ 都是在前一步采用辛龙格-库塔法(7.7.28)得到的。对于辛龙格-库塔法(7.7.28)和广义多辛方法(7.1.18)中所包含的绳系-SPS系统的空间大范围运动与平板横向振动之间的耦合项，在文献[23]，[48]中已经详细给出了相关的复合保结构迭代法，因此这里忽略了其迭代步骤以避免冗长的数学表达。唯一需要强调的是，在迭代过程中使用广义多辛方法(7.1.18)时，应结合每个时间步长中弹簧约束的离散形式。

与传统的平面振动问题不同，如式(7.7.27c)所示，本节所考虑的空间平板在平面四角点上存在弹簧的弹性物理约束，并假设弹簧在处于压缩状态时不存在弹力和约束。相比之下，在传统的平面振动问题中，平板的物理约束在其边界上，边界条件为简支或固支。实际上，弹簧约束也可以看作在平板角上的激励以及质点与平板之间的物理耦合因素。

弹簧约束的离散形式为

$$
\begin{aligned}
&k\,\mathrm{sgn}[\Delta\lambda_m(j)]\frac{\mathrm{sgn}[\Delta\lambda_m(j)]+1}{2}\Delta\lambda_m(j)\frac{1}{2\lambda_m(j)}\Bigg\{2u(x_m,y_m,j)-2u(x_m,y_m,j)\eta_0^{-1}\\
&\times\left[\frac{1}{4}(l^2+d^2)+u^2(x_m,y_m,j)\right]^{-1/2}\cos[\phi_m(j)]\\
&-\eta_0^{-1}(l^2+d^2)^{1/2}\left[\frac{1}{4}(l^2+d^2)+u^2(x_m,y_m,j)\right]^{1/2}\\
&\left[\frac{1}{4}(l^2+d^2)+4u^2(x_m,y_m,j)\right]^{-1/2}\sin[\phi_m(j)]\Bigg\}=0
\end{aligned}
\tag{7.7.33}
$$

其中，$\Delta\lambda_m(j)=\lambda_m(j)-\lambda_0$，$m=1,2,3,4$，并且，

$$
\phi_m(j)=\begin{cases}
\dfrac{\pi}{2}-\arctan\dfrac{2u(l/2,d/2,j)}{(l^2+d^2)^{1/2}}+\alpha-\alpha_0, & m=1\\
\dfrac{\pi}{2}-\arctan\dfrac{2u(-l/2,d/2,j)}{(l^2+d^2)^{1/2}}-\alpha+\alpha_0, & m=2\\
\dfrac{\pi}{2}-\arctan\dfrac{2u(-l/2,-d/2,j)}{(l^2+d^2)^{1/2}}-\alpha+\alpha_0, & m=3\\
\dfrac{\pi}{2}-\arctan\dfrac{2u(l/2,-d/2,j)}{(l^2+d^2)^{1/2}}+\alpha-\alpha_0, & m=4
\end{cases}
$$

应该注意的是，弹簧约束与空间变量无关。因此，在用广义多辛方法(7.1.18)求出平板四角的振动位移后，便可以方便地处理弹簧约束的离散形式(7.7.33)。

平板的动力学响应是空间绳系-SPS系统振动控制的基础，因此，对平板的振动分析便成为空间绳系-SPS系统的动力学分析中的重中之重。对于超大空间平板，其动力响应通常用弹性波传播特性来描述。因此，在下面的算例中，将采用前文所提出的保结构方法来研究连接有四根特殊弹簧的空间柔性阻尼板中一些新颖的波传播特性。

在数值实验中，地球引力常数设定为 $\mu=3.986005\times10^{14}\,\mathrm{m}^3\cdot\mathrm{s}^{-2}$，平板的力学参数为 $E=2.914\times10^9\,\mathrm{Pa}$，$\rho=0.06\,\mathrm{kg}\cdot\mathrm{m}^{-2}$，$\nu_\mathrm{p}=0.37$，类似于 Kapton 膜[174]，平板的几何参数为 $l=d=1000\,\mathrm{m}$，$h=30\,\mu\mathrm{m}$。从上述参数中，我们可以得到平板的抗弯刚度为 $D=Eh^3/12(1-\nu_\mathrm{p}^2)\approx7.6\times10^{-6}\,\mathrm{N}\cdot\mathrm{m}$，系统初始参数为 $r_{10}=r_{20}+\frac{1}{2}\sqrt{3\lambda_0^2-l^2}$，$\dot{\alpha}_0=0$，$\dot{r}_{10}=\dot{r}_{20}=0$，弹簧

的原长为 $\lambda_{10}=\lambda_{20}=\lambda_{30}=\lambda_{40}=\lambda_0=1000\mathrm{m}$。$\theta_1$ 和 α 总和的初始数值为 $\pi/2$，即 $\theta_{10}+\alpha_0=\pi/2$。这里我们假设每个弹簧的初始伸长与弹簧的原始长度相比极小，因此忽略了弹簧的初始伸长对质点轨道半径的影响。

为保持格式(7.1.18)的局部保结构性质，包括离散广义多辛守恒、修正离散局部能量守恒和修正离散局部动量守恒[19]，其在每个时间步长上应首先保证满足不等式(7.1.19)。因此，我们测试了格式(7.1.18)在不同步长和不同阻尼因子下的局部保结构特性，并选取一组参数 $\Delta x=\Delta y=1\mathrm{m}$，$\Delta t=0.05\mathrm{s}$，$\zeta=0.1$ 用作数值算例所示，其可很好地满足不等式(7.1.19)。

以下数值算例主要考虑弹性波在交汇区域的相互作用和弹性波在波传播过程中的能量损失。平板在四个角上有弹簧激励产生振动，振动激发的弹性波的相互作用特性不仅受平板的几何参数和材料参数影响，还受平板的初始姿态角 α 和弹簧的初始伸长 $\Delta\lambda_{m0}(m=1,2,3,4)$ 等初始条件的影响。因此我们对空间绳系柔性阻尼板在不同初始姿态角和弹簧的不同初始伸长下的波传播特性进行了如下的算例分析。

本节所讨论的平板中的弹性波是由卫星平台系统和平板四个角处相连的弹簧振动所激发的。其中最简单的情况是，弹性波只由其中一根弹簧的振动激发，称为单角激励。由于平板 $ABCD$ 为正方形，因此本节只考虑一根弹簧 AP 对面板内弹性波的振动。

假设弹簧 AP 的初始伸长率为 $\Delta\lambda_{10}=10\mathrm{m}$，其他弹簧的初始伸长率为零，即 $\Delta\lambda_{20}=\Delta\lambda_{30}=\Delta\lambda_{40}=0$。为了研究在不同初始姿态角值下弹簧 AP 振动所激发的平板内的弹性波，我们采用所提出的复合保结构方法，模拟了下列情形：情形 1，$\alpha_0=\pi/64$；情形 2，$\alpha_0=15\pi/64$，情形 3：$\alpha_0=31\pi/64$。

阻尼柔性面板的一个基本特性是，阻尼因子会导致弹性波的衰减。波传播的线性衰减用波到达平板的一个角 B(或 D)前的波形表示，如图 7-49 所示。

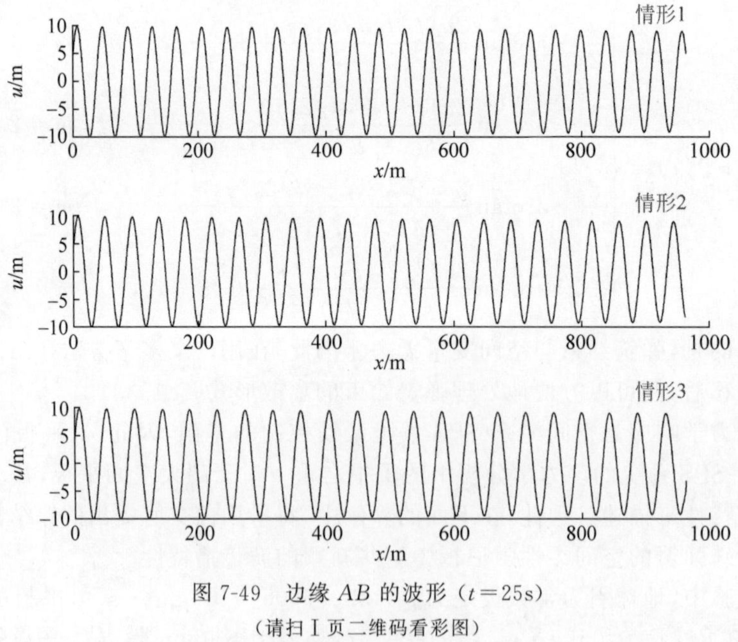

图 7-49　边缘 AB 的波形（$t=25\mathrm{s}$）

（请扫Ⅰ页二维码看彩图）

在不同初始姿态角下，图中的波形都在沿着边缘 AB 传播过程中慢慢衰减，这体现了上文中的弱阻尼特性。此外，三种情况下的波形衰减率几乎相同。比较三种情况下的波形可以发现，波长随着初始姿态角的增大而增大。已有研究表明[48]，当初始姿态角较小时，弹簧中储存的弹性势能会大部分转移到质点上，这意味着波的传播速度会随着初始姿态角的增大而增大。根据波动理论，波长与波的传播速度成正比，这也是图 7-49 中波长增加的原因。

弹性波在面板中传播的相互作用特性可以分以下两个阶段来说明。

当弹性波同时到达平板角点 B 和 D 时，弹性波将激发相关弹簧(BP 和 DP)的振动，从而在 B, D 角点产生和传播反射波。这一时刻之后，有三个波在面板中传播，它们之间将发生第一次相互作用。以情形 1 为例，第一阶段的相互作用现象如图 7-50 所示。

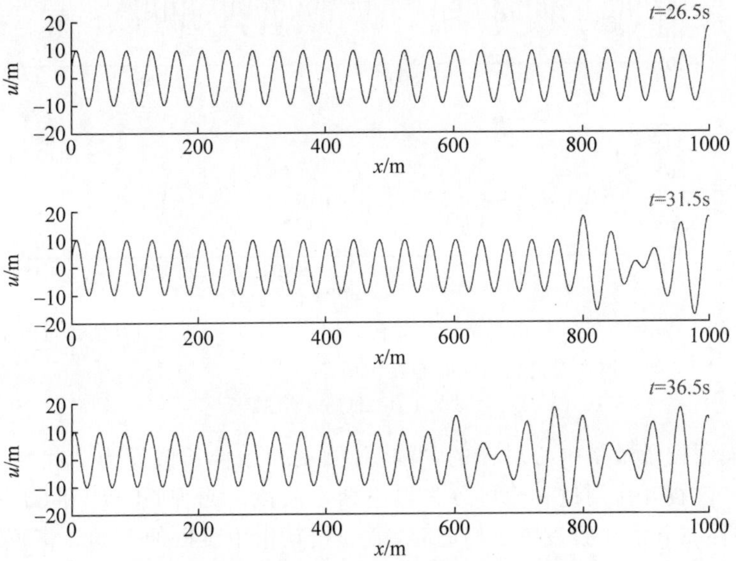

图 7-50 第一阶段边缘 AB 的波相互作用 ($\alpha_0=\pi/64$)

(请扫Ⅰ页二维码看彩图)

如图 7-50 所示，在阻尼较弱的情况下，弹性波的叠加会表现出一些新的特性。随时间推移，弹性波之间的相互作用不再是简单的单调衰减，而是成为相当复杂的具有双准周期性的波形。与短准周期性相关的波长与图 7-49 中情形 1 相同。在长准周期性中，随时间的推移，局部波形因为耦合效应和阻尼效应的共同作用而不断发生变化。

当弹性波到达角点 C 时，弹簧 CP 开始振动，反射波从角点 C 处开始传播。从这一时刻开始，平板中有 4 列波，包括弹簧 AP 的初始伸长所引起的波，弹簧 BP、DP 和 CP 所产生的反射波，这些波开始传播并发生相互作用，这便是第二阶段的开始。在这一阶段，相互作用现象将主要反映在平板对角线 AC 的波形上，如图 7-51 所示。

在 $t=42$s 时，由弹簧 AP 的初始伸长引起的波与弹簧 CP 的反射波相互作用，相互作用特性如图 7-50 所示。随着时间的推移，受弹簧 BP 和 DP 振动激励的反射波到达平板中心，并相互作用。由于结构的对称性，来自弹簧 BP 和 DP 的反射波在任何时刻的相位差都为零，因此，如果忽略由弹簧 AP 的初始伸长引起的波的影响，则这两个反射波的叠加是线性的。而在本例中，由弹簧 AP 的初始伸长引起的波的传播方向与由弹簧 BP 和 DP 产生的反射波的传播方向是正交的，从而导致如图 7-51 所示在 $t=47$s 和 $t=60$s 处的非线性相互作用现象。

当激励作用于板的多个角点时，所研究的单角激励与其反射波之间的相互作用特性可能不同。在接下来的模拟中，我们在平板的两个角处存在激励，并详细研究了相应的波相互作用现象。

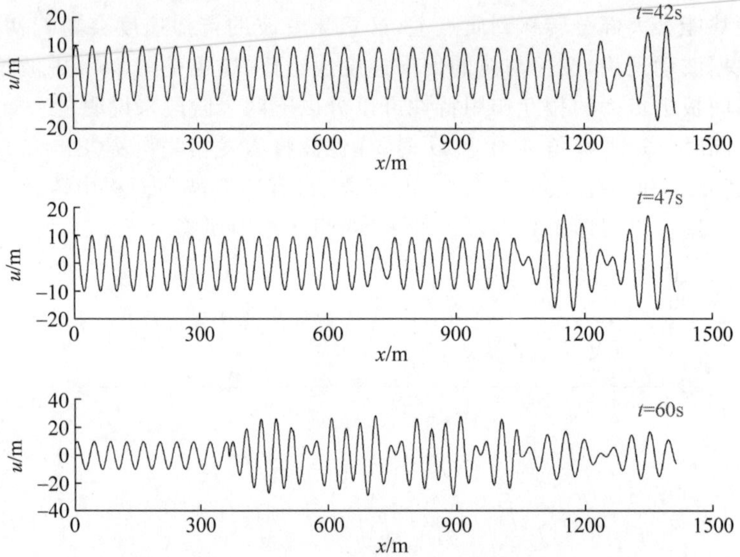

图 7-51　$\alpha_0=\pi/64$ 时，由弹簧 AP 的初始伸长产生的振动和由其他弹簧产生的弹性波在对角线 AC 的相互作用

（请扫Ⅰ页二维码看彩图）

首先，我们假设激励是中心对称的，并将弹簧的初始伸长假设为 $\Delta\lambda_{10}=\Delta\lambda_{30}=10\text{m}$ 和 $\Delta\lambda_{20}=\Delta\lambda_{40}=0$。相互作用过程也可分为以下两个阶段。当弹簧 AP 和 CP 的非零初始伸长所引起的弹性波分别在面板中心相遇时，第一相互作用阶段便开始。情形 1 在此阶段的波形如图 7-52 所示。

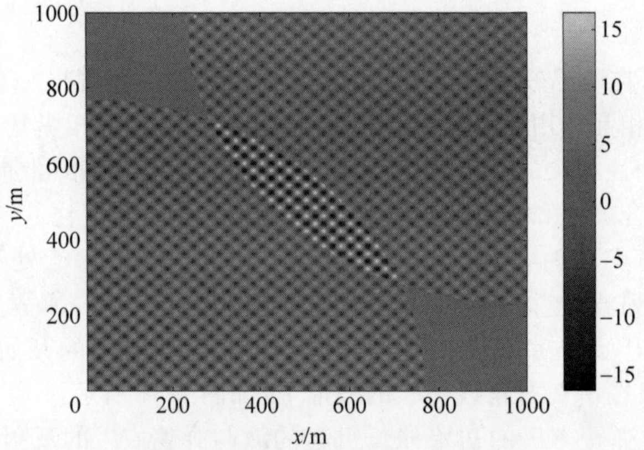

图 7-52　$\alpha_0=\pi/64$ 时，由弹簧 AP 和 CP 初始伸长产生的弹性波的相互作用（$t=20\text{s}$）

（请扫Ⅰ页二维码看彩图）

由于结构的对称性，由弹簧 AP 和 CP 的初始伸长所引起的两个弹性波之间的相位差在任何时刻都为零，这就导致了如图 7-52 所示，弹性波在平板中心相遇时的线性叠加情况。此外，在数值算例中发现，上述的线性叠加结果与初始姿态角是几乎无关的，因此，这里只给出情形 1 的结果。

当弹性波到达角点 B 和 D 时，弹簧 BP 和 DP 将发生振动，从而在角点 B 和 D 处产生反射波。由弹簧 BP 和 DP 产生的反射波与由弹簧 AP 和 CP 初始伸长引起的弹性波同时相遇，第二相互作用阶段从这一刻起开始，如图 7-53～图 7-55 所示。

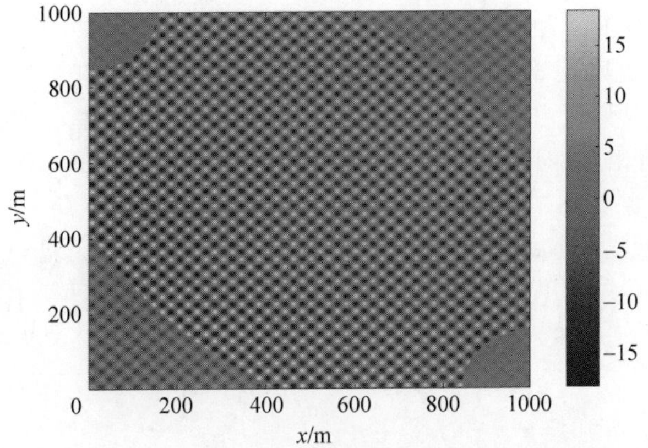

图 7-53　$\alpha_0=\pi/64$ 时，由初始伸长产生的弹性波与反射波之间的相互作用($t=30$s)

（请扫Ⅰ页二维码看彩图）

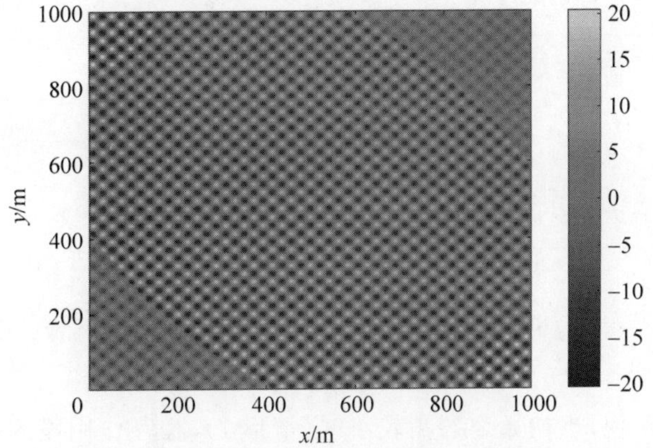

图 7-54　$\alpha_0=15\pi/64$ 时，由初始伸长产生的弹性波与反射波之间的相互作用($t=30$s)

（请扫Ⅰ页二维码看彩图）

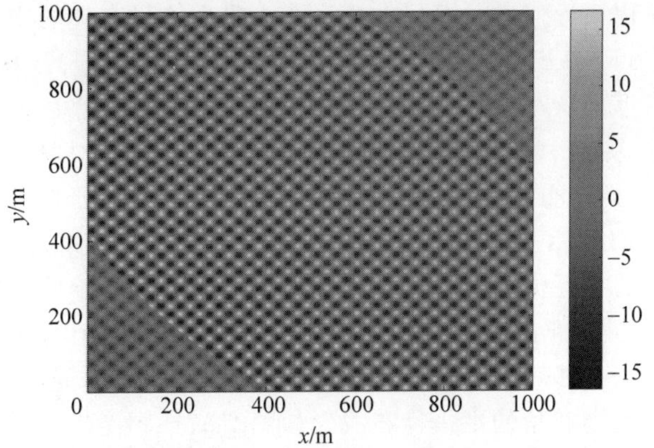

图 7-55　$\alpha_0=31\pi/64$ 时，由初始伸长产生的弹性波与反射波之间的相互作用($t=30$s)

（请扫Ⅰ页二维码看彩图）

在图 7-53 中，姿态角 $\alpha_0=\pi/64$ 时，相互作用区的波形仍然呈现线性叠加特征。此情况下，弹簧的初始伸长所引起的弹性波与其他弹簧所产生的弹性波之间的碰撞方向是正交的，它们之间的相位差接近四分之一周期的整数倍，这就导致了在角点 B 和 D 附近出现了一个小振幅的波形。在情形 2 和情形 3 中，相互作用区域(角点 B 和 D 附近)的波幅大于其他区域的波幅，这说明弹簧 BP 和 DP 所产生弹性波的相位受平板初始姿态角的影响明显。

随后，我们假定激励是非中心对称的，并且弹簧的初始伸长为 $\Delta\lambda_{10}=\Delta\lambda_{20}=10\text{m}$，$\Delta\lambda_{30}=\Delta\lambda_{40}=0$。每根弹簧由初始伸长而产生的弹性波独立传播，并在边缘 AB 的中点处发生第一次相遇并开始相互作用。不同初始姿态角下由弹簧 AP 和 BP 产生的弹性波在边线 AB 上的相互作用现象如图 7-56 所示。

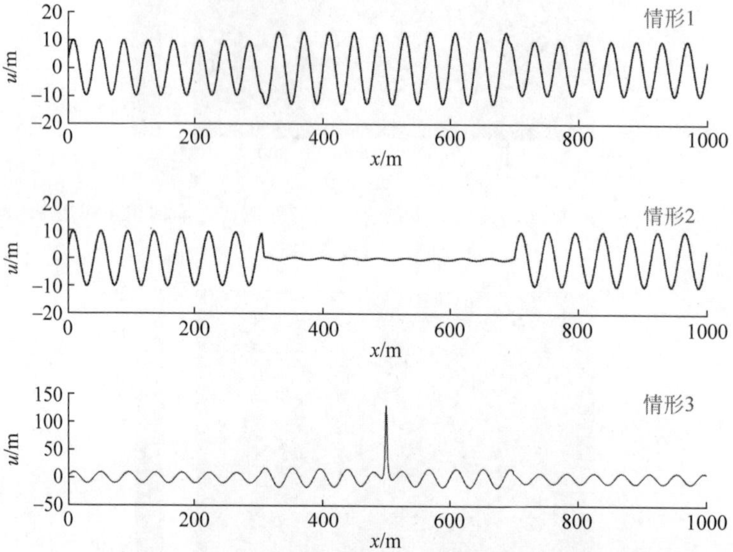

图 7-56 $t=18\text{s}$ 时，边缘 AB 上由弹簧初始伸长产生的弹性波的相互作用
(请扫Ⅰ页二维码看彩图)

从图 7-56 可以发现，当初始姿态角较小时(情形 1)，相互作用段的波形振幅被增强。但对于情形 2 则情况正好相反，平板在相互作用段的振动减弱，并出现类似负共振现象。这种板的振幅在相互作用阶段趋于零的情况与过去一些文献中报道的负共振现象类似[175-178]，所以我们将这种情况称为近似负共振。在情形 3 中出现了最有趣的交互现象：当初始姿态角接近 $\pi/2$ 时，弹簧 AP 和 BP 初始伸长所引起的弹性波在边线 AB 中点相遇，振动能量集中在边线 AB 中点附近的狭小区域，这是波相互作用的正共振现象[175-178]。

随着时间的推移，弹簧 AP 和 BP 初始伸长所激发的弹性波同时到达角点 C 和 D。角点 C 和 D 所产生的反射波分别与弹簧 AP 和 BP 的初始伸长所激发的弹性波相互作用。数值算例中得到的它们的相互作用特征与图 7-50 所示相似，因此为避免不必要的重复，这里不再给出这一阶段的相互作用结果。当由弹簧 AP 和 BP 初始伸长所激发的弹性波与来自角点 C 和 D 的反射波在平板中心相遇时，它们之间的相互作用特性将更加复杂。在数值模拟中发现，在 $t=73.5\text{s}$ 时刻弹性波之间已达到稳态相互作用，这意味着波形不随时间的增加而改变。不同初始姿态角的平板稳态波形如图 7-57～图 7-59 所示。

当初始姿态角较小时(情形 1)，弹簧 AP 和 BP 初始伸长所引起的弹性波之间的相互作用近似于线性叠加，但在 $y=500\text{m}$ 处的局部波形中可发现一个弱正共振带，这意味着，弹簧 AP 初始伸长所引起的弹性波与弹簧 DP 反射波之间的相互作用(或弹簧 BP 初始伸长所引起的弹性波与弹簧 CP 反射波之间的相互作用)是非线性的。初始姿态角的不断增大会导致两个相交共振区的形成，并且随着时间的推移，共振的能量会逐渐向平板中心集中。此外，情形 1 的波形是关于通过边线 AB 和 CD 中点的直线对称的。当初始姿态角为 $\alpha_0=$

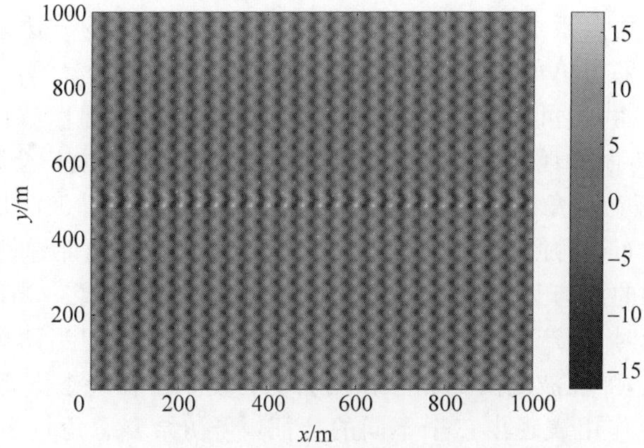

图 7-57 $\alpha_0=\pi/64$ 时,初始伸长所产生的弹性波和反射波的相互作用($t=100s$)

(请扫Ⅰ页二维码看彩图)

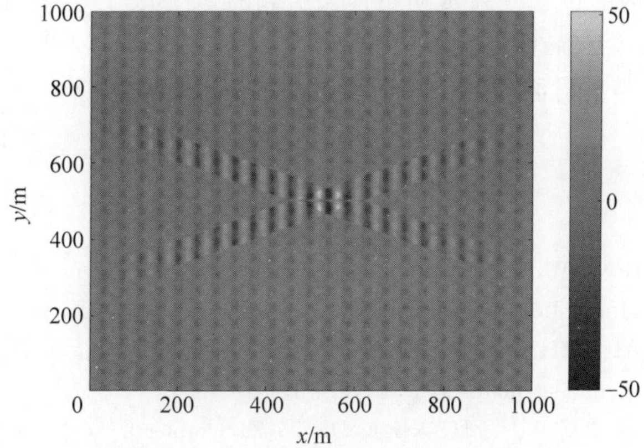

图 7-58 $\alpha_0=15\pi/64$ 时,初始伸长所产生的弹性波和反射波的相互作用($t=100s$)

(请扫Ⅰ页二维码看彩图)

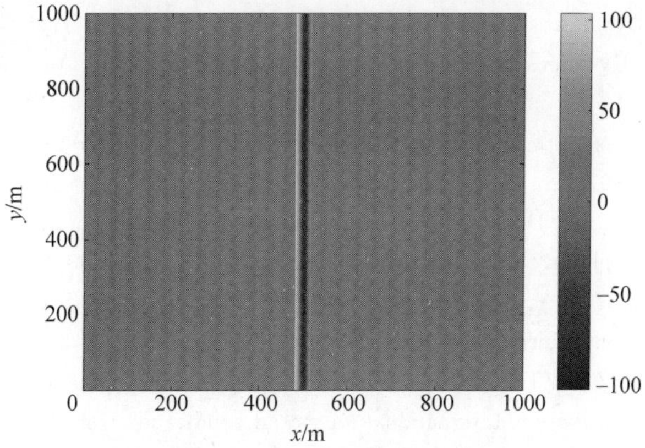

图 7-59 $\alpha_0=31\pi/64$ 时,初始伸长所产生的弹性波和反射波的相互作用($t=100s$)

(请扫Ⅰ页二维码看彩图)

$31\pi/64$ 时,共振现象更为明显,并在 $x=500$m 处附近出现强正共振带。在此情况下,共振是由弹簧 AP、BP 引起的弹性波与弹簧 CP、DP 产生的反射波之间的相互作用引起的,这与情形 1 中共振的成因不同。

如果平板是三个角点激励，依旧可以使用本文的复合保结构方法来得到平板内的波形结果。三角激励的结果与单角激励相似，因此，本节不给予介绍。

由上述数值结果，我们可以得到一些空间阻尼板中振动和弹性波传播的定性规律。首先，弹性波在平板内传播的耗散率与初始姿态角的关联很小，但波长会随初始姿态角的增大而增大；其次，当平板为单角激励时，弹簧初始伸长所引起的弹性波与反射波之间相互作用会导致能量的重新分布，并随时间推移而在平板内产生双准周期性弹性波；最后，我们研究了两角点激励所引起的波与其他弹簧反射波之间的相互作用现象。当两个被拉伸的弹簧处于平板的对角线位置时，所产生波之间的叠加几乎是线性的。但当两个拉伸弹簧布置在平板一条边线的两端时，弹性波之间的相互作用会更为复杂。在瞬态下，弹簧初始伸长所引起的弹性波之间的相互作用表现出三个不同的特征：当初始姿态角较小时，弹性波在相互作用区内会增强；当姿态角 $\alpha_0=15\pi/64$ 时，弹性波在相互作用区内发生减弱，并当姿态角 $\alpha_0=31\pi/64$ 时，相互作用区产生共振区。平板内的稳态波形也受初始姿态角的影响：当 $\alpha_0=\pi/64$ 时，波加强区的位置在弹簧初始伸长引起的弹性波与反射波的相互作用的区域附近；当 $\alpha_0=15\pi/64$ 时，波幅在平板中心附近增大；当 $\alpha_0=31\pi/64$ 时，弹簧初始伸长所引起的弹性波相互作用区与反射波相互作用区附近会出现共振现象。

参考文献

[1] HU W，YIN T，ZHENG W，DENG Z. Symplectic analysis on orbit-attitude coupling dynamic problem of spatial rigid rod，Journal of Vibration and Control，2020，26：1614-1624.

[2] HU W，DU F，ZHAI Z，ZHANG F，DENG Z. Symplectic analysis on dynamic behaviors of tethered tug-debris system. Acta Astronautica，2022，192：182-189.

[3] HU W，XI X，ZHAI Z，CUI P，ZHANG F，DENG Z. Symplectic analysis on coupling behaviors of spatial flexible damping beam. Acta Mechanica Solida Sinica，2022.

[4] GLASER P E. Power from the sun：its future. Science，2968，162：857-861.

[5] KANE T R，LEVINSON D A. Dynamics，Theory and Applications. McGraw Hill，1985.

[6] SHABANA A A. Dynamics of Multibody Systems. Wiley，New York：1989.

[7] WITTENBURG J. Dynamics of multibody systems—a brief review. Acta Astronautica，20（1989）89-92.

[8] SHABANA A A. Flexible multibody dynamics：review of past and recent developments. Multibody System Dynamics，1997，1：189-222.

[9] LIU C，TIAN Q，HU H. Dynamics of a large scale rigid-flexible multibody system composed of composite laminated plates. Multibody System Dynamics，2011，26：283-305.

[10] LIU C，TIAN Q，HU H Y. Dynamics and control of a spatial rigid-flexible multibody system with multiple cylindrical clearance joints. Mechanism and Machine Theory，2012，52：106-129.

[11] DA SILVA M R C，ZARETZKY C L. Nonlinear dynamics of a flexible beam in a central gravitational field—I. Equations of motion. International journal of solids and structures，1993，30：2287-2299.

[12] DA SILVA M R C，ZARETZKY C L. Nonlinear dynamics of a flexible beam in a central gravitational field—II. Nonlinear motions in circular orbit. International journal of solids and structures，1993，30：2301-2316.

[13] CHEN Z Q，AGAR T J A. Geometric nonlinear analysis of flexible spatial beam structures. Computers & structures，1993，49：1083-1094.

[14] QUADRELLI B，ATLURI S. Analysis of flexible multibody systems with spatial beams using mixed

variational principles. International Journal for Numerical Methods in Engineering, 1998, 42: 1071-1090.

[15] CAI G P,LIM C W. Dynamics studies of a flexible hub-beam system with significant damping effect. Journal of Soun and Vibration,2008,318: 1-17.

[16] YANG H,HONG J Z,YU Z Y. Dynamics modelling of a flexible hub-beam system with a tip mass. Journal of Sound and Vibration,2003,266: 759-774.

[17] WILLIAMS P, BLANKSBY C, TRIVAILO P. Tethered planetary capture maneuvers. Journal of Spacecraft and Rockets,2004,41: 603-613.

[18] ZHANG Z G, QI Z H, WU Z G, FANG H Q. A spatial Euler-Bernoulli beam element for rigid-flexible coupling dynamic analysis of flexible structures. Shock and Vibration,(2015) Doi: 10.1155/2015/208127.

[19] HU W P,DENG Z C,HAN S M,ZHANG W R. Generalized multi-symplectic integrators for a class of Hamiltonian nonlinear wave PDEs. Journal of Computational Physics,2013,235: 394-406.

[20] HU W P, DENG Z C. Chaos in embedded fluid-conveying single-walled carbon nanotube under transverse harmonic load series. Nonlinear Dyn,2015,79: 325-333.

[21] HU W P, DENG Z C, WANG B, OUYANG H J. Chaos in an embedded single-walled carbon nanotube. Nonlinear Dyn,2013,72: 389-398.

[22] HU W P,DENG Z C,OUYANG H J. Generalized multi-symplectic method for dynamic responses of continuous beam under moving load. International Journal of Applied Mechanics,2013,5: 1350033.

[23] HU W,LI Q,JIANG X,DENG Z. Coupling dynamic behaviors of spatial flexible beam with weak damping. International Journal for Numerical Methods in Engineering,2017,111: 660-675.

[24] LAURIE D P. Calculation of Gauss-Kronrod quadrature rules. Mathematics of Computation, 1997, 66: 1133-1145.

[25] CALVETTI D, GOLUB G H, GRAGG W B, REICHEL L. Computation of Gauss-Kronrod quadrature rules. Mathematics of Computation,2000,69: 1035-1052.

[26] HU W,DENG Z,YIN T. Almost structure-preserving analysis for weakly linear damping nonlinear Schrödinger equation with periodic perturbation. Communications in Nonlinear Science and Numerical Simulation,2017,42: 298-312.

[27] BRIDGES T J. Multi-symplectic structures and wave propagation. Mathematical Proceedings of the Cambridge Philosophical Society,1997,121: 147-190.

[28] PREISSMANN A. Propagation des intumescences dans les canaux et rivieres; First Congress French Association for ComputationGrenoble,1961,433-442.

[29] ZHAO P F, QIN M Z. Multisymplectic geometry and multisymplectic Preissmann scheme for the KdV equation. Journal of Physics a-Mathematical and General,2000,33: 3613-3626.

[30] CARROLL J A. Tether applications in space transportation. Acta Astronautica,1986,13: 165-174.

[31] FORWARD R L,HOYT R P,UPHOFF C W. Terminator tether (TM): a spacecraft deorbit device. Journal of Spacecraft and Rockets,2000,37: 187-196.

[32] WIE B,ROITHMAYR C M. Attitude and orbit control of a very large geostationary solar power satellite. Journal of Guidance Control and Dynamics,2005,28: 439-451.

[33] LIU Y U,WU S N,ZHANG K M,WU Z G. Parametrical excitation model for rigid-flexible coupling system of solar power satellite. Journal of Guidance Control and Dynamics,2017,26: 2674-2681.

[34] CARTMELL M. P, MCKENZIE D. J. A review of space tether research. Progress in Aerospace Sciences,2008,44: 1-21.

[35] GOODING R. H. Complete 2nd-ordr satellite perturbations due to J2 and J3,compactly expressed in spherical-polar coordinates. Acta Astronautica,1983,10: 309-317.

[36] GOODING R. H. On the generation of satellite position (and velocity) by a mixed analytical-numerical procedure. Advances in Space Research,1981,1: 83-93.

[37] GOODING R. H. A second-order satellite orbit theory, with compact results in cylindrical coordinates. Philosophical Transactions of the Royal Society of London. Series A, Mathematical and Physical Sciences,1981,299: 425-474.

[38] WILLIAMS J. G. Contributions to the earths obliquity rate, precession, and nutation, Astronomical Journal,1994,108: 711-724.

[39] ROITHMAYR C. M. Contributions of Spherical Harmonics to Magnetic and Gravitational Fields. NASA,2004.

[40] HAMEL J. F, DE LAFONTAINE. J. Linearized dynamics of formation flying spacecraft on a J(2)-perturbed elliptical orbit. Journal of Guidance Control and Dynamics,2007,30: 1649-1658.

[41] MORGAN D, CHUNG S. J, BLACKMORE L, ACIKMESE B, BAYARD D, HADAEGH F. Y. Swarm-keeping strategies for spacecraft under J2 and atmospheric drag perturbations. Journal of Guidance Control and Dynamics,2012,35: 1492-1506.

[42] ZENG G Q, HU M, YAO H. Relative orbit estimation and formation keeping control of satellite formations in low Earth orbits. Acta Astronautica,2012,76: 164-175.

[43] CAO L, CHEN X Q, MISRA A K. Minimum sliding mode error feedback control for fault tolerant reconfigurable satellite formations with J2 perturbations. Acta Astronautica,2014,96: 201-216.

[44] ZHANG J, PARKS G T, LUO Y Z, TANG G J. Multispacecraft refueling optimization considering the J2 perturbation and window constraints. Journal of Guidance Control and Dynamics, 2014, 37: 111-122.

[45] MCNALLY I, SCHEERES D, RADICE G. Locating large solar power satellites in the geosynchronous Laplace plane. Journal of Guidance Control and Dynamics,2015,38: 489-505.

[46] CASANOVA D, PETIT A, LEMAITRE A. Long-term evolution of space debris under the effect, the solar radiation pressure and the solar and lunar perturbations. Celestial Mechanics & Dynamical Astronomy,2015,123: 223-238.

[47] LIU Y U, WU S N, ZHANG K M, WU Z G. Gravitational orbit-attitude coupling dynamics of a large solar power satellite. Aerospace Science and Technology,2017,62: 46-54.

[48] W. Hu, M. Song, Z. Deng, Energy dissipation/transfer and stable attitude of spatial on-orbit tethered system. Journal of Sound and Vibration,2018,412: 58-73.

[49] HU W, SONG M, YIN T, WEI B, DENG Z. Energy dissipation of damping cantilevered single-walled carbon nanotube oscillator. Nonlinear Dyn. ,2018,91: 767-776.

[50] HU W, SONG M, DENG Z, ZOU H, WEI B. Chaotic region of elastically restrained single-walled carbon nanotube. Chaos,2017,27: 23-118.

[51] HU W, SONG M, DENG Z, YIN T, WEI B. Axial dynamic buckling analysis of embedded single-walled carbon nanotube by complex structure-preserving method. Applied Mathematical Modelling, 2017,52: 15-27.

[52] HU W P, DENG Z C. Non-sphere perturbation on dynamic behaviors of spatial flexible damping beam. Acta Astronautica,2018,152: 196-200.

[53] YIN T T, DENG Z C, HU W P, LI Q J, CAO S S. Dynamic modelling and simulation of orbit and attitude coupling problems for structure combined of spatial rigid rods and spring. Chinese Journal of Theoretical and Applied Mechanics,2018,50: 87-98.

[54] NASA. Final proceedings of the solar power satellite program review. DoE/NASA Conference 800491,1980.

[55] MANKINS J. SPS-ALPHA: the first practical solar power satellite via arbitrarily large phased

array. NASA NIAC Phase 1 Project, 2012.

[56] YIN T T, DENG Z C, HU W P, WANG X D. Dynamic modeling and simulation of deploying process for space solar power satellite receiver. Applied Mathematics and Mechanics-English Edition, 2018, 39: 261-274.

[57] YANG Y, ZHANG Y Q, DUAN B Y, WANG D X, LI X. A novel design project for space solar power station (SSPS-OMEGA). Acta Astronautica, 2016, 121: 51-58.

[58] PAO L Y. Minimum-time control characteristics of flexible structures. Journal of Guidance Control and Dynamics, 1996, 19: 123-129.

[59] LIU X D, XIN X, LI Z, CHEN Z, SHENG Y Z. Near minimum-time feedback attitude control with multiple saturation constraints for agile satellites. Chinese Journal of Aeronautics, 2016, 29: 722-737.

[60] ZHU J M, TRELAT E, CERF M. Minimum time control of the rocket attitude reorientation associated with orbit dynamics. SIAM Journal on Control and Optimization, 2016, 54: 391-422.

[61] ELDAD O, LIGHTSEY E G, CLAUDEL C. Minimum-time attitude control of deformable solar sails with model uncertainty. Journal of Spacecraft and Rockets, 2017, 54: 863-870.

[62] HU W, YU L, DENG Z. Minimum control energy of spatial beam with assumed attitude Adjustment Target. Acta Mechanica Solida Sinica, 2020, 33: 51-60.

[63] SONG G, AGRAWAL B N. Vibration suppression of flexible spacecraft during attitude control. Acta Astronautica, 2001, 49: 73-83.

[64] GUERRIERO L, VALLERANI E. Potential tether applications to space station operations. Acta Astronautica, 1986, 14: 23-32.

[65] DEMATTEIS G, DESOCIO L M. Dynamics of a tethered satellite subjected to aerodynamic forces. Journal of Guidance Control and Dynamics, 1991, 14: 1129-1135.

[66] KESHMIRI M, MISRA A K, MODI V J. General formulation for N-body tethered satellite system dynamics. Journal of Guidance Control and Dynamics, 1996, 19: 75-83.

[67] MISRA A K. Dynamics and control of tethered satellite systems. Acta Astronautica, 2008, 63: 1169-1177.

[68] LEAMY M J, NOOR A K, WASFY T M. Dynamic simulation of a tethered satellite system using finite elements and fuzzy sets. Computer Methods in Applied Mechanics and Engineering, 2001, 190: 4847-4870.

[69] MANKALA K K, AGRAWAL S K. Dynamic modeling and simulation of satellite tethered systems. Journal of Vibration and Acoustics-Transactions of the ASME, 2005, 127: 144-156.

[70] KRUPA M, POTH W, SCHAGERL M, STEINDL A, STEINER W, TROGER H, WIEDERMANN G. Modelling, dynamics and control of tethered satellite systems. Nonlinear Dyn., 2006, 43: 73-96.

[71] ISHIMURA K, HIGUCHI K. Coupling between structural deformation and attitude motion of large planar space structures suspended by multi-tethers. Acta Astronautica, 2007, 60: 691-710.

[72] ZUKOVIC M, KOVACIC I, CARTMELL M P. On the dynamics of a parametrically excited planar tether. Communications in Nonlinear Science and Numerical Simulation, 2015, 26: 250-264.

[73] MURRAY C, CARTMELL M P. Moon-tracking orbits using motorized tethers for continuous earth-moon payload exchanges. Journal of Guidance Control and Dynamics, 2013, 36: 567-576.

[74] CHEN Y, CARTMELL M. Hybrid fuzzy sliding mode control for motorised space tether spin-up when coupled with axial and torsional oscillation. Astrophysics and Space Science, 2010, 326: 105-118.

[75] ISMAIL N A, CARTMELL M P. Three dimensional dynamics of a flexible motorised momentum exchange tether. Acta Astronautica, 2016, 120: 87-102.

[76] PIZARRO-CHONG A, MISRA A K. Dynamics of multi-tethered satellite formations containing a

parent body. Acta Astronautica,2018,63: 1188-1202.

[77] WEN H,JIN D P,HU H Y. Advances in dynamics and control of tethered satellite systems. Acta Mechanica Sinica,2008,24: 229-241.

[78] ZHAO J,CAI Z Q. Nonlinear dynamics and simulation of multi-tethered satellite formations in Halo orbits. Acta Astronautica,2008,63: 673-681.

[79] CAI Z Q,LI X F,ZHOU H. Nonlinear dynamics of a rotating triangular tethered satellite formation near libration points. Aerospace Science and Technology,2015,42: 384-391.

[80] KRUIJFF M,VAN DER HEIDE E J. Qualification and in-flight demonstration of a European tether deployment system on YES2. Acta Astronautica,2009,64: 882-905.

[81] TANG J L,REN G X,ZHU W D,REN H. Dynamics of variable-length tethers with application to tethered satellite deployment. Communications in Nonlinear Science and Numerical Simulation,2011, 16: 3411-3424.

[82] JUNG W Y,MAZZOLENI A P,CHUNG J T. Dynamic analysis of a tethered satellite system with a moving mass. Nonlinear Dyn.,2014,75: 267-281.

[83] JUNG W, MAZZOLENI A P, CHUNG J. Nonlinear dynamic analysis of a three-body tethered satellite system with deployment/retrieval. Nonlinear Dyn.,2015,82: 1127-1144.

[84] YU B S,JIN D P,WEN H. Nonlinear dynamics of flexible tethered satellite system subject to space environment. Applied Mathematics and Mechanics-English Edition,2016,37: 485-500.

[85] BRIDGES T J,REICH S. Multi-symplectic integrators: numerical schemes for Hamiltonian PDEs that conserve symplecticity. Physics Letters A,2001,284: 184-193.

[86] SASAKI S,TANAKA K,HIGUCHI K,Okuizumi N,KAWASAKI S,SHINOHARA N,SENDA K, ISHIMURA K. A new concept of solar power satellite: tethered-SPS. Acta Astronautica,2007,60: 153-165.

[87] FUJII H A, SUGIMOTO Y, WATANABE T, KUSAGAYA T. Tethered actuator for vibration control of space structures. Acta Astronautica,2015,117: 55-63.

[88] VAISMAN I. Hamiltonian vector fields on almost symplectic manifolds. Journal of Mathematical Physics,2013,54.

[89] BENEDETTINI F,REGA G,ALAGGIO R. Nonlinear oscillations of a 4-degree-of-freedom model of a suspended cable under multiple internal resonance conditions. Journal of Sound and Vibration, 1995,185: 775-797.

[90] NAYFEH A H,BALACHANDRAN B. Modal interactions in dynamical and structural systems. Applied Mechanics Reviews,1989,42: S175-S201.

[91] TONDL A. Some Problems of Rotor Dynamics. London: Chapman and Hall,1965.

[92] EVAN-LWANOWSKI R M. Resonance Oscillations in Mechanical Systems. New York: Elsevier,1976.

[93] NAYFEH A H,MOOK D T. Nonlinear Oscillations. New York: John Willey and Sons,1979.

[94] MILES J W. Stability of forced oscillations of a spherical pendulum. Quarterly of Applied Mathematics,1962,20: 21-32.

[95] ASMIS K G, TSO W K. Combination and internal resonance in a nonlinear 2-degrees-of-freedom system. Journal of Applied Mechanics,1972,39: 832-834.

[96] MILES J W. Resonant motion of a spherical pendulum. Physica D: Nonlinear Phenomena,1984,11: 309-323.

[97] RAO G V, IYENGAR R N. Internal resonance and nonlinear response of a cable under periodic excitation. Journal of Sound and Vibration,1991,149: 25-41.

[98] LUONGO A, PICCARDO G. Non-linear galloping of sagged cables in 1 : 2 internal resonance.

Journal of Sound and Vibration，1998，214：915-940.

[99] RIBEIRO P，PETYT M. Non-linear vibration of beams with internal resonance by the hierarchical finite-element method. Journal of Sound and Vibration，1999，224：591-624.

[100] NAYFEH A H，LACARBONARA W，CHIN C M. Nonlinear normal modes of buckled beams：Three-to-one and one-to-one internal resonances. Nonlinear Dyn.，1999，18：253-273.

[101] RIEDEL C H，TAN C A. Coupled，forced response of an axially moving strip with internal resonance. International Journal of Non-Linear Mechanics，2002，37：101-116.

[102] PANDA L N，KAR R C. Nonlinear dynamics of a pipe conveying pulsating fluid with combination，principal parametric and internal resonances. Journal of Sound and Vibration，2008，309：375-406.

[103] HUANG J L，SU R K L，LI W H，CHEN S H. Stability and bifurcation of an axially moving beam tuned to three-to-one internal resonances. Journal of Sound and Vibration，2011，330：471-485.

[104] GHAYESH M H. Nonlinear forced dynamics of an axially moving viscoelastic beam with an internal resonance. International Journal of Mechanical Sciences，2011，53：1022-1037.

[105] CHEN L Q，ZHANG G C，DING H. Internal resonance in forced vibration of coupled cantilevers subjected to magnetic interaction. Journal of Sound and Vibration，2015，354：196-218.

[106] CHEN L Q，JIANG W A. Internal resonance energy harvesting. Journal of Applied Mechanics-Transactions of the ASME，2015，82.

[107] ZHANG D B，TANG Y Q，CHEN L Q. Irregular instability boundaries of axially accelerating viscoelastic beams with 1：3 internal resonance. International Journal of Mechanical Sciences，2017，133：535-543.

[108] WANG Y Z. Nonlinear internal resonance of double-walled nanobeams under parametric excitation by nonlocal continuum theory. Applied Mathematical Modelling，2017，48：621-634.

[109] GAO X M，JIN D P，HU H Y. Internal resonances and their bifurcations of a rigid-flexible space antenna. International Journal of Non-Linear Mechanics，2017，94：160-173.

[110] XIONG L Y，TANG L H，MACE B. A comprehensive study of 2：1 internal-resonance-based piezoelectric vibration energy harvesting. Nonlinear Dyn.，2018，91：1817-1834.

[111] LUCZKO J. Bifurcations and internal resonances in space-curved rods. Computer Methods in Applied Mechanics and Engineering，2002，191：3271-3296.

[112] WANG Z W，LI T J，YAO S. Nonlinear dynamic analysis of space cable net structures with one to one internal resonances. Nonlinear Dyn.，2014，78：1461-1475.

[113] GAO X M，JIN D P，CHEN T. Analytical and experimental investigations of a space antenna system of four DOFs with internal resonances. Communications in Nonlinear Science and Numerical Simulation，2018，63：380-403.

[114] HU W，DENG Z. Non-sphere perturbation on dynamic behaviors of spatial flexible damping beam. Acta Astronautica，2018，152：196-200.

[115] HU W，WANG Z，ZHAO Y，DENG Z. Symmetry breaking of infinite-dimensional dynamic system. Applied Mathematics Letters，2020，106-207.

[116] HU W，ZHANG C，DENG Z. Vibration and elastic wave propagation in spatial flexible damping panel attached to four special springs. Communications in Nonlinear Science and Numerical Simulation，2020，105-199.

[117] NAYFEH A H. Perturbation Methods. New York：Wiley Interscience，1973.

[118] NAYFEH A H. Parametric-excitation of 2 internally resonant oscillators. Journal of Sound and Vibration，1987，119：95-109.

[119] HU W，YE J，DENG Z. Internal resonance of a flexible beam in a spatial tethered system. Journal of Sound and Vibration，2020，475：115-286.

[120] YOUNIS M I,. NAYFEH A H. A study of the nonlinear response of a resonant microbeam to an electric actuation. Nonlinear Dyn. ,2003,31: 91-117.

[121] LACARBONARA W, REGA G,. NAYFEH A H. Resonant non-linear normal modes. Part I: analytical treatment for structural one-dimensional systems. International Journal of Non-Linear Mechanics,2003,38: 851-872.

[122] REGA G, LACARBONARA W, NAYFEH A H. CHIN C M. Multiple resonances in suspended cables: direct versus reduced-order models. International Journal of Non-Linear Mechanics, 1999, 34: 901-924.

[123] ZHANG W, LIU T, XI A, WANG Y N. Resonant responses and chaotic dynamics of composite laminated circular cylindrical shell with membranes. Journal of Sound and Vibration, 2018, 423: 65-99.

[124] JIN D P, WEN H,. CHEN H. Nonlinear resonance of a subsatellite on a short constant tether. Nonlinear Dyn. 2013,71: 479-488.

[125] TSUDA Y, MORI O, FUNASE R, SAWADA H, YAMAMOTO T, SAIKI T, ENDO T, KAWAGUCHI J. Flight status of IKAROS deep space solar sail demonstrator. Acta Astronautica, 2011,69: 833-840.

[126] FU B, SPERBER E, EKE F. Solar sail technology-A state of the art review. Progress in Aerospace Sciences, 2016, 86: 1-19.

[127] KANE T R, RYAN R R, BANERJEER A K. Dynamics of a cantilever beam attached to a moving base. Journal of Guidance, Control, and Dynamics, 1987, 10: 139-151.

[128] LIU A Q, LIEW K M. Non-linear substructure approach for dynamic analysis of rigid-flexible multibody systems. Computer Methods in Applied Mechanics and Engineering, 1994, 114: 379-396.

[129] BANERJEE A K, DICKENS J M. Dynamics of an arbitrary flexible body in large rotation and translation. Journal of Guidance, Control, and Dynamics, 1990, 13: 221-227.

[130] WU S-C, HAUG E J. Geometric non-linear substructuring for dynamics of flexible mechanical systems. International Journal for Numerical Methods in Engineering, 1988, 26: 2211-2226.

[131] QIAN Z, ZHANG D, JIN C. A regularized approach for frictional impact dynamics of flexible multi-link manipulator arms considering the dynamic stiffening effect. Multibody System Dynamics, 2018, 43: 229-255.

[132] LI L, ZHANG D G, ZHU W D. Free vibration analysis of a rotating hub-functionally graded material beam system with the dynamic stiffening effect. Journal of Sound and Vibration, 2014, 333: 1526-1541.

[133] ROSSI R E, LAURA P A A. Dynamic stiffening of an arch clamped at one end and free at the other. Journal of Sound and Vibration, 1993, 161: 190-192.

[134] LAURA P A A, ROSSI R E, POMBO J L, PASQUA D. Dynamic stiffening of straight beams of rectangular cross-section-a comparison of finite-element predictions and experimental results. Journal of Sound and Vibration, 1991, 150: 174-178.

[135] ZHANG D J, HUSTON R L. On dynamic stiffening of flexible bodies having high angular velocity. Mechanics of Structures and Machines, 1996, 24: 313-329.

[136] ROSSI R E, REYES J A, LAURA P A A. Dynamic stiffening of orthogonal beam grillages. Journal of Sound and Vibration, 1995, 187: 281-286.

[137] CAI G P, HONG J Z, YANG S X. Dynamic analysis of a flexible hub-beam system with tip mass. Mechanics Research Communications, 2005, 32: 173-190.

[138] CAI G, TENG Y, LIM C W. Active control and experiment study of a flexible hub-beam system. Acta Mechanica Sinica, 2010, 26: 289-298.

[139] CAI G P, LIM C W. Optimal tracking control of a flexible hub-beam system with time delay.

Multibody System Dynamics,2006,16: 331-350.

[140] CAI G P,LIM C W. Active control of a flexible hub-beam system using optimal tracking control method. International Journal of Mechanical Sciences,2006,48: 1150-1162.

[141] LI L,ZHU W D,ZHANG D G,DU C F. A new dynamic model of a planar rotating hub-beam system based on a description using the slope angle and stretch strain of the beam. Journal of Sound and Vibration,2015,345: 214-232.

[142] ZHAO Z,LIU C,MA W. Characteristics of steady vibration in a rotating hub-beam system. Journal of Sound and Vibration,2016,363: 571-583.

[143] LIU Z,LIU J. Experimental validation of rigid-flexible coupling dynamic formulation for hub-beam system. Multibody System Dynamics,2017,40: 303-326.

[144] AN S Q,ZOU H L,DENG Z C,HU W P. Dynamic analysis on hub-beam system with transient stiffness variation. International Journal of Mechanical Sciences,2019,151: 692-702.

[145] HU W,WANG Z,ZHAO Y,DENG Z. Symmetry breaking of infinite-dimensional dynamic system. Applied Mathematics Letters,2020,103.

[146] HU W,YE J,DENG Z. Internal resonance of a flexible beam in a spatial tethered system. Journal of Sound and Vibration,2020,475.

[147] HU W, DENG Z. Interaction effects of DNA, RNA-polymerase, and cellular fluid on the local dynamic behaviors of DNA. Applied Mathematics and Mechanics-English Edition, 2020, 41: 623-636.

[148] FENG K. On difference schemes and symplectic geometry, Proceeding of the 1984 Beijing Symposium on Differential Geometry and Differential Equations. Beijing: Science Press, 1984, 42-58.

[149] MARSDEN J E, PATRICK G W, SHKOLLER S. Multisymplectic geometry, variational integrators,and nonlinear PDEs. Communications in Mathematical Physics,1998,199: 351-395.

[150] HU W,XU M,SONG J,GAO Q,DENG Z. Coupling dynamic behaviors of flexible stretching hub-beam system. Mechanical Systems and Signal Processing,2021,151: 107389.

[151] BRIDGES T J, REICH S. Numerical methods for Hamiltonian PDEs. Journal of Physics A-Mathematical and General,2006,39: 5287-5320.

[152] ASCHER U M, MCLACHLAN R I. Multisymplectic box schemes and the Korteweg-de Vries equation. Applied Numerical Mathematics,2004,48: 255-269.

[153] SANZ-SERNA J M. Runge-Kutta schemes for Hamiltonian systems. BIT Numerical Mathematics, 1988,28: 877-883.

[154] YOU C,HONG J,CAI G. Modeling study of a flexible hub-beam system with large motion and with considering the effect of shear deformation. Journal of Sound and Vibration, 2006, 295: 282-293.

[155] ZHAO J,TIAN Q,HU H Y. Deployment dynamics of a simplified spinning IKAROS solar sail via absolute coordinate based method. Acta Mechanica Sinica,2013,29: 132-142.

[156] YIGIT A,SCOTT R A,ULSOY A G. Flexural motion of a radially rotating beam attached to a rigid body. Journal of Sound and Vibration,1988,121: 201-210.

[157] SCHÄFFER H A, KLOPMAN G. Review of multidirectional active wave absorption methods. Journal of Waterway,Port,Coastal,and Ocean Engineering,2000,126: 88-97.

[158] KALAGHAN P,ARNOLD D,COLOMBO G,GROSSI M,KIRSCHNER L,ORRINGER O. Study of the dynamics of a tethered satellite system (Skyhook). Final Report Contract NAS8, 32199 (1978).

[159] DOBROWOLNY M,STONE N. A technical overview of TSS-1: the first tethered-satellite system

mission. Il Nuovo Cimento C,1994,17: 1-12.

[160] LAVOIE A R. Tethered Satellite System (TSS-1R)-Post Flight (STS-75) Engineering Performance Report. NASA,JA-2422 (1996).

[161] J R GLAESE. Tethered Satellite System (TSS) Dynamics Assessments and Analysis. TSS-1R Post Flight Data Evaluation,NASA,NASA-CR-201138 (1996).

[162] ZIEGLER S W,CARTMELL M P. Using motorized tethers for payload orbital transfer. Journal of Spacecraft and Rockets,2001,38: 904-913.

[163] KIM E,VADALI S R. Modeling issues related to retrieval of flexible tethered satellite systems. Journal of Guidance Control and Dynamics,1995,18: 1169-1176.

[164] BISWELL B L,PUIG-SUARI J,LONGUSKI J M,TRAGESSER S G. Three-dimensional hinged-rod model for elastic aerobraking tethers. Journal of Guidance Control and Dynamics,1998,21: 286-295.

[165] SIDORENKO V V,CELLETTI A. A "Spring-mass" model of tethered satellite systems: properties of planar periodic motions. Celestial Mechanics & Dynamical Astronomy,2010,107: 209-231.

[166] KRISTIANSEN K U,PALMER P,ROBERTS M. A unification of models of tethered satellites. SIAM Journal on Applied Dynamical Systems,2011,10: 1042-1069.

[167] KRISTIANSEN K U, PALMER P L, ROBERTS R M. Numerical modelling of elastic space tethers. Celestial Mechanics & Dynamical Astronomy,2012,113: 235-254.

[168] AVANZINI G, FEDI M. Refined dynamical analysis of multi-tethered satellite formations. Acta Astronautica,2013,84: 36-48.

[169] SHAN M H,GUO J,GILL E. Deployment dynamics of tethered-net for space debris removal. Acta Astronautica,2017,132: 293-302.

[170] HU W,ZHANG C,DENG Z. Vibration and elastic wave propagation in spatial flexible damping panel attached to four special springs. Communications in Nonlinear Science and Numerical Simulation,2020,84: 10519.

[171] KIRCHHOFF G R. Über das Gleichgewicht und die Bewegung einer elastischen Scheibe. Journal für die reine und angewandte Mathematik,1850,40: 51-88.

[172] XU X J,DENG Z C,MENG J M,ZHANG K. Bending and vibration analysis of generalized gradient elastic plates. Acta Mechanica,2014,225: 3463-3482.

[173] BERNARDO M DI,BUDD C J,CHAMPNEYS A R,KOWALCZYK P,NORDMARK A B,TOST G O,PIIROINEN P T. Bifurcations in Nonsmooth Dynamical Systems. SIAM Review,2008,50: 629-701.

[174] LEIPOLD M,EIDEN M,GARNER C,HERBECK L,KASSING D,NIEDERSTADT T,KRÜGER T, PAGEL G, REZAZAD M, ROZEMEIJER H. Solar sail technology development and demonstration. Acta Astronautica,2003,52: 317-326.

[175] KAKO F,YAJIMA N. Interaction of ion-acoustic solitons in two-dimensional space. Journal of the Physical Society of Japan,1980,49: 2063-2071.

[176] FOLKES P A,IKEZI H,DAVIS R. Two-Dimensional Interaction of Ion-Acoustic Solitons. Phys. Rev. Lett.,1980,45: 902-904.

[177] TAJIRI M,MAESONO H. Resonant interactions of drift vortex solitons in a convective motion of a plasma. Phys. Rev. E,1997,55: 3351-3357.

[178] HU W P,DENG Z C,QIN Y Y. Multi-symplectic method to simulate soliton resonance of (2+1)-dimensional Boussinesq equation. Journal of Geometric Mechanics,2013,5: 295-318.

致　谢

本译著出版得到了国家自然科学基金(12372337,12302445,12102339,12172281,12072037)、陕西省杰出青年基金项目(2019JC-29)、陕西省先进装备关键动力学与控制科技创新团队(2022TD-61)、基础加强领域基金项目(2021-JCJQ-JJ-0565,2022-JCJQ-JJ-0349)、陕西高校空间太阳能电站动力学与控制青年教师创新团队和陕西省社会发展领域一般项目(2024SF-YBXM-531)的资助。

专著翻译及校订过程中,得到了清华大学出版社鲁永芳编辑团队的细致、专业修订,在此一并表示诚挚的谢意!